国家出版基金资助项目
现代数学中的著名定理纵横谈丛书
丛书主编　王梓坤

Discussion about the expression of Stewart theorem
——The ramble of vector theory

从Stewart定理的表示谈起
——向量理论漫谈

沈文选　杨清桃　著

哈爾濱工業大學出版社
HARBIN INSTITUTE OF TECHNOLOGY PRESS

内容简介

向量既是一种图形,也是一种数学表达式,因而向量法的特点是数形结合,且运算有法可循,带有综合法的技巧,呈现或蕴含坐标法的规则,是一种"价廉物美"的数学工具.本书介绍了向量的概念及运算,研究并举例说明了一些特殊数学关系的向量表示,给出了一些著名平面几何定理的向量法证明.本书运用大篇幅介绍了如何运用向量知识处理中学代数问题、平面几何问题、立体几何问题,还介绍了向量与复数相互配合运用问题.全书中以大量的高考试题、数学竞赛试题为实例,运用向量法来求解.

本书可供初等数学、竞赛数学、教育数学研究工作者及广大数学爱好者参考,适用于广大中学数学教师、师范院校数学专业教师与学生以及高中学有余力的学生学习.

图书在版编目(CIP)数据

从 Stewart 定理的表示谈起:向量理论漫谈/沈文选,杨清桃著.—哈尔滨:哈尔滨工业大学出版社,2016.7

(现代数学中的著名定理纵横谈丛书)

ISBN 978-7-5603-5874-1

Ⅰ.①从… Ⅱ.①沈… ②杨… Ⅲ.①向量-研究
Ⅳ.①O183.1

中国版本图书馆 CIP 数据核字(2016)第 032386 号

策划编辑 刘培杰 张永芹
责任编辑 张永芹 齐新宇
封面设计 孙茵艾
出版发行 哈尔滨工业大学出版社
社　　址 哈尔滨市南岗区复华四道街 10 号 邮编 150006
传　　真 0451-86414749
网　　址 http://hitpress.hit.edu.cn
印　　刷 牡丹江邮电印务有限公司
开　　本 787mm×960mm 1/16 印张 47.5 字数 510 千字
版　　次 2016 年 7 月第 1 版 2016 年 7 月第 1 次印刷
书　　号 ISBN 978-7-5603-5874-1
定　　价 158.00 元

这三本书融进了教育数学思想，也融进了新课程理念。对于提高数学教育方向的学生以及中学数学教师的数学修养，扩展其数学视野，丰富其数学文化，都将发挥重要作用。

书祝

沈文选先生新书问世

张景中 于

2013年9月28日

⊙ 代

读书的乐趣

你最喜爱什么——书籍.

你经常去哪里——书店.

你最大的乐趣是什么——读书.

这是友人提出的问题和我的回答.真的,我这一辈子算是和书籍,特别是好书结下了不解之缘.有人说,读书要费那么大的劲,又发不了财,读它做什么?我却至今不悔,不仅不悔,反而情趣越来越浓.想当年,我也曾爱打球,也曾爱下棋,对操琴也有兴趣,还登台伴奏过.但后来却都一一断交,“终身不复鼓琴”.那原因便是怕花费时间,玩物丧志,误了我的大事——求学.这当然过激了一些.剩下来唯有读书一事,自幼至今,无日少废,谓之书痴也可,谓之书橱也可,管它呢,人各有志,不可相强.我的一生大志,便是教书,而当教师,不多读书是不行的.

读好书是一种乐趣,一种情操;一种向全世界古往今来的伟人和名人求教的方法,一种和他们展开讨论的方式;一封出席各种活动、体验各种生活、结识各种人物的邀请信;一张迈进科学宫殿和未知世界的入场券;一股改造自己、丰富自己的强大力量.书籍是全人类有史以来共同创造的财富,是永不枯竭的智慧的源泉.失意时读书,可以使人重整旗鼓;得意时读书,可以使人头脑清醒;疑难时读书,可以得到解答或启示;年轻人读书,可明奋进之道;年老人读书,能知健神之理.浩浩乎!洋洋乎!如临大海,或波涛汹涌,或清风微拂,取之不尽,用之不竭.吾于读书,无疑义矣,三日不读,则头脑麻木,心摇摇无主.

潜能需要激发

我和书籍结缘,开始于一次非常偶然的机会.大概是八九岁吧,家里穷得揭不开锅,我每天从早到晚都要去田园里帮工.一天,偶然从旧木柜阴湿的角落里,找到一本蜡光纸的小书,自然很破了.屋内光线暗淡,又是黄昏时分,只好拿到大门外去看.封面已经脱落,扉页上写的是《薛仁贵征东》.管它呢,且往下看.第一回的标题已忘记,只是那首开卷诗不知为什么至今仍记忆犹新:

日出遥遥一点红,飘飘四海影无踪.

三岁孩童千两价,保主跨海去征东.

第一句指山东,二、三两句分别点出薛仁贵(雪、人贵).那时识字很少,半看半猜,居然引起了我极大的兴趣,同时也教我认识了许多生字.这是我有生以来独立看的第一本书.尝到甜头以后,我便千方百计去找书,向小朋友借,到亲友家找,居然断断续续看了《薛丁山征西》《彭公案》《二度梅》等,樊梨花便成了我心中的女英雄.我真入迷了.从此,放牛也罢,车水也罢,我总要带一本书,还练出了边走田间小路边读书的本领,读得津津有味,不知人间别有他事.

当我们安静下来回想往事时,往往会发现一些偶然的小事却影响了自己的一生.如果不是找到那本《薛仁贵征东》,我的好学心也许激发不起来.我这一生,也许会走另一条路.人的潜能,好比一座汽油库,星星之火,可以使它雷声隆隆、光照天地;但若少了这粒火星,它便会成为一潭死水,永归沉寂.

抄,总抄得起

好不容易上了中学,做完功课还有点时间,便常光顾图书馆.好书借了实在舍不得还,但买不到也买不起,便下决心动手抄书.抄,总抄得起.我抄过林语堂写的《高级英文法》,抄过英文的《英文典大全》,还抄过《孙子兵法》,这本书实在爱得狠了,竟一口气抄了两份.人们虽知抄书之苦,未知抄书之益,抄完毫末俱见,一览无余,胜读十遍.

始于精于一,返于精于博

关于康有为的教学法,他的弟子梁启超说:"康先生之教,专标专精、涉猎二条,无专精则不能成,无涉猎则不能通也."可见康有为强烈要求学生把专精和广博(即"涉猎")相结合.

在先后次序上,我认为要从精于一开始.首先应集中精力学好专业,并在专业的科研中做出成绩,然后逐步扩大领域,力求多方面的精.年轻时,我曾精读杜布(J. L. Doob)的《随机过程论》,哈尔莫斯(P. R. Halmos)的《测度论》等世界数学名著,使我终身受益.简言之,即"始于精于一,返于精于博".正如中国革命一样，必须先有一块根据地，站稳后再开创几块，最后连成一片.

丰富我文采，澡雪我精神

辛苦了一周，人相当疲劳了，每到星期六，我便到旧书店走走，这已成为生活中的一部分，多年如此. 一次，偶然看到一套《纲鉴易知录》，编者之一便是选编《古文观止》的吴楚材. 这部书提纲挈领地讲中国历史，上自盘古氏，直到明末，记事简明，文字古雅，又富于故事性，便把这部书从头到尾读了一遍. 从此启发了我读史书的兴趣.

我爱读中国的古典小说，例如《三国演义》和《东周列国志》. 我常对人说，这两部书简直是世界上政治阴谋诡计大全. 即以近年来极时髦的人质问题(伊朗人质、劫机人质等)，这些书中早就有了，秦始皇的父亲便是受害者，堪称"人质之父".

《庄子》超尘绝俗，不屑于名利. 其中"秋水""解牛"诸篇，诚绝唱也.《论语》束身严谨，勇于面世，"己所不欲，勿施于人"，有长者之风. 司马迁的《报任少卿书》，读之我心两伤，既伤少卿，又伤司马；我不知道少卿是否收到这封信，希望有人做点研究. 我也爱读鲁迅的杂文，果戈理、梅里美的小说. 我非常敬重文天祥、秋瑾的人品，常记他们的诗句："人生自古谁无死，留取丹心照汗青""休言女子非英物，夜夜龙泉壁上鸣". 唐诗、宋词、《西厢记》《牡丹亭》，丰富我文采，澡雪我精神，其中精粹，实是人间神品.

读了邓拓的《燕山夜话》，既叹服其广博，也使我动了写《科学发现纵横谈》的心. 不料这本小册子竟给我招来了上千封鼓励信. 以后人们便写出了许许多多的“纵横谈”.

从学生时代起，我就喜读方法论方面的论著.我想，做什么事情都要讲究方法，追求效率、效果和效益，方法好能事半而功倍.我很留心一些著名科学家、文学家写的心得体会和经验.我曾惊讶为什么巴尔扎克在51年短短的一生中能写出上百本书，并从他的传记中去寻找答案.文史哲和科学的海洋无边无际，先哲们的明智之光沐浴着人们的心灵，我衷心感谢他们的恩惠.

读书的另一面

以上我谈了读书的好处，现在要回过头来说说事情的另一面.

读书要选择.世上有各种各样的书：有的不值一看，有的只值看20分钟，有的可看5年，有的可保存一辈子，有的将永远不朽.即使是不朽的超级名著，由于我们的精力与时间有限，也必须加以选择.决不要看坏书，对一般书，要学会速读.

读书要多思考.应该想想，作者说得对吗？完全吗？适合今天的情况吗？从书本中迅速获得效果的好办法是有的放矢地读书，带着问题去读，或偏重某一方面去读.这时我们的思维处于主动寻找的地位，就像猎人追找猎物一样主动，很快就能找到答案，或者发现书中的问题.

有的书浏览即止，有的要读出声来，有的要心头记住，有的要笔头记录.对重要的专业书或名著，要勤做笔记，“不动笔墨不读书”.动脑加动手，手脑并用，既可加深理解，又可避忘备查，特别是自己的灵感，更要及时抓住.清代章学诚在《文史通义》中说：“札记之功必不可少，如不札记，则无穷妙绪如雨珠落大海矣.”

许多大事业、大作品，都是长期积累和短期突击相结合的产物. 涓涓不息，将成江河；无此涓涓，何来江河？

爱好读书是许多伟人的共同特性，不仅学者专家如此，一些大政治家、大军事家也如此. 曹操、康熙、拿破仑、毛泽东都是手不释卷，嗜书如命的人. 他们的巨大成就与毕生刻苦自学密切相关.

王梓坤

◎ 序

文选教授是一位多产的数学通俗读物作家.他的作品,重点不在于文学渲染,人文解读,而是高屋建瓴,以拓展青年学子的数学视野,铸就数学探究的基本功为己任.这次推出的《从 Cramer 法则谈起——矩阵论漫谈》《从 Stewart 定理的表示谈起——向量理论漫谈》《从高维 Pythagoras 定理谈起——单形论漫谈》三部著作,就是为一些有志于突破高考藩篱,寻求更高数学发展的学生们准备的.

中国数学教育正在进入一个新的周期.21 世纪初的数学课程改革,正在步入深水区.单靠"大呼隆地"从教学方法入手改革课堂教学,毕竟是走不远的.数学课堂教学必然要基于数学本身,揭示数学本质.如果说,教学方法相当于烹调技艺,那么数学内容就相当于食材.离开食材,何谈烹调?一个注重数学内容的数学教育,正向我们走来.本套书作为青年数学教师的读物,当有提升数学素养之特定功效.

文选教授是全国初等数学研究学会的首任理事长,他是初等数学研究、竞赛数学研究、教育数学研究的积极倡导者和实践者.这套书为广大初等数学研究、竞赛数学研究、教育数学研究爱好者提供了丰富的材料,可供参考.

文选教授的这些著作,事关中国数学英才教育的发展.中国的高中学生,为了高考取得高分,不得不进行反复复习,就地空转.如果走奥赛的路子,也脱不开应试的框框.多年来,那些富有数学才华,又对数学怀有浓厚兴趣的年轻人,没有选择自己数学道路的余地,结果便造成了中国内地数学英才教育的缺失.反观其他国家和地区的一些数学才俊,年纪轻轻就涉猎高等数学,徜徉在数学探究的路途上.仅就亚洲来说,中国香港移民到澳大利亚的陶哲轩,越南的吴宝珠,都已经获得菲尔兹奖.相形之下,当知我们应努力之所在了.

话说回来,本书的内容,虽与高考无直接关系,但却是"数学万花丛中的一朵".有"花香"的熏染,数学功力日增,对升学的侧面效应,恐也不可小看.数学英才,毕竟是大学所瞩目的.最后,我热切期望,本书的读者能够像华罗庚先生所教导的那样,将书读到厚,再从厚读到薄,汲取书中之精华,并在不久的将来,能在中国数坛的预备队里见到他们活跃的身影.

与文选教授合作多年,欣闻他新作问世.写了以上的感想,权作为序.

张奠宙

华东师范大学数学系

2013 年 5 月 10 日

◎前言

美丽的"数学花园",奇妙的"数学花坛",如果去"游园",不仅欣赏了纯美的景观,而且可以享受充满数学智慧的精彩"游程",开阔我们的视野,优化我们的思维,涤去蒙昧与无知.诺贝尔奖获得者、著名的物理学家杨振宁先生曾说:"我赞美数学的优美和力量,它有战术的技巧与灵活,又有战略上的雄才远虑,而且,堪称奇迹中的奇迹的是,它的一些美妙概念竟是支配物理世界的基本结构."

为建设好这座"数学花园",扩展"数学花坛",就要运用张景中院士的教育数学思想,对浩如烟海的数学材料进行再创造,把数学家们的数学化成果改造成学习者易于接受的知识,把数学化过程尽可能变成适合学习者可操作的活动过程,借助操作活动展示数学的优美特征,凸显数学的实质内涵,揭示朴素的数学思考过程,让数学"冰冷"的美丽转化为"火热"的思考,将数学抽象的形式转化为具体的案例.这也可以响应张奠宙教授的倡议:建构符合时代需求的数学常识,享受充满数学智慧的精彩人生.

数学是从认识和研究图形和数开始的.大体上可以说,图形的优点是直观形象,能更直接地用来描述我们周围的世界,也更容易理解,但图形不便于计算,利用几何推理的方法来研究图形,灵活性、偶然性太大,不容易掌握;数的优点是用比较死板的方法进行运算,便于掌握,但比图形更抽象,将客观世界用数来描述的难度更大一些.笛卡儿引进了坐标之后,打破了数与形的界限,将几何图形最基本的元素——点,用坐标来表示,将曲线、曲面用方程来表示,通过对坐标和方程的代数运算来研究几何图形的性质,这就是解析几何.

向量也是一种图形,其具体、直观、形象的优点,便于用来描述客观世界.向量又可以直接进行运算.因此,向量兼有图形和数的优点.我们可以将几何图形用向量来描述,通过向量的运算来解决几何问题;也可以进一步将向量的运算转化为坐标的运算来解决问题,这是建立几何理论与算法体系的一种简明有效的途径.

向量是一种“价廉物美”的数学工具,学起来很容易,需要花费的时间和精力不多,用处却很大,可以解决很多的几何和代数问题.

线性运算是向量的基本运算.向量可以用有向线段表示,用有向线段进行向量的线性运算,具体且直观,特别是运用向量回路处理几何问题既方便又简捷.在坐标系中,向量可以用坐标表示,向量的线性运算可转化为坐标运算——数的加、减、乘运算,使运算变得更加简单.将向量线性运算的这两种方法相结合,使得解析几何中数形结合的研究方法产生更强的功能.

在笛卡儿直角坐标系中,点 $A(x,y)$ 和向量 $\overrightarrow{OA}$ 一一对应.于是,向量就可以看作一对有序的数组 (x,y).同样,空间向量则可以表示为空间直角坐标系中的"点"——三维的有序数组 (x,y,z).

向量的坐标表示有许多好处:首先是运算简捷.例如,两个向量 $\boldsymbol{a}=(a_1,a_2)$ 和 $\boldsymbol{b}=(b_1,b_2)$ 相加得到的向量是 $\boldsymbol{a}+\boldsymbol{b}=(a_1+b_1,a_2+b_2)$,即只要把两个坐标分别相加就可以了.类似地,$\lambda\boldsymbol{a}=(\lambda a_1,\lambda a_2)$.至于数量积,则可以写成 $\boldsymbol{a}\cdot\boldsymbol{b}=a_1a_2+b_1b_2$.这样简单的表示,使得向量如虎添翼.二元一次线性方程组 $ax+by=m$(可以看作是向量 (a,b) 与 (x,y) 的数量积),$cx+dy=n$(可以看作是向量 (c,d) 与 (x,y) 的数量积),相当于方程组的系数矩阵将向量变换为 $\begin{pmatrix}m\\n\end{pmatrix}$,即 $\begin{pmatrix}a&b\\c&d\end{pmatrix}\begin{pmatrix}x\\y\end{pmatrix}=\begin{pmatrix}m\\n\end{pmatrix}$.向量就和线性方程组联系起来了,其意义非同小可.

几何中的一大类问题是度量问题,如长度、夹角、垂直等.这些度量问题几乎都可以通过向量的内积来解决.这使得一些解析几何,立体几何中的定理、公式的推导过程大为简化,大大降低了学习难度.例如,点到直线的距离、点到平面的距离、异面直线间的距离;平面中两条直线垂直的判定、空间中直线与平面垂直的判定;两条直线(包括异面直线)的夹角、二面角的度数等.

向量几何使用“向量的数量积”，提供了处理复杂几何问题的工具. 在解析几何里，两条直线的夹角，当然也可以从两条直线方程的系数求得. 但在向量几何里，夹角的余弦就是这两条直线所在的方向的简单向量的数量积. 本来很复杂的夹角问题，通过一次向量运算就解决了. 又如，三角形的面积也可以用向量的数量积或向量积的模求得. 由于面积是平面几何里的“帝王不变量”，许多几何问题迎刃而解. 至于利用向量讨论直线与直线的垂直与平行，空间线面、面面之间的位置关系，比起综合方法需要“个别处理”的技巧，一个“一揽子”解决的手段，显得十分轻松. 两条直线是否垂直，只需要看相应的两个向量的数量积是否为0，何等简便！向量计算，能够精中求简，以简驭繁. 由于计算机技术的普及，在未来，向量方法的使用还会有更大的空间.

著名女数学家索菲亚・热尔梅(1776—1831)曾说过:“代数不过是写出来的几何，几何不过是画出来的代数”. 向量理论及其应用恰好说明了这句话的深刻含意.

在本书的写作过程中，张垚教授、冷岗松教授、杨世国教授曾给予热情的指导与帮助，他们不仅提供了自己的最新研究成果，还提出了许多修改意见. 特别是张垚教授，在百忙中挤时间审阅书稿，撰写初版序言. 他们的大力帮助，使本书增色不少，在此深表感谢！

在此也要衷心感谢张景中院士、张奠宙教授在百忙中为本套书题字、作序；衷心感谢本书后面参考文献的作者，是他们的成果丰富了本书的内容；衷心感谢刘培杰数学工作室，感谢刘培杰老师、张永芹老师、齐新宇老师等诸位老师，使得本书以新的面目展现在读者面前；衷心感谢我的同事邓汉元教授、我的朋友赵雄辉研究员、欧阳新龙先生、黄仁寿先生，以及我的研究生们：吴仁芳、谢圣英、羊明亮、彭熹、谢立红、陈丽芳、谢美丽、陈淼君等对我写作工作的大力协助；还要感谢我的家人对我写作的大力支持！

限于作者的水平，本书不完善之处在所难免，恳请读者批评指正.

沈文选

2015 年 6 月于岳麓山下长塘山

◎目录

从斯特瓦尔特定理的表示谈起

引言

三角形中有许多著名的定理，但斯特瓦尔特（Stewart，1717—1785）定理有其独特的内涵与作用.

斯特瓦尔特定理 设 P 为 $\triangle ABC$ 的 BC 边上任意一点（$P\neq B,P\neq C$），则有

$$AB^2\cdot PC+AC^2\cdot BP=AP^2\cdot BC+BP\cdot PC\cdot BC \quad ①$$

或

$$AP^2=AB^2\cdot\frac{PC}{BC}+AC^2\cdot\frac{BP}{BC}-BC^2\cdot\frac{BP}{BC}\cdot\frac{PC}{BC} \quad ②$$

证明 如图 1，不失一般性，设 $\angle APC<90°$，则由余弦定理，有

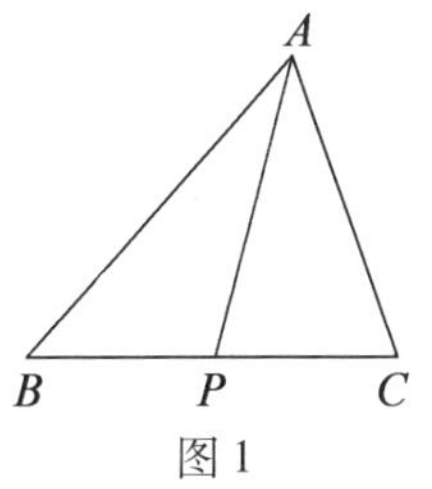

图 1

$$AC^2=AP^2+PC^2-2AP\cdot PC\cdot\cos\angle APC$$

$$\begin{aligned}AB^2&=AP^2+BP^2-2AP\cdot BP\cdot\cos(180^\circ-\angle APC)\\&=AP^2+BP^2+2AP\cdot BP\cdot\cos\angle APC\end{aligned}$$

对上述两式分别乘以 $BP\cdot PC$ 后相加整理，即得式①或式②.

类似于上述证法可证得斯特瓦尔特定理的如下推广式：

（1）设 P 为 $\triangle ABC$ 的 BC 边延长线上任意一点，则

$$AP^2=-AB^2\cdot\frac{PC}{BC}+AC^2\cdot\frac{BP}{BC}+BC^2\cdot\frac{PC}{BC}\cdot\frac{BP}{BC}\qquad ③$$

（2）设 P 为 $\triangle ABC$ 的 BC 边反向延长线上任意一点，则

$$AP^2=AB^2\cdot\frac{PC}{BC}-AC^2\cdot\frac{BP}{BC}+BC^2\cdot\frac{PC}{BC}\cdot\frac{BP}{BC}\qquad ④$$

（3）设 P 为等腰 $\triangle ABC$ 的底边 BC 上任意一点，则

$$AP^2=AB^2-BP\cdot PC\qquad ⑤$$

（4）设 P 为等腰 $\triangle ABC$ 的底边 BC 的延长线上任意一点，则

$$AP^2=AB^2+BP\cdot PC\qquad ⑥$$

（5）设 P 为 $\triangle ABC$ 的 BC 边的中点，则

$$AP^2=\frac{1}{2}AB^2+\frac{1}{2}AC^2-\frac{1}{4}BC^2\qquad ⑦$$

（6）设 AP 为 $\triangle ABC$ 中 $\angle A$ 的内角平分线，则

$$AP^2=AB\cdot AC-BP\cdot PC\qquad ⑧$$

（7）设 AP 为 $\triangle ABC$ 中 $\angle A$ 的外角平分线，则

$$AP^2=AB\cdot AC+BP\cdot PC\qquad ⑨$$

（8）在 $\triangle ABC$ 中，若点 P 分线段 BC 满足 $\frac{BP}{PC}=\lambda$，

则

$$AP^2=\frac{1}{1+\lambda}\cdot AB^2+\frac{\lambda}{1+\lambda}\cdot AC^2-\frac{\lambda}{(1+\lambda)^2}\cdot BC^2 \quad ⑩$$

综上,我们看到斯特瓦尔特定理丰富的内涵及作用.但是,这么多式子,很难记,运用起来也不方便,怎样解决这个困惑呢?

如果我们引入有向线段,或者向量来表示有关线段,那么就方便多了.例如,对于式⑩,若令$\frac{\overrightarrow{BP}}{\overrightarrow{PC}}=\lambda$,则可以记住前面所有的式子了.又例如,对于式②~④,可以统一记为

$$AP^2=AB^2\cdot\frac{\overrightarrow{PC}}{\overrightarrow{BC}}+AC^2\cdot\frac{\overrightarrow{BP}}{\overrightarrow{BC}}-BC^2\cdot\frac{\overrightarrow{BP}}{\overrightarrow{BC}}\cdot\frac{\overrightarrow{PC}}{\overrightarrow{BC}}$$

对于式⑤,⑥,可统一记为

$$AP^2=AB^2-\overrightarrow{BP}\cdot\overrightarrow{PC}$$

对于式⑧,⑨,可统一记为

$$AP^2=AB\cdot AC-\overrightarrow{BP}\cdot\overrightarrow{PC}$$

这说明,运用向量,可以帮助我们统一简洁地表示有关数学对象.向量是一种特殊的数学图式,它兼有图形的直观、形象,又可按数式运算.向量是一种“价廉物美”的工具,应用十分广泛!

第一章 向量的基本概念与运算

1.1 预备知识

1. 有向线段

规定了起点和终点的线段称为有向线段. 有向线段通常包含起点、方向、长度三个要素.

2. 有向角

规定了始边、终边和绕顶点旋转方向的角称为有向角. 有向角通常包含始边、终边旋转方向、度量三个要素.

3. 有向面积

规定了顶点绕向的平面多边形的面积称为有向面积.

4. 投影

过一点作已知直线或平面的垂(斜)线,所得垂(斜)足称为该点的垂直(斜)投影;过有向线段两端点作直线或平面的垂(平行的斜)线,所得两垂(斜)足所成的有向线段称为该有向线段的垂直(平行)投影.

5. 平面直角坐标系

以水平直线和与它垂直的直线的交点为原点，以水平直线向右的方向为正方向，垂直直线向上的方向为正方向，在两直线上选取相同的长度单位，这样便建立了平面直角坐标系. 称水平直线为 x 轴（横轴），垂直直线为 y 轴（纵轴）.

对于直角坐标平面内一点 M，用 x,y 分别表示它在 x 轴，y 轴上的垂直投影的数量，有序数对 (x,y) 就称为点 M 的平面直角坐标.

6. 极坐标系

在平面内取一个定点 O，从 O 引一条射线 Ox，再选定一个长度单位和角度的正方向（通常取逆时针方向），这样便建立了极坐标系. 并称定点 O 为极点，射线 Ox 为极轴.

对于极坐标系平面内一点 M，用 ρ 表示线段 OM 的长度，θ 表示从 Ox 旋转到 OM 的角度，有序数对 (ρ,θ) 就称为点 M 的极坐标，其中 ρ 称为点 M 的极径，θ 称为点 M 的极角.

7. 平面仿射坐标系

以水平直线和与它相交的直线的交点为原点，以水平直线向右的方向为正方向，以与它相交的直线向上的方向为正方向，在两直线上选取长度单位（两者可以相同，也可以不同），这样便建立了平面仿射坐标系，并称水平直线为 x 轴，另一条直线为 y 轴.

对于仿射坐标平面内任意一点 M，用 x,y 分别表示它在 x 轴，y 轴上的平行投影的数量，有序数对 (x,y) 就称为点 x 的平面仿射坐标.

显然，平面直角坐标系是平面仿射坐标系的特殊情形.

当平面仿射坐标系的两坐标轴的夹角变为90°,两坐标轴上长度单位变为相同时,便成为平面直角坐标系.

8. **面积坐标**

在坐标平面内任取一个$\triangle A_1A_2A_3$称为坐标三角形,对平面内任意一点M,将下列3个三角形的有向面积(规定顶点按逆时针方向绕向时面积为正,否则为负)的比值

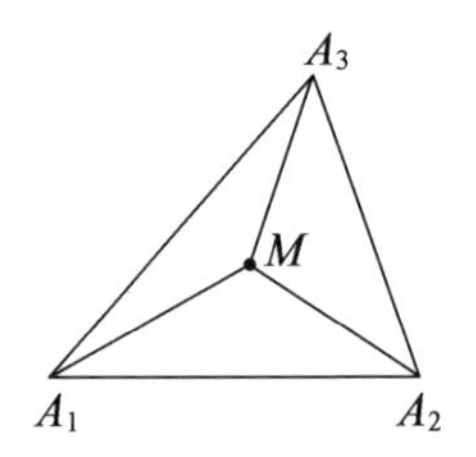

图 1.1.1

$$S_{\triangle MA_2A_3} : S_{\triangle A_1MA_3} : S_{\triangle A_1A_2M} = \mu_1 : \mu_2 : \mu_3 \quad (1.1.1)$$

称为点M的面积坐标,记为$M=(\mu_1:\mu_2:\mu_3)$.

若记$\lambda_i=\dfrac{\mu_i}{\mu_1+\mu_2+\mu_3}(i=1,2,3)$,则有$\lambda_1+\lambda_2+\lambda_3=1$.此时点$M$的面积规范坐标为

$$M(\lambda_1:\lambda_2:\lambda_3) \quad (1.1.2)$$

其中

$$\lambda_1+\lambda_2+\lambda_3=1$$

注 当点M在$\triangle A_1A_2A_3$的边上时,则有某λ_i为零;当点M在$\triangle A_1A_2A_3$的外部时,则有某λ_i为负值;当点M在$\triangle A_1A_2A_3$的顶点处时,$A_1(1:0:0)$,$A_2(0:1:0)$,$A_3(0:0:1)$.

9. **空间直角坐标系**

过平面直角坐标系的原点作直线与直角坐标平面

垂直，以此直线向上的方向为正方向，在此直线上取与平面直角坐标系坐标轴相同的长度单位，便建立了空间直角坐标系，所作直线称为 z 轴.

或者，在空间中取定一点 O，过点 O 作两两互相垂直的三条直线，并在其上取定正方向和相同的长度单位，这样直线 Ox, Oy, Oz 称为坐标轴，点 O 为坐标原点，平面 xOy, yOz, zOx 称为坐标平面，由此便建立了空间直角坐标系.

空间直角坐标系的三条坐标轴的正方向构成右手系.

对于空间中任意一点 M，用 x, y, z 分别表示它在 x 轴，y 轴，z 轴的垂直投影的数量，有序数组 (x, y, z) 就称为点 M 的空间直角坐标.

10. 空间仿射坐标系

过平面仿射坐标系的原点作直线与仿射平面相交，以此直线向上的方向为正方向，在此直线上选取长度单位（不一定与前面的长度单位相同），便建立了空间仿射坐标系，所作直线称为 z 轴.

对于空间内的一点 M，用 x, y, z 分别表示它在空间仿射坐标系中的 x 轴，y 轴，z 轴上的平行投影的数量，有序数组 (x, y, z) 就称为点 M 的空间仿射坐标.

空间仿射坐标系的三条坐标轴的正方向构成右手系.

显然，空间直角坐标系是空间仿射坐标系的特殊情形.

当空间仿射坐标系的三条坐标轴两两互相垂直，三条坐标轴上的长度单位都相同时，便成为空间直角坐标系.

11. 体积坐标

在空间内任取一个四面体 $A_1 - A_2A_3A_4$ 称为坐标

四面体. 对于空间内任意一点 M,将下列四个四面体的有向体积(点 M 在坐标四面体侧面的内侧时,规定为正,否则为负)的比值

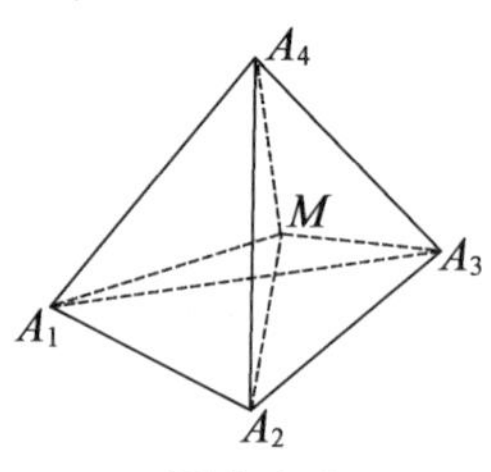

图 1.1.2

$$\begin{aligned} & \boldsymbol{V}_{M-A_1A_2A_3} : \boldsymbol{V}_{A_1-MA_3A_4} : \boldsymbol{V}_{A_1-A_2MA_4} : \boldsymbol{V}_{A_1-A_2A_3M} \\ & = \mu_1 : \mu_2 : \mu_3 : \mu_4 \end{aligned} \qquad (1.1.3)$$

称为点 M 的体积坐标,记为 $\mu = (\mu_1 : \mu_2 : \mu_3 : \mu_4)$.

若记 $\lambda_i = \dfrac{\mu_i}{\mu_1 + \mu_2 + \mu_3 + \mu_4}(i = 1,2,3,4)$,则有 $\lambda_1 + \lambda_2 + \lambda_3 + \lambda_4 = 1$.

此时,点 M 的体积规范坐标为

$$M(\lambda_1 : \lambda_2 : \lambda_3 : \lambda_4) \qquad (1.1.4)$$

其中 $$\lambda_1 + \lambda_2 + \lambda_3 + \lambda_4 = 1$$

注 当点 M 在四面体 $A_1 - A_2A_3A_4$ 的面上时,则有某 λ_i 为零;当点 M 在四面体 $A_1 - A_2A_3A_4$ 的外部时,则有某 λ_i 取负值;当点 M 在四面体 $A_1 - A_2A_3A_4$ 的顶点处时,$A_1(1:0:0:0)$,$A_2(0:1:0:0)$,$A_3(0:0:1:0)$,$A_4(0:0:0:1)$.

1.2 向量的基本概念

1. 向量

有方向、大小、起点的量称为向量.

每个向量 $\boldsymbol{a}$ 可以用一条有向线段 $\overrightarrow{AB}$ 来表示,记作

$\boldsymbol{a}=\overrightarrow{AB}$，$A$ 为起点，从 A 到 B 的方向表示向量 $\boldsymbol{a}$ 的方向；$\overrightarrow{AB}$的长度$|\overrightarrow{AB}|$表示向量 $\boldsymbol{a}$ 的大小，称为向量的模，记作$|\boldsymbol{a}|$.

当$|\boldsymbol{a}|=|\overrightarrow{AB}|=0$ 时，A 与 B 重合，$\boldsymbol{a}=\overrightarrow{AA}$，称为零向量，记为$\mathbf{0}$. 零向量的方向不确定，可以为任意方向.

把向量放到坐标系中，就有向量的坐标表示.

若把向量 $\boldsymbol{a}$ 的起点放在平面直角坐标系的原点，则有向线段终点的坐标(x,y)即为向量 $\boldsymbol{a}$ 的平面坐标表示，即有 $\boldsymbol{a}=(x,y)$.

若把向量 $\boldsymbol{a}$ 的起点放在空间直角坐标系的原点，则有向线段终点的坐标(x,y,z)即为向量 $\boldsymbol{a}$ 的空间坐标表示，即有 $\boldsymbol{a}=(x,y,z)$.

若把向量 $\boldsymbol{a}$ 的起点放在极坐标系的极点，则有向线段终点的极坐标(ρ,θ)即为向量 $\boldsymbol{a}$ 的极坐标表示，即有 $\boldsymbol{a}=(\rho,\theta)$，如此等等.

把向量起点放在坐标系的原点的向量也称为位置向量，向量起点放在空间中任意一点的向量也称为自由向量.

2. 单位向量

单位向量是指模为 1 个单位长的向量. 非零向量 $\boldsymbol{a}$ 的单位向量为$\dfrac{\boldsymbol{a}}{|\boldsymbol{a}|}$.

在向量的有向线段表示法中，常用 $\boldsymbol{e}$ 表示单位向量；在向量的坐标表示法中，常用 $\boldsymbol{i}$、$\boldsymbol{j}$、$\boldsymbol{k}$ 表示单位向量.

单位向量与菱形、角平分线等图形有着天然的联系.

3. 平行向量

平行向量指方向相同或相反的非零向量，记作 $\boldsymbol{a}/\!/\boldsymbol{b}$.

由于自由向量不关心起点，可以将任意一组平行向量平移到同一直线上，所以也称为共线向量. 也就是说，平行向量和共线向量是同一本质的不同名称，这与我们在平面几何或立体几何中所说的共线属于平行的特殊情形是有区别的.

由于零向量的方向是任意的，所以可以规定零向量与任意向量平行.

与 $\boldsymbol{a}$ 共线的若干向量之和仍然与 $\boldsymbol{a}$ 共线.

如果 $\boldsymbol{a}$ 与 $\boldsymbol{b}$ 不共线，但 $\boldsymbol{c}$ 与 $\boldsymbol{a}$ 和 $\boldsymbol{b}$ 两者都共线，则 $\boldsymbol{c}=\boldsymbol{0}$.

因此，如果若干不与 $\boldsymbol{a}$ 共线的向量之和等于若干与 $\boldsymbol{b}$ 共线的向量之和，则两个和向量都为零向量. 这个规则在平面中成立，在空间中也成立.

4. 相等向量

相等向量是指长度相等且方向相同的向量.

凡是相等的向量都可以看作是同一向量. 相等的向量经过平移后总可以重合，记为 $\boldsymbol{a}=\boldsymbol{b}$. 用坐标表示时，其坐标分量也相等.

同一个向量 $\boldsymbol{a}$ 可以由不同的有向线段 $\overrightarrow{AB}$，$\overrightarrow{CD}$ 表示，只要 $\overrightarrow{AB}$，$\overrightarrow{CD}$ 的方向相同，长度也相同，即使起点 A，C 不同，也有 $\overrightarrow{AB}=\overrightarrow{CD}$. 但从同一点出发表示同一个向量的有向线段是唯一确定的：$\overrightarrow{OA}=\overrightarrow{OB}\Leftrightarrow A$ 与 B 重合.

5. 相反向量

与向量 $\boldsymbol{a}$ 长度相等，方向相反的向量，称为向量 $\boldsymbol{a}$ 的相反向量，记作 $-\boldsymbol{a}$.

向量 $\boldsymbol{a}$ 与其相反向量 $-\boldsymbol{a}$ 有下列基本性质

$$-(-\boldsymbol{a})=\boldsymbol{a};\boldsymbol{a}+(-\boldsymbol{a})=\boldsymbol{0}=(-\boldsymbol{a})+\boldsymbol{a} \tag{1.2.1}$$

若 $\boldsymbol{a}$ 和 $\boldsymbol{b}$ 互为相反向量,则

$$\boldsymbol{a}=-\boldsymbol{b},\boldsymbol{b}=-\boldsymbol{a},\boldsymbol{a}+\boldsymbol{b}=\boldsymbol{0} \qquad (1.2.2)$$

6. 单点向量

在平面或空间内任取一定点 O,那么平面或空间内任意一点 M 与向量$\overrightarrow{OM}$一一对应. 从而,我们可以用单点向量 $\boldsymbol{M}$ 表示向量$\overrightarrow{OM}$. 此时,定点 O 的单点向量就表示零向量. 任一向量$\overrightarrow{AB}$可以表示为终点的单点向量与起点的单点向量之差,即

$$\overrightarrow{AB}=\boldsymbol{B}-\boldsymbol{A} \qquad (1.2.3)$$

7. 平行(共线)向量、垂直向量、法向量

向量 $\boldsymbol{a},\boldsymbol{b}$ 平行(共线),可用有向线段长度的倍数来表示,记为 $\boldsymbol{a}/\!/\boldsymbol{b}\Leftrightarrow\boldsymbol{a}=\lambda\boldsymbol{b}$.

向量 $\boldsymbol{a},\boldsymbol{b}$ 垂直可用有向线段成 90°角表示,记为 $\boldsymbol{a}\perp\boldsymbol{b}$.

与直线或平面垂直的向量称为其法向量.

1.3　向量的运算

1. 向量的加法

求两个向量和的运算叫作向量的加法.

设向量 $\boldsymbol{a}=\overrightarrow{AB},\boldsymbol{b}=\overrightarrow{BC}$,则向量 $\boldsymbol{c}=\overrightarrow{AC}$叫作 $\boldsymbol{a}$ 与 $\boldsymbol{b}$ 的和,记作 $\boldsymbol{a}+\boldsymbol{b}=\boldsymbol{c}$,即$\overrightarrow{AB}+\overrightarrow{BC}=\overrightarrow{AC}$,如图 1.3.1 所示.

显然,向量的加法与三角形和平行四边形紧密联系,并形成回路(封闭的首尾相连的线段图形).

由图 1.3.2 及图 1.3.3 也表明了向量加法满足如下运算律:

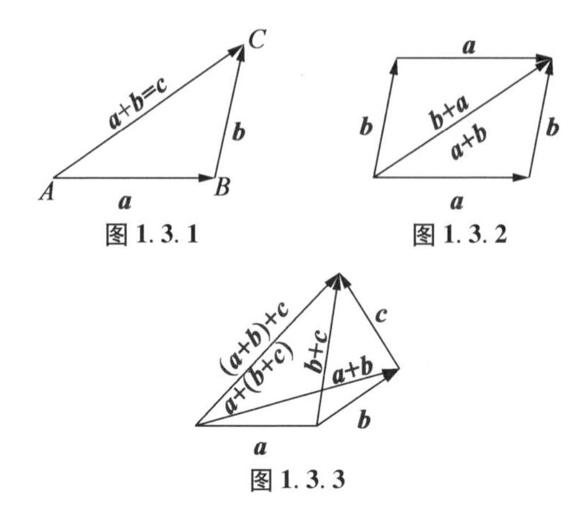

图 1.3.1　　图 1.3.2

图 1.3.3

交换律

$$\boldsymbol{a}+\boldsymbol{b}=\boldsymbol{b}+\boldsymbol{a} \tag{1.3.1}$$

结合律

$$(\boldsymbol{a}+\boldsymbol{b})+\boldsymbol{c}=\boldsymbol{a}+(\boldsymbol{b}+\boldsymbol{c}) \tag{1.3.2}$$

向量的加法也可以用坐标来表示：设 $\boldsymbol{a}=(x_1, y_1)$，$\boldsymbol{b}=(x_2, y_2)$，则

$$\boldsymbol{a}+\boldsymbol{b}=(x_1+x_2, y_1+y_2) \tag{1.3.3}$$

若 $\boldsymbol{a}=(x_1, y_1, z_1)$，$\boldsymbol{b}=(x_2, y_2, z_2)$，则

$$\boldsymbol{a}+\boldsymbol{b}=(x_1+x_2, y_1+y_2, z_1+z_2) \tag{1.3.4}$$

如果考虑模，则由图 1.3.1 有三角形两边之和大于第三边

$$|\boldsymbol{a}|+|\boldsymbol{b}| \geqslant |\boldsymbol{a}+\boldsymbol{b}|$$

2. 向量的减法

向量 $\boldsymbol{a}$ 加上向量 $\boldsymbol{b}$ 的相反向量叫作 $\boldsymbol{a}$ 与 $\boldsymbol{b}$ 的差，记作 $\boldsymbol{a}-\boldsymbol{b}=\boldsymbol{a}+(-\boldsymbol{b})$，即知向量的减法可以转化为向量的加法.

求两个向量差的运算，叫作向量的减法.

设向量 $\boldsymbol{a}=\overrightarrow{OA}$，$\boldsymbol{b}=\overrightarrow{OB}$，则 $\boldsymbol{a}-\boldsymbol{b}=\overrightarrow{BA}=\overrightarrow{OD}$，如图 1.3.4 所示.

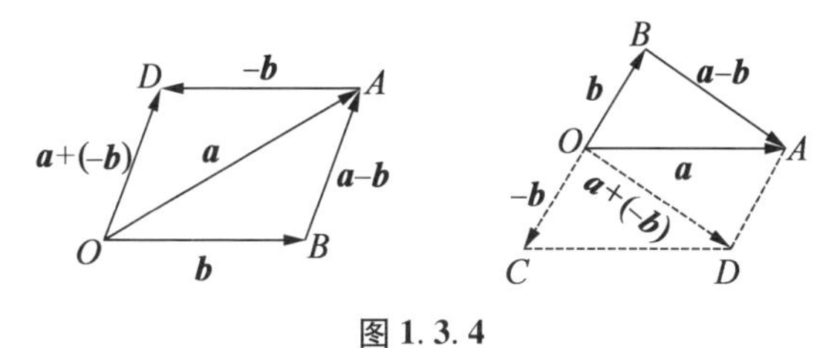

图 1.3.4

显然，向量的减法也与三角形和平行四边形紧密联系，也形成回路.

当向量 $\boldsymbol{a}$ 和 $\boldsymbol{b}$ 有共同起点时，则 $\boldsymbol{a}-\boldsymbol{b}$ 表示从 $\boldsymbol{b}$ 的终点指向 $\boldsymbol{a}$ 的终点的向量.

向量的减法也可以用坐标来表示. 设 $\boldsymbol{a}=(x_1,y_1)$，$\boldsymbol{b}=(x_2,y_2)$，则

$$\boldsymbol{a}-\boldsymbol{b}=(x_1-x_2,y_1-y_2) \qquad (1.3.5)$$

设 $\boldsymbol{a}=(x_1,y_1,z_1)$，$\boldsymbol{b}=(x_2,y_2,z_2)$，则

$$\boldsymbol{a}-\boldsymbol{b}=(x_1-x_2,y_1-y_2,z_1-z_2) \qquad (1.3.6)$$

3. 向量的数乘

有向线段长度的改变可用倍数来表示，而方向的反转可用负号来表示，由此可引出向量的数乘运算.

实数 λ 与向量 $\boldsymbol{a}$ 的积 $\lambda\boldsymbol{a}$ 是一个向量. 它们乘积的模为 $|\lambda\boldsymbol{a}|=|\lambda||\boldsymbol{a}|$，当 $\lambda>0$ 时，$\lambda\boldsymbol{a}$ 的方向与 $\boldsymbol{a}$ 的方向相同；当 $\lambda<0$ 时，$\lambda\boldsymbol{a}$ 的方向与 $\boldsymbol{a}$ 的方向相反；当 $\lambda=0$ 时，$\lambda\boldsymbol{a}=\boldsymbol{0}$.

注意到向量平行或共线的特征. 若 $\overrightarrow{AB}=\overrightarrow{DC}$，由“一组对边平行且相等的四边形为平行四边形”容易判定四边形 $ABCD$ 是平行四边形，如图 1.3.5 所示.

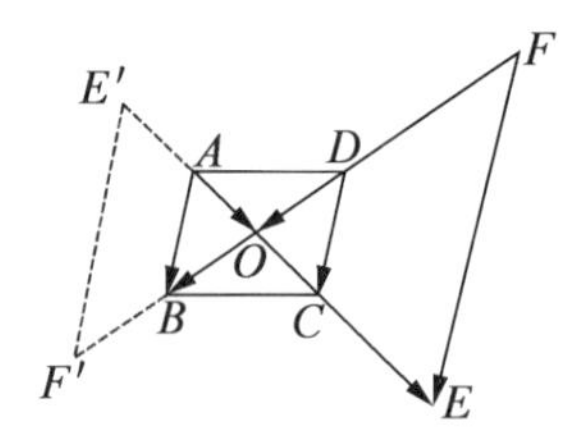

图 1.3.5

再注意到向量 $\boldsymbol{b}$ 与非零向量 $\boldsymbol{a}$ 共线⇔有且只有一个实数 λ，使得 $\boldsymbol{b}=\lambda\boldsymbol{a}$.

于是，由向量数乘的意义可知

$$\boldsymbol{a}/\!/\boldsymbol{b}\Leftrightarrow\boldsymbol{a}=\lambda\boldsymbol{b} \text{ 或 } \boldsymbol{b}=\lambda\boldsymbol{a} \quad (\lambda \text{ 为实数}) \tag{1.3.7}$$

因此，对两个非零向量 $\boldsymbol{a},\boldsymbol{b}$，若 $\lambda\boldsymbol{a}+\mu\boldsymbol{b}=\boldsymbol{0}$（$\lambda,\mu$ 为实数），且 $\boldsymbol{a}/\!/\boldsymbol{b}$，则

$$\lambda=\mu=0 \tag{1.3.8}$$

不难验证，向量的数乘运算服从如下的运算律：

结合律

$$(\lambda\mu)\boldsymbol{a}=\lambda(\mu\boldsymbol{a}) \quad (\lambda,\mu \text{ 为实数}) \tag{1.3.9}$$

分配律 Ⅰ

$$(\lambda+\mu)\boldsymbol{a}=\lambda\boldsymbol{a}+\mu\boldsymbol{a} \quad (\lambda,\mu \text{ 为实数}) \tag{1.3.10}$$

分配律 Ⅱ

$$\lambda(\boldsymbol{a}+\boldsymbol{b})=\lambda\boldsymbol{a}+\lambda\boldsymbol{b} \quad (\lambda \text{ 为实数}) \tag{1.3.11}$$

如图 1.3.5 所示，设 O 为平行四边形 $ABCD$ 的对角线的交点，当 $\overrightarrow{AB}=\lambda\overrightarrow{FE}(\lambda>1)$ 时，即 $\overrightarrow{AO}+\overrightarrow{OB}=\lambda(\overrightarrow{FO}+\overrightarrow{OE})$，则 $\overrightarrow{AO}=\lambda\overrightarrow{OE},\overrightarrow{OB}=\lambda\overrightarrow{FO}$.

这说明向量数乘与三角形相似有着紧密联系. 向量数乘的分配律 Ⅱ 实质意味着相似三角形对应边成

比例.

向量的加、减法与数乘统称为向量的线性运算. 它们的运算规律与实数的加、减法运算规律及多项式的加、减法的运算规律相同,如表 1.3.1 所示.

表 1.3.1

	实数的加、减法	向量的加、减法
相同部分	$a+b=b+a$	$\boldsymbol{a}+\boldsymbol{b}=\boldsymbol{b}+\boldsymbol{a}$
	$(a+b)+c=a+(b+c)$	$(\boldsymbol{a}+\boldsymbol{b})+\boldsymbol{c}=\boldsymbol{a}+(\boldsymbol{b}+\boldsymbol{c})$
	$0+a=a$	$\boldsymbol{0}+\boldsymbol{a}=\boldsymbol{a}$
	$\|a+b\|\leqslant\|a\|+\|b\|$	$\|\boldsymbol{a}+\boldsymbol{b}\|\leqslant\|\boldsymbol{a}\|+\|\boldsymbol{b}\|$
	$a+(-a)=0$	$\boldsymbol{a}+(-\boldsymbol{a})=\boldsymbol{0}$
	$a+b=0\Rightarrow a=-b$	$\boldsymbol{a}+\boldsymbol{b}=\boldsymbol{0}\Rightarrow\boldsymbol{a}=-\boldsymbol{b}$
	$\lambda(\mu a)=(\lambda\mu)a$	$\lambda(\mu\boldsymbol{a})=(\lambda\mu)\boldsymbol{a}$
	$(\lambda+\mu)a=\lambda a+\mu a$ $\lambda(a+b)=\lambda a+\lambda b$	$(\lambda+\mu)\boldsymbol{a}=\lambda\boldsymbol{a}+\mu\boldsymbol{a}$ $\lambda(\boldsymbol{a}+\boldsymbol{b})=\lambda\boldsymbol{a}+\lambda\boldsymbol{b}$
不同部分	$0\cdot a=0$	$0\cdot\boldsymbol{a}=\boldsymbol{0},\lambda\cdot\boldsymbol{0}=\boldsymbol{0}$

4. 向量的旋转

向量的数乘 $\lambda\boldsymbol{a}=\boldsymbol{b}$,当 $\lambda=1$ 且 $\boldsymbol{a},\boldsymbol{b}$ 对应的有向线段不共线时,可看作是向量的平移;当 $\lambda\neq1,0$ 且 $\boldsymbol{a},\boldsymbol{b}$ 对应的有向线段共线时,可看作是向量的伸缩变换.

对于向量的旋转,由于模没有改变,但方向改变了,所以可运用极坐标或平面直角坐标来表示.

对于平面内的向量 $\boldsymbol{a}$,它的极径为 $|\boldsymbol{a}|$,设它的极角为 θ,则

$$\boldsymbol{a}=(|\boldsymbol{a}|,\theta)=(|\boldsymbol{a}|\cos\theta,|\boldsymbol{a}|\sin\theta)=(x,y)\tag{1.3.12}$$

若向量 $\boldsymbol{a}$ 绕其起点逆时针方向旋转 α 角度,得到向量 $\boldsymbol{b}$,则

$$\begin{aligned}\boldsymbol{b}&=(|\boldsymbol{a}|,\theta+\alpha)=(|\boldsymbol{a}|\cos(\theta+\alpha),|\boldsymbol{a}|\sin(\theta+\alpha))\\&=(|\boldsymbol{b}|,\alpha)=(x\cos\alpha-y\sin\alpha,x\sin\alpha+y\cos\alpha)\\&=(x',y')\end{aligned}\tag{1.3.13}$$

由此可得到坐标旋转公式.

5. 基本定理

平面向量的基本定理 如果 $\boldsymbol{e}_1,\boldsymbol{e}_2$ 是同一平面内的两个不共线向量,那么对于这一平面内的任意向量 $\boldsymbol{a}$,有且只有一对实数 λ_1,λ_2,使

$$\boldsymbol{a}=\lambda_1\boldsymbol{e}_1+\lambda_2\boldsymbol{e}_2\tag{1.3.14}$$

其中不共线的向量 $\boldsymbol{e}_1,\boldsymbol{e}_2$ 叫作这一平面内所有向量的一组基底.

证明 先证一对实数 λ_1,λ_2 的存在性.

由实数与向量乘积的意义,给出一对实数 λ_1,λ_2 及向量 $\boldsymbol{e}_1,\boldsymbol{e}_2$ 后,则可得出向量 $\lambda_1\boldsymbol{e}_1,\lambda_2\boldsymbol{e}_2$,再由向量加法的意义,可作出向量 $\lambda_1\boldsymbol{e}_1+\lambda_2\boldsymbol{e}_2$. 从而任意给两个不共线的向量 $\boldsymbol{e}_1,\boldsymbol{e}_2$,则可表示出向量 $\boldsymbol{a}=\lambda_1\boldsymbol{e}_1+\lambda_2\boldsymbol{e}_2$ (λ_1,λ_2 为实数).

再证唯一性. 若有两对实数 $\lambda_1,\lambda_2,\mu_1,\mu_2$,且 $\lambda_1\neq\mu_1$ 或 $\lambda_2\neq\mu_2$,使得 $\boldsymbol{a}=\lambda_1\boldsymbol{e}_1+\lambda_2\boldsymbol{e}_2,\boldsymbol{a}=\mu_1\boldsymbol{e}_1+\mu_2\boldsymbol{e}_2$. 此时

$$(\lambda_1-\mu_1)\boldsymbol{e}_1+(\lambda_2-\mu_2)\boldsymbol{e}_2=\boldsymbol{0}$$

若 $\lambda_1\neq\mu_1$,则 $\boldsymbol{e}_1=-\dfrac{\lambda_2-\mu_2}{\lambda_1-\mu_1}\boldsymbol{e}_2$. 这说明 $\boldsymbol{e}_1$ 与 $\boldsymbol{e}_2$ 共线,矛盾.

若 $\lambda_2 \neq \mu_2$，则同理 $\boldsymbol{e}_1$ 与 $\boldsymbol{e}_2$ 共线，矛盾.

从而 $\lambda_1=\mu_1$ 且 $\lambda_2=\mu_2$，这说明了 λ_1,λ_2 的唯一性.

推论 1　当 $\boldsymbol{e}_1$ 与 $\boldsymbol{e}_2$ 不共线时，若 $\lambda_1\boldsymbol{e}_1+\lambda_2\boldsymbol{e}_2=\boldsymbol{0}$，则 $\lambda_1=\lambda_2=0$.

推论 2　当 $\boldsymbol{e}_1$ 与 $\boldsymbol{e}_2$ 不共线时，若 $\lambda_1\boldsymbol{e}_1+\lambda_2\boldsymbol{e}_2=\mu_1\boldsymbol{e}_1+\mu_2\boldsymbol{e}_2$，则 $\lambda_1=\mu_1,\lambda_2=\mu_2$（其中 $\lambda_1,\lambda_2,\mu_1,\mu_2$ 均为实数）.

推论 3　当 $\boldsymbol{e}_1$ 与 $\boldsymbol{e}_2$ 共线时，则 $\boldsymbol{e}_1,\boldsymbol{e}_2,\boldsymbol{a}=\lambda_1\boldsymbol{e}_1+\lambda_2\boldsymbol{e}_2$ 也共线.

推论 4　向量 $\boldsymbol{e}_1,\boldsymbol{e}_2,\boldsymbol{a}=\lambda_1\boldsymbol{e}_1+\lambda_2\boldsymbol{e}_2$ 的终点共线$\Leftrightarrow\lambda_1+\lambda_2=1$.

特别地，如果 $\boldsymbol{e}_1,\boldsymbol{e}_2$ 是平面仿射坐标轴上的两个单位向量，则 $\boldsymbol{a}=(\lambda_1,\lambda_2)$ 就是平面向量 $\boldsymbol{a}$ 的仿射坐标表示.　(1.3.15)

如果在平面直角坐标系中，分别取与 x 轴，y 轴方向相同的两个单位向量 $\boldsymbol{i},\boldsymbol{j}$ 作为基底，对于平面内的任意向量 $\boldsymbol{a}$，由平面向量基本定理可知，有且仅有一对实数 x,y 使得

$$\boldsymbol{a}=x\boldsymbol{i}+y\boldsymbol{j} \tag{1.3.16}$$

这样，平面内的任意向量 $\boldsymbol{a}$ 都可以由 x,y 唯一确定. 我们把有序数对 (x,y) 叫作向量 $\boldsymbol{a}$ 的直角坐标. 这和我们在前面给出的向量的直角坐标表示是一致的.

在平面直角坐标系下，向量式 $\boldsymbol{a}=x\boldsymbol{i}+y\boldsymbol{j}$ 也叫作向量的平面直角坐标分解式，数对 (x,y) 也叫作平面直角坐标分解的分量式.

对于向量式 $\boldsymbol{a}=\lambda_1\boldsymbol{e}_1+\lambda_2\boldsymbol{e}_2$，若 $\boldsymbol{e}_1,\boldsymbol{e}_2$ 决定方向，λ_1,λ_2 决定大小的话，平面向量的基本定理其实质就

是平行四边形的性质：两组对边分别平行的四边形是平行四边形；平行四边形的对边相等且平行，等等.

平面向量的基本定理可以推广到空间：

空间向量的基本定理 如果三个向量 $\boldsymbol{a},\boldsymbol{b},\boldsymbol{c}$ 不共面，那么对空间中任意向量 $\boldsymbol{P}$，存在有序数组 (x,y,z)，使得

$$\boldsymbol{P}=x\boldsymbol{a}+y\boldsymbol{b}+z\boldsymbol{c} \tag{1.3.17}$$

由此可知，如果向量 $\boldsymbol{a},\boldsymbol{b},\boldsymbol{c}$ 不共面，那么空间向量组成的集合就是 $\{\boldsymbol{P}\mid\boldsymbol{P}=x\boldsymbol{a}+y\boldsymbol{b}+z\boldsymbol{c},x,y,z\in\mathbf{R}\}$. 这个集合可看作是由向量 $\boldsymbol{a},\boldsymbol{b},\boldsymbol{c}$ 生成的，我们把 $\{\boldsymbol{a},\boldsymbol{b},\boldsymbol{c}\}$ 叫作空间的基底，$\boldsymbol{a},\boldsymbol{b},\boldsymbol{c}$ 都叫作基向量.

此基本定理的证明与平面向量的基本定理的证明类似，也可推出 4 个推论. 向量式 $\boldsymbol{P}=x\boldsymbol{a}+y\boldsymbol{b}+z\boldsymbol{c}$ 也蕴含平行六面体的性质.

如果 $\boldsymbol{a},\boldsymbol{b},\boldsymbol{c}$ 分别是空间仿射坐标轴上的三个单位向量，则 $\boldsymbol{P}=(x,y,z)$ 就是向量 $\boldsymbol{P}$ 的空间仿射坐标表示. 同样，在空间直角坐标系中，分别取与 x 轴，y 轴，z 轴方向相同的三个单位向量 $\boldsymbol{i},\boldsymbol{j},\boldsymbol{k}$ 作基底，则有且只有一组有序数组 (x,y,z)，使得 $\boldsymbol{P}=x\boldsymbol{i}+y\boldsymbol{j}+z\boldsymbol{k}$，此式也叫作空间直角坐标分解的分量式.

6. 向量的内积（数量积）

已知两个相异起点的非零向量 $\overrightarrow{OA}=\boldsymbol{a}$，$\overrightarrow{OB}=\boldsymbol{b}$，则 $\angle AOB=\theta(0\leqslant\theta\leqslant\pi)$ 叫作 $\boldsymbol{a}$ 与 $\boldsymbol{b}$ 的夹角（注意区别于解析几何中两直线夹角范围 $0\leqslant\theta\leqslant\frac{\pi}{2}$），此时

$$\boldsymbol{a}\cdot\boldsymbol{b}=|\boldsymbol{a}||\boldsymbol{b}|\cos\theta \tag{1.3.18}$$

叫作向量 $\boldsymbol{a}$ 与 $\boldsymbol{b}$ 的内积或数量积.

特别地，规定 $\mathbf{0}\cdot\boldsymbol{a}=0$.

两个向量的内积是一个数量.

对于 $\text{Prj}\ \boldsymbol{a}=|\boldsymbol{b}|\cos\theta=\dfrac{\boldsymbol{a}\cdot\boldsymbol{b}}{|\boldsymbol{a}|}$，称为向量 $\boldsymbol{b}$ 在 $\boldsymbol{a}$ 方向（因 $\dfrac{\boldsymbol{a}}{|\boldsymbol{a}|}$ 为向量 $\boldsymbol{a}$ 的单位向量）上的投影，投影的绝对值称为射影.

由上可知，内积的几何意义为：$\boldsymbol{a}\cdot\boldsymbol{b}$ 等于 $\boldsymbol{a}$ 的长度与 $\boldsymbol{b}$ 在 $\boldsymbol{a}$ 方向上的投影的乘积.

内积可以运用坐标运算表示（由向量的直角坐标分解式推算）：

若 $\boldsymbol{a}=(x_1,y_1)$，$\boldsymbol{b}(x_2,y_2)$，则

$$\boldsymbol{a}\cdot\boldsymbol{b}=x_1x_2+y_1y_2 \tag{1.3.19}$$

若 $\boldsymbol{a}=(x_1,y_1,z_2)$，$\boldsymbol{b}=(x_2,y_2,z_2)$，则

$$\boldsymbol{a}\cdot\boldsymbol{b}=x_1x_2+y_1y_2+z_1z_2 \tag{1.3.20}$$

内积有如下性质：

向量的模与平方的关系

$$\boldsymbol{a}\cdot\boldsymbol{a}=\boldsymbol{a}^2=|\boldsymbol{a}|^2 \tag{1.3.21}$$

乘法公式成立

$$(\boldsymbol{a}+\boldsymbol{b})\cdot(\boldsymbol{a}-\boldsymbol{b})=\boldsymbol{a}^2-\boldsymbol{b}^2 \tag{1.3.22}$$

$$(\boldsymbol{a}\pm\boldsymbol{b})^2=\boldsymbol{a}^2\pm2\boldsymbol{a}\cdot\boldsymbol{b}+\boldsymbol{b}^2 \tag{1.3.23}$$

内积有下列运算律：

交换律

$$\boldsymbol{a}\cdot\boldsymbol{b}=\boldsymbol{b}\cdot\boldsymbol{a} \tag{1.3.24}$$

对实数的结合律

$$(\lambda\boldsymbol{a})\cdot\boldsymbol{b}=\lambda(\boldsymbol{a}\cdot\boldsymbol{b})=\boldsymbol{a}\cdot(\lambda\boldsymbol{b})\quad(\lambda\ \text{为实数}) \tag{1.3.25}$$

分配律

$$(\boldsymbol{a}\pm\boldsymbol{b})\cdot\boldsymbol{c}=\boldsymbol{a}\cdot\boldsymbol{c}\pm\boldsymbol{b}\cdot\boldsymbol{c}=\boldsymbol{c}\cdot(\boldsymbol{a}\pm\boldsymbol{b}) \tag{1.3.26}$$

向量夹角公式(对平面向量 $\boldsymbol{a},\boldsymbol{b}$)

$$\cos\theta=\cos\langle\boldsymbol{a},\boldsymbol{b}\rangle=\frac{\boldsymbol{a}\cdot\boldsymbol{b}}{|\boldsymbol{a}||\boldsymbol{b}|}=\frac{x_1x_2+y_1y_2}{\sqrt{x_1^2+y_1^2}\sqrt{x_2^2+y_2^2}} \tag{1.3.27}$$

对空间向量 $\boldsymbol{a},\boldsymbol{b}$,则

$$\cos\theta=\cos\langle\boldsymbol{a},\boldsymbol{b}\rangle=\frac{\boldsymbol{a}\cdot\boldsymbol{b}}{|\boldsymbol{a}||\boldsymbol{b}|}=\frac{x_1x_2+y_1y_2+z_1z_2}{\sqrt{x_1^2+y_1^2+z_1^2}\sqrt{x_2^2+y_2^2+z_2^2}} \tag{1.3.28}$$

显然,当且仅当两个非零向量 $\boldsymbol{a}$ 与 $\boldsymbol{b}$ 同方向时,$\theta=0$;当且仅当两个非零向量 $\boldsymbol{a}$ 与 $\boldsymbol{b}$ 反方向时,$\theta=\pi$;当且仅当两个非零向量垂直,即 $\boldsymbol{a}\perp\boldsymbol{b}$,亦即 $\theta=\frac{\pi}{2}$,此时 $\cos\theta=0$,有 $\boldsymbol{a}\cdot\boldsymbol{b}=0$. 由于零向量的方向可以是任意的,从而不考虑零向量与其他任何非零向量的夹角.

对于夹角公式,如果考虑度量的绝对值,且由 $|\cos\theta|\leqslant 1$,则有

$$|\boldsymbol{a}\cdot\boldsymbol{b}|\leqslant|\boldsymbol{a}||\boldsymbol{b}| \tag{1.3.29}$$

其中等号成立当且仅当两个非零向量 $\boldsymbol{a},\boldsymbol{b}$ 同方向.

由向量的模可得两点间的距离公式:

若 $\boldsymbol{a}=(x,y)$,则 $|\boldsymbol{a}|^2=x^2+y^2$,即

$$|\boldsymbol{a}|=\sqrt{x^2+y^2} \tag{1.3.30}$$

若向量 $\overrightarrow{AB}$ 的起点、终点的平面直角坐标分别为 (x_1,y_1),(x_2,y_2),则 $|\overrightarrow{AB}|=\sqrt{(x_1-x_2)^2+(y_1-y_2)^2}$ 表示 A,B 两点间的距离.

若向量 $\overrightarrow{AB}$ 的起点、终点的空间直角坐标分别为

(x_1, y_1, z_1)，(x_2, y_2, z_2)，则 $|\overrightarrow{AB}| = \sqrt{(x_1-x_2)^2+(y_1-y_2)^2+(z_1-z_2)^2}$表示空间中 A,B 两点间的距离.

向量的内积或数量积与实数乘积的运算有如下异同(见表 1.3.2).

表 1.3.2

	实数乘积	向量的数量积
相同部分	运算结果是一个实数	运算结果是一个实数
	$a\cdot b=b\cdot a$	$\boldsymbol{a}\cdot\boldsymbol{b}=\boldsymbol{b}\cdot\boldsymbol{a}$
	$a\cdot(b+c)=ab+ac$	$\boldsymbol{a}\cdot(\boldsymbol{b}+\boldsymbol{c})=\boldsymbol{a}\cdot\boldsymbol{b}+\boldsymbol{a}\cdot\boldsymbol{c}$
	$(a\pm b)^2=a^2\pm 2ab+b^2$	$(\boldsymbol{a}\pm\boldsymbol{b})^2=\boldsymbol{a}^2\pm 2\boldsymbol{a}\cdot\boldsymbol{b}+\boldsymbol{b}^2$
	$(a+b)(a-b)=a^2-b^2$	$(\boldsymbol{a}+\boldsymbol{b})\cdot(\boldsymbol{a}-\boldsymbol{b})=\boldsymbol{a}^2-\boldsymbol{b}^2$
	$a^2+b^2=0\Rightarrow a=0$ 且 $b=0$	$\boldsymbol{a}^2+\boldsymbol{b}^2=\boldsymbol{0}\Rightarrow\boldsymbol{a}=\boldsymbol{0}$且 $\boldsymbol{b}=\boldsymbol{0}$
	$0\cdot a=0$	$\boldsymbol{0}\cdot\boldsymbol{a}=0$
	$\lvert a\rvert-\lvert b\rvert\leqslant\lvert a\pm b\rvert\leqslant\lvert a\rvert+\lvert b\rvert$	$\lvert\boldsymbol{a}\rvert-\lvert\boldsymbol{b}\rvert\leqslant\lvert\boldsymbol{a}\pm\boldsymbol{b}\rvert\leqslant\lvert\boldsymbol{a}\rvert+\lvert\boldsymbol{b}\rvert$
不同部分	$1\cdot a=a$	$\boldsymbol{e}\cdot\boldsymbol{a}\neq\boldsymbol{a}$($\boldsymbol{e}$ 为单位向量)
	$(ab)c=a(bc)$	$(\boldsymbol{a}\cdot\boldsymbol{b})\cdot\boldsymbol{c}\neq\boldsymbol{a}\cdot(\boldsymbol{b}\cdot\boldsymbol{c})$ (除特殊情况外)
	$ab=0\Rightarrow a=0$ 或 $b=0$	$\boldsymbol{a}\cdot\boldsymbol{b}=0\Rightarrow\boldsymbol{a}=\boldsymbol{0}$ 或 $\boldsymbol{b}=\boldsymbol{0}$或 $\boldsymbol{a}\perp\boldsymbol{b}$
	$\lvert ab\rvert=\lvert a\rvert\lvert b\rvert$	$\lvert\boldsymbol{a}\cdot\boldsymbol{b}\rvert\leqslant\lvert\boldsymbol{a}\rvert\lvert\boldsymbol{b}\rvert$
	$a^2=b^2\Rightarrow a=\pm b$	$\boldsymbol{a}^2=\boldsymbol{b}^2\Rightarrow\lvert\boldsymbol{a}\rvert=\lvert\boldsymbol{b}\rvert$
	$(ab)^2=a^2b^2$	$(\boldsymbol{a}\cdot\boldsymbol{b})^2\leqslant\boldsymbol{a}^2\boldsymbol{b}^2$

7. **向量的外积(向量积)**

两个非零相异向量可以通过平移共起点. 设$\overrightarrow{OA}=\boldsymbol{a}$, $\overrightarrow{OB}=\boldsymbol{b}$, $\angle AOB=\theta$,则向量 $\boldsymbol{a}$ 与 $\boldsymbol{b}$ 的外积(向量积)是一个向量,记为 $\boldsymbol{a}\times\boldsymbol{b}$,它的大小等于以 $\boldsymbol{a},\boldsymbol{b}$ 为邻边的平行四边形的面积,即

$$|\boldsymbol{a}\times\boldsymbol{b}|=|\boldsymbol{a}||\boldsymbol{b}|\sin\theta\quad\left(0<\theta\leqslant\frac{\pi}{2}\right)\tag{1.3.31}$$

它的方向与 $\boldsymbol{a},\boldsymbol{b}$ 都垂直,即 $\boldsymbol{a}\times\boldsymbol{b}\perp\boldsymbol{a}$, $\boldsymbol{a}\times\boldsymbol{b}\perp\boldsymbol{b}$,或者说垂直于向量 $\boldsymbol{a},\boldsymbol{b}$ 所在的平面,且向量 $\boldsymbol{a},\boldsymbol{b},\boldsymbol{a}\times\boldsymbol{b}$ 构成右手系.

特别地,若 $\boldsymbol{a}=\boldsymbol{0}$ 或 $\boldsymbol{b}=\boldsymbol{0}$,规定

$$\boldsymbol{a}\times\boldsymbol{b}=\boldsymbol{0}\tag{1.3.32}$$

由向量外积的意义知,非零向量

$$\boldsymbol{a}/\!/\boldsymbol{b}\Leftrightarrow\boldsymbol{a}\times\boldsymbol{b}=\boldsymbol{0}\tag{1.3.33}$$

于是,若 $\boldsymbol{a}\times\boldsymbol{b}=\boldsymbol{0}$,则 $\boldsymbol{a}=\boldsymbol{0}$或 $\boldsymbol{b}=\boldsymbol{0}$或 $\boldsymbol{a},\boldsymbol{b}$ 均不为 $\boldsymbol{0}$ 但相互平行.

由向量外积的意义知,外积运算服从如下的运算律:

反交换律

$$\boldsymbol{a}\times\boldsymbol{b}=-\boldsymbol{b}\times\boldsymbol{a}\tag{1.3.34}$$

数乘结合律

$$(\lambda\boldsymbol{a})\times\boldsymbol{b}=\lambda(\boldsymbol{a}\times\boldsymbol{b})\quad(\lambda\text{ 为实数})\tag{1.3.35}$$

分配律

$$\boldsymbol{a}\times(\boldsymbol{b}+\boldsymbol{c})=\boldsymbol{a}\times\boldsymbol{b}+\boldsymbol{a}\times\boldsymbol{c}\tag{1.3.36}$$

下面,我们给出分配律的证明:

首先,注意到对任意向量 $\boldsymbol{u},\boldsymbol{v}$ 和实数 λ,总有

$$\boldsymbol{u}\times(\lambda\boldsymbol{u}+\boldsymbol{v})=\boldsymbol{u}\times\boldsymbol{v}$$

这可见图 1. 3. 6.

下设 $\boldsymbol{a}=\overrightarrow{OA}$，$\boldsymbol{b}=\overrightarrow{OB}$，平面 α 是过点 O 且与 $\boldsymbol{a}$ 垂直的平面，$\boldsymbol{b}'=\overrightarrow{OB'}$是 $\boldsymbol{b}$ 在平面 α 上的射影，则如图1. 3. 7所示，有

$$\boldsymbol{a}\times\boldsymbol{b}'=\boldsymbol{a}\times\boldsymbol{b}$$

且其方向即为平面 α 上将 $\boldsymbol{b}'$旋转 90°的方向，如图 1. 3. 7所示，其大小为 $\boldsymbol{b}'$大小的$|\boldsymbol{a}|$倍.

同理，对于 $\boldsymbol{c}$ 及其在平面 α 上的射影 $\boldsymbol{c}'$，有 $\boldsymbol{a}\times\boldsymbol{c}'=\boldsymbol{a}\times\boldsymbol{c}$，其方向为平面 α 上将 $\boldsymbol{c}'$旋转 90°（转向同前）的方向，其大小为 $\boldsymbol{c}'$大小的$|\boldsymbol{a}|$倍，从而，由图 1. 3. 8知

$$\boldsymbol{a}\times(\boldsymbol{b}'+\boldsymbol{c}')=\boldsymbol{a}\times\boldsymbol{b}'+\boldsymbol{a}\times\boldsymbol{c}'=\boldsymbol{a}\times\boldsymbol{b}+\boldsymbol{a}\times\boldsymbol{c}$$

又注意到$\overrightarrow{B'B}/\!/\overrightarrow{OA}$，因而有实数 λ，使得

$$\boldsymbol{b}'-\boldsymbol{b}=\lambda\boldsymbol{a}$$

即

$$\boldsymbol{b}'=\lambda\boldsymbol{a}+\boldsymbol{b}$$

图 1. 3. 6

图 1. 3. 7

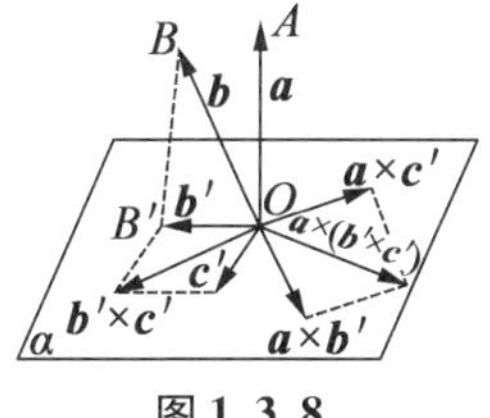

图 1. 3. 8

同理，有实数μ，使得$\boldsymbol{c}'=\mu\boldsymbol{a}+\boldsymbol{c}$. 故

$$\boldsymbol{a}\times(\boldsymbol{b}'+\boldsymbol{c}')=\boldsymbol{a}\times[(\lambda+\mu)\boldsymbol{a}+(\boldsymbol{b}+\boldsymbol{c})]=\boldsymbol{a}\times(\boldsymbol{b}+\boldsymbol{c})$$

综上，$\boldsymbol{a}\times(\boldsymbol{b}+\boldsymbol{c})=\boldsymbol{a}\times\boldsymbol{b}+\boldsymbol{a}\times\boldsymbol{c}$.

证毕.

利用外积的意义及运算律，可得到向量的外积的空间直角坐标表示：

设$\boldsymbol{a}=(x_1,y_1,z_1)$，$\boldsymbol{b}=(x_2,y_2,z_2)$，由向量的空间直角坐标分解，有

$$\boldsymbol{a}=x_1\boldsymbol{i}+y_1\boldsymbol{j}+z_1\boldsymbol{k},\boldsymbol{b}=x_2\boldsymbol{i}+y_2\boldsymbol{j}+z_2\boldsymbol{k}$$

其中$|\boldsymbol{i}|=|\boldsymbol{j}|=|\boldsymbol{k}|=1$，且

$$\boldsymbol{i}\times\boldsymbol{i}=\boldsymbol{j}\times\boldsymbol{j}=\boldsymbol{k}\times\boldsymbol{k}=\boldsymbol{0},\boldsymbol{i}\times\boldsymbol{j}=\boldsymbol{k},\ \boldsymbol{j}\times\boldsymbol{k}=\boldsymbol{i},\boldsymbol{k}\times\boldsymbol{i}=\boldsymbol{j}$$

于是

$$\begin{aligned}\boldsymbol{a}\times\boldsymbol{b}&=(x_1\boldsymbol{i}+y_1\boldsymbol{j}+z_1\boldsymbol{k})\times(x_2\boldsymbol{i}+y_2\boldsymbol{j}+z_2\boldsymbol{k})\\&=(y_1z_2-y_2z_1)\boldsymbol{i}+(x_2z_1-x_1z_2)\boldsymbol{j}+\\&\quad(x_1y_2-x_2y_1)\boldsymbol{k}\\&=\left(\begin{vmatrix}y_1&z_1\\y_2&z_2\end{vmatrix},-\begin{vmatrix}x_1&z_1\\x_2&z_2\end{vmatrix},\begin{vmatrix}x_1&y_1\\x_2&y_2\end{vmatrix}\right)(\boldsymbol{i},\boldsymbol{j},\boldsymbol{k})\\&=\begin{vmatrix}\boldsymbol{i}&\boldsymbol{j}&\boldsymbol{k}\\x_1&y_1&z_1\\x_2&y_2&z_2\end{vmatrix}\end{aligned}\tag{1.3.37}$$

特别地，当$\boldsymbol{a},\boldsymbol{b}$为$xOy$平面上的向量时，有

$$\boldsymbol{a}\times\boldsymbol{b}=(0,0,x_1y_2-x_2y_1)$$

$|\boldsymbol{a}\times\boldsymbol{b}|=\pm(x_1y_2-x_2y_1)$，其中向量$\boldsymbol{a},\boldsymbol{b},\boldsymbol{a}\times\boldsymbol{b}$构成右手系时取“+”，否则取“-”.

这也说明，若$\boldsymbol{a}=(x_1,y_1)$，$\boldsymbol{b}=(x_2,y_2)$，则

$$\boldsymbol{a}\times\boldsymbol{b}=(0,x_1y_2-x_2y_1)\tag{1.3.38}$$

关于向量的内、外积还有如下恒等式

$$(\boldsymbol{a}\times\boldsymbol{b})^2+(\boldsymbol{a}\cdot\boldsymbol{b})^2=|\boldsymbol{a}|^2|\boldsymbol{b}|^2\tag{1.3.39}$$

$$(\boldsymbol{a}+\boldsymbol{b})\times(\boldsymbol{a}-\boldsymbol{b})=2\boldsymbol{b}\times\boldsymbol{a}\tag{1.3.40}$$

$$(\boldsymbol{a}_1\times\boldsymbol{a}_2)\cdot(\boldsymbol{a}_3\times\boldsymbol{a}_4)$$
$$=(\boldsymbol{a}_1\cdot\boldsymbol{a}_3)(\boldsymbol{a}_2\cdot\boldsymbol{a}_4)-(\boldsymbol{a}_1\cdot\boldsymbol{a}_4)(\boldsymbol{a}_2\cdot\boldsymbol{a}_3)$$
(拉格朗日恒等式)　　　　(1.3.41)

对于上述的第一、二个恒等式的证明较简单,第二个恒等式表示:以平行四边形两对角线为邻边的平行四边形面积是原四边形面积的2倍.对于第三个恒等式的证明,则要用到如下混合积的意义(见式(1.3.50)后的注).

8. 向量的混合积

对于空间中的三个向量

$$\boldsymbol{a}=(a_1,a_2,a_3),\boldsymbol{b}=(b_1,b_2,b_3),\boldsymbol{c}=(c_1,c_2,c_3)$$

先求其中两个的外积,再求此外积与另一个向量的内积,所得结果是一数量,称为这三个向量的混合积,且

$$(\boldsymbol{a}\times\boldsymbol{b})\cdot\boldsymbol{c}=\begin{vmatrix}a_1&a_2&a_3\\b_1&b_2&b_3\\c_1&c_2&c_3\end{vmatrix}\qquad(1.3.42)$$

$|(\boldsymbol{a}\times\boldsymbol{b})\cdot\boldsymbol{c}|$表示以$\boldsymbol{a},\boldsymbol{b},\boldsymbol{c}$为共起点且对应着三条棱的平行六面体的体积.

事实上,由向量外积及内积的坐标表示,有

$$\boldsymbol{a}\times\boldsymbol{b}=\left(\begin{vmatrix}a_2&b_2\\a_3&b_3\end{vmatrix},-\begin{vmatrix}a_1&b_1\\a_3&b_3\end{vmatrix},\begin{vmatrix}a_1&b_1\\a_2&b_2\end{vmatrix}\right)$$
$$=\left(\begin{vmatrix}a_2&a_3\\b_2&b_3\end{vmatrix},\begin{vmatrix}a_3&a_1\\b_3&b_1\end{vmatrix},\begin{vmatrix}a_1&a_2\\b_1&b_2\end{vmatrix}\right)$$
$$(\boldsymbol{a}\times\boldsymbol{b})\cdot\boldsymbol{c}=c_1\begin{vmatrix}a_2&a_3\\b_2&b_3\end{vmatrix}+c_2\begin{vmatrix}a_3&a_1\\b_3&b_1\end{vmatrix}+c_3\begin{vmatrix}a_1&a_2\\b_1&b_2\end{vmatrix}$$
$$=\begin{vmatrix}a_1&a_2&a_3\\b_1&b_2&b_3\\c_1&c_2&c_3\end{vmatrix}$$

注意,以 $\boldsymbol{a},\boldsymbol{b},\boldsymbol{c}$ 为共起点且对应着三条棱的平行六面体的体积为

$$\begin{aligned} V &= Sh = |\boldsymbol{a}\times\boldsymbol{b}|\cdot|\boldsymbol{c}|\cos\theta \\ &= |\boldsymbol{a}\times\boldsymbol{b}|\cdot|\boldsymbol{c}|\cos\langle\boldsymbol{a}\times\boldsymbol{b},\boldsymbol{c}\rangle \\ &= |(\boldsymbol{a}\times\boldsymbol{b})\cdot\boldsymbol{c}| \end{aligned} \tag{1.3.43}$$

由上面所得算式及行列式的性质,有

$$(\boldsymbol{a}\times\boldsymbol{b})\cdot\boldsymbol{c}=(\boldsymbol{b}\times\boldsymbol{c})\cdot\boldsymbol{a}=(\boldsymbol{c}\times\boldsymbol{a})\cdot\boldsymbol{b}$$

又由内积的交换律有

$$(\boldsymbol{a}\times\boldsymbol{b})\cdot\boldsymbol{c}=\boldsymbol{a}\cdot(\boldsymbol{b}\times\boldsymbol{c})$$

因此,可用 $(\boldsymbol{a},\boldsymbol{b},\boldsymbol{c})$ 表示上述混合积,且

$$(\boldsymbol{a},\boldsymbol{b},\boldsymbol{c})=(\boldsymbol{b},\boldsymbol{c},\boldsymbol{a})=(\boldsymbol{c},\boldsymbol{a},\boldsymbol{b}) \tag{1.3.44}$$

由混合积的意义,对于向量 $\boldsymbol{a},\boldsymbol{b},\boldsymbol{c}$,我们还可得到如下结论:

(1)

$$\text{向量 } \boldsymbol{a},\boldsymbol{b},\boldsymbol{c} \text{ 共面} \Leftrightarrow (\boldsymbol{a},\boldsymbol{b},\boldsymbol{c})=0 \tag{1.3.45}$$

若 $\boldsymbol{a}=(a_1,a_2,a_3)$,$\boldsymbol{b}=(b_1,b_2,b_3)$,$\boldsymbol{c}=(c_1,c_2,c_3)$,则 $\boldsymbol{a},\boldsymbol{b},\boldsymbol{c}$ 共面 $\Leftrightarrow \begin{vmatrix} a_1 & a_2 & a_3 \\ b_1 & b_2 & b_3 \\ c_1 & c_2 & c_3 \end{vmatrix}=0$.

事实上,若 $\boldsymbol{a},\boldsymbol{b},\boldsymbol{c}$ 共面,则当 $\boldsymbol{a},\boldsymbol{b},\boldsymbol{c}$ 中有两个是共线向量时,$(\boldsymbol{a},\boldsymbol{b},\boldsymbol{c})=0$;当 $\boldsymbol{a},\boldsymbol{b},\boldsymbol{c}$ 所在平面内有 $(\boldsymbol{b}\times\boldsymbol{c})\perp\boldsymbol{a}$ 时,故 $(\boldsymbol{a},\boldsymbol{b},\boldsymbol{c})=0$.

及之,若 $(\boldsymbol{a},\boldsymbol{b},\boldsymbol{c})=0$,由上述逆推可得 $\boldsymbol{a},\boldsymbol{b},\boldsymbol{c}$ 共面.

(2)

$$|(\boldsymbol{a},\boldsymbol{b},\boldsymbol{c})|\leqslant|\boldsymbol{a}||\boldsymbol{b}||\boldsymbol{c}| \tag{1.3.46}$$

事实上,由

$$\begin{aligned} (\boldsymbol{a},\boldsymbol{b},\boldsymbol{c}) &= \boldsymbol{a}\cdot(\boldsymbol{b}\times\boldsymbol{c}) = |\boldsymbol{a}||\boldsymbol{b}\times\boldsymbol{c}|\cos\langle\boldsymbol{a},\boldsymbol{b}\times\boldsymbol{c}\rangle \\ &= |\boldsymbol{a}||\boldsymbol{b}||\boldsymbol{c}|\sin\langle\boldsymbol{b},\boldsymbol{c}\rangle\cdot\cos\langle\boldsymbol{a},\boldsymbol{b}\times\boldsymbol{c}\rangle \end{aligned}$$

再注意到 $|\sin\langle \boldsymbol{b},\boldsymbol{c}\rangle|\leqslant 1$，$|\cos\langle \boldsymbol{a},\boldsymbol{b}\times\boldsymbol{c}\rangle|\leqslant 1$ 即得结论.

注　此式表示平行六面体的体积不超过以相同棱构成的长方体的体积.

(3)

$$(\boldsymbol{a}+\boldsymbol{c})\cdot[(\boldsymbol{a}+\boldsymbol{b})\times(\boldsymbol{b}+\boldsymbol{c})]=2(\boldsymbol{a},\boldsymbol{b},\boldsymbol{c}) \tag{1.3.47}$$

事实上

$$\begin{aligned}
&(\boldsymbol{a}+\boldsymbol{c})\cdot[(\boldsymbol{a}+\boldsymbol{b})\times(\boldsymbol{b}+\boldsymbol{c})]\\
=&(\boldsymbol{c}+\boldsymbol{a})\cdot(\boldsymbol{a}\times\boldsymbol{b}+\boldsymbol{b}\times\boldsymbol{b}+\boldsymbol{a}\times\boldsymbol{c}+\boldsymbol{b}\times\boldsymbol{c})\\
=&(\boldsymbol{c}+\boldsymbol{a})\cdot(\boldsymbol{a}\times\boldsymbol{b}+\boldsymbol{a}\times\boldsymbol{c}+\boldsymbol{b}\times\boldsymbol{c})\\
=&\boldsymbol{c}\cdot(\boldsymbol{a}\times\boldsymbol{b})+\boldsymbol{a}\cdot(\boldsymbol{a}\times\boldsymbol{b})+\boldsymbol{c}\cdot(\boldsymbol{a}\times\boldsymbol{c})+\\
&\boldsymbol{a}\cdot(\boldsymbol{a}\times\boldsymbol{c})+\boldsymbol{c}\cdot(\boldsymbol{b}\times\boldsymbol{c})+\boldsymbol{a}\cdot(\boldsymbol{b}\times\boldsymbol{c})\\
=&\boldsymbol{c}\cdot(\boldsymbol{a}\times\boldsymbol{b})+0+0+0+0+\boldsymbol{a}\cdot(\boldsymbol{b}\times\boldsymbol{c})\\
=&2(\boldsymbol{a},\boldsymbol{b},\boldsymbol{c})
\end{aligned}$$

注　上式表示以平行六面体共顶点的三条侧面对角线为棱的平行六面体的体积是原平行六面体体积的2倍.

(4)

$$\boldsymbol{a}\times(\boldsymbol{b}\times\boldsymbol{c})=\boldsymbol{b}(\boldsymbol{a}\cdot\boldsymbol{c})-\boldsymbol{c}(\boldsymbol{a}\cdot\boldsymbol{b}) \tag{1.3.48}$$

$$(\boldsymbol{a}\times\boldsymbol{b})\times\boldsymbol{c}=\boldsymbol{b}(\boldsymbol{a}\cdot\boldsymbol{c})-\boldsymbol{a}(\boldsymbol{b}\cdot\boldsymbol{c}) \tag{1.3.49}$$

注　此两式说明外积不服从结合律.

事实上，设 $\boldsymbol{a}=(a_1,a_2,a_3)$，$\boldsymbol{b}=(b_1,b_2,b_3)$，$\boldsymbol{c}=(c_1,c_2,c_3)$，则

$$\boldsymbol{b}\times\boldsymbol{c}=\left(\begin{vmatrix}b_2 & b_3\\ c_2 & c_3\end{vmatrix},-\begin{vmatrix}b_1 & b_3\\ c_1 & c_3\end{vmatrix},\begin{vmatrix}b_1 & b_2\\ c_1 & c_2\end{vmatrix}\right)$$

$\boldsymbol{a}\times(\boldsymbol{b}\times\boldsymbol{c})$

$$=(a_1,a_2,a_3)\times\left(\begin{vmatrix}b_2 & b_3\\ c_2 & c_3\end{vmatrix},-\begin{vmatrix}b_1 & b_3\\ c_1 & c_3\end{vmatrix},\begin{vmatrix}b_1 & b_2\\ c_1 & c_2\end{vmatrix}\right)$$

$$=\left(\begin{vmatrix}a_2 & a_3\\ -\begin{vmatrix}b_1 & b_3\\ c_1 & c_3\end{vmatrix} & \begin{vmatrix}b_1 & b_2\\ c_1 & c_2\end{vmatrix}\end{vmatrix},-\begin{vmatrix}a_1 & a_3\\ \begin{vmatrix}b_2 & b_3\\ c_2 & c_3\end{vmatrix} & \begin{vmatrix}b_1 & b_2\\ c_1 & c_2\end{vmatrix}\end{vmatrix},\right.$$

$$\left.\begin{vmatrix}a_1 & a_2\\ \begin{vmatrix}b_2 & b_3\\ c_2 & c_3\end{vmatrix} & -\begin{vmatrix}b_1 & b_3\\ c_1 & c_3\end{vmatrix}\end{vmatrix}\right)$$

$$=\left(a_2\begin{vmatrix}b_1 & b_2\\ c_1 & c_2\end{vmatrix}+a_3\begin{vmatrix}b_1 & b_3\\ c_1 & c_3\end{vmatrix},-a_1\begin{vmatrix}b_1 & b_2\\ c_1 & c_2\end{vmatrix}+a_3\begin{vmatrix}b_2 & b_3\\ c_2 & c_3\end{vmatrix},\right.$$

$$\left.-a_1\begin{vmatrix}b_1 & b_3\\ c_1 & c_3\end{vmatrix}-a_2\begin{vmatrix}b_2 & b_3\\ c_2 & c_3\end{vmatrix}\right)$$

$$=(a_2b_1c_2-a_2b_2c_1+a_3b_1c_3-a_3b_3c_1,-a_1b_1c_2+a_1b_2c_1+$$
$$a_3b_2c_3-a_3b_3c_2,-a_1b_1c_3+a_1b_3c_1-a_2b_2c_3+a_2b_3c_2)$$

又

$$\boldsymbol{b}(\boldsymbol{a}\cdot\boldsymbol{c})-\boldsymbol{c}(\boldsymbol{a}\cdot\boldsymbol{b})$$
$$=(b_1,b_2,b_3)(a_1c_1+a_2c_2+a_3c_3)-$$
$$(c_1,c_2,c_3)(a_1b_1+a_2b_2+a_3b_3)$$
$$=(a_1b_1c_1+a_2b_1c_2+a_3b_1c_3,a_1b_2c_1+a_2b_2c_2+a_3b_2c_3,$$
$$a_1b_3c_1+a_2b_3c_2+a_3b_3c_3)-(a_1b_1c_1+a_2b_2c_1+a_3b_3c_1,$$
$$a_1b_1c_2+a_2b_2c_2+a_3b_3c_2,a_1b_1c_3+a_2b_2c_3+a_3b_3c_3)$$
$$=(a_2b_1c_2-a_2b_2c_1+a_3b_1c_3-a_3b_3c_1,-a_1b_1c_2+a_1b_2c_1+$$
$$a_2b_2c_3-a_3b_3c_2,-a_1b_1c_3+a_1b_3c_1-a_2b_2c_3+a_2b_3c_2)$$

故
$$\boldsymbol{a}\times(\boldsymbol{b}\times\boldsymbol{c})=\boldsymbol{b}(\boldsymbol{a}\cdot\boldsymbol{c})-\boldsymbol{c}(\boldsymbol{a}\cdot\boldsymbol{b})$$

同理可证

$$(\boldsymbol{a}\times\boldsymbol{b})\times\boldsymbol{c}=\boldsymbol{b}(\boldsymbol{a}\cdot\boldsymbol{c})-\boldsymbol{a}(\boldsymbol{b}\cdot\boldsymbol{c})$$

(5)

$$(\boldsymbol{a}_1\times\boldsymbol{a}_2)\cdot(\boldsymbol{a}_3\times\boldsymbol{a}_4)=(\boldsymbol{a}_1\times\boldsymbol{a}_3)\cdot(\boldsymbol{a}_2\times\boldsymbol{a}_4)-(\boldsymbol{a}_1\times\boldsymbol{a}_4)\cdot(\boldsymbol{a}_2\times\boldsymbol{a}_3) \tag{1.3.50}$$

事实上,欲证明此式,运用拉格朗日恒等式,有

$$\begin{aligned}\text{上式右边}&=(\boldsymbol{a}_1\cdot\boldsymbol{a}_2)(\boldsymbol{a}_3\cdot\boldsymbol{a}_4)-(\boldsymbol{a}_1\cdot\boldsymbol{a}_4)(\boldsymbol{a}_3\cdot\boldsymbol{a}_2)-\\&\quad(\boldsymbol{a}_1\cdot\boldsymbol{a}_2)(\boldsymbol{a}_4\cdot\boldsymbol{a}_3)+(\boldsymbol{a}_1\cdot\boldsymbol{a}_3)(\boldsymbol{a}_4\cdot\boldsymbol{a}_2)\\&=(\boldsymbol{a}_1\cdot\boldsymbol{a}_3)(\boldsymbol{a}_4\cdot\boldsymbol{a}_2)-(\boldsymbol{a}_1\cdot\boldsymbol{a}_4)(\boldsymbol{a}_3\cdot\boldsymbol{a}_2)\\&=(\boldsymbol{a}_1\cdot\boldsymbol{a}_3)(\boldsymbol{a}_2\cdot\boldsymbol{a}_4)-(\boldsymbol{a}_1\cdot\boldsymbol{a}_4)(\boldsymbol{a}_2\cdot\boldsymbol{a}_3)\\&=(\boldsymbol{a}_1\times\boldsymbol{a}_2)\cdot(\boldsymbol{a}_3\times\boldsymbol{a}_4)\end{aligned}$$

注　(1)拉格朗日恒等式$(\boldsymbol{a}_1\times\boldsymbol{a}_2)\cdot(\boldsymbol{a}_3\times\boldsymbol{a}_4)=(\boldsymbol{a}_1\cdot\boldsymbol{a}_3)(\boldsymbol{a}_2\cdot\boldsymbol{a}_4)-(\boldsymbol{a}_1\cdot\boldsymbol{a}_4)(\boldsymbol{a}_2\cdot\boldsymbol{a}_3)$的证明:设$\boldsymbol{a}_i=(x_i,y_i,z_i)(i=1,2,3,4)$,由

$$(\boldsymbol{a}_1\times\boldsymbol{a}_2)=\left(\begin{vmatrix}y_1 & z_1\\ y_2 & z_2\end{vmatrix},-\begin{vmatrix}x_1 & z_1\\ x_2 & z_2\end{vmatrix},\begin{vmatrix}x_1 & y_1\\ x_2 & y_2\end{vmatrix}\right)$$

并注意到式(1.3.42)有

$$\begin{aligned}&(\boldsymbol{a}_1\times\boldsymbol{a}_2)\cdot(\boldsymbol{a}_3\times\boldsymbol{a}_4)\\&=(\boldsymbol{a}_3\times\boldsymbol{a}_4)\cdot(\boldsymbol{a}_1\times\boldsymbol{a}_2)\\&=\begin{vmatrix}x_3 & y_3 & z_3\\ x_4 & y_4 & z_4\\ \begin{vmatrix}y_1 & z_1\\ y_2 & z_2\end{vmatrix} & -\begin{vmatrix}x_1 & z_1\\ x_2 & z_2\end{vmatrix} & \begin{vmatrix}x_1 & y_1\\ x_2 & y_2\end{vmatrix}\end{vmatrix}\\&=x_3y_4\begin{vmatrix}x_1 & y_1\\ x_2 & y_2\end{vmatrix}+y_3z_4\begin{vmatrix}y_1 & z_1\\ y_2 & z_2\end{vmatrix}-x_4z_3\begin{vmatrix}x_1 & z_1\\ x_2 & z_2\end{vmatrix}-\\&\quad y_4z_3\begin{vmatrix}y_1 & z_1\\ y_2 & z_2\end{vmatrix}+x_3z_4\begin{vmatrix}x_1 & z_1\\ x_2 & z_2\end{vmatrix}-x_4y_3\begin{vmatrix}x_1 & y_1\\ x_2 & y_2\end{vmatrix}\\&=x_1x_3y_2y_4-x_2x_3y_1y_4+y_1y_3z_2z_4-y_2y_3z_1z_4-x_1x_4z_2z_3+\end{aligned}$$

$$x_2x_4z_1z_3 - y_1y_4z_2z_3 + y_2y_4z_1z_3 + x_1x_3z_2z_4 - x_2x_3z_1z_4 - x_1x_4y_2y_3 + x_2x_4y_1y_3$$

又

$$\begin{aligned}&(\boldsymbol{a}_1\cdot\boldsymbol{a}_3)(\boldsymbol{a}_2\cdot\boldsymbol{a}_4)-(\boldsymbol{a}_1\cdot\boldsymbol{a}_4)(\boldsymbol{a}_2\cdot\boldsymbol{a}_3)\\=&(x_1x_3+y_1y_3+z_1z_3)(x_2x_4+y_2y_4+z_2z_4)-\\&(x_1x_4+y_1y_4+z_1z_4)(x_2x_3+y_2y_3+z_2z_3)\\=&x_2x_4y_1y_3+x_2x_4z_1z_3+x_1x_3y_2y_4+y_2y_4z_1z_3+x_1x_3z_2z_4+\\&y_1y_3z_2z_4-y_1y_4z_2z_3-y_2y_3z_1z_4-x_2x_3y_1y_4-x_2x_3z_1z_4-\\&x_1x_4y_2y_3-x_1x_4z_2z_3\end{aligned}$$

故

$$\begin{aligned}&(\boldsymbol{a}_1\times\boldsymbol{a}_2)\cdot(\boldsymbol{a}_3\times\boldsymbol{a}_4)\\=&(\boldsymbol{a}_1\cdot\boldsymbol{a}_3)(\boldsymbol{a}_2\cdot\boldsymbol{a}_4)-(\boldsymbol{a}_1\cdot\boldsymbol{a}_4)(\boldsymbol{a}_2\cdot\boldsymbol{a}_3)\end{aligned}$$

(2)式(1.3.50)也称为拉格朗日恒等式的推论.

(6)

$$(\boldsymbol{a},\boldsymbol{b},\boldsymbol{c})^2=(\boldsymbol{a}\times\boldsymbol{b},\boldsymbol{a}\times\boldsymbol{c},\boldsymbol{b}\times\boldsymbol{c})\quad(1.3.51)$$

事实上,由混合积的意义及式(1.3.48),有

$$\begin{aligned}&(\boldsymbol{a}\times\boldsymbol{b},\boldsymbol{a}\times\boldsymbol{c},\boldsymbol{b}\times\boldsymbol{c})\\=&[(\boldsymbol{a}\times\boldsymbol{b})\times(\boldsymbol{a}\times\boldsymbol{c})\cdot(\boldsymbol{b}\times\boldsymbol{c})]\\=&[\boldsymbol{a}(\boldsymbol{a}\times\boldsymbol{b}\cdot\boldsymbol{c})-\boldsymbol{c}(\boldsymbol{a}\times\boldsymbol{b}\cdot\boldsymbol{a})]\cdot(\boldsymbol{b}\times\boldsymbol{c})\\=&[\boldsymbol{a}(\boldsymbol{a}\times\boldsymbol{b}\cdot\boldsymbol{c})-\boldsymbol{0}]\cdot(\boldsymbol{b}\times\boldsymbol{c})=(\boldsymbol{a},\boldsymbol{b},\boldsymbol{c})^2\end{aligned}$$

第二章 特殊数学关系的向量表示

向量的意义和运算表明:向量是一种图形也是一种数学表达式,它具有图形语言、符号语言、坐标语言的功能,既直观形象,又可以直接进行运算.因而数学中许多特殊关系均可以运用向量来表示,这也为我们运用向量来处理各类数学问题打下良好的基础.

2.1 恒等式、不等式关系

1. 恒等式

由式(1.3.39):$(\boldsymbol{a}\times\boldsymbol{b})^2+(\boldsymbol{a}\cdot\boldsymbol{b})^2=|\boldsymbol{a}|^2|\boldsymbol{b}|^2$,若$\boldsymbol{a}=(a_1,a_2)$,$\boldsymbol{b}=(b_1,b_2)$,则有代数恒等式

$$(a_1b_2-a_2b_1)^2+(a_1b_1+a_2b_2)^2=(a_1^2+a_2^2)(b_1^2+b_2^2) \qquad (2.1.1)$$

若$\boldsymbol{a}=(a_1,a_2,a_3)$,$\boldsymbol{b}=(b_1,b_2,b_3)$,则由式(1.3.39),有代数恒等式

$$(a_2b_3-a_3b_2)^2+(a_1b_3-a_3b_1)^2+$$
$$(a_1b_2-a_2b_1)^2+(a_1b_1+a_2b_2+a_3b_3)^2$$
$$=(a_1^2+a_2^2+a_3^2)(b_1^2+b_2^2+b_3^2) \qquad (2.1.2)$$

这说明了恒等式(2.1.1),(2.1.2)均可由式(1.3.39)这个向量恒等式表示.

由向量的运算及运算律还可以推出一系列代数恒等式,这就留给读者自行推导了.

2. 不等式

由式(1.3.39),有$(\boldsymbol{a}\times\boldsymbol{b})^2\leqslant|\boldsymbol{a}|^2|\boldsymbol{b}|^2$,及$(\boldsymbol{a}\cdot\boldsymbol{b})^2\leqslant|\boldsymbol{a}|^2|\boldsymbol{b}|^2$,即由式(2.1.1)或式(2.1.2)可得多个不等式,其中包括柯西(Cauchy)不等式.

由式(1.3.29)亦可得到柯西不等式

$$(a_1b_1+a_2b_2)^2\leqslant(a_1^2+a_2^2)(b_1^2+b_2^2) \qquad (2.1.3)$$

$$(a_1b_1+a_2b_2+a_3b_3)^2\leqslant(a_1^2+a_2^2+a_3^2)(b_1^2+b_2^2+b_3^2) \qquad (2.1.4)$$

对非零实数 λ,有

$$0\leqslant|\boldsymbol{a}+\lambda\boldsymbol{b}|^2=(\boldsymbol{a}+\lambda\boldsymbol{b})(\boldsymbol{a}+\lambda\boldsymbol{b})$$
$$=|\boldsymbol{a}|^2+2\lambda\boldsymbol{a}\cdot\boldsymbol{b}+|\boldsymbol{b}|^2\cdot\lambda^2$$
$$=A\lambda^2+2B\lambda+C \qquad (2.1.5)$$

其中 $A=|\boldsymbol{b}|^2, B=\boldsymbol{a}\cdot\boldsymbol{b}, C=|\boldsymbol{a}|^2$

由式(2.1.5)有

$$B^2-AC\leqslant0$$

这样又可得到

$$(\boldsymbol{a}\cdot\boldsymbol{b})^2\leqslant|\boldsymbol{a}|^2|\boldsymbol{b}|^2$$

由式(1.3.46),亦可得如下不等式

$$(a_1b_2c_1-a_2b_1c_2)^2\leqslant(a_1^2+a_2^2)(b_1^2+b_2^2)(c_1^2+c_2^2) \qquad (2.1.6)$$

$$(a_1b_2c_3+a_2b_3c_1+a_3b_1c_2-a_3b_2c_1-a_1b_3c_2-a_2b_1c_3)^2$$

$$\leqslant (a_1^2+a_2^2+a_3^2)(b_1^2+b_2^2+b_3^2)(c_1^2+c_2^2+c_3^2) \quad (2.1.7)$$

由向量的和、差运算可得三角形不等式

$$\big||\boldsymbol{a}|-|\boldsymbol{b}|\big| \leqslant |\boldsymbol{a}\pm\boldsymbol{b}| \leqslant |\boldsymbol{a}|+|\boldsymbol{b}| \quad (2.1.8)$$

由向量的内积也可得不等式

$$\boldsymbol{a}\cdot\boldsymbol{b} \leqslant |\boldsymbol{a}\cdot\boldsymbol{b}| \leqslant |\boldsymbol{a}||\boldsymbol{b}| \quad (2.1.9)$$

2.2　定比关系

1. 有向线段的定比分点公式

设点 C 是有向线段$\overrightarrow{AB}$所在直线上一定点，且$\dfrac{\overrightarrow{AC}}{\overrightarrow{CB}}=\lambda(\lambda\neq -1)$.

如图 2.2.1 所示，在直线 AB 外任取一点 O 作为向量$\overrightarrow{OA}$，$\overrightarrow{OB}$，$\overrightarrow{OC}$的起点，则由$\dfrac{\overrightarrow{AC}}{\overrightarrow{CB}}=\lambda$，有$\overrightarrow{AC}=\lambda\,\overrightarrow{CB}$，亦即

$$\overrightarrow{OC}-\overrightarrow{OA}=\lambda(\overrightarrow{OB}-\overrightarrow{OC})$$

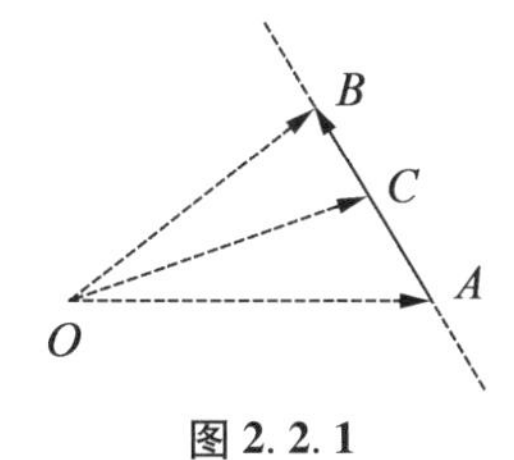

图 2.2.1

于是

$$\overrightarrow{OC}=\frac{1}{1+\lambda}\overrightarrow{OA}+\frac{\lambda}{1+\lambda}\overrightarrow{OB} \quad (\lambda\neq -1)$$

定理 1　设点 C 分有向线段$\overrightarrow{AB}$的比为$\dfrac{\overrightarrow{AC}}{\overrightarrow{CB}}=$

$\lambda(\lambda\neq-1)$,则以直线 AB 外一点 O 为起点,向量$\overrightarrow{OC}$满足

$$\overrightarrow{OC}=\frac{1}{1+\lambda}\overrightarrow{OA}+\frac{\lambda}{1+\lambda}\overrightarrow{OB}\quad(\lambda\neq-1)\tag{2.2.1}$$

推论 1 若 $\lambda=\frac{\lambda_1}{\lambda_2}(\lambda_1\neq-\lambda_2)$,则有

$$\lambda_2\overrightarrow{CA}+\lambda_1\overrightarrow{CB}=\mathbf{0},\overrightarrow{OC}=\frac{\lambda_2\overrightarrow{OA}+\lambda_1\overrightarrow{OB}}{\lambda_1+\lambda_2}\quad(\lambda_1\neq-\lambda_2)\tag{2.2.2}$$

推论 2 设三角形面积为有向面积,若 $\lambda=\frac{S_{\triangle OAC}}{S_{\triangle OCB}}$ $(S_{\triangle OAC}\neq-S_{\triangle OCB}$,此时 $S_{\triangle OAC}+S_{\triangle OCB}=S_{\triangle OAB}\neq\mathbf{0})$,则有

$$\overrightarrow{OC}=\frac{S_{\triangle OCB}}{S_{\triangle OAB}}\overrightarrow{OA}+\frac{S_{\triangle OAC}}{S_{\triangle OAB}}\overrightarrow{OB}\quad(S_{\triangle OAB}\neq\mathbf{0})\tag{2.2.3}$$

推论 3 若 $\lambda=\frac{\mu}{1-\mu}(\mu\neq1)$,此时 $\mu=\frac{\overrightarrow{AC}}{\overrightarrow{AB}}$,则有

$$\overrightarrow{OC}=(1-\mu)\overrightarrow{OA}+\mu\overrightarrow{OB}\quad(\mu\neq1)\tag{2.2.4}$$

式(2.2.1)~(2.2.4)均称为有向线段定比分点的向量形式公式,且都具有形式

$$\overrightarrow{OC}=x\overrightarrow{OA}+y\overrightarrow{OB},x+y=1\tag{2.2.5}$$

注 $x+y=1$ 表示$\overrightarrow{OC}$的系数与$\overrightarrow{OA}$,$\overrightarrow{OB}$的系数的关系.

推论 4 若 C 为$\overrightarrow{AB}$的中点,则

$$\overrightarrow{OC}=\frac{1}{2}(\overrightarrow{OA}+\overrightarrow{OB})\tag{2.2.6}$$

推论 5 点 C 在有向线段$\overrightarrow{AB}$所在的直线上,以直

线 AB 外任意一点为起点的向量$\overrightarrow{OC}$满足

$$|\overrightarrow{OC}|^2=|\overrightarrow{OA}|^2\frac{\overrightarrow{CB}}{\overrightarrow{AB}}+|\overrightarrow{OB}|^2\frac{\overrightarrow{AC}}{\overrightarrow{AB}}-\overrightarrow{AC}\cdot\overrightarrow{CB} \tag{2.2.7}$$

证明　设$\dfrac{\overrightarrow{AC}}{\overrightarrow{CB}}=\lambda$，对式(2.2.1)两边分别与$\overrightarrow{OA}$，$\overrightarrow{OB}$作内积，得

$$\overrightarrow{OC}\cdot\overrightarrow{OA}=\frac{1}{1+\lambda}\overrightarrow{OA}\cdot\overrightarrow{OA}+\frac{\lambda}{1+\lambda}\overrightarrow{OB}\cdot\overrightarrow{OA}$$

$$\overrightarrow{OC}\cdot\overrightarrow{OB}=\frac{1}{1+\lambda}\overrightarrow{OA}\cdot\overrightarrow{OB}+\frac{\lambda}{1+\lambda}\overrightarrow{OB}\cdot\overrightarrow{OB}$$

上述两式两边相加，整理得

$$\begin{aligned}&\frac{1}{1+\lambda}|\overrightarrow{OA}|^2+\frac{\lambda}{1+\lambda}|\overrightarrow{OB}|^2\\&=\overrightarrow{OC}\cdot\overrightarrow{OA}+\overrightarrow{OC}\cdot\overrightarrow{OB}-\overrightarrow{OA}\cdot\overrightarrow{OB}\\&=(\overrightarrow{OC}-\overrightarrow{OB})(\overrightarrow{OA}-\overrightarrow{OC})+\overrightarrow{OC}\cdot\overrightarrow{OC}\\&=\overrightarrow{CB}\cdot\overrightarrow{AC}-|\overrightarrow{OC}|^2\end{aligned}$$

注意到前面所设$\overrightarrow{AC}=\lambda\ \overrightarrow{CB}$，有

$$\frac{1}{1+\lambda}=\frac{\overrightarrow{CB}}{\overrightarrow{AB}},\frac{\lambda}{1+\lambda}=\frac{\overrightarrow{AC}}{\overrightarrow{AB}}$$

故$|\overrightarrow{OC}|^2=|\overrightarrow{OA}|^2\dfrac{\overrightarrow{CB}}{\overrightarrow{AB}}+|\overrightarrow{OB}|^2\dfrac{\overrightarrow{AC}}{\overrightarrow{AB}}-\overrightarrow{AC}\cdot\overrightarrow{CB}$.

推论6　设点 A,B,C 的平面(或空间)直角(或仿射坐标或极坐标)坐标分别为(x_1,y_1)，(x_2,y_2)，(x,y)(或(x_1,y_1,z_1)，(x_2,y_2,z_2)，(x,y,z))，则

$$(x,y)=\left(\frac{x_1+\lambda x_2}{1+\lambda},\frac{y_1+\lambda y_2}{1+\lambda}\right)$$

或

$$(x,y,z)=\left(\frac{x_1+\lambda x_2}{1+\lambda},\frac{y_1+\lambda y_2}{1+\lambda},\frac{z_1+\lambda z_2}{1+\lambda}\right) \tag{2.2.8}$$

定理 2　在△PAB 中,点 M,N 分别在直线 PA,PB 上,且$\frac{\overrightarrow{PM}}{\overrightarrow{MA}}=k,\frac{\overrightarrow{PN}}{\overrightarrow{NB}}=\mu$,直线 AN 与 BM 交于点 C,O 为△PAB 所在平面内一点,则

$$\overrightarrow{CP}+k\overrightarrow{CA}+\mu\overrightarrow{CB}=\mathbf{0},\overrightarrow{OC}=\frac{\overrightarrow{OP}+k\overrightarrow{OA}+\mu\overrightarrow{OB}}{1+k+\mu} \tag{2.2.9}$$

证明　如图 2.2.2 所示,由题设有$\frac{\overrightarrow{PM}}{\overrightarrow{PA}}=\frac{k}{1+k},\frac{\overrightarrow{PN}}{\overrightarrow{PB}}=\frac{\mu}{1+\mu}$.

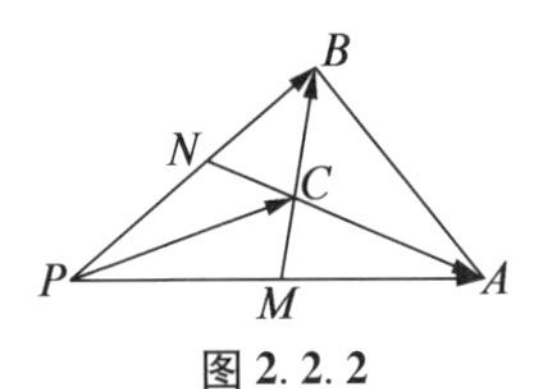

图 2.2.2

由式(2.2.5),知存在实数 λ,λ',使得

$$\overrightarrow{PC}=\lambda\overrightarrow{PM}+(1-\lambda)\overrightarrow{PB}=\frac{\lambda k}{1+k}\overrightarrow{PA}+(1-\lambda)\overrightarrow{PB}$$

$$\overrightarrow{PC}=(1-\lambda')\overrightarrow{PA}+\lambda'\overrightarrow{PN}=(1-\lambda')\overrightarrow{PA}+\frac{\lambda'\mu}{1+\mu}\overrightarrow{PB}$$

由于$\overrightarrow{PA}$与$\overrightarrow{PB}$不共线,由平面向量基本定理的推论 2,知$\frac{\lambda k}{1+k}=1-\lambda'$,且 $1-\lambda=\frac{\lambda'\mu}{1+\mu}$. 解得 $\lambda=\frac{1+k}{1+k+\mu}$,

$1-\lambda=\frac{\mu}{1+k+\mu}$. 从而

$$\overrightarrow{PC}=\frac{k\,\overrightarrow{PA}+\mu\,\overrightarrow{PB}}{1+k+\mu}=\frac{k(\overrightarrow{CA}-\overrightarrow{CP})+\mu(\overrightarrow{CB}-\overrightarrow{CP})}{1+k+\mu}$$

整理便得式(2.2.9)中的第一个式子,注意,将$\overrightarrow{CA}=\overrightarrow{CO}+\overrightarrow{OA}$,$\overrightarrow{CB}=\overrightarrow{CO}+\overrightarrow{OB}$,$\overrightarrow{PC}=\overrightarrow{OC}-\overrightarrow{OP}$代入整理便得到第二个式子.

注　(1)变 P 为 B,取 $\mu=0$,$k=\frac{\lambda_2}{\lambda_1}$,则式(2.2.9)便具有式(2.2.2)的形式.

(2)令 $k=\frac{x}{z}$,$\mu=\frac{y}{z}$,则式(2.2.9)变为

$$x\,\overrightarrow{CA}+y\,\overrightarrow{CB}+z\,\overrightarrow{CP}=\mathbf{0}$$

$$\overrightarrow{OC}=\frac{z\,\overrightarrow{OP}+x\,\overrightarrow{OA}+y\,\overrightarrow{OB}}{x+y+z}\qquad(2.2.9')$$

2. 三角形的定比分边

如图 2.2.3 所示,设 C 是$\triangle OAB$ 所在平面内的一个定点,过点 C 的直线分别交直线 OA,OB 于点 P,Q,且$\frac{\overrightarrow{OP}}{\overrightarrow{OA}}=m$,$\frac{\overrightarrow{OQ}}{\overrightarrow{OB}}=n$($m,n\in\mathbf{R}$ 且 $mn\neq0$).

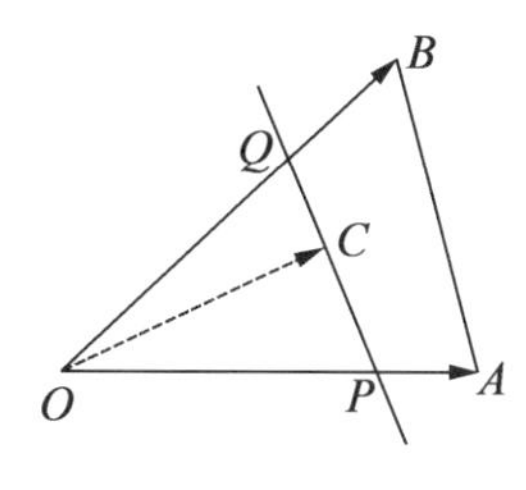

图 2.2.3

设点 C 的坐标为(x_0,y_0),则 x_0,y_0 为定数. 由平

面向量的基本定理,有

$$\overrightarrow{OC}=x_0\overrightarrow{OA}+y_0\overrightarrow{OB}=x_0\frac{\overrightarrow{OP}}{m}+y_0\frac{\overrightarrow{OQ}}{n}$$
$$=\frac{x_0}{m}\overrightarrow{OP}+\frac{y_0}{n}\overrightarrow{OQ}$$

因点 C 在直线 PQ 上,由式(2.2.5),知有$\frac{x_0}{m}+\frac{y_0}{n}=1$.

反之,设直线 PQ 上有一点 C',其坐标为(x_0',y_0'),则由上述推理,有$\frac{x_0'}{m}+\frac{y_0'}{n}$对任意的实数 m,n 都成立,于是 $x_0'=x_0,y_0'=y_0$,即知 C'与 C 重合.

从而,我们有:

定理 3 设 C 为$\triangle OAB$ 所在平面内的一个定点(即有$\overrightarrow{OC}=x_0\overrightarrow{OA}+y_0\overrightarrow{OB}$,其中 x_0,y_0 为定数),直线 l 分别交直线 OA,OB 于点 P,Q,且$\frac{\overrightarrow{OP}}{\overrightarrow{OA}}=m,\frac{\overrightarrow{OQ}}{\overrightarrow{OB}}=n(m,n\in\mathbf{R}$ 且 $mn\neq0)$. 则直线 l 过定点 C 的充分必要条件是

$$\frac{x_0}{m}+\frac{y_0}{n}=1\qquad(2.2.10)$$

推论 1 在定理 3 的条件下,且$\frac{\overrightarrow{OP}}{\overrightarrow{PA}}=\lambda_1,\frac{\overrightarrow{OQ}}{\overrightarrow{QB}}=\lambda_2(\lambda_1,\lambda_2\in\mathbf{R}$,且 $\lambda_1\neq-1,\lambda_2\neq-1)$,则直线 l 过点 C 的充分必要条件是

$$\left(1+\frac{1}{\lambda_1}\right)x_0+\left(1+\frac{1}{\lambda_2}\right)y_0=1\qquad(2.2.11)$$

推论 2 在定理 3 的条件中,若定点 C 在直线 AB 上,且$\frac{\overrightarrow{AC}}{\overrightarrow{CB}}=k(k\in\mathbf{R}$ 且$k\neq-1)$,则直线 l 过点 C 的充

分必要条件是

$$\frac{1}{(1+k)m}+\frac{k}{(1+k)n}=1 \qquad (2.2.12)$$

推论 3　在定理 3 的条件下，若令 $x_0=\frac{S_{\triangle OCB}}{S_{\triangle OAB}}, y_0=\frac{S_{\triangle OAC}}{S_{\triangle OAB}}$，其中三角形面积均为有向面积，则有

$$\frac{S_{\triangle OCB}}{S_{\triangle OAB}\cdot m}+\frac{S_{\triangle OAC}}{S_{\triangle OAB}\cdot n}=1 \qquad (2.2.13)$$

定理 4　如图 2.2.4(a)所示，设 C 为$\triangle OAB$ 所在平面内的一个定点，直线 BC 交直线 OA 于点 M，直线 AC 交直线 OB 于点 N，则$\frac{\overrightarrow{OM}}{\overrightarrow{OA}}=\lambda, \frac{\overrightarrow{ON}}{\overrightarrow{OB}}=\mu$（$\lambda\mu\neq 1$ 且 $\lambda, \mu\in\mathbf{R}$）为定比，且有

$$\overrightarrow{OC}=\frac{\lambda(1-\mu)}{1-\lambda\mu}\overrightarrow{OA}+\frac{\mu(1-\lambda)}{1-\lambda\mu}\overrightarrow{OB} \qquad (2.2.14)$$

证明　如图 2.2.4(b)所示，由于 C 为定点，在$\triangle OAB$ 中，显然 λ,μ 为定比.

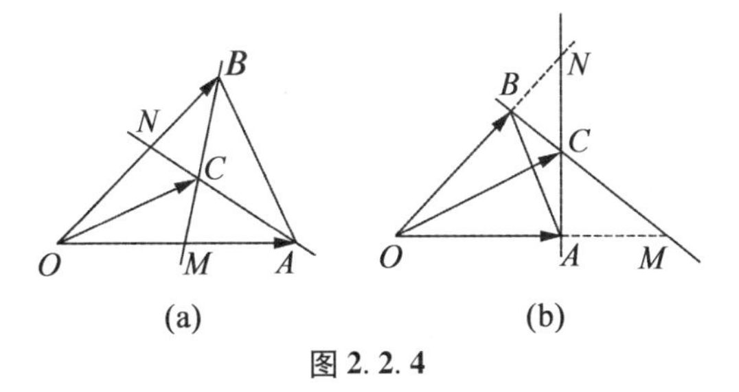

图 2.2.4

当 $\lambda=1$ 时，M 与 A 重合；当 $\mu=1$ 时，N 与 B 重合；当 $\lambda=\mu=1$ 时，不能够确定点 C 的位置；当 $\lambda\mu=1$ 时，$BM/\!/NA$，无交点 C，故 $\lambda\mu\neq 1$. 于是，有

$$\overrightarrow{OM}=\lambda\,\overrightarrow{OA},\overrightarrow{ON}=\mu\,\overrightarrow{OB}$$

由向量共线,可设存在实数 m,使得 $\overrightarrow{MC}=m\,\overrightarrow{MB}=m(\overrightarrow{OB}-\overrightarrow{OM})=m\,\overrightarrow{OB}-m\lambda\,\overrightarrow{OA}$.

设有实数 n,使得

$$\overrightarrow{NC}=n\,\overrightarrow{NA}=n(\overrightarrow{OA}-\overrightarrow{ON})=n\,\overrightarrow{OA}-n\mu\,\overrightarrow{OB}$$

于是,$\overrightarrow{OC}=\overrightarrow{OM}+\overrightarrow{MC}=\lambda\,\overrightarrow{OA}+m\,\overrightarrow{OB}-m\lambda\,\overrightarrow{OA}=(\lambda-m\lambda)\overrightarrow{OA}+m\,\overrightarrow{OB}$,及

$$\begin{aligned}\overrightarrow{OC}&=\overrightarrow{ON}+\overrightarrow{NC}=\mu\,\overrightarrow{OB}+n\,\overrightarrow{OA}-n\mu\,\overrightarrow{OB}\\&=n\,\overrightarrow{OA}+(\mu-n\mu)\overrightarrow{OB}\end{aligned}$$

因$\overrightarrow{OA},\overrightarrow{OB}$不共线,由平面向量基本定理的推论 2,知

$$\begin{cases}\lambda-m\lambda=n\\ m=\mu-n\mu\end{cases}$$

解得 $m=\dfrac{\mu(1-\lambda)}{1-\lambda\mu},n=\dfrac{\lambda(1-\mu)}{1-\lambda\mu}$. 由于$\overrightarrow{OC}=(n,m)$,故有

$$\overrightarrow{OC}=\frac{\lambda(1-\mu)}{1-\lambda\mu}\overrightarrow{OA}+\frac{\mu(1-\lambda)}{1-\lambda\mu}\overrightarrow{OB}$$

注 定理 4 与定理 2 的本质是一样的.

附 下面讨论定理 4 中 λ,μ 的取值与对应的点 C 的位置. ①

(1)先对 C 的特殊位置,λ,μ 的特殊取值来讨论.

①当 $\lambda=0,\mu\in\mathbf{R}$ 时,$\overrightarrow{OC}=\mu\,\overrightarrow{OB}$,$C$ 在直线 OB 上,此时 C,N 两点重合,O,M 两点重合,点 C 的集合就是直线 OB,即三角形的边 OB 所在直线,如图

---

① 葛炜. 用向量方法探究三角形中一点的位置[J]. 数学教学,2009(4):23-25.

2.2.5(a)所示.

②当 $\mu=0,\lambda\in\mathbf{R}$ 时,$\overrightarrow{OC}=\lambda\ \overrightarrow{OA}$,$C$ 在直线 OA 上,此时 C,M 两点重合,O,N 两点重合,点 C 的集合就是直线 OA,即三角形的边 OA 所在直线,如图 2.2.5(b)所示.

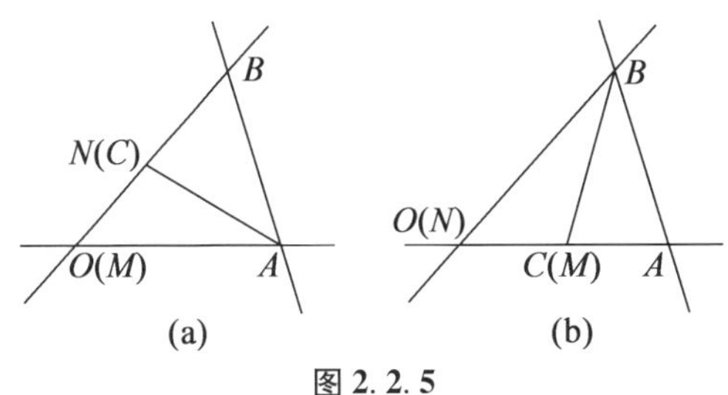

图 2.2.5

③当 $\lambda=\mu=1$ 时,A,M 两点重合,B,N 两点重合,AN 与 BM 两直线重合,不能确定点 C,如图 2.2.6 所示.

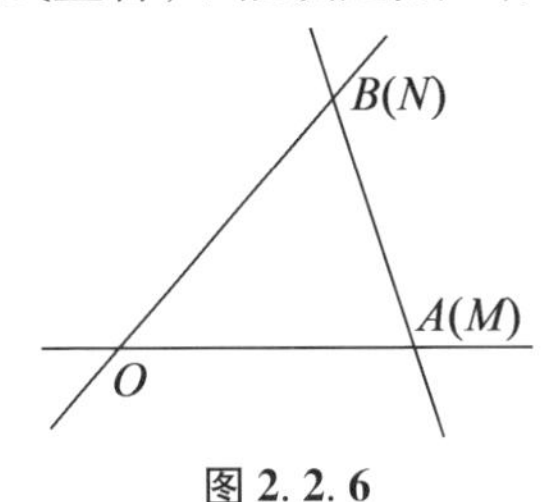

图 2.2.6

④当 $\lambda=1,\mu\neq1$ 时,A,M 两点重合,AN 与 BM 两直线相交于点 A,如图2.2.7所示.

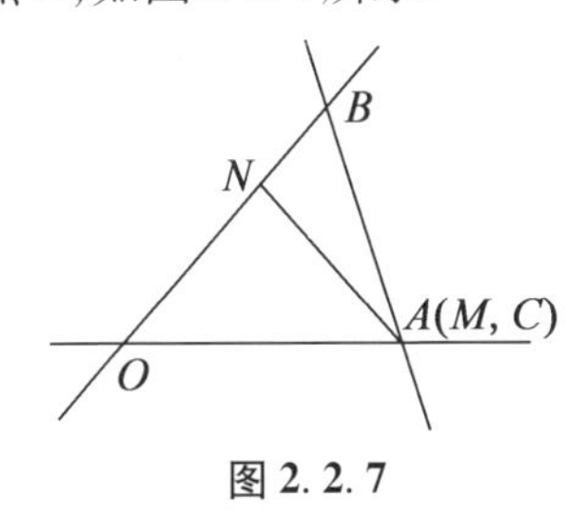

图 2.2.7

⑤当 $\lambda \neq 1, \mu = 1$ 时，B, N 两点重合，AN 与 BM 两直线相交于点 B，如图2.2.8所示.

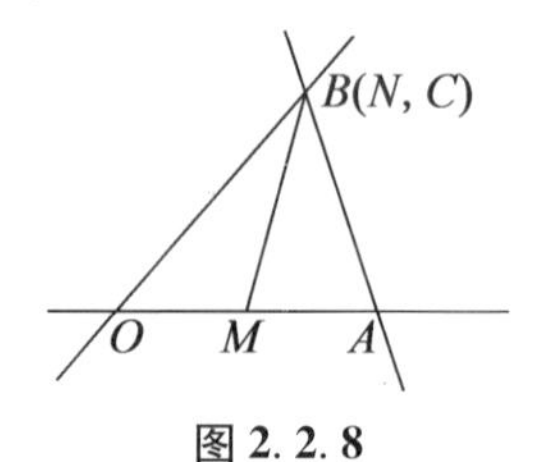

图 2.2.8

⑥当 λ, μ 互为倒数且不为 1 时，$AN /\!/ BM$，点 C 不存在，如图 2.2.9 所示.

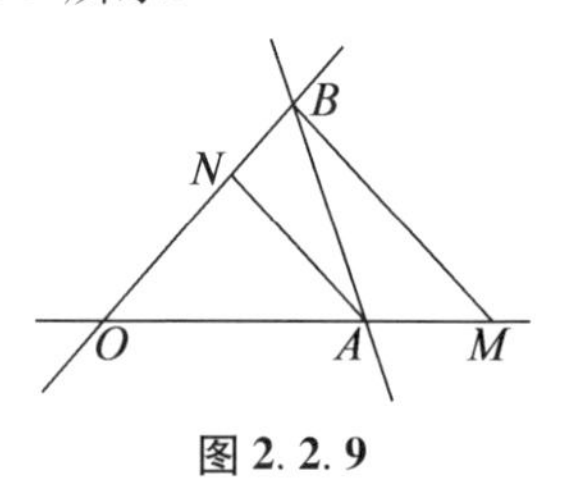

图 2.2.9

(2)取 M, N 的极限位置，即 $AN /\!/ OB, BM /\!/ OA$，如图 2.2.10 所示.

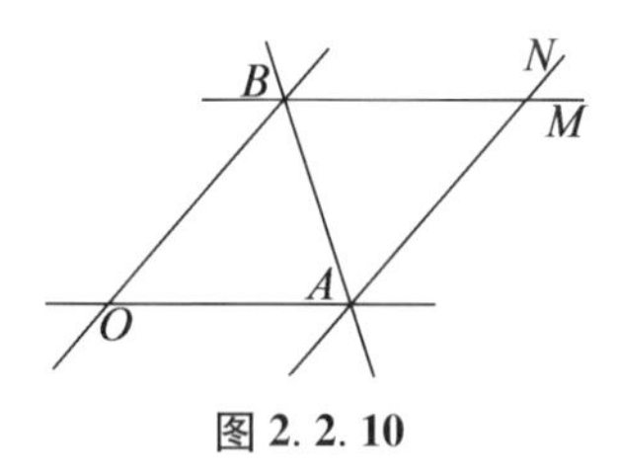

图 2.2.10

(3)当点 C 在图 2.2.11 的阴影区域内(不包括边界)时，$\lambda > 1, \mu > 1$.

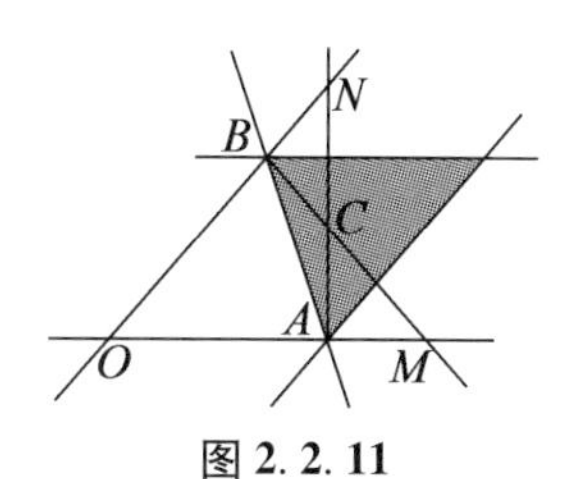

图 2.2.11

(4)当点 C 在图 2.2.12 与图 2.2.13 的阴影区域内(不包括边界)时,$\lambda<0$,$\mu<0$ 且 $\lambda\mu\neq1$.

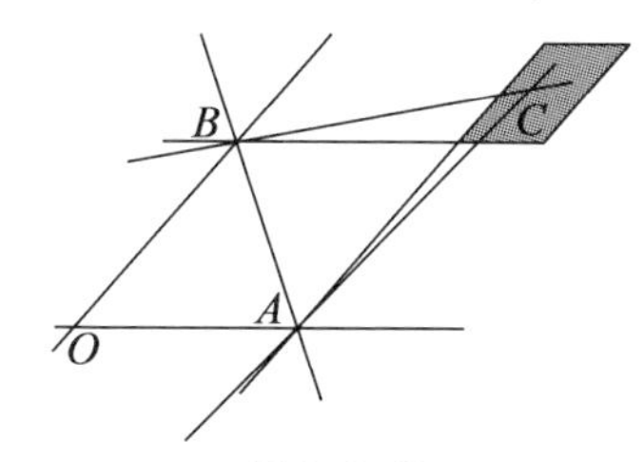

图 2.2.12

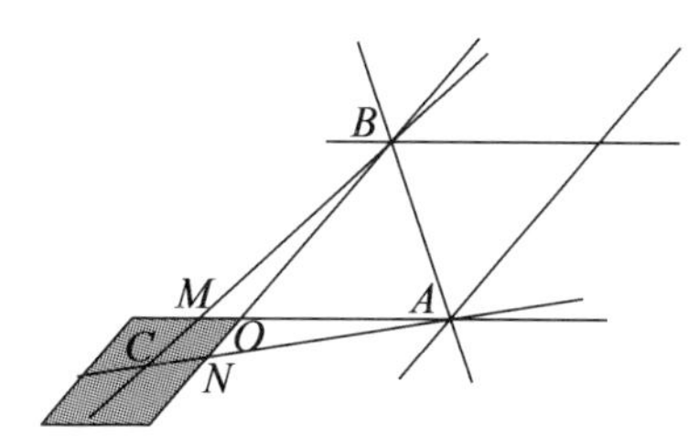

图 2.2.13

(5)当点 C 在图 2.2.14 的阴影区域内(不包括边界)时,$\lambda>1$,$\mu<0$.

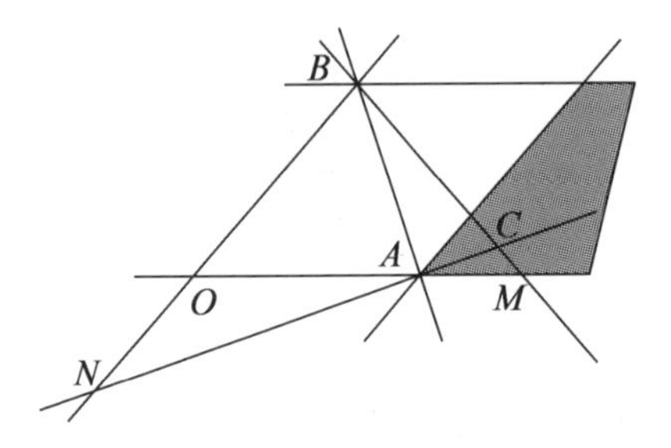

图 2.2.14

(6)当点 C 在图 2.2.15 与图 2.2.16 的阴影区域内(不包括边界)时,$\lambda>1$,$0<\mu<1$.

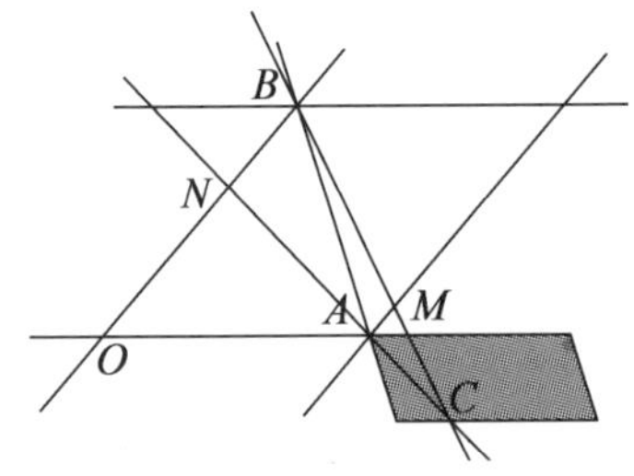

图 2.2.15

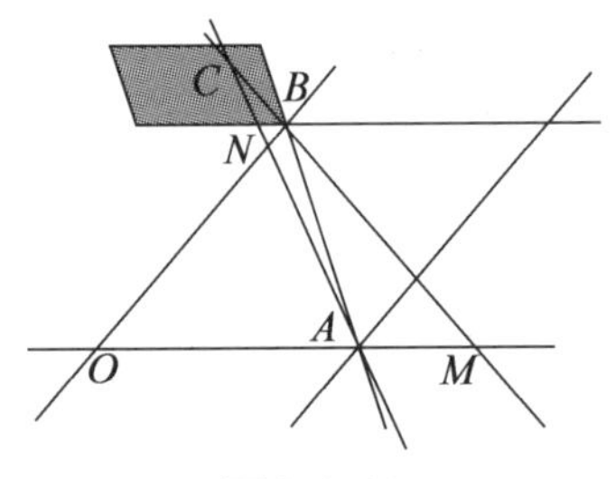

图 2.2.16

(7)当点 C 在图 2.2.17 与图 2.2.18 的阴影区域内(不包括边界)时,$0<\lambda<1$,$\mu>1$.

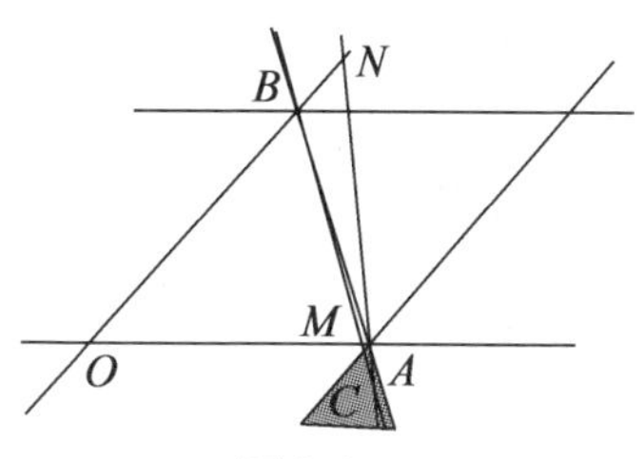

图 2.2.17

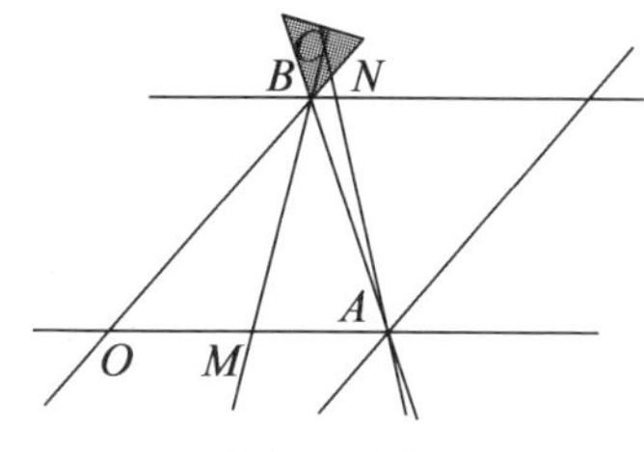

图 2.2.18

(8)当点 C 在图 2.2.19 的阴影区域内(不包括边界)时,$0<\lambda<1,\mu<0$.

(9)当点 C 在图 2.2.20 的阴影区域内(不包括边界)时,$\lambda<0,0<\mu<1$.

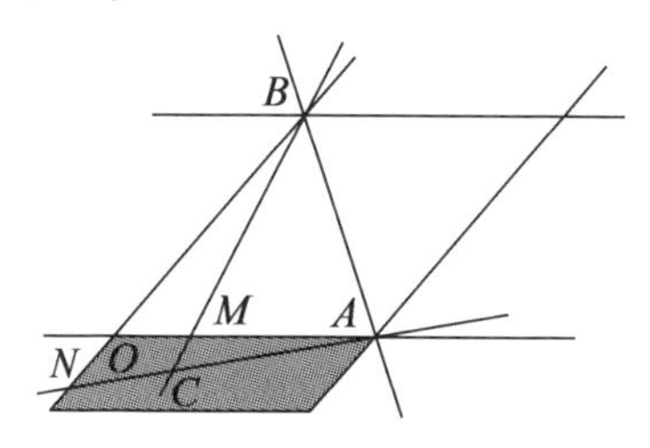

图 2.2.19

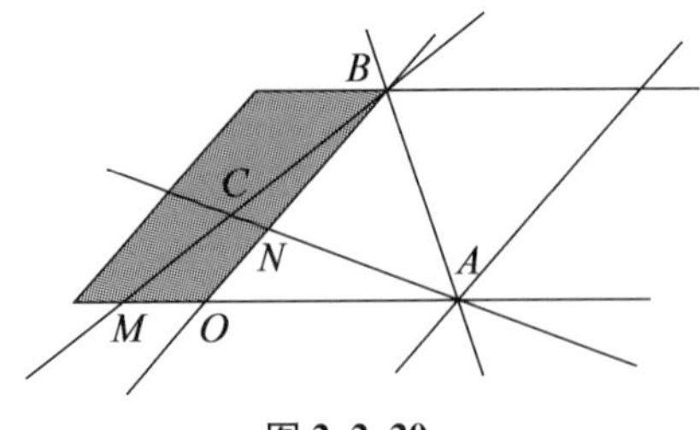

图 2.2.20

(10)当点 C 在图 2.2.21 的阴影区域内(不包括边界)时,$\lambda<0,\mu>1$.

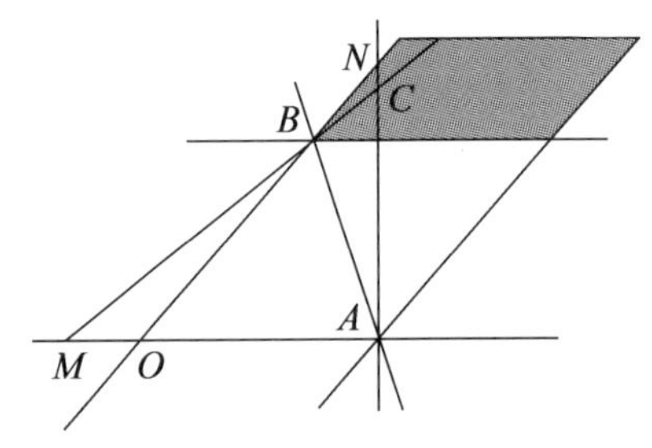

图 2.2.21

定理 5 设点 C 为 $\triangle OAB$ 所在平面内的一个定点,直线 BC 交直线 OA 于点 M,直线 AC 交直线 OB 于点 N,过点 C 又作直线 l 分别与直线 OA,OB 交于点 P,Q. 若 $\frac{\overrightarrow{OM}}{\overrightarrow{OA}}=\lambda,\frac{\overrightarrow{ON}}{\overrightarrow{OB}}=\mu,\frac{\overrightarrow{OP}}{\overrightarrow{OA}}=m,\frac{\overrightarrow{OQ}}{\overrightarrow{OB}}=n$,则

$$\frac{1-\lambda}{\lambda n}+\frac{1-\mu}{\mu m}=\frac{1-\lambda\mu}{\lambda\mu} \tag{2.2.15}$$

证明 如图 2.2.22,由平面向量基本定理,可设

$$\overrightarrow{OC}=\alpha\overrightarrow{OA}+\beta\overrightarrow{OB}\quad(\alpha,\beta\in\mathbf{R})$$

则

$$\overrightarrow{AC}=\overrightarrow{OC}-\overrightarrow{OA}=(\alpha-1)\overrightarrow{OA}+\beta\overrightarrow{OB}$$

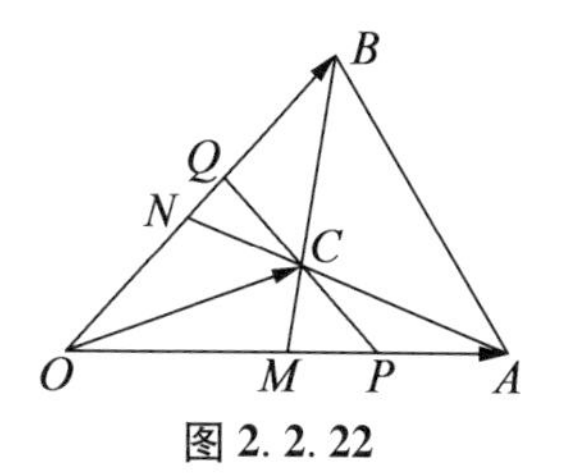

图 2.2.22

$$\overrightarrow{NC}=\overrightarrow{OC}-\overrightarrow{ON}=\overrightarrow{OC}-\mu\overrightarrow{OB}$$
$$=\alpha\overrightarrow{OA}+(\beta-\mu)\overrightarrow{OB}$$

因$\overrightarrow{AC}$与$\overrightarrow{CN}$共线，且$\overrightarrow{OA}$与$\overrightarrow{OB}$不共线，则

$$\frac{\alpha-1}{\alpha}=\frac{\beta}{\beta-\mu}$$

亦即

$$\mu\alpha+\beta=\mu \qquad ①$$

又因为

$$\overrightarrow{BC}=\overrightarrow{OC}-\overrightarrow{OB}=\alpha\overrightarrow{OA}+\beta\overrightarrow{OB}-\overrightarrow{OB}$$
$$=\alpha\overrightarrow{OA}+(\beta-1)\overrightarrow{OB}$$
$$\overrightarrow{CM}=\overrightarrow{OM}-\overrightarrow{OC}=\lambda\overrightarrow{OA}-\alpha\overrightarrow{OA}-\beta\overrightarrow{OB}$$
$$=(\lambda-\alpha)\overrightarrow{OA}-\beta\overrightarrow{OB}$$

注意到$\overrightarrow{BC}$与$\overrightarrow{CM}$共线，则$\frac{\alpha}{\lambda-\alpha}=\frac{\beta-1}{-\beta}$，即

$$\alpha+\lambda\beta=\lambda \qquad ②$$

由①，②得$\begin{cases}\mu\alpha+\beta=\mu\\ \alpha+\lambda\beta=\lambda\end{cases}$，解得$\beta=\frac{\lambda\mu-\mu}{\lambda\mu-1}$，$\alpha=\frac{\lambda\mu-\lambda}{\lambda\mu-1}$.

于是 $$\overrightarrow{OC}=\frac{\lambda\mu-\lambda}{\lambda\mu-1}\overrightarrow{OA}+\frac{\lambda\mu-\mu}{\lambda\mu-1}\overrightarrow{OB}$$

因而

$$\overrightarrow{PC}=\overrightarrow{OC}-\overrightarrow{OP}=\frac{\lambda\mu-\lambda}{\lambda\mu-1}\overrightarrow{OA}+\frac{\lambda\mu-\mu}{\lambda\mu-1}\overrightarrow{OB}-m\,\overrightarrow{OA}$$

$$=\left(\frac{\lambda\mu-\lambda}{\lambda\mu-1}-m\right)\overrightarrow{OA}+\frac{\lambda\mu-\mu}{\lambda\mu-1}\overrightarrow{OB}$$

$$\overrightarrow{QC}=\overrightarrow{OC}-\overrightarrow{OQ}=\frac{\lambda\mu-\lambda}{\lambda\mu-1}\overrightarrow{OA}+\frac{\lambda\mu-\mu}{\lambda\mu-1}\overrightarrow{OB}-n\,\overrightarrow{OB}$$

$$=\frac{\lambda\mu-\lambda}{\lambda\mu-1}\overrightarrow{OA}+\left(\frac{\lambda\mu-\mu}{\lambda\mu-1}-n\right)\overrightarrow{OB}$$

又注意到$\overrightarrow{PC}$与$\overrightarrow{QC}$共线，且$\overrightarrow{OA}$与$\overrightarrow{OB}$不共线，则

$$\frac{\dfrac{\lambda\mu-\lambda}{\lambda\mu-1}-m}{\dfrac{\lambda\mu-\lambda}{\lambda\mu-1}}=\frac{\dfrac{\lambda\mu-\mu}{\lambda\mu-1}}{\dfrac{\lambda\mu-\mu}{\lambda\mu-1}-n}$$

即
$$\frac{\lambda\mu-\lambda-m\lambda\mu+m}{\lambda\mu-\lambda}=\frac{\lambda\mu-\mu}{\lambda\mu-\mu-n\lambda\mu+n}$$

亦即

$$(\lambda\mu-\lambda)(\lambda\mu-\mu)$$
$$=(\lambda\mu-\lambda-m\lambda\mu+m)(\lambda\mu-\mu-n\lambda\mu+n)$$

亦即
$$\lambda n(1-\mu)+\mu m(1-\lambda)=mn(1-\lambda\mu)$$

从而
$$\frac{1-\lambda}{\lambda n}+\frac{1-\mu}{\mu m}=\frac{1-\lambda\mu}{\lambda\mu}$$

注 (1)在式(2.2.15)中，若 $\lambda=\mu=\frac{1}{2}$时，点 C 为$\triangle OAB$ 的重心，于是有

$$\frac{1}{m}+\frac{1}{n}=3 \tag{2.2.16}$$

(2)在式(2.2.15)中，若 $\lambda=\frac{OB}{OB+AB}$，$\mu=\frac{OA}{OA+AB}$时，点 C 为$\triangle OAB$ 的内心，于是有

$$\frac{OA}{n}+\frac{OB}{m}=OA+OB+AB \qquad (2.2.17)$$

注意到向量加法的图形表示,知三角形与平行四边形紧密相连.下面,我们讨论平行四边形中的定比分边问题.

3. 平行四边形中的定比分边

定理6①　在平行四边形 $ABCD$ 的边 AD 上取点 F,使得$\overrightarrow{AF}=\frac{1}{n}\overrightarrow{AD}$,点 K 是直线 AC 与 BF 的交点,则

$$\overrightarrow{AK}=\frac{1}{n+1}\overrightarrow{AC} \qquad (2.2.18)$$

证明　如图 2.2.23 所示,设$\overrightarrow{AK}=\lambda\overrightarrow{AC}$,由于四边形 $ABCD$ 为平行四边形,则$\overrightarrow{AK}=\lambda\overrightarrow{AC}=\lambda(\overrightarrow{AB}+\overrightarrow{AD})$.又$\overrightarrow{AF}=\frac{1}{n}\overrightarrow{AD}$,所以$\overrightarrow{AK}=\lambda(\overrightarrow{AB}+\overrightarrow{AD})=\lambda\overrightarrow{AB}+\lambda n\overrightarrow{AF}$.另一方面,由于 B,K,F 三点共线,从而 $\lambda+\lambda n=1$,即 $\lambda=\frac{1}{1+n}$.故$\overrightarrow{AK}=\frac{1}{n+1}\overrightarrow{AC}$.

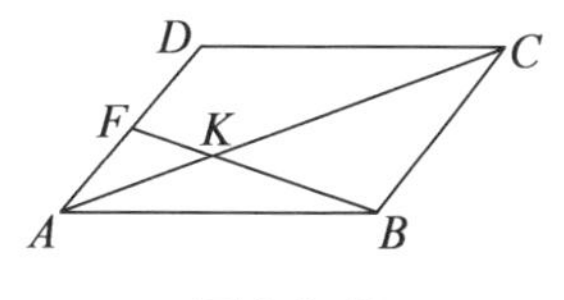

图 2.2.23

定理7　直线 EF 交平行四边形 $ABCD$ 中的两边 AB,AD 于 E,F,且交其对角线于 K,若

$$\overrightarrow{AE}=\frac{1}{m}\overrightarrow{AB},\overrightarrow{AF}=\frac{1}{n}\overrightarrow{AD}$$

---

①　彭海燕.一个平面几何问题的拓展与应用[J].数学通报,2006(8):37-38.

则

$$\overrightarrow{AK}=\frac{1}{m+n}\overrightarrow{AC} \qquad (2.2.19)$$

证明 如图 2.2.24 所示，设$\overrightarrow{AK}=\lambda\overrightarrow{AC}$，则由平行四边形法则可得$\overrightarrow{AK}=\lambda(\overrightarrow{AB}+\overrightarrow{AD})=\lambda m\overrightarrow{AE}+\lambda n\overrightarrow{AF}$. 由于 E,K,F 三点共线，则 $\lambda m+\lambda n=1$，亦即 $\lambda=\frac{1}{m+n}$，从而$\overrightarrow{AK}=\frac{1}{m+n}\overrightarrow{AC}$.

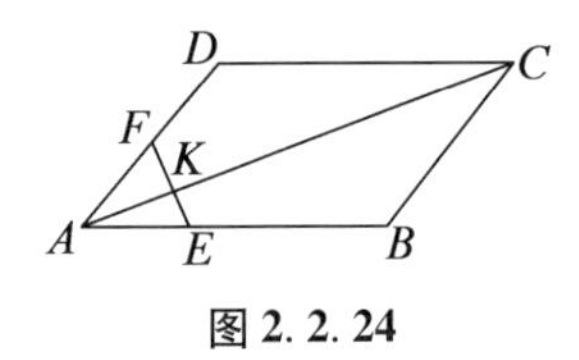

图 2.2.24

推论 1 在定理 7 的条件下，有

$$\frac{|\overrightarrow{AB}|}{|\overrightarrow{AE}|}+\frac{|\overrightarrow{AD}|}{|\overrightarrow{AF}|}=\frac{|\overrightarrow{AC}|}{|\overrightarrow{AK}|} \qquad (2.2.20)$$

事实上，由题设条件及式(2.2.19)即得式(2.2.20).

推论 2 在$\triangle ABC$ 中，点 E,F 分别在 AB 和 AC 上，D 为 BC 中点，EF 交 AD 于点 P. 若$\overrightarrow{AE}=\frac{1}{m}\overrightarrow{AB}$，$\overrightarrow{AF}=\frac{1}{n}\overrightarrow{AC}$，则

$$\overrightarrow{AP}=\frac{2}{m+n}\overrightarrow{AD} \qquad (2.2.21)$$

$$\frac{|\overrightarrow{AB}|}{|\overrightarrow{AE}|}+\frac{|\overrightarrow{AC}|}{|\overrightarrow{AF}|}=\frac{2|\overrightarrow{AD}|}{|\overrightarrow{AP}|} \qquad (2.2.22)$$

事实上，在图 2.2.25 中，延长 AD 至 G，使 $DG=AD$，则 $ABGC$ 为平行四边形. 由定理 7，有$\overrightarrow{AP}=\frac{1}{m+n}\overrightarrow{AG}=$

$\frac{1}{m+n}\cdot 2\overrightarrow{AD}=\frac{2}{m+n}\overrightarrow{AD}$.

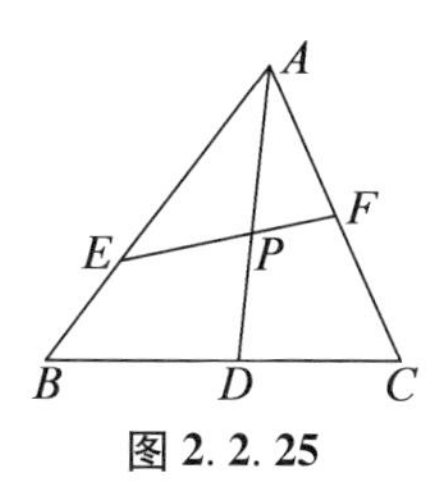

图 2. 2. 25

由定理 7 的推论 1 即得式(2. 2. 22).

推论 3　在 $\triangle ABC$ 中,点 E,F 分别在 AB 和 AC 上,$\overrightarrow{BD}=\lambda\overrightarrow{DC}$,$EF$ 交 AD 于点 P,若 $\overrightarrow{AE}=\frac{1}{m}\overrightarrow{AB}$,$\overrightarrow{AF}=\frac{1}{n}\overrightarrow{AC}$,则

$$\overrightarrow{AP}=\frac{1+\lambda}{m+\lambda n}\overrightarrow{AD}\qquad(2.2.23)$$

$$\frac{1}{1+\lambda}\cdot\frac{|\overrightarrow{AB}|}{|\overrightarrow{AE}|}+\frac{\lambda}{1+\lambda}\cdot\frac{|\overrightarrow{AC}|}{|\overrightarrow{AF}|}=\frac{|\overrightarrow{AD}|}{|\overrightarrow{AP}|}\qquad(2.2.24)$$

证明　如图 2. 2. 26 所示,注意到式(2. 2. 21). 设 $\overrightarrow{AP}=\mu\overrightarrow{AD}$,由 $\overrightarrow{BD}=\lambda\overrightarrow{DC}$ 可得 $\overrightarrow{AD}=\frac{1}{1+\lambda}\overrightarrow{AB}+\frac{\lambda}{1+\lambda}\overrightarrow{AC}$. 又 $\overrightarrow{AE}=\frac{1}{m}\overrightarrow{AB}$,$\overrightarrow{AF}=\frac{1}{n}\overrightarrow{AC}$,所以 $\overrightarrow{AD}=\frac{m}{1+\lambda}\overrightarrow{AE}+\frac{n\lambda}{1+\lambda}\overrightarrow{AF}$,从而 $\overrightarrow{AP}=\frac{\mu m}{1+\lambda}\overrightarrow{AE}+\frac{\mu n\lambda}{1+\lambda}\overrightarrow{AF}$. 由于 E,P,F 共线,且 $\overrightarrow{AE}$,$\overrightarrow{AF}$ 不共线,从而 $1=\frac{\mu m}{1+\lambda}+\frac{\mu n\lambda}{1+\lambda}$,所以 $\mu=\frac{1+\lambda}{m+\lambda n}$. 从而 $\overrightarrow{AP}=\frac{1+\lambda}{m+\lambda n}\overrightarrow{AD}$.

式(2.2.24)即得.

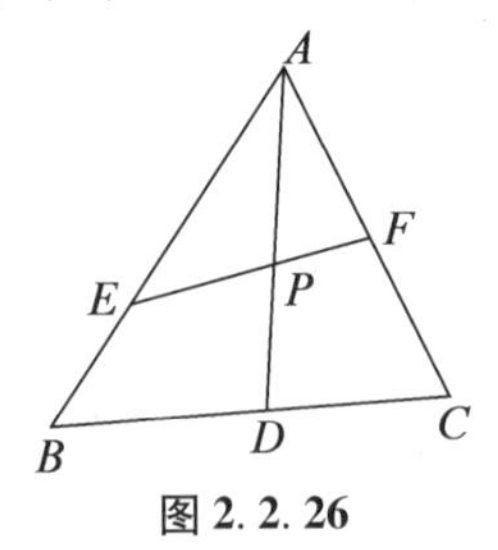

图 2.2.26

4. **立体中的定比分棱**

定理 8 如图 2.2.27 所示,设点 P 为四面体 $A-BCD$ 内一点,过点 P 作平面与 AB,AC,AD 三棱分别交于 M,N,K 三点,且 $\overrightarrow{AM}=x\overrightarrow{AB}$, $\overrightarrow{AN}=y\overrightarrow{AC}$, $\overrightarrow{AK}=z\overrightarrow{AD}$. 若 $\lambda_1,\lambda_2,\lambda_3,\lambda_4$ 都是正实数,则 $\lambda_1\overrightarrow{PA}+\lambda_2\overrightarrow{PB}+\lambda_3\overrightarrow{PC}+\lambda_4\overrightarrow{PD}=\mathbf{0}$ 的充分必要条件是

$$\frac{\lambda_2}{x}+\frac{\lambda_3}{y}+\frac{\lambda_4}{z}=\lambda_1+\lambda_2+\lambda_3+\lambda_4 \quad (2.2.25)$$

证明 充分性:由 M,N,K,P 四点共面(A 不在平面 MNK 上),则

$$\begin{aligned}\overrightarrow{AP}&=\mu_1\overrightarrow{AM}+\mu_2\overrightarrow{AN}+\mu_3\overrightarrow{AK}\\&=\mu_1x\overrightarrow{AB}+\mu_2y\overrightarrow{AC}+\mu_3z\overrightarrow{AD}\quad(\mu_1+\mu_2+\mu_3=1)\end{aligned} \quad (2.2.26)$$

又由
$$\frac{\lambda_2}{x}+\frac{\lambda_3}{y}+\frac{\lambda_4}{z}=\lambda_1+\lambda_2+\lambda_3+\lambda_4$$

则

$$\frac{\lambda_2}{x(\lambda_1+\lambda_2+\lambda_3+\lambda_4)}+\frac{\lambda_3}{x(\lambda_1+\lambda_2+\lambda_3+\lambda_4)}+\frac{\lambda_4}{x(\lambda_1+\lambda_2+\lambda_3+\lambda_4)}=1$$

取

$$\mu_1=\frac{\lambda_2}{x(\lambda_1+\lambda_2+\lambda_3+\lambda_4)}$$

$$\mu_2=\frac{\lambda_3}{y(\lambda_1+\lambda_2+\lambda_3+\lambda_4)}$$

$$\mu_3=\frac{\lambda_4}{z(\lambda_1+\lambda_2+\lambda_3+\lambda_4)}$$

代入式(2.2.26),得

$$\overrightarrow{AP}=\frac{\lambda_2}{\lambda_1+\lambda_2+\lambda_3+\lambda_4}\overrightarrow{AB}+\frac{\lambda_3}{\lambda_1+\lambda_2+\lambda_3+\lambda_4}\overrightarrow{AC}+\frac{\lambda_4}{\lambda_1+\lambda_2+\lambda_3+\lambda_4}\overrightarrow{AD}$$

$$\Rightarrow\overrightarrow{AP}(\lambda_1+\lambda_2+\lambda_3+\lambda_4)=\lambda_2\overrightarrow{AB}+\lambda_3\overrightarrow{AC}+\lambda_4\overrightarrow{AD}$$

$$\Rightarrow\lambda_1\overrightarrow{AP}+\lambda_2(\overrightarrow{AP}-\overrightarrow{AB})+\lambda_3(\overrightarrow{AP}-\overrightarrow{AC})+\lambda_4(\overrightarrow{AP}-\overrightarrow{AD})=\mathbf{0}$$

$$\Rightarrow\lambda_1\overrightarrow{AP}+\lambda_2\overrightarrow{BP}+\lambda_3\overrightarrow{CP}+\lambda_4\overrightarrow{DP}=\mathbf{0}$$

$$\Rightarrow\lambda_1\overrightarrow{PA}+\lambda_2\overrightarrow{PB}+\lambda_3\overrightarrow{PC}+\lambda_4\overrightarrow{PD}=\mathbf{0}$$

必要性:由充分性证明逆推整理即得.

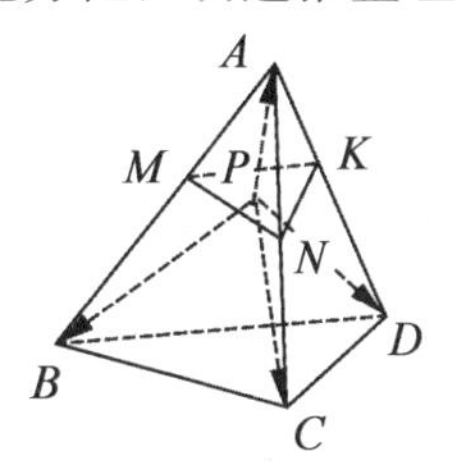

图 2.2.27

定理 9　如图 2.2.28 所示,在平行六面体 $ABCD-A_1B_1C_1D_1$ 中,一平面截平行六面体棱 AB,AD,AA_1 于点 M,N,E. 若$\overrightarrow{AM}=\frac{1}{m}\overrightarrow{AB}$,$\overrightarrow{AN}=\frac{1}{n}\overrightarrow{AD}$,$\overrightarrow{AE}=\frac{1}{r}\overrightarrow{AA_1}$,体对角线 AC_1 交平面 EMN 于点 K,则有

$$\overrightarrow{AK}=\frac{1}{m+n+r}\overrightarrow{AC_1}\qquad(2.2.27)$$

证明 设$\overrightarrow{AK}=\mu\overrightarrow{AC_1}$. 由平行六面体性质可得$\overrightarrow{AC_1}=\overrightarrow{AB}+\overrightarrow{AD}+\overrightarrow{AA_1}=m\overrightarrow{AM}+n\overrightarrow{AN}+r\overrightarrow{AE}$,所以$\overrightarrow{AK}=\mu\overrightarrow{AC_1}=\mu m\overrightarrow{AM}+\mu n\overrightarrow{AN}+\mu r\overrightarrow{AE}$. 又由于 M,N,E,K 四点共面,所以由空间向量共面定理的推论有 $\mu m+\mu n+\mu r=1$,即 $\mu=\frac{1}{m+n+r}$,所以$\overrightarrow{AK}=\frac{1}{m+n+r}\overrightarrow{AC_1}$.

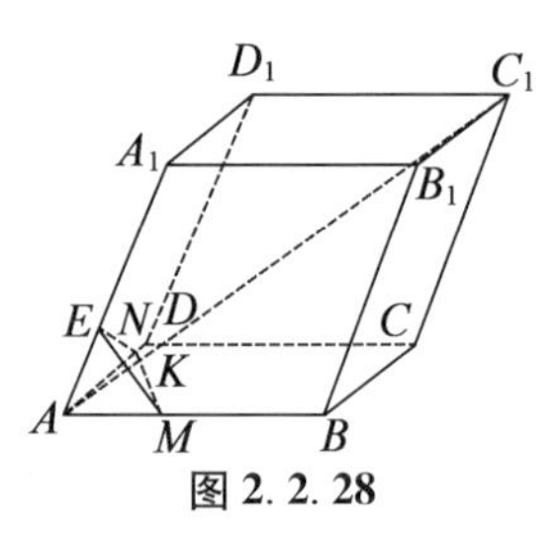

图 2.2.28

推论 在平行六面体 $ABCD-A_1B_1C_1D_1$ 中,截面 A_1DB 交体对角线 AC_1 于点 K,则有

$$\overrightarrow{AK}=\frac{1}{3}\overrightarrow{AC_1} \tag{2.2.28}$$

2.3 向量基本定理的多视角透析

一、平面向量的基本定理

平面向量的基本定理 设向量$\overrightarrow{OA},\overrightarrow{OB}$不共线,则对于$\triangle OAB$ 所在平面内存在一点 C,有实数 x,y,使得下式成立

$$\overrightarrow{OC}=x\overrightarrow{OA}+y\overrightarrow{OB} \tag{2.3.1}$$

1. 实数 x,y 的几何意义

由式(1.3.15),即有:

几何意义 1 有序数对(x,y)是平面仿射坐标系中点 C 的平面仿射坐标. 因而 x,y 是平面仿射坐标轴

上有向线段的比值,即

$$x=\frac{\overrightarrow{OX}}{\overrightarrow{OA}},y=\frac{\overrightarrow{OY}}{\overrightarrow{OB}} \qquad (2.3.2)$$

其中点 X,Y 分别是点 C 在坐标轴上的平行投影.

如图 2.3.1(a),(b)所示,把$\overrightarrow{OA},\overrightarrow{OB}$作为基向量,即为平面仿射坐标轴的单位向量,则 x,y 就决定了向量 $x\overrightarrow{OA},y\overrightarrow{OB}$的大小.

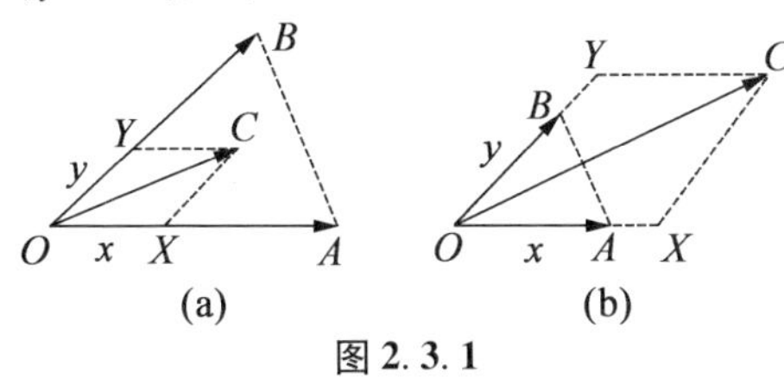

图 2.3.1

若把式(2.3.1)看作是向量的加法式,则其所对应的平行四边形与向量加法式$\overrightarrow{OC}=\overrightarrow{OA}+\overrightarrow{OB}$所对应的平行四边形的边有比例关系,这也就是:向量加法的平行四边形法则可看作平面向量基本定理的基础,而平面向量基本定理则是平行四边形法则的扩展与延伸. ①

如图 2.3.2 所示,令 $\angle AOB=\theta$,则点 C 到 OA,OB 的距离 d_1,d_2 分别为

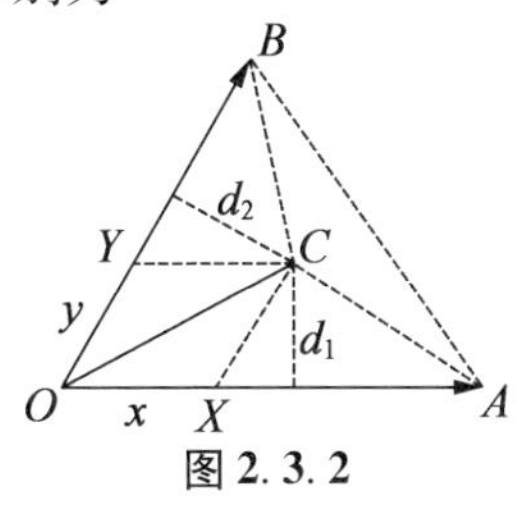

图 2.3.2

① 彭翕成. 平面向量基本定理与平行四边形问题[J]. 数学教学,2009(3):16.

$$d_1=|OY|\sin\theta, d_2=|OX|\sin\theta$$

且 $$S_{\triangle OAB}=\frac{1}{2}|OA|\cdot|OB|\cdot\sin\theta$$

于是

$$\frac{S_{\triangle COA}}{S_{\triangle OAB}}=\frac{|OA|\cdot d_1}{|OA|\cdot|OB|\cdot\sin\theta}=\frac{|OY|}{|OB|}$$

同理 $$\frac{S_{\triangle CBO}}{S_{\triangle OAB}}=\frac{|OX|}{|OA|}$$

若记顶点绕逆时针方向排列的三角形面积为正，顺时针方向排列的三角形面积为负，则有

$$\frac{\boldsymbol{S}_{\triangle OAC}}{\boldsymbol{S}_{\triangle OAB}}=\frac{\overrightarrow{OY}}{\overrightarrow{OB}}=y, \frac{\boldsymbol{S}_{\triangle OCB}}{\boldsymbol{S}_{\triangle OAB}}=\frac{\overrightarrow{OX}}{\overrightarrow{OA}}=x$$

从而，又有：

几何意义 2

$$x=\frac{\boldsymbol{S}_{\triangle OCB}}{\boldsymbol{S}_{\triangle OAB}}, y=\frac{\boldsymbol{S}_{\triangle OAC}}{\boldsymbol{S}_{\triangle OAB}} \tag{2.3.3}$$

为了讨论其他几何意义，先看下面的引理与结论：

引理① 如图 2.3.3 所示，向量$\overrightarrow{OA}$和$\overrightarrow{OB}$不共线，点 C 在 $\angle AOB$ 内，向量$\overrightarrow{OA}$，$\overrightarrow{OB}$，$\overrightarrow{OC}$皆为单位向量，且$\overrightarrow{OA}$与$\overrightarrow{OC}$的夹角为 α，$\overrightarrow{OB}$与$\overrightarrow{OC}$的夹角为 β，则有$\overrightarrow{OC}=\frac{\sin\beta}{\sin(\alpha+\beta)}\overrightarrow{OA}+\frac{\sin\alpha}{\sin(\alpha+\beta)}\overrightarrow{OB}$.

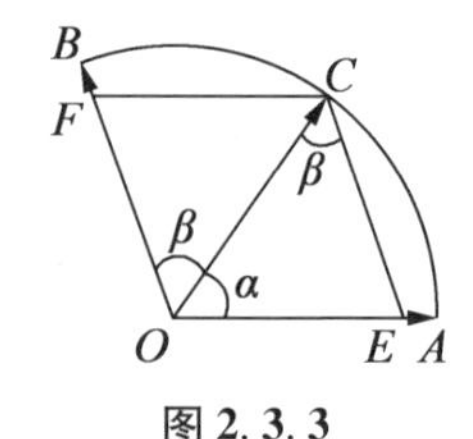

图 2.3.3

① 郑文龙. 平面向量基本定理的角表示及其应用[J]. 数学通讯，2010(11)：30.

证明　过点 C 作 CE 平行 OB，交 OA 于点 E，作 CF 平行 OA，交 OB 于点 F，则$\overrightarrow{OC}=\overrightarrow{OE}+\overrightarrow{EC}$.

在$\triangle OCE$ 中，根据正弦定理，有

$$\frac{|\overrightarrow{OC}|}{\sin[\pi-(\alpha+\beta)]}=\frac{|\overrightarrow{OE}|}{\sin\beta}=\frac{|\overrightarrow{CE}|}{\sin\alpha}$$

从而

$$|\overrightarrow{OE}|=\frac{\sin\beta}{\sin(\alpha+\beta)}|\overrightarrow{OC}|=\frac{\sin\beta}{\sin(\alpha+\beta)}$$

$$|\overrightarrow{CE}|=\frac{\sin\alpha}{\sin(\alpha+\beta)}|\overrightarrow{OC}|=\frac{\sin\alpha}{\sin(\alpha+\beta)}$$

故$\overrightarrow{OC}=\overrightarrow{OE}+\overrightarrow{EC}=\dfrac{\sin\beta}{\sin(\alpha+\beta)}\overrightarrow{OA}+\dfrac{\sin\alpha}{\sin(\alpha+\beta)}\overrightarrow{OB}$.

结论　如图 2.3.4 所示，向量$\overrightarrow{OA}$和$\overrightarrow{OB}$不共线，点 C 在$\angle AOB$ 内，$|\overrightarrow{OA}|=a$，$|\overrightarrow{OB}|=b$，$|\overrightarrow{OC}|=c$，且$\overrightarrow{OA}$与$\overrightarrow{OC}$的夹角为 α，$\overrightarrow{OB}$与$\overrightarrow{OC}$的夹角为 β，则有

$$\overrightarrow{OC}=\frac{c}{a}\cdot\frac{\sin\beta}{\sin(\alpha+\beta)}\overrightarrow{OA}+\frac{c}{b}\cdot\frac{\sin\alpha}{\sin(\alpha+\beta)}\overrightarrow{OB} \tag{2.3.4}$$

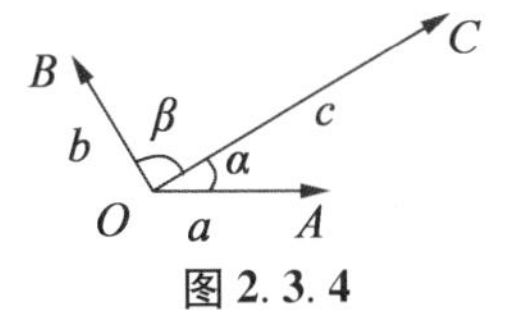

图 2.3.4

证明　$\dfrac{\overrightarrow{OA}}{a}$，$\dfrac{\overrightarrow{OB}}{b}$，$\dfrac{\overrightarrow{OC}}{c}$皆为单位向量，$\dfrac{\overrightarrow{OA}}{a}$与$\dfrac{\overrightarrow{OB}}{b}$不共线，根据上面的引理有

$$\frac{\overrightarrow{OC}}{c}=\frac{\sin\beta}{\sin(\alpha+\beta)}\cdot\frac{\overrightarrow{OA}}{a}+\frac{\sin\alpha}{\sin(\alpha+\beta)}\cdot\frac{\overrightarrow{OB}}{b}$$

即

$$\overrightarrow{OC}=\frac{c}{a}\cdot\frac{\sin\beta}{\sin(\alpha+\beta)}\overrightarrow{OA}+\frac{c}{b}\cdot\frac{\sin\alpha}{\sin(\alpha+\beta)}\overrightarrow{OB}$$

在此也顺便指出:由式(2.3.3),运用三角形的两边夹角正弦面积公式,便可推导出式(2.3.4).

如果引入有向角,规定终边绕顶点按逆时针方向旋转的角为正角,否则为负角,记始边上的点的字母在前,终边上的点的字母在后为有向角,现记$\angle AOC=\alpha$,$\angle COB=\beta$为有向角,令$|\overrightarrow{OA}|=a$,$|\overrightarrow{OB}|=b$,$|\overrightarrow{OC}|=c$,则又可得如下几何意义.

几何意义 3

$$x=\frac{c}{a}\cdot\frac{\sin\beta}{\sin(\alpha+\beta)},y=\frac{c}{b}\cdot\frac{\sin\alpha}{\sin(\alpha+\beta)} \tag{2.3.5}$$

2. x,y 的取值与点 C 的位置

首先,我们看如下一系列结论:

定理 1 如图 2.3.5 所示,已知 O 为直线 AB 外一点,则点 C 在直线 AB 上的充要条件是$\overrightarrow{OC}=x\overrightarrow{OA}+y\overrightarrow{OB}(x,y\in\mathbf{R})$,且 $x+y=1$.

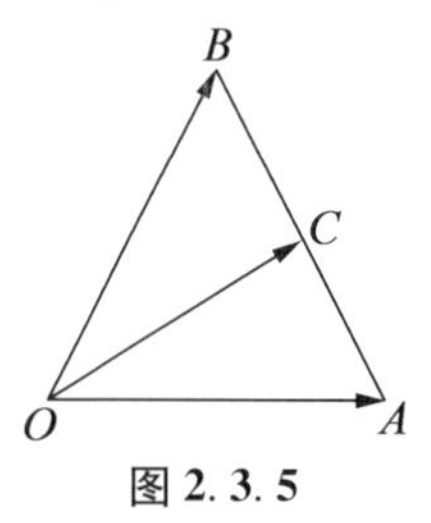

图 2.3.5

证明 充分性:若$\overrightarrow{OC}=x\overrightarrow{OA}+y\overrightarrow{OB}$,且 $x+y=1$,则$\overrightarrow{OC}=(1-y)\overrightarrow{OA}+y\overrightarrow{OB}$,所以$\overrightarrow{OC}-\overrightarrow{OA}=-y\overrightarrow{OA}+y\overrightarrow{OB}=y(\overrightarrow{OB}-\overrightarrow{OA})$,即$\overrightarrow{AC}=y\overrightarrow{AB}$,故点 C 在直线 AB 上.

必要性:因为点 C 在直线 AB 上,所以$\overrightarrow{AB}/\!/\overrightarrow{AC}$,故

存在$\lambda \in \mathbf{R}$,使得$\overrightarrow{AC}=\lambda\overrightarrow{AB}$,取$\overrightarrow{OC}-\overrightarrow{OA}=\lambda(\overrightarrow{OB}-\overrightarrow{OA})$,所以$\overrightarrow{OC}=(1-\lambda)\overrightarrow{OA}+\lambda\overrightarrow{OB}$. 取$x=1-\lambda$,$y=\lambda$,所以$\overrightarrow{OC}=x\overrightarrow{OA}+y\overrightarrow{OB}$,且$x+y=1$.

定理2　如图2.3.6所示,已知O为直线AB外一点,则点C与点O在直线AB同侧的充要条件是$\overrightarrow{OC}=x\overrightarrow{OA}+y\overrightarrow{OB}(x,y\in\mathbf{R})$,且$x+y<1$.

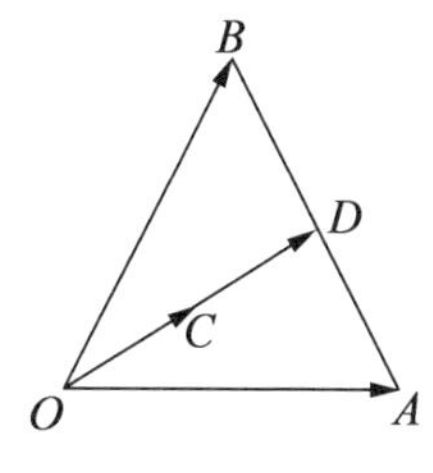

图2.3.6

证明　设直线OC与直线AB交于点D.

充分性:因为A,B,D三点共线,由定理1知,$\overrightarrow{OD}=\lambda\overrightarrow{OA}+\mu\overrightarrow{OB}$,且$\lambda+\mu=1$. 又$O,C,D$三点共线,所以$\overrightarrow{OC}=m\overrightarrow{OD}$,即$\overrightarrow{OC}=m\lambda\overrightarrow{OA}+m\mu\overrightarrow{OB}$. 由$\overrightarrow{OC}=x\overrightarrow{OA}+y\overrightarrow{OB}$,所以$x=m\lambda$,$y=m\mu$. 所以$m=\dfrac{x+y}{\lambda+\mu}=x+y<1$,即$m<1$,故点$C$与点$O$在直线$AB$同侧.

必要性:因为A,B,D三点共线,由定理1知,$\overrightarrow{OD}=\lambda\overrightarrow{OA}+\mu\overrightarrow{OB}$,且$\lambda+\mu=1$. 又$O,C,D$三点共线,且点$C$与点$O$在直线$AB$同侧,所以$\overrightarrow{OC}=m\overrightarrow{OD}$,且$m<1$. 所以$\overrightarrow{OC}=m(\lambda\overrightarrow{OA}+\mu\overrightarrow{OB})$,即$\overrightarrow{OC}=m\lambda\overrightarrow{OA}+m\mu\overrightarrow{OB}$. 令$x=m\lambda$,$y=m\mu$,所以$x+y=m(\lambda+\mu)=m<1$,故$\overrightarrow{OC}=x\overrightarrow{OA}+y\overrightarrow{OB}$,且$x+y<1$.

定理3　如图2.3.7所示,已知O为直线AB外一点,则点 C 与点 O 在直线 AB 异侧的充要条件是$\overrightarrow{OC}=x\,\overrightarrow{OA}+y\,\overrightarrow{OB}(x,y\in\mathbf{R})$,且 $x+y>1$.

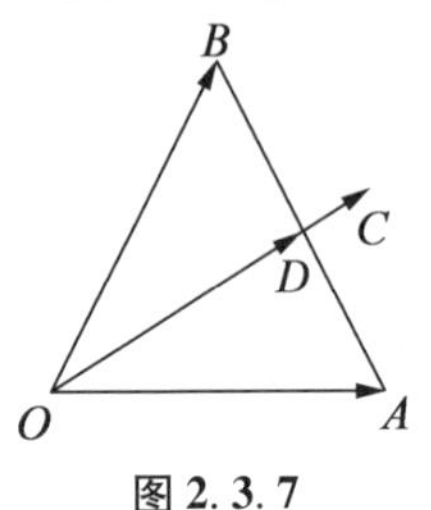

图 2.3.7

证明 设直线 OC 与直线 AB 交于点 D.

充分性:因为 A,B,D 三点共线,由定理 1 知,$\overrightarrow{OD}=\lambda\,\overrightarrow{OA}+\mu\,\overrightarrow{OB}$,且 $\lambda+\mu=1$. 又 O,C,D 三点共线,所以$\overrightarrow{OC}=m\,\overrightarrow{OD}$,即$\overrightarrow{OC}=m\lambda\,\overrightarrow{OA}+m\mu\,\overrightarrow{OB}$. 由$\overrightarrow{OC}=x\,\overrightarrow{OA}+y\,\overrightarrow{OB}$,所以 $x=m\lambda,y=m\mu$,所以 $m=\dfrac{x+y}{\lambda+\mu}=x+y>1$,即 $m>1$,故点 C 与点 O 在直线 AB 异侧.

必要性:因为 A,B,D 三点共线,由定理 1 知,$\overrightarrow{OD}=\lambda\,\overrightarrow{OA}+\mu\,\overrightarrow{OB}$,且 $\lambda+\mu=1$. 又 O,C,D 三点共线,且点 C 与点 O 在直线 AB 异侧,所以$\overrightarrow{OC}=m\,\overrightarrow{OD}$,且 $m>1$. 所以$\overrightarrow{OC}=m(\lambda\,\overrightarrow{OA}+\mu\,\overrightarrow{OB})$,即$\overrightarrow{OC}=m\lambda\,\overrightarrow{OA}+m\mu\,\overrightarrow{OB}$. 令 $x=m\lambda,y=m\mu$,所以 $x+y=m(\lambda+\mu)=m>1$,故$\overrightarrow{OC}=x\,\overrightarrow{OA}+y\,\overrightarrow{OB}$,且 $x+y>1$.

由定理 2,定理 3 及向量平行四边形法则可得以下定理:

定理 4 如图 2.3.8 所示,已知 O 为直线 AB 外一点,则点 C 在平面区域(Ⅰ)中的充要条件是$\overrightarrow{OC}=$

$x\overrightarrow{OA}+y\overrightarrow{OB}(x,y\in\mathbf{R})$，且 $x>0,y>0,x+y<1$.

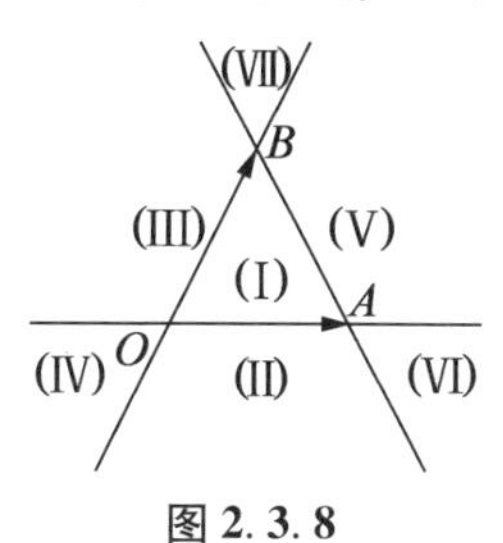

图 2.3.8

定理 5　如图 2.3.8 所示，已知 O 为直线 AB 外一点，则点 C 在平面区域(Ⅱ)中的充要条件是 $\overrightarrow{OC}=x\overrightarrow{OA}+y\overrightarrow{OB}(x,y\in\mathbf{R})$，且 $x>0,y<0,x+y<1$.

定理 6　如图 2.3.8 所示，已知 O 为直线 AB 外一点，则点 C 在平面区域(Ⅲ)中的充要条件是 $\overrightarrow{OC}=x\overrightarrow{OA}+y\overrightarrow{OB}(x,y\in\mathbf{R})$，且 $x<0,y>0,x+y<1$.

定理 7　如图 2.3.8 所示，已知 O 为直线 AB 外一点，则点 C 在平面区域(Ⅳ)中的充要条件是 $\overrightarrow{OC}=x\overrightarrow{OA}+y\overrightarrow{OB}(x,y\in\mathbf{R})$，且 $x<0,y<0$.

定理 8　如图 2.3.8 所示，已知 O 为直线 AB 外一点，则点 C 在平面区域(Ⅴ)中的充要条件是 $\overrightarrow{OC}=x\overrightarrow{OA}+y\overrightarrow{OB}(x,y\in\mathbf{R})$，且 $x>0,y>0,x+y>1$.

定理 9　如图 2.3.8 所示，已知 O 为直线 AB 外一点，则点 C 在平面区域(Ⅵ)中的充要条件是 $\overrightarrow{OC}=x\overrightarrow{OA}+y\overrightarrow{OB}(x,y\in\mathbf{R})$，且 $x>0,y<0,x+y>1$.

定理 10　如图 2.3.8 所示，已知 O 为直线 AB 外一点，则点 C 在平面区域(Ⅶ)中的充要条件是 $\overrightarrow{OC}=$

$x\overrightarrow{OA}+y\overrightarrow{OB}(x,y\in\mathbf{R})$,且 $x<0,y>0,x+y>1$.

注 以上定理的证明参见:林志森.平面向量中 $\overrightarrow{OC}=x\overrightarrow{OA}+y\overrightarrow{OB}$ 的探究[J].中学数学研究,2012(11):21-22.

进一步地,我们还有如下结论:

定理11 在如图2.3.9所示的仿射坐标系的四个象限内,数对 (x,y) 的符号有类似于平面直角坐标系的特点,即在区域(一)中 $x>0,y>0$;区域(二)中 $x<0,y>0$;区域(三)中,$x<0,y<0$;区域(四)中,$x>0,y<0$.

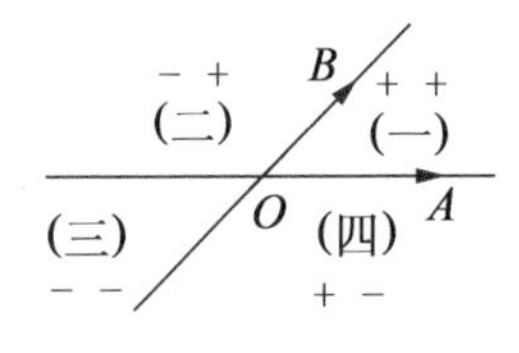

图2.3.9

定理12 如图2.3.10所示,当点 C 落在直线 AB 上时有 $x+y=1$,我们称它为点 C 的向量仿射坐标方程.类似地,当点 C 分别位于直线 BA_1,A_1B_1,B_1A 上时,分别有向量仿射坐标方程 $-x+y=1$,$-x-y=1$,$x-y=1$.

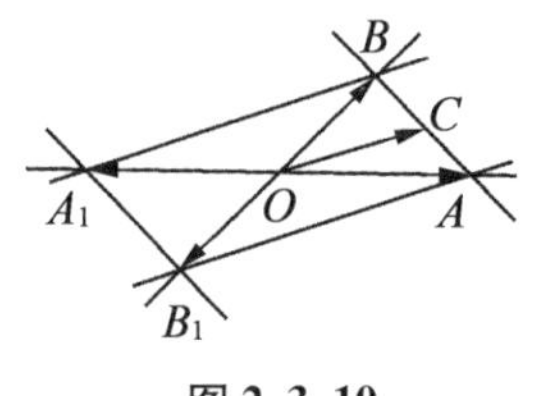

图2.3.10

定理13 如图2.3.11所示,直线 AB 把平面分成

两个部分(不包括直线),在包含点 O 的区域内,点 C 的仿射坐标满足 $x+y<1$,另一个区域内点 C 的仿射坐标满足 $x+y>1$;根据直线 BA_1,A_1B_1,B_1A 的仿射坐标方程 $-x+y=1$,$-x-y=1$,$x-y=1$,在其他几个区域内向量仿射坐标满足的关系式可类似写出(略).

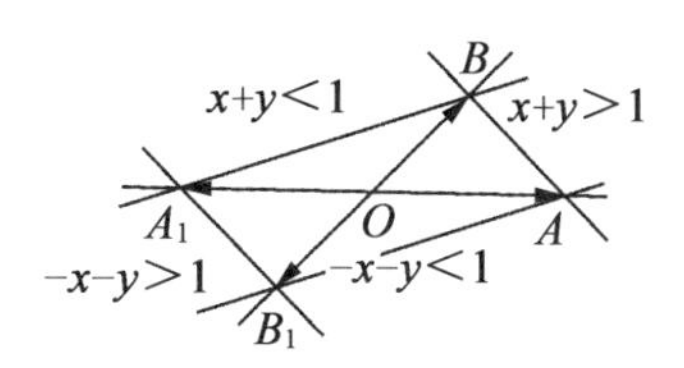

图 2.3.11

定理 14　如图 2.3.12 所示,过点 O 以及线段 AB 的中点 C 的直线的仿射坐标方程为 $x=y$,过点 O 且平行于直线 AB 的直线仿射坐标方程为 $x=-y$,在两条直线划分的四个区域内,靠近直线 AA_1(BB_1)的点的仿射坐标满足 $|x|>|y|$($|x|<|y|$).

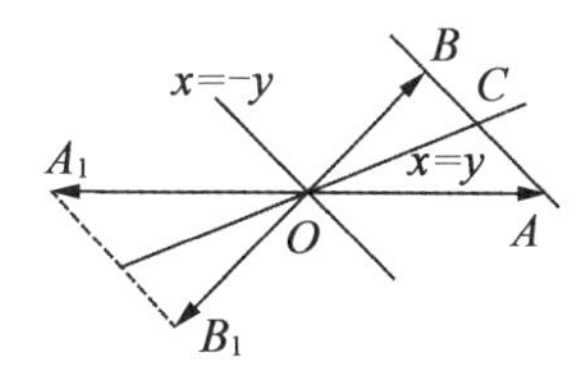

图 2.3.12

对于平面向量基本定理:$\overrightarrow{OC}=x\overrightarrow{OA}+y\overrightarrow{OB}$中的实数 x,y,江苏南京的潘成银老师称其为平面向量基本定理的系数,并从等值线的角度进行了研究①. 下面作

① 潘成银. 平面向量基本定理系数等值线[J]. 数学通讯,2013(1):40-42.

为附录介绍如下：

附录：平面向量基本定理系数等值线

（Ⅰ）等和线

如图 2.3.13 所示，平面内有一组基底$\overrightarrow{OA}$，$\overrightarrow{OB}$，作直线$l/\!/AB$，直线 OA，OB 分别与 l 交于 A_1，B_1，设$\overrightarrow{OA_1}=k\overrightarrow{OA}(k\in\mathbf{R})$，则$\overrightarrow{OB_1}=k\overrightarrow{OB}$. 若 P 为 l 上任意一点，$\overrightarrow{OP}=\overrightarrow{OA_1}+\overrightarrow{A_1P}=\overrightarrow{OA_1}+t\overrightarrow{A_1B_1}=\overrightarrow{OA_1}+t(\overrightarrow{OB_1}-\overrightarrow{OA_1})=(1-t)k\overrightarrow{OA}+tk\overrightarrow{OB}$（$t$ 为实数），设 $\lambda_1=(1-t)k$，$\lambda_2=tk$，则 $\lambda_1+\lambda_2=k$，显然 k 只与 l 和直线 AB 相对位置有关，而与 P 在 l 上的位置无关. 所以，对于直线 l 上任意一点 P，以$\overrightarrow{OA}$，$\overrightarrow{OB}$为基底的向量$\overrightarrow{OP}$的平面向量基本定理的系数和为定值.

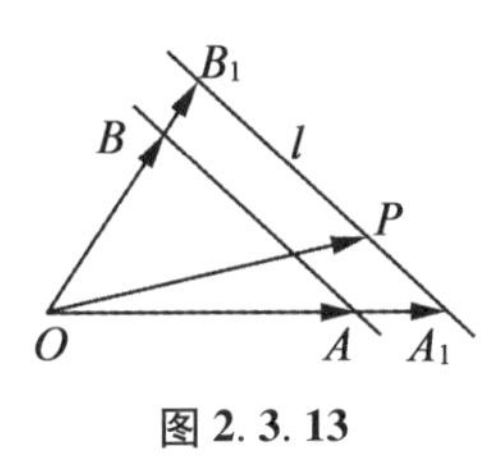

图 2.3.13

反之，对于任意两个向量$\overrightarrow{OP_1}$，$\overrightarrow{OP_2}$，$\overrightarrow{OP_1}=\lambda_1\overrightarrow{OA}+\lambda_2\overrightarrow{OB}$，$\overrightarrow{OP_2}=\lambda_3\overrightarrow{OA}+\lambda_4\overrightarrow{OB}$（$\lambda_1$，$\lambda_2$，$\lambda_3$，$\lambda_4$ 为实数），若 $\lambda_1+\lambda_2=\lambda_3+\lambda_4$，移项得 $\lambda_3-\lambda_1=-(\lambda_4-\lambda_2)$，所以$\overrightarrow{P_1P_2}=\overrightarrow{OP_2}-\overrightarrow{OP_1}=(\lambda_3-\lambda_1)\overrightarrow{OA}+(\lambda_4-\lambda_2)\overrightarrow{OB}=(\lambda_3-\lambda_1)(\overrightarrow{OA}-\overrightarrow{OB})=(\lambda_3-\lambda_1)\overrightarrow{BA}$，从而$\overrightarrow{P_1P_2}/\!/\overrightarrow{AB}$. 于是有：

结论 1 平面内一组基底$\overrightarrow{OA}$，$\overrightarrow{OB}$及任意向量$\overrightarrow{OP}$，

$\overrightarrow{OP}=\lambda_1\overrightarrow{OA}+\lambda_2\overrightarrow{OB}$（$\lambda_1,\lambda_2$ 为实数），若点 P 在直线 AB 上或在平行于 AB 的直线上，则 $\lambda_1+\lambda_2=k$（定值），反之也成立，我们把直线 AB 以及与 AB 平行的直线叫作平面向量基本定理系数的等和线. 如图 2.3.14 所示，根据证明过程可知：

(1) 当等和线即为直线 AB 时，$k=1$；

(2) 当等和线在点 O 与直线 AB 之间时，$k\in(0,1)$；

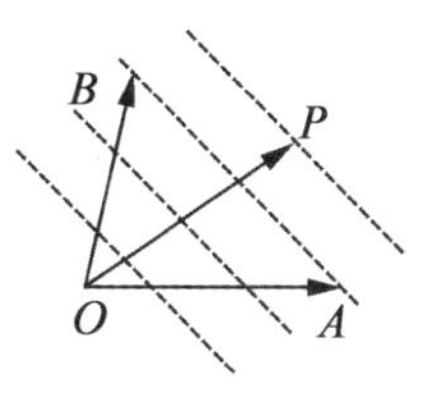

图 2.3.14

(3) 当直线 AB 在点 O 与等和线之间时，$k\in(1,+\infty)$；

以上定值的变化与等和线到点 O 的距离成正比.

(4) 当等和线过点 O 时，$k=0$；

由相反向量概念可知：

(5) 若两等和线关于点 O 对称，则相应的定值互为相反数.

（Ⅱ）等差线

如图 2.3.15 所示，平面内有一组基底 $\overrightarrow{OA}$，$\overrightarrow{OB}$，C 为线段 AB 的中点，$\overrightarrow{OC}=\frac{1}{2}(\overrightarrow{OA}+\overrightarrow{OB})$，设 P' 为直线 OC 上任意一点，则 $\overrightarrow{OP'}=\lambda\overrightarrow{OC}=\frac{\lambda}{2}\overrightarrow{OA}+\frac{\lambda}{2}\overrightarrow{OB}$，此时 $\lambda_1=\lambda_2=\frac{\lambda}{2}$，$\lambda_1-\lambda_2=0$.

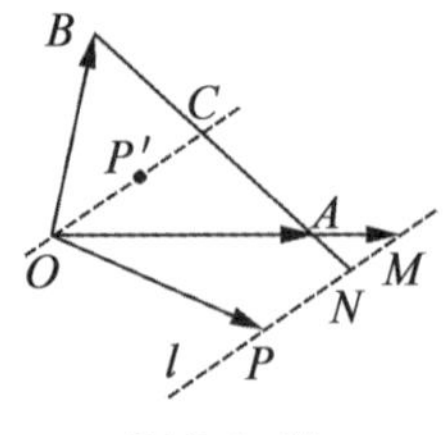

图 2.3.15

作直线 $l // OC$,直线 OA 与 l 交于点 M,直线 AB 与 l 交于点 N,显然 $\triangle OAC \backsim \triangle MAN$,设 $\overrightarrow{AM}=k\,\overrightarrow{OA}$,则 $\overrightarrow{OM}=(1+k)\overrightarrow{OA}$,$\overrightarrow{NM}=k\,\overrightarrow{OC}=\frac{k}{2}(\overrightarrow{OA}+\overrightarrow{OB})$,若 P 为直线 l 上任意一点,则 $\overrightarrow{OP}=\overrightarrow{OM}+\overrightarrow{MP}=(1+k)\overrightarrow{OA}+t\,\overrightarrow{NM}=(1+k)\overrightarrow{OA}+kt\,\overrightarrow{OC}=(1+k+\frac{kt}{2})\overrightarrow{OA}+\frac{kt}{2}\overrightarrow{OB}$($t$ 为实数),此时 $\lambda_1=1+k+\frac{kt}{2}$,$\lambda_2=\frac{kt}{2}$,$\lambda_1-\lambda_2=1+k$,由于 k 只与 l 和 OC 相对位置有关,而与 P 在 l 上的位置无关,所以对于直线 l 上任意一点 P,以 $\overrightarrow{OA}$,$\overrightarrow{OB}$ 为基底的向量 $\overrightarrow{OP}$ 所在的平面向量基本定理的系数差为定值.

反之,对于任意两个向量 $\overrightarrow{OP_1}$,$\overrightarrow{OP_2}$,$\overrightarrow{OP_1}=\lambda_1\,\overrightarrow{OA}+\lambda_2\,\overrightarrow{OB}$,$\overrightarrow{OP_2}=\lambda_3\,\overrightarrow{OA}+\lambda_4\,\overrightarrow{OB}$($\lambda_1,\lambda_2,\lambda_3,\lambda_4$ 为实数),若 $\lambda_1-\lambda_2=\lambda_3-\lambda_4$,移项得 $\lambda_3-\lambda_1=\lambda_4-\lambda_2$,所以 $\overrightarrow{P_1P_2}=\overrightarrow{OP_2}-\overrightarrow{OP_1}=(\lambda_3-\lambda_1)\overrightarrow{OA}+(\lambda_4-\lambda_2)\overrightarrow{OB}=(\lambda_3-\lambda_1)(\overrightarrow{OA}+\overrightarrow{OB})=2(\lambda_3-\lambda_1)\overrightarrow{OC}$,从而 $\overrightarrow{P_1P_2} // \overrightarrow{OC}$. 于是有:

结论 2 平面内一组基底 $\overrightarrow{OA}$,$\overrightarrow{OB}$ 及任意向量 $\overrightarrow{OP}$,

$\overrightarrow{OP}=\lambda_1\overrightarrow{OA}+\lambda_2\overrightarrow{OB}$($\lambda_1$,$\lambda_2$ 为实数),C 为线段 AB 的中点,若点 P 在直线 OC 上或在平行于 OC 的直线上,则 $\lambda_1-\lambda_2=k$(定值),反之也成立. 我们把直线 OC 以及与 OC 平行的直线叫作平面向量基本定理系数的等差线. 如图 2. 3. 16 所示,根据证明过程和前面的定理可知:

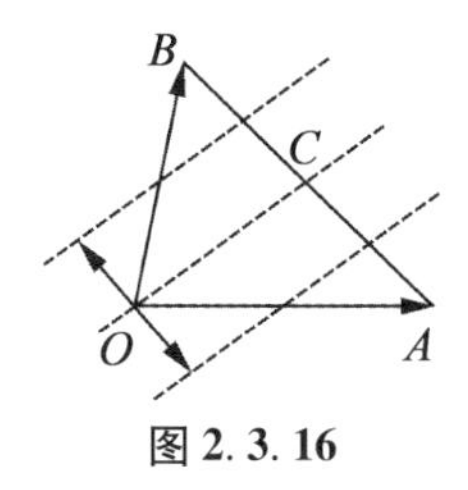

图 2. 3. 16

(1)当等差线过 AB 中点 C 时,$k=0$;

(2)当等差线过点 A 时,$k=1$;

(3)当等差线在直线 OC 与点 A 之间时,$k\in(0,1)$;

(4)当等差线与 BA 延长线相交时,$k\in(1,+\infty)$;

由相反向量概念和平面几何知识易证:

(5)若两等差线关于 OC 对称,则相应的定值互为相反数.

(Ⅲ)等商线

如图 2. 3. 17 所示,平面内有一组基底$\overrightarrow{OA}$,$\overrightarrow{OB}$,设直线 l 是过点 O 不与 OA,OB 重合的任意直线,设 P_1,P 是直线 l 上不同于 O 的任意两点,则存在实数 t,使得$\overrightarrow{OP_1}=t\overrightarrow{OP}$,若$\overrightarrow{OP}=\lambda_1\overrightarrow{OA}+\lambda_2\overrightarrow{OB}$($\lambda_1$,$\lambda_2$ 为实数),则$\overrightarrow{OP_1}=t(\lambda_1\overrightarrow{OA}+\lambda_2\overrightarrow{OB})=t\lambda_1\overrightarrow{OA}+t\lambda_2\overrightarrow{OB}$,所以 $\frac{t\lambda_1}{t\lambda_2}=\frac{\lambda_1}{\lambda_2}$,所以对于直线 l 上任意点 P(非点 O),以$\overrightarrow{OA}$,$\overrightarrow{OB}$为基底的向量$\overrightarrow{OP}$的平面向量基本定理的系数的比

值为定值.

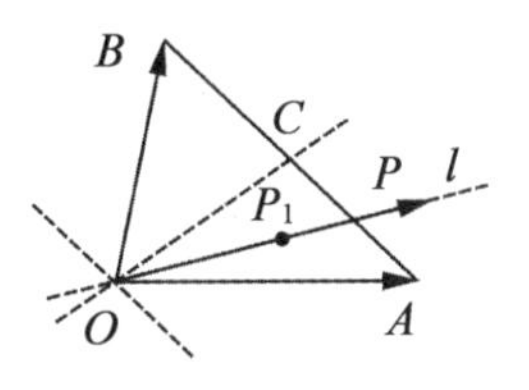

图 2.3.17

反之,对于任意两个向量$\overrightarrow{OP_1}$,$\overrightarrow{OP_2}$,$\overrightarrow{OP_1}=\lambda_1\overrightarrow{OA}+\lambda_2\overrightarrow{OB}$,$\overrightarrow{OP_2}=\lambda_3\overrightarrow{OA}+\lambda_4\overrightarrow{OB}$($\lambda_1,\lambda_2,\lambda_3,\lambda_4$ 为实数且非零),若$\frac{\lambda_1}{\lambda_2}=\frac{\lambda_3}{\lambda_4}$,则$\frac{\lambda_3}{\lambda_1}=\frac{\lambda_4}{\lambda_2}$. 设$\frac{\lambda_3}{\lambda_1}=\frac{\lambda_4}{\lambda_2}=k$,所以$\overrightarrow{P_1P_2}=\overrightarrow{OP_2}-\overrightarrow{OP_1}=(\lambda_3-\lambda_1)\overrightarrow{OA}+(\lambda_4-\lambda_2)\overrightarrow{OB}=(k\lambda_1-\lambda_1)\cdot\overrightarrow{OA}+(k\lambda_2-\lambda_2)\overrightarrow{OB}=(k-1)(\lambda_1\overrightarrow{OA}+\lambda_2\overrightarrow{OB})=(k-1)\overrightarrow{OP_1}$,$\overrightarrow{P_1P_2}/\!/\overrightarrow{OP_1}$,即 O,P_1,P_2 三点共线,于是有:

结论 3　平面内有一组基底$\overrightarrow{OA}$,$\overrightarrow{OB}$及任意非零向量$\overrightarrow{OP}$,$\overrightarrow{OP}=\lambda_1\overrightarrow{OA}+\lambda_2\overrightarrow{OB}$($\lambda_1,\lambda_2$ 为实数),若点 P 在过点 O(不与 OA 重合)的直线 l 上,则$\frac{\lambda_1}{\lambda_2}=k$(定值),反之也成立,我们把过点 O 的直线(除 OA 及不含点 O)叫作平面向量基本定理系数的等商线. 如图2.3.18所示,根据证明过程和前面的定理可得:

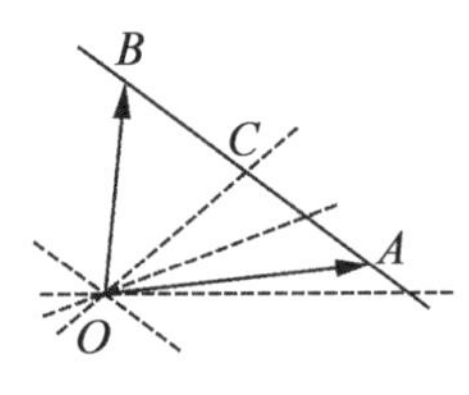

图 2.3.18

(1)当等商线过 AB 中点 C 时，$k=1$；

(2)当等商线与线段 AC(除端点)相交时，$k\in(1,+\infty)$；

(3)当等商线与线段 BC(除端点)相交时，$k\in(0,1)$；

(4)当等商线即为 OB 时，$k=0$；

(5)当等商线与 BA 延长线相交时，$k\in(-\infty,-1)$；

(6)当等商线与 AB 延长线相交时，$k\in(-1,0)$；

(7)当等商线与直线 AB 平行时，$k=-1$.

(Ⅳ)等积线

平面内有一组基底$\overrightarrow{OA}$，$\overrightarrow{OB}$，以 O 为原点，$\angle AOB$ 平分线所在的直线为 x 轴，建立直角坐标系，如图 2.3.19 所示. 设$\overrightarrow{OA}=(a,b)$，$\overrightarrow{OB}=(c,d)$，若点 A 关于 x 轴的对称点为 B_1，则$\overrightarrow{OB_1}=(a,-b)$，且$\overrightarrow{OB}=\lambda\overrightarrow{OB_1}$($\lambda$ 为正实数). 设 $P(x,y)$ 是直线 OA，OB 外任意一点，根据平面向量基本定理，存在非零实数 λ_1，λ_2，使得 $\overrightarrow{OP}=\lambda_1\overrightarrow{OA}+\lambda_2\overrightarrow{OB}=\lambda_1\overrightarrow{OA}+\lambda\lambda_2\overrightarrow{OB_1}=\lambda_1(a,b)+\lambda\lambda_2(a,-b)=(\lambda_1 a+\lambda\lambda_2 a,\lambda_1 b-\lambda\lambda_2 b)$. 整理 $\begin{cases}x=\lambda_1 a+\lambda\lambda_2 a\\ y=\lambda_1 b-\lambda\lambda_2 b\end{cases}$ 得 $\begin{cases}\dfrac{x}{a}+\dfrac{y}{b}=2\lambda_1\\ \dfrac{x}{a}-\dfrac{y}{b}=2\lambda_2\lambda\end{cases}$，两式相乘得 $\dfrac{x^2}{a^2}-\dfrac{y^2}{b^2}=4\lambda(\lambda_1\lambda_2)$.

设双曲线 $C:\dfrac{x^2}{a^2}-\dfrac{y^2}{b^2}=4\lambda(\lambda_1\lambda_2)$，它的渐近线为

$y=\pm\frac{b}{a}x$，即为直线 OA，OB，当 $\lambda_1\lambda_2$ 为定值时，点 P 在以 OA，OB 为渐近线的双曲线上；反之，若 P 在以 OA，OB 为渐近线的某双曲线上，则 $\frac{x^2}{a^2}-\frac{y^2}{b^2}$ 的值为非零常数，所以 $4\lambda(\lambda_1\lambda_2)$ 为常数，即 $\lambda_1\lambda_2$ 为定值. 于是有：

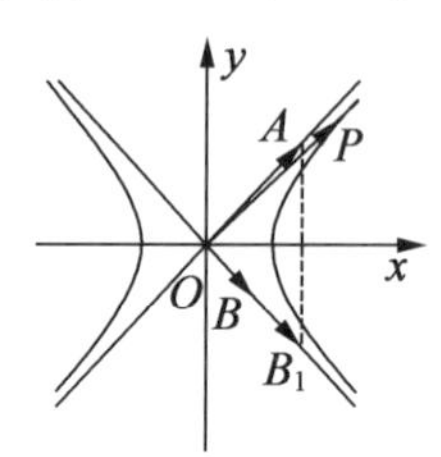

图 2.3.19

结论 4 平面内有一组基底 $\overrightarrow{OA}$，$\overrightarrow{OB}$ 及任意向量 $\overrightarrow{OP}$，$\overrightarrow{OP}=\lambda_1\overrightarrow{OA}+\lambda_2\overrightarrow{OB}$，若 $\lambda_1\lambda_2$ 为定值，则点 P 在以直线 OA，OB 为渐近线的某条双曲线上；反之，点 P 在以直线 OA，OB 为渐近线的某条双曲线上，则 $\lambda_1\lambda_2$ 为定值. 我们把以直线 OA，OB 为渐近线的双曲线叫作平面向量基本定理系数的等积线，根据证明过程可知以下结论：

（1）当双曲线有一支在 $\angle AOB$ 内时，$\lambda_1\lambda_2$ 为正值；

（2）当双曲线都不在 $\angle AOB$ 内时，$\lambda_1\lambda_2$ 为负值；

（3）特别地，$\overrightarrow{OA}(a,b)$，$\overrightarrow{OB}=(a,-b)$，点 P 在双曲线 $\frac{x^2}{a^2}-\frac{y^2}{b^2}=1$ 上时，$\lambda_1\lambda_2=\frac{1}{4}$.

3. 有向面积的形式

如图 2.3.20 所示，将式(2.3.3)代入式(2.3.1)，得

$$\boldsymbol{S}_{\triangle OCB}\cdot\overrightarrow{OA}+\boldsymbol{S}_{\triangle OCA}\cdot\overrightarrow{OB}-\boldsymbol{S}_{\triangle OAB}\cdot\overrightarrow{OC}=0 \tag{2.3.6}$$

此时,显然有

$$-S_{\triangle OCB}-S_{\triangle OCA}+S_{\triangle OAB}=S_{\triangle ABC} \quad (2.3.7)$$

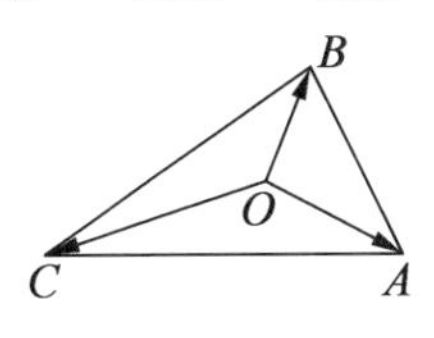

图 2.3.20

特别地,当点 C 位于直线 AB 上时,$S_{\triangle ABC}=0$.

设 C 为$\triangle OAB$ 所平面内任一点,由三角形有向面积的意义,知式(2.3.6)可以写成如下形式:

定理 15　设 C 为$\triangle OAB$ 所在平面内任意一点,三角形面积为有向面积,则

$$S_{\triangle OBC}\cdot\overrightarrow{OA}+S_{\triangle OCA}\cdot\overrightarrow{OB}+S_{\triangle OAB}\cdot\overrightarrow{OC}=0 \quad (2.3.8)$$

我们也可以从另外一种途径探讨满足式(2.3.8)的点 O 的位置.

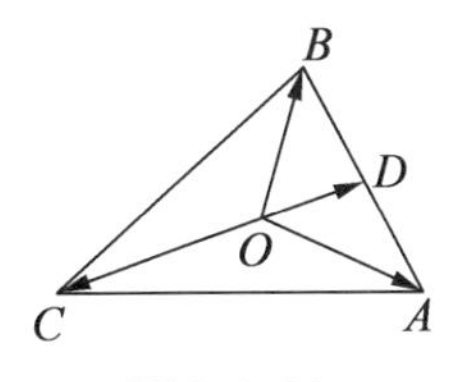

图 2.3.21

我们先探索 O 在三角形的中线上.

在$\triangle ABC$ 中,D 是 AB 的中点,则由

$$\overrightarrow{OA}+\overrightarrow{AD}=\overrightarrow{OD}=\overrightarrow{OB}+\overrightarrow{BD}$$

知 $2\overrightarrow{OD}=\overrightarrow{OA}+\overrightarrow{OB}$.

若$\overrightarrow{CO}=\lambda\overrightarrow{OD}$,即$\overrightarrow{CO}=\frac{\lambda}{2}(\overrightarrow{OA}+\overrightarrow{OB})$,则 $\lambda(\overrightarrow{OA}+$

$\overrightarrow{OB}) + 2\overrightarrow{OC} = \mathbf{0}$.

反过来，在$\triangle ABC$中，D是AB中点，若$\lambda(\overrightarrow{OA} + \overrightarrow{OB}) + 2\overrightarrow{OC} = \mathbf{0}$，因为$\overrightarrow{OA} + \overrightarrow{OB} = 2\overrightarrow{OD}$，则有$2\lambda\overrightarrow{OD} + 2\overrightarrow{OC} = \mathbf{0}$，即$\overrightarrow{CO} = \lambda\overrightarrow{OD}$，点$O$在$\triangle ABC$边$AB$的中线$CD$上.

于是得到①：

命题 1 在$\triangle ABC$中，若$x\overrightarrow{OA} + y\overrightarrow{OB} + z\overrightarrow{OC} = \mathbf{0}$ $(x,y,z>0)$，则当且仅当$x:y:z = \lambda:\lambda:2$时，点$O$在$\triangle ABC$的边$AB$的中线$CD$上.

更一般地有：

命题 2 在$\triangle ABC$中，D是AB边上的点，$\overrightarrow{AD} = \mu\overrightarrow{DB}$，若$x\overrightarrow{OA} + y\overrightarrow{OB} + z\overrightarrow{OC} = \mathbf{0}(x,y,z>0)$，则当且仅当$x:y:z = \lambda:\lambda\mu:(1+\mu)$时，点$O$在直线$CD$上，且$\overrightarrow{CO} = \lambda\overrightarrow{OD}$.

证明 若点O在直线CD上，且$\overrightarrow{CO} = \lambda\overrightarrow{OD}$. 因为$\overrightarrow{AD} = \mu\overrightarrow{DB}$，所以$\overrightarrow{OD} = \dfrac{\overrightarrow{OA} + \mu\overrightarrow{OB}}{1+\mu}$，所以$\overrightarrow{CO} = \lambda\dfrac{\overrightarrow{OA} + \mu\overrightarrow{OB}}{1+\mu}$，即$\lambda\overrightarrow{OA} + \lambda\mu\overrightarrow{OB} + (1+\mu)\overrightarrow{OC} = \mathbf{0}$. 所以$x:y:z = \lambda:\lambda\mu:(1+\mu)$.

反之，设$\overrightarrow{AD} = \mu\overrightarrow{DB}$，则$\overrightarrow{OD} = \dfrac{\overrightarrow{OA} + \mu\overrightarrow{OB}}{1+\mu}$.

---

① 孙大志. 满足$x\overrightarrow{OA} + y\overrightarrow{OB} + z\overrightarrow{OC} = \mathbf{0}$的点$O$在何处[J]. 数学通报，2012(8)：44-45.

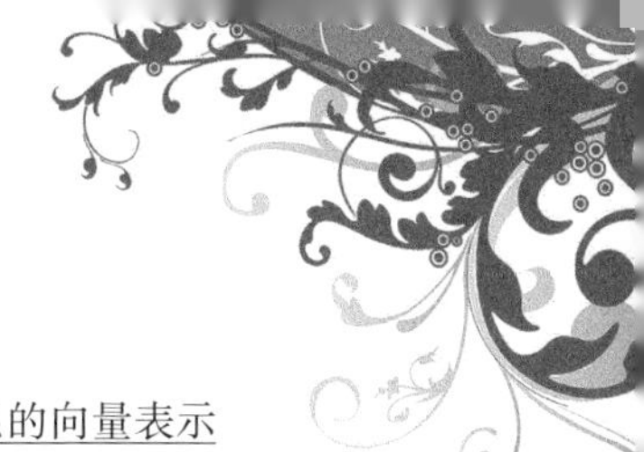

所以 $x:y:z=\lambda:\lambda\mu:(1+\mu)$，即 $\lambda\overrightarrow{OA}+\lambda\mu\overrightarrow{OB}+(1+\mu)\overrightarrow{OC}=\mathbf{0}$，即 $\dfrac{\lambda(\overrightarrow{OA}+\mu\overrightarrow{OB})}{1+\mu}+\overrightarrow{OC}=\mathbf{0}$，即 $\overrightarrow{CO}=\lambda\overrightarrow{OD}$. 所以点 O 在直线 CD 上.

下面研究满足 $x\overrightarrow{OA}+y\overrightarrow{OB}+z\overrightarrow{OC}=\mathbf{0}(x,y,z>0)$ 的 $\triangle OBC$，$\triangle OCA$，$\triangle OAB$ 的面积之间有何关系. 由命题 2，$x:y:z=\lambda:\lambda\mu:(1+\mu)$，因为 $\overrightarrow{CO}=\lambda\overrightarrow{CD}$，所以 $S_{\triangle OAB}=\dfrac{1}{1+\lambda}S_{\triangle ABC}$，所以 $S_{\triangle OCA}+S_{\triangle OBC}=\dfrac{\lambda}{1+\lambda}S_{\triangle ABC}$；因为 $\overrightarrow{AD}=\mu\overrightarrow{DB}$，所以 $S_{\triangle OCA}:S_{\triangle OBC}=\mu:1$，所以 $S_{\triangle OCA}=\dfrac{\mu}{1+\mu}\cdot\dfrac{\lambda}{1+\lambda}S_{\triangle ABC}$，$S_{\triangle OBC}=\dfrac{1}{1+\mu}\cdot\dfrac{\lambda}{1+\lambda}S_{\triangle ABC}$.

所以 $S_{\triangle OBC}:S_{\triangle OCA}:S_{\triangle OAB}=\dfrac{1}{1+\mu}\cdot\dfrac{\lambda}{1+\lambda}S_{\triangle ABC}:\dfrac{\mu}{1+\mu}\cdot\dfrac{\lambda}{1+\lambda}S_{\triangle ABC}:\dfrac{1}{1+\lambda}S_{\triangle ABC}=\lambda:\lambda\mu:(1+\mu)=x:y:z$.

于是得到：

命题 3　设 O 为 $\triangle ABC$ 内的一点，且 $x\overrightarrow{OA}+y\overrightarrow{OB}+z\overrightarrow{OC}=\mathbf{0}$，则

$$S_{\triangle OBC}:S_{\triangle OCA}:S_{\triangle OAB}=x:y:z$$

如果，把上述三角形的面积看作是有向面积，则可得到更一般性的结论：

定理 16　设 O 为 $\triangle ABC$ 所在平面内任意一点，三角形面积为有向面积，则

$$\boldsymbol{S}_{\triangle OBC}\cdot\overrightarrow{OA}+\boldsymbol{S}_{\triangle OCA}\cdot\overrightarrow{OB}+\boldsymbol{S}_{\triangle OAB}\cdot\overrightarrow{OC}=0 \tag{2.3.9}$$

推论　当点 O 在直线 AB 上时，且 $\triangle ABC$ 变为线

段 AB 时,则

$$|\overrightarrow{OB}| \cdot \overrightarrow{OA} + |\overrightarrow{OA}| \cdot \overrightarrow{OB} = \mathbf{0} \qquad (2.3.10)$$

注 式(2.3.10)即为式(2.2.2)中的第一个式子.

定理 17 设 O 为 $\triangle ABC$ 所在平面内任意一点,三角形面积为有向面积,且有 $x\overrightarrow{OA} + y\overrightarrow{OB} + z\overrightarrow{OC} = \mathbf{0}$,则

$$\boldsymbol{S}_{\triangle OBC} : \boldsymbol{S}_{\triangle OCA} : \boldsymbol{S}_{\triangle OAB} = x : y : z \qquad (2.3.11)$$

注 由此式可知点 O 的面积坐标为$(x : y : z)$.

定理 18 设 O 为 $\triangle ABC$ 所在平面内任意一点,且满足

$$x\overrightarrow{OA} + y\overrightarrow{OB} + z\overrightarrow{OC} = \mathbf{0}$$

过点 O 作直线与 CA,CB 所在直线交于点 M,N,且 $\overrightarrow{CM} = m\overrightarrow{CA}$,$\overrightarrow{CN} = n\overrightarrow{CB}$,则

$$\frac{x}{(x+y+z)m} + \frac{y}{(x+y+z)n} = 1 \qquad (2.3.12)$$

证明 如图 2.3.22 所示,因点 O 满足

$$x\overrightarrow{OA} + y\overrightarrow{OB} + z\overrightarrow{OC} = \mathbf{0}$$

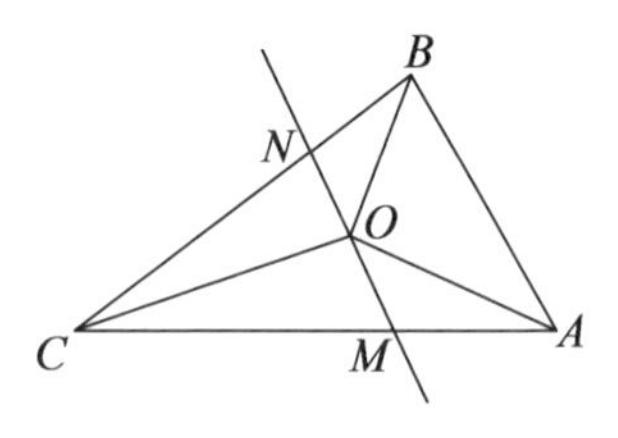

图 2.3.22

则

$$\begin{aligned}\overrightarrow{OC} &= -\left(\frac{x}{z}\overrightarrow{OA} + \frac{y}{z}\overrightarrow{OB}\right) \\ &= \frac{x}{z}(\overrightarrow{CO} - \overrightarrow{CA}) + \frac{y}{z}(\overrightarrow{CO} - \overrightarrow{CB})\end{aligned}$$

从而 $$\overrightarrow{CO}=\frac{x}{x+y+z}\overrightarrow{CA}+\frac{y}{x+y+z}\overrightarrow{CB}$$

因 M,O,N 三点共线，由式(2.2.5)知存在实数 λ，使得

$$\overrightarrow{CO}=\lambda\ \overrightarrow{CM}+(1-\lambda)\overrightarrow{CN}$$

即有 $$\overrightarrow{CO}=\lambda m\ \overrightarrow{CA}+(1-\lambda)n\ \overrightarrow{CB}$$

注意到$\overrightarrow{CM},\overrightarrow{CN}$不共线，由平面向量基本定理的推论 2，知

$$\lambda m=\frac{x}{x+y+z}$$

且

$$(1-\lambda)n=\frac{y}{x+y+z}$$

消去 λ，即得

$$\frac{x}{(x+y+z)m}+\frac{y}{(x+y+z)n}=1$$

注　式(2.3.12)与式(2.2.10)本质是一样的.

推论①　已知点 O 是$\triangle ABC$ 内一点，且满足

$$x\ \overrightarrow{OA}+y\ \overrightarrow{OB}+z\ \overrightarrow{OC}=\mathbf{0}$$

过 O 作直线与 CA,CB 边分别交于点 M,N，且$\overrightarrow{CM}=m\ \overrightarrow{CA},\overrightarrow{CN}=n\ \overrightarrow{CB}$，则

$$\frac{4xy}{(x+y+z)^2}\leqslant\frac{S_{\triangle CMN}}{S_{\triangle CAB}}\leqslant\max\left\{\frac{x}{z+x},\frac{y}{z+y}\right\} \tag{2.3.13}$$

---

①　丁益民. 三角形两个性质的一般性推广[J]. 中学数学研究，2008(5):26-27.

证明 一方面,由定理 18 可知,$\frac{x}{(x+y+z)m}+\frac{y}{(x+y+z)n}=1$,即有

$$x+y+z\geqslant 2\sqrt{\frac{xy}{mn}}$$

从而 $mn\geqslant\frac{4xy}{(x+y+z)^2}$,当且仅当 $\frac{m}{n}=\frac{x}{y}$ 时取到等号.

另一方面,由 $\frac{x}{m}+\frac{y}{n}=x+y+z$,$0<m\leqslant 1$,$0<n\leqslant 1$,得 $m=\frac{x}{x+y+z-\frac{y}{n}}\in(0,1]$,从而 $n\in\left[\frac{y}{z+y},1\right]$.

故 $mn=\frac{xn}{x+y+z-\frac{y}{n}}=\frac{x}{\frac{x+y+z}{n}-\frac{y}{n^2}}$.

考察函数 $g(\lambda)=-y\lambda^2+(x+y+z)\lambda$,其中 $\lambda=\frac{1}{n}\in\left[1,\frac{z+y}{y}\right]$,注意到 $\frac{1+\frac{z+y}{y}}{2}=\frac{x+y+z}{2y}$,则知

$$g(\lambda)_{\min}=g(1)=g\left(\frac{z+y}{y}\right)$$

此时,mn 的最大值为 $\frac{x}{x+z}$.

同理,用 m 表示 n,此时 mn 的最大值为 $\frac{y}{y+z}$.

从而 $(mn)_{\max}=\max\left\{\frac{x}{x+z},\frac{y}{y+z}\right\}$.

故由 $\frac{S_{\triangle CMN}}{S_{\triangle CAB}}=mn$,知 $\frac{4xy}{(x+y+z)^2}\leqslant\frac{S_{\triangle CMN}}{S_{\triangle CAB}}\leqslant$

$\max\left\{\frac{x}{x+z},\frac{y}{y+z}\right\}$.

证毕.

更一般地,我们有:

定理 19　设 P 为 $\triangle ABC$ 所在平面内任意一点,O 为空间中任意一点,三角形面积为有向面积,则

$$\overrightarrow{OP}=\frac{\boldsymbol{S}_{\triangle PBC}\cdot\overrightarrow{OA}+\boldsymbol{S}_{\triangle PCA}\cdot\overrightarrow{OB}+\boldsymbol{S}_{\triangle PAB}\cdot\overrightarrow{OC}}{\boldsymbol{S}_{\triangle ABC}} \tag{2.3.14}$$

证明　由式(2.3.9),有

$$\begin{aligned}0&=\boldsymbol{S}_{\triangle PBC}\cdot\overrightarrow{PA}+\boldsymbol{S}_{\triangle PCA}\cdot\overrightarrow{PB}+\boldsymbol{S}_{\triangle PAB}\cdot\overrightarrow{PC}\\&=\boldsymbol{S}_{\triangle PBC}\cdot(\overrightarrow{OA}-\overrightarrow{OP})+\boldsymbol{S}_{\triangle PCA}\cdot(\overrightarrow{OB}-\overrightarrow{OP})+\\&\quad\ \boldsymbol{S}_{\triangle PAB}\cdot(\overrightarrow{OC}-\overrightarrow{OP})\end{aligned}$$

由此整理,即得式(2.3.14).

注　显然,当 P 与 O 重合时,式(2.3.14)即为式(2.3.9).

对于定理18,我们还可进一步得到:

定理 20　设 C 为 $\triangle OAB$ 所在平面内的一个定点(即三角形有向面积的比 $\frac{\boldsymbol{S}_{\triangle COA}}{\boldsymbol{S}_{\triangle CAB}}=k_1,\frac{\boldsymbol{S}_{\triangle CBO}}{\boldsymbol{S}_{\triangle CAB}}=k_2,k_1,k_2$ 为定值),直线 l 过点 C 又分别与直线 OA,OB,AB 交于点 M,N,P,且 $\frac{\overrightarrow{CM}}{\overrightarrow{CP}}=s,\frac{\overrightarrow{CN}}{\overrightarrow{CP}}=t(st\neq0)$. 则

$$\frac{k_1}{s}+\frac{k_2}{t}=-1 \tag{2.3.15}$$

证明　如图2.3.23所示,由 O,M,A 共线,有实数 λ_1,使得

$$\overrightarrow{CM}=\lambda_1\overrightarrow{CA}+(1-\lambda_1)\overrightarrow{CO}$$

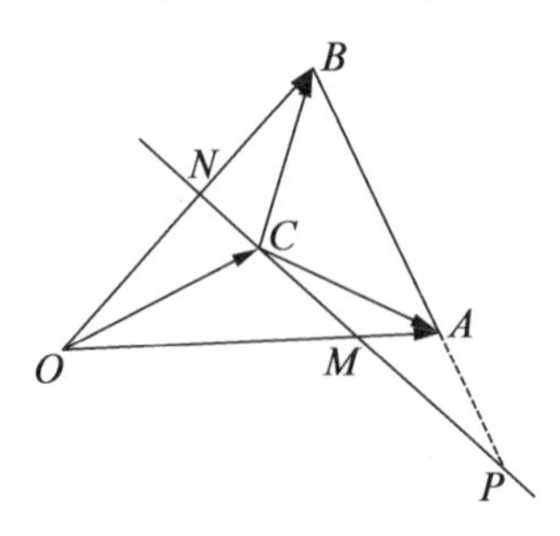

图 2.3.23

同理,有

$$\overrightarrow{CP}=\lambda_2\overrightarrow{CA}+(1-\lambda_2)\overrightarrow{CB}$$

$$\overrightarrow{CN}=\lambda_3\overrightarrow{CB}+(1-\lambda_3)\overrightarrow{CO}$$

因$\overrightarrow{CM}=s\overrightarrow{CP}$,则有

$$\lambda_1\overrightarrow{CA}+(1-\lambda_1)\overrightarrow{CO}=s\lambda_2\overrightarrow{CA}+s(1-\lambda_2)\overrightarrow{CB}$$

即

$$(s\lambda_2-\lambda_1)\overrightarrow{CA}+s(1-\lambda_2)\overrightarrow{CB}-(1-\lambda_1)\overrightarrow{CO}=\mathbf{0} \quad ①$$

因$\overrightarrow{CN}=t\overrightarrow{CP}$,则有 $\lambda_3\overrightarrow{CB}+(1-\lambda_3)\overrightarrow{CO}=t\lambda_2\overrightarrow{CA}+t(1-\lambda_2)\overrightarrow{CB}$,即

$$t\lambda_2\overrightarrow{CA}+[t(1-\lambda_2)-\lambda_3]\overrightarrow{CB}=(1-\lambda_3)\overrightarrow{CO} \quad ②$$

注意到在式(2.3.9)中,交换 O 与 C 两点,即令 O 为 C,C 为 O,考虑三角形的有向面积,则有

$$\boldsymbol{S}_{\triangle CBO}\cdot\overrightarrow{CA}+\boldsymbol{S}_{\triangle COA}\cdot\overrightarrow{CB}+\boldsymbol{S}_{\triangle CAB}\cdot\overrightarrow{CO}=0 \quad ③$$

由①,③有$(s\lambda_2-\lambda_1):s(1-\lambda_2):(\lambda_1-1)=\boldsymbol{S}_{\triangle CBO}:\boldsymbol{S}_{\triangle COA}:\boldsymbol{S}_{\triangle CAB}$,在此式中消去 λ_1 并整理,得

$$\frac{\boldsymbol{S}_{\triangle COA}}{s}=\lambda_2\boldsymbol{S}_{\triangle OAB}-(\boldsymbol{S}_{\triangle CBO}+\boldsymbol{S}_{\triangle CAB}) \quad ④$$

由②,③有

$t\lambda_2:[t(1-\lambda_2)-\lambda_3]:(\lambda_3-1)=\boldsymbol{S}_{\triangle CBO}:\boldsymbol{S}_{\triangle COA}:\boldsymbol{S}_{\triangle CAB}$

在此式中消去 λ_3 并整理,得

$$\frac{\boldsymbol{S}_{\triangle CBO}}{t}=\boldsymbol{S}_{\triangle CBO}-\lambda_2\boldsymbol{S}_{\triangle OAB} \quad ⑤$$

由④+⑤,得$\frac{\boldsymbol{S}_{\triangle COA}}{s}+\frac{\boldsymbol{S}_{\triangle CBO}}{t}=-\boldsymbol{S}_{\triangle CAB}$.

故有 $$\frac{k_1}{s}+\frac{k_2}{t}=-1$$

注　由定理20,可讨论当 C 为$\triangle OAB$ 的(若交换 O 与 C,则为讨论 O 为$\triangle ABC$ 的)某特殊点,且 k_1 与 k_2 的值易求时,所得到的关系式可参见式(2.6.86)~(2.6.89)等.

二、空间向量的基本定理

空间向量的基本定理　设向量$\overrightarrow{OA},\overrightarrow{OB},\overrightarrow{OC}$不共面,则对四面体 $O-ABC$ 所在空间中的任意一点 D,有实数 x,y,z 使得下式成立

$$\overrightarrow{OD}=x\,\overrightarrow{OA}+y\,\overrightarrow{OB}+z\,\overrightarrow{OC} \quad (2.3.16)$$

1. 实数 x,y,z 的几何意义

类似于平面向量的几何意义,有:

几何意义1　有序数组(x,y,z)是空间仿射坐标系下,点 D 的空间仿射坐标,因而 x,y,z 分别是空间仿射坐标轴上有向线段的比值,即

$$x=\frac{\overrightarrow{OX}}{\overrightarrow{OA}},y=\frac{\overrightarrow{OY}}{\overrightarrow{OB}},z=\frac{\overrightarrow{OZ}}{\overrightarrow{OC}} \quad (2.3.17)$$

其中 X,Y,Z 分别为点 D 在坐标轴上的平行投影.

如图2.3.24所示,设 D 在面 OAB 内的平行投影,垂直投影分别为 H,D_0,C 在面 OAB 内的垂直投影为

点 C_0. 设 CO 与面 OAB 所成的角为 θ,则 $\angle COC_0=\theta$, $\angle DHD_0=\theta$. 显然

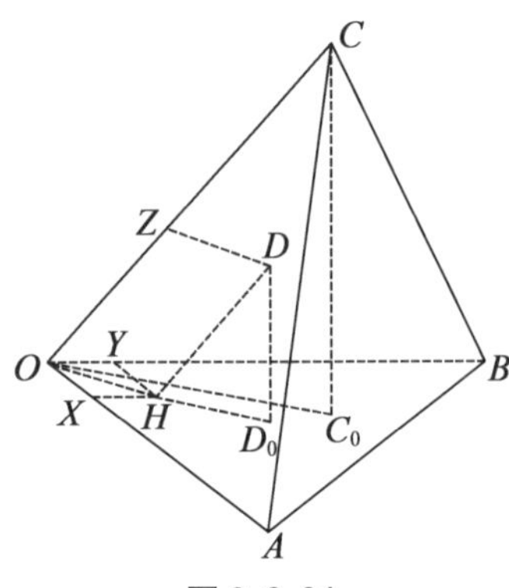

图 2.3.24

$$OH \underline{\underline{/\!/}} ZD, OX \underline{\underline{/\!/}} YH, OY \underline{\underline{/\!/}} XH$$

由此,即知

$$x=\frac{\overrightarrow{OX}}{\overrightarrow{OA}}, y=\frac{\overrightarrow{OY}}{\overrightarrow{OB}}, z=\frac{\overrightarrow{OZ}}{\overrightarrow{OC}}$$

此时 $$\frac{\boldsymbol{V}_{O-ABD}}{\boldsymbol{V}_{O-ABC}}=\frac{DD_0}{CC_0}=\frac{DH\cdot\sin\theta}{CD\cdot\sin\theta}=\frac{\overrightarrow{OZ}}{\overrightarrow{OC}}=z$$

同理 $$\frac{\boldsymbol{V}_{O-DBC}}{\boldsymbol{V}_{O-ABC}}=x, \frac{\boldsymbol{V}_{O-ADC}}{\boldsymbol{V}_{O-ABC}}=y$$

于是,我们又有:

几何意义 2

$$x=\frac{\boldsymbol{V}_{O-DBC}}{\boldsymbol{V}_{O-ABC}}, y=\frac{\boldsymbol{V}_{O-ADC}}{\boldsymbol{V}_{O-ABC}}, z=\frac{\boldsymbol{V}_{O-ABD}}{\boldsymbol{V}_{O-ABC}} \quad (2.3.18)$$

其中四面体的体积均为有向体积(点 D 在四面体侧面的内侧时为正,否则为负).

2. x,y,z 的取值与点 D 的位置

这里也有类似于平面向量中的情形,结论留给读者写出.

3. 有向体积的形式

将式(2.3.18)代入式(2.3.16),有:

定理 21　设 D 为四面体 $O-ABC$ 所在空间中任意一点,则

$$\boldsymbol{V}_{O-DBC}\cdot\overrightarrow{OA}+\boldsymbol{V}_{O-ADC}\cdot\overrightarrow{OB}+\boldsymbol{V}_{O-ABD}\cdot\overrightarrow{OC}-\boldsymbol{V}_{O-ABC}\cdot\overrightarrow{OD}=0 \tag{2.3.19}$$

其中四面体的体积为有向体积.

类似于定理16,17,我们也有如下两个定理:

定理 22　(定理16的类比)若 O 是四面体 $A-BCD$ 所在空间中的一点,四面体 $O-DBC$,$O-ADC$,$O-ABD$,$O-ABC$ 的有向体积分别记作 $\boldsymbol{V}_A$,$\boldsymbol{V}_B$,$\boldsymbol{V}_C$,$\boldsymbol{V}_D$,则

$$\boldsymbol{V}_A\cdot\overrightarrow{OA}+\boldsymbol{V}_B\cdot\overrightarrow{OB}+\boldsymbol{V}_C\cdot\overrightarrow{OC}+\boldsymbol{V}_D\cdot\overrightarrow{OD}=0 \tag{2.3.20}$$

证明[①]　注意到,若 $\boldsymbol{a},\boldsymbol{b},\boldsymbol{c}$ 三个向量不共面,V 是以 $\boldsymbol{a},\boldsymbol{b},\boldsymbol{c}$ 为棱的平行六面体的体积,则有:$V=|(\boldsymbol{a},\boldsymbol{b},\boldsymbol{c})|$($(\boldsymbol{a},\boldsymbol{b},\boldsymbol{c})$称为向量的混合积),并且

$$(\boldsymbol{a},\boldsymbol{b},\boldsymbol{c})=\begin{cases}V, & \{\boldsymbol{a},\boldsymbol{b},\boldsymbol{c}\}\text{为右旋向量组}\\ -V, & \{\boldsymbol{a},\boldsymbol{b},\boldsymbol{c}\}\text{为左旋向量组}\end{cases}$$

如果设 $\boldsymbol{a}=(x_1,y_1,z_1)$,$\boldsymbol{b}=(x_2,y_2,z_2)$,$\boldsymbol{c}=(x_3,y_3,z_3)$,则向量的混合积$(\boldsymbol{a},\boldsymbol{b},\boldsymbol{c})$可用三阶行列式来计算,即

① 曹军.三角形中两个命题的构图证法及空间类比[J].数学通讯,2012(5):46-47.

$$(\boldsymbol{a},\boldsymbol{b},\boldsymbol{c})=\begin{vmatrix}x_1&y_1&z_1\\x_2&y_2&z_2\\x_3&y_3&z_3\end{vmatrix}$$

如图 2.3.25 所示,不妨设 $O(0,0,0)$,$A(x_1,y_1,z_1)$,$B(x_2,y_2,z_2)$,$C(x_3,y_3,z_3)$,$D(x_4,y_4,z_4)$,则

$$\begin{aligned}&\boldsymbol{V}_A\cdot\overrightarrow{OA}+\boldsymbol{V}_B\cdot\overrightarrow{OB}+\boldsymbol{V}_C\cdot\overrightarrow{OC}+\boldsymbol{V}_D\cdot\overrightarrow{OD}\\
=&(\overrightarrow{OB},\overrightarrow{OD},\overrightarrow{OC})\overrightarrow{OA}+(\overrightarrow{OC},\overrightarrow{OD},\overrightarrow{OA})\overrightarrow{OB}+\\
&(\overrightarrow{OD},\overrightarrow{OB},\overrightarrow{OA})\overrightarrow{OC}+(\overrightarrow{OA},\overrightarrow{OB},\overrightarrow{OC})\overrightarrow{OD}\\
=&\frac{1}{6}\begin{vmatrix}x_2&y_2&z_2\\x_4&y_4&z_4\\x_3&y_3&z_3\end{vmatrix}(x_1,y_1,z_1)+\\
&\frac{1}{6}\begin{vmatrix}x_3&y_3&z_3\\x_4&y_4&z_4\\x_1&y_1&z_1\end{vmatrix}(x_2,y_2,z_2)+\\
&\frac{1}{6}\begin{vmatrix}x_4&y_4&z_4\\x_2&y_2&z_2\\x_1&y_1&z_1\end{vmatrix}(x_3,y_3,z_3)+\\
&\frac{1}{6}\begin{vmatrix}x_1&y_1&z_1\\x_2&y_2&z_2\\x_3&y_3&z_3\end{vmatrix}(x_4,y_4,z_4)\\
=&\frac{1}{6}(x_2y_4z_3+x_3y_2z_4+x_4y_3z_2-x_3y_4z_2-x_4y_2z_3-x_2y_3z_4)\cdot\\
&(x_1,y_1,z_1)+\frac{1}{6}(x_3y_4z_1+x_1y_3z_4+x_4y_1z_3-x_1y_4z_3-\\
&x_4y_3z_1-x_3y_1z_4)(x_2,y_2,z_2)+\frac{1}{6}(x_4y_2z_1+x_1y_4z_2+\\
&x_2y_1z_4-x_1y_2z_4-x_2y_4z_1-x_4y_1z_2)(x_3,y_3,z_3)+\end{aligned}$$

$\frac{1}{6}(x_1y_2z_3+x_3y_1z_2+x_2y_3z_1-x_3y_2z_1-x_2y_1z_3-x_1y_3z_2)\cdot$

(x_4,y_4,z_4)

$=0$

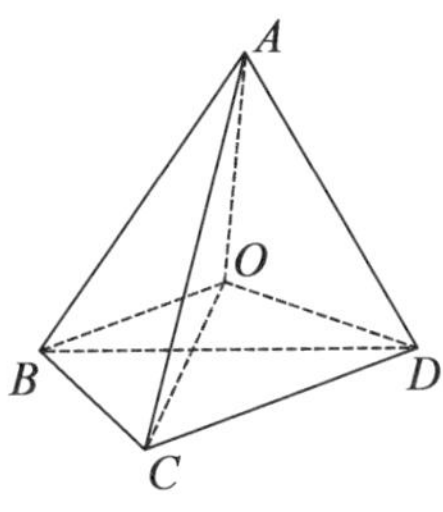

图 2.3.25

定理 23　(定理 17 的类比)若 O 是四面体 $A-BCD$ 所在空间内任意一点,若 $m\overrightarrow{OA}+n\overrightarrow{OB}+l\overrightarrow{OC}+t\overrightarrow{OD}=\mathbf{0}$ $(mnlt\neq0)$,四面体 $O-DBC$,$O-ADC$,$O-ABD$,$O-ABC$ 的有向体积分别记作 $\boldsymbol{V}_A,\boldsymbol{V}_B,\boldsymbol{V}_C,\boldsymbol{V}_D$,则

$$\boldsymbol{V}_A:\boldsymbol{V}_B:\boldsymbol{V}_C:\boldsymbol{V}_D=m:n:l:t \qquad (2.3.21)$$

证法 1　由定理 22,知

$$\boldsymbol{V}_A\cdot\overrightarrow{OA}+\boldsymbol{V}_B\cdot\overrightarrow{OB}+\boldsymbol{V}_C\cdot\overrightarrow{OC}+\boldsymbol{V}_D\cdot\overrightarrow{OD}=0 \qquad ①$$

又因为

$$m\overrightarrow{OA}+n\overrightarrow{OB}+l\overrightarrow{OC}+t\overrightarrow{OD}=\mathbf{0} \qquad ②$$

①$\times t-$②$\times\boldsymbol{V}_D$ 得

$$(t\boldsymbol{V}_A-m\boldsymbol{V}_D)\cdot\overrightarrow{OA}+(t\boldsymbol{V}_B-n\boldsymbol{V}_D)\cdot\overrightarrow{OB}+$$

$$(t\boldsymbol{V}_C-l\boldsymbol{V}_D)\cdot\overrightarrow{OC}=0$$

因 $\overrightarrow{OA},\overrightarrow{OB},\overrightarrow{OC}$ 不共面,则

$$\begin{cases}t\boldsymbol{V}_A-m\boldsymbol{V}_D=\mathbf{0}\Leftrightarrow m:t=\boldsymbol{V}_A:\boldsymbol{V}_D\\ t\boldsymbol{V}_B-n\boldsymbol{V}_D=\mathbf{0}\Leftrightarrow n:t=\boldsymbol{V}_B:\boldsymbol{V}_D\\ t\boldsymbol{V}_C-l\boldsymbol{V}_D=\mathbf{0}\Leftrightarrow l:t=\boldsymbol{V}_C:\boldsymbol{V}_D\end{cases}$$

故 $\boldsymbol{V}_A : \boldsymbol{V}_B : \boldsymbol{V}_C : \boldsymbol{V}_D = m : n : l : t$.

证法 2 由

$$m\overrightarrow{OA}+n\overrightarrow{OB}+l\overrightarrow{OC}+t\overrightarrow{OD}=\mathbf{0}$$

得

$$m\overrightarrow{OA}+n(\overrightarrow{OA}+\overrightarrow{AB})+l(\overrightarrow{OA}+\overrightarrow{AC})+t(\overrightarrow{OA}+\overrightarrow{AD})=\mathbf{0}$$

即

$$(m+n+l+t)\overrightarrow{AO}=n\overrightarrow{AB}+l\overrightarrow{AC}+t\overrightarrow{AD} \qquad (*)$$

取平面 ABC 的单位法向量 $\boldsymbol{\alpha}$,用 $\boldsymbol{\alpha}$ 与式(*)两边作数量积得 $(m+n+l+t)\overrightarrow{AO}\cdot\boldsymbol{\alpha}=t\overrightarrow{AD}\cdot\boldsymbol{\alpha}$,从而 $|m+n+l+t||\overrightarrow{AO}\cdot\boldsymbol{\alpha}|=|t||\overrightarrow{AD}\cdot\boldsymbol{\alpha}|$.

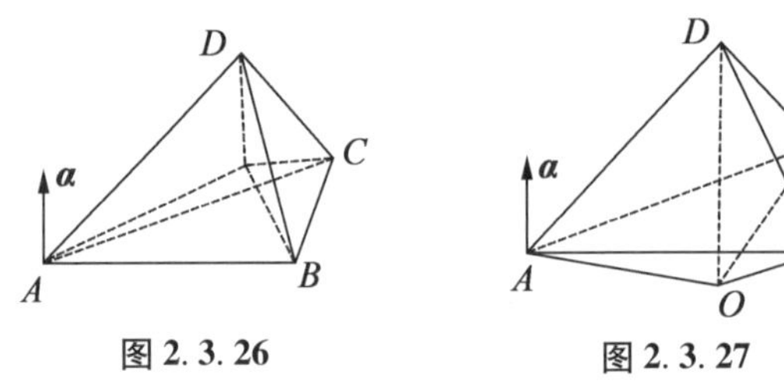

图 2. 3. 26　　图 2. 3. 27

设 O,D 到平面 ABC 的距离分别为 h_O,h_D.

因 $\overrightarrow{AO}\cdot\boldsymbol{\alpha},\overrightarrow{AD}\cdot\boldsymbol{\alpha}$ 分别为 $\overrightarrow{AO},\overrightarrow{AD}$ 在平面 ABC 的单位法向量 $\boldsymbol{\alpha}$ 方向上的投影,则 $h_O=|\overrightarrow{AO}\cdot\boldsymbol{\alpha}|,h_D=|\overrightarrow{AD}\cdot\boldsymbol{\alpha}|$,即 $|m+n+l+t|h_O=|t|h_D$,上式两边同乘 $\frac{1}{3}S_{\triangle ABC}$ 得 $|m+n+l+t|\cdot\frac{1}{3}S_{\triangle ABC}\cdot h_O=|t|\cdot\frac{1}{3}S_{\triangle ABC}\cdot h_D$. 用有向体积表示,即 $(m+n+l+t)\boldsymbol{V}_{O-ABC}=t\boldsymbol{V}_{D-ABC}$,亦即 $\frac{\boldsymbol{V}_D}{\boldsymbol{V}}=\frac{t}{m+n+l+t}$.

同理，$\frac{\boldsymbol{V}_A}{\boldsymbol{V}}=\frac{m}{m+n+l+t},\frac{\boldsymbol{V}_B}{\boldsymbol{V}}=\frac{n}{m+n+l+t},\frac{\boldsymbol{V}_C}{\boldsymbol{V}}=\frac{l}{m+n+l+t}$.

故　　$\boldsymbol{V}_A:\boldsymbol{V}_B:\boldsymbol{V}_C:\boldsymbol{V}_D=m:n:l:t$

注　(1)此时可知点 D 的体积坐标为$(m:n:l:t)$.

(2)当点 O 位于四面体的某一侧面上时，定理 22 也有类似于式(2.3.10)的推论，留给读者自行写出.

类似于定理 19 及其证明，我们有：

定理 24　设 P 为四面体 $A-BCD$ 所在空间中的任意一点，O 为空间中的一点，四面体体积为有向体积，则

$$\overrightarrow{OP}=\frac{\boldsymbol{V}_{P-DBC}\cdot\overrightarrow{OA}+\boldsymbol{V}_{P-ADC}\cdot\overrightarrow{OB}+\boldsymbol{V}_{P-ABD}\cdot\overrightarrow{OC}+\boldsymbol{V}_{P-ABC}\cdot\overrightarrow{OD}}{\boldsymbol{V}_{A-BCD}} \tag{2.3.22}$$

2.4　度量关系

1. 线段的长度

对式(2.2.7)，在$\frac{\overrightarrow{AC}}{\overrightarrow{CB}}=\lambda$ 中，分别令 $\lambda=1,\frac{b}{a},\frac{c^2-a^2+b^2}{c^2+a^2-b^2}$(其中$|\overrightarrow{OA}|=a,|\overrightarrow{OB}|=b,|\overrightarrow{AB}|=c$)便得$\triangle OAB$ 中的 OC 分别为中线、角平分线、高线的长度.

讨论线段相等，我们有：

定理 1　若向量 $\boldsymbol{a}/\!/\boldsymbol{b},\boldsymbol{c}/\!/\boldsymbol{d},\boldsymbol{a}$ 与 $\boldsymbol{c}$ 不共线，且

$$\boldsymbol{a}+\boldsymbol{c}=\boldsymbol{b}+\boldsymbol{d}$$

则

$$\boldsymbol{a}=\boldsymbol{b},\boldsymbol{c}=\boldsymbol{d} \tag{2.4.1}$$

证明 由条件可设 $\boldsymbol{b}=\lambda\boldsymbol{a},\boldsymbol{d}=\mu\boldsymbol{c}$，故 $\boldsymbol{a}+\boldsymbol{c}=\boldsymbol{b}+\boldsymbol{d}=\lambda\boldsymbol{a}+\mu\boldsymbol{c}$.

结合平面向量基本定理，平面内任意向量用两个不共线的向量 $\boldsymbol{a}$ 与 $\boldsymbol{c}$ 表示的形式唯一，因此有 $\lambda=1$，$\mu=1$，即 $\boldsymbol{a}=\boldsymbol{b},\boldsymbol{c}=\boldsymbol{d}$.

2. 两点间的距离

定理 2 设 A,B 为平面上两点，则

$$d^2(A,B)=|\overrightarrow{AB}|^2=|\overrightarrow{OA}-\overrightarrow{OB}|^2$$
$$=|\overrightarrow{OA}|^2+|\overrightarrow{OB}|^2-2\overrightarrow{OA}\cdot\overrightarrow{OB} \tag{2.4.2}$$

若 A,B 为空间中两点，则

$$d(A,B)=|\boldsymbol{A}-\boldsymbol{B}|$$
$$=\sqrt{(x_1-x_2)^2+(y_1-y_2)^2+(z_1-z_2)^2} \tag{2.4.3}$$

3. 点线距、点面距、线线距、线面距、面面距

定理 3 向量 $\boldsymbol{a}$ 在 $\boldsymbol{b}$ 方向上的射影（投影）的长度为

$$d=\frac{|\boldsymbol{a}\cdot\boldsymbol{b}|}{|\boldsymbol{b}|} \tag{2.4.4}$$

这就是点线距离、点面距离的统一的向量公式.

（1）若 $\boldsymbol{b}$ 是直线 l 的法向量，P 为直线 l 上任意一点，A 为直线 l 外一点，$\overrightarrow{PA}=\boldsymbol{a}$，则 $d=\frac{|\boldsymbol{a}\cdot\boldsymbol{b}|}{|\boldsymbol{b}|}$就表示点 A 到直线 l 的距离.

（2）若 $\boldsymbol{b}$ 是平面 α 的法向量，P 为平面 α 内任意一点，A 为平面 α 外一点，$\overrightarrow{PA}=\boldsymbol{a}$，则 $d=\frac{|\boldsymbol{a}\cdot\boldsymbol{b}|}{\boldsymbol{b}}$就表示点 A 到平面 α 的距离.

（3）若 $\boldsymbol{b}$ 与两条异面直线 m,n 都垂直，P 为直线

m 上任意一点，A 为直线 n 上一点，$\overrightarrow{PA}=\boldsymbol{a}$，则 $d=\frac{|\boldsymbol{a}\cdot\boldsymbol{b}|}{\boldsymbol{b}}$就表示两条异面直线 m,n 间的距离.

(4)若直线 $l//$ 平面 α，$\boldsymbol{b}$ 是平面 α 的法向量. P 为平面 α 内任意一点，A 为直线 l 上任意一点，$\overrightarrow{PA}=\boldsymbol{a}$，则 $d=\frac{|\boldsymbol{a}\cdot\boldsymbol{b}|}{|\boldsymbol{b}|}$就表示直线 l 与平面 α 的距离.

(5)若平面 $\alpha//$ 平面 β，$\boldsymbol{b}$ 是平面 α,β 的法向量，P 为平面 α 内任意一点，A 为平面 β 内任意一点，$\overrightarrow{PA}=\boldsymbol{a}$，则 $d=\frac{|\boldsymbol{a}\cdot\boldsymbol{b}|}{|\boldsymbol{b}|}$就表示两平行平面 α 与平面 β 的距离.

定理4　平面上点 P 到直线 l 的距离用单点向量表示为

$$d(P,l)=\begin{cases}\dfrac{|(\boldsymbol{P}-\boldsymbol{A})\cdot\boldsymbol{n}|}{|\boldsymbol{n}|}, & \text{当} A\in l,\boldsymbol{n}\perp l \text{时} \quad (2.4.5)\\ \dfrac{|(\boldsymbol{P}-\boldsymbol{A})\times\boldsymbol{v}|}{|\boldsymbol{v}|}, & \text{当} A\in l,\boldsymbol{v}//l \text{时} \quad (2.4.6)\\ \dfrac{|\overrightarrow{PA}\times\overrightarrow{PB}|}{|\overrightarrow{AB}|}=\dfrac{|\boldsymbol{P}\times\boldsymbol{A}+\boldsymbol{A}\times\boldsymbol{B}+\boldsymbol{B}\times\boldsymbol{P}|}{|\boldsymbol{A}-\boldsymbol{B}|}, & \text{当} A,B\in l \text{时} \quad (2.4.7)\end{cases}$$

证明　如图 2.4.1(a)所示，作 $PP'\perp l$ 于 P'，则

(1)当 $A\in l,\boldsymbol{n}\perp l$ 时，有$\overrightarrow{AP'}\perp\boldsymbol{n}$，从而

$$\begin{aligned}0&=\overrightarrow{AP'}\cdot\boldsymbol{n}=(\overrightarrow{AP}+\overrightarrow{PP'})\cdot\boldsymbol{n}\\&=\overrightarrow{AP}\cdot\boldsymbol{n}+\overrightarrow{PP'}\cdot\boldsymbol{n}\end{aligned}$$

则 $d(P,l)=|\overrightarrow{PP'}|=\frac{|\overrightarrow{AP}\cdot\boldsymbol{n}|}{|\boldsymbol{n}|}=\frac{|(\boldsymbol{P}-\boldsymbol{A})\cdot\boldsymbol{n}|}{|\boldsymbol{n}|}$;

(2)如图 2.4.1(b)所示，当 $A\in l,\boldsymbol{v}//l$ 时，有$\overrightarrow{AP'}//\boldsymbol{v}$，从而

$$\begin{aligned}\mathbf{0} &= \overrightarrow{AP'} \times \boldsymbol{v} = (\overrightarrow{AP} + \overrightarrow{PP'}) \times \boldsymbol{v} \\ &= \overrightarrow{AP} \times \boldsymbol{v} + \overrightarrow{PP'} \times \boldsymbol{v}\end{aligned}$$

故 $d(P,l) = |\overrightarrow{PP'}| = \dfrac{|\overrightarrow{AP} \times \boldsymbol{v}|}{|\boldsymbol{v}|} = \dfrac{|(\boldsymbol{P} - \boldsymbol{A}) \times \boldsymbol{v}|}{|\boldsymbol{v}|}$

(3)如图 2.4.1(c)所示,当 $A, B \in l$ 时,$\overrightarrow{AB} /\!/ l$,从而由(2)有

$$\begin{aligned}d(P,l) &= \frac{|\overrightarrow{AP} \times \overrightarrow{AB}|}{|\overrightarrow{AB}|} = \frac{|(\boldsymbol{P} - \boldsymbol{A}) \times (\boldsymbol{B} - \boldsymbol{A})|}{|\boldsymbol{A} - \boldsymbol{B}|} \\ &= \frac{|\boldsymbol{P} \times \boldsymbol{A} + \boldsymbol{A} \times \boldsymbol{B} + \boldsymbol{B} \times \boldsymbol{P}|}{|\boldsymbol{A} - \boldsymbol{B}|}\end{aligned}$$

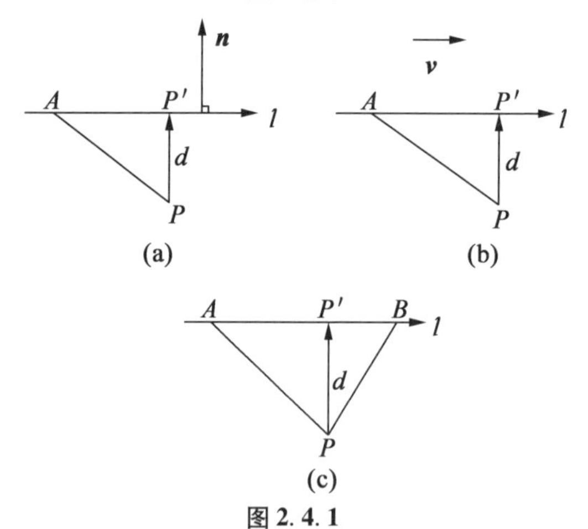

图 2.4.1

注 两平行线间的距离可转化为点到直线的距离.

例 1 如图 2.4.2 所示,已知 $l_{AB}: ax + by + c = 0$,求 $P(x_0, y_0)$ 到 l_{AB} 的距离 d.

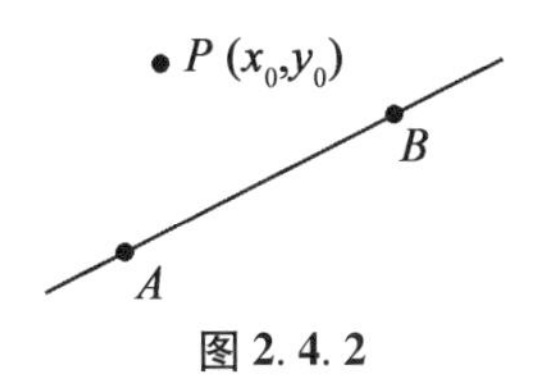

图 2.4.2

解　在 l_{AB} 上取一点 $A(0,-\frac{c}{b})$，由已知：l_{AB} 的一个法向量为 $\boldsymbol{n}=(a,b)$，设 $\langle\boldsymbol{n},\overrightarrow{PA}\rangle=\theta$，则

$$\cos\theta=\frac{|\overrightarrow{AP}\cdot\boldsymbol{n}|}{|\overrightarrow{AP}||\boldsymbol{n}|}=\frac{d}{|\overrightarrow{AP}|}$$

从而

$$d=\frac{|\overrightarrow{AP}\cdot\boldsymbol{n}|}{|\boldsymbol{n}|}$$

又因为 $\overrightarrow{AP}=(x_0,y_0+\frac{c}{b})$，则 $\overrightarrow{AP}\cdot\boldsymbol{n}=ax_0+by_0+c$，而 $|\boldsymbol{n}|=\sqrt{a^2+b^2}$，故 $d=\frac{|ax_0+by_0+c|}{\sqrt{a^2+b^2}}$.

例 2　如图 2.4.3 所示，已知点 P,A,B 的坐标，求点 P 到 l_{AB} 的距离.

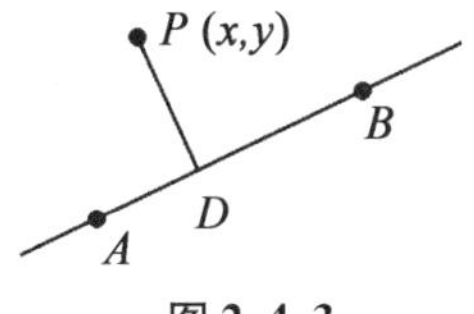

图 2.4.3

解　设 $\langle\overrightarrow{AB},\overrightarrow{AP}\rangle=\theta$，则 $d=|\overrightarrow{PD}|=|\overrightarrow{PA}|\cdot\sin\theta$，而 $\cos\theta=\frac{\overrightarrow{AP}\cdot\overrightarrow{AB}}{|\overrightarrow{AP}||\overrightarrow{AB}|}$，故

$$d=|\overrightarrow{PD}|=\frac{\sqrt{|\overrightarrow{AP}|^2|\overrightarrow{AB}|^2-(\overrightarrow{AP}\cdot\overrightarrow{AB})^2}}{|\overrightarrow{AB}|}$$

定理 5 在四面体 $A-BCD$ 中,AB 与 CD 之间的距离为

$$d(AB,CD)=\frac{|(\overrightarrow{AB}\times\overrightarrow{CD})\cdot\overrightarrow{BC}|}{|\overrightarrow{AB}\times\overrightarrow{CD}|}\quad(2.4.8)$$

或

$$d(AB,CD)=\frac{6V_{A-BCD}}{\sin\langle\overrightarrow{AB},\overrightarrow{CD}\rangle\cdot AB\cdot CD}\quad(2.4.9)$$

证明 由混合积意义即有式(2.4.8). 对于式(2.4.9),如图 2.4.4 所示,设 EF 为 AB 与 CD 的公垂线段,$d(AB,CD)=EF$,过 F 作 $PF /\!/ AB$,联结 AF,BF. 由 $EF\perp PF,EF\perp CD,PF /\!/ AB$,联结 AF,BF. 由 $EF\perp PF,EF\perp CD,PF\cap CD=F$,则 $EF\perp$ 面 PFD,$EF\subset$ 面 ABF,则面 $ABF\perp$ 面 PDF,面 $ABF\cap$ 面 $PDF=PF$,过 D 作 $DM\perp PF$ 交 PF 于 M,则 $DM\perp$ 面 ABF. 即 $\angle PFD$ 是 CD 与面 ABF 所成的角,则

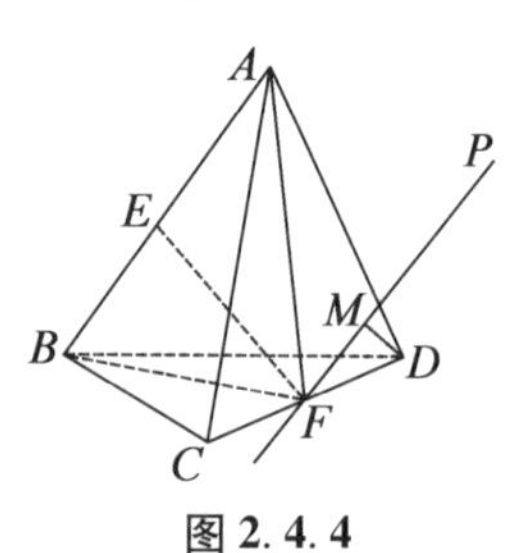

图 2.4.4

$$\angle PFD=\langle\overrightarrow{AB},\overrightarrow{CD}\rangle$$

从而

$$
\begin{aligned}
&d(AB,CD)\cdot\sin\langle\overrightarrow{AB},\overrightarrow{CD}\rangle\cdot AB\cdot CD\\
&=EF\cdot\sin\angle PFD\cdot AB\cdot CD\\
&=2S_{\triangle ABF}\cdot CD\cdot\sin\angle PFD=6V_{A-BCD}
\end{aligned}
$$

故 $d(AB,CD)\cdot\sin\langle\overrightarrow{AB},\overrightarrow{CD}\rangle=\dfrac{6V_{A-BCD}}{AB\cdot CD}$.

4. 夹角

定理6　非零向量 $\boldsymbol{a}$ 与 $\boldsymbol{b}$ 的夹角 $\langle\boldsymbol{a},\boldsymbol{b}\rangle$ 的正弦、余弦、正切函数值分别是

$$\sin\langle\boldsymbol{a},\boldsymbol{b}\rangle=\frac{|\boldsymbol{a}\times\boldsymbol{b}|}{|\boldsymbol{a}|\cdot|\boldsymbol{b}|}\tag{2.4.10}$$

$$\cos\langle\boldsymbol{a},\boldsymbol{b}\rangle=\frac{\boldsymbol{a}\cdot\boldsymbol{b}}{|\boldsymbol{a}|\cdot|\boldsymbol{b}|}\tag{2.4.11}$$

$$\tan\langle\boldsymbol{a},\boldsymbol{b}\rangle=\frac{|\boldsymbol{a}\times\boldsymbol{b}|}{\boldsymbol{a}\cdot\boldsymbol{b}}\tag{2.4.12}$$

证明　由向量外积(模)及内积的定义立得式(2.4.10),(2.4.11);另由 $\tan\langle\boldsymbol{a},\boldsymbol{b}\rangle=\dfrac{\sin\langle\boldsymbol{a},\boldsymbol{b}\rangle}{\cos\langle\boldsymbol{a},\boldsymbol{b}\rangle}$ 可得式(2.4.12).

定理7　设 $\overrightarrow{OA}=\boldsymbol{a},\overrightarrow{OB}=\boldsymbol{b},\overrightarrow{O'A'}=\boldsymbol{a}',\overrightarrow{O'B'}=\boldsymbol{b}'$,且 $\boldsymbol{a},\boldsymbol{b},\boldsymbol{a}',\boldsymbol{b}'$ 共面,则 $\angle AOB=\angle A'O'B'$ 的充要条件是

$$\frac{\boldsymbol{a}\cdot\boldsymbol{b}}{|\boldsymbol{a}|\cdot|\boldsymbol{b}|}=\frac{\boldsymbol{a}'\cdot\boldsymbol{b}'}{|\boldsymbol{a}'|\cdot|\boldsymbol{b}'|}\tag{2.4.13}$$

或

$$\frac{\boldsymbol{a}\times\boldsymbol{b}}{\boldsymbol{a}\cdot\boldsymbol{b}}=\pm\frac{\boldsymbol{a}'\times\boldsymbol{b}'}{\boldsymbol{a}'\cdot\boldsymbol{b}'}\tag{2.4.14}$$

(当 $\boldsymbol{a}\times\boldsymbol{b}$ 与 $\boldsymbol{a}'\times\boldsymbol{b}'$ 同向时上式取"+",否则取"-").

证明　由式(2.4.11)立得式(2.4.13);而由式(2.4.12)及两个向量相等的条件(同向且等长)可得式(2.4.14)(如图2.4.5(a)所示).

注 如图 2.4.5(b)所示,由于

$$\sin\langle \boldsymbol{a},\boldsymbol{b}\rangle=\sin\langle \boldsymbol{a}',\boldsymbol{b}'\rangle\Leftrightarrow\langle \boldsymbol{a},\boldsymbol{b}\rangle=\langle \boldsymbol{a}',\boldsymbol{b}'\rangle$$

或$\langle \boldsymbol{a},\boldsymbol{b}\rangle+\langle \boldsymbol{a}',\boldsymbol{b}'\rangle=\pi$,因而由式(2.4.10)知

$$\frac{|\boldsymbol{a}\times\boldsymbol{b}|}{|\boldsymbol{a}|\cdot|\boldsymbol{b}|}=\frac{|\boldsymbol{a}'\times\boldsymbol{b}'|}{|\boldsymbol{a}'|\cdot|\boldsymbol{b}'|}\Leftrightarrow\angle AOB=\angle A'O'B'$$

或

$$\angle AOB+\angle A'O'B'=\pi \tag{2.4.15}$$

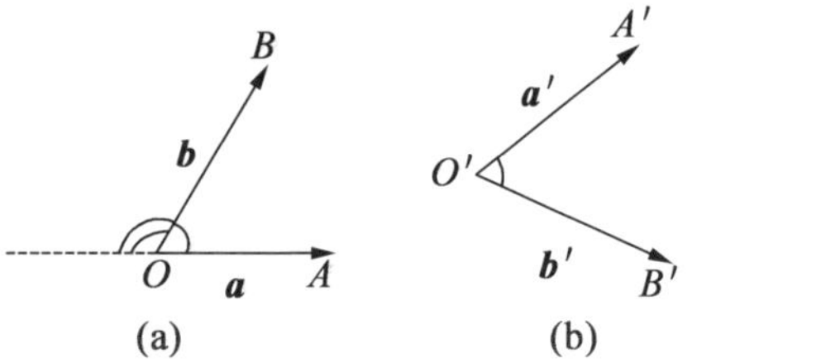

(a) (b)

图 2.4.5

定理 8 四面体中,一组对棱所成角的余弦值等于另外两组对棱长度平方和之差的绝对值与 2 倍的此组对棱长度积的比值.

如图 2.4.6 所示,在四面体 $A-BCD$ 中,有

$$\cos\langle\overrightarrow{AB},\overrightarrow{CD}\rangle=\frac{|(BC^2+DA^2)-(CA^2+BD^2)|}{2|\overrightarrow{AB}|\cdot|\overrightarrow{CD}|} \tag{2.4.16}$$

$$\cos\langle\overrightarrow{CA},\overrightarrow{BD}\rangle=\frac{|(AB^2+CD^2)-(BC^2+DA^2)|}{2|\overrightarrow{CA}|\cdot|\overrightarrow{BD}|} \tag{2.4.17}$$

$$\cos\langle\overrightarrow{DA},\overrightarrow{BC}\rangle=\frac{|(CA^2+BD^2)-(AB^2+CD^2)|}{2|\overrightarrow{DA}|\cdot|\overrightarrow{BC}|} \tag{2.4.18}$$

下面,仅对式(2.4.16)给出证明:

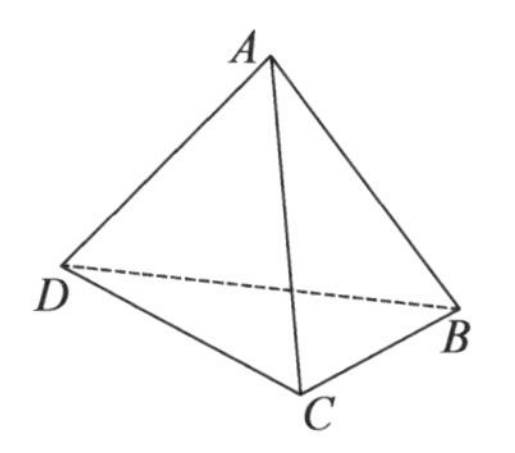

图 2.4.6

证法 1　由$\overrightarrow{BC}+\overrightarrow{CA}+\overrightarrow{AD}+\overrightarrow{DB}=\mathbf{0}$，则

$$\begin{aligned}BC^2&=\overrightarrow{BC}^2=(\overrightarrow{CA}+\overrightarrow{AD}+\overrightarrow{DB})^2\\&=\overrightarrow{CA}^2+\overrightarrow{AD}^2+\overrightarrow{DB}^2+2\overrightarrow{CA}\cdot\overrightarrow{AD}+2\overrightarrow{CA}\cdot\overrightarrow{DB}+\\&\quad 2\overrightarrow{AD}\cdot\overrightarrow{DB}\\&=CA^2-AD^2+DB^2+2(\overrightarrow{AD}^2+\overrightarrow{CA}\cdot\overrightarrow{AD})+\\&\quad 2(\overrightarrow{CA}\cdot\overrightarrow{DB}+\overrightarrow{AD}\cdot\overrightarrow{DB})\\&=CA^2-AD^2+DB^2+2\overrightarrow{AD}\cdot\overrightarrow{CD}+2\overrightarrow{DB}\cdot\overrightarrow{CD}\\&=CA^2-AD^2+DB^2+2\overrightarrow{AB}\cdot\overrightarrow{CD}\end{aligned}$$

即

$$\overrightarrow{AB}\cdot\overrightarrow{CD}=\frac{(BC^2+DA^2)-(CA^2+BD^2)}{2}$$

所以

$$\cos\langle\overrightarrow{AB},\overrightarrow{CD}\rangle=\frac{|(BC^2+DA^2)-(CA^2+BD^2)|}{2|\overrightarrow{AB}|\cdot|\overrightarrow{CD}|}$$

证法 2　由

$$\begin{aligned}\overrightarrow{AB}\cdot\overrightarrow{CD}&=(\overrightarrow{AD}+\overrightarrow{DC}+\overrightarrow{CB})\cdot(\overrightarrow{CB}+\overrightarrow{BA}+\overrightarrow{AD})\\&=(\overrightarrow{AD}+\overrightarrow{DC})\cdot(\overrightarrow{CB}+\overrightarrow{BA})+(\overrightarrow{DC}+\overrightarrow{CB})\cdot\\&\quad(\overrightarrow{BA}+\overrightarrow{AD})+\overrightarrow{AD}^2+\overrightarrow{CB}^2-\overrightarrow{DC}\cdot\overrightarrow{BA}\\&=\overrightarrow{AC}\cdot\overrightarrow{CA}+\overrightarrow{DB}\cdot\overrightarrow{BD}+\overrightarrow{AD}^2+\overrightarrow{CB}^2-\overrightarrow{AB}\cdot\overrightarrow{CD}\\&=\overrightarrow{CB}^2+\overrightarrow{AD}^2-\overrightarrow{CA}^2-\overrightarrow{BD}^2-\overrightarrow{AB}\cdot\overrightarrow{CD}\end{aligned}$$

有

$$2\overrightarrow{AB}\cdot\overrightarrow{CD}=\overrightarrow{CB}^2+\overrightarrow{AD}^2-\overrightarrow{CA}^2-\overrightarrow{BD}^2$$

即得

$$\cos\langle\overrightarrow{AB},\overrightarrow{CD}\rangle=\frac{2\overrightarrow{AB}\cdot\overrightarrow{CD}}{2|\overrightarrow{AB}||\overrightarrow{CD}|}$$

$$=\frac{(|\overrightarrow{BC}|^2+|\overrightarrow{DA}|^2)-(|\overrightarrow{CA}|^2+|\overrightarrow{BD}|^2)}{2|\overrightarrow{AB}||\overrightarrow{CD}|}$$

证法 3

$$右式=\left|\frac{\overrightarrow{AC}^2+\overrightarrow{BD}^2-\overrightarrow{BC}^2-\overrightarrow{AD}^2}{2|\overrightarrow{AB}||\overrightarrow{CD}|}\right|$$

$$=\left|\frac{(\overrightarrow{AC}+\overrightarrow{BC})(\overrightarrow{AC}-\overrightarrow{BC})+(\overrightarrow{BD}+\overrightarrow{AD})(\overrightarrow{BD}-\overrightarrow{AD})}{2|\overrightarrow{AB}||\overrightarrow{CD}|}\right|$$

$$=\frac{|(\overrightarrow{AC}+\overrightarrow{BC})\cdot\overrightarrow{AB}-\overrightarrow{AB}\cdot(\overrightarrow{BD}+\overrightarrow{AD})|}{2|\overrightarrow{AB}||\overrightarrow{CD}|}$$

$$=\left|\frac{\overrightarrow{AB}\cdot(\overrightarrow{DC}+\overrightarrow{DC})}{2|\overrightarrow{AB}||\overrightarrow{CD}|}\right|=\left|\frac{\overrightarrow{AB}\cdot\overrightarrow{DC}}{|\overrightarrow{AB}||\overrightarrow{CD}|}\right|$$

$$=\cos\langle\overrightarrow{AB},\overrightarrow{CD}\rangle$$

证法 4 由

$$\overrightarrow{AB}\cdot\overrightarrow{CD}=\overrightarrow{AB}\cdot(\overrightarrow{BD}-\overrightarrow{BC})$$

$$=|\overrightarrow{AB}|\cdot|\overrightarrow{BD}|\cdot\cos(\pi-\angle ABD)-$$

$$|\overrightarrow{AB}|\cdot|\overrightarrow{BC}|\cdot\cos(\pi-\angle ABC)$$

则

$$|\overrightarrow{AB}|\cdot|\overrightarrow{CD}|\cdot\cos\langle\overrightarrow{AB},\overrightarrow{CD}\rangle$$

$$=|\overrightarrow{AB}|\cdot|\overrightarrow{BC}|\cdot\cos\angle ABC-|\overrightarrow{AB}|\cdot|\overrightarrow{BD}|\cdot\cos\angle ABD$$

从而

$$\cos\langle\overrightarrow{AB},\overrightarrow{CD}\rangle=\frac{|\overrightarrow{BC}|\cdot\cos\angle ABC-|\overrightarrow{BD}|\cdot\cos\angle ABD}{|\overrightarrow{CD}|}$$

再由余弦定理,得

$$\begin{aligned}&\cos\langle\overrightarrow{AB},\overrightarrow{CD}\rangle\\&=\frac{2|\overrightarrow{AB}|\cdot|\overrightarrow{BC}|\cdot\cos\angle ABC-2|\overrightarrow{AB}|\cdot|\overrightarrow{BD}|\cdot\cos\angle ABD}{2|\overrightarrow{AB}|\cdot|\overrightarrow{CD}|}\\&=\frac{(|\overrightarrow{AB}|^2+|\overrightarrow{BC}|^2-|\overrightarrow{CA}|^2)-(|\overrightarrow{AB}|^2+|\overrightarrow{BD}|^2-|\overrightarrow{DA}|^2)}{2|\overrightarrow{AB}|\cdot|\overrightarrow{CD}|}\\&=\frac{(|\overrightarrow{BC}|^2+|\overrightarrow{DA}|^2)-(|\overrightarrow{CA}|^2+|\overrightarrow{BD}|^2)}{2|\overrightarrow{AB}|\cdot|\overrightarrow{CD}|}\end{aligned}$$

推论　一个四面体有一组对棱互相垂直的充要条件是另两组对棱的平方和相等.

注　此即为式(2.5.6).

5. 三角形面积

定理9　设$\triangle ABC$为非直角三角形,则

$$\begin{aligned}S_{\triangle ABC}&=\frac{1}{2}\overrightarrow{AB}\cdot\overrightarrow{AC}\tan A=\frac{1}{2}\overrightarrow{BA}\cdot\overrightarrow{BC}\tan B\\&=\frac{1}{2}\overrightarrow{CA}\cdot\overrightarrow{CB}\tan C\end{aligned}\qquad(2.4.19)$$

证明　事实上,由$\triangle ABC$的面积公式:$S_{\triangle ABC}=\frac{1}{2}|\overrightarrow{AB}||\overrightarrow{AC}|\sin A$及$\overrightarrow{AB}\cdot\overrightarrow{AC}=|\overrightarrow{AB}||\overrightarrow{AC}|\cos A$易得:$A\neq90°$时$S_{\triangle ABC}=\frac{1}{2}\overrightarrow{AB}\cdot\overrightarrow{AC}\tan A$.同理$S_{\triangle ABC}=\frac{1}{2}\overrightarrow{BA}\cdot\overrightarrow{BC}\tan B$,$S_{\triangle ABC}=\frac{1}{2}\overrightarrow{CA}\cdot\overrightarrow{CB}\tan C(B\neq90°,C\neq90°)$,即在斜$\triangle ABC$中,$S_{\triangle ABC}=\frac{1}{2}\overrightarrow{AB}\cdot\overrightarrow{AC}\tan A=\frac{1}{2}\overrightarrow{BA}\cdot$

$\overrightarrow{BC}\tan B=\frac{1}{2}\overrightarrow{CA}\cdot\overrightarrow{CB}\tan C$.

定理 10

$$S_{\triangle ABC}=\frac{1}{2}\sqrt{\overrightarrow{AB}^2\cdot\overrightarrow{AC}^2-(\overrightarrow{AB}\cdot\overrightarrow{AC})^2} \tag{2.4.20}$$

证明

$$\begin{aligned}S_{\triangle ABC}&=\frac{1}{2}|\overrightarrow{AB}|\cdot|\overrightarrow{AC}|\sin\langle\overrightarrow{AB},\overrightarrow{AC}\rangle\\&=\frac{1}{2}|\overrightarrow{AB}||\overrightarrow{AC}|\cdot\sqrt{1-\cos^2\langle\overrightarrow{AB},\overrightarrow{AC}\rangle}\\&=\frac{1}{2}|\overrightarrow{AB}||\overrightarrow{AC}|\cdot\sqrt{1-\left(\frac{\overrightarrow{AB}\cdot\overrightarrow{AC}}{|\overrightarrow{AB}||\overrightarrow{AC}|}\right)^2}\\&=\frac{1}{2}\sqrt{|\overrightarrow{AB}|^2|\overrightarrow{AC}|^2-(\overrightarrow{AB}\cdot\overrightarrow{AC})^2}\\&=\frac{1}{2}\sqrt{\overrightarrow{AB}^2\cdot\overrightarrow{AC}^2-(\overrightarrow{AB}\cdot\overrightarrow{AC})^2}\end{aligned}$$

定理 11 $\triangle A_1A_2A_3$ 的面积为

$$S_{\triangle A_1A_2A_3}=\frac{1}{2}|\overrightarrow{A_1A_2}\times\overrightarrow{A_1A_3}| \tag{2.4.21}$$

$$=\frac{1}{2}|\boldsymbol{A}_1\times\boldsymbol{A}_2+\boldsymbol{A}_2\times\boldsymbol{A}_3+\boldsymbol{A}_3\times\boldsymbol{A}_1| \tag{2.4.22}$$

证明 由(向量)外积的意义即可得式(2.4.21),又因为

$$\begin{aligned}\overrightarrow{A_1A_2}\times\overrightarrow{A_1A_3}&=(\boldsymbol{A}_2-\boldsymbol{A}_1)\times(\boldsymbol{A}_3-\boldsymbol{A}_1)\\&=\boldsymbol{A}_1\times\boldsymbol{A}_2+\boldsymbol{A}_2\times\boldsymbol{A}_3+\boldsymbol{A}_3\times\boldsymbol{A}_1\end{aligned}$$

故得式(2.4.22).

定理 12[①]　若$\triangle ABC$周长的一半为p，三内角为A,B,C，则$\triangle ABC$的面积为

$$S_{\triangle ABC}=\frac{p^2}{\cot\frac{A}{2}+\cot\frac{B}{2}+\cot\frac{C}{2}} \quad (2.4.23)$$

证明　如图 2.4.7 所示，在$\triangle ABC$中，令$\overrightarrow{BC}=\boldsymbol{a}$，$\overrightarrow{CA}=\boldsymbol{b}$，$\overrightarrow{AB}=\boldsymbol{c}$.

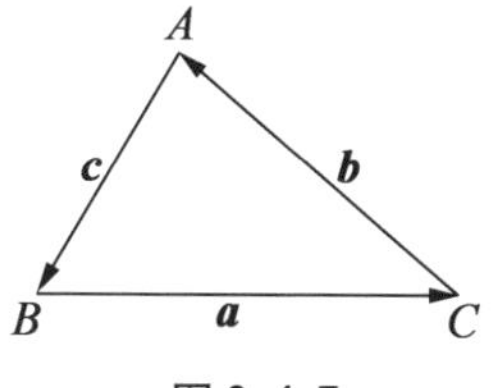

图 2.4.7

注意到$\boldsymbol{a}+\boldsymbol{b}+\boldsymbol{c}=\boldsymbol{0}$，把此等式两边同时平方得：$\boldsymbol{a}^2+\boldsymbol{b}^2+\boldsymbol{c}^2+2\boldsymbol{a}\cdot\boldsymbol{b}+2\boldsymbol{b}\cdot\boldsymbol{c}+2\boldsymbol{a}\cdot\boldsymbol{c}=0$，即

$$|\boldsymbol{a}|^2+|\boldsymbol{b}|^2+|\boldsymbol{c}|^2+2|\boldsymbol{a}||\boldsymbol{b}|\cdot\cos(\pi-C)+2|\boldsymbol{a}||\boldsymbol{c}|\cos(\pi-B)+2|\boldsymbol{b}||\boldsymbol{c}|\cos(\pi-A)=0$$

上式化简为

$$|\boldsymbol{a}|^2+|\boldsymbol{b}|^2+|\boldsymbol{c}|^2-2|\boldsymbol{a}||\boldsymbol{b}|\cos C-2|\boldsymbol{a}||\boldsymbol{c}|\cos B-2|\boldsymbol{b}||\boldsymbol{c}|\cos A=0 \quad ①$$

令$p=\frac{|\boldsymbol{a}|+|\boldsymbol{b}|+|\boldsymbol{c}|}{2}$，把此等式两边也同时平方得到

$$4p^2=|\boldsymbol{a}|^2+|\boldsymbol{b}|^2+|\boldsymbol{c}|^2+2|\boldsymbol{a}|\cdot|\boldsymbol{b}|+2|\boldsymbol{a}|\cdot|\boldsymbol{c}|+2|\boldsymbol{b}|\cdot|\boldsymbol{c}| \quad ②$$

---

①　康盛. 一个三角形面积公式和两个结论[J]. 中学数学研究，2012(11):41.

式②减式①可得

$$4p^2=2|\boldsymbol{a}|\cdot|\boldsymbol{b}|(1+\cos C)+2|\boldsymbol{a}|\cdot|\boldsymbol{c}|(1+\cos B)+2|\boldsymbol{b}||\boldsymbol{c}|(1+\cos A) \quad ③$$

又因 $$S_{\triangle ABC}=\frac{1}{2}|\boldsymbol{a}||\boldsymbol{b}|\sin C$$

$$S_{\triangle ABC}=\frac{1}{2}|\boldsymbol{a}||\boldsymbol{c}|\sin B,S_{\triangle ABC}=\frac{1}{2}|\boldsymbol{b}||\boldsymbol{c}|\sin A$$

所以

$$|\boldsymbol{a}||\boldsymbol{b}|=\frac{2S_{\triangle ABC}}{\sin C},|\boldsymbol{a}||\boldsymbol{c}|=\frac{2S_{\triangle ABC}}{\sin B},|\boldsymbol{b}||\boldsymbol{c}|=\frac{2S_{\triangle ABC}}{\sin A}$$

把上面三个等式代入式③可得

$$\begin{aligned}p^2&=S_{\triangle ABC}\frac{1+\cos C}{\sin C}+S_{\triangle ABC}\frac{1+\cos B}{\sin B}+S_{\triangle ABC}\frac{1+\cos A}{\sin A}\\&=S_{\triangle ABC}\left(\frac{2\cos^2\frac{C}{2}}{2\sin\frac{C}{2}\cos\frac{C}{2}}+\frac{2\cos^2\frac{B}{2}}{2\sin\frac{B}{2}\cos\frac{B}{2}}+\frac{2\cos^2\frac{A}{2}}{2\sin\frac{A}{2}\cos\frac{A}{2}}\right)\\&=S_{\triangle ABC}\left(\cot\frac{C}{2}+\cot\frac{B}{2}+\cot\frac{A}{2}\right)\end{aligned}$$

所以 $S_{\triangle ABC}=\dfrac{p^2}{\cot\frac{A}{2}+\cot\frac{B}{2}+\cot\frac{C}{2}}$,得证.

推论 1 若 $\triangle ABC$ 周长的一半为 p,三内角为 A,B,C,则 $\triangle ABC$ 内切圆的半径 r 为

$$r=\frac{p}{\cot\frac{A}{2}+\cot\frac{B}{2}+\cot\frac{C}{2}} \quad (2.4.24)$$

证明 三角形面积的另一公式为

$$S_{\triangle ABC}=\frac{1}{2}(|\boldsymbol{a}|+|\boldsymbol{b}|+|\boldsymbol{c}|)r=pr$$

由式(2.4.23)有

$$pr=\frac{p^2}{\cot\frac{A}{2}+\cot\frac{B}{2}+\cot\frac{C}{2}}$$

即 $r=\dfrac{p}{\cot\frac{A}{2}+\cot\frac{B}{2}+\cot\frac{C}{2}}$，得证.

推论2　若$\triangle ABC$的边长为$a,b,c,p=\dfrac{a+b+c}{2}$，则三个内角A,B,C与三边长有如下关系

$$\left(\cot\frac{A}{2}+\cot\frac{B}{2}+\cot\frac{C}{2}\right)\cdot\sqrt{\left(1-\frac{a}{p}\right)\left(1-\frac{b}{p}\right)\left(1-\frac{c}{p}\right)}=1\quad(2.4.25)$$

证明　由海伦－秦九韶公式知

$$S_{\triangle ABC}=\sqrt{p(p-a)(p-b)(p-c)}$$

由式(2.4.23)有 $\sqrt{p(p-a)(p-b)(p-c)}=\dfrac{p^2}{\cot\frac{A}{2}+\cot\frac{B}{2}+\cot\frac{C}{2}}$，即$\left(\cot\frac{A}{2}+\cot\frac{B}{2}+\cot\frac{C}{2}\right)\cdot\sqrt{\left(1-\frac{a}{p}\right)\left(1-\frac{b}{p}\right)\left(1-\frac{c}{p}\right)}=1$，得证.

定理13　在平面直角坐标系xOy中，设$\boldsymbol{A}_k=(x_k,y_k)(k=1,2,3)$，则$\triangle A_1A_2A_3$的有向面积为

$$\boldsymbol{S}_{\triangle A_1A_2A_3}=\frac{1}{2}\begin{vmatrix}x_1 & y_1 & 1\\ x_2 & y_2 & 1\\ x_3 & y_3 & 1\end{vmatrix}=\frac{1}{2}\left[\begin{vmatrix}x_1 & x_2\\ y_1 & y_2\end{vmatrix}+\begin{vmatrix}x_2 & x_3\\ y_2 & y_3\end{vmatrix}+\begin{vmatrix}x_3 & x_1\\ y_3 & y_1\end{vmatrix}\right]\quad(2.4.26)$$

证明 如图 2.4.8 所示,有

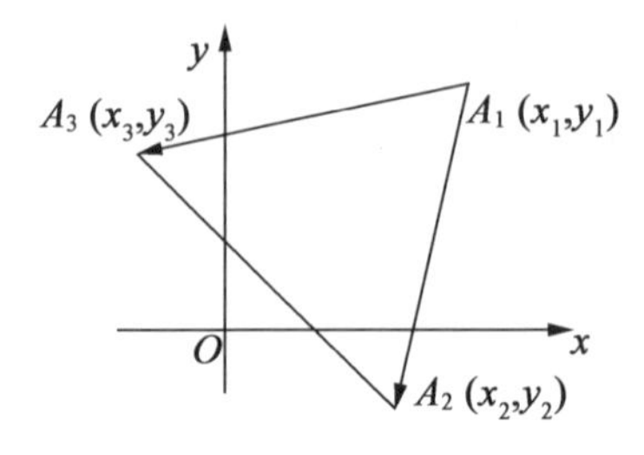

图 2.4.8

$$\overrightarrow{A_1A_2}=(x_2-x_1,y_2-y_1),\overrightarrow{A_1A_3}=(x_3-x_1,y_3-y_1)$$

故由式(2.4.21)及外积的坐标表示有

$$S_{\triangle A_1A_2A_3}$$

$$=\pm\frac{1}{2}[(x_2-x_1)(y_3-y_1)-(y_2-y_1)(x_3-x_1)]$$

$$=\pm\frac{1}{2}\begin{vmatrix} x_1 & y_1 & 1 \\ x_2-x_1 & y_2-y_1 & 0 \\ x_3-x_1 & y_3-y_1 & 0 \end{vmatrix}=\pm\frac{1}{2}\begin{vmatrix} x_1 & y_1 & 1 \\ x_2 & y_2 & 1 \\ x_3 & y_3 & 1 \end{vmatrix}$$

且知当$\triangle A_1A_2A_3$ 为正向三角形(顶点按逆时针方向排列)时上式取"+",反之取"-".将行列式展开并整理,从而可得式(2.4.26).

定理 14 设平面上三点 P_1,P_2,P_3 关于坐标$\triangle A_1A_2A_3$ 的面积的规范坐标为

$$P_k=(\lambda_{k1}:\lambda_{k2}:\lambda_{k3})\quad(k=1,2,3)$$

即

$$P_k=\lambda_{k1}A_1+\lambda_{k2}A_2+\lambda_{k3}A_3\qquad(2.4.27)$$

其中 $\lambda_{k1}+\lambda_{k2}+\lambda_{k3}=1$. 则$\triangle P_1P_2P_3$ 与坐标$\triangle A_1A_2A_3$ 的有向面积之比为

$$\frac{S_{\triangle P_1P_2P_3}}{S_{\triangle A_1A_2A_3}}=\begin{vmatrix}\lambda_{11} & \lambda_{12} & \lambda_{13}\\ \lambda_{21} & \lambda_{22} & \lambda_{23}\\ \lambda_{31} & \lambda_{32} & \lambda_{33}\end{vmatrix}\qquad(2.4.28)$$

证明　如图 2.4.9 所示,由定理 13 有

$$2S_{\triangle A_1A_2A_3}=\begin{vmatrix}a_1 & b_1 & 1\\ a_2 & b_2 & 1\\ a_3 & b_3 & 1\end{vmatrix},2S_{\triangle P_1P_2P_3}=\begin{vmatrix}x_1 & y_1 & 1\\ x_2 & y_2 & 1\\ x_3 & y_3 & 1\end{vmatrix}$$

而由式(2.4.27)有

$$(x_k,y_k)=(\lambda_{k1}a_1+\lambda_{k2}a_2+\lambda_{k3}a_3,\lambda_{k1}b_1+\lambda_{k2}b_2+\lambda_{k3}b_3)$$
$$(\lambda_{k1}+\lambda_{k2}+\lambda_{k3}=1,k=1,2,3)$$

于是由行列式的运算性质可得

$$\begin{vmatrix}x_1 & y_1 & 1\\ x_2 & y_2 & 1\\ x_3 & y_3 & 1\end{vmatrix}=\begin{vmatrix}\lambda_{11} & \lambda_{12} & \lambda_{13}\\ \lambda_{21} & \lambda_{22} & \lambda_{23}\\ \lambda_{31} & \lambda_{32} & \lambda_{33}\end{vmatrix}\cdot\begin{vmatrix}a_1 & b_1 & 1\\ a_2 & b_2 & 1\\ a_3 & b_3 & 1\end{vmatrix}$$

由于 $S_{\triangle A_1A_2A_3}\neq\mathbf{0}$,故有式(2.4.28).

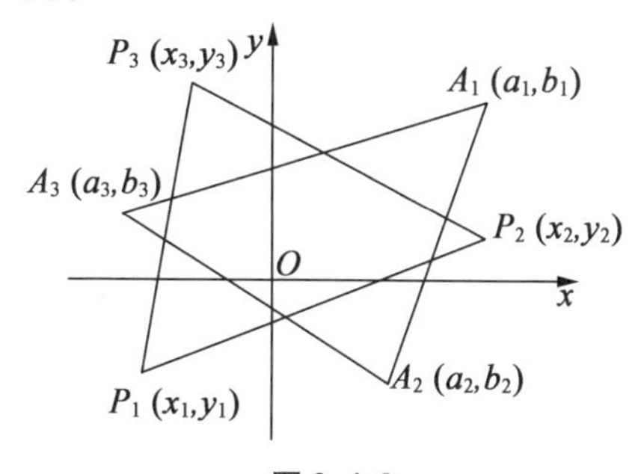

图 2.4.9

定理 15　O,E_1,E_2 三点不共线,$\triangle P_1P_2P_3$ 各顶点关于 O 的单点向量为

$$\boldsymbol{P}_k=\lambda_k\boldsymbol{E}_1+\mu_k\boldsymbol{E}_2\quad(k=1,2,3)\quad(2.4.29)$$

则

$$S_{\triangle P_1P_2P_3}=\begin{vmatrix}\lambda_1 & \mu_1 & 1\\ \lambda_2 & \mu_2 & 1\\ \lambda_3 & \mu_3 & 1\end{vmatrix}\cdot S_{\triangle OE_1E_2}\quad(2.4.30)$$

证明 将式(2.4.29)改写为

$$\boldsymbol{P}_k=(1-\lambda_k-\mu_k)\boldsymbol{0}+\lambda_k\boldsymbol{E}_1+\mu_k\boldsymbol{E}_2$$

则由定理14得

$$S_{\triangle P_1P_2P_3}=\begin{vmatrix}\lambda_1 & \mu_1 & 1-\lambda_1-\mu_1\\ \lambda_2 & \mu_2 & 1-\lambda_2-\mu_2\\ \lambda_3 & \mu_3 & 1-\lambda_3-\mu_3\end{vmatrix}\cdot S_{\triangle OE_1E_2}$$
$$=\begin{vmatrix}\lambda_1 & \mu_1 & 1\\ \lambda_2 & \mu_2 & 1\\ \lambda_3 & \mu_3 & 1\end{vmatrix}\cdot S_{\triangle OE_1E_2}$$

注 在式(2.4.29)中令 $\boldsymbol{E}_1=(1,0)$，$\boldsymbol{E}_2=(0,1)$，则 $\triangle OE_1E_2=\frac{1}{2}$，而 $\boldsymbol{P}_k=(\lambda_k,\mu_k)$，于是由式(2.4.30)有

$$S_{\triangle P_1P_2P_3}=\frac{1}{2}\begin{vmatrix}\lambda_1 & \mu_1 & 1\\ \lambda_2 & \mu_2 & 1\\ \lambda_3 & \mu_3 & 1\end{vmatrix}$$

可见定理15是定理13的推广.

6. 多边形的面积

定理16 (凸的或凹的)n 边形 $P_1P_2\cdots P_n$ 的面积为

$$S_{P_1P_2\cdots P_n}=\frac{1}{2}\left|\sum_{k=2}^{n-1}\overrightarrow{P_1P_k}\times\overrightarrow{P_1P_{k+1}}\right|\quad(2.4.31)$$
$$=\frac{1}{2}\left|\sum_{k=1}^{n}\left|\boldsymbol{P}_k\times\boldsymbol{P}_{k+1}\right|\right.$$
$$(\text{其中 }\boldsymbol{P}_{n+1}=\boldsymbol{P}_1)\quad(2.4.32)$$

证明　如图 2.4.10(a),(b)所示,不管 n 边形 $P_1P_2\cdots P_n$ 是凸的还是凹的,都有

$$S_{P_1P_2\cdots P_n}=\left|\sum_{k=2}^{n-1}\triangle P_1P_kP_{k+1}\right|$$

再由定理 12 即可得到式(2.4.31).下面证明

$$\sum_{k=2}^{n-1}\overrightarrow{P_1P_k}\times\overrightarrow{P_1P_{k+1}}=\sum_{k=1}^{n}\boldsymbol{P}_k\times\boldsymbol{P}_{k+1}\qquad(*)$$

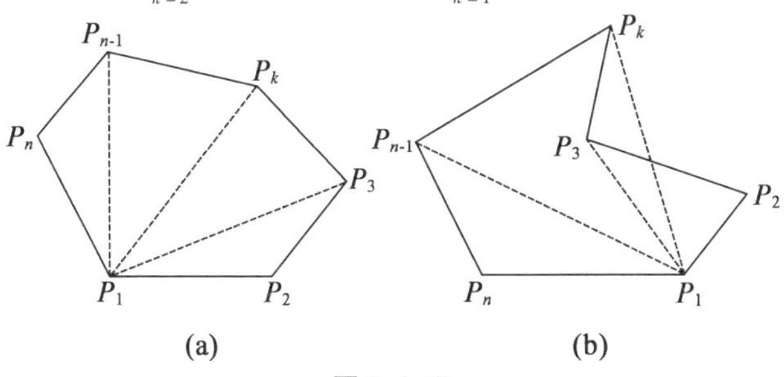

图 2.4.10

当 $n=3$ 时易知式(*)成立;

设当 $n=m-1$ 时式(*)成立,则当 $n=m$ 时,有

$$\begin{aligned}&\sum_{k=2}^{m-1}\overrightarrow{P_1P_k}\times\overrightarrow{P_1P_{k+1}}\\&=\sum_{k=2}^{m-2}\overrightarrow{P_1P_k}\times\overrightarrow{P_1P_{k+1}}+\overrightarrow{P_1P_{m-1}}\times\overrightarrow{P_1P_m}\\&=\boldsymbol{P}_1\times\boldsymbol{P}_2+\cdots+\boldsymbol{P}_{m-1}\times\boldsymbol{P}_1+(\boldsymbol{P}_{m-1}-\boldsymbol{P}_1)\times(\boldsymbol{P}_m-\boldsymbol{P}_1)\\&=\boldsymbol{P}_1\times\boldsymbol{P}_2+\cdots+\boldsymbol{P}_{m-1}\times\boldsymbol{P}_1-\boldsymbol{P}_{m-1}\times\boldsymbol{P}_1+\boldsymbol{P}_{m-1}\times\boldsymbol{P}_m-\\&\quad\boldsymbol{P}_m\times\boldsymbol{P}_1\\&=\sum_{k=2}^{m}\boldsymbol{P}_k\times\boldsymbol{P}_{k+1}\end{aligned}$$

即式(*)也成立.于是可得式(2.4.32).

注　对于四边形 $P_1P_2P_3P_4$,由于

$$\overrightarrow{P_1P_2}\times\overrightarrow{P_1P_3}+\overrightarrow{P_1P_3}\times\overrightarrow{P_1P_4}=\overrightarrow{P_1P_3}\times\overrightarrow{P_2P_4}$$

故由定理 15 还可得到

$$S_{P_1P_2P_3P_4}=\frac{1}{2}|\overrightarrow{P_1P_3}\times\overrightarrow{P_2P_4}| \tag{2.4.33}$$

$$=\frac{1}{2}|\boldsymbol{P}_1\times\boldsymbol{P}_2+\boldsymbol{P}_2\times\boldsymbol{P}_3+\boldsymbol{P}_3\times\boldsymbol{P}_4+\boldsymbol{P}_4\times\boldsymbol{P}_1| \tag{2.4.34}$$

定理 17① 在闭折线 $A_1A_2A_3\cdots A_nA_1$ 所在的平面内,对任意给定的点 P 及非零实数 λ,设点 Q 满足

$$\overrightarrow{PQ}=\lambda\sum_{i=1}^{n}\overrightarrow{PA_i} \tag{2.4.35}$$

若$\triangle PQA_1,\triangle PQA_2,\cdots,\triangle PQA_n$ 中有且只有 m 个正向三角形,则这 m 个三角形的面积之和,必等于其余 $(n-m)$ 个三角形的面积之和.

证明 在已知闭折线所在的平面内,以点 P 为原点,以直线 PQ 为 x 轴建立直角坐标系 xPy,设顶点 A_i 的坐标为$(x_i,y_i)(i=1,2,\cdots,n)$,点 Q 的坐标为(x_Q,y_Q),则由式(2.4.35)知

$$\lambda\sum_{i=1}^{n}y_i=y_Q=0$$

故

$$\sum_{i=1}^{n}y_i=0 \tag{2.4.36}$$

又因为 $\triangle PQA_i$ 的有向面积为 $\boldsymbol{S}_{\triangle PQA_i}$,则由式(2.4.26)可得

$$\boldsymbol{S}_{\triangle PQA_i}=\frac{1}{2}\left(\begin{vmatrix}0 & x_Q\\0 & y_Q\end{vmatrix}+\begin{vmatrix}x_Q & x_i\\y_Q & y_i\end{vmatrix}+\begin{vmatrix}x_i & 0\\y_i & 0\end{vmatrix}\right)$$

① 熊曾润. 一个耐人寻味的面积定理[J]. 中学数学研究,2010(11):46.

$$=\frac{1}{2}\begin{vmatrix} x_Q & x_i \\ y_Q & y_i \end{vmatrix}=\frac{1}{2}x_Q y_i$$

从而

$$\sum_{i=1}^{n} S_{\triangle PQA_i}=\frac{1}{2}x_Q\sum_{i=1}^{n} y_i \qquad (2.4.37)$$

将式(2.4.36)代入式(2.4.37)中,可得

$$\sum_{i=1}^{n} \boldsymbol{S}_{\triangle PQA_i}=\mathbf{0} \qquad (2.4.38)$$

但依题设,$\triangle PQA_1,\triangle PQA_2,\cdots,\triangle PQA_n$ 中有且只有 m 个正向三角形,记这 m 个三角形的面积分别为 $S_1,S_2,\cdots,S_m$,记其余$(n-m)$个三角形的面积分别为 $S_{m+1},S_{m+2},\cdots,S_n$. 则按三角形的面积与其有向面积之间的关系,等式(2.4.38)可以改写成

$$\boldsymbol{S}_1+\boldsymbol{S}_2+\cdots+\boldsymbol{S}_m-\boldsymbol{S}_{m+1}-\boldsymbol{S}_{m+2}-\cdots-\boldsymbol{S}_n=\mathbf{0}$$

故

$$\boldsymbol{S}_1+\boldsymbol{S}_2+\cdots+\boldsymbol{S}_m=\boldsymbol{S}_{m+1}+\boldsymbol{S}_{m+2}+\cdots+\boldsymbol{S}_n \qquad (2.4.39)$$

定理得证.

7. 四面体体积

定理 18　在四面体 $O-ABC$ 中,$\angle BOC=\alpha$,$\angle COA=\beta$,$\angle AOB=\alpha$,则其体积为

$$V_{O-ABC}=\frac{1}{6}(\overrightarrow{OA},\overrightarrow{OB},\overrightarrow{OC})$$
$$=\frac{1}{6}|\overrightarrow{OA}|\cdot|\overrightarrow{OB}|\cdot|\overrightarrow{OC}|\cdot\begin{vmatrix} 1 & \cos\alpha & \cos\beta \\ \cos\alpha & 1 & \cos\beta \\ \cos\beta & \cos\alpha & 1 \end{vmatrix} \qquad (2.4.40)$$

证明　设

$$\overrightarrow{OA}=\boldsymbol{a}=(a_1,a_2,a_3)$$

$$\overrightarrow{OB}=\boldsymbol{b}=(b_1,b_2,b_3)$$

$$(\boldsymbol{a},\boldsymbol{b},\boldsymbol{c})$$

$$=\begin{vmatrix} a_1 & a_2 & a_3 \\ b_1 & b_2 & b_3 \\ c_1 & c_2 & c_3 \end{vmatrix}^2=\begin{vmatrix} a_1 & a_2 & a_3 \\ b_1 & b_2 & b_3 \\ c_1 & c_2 & c_3 \end{vmatrix}\cdot\begin{vmatrix} a_1 & b_1 & c_1 \\ a_2 & b_2 & c_2 \\ a_3 & b_3 & c_3 \end{vmatrix}$$

$$=\begin{vmatrix} a_1^2+a_2^2+a_3^2 & a_1b_1+a_2b_2+a_3b_3 & a_1c_1+a_2c_2+a_3c_3 \\ b_1a_1+b_2a_2+b_3a_3 & b_1^2+b_2^2+b_3^2 & b_1c_1+b_2c_2+b_3c_3 \\ c_1a_1+c_2a_2+c_3a_3 & c_1b_1+c_2b_2+c_3b_3 & c_1^2+c_2^2+c_3^2 \end{vmatrix}$$

$$=\begin{vmatrix} \boldsymbol{a}\cdot\boldsymbol{a} & \boldsymbol{a}\cdot\boldsymbol{b} & \boldsymbol{a}\cdot\boldsymbol{c} \\ \boldsymbol{b}\cdot\boldsymbol{a} & \boldsymbol{b}\cdot\boldsymbol{b} & \boldsymbol{b}\cdot\boldsymbol{c} \\ \boldsymbol{c}\cdot\boldsymbol{a} & \boldsymbol{c}\cdot\boldsymbol{b} & \boldsymbol{c}\cdot\boldsymbol{c} \end{vmatrix}$$

$$=\begin{vmatrix} |\boldsymbol{a}|\cdot|\boldsymbol{a}| & |\boldsymbol{a}|\cdot|\boldsymbol{b}|\cdot\cos\alpha & |\boldsymbol{a}|\cdot|\boldsymbol{c}|\cdot\cos\beta \\ |\boldsymbol{b}|\cdot|\boldsymbol{a}|\cdot\cos\alpha & |\boldsymbol{b}|\cdot|\boldsymbol{b}| & |\boldsymbol{b}|\cdot|\boldsymbol{c}|\cdot\cos\gamma \\ |\boldsymbol{c}|\cdot|\boldsymbol{a}|\cdot\cos\beta & |\boldsymbol{c}|\cdot|\boldsymbol{b}|\cdot\cos\gamma & |\boldsymbol{c}|\cdot|\boldsymbol{c}| \end{vmatrix}$$

$$=|\boldsymbol{a}|^2|\boldsymbol{b}|^2|\boldsymbol{c}|^2\begin{vmatrix} 1 & \cos\alpha & \cos\beta \\ \cos\alpha & 1 & \cos\gamma \\ \cos\beta & \cos\gamma & 1 \end{vmatrix}$$

再由式(1.3.43),知

$$V_{O-ABC}=\frac{1}{6}(\overrightarrow{OA},\overrightarrow{OB},\overrightarrow{OC})$$

$$=\frac{1}{6}|\overrightarrow{OA}||\overrightarrow{OB}||\overrightarrow{OC}|\begin{vmatrix} 1 & \cos\alpha & \cos\beta \\ \cos\alpha & 1 & \cos\gamma \\ \cos\beta & \cos\gamma & 1 \end{vmatrix}^{\frac{1}{2}}$$

注 (1)注意到式(1.3.51),我们便证得了如下结论

$$(\boldsymbol{a}\times\boldsymbol{b},\boldsymbol{a}\times\boldsymbol{c},\boldsymbol{b}\times\boldsymbol{c})=(\boldsymbol{a},\boldsymbol{b},\boldsymbol{c})^2$$

$$=\begin{vmatrix} \boldsymbol{a}\cdot\boldsymbol{a} & \boldsymbol{a}\cdot\boldsymbol{b} & \boldsymbol{a}\cdot\boldsymbol{c} \\ \boldsymbol{b}\cdot\boldsymbol{a} & \boldsymbol{b}\cdot\boldsymbol{b} & \boldsymbol{b}\cdot\boldsymbol{c} \\ \boldsymbol{c}\cdot\boldsymbol{a} & \boldsymbol{c}\cdot\boldsymbol{b} & \boldsymbol{c}\cdot\boldsymbol{c} \end{vmatrix} \tag{2.4.41}$$

(2)常称

$$\begin{vmatrix} 1 & \cos\alpha & \cos\beta \\ \cos\alpha & 1 & \cos\gamma \\ \cos\beta & \cos\gamma & 1 \end{vmatrix}$$

$$=1-\cos^2\alpha-\cos^2\beta-\cos^2\gamma+2\cos\alpha\cdot\cos\beta\cdot\cos\gamma \tag{2.4.42}$$

为三面角关于面角的特征值.

为了方便讨论问题,我们记四面体的顶点为 A_1,A_2,A_3,A_4,且引入下面的记号:

在四面体 $A_1-A_2A_3A_4$ 中,A_i 的对面记为 $S_i(1\leqslant i\leqslant 4)$,而 S_i,S_j 的夹角为 $\theta_{ij}(1\leqslant i<j\leqslant 4)$,体积为 V,并记

$$M_l^2=\begin{vmatrix} 1 & -\cos\theta_{ij} & -\cos\theta_{ik} \\ -\cos\theta_{ij} & 1 & -\cos\theta_{jk} \\ -\cos\theta_{ik} & -\cos\theta_{jk} & 1 \end{vmatrix} \tag{2.4.43}$$

$1\leqslant i<j<k\leqslant 4$,$1\leqslant l\leqslant 4$,$l\neq i,j,k$. 我们把 M_l^2 称为四面体 $A_1-A_2A_3A_4$ 中顶点 A_1 处的三面角关于三棱二面角的特征值.

定理 19　在四面体 $A_1-A_2A_3A_4$ 中,有

$$\frac{S_1}{M_1}=\frac{S_2}{M_2}=\frac{S_3}{M_3}=\frac{S_4}{M_4}=\frac{2S_1S_2S_3S_4}{9V^2} \tag{2.4.44}$$

证明　在四面体 $A_1-A_2A_3A_4$ 中,记 $\overrightarrow{A_1A_2}=\boldsymbol{a}$,$\overrightarrow{A_1A_3}=\boldsymbol{b}$,$\overrightarrow{A_1A_4}=\boldsymbol{c}$,由 $V=\frac{1}{6}|(\boldsymbol{a},\boldsymbol{b},\boldsymbol{c})|$知

$$(\boldsymbol{a},\boldsymbol{b},\boldsymbol{c})^2=36V^2 \tag{2.4.45}$$

注意到$|\boldsymbol{a}\times\boldsymbol{b}|=2S_4$，$|\boldsymbol{a}\times\boldsymbol{c}|=2S_3$，$|\boldsymbol{b}\times\boldsymbol{c}|=2S_2$及$\boldsymbol{a}\times\boldsymbol{b}$，$\boldsymbol{a}\times\boldsymbol{c}$，$\boldsymbol{b}\times\boldsymbol{c}$的单位法向量分别与面$S_4$，$S_3$，$S_2$垂直，则知$\boldsymbol{a}\times\boldsymbol{b}$，$\boldsymbol{a}\times\boldsymbol{c}$的夹角为$\pi-\theta_{34}$等，由式(2.4.40)得

$$\begin{aligned}&(\boldsymbol{a}\times\boldsymbol{b},\boldsymbol{a}\times\boldsymbol{c},\boldsymbol{b}\times\boldsymbol{c})^2\\ =&(2S_4\cdot 2S_3\cdot 2S_2)^2\cdot\\ &\begin{vmatrix}1 & \cos(\pi-\theta_{34}) & \cos(\pi-\theta_{24})\\ \cos(\pi-\theta_{34}) & 1 & \cos(\pi-\theta_{23})\\ \cos(\pi-\theta_{24}) & \cos(\pi-\theta_{23}) & 1\end{vmatrix}\end{aligned}$$

由此及式(1.3.51)，式(2.4.45)，得

$$(36V^2)^2=(8S_2S_3S_4)^2\cdot M_1^2$$

或

$$9V^2=2S_2S_3S_4\cdot M_1$$

此即

$$\frac{S_1}{M_1}=\frac{2S_1S_2S_3S_4}{9V^2} \tag{2.4.46}$$

同理可知其他，故有式(2.4.44).

定理 17 证毕.

注 由式(2.4.44)，有

$$V^2=\frac{2}{9}S_2S_3S_4M_1 \tag{2.4.47}$$

这便得到四面体的三个面及其两两夹角的求积公式.

定理 20 在四面体$A_1-A_2A_3A_4$中，顶点A_i的空间直角坐标为$(x_i,y_i,z_i)(i=1,2,3,4)$，则四面体的体积为

$$V_{A_1-A_2A_3A_4}=\frac{1}{6}\begin{vmatrix} x_1 & y_1 & z_1 & 1 \\ x_2 & y_2 & z_2 & 1 \\ x_3 & y_3 & z_3 & 1 \\ x_4 & y_4 & z_4 & 1 \end{vmatrix} \tag{2.4.48}$$

$$=\frac{1}{6}\left[-\begin{vmatrix} x_2 & y_2 & z_2 \\ x_3 & y_3 & z_3 \\ x_4 & y_4 & z_4 \end{vmatrix}+\begin{vmatrix} x_1 & y_1 & z_1 \\ x_3 & y_3 & z_3 \\ x_4 & y_4 & z_4 \end{vmatrix}-\begin{vmatrix} x_1 & y_1 & z_1 \\ x_2 & y_2 & z_2 \\ x_4 & y_4 & z_4 \end{vmatrix}+\begin{vmatrix} x_1 & y_1 & z_1 \\ x_2 & y_2 & z_2 \\ x_3 & y_3 & z_3 \end{vmatrix}\right]$$

证明　由式(1.3.43),知

$$V_{A_1-A_2A_3A_4}=\frac{1}{6}(\overrightarrow{A_1A_2},\overrightarrow{A_1A_3},\overrightarrow{A_1A_4})$$

$$=\frac{1}{6}\begin{vmatrix} x_2-x_1 & y_2-y_1 & z_2-z_1 \\ x_3-x_1 & y_3-y_1 & z_3-z_1 \\ x_4-x_1 & y_4-y_1 & z_4-z_1 \end{vmatrix}$$

$$=\begin{vmatrix} x_1 & y_1 & z_1 & 1 \\ x_2-x_1 & y_2-y_1 & z_2-z_1 & 0 \\ x_3-x_1 & y_3-y_1 & z_3-z_1 & 0 \\ x_4-x_1 & y_4-y_1 & z_4-z_1 & 0 \end{vmatrix}$$

$$=\frac{1}{6}\begin{vmatrix} x_1 & y_1 & z_1 & 1 \\ x_2 & y_2 & z_2 & 1 \\ x_3 & y_3 & z_3 & 1 \\ x_4 & y_4 & z_4 & 1 \end{vmatrix}$$

$$=\frac{1}{6}\left[-\begin{vmatrix}x_2 & y_2 & z_2\\x_3 & y_3 & z_3\\x_4 & y_4 & z_4\end{vmatrix}+\begin{vmatrix}x_1 & y_1 & z_1\\x_3 & y_3 & z_3\\x_4 & y_4 & z_4\end{vmatrix}-\begin{vmatrix}x_1 & y_1 & z_1\\x_2 & y_2 & z_2\\x_4 & y_4 & z_4\end{vmatrix}+\begin{vmatrix}x_1 & y_1 & z_1\\x_2 & y_2 & z_2\\x_3 & y_3 & z_3\end{vmatrix}\right]$$

2.5 位置关系

1. 平行

我们首先指出向量关系式

$$\boldsymbol{a}/\!/\boldsymbol{b}\Leftrightarrow \boldsymbol{a}=\lambda\boldsymbol{b}\quad(\lambda\text{ 为非零实数})\qquad(2.5.1)$$

成立,其中向量 $\boldsymbol{a}$,$\boldsymbol{b}$ 可以为方向向量,也可以为法向量.

当 $\boldsymbol{a}$,$\boldsymbol{b}$ 均为方向向量或均为法向量,表示两直线平行或两平面平行;当其一为方向向量时,另一为法向量时,则表示直线与平面垂直.

定理 1 两直线(不重合),其中一条直线上的向量为 $\overrightarrow{A_1B_1}$ 或 $\boldsymbol{a}$,另一条直线上的向量为 $\overrightarrow{A_2B_2}$ 或 $\boldsymbol{b}$,那么这两条直线平行的充要条件是

$$\overrightarrow{A_1B_1}=\lambda\ \overrightarrow{A_2B_2}\text{ 或 }\boldsymbol{a}=\lambda\boldsymbol{b}\quad(\lambda\text{ 为非零实数})$$

或 $\boldsymbol{a}=(x_1,y_1)$,$\boldsymbol{b}=(x_2,y_2)$ 时,为

$$x_1=\lambda x_2,y_1=\lambda y_2\Leftrightarrow|\overrightarrow{A_1B_1}\cdot\overrightarrow{A_2B_2}|$$

$$=|\overrightarrow{A_1B_1}|\cdot|\overrightarrow{A_2B_2}|\qquad(2.5.2)$$

$$\Leftrightarrow\overrightarrow{A_1B_1}\times\overrightarrow{A_2B_2}=\boldsymbol{0}\qquad(2.5.3)$$

事实上,由向量平行(共线)、内积、外积的意义即有上述式.

2. 垂直

我们也指出，对于向量关系式

$$\boldsymbol{a}\perp\boldsymbol{b}\Leftrightarrow\boldsymbol{a}\cdot\boldsymbol{b}=0 \tag{2.5.4}$$

其中向量 $\boldsymbol{a}$,$\boldsymbol{b}$ 可以为方向向量，也可以为法向量.

当 $\boldsymbol{a}$,$\boldsymbol{b}$ 均为方向向量或均为法向量时，表示两直线垂直，或两平面垂直；当其一为方向向量，另一为法向量时，则表示直线与平面平行.

定理 2　两直线，其中一条直线上的向量为 $\overrightarrow{A_1B_1}$ 或 $\boldsymbol{a}$，另一条直线上的向量为 $\overrightarrow{A_2B_2}$ 或 $\boldsymbol{b}$，那么这两条直线垂直的充分必要条件是

$$\overrightarrow{A_1B_1}\cdot\overrightarrow{A_2B_2}=0 \text{ 或 } \boldsymbol{a}\cdot\boldsymbol{b}=0 \text{ 或 } x_1x_2+y_1y_2=0$$

$$(\text{其中 } \boldsymbol{a}=(x_1,y_1),\boldsymbol{b}=(x_2,y_2))$$

$$\Leftrightarrow|\overrightarrow{A_1B_1}|\cdot|\overrightarrow{A_2B_2}|=|\overrightarrow{A_1B_1}\times\overrightarrow{A_2B_2}| \tag{2.5.5}$$

事实上，由内积、外积的意义即得上述式.

定理 3　对空间中任意四点 A,B,C,D(四点不共线)，有

$$\overrightarrow{AC}\perp\overrightarrow{BD}\Leftrightarrow|\overrightarrow{AB}|^2+|\overrightarrow{CD}|^2=|\overrightarrow{BC}|^2+|\overrightarrow{AD}|^2 \tag{2.5.6}$$

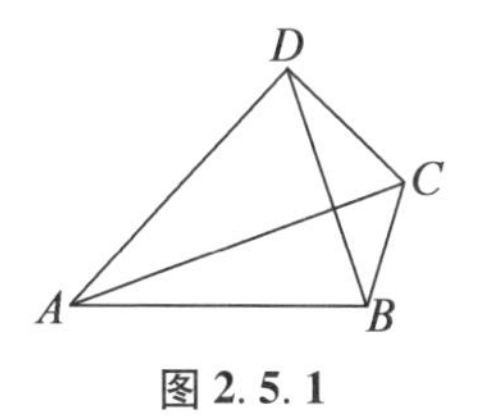

图 2.5.1

证明

$$|\overrightarrow{AB}|^2+|\overrightarrow{CD}|^2-(|\overrightarrow{BC}|^2+|\overrightarrow{AD}|^2)$$

$$=\overrightarrow{AB}^2+\overrightarrow{CD}^2-\overrightarrow{BC}^2-\overrightarrow{AD}^2$$

$$=\overrightarrow{AB}^2+(\overrightarrow{AD}-\overrightarrow{AC})^2-(\overrightarrow{AC}-\overrightarrow{AB})^2-\overrightarrow{AD}^2$$
$$=\overrightarrow{AB}^2+\overrightarrow{AD}^2+\overrightarrow{AC}^2-2\overrightarrow{AD}\cdot\overrightarrow{AC}-\overrightarrow{AC}^2-\overrightarrow{AB}^2+$$
$$2\overrightarrow{AC}\cdot\overrightarrow{AB}-\overrightarrow{AD}^2$$
$$=2\overrightarrow{AC}\cdot\overrightarrow{AB}-2\overrightarrow{AD}\cdot\overrightarrow{AC}$$
$$=2\overrightarrow{AC}\cdot(\overrightarrow{AB}-\overrightarrow{AD})=2\overrightarrow{AC}\cdot\overrightarrow{DB}$$

因此,$\overrightarrow{AC}\perp\overrightarrow{BD}\Leftrightarrow\overrightarrow{AC}\cdot\overrightarrow{DB}=0\Leftrightarrow|\overrightarrow{AB}|^2+|\overrightarrow{CD}|^2=|\overrightarrow{BC}|^2+|\overrightarrow{AD}|^2$.

由上述证明,可得如下结论:

推论

$$AC/\!/BD\Leftrightarrow\pm2|\overrightarrow{AC}|\cdot|\overrightarrow{BD}|=|\overrightarrow{AB}|^2+|\overrightarrow{CD}|^2-|\overrightarrow{BC}|^2-|\overrightarrow{AD}|^2\tag{2.5.7}$$

注 若 $\boldsymbol{a}=(x_1,y_1),\boldsymbol{b}(x_2,y_2)$,则 $\boldsymbol{a}\perp\boldsymbol{b}\Leftrightarrow x_1x_2+y_1y_2=0$.

3. 点共线

定理4 P,P_1,P_2 三点共线的充要条件是,存在实数 m,n,使得

$$\overrightarrow{OP}=m\overrightarrow{OP_1}+n\overrightarrow{OP_2},m+n=1\tag{2.5.8}$$

其中点 O 不在直线 P_1P_2 上.

证明 必要性:P,P_1,P_2 三点共线$\Leftrightarrow\overrightarrow{P_1P}=\lambda\overrightarrow{PP_2}\Rightarrow\overrightarrow{OP}-\overrightarrow{OP_1}=\lambda(\overrightarrow{OP_2}-\overrightarrow{OP}),\overrightarrow{OP}=\frac{1}{1+\lambda}\overrightarrow{OP_1}+\frac{\lambda}{1+\lambda}\overrightarrow{OP_2}$(因为点 O 不在直线 P_1P_2 上,所以$\overrightarrow{OP}\neq\boldsymbol{0}$),记 $m=\frac{1}{1+\lambda},n=\frac{\lambda}{1+\lambda}$,所以$\overrightarrow{OP}=m\overrightarrow{OP_1}+n\overrightarrow{OP_2}$,且 $m+n=1$.

充分性：因为$\overrightarrow{OP}=m\overrightarrow{OP_1}+n\overrightarrow{OP_2}$，$m+n=1$，所以$\overrightarrow{OP}=m\overrightarrow{OP_1}+(1-m)\overrightarrow{OP_2}\Rightarrow\overrightarrow{OP}-\overrightarrow{OP_2}=m(\overrightarrow{OP_1}-\overrightarrow{OP_2})\Rightarrow\overrightarrow{P_2P}=m\overrightarrow{P_2P_1}$，即$P$，$P_1$，$P_2$三点共线.

定理5　A_1，A_2，A_3三点共线的充要条件是

$$|\overrightarrow{A_1A_2}\cdot\overrightarrow{A_1A_3}|=|\overrightarrow{A_1A_2}|\cdot|\overrightarrow{A_1A_3}| \qquad (2.5.9)$$

$$\Leftrightarrow\overrightarrow{A_1A_2}\times\overrightarrow{A_1A_3}=\mathbf{0}$$

即

$$\boldsymbol{A}_1\times\boldsymbol{A}_2+\boldsymbol{A}_2\times\boldsymbol{A}_3+\boldsymbol{A}_3\times\boldsymbol{A}_1=\mathbf{0}\Leftrightarrow\overrightarrow{A_1A_3}=t\overrightarrow{A_1A_2} \qquad (2.5.10)$$

即

$$\boldsymbol{A}_3=(1-t)\boldsymbol{A}_1+t\boldsymbol{A}_2\text{（}t\text{ 为实数）} \qquad (2.5.11)$$

$$\Leftrightarrow\lambda_1\boldsymbol{A}_1+\lambda_2\boldsymbol{A}_2+\lambda_3\boldsymbol{A}_3=\mathbf{0}$$

$$\text{（}\lambda_1,\lambda_2,\lambda_3\text{ 不全为零，且 }\lambda_1+\lambda_2+\lambda_3=0\text{）} \qquad (2.5.12)$$

证明　由向量共线及内积、外积的定义即得式(2.5.9)~(2.5.11). 下证式(2.5.11)⇔(2.5.12).

在式(2.5.11)中令$1-t=\lambda_1$，$t=\lambda_2$，$-1=\lambda_3$，即得式(2.5.12).

而在式(2.5.12)中令$\lambda_2=-t\lambda_3$（不妨设$\lambda_3\neq0$）可得式(2.5.11). 因此，式(2.5.11)与式(2.5.12)等价.

定理6　设P_1，P_2，P_3关于坐标$\triangle A_1A_2A_3$的面积坐标为$P_k(\mu_{k1}:\mu_{k2}:\mu_{k3})$（$k=1,2,3$），即

$$\boldsymbol{P}_k=\frac{\mu_{k1}\cdot\boldsymbol{A}_1+\mu_{k2}\cdot\boldsymbol{A}_2+\mu_{k3}\cdot\boldsymbol{A}_3}{\mu_{k1}+\mu_{k2}+\mu_{k3}} \qquad (2.5.13)$$

则这三点共线的充要条件是

$$\begin{vmatrix} \mu_{11} & \mu_{12} & \mu_{13} \\ \mu_{21} & \mu_{22} & \mu_{23} \\ \mu_{31} & \mu_{32} & \mu_{33} \end{vmatrix} = 0 \qquad (2.5.14)$$

证明 注意 P_1, P_2, P_3 共线的充要条件是 $S_{\triangle P_1P_2P_3}=0$，故由式(2.4.28)即可得到式(2.5.14).

定理 7 设 P_1, P_2, P_3 三点的单点向量可表示为

$$\boldsymbol{P}_k = \lambda_k \cdot \boldsymbol{E}_1 + \mu_k \cdot \boldsymbol{E}_2 \quad (\boldsymbol{E}_1 \text{ 不平行 } \boldsymbol{E}_2) \qquad (2.5.15)$$

则它们共线的充要条件是

$$\begin{vmatrix} \lambda_1 & \mu_1 & 1 \\ \lambda_2 & \mu_2 & 1 \\ \lambda_3 & \mu_3 & 1 \end{vmatrix} = 0 \qquad (2.5.16)$$

证明 由式(2.4.30)立得式(2.5.16).

注 在式(2.5.15)中令 $\boldsymbol{E}_1=(1,0)$，$\boldsymbol{E}_2=(0,1)$，可知式(2.5.16)也是坐标平面上三点 $P_k(\lambda_k,\mu_k)(k=1,2,3)$ 共线的充要条件.

定理 8 若 n 个点 $P_1,P_2,\cdots,P_n$ 共线，则

$$\boldsymbol{P}_1\times\boldsymbol{P}_2+\boldsymbol{P}_2\times\boldsymbol{P}_3+\cdots+\boldsymbol{P}_{n-1}\times\boldsymbol{P}_n+\boldsymbol{P}_n\times\boldsymbol{P}_1=\boldsymbol{0} \qquad (2.5.17)$$

证明 当 $n=3$ 时，由定理 5 知式(2.5.17)成立.

设当 $n=k$ 时，式(2.5.17)成立，即

$$\boldsymbol{P}_1\times\boldsymbol{P}_2+\boldsymbol{P}_2\times\boldsymbol{P}_3+\cdots+\boldsymbol{P}_{k-1}\times\boldsymbol{P}_k+\boldsymbol{P}_k\times\boldsymbol{P}_1=\boldsymbol{0}$$

则当 $n=k+1$ 时，因 P_1,P_k,P_{k+1} 共线，又有

$$\boldsymbol{P}_1\times\boldsymbol{P}_k+\boldsymbol{P}_k\times\boldsymbol{P}_{k+1}+\boldsymbol{P}_{k+1}\times\boldsymbol{P}_1=\boldsymbol{0}$$

以上两式相加即知当 $n=k+1$ 时式(2.5.17)也成立.于是由数学归纳法，等式(2.5.17)得证.

注 当 $n>3$ 时，上述定理的逆命题并不成立. 例

如当 $n=4$ 时，若式(2.5.17)成立，则有

$$\boldsymbol{P}_1\times\boldsymbol{P}_2+\boldsymbol{P}_2\times\boldsymbol{P}_3+\boldsymbol{P}_3\times\boldsymbol{P}_4+\boldsymbol{P}_4\times\boldsymbol{P}_1$$
$$=(\boldsymbol{P}_1-\boldsymbol{P}_3)\times(\boldsymbol{P}_2-\boldsymbol{P}_4)=\boldsymbol{0}$$

即 $\overrightarrow{P_1P_3}/\!/\overrightarrow{P_2P_4}$，但 P_1,P_2,P_3,P_4 未必共线(注意向量共线与点共线的区别).

因此，式(2.5.17)是 $n(n\geqslant 4)$ 点共线的必要而非充分条件.

4. 线共点

定理 9　(向量相交定理①)设 O 是直线 AB 与直线 MN 的交点. 若向量 $\overrightarrow{AB}$，$\overrightarrow{AM}$ 和 $\overrightarrow{AN}$ 满足 $\overrightarrow{AB}=x\overrightarrow{AM}+y\overrightarrow{AN}$($x,y\in\mathbf{R}$ 且 $xy\neq 0$)，则

$$\overrightarrow{AB}=(x+y)\overrightarrow{AO}\text{ 且 }MO:ON=y:x \quad (2.5.18)$$

证明　如图 2.5.2 所示，显然 $x+y\neq 0$，否则 $\overrightarrow{AB}=x\overrightarrow{AM}-x\overrightarrow{AN}=x\overrightarrow{NM}$，这与直线 AB 和 MN 相交矛盾.

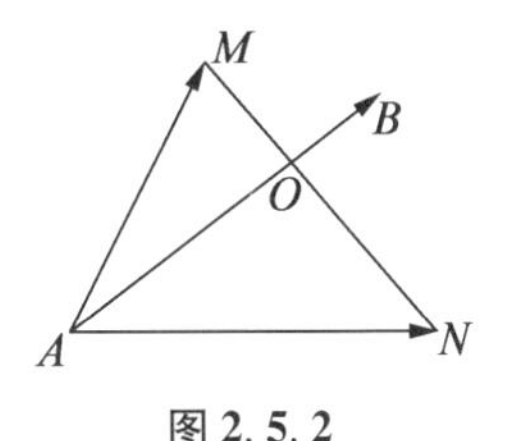

图 2.5.2

由 $\overrightarrow{AB}=x\overrightarrow{AM}+y\overrightarrow{AN}$，有

$$\frac{1}{x+y}\overrightarrow{AB}=\frac{x}{x+y}\overrightarrow{AM}+\frac{y}{x+y}\overrightarrow{AN}$$

注意到 O 是直线 AB 与 MN 的交点，则可设 $\overrightarrow{AB}=$

① 邹宇，张景中. 用向量解直线交点类问题的机械化方法[J]. 数学通报，2012(2)：58-61.

$k\overrightarrow{AO}$,从而$\frac{k}{x+y}\overrightarrow{AO}=\frac{x}{x+y}\overrightarrow{AM}+\frac{y}{x+y}\overrightarrow{AN}$.

由式(2.2.5)可得$\frac{k}{x+y}=\frac{x}{x+y}+\frac{y}{x+y}$,即有 $k=x+y$.

故$\overrightarrow{AB}=(x+y)\overrightarrow{AO}$且 $MO:ON=y:x$.

用向量法求解涉及两条直线相交的几何问题时,如何确定交点与已知点之间的几何关系,往往是问题求解的关键.由向量相交定理可知,想要求交点 O 分别分 AB 和 MN 的比,只需要求出向量$\overrightarrow{AB}$,$\overrightarrow{AM}$,$\overrightarrow{AN}$之间的关系,并且把它们写成$\overrightarrow{AB}=x\overrightarrow{AM}+y\overrightarrow{AN}$的形式即可.当然,由于交点 O 是由点 A,B,M,N 确定的直线 AB 和 MN 决定的,因此,我们也可以考虑求其余三组向量($\overrightarrow{BA}$,$\overrightarrow{BM}$,$\overrightarrow{BN}$),($\overrightarrow{MN}$,$\overrightarrow{MA}$,$\overrightarrow{MB}$),($\overrightarrow{NM}$,$\overrightarrow{NA}$,$\overrightarrow{NB}$)之间的关系.

例 1 求证:平行四边形对角线互相平分.

证明 如图 2.5.3 所示,在平行四边形 $ABCD$ 中,AC 与 BD 交于点 O,则$\overrightarrow{AC}=\overrightarrow{AB}+\overrightarrow{BC}=\overrightarrow{AB}+\overrightarrow{AD}$,由向量相交定理可知,$\overrightarrow{AC}=2\overrightarrow{AO}$且 $BO:OD=1:1$,故 O 平分对角线.

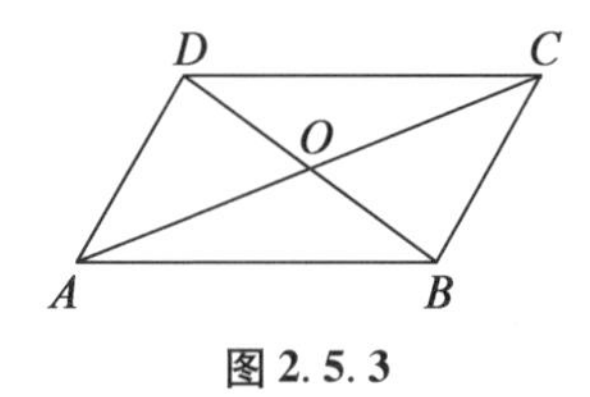

图 2.5.3

在运用向量相交定理解题时,我们有时还可以更灵活一点.

一方面，当处理 AB 与 MN 相交时，向量$\overrightarrow{AB}$，$\overrightarrow{AM}$和$\overrightarrow{AN}$之间的关系不一定要写成形如$\overrightarrow{AB}=x\overrightarrow{AM}+y\overrightarrow{AN}$的标准形式，有时候可能得到 $t\overrightarrow{AB}=tx\overrightarrow{AM}+ty\overrightarrow{AN}$，这样对应的推导即为 $t\overrightarrow{AB}=tx\overrightarrow{AM}+ty\overrightarrow{AN}=t(x+y)\overrightarrow{AO}$.

另一方面，由$\overrightarrow{AB}=x\overrightarrow{AM}+y\overrightarrow{AN}$还可以得到另外两种相交的情形：

(1) 当 $y\neq1$ 时，将$\overrightarrow{AB}=x\overrightarrow{AM}+y\overrightarrow{AN}$改写为 $x\overrightarrow{AM}=\overrightarrow{AB}-y\overrightarrow{AN}$的形式则可表示 AM 与 BN 相交的情形；

(2) 当 $x\neq1$ 时，将$\overrightarrow{AB}=x\overrightarrow{AM}+y\overrightarrow{AN}$改写为 $y\overrightarrow{AN}=\overrightarrow{AB}-x\overrightarrow{AM}$的形式则可表示 AN 与 BM 相交的情形.

因此，$\overrightarrow{AB}=x\overrightarrow{AM}+y\overrightarrow{AN}$实际上可以蕴涵三种两线相交的情形.

例 2　如图 2.5.4 所示，设点 O 在$\triangle ABC$ 的内部，且有$\overrightarrow{OA}+2\overrightarrow{OB}+3\overrightarrow{OC}=\mathbf{0}$，求$\triangle ABC$ 和$\triangle AOC$ 的面积之比.

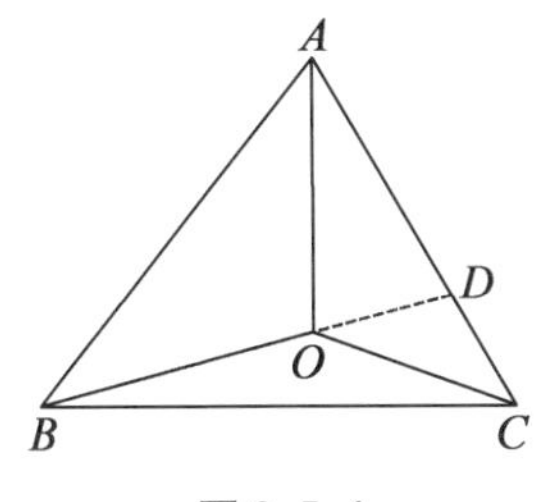

图 2.5.4

解　设直线 BO 与 AC 交于点 D，由$\overrightarrow{OA}+2\overrightarrow{OB}+3\overrightarrow{OC}=\mathbf{0}$ 可知 $2\overrightarrow{OB}=-\overrightarrow{OA}-3\overrightarrow{OC}=-4\overrightarrow{OD}$，故$\overrightarrow{BO}=$

$2\overrightarrow{OD}$，从而$\dfrac{S_{\triangle ABC}}{S_{\triangle AOC}}=\dfrac{BD}{OD}=3.$

定理 10 设 l 为坐标$\triangle A_1A_2A_3$ 所在平面上的一条直线，过$\triangle A_1A_2A_3$ 的三个顶点引平行线 A_1B_1，A_2B_2，A_3B_3 分别交 l 于 B_1，B_2，B_3. 若

$$\overrightarrow{A_1B_1}:\overrightarrow{A_2B_2}:\overrightarrow{A_3B_3}=a_1:a_2:a_3 \qquad (2.5.19)$$

则 l 的方程可表示为

$$a_1x_1+a_2x_2+a_3x_3=0 \qquad (2.5.20)$$

其中$(x_1:x_2:x_3)$为 l 上动点 P 的面积坐标，即 O 为平面内某一点时，有

$$\overrightarrow{OP}=\frac{x_1\overrightarrow{OA_1}+x_2\overrightarrow{OA_2}+x_3\overrightarrow{OA_3}}{x_1+x_2+x_3} \qquad (2.5.21)$$

证明 如图 2.5.5 所示，不妨设 l 与 A_1A_3，A_1A_2 分别交于 C_2，C_3，则有

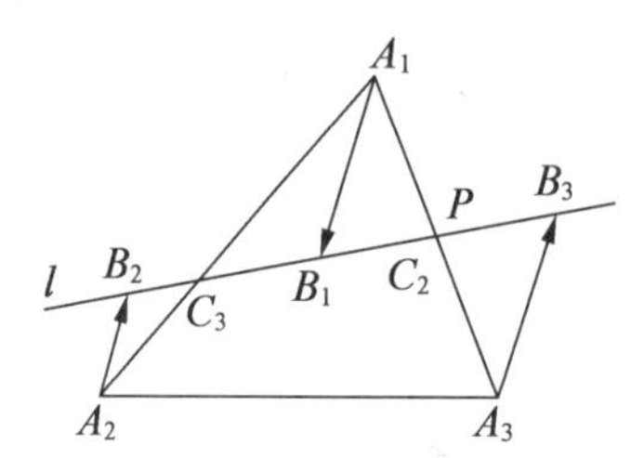

图 2.5.5

$$\frac{\overrightarrow{A_1C_2}}{\overrightarrow{C_2A_3}}=\frac{\overrightarrow{A_1B_1}}{\overrightarrow{B_3A_3}}=-\frac{a_1}{a_3},\frac{\overrightarrow{A_1C_3}}{\overrightarrow{C_3A_2}}=-\frac{a_1}{a_2}$$

于是由定比分点公式得

$$\overrightarrow{OC_2}=\frac{a_3\overrightarrow{OA_1}-a_1\overrightarrow{OA_3}}{a_3-a_1},\overrightarrow{OC_3}=\frac{a_2\overrightarrow{OA_1}-a_1\overrightarrow{OA_2}}{a_2-a_1}$$

再由 P，C_2，C_3 三点共线的条件(2.5.14)得

$$\begin{vmatrix} x_1 & x_2 & x_3 \\ a_3 & 0 & -a_1 \\ a_2 & -a_1 & 0 \end{vmatrix} = 0$$

即

$$a_1^2 x_1 + a_1 a_2 x_2 + a_1 a_3 x_3 = 0$$

故式(2.5.20)即为 l 上动点 P 所应满足的面积坐标方程.

定理 11　在面积坐标平面上,设互不平行的三条直线 l_1, l_2, l_3 的方程为

$$a_{k1} x_1 + a_{k2} x_2 + a_{k3} x_3 = 0 \quad (k = 1, 2, 3) \tag{2.5.22}$$

则它们交于一点的充要条件是

$$\begin{vmatrix} a_{11} & a_{12} & a_{13} \\ a_{21} & a_{22} & a_{23} \\ a_{31} & a_{32} & a_{33} \end{vmatrix} = 0 \tag{2.5.23}$$

证明　三条直线共点于 $P = (x_1' : x_2' : x_3')$ 的充要条件是下列齐次线性方程组

$$\begin{cases} a_{11} x_1 + a_{12} x_2 + a_{13} x_3 = 0 \\ a_{21} x_1 + a_{22} x_2 + a_{23} x_3 = 0 \\ a_{31} x_1 + a_{32} x_2 + a_{33} x_3 = 0 \end{cases}$$

有非零解 (x_1', x_2', x_3'),从而可得式(2.5.23).

定理 12　设三条直线 l_1, l_2, l_3 的向量方程是

$$l_k : \boldsymbol{X} = \lambda_k(t_k) \boldsymbol{E}_1 + \mu_k(t_k) \boldsymbol{E}_2 \quad (\boldsymbol{E}_1 \text{ 不平行于 } \boldsymbol{E}_2) \tag{2.5.24}$$

则它们交于一点的充要条件是:存在 t_1, t_2, t_3,使得

$$\begin{cases} \lambda_1(t_1) = \lambda_2(t_2) = \lambda_3(t_3) \\ \mu_1(t_1) = \mu_2(t_2) = \mu_3(t_3) \end{cases} \tag{2.5.25}$$

证明　三条直线共点于 P 的充要条件是存在 t_1,

t_2,t_3,使得

$$\boldsymbol{P}=\lambda_k(t_k)\cdot\boldsymbol{E}_1+\mu_k(t_k)\cdot\boldsymbol{E}_2\quad(k=1,2,3)$$

由于 $\boldsymbol{E}_1$ 不平行于 $\boldsymbol{E}_2$,故得式(2.5.25).

注 本定理容易推广到 n 条直线共点的情况.

5. 点共圆

定理 13 设点 P 关于坐标 $\triangle A_1A_2A_3$ 的面积坐标为$(\mu_1:\mu_2:\mu_3)$,面积规范坐标为$(\lambda_1,\lambda_2,\lambda_3)$,即

$$\begin{aligned}\overrightarrow{OP}&=\frac{\mu_1\overrightarrow{OA_1}+\mu_2\overrightarrow{OA_2}+\mu_3\overrightarrow{OA_3}}{\mu_1+\mu_2+\mu_3}\\&=\lambda_1\overrightarrow{OA_1}+\lambda_2\overrightarrow{OA_2}+\lambda_3\overrightarrow{OA_3}\end{aligned}\quad(2.5.26)$$

则 P 在$\triangle A_1A_2A_3$ 的外接圆上的充要条件是

$$\mu_1\mu_2(\overrightarrow{OA_1}-\overrightarrow{OA_2})^2+\mu_2\mu_3(\overrightarrow{OA_2}-\overrightarrow{OA_3})^2+\mu_3\mu_1(\overrightarrow{OA_3}-\overrightarrow{OA_1})^2=0\quad(2.5.27)$$

或

$$\overrightarrow{OP}^2=\lambda_1\overrightarrow{OA_1}^2+\lambda_2\overrightarrow{OA_2}^2+\lambda_3\overrightarrow{OA_3}^2\quad(2.5.28)$$

证明 如图 2.5.6 所示,设 O 为$\triangle A_1A_2A_3$ 的外接圆圆心,R 为半径,则由

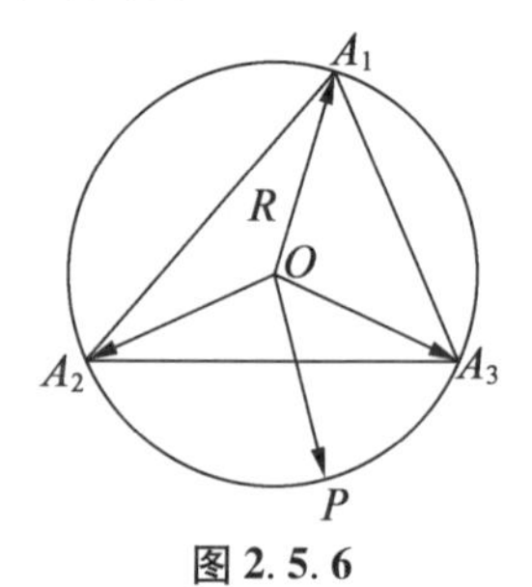

图 2.5.6

$$\begin{aligned}\overrightarrow{OP}&=\boldsymbol{P}-\boldsymbol{O}\\&=\lambda_1\boldsymbol{A}_1+\lambda_2\boldsymbol{A}_2+\lambda_3\boldsymbol{A}_3-(\lambda_1+\lambda_2+\lambda_3)\boldsymbol{O}\\&=\lambda_1\overrightarrow{OA_1}+\lambda_2\overrightarrow{OA_2}+\lambda_3\overrightarrow{OA_3}\end{aligned}$$

故

$$\begin{aligned}
&\frac{\overrightarrow{OP}^2}{R^2}\\
&=\lambda_1^2+\lambda_2^2+\lambda_3^2+2(\lambda_1\lambda_2\cos\angle A_1OA_2+\\
&\quad\lambda_2\lambda_3\cos\angle A_2OA_3+\lambda_3\lambda_1\cos\angle A_3OA_1)\\
&=1^2-2(\lambda_1\lambda_2+\lambda_2\lambda_3+\lambda_3\lambda_1)+\\
&\quad 2(\lambda_1\lambda_2\cos 2A_3+\lambda_2\lambda_3\cos 2A_1+\lambda_3\lambda_1\cos 2A_2)\\
&=1-4(\lambda_1\lambda_2\sin^2A_3+\lambda_2\lambda_3\sin^2A_1+\lambda_3\lambda_1\sin^2A_2)\\
&=1-\frac{1}{R^2}(\lambda_1\lambda_2\overrightarrow{A_1A_2}^2+\lambda_2\lambda_3\overrightarrow{A_2A_3}^2+\lambda_3\lambda_1\overrightarrow{A_3A_1}^2)
\end{aligned}$$

于是由 P 在 $\triangle A_1A_2A_3$ 的外接圆上的条件即 $\overrightarrow{OP}^2=R^2$ 得

$$\lambda_1\lambda_2\overrightarrow{A_1A_2}^2+\lambda_2\lambda_3\overrightarrow{A_2A_3}^2+\lambda_3\lambda_1\overrightarrow{A_3A_1}^2=0 \tag{2.5.29}$$

从而可得式(2.5.27);又将式(2.5.26)代入式(2.5.28),得

$$\begin{aligned}
&(\lambda_1\overrightarrow{OA_1}+\lambda_2\overrightarrow{OA_2}+\lambda_3\overrightarrow{OA_3})^2\\
&=\lambda_1\overrightarrow{OA_1}^2+\lambda\overrightarrow{OA_2}^2+\lambda_3\overrightarrow{OA_3}^2
\end{aligned}$$

即

$$\begin{aligned}
&\lambda_1(1-\lambda_1)\overrightarrow{OA_1}^2+\lambda_2(1-\lambda_2)\overrightarrow{OA_2}^2+\lambda_3(1-\lambda_3)\overrightarrow{OA_3}^2\\
&=2(\lambda_1\lambda_2\overrightarrow{OA_1}\cdot\overrightarrow{OA_2}+\lambda_2\lambda_3\overrightarrow{OA_2}\cdot\overrightarrow{OA_3}+\lambda_3\lambda_1\overrightarrow{OA_3}\cdot\overrightarrow{OA_1})
\end{aligned}$$

或

$$\begin{aligned}
&\lambda_1(\lambda_2+\lambda_3)\overrightarrow{OA_1}^2+\lambda_2(\lambda_3+\lambda_1)\overrightarrow{OA_2}^2+\lambda_3(\lambda_1+\lambda_2)\overrightarrow{OA_3}^2\\
&=2(\lambda_1\lambda_2\overrightarrow{OA_1}\cdot\overrightarrow{OA_2}+\lambda_2\lambda_3\overrightarrow{OA_2}\cdot\overrightarrow{OA_3}+\lambda_3\lambda_1\overrightarrow{OA_3}\cdot\overrightarrow{OA_1})
\end{aligned}$$

上式可化为式(2.5.29),故式(2.5.28)与式(2.5.27)等价. 得证.

由定理 13 及四点共面的条件(参见式(2.5.36))可得:

定理 14 不共线四点 P_1,P_2,P_3,P_4 共圆的条件是:存在不全为零的实数 $\lambda_1,\lambda_2,\lambda_3,\lambda_4$,使得

$$\begin{cases}\lambda_1\boldsymbol{P}_1+\lambda_2\boldsymbol{P}_2+\lambda_3\boldsymbol{P}_3+\lambda_4\boldsymbol{P}_4=\boldsymbol{0} & (2.5.30)\\ \lambda_1\boldsymbol{P}_1^2+\lambda_2\boldsymbol{P}_2^2+\lambda_3\boldsymbol{P}_3^2+\lambda_4\boldsymbol{P}_4^2=0 & (2.5.31)\\ \lambda_1+\lambda_2+\lambda_3+\lambda_4=0 & (2.5.32)\end{cases}$$

定理 15 设 P_1,P_2,P_3 三点不共线,则平面上四点 P_1,P_2,P_3,P_4 共圆的充要条件是

$$\frac{\overrightarrow{P_1P_2}^2}{S_{\triangle P_4P_1P_2}}+\frac{\overrightarrow{P_2P_3}^2}{S_{\triangle P_4P_2P_3}}+\frac{\overrightarrow{P_3P_1}^2}{S_{\triangle P_4P_3P_1}}=0 \quad (2.5.33)$$

即

$$\boldsymbol{P}_1^2\cdot S_{\triangle P_2P_3P_4}-\boldsymbol{P}_2^2\cdot S_{\triangle P_3P_4P_1}+\boldsymbol{P}_3^2\cdot S_{\triangle P_4P_1P_2}-\boldsymbol{P}_4^2\cdot S_{\triangle P_1P_2P_3}=0 \quad (2.5.34)$$

亦即

$$\overrightarrow{P_4P_1}^2\cdot S_{\triangle P_4P_2P_3}+\overrightarrow{P_4P_2}^2\cdot S_{\triangle P_4P_3P_1}+\overrightarrow{P_4P_3}^2\cdot S_{\triangle P_4P_1P_2}=\boldsymbol{0} \quad (2.5.35)$$

证明 由式(2.3.14),有

$$\boldsymbol{P}_4=\frac{(S_{\triangle P_4P_2P_3})\boldsymbol{P}_1+(S_{\triangle P_4P_3P_1})\boldsymbol{P}_2+(S_{\triangle P_4P_1P_2})\boldsymbol{P}_3}{S_{\triangle P_1P_2P_3}}$$

从而由定理 13 知 P_1,P_2,P_3,P_4 共圆的充要条件是

$$\mu_1\mu_2\overrightarrow{P_1P_2}^2+\mu_2\mu_3\overrightarrow{P_2P_3}^2+\mu_3\mu_1\overrightarrow{P_3P_1}^2=0$$

其中 $\mu_1=S_{\triangle P_4P_2P_3},\mu_2=S_{\triangle P_4P_3P_1},\mu_3=S_{\triangle P_4P_1P_2}$,此式两边同除以 $\mu_1\mu_2\mu_3$ 即得式(2.5.33).

同理,由定理 14 可得式(2.5.34).

特别地,在式(2.5.34)中令 $\boldsymbol{P}_4=\boldsymbol{0}$ 即得式(2.5.35).

6. **共面**

定理 16　设向量 $\boldsymbol{a}$ 与 $\boldsymbol{b}$ 不共线,对于空间内任意向量 $\boldsymbol{c}$,则 $\boldsymbol{a},\boldsymbol{b},\boldsymbol{c}$ 共面(即 $\boldsymbol{a},\boldsymbol{b},\boldsymbol{c}$ 平行于同一平面)的充要条件是,存在实数对 λ,μ,使得

$$\boldsymbol{c}=\lambda\boldsymbol{a}+\mu\boldsymbol{b} \tag{2.5.36}$$

证明　如图 2.5.7 所示,将 $\boldsymbol{a},\boldsymbol{b},\boldsymbol{c}$ 平移至同一始点,并令 $\boldsymbol{a}=\overrightarrow{OA},\boldsymbol{b}=\overrightarrow{OB},\boldsymbol{c}=\overrightarrow{OC}$,则它们共面的充要条件是 O,A,B,C 四点共面.

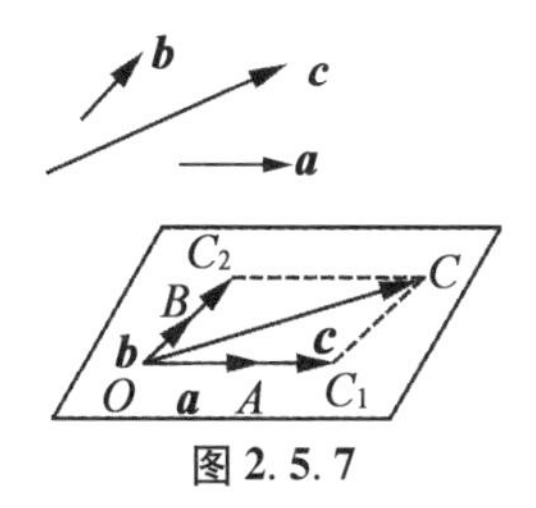

图 2.5.7

若 $\boldsymbol{c}$ 与 $\boldsymbol{a},\boldsymbol{b}$ 共面,我们作$\overrightarrow{CC_1}\,/\!/\,\overrightarrow{OB}$,作$\overrightarrow{CC_2}\,/\!/\,\overrightarrow{OA}$,分别与$\overrightarrow{OA}$,$\overrightarrow{OB}$交于点 C_1,C_2,则有实数 λ,μ,使得 $\overrightarrow{OC_1}=\lambda\boldsymbol{a},\overrightarrow{OC_2}=\mu\boldsymbol{b}$,从而 $\boldsymbol{c}=\overrightarrow{OC}=\overrightarrow{OC_1}+\overrightarrow{OC_2}=\lambda\boldsymbol{a}+\mu\boldsymbol{b}$.

反之,若 $\boldsymbol{c}=\lambda\boldsymbol{a}+\mu\boldsymbol{b}$,则由向量线性运算意义即知 $\boldsymbol{c}$ 与 $\boldsymbol{a},\boldsymbol{b}$ 共面.

推论 1　空间中一点 D 在 $\triangle ABC$ 所在平面内的充分必要条件是存在有序实数对 (x,y),使得

$$\overrightarrow{CD}=x\,\overrightarrow{CA}+y\,\overrightarrow{CB} \tag{2.5.37}$$

推论 2　空间中一点 D 在 $\triangle ABC$ 所在平面内的充分必要条件是对于空间中任意一点 O,存在有序数组 (x,y,z),使得

$$\overrightarrow{OD}=x\overrightarrow{OA}+y\overrightarrow{OB}+z\overrightarrow{OC} \tag{2.5.38}$$

其中 $x+y+z=1$.

事实上,由$\overrightarrow{CD}=x\overrightarrow{CA}+y\overrightarrow{CB}$,有$\overrightarrow{OD}-\overrightarrow{OC}=x(\overrightarrow{OA}-\overrightarrow{OC})+y(\overrightarrow{OB}-\overrightarrow{OC})$,令 $z=1-x-y$ 即得式(2.5.38).

推论3 空间中四点 A,B,C,D 共面的充分必要条件是存在不全为零的实数 $\lambda_1,\lambda_2,\lambda_3,\lambda_4$,使得

$$\lambda_1\overrightarrow{OA}+\lambda_2\overrightarrow{OB}+\lambda_3\overrightarrow{OC}+\lambda_4\overrightarrow{OD}=\mathbf{0} \tag{2.5.39}$$

其中 O 为空间中任一点,$\lambda_1+\lambda_2+\lambda_3+\lambda_4=0$.

事实上由式(2.5.38)即可推得式(2.5.39).

推论4 设 O,A,B,C 是不共面四点,令平面 $\alpha_k(k\neq0)$为自由向量 $k\overrightarrow{OA},k\overrightarrow{OB},k\overrightarrow{OC}$的终点所确定的平面(易证 α_k//平面 ABC,$k=0$ 时令 α_0 为经过点 O 且平行于平面 ABC 的平面),对空间中任意一点 P,有$\overrightarrow{OP}=x\overrightarrow{OA}+y\overrightarrow{OB}+z\overrightarrow{OC}$,则 $P\in\alpha_k$ 的充分必要条件为

$$x+y+z=k \tag{2.5.40}$$

事实上,由$\overrightarrow{OP}=x\overrightarrow{OA}+y\overrightarrow{OB}+z\overrightarrow{OC}$,且 $x+y+z=k\neq0$,有

$$\overrightarrow{OP}=\frac{x}{k}(k\overrightarrow{OA})+\frac{y}{k}(k\overrightarrow{OB})+\frac{z}{k}(k\overrightarrow{OC})$$

且$\frac{x}{k}+\frac{y}{k}+\frac{z}{k}=1$. 由式(2.5.38)即知 $P\in\alpha_k$.

反之,$P\in\alpha_k$,有$\overrightarrow{OP}=x_0(k\overrightarrow{OA})+y_0(k\overrightarrow{OB})+z_0(k\overrightarrow{OC})$且 $x_0+y_0+z_0=1$. 又$\overrightarrow{OP}=x\overrightarrow{OA}+y\overrightarrow{OB}+z\overrightarrow{OC}$,则 $x=x_0k,y=y_0k,z=z_0k$,有 $x+y+z=k$.

又由式(1.3.45),我们有:

定理 17　向量 $\boldsymbol{a},\boldsymbol{b},\boldsymbol{c}$ 共面的充分必要条件是

$$(\boldsymbol{a},\boldsymbol{b},\boldsymbol{c})=\begin{vmatrix} a_1 & a_2 & a_3 \\ b_1 & b_2 & b_3 \\ c_1 & c_2 & c_3 \end{vmatrix}=0$$

其中 $\boldsymbol{a}=(a_1,a_2,a_3)$，$\boldsymbol{b}=(b_1,b_2,b_3)$，$\boldsymbol{c}=(c_1,c_2,c_3)$.

2.6　特殊的点、线、图形

1. 三角形的心

定理 1　设点 M 为 $\triangle ABC$ 所在平面内或平面外任意一点，点 O,I,G,H 分别为 $\triangle ABC$ 的外心、内心、重心、垂心，I_A,I_B,I_C 依次为 $\angle A,\angle B,\angle C$ 内的旁心，则

(1)

$$\overrightarrow{MO}=\frac{\sin 2A\cdot\overrightarrow{MA}+\sin 2B\cdot\overrightarrow{MB}+\sin 2C\cdot\overrightarrow{MC}}{\sin 2A+\sin 2B+\sin 2C} \tag{2.6.1}$$

(2)

$$\overrightarrow{MI}=\frac{BC\cdot\overrightarrow{MA}+CA\cdot\overrightarrow{MB}+AB\cdot\overrightarrow{MC}}{BC+CA+AB} \tag{2.6.2}$$

$$=\frac{\sin A\cdot\overrightarrow{MA}+\sin B\cdot\overrightarrow{MB}+\sin C\cdot\overrightarrow{MC}}{\sin A+\sin B+\sin C} \tag{2.6.3}$$

(3)

$$\overrightarrow{MG}=\frac{1}{3}(\overrightarrow{MA}+\overrightarrow{MB}+\overrightarrow{MC}) \tag{2.6.4}$$

(4)

$$\overrightarrow{MH}=\frac{\tan A\cdot\overrightarrow{MA}+\tan B\cdot\overrightarrow{MB}+\tan C\cdot\overrightarrow{MC}}{\tan A+\tan B+\tan C}$$

(非直角三角形) (2.6.5)

(5)

$$\overrightarrow{MI_A}=\frac{-BC\cdot\overrightarrow{MA}+CA\cdot\overrightarrow{MB}+AB\cdot\overrightarrow{MC}}{-BC+CA+AB} \tag{2.6.6}$$

$$\overrightarrow{MI_B}=\frac{BC\cdot\overrightarrow{MA}-CA\cdot\overrightarrow{MB}+AB\cdot\overrightarrow{MC}}{BC-CA+AB} \tag{2.6.7}$$

$$\overrightarrow{MI_C}=\frac{BC\cdot\overrightarrow{MA}+CA\cdot\overrightarrow{MB}-AB\cdot\overrightarrow{MC}}{BC+CA-AB} \tag{2.6.8}$$

证明 由式(2.3.14):

(1)当 O 为$\triangle ABC$ 的外心时,有 $OA=OB=OC=R$,则 $S_{\triangle OBC}=\frac{1}{2}R^2\cdot\sin 2A$, $S_{\triangle OCA}=\frac{1}{2}R^2\cdot\sin 2B$, $S_{\triangle OAB}=\frac{1}{2}R^2\cdot\sin 2C$. 于是

$$S_{\triangle OBC}:S_{\triangle OCA}:S_{\triangle OAB}=\sin 2A:\sin 2B:\sin 2C$$

由此即证.

(2)当 I 为$\triangle ABC$ 的内心时,有 $ID=IE=IC=r$,则 $S_{\triangle IBC}=\frac{1}{2}BC\cdot r$, $S_{\triangle ICA}=\frac{1}{2}CA\cdot r$, $S_{\triangle IAB}=\frac{1}{2}AB\cdot r$ 或者 $S_{\triangle IBC}=\frac{1}{2}BC\cdot BI\cdot\sin\angle IBC$, $S_{\triangle IAB}=\frac{1}{2}AB\cdot BI\cdot\sin\angle IBA$,有 $S_{\triangle IBC}:S_{\triangle IAB}=BC:AB$,同理 $S_{\triangle IBC}:S_{\triangle ICA}=BC:AC$,从而 $S_{\triangle IBC}:S_{\triangle ICA}:S_{\triangle IAB}=BC:CA:AB$,由此即证.

(3)当 G 为$\triangle ABC$ 的重心时,有 $S_{\triangle GBC}=S_{\triangle GCA}=$

$S_{\triangle GAB}=\frac{1}{3}S_{\triangle ABC}$.

(4)当 H 为 $\triangle ABC$ 的垂心时，作 $BH\perp AC$ 于 E，则 $S_{\triangle HBC}:S_{\triangle HAB}=CE:EA=BC\cdot\cos C:AB\cdot\cos A$，同理 $S_{\triangle HCA}:S_{\triangle HAB}=AC\cdot\cos C:AB\cdot\cos B$. 于是 $S_{\triangle HBC}:S_{\triangle HCA}:S_{\triangle HAB}=\tan A:\tan B:\tan C$，由此即证.

(5)可类似于(2)即证.

注　由此定理可求得心与心之间的向量式，如 $\overrightarrow{HG}=\frac{1}{3}(\overrightarrow{HA}+\overrightarrow{HB}+\overrightarrow{HC})$ 等等.

推论1　设 O,I,G,H 分别为 $\triangle ABC$ 的外心、内心、重心、垂心，I_A,I_B,I_C 依次为 $\angle A,\angle B,\angle C$ 内的旁心，则：

(1)

$$\sin 2A\cdot\overrightarrow{OA}+\sin 2B\cdot\overrightarrow{OB}+\sin 2C\cdot\overrightarrow{OC}=\mathbf{0} \tag{2.6.9}$$

(2)

$$BC\cdot\overrightarrow{IA}+CA\cdot\overrightarrow{IB}+AB\cdot\overrightarrow{IC}=\mathbf{0} \tag{2.6.10}$$

或

$$\sin A\cdot\overrightarrow{IA}+\sin B\cdot\overrightarrow{IB}+\sin C\cdot\overrightarrow{IC}=\mathbf{0} \tag{2.6.11}$$

(3)

$$\overrightarrow{GA}+\overrightarrow{GB}+\overrightarrow{GC}=\mathbf{0} \tag{2.6.12}$$

(4)

$$\tan A\cdot\overrightarrow{HA}+\tan B\cdot\overrightarrow{HB}+\tan C\cdot\overrightarrow{HC}=\mathbf{0}$$

(对非直角三角形)

或

$$\sin A\cdot\cos B\cdot\cos C\cdot\overrightarrow{HA}+\sin B\cdot\cos A\cdot\cos C\cdot\overrightarrow{HB}+\sin C\cdot\cos A\cdot\cos B\cdot\overrightarrow{OC}=\mathbf{0}\qquad(2.6.13)$$

(5)

$$-BC\cdot\overrightarrow{I_AA}+CA\cdot\overrightarrow{I_AB}+AB\cdot\overrightarrow{I_AC}=\mathbf{0}\qquad(2.6.14)$$

$$BC\cdot\overrightarrow{I_BA}-CA\cdot\overrightarrow{I_BB}+AB\cdot\overrightarrow{I_BC}=\mathbf{0}\qquad(2.6.15)$$

$$BC\cdot\overrightarrow{I_CA}+CA\cdot\overrightarrow{I_CB}-AB\cdot\overrightarrow{I_CC}=\mathbf{0}\qquad(2.6.16)$$

事实上,在定理 1 各式中取 M 分别为 O,I,G,H,I_A,I_B,I_C,即得上述各式.

由推论 1 各式,并应用式(2.3.11),又有:

推论2 设 O,I,G,H 分别为$\triangle ABC$ 的外心、内心、重心、垂心,I_A,I_B,I_C 依次为$\angle A,\angle B,\angle C$ 内的旁心,以$\triangle ABC$ 为坐标三角形,则它们的面积坐标分别为

$$O(\sin 2A:\sin 2B:\sin 2C)\qquad(2.6.17)$$

$$I(BC:CA:AB)\text{或}(\sin A:\sin B:\sin C)\qquad(2.6.18)$$

$$G(1:1:1)\qquad(2.6.19)$$

$$H(\tan A:\tan B:\tan C)\quad(\text{非直角三角形})\qquad(2.6.20)$$

$$I_A(-BC:CA:AB)\text{或}(-\sin A:\sin B:\sin C)\qquad(2.6.21)$$

$$I_B(BC:-CA:AB)\text{或}(\sin A:-\sin B:\sin C)\qquad(2.6.22)$$

$$I_C(BC:CA:-AB)\text{或}(\sin A:\sin B:-\sin C)\qquad(2.6.23)$$

推论3 设 O,G,H 分别为$\triangle ABC$ 的外心、重心、垂心,则:

(1)

$$\overrightarrow{OH}=\overrightarrow{OA}+\overrightarrow{OB}+\overrightarrow{OC} \qquad (2.6.24)$$

(2)

$$\overrightarrow{OG}=\frac{1}{3}\overrightarrow{OH} \qquad (2.6.25)$$

证明　(1)由于 H 为 $\triangle ABC$ 的垂心，则由式(2.6.13)，得

$$\tan A\,\overrightarrow{HA}+\tan B\,\overrightarrow{HB}+\tan C\,\overrightarrow{HC}=\mathbf{0}$$

即 $\tan A(\overrightarrow{OA}-\overrightarrow{OH})+\tan B(\overrightarrow{OB}-\overrightarrow{OH})+\tan C(\overrightarrow{OC}-\overrightarrow{OH})=\mathbf{0}$，即

$$\overrightarrow{OH}=\frac{\tan A}{\tan A+\tan B+\tan C}\overrightarrow{OA}+\frac{\tan B}{\tan A+\tan B+\tan C}\overrightarrow{OB}+\frac{\tan C}{\tan A+\tan B+\tan C}\overrightarrow{OC}$$

由于

$$\left(\frac{\tan A}{\tan A+\tan B+\tan C}-1\right)\overrightarrow{OA}+\left(\frac{\tan B}{\tan A+\tan B+\tan C}-1\right)\overrightarrow{OB}+\left(\frac{\tan C}{\tan A+\tan B+\tan C}-1\right)\overrightarrow{OC}$$

$$=\frac{1}{\tan A+\tan B+\tan C}[(\tan B+\tan C)\overrightarrow{OA}+(\tan A+\tan C)\overrightarrow{OB}+(\tan A+\tan B)\overrightarrow{OC}]$$

$$=\frac{1}{\tan A+\tan B+\tan C}\cdot\frac{1}{2\cos A\cdot\cos B\cdot\cos C}\cdot(\sin 2A\cdot\overrightarrow{OA}+\sin 2B\cdot\overrightarrow{OB}+\sin 2C\cdot\overrightarrow{OC})$$

又 O 为 $\triangle ABC$ 的外心，由式(2.6.9)得

$$\sin 2A\cdot\overrightarrow{OA}+\sin 2B\cdot\overrightarrow{OB}+\sin 2C\cdot\overrightarrow{OC}=\mathbf{0}$$

故$\overrightarrow{OH}=\dfrac{\tan A\cdot\overrightarrow{OA}+\tan B\cdot\overrightarrow{OB}+\tan C\cdot\overrightarrow{OC}}{\tan A+\tan B+\tan C}=\overrightarrow{OA}+\overrightarrow{OB}+\overrightarrow{OC}$.

或者也可以这样证明:在$\triangle ABC$的外接圆中作直径BD,联结AD,DC,则有$\overrightarrow{OB}=-\overrightarrow{OD}$,$AD\perp AB$,$DC\perp BC$,又$AH\perp BC$,$CH\perp AB$,如图 2.6.1 所示,知四边形$AHCD$为平行四边形. 于是$\overrightarrow{AH}=\overrightarrow{DC}$,故

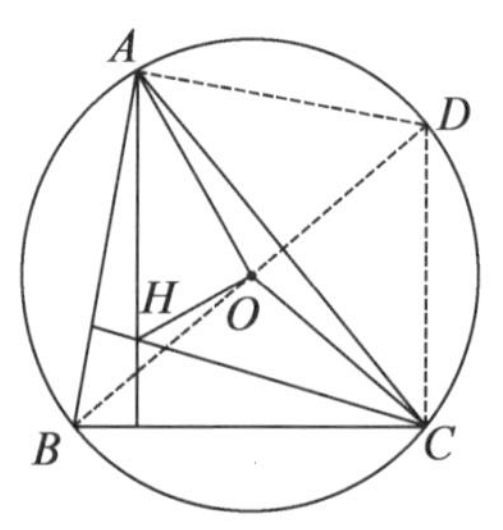

图 2.6.1

$$\overrightarrow{OH}=\overrightarrow{OA}+\overrightarrow{AH}=\overrightarrow{OA}+\overrightarrow{DC}=\overrightarrow{OA}+\overrightarrow{OB}+\overrightarrow{OC}$$

(2)一方面,由(1)得$\overrightarrow{OH}=\overrightarrow{OA}+\overrightarrow{OB}+\overrightarrow{OC}$.

另一方面,G为$\triangle ABC$的重心得$\overrightarrow{GA}+\overrightarrow{GB}+\overrightarrow{GC}=\mathbf{0}$,则

$$(\overrightarrow{OA}-\overrightarrow{OG})+(\overrightarrow{OB}-\overrightarrow{OG})+(\overrightarrow{OC}-\overrightarrow{OG})=\mathbf{0}$$

即

$$\overrightarrow{OG}=\frac{1}{3}(\overrightarrow{OA}+\overrightarrow{OB}+\overrightarrow{OC})$$

故

$$\overrightarrow{OG}=\frac{1}{3}\overrightarrow{OH}$$

注　熊曾润先生将式(2.6.24)进行推广,得到了

多边形的有趣结论:①

定义 1　设多边形 $A_1A_2\cdots A_n(n\geqslant 3)$ 内接于 $\odot O$，若点 H 满足

$$\overrightarrow{OH}=\sum_{i=1}^{n}\overrightarrow{OA_i} \qquad (2.6.26)$$

则点 H 称为多边形 $A_1A_2\cdots A_n$ 的垂心.

根据这个定义,我们可以推得:

命题 1　设多边形 $A_1A_2\cdots A_n(n\geqslant 3)$ 内接于 $\odot(O,R)$,其垂心为 H,则

$$A_1H^2+\sum_{2\leqslant i<j\leqslant n}A_iA_j^2=(n-1)^2R^2 \quad (2.6.27)$$

证明　依题设,点 H 满足式(2.6.26),所以有

$$\begin{aligned}A_1H^2&=(\overrightarrow{OH}-\overrightarrow{OA_1})^2=(\sum_{i=2}^{n}\overrightarrow{OA_i})^2\\&=\sum_{i=2}^{n}OA_i^2+2\sum_{2\leqslant i<j\leqslant n}\overrightarrow{OA_i}\cdot\overrightarrow{OA_j}\end{aligned}$$

又

$$\begin{aligned}\sum_{2\leqslant i<j\leqslant n}A_iA_j^2&=\sum_{2\leqslant i<j\leqslant n}(\overrightarrow{OA_j}-\overrightarrow{OA_i})^2\\&=(n-2)\sum_{i=2}^{n}OA_i^2-2\sum_{2\leqslant i<j\leqslant n}\overrightarrow{OA_i}\cdot\overrightarrow{OA_j}\end{aligned}$$

注意到顶点 $A_i(i=1,2,\cdots,n)$ 在 $\odot(O,R)$ 上,所以有 $\overrightarrow{OA_i}^2=R^2$. 因此,以上两个等式的两边分别相加,就得等式(2.6.27). 命题得证.

显然,在这个命题中令 $n=3$,就得到:

命题 2　设 $\triangle ABC$ 的垂心为 H,外接圆半径为 R,

① 熊曾润. 三角形垂心的一个性质的推广[J]. 中学数学研究,2009(2):32.

则

$$AH^2+BC^2=4R^2 \tag{2.6.28}$$

可见命题 1 是命题 2 的推广.

下面再对命题 1 进行推广. 设整数 m 满足 $1\leqslant m<n(n\geqslant 3)$,从多边形 $A_1A_2\cdots A_n$ 的 n 个顶点中,任意取出 m 个顶点组成的集合,称为多边形 $A_1A_2\cdots A_n$ 的 m 元顶点子集,记作 V_m;其余 $n-m$ 个顶点组成的集合,称为 V_m 的补集,记作$\overline{V}_m$.

定义 2 设多边形 $A_1A_2\cdots A_n(n\geqslant 3)$ 内接于$\odot O$,其 m 元顶点子集 V_m 所含的顶点为 $A_1',A_2',\cdots,A_m'(1\leqslant m<n)$,若点 H'满足

$$\overrightarrow{OH'}=\sum_{i=1}^{n}\overrightarrow{OA_i}-\sum_{j=1}^{m}\overrightarrow{OA_j'} \tag{2.6.29}$$

则点 H'称为补集$\overline{V}_m$ 的垂心.

根据以上定义,我们可以推得:

命题 3 设多边形 $A_1A_2\cdots A_n(n\geqslant 3)$ 内接于$\odot(O,R)$,其垂心为 H,其 m 元顶点子集 V_m 所含的顶点为 $A_1',A_2',\cdots,A_m'(1\leqslant m<n)$,补集 $\overline{V}_m$ 的垂心为 H',则

$$H'H^2+\sum_{i\leqslant i<j\leqslant m}A_iA_j^2=m^2R^2 \tag{2.6.30}$$

证明 依题设,点 H 和 H'分别满足式(2.6.26)和式(2.6.29),所以有

$$\begin{aligned}H'H^2&=(\overrightarrow{OH}-\overrightarrow{OH'})^2=\Big(\sum_{j=1}^{m}\overrightarrow{OA_j'}\Big)^2\\&=\sum_{i=1}^{m}OA_i'^2+2\sum_{i\leqslant i<j\leqslant m}\overrightarrow{OA_i'}\cdot\overrightarrow{OA_j'}\end{aligned}$$

又

$$\sum_{1\leqslant i<j\leqslant m}A_i'A_j'^2=\sum_{1\leqslant i<j\leqslant m}(\overrightarrow{OA_j'}-\overrightarrow{OA_i'})^2$$

$$=(m-1)\sum_{i=1}^{m}OA_i'^2-2\sum_{1\leqslant i<j\leqslant m}\overrightarrow{OA_i'}\cdot\overrightarrow{OA_j'}$$

注意到点 $A_i'(i=1,2,\cdots,m)$ 在 $\odot(O,R)$ 上，所以有 $OA_i'^2=R^2$. 因此，以上两个等式的两边分别相加，就得等式(2.6.30)，命题得证.

显然，在这个命题中令 $m=n-1$，就得到命题 1，由此可知命题 3 是命题 2 的进一步推广.

定理 2　设 O 是 $\triangle ABC$ 所在平面内一点，则 O 为 $\triangle ABC$ 的外心的充要条件是

$$(\overrightarrow{OA}+\overrightarrow{OB})\cdot\overrightarrow{AB}=(\overrightarrow{OB}+\overrightarrow{OC})\cdot\overrightarrow{BC}$$
$$=(\overrightarrow{OC}+\overrightarrow{OA})\cdot\overrightarrow{CA}=0\quad(2.6.31)$$

证明　由

$$(\overrightarrow{OA}+\overrightarrow{OB})\cdot\overrightarrow{AB}=(\overrightarrow{OB}+\overrightarrow{OC})\cdot\overrightarrow{BC}$$
$$=(\overrightarrow{OC}+\overrightarrow{OA})\cdot\overrightarrow{CA}=0$$
$$\Leftrightarrow(\overrightarrow{OA}+\overrightarrow{OB})(\overrightarrow{OB}-\overrightarrow{OA})=(\overrightarrow{OB}+\overrightarrow{OC})(\overrightarrow{OC}-\overrightarrow{OB})$$
$$=(\overrightarrow{OC}+\overrightarrow{OA})(\overrightarrow{OA}-\overrightarrow{OC})=0$$
$$\Leftrightarrow\overrightarrow{OB}^2-\overrightarrow{OA}^2=\overrightarrow{OC}^2-\overrightarrow{OB}^2=\overrightarrow{OA}^2-\overrightarrow{OC}^2=0$$

$\Leftrightarrow|\overrightarrow{OA}|=|\overrightarrow{OB}|=|\overrightarrow{OC}|\Leftrightarrow O$ 为 $\triangle ABC$ 的外心

注　注意到式(2.6.9)，设 O 为 $\triangle ABC$ 所在平面内一点，则 O 为 $\triangle ABC$ 的外心的充要条件是

$$\sin 2A\cdot\overrightarrow{OA}+\sin 2B\cdot\overrightarrow{OB}+\sin 2C\cdot\overrightarrow{OC}=\mathbf{0}$$

定理 3　设 I 是 $\triangle ABC$ 所在平面内一点，则 I 为 $\triangle ABC$ 的内心的充要条件是，当 $|\overrightarrow{BC}|=a$，$|\overrightarrow{CA}|=b$，$|\overrightarrow{AB}|=c$时

$$\overrightarrow{IA}\cdot\overrightarrow{IB}=\frac{c}{b}\overrightarrow{IA}\cdot\overrightarrow{IC}+\frac{b-c}{b}\overrightarrow{IA}^2=\frac{c}{a}\overrightarrow{IB}\cdot\overrightarrow{IC}+\frac{a-c}{a}\overrightarrow{IB}^2$$
$$(2.6.32)$$

$$\overrightarrow{IB}\cdot\overrightarrow{IC}=\frac{a}{b}\overrightarrow{IA}\cdot\overrightarrow{IC}+\frac{b-a}{b}\overrightarrow{IC}^2=\frac{a}{c}\overrightarrow{IA}\cdot\overrightarrow{IB}+\frac{c-a}{c}\overrightarrow{IB}^2 \tag{2.6.33}$$

$$\overrightarrow{IA}\cdot\overrightarrow{IC}=\frac{b}{a}\overrightarrow{IA}\cdot\overrightarrow{IB}+\frac{c-b}{c}\overrightarrow{IC}^2=\frac{b}{a}\overrightarrow{IB}\cdot\overrightarrow{IC}+\frac{a-b}{a}\overrightarrow{IC}^2 \tag{2.6.34}$$

证明 必要性:当 I 为内心时,$\angle IAB=\angle IAC$,$\angle IBA=\angle IBC$.

由 $$\overrightarrow{AI}\cdot\overrightarrow{AB}=|\overrightarrow{AI}|\cdot|\overrightarrow{AB}|\cdot\cos\angle IAB$$
$$\overrightarrow{AI}\cdot\overrightarrow{AC}=|\overrightarrow{AI}|\cdot|\overrightarrow{AC}|\cdot\cos\angle IAC$$

有$\dfrac{\overrightarrow{AI}\cdot\overrightarrow{AB}}{|\overrightarrow{AI}||\overrightarrow{AB}|}=\dfrac{\overrightarrow{AI}\cdot\overrightarrow{AC}}{|\overrightarrow{AI}||\overrightarrow{AC}|}$,即

$$\overrightarrow{AI}\cdot\overrightarrow{AB}=\frac{c}{b}\overrightarrow{AI}\cdot\overrightarrow{AC}$$

而 $$\overrightarrow{AB}=\overrightarrow{IB}-\overrightarrow{IA},\overrightarrow{AC}=\overrightarrow{IC}-\overrightarrow{IA}$$

从而 $$\overrightarrow{IA}\cdot(\overrightarrow{IB}-\overrightarrow{IA})=\frac{c}{b}\overrightarrow{IA}\cdot(\overrightarrow{IC}-\overrightarrow{IA})$$

故 $$\overrightarrow{IA}\cdot\overrightarrow{IB}=\frac{c}{b}\overrightarrow{IA}\cdot\overrightarrow{IC}+\frac{b-c}{b}\overrightarrow{IA}^2$$

同理可证得其他两式.

充分性:仿照必要性的过程递推.

注 (1)注意到式(2.6.10),设 I 是 $\triangle ABC$ 内一点,则 I 为 $\triangle ABC$ 的内心的充要条件是

$$\overrightarrow{BC}\cdot\overrightarrow{IA}+\overrightarrow{CA}\cdot\overrightarrow{IB}+\overrightarrow{AB}\cdot\overrightarrow{IC}=0$$

(2)设 I 是 $\triangle ABC$ 内一点,则 I 为 $\triangle ABC$ 的内心的充要条件是

$$\left(\frac{\overrightarrow{AB}}{|\overrightarrow{AB}|}-\frac{\overrightarrow{AC}}{|\overrightarrow{AC}|}\right)\cdot\overrightarrow{IA}+\left(\frac{\overrightarrow{BA}}{|\overrightarrow{BA}|}-\frac{\overrightarrow{BC}}{|\overrightarrow{BC}|}\right)\cdot\overrightarrow{IB}+$$
$$\left(\frac{\overrightarrow{CA}}{|\overrightarrow{CA}|}-\frac{\overrightarrow{CB}}{|\overrightarrow{CB}|}\right)\cdot\overrightarrow{IC}=0$$

定理 4　设 G 是 $\triangle ABC$ 所在平面内一点，则 G 为 $\triangle ABC$ 的重心的充要条件是，对空间任一点 P，有

$$\overrightarrow{PG}=\frac{1}{3}(\overrightarrow{PA}+\overrightarrow{PB}+\overrightarrow{PC}) \qquad (2.6.35)$$

证明　必要性：由式(2.6.4)即证.

充分性：由

$$\begin{aligned}\overrightarrow{PG}&=\frac{1}{3}(\overrightarrow{PA}+\overrightarrow{PB}+\overrightarrow{PC})\\&=\frac{1}{3}[(\overrightarrow{GA}-\overrightarrow{GP})+(\overrightarrow{GB}-\overrightarrow{GP})+(\overrightarrow{GC}-\overrightarrow{GP})]\end{aligned}$$

即有

$$\overrightarrow{GA}+\overrightarrow{GB}+\overrightarrow{GC}=\mathbf{0} \qquad (*)$$

如图 2.6.2 所示，取 BC 边的中点 D，联结 GD 并延长至 E，使 $DE=DG$，则四边形 $BECG$ 为平行四边形，从而 $\overrightarrow{GB}+\overrightarrow{GC}=\overrightarrow{GE}$.

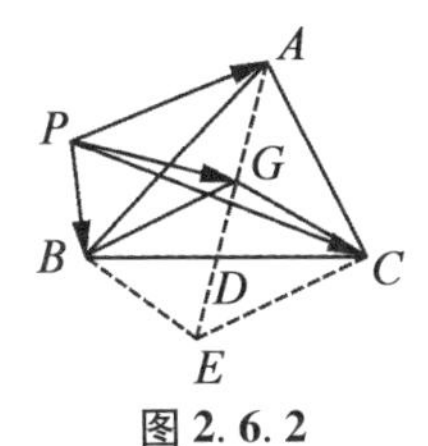

图 2.6.2

于是，由式(*)，有 $\overrightarrow{GA}=-\overrightarrow{GE}=\overrightarrow{EG}=2\overrightarrow{DG}$. 此时，注意到 A,G,E 共线及 D 为 BC 边中点，这说明 G 为 $\triangle ABC$ 的重心.

注　显然式(2.6.12)也可以作为充要条件.

定理 5　设 H 是 $\triangle ABC$ 所在平面内一点，则 H 是 $\triangle ABC$ 垂心的充要条件是

$$\overrightarrow{HA}\cdot\overrightarrow{HB}=\overrightarrow{HB}\cdot\overrightarrow{HC}=\overrightarrow{HC}\cdot\overrightarrow{HA} \qquad (2.6.36)$$

证明　充分性：注意到

$$\overrightarrow{HA}-\overrightarrow{HC}=\overrightarrow{CA}$$

$$\overrightarrow{HA}\cdot\overrightarrow{HB}=\overrightarrow{HB}\cdot\overrightarrow{HC}=\overrightarrow{HC}\cdot\overrightarrow{HA}$$
$$\Rightarrow\overrightarrow{HB}\cdot\overrightarrow{CA}=\overrightarrow{HC}\cdot\overrightarrow{AB}=\overrightarrow{HA}\cdot\overrightarrow{CB}=0$$
$$\Rightarrow\overrightarrow{HB}\perp\overrightarrow{CA},\overrightarrow{HC}\perp\overrightarrow{AB},\overrightarrow{HA}\perp\overrightarrow{BC}$$

即 H 是 $\triangle ABC$ 垂心.

必要性:H 是 $\triangle ABC$ 垂心 $\Rightarrow\overrightarrow{HA}\perp\overrightarrow{BC}\Rightarrow\overrightarrow{HA}\cdot\overrightarrow{BC}=0\Rightarrow\overrightarrow{HA}\cdot(\overrightarrow{HC}-\overrightarrow{HB})=0\Rightarrow\overrightarrow{HA}\cdot\overrightarrow{HB}=\overrightarrow{HC}\cdot\overrightarrow{HA}$.

同理可得

$$\overrightarrow{HA}\cdot\overrightarrow{HB}=\overrightarrow{HB}\cdot\overrightarrow{HC}=\overrightarrow{HC}\cdot\overrightarrow{HA}$$

定理 6 设 I_X 是 $\triangle ABC$ 所在平面内一点,则 I_X 是 $\triangle ABC$ 的旁心的充要条件是,当 $|\overrightarrow{BC}|=a$,$|\overrightarrow{CA}|=b$,$|\overrightarrow{AB}|=c$时

$$\overrightarrow{I_XA}\cdot\overrightarrow{I_XB}=\frac{b+c}{b}\overrightarrow{I_XA}^2-\frac{b}{c}\overrightarrow{I_XA}\cdot\overrightarrow{I_XC}$$
$$=\frac{a+c}{a}\overrightarrow{I_XB}^2-\frac{c}{a}\overrightarrow{I_XB}\cdot\overrightarrow{I_XC}\qquad(2.6.37)$$

$$\overrightarrow{I_XB}\cdot\overrightarrow{I_XC}=\frac{a+b}{b}\overrightarrow{I_XC}^2-\frac{a}{b}\overrightarrow{I_XA}\cdot\overrightarrow{I_XC}$$
$$=\frac{a+c}{c}\overrightarrow{I_XB}^2-\frac{a}{c}\overrightarrow{I_XA}\cdot\overrightarrow{I_XB}\qquad(2.6.38)$$

$$\overrightarrow{I_XA}\cdot\overrightarrow{I_XC}=\frac{c+b}{c}\overrightarrow{I_XA}^2-\frac{b}{c}\overrightarrow{I_XA}\cdot\overrightarrow{I_XB}$$
$$=\frac{a+b}{c}\overrightarrow{I_XC}^2-\frac{b}{a}\overrightarrow{I_XB}\cdot\overrightarrow{I_XC}\qquad(2.6.39)$$

事实上,可类似于定理 3 的证明而证(略).

在此也顺便指出:定理 4 是从定理 1 中式(2.6.4)考虑其条件的充分性而得,其实,定理 1 中的

各式也都可以探讨其充分性,例如考虑式(2.6.2)的充分性,则有:

定理7　设 P 是$\triangle ABC$ 所在平面内任意一点,I 是$\triangle ABC$ 内一点,则 I 为$\triangle ABC$ 内心的充要条件是

$$\overrightarrow{PI}=\frac{a\,\overrightarrow{PA}+b\,\overrightarrow{PB}+c\,\overrightarrow{PC}}{a+b+c} \qquad (2.6.40)$$

其中 a,b,c 是$\triangle ABC$ 内角$\angle A,\angle B,\angle C$ 的对边.

证明　必要性:可由式(2.6.2)即得.

下面,我们另给出一个证明. 必要性:如图 2.6.3 所示,设 I 为$\triangle ABC$ 内心,且$\overrightarrow{AB}=c\boldsymbol{e}_1$,$\overrightarrow{BC}=a\boldsymbol{e}_2$,$\overrightarrow{CA}=b\boldsymbol{e}_3$,其中 $\boldsymbol{e}_1,\boldsymbol{e}_2,\boldsymbol{e}_3$ 为三边$\overrightarrow{AB},\overrightarrow{BC},\overrightarrow{CA}$上的单位向量,则存在正实数 $\lambda_1,\lambda_2,\lambda_3$ 满足关系

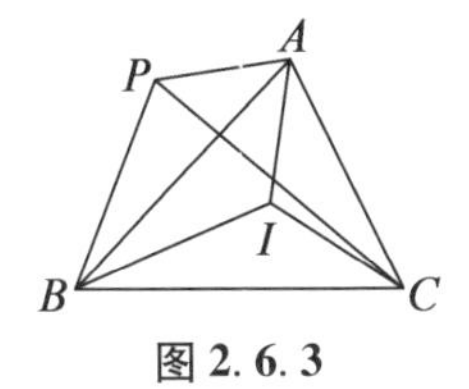

图 2.6.3

$$\begin{cases}\overrightarrow{PI}=\overrightarrow{PA}+\overrightarrow{AI}=\overrightarrow{PA}+\lambda_1(\boldsymbol{e}_1-\boldsymbol{e}_3)\\ \overrightarrow{PI}=\overrightarrow{PB}+\overrightarrow{BI}=\overrightarrow{PB}+\lambda_2(\boldsymbol{e}_2-\boldsymbol{e}_1)\\ \overrightarrow{PI}=\overrightarrow{PC}+\overrightarrow{CI}=\overrightarrow{PC}+\lambda_3(\boldsymbol{e}_3-\boldsymbol{e}_2)\end{cases}$$

$$\Rightarrow\begin{cases}(c-\lambda_1-\lambda_2)\boldsymbol{e}_1+\lambda_2\boldsymbol{e}_2+\lambda_1\boldsymbol{e}_3=\boldsymbol{0}\\ \lambda_2\boldsymbol{e}_1+(a-\lambda_2-\lambda_3)\boldsymbol{e}_2+\lambda_3\boldsymbol{e}_3=\boldsymbol{0}\\ \lambda_1\boldsymbol{e}_1+\lambda_3\boldsymbol{e}_2+(b-\lambda_1-\lambda_3)\boldsymbol{e}_3=\boldsymbol{0}\end{cases}$$

消去 $\boldsymbol{e}_3$ 得

$$(\lambda_1\lambda_2+\lambda_2\lambda_3+\lambda_1\lambda_3-\lambda_3c)\boldsymbol{e}_1+$$
$$(a\lambda_1-\lambda_1\lambda_2-\lambda_2\lambda_3-\lambda_1\lambda_3)\boldsymbol{e}_2=\boldsymbol{0}$$

因 $\boldsymbol{e}_1,\boldsymbol{e}_2$ 不共线，则 $\lambda_1\lambda_2+\lambda_2\lambda_3+\lambda_1\lambda_3=\lambda_3 c=a\lambda_1$.

消去 $\boldsymbol{e}_1$，同理可得

$$\lambda_1\lambda_2+\lambda_2\lambda_3+\lambda_1\lambda_3=a\lambda_1=b\lambda_2$$

以上两式联立求得

$$\lambda_1=\frac{bc}{a+b+c},\lambda_2=\frac{ac}{a+b+c},\lambda_3=\frac{ab}{a+b+c}$$

于是

$$\begin{aligned}\overrightarrow{PI}&=\overrightarrow{PA}+\frac{bc}{a+b+c}\cdot\frac{\overrightarrow{PB}-\overrightarrow{PA}}{c}-\frac{bc}{a+b+c}\cdot\frac{\overrightarrow{PA}-\overrightarrow{PC}}{b}\\&=\frac{a\,\overrightarrow{PA}+b\,\overrightarrow{PB}+c\,\overrightarrow{PC}}{a+b+c}\end{aligned}$$

充分性

$$\begin{aligned}\overrightarrow{PI}&=\frac{a\,\overrightarrow{PA}+b\,\overrightarrow{PB}+c\,\overrightarrow{PC}}{a+b+c}\\&=\overrightarrow{PA}+\frac{b\,\overrightarrow{PB}+c\,\overrightarrow{PC}-c\,\overrightarrow{PA}-b\,\overrightarrow{PA}}{a+b+c}\\&=\overrightarrow{PA}+\frac{b\,\overrightarrow{AB}+c\,\overrightarrow{AC}}{a+b+c}\\&\Rightarrow\overrightarrow{AI}=\frac{bc}{a+b+c}\cdot(\boldsymbol{e}_1-\boldsymbol{e}_3)\end{aligned}$$

即点 I 在 $\angle A$ 的平分线上，同理可得点 I 也在 $\angle B,\angle C$ 的平分线上，亦即点 I 为 $\triangle ABC$ 内心.

类似于式(2.6.10)，我们有：

定理 8① $\triangle ABC$ 的内切圆与 BC,CA,AB 依次相

① 杜山，苏立志. 一个定理的另证与推广[J]. 数学通讯，2006(21)：26-27.

切于点 D,E,F，圆心为 I，$BC=a$，$CA=b$，$AB=c$，则

$$a\overrightarrow{ID}+b\overrightarrow{IE}+c\overrightarrow{IF}=\mathbf{0} \qquad (2.6.41)$$

证明　要证明 $a\overrightarrow{ID}+b\overrightarrow{IE}+c\overrightarrow{IF}=\mathbf{0}$，只需证明

$$a\frac{\overrightarrow{ID}}{|\overrightarrow{ID}|}+b\frac{\overrightarrow{IE}}{|\overrightarrow{ID}|}+c\frac{\overrightarrow{IF}}{|\overrightarrow{ID}|}=\mathbf{0}$$

易知，$\dfrac{\overrightarrow{ID}}{|\overrightarrow{ID}|}$，$\dfrac{\overrightarrow{IE}}{|\overrightarrow{ID}|}$，$\dfrac{\overrightarrow{IF}}{|\overrightarrow{ID}|}$分别为与$\overrightarrow{ID}$，$\overrightarrow{IE}$，$\overrightarrow{IF}$同向的单位向量，于是 $a\dfrac{\overrightarrow{ID}}{|\overrightarrow{ID}|}$，$b\dfrac{\overrightarrow{IE}}{|\overrightarrow{ID}|}$，$c\dfrac{\overrightarrow{IF}}{|\overrightarrow{ID}|}$分别为与$\overrightarrow{ID}$，$\overrightarrow{IE}$，$\overrightarrow{IF}$同向的向量，它们的模分别为 a,b,c.

设 $a\dfrac{\overrightarrow{ID}}{|\overrightarrow{ID}|}$，$b\dfrac{\overrightarrow{IE}}{|\overrightarrow{ID}|}$，$c\dfrac{\overrightarrow{IF}}{|\overrightarrow{ID}|}$分别为$\overrightarrow{IP}$，$\overrightarrow{IQ}$，$\overrightarrow{IR}$，如图2.6.4所示，作向量$\overrightarrow{TI}=\overrightarrow{IR}$.

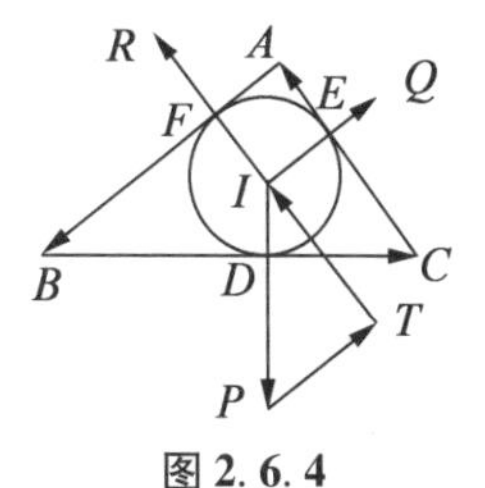

图 2.6.4

因为 $IF\perp AB$，$ID\perp BC$，则 $\angle ABC$ 与 $\angle DIF$ 互补.

同理，$\angle BCA$ 与 $\angle DIE$ 互补，$\angle CAB$ 与 $\angle EIF$ 互补.

所以 $\angle ABC=\angle PIT$，所以 $\triangle IPT$ 与 $\triangle BCA$ 全等，则 $|\overrightarrow{PT}|=|\overrightarrow{CA}|=|\overrightarrow{IQ}|$，且 $\angle IPT=\angle BCA$，于是 $\angle IPT$ 与 $\angle DIE$ 互补，即$\overrightarrow{PT}$与$\overrightarrow{IQ}$共线，故$\overrightarrow{PT}=\overrightarrow{IQ}$.

由$\overrightarrow{IP}+\overrightarrow{PT}+\overrightarrow{TI}=\mathbf{0}$，知$\overrightarrow{IP}+\overrightarrow{IQ}+\overrightarrow{IR}=\mathbf{0}$. 于是 $a\overrightarrow{ID}+$

$b\overrightarrow{IE}+c\overrightarrow{IF}=\mathbf{0}$ 得证.

定理 8 的推广 已知$\triangle ABC$内任意一点I,过C,I两点的圆与BC,CA分别交于点D,E,过A,E,I三点的圆与AB交于点F,如图 2.6.5 所示.若$BC=a,CA=b,AB=c$,则

$$a\frac{\overrightarrow{ID}}{|\overrightarrow{ID}|}+b\frac{\overrightarrow{IE}}{|\overrightarrow{IE}|}+c\frac{\overrightarrow{IF}}{|\overrightarrow{IF}|}=\mathbf{0} \quad (2.6.42)$$

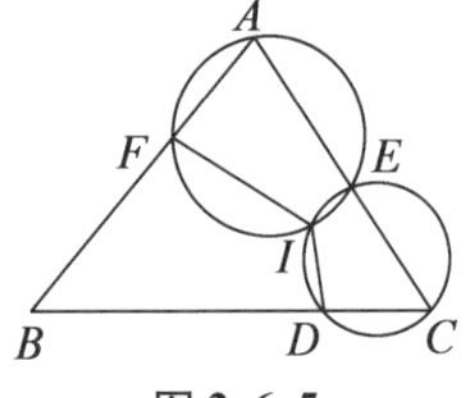

图 2.6.5

事实上,易知$\angle DIE$与$\angle ACB$互补,$\angle EIF$与$\angle BAC$互补,由三角形密克尔定理(或直接推导)得到$\angle DIF$与$\angle ABC$互补,后面的证明与上面定理 8 的证明完全相同.

由此容易得到三角形有关特殊点的向量关系:

推论 1 已知O为$\triangle ABC$的外心,BC,CA,AB的中点依次为D,E,F,则

$$a\frac{\overrightarrow{OD}}{|\overrightarrow{OD}|}+b\frac{\overrightarrow{OE}}{|\overrightarrow{OE}|}+c\frac{\overrightarrow{OF}}{|\overrightarrow{OF}|}=\mathbf{0} \quad (2.6.43)$$

推论 2 已知H为$\triangle ABC$的垂心,BC,CA,AB边上高线的垂足依次为D,E,F,则

$$a\frac{\overrightarrow{HD}}{|\overrightarrow{HD}|}+b\frac{\overrightarrow{HE}}{|\overrightarrow{HE}|}+c\frac{\overrightarrow{HF}}{|\overrightarrow{HF}|}=\mathbf{0} \quad (2.6.44)$$

⋮

对于式(2.6.10),我们还可得如下结论:

推论 3　设 I 为 $\triangle ABC$ 的内心,则:

(1)

$$\sin\frac{A}{2}=\frac{b^2IB^2+c^2IC^2-a^2IA^2}{2bIB\cdot cIC}\qquad(2.6.45)$$

(2)

$$\sin\frac{B}{2}=\frac{c^2IC^2+a^2IA^2-b^2IB^2}{2cIC\cdot aIA}\qquad(2.6.46)$$

(3)

$$\sin\frac{C}{2}=\frac{a^2IA^2+b^2IB^2-c^2IC^2}{2aIA\cdot bIB}\qquad(2.6.47)$$

证明　熟知 $\angle BIC=90^\circ+\frac{A}{2}$. 由式(2.6.10)有 $a\overrightarrow{IA}+b\overrightarrow{IB}+c\overrightarrow{IC}=\mathbf{0}$,有 $-a\overrightarrow{IA}=b\overrightarrow{IB}+c\overrightarrow{IC}$,平方得

$$\begin{aligned}a^2\overrightarrow{IA}^2&=b^2\overrightarrow{IB}^2+c^2\overrightarrow{IC}^2+2bc\overrightarrow{IB}\cdot\overrightarrow{IC}\\&=b^2IB^2+c^2IC^2+2bcIB\cdot IC\cdot\cos\angle BIC\\&=b^2IB^2+c^2IC^2+2bcIB\cdot IC\cdot\cos\left(90^\circ+\frac{A}{2}\right)\\&=b^2IB^2+c^2IC^2-2bcIB\cdot IC\cdot\sin\frac{A}{2}\end{aligned}$$

于是有(2.6.45),同理可证另两式.

推论 4　设 I 为 $\triangle ABC$ 的内心,则

$$\begin{aligned}&a^2IA^2+b^2IB^2+c^2IC^2\\&=2bIB\cdot cIC\cdot\sin\frac{A}{2}+2cIC\cdot aIA\cdot\sin\frac{B}{2}+\\&\quad 2aIA\cdot bIB\cdot\sin\frac{C}{2}\end{aligned}\qquad(2.6.48)$$

事实上,由 $a\overrightarrow{IA}+b\overrightarrow{IB}+c\overrightarrow{IC}=\mathbf{0}$ 两边平方即得.

对于式(2.6.14),也有如下结论:

推论 5 设 I_A 为 $\triangle ABC$ 的 $\angle A$ 内的旁心，则

$$\sin\frac{A}{2}=-\frac{b^2I_AB^2+c^2I_AC^2-a^2I_AA^2}{2bI_AB\cdot cI_AC}\quad(2.6.49)$$

$$\cos\frac{B}{2}=\frac{c^2I_AC^2+a^2I_AA^2-b^2I_AB^2}{2cI_AC\cdot aI_AA}\quad(2.6.50)$$

$$\cos\frac{C}{2}=\frac{a^2I_AA^2+b^2I_AB^2-c^2I_AC^2}{2aI_AA\cdot bI_AB}\quad(2.6.51)$$

对于式(2.6.15)，式(2.6.16)也有同样的结论，就留给读者自行写出了.

由定理 8 的推论 1，我们可以得到 $\triangle ABC$ 各心的坐标(平面直角、平面仿射)表示：

推论 6 设 $A(x_1,y_1)$，$B(x_2,y_2)$，$C(x_3,y_3)$，$\triangle ABC$ 心的坐标为 (x,y)，则有

(1)

(x,y) 为 $\triangle ABC$ 外心

$$\Leftrightarrow\begin{cases}x=\dfrac{x_1\sin 2A+x_2\sin 2B+x_3\sin 2C}{\sin 2A+\sin 2B+\sin 2C}\\ y=\dfrac{y_1\sin 2A+y_2\sin 2B+y_3\sin 2C}{\sin 2A+\sin 2B+\sin 2C}\end{cases}\quad(2.6.52)$$

(2)

(x,y) 为 $\triangle ABC$ 内心

$$\Leftrightarrow\begin{cases}x=\dfrac{x_1\sin A+x_2\sin B+x_3\sin C}{\sin A+\sin B+\sin C}\\ y=\dfrac{y_1\sin A+y_2\sin B+y_3\sin C}{\sin A+\sin B+\sin C}\end{cases}\quad(2.6.53)$$

$$\Leftrightarrow\begin{cases}x=\dfrac{x_1\sin 2A+x_2\sin 2B+x_3\sin 2C}{4\sin A\sin B\sin C}\\ y=\dfrac{y_1\sin 2A+y_2\sin 2B+y_3\sin 2C}{4\sin A\sin B\sin C}\end{cases}\quad(2.6.54)$$

(3)

$$(x,y)\text{为}\triangle ABC\text{重心}\Leftrightarrow\begin{cases}x=\dfrac{x_1+x_2+x_3}{3}\\ y=\dfrac{y_1+y_2+y_3}{3}\end{cases}\tag{2.6.55}$$

(4)

(x,y)为$\triangle ABC$垂心

$$\Leftrightarrow\begin{cases}x=\dfrac{x_1\sin A\cos B\cos C+x_2\sin B\cos A\cos C+x_3\sin C\cos A\cos B}{\sin A\cos B\cos C+\sin B\cos A\cos C+\sin C\cos A\cos B}\\ y=\dfrac{y_1\sin A\cos B\cos C+y_2\sin B\cos A\cos C+y_3\sin C\cos A\cos B}{\sin A\cos B\cos C+\sin B\cos A\cos C+\sin C\cos A\cos B}\end{cases}\tag{2.6.56}$$

$$\Leftrightarrow\begin{cases}x=\dfrac{x_1\sin A\cos B\cos C+x_2\sin B\cos A\cos C+x_3\sin C\cos A\cos B}{\sin A\sin B\sin C}\\ y=\dfrac{y_1\sin A\cos B\cos C+y_2\sin B\cos A\cos C+y_3\sin C\cos A\cos B}{\sin A\sin B\sin C}\end{cases}\tag{2.6.57}$$

(5)

(x,y)为$\triangle ABC$中$\angle A$所对的旁心

$$\Leftrightarrow\begin{cases}x=\dfrac{x_1\sin A-x_2\sin B-x_3\sin C}{\sin A-\sin B-\sin C}\\ y=\dfrac{y_1\sin A-y_2\sin B-y_3\sin C}{\sin A-\sin B-\sin C}\end{cases}\tag{2.6.58}$$

(x,y)为$\triangle ABC$中$\angle B$所对的旁心

$$\Leftrightarrow\begin{cases}x=\dfrac{x_2\sin B-x_1\sin A-x_3\sin C}{\sin B-\sin A-\sin C}\\ y=\dfrac{y_2\sin B-y_1\sin A-y_3\sin C}{\sin B-\sin A-\sin C}\end{cases}\tag{2.6.59}$$

(x,y) 为 $\triangle ABC$ 中 $\angle C$ 所对的旁心

$$\Leftrightarrow\begin{cases}x=\dfrac{x_3\sin C-x_1\sin A-x_2\sin B}{\sin C-\sin A-\sin B}\\ y=\dfrac{y_3\sin C-y_1\sin A-y_2\sin B}{\sin C-\sin A-\sin B}\end{cases}\qquad(2.6.60)$$

我们也可以用三角形的边作为基向量，应用平面向量的基本定理，求得三角形有关心的平面仿射坐标.

定理 9　在 $\triangle ABC$ 中，以 $\overrightarrow{AB},\overrightarrow{AC}$ 为基底向量，其外心 O，内心 I，重心 G，垂心 H 的仿射坐标为：

(1)

$$O\left(\frac{\cos B}{2\sin A\sin C},\frac{\cos C}{2\sin A\sin B}\right)\qquad(2.6.61)$$

(2)

$$I\left[\frac{\sin\frac{B}{2}}{2\cos\frac{A}{2}\cos\frac{C}{2}},\frac{\sin\frac{C}{2}}{2\cos\frac{A}{2}\cos\frac{B}{2}}\right]\qquad(2.6.62)$$

(3)

$$G\left(\frac{1}{3},\frac{1}{3}\right)\qquad(2.6.63)$$

(4)

$$H\left(\frac{\cos A\cos C}{\sin A\sin C},\frac{\cos A\cos B}{\sin A\sin B}\right)\qquad(2.6.64)$$

证明　仅证式(2.6.61)，其余的证明留给读者.

如图 2.6.6 所示，O 是 $\triangle ABC$ 的外心，D 为 O 的射影，$\overrightarrow{AO}=\lambda\overrightarrow{AB}+\mu\overrightarrow{AC}$，$\overrightarrow{AO}\cdot\overrightarrow{AB}=\lambda\overrightarrow{AB}^2+\mu\overrightarrow{AC}\cdot\overrightarrow{AB}=\lambda c^2+\mu bc\cos A$，又 $\overrightarrow{AO}\cdot\overrightarrow{AB}=|\overrightarrow{AO}|\cdot|\overrightarrow{AB}|\cos\angle OAB=|\overrightarrow{OA}|c\cdot\dfrac{\frac{1}{2}c}{|\overrightarrow{AO}|}=\dfrac{1}{2}c^2$，得 $\lambda c^2+\mu bc\cos A=\dfrac{1}{2}c^2$，即

$$\lambda c+\mu b\cos A=\frac{1}{2}c \quad （其中 a=BC,b=CA,c=AB）①$$

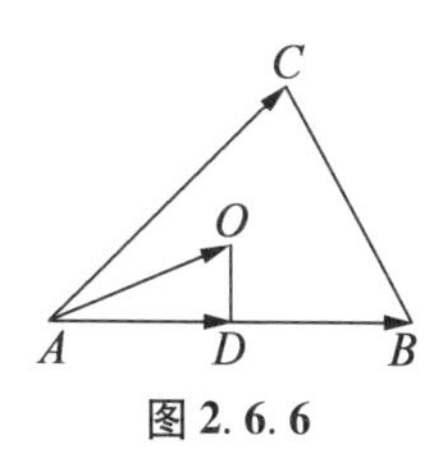

图 2.6.6

同理，由$\overrightarrow{AO}\cdot\overrightarrow{AC}$可以得到

$$\lambda c\cos A+\mu b=\frac{1}{2}b \qquad ②$$

解①，②联立的方程组可以得到

$$\begin{cases}\lambda=\dfrac{c-b\cos A}{2c\sin^2 A}=\dfrac{\cos B}{2\sin A\sin C}\\ \mu=\dfrac{b-c\cos A}{2b\sin^2 A}=\dfrac{\cos C}{2\sin A\sin B}\end{cases}$$

由此即证.

注　三角形旁心的仿射坐标可仿内心形式写出，留给读者.

定义 3　与三角形两边的延长线及其外接圆相切的圆，叫作三角形的远切圆. ①

每个$\triangle ABC$有三个远切圆，其半径分别记为R_a，R_b，R_c.

为了给出三角形远切圆圆心的向量特征，先看两条引理：

引理 1　当点O落在$\triangle ABC$的边AB，AC的延长

① 张敬坤. 三角形远切圆圆心的向量特征和两个向量性质[J]. 中学数学研究，2012(10)：44-45.

线和边 BC 所夹的区域时(此处面积不一定为有向面积),有

$$S_{\triangle OBC}\overrightarrow{OA}=S_{\triangle OAC}\overrightarrow{OB}+S_{\triangle OBA}\overrightarrow{OC}$$

此结论的证明由式(2.3.3)即得.

引理 2 在$\triangle ABC$中,R,r分别为其外接圆、内切圆半径,s为$\triangle ABC$的半周长,则有$2R(b+c)>a(2R+r)$.

证明 $2R(b+c)>a(2R+r)\Leftrightarrow b+c>a(1+\frac{r}{2R})\Leftrightarrow$

$b+c-a>\frac{ar}{2R}\Leftrightarrow\frac{1}{2}\times\frac{a}{2R}\times\frac{r}{s-a}<1\Leftrightarrow\frac{1}{2}\sin A\tan\frac{A}{2}<1\Leftrightarrow$

$\sin^2\frac{A}{2}<1$ 显然成立.

故 $2R(b+c)>a(2R+r)$.

定理 10 在$\triangle ABC$中,R,r分别为其外接圆、内切圆半径,点O是顶点A所对远切圆圆心的充分必要条件是

$$a(2R+r)\overrightarrow{OA}=2R(b\overrightarrow{OB}+c\overrightarrow{OC})\quad(2.6.65)$$

证明 (i)若点O是顶点A所对远切圆圆心,如图2.6.7所示,设$\triangle ABC$的远切圆O与边AB,AC的延长线相切于点D,E,连OA,OB,OC,OD,OE,则AO是$\angle A$的平分线,且$OD\perp AD,OE\perp AE,AD=AE$,因为顶点$A$所对远切圆的圆心$O$在边$AB,AC$的延长线和边$BC$所夹的区域内,由引理1有

$$S_{\triangle OBC}\overrightarrow{OA}=S_{\triangle OAC}\overrightarrow{OB}+S_{\triangle OBA}\overrightarrow{OC}$$

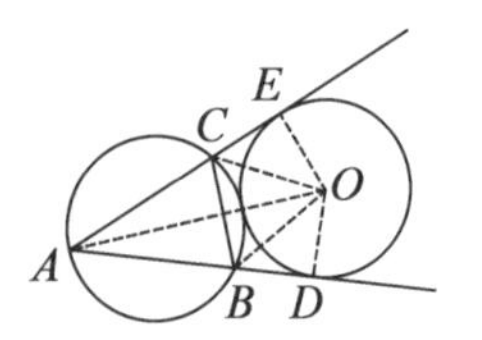

图 2.6.7

由计算知，$OD=R=\frac{bc}{p-a}\tan\frac{A}{2}$（其中 p 为三角形半周长），即

$$AE=AD=\frac{OD}{\tan\frac{A}{2}}=\frac{bc}{p-a}$$

则 $$S_{\text{四边形}ADOE}=2S_{\triangle ADO}=\frac{bcR}{p-a}$$

又 $$BD=AD-AB=\frac{bc}{p-a}-c=\frac{c(p-c)}{p-a}$$

$$CE=AE-AC=\frac{bc}{p-a}-b=\frac{b(p-b)}{p-a}$$

则 $$S_{\triangle ODB}=\frac{1}{2}OD\cdot BD=\frac{c(p-c)R}{2(p-a)}$$

$$S_{\triangle OCE}=\frac{1}{2}OE\cdot CE=\frac{b(p-b)R}{2(p-a)}$$

从而

$$\begin{aligned}S_{\triangle ODB}+S_{\triangle OCE}&=\frac{c(p-c)R}{2(p-a)}+\frac{b(p-b)R}{2(p-a)}\\&=\frac{[a(b+c)-(b-c)^2]R}{4(p-a)}\end{aligned}$$

于是

$$\begin{aligned}S_{\triangle OBC}&=S_{\text{四边形}AEOD}-S_{\triangle OCE}-S_{\triangle ODB}-S_{\triangle ACB}\\&=\frac{bcR}{p-a}-\frac{[a(b+c)-(b-c)^2]R}{4(p-a)}-rp\\&=\frac{(b+c)R}{2}-(p-a)R\cos^2\frac{A}{2}\\&=(p-a)R-(p-a)R\cos^2\frac{A}{2}+\frac{aR}{2}\end{aligned}$$

$$=(p-a)R\sin^2\frac{A}{2}+\frac{aR}{2}$$

$$=\frac{arR}{4R}+\frac{aR}{2}=\frac{aR(2R+r)}{4R}$$

又 $$S_{\triangle OBA}=\frac{1}{2}AB\cdot OD=\frac{cR}{2}$$

$$S_{\triangle OAC}=\frac{1}{2}AC\cdot OE=\frac{1}{2}bR$$

将 $S_{\triangle OBC}=\dfrac{aR(2R+r)}{4R}$，$S_{\triangle OBA}=\dfrac{cR}{2}$，$S_{\triangle OAC}=\dfrac{bR}{2}$ 代入 $S_{\triangle OBC}\overrightarrow{OA}=S_{\triangle OAC}\overrightarrow{OB}+S_{\triangle OBA}\overrightarrow{OC}$ 中整理得

$$a(2R+r)\overrightarrow{OA}=2R(b\overrightarrow{OB}+c\overrightarrow{OC})$$

（ⅱ）若点 O 满足 $a(2R+r)\overrightarrow{OA}=2R(b\overrightarrow{OB}+c\overrightarrow{OC})$，设点 O' 是顶点 A 所对远切圆圆心，由（ⅰ）的证明知

$$a(2R+r)\overrightarrow{O'A}=2R(b\overrightarrow{O'B}+c\overrightarrow{O'C})$$

则

$$\begin{aligned}&a(2R+r)(\overrightarrow{O'O}+\overrightarrow{OA})\\&=2R[b(\overrightarrow{O'O}+\overrightarrow{OB})+c(\overrightarrow{O'O}+\overrightarrow{OC})]\end{aligned}$$

$$\begin{aligned}&a(2R+r)\overrightarrow{O'O}+a(2R+r)\overrightarrow{OA}\\&=2R(b\overrightarrow{O'O}+c\overrightarrow{O'O})+2R(b\overrightarrow{OB}+c\overrightarrow{OC})\end{aligned}$$

即 $$a(2R+r)\overrightarrow{O'O}=2R(b\overrightarrow{O'O}+c\overrightarrow{O'O})$$

故 $$[a(2R+r)-2R(b+c)]\overrightarrow{O'O}=\mathbf{0}$$

由引理 2 知 $a(2R+r)-2R(b+c)\neq 0$，故

$$\overrightarrow{O'O}=\mathbf{0}$$

即点 O' 与点 O 重合，故点 O 是顶点 A 所对远切圆圆

心.

故满足 $a(2R+r)\overrightarrow{OA}=2R(b\,\overrightarrow{OB}+c\,\overrightarrow{OC})$ 的点 O 是 $\triangle ABC$ 的顶点 A 所对远切圆圆心.

综上,由(ⅰ)(ⅱ)得,在 $\triangle ABC$ 中,点 O 是顶点 A 所对远切圆圆心的充分必要条件为

$$a(2R+r)\overrightarrow{OA}=2R(b\,\overrightarrow{OB}+c\,\overrightarrow{OC})$$

2. 三角形中的线

定理 11　设点 D 在 $\triangle ABC$ 的 BC 边上,则 AD 为 BC 边的中线的充分必要条件是

$$\overrightarrow{AD}=\frac{1}{2}(\overrightarrow{AB}+\overrightarrow{AC}) \tag{2.6.66}$$

证明　必要性:由式(2.2.6)即证.

充分性:由 $\overrightarrow{AB}+\overrightarrow{AC}=2\,\overrightarrow{AD}=\overrightarrow{AE}$,由向量加法的意义,即平行四边形法则,知 $ABEC$ 为平行四边形,由平行四边形对角线互相平分,知 AD 为 BC 边上的中线.

注　(1)三角形中线向量公式(2.6.66)是向量的定比分点公式的特殊情形,向量的定比分点公式中,$\overrightarrow{AD}$是分向量,$\overrightarrow{AB}$是起向量,$\overrightarrow{AC}$是终向量.

(2)三角形中线向量公式反映出中线向量可由两夹边向量唯一确定.

定理 12　设点 E 在 $\triangle ABC$ 的 BC 边上,则 AE 为 $\angle BAC$ 的平分线的充要条件是

$$\overrightarrow{AE}=\frac{|\overrightarrow{AC}|}{|\overrightarrow{AB}|+|\overrightarrow{AC}|}\overrightarrow{AB}+\frac{|\overrightarrow{AB}|}{|\overrightarrow{AB}|+|\overrightarrow{AC}|}\overrightarrow{AC} \tag{2.6.67}$$

证明　必要性:如图 2.6.8 所示,过点 E 作 $EF/\!/AC$ 交 AB 于点 F,作 $EG/\!/AB$ 交 AC 于点 G,由此得到

平行四边形 $AGEF$,从而$\overrightarrow{AE}=\overrightarrow{AF}+\overrightarrow{AG}$,即

$$\overrightarrow{AE}=|\overrightarrow{AF}|\cdot\boldsymbol{\alpha}+|\overrightarrow{AG}|\cdot\boldsymbol{\beta}$$

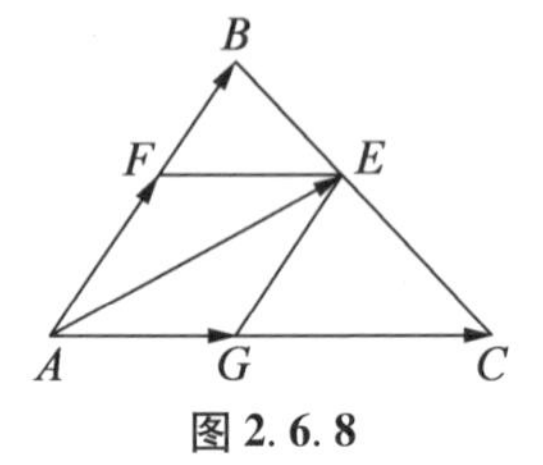

图 2.6.8

其中 $\boldsymbol{\alpha},\boldsymbol{\beta}$ 是$\overrightarrow{AB},\overrightarrow{AC}$方向上的单位向量,即 $\boldsymbol{\alpha}=\dfrac{\overrightarrow{AB}}{|\overrightarrow{AB}|}$,$\boldsymbol{\beta}=\dfrac{\overrightarrow{AC}}{|\overrightarrow{AC}|}$.

由 AE 平分 $\angle FAG\Rightarrow$ 四边形 $AGEF$ 为菱形 $\Rightarrow$ $|\overrightarrow{AF}|=|\overrightarrow{AG}|=\lambda\ (\lambda\in(0,+\infty))$,故 $\overrightarrow{AE}=\lambda\cdot\left(\dfrac{\overrightarrow{AB}}{|\overrightarrow{AB}|}+\dfrac{\overrightarrow{AC}}{|\overrightarrow{AC}|}\right)$,其中 $\lambda=|\overrightarrow{AF}|,\lambda\in(0,+\infty)$.

根据点 E 在直线 BC 上知$\dfrac{\lambda}{|\overrightarrow{AB}|}+\dfrac{\lambda}{|\overrightarrow{AC}|}=1$,故 $\lambda=\dfrac{|\overrightarrow{AB}|\cdot|\overrightarrow{AC}|}{|\overrightarrow{AB}|+|\overrightarrow{AC}|}$,从而

$$\overrightarrow{AE}=\frac{|\overrightarrow{AC}|}{|\overrightarrow{AB}|+|\overrightarrow{AC}|}\overrightarrow{AB}+\frac{|\overrightarrow{AB}|}{|\overrightarrow{AB}|+|\overrightarrow{AC}|}\overrightarrow{AC}$$

充分性:因$\dfrac{|\overrightarrow{AC}|}{|\overrightarrow{AB}|+|\overrightarrow{AC}|}:\dfrac{|\overrightarrow{AB}|}{|\overrightarrow{AB}|+|\overrightarrow{AC}|}=\dfrac{|\overrightarrow{AC}|}{|\overrightarrow{AB}|}$,注意到式(2.2.1),即知 AE 平分 $\angle BAC$.

注 三角形角平分线向量公式(2.6.67)也是向

量的定比分点公式的特殊情形. $\frac{\overrightarrow{AC}}{|\overrightarrow{AC}|}$, $\frac{\overrightarrow{AB}}{|\overrightarrow{AB}|}$分别是$\overrightarrow{AC}$,$\overrightarrow{AB}$上的单位向量,根据向量加法的平行四边形法则可知$\frac{\overrightarrow{AC}}{|\overrightarrow{AC}|}+\frac{\overrightarrow{AB}}{|\overrightarrow{AB}|}$落在$\angle BAC$的平分线上. 同理可得$\angle BAC$的外角平分线$AF$满足$\overrightarrow{AF}=\frac{|\overrightarrow{AC}|\overrightarrow{AB}}{|\overrightarrow{AB}|+|\overrightarrow{AC}|}+\frac{|\overrightarrow{AB}|\overrightarrow{AC}}{|\overrightarrow{AB}|-|\overrightarrow{AC}|}$.

于是,我们可得结论:

定理 13　设点E在$\triangle ABC$的BC边上,则AE为$\angle BAC$的平分线的充要条件是

$$\overrightarrow{AE}=k\left(\frac{\overrightarrow{AB}}{|\overrightarrow{AB}|}+\frac{\overrightarrow{AC}}{|\overrightarrow{AC}|}\right)\quad \left(k>0\text{ 且}\frac{k}{|\overrightarrow{AB}|}+\frac{k}{|\overrightarrow{AC}|}=1\right) \tag{2.6.68}$$

定理 14　设点F在$\triangle ABC$的BC边所在的直线上,则AF为BC边上的高线的充分必要条件是

$$\overrightarrow{AF}=\frac{\overrightarrow{AC}\cdot(\overrightarrow{AC}-\overrightarrow{AB})}{(\overrightarrow{AB}-\overrightarrow{AC})^2}\overrightarrow{AB}+\frac{\overrightarrow{AB}\cdot(\overrightarrow{AB}-\overrightarrow{AC})}{(\overrightarrow{AB}-\overrightarrow{AC})^2}\overrightarrow{AC} \tag{2.6.69}$$

证明　如图2.6.9所示,由于B,F,C三点共线,故可设

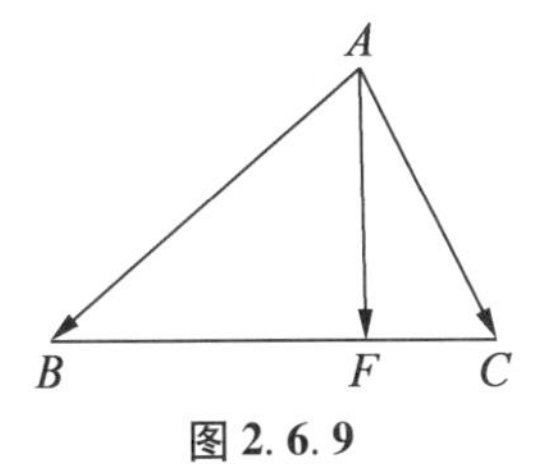

图2.6.9

$$\overrightarrow{AF}=k\overrightarrow{AB}+(1-k)\overrightarrow{AC}$$

必要性:由$\overrightarrow{AF}\perp\overrightarrow{BC}$,得$0=\overrightarrow{AF}\cdot\overrightarrow{BC}=k\overrightarrow{AB}\cdot\overrightarrow{BC}+(1-k)\overrightarrow{AC}\cdot\overrightarrow{BC}$,则$k(\overrightarrow{AC}\cdot\overrightarrow{BC}-\overrightarrow{AB}\cdot\overrightarrow{BC})=\overrightarrow{AC}\cdot\overrightarrow{BC}$,从而

$$k=\frac{\overrightarrow{AC}\cdot\overrightarrow{BC}}{|\overrightarrow{BC}|^2}$$

$$\begin{aligned}\overrightarrow{AF}&=\frac{\overrightarrow{AC}\cdot\overrightarrow{BC}}{|\overrightarrow{BC}|^2}\overrightarrow{AB}+\left(1-\frac{\overrightarrow{AC}\cdot\overrightarrow{BC}}{|\overrightarrow{BC}|^2}\right)\overrightarrow{AC}\\&=\frac{\overrightarrow{AC}\cdot(\overrightarrow{AC}-\overrightarrow{AB})}{(\overrightarrow{AB}-\overrightarrow{AC})^2}\overrightarrow{AB}+\frac{\overrightarrow{AB}\cdot(\overrightarrow{AB}-\overrightarrow{AC})}{(\overrightarrow{AB}-\overrightarrow{AC})^2}\overrightarrow{AC}\end{aligned}$$

充分性:由式(2.6.68),有$k=\dfrac{\overrightarrow{AC}\cdot\overrightarrow{BC}}{|\overrightarrow{BC}|^2}$,亦有

$$k\overrightarrow{BC}\cdot(\overrightarrow{AC}-\overrightarrow{AB})=\overrightarrow{AC}\cdot\overrightarrow{BC}$$

亦即

$$k\overrightarrow{BC}\cdot\overrightarrow{AC}-k\overrightarrow{BC}\cdot\overrightarrow{AB}-\overrightarrow{AC}\cdot\overrightarrow{BC}=0$$

从而$0=-[k\overrightarrow{AB}+(1-k)\overrightarrow{AC}]\cdot\overrightarrow{BC}\Rightarrow\overrightarrow{AF}\cdot\overrightarrow{BC}=0$.故$\overrightarrow{AF}\perp\overrightarrow{BC}$,即$AF$为$BC$边上的高线.

定理 15 在$\triangle ABC$中,直线l交直线CA,CB分别于点M,N,且$\dfrac{\overrightarrow{CM}}{\overrightarrow{CA}}=m$,$\dfrac{\overrightarrow{CN}}{\overrightarrow{CB}}=n$,则直线$l$分别过$\triangle ABC$的外心$O$,内心$I$,重心$G$,垂心$H$,依次在$\angle A$,$\angle B$,$\angle C$内的旁心$I_A$,$I_B$,$I_C$的充要条件分别是:

$$\frac{\sin 2A}{m}+\frac{\sin 2B}{n}=\sin 2A+\sin 2B+\sin 2C \tag{2.6.70}$$

或

$$\frac{1-\cot C\cdot\cot B}{m}-\frac{1-\cot C\cdot\cot A}{n}=2 \tag{2.6.71}$$

(2)

$$\frac{BC}{m}+\frac{CA}{n}=BC+CA+AB \tag{2.6.72}$$

或

$$\frac{\sin A}{m}+\frac{\sin B}{n}=\sin A+\sin B+\sin C \tag{2.6.73}$$

(3)

$$\frac{1}{m}+\frac{1}{n}=3 \tag{2.6.74}$$

(4)

$$\frac{\tan A}{m}+\frac{\tan B}{n}=\tan A+\tan B+\tan C \tag{2.6.75}$$

或

$$\frac{\cot C\cdot\cot B}{m}+\frac{\cot C\cdot\cot A}{n}=1 \tag{2.6.76}$$

(5)

$$\frac{CA}{n}-\frac{BC}{m}=-BC+CA+AB \tag{2.6.77}$$

$$\frac{BC}{m}-\frac{CA}{n}=BC-CA+AB \tag{2.6.78}$$

$$\frac{BC}{m}+\frac{CA}{n}=BC+CA-AB \tag{2.6.79}$$

证明 由式(2.2.10),式(2.3.3)及式(2.6.17)~(2.6.23),或者由式(2.2.10)及式(2.6.1)~(2.6.8)即得到除式(2.6.75),(2.6.76)外各式. 对于这两式,证明如下:

事实上,注意到在$\triangle ABC$中,有$\tan A+\tan B+\tan C=\tan A\cdot\tan B\cdot\tan C$,即可将式(2.6.75)变为式(2.6.76),下面我们给出式(2.6.76)的另证:

由于H为$\triangle ABC$的垂心,则存在实数x使得$\overrightarrow{AH}=x\left(\frac{\overrightarrow{AB}}{c\cos B}+\frac{\overrightarrow{AC}}{b\cos C}\right)$(这是因为$\overrightarrow{AH}\cdot\overrightarrow{BC}=x\left(\frac{\overrightarrow{AB}\cdot\overrightarrow{BC}}{c\cos B}+\frac{\overrightarrow{AC}\cdot\overrightarrow{BC}}{b\cos C}\right)=x\left(\frac{-ac\cos B}{c\cos B}+\frac{ab\cos C}{b\cos C}\right)=0$),所以$\overrightarrow{BH}=\overrightarrow{AH}-\overrightarrow{AB}=\left(\frac{x}{c\cos B-1}\right)\overrightarrow{AB}+\frac{x}{b\cos C}\overrightarrow{AC}$,则$\overrightarrow{BH}\cdot\overrightarrow{AC}=\left(\frac{x}{c\cos B-1}\right)bc\cos A+\frac{x}{b\cos C}b^2=0$,化简得$x\cdot\frac{\cos A\cos C+\cos B}{\cos B\cos C}=c\cos A$,于是$x=\frac{c\cos A\cos B\cos C}{\sin A\sin C}=c\cot A\cot C\cos B$.

所以

$$\begin{aligned}\overrightarrow{AH}&=c\cot A\cot C\cos B\left(\frac{\overrightarrow{AB}}{c\cos B}+\frac{\overrightarrow{AC}}{b\cos C}\right)\\&=\cot A\cot C\,\overrightarrow{AB}+\cot A\cot B\,\overrightarrow{AC}\end{aligned}\tag{2.6.80}$$

同理

$$\overrightarrow{BH}=\cot B\cdot\cot C\,\overrightarrow{BA}+\cot B\cdot\cot A\,\overrightarrow{BC}\tag{2.6.81}$$

$$\overrightarrow{HC}=\cot C\cdot\cot B\cdot\overrightarrow{CA}+\cot C\cdot\cot A\,\overrightarrow{CB}\tag{2.6.82}$$

于是，对式(2.6.82)应用式(2.2.10)即得式(2.6.76).

又设 D 为 BC 边的中点，由三角形外心与垂心关系定理可得 $OD \underline{\underline{\parallel}} \frac{1}{2}AH$，则 $\overrightarrow{OD}=\frac{1}{2}\overrightarrow{AH}$，所以

$$\begin{aligned}\overrightarrow{AO}&=\overrightarrow{AD}+\overrightarrow{DO}\\&=\frac{1}{2}(\overrightarrow{AB}+\overrightarrow{AC})-\frac{1}{2}(\cot A\cot C\,\overrightarrow{AB}+\cot A\cot B\,\overrightarrow{AC})\\&=\frac{1}{2}(1-\cot A\cot C)\overrightarrow{AB}+\frac{1}{2}(1-\cot A\cot B)\overrightarrow{AC}\end{aligned}\tag{2.6.83}$$

同理

$$\overrightarrow{BO}=\frac{1}{2}(1-\cot B\cot C)\overrightarrow{BA}+\frac{1}{2}(1-\cot B\cot A)\overrightarrow{BC}\tag{2.6.84}$$

$$\overrightarrow{CO}=\frac{1}{2}(1-\cot C\cot B)\overrightarrow{CA}+\frac{1}{2}(1-\cot C\cot A)\overrightarrow{CB}\tag{2.6.85}$$

于是，对式(2.6.85)应用式(2.2.10)即得式(2.6.76).

在此，我们也顺便指出，在式(2.3.12)中，令点 O 分别为 $\triangle ABC$ 的各心，则立即得到如上各式(除式(2.6.75)及式(2.6.76)外).

注　若过 $\triangle ABC$ 的垂心 H 的直线交直线 AC 于点 M，交直线 AB 于点 N，交直线 BC 于点 P，且 $\frac{\overrightarrow{HN}}{\overrightarrow{HM}}=S$，$\frac{\overrightarrow{HP}}{\overrightarrow{HM}}=t$，则 $\frac{\tan A}{s}+\frac{\tan C}{t}=-\tan B$.

定理 16　在 $\triangle ABC$ 中，直线 l 分别交直线 AC，

BC, AB 于点 M, N, P，点 X 在直线 l 上，且$\dfrac{\overrightarrow{XM}}{\overrightarrow{XP}}=s, \dfrac{\overrightarrow{XN}}{\overrightarrow{XP}}=t(st\neq 0)$，若点 X 分别为$\triangle ABC$ 的外心、内心、重心、垂心以及$\angle A$ 内的旁心时，则分别有：

(1)

$$\frac{\sin 2B}{s}+\frac{\sin 2A}{t}=-\sin 2C \qquad (2.6.86)$$

(2)

$$\frac{AC}{s}+\frac{BC}{t}=-AB \qquad (2.6.87)$$

(3)

$$\frac{1}{s}+\frac{1}{t}=-1 \qquad (2.6.88)$$

(4)

$$\frac{\tan B}{s}-\frac{\tan A}{t}=-\tan C \qquad (2.6.89)$$

(5)

$$\frac{AC}{s}-\frac{BC}{t}=-AB \qquad (2.6.90)$$

证明 仅证式(2.6.86)，其余的留给读者自己写出.

在式(2.3.15)中，交换 O 与 C，并注意 O 为外心时

$$S_{\triangle OCA}=\frac{1}{2}R^2\sin 2B$$

或

$$S_{\triangle OCA}=\frac{1}{2}R^2\cdot\sin(360^\circ-2B)$$

(其中 R 为外接圆半径)，总有 $S_{\triangle OCA}=\dfrac{1}{2}R^2\sin 2B$.

同理

$$S_{\triangle OBC}=\frac{1}{2}R^2\sin 2A, S_{\triangle OAB}=\frac{1}{2}R^2\sin 2C$$

则 $k_1=\dfrac{\sin 2B}{\sin 2C}, k_2=\dfrac{\sin 2A}{\sin 2C}$,故 $\dfrac{\sin 2B}{s}+\dfrac{\sin 2A}{t}=-\sin 2C$.

注 若 M 为 $\triangle ABC$ 所在平面上一定点,动点 X 满足 $\overrightarrow{MX}=\overrightarrow{MA}+\lambda\boldsymbol{\alpha}, \lambda\in[0,+\infty)$,则当 $\boldsymbol{\alpha}$ 分别为 $\boldsymbol{\alpha}_1=\dfrac{\overrightarrow{AB}}{|\overrightarrow{AB}|}+\dfrac{\overrightarrow{AC}}{|\overrightarrow{AC}|}, \boldsymbol{\alpha}_2=\dfrac{\overrightarrow{AB}}{|\overrightarrow{AB}|}-\dfrac{\overrightarrow{AC}}{|\overrightarrow{AC}|}, \boldsymbol{\alpha}_3=\dfrac{\overrightarrow{AB}}{|\overrightarrow{AB}|\cdot\cos B}+\dfrac{\overrightarrow{AC}}{|\overrightarrow{AC}|\cdot\cos C}, \boldsymbol{\alpha}_4=\dfrac{\overrightarrow{AB}}{|\overrightarrow{AB}|\cdot\sin B}+\dfrac{\overrightarrow{AC}}{|\overrightarrow{AC}|\cdot\sin C}$(或 $\overrightarrow{AB}+\overrightarrow{AC}$)时,动点 X 的轨迹一定分别通过 $\triangle ABC$ 的内心、外心、垂心、重心. 亦即向量 $\lambda\boldsymbol{\alpha}_1, \lambda\boldsymbol{\alpha}_2, \lambda\boldsymbol{\alpha}_3, \lambda\boldsymbol{\alpha}_4$ 分别一定平分 $\angle BAC$,平分 $\angle BAC$ 的外角,垂直于 BC 边,过边 BC 的中点,其证明可参见 6.1 中例 1 ~4.

定理 17 如图 2.6.10 所示,在 $\triangle ABC$ 中,令 $BC=a, CA=b, AB=c, r, R$ 分别为其内切圆半径、外接圆半径,设点 O 是 $\triangle ABC$ 的顶点 A 所对旁切圆圆心,过点 O 的直线分别交边 AB, AC 所在直线于 M, N(不重合)两点,且 $\overrightarrow{AM}=m\overrightarrow{AB}, \overrightarrow{AN}=n\overrightarrow{AC}$,则

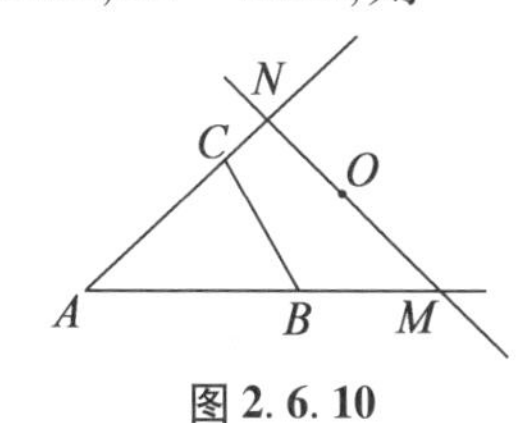

图 2.6.10

$$\frac{b}{m}+\frac{c}{n}=b+c-a\left(1+\frac{r}{2R}\right) \qquad (2.6.91)$$

证明 因为点 O 是 $\triangle ABC$ 的顶点 A 所对旁切圆圆心,故由式(2.6.65),有

$$a(2R+r)\overrightarrow{OA}=2R(b\overrightarrow{OB}+c\overrightarrow{OC})$$

则 $$a(2R+r)\overrightarrow{OA}=2R[b(\overrightarrow{OA}+\overrightarrow{AB})+c(\overrightarrow{OA}+\overrightarrow{AC})]$$

又 $$\overrightarrow{AM}=m\,\overrightarrow{AB},\overrightarrow{AN}=n\,\overrightarrow{AC}$$

则 $[a(2R+r)-2R(b+c)]\overrightarrow{OA}=2R[(\frac{b}{m}\overrightarrow{AM}+\frac{c}{n}\overrightarrow{AN})]$

即

$$\overrightarrow{AO}=\frac{2Rb}{m[2R(b+c)-a(2R+r)]}\overrightarrow{AM}+\frac{2Rc}{n[2R(b+c)-a(2R+r)]}\overrightarrow{AN}$$

又点 O,M,N 共线，则

$$\frac{2Rb}{m[2R(b+c)-a(2R+r)]}+\frac{2Rc}{n[2R(b+c)-a(2R+r)]}=1$$

将上式整理得 $\frac{b}{m}+\frac{c}{n}=b+c-a(1+\frac{r}{2R})$.

定理 18 如图 2.6.11 所示，在 $\triangle ABC$ 中，令 $BC=a,CA=b,AB=c,r,R$ 分别为其内切圆半径、外接圆半径. 设点 O 是 $\triangle ABC$ 的顶点 A 所对远切圆圆心，经过 O 的直线分别交边 AB,AC,BC 所在直线于 M,N,P（任意两点不重合）三点，且 $\overrightarrow{OM}=m\,\overrightarrow{OP},\overrightarrow{ON}=n\,\overrightarrow{OP}$，则

图 2.6.11

$$\frac{b}{n}+\frac{c}{m}=a(1+\frac{r}{2R}) \tag{2.6.92}$$

证明 因 B,C,P 三点共线，则 $\overrightarrow{OP}=\lambda_1\,\overrightarrow{OB}+(1-\lambda_1)\overrightarrow{OC}$.

由 A,B,M 三点共线，则 $\overrightarrow{OM}=\lambda_2\,\overrightarrow{OA}+(1-\lambda_2)\overrightarrow{OB}$.

又$\overrightarrow{OM}=m\overrightarrow{OP}$,则$m\overrightarrow{OP}=\lambda_2\overrightarrow{OA}+(1-\lambda_2)\overrightarrow{OB}$,即

$$m[\lambda_1\overrightarrow{OB}+(1-\lambda_1)\overrightarrow{OC}]=\lambda_2\overrightarrow{OA}+(1-\lambda_2)\overrightarrow{OB}$$

$$\lambda_2\overrightarrow{OA}=(m\lambda_1+\lambda_2-1)\overrightarrow{OB}+m(1-\lambda_1)\overrightarrow{OC}$$

因点O是$\triangle ABC$的顶点A所对远切圆圆心,由式(2.6.65)有

$$\frac{\lambda_2}{a(2R+r)}=\frac{m\lambda_1+\lambda_2-1}{2Rb}=\frac{m(1-\lambda_1)}{2Rc}$$

将上式消去λ_2得

$$\frac{c}{m}=a(1+\frac{r}{2R})-b+\lambda_1[b+c-a(1+\frac{r}{2R})]$$

由A,C,N三点共线则

$$\overrightarrow{ON}=\lambda_3\overrightarrow{OA}+(1-\lambda_3)\overrightarrow{OC}$$

又

$$\overrightarrow{ON}=n\overrightarrow{OP}$$

则

$$n\overrightarrow{OP}=\lambda_3\overrightarrow{OA}+(1-\lambda_3)\overrightarrow{OC}$$

即

$$\lambda_3\overrightarrow{OA}+(1-\lambda_3)\overrightarrow{OC}=n[\lambda_1\overrightarrow{OB}+(1-\lambda_1)\overrightarrow{OC}]$$

$$\lambda_3\overrightarrow{OA}=n\lambda_1\overrightarrow{OB}+[n(1-\lambda_1)+\lambda_3-1]\overrightarrow{OC}$$

又点O是$\triangle ABC$的顶点A所对远切圆圆心,由式(2.6.65),有

$$\frac{\lambda_3}{a(2R+r)}=\frac{n\lambda_1}{2Rb}=\frac{n(1-\lambda_1)+\lambda_3-1}{2Rc}$$

将上式消去λ_3得

$$\frac{b}{n}=b-\lambda_1[b+c-a(1+\frac{r}{2R})]$$

故$\frac{b}{n}+\frac{c}{m}=a(1+\frac{r}{2R})$.

在$\triangle ABC$中,还可以讨论如下的向量关系式:

令 $BC=a, CA=b, AB=c$,设 H, O, G, I, I_A 分别为 $\triangle ABC$ 的垂心、外心、重心、内心、$\angle A$ 内的旁心,则:

(1)$\overrightarrow{AH}\cdot\overrightarrow{BC}=0=0(b-c)$;

(2)$\overrightarrow{AO}\cdot\overrightarrow{BC}=\frac{1}{2}(b+c)(b-c)$;

(3)$\overrightarrow{AG}\cdot\overrightarrow{BC}=\frac{1}{3}(b+c)(b-c)$;

(4)$\overrightarrow{AI}\cdot\overrightarrow{BC}=\frac{1}{2}(b+c-a)(b-c)$;

(5)$\overrightarrow{AI_A}\cdot\overrightarrow{BC}=\frac{1}{2}(a+b+c)(b-c)$.

3. 四面体中的特殊点

在式(2.3.22)中,若令 O, P 分别为四面体的两心,则可得两心对应的一些向量关系式(这些关系式留给读者自行写出).为此,我们需给出四面体的有关心的定义.

定义 4　与四面体各侧面均内切的球的球心,称为四面体的内心.四面体的内心,也是四面体的棱为二面角棱的六个二面角的平分面的交点.类似地,可定义四面体的旁心.

定义 5　四面体的每个顶点与对面三角形的重心的连线,四面体三双对棱中心的连线,这 7 条线必相交,这个交点称为四面体的重心.

因而四面体的重心,可以由三双对棱中点的连线来确定,也可以由顶点与对面三角形重心的连线来确定.

定理 19　在四面体 $A-BCD$ 中,设顶点 X 所对的侧面三角形的面积为 S_X,对于四面体 $A-BCD$ 所在空间内的一点 P,点 P 依次为四面体的内心 I,旁心 I_A(顶点 A 所对的侧面的外切旁切球),I_B, I_C, I_D,重心 G

的充分必要条件为:

(1)

$$S_A\overrightarrow{IA}+S_B\overrightarrow{IB}+S_C\overrightarrow{IC}+S_D\overrightarrow{ID}=\mathbf{0}\quad(2.6.93)$$

(2)

$$-S_A\overrightarrow{I_AA}+S_B\overrightarrow{I_AB}+S_C\overrightarrow{I_AC}+S_D\overrightarrow{I_AD}=\mathbf{0}\quad(2.6.94)$$

(3)

$$S_A\overrightarrow{I_BA}-S_B\overrightarrow{I_BB}+S_C\overrightarrow{I_BC}+S_D\overrightarrow{I_BD}=\mathbf{0}\quad(2.6.95)$$

(4)

$$S_A\overrightarrow{I_DA}+S_B\overrightarrow{I_DB}-S_C\overrightarrow{I_CC}+S_D\overrightarrow{I_CD}=\mathbf{0}\quad(2.6.96)$$

(5)

$$S_A\overrightarrow{I_DA}+S_B\overrightarrow{I_DB}+S_C\overrightarrow{I_DC}-S_D\overrightarrow{I_DD}=\mathbf{0}\quad(2.6.97)$$

(6)

$$\overrightarrow{GA}+\overrightarrow{GB}+\overrightarrow{GC}+\overrightarrow{GD}=\mathbf{0}\quad(2.6.98)$$

事实上,由式(2.3.20)及式(2.3.21)即得上述各式.

定义 6　过四面体四个顶点的球面称为四面体的外接球,其球心称为四面体的外心. 四面体的外心,也是四面体各棱的中垂面的交点.

为了讨论四面体外心的向量表示形式,类比三角形的圆心角,引入四面体的球心角概念,即四面体的外心与各顶点连线所夹的角. 为便于表述,四面体的顶点记为 A_1,A_2,A_3,A_4,外心为 O,令 $\angle A_iOA_j=\alpha_{ij}$,并记

$$\sin^2 O_l = \begin{vmatrix} 1 & \cos\alpha_{ij} & \cos\alpha_{ik} \\ \cos\alpha_{ij} & 1 & \cos\alpha_{jk} \\ \cos\alpha_{ik} & \cos\alpha_{jk} & 1 \end{vmatrix} \quad (2.6.99)$$

其中 $1\leqslant i<j\leqslant 4,1\leqslant l\leqslant 4,l\neq i,j,k$.

注意到式(2.4.42),在球心 O 处,称 $\sin O_l$ 为顶点 A_l 所对应的关于三面角面角的特征值.

定理 20　O 为四面体 $A_1-A_2A_3A_4$ 的外心的充要条件是

$$\sin O_1\cdot\overrightarrow{OA_1}+\sin O_2\cdot\overrightarrow{OA_2}+\sin O_3\cdot\overrightarrow{OA}+\sin O_4\cdot\overrightarrow{OA_4}=\mathbf{0} \quad (2.6.100)$$

事实上,由式(2.3.20)及式(2.3.21),注意到式(2.4.40),令 R 为外接球半径,即有

$$V_{O-A_2A_3A_4}=\frac{1}{6}R^3\cdot\sin O_1$$

$$V_{A_1-OA_3A_4}=\frac{1}{6}R^3\cdot\sin O_2$$

$$V_{A_1-A_2OA_4}=\frac{1}{6}R^3\cdot\sin O_3$$

$$V_{A_1-A_2A_3O}=\frac{1}{6}R^3\cdot\sin O_4$$

即得式(2.6.100).

定义 7[①]　设四面体 $A_1-A_2A_3A_4$ 的外心为 O,外接球的半径为 R,若点 E 满足

$$\overrightarrow{OE}=\frac{1}{2}\sum_{i=1}^{4}\overrightarrow{OA_i} \quad (2.6.101)$$

① 熊曾润. 四面体的欧拉球心的一个美妙性质[J]. 中学数学, 2005(5):27.

则以点 E 为球心，$\frac{R}{2}$ 为半径的球面，称为四面体 $A_1-A_2A_3A_4$ 的欧拉球面.

结论 1　四面体 $A_1-A_2A_3A_4$ 的欧拉球心 E 与任意一条棱的中点的连线必垂直对棱.

证明　取四面体 $A_1-A_2A_3A_4$ 的任意一条棱，为了确定起见，不妨取 A_1A_2，设其中点为 M，下面证明 ME 垂直于对棱 A_3A_4.

设四面体 $A_1-A_2A_3A_4$ 的外心为 O，因为 M 是 A_1A_2 的中点，易知

$$\overrightarrow{OM}=\frac{1}{2}(\overrightarrow{OA_1}+\overrightarrow{OA_2})$$

又依题设，点 E 为四面体 $A_1-A_2A_3A_4$ 的欧拉球心，所以式(2.6.101)成立. 于是，由向量的减法可得

$$\overrightarrow{ME}=\overrightarrow{OE}-\overrightarrow{OM}=\frac{1}{2}(\overrightarrow{OA_3}+\overrightarrow{OA_4})$$

即

$$\begin{aligned}\overrightarrow{ME}\cdot\overrightarrow{A_3A_4}&=\frac{1}{2}(\overrightarrow{OA_3}+\overrightarrow{OA_4})\cdot(\overrightarrow{OA_4}-\overrightarrow{OA_3})\\&=\frac{1}{2}(\overrightarrow{OA_4}^2-\overrightarrow{OA_3}^2)\\&=\frac{1}{2}(R^2-R^2)=0\end{aligned}$$

故
$$ME\perp A_3A_4$$

定义 8①　设四面体 $A_1-A_2A_3A_4$ 的外心为 O，以 O 为原点，建立空间直角坐标系 $O-xyz$，设 A_i 的坐标为

---

①　段惠民. 四面体的外 p 号心及其性质[J]. 数学通讯，2003(11):30-31.

$(x_i, y_i, z_i)(i=1,2,3,4)$. 令

$$\boldsymbol{x}_p=\frac{1}{p}\sum x_i, \boldsymbol{y}_p=\frac{1}{p}\sum y_i, \boldsymbol{z}_p=\frac{1}{p}\sum z_i$$

其中 $p\in\mathbf{Z}_+$, Σ 为 $i=1,2,3,4$ 的循环和,则称点

$$Q_p\left(\frac{1}{p}\sum x_i, \frac{1}{p}\sum y_i, \frac{1}{p}\sum z_i\right) \quad (2.6.102)$$

为四面体 $A_1-A_2A_3A_4$ 的外 p 号心. 于是

$$K(\sum x_i, \sum y_i, \sum z_i)$$

$$H'\left(\frac{1}{2}\sum x_i, \frac{1}{2}\sum y_i, \frac{1}{2}\sum z_i\right)$$

$$F\left(\frac{1}{3}\sum x_i, \frac{1}{3}\sum y_i, \frac{1}{3}\sum z_i\right)$$

$$G\left(\frac{1}{4}\sum x_i, \frac{1}{4}\sum y_i, \frac{1}{4}\sum z_i\right)$$

分别是四面体 $A_1-A_2A_3A_4$ 的外 1,2,3,4 号心;这里外 4 号心 G 便是四面体 $A_1-A_2A_3A_4$ 的重心;如果对棱互相垂直,外 2 号心 H' 便是四面体 $A_1-A_2A_3A_4$ 的垂心.

定理 21 设 O 为四面体 $A_1-A_2A_3A_4$ 的外心,又 K, G 分别为四面体 $A_1-A_2A_3A_4$ 的外 1 号心,4 号心,则:

(1) $\overrightarrow{OA_1}+\overrightarrow{OA_2}+\overrightarrow{OA_3}+\overrightarrow{OA_4}=\overrightarrow{OK}$;

(2) $\overrightarrow{GA_1}+\overrightarrow{GA_2}+\overrightarrow{GA_3}+\overrightarrow{GA_4}=\mathbf{0}$;

(3) 设 a,b,c,d,e,f,R 分别为四面体 $A_1-A_2A_3A_4$ 的六条棱长和外接球半径,则

$$|\overrightarrow{OK}|^2=16R^2-(a^2+b^2+c^2+d^2+e^2+f^2)$$

(4) 若存在 2 号心 H',又同(3)所设,则

$$OH'^2=4R^2-\frac{1}{4}(a^2+b^2+c^2+d^2+e^2+f^2)$$

证明 (1) 因 $\overrightarrow{OA_i}=(x_i, y_i, z_i)(i=1,2,3,4)$,则

$$\overrightarrow{OA_1}+\overrightarrow{OA_2}+\overrightarrow{OA_3}+\overrightarrow{OA_4}=(\sum x_i,\sum y_i,\sum z_i)=\overrightarrow{OK}$$

(2)

$$\overrightarrow{GA_1}+\overrightarrow{GA_2}+\overrightarrow{GA_3}+\overrightarrow{GA_4}$$

$$=\sum(\overrightarrow{OA_i}-\overrightarrow{OG})$$

$$=\left(\sum\left(x_i-\frac{1}{4}\sum x_i\right),\sum\left(y_i-\frac{1}{4}\sum y_i\right),\sum\left(z_i-\frac{1}{4}\sum z_i\right)\right)$$

又

$$\sum\left(x_i-\frac{1}{4}\sum x_i\right)=\sum x_i-4\times\frac{1}{4}\sum x_i=0$$

$$\sum\left(y_i-\frac{1}{4}\sum y_i\right)=0,\sum\left(z_i-\frac{1}{4}\sum z_i\right)=0$$

故

$$\overrightarrow{GA_1}+\overrightarrow{GA_2}+\overrightarrow{GA_3}+\overrightarrow{GA_4}=\mathbf{0}$$

(3)由(1),有

$$\begin{aligned}|\overrightarrow{OK}|^2&=(\overrightarrow{OA_1}+\overrightarrow{OA_2}+\overrightarrow{OA_3}+\overrightarrow{OA_4})^2\\&=4R^2+\sum_{i\leqslant i<j\leqslant 4}2\overrightarrow{OA_i}\cdot\overrightarrow{OA_j}\\&=4R^2+\sum_{i\leqslant i<j\leqslant 4}2|\overrightarrow{OA_i}||\overrightarrow{OA_j}|\cos\angle A_iOA_j\\&=4R^2+\sum_{i\leqslant i<j\leqslant 4}(|\overrightarrow{OA_i}|^2+|\overrightarrow{OA_j}|^2-|\overrightarrow{A_iA_j}|^2)\\&=16R^2-\sum_{i\leqslant i<j\leqslant 4}|\overrightarrow{A_iA_j}|^2\\&=16R^2-(a^2+b^2+c^2+d^2+e^2+f^2)\end{aligned}$$

(4)由 H' 的定义仿(2)即证.

结论 2　设四面体 $A_1-A_2A_3A_4$ 的外接球半径为 R,则外接球面上任意一点与外 1 号心 K 连线的中点,在以外 2 号心 H' 为球心,半径为 $\frac{R}{2}$ 的球面上.

证明　设 M 为四面体外接球面上任意一点,KM

的中点为 N,连 NH',由外 p 号心定义知,NH' 为 $\triangle OKM$ 的中位线,$NH'=\frac{1}{2}OM=\frac{1}{2}R$,$H'$是定点.

结论 3　四面体各面的重心为 G_1,G_2,G_3,G_4,则 G_1,G_2,G_3,G_4 在以外 3 号心 F 为球心,半径为$\frac{1}{3}R$ 的球面上.

证明　设 G_j 为顶点 A_j 所对面的三角形的重心,G_j 的坐标为$(x,y,z)(j=1,2,3,4)$,则

$$x=\frac{1}{3}(\sum x_i-x_j),y=\frac{1}{3}(\sum y_i-y_j),z=\frac{1}{3}(\sum z_i-z_j)$$

外 3 号心为 $F(x_F,y_F,z_F)$,则

$$x_F=\frac{1}{3}\sum x_i,y_F=\frac{1}{3}\sum y_i,z_F=\frac{1}{3}\sum z_i$$

故　$x-x_F=-\frac{1}{3}x_j,y-y_F=-\frac{1}{3}y_i,z-z_F=-\frac{1}{3}z_j$

则$(x-x_F)^2+(y-y_F)^2+(z-z_F)^2=\frac{1}{9}(x_j^2+y_j^2+z_j^2)=\frac{1}{9}R^2$,即 $G_jF=\frac{1}{3}R$.

推论 1　若四面体存在垂心 H,则各个面的垂心、重心均在同一球面上,球心为外 3 号心 F,半径为$\frac{1}{3}R$.

定义 9　若四面体的四条高线交于一点,则称该点为四面体的垂心.

但一般四面体的四条高线是不一定交于一点的.那么,在什么情况下四面体有垂心呢?经探讨,对棱互相垂直的四面体存在唯一确定的垂心,这样的四面体称为垂心四面体.

定义 10①　设四面体 $A_1-A_2A_3A_4$ 的外心为 O，对任意给定的正整数 k：

（Ⅰ）若点 $Q_j(1\leqslant j\leqslant 4)$ 满足

$$\overrightarrow{OQ_j}=\frac{1}{k}\left(\sum_{i=1}^{4}\overrightarrow{OA_i}-\overrightarrow{OA_j}\right)\qquad(2.6.103)$$

则称点 Q_j 为四面体 $A_1-A_2A_3A_4$ 的侧面 f_j 的 k 号心；

（Ⅱ）若点 N 满足

$$\overrightarrow{ON}=\frac{1}{k+1}\sum_{i=1}^{4}\overrightarrow{OA_i}\qquad(2.6.104)$$

则称点 N 为四面体 $A_1-A_2A_3A_4$ 的 $k+1$ 号心.

定理 22　设四面体 $A_1-A_2A_3A_4$ 的外心为 O，其侧面 f_j 的 k 号心为 $Q_j(j=1,2,3,4)$，则四面体 $Q_1-Q_2Q_3Q_4$ 与四面体 $A_1-A_2A_3A_4$ 是位似形，有如下关系：

（1）它们的对应棱 Q_jQ_l 与 A_jA_l 互相平行，且方向相反 $(1\leqslant j<l\leqslant 4)$；

（2）它们的对应顶点的连线 $Q_jA_j(j=1,2,3,4)$ 必相交于同一点，且被这个点分成 $1:k$ 的两部分（这个点正是四面体 $A_1-A_2A_3A_4$ 的 $k+1$ 号心 N）.

证明　先证结论（1）. 依题设，由定义 10（Ⅰ）可得

$$\overrightarrow{OQ_j}=\frac{1}{k}\left(\sum_{i=1}^{4}\overrightarrow{OA_i}-\overrightarrow{OA_j}\right);\overrightarrow{OQ_l}=\frac{1}{k}\left(\sum_{i=1}^{4}\overrightarrow{OA_i}-\overrightarrow{OA_l}\right)$$

于是

$$\overrightarrow{Q_jQ_l}=\overrightarrow{OQ_l}-\overrightarrow{OQ_j}=-\frac{1}{k}(\overrightarrow{OA_l}-\overrightarrow{OA_j})=-\frac{1}{k}\overrightarrow{A_jA_l}$$

由此可知 Q_jQ_l 与 $A_jA_l(1\leqslant j<l\leqslant 4)$ 互相平行，且方向相反.

---

①　熊曾润. 一个平面全等形定理在空间的推广[J]. 中学数学研究，2011(5)：47.

再应用同一方法证结论(2). 取线段 Q_jQ_J 的内分点 N_j,使得 $Q_jN_j : N_jA_j = 1 : k$,那么只需证明点 N_j 是四面体 $A_1-A_2A_3A_4$ 的 $k+1$ 号心 $N_j(j=1,2,3,4)$就行了.

因为 Q_j,N_j,A_j 三点共线,且 $Q_jN_j : N_jA_j = 1 : k$,所以有 $k\overrightarrow{Q_jN_j}=\overrightarrow{N_jA_j}$,即

$$k(\overrightarrow{ON_j}-\overrightarrow{OQ_j})=\overrightarrow{OA_j}-\overrightarrow{ON_j}$$

则 $$(k+1)\overrightarrow{ON_j}=k\overrightarrow{OQ_j}+\overrightarrow{OA_j}$$

但依题设可知,点 Q_j 满足式(2.6.103),代入上式,经整理就得

$$\overrightarrow{ON_j}=\frac{1}{k+1}\sum_{i=1}^{4}\overrightarrow{OA_i}$$

将此式与式(2.6.103)比较,可知 N_j 与 N 是同一点($j=1,2,3,4$). 命题得证.

特别地,在这个定理中令 $k=1,2,3$,可得:

结论 4 已知四面体 $A_1-A_2A_3A_4$,其侧面 f_j 的欧拉球心为 $E_j(j=1,2,3,4)$,则四面体 $E_1-E_2E_3E_4$ 与四面体 $A_1-A_2A_3A_4$ 是位似形,它们的对应棱互相平行,且方向相反;它们的对应顶点的连线必相交于同一点,且被这个点分成 1∶2 的两部分.

结论 5 已知四面体 $A_1-A_2A_3A_4$,其侧面 f_j 的重心为 $G_j(j=1,2,3,4)$,则四面体 $G_1-G_2G_3G_4$ 与四面体 $A_1-A_2A_3A_4$ 是位似形,它们的对应棱互相平行,且方向相反;它们的对应顶点的连线必相交于同一点,且被这个点分成 1∶3 的两部分.

显然,在定义 10(Ⅰ)中,取 $k=1$ 时,即设四面体 $A_1-A_2A_3A_4$ 的外心为 O,顶点 A_j 所对的侧面记作 $f_j(j=1,2,3,4)$. 若点 K_j 满足

$$\overrightarrow{OK_j}=\sum_{i=1}^{4}\overrightarrow{OA_i}-\overrightarrow{OA_j} \qquad (*)$$

则点 K_j 即为四面体 $A_1-A_2A_3A_4$ 的侧面 f_j 关于点 O 的 1 号心($j=1,2,3,4$).

结论 6[①]　设四面体 $A_1-A_2A_3A_4$ 的外心为 O,其侧面 f_j 关于点 O 的 1 号心为 K_j,则诸线段 A_jK_j($j=1,2,3,4$)必相交于同一点,且被这个点平分,这个点正是四面体 $A_1-A_2A_3A_4$ 的欧拉球心 E.

证明　应用同一法. 设 A_jK_j 是题设中的任意一条线段,其中点为 M,那么只需证明点 M 是四面体 $A_1-A_2A_3A_4$ 的欧拉球心 E 就行了.

依题设,点 E 和 K_j 分别满足式(2. 6. 101)和式($*$),因为 M 是 A_jK_j 的中点,故按线段中点的向量表示可得

$$\overrightarrow{OM}=\frac{1}{2}(\overrightarrow{OA_j}+\overrightarrow{OK_j})=\frac{1}{2}\sum_{i=1}^{4}\overrightarrow{OA_i}$$

比较上面的式子和式(2. 6. 101)可知点 M 是四面体 $A_1-A_2A_3A_4$ 的欧拉球心 E,命题得证.

结论 7　若四面体存在垂心 H,则四面体各面的欧拉圆(九点圆)在同一球面上,球心为外 4 号心 G.

证明　易知四面体对棱中点的连线相交于四面体的重心 G 且被 G 互相平分,由于四面体存在垂心,故对棱互相垂直,易证各组对棱中点连线相等. 故 G 到四面体各棱中点距离相等,所以各面的欧拉圆在以外

① 熊曾润. 关于四面体欧拉球心的共点性质[J]. 中学数学,2007(5):33.

4 号心 G 为球心的球面上.

定理 23① 设垂心四面体 $A_1-A_2A_3A_4$ 的外心为 O,垂心为 H,则有

$$\overrightarrow{OH}=\frac{1}{2}\sum_{i=1}^{4}\overrightarrow{OA_i} \qquad (2.6.105)$$

证明 对于给定的垂心四面体 $A_1-A_2A_3A_4$,其垂心是唯一确定的,而由等式 $\overrightarrow{OH}=\frac{1}{2}\sum_{i=1}^{4}\overrightarrow{OA_i}$ 所确定的点 H 也是唯一确定的,因此我们可以采用同一方法来进行证明,即只需证明:满足等式 $\overrightarrow{OH}=\frac{1}{2}\sum_{i=1}^{4}\overrightarrow{OA_i}$ 的点 H 就是垂心四面体 $A_1-A_2A_3A_4$ 的垂心.

设 $\overrightarrow{OH}=\frac{1}{2}\sum_{i=1}^{4}\overrightarrow{OA_i}$,则有 $\overrightarrow{A_1H}\cdot\overrightarrow{A_2A_3}=(\overrightarrow{OH}-\overrightarrow{OA_1})\cdot(\overrightarrow{OA_3}-\overrightarrow{OA_2})=\left(\frac{1}{2}\sum_{i=1}^{4}\overrightarrow{OA_i}-\overrightarrow{OA_1}\right)\cdot(\overrightarrow{OA_3}-\overrightarrow{OA_2})=\frac{1}{2}(\overrightarrow{OA_2}+\overrightarrow{OA_3}+\overrightarrow{OA_4}-\overrightarrow{OA_1})\cdot(\overrightarrow{OA_3}-\overrightarrow{OA_2})=\frac{1}{2}[(|\overrightarrow{OA_3}|^2-|\overrightarrow{OA_2}|^2)+(\overrightarrow{OA_4}-\overrightarrow{OA_1})\cdot(\overrightarrow{OA_3}-\overrightarrow{OA_2})]=\frac{1}{2}[|\overrightarrow{OA_3}|^2-|\overrightarrow{OA_2}|^2+\overrightarrow{A_1A_4}\cdot\overrightarrow{A_2A_3}]$.

因为 O 是四面体 $A_1-A_2A_3A_4$ 的外心,所以 $|\overrightarrow{OA_3}|=|\overrightarrow{OA_2}|$,又因为 $A_1-A_2A_3A_4$ 是垂心四面体,则对棱 A_1A_4 与 A_2A_3 互相垂直,即有 $\overrightarrow{A_1A_4}\cdot\overrightarrow{A_2A_3}=0$. 代入上式就得

① 曾建国.垂心四面体的垂心的一个向量形式[J].中学数学研究,2009(2):27-28.

$\overrightarrow{A_1H}\cdot\overrightarrow{A_2A_3}=0$,即 $A_1H\perp A_2A_3$.

同理可证:$A_1H\perp A_3A_4$,则 $A_1H\perp$ 面 $A_2A_3A_4$.

同理,有 $A_2H\perp$ 面 $A_1A_3A_4$,$A_3H\perp$ 面 $A_1A_2A_4$,$A_4H\perp$ 面 $A_1A_2A_3$,这表明点 H 就是四面体 $A_1-A_2A_3A_4$ 的垂心. 命题得证.

推论 1(垂心四面体的欧拉(Euler)线定理)　垂心四面体 $A_1-A_2A_3A_4$ 的外心 O,重心 G,垂心 H 三点共线,且

$$G\text{ 是 }OH\text{ 的中点}\tag{2.6.106}$$

证明　根据四面体重心的性质(即式(2.3.22)中取 P 为 G,O 为外心)知$\overrightarrow{OG}=\frac{1}{4}\sum_{i=1}^{4}\overrightarrow{OA_i}$. 由定理 23 又知$\overrightarrow{OH}=\frac{1}{2}\sum_{i=1}^{4}\overrightarrow{OA_i}$,则$\overrightarrow{OH}=2\overrightarrow{OG}$,即 O,G,H 共线,且 G 是 OH 的中点,命题得证.

推论 2　设垂心四面体 $A_1-A_2A_3A_4$ 的外心为 O,垂心为 H,M,N 分别是棱 A_1A_2,A_3A_4 的中点,则有

$$OM /\!/ NH\text{ 且 }OM=NH\tag{2.6.107}$$

证明　因 M,N 分别是棱 A_1A_2,A_3A_4 的中点,则有 $\overrightarrow{OM}=\frac{1}{2}(\overrightarrow{OA_1}+\overrightarrow{OA_2})$,$\overrightarrow{ON}=\frac{1}{2}(\overrightarrow{OA_3}+\overrightarrow{OA_4})$. 结合定理 1 可得$\overrightarrow{NH}=\overrightarrow{OH}-\overrightarrow{ON}=\frac{1}{2}\sum_{i=1}^{4}\overrightarrow{OA_i}-\frac{1}{2}(\overrightarrow{OA_3}+\overrightarrow{OA_4})=\frac{1}{2}(\overrightarrow{OA_1}+\overrightarrow{OA_2})$. 所以$\overrightarrow{OM}=\overrightarrow{NH}$. 即 $OM /\!/ NH$ 且 $OM=NH$,命题得证.

由式(2.6.101)及定理 23 可以看出:四面体的欧拉球心是垂心四面体垂心概念的推广.

值得注意的是:对于垂心四面体,其垂心与欧拉球

心是同一点;一般四面体未必存在垂心但必存在唯一确定的欧拉球心.由此可知,垂心四面体的垂心具有一般四面体欧拉球心的所有性质,而一般四面体的欧拉球心不一定具有垂心四面体垂心的某些性质.

定理 24 设四面体 $A_1-A_2A_3A_4$ 的外心为 O,欧拉球心为 E,M,N 分别是棱 A_1A_2,A_3A_4 的中点,则有

$$OM /\!/ NE \text{ 且 } OM=NE \tag{2.6.108}$$

定理 25 设四面体 $A_1-A_2A_3A_4$ 外接球的半径为 R,E 是它的欧拉球心,则

$$EA_1^2+EA_2^2+EA_3^2+EA_4^2=4R^2 \tag{2.6.109}$$

证明 设四面体 $A_1-A_2A_3A_4$ 的外心为 O,依题设知 $|\overrightarrow{OA_i}|=R(i=1,2,3,4)$.

根据四面体的欧拉球心的定义知 $\overrightarrow{OE}=\frac{1}{2}\sum\limits_{i=1}^{4}\overrightarrow{OA_i}$,

则 $\sum\limits_{i=1}^{4}EA_j^2=\sum\limits_{j=1}^{4}\overrightarrow{EA_j}^2=\sum\limits_{j=1}^{4}(\overrightarrow{OE}-\overrightarrow{OA_j})^2=\sum\limits_{j=1}^{4}\left(\frac{1}{2}\sum\limits_{i=1}^{4}\overrightarrow{OA_i}-\overrightarrow{OA_j}\right)^2=\frac{1}{4}\sum\limits_{j=1}^{4}(\sum\limits_{i=1}^{4}\overrightarrow{OA_i}-2\overrightarrow{OA_j})^2=\frac{1}{4}[(\overrightarrow{OA_2}+\overrightarrow{OA_3}+\overrightarrow{OA_4}-\overrightarrow{OA_1})^2+(\overrightarrow{OA_3}+\overrightarrow{OA_4}+\overrightarrow{OA_1}-\overrightarrow{OA_2})^2+(\overrightarrow{OA_4}+\overrightarrow{OA_1}+\overrightarrow{OA_2}-\overrightarrow{OA_3})^2+(\overrightarrow{OA_1}+\overrightarrow{OA_2}+\overrightarrow{OA_3}-\overrightarrow{OA_4})^2]=\frac{1}{4}[4\sum\limits_{i=1}^{4}(\overrightarrow{OA_i})^2]=\sum\limits_{i=1}^{4}|\overrightarrow{OA_i}|^2=4r^2$.

命题得证.

由式(2.3.22),我们有:

定理 26 四面体 $A_1-A_2A_3A_4$ 的内切球 I 与四面体的面 $A_2A_3A_4$,$A_1A_3A_4$,$A_1A_2A_4$,$A_1A_2A_3$ 依次相切于 I_1,

I_2,I_3,I_4，记 $A_i(i=1,2,3,4)$ 所对的面的面积分别为 S_i，则

$$S_1\overrightarrow{II_1}+S_2\overrightarrow{II_2}+S_3\overrightarrow{II_3}+S_4\overrightarrow{II_4}=\mathbf{0}\quad(2.6.110)$$

此结论可推广为如下一般情形：

定理 27　过四面体 $A_1-A_2A_3A_4$ 内一点 P 分别作四面体的面 $A_2A_3A_4,A_1A_3A_4,A_1A_2A_4,A_1A_2A_3$ 的垂线，垂足依次为 P_1,P_2,P_3,P_4，记 $A_i(i=1,2,3,4)$ 所对的面的面积分别为 S_i，则

$$S_1\frac{\overrightarrow{PP_1}}{|\overrightarrow{PP_1}|}+S_2\frac{\overrightarrow{PP_2}}{|\overrightarrow{PP_2}|}+S_3\frac{\overrightarrow{PP_3}}{|\overrightarrow{PP_3}|}+S_4\frac{\overrightarrow{PP_4}}{|\overrightarrow{PP_4}|}=\mathbf{0}\quad(2.6.111)$$

证明　当点 P 是四面体内切球球心时，此时将 P 记为 I，垂足分别记为 I_1,I_2,I_3,I_4，则有

$$S_1\overrightarrow{II_1}+S_2\overrightarrow{II_2}+S_3\overrightarrow{II_3}+S_4\overrightarrow{II_4}=\mathbf{0}$$

因 $$|\overrightarrow{II_1}|=|\overrightarrow{II_2}|=|\overrightarrow{II_3}|=|\overrightarrow{II_4}|$$

从而有

$$S_1\frac{\overrightarrow{II_1}}{|\overrightarrow{II_1}|}+S_2\frac{\overrightarrow{II_2}}{|\overrightarrow{II_2}|}+S_3\frac{\overrightarrow{II_3}}{|\overrightarrow{II_3}|}+S_4\frac{\overrightarrow{II_4}}{|\overrightarrow{II_4}|}=\mathbf{0}$$

当 P 不同于内心 I 时，由于垂直于同一平面的两条直线互相平行，故有 $\overrightarrow{PP_i}$ 与 $\overrightarrow{II_i}(i=1,2,3,4)$ 同向，从而

$$S_i\frac{\overrightarrow{PP_i}}{|\overrightarrow{PP_i}|}=S_i\frac{\overrightarrow{II_i}}{|\overrightarrow{II_i}|}\quad(i=1,2,3,4)$$

所以 $S_1\frac{\overrightarrow{PP_1}}{|\overrightarrow{PP_1}|}+S_2\frac{\overrightarrow{PP_2}}{|\overrightarrow{PP_2}|}+S_3\frac{\overrightarrow{PP_3}}{|\overrightarrow{PP_3}|}+S_4\frac{\overrightarrow{PP_4}}{|\overrightarrow{PP_4}|}=\mathbf{0}$.

在四面体 $A-BCD$ 中，顶点 D 为 $\triangle ABC$ 所在平面

外一点,点 M 是点 D 在面 ABC 内的射影,如图 2.6.12 所示.

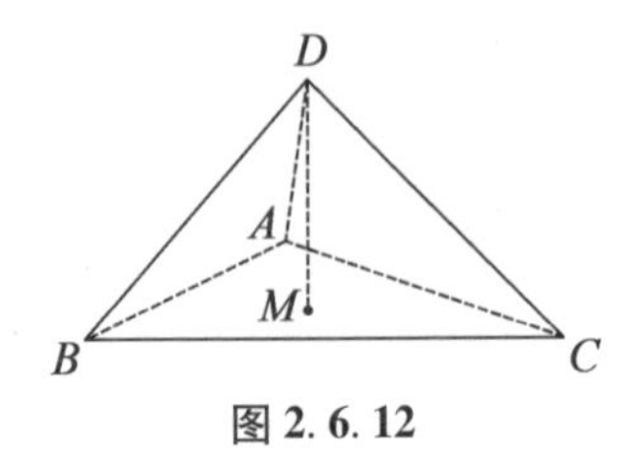

图 2.6.12

我们可知:

(1)点 M 为 $\triangle ABC$ 外心的充要条件是:$DA=DB=DC$.

(2)点 M 为 $\triangle ABC$ 垂心的充要条件是:$DA\perp BC$,$DB\perp AC$,$DC\perp BA$.

(3)点 M 为 $\triangle ABC$ 内心的充要条件是:$\angle DAB=\angle DAC$,$\angle DBA=\angle DBC$,$\angle DCB=\angle DCA$.

(4)点 M 为 $\triangle ABC$ 的重心时,我们有如下结论:①

定理 28 在四面体 $A-BCD$ 中,顶点 D 在 $\triangle ABC$ 所在平面内的射影为 G,则 G 为 $\triangle ABC$ 的重心的充要条件是

$$\begin{aligned} AB^2-AC^2&=3(DB^2-DC^2)\\ BC^2-BA^2&=3(DC^2-DA^2)\\ CA^2-CB^2&=3(DA^2-DB^2)\end{aligned}\qquad(2.6.112)$$

证明 如图 2.6.13 所示. 必要性:

① 丁兴春. 射影为重心的一个充要条件[J]. 数学通报,2006(7):51.

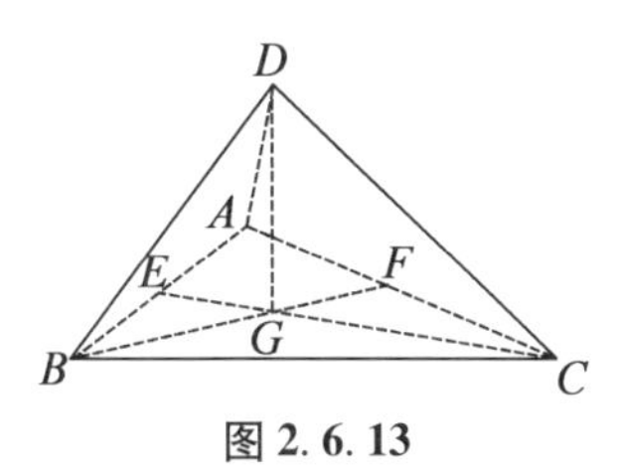

图 2.6.13

点 G 是点 D 在面 ABC 内的射影且 G 为 $\triangle ABC$ 的重心，联结 CG,BG 并延长分别交 AB,AC 于点 E,F，容易得出 $\triangle DBG$ 及 $\triangle DCG$ 均为直角三角形.

利用勾股定理得

$$DB^2-BG^2=DC^2-CG^2$$

由点 G 为 $\triangle ABC$ 的重心，可得

$$BG=\frac{2}{3}BF,CG=\frac{2}{3}CE$$

所以 $$DB^2-\frac{4}{9}BF^2=DC^2-\frac{4}{9}CE^2$$

在 $\triangle ABC$ 中，BF,CE 分别是 AC,AB 边上的中线，利用中线长公式有

$$4BF^2=2AB^2+2BC^2-AC^2$$

$$4CE^2=2AC^2+2CB^2-AB^2$$

即 $DB^2-\frac{1}{9}(2AB^2+2BC^2-AC^2)=DC^2-\frac{1}{9}(2AC^2+2CB^2-AB^2)$，化简整理有

$$AB^2-AC^2=3(DB^2-DC^2)$$

同理

$$BC^2-BA^2=3(DC^2-DA^2)$$

$$CA^2-CB^2=3(DA^2-DB^2)$$

充分性：由

$$AB^2-AC^2=3(DB^2-DC^2)$$

得 $$\overrightarrow{AB}^2-\overrightarrow{AC}^2=3(\overrightarrow{DB}^2-\overrightarrow{DC}^2)$$

即$(\overrightarrow{AB}+\overrightarrow{AC})\cdot(\overrightarrow{AB}-\overrightarrow{AC})=3(\overrightarrow{DB}+\overrightarrow{DC})\cdot(\overrightarrow{DB}-\overrightarrow{DC})$,注意到

$$\overrightarrow{AB}=\overrightarrow{DB}-\overrightarrow{DA},\overrightarrow{AC}=\overrightarrow{DC}-\overrightarrow{DA}$$

$$\overrightarrow{AB}-\overrightarrow{AC}=\overrightarrow{DB}-\overrightarrow{DC}=\overrightarrow{CB}$$

代入有

$$(\overrightarrow{DB}+\overrightarrow{DC}-2\overrightarrow{DA})\cdot\overrightarrow{CB}=3(\overrightarrow{DB}+\overrightarrow{DC})\cdot\overrightarrow{CB}$$

移项整理有

$$\overrightarrow{CB}\cdot(\overrightarrow{DA}+\overrightarrow{DB}+\overrightarrow{DC})=0$$

因为 G 是$\triangle ABC$ 的重心,所以

$$\overrightarrow{DG}=\frac{1}{3}(\overrightarrow{DA}+\overrightarrow{DB}+\overrightarrow{DC})$$

所以 $$\overrightarrow{CB}\cdot\overrightarrow{DG}=0$$

所以 $$\overrightarrow{CB}\perp\overrightarrow{DG}$$

即 $$CB\perp DG$$

同理 $$AC\perp DG,BA\perp DG$$

即 $DG\perp$平面 ABC.

故点 G 是点 D 在平面 ABC 内的射影.

对于与四面体外接球面有关的点,我们有如下的结论:

定理 29①　设四面体 $A_1-A_2A_3A_4$ 的重心为 G,P 是其外接球 O 内任意一点,连线 A_iP 的延长线交外接球面于 B_i,且$\frac{A_iP}{PB_i}=\lambda_i(i=1,2,3,4)$,以线段 OG 的中

---

①　曾建国.四面体外接球内一点的性质[J].数学通讯,2005(3):33.

点 M 为球心，$r=\frac{OG}{2}$为半径的球（面）记作 $M(r)$，则有：

（1）若点 P 在球面 $M(r)$上，则

$$\lambda_1+\lambda_2+\lambda_3+\lambda_4=4 \qquad (2.6.113)$$

（2）若点 P 在球 $M(r)$内，则

$$\lambda_1+\lambda_2+\lambda_3+\lambda_4<4 \qquad (2.6.114)$$

（3）若点 P 在球 $M(r)$外，则

$$\lambda_1+\lambda_2+\lambda_3+\lambda_4>4 \qquad (2.6.115)$$

证明　以四面体 $A_1-A_2A_3A_4$ 的外心 O 为原点，建立空间直角坐标系.

由
$$\frac{A_iP}{PB_i}=\lambda_i$$

有
$$\overrightarrow{OP}=\frac{\overrightarrow{OA_i}+\lambda_i\overrightarrow{OB_i}}{1+\lambda_i}$$

即有
$$\lambda_i\overrightarrow{OB_i}=(1+\lambda_i)\overrightarrow{OP}-\overrightarrow{OA_i}$$

两边平方可得

$$\lambda_i^2OB_i^2=(1+\lambda_i)^2OP^2+OA_i^2-2(1+\lambda_i)\overrightarrow{OP}\cdot\overrightarrow{OA_i} \qquad (2.6.116)$$

设四面体 $A_1-A_2A_3A_4$ 的外接球半径为 R，依题设知，点 A_i,B_i 在外接球面上，则有 $OA_i^2=OB_i^2=R^2(i=1,2,3,4)$，代入式(2.6.116)，可得

$$(\lambda_i^2-1)R^2=(1+\lambda_i)^2OP^2-2(1+\lambda_i)\overrightarrow{OP}\cdot\overrightarrow{OA_i}$$

对上式两边分别求和可得

$$\left(\sum_{i=1}^4\lambda_i-4\right)R^2=\left(\sum_{i=1}^4\lambda_i+4\right)OP^2-2\overrightarrow{OP}\cdot\sum_{i=1}^4\overrightarrow{OA_i}$$

根据四面体重心的性质知$\overrightarrow{OG}=\frac{1}{4}\sum\limits_{i=1}^4\overrightarrow{OA_i}$，则

$\sum\limits_{i=1}^{4}\overrightarrow{OA_i}=4\overrightarrow{OG}$，代入上式就得

$$\left(\sum_{i=1}^{4}\lambda_i-4\right)R^2=\left(\sum_{i=1}^{4}\lambda_i+4\right)OP^2-8\overrightarrow{OP}\cdot\overrightarrow{OG}$$

因 P 是四面体 $A_1-A_2A_3A_4$ 的外接球内的点，显然有 $OP<R$，所以 $R^2-OP^2>0$，则由上式可求得

$$\sum_{i=1}^{4}\lambda_i=4\cdot\frac{R^2-2\overrightarrow{OP}\cdot\overrightarrow{OG}+OP^2}{R^2-OP^2}\tag{2.6.117}$$

记 $\triangle=(R^2-2\overrightarrow{OP}\cdot\overrightarrow{OG}+OP^2)-(R^2-OP^2)$.

因为 M 是 OG 的中点，所以 $\overrightarrow{OG}=2\overrightarrow{MG}$，$\overrightarrow{OP}=\overrightarrow{OM}+\overrightarrow{MP}=\overrightarrow{MG}+\overrightarrow{MP}$，$OP^2=\overrightarrow{OP}^2$，代入上式经化简得

$$\triangle=2(MP^2-MG^2)=2(MP^2-r^2)$$

(1)当点 P 在球面 $M(r)$ 上时，有 $MP=r$，则 $\triangle=0$，则 $R^2-2\overrightarrow{OP}\cdot\overrightarrow{OG}+OP^2=R^2-OP^2$，由式(2.6.117)，知 $\sum\limits_{i=1}^{4}\lambda_i=4$；

(2)当点 P 在球 $M(r)$ 内时，有 $MP<r$，则 $\triangle<0$，则 $R^2-2\overrightarrow{OP}\cdot\overrightarrow{OG}+OP^2<R^2-OP^2$，由式(2.6.117)知 $\sum\limits_{i=1}^{4}\lambda_i<4$；

(3)当点 P 在球 $M(r)$ 外(球 O 内)时，有 $MP>r$，则 $\triangle>0$，则 $R^2-2\overrightarrow{OP}\cdot\overrightarrow{OG}+OP^2>R^2-OP^2$，由式(2.6.117)，知 $\sum\limits_{i=1}^{4}\lambda_i>4$. 故命题获证.

定理 30[1]　若平面 α 在点 A 处切于四面体 $A-BCD$的外接球，平面 α 分别与平面 ABC，ACD 和 ABD 交线的夹角相等的充要条件是

$$AB\cdot CD=AC\cdot BD=AD\cdot BC \quad (2.6.118)$$

证明　设 K 是 $A-BCD$ 的外接球的中心. 不失一般性，设外接球的半径为 1. 取 A 为向量的起点，记$\overrightarrow{AB}$，$\overrightarrow{AC}$，$\overrightarrow{AD}$，$\overrightarrow{AK}$分别为 $\boldsymbol{b}$，$\boldsymbol{c}$，$\boldsymbol{d}$ 和 $\boldsymbol{k}$. 因为 $KB=1$，$|\boldsymbol{k}|=1$，我们有

$$1=\overrightarrow{KB}^2=|\boldsymbol{k}-\boldsymbol{b}|^2=1+|\boldsymbol{b}|^2-2(\boldsymbol{k}\cdot\boldsymbol{b})$$

故$|\boldsymbol{b}|^2=2(\boldsymbol{k}\cdot\boldsymbol{b})$. 同样地，$|\boldsymbol{c}|^2=2(\boldsymbol{k}\cdot\boldsymbol{c})$和$|\boldsymbol{d}|^2=2(\boldsymbol{k}\cdot\boldsymbol{d})$.

在点 A 处垂直于平面 α 的向量是 $\boldsymbol{k}$，垂直于平面 ABC 的向量是 $\boldsymbol{b}\times\boldsymbol{c}$. 因此，位于平面 α 与平面 ABC 的交线的向量是

$$\boldsymbol{k}\times(\boldsymbol{c}\times\boldsymbol{b})=(\boldsymbol{k}\cdot\boldsymbol{b})\boldsymbol{c}-(\boldsymbol{k}\cdot\boldsymbol{c})\boldsymbol{b}=\frac{1}{2}(|\boldsymbol{b}|^2\boldsymbol{c}-|\boldsymbol{c}|^2\boldsymbol{b})$$

同样地，位于平面 α 与平面 ADB 的交线的向量是 $\frac{1}{2}(|\boldsymbol{d}|^2\boldsymbol{b}-|\boldsymbol{b}|^2\boldsymbol{d})$，位于平面 α 与平面 ACD 的交线的向量是$\frac{1}{2}(|\boldsymbol{c}|^2\boldsymbol{d}-|\boldsymbol{d}|^2\boldsymbol{c})$.

定义

$$\boldsymbol{h}=|\boldsymbol{d}|^2(|\boldsymbol{b}|^2\boldsymbol{c}-|\boldsymbol{c}|^2\boldsymbol{b})$$
$$\boldsymbol{i}=|\boldsymbol{b}|^2(|\boldsymbol{c}|^2\boldsymbol{d}-|\boldsymbol{d}|^2\boldsymbol{c})$$
$$\boldsymbol{j}=|\boldsymbol{c}|^2(|\boldsymbol{d}|^2\boldsymbol{b}-|\boldsymbol{b}|^2\boldsymbol{d})$$

因为 $\boldsymbol{h}$，$\boldsymbol{i}$，$\boldsymbol{j}$ 都在平面 α 上，故它们共面. 因此，$\boldsymbol{h}+\boldsymbol{i}+$

[1] 1999 年俄罗斯数学奥林匹克竞赛题.

$\boldsymbol{j}=\boldsymbol{0}$.

计算

$$
\begin{aligned}
|\boldsymbol{h}|^2 &= |\boldsymbol{d}|^4\,\big||\boldsymbol{b}|^2\boldsymbol{c}-|\boldsymbol{c}|^2\boldsymbol{b}\big|^2\\
&=|\boldsymbol{d}|^4(|\boldsymbol{b}|^4|\boldsymbol{c}|^2+|\boldsymbol{c}|^4|\boldsymbol{b}|^2-2|\boldsymbol{b}|^2|\boldsymbol{c}|^2\boldsymbol{b}\cdot\boldsymbol{c})\\
&=|\boldsymbol{d}|^4|\boldsymbol{b}|^2|\boldsymbol{c}|^2(|\boldsymbol{b}|^2+|\boldsymbol{c}|^2-2\boldsymbol{b}\cdot\boldsymbol{c})\\
&=|\boldsymbol{d}|^4|\boldsymbol{b}|^2|\boldsymbol{c}|^2|\boldsymbol{b}-\boldsymbol{c}|^2\\
&=|\boldsymbol{b}|^2|\boldsymbol{c}|^2|\boldsymbol{d}|^2(\overrightarrow{AD}^2\cdot\overrightarrow{BC}^2)
\end{aligned}
$$

故 $|\boldsymbol{h}|=|\boldsymbol{b}||\boldsymbol{c}||\boldsymbol{d}|(\overrightarrow{AD}\cdot\overrightarrow{BC})$. 同样地

$$|\boldsymbol{i}|=|\boldsymbol{b}||\boldsymbol{c}||\boldsymbol{d}|(\overrightarrow{AB}\cdot\overrightarrow{CD})$$

$$|\boldsymbol{j}|=|\boldsymbol{b}||\boldsymbol{c}||\boldsymbol{d}|(\overrightarrow{AC}\cdot\overrightarrow{BD})$$

应用已知结果：三个共面向量 $\boldsymbol{h},\boldsymbol{i},\boldsymbol{j}$，使得 $\boldsymbol{h}+\boldsymbol{i}+\boldsymbol{j}=\boldsymbol{0}$ 且两两夹角为 120°，当且仅当 $|\boldsymbol{h}|=|\boldsymbol{i}|=|\boldsymbol{j}|$. 特别地，对三个向量 $\boldsymbol{h},\boldsymbol{i},\boldsymbol{j}$，使它们相互夹角为 120°，当且仅当 $\overrightarrow{AD}\cdot\overrightarrow{BC}=\overrightarrow{AB}\cdot\overrightarrow{CD}=\overrightarrow{AC}\cdot\overrightarrow{BD}$.

4. 立体中的特殊截面

定理 31 一平面与四面体 $O-ABC$ 的棱 OA,OB,OC 分别交于 A_1,B_1,C_1，点 M 为 $\triangle ABC$ 所在平面内任意一点，M_1 为直线 OM 与这个平面的交点，若 $S_{\triangle MAB}:S_{\triangle MBC}:S_{\triangle MAC}=m:n:p$，则

$$\frac{\overrightarrow{OM}}{\overrightarrow{OM_1}}=\frac{n}{m+n+p}\cdot\frac{\overrightarrow{OA}}{\overrightarrow{OA_1}}+\frac{p}{m+n+p}\cdot\frac{\overrightarrow{OB}}{\overrightarrow{OB_1}}+\frac{m}{m+n+p}\cdot\frac{\overrightarrow{OC}}{\overrightarrow{OC_1}}\tag{2.6.119}$$

证明 如图 2.6.14 所示，设 $\frac{\overrightarrow{OA}}{\overrightarrow{OA_1}}=\lambda_1,\frac{\overrightarrow{OB}}{\overrightarrow{OB_1}}=\lambda_2,\frac{\overrightarrow{OC}}{\overrightarrow{OC_1}}=\lambda_3,\frac{\overrightarrow{OM}}{\overrightarrow{OM_1}}=\lambda$，则 $\overrightarrow{OM}=\lambda\overrightarrow{OM_1},\overrightarrow{OA}=\lambda_1\overrightarrow{OA_1},\overrightarrow{OB}=$

$\lambda_2\overrightarrow{OB_1},\overrightarrow{OC}=\lambda_3\overrightarrow{OC_1}$. 因为点 A_1,B_1,C_1,M_1 四点共面，可设$\overrightarrow{OM_1}=\alpha\overrightarrow{OA_1}+\beta\overrightarrow{OB_1}+\gamma\overrightarrow{OC_1}(\alpha,\beta,\gamma\in\mathbf{R})$，且 $\alpha+\beta+\gamma=1$，由式(2.5.38)，得

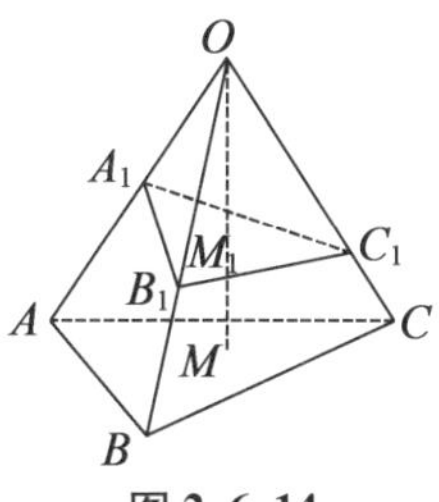

图 2.6.14

$$\overrightarrow{OM}=\frac{n}{m+n+p}\overrightarrow{OA}+\frac{p}{m+n+p}\overrightarrow{OB}+\frac{m}{m+n+p}\overrightarrow{OC}$$

又$\overrightarrow{OM}=\lambda\overrightarrow{OM_1},\overrightarrow{OA}=\lambda_1\overrightarrow{OA_1},\overrightarrow{OB}=\lambda_2\overrightarrow{OB_1},\overrightarrow{OC}=\lambda_3\overrightarrow{OC_1}$，得

$$\frac{n}{m+n+p}\overrightarrow{OA}+\frac{p}{m+n+p}\overrightarrow{OB}+\frac{m}{m+n+p}\overrightarrow{OC}$$
$$=\lambda(\alpha\overrightarrow{OA_1}+\beta\overrightarrow{OB_1}+\gamma\overrightarrow{OC_1})$$

即

$$\frac{n}{m+n+p}\lambda_1\overrightarrow{OA_1}+\frac{p}{m+n+p}\lambda_2\overrightarrow{OB_1}+\frac{m}{m+n+p}\lambda_3\overrightarrow{OC_1}$$
$$=\lambda(\alpha\overrightarrow{OA_1}+\beta\overrightarrow{OB_1}+\gamma\overrightarrow{OC_1})$$

因为$\overrightarrow{OA_1},\overrightarrow{OB_1},\overrightarrow{OC_1}$不共线，所以

$$\frac{n}{m+n+p}\lambda_1=\lambda\alpha,\frac{p}{m+n+p}\lambda_2=\lambda\beta,\frac{m}{m+n+p}\lambda_3=\lambda\gamma$$

则 $\lambda(\alpha+\beta+\gamma)=\dfrac{1}{m+n+p}(n\lambda_1+p\lambda_2+m\lambda_3)$

所以 $\dfrac{\overrightarrow{OM}}{\overrightarrow{OM_1}}=\dfrac{n}{m+n+p}\cdot\dfrac{\overrightarrow{OA}}{\overrightarrow{OA_1}}+\dfrac{p}{m+n+p}\cdot\dfrac{\overrightarrow{OB}}{\overrightarrow{OB_1}}+$

$\frac{m}{m+n+p}\cdot\frac{\overrightarrow{OC}}{\overrightarrow{OC_1}}$.

设$\triangle ABC$中,$\angle A,\angle B,\angle C$所对的边长分别为$a$,$b$,$c$,定理 31 有以下 4 个推论:

推论 11 四面体$O-ABC$的截面$A_1B_1C_1$交棱OA,OB,OC于A_1,B_1,C_1,若底面ABC的重心为G,OG交面$A_1B_1C_1$于点M_1,则

$$\frac{\overrightarrow{OG}}{\overrightarrow{OM_1}}=\frac{1}{3}\cdot\frac{\overrightarrow{OA}}{\overrightarrow{OA_1}}+\frac{1}{3}\cdot\frac{\overrightarrow{OB}}{\overrightarrow{OB_1}}+\frac{1}{3}\cdot\frac{\overrightarrow{OC}}{\overrightarrow{OC_1}} \tag{2.6.120}$$

推论 12 当M是$\triangle ABC$的内心(记为I)时,OI交面$A_1B_1C_1$于点M_1,有

$$\frac{\overrightarrow{OI}}{\overrightarrow{OM_1}}=\frac{a}{a+b+c}\cdot\frac{\overrightarrow{OA}}{\overrightarrow{OA_1}}+\frac{b}{a+b+c}\cdot\frac{\overrightarrow{OB}}{\overrightarrow{OB_1}}+\frac{c}{a+b+c}\cdot\frac{\overrightarrow{OC}}{\overrightarrow{OC_1}}$$

或

$$\frac{\overrightarrow{OI}}{\overrightarrow{OM_1}}=\frac{\sin A}{\sin A+\sin B+\sin C}\cdot\frac{\overrightarrow{OA}}{\overrightarrow{OA_1}}+\frac{\sin B}{\sin A+\sin B+\sin C}\cdot\frac{\overrightarrow{OB}}{\overrightarrow{OB_1}}+\frac{\sin C}{\sin A+\sin B+\sin C}\cdot\frac{\overrightarrow{OC}}{\overrightarrow{OC_1}} \tag{2.6.121}$$

推论 13 当M是$\triangle ABC$的外心(记为O')时,OO'交面$A_1B_1C_1$于点M_1,有

$$\frac{\overrightarrow{OO'}}{\overrightarrow{OM_1}}=\frac{\sin 2A}{\sin 2A+\sin 2B+\sin 2C}\cdot\frac{\overrightarrow{OA}}{\overrightarrow{OA_1}}+\frac{\sin 2B}{\sin 2A+\sin 2B+\sin 2C}\cdot\frac{\overrightarrow{OB}}{\overrightarrow{OB_1}}+$$

$$\frac{\sin 2C}{\sin 2A+\sin 2B+\sin 2C}\cdot\frac{\overrightarrow{OC}}{\overrightarrow{OC_1}} \quad (2.6.122)$$

推论 14　当 M 是 $\triangle ABC$ 的垂心(记为 H)时，OH 交面 $A_1B_1C_1$ 于点 M_1，有

$$\frac{\overrightarrow{OH}}{\overrightarrow{OM_1}}=\frac{\tan A}{\tan A+\tan B+\tan C}\cdot\frac{\overrightarrow{OA}}{\overrightarrow{OA_1}}+\frac{\tan B}{\tan A+\tan B+\tan C}\cdot\frac{\overrightarrow{OB}}{\overrightarrow{OB_1}}+\frac{\tan C}{\tan A+\tan B+\tan C}\cdot\frac{OC}{OC_1} \quad (2.6.123)$$

定理 32　过四面体 $D-ABC$ 的重心 G 的平面分别与三条棱相交于 A_1,B_1,C_1，且 $\overrightarrow{DA_1}=x\,\overrightarrow{DA}$，$\overrightarrow{DB_1}=y\,\overrightarrow{DB}$，$\overrightarrow{DC_1}=z\,\overrightarrow{DC}$，则

$$\frac{1}{x}+\frac{1}{y}+\frac{1}{z}=4 \quad (2.6.124)$$

证明　因点 G 是四面体 $D-ABC$ 的重心，由式(2.6.98)有

$$\overrightarrow{GA}+\overrightarrow{GB}+\overrightarrow{GC}+\overrightarrow{GD}=\mathbf{0}$$

从而

$$-\overrightarrow{DG}+(\overrightarrow{DA}-\overrightarrow{DG})+(\overrightarrow{DB}-\overrightarrow{DG})+(\overrightarrow{DC}-\overrightarrow{DG})=\mathbf{0}$$

即

$$\overrightarrow{DG}=\frac{1}{4}(\overrightarrow{DA}+\overrightarrow{DB}+\overrightarrow{DC})$$

又 G,A_1,B_1,C_1 四点共面，有实数 α,β,γ，使得

$$\overrightarrow{DG}=\alpha\,\overrightarrow{DA_1}+\beta\,\overrightarrow{DB_1}+\gamma\,\overrightarrow{DC_1} \quad (\text{其中 } \alpha+\beta+\gamma=1)$$

从而

$$\overrightarrow{DG}=x\alpha\,\overrightarrow{DA}+y\beta\,\overrightarrow{DB}+z\gamma\,\overrightarrow{DC}=\frac{1}{4}(\overrightarrow{DA}+\overrightarrow{DB}+\overrightarrow{DC})$$

于是
$$\begin{cases}\alpha+\beta+\gamma=1\\ x\alpha=y\beta=z\gamma=\dfrac{1}{4}\end{cases}$$

即有$\frac{1}{4x}+\frac{1}{4y}+\frac{1}{4z}=1$,故$\frac{1}{x}+\frac{1}{y}+\frac{1}{z}=4$,证毕.

以上定理可以推广,得:①②

推广 1 设 $P,A_1,A_2,\cdots,A_n$ 是空间中任意 $n+1$ 个点,G 是这 $n+1$ 个点构成的有限点集 $V(V=\{P,A_1,A_2,\cdots,A_n\})$的重心,平面 π 过 G 且与直线 $PA_i(i=1,2,\cdots,n)$相交于 B_i,P 不在平面 π 上,且有$\overrightarrow{PB_i}=\lambda_i\overrightarrow{PA_i}$ $(\lambda_i\in\mathbf{R})$,则

$$\frac{1}{\lambda_1}+\frac{1}{\lambda_2}+\cdots+\frac{1}{\lambda_n}=n+1 \qquad (2.6.125)$$

证明 如图 2.6.15 所示,因为 G 是有限点集 V 的重心,故

$$\overrightarrow{GP}+\overrightarrow{GA_1}+\overrightarrow{GA_2}+\cdots+\overrightarrow{GA_n}=\mathbf{0} \quad (2.6.126)$$

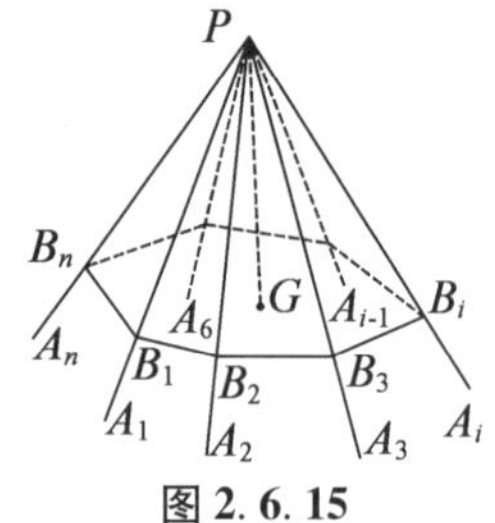

图 2.6.15

即

$$-\overrightarrow{PG}+(\overrightarrow{PA_1}-\overrightarrow{PG})+(\overrightarrow{PA_2}-\overrightarrow{PG})+\cdots+(\overrightarrow{PA_n}-\overrightarrow{PG})=\mathbf{0}$$

---

① 段惠民. 三角形重心向量性质的再推广[J]. 数学通讯,2006(13):35.

② 李永利. 三角形重心向量性质的进一步推广[J]. 数学通讯,2006(23):31-32.

从而

$$\overrightarrow{PG}=\frac{1}{n+1}(\overrightarrow{PA_1}+\overrightarrow{PA_2}+\cdots+\overrightarrow{PA_n})$$

(2.6.127)

P 为平面 π 外的点，$G,B_i,B_{i+1},B_{i+2}(i=1,2,\cdots,n-2)$ 在平面 π 上的充要条件是

$$\overrightarrow{PG}=a_{i1}\overrightarrow{PB_i}+a_{i2}\overrightarrow{PB_{i+1}}+a_{i3}\overrightarrow{PB_{i+2}}$$

其中 $a_{i1},a_{i2},a_{i3}\in\mathbf{R}$，且 $a_{i1}+a_{i2}+a_{i3}=1$.

令 $i=1,2,3,\cdots,n-2$，则

$$(n-2)\overrightarrow{PG}=\sum_{i=1}^{n-2}(a_{i1}\overrightarrow{PB_i}+a_{i2}\overrightarrow{PB_{i+1}}+a_{i3}\overrightarrow{PB_{i+2}})$$

又

$$\overrightarrow{PB_i}=\lambda_i\overrightarrow{PA_i}$$

则

$$\begin{aligned}&(n-2)\overrightarrow{PG}\\=&\sum_{i=1}^{n-2}(a_{i1}\lambda_i\overrightarrow{PA_i}+a_{i2}\lambda_{i+1}\overrightarrow{PA_{i+1}}+a_{i3}\lambda_{i+2}\overrightarrow{PA_{i+2}})\end{aligned}$$

又

$$(n-2)\overrightarrow{PG}=\frac{n-2}{n+1}(\overrightarrow{PA_1}+\overrightarrow{PA_2}+\cdots+\overrightarrow{PA_n})$$

比较上面两式 $\overrightarrow{PA_i}$ 的系数有

$$\begin{aligned}a_{11}\lambda_1&=(a_{12}+a_{21})\lambda_2=(a_{13}+a_{22}+a_{31})\lambda_3\\&=(a_{23}+a_{32}+a_{41})\lambda_4=\cdots\\&=[a_{(i-2)3}+a_{(i-1)2}+a_{i1}]\lambda_i=\cdots\\&=[a_{(n-4)3}+a_{(n-3)2}+a_{(n-2)1}]\lambda_{n-2}\\&=[a_{(n-3)3}+a_{(n-2)2}]\lambda_{n-1}=a_{(n-1)3}\lambda_n\\&=\frac{n-2}{n+1}\end{aligned}$$

则

$$\frac{n-2}{\lambda_1(n+1)}+\frac{n-2}{\lambda_2(n+1)}+\cdots+\frac{n-2}{\lambda_n(n+1)}$$

$$\begin{aligned}&=a_{11}+(a_{12}+a_{21})+(a_{13}+a_{22}+a_{31})+\\&\quad(a_{23}+a_{32}+a_{41})+\cdots+\\&\quad(a_{(i-2)3}+a_{(i-1)2}+a_{i1})+\cdots+\\&\quad(a_{(n-4)3}+a_{(n-3)2}+a_{(n-2)1})+\\&\quad(a_{(n-3)3}+a_{(n-2)2})+a_{(n-1)3}\\&=\sum_{i=1}^{n-2}(a_{i1}+a_{i2}+a_{i3})=n-2\end{aligned}$$

从而 $$\frac{1}{\lambda_1(n+1)}+\frac{1}{\lambda_2(n+1)}+\cdots+\frac{1}{\lambda_n(n+1)}=1$$

故 $$\frac{1}{\lambda_1}+\frac{1}{\lambda_2}+\cdots+\frac{1}{\lambda_n}=n+1$$

推广 2 设 $P,A_1,A_2,\cdots,A_n$ 是空间中任意 $n+1$ 个点，G 是这 $n+1$ 个点构成的点集 $V(V=\{P,A_1,A_2,\cdots,A_n\})$ 的重心，Q 是直线 PG 上异于点 P 的任意一点，平面 π 过 Q 且与直线 $PA_i(i=1,2,\cdots,n)$ 相交于 B_i，P 不在平面 π 上，且 $\overrightarrow{PQ}=k\overrightarrow{PG}(k\in\mathbf{R}$ 且 $k\neq0)$，$\overrightarrow{PB_i}=\lambda_i\overrightarrow{PA_i}(\lambda_i\in\mathbf{R}$ 且 $\lambda_i\neq0,i=1,2,\cdots,n)$，则

$$\frac{1}{\lambda_1}+\frac{1}{\lambda_2}+\cdots+\frac{1}{\lambda_n}=\frac{n+1}{k}\tag{2.6.128}$$

证明 如图 2.6.16 所示，当 $k=1$ 时，Q 与 G 重合，由推广 1 可知推广 2 此时成立.

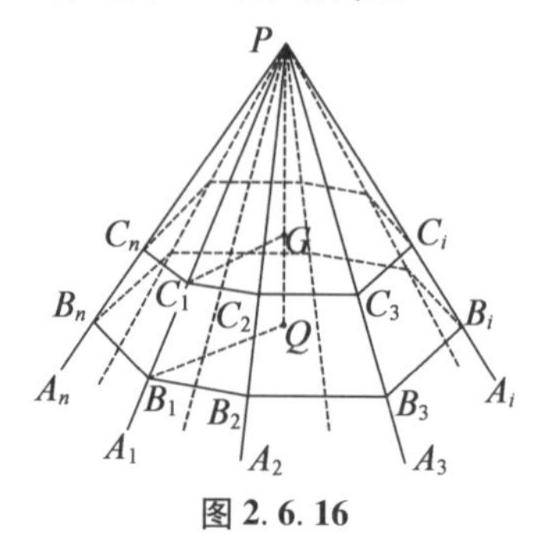

图 2.6.16

当 $k\neq1$ 且 $k\neq0$ 时，Q 与 G 不重合，过 G 作平面 π 的平行平面 π_1，分别交直线 PA_i 于 $C_i(i=1,2,\cdots,n)$，连 B_1Q，C_1G，则由平行平面的性质可知 $C_1G/\!/B_1Q$，于是 $\frac{PC_1}{PB_1}=\frac{PG}{PQ}$.

又因 $\overrightarrow{PQ}=k\overrightarrow{PG}$，即 $\overrightarrow{PG}=\frac{1}{k}\overrightarrow{PQ}$，所以

$$\overrightarrow{PC_1}=\frac{1}{k}\overrightarrow{PB_1}=\frac{1}{k}\cdot\lambda_1\overrightarrow{PA_1}=\frac{\lambda_1}{k}\overrightarrow{PA_1}$$

同理：$\overrightarrow{PC_2}=\frac{\lambda_2}{k}\overrightarrow{PA_2}$，$\overrightarrow{PC_3}=\frac{\lambda_3}{k}\overrightarrow{PA_3}$，$\cdots$，$\overrightarrow{PC_n}=\frac{\lambda_n}{k}\overrightarrow{PA_n}$.

又平面 π_1 过点集 V 的重心 G，于是由推广 1 可得

$$\frac{k}{\lambda_1}+\frac{k}{\lambda_2}+\cdots+\frac{k}{\lambda_n}=n+1$$

即 $\frac{1}{\lambda_1}+\frac{1}{\lambda_2}+\cdots+\frac{1}{\lambda_n}=\frac{n+1}{k}$.

推广 2 得证.

显然，推广 1 是推广 2 当 $k=1$ 时的特殊情形.

定理 33①　经过四面体 $A-BCD$ 的内心 I（内切球球心）的直线 l 与平面 BCD，ABC，ACD，ABD 分别交于 P，Q，M，N，且 $\overrightarrow{IQ}=x_0\overrightarrow{IP}$，$\overrightarrow{IM}=y_0\overrightarrow{IP}$，$\overrightarrow{IN}=z_0\overrightarrow{IP}$，记顶点 A，B，C，D 所对底面面积分别为 S_A，A_B，S_C，S_D，则

---

①　张俊. 三角形内心的向量性质及空间拓广[J]. 数学通讯，2009(1)：35-36.

$$\frac{S_D}{x_0}+\frac{S_B}{y_0}+\frac{S_C}{z_0}=-S_A \tag{2.6.129}$$

证明 先给出两个事实作为引理:

引理3 四面体二面角平分面分对棱(或对棱的延长线)所成的比,等于形成这个二面角的两个半平面的面积之比.

引理4 四面体 $D-ABC$ 的内切球球心为 I,连 DI 交底面于 I',点 I' 分底面 $\triangle ABC$ 为 $\triangle I'BC$, $\triangle I'CA$ 和 $\triangle I'AB$,则

$$S_{\triangle I'BC}:S_{\triangle I'CA}:S_{\triangle I'AB}=S_{\triangle DBC}:S_{\triangle DCA}:S_{\triangle DAB} \tag{2.6.130}$$

下面,回到定理的证明,如图 2.6.17 所示.

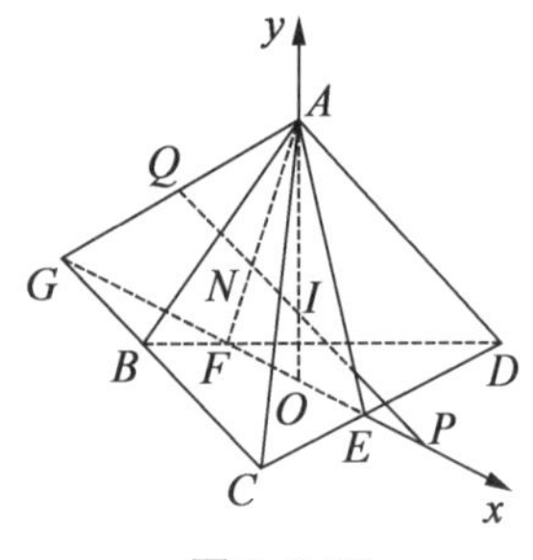

图 2.6.17

延长 AI 交底面 BCD 于点 O,设点 O 与直线 l 所确定的平面与直线 CD,BD,BC 分别交于 E,F,G 三点. 记

$$S=S_A+S_B+S_C+S_D$$

由引理 3 得

$$\frac{OI}{AI}=\frac{S_{\triangle OCD}}{S_B}=\frac{S_{\triangle OBD}}{S_C}=\frac{S_{\triangle OBC}}{S_D}$$

利用等比定理得

$$\frac{OI}{AI}=\frac{S_{\triangle OCD}+S_{\triangle OBD}+S_{\triangle OBC}}{S_B+S_C+S_D}$$

$$=\frac{S_A}{S_B+S_C+S_D}$$

所以$\frac{OI}{OA}=\frac{S_A}{S}$.

取 O 为坐标原点，以向量$\overrightarrow{OE},\overrightarrow{OA}$作为基底，建立平面仿射坐标系，则 $O(0,0)$，$A(0,1)$，$E(1,0)$，$I(0,\frac{S_A}{S})$.

设 $F(m,0)$，$G(n,0)$，则$\overrightarrow{OF}=m\,\overrightarrow{OE}$，$\overrightarrow{OG}=n\,\overrightarrow{OE}$，由式(2.3.15)，得

$$\frac{S_{\triangle OBD}}{m}+\frac{S_{\triangle OBC}}{n}=-S_{\triangle OCD}$$

又由引理4可知

$$S_{\triangle OBD}:S_{\triangle OBC}:S_{\triangle OCD}=S_C:S_D:S_B$$

故$\frac{S_C}{m}+\frac{S_D}{n}=-S_B$.

易知直线 AE，AF，AG 的方程分别为 $x+y=1$，$\frac{x}{m}+y=1$，$\frac{x}{n}+y=1$；另设直线 l 的方程为 $y=kx+\frac{S_A}{S}$，进而可得

$$P(-\frac{S_A}{kS},0)$$

$$Q(\frac{n(S_B+S_C+S_D)}{(kn+1)S},\frac{knS+S_A}{(kn+1)S})$$

$$M(\frac{S_B+S_C+S_D}{(k+1)S},\frac{kS+S_A}{(k+1)S})$$

$$N\left(\frac{m(S_B+S_C+S_D)}{(km+1)S},\frac{kmS+S_A}{(km+1)S}\right)$$

从而

$$\overrightarrow{IP}=\left(-\frac{S_A}{kS},-\frac{S_A}{S}\right)$$

$$\overrightarrow{IQ}=\left(\frac{n(S_B+S_C+S_D)}{(kn+1)S},\frac{kn(S_B+S_C+S_D)}{(kn+1)S}\right)$$

$$\overrightarrow{IM}=\left(\frac{S_B+S_C+S_D}{(k+1)S},\frac{k(S_B+S_C+S_D)}{(k+1)S}\right)$$

$$\overrightarrow{IN}=\left(\frac{m(S_B+S_C+S_D)}{(km+1)S},\frac{km(S_B+S_C+S_D)}{(km+1)S}\right)$$

则

$$\overrightarrow{IQ}=-\frac{kn(S_B+S_C+S_D)}{(kn+1)S_A}\overrightarrow{IP}$$

$$\overrightarrow{IM}=-\frac{k(S_B+S_C+S_D)}{(k+1)S_A}\overrightarrow{IP}$$

$$\overrightarrow{IN}=-\frac{km(S_B+S_C+S_D)}{(km+1)S_A}\overrightarrow{IP}$$

所以

$$x_0=-\frac{kn(S_B+S_C+S_D)}{(kn+1)S_A}$$

$$y_0=-\frac{k(S_B+S_C+S_D)}{(k+1)S_A}$$

$$z_0=-\frac{km(S_B+S_C+S_D)}{(km+1)S_A}$$

故

$$\frac{S_D}{x_0}+\frac{S_B}{y_0}+\frac{S_C}{z_0}$$

$$=-\left(\frac{kn+1}{kn}S_D+\frac{k+1}{k}S_B+\frac{km+1}{km}S_C\right)\frac{S_A}{S_B+S_C+S_D}$$

$$= -[(S_B + S_C + S_D) + \frac{1}{k}(\frac{S_C}{m} + \frac{S_D}{n} + S_B)]\frac{S_A}{S_B + S_C + S_D}$$

$$= -S_A$$

5. 特殊图形

平面向量的基本定理,它所表示的图形就是两个基向量所在的整个平面.

空间向量的基本定理,它所表示的图形就是三个基向量所在的整个空间.

对于非零实数 λ,向量式$\overrightarrow{OM} = \lambda\ \overrightarrow{OA} + (1-\lambda)\overrightarrow{OB}$表示动点 M 在过定点 A,B 所在直线上,此向量式称为直线的向量方程.

对于非零实数 λ_1,λ_2,向量式$\overrightarrow{OM} = \lambda_1\ \overrightarrow{OA} + \lambda_2\ \overrightarrow{OB} + (1-\lambda_1-\lambda_2)\overrightarrow{OC}$表示动点 M 在不共线的三个定点 A, B,C 所在的平面内,此向量式称为平面的向量方程.

对于不共线向量 $\boldsymbol{a},\boldsymbol{b},\boldsymbol{c}$,向量式 $\boldsymbol{a}+\boldsymbol{b}+\boldsymbol{c}=\boldsymbol{0}$ 表示以$|\boldsymbol{a}|,|\boldsymbol{b}|,|\boldsymbol{c}|$为边长的三角形的周界.

对于不共线向量$\overrightarrow{OA},\overrightarrow{OB},\overrightarrow{OC}$,向量式$\overrightarrow{OM} = \lambda_1\ \overrightarrow{OA} + \lambda_2\ \overrightarrow{OB} + \lambda_3\ \overrightarrow{OC}$(其中 $\lambda_1\lambda_2,\lambda_3$ 均非负,且 $\lambda_1+\lambda_2+\lambda_3=1$)表示$\triangle ABC$ 周界及其内部.

向量式 $\boldsymbol{a}+\boldsymbol{b}+\boldsymbol{c}+\boldsymbol{d}=\boldsymbol{0}$ 表示平面四边形或空间四边形.

对于不共面向量$\overrightarrow{OA},\overrightarrow{OB},\overrightarrow{OC},\overrightarrow{OD}$,向量式$\overrightarrow{OM} = \lambda_1\ \overrightarrow{OA} + \lambda_2\ \overrightarrow{OB} + \lambda_3\ \overrightarrow{OC} + \lambda_4\ \overrightarrow{OD} = \boldsymbol{0}$(其中 $\lambda_1,\lambda_2,\lambda_3,\lambda_4$ 均非负,且 $\lambda_1+\lambda_2+\lambda_3+\lambda_4=1$)表示四面体 $A-BCD$ 周界及其内部.

对于不共面四点 A,B,C,D,向量式$\frac{1}{2}\overrightarrow{AB}\times\overrightarrow{AC} +$

$\frac{1}{2}\overrightarrow{DC}\times\overrightarrow{DB}+\frac{1}{2}\overrightarrow{DA}\times\overrightarrow{DC}+\frac{1}{2}\overrightarrow{DB}\times\overrightarrow{DA}=\mathbf{0}$ 表示四面体 $A-BCD$的界面.

对于空间四点 A,B,C,D,向量式$\overrightarrow{AB}=\overrightarrow{DC}$表示四边形 $ABCD$ 为平行四边形.

下面,我们给出几个特殊图形的向量表示定理.

定理 34 设 a,b,c 分别为$\triangle ABC$ 中顶点 A,B,C 所对的边长,G 为$\triangle ABC$ 的重心,则$\triangle ABC$ 为正三角形的充分必要条件是

$$a\cdot\overrightarrow{GA}+b\cdot\overrightarrow{GB}+c\cdot\overrightarrow{GC}=\mathbf{0}\quad(2.6.131)$$

证明 由式(2.6.12),G 为$\triangle ABC$ 的重心的充要条件是

$$\overrightarrow{GA}+\overrightarrow{GB}+\overrightarrow{GC}=\mathbf{0}$$

又由式(2.3.11),知

$$a\cdot\overrightarrow{GA}+b\cdot\overrightarrow{GB}+c\cdot\overrightarrow{GC}=\mathbf{0}$$
$$\Leftrightarrow S_{\triangle GBC}:S_{\triangle GCA}:S_{\triangle GAB}=a:b:c$$

当 G 为$\triangle ABC$ 的重心时,$S_{\triangle GBC}:S_{\triangle GCA}:G_{\triangle GAB}=1:1:1$.

故 $a:b:c=1:1:1\Leftrightarrow\triangle ABC$ 为正三角形.

定理 35 $\triangle ABC$ 为正三角形的充分必要条件是

$$\overrightarrow{AB}\cdot\overrightarrow{BC}=\overrightarrow{BC}\cdot\overrightarrow{CA}=\overrightarrow{CA}\cdot\overrightarrow{AB}\quad(2.6.132)$$

证明 充分性:

方法 1 由

$$\overrightarrow{AB}\cdot\overrightarrow{BC}=\overrightarrow{BC}\cdot\overrightarrow{CA}=\overrightarrow{CA}\cdot\overrightarrow{AB}$$

得$\overrightarrow{AB}\cdot\overrightarrow{BC}+\overrightarrow{BC}\cdot\overrightarrow{CA}=2\,\overrightarrow{CA}\cdot\overrightarrow{AB}$,于是

$$\overrightarrow{BC}(\overrightarrow{AB}-\overrightarrow{AC})=-2\,\overrightarrow{AC}\cdot\overrightarrow{AB}$$

即$\overrightarrow{BC}^2=2\,\overrightarrow{AC}\cdot\overrightarrow{AB}$.

同理，$\overrightarrow{AB}^2=2\ \overrightarrow{CB}\cdot\overrightarrow{CA}$，$\overrightarrow{AC}^2=2\ \overrightarrow{BA}\cdot\overrightarrow{BC}$.

故$\overrightarrow{AB}^2=\overrightarrow{BC}^2=\overrightarrow{AC}^2$，即$|\overrightarrow{AB}|=|\overrightarrow{BC}|=|\overrightarrow{AC}|$.

方法2　由$\overrightarrow{AB}\cdot\overrightarrow{BC}=\overrightarrow{BC}\cdot\overrightarrow{CA}$，即$\overrightarrow{BC}\cdot(\overrightarrow{AB}+\overrightarrow{AC})=0$. 设$BC$的中点为$D$，则有$\overrightarrow{BC}\cdot 2\ \overrightarrow{AD}=0$，由此知$\overrightarrow{BC}\perp\overrightarrow{AD}$，即知$\triangle ABC$为等腰三角形，亦即$|\overrightarrow{AB}|=|\overrightarrow{AC}|$.

同理，$|\overrightarrow{BA}|=|\overrightarrow{BC}|$. 故$|\overrightarrow{AB}|=|\overrightarrow{BC}|=|\overrightarrow{AC}|$.

方法3　由$\overrightarrow{AB}\cdot\overrightarrow{BC}=\overrightarrow{BC}\cdot\overrightarrow{CA}$，有$\overrightarrow{BC}\cdot(\overrightarrow{AB}+\overrightarrow{AC})=0$，即$(\overrightarrow{AC}-\overrightarrow{AB})(\overrightarrow{AC}+\overrightarrow{AB})=0$，亦即$\overrightarrow{AC}^2=\overrightarrow{AB}^2$，从而$|\overrightarrow{AB}|=|\overrightarrow{AC}|$.

同理，$|\overrightarrow{BA}|=|\overrightarrow{BC}|$，故$|\overrightarrow{AB}|=|\overrightarrow{BC}|=|\overrightarrow{AC}|$.

方法4　由$\overrightarrow{AB}+\overrightarrow{BC}+\overrightarrow{CA}=\mathbf{0}$，有$\overrightarrow{AB}=-\overrightarrow{BC}-\overrightarrow{CA}$，将其代入

$$\overrightarrow{AB}\cdot\overrightarrow{BC}=\overrightarrow{CA}\cdot\overrightarrow{AB}$$

得

$$(-\overrightarrow{BC}-\overrightarrow{CA})\cdot\overrightarrow{BC}=\overrightarrow{CA}\cdot(-\overrightarrow{BC}-\overrightarrow{CA})$$

有$\overrightarrow{BC}^2=\overrightarrow{CA}^2$，即$|\overrightarrow{BC}|=|\overrightarrow{CA}|$.

同理，$|\overrightarrow{AB}|=|\overrightarrow{CA}|$，故$|\overrightarrow{AB}|=|\overrightarrow{BC}|=|\overrightarrow{AC}|$.

必要性：

方法1　由$\overrightarrow{AB}+\overrightarrow{BC}+\overrightarrow{CA}=\mathbf{0}$，有

$$\overrightarrow{AB}+\overrightarrow{BC}=-\overrightarrow{CA}$$

于是，$(\overrightarrow{AB}+\overrightarrow{BC})\cdot\overrightarrow{CA}=-\overrightarrow{CA}\cdot\overrightarrow{CA}$，即有

$$\overrightarrow{AB}\cdot\overrightarrow{CA}+\overrightarrow{BC}\cdot\overrightarrow{CA}=-\overrightarrow{CA}^2$$

同理，$\overrightarrow{AB}\cdot\overrightarrow{BC}+\overrightarrow{CA}\cdot\overrightarrow{BC}=-\overrightarrow{BC}^2$.

因$\triangle ABC$为正三角形,有$-\overrightarrow{CA}^2=-\overrightarrow{BC}^2$,从而

$$\overrightarrow{AB}\cdot\overrightarrow{CA}+\overrightarrow{BC}\cdot\overrightarrow{CA}=\overrightarrow{AB}\cdot\overrightarrow{BC}+\overrightarrow{CA}\cdot\overrightarrow{BC}$$

即有$\overrightarrow{AB}\cdot\overrightarrow{CA}=\overrightarrow{BC}\cdot\overrightarrow{AB}$.

同理,$\overrightarrow{AB}\cdot\overrightarrow{BC}=\overrightarrow{BC}\cdot\overrightarrow{CA}$,故$\overrightarrow{AB}\cdot\overrightarrow{BC}=\overrightarrow{BC}\cdot\overrightarrow{CA}=\overrightarrow{CA}\cdot\overrightarrow{AB}$.

方法 2 因为$\triangle ABC$为正三角形,有$|\overrightarrow{AB}|=|\overrightarrow{BC}|=|\overrightarrow{CA}|$及内角均为 60°. 由夹角公式(2. 4. 11),有$\cos 60^\circ=\dfrac{\overrightarrow{AB}\cdot\overrightarrow{BC}}{|\overrightarrow{AB}||\overrightarrow{BC}|}$, $\cos 60^\circ=\dfrac{\overrightarrow{BC}\cdot\overrightarrow{CA}}{|\overrightarrow{BC}||\overrightarrow{CA}|}$,即知$\overrightarrow{AB}\cdot\overrightarrow{BC}=\overrightarrow{BC}\cdot\overrightarrow{CA}$,同理$\overrightarrow{BC}\cdot\overrightarrow{CA}=\overrightarrow{CA}\cdot\overrightarrow{AB}$.

故$\overrightarrow{AB}\cdot\overrightarrow{BC}=\overrightarrow{BC}\cdot\overrightarrow{CA}=\overrightarrow{CA}\cdot\overrightarrow{AB}$.

定理 36 已知O为平面四边形$ABCD$所在平面内一点,则$ABCD$为平行四边形的充要条件是

$$\overrightarrow{OA}+\overrightarrow{OC}=\overrightarrow{OB}+\overrightarrow{OD}\qquad(2.6.133)$$

证明 由

$$\overrightarrow{OA}+\overrightarrow{OC}=\overrightarrow{OB}+\overrightarrow{OD}$$
$$\Leftrightarrow\overrightarrow{OA}-\overrightarrow{OB}=\overrightarrow{OD}-\overrightarrow{OC}$$
$$\Leftrightarrow\overrightarrow{BA}=\overrightarrow{CD}$$
$$\Leftrightarrow ABCD\text{ 为平行四边形}$$

注 点O也可以为空间中一点.

定理 37 四边形$ABCD$为平行四边形的充分必要条件是

$$\overrightarrow{AB}\cdot\overrightarrow{AD}+\overrightarrow{BA}\cdot\overrightarrow{BC}+\overrightarrow{CB}\cdot\overrightarrow{CD}+\overrightarrow{DC}\cdot\overrightarrow{DA}=0\qquad(2.6.134)$$

证明　由

$$\overrightarrow{AB}\cdot\overrightarrow{AD}+\overrightarrow{BA}\cdot\overrightarrow{BC}+\overrightarrow{CB}\cdot\overrightarrow{CD}+\overrightarrow{DC}\cdot\overrightarrow{DA}=0$$

$\Leftrightarrow(\overrightarrow{AB}-\overrightarrow{DC})\cdot(\overrightarrow{AD}-\overrightarrow{BC})=0$

$\Leftrightarrow(\overrightarrow{AD}-\overrightarrow{BC})\cdot(\overrightarrow{AD}-\overrightarrow{BC})=0$

$\Leftrightarrow\overrightarrow{AD}=\overrightarrow{BC}\Leftrightarrow ABCD$ 为平行四边形

注　注意向量回路，有$\overrightarrow{AB}+\overrightarrow{BD}+\overrightarrow{DA}=\mathbf{0}=\overrightarrow{DC}+\overrightarrow{CB}+\overrightarrow{BD}$，从而

$$\overrightarrow{AB}-\overrightarrow{DC}=\overrightarrow{CB}+\overrightarrow{BD}-\overrightarrow{BD}-\overrightarrow{DA}=\overrightarrow{AD}-\overrightarrow{BC}$$

定理 38　凸四边形 $ABCD$ 为矩形的充分必要条件是

$$\overrightarrow{AB}\cdot\overrightarrow{BC}=\overrightarrow{BC}\cdot\overrightarrow{CD}=\overrightarrow{CD}\cdot\overrightarrow{DA}=\overrightarrow{DA}\cdot\overrightarrow{AB} \tag{2.6.135}$$

证明　充分性：

方法 1　由$\overrightarrow{AB}\cdot\overrightarrow{BC}=\overrightarrow{BC}\cdot\overrightarrow{CD}$，得

$$\overrightarrow{BC}(\overrightarrow{AB}-\overrightarrow{CD})=0$$

即知$\overrightarrow{BC}\perp(\overrightarrow{AB}-\overrightarrow{CD})$.

同理，$\overrightarrow{DA}\perp(\overrightarrow{AB}-\overrightarrow{CD})$，从而$\overrightarrow{BC}/\!/\overrightarrow{DA}$.

同时，$\overrightarrow{AB}/\!/\overrightarrow{DC}$. 即知 $ABCD$ 为平行四边形.

此时，有$\overrightarrow{AB}-\overrightarrow{CD}=2\overrightarrow{AB}$，即由$\overrightarrow{BC}\perp 2\overrightarrow{AB}$，知四边形 $ABCD$ 为矩形.

方法 2　可设$\overrightarrow{AB}\cdot\overrightarrow{BC}=\overrightarrow{BC}\cdot\overrightarrow{CD}=\overrightarrow{CD}\cdot\overrightarrow{DA}=\overrightarrow{DA}\cdot\overrightarrow{AB}=k$.

若 $k>0$，则四边形 $ABCD$ 四个内角都是钝角，内角和大于 $360°$，与内角和为 $360°$矛盾；若 $k<0$，则四边

形 $ABCD$ 四个内角都是锐角,内角和小于 $360°$,与内角和为 $360°$矛盾,故 $k=0$,即四边形四个内角均为 $90°$.即四边形 $ABCD$ 为矩形.

方法 3 由$\overrightarrow{AB}+\overrightarrow{BC}+\overrightarrow{CD}+\overrightarrow{DA}=\mathbf{0}$,有

$$\overrightarrow{AB}+\overrightarrow{BC}=-\overrightarrow{CD}-\overrightarrow{DA}$$

于是$(\overrightarrow{AB}+\overrightarrow{BC})^2=(\overrightarrow{CD}+\overrightarrow{DA})^2$,即有

$$|\overrightarrow{AB}|^2+|\overrightarrow{BC}|^2+2\overrightarrow{AB}\cdot\overrightarrow{BC}$$
$$=|\overrightarrow{CD}|^2+|\overrightarrow{DA}|^2+2\overrightarrow{CD}\cdot\overrightarrow{DA}$$

由$\overrightarrow{AB}\cdot\overrightarrow{BC}=\overrightarrow{CD}\cdot\overrightarrow{DA}$,知

$$|\overrightarrow{AB}|^2+|\overrightarrow{BC}|^2=|\overrightarrow{CD}|^2+|\overrightarrow{DA}|^2$$

同理
$$|\overrightarrow{AB}|^2+|\overrightarrow{DA}|^2=|\overrightarrow{BC}|^2+|\overrightarrow{CD}|^2$$

上述两式相加得$|\overrightarrow{AB}|^2=|\overrightarrow{CD}|^2$,即$|\overrightarrow{AB}|=|\overrightarrow{CD}|$.

同理$|\overrightarrow{AD}|=|\overrightarrow{BC}|$,即知 $ABCD$ 为平行四边形.

此时,$\overrightarrow{CD}=-\overrightarrow{AB}$,又由$\overrightarrow{AB}\cdot\overrightarrow{BC}=\overrightarrow{BC}\cdot\overrightarrow{CD}=\overrightarrow{BC}\cdot(-\overrightarrow{AB})$,有 $2\overrightarrow{AB}\cdot\overrightarrow{BC}=0$,即知$\overrightarrow{AB}\perp\overrightarrow{BC}$,故四边形 $ABCD$为矩形.

必要性:当 $ABCD$ 为矩形时,$\overrightarrow{AB}\perp\overrightarrow{BC}$,$\overrightarrow{BC}\perp\overrightarrow{CD}$,$\overrightarrow{CD}\perp\overrightarrow{DA}$,$\overrightarrow{DA}\perp\overrightarrow{AB}$. 故$\overrightarrow{AB}\cdot\overrightarrow{BC}=\overrightarrow{BC}\cdot\overrightarrow{CD}=\overrightarrow{CD}\cdot\overrightarrow{DA}=\overrightarrow{DA}\cdot\overrightarrow{AB}=0$,由此即证.

定理 39 任意四边形(平面或空间)$ABCD$ 中,M 和 N 分别是 AD 和 BC 的中点,则

$$\overrightarrow{MN}=\frac{1}{2}(\overrightarrow{AB}+\overrightarrow{DC}) \qquad (2.6.136)$$

证明 如图 2.6.18 所示,注意向量回路,有

$$2\overrightarrow{MN}=(\overrightarrow{MD}+\overrightarrow{DC}+\overrightarrow{CN})+(\overrightarrow{MA}+\overrightarrow{AB}+\overrightarrow{BN})$$
$$=(\overrightarrow{MD}+\overrightarrow{MA})+(\overrightarrow{BN}+\overrightarrow{CN})+(\overrightarrow{AB}+\overrightarrow{DC})$$
$$=\overrightarrow{AB}+\overrightarrow{DC}$$

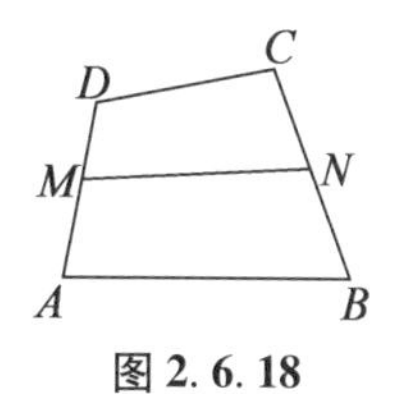

图 2.6.18

故
$$\overrightarrow{MN}=\frac{1}{2}(\overrightarrow{AB}+\overrightarrow{DC})$$

注　(1)若 A 和 D 两点重合，$\overrightarrow{AN}=\frac{1}{2}(\overrightarrow{AB}+\overrightarrow{AC})$，此即为三角形中线的向量形式.

(2)若 C 和 D 两点重合，$2\overrightarrow{MN}=\overrightarrow{AB}$，此即为三角形中位线定理.

(3)若 $AB/\!/DC$，则四边形 $ABCD$ 为梯形，有 $AB/\!/MN/\!/DC$，$\overrightarrow{MN}=\frac{1}{2}(\overrightarrow{AB}+\overrightarrow{DC})$，此即为梯形的中位线定理.

(4)若 $AB/\!/DC$，且 C,D 两点错位，此时四边形 $ABCD$ 为梯形，$AB/\!/CD/\!/MN$，$2MN=AB-DC$ 表示梯形两对角线中点连线平行于两底且等于两底差的一半.

定理 40　设点 G 为四面体 $A-BCD$ 的重心，则四面体为等腰(对棱相等的四面体)或等面四面体的充分必要条件是

$$S_{\triangle BCD}\cdot\overrightarrow{GA}+S_{\triangle ACD}\cdot\overrightarrow{GB}+S_{\triangle ABD}\cdot\overrightarrow{GC}+S_{\triangle ABC}\cdot\overrightarrow{GD}=\mathbf{0}\tag{2.6.137}$$

事实上，由式(2.6.98)，有$\overrightarrow{GA}+\overrightarrow{GB}+\overrightarrow{GC}+\overrightarrow{GD}=\mathbf{0}$.

再注意到式(2.3.21)及 G 为四面体重心,有

$$S_{\triangle BCD}:S_{\triangle ACD}:S_{\triangle ABD}:S_{\triangle ABC}=1:1:1:1$$

于是由

$$\text{式}(2.6.137)\Leftrightarrow S_{\triangle BCD}=S_{\triangle ACD}=S_{\triangle ABD}=S_{\triangle ABC}$$
$$\Leftrightarrow AB=CD,BC=AD,BD=AC$$

定理 41[①] $\triangle ABC$ 的重心为 G,内心为 I,垂心为 H,内角 A,B,C 所对的边分别为 a,b,c,则:

(1)

$$\overrightarrow{IG}=\frac{a-b}{a+b+c}\overrightarrow{GB}+\frac{a-c}{a+b+c}\overrightarrow{GC}\quad(2.6.138)$$

(2)

$$\overrightarrow{HG}=\cot C(\cot B-\cot A)\cdot\overrightarrow{GB}+\cot B(\cot C-\cot A)\cdot\overrightarrow{GC}\quad(2.6.139)$$

(3)若 $\triangle ABC$ 切 BC 边的旁心为 I_A,则

$$\overrightarrow{I_AG}=\frac{a+b}{a-b-c}\overrightarrow{GB}+\frac{a+c}{a-b-c}\overrightarrow{GC}\quad(2.6.140)$$

$$\overrightarrow{II_A}=\frac{2a}{(b+a)^2-a^2}[(2b+c)\overrightarrow{GB}+(b+2c)\overrightarrow{GC}]\quad(2.6.141)$$

(4)若 O 为 $\triangle ABC$ 的外心,外接圆半径为 R,则

$$|\overrightarrow{OG}|^2=R^2-\frac{1}{9}(a^2+b^2+c^2)\quad(2.6.142)$$

证明 以上各式均可由 2.6 中的定理 1 各式推导而得,下面给出另证.

(1)由式(2.6.11),有

---

① 邬天泉,周海燕.用向量方法研究三角形欧拉线的几何特征[J].数学通讯,2004(17):37-38.

$$\sin A\cdot\overrightarrow{IA}+\sin B\cdot\overrightarrow{IB}+\sin C\cdot\overrightarrow{IC}=\mathbf{0}$$

据正弦定理得

$$a\cdot\overrightarrow{IA}+b\cdot\overrightarrow{IB}+c\cdot\overrightarrow{IC}=\mathbf{0}$$

$$a(\overrightarrow{IG}+\overrightarrow{GA})+b(\overrightarrow{IG}+\overrightarrow{GB})+c(\overrightarrow{IG}+\overrightarrow{GC})=\mathbf{0}$$

再将$\overrightarrow{GA}=-\overrightarrow{GB}-\overrightarrow{GC}$代入,整理得

$$\overrightarrow{IG}=\frac{a-b}{a+b+c}\overrightarrow{GB}+\frac{a-c}{a+b+c}\overrightarrow{GC}$$

(2)在非直角三角形中,H是$\triangle ABC$的垂心,由式(2.6.13),得

$$\tan A\cdot\overrightarrow{HA}+\tan B\cdot\overrightarrow{HB}+\tan C\cdot\overrightarrow{HC}=\mathbf{0}$$

则$\tan A\cdot(\overrightarrow{HG}+\overrightarrow{GA})+\tan B\cdot(\overrightarrow{HG}+\overrightarrow{GB})+\tan C\cdot(\overrightarrow{HG}+\overrightarrow{GC})=\mathbf{0}$,再将$\overrightarrow{GA}=-\overrightarrow{GB}-\overrightarrow{GC}$代入,并利用$\tan A+\tan B+\tan C=\tan A\tan B\tan C$,整理得

$$\overrightarrow{HG}=\cot C(\cot B-\cot A)\cdot\overrightarrow{GB}+\cot B(\cot C-\cot A)\cdot\overrightarrow{GC}$$

(3)若$\triangle ABC$切BC边的旁心为I_A,由式(2.6.14),得

$$-\sin A\cdot\overrightarrow{I_AA}+\sin B\cdot\overrightarrow{I_AB}+\sin C\cdot\overrightarrow{I_AC}=\mathbf{0}$$

由正弦定理,得

$$-a\cdot\overrightarrow{I_AA}+b\cdot\overrightarrow{I_AB}+c\cdot\overrightarrow{I_AC}=\mathbf{0}$$

则

$$-a\cdot(\overrightarrow{I_AG}+\overrightarrow{GA})+b\cdot(\overrightarrow{I_AG}+\overrightarrow{GB})+c\cdot(\overrightarrow{I_AG}+\overrightarrow{GC})=\mathbf{0}$$

再将$\overrightarrow{GA}=-\overrightarrow{GB}-\overrightarrow{GC}$代入,整理得

$$\overrightarrow{I_AG}=\frac{a+b}{a-b-c}\overrightarrow{GB}+\frac{a+c}{a-b-c}\overrightarrow{GC}$$

又据(1)

$$\overrightarrow{IG}=\frac{a-b}{a+b+c}\overrightarrow{GB}+\frac{a-c}{a+b+c}\overrightarrow{GC}$$

得

$$\begin{aligned}\overrightarrow{II_A}&=\overrightarrow{IG}+\overrightarrow{GI_A}\\&=\frac{a-b}{a+b+c}\overrightarrow{GB}+\frac{a-c}{a+b+c}\overrightarrow{GC}-\\&\quad\left(\frac{a+b}{a-b-c}\overrightarrow{GB}+\frac{a+c}{a-b-c}\overrightarrow{GC}\right)\\&=\frac{2a}{(b+c)^2-a^2}[(2b+c)\overrightarrow{GB}+(b+2c)\overrightarrow{GC}]\end{aligned}$$

(4)由题意,有

$$\begin{aligned}|\overrightarrow{OG}|^2&=\overrightarrow{OG}^2=\left(\frac{\overrightarrow{OA}+\overrightarrow{OB}+\overrightarrow{OC}}{3}\right)^2\\&=\frac{1}{9}[\overrightarrow{OA}^2+\overrightarrow{OB}^2+\overrightarrow{OC}^2+\\&\quad 2(\overrightarrow{OA}\cdot\overrightarrow{OB}+\overrightarrow{OB}\cdot\overrightarrow{OC}+\overrightarrow{OC}\cdot\overrightarrow{OA})]\\&=\frac{1}{9}[3R^2+2R^2(\cos 2A+\cos 2B+\cos 2C)]\\&=\frac{1}{9}[3R^2+2R^2(3-2\sin^2A-2\sin^2B-2\sin^2C)]\\&=R^2-\frac{1}{9}(a^2+b^2+c^2)\end{aligned}$$

定理 42 $\triangle ABC$ 的重心为 G,内心为 I,内角 A,B,C 所对的边分别为 a,b,c,则 $GI/\!/BC$ 的充要条件为 $2a=b+c$. 这时

$$\overrightarrow{IG}=\frac{b-a}{3a}\cdot\overrightarrow{BC}\text{且}|\overrightarrow{IG}|=\frac{|a-b|}{3}\quad(2.6.143)$$

证明 由式(2.6.138)知

$$\overrightarrow{IG}=\frac{a-b}{a+b+c}\overrightarrow{GB}+\frac{a-c}{a+b+c}\overrightarrow{GC}$$

又$\overrightarrow{GB}$与$\overrightarrow{GC}$不共线,所以

$$GI /\!/ BC \Leftrightarrow \overrightarrow{IG}=\lambda\overrightarrow{BC} \Leftrightarrow \overrightarrow{IG}=-\lambda\overrightarrow{GB}+\lambda\overrightarrow{GC}$$

$$\Leftrightarrow\left(\frac{a-b}{a+b+c}+\lambda\right)\overrightarrow{GB}+\left(\frac{a-c}{a+b+c}-\lambda\right)\overrightarrow{GC}=\mathbf{0}$$

$$\Leftrightarrow\begin{cases}\dfrac{a-b}{a+b+c}+\lambda=0\\ \dfrac{a-c}{a+b+c}-\lambda=0\end{cases}$$

$$\Leftrightarrow 2a=b+c$$

当 $GI /\!/ BC$ 时,$\lambda=\dfrac{b-a}{3a}$,$\overrightarrow{IG}=\dfrac{b-a}{3a}\cdot\overrightarrow{BC}$,且$|\overrightarrow{IG}|=\dfrac{|a-b|}{3}$.

由上,还可以得到一个有趣的结论:

推论　对于$\triangle ABC$,重心为 G,内心为 I,若以 B,C 为焦点的椭圆经过点 A,则 $IG /\!/ BC$ 的充要条件是:椭圆的离心率 $e=\dfrac{1}{2}$.

定理 43　$\triangle ABC$ 的重心为 G,垂心为 H,则 $HG /\!/ BC$ 的充要条件是

$$\tan A\tan B=3 \qquad (2.6.144)$$

当 $HG /\!/ BC$ 时,$\overrightarrow{HG}=\dfrac{2}{3}\cdot\dfrac{b^2-a^2}{c^2+a^2-b^2}\cdot\overrightarrow{BC}$,且

$$|\overrightarrow{HG}|=\frac{2a|a^2-b^2|}{3|c^2+a^2-b^2|} \qquad (2.6.145)$$

证明　由式(2.6.139)知$\overrightarrow{HG}=\cot C(\cot B-\cot A)\cdot\overrightarrow{GB}+\cot B(\cot C-\cot A)\cdot\overrightarrow{GC}$,$\overrightarrow{BC}=\overrightarrow{GC}-$

$\overrightarrow{GB}$,则

$$HG /\!/ BC \Leftrightarrow \overrightarrow{HG}=\lambda\ \overrightarrow{BC} \Leftrightarrow \overrightarrow{HG}=-\lambda\ \overrightarrow{GB}+\lambda\ \overrightarrow{GC}$$

$$\Leftrightarrow \begin{cases}\cot C(\cot B-\cot A)+\lambda=0\\ \cot B(\cot C-\cot A)-\lambda=0\end{cases}$$

$$\Leftrightarrow 2\cot B\cot C=\cot A\cdot(\cot B+\cot C)$$

$$\Leftrightarrow 2\tan A=\tan B+\tan C \Leftrightarrow \tan B\tan C=3$$

推导过程中利用了 $\tan A+\tan B+\tan C=\tan A\tan B\tan C$,即 $\tan A=\dfrac{\tan B+\tan C}{\tan B\tan C-1}$.

这时

$$\begin{aligned}\lambda&=\frac{1}{\tan A\tan C}-\frac{1}{\tan B\tan C}\\&=\frac{1}{3}\left(\frac{\tan B}{\tan A}-1\right)=\frac{1}{3}\left(\frac{b^2+c^2-a^2}{c^2+a^2-b^2}-1\right)\\&=\frac{2}{3}\left(\frac{b^2-a^2}{c^2+a^2-b^2}\right)\end{aligned}$$

故 $\overrightarrow{HG}=\dfrac{2}{3}\cdot\dfrac{b^2-a^2}{c^2+a^2-b^2}\cdot\overrightarrow{BC}$,且 $|\overrightarrow{HG}|=\dfrac{2a|a^2-b^2|}{3|c^2+a^2-b^2|}$.

定理 44 $\triangle ABC$ 切 BC 边的旁心为 I_A,重心为 G,内角 A,B,C 所对的边分别为 a,b,c,且 $\dfrac{|\overrightarrow{GB}|}{|\overrightarrow{GC}|}=\sqrt{\dfrac{a+c}{a+b}}$ $(b\neq c)$,则 $I_AG\perp BC$ 的充要条件是

$$GB\perp GC \tag{2.6.146}$$

证明 由已知,得

$$(a+b)\overrightarrow{GB}^2-(a+c)\overrightarrow{GC}^2=0$$

又由式(2.6.10)知

$$\overrightarrow{I_AG}=\frac{a+b}{a-b-c}\overrightarrow{GB}+\frac{a+c}{a-b-c}\overrightarrow{GC}$$

由$\overrightarrow{BC}=-\overrightarrow{GB}+\overrightarrow{GC}$,则

$$I_AG\perp BC$$

$$\Leftrightarrow\overrightarrow{I_AG}\cdot\overrightarrow{BC}=0$$

$$\Leftrightarrow\left(\frac{a+b}{a-b-c}\overrightarrow{GB}+\frac{a+c}{a-b-c}\overrightarrow{GC}\right)(\overrightarrow{GC}-\overrightarrow{GB})=0$$

$$\Leftrightarrow(b-c)\overrightarrow{GB}\cdot\overrightarrow{GC}=(a+b)\overrightarrow{GB}^2-(a+c)\overrightarrow{GC}^2=0$$

$$\Leftrightarrow\overrightarrow{GB}\cdot\overrightarrow{GC}=0$$

$$\Leftrightarrow GB\perp GC$$

定理 45　$\triangle ABC$ 切 BC 边的旁心为 I_A,内心为 I,重心为 G,内角 A,B,C 所对的边分别为 a,b,c,且 $\frac{|GB|}{|GC|}=\sqrt{\frac{2c+b}{2b+c}}(b\neq c)$,则 $II_A\perp BC$ 的充要条件是

$$GB\perp GC \tag{2.6.147}$$

证明　由式(2.6.141)知

$$\overrightarrow{II_A}=\frac{2a}{(b+c)^2-a^2}[(2b+c)\overrightarrow{GB}+(b+2c)\overrightarrow{GC}]$$

$$\overrightarrow{BC}=\overrightarrow{GC}-\overrightarrow{GB}$$

又

$$(2b+c)\overrightarrow{GB}^2-(2c+b)\overrightarrow{GC}^2=0$$

则

$$II_A\perp BC$$

$$\Leftrightarrow\overrightarrow{II_A}\cdot\overrightarrow{BC}=0$$

$$\Leftrightarrow[(2b+c)\overrightarrow{GB}+(2c+b)\overrightarrow{GC}]\cdot(\overrightarrow{GC}-\overrightarrow{GB})=0$$

$$\Leftrightarrow(b-c)\overrightarrow{GB}\cdot\overrightarrow{GC}=(2b+c)\overrightarrow{GB}^2-(2c+b)\overrightarrow{GC}^2=0$$

$$\Leftrightarrow\overrightarrow{GB}\cdot\overrightarrow{GC}=0$$

$\Leftrightarrow BG \perp GC$

定理 46 如图 2.6.19 所示,已知 P,Q 为 $\triangle ABC$ 所在平面上的两点,且满足 $\overrightarrow{AP}=\lambda_1\overrightarrow{AB}+u_1\overrightarrow{AC}$,$\overrightarrow{AQ}=\lambda_2\overrightarrow{AB}+u_2\overrightarrow{AC}$,则

$$\frac{S_{\triangle ABP}}{S_{\triangle ABQ}}=\left|\frac{u_1}{u_2}\right| \tag{2.6.148}$$

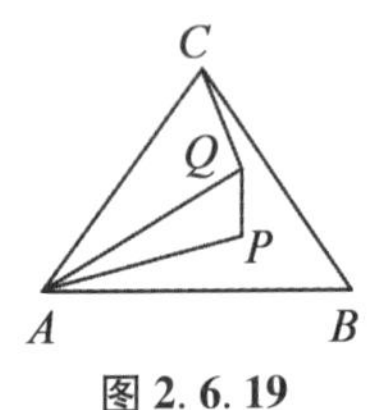

图 2.6.19

证明 由 $\cos\angle PAB=\frac{\overrightarrow{AB}\cdot\overrightarrow{AP}}{|\overrightarrow{AB}||\overrightarrow{AP}|}$,有

$$\sin\angle PAB=\sqrt{1-\cos^2\angle PAB}=\sqrt{1-\left(\frac{\overrightarrow{AB}\cdot\overrightarrow{AP}}{|\overrightarrow{AB}||\overrightarrow{AP}|}\right)^2}$$

则

$$S_{\triangle ABP}$$

$$=\frac{1}{2}|\overrightarrow{AB}||\overrightarrow{AP}|\sin\angle PAB$$

$$=\frac{1}{2}|\overrightarrow{AB}||\overrightarrow{AP}|\sqrt{1-\left(\frac{\overrightarrow{AB}\cdot\overrightarrow{AP}}{|\overrightarrow{AB}||\overrightarrow{AP}|}\right)^2}$$

$$=\frac{1}{2}\sqrt{|\overrightarrow{AB}|^2|\overrightarrow{AP}|^2-(\overrightarrow{AB}\cdot\overrightarrow{AP})^2}$$

$$=\frac{1}{2}\sqrt{|\overrightarrow{AB}|^2\cdot(\lambda_1\overrightarrow{AB}+u_1\overrightarrow{AC})^2-(\lambda_1\overrightarrow{AB}^2+u_1\overrightarrow{AC}\cdot\overrightarrow{AB})^2}$$

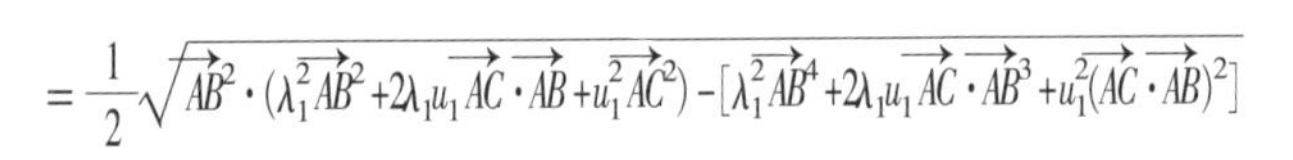

$$=\frac{1}{2}\sqrt{\overrightarrow{AB}^2\cdot(\lambda_1^2\overrightarrow{AB}^2+2\lambda_1u_1\overrightarrow{AC}\cdot\overrightarrow{AB}+u_1^2\overrightarrow{AC}^2)-[\lambda_1^2\overrightarrow{AB}^4+2\lambda_1u_1\overrightarrow{AC}\cdot\overrightarrow{AB}^3+u_1^2(\overrightarrow{AC}\cdot\overrightarrow{AB})^2]}$$

$$=\frac{1}{2}\sqrt{u_1^2[\overrightarrow{AB}^2\cdot\overrightarrow{AC}^2-(\overrightarrow{AC}\cdot\overrightarrow{AB})^2]}$$

$$=\frac{1}{2}|u_1|\sqrt{[\overrightarrow{AB}^2\cdot\overrightarrow{AC}^2-(\overrightarrow{AC}\cdot\overrightarrow{AB})^2]}$$

同理

$$S_{\triangle ABQ}=\frac{1}{2}|\overrightarrow{AB}|\cdot|\overrightarrow{AQ}|\sin\angle QAB$$

$$=\frac{1}{2}|u_2|\cdot\sqrt{[\overrightarrow{AB}^2\cdot\overrightarrow{AC}^2-(\overrightarrow{AC}\cdot\overrightarrow{AB})^2]}$$

故

$$\frac{S_{\triangle ABP}}{S_{\triangle ABQ}}=\left|\frac{u_1}{u_2}\right|$$

推论 1　如图 2.6.20 所示，已知 P,Q 为 $\triangle ABC$ 所在平面上的两点，且满足 $\overrightarrow{AP}=\lambda_1\overrightarrow{AB}+u_1\overrightarrow{AC}$，$\overrightarrow{AQ}=\lambda_2\overrightarrow{AB}+u_2\overrightarrow{AC}$，则

$$\frac{S_{\triangle ACP}}{S_{\triangle ACQ}}=\left|\frac{\lambda_1}{\lambda_2}\right| \tag{2.6.149}$$

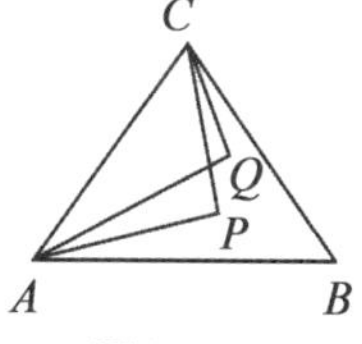

图 2.6.20

事实上，此证明类似于定理 46 的证明，故略.

推论 2　已知 P,Q 为 $\triangle ABC$ 所在平面上的两点，且满足 $\overrightarrow{AP}=\lambda_1\overrightarrow{AB}+u_1\overrightarrow{AC}$，$\overrightarrow{AQ}=\lambda_2\overrightarrow{AB}+u_2\overrightarrow{AC}$，则

$$\frac{S_{\triangle BCP}}{S_{\triangle BCQ}}=\left|\frac{1-\lambda_1-u_1}{1-\lambda_2-u_2}\right| \tag{2.6.150}$$

证明　如图 2.6.21 所示，不妨设

$$\overrightarrow{BP}=m_1\overrightarrow{BA}+n_1\overrightarrow{BC} \quad ①$$

$$\overrightarrow{BQ}=m_2\overrightarrow{BA}+n_2\overrightarrow{BC} \quad ②$$

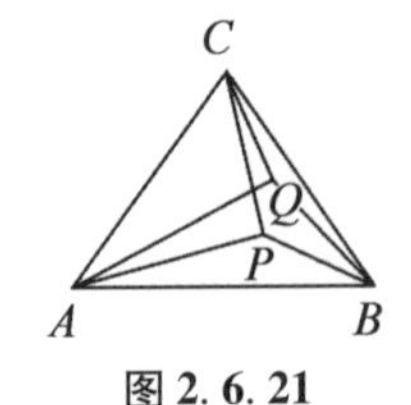

图 2.6.21

则由定理 46 知$\dfrac{S_{\triangle BCP}}{S_{\triangle BCQ}}=\left|\dfrac{m_1}{m_2}\right|$. 由

$$\begin{aligned}\overrightarrow{BP}&=\overrightarrow{AP}-\overrightarrow{AB}\\&=(\lambda_1-1)\overrightarrow{AB}+u_1\overrightarrow{AC}\\&=(\lambda_1-1)\overrightarrow{AB}+u_1(\overrightarrow{AB}+\overrightarrow{BC})\\&=(\lambda_1+u_1-1)\overrightarrow{AB}+u_1\overrightarrow{BC}\\&=(1-\lambda_1-u_1)\overrightarrow{BA}+u_1\overrightarrow{BC}\end{aligned}$$

即

$$\overrightarrow{BP}=(1-\lambda_1-u_1)\overrightarrow{BA}+u_1\overrightarrow{BC} \quad ③$$

同理可得

$$\overrightarrow{BQ}=(1-\lambda_2-u_2)\overrightarrow{BA}+u_2\overrightarrow{BC} \quad ④$$

由①,③知 $m_1=1-\lambda_1-u_1$,由②,④知 $m_2=1-\lambda_2-u_2$. 则$\dfrac{S_{\triangle BCP}}{S_{\triangle BCQ}}=\left|\dfrac{1-\lambda_1-u_1}{1-\lambda_2-u_2}\right|$.

推论 3 已知 P,Q 为 $\triangle ABC$ 所在平面上的两点,且满足$\overrightarrow{AP}=\lambda_1\overrightarrow{AB}+u_1\overrightarrow{AC}$,$\overrightarrow{AQ}=\lambda_2\overrightarrow{AB}+u_2\overrightarrow{AC}$,则

$$\frac{S_{\triangle APQ}}{S_{\triangle ACQ}}=\left|u_1-\frac{\lambda_1}{\lambda_2}u_2\right| \quad (2.6.151)$$

证明 如图 2.6.22 所示,设

$$\overrightarrow{AP}=m_1\overrightarrow{AB}+n_1\overrightarrow{AQ} \quad ①$$

$$\overrightarrow{AC}=m_2\overrightarrow{AB}+n_2\overrightarrow{AQ} \quad ②$$

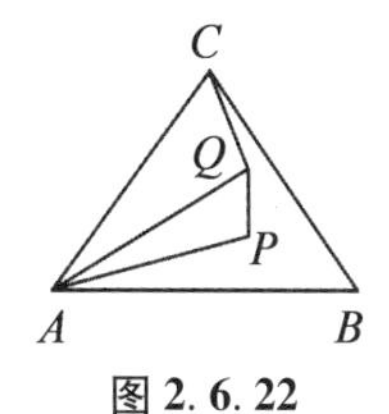

图 2.6.22

由定理 46 知

$$\frac{S_{\triangle APQ}}{S_{\triangle ACQ}}=\left|\frac{m_1}{m_2}\right|$$

$$\overrightarrow{AP}=\lambda_1\overrightarrow{AB}+u_1\overrightarrow{AC} \quad ③$$

$$\overrightarrow{AQ}=\lambda_2\overrightarrow{AB}+u_2\overrightarrow{AC} \quad ④$$

由④得

$$\overrightarrow{AC}=-\frac{\lambda_2}{u_2}\overrightarrow{AB}+\frac{1}{u_2}\overrightarrow{AQ} \quad ⑤$$

将⑤代入③得

$$\overrightarrow{AP}=(\lambda_1-\frac{u_1\lambda_2}{u_2})\overrightarrow{AB}+\frac{u_1}{u_2}\overrightarrow{AQ} \quad ⑥$$

由①,⑥知 $m_1=\lambda_1-\frac{u_1\lambda_2}{u_2}$,由②,⑤知 $m_2=-\frac{\lambda_2}{u_2}$,故

$$\frac{S_{\triangle APQ}}{S_{\triangle ACQ}}=\left|\frac{m_1}{m_2}\right|=\left|\frac{\lambda_1-\frac{u_1\lambda_2}{u_2}}{-\frac{\lambda_2}{u_2}}\right|=\left|u_1-\frac{\lambda_1}{\lambda_2}u_2\right|.$$

推论 4　已知 P,Q 为 $\triangle ABC$ 所在平面上的两点,且满足 $\overrightarrow{AP}=\lambda_1\overrightarrow{AB}+u_1\overrightarrow{AC}$,$\overrightarrow{AQ}=\lambda_2\overrightarrow{AB}+u_2\overrightarrow{AC}$,则

$$\frac{S_{\triangle APQ}}{S_{\triangle APB}}=\left|\lambda_2-\frac{u_2}{u_1}\lambda_1\right| \quad (2.6.152)$$

事实上,此证明类似于推论 3 的证明,故略.

定理 47① 如图 2.6.23 所示,设点 P 为 $\triangle ABC$ 中的一个勃罗卡点,相应的勃罗卡角为 α,记 $\omega_1=\overrightarrow{AB}\cdot\overrightarrow{AP}$,$\omega_2=\overrightarrow{BC}\cdot\overrightarrow{BP}$,$\omega_3=\overrightarrow{CA}\cdot\overrightarrow{CP}$,$\omega_A=\overrightarrow{AB}\cdot\overrightarrow{AC}$,$\omega_B=\overrightarrow{BC}\cdot\overrightarrow{BA}$,$\omega_C=\overrightarrow{CA}\cdot\overrightarrow{CB}$,则有

$$\omega_1+\omega_2+\omega_3=\omega_A+\omega_B+\omega_C \quad (2.6.153)$$

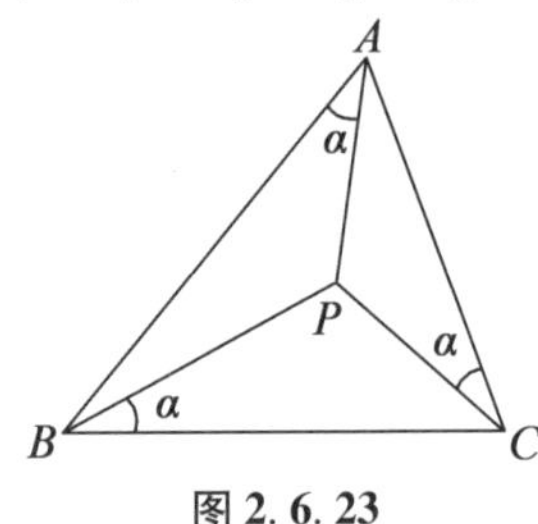

图 2.6.23

证明 为证定理,需用到如下引理:

引理 5 在 $\triangle ABC$ 中,记 $\omega_A=\overrightarrow{AB}\cdot\overrightarrow{AC}$,$\omega_B=\overrightarrow{BC}\cdot\overrightarrow{BA}$,$\omega_C=\overrightarrow{CA}\cdot\overrightarrow{CB}$,三角形的面积为 $S_\triangle$,则 $\omega_A=2S_\triangle\cot A$,$\omega_B=2S_\triangle\cot B$,$\omega_C=2S_\triangle\cot C$.

事实上,由三角形面积公式有

$$\begin{aligned}S_\triangle&=\frac{1}{2}|AB||AC|\sin A\\&=\frac{1}{2}|AB||AC|\cos A\cdot\tan A\\&=\frac{1}{2}\overrightarrow{AB}\cdot\overrightarrow{AC}\cdot\tan A\end{aligned}$$

即 $\omega_A=\overrightarrow{AB}\cdot\overrightarrow{AC}=2S_\triangle\cot A$.

---

① 李显权.一个奇妙的向量恒等式[J].数学通报,2010(12):46-47.

同理可得 $\omega_B = 2S_\triangle \cot B, \omega_C = 2S_\triangle \cot C$.

引理6　设 P 是 $\triangle ABC$ 的一个勃罗卡点,相应的勃罗卡角是 $\angle PAB = \angle PBC = \angle PCA = \alpha$,则 $\cot \alpha = \cot A + \cot B + \cot C$(参见式(3.4.10)).

回到定理的证明:如图2.6.23所示,因为 α 为 $\triangle ABC$ 的勃罗卡角,分别在 $\triangle ABP, \triangle BCP, \triangle CAP$ 中利用引理5,可得 $\omega_1 = 2S_{\triangle_1}\cot \alpha, \omega_2 = 2S_{\triangle_2}\cot \alpha, \omega_3 = 2S_{\triangle_3}\cot \alpha$(其中 $S_{\triangle_1}, S_{\triangle_2}, S_{\triangle_3}$ 分别为 $\triangle ABP, \triangle BCP, \triangle CAP$ 的面积). 所以

$$\omega_1 + \omega_2 + \omega_3 = 2\cot \alpha (S_{\triangle_1} + S_{\triangle_2} + S_{\triangle_3}) \qquad ①$$

由引理5,在 $\triangle ABC$ 中有 $\omega_A = 2S_\triangle \cot A, \omega_B = 2S_\triangle \cot B, \omega_C = 2S_\triangle \cot C$.

所以

$$\omega_A + \omega_B + \omega_C = 2S_\triangle (\cot A + \cot B + \cot C) \qquad ②$$

由①,②再结合引理6,即得 $\omega_1 + \omega_2 + \omega_3 = \omega_A + \omega_B + \omega_C$.

证毕.

推论1

$$\omega_1 + \omega_2 + \omega_3 = \omega_A + \omega_B + \omega_C = \frac{1}{2}(a^2 + b^2 + c^2) \qquad (2.6.154)$$

证明　在 $\triangle ABC$ 中,由余弦定理有

$$a^2 = b^2 + c^2 - 2bc\cos A$$

所以

$$a^2 = b^2 + c^2 - 2\omega_A \qquad ①$$

同理可得

$$b^2 = c^2 + a^2 - 2\omega_B \qquad ②$$

$$c^2 = a^2 + b^2 - 2\omega_C \qquad ③$$

将式①~③相加,整理即得

$$\omega_A+\omega_B+\omega_C=\frac{1}{2}(a^2+b^2+c^2)$$

再由定理 47,可知推论 1 成立.

推论 2

$$\omega_1+\omega_2+\omega_3=\omega_A+\omega_B+\omega_C=p^2-4Rr-r^2 \tag{2.6.155}$$

证明 由三角形中熟知的恒等式 $a^2+b^2+c^2=2(p^2-4Rr-r^2)$,及定理 47 的推论 1,立得结论.

推论 3 $\omega_1+\omega_2+\omega_3=\omega_A+\omega_B+\omega_C\geqslant 2\sqrt{3}S_{\triangle}$

(2.6.156)

证明 由引理 4 及熟知的不等式 $\cot A+\cot B+\cot C\geqslant\sqrt{3}$,可知 $\cot\alpha\geqslant\sqrt{3}$,所以

$$\omega_1=2S_{\triangle_1}\cot\alpha\geqslant 2\sqrt{3}S_{\triangle_1}$$

同理有另外两式,将三式相加,可得

$$\omega_1+\omega_2+\omega_3\geqslant 2\sqrt{3}(S_{\triangle_1}+S_{\triangle_2}+S_{\triangle_3})=2\sqrt{3}S_{\triangle}$$

由定理 47 即知推论 3 成立.

定理 48① 如图 2.6.24 所示,已知定点 P,半径为 R 的定圆 $\odot O$,$|PO|=mR$,A,B 是 $\odot O$ 上两动点,$t=\overrightarrow{PA}\cdot\overrightarrow{PB}$,则 t 的取值范围是:

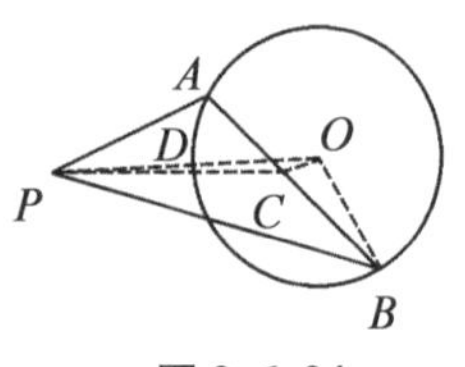

图 2.6.24

① 李世臣.定点张定圆上两点向量内积的取值范围[J].中学数学研究,2010(6):20-21.

(1)当 $0\leqslant m\leqslant 2$ 时，$(\frac{1}{2}m^2-1)R^2\leqslant t\leqslant(m+1)^2R^2$；

(2)当 $2<m<+\infty$ 时，$(m-1)^2R^2\leqslant t\leqslant(m+1)^2R^2$.

证明　设弦 AB 的中点为 C，则

$$\overrightarrow{AC}=\overrightarrow{CB}$$

且

$$OC\perp AB$$

$$\begin{aligned}\overrightarrow{PA}\cdot\overrightarrow{PB}&=(\overrightarrow{PC}+\overrightarrow{CA})\cdot(\overrightarrow{PC}+\overrightarrow{CB})\\&=(\overrightarrow{PC}-\overrightarrow{CB})\cdot(\overrightarrow{PC}+\overrightarrow{CB})\\&=|\overrightarrow{PC}|^2-|\overrightarrow{CB}|^2\\&=|\overrightarrow{PC}|^2-(|\overrightarrow{BO}|^2-|\overrightarrow{CO}|^2)\\&=(|\overrightarrow{PC}|^2+|\overrightarrow{CO}|^2)-R^2\end{aligned}$$

设 PO 的中点为 D，则 $|DO|=\frac{1}{2}|PO|=\frac{1}{2}mR$. 在 $\triangle PCO$ 中

$$\begin{aligned}|PC|^2+|CO|^2&=2(|CD|^2+|DO|^2)\\&=2|CD|^2+\frac{1}{2}m^2R^2\end{aligned}$$

所以 $\overrightarrow{PA}\cdot\overrightarrow{PB}=2|\overrightarrow{CD}|^2+\frac{1}{2}m^2R^2-R^2=2|CD|^2+(\frac{1}{2}m^2-1)R^2$.

(1)当 $0\leqslant m\leqslant 2$ 时，$0\leqslant|DO|\leqslant R$，则点 D 是圆上或圆内一定点，而点 C 是圆上或圆内一动点. 所以 $0\leqslant|CD|\leqslant|DO|+R$，即 $0\leqslant|CD|\leqslant(\frac{1}{2}m+1)R$. 所以

$(\frac{1}{2}m^2-1)R^2\leqslant\overrightarrow{PA}\cdot\overrightarrow{PB}\leqslant[2(\frac{1}{2}m+1)^2+(\frac{1}{2}m^2-1)]R^2=(m+1)^2R^2$.

(2)当 $2<m<+\infty$ 时，$|DO|>R$，则点 D 是圆外一定点，而点 C 是圆上或圆内一动点. 所以 $|DO|-R\leqslant|CD|\leqslant|DO|+R$，即 $(\frac{m}{2}-1)R\leqslant|CD|\leqslant(\frac{m}{2}+1)R$. 所以 $[2(\frac{m}{2}-1)^2+(\frac{m^2}{2}-1)]R^2\leqslant\overrightarrow{PA}\cdot\overrightarrow{PB}\leqslant[2(\frac{m}{2}+1)^2+(\frac{m^2}{2}-1)]R^2$，即

$$(m-1)^2R^2\leqslant\overrightarrow{PA}\cdot\overrightarrow{PB}\leqslant(m+1)^2R^2 \tag{2.6.157}$$

有了上述定理容易得到下面两个有趣的结论.

推论 1 如图 2.6.25 所示，已知定点 P，AB 是半径为 R 的定圆 $\odot O$ 的弦，且 $PO=mR$，$\overrightarrow{PA}\cdot\overrightarrow{PB}=t$，$AB$ 的中点为 C. 若 t 为定值，则 C 的轨迹是以 PO 的中点 D 为圆心，以 $\frac{\sqrt{2t+(2-m^2)R^2}}{2}$ 为半径的圆或圆弧.

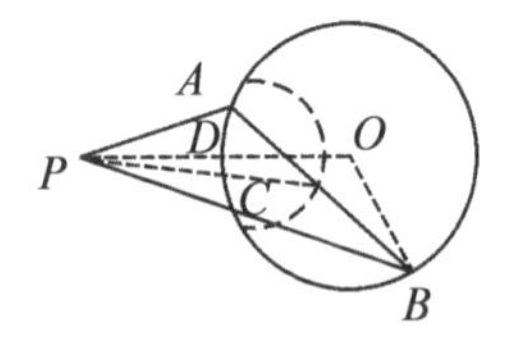

图 2.6.25

(1)当 $(\frac{1}{2}m^2-1)R^2<t<(m-1)^2R^2$ 时，点 C 的轨迹是内含于 $\odot O$ 的圆;

(2)当 $t=(m-1)^2R^2$ 时，点 C 的轨迹是 $\odot O$ 上一

点，或是内切于⊙O 的圆；

(3)当$(m-1)^2R^2<t<(m+1)^2R^2$ 时，点 C 的轨迹是含在⊙O 内的圆弧.

证明　由关系式 $t=\overrightarrow{PA}\cdot\overrightarrow{PB}=2|CD|^2+(\frac{1}{2}m^2-1)R^2$，得 $|CD|=\frac{\sqrt{2t+(2-m^2)R^2}}{2}$. 当向量内积 t 一定时，$|CD|$ 为定值. 即中点 C 到定点 D 的距离为定值，则点 C 的轨迹是圆或圆弧.

(1)当$(\frac{1}{2}m^2-1)R^2<t<(m-1)^2R^2$ 时，即

$$(\frac{1}{2}m^2-1)R^2<2|CD|^2+(\frac{1}{2}m^2-1)R^2<(m-1)^2R^2$$

解得 $0<|CD|<\frac{1}{2}|m-2|R=|\frac{1}{2}mR-R|=||DO|-R|$. 由定理 48 知 $0\leqslant m\leqslant 2$，$|DO|<R$，点 D 在⊙O 内，则 $0<|CD|<R-|DO|$. 所以点 C 的轨迹是内含于⊙O 的圆.

(2)当 $t=(m-1)^2R^2$ 时，$|CD|=|R-|DO||$. 若 $|DO|<R$，$|CD|=R-|DO|$，点 C 的轨迹是内切于⊙O 的圆；若 $|DO|\geqslant R$，$|CD|=|DO|-R$，点 C 的轨迹仅是 PO 与⊙O 的交点.

(3)当$(m-1)^2R^2<t<(m+1)^2R^2$ 时

$$(m-1)^2R^2<2|CD|^2+(\frac{1}{2}m^2-1)R^2<(m+1)^2R^2 \tag{2.6.158}$$

解得 $|R-|DO||<|CD|<R+|DO|$. 所以点 C 的轨迹是含在⊙O 内的圆弧.

推论 2　如图 2.6.26 所示，已知定点 P 和半径为

R 的定圆 $\odot O$，AB 是 $\odot O$ 的弦，且 $PO=mR$，$\overrightarrow{PA}\cdot\overrightarrow{PB}=t$，圆心 O 关于直线 AB 的对称点为 E，直线 PE 交弦 AB 于点 F，t 为定值.

(1)当 $t>(m^2-1)R^2$ 时，点 F 的轨迹是以 P,O 为焦点，长轴长为 $\sqrt{2t+(2-m^2)R^2}$ 的椭圆($\odot O$ 内)；

(2)当 $t<(m^2-1)R^2$ 时，点 F 的轨迹是以 P,O 为焦点，实轴长为 $\sqrt{2t+(2-m^2)R^2}$ 的双曲线($\odot O$ 内).

证明 如图 2.6.26 所示，连 OF,OE，设 OE 交弦 AB 于点 C. 由 O,E 关于 AB 对称可知 $|CE|=|OC|$，$|EF|=|FO|$. 取 PO 的中点 D，连 CD，则 $|PE|=2|CD|$.

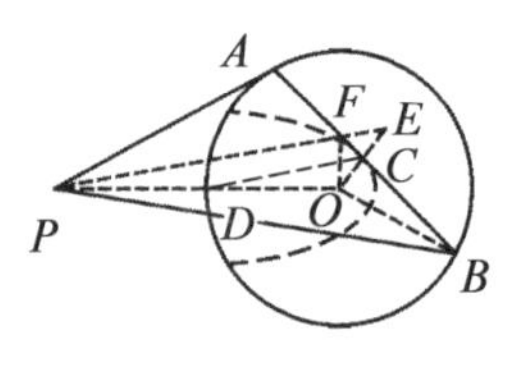

图 2.6.26

(1)当 $t>(m^2-1)R^2$ 时，$t=2|CD|^2+(\frac{1}{2}m^2-1)\cdot R^2>(m^2-1)R^2$. 解得 $|CD|>\frac{1}{2}mR$. 则 $|CD|>|DO|$，P,E 在直线 AB 的异侧，所以 $|PF|+|FO|=|FP|+|FE|=|PE|=2|CD|$. 由 $t=2|CD|^2+(\frac{1}{2}m^2-1)R^2$，得 $2|CD|=\sqrt{2t+(2-m^2)R^2}$，所以 $|FP|+|FO|=\sqrt{2t+(2-m^2)R^2}$. 当 t 一定时，$|FP|+|FO|$ 为定值. 由椭圆的定义可知，点 F 的轨迹是以 P,O 为焦点，长轴长为 $\sqrt{2t+(2-m^2)R^2}$ 的椭圆($\odot O$ 内)；

(2)当 $t<(m^2-1)R^2$ 时,同理可得 $|CD|<|DO|$,P,E 在直线 AB 的同侧. $||FP|-|FO||=||FP|-|FE||=|PE|=2|CD|=\sqrt{2t+(2-m^2)R^2}$. 当 t 一定时,$||FP|-|FO||$ 为定值. 由双曲线的定义可知,点 F 的轨迹是以 P,O 为焦点,实轴长为 $\sqrt{2t+(2-m^2)R^2}$ 的双曲线($\odot O$ 内).

定理 49①　在凸四边形 $ABCD$ 中,记 $AB=a,BC=b,CD=c,DA=d,AC=e,BD=f,\psi_A=\overrightarrow{AB}\cdot\overrightarrow{AD},\psi_B=\overrightarrow{BA}\cdot\overrightarrow{BC},\psi_C=\overrightarrow{CB}\cdot\overrightarrow{CD},\psi_D=\overrightarrow{DC}\cdot\overrightarrow{DA}$,则

$$\psi_A+\psi_B+\psi_C+\psi_D=a^2+b^2+c^2+d^2-e^2-f^2 \tag{2.6.159}$$

证明　如图 2.6.27 所示,在 $\triangle ABD$ 中,由余弦定理有

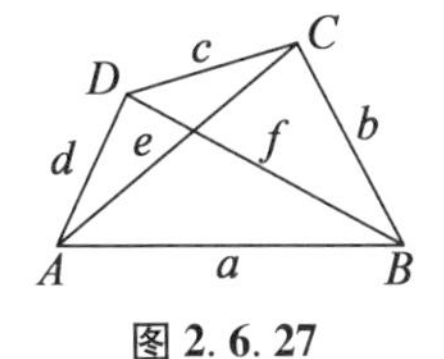

图 2.6.27

$$\begin{aligned} f^2 &= a^2+d^2-2AB\cdot AD\cdot\cos A \\ &= a^2+d^2-2\,\overrightarrow{AB}\cdot\overrightarrow{AD} \\ &= a^2+d^2-2\psi_A \end{aligned}$$

则 $\psi_A=\frac{1}{2}(a^2+d^2-f^2)$.

同理有 $\psi_B=\frac{1}{2}(a^2+b^2-e^2),\psi_C=\frac{1}{2}(b^2+c^2-$

① 李显权. 四边形中一组优美的向量恒等式[J]. 数学通讯,2011(12):40-41.

f^2)，$\psi_D=\dfrac{1}{2}(c^2+d^2-e^2)$.

将以上四式相加，可得 $\psi_A+\psi_B+\psi_C+\psi_D=a^2+b^2+c^2+d^2-e^2-f^2$.

推论1　在凸四边形 $ABCD$ 中，两条对角线的中点连线之长为 h，则

$$\psi_A+\psi_B+\psi_C+\psi_D=4h^2 \qquad (2.6.160)$$

证明　如图 2.6.28 所示，设 P,Q 分别为 AC,BD 的中点，连 AQ,CQ，在 $\triangle ABD$ 与 $\triangle BCD$ 中应用式(3.4.5)(即三角形的中线与三边长的关系)，有

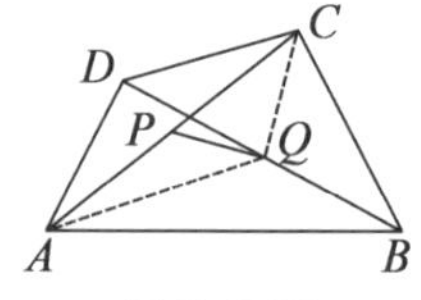

图 2.6.28

$$\begin{aligned}
&AB^2+BC^2+CD^2+DA^2\\
&=(AB^2+AD^2)+(CB^2+CD^2)\\
&=2(AQ^2+QB^2)+2(CQ^2+QB^2)\\
&=4QB^2+2(AQ^2+CQ^2)\\
&=4QB^2+4(AP^2+PQ^2)\\
&=BD^2+AC^2+4PQ^2\\
&=e^2+f^2+4h^2
\end{aligned}$$

再应用定理 49，即得结论式(2.6.160).

推论2　在圆内接四边形 $ABCD$ 中，对角线 AC 与 BD 相交于点 E，且 $AE:EC=\lambda$，$BE:ED=\mu$，则

$$\psi_A+\lambda\psi_C=0,\psi_B+\mu\psi_D=0 \qquad (2.6.161)$$

证明　如图 2.6.29 所示，引直径 $AF(=k)$，作 $AG\perp BD$，$CH\perp BD$，垂足分别为 G,H，连 BF，易知

$\triangle ABF \backsim \triangle AGD$，于是有 $AB : AG = AF : AD$，即 $AB \cdot AD = AF \cdot AG = k \cdot AG$.

同理可证 $BC \cdot CD = k \cdot CH$，则

$$\frac{AB \cdot AD}{BC \cdot CD} = \frac{AG}{CH} = \frac{AE}{EC}$$

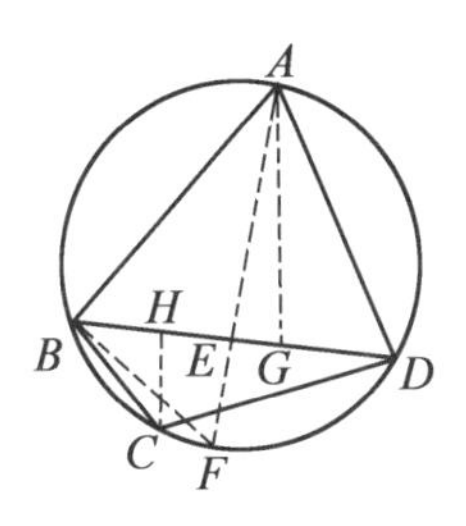

图 2.6.29

从而$\dfrac{AB \cdot AD \cdot \cos\angle BAD}{BC \cdot CD \cdot \cos\angle BCD} = \dfrac{AE \cdot \cos\angle BAD}{EC \cdot \cos\angle BCD}$，即

$$\frac{\overrightarrow{AB} \cdot \overrightarrow{AD}}{\overrightarrow{CB} \cdot \overrightarrow{CD}} = \frac{AE \cdot \cos\angle BAD}{EC \cdot \cos(\pi - \angle BAD)} = -\frac{AE}{EC} = -\lambda$$

故 $\psi_A + \lambda\psi_C = 0$.

类似地，可得另一式 $\psi_B + \mu\psi_D = 0$.

推论 3　若 $AE : EC = BE : ED$，则

$$\psi_A \cdot \psi_D = \psi_B \cdot \psi_C \qquad (2.6.162)$$

事实上，将定理 49 的推论 2 结论中的两个式子分别移项后再相除，整理即得.

推论 4　在圆内接四边形 $ABCD$ 中，对角线 AC 平分 BD 于 E，则

$$\psi_A + \psi_B + \psi_C + \psi_D = e^2 - f^2 \qquad (2.6.163)$$

证明　如图 2.6.30 所示，分别在 $\triangle ABD$ 与 $\triangle BCD$ 中应用式(3.4.5)，有

$$AB^2 + AD^2 = 2BE^2 + 2AE^2$$

$$BC^2+CD^2=2CE^2+2BE^2$$

将两式相加,可得

$$AB^2+BC^2+CD^2+DA^2=2(AE^2+2BE^2+CE^2)$$

由相交弦定理并注意到 $BE=DE$,有 $AE\cdot CE=BE\cdot DE=BE^2$.

故 $AB^2+BC^2+CD^2+DA^2=2(AE+CE)^2=2AC^2=2e^2$.

应用定理 49,即得结论.

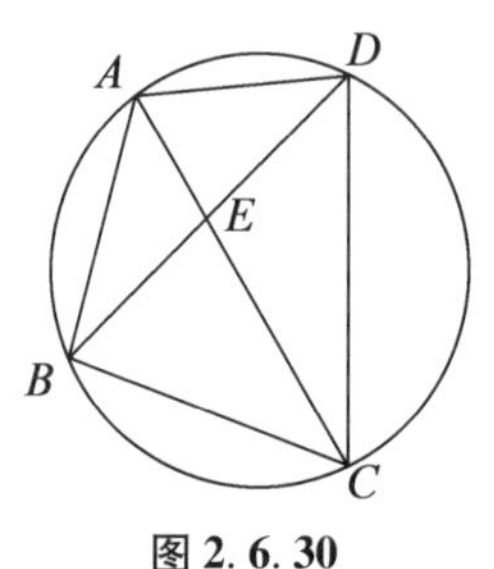

图 2.6.30

推论 5 在圆内接四边形 $ABCD$ 中,对角线 $AC\perp BD$,R 为四边形 $ABCD$ 的外接圆半径,则

$$\psi_A+\psi_B+\psi_C+\psi_D=8R^2-(e^2+f^2) \tag{2.6.164}$$

证明 如图 2.6.31 所示,作直径 AF,分别连 BF, CF,DF,由 $AC\perp BD$,易知 $CF/\!/BD$,于是有 $BC=DF$, $CD=BF$. 又由

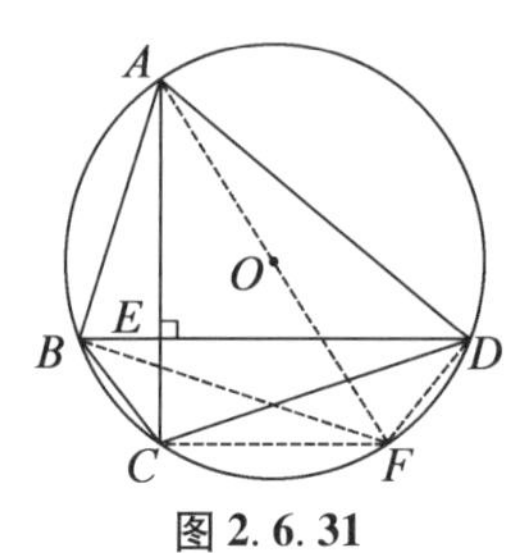

图 2.6.31

$$AB^2+BF^2=AF^2, AD^2+DF^2=AF^2$$

则
$$AB^2+BF^2+AD^2+DF^2=2AF^2=8R^2$$

即
$$AB^2+BC^2+CD^2+DA^2=2AF^2=8R^2$$

应用定理49,即得结论.

推论6　在双圆四边形(既有外接圆又有内切圆的四边形)$ABCD$中,p为四边形$ABCD$的半周长,则

$$\psi_A+\psi_B+\psi_C+\psi_D=2p^2-(e+f)^2 \tag{2.6.165}$$

证明　应用定理49,并注意到双圆四边形两组对边之和均等于半周长,则有

$$\psi_A+\psi_B+\psi_C+\psi_D=a^2+b^2+c^2+d^2-e^2-f^2$$
$$=(a+c)^2+(b+d)^2-2ac-2bd-e^2-f^2$$
$$=p^2+p^2-2(ac+bd)-e^2-f^2$$
$$=2p^2-2ef-e^2-f^2\text{(利用托勒密定理)}$$
$$=2p^2-(e+f)^2$$

定理50[①]　已知四边形$ABCD$为圆内接四边形,$AB=a,BC=b,CD=c,DA=d,P$为空间中任意一点,则

$$(ab+cd)(bc\,\overrightarrow{PA}^2+da\,\overrightarrow{PC}^2)$$
$$=(bc+da)(ab\,\overrightarrow{PD}^2+cd\,\overrightarrow{PB}^2) \tag{2.6.166}$$

证明　如图2.6.32所示,设Q为四边形$ABCD$的外接圆圆心,$x,y,z,w\in\mathbf{R}$为待定系数,且$x+y+z+w=0$,使得以下向量等式成立

$$x\,\overrightarrow{QA}+y\,\overrightarrow{QB}+z\,\overrightarrow{QC}+w\,\overrightarrow{QD}=\mathbf{0} \quad ①$$

由已知条件知x,z同号,y,w同号,x,y异号.

① 此定理及证明由福州24中杨学校给出.

若记四边形 $ABCD$ 的外接圆半径为 R,则由式①有

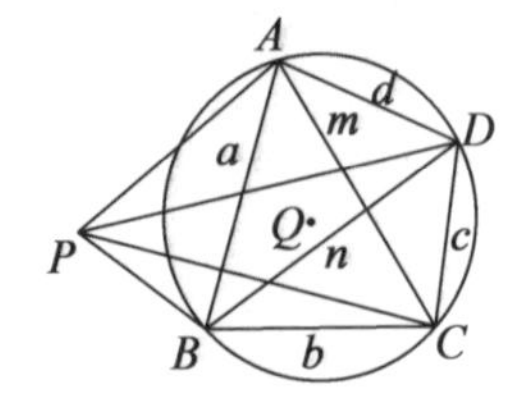

图 2.6.32

$$(x\overrightarrow{QA}+y\overrightarrow{QB})^2=(z\overrightarrow{QC}+w\overrightarrow{QD})^2$$

$$\Leftrightarrow(x^2+y^2)R^2+2xy\overrightarrow{QA}\cdot\overrightarrow{QB}$$

$$=(z^2+w^2)R^2+2zw\overrightarrow{QC}\cdot\overrightarrow{QD}$$

$$\Leftrightarrow(x^2+y^2)R^2+xy(|\overrightarrow{QA}|^2+|\overrightarrow{QB}|^2-|\overrightarrow{AB}|^2)$$

$$=(z^2+w^2)R^2+zw(|\overrightarrow{QC}|^2+|\overrightarrow{QD}|^2-|\overrightarrow{CD}|^2)$$

$$\Leftrightarrow(x+y)^2R^2-xy|\overrightarrow{AB}|^2$$

$$=(z+w)^2R^2-zw|\overrightarrow{CD}|^2$$

由于 $x+y+z+w=0$,因此得到 $xy|AB|^2=zw|CD|^2$,即 $xya^2=zwc^2$.

同理可得 $yzb^2=wxd^2$,由此可得到 $|yab|=|wcd|$,$|zbc|=|xda|$.又由于 x,z 同号,y,w 同号,x,y 异号,因此,由 $|zbc|=|wcd|$,$|zbc|=|xda|$,得到 $x=\frac{bc}{da}z$,由 $|yab|=|wcd|$,得到 $\frac{w}{y}=\frac{ab}{cd}$,即 $\frac{x+y+z}{y}=-\frac{ab}{cd}$. 将 $x=\frac{bc}{da}z$ 代入,可得到 $y=-\frac{c(bc+da)}{a(ab+cd)}z$.

另外,由于

$$x\overrightarrow{QA}+y\overrightarrow{QB}+z\overrightarrow{QC}+w\overrightarrow{QD}$$

$$=x(\overrightarrow{QP}+\overrightarrow{PA})+y(\overrightarrow{QP}+\overrightarrow{PB})+$$

$$z(\overrightarrow{QP}+\overrightarrow{PC})+w(\overrightarrow{QP}+\overrightarrow{PD})$$
$$=(x+y+z+w)\overrightarrow{QP}+x\overrightarrow{PA}+y\overrightarrow{PB}+z\overrightarrow{PC}+w\overrightarrow{PD}$$
$$=x\overrightarrow{PA}+y\overrightarrow{PB}+z\overrightarrow{PC}+w\overrightarrow{PD}$$

因此,对于空间中任意一点 P,都有

$$x\overrightarrow{PA}+y\overrightarrow{PB}+z\overrightarrow{PC}+w\overrightarrow{PD}=\mathbf{0} \qquad ②$$

于是,有

$$x|\overrightarrow{PA}|^2+y|\overrightarrow{PB}|^2+z|\overrightarrow{PC}|^2+w|\overrightarrow{PD}|^2$$
$$=x|\overrightarrow{PQ}+\overrightarrow{QA}|^2+y|\overrightarrow{PQ}+\overrightarrow{QB}|^2+z|\overrightarrow{PQ}+\overrightarrow{QC}|^2+$$
$$w|\overrightarrow{PQ}+\overrightarrow{QD}|^2$$
$$=(x+y+z+w)|\overrightarrow{PQ}|^2+(x+y+z+w)R^2+$$
$$2\overrightarrow{PQ}\cdot(x\overrightarrow{QA}+y\overrightarrow{QB}+z\overrightarrow{QC}+w\overrightarrow{QD})=0$$

(注意到式①),即对空间中任意一点 P,都有

$$x|\overrightarrow{PA}|^2+y|\overrightarrow{PB}|^2+z|\overrightarrow{PC}|^2+w|\overrightarrow{PD}|^2=0 \qquad ③$$

将 $x=\frac{bc}{da}z, y=-\frac{c(bc+da)}{a(ab+cd)}z$ 代入式③,并整理便得到

$$(ab+cd)(bcPA^2+daPC^2)$$
$$=(bc+da)(abPD^2+cdPB^2)$$

定理获证.

若在定理中,分别令 $P=A$ 和 $P=B$,可得到如下结论:

推论 1　已知四边形 $ABCD$ 为圆内接四边形,$AB=a, BC=b, CD=c, DA=d, AC=m, BD=n$,$P$ 为空间中任意一点,则

(1)

$$m=\sqrt{\frac{(ac+bd)(bc+da)}{ab+cd}} \quad (2.6.167)$$

(2)

$$n=\sqrt{\frac{(ac+bd)(ab+cd)}{bc+da}} \quad (2.6.168)$$

(3)

$$\frac{m}{n}=\frac{bc+da}{ab+cd}=\frac{bc\,\overrightarrow{PA}^2+da\,\overrightarrow{PC}^2}{ab\,\overrightarrow{PD}^2+cd\,\overrightarrow{PB}^2} \quad (2.6.169)$$

由推论 1 即得以下结论:

推论 2(托勒密定理) 已知四边形 $ABCD$ 为圆内接四边形,$AB=a$,$BC=b$,$CD=c$,$DA=d$,$AC=m$,$BD=n$,则

$$mn=ac+bd \quad (2.6.170)$$

2.7 三类几何变换

1. 平移变换

定义 1 设 $\boldsymbol{a}$ 是已知向量,T 是平面或空间中的变换,如果对于任意一对对应点 P,P',总有$\overrightarrow{PP'}=\boldsymbol{a}$,那么 T 叫作平移变换,记作 $T_{\boldsymbol{a}}(P)=P'$,其中 $\boldsymbol{a}$ 的方向叫作平移方向,$|\boldsymbol{a}|$叫作平移距离.

由定义 1 可知,平移变换由一个向量或一对对应点所唯一确定.

恒等变换 I 可以看成平移变换,其平移向量是零向量 $\boldsymbol{0}$,即 $I=T_{\boldsymbol{0}}$,这个平移变换无方向或方向不确定.

在变换 $T_{\boldsymbol{a}}$ 下,点 X 变为点 X',图形 F 变为图形 F',可表示为

$$T_a(X)=X',T_a(F)=F' \qquad (2.7.1)$$

显然,变换 T_a 保持任意两点 X,Y 间的距离不变,即有

$$d(T_a(X),T_a(Y))=d(X,Y) \qquad (2.7.2)$$

或

$$\overrightarrow{X'Y'}=\overrightarrow{XY} \qquad (2.7.3)$$

若取 O 为原点,即向量的起点,有 $\boldsymbol{a}=\overrightarrow{OA},\boldsymbol{X}=\overrightarrow{OX},\boldsymbol{X}'=\overrightarrow{OX'}$,则

$$T_a(\boldsymbol{X})=\boldsymbol{X}'=\overrightarrow{OX'}=\overrightarrow{OX}+\overrightarrow{OA} \qquad (2.7.4)$$

于是

$$\overrightarrow{OA}=\overrightarrow{OX'}-\overrightarrow{OX}=-\overrightarrow{X'O}-\overrightarrow{OX}=-\overrightarrow{X'X}=\overrightarrow{XX'} \qquad (2.7.5)$$

若取 B 为原点,则由式(2.7.4),有

$$T_{\overrightarrow{BA}}(\boldsymbol{C})=\overrightarrow{BC}+\overrightarrow{BA}=\overrightarrow{BC'} \qquad (2.7.6)$$

式(2.7.6)或式(2.7.4)均体现了向量加法的三角形法则或平行四边形法则.

2. **拉伸变换**

定义2　一个平面或空间中的变换 S,如果对于任意两对对应点 X 与 X',Y 与 Y',总有 $\overrightarrow{X'Y'}=k\overrightarrow{XY}$($k$ 为非零实数),那么 S 叫作拉伸变换,记作 $S_k(\overrightarrow{XY})=k\overrightarrow{XY}$,其中 k 叫作拉伸系数,当 $k>0$ 时,向量 $\overrightarrow{X'Y'}$ 与向量 $\overrightarrow{XY}$ 方向相同;当 $k<0$ 时,向量 $\overrightarrow{X'Y'}$ 与向量 $\overrightarrow{XY}$ 方向相反.

事实上,向量的数乘用图形表示就是拉伸变换,当 $k=1$ 时拉伸变换为恒等变换.

3. **旋转变换**

定义3　设 O 为平面内的一个定点,θ 为已知有向角,R 是这个平面中的一个变换,如果对于任意一对

对应点 X,X'，总有 $OX=OX'$，$\angle XOX'=\theta$，那么 R 叫作旋转变换，记作 $R_\theta(\overrightarrow{OX})=\overrightarrow{OX'}$，其中定点 O 叫作旋转中心，有向角 θ 叫作旋转角，有向角的方向按逆时针方向为正，顺时针方向为负.

显然，旋转变换由旋转中心与旋转角唯一确定.

中心相同，旋转角相差 2π 的整数倍的旋转变换被认为是相同的，即

$$R_\theta(\overrightarrow{OX})=R_{\theta+2k\pi}(\overrightarrow{OX}),k\in\mathbf{Z} \quad (2.7.7)$$

旋转角为零的旋转变换是恒等变换.

由式(1.3.13)，给出了平面向量的坐标变换 $R_\theta((x,y))=(x',y')$ 的公式

$$\begin{cases}x'=x\cos\theta+y\sin\theta\\ y'=x\sin\theta+y\cos\theta\end{cases} \quad (2.7.8)$$

平面向量的旋转有以下性质：

性质 1

$$R_\theta(\lambda\boldsymbol{a}+\mu\boldsymbol{b})=\lambda R_\theta(\boldsymbol{a})+\mu R_\theta(\boldsymbol{b}) \quad (2.7.9)$$

其中 λ,μ 为实数.

性质 2

$$R_{\theta_2}[R_{\theta_1}(\boldsymbol{a})]=R_{\theta_1}[R_{\theta_2}(\boldsymbol{a})]=R_{\theta_1+\theta_2}(\boldsymbol{a}) \quad (2.7.10)$$

性质 3

$$R_{\theta+\pi}(\boldsymbol{a})=-R_\theta(\boldsymbol{a}),R_{-\theta}(\boldsymbol{a})=-R_{\pi-\theta}(\boldsymbol{a}) \quad (2.7.11)$$

以上性质由定义 3 及式(2.7.8)即推得.

性质 4

$$R_\theta(\boldsymbol{a})=\cos\theta\cdot\boldsymbol{a}+\sin\theta\cdot R_{\frac{\pi}{2}}(\boldsymbol{a}) \quad (2.7.12)$$

事实上，若令 $\boldsymbol{a}=(x,y)$，则由式(2.7.8)，有

$$R_{\frac{\pi}{2}}(\boldsymbol{a})=(-y,x)$$

$$R_{\theta}(\boldsymbol{a})=(x\cos\theta-y\sin\theta,x\sin\theta+y\cos\theta)$$

从而

$$\begin{aligned}R_{\theta}(\boldsymbol{a})&=\cos\theta\cdot(x,y)+\sin\theta\cdot(-y,x)\\&=\cos\theta\cdot\boldsymbol{a}+\sin\theta\cdot R_{\frac{\pi}{2}}(\boldsymbol{a})\end{aligned}$$

性质5

$$|R_{\frac{\pi}{2}}(\boldsymbol{a})\cdot\boldsymbol{b}|=|\boldsymbol{a}\times\boldsymbol{b}| \qquad (2.7.13)$$

$$|R_{\frac{\pi}{2}}(\boldsymbol{a})\times\boldsymbol{b}|=|\boldsymbol{a}\cdot\boldsymbol{b}| \qquad (2.7.14)$$

$$R_{\frac{\pi}{2}}(\boldsymbol{a})\cdot\boldsymbol{b}=-\boldsymbol{a}\cdot R_{\frac{\pi}{2}}(\boldsymbol{b}) \qquad (2.7.15)$$

$$R_{\frac{\pi}{2}}(\boldsymbol{a})\times\boldsymbol{b}=-\boldsymbol{a}\times R_{\frac{\pi}{2}}(\boldsymbol{b}) \qquad (2.7.16)$$

事实上，若 $\boldsymbol{a}=\boldsymbol{0}$ 或 $\boldsymbol{b}=\boldsymbol{0}$，则结论显然成立.

若 $\boldsymbol{a},\boldsymbol{b}\neq\boldsymbol{0}$，如图 2.7.1 所示，可设 $\boldsymbol{b}=\lambda\cdot R_{\theta}(\boldsymbol{a})$ $(\lambda>0,-\pi<\theta\leqslant\pi)$，则由内积、外积的定义，有

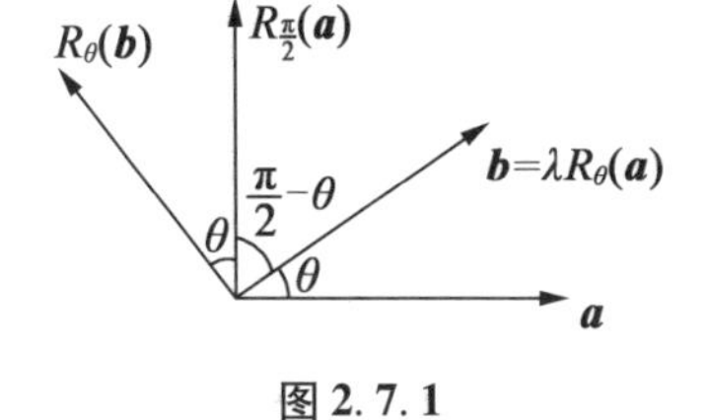

图 2.7.1

$$\begin{aligned}R_{\frac{\pi}{2}}(\boldsymbol{a})\cdot\boldsymbol{b}&=|\boldsymbol{a}||\boldsymbol{b}|\cos\left(\frac{\pi}{2}-\theta\right)\\&=|\boldsymbol{a}||\boldsymbol{b}|\sin\theta\end{aligned}$$

$$\begin{aligned}\boldsymbol{a}\cdot R_{\frac{\pi}{2}}(\boldsymbol{b})&=|\boldsymbol{a}||\boldsymbol{b}|\cos\left(\frac{\pi}{2}+\theta\right)\\&=-|\boldsymbol{a}||\boldsymbol{b}|\sin\theta\end{aligned}$$

$$\begin{aligned}|R_{\frac{\pi}{2}}(\boldsymbol{a})\times\boldsymbol{b}|&=|\boldsymbol{a}||\boldsymbol{b}|\left|\sin\left(\frac{\pi}{2}-\theta\right)\right|\\&=|\boldsymbol{a}||\boldsymbol{b}||\cos\theta|\end{aligned}$$

$$|\boldsymbol{a}\times R_{\frac{\pi}{2}}(\boldsymbol{b})|=|\boldsymbol{a}||\boldsymbol{b}||\sin(\frac{\pi}{2}+\theta)|$$
$$=|\boldsymbol{a}||\boldsymbol{b}||\cos\theta|$$

注意到 $R_{\frac{\pi}{2}}(\boldsymbol{a})\times\boldsymbol{b}$ 与 $\boldsymbol{a}\times R_{\frac{\pi}{2}}(\boldsymbol{b})$ 反向,即得如上各式.

性质 6

$$R_{\theta_1}(\boldsymbol{a})\cdot R_{\theta_2}(\boldsymbol{b})=\boldsymbol{a}\cdot R_{\theta_2-\theta_1}(\boldsymbol{b})=\boldsymbol{b}\cdot R_{\theta_1-\theta_2}(\boldsymbol{a})\tag{2.7.17}$$

$$R_{\theta_1}(\boldsymbol{a})\times R_{\theta_2}(\boldsymbol{b})=\boldsymbol{a}\times R_{\theta_2-\theta_1}(\boldsymbol{b})=-\boldsymbol{b}\times R_{\theta_1-\theta_2}(\boldsymbol{a})\tag{2.7.18}$$

事实上,注意到性质 4,有

$$R_{\theta_1}(\boldsymbol{a})\cdot R_{\theta_2}(\boldsymbol{b})=(\cos\theta_1\cdot\boldsymbol{a}+\sin\theta_1\cdot R_{\frac{\pi}{2}}(\boldsymbol{a}))\cdot(\cos\theta_2\cdot\boldsymbol{b}+\sin\theta_2\cdot R_{\frac{\pi}{2}}(\boldsymbol{b}))$$

又由性质 5,有

$$R_{\frac{\pi}{2}}(\boldsymbol{a})\cdot\boldsymbol{b}=-\boldsymbol{a}\cdot R_{\frac{\pi}{2}}(\boldsymbol{b})$$

再由定义 3,易知 $R_{\frac{\pi}{2}}(\boldsymbol{a})\cdot R_{\frac{\pi}{2}}(\boldsymbol{b})=\boldsymbol{a}\cdot\boldsymbol{b}$.

故有

$$\begin{aligned}&R_{\theta_1}(\boldsymbol{a})\cdot R_{\theta_2}(\boldsymbol{b})\\&=(\cos\theta_1\cos\theta_2+\sin\theta_1\sin\theta_2)\boldsymbol{a}\cdot\boldsymbol{b}+\\&\quad(\cos\theta_1\sin\theta_2-\sin\theta_1\cos\theta_2)\boldsymbol{a}\cdot R_{\frac{\pi}{2}}(\boldsymbol{b})\\&=\boldsymbol{a}\cdot[\cos(\theta_2-\theta_1)\boldsymbol{b}+\sin(\theta_2-\theta_1)R_{\frac{\pi}{2}}(\boldsymbol{b})]\\&=\boldsymbol{a}\cdot R_{\theta_2-\theta_1}(\boldsymbol{b})\end{aligned}$$

同理可得式(2.7.17)后一式及式(2.7.18).

例 1 在 $\triangle ABC$ 的外部作正方形 $ABDE$,$ACFG$,设 BF 与 CD 交于点 H,求证:$AH\perp BC$.

证明 如图 2.7.2 所示,取 A 为原点,用单点向量表示,则

$$\boldsymbol{D}=\boldsymbol{B}+\boldsymbol{E}=\boldsymbol{B}-R_{\frac{\pi}{2}}(\boldsymbol{B})$$
$$\boldsymbol{F}=\boldsymbol{C}+\boldsymbol{G}=\boldsymbol{C}+R_{\frac{\pi}{2}}(\boldsymbol{C})$$

图 2.7.2

注意到 D,H,C 及 F,H,B 分别三点共线，有

$$[\boldsymbol{B}-R_{\frac{\pi}{2}}(\boldsymbol{B})]\times\boldsymbol{H}+\boldsymbol{H}\times\boldsymbol{C}+\boldsymbol{C}\times[\boldsymbol{B}-R_{\frac{\pi}{2}}(\boldsymbol{B})]=\boldsymbol{0}$$
$$[\boldsymbol{C}+R_{\frac{\pi}{2}}(\boldsymbol{C})]\times\boldsymbol{H}+\boldsymbol{H}\times\boldsymbol{B}+\boldsymbol{B}\times[\boldsymbol{C}+R_{\frac{\pi}{2}}(\boldsymbol{C})]=\boldsymbol{0}$$

上述两式相加，并注意 $R_{\frac{\pi}{2}}(\boldsymbol{B})\times\boldsymbol{C}=-\boldsymbol{B}\times R_{\frac{\pi}{2}}(\boldsymbol{C})$ 得

$$[R_{\frac{\pi}{2}}(\boldsymbol{C})-R_{\frac{\pi}{2}}(\boldsymbol{B})]\times\boldsymbol{H}=\boldsymbol{0}$$

故 $R_{\frac{\pi}{2}}(\overrightarrow{BC})\times\overrightarrow{AH}=\boldsymbol{0}$，从而 $R_{\frac{\pi}{2}}(\overrightarrow{BC})\,/\!/\,\overrightarrow{AH}$，故 $AH\perp BC$.

例 2　如图 2.7.3 所示，过 $\triangle ABC$ 的三边 BC,CA,AB 的中点 D,E,F 分别向外作垂线，并在所作垂线上分别取点 A_1,B_1,C_1，使得 $\frac{DA_1}{BC}=\frac{EB_1}{CA}=\frac{FC_1}{AB}$，求证：(1) $\triangle A_1B_1C_1$ 与 $\triangle ABC$ 的重心重合；(2) AA_1,BB_1,CC_1 三线共点.

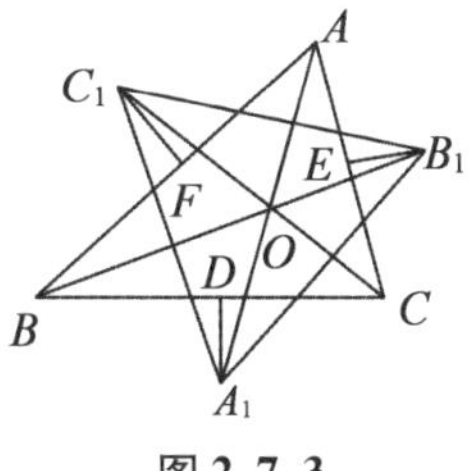

图 2.7.3

证明 (1)依题意可令 $\overrightarrow{DA_1}=k\cdot R_{90^\circ}(\overrightarrow{CB})$，$\overrightarrow{EB_1}=k\cdot R_{90^\circ}(\overrightarrow{AC})$，$\overrightarrow{FC_1}=k\cdot R_{90^\circ}(\overrightarrow{BA})$，则取 O 为原点时，有

$$\boldsymbol{A}_1-\frac{1}{2}(\boldsymbol{B}+\boldsymbol{C})=k\cdot R_{90^\circ}(\boldsymbol{B}-\boldsymbol{C})$$

$$\boldsymbol{B}_1-\frac{1}{2}(\boldsymbol{C}+\boldsymbol{A})=k\cdot R_{90^\circ}(\boldsymbol{C}-\boldsymbol{A})$$

$$\boldsymbol{C}_1-\frac{1}{2}(\boldsymbol{A}+\boldsymbol{B})=k\cdot R_{90^\circ}(\boldsymbol{A}-\boldsymbol{B})$$

这三式相加，有

$$\boldsymbol{A}_1+\boldsymbol{B}_1+\boldsymbol{C}_1-(\boldsymbol{A}+\boldsymbol{B}+\boldsymbol{C})=\boldsymbol{0}$$

有 $\frac{1}{3}(\boldsymbol{A}_1+\boldsymbol{B}_1+\boldsymbol{C}_1)=\frac{1}{3}(\boldsymbol{A}+\boldsymbol{B}+\boldsymbol{C})$，即证.

(2)取 AA_1 与 BB_1 的交点 O 为原点，则 $\boldsymbol{A}\times\boldsymbol{A}_1=\boldsymbol{B}\times\boldsymbol{B}_1=\boldsymbol{0}$，即

$$\boldsymbol{0}=\frac{1}{2}\boldsymbol{A}\times(\boldsymbol{B}+\boldsymbol{C})+k\cdot\boldsymbol{A}\cdot R_{90^\circ}(\boldsymbol{B}-\boldsymbol{C})$$

$$\boldsymbol{0}=\frac{1}{2}\boldsymbol{B}\times(\boldsymbol{C}+\boldsymbol{A})+k\cdot\boldsymbol{B}\cdot R_{90^\circ}(\boldsymbol{C}-\boldsymbol{A})$$

又

$$\boldsymbol{C}\times\boldsymbol{C}_1=\frac{1}{2}\boldsymbol{C}\times(\boldsymbol{A}+\boldsymbol{B})+k\cdot\boldsymbol{C}\times R_{90^\circ}(\boldsymbol{A}-\boldsymbol{B})$$

这三式相加，并注意

$$\boldsymbol{A}\times R_{90^\circ}(\boldsymbol{B})=\boldsymbol{B}\times R_{90^\circ}(\boldsymbol{A})$$
$$\boldsymbol{B}\times R_{90^\circ}(\boldsymbol{C})=\boldsymbol{C}\times R_{90^\circ}(\boldsymbol{B})$$
$$\boldsymbol{C}\times R_{90^\circ}(\boldsymbol{A})=\boldsymbol{A}\times R_{90^\circ}(\boldsymbol{C})$$

得 $\boldsymbol{C}\times\boldsymbol{C}_1=\boldsymbol{0}$，即知 C,O,C_1 三点共线，故 AA_1,BB_1,CC_1 三线共点.

第三章 一些著名平面几何定理的向量法证明

3.1 线共点类定理

三角形重心定理 三角形的三条中线交于一点,该点称为三角形的重心,且重心将中线分成从顶点到对边的两段长之比为2∶1(见图3.1.1).

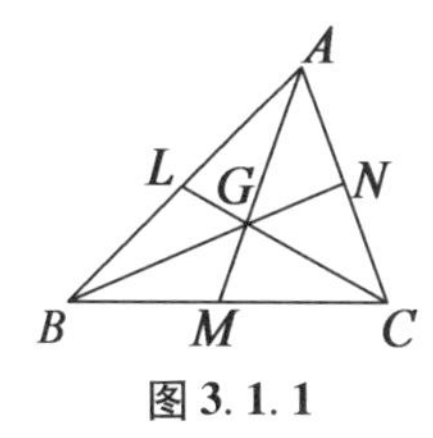

图3.1.1

证法1 设中线BN,CL交于点G.

由式(2.2.9),有$\overrightarrow{GA}+\overrightarrow{GB}+\overrightarrow{GC}=\mathbf{0}$.

又由式(2.2.6),有$\overrightarrow{GM}=\frac{1}{2}(\overrightarrow{GB}+\overrightarrow{GC})$,将其代入上式,得$\overrightarrow{GA}=-2\overrightarrow{GM}=2\overrightarrow{MG}$.这说明$A,G,M$共线,且点$G$分$AM$的比为2∶1.(下略)

证法 2　设中线 BN，CL 交于点 G，连 AG，GM，注意到向量回路及式（2. 2. 6），有 $\overrightarrow{BG}+\overrightarrow{GC}=\overrightarrow{BA}+\overrightarrow{AC}=2(\overrightarrow{LA}+\overrightarrow{AN})=2(\overrightarrow{LG}+\overrightarrow{GN})=2\overrightarrow{GN}+2\overrightarrow{LG}$.

由平面向量基本定理的推论 2，知 $\overrightarrow{GC}=2\overrightarrow{LG}$，$\overrightarrow{BG}=2\overrightarrow{GN}$.

于是，$\overrightarrow{AG}=\overrightarrow{AC}+\overrightarrow{CB}+\overrightarrow{BG}=2(\overrightarrow{NC}+\overrightarrow{CM}+\overrightarrow{GN})=2\overrightarrow{GM}$.

这说明 A，G，M 三点共线，且点 G 分三条中线的比都为 2∶1，定理证毕.

证法 3　连 CL，在其上取点 G，使得 $\overrightarrow{GC}=2\overrightarrow{LG}$.

连 GB，GM，则 $\overrightarrow{GM}=\frac{1}{2}(\overrightarrow{GC}+\overrightarrow{GB})$.

连 AG，则 $\overrightarrow{AG}=\overrightarrow{AL}+\overrightarrow{LG}=\overrightarrow{LB}+\overrightarrow{LG}=\overrightarrow{LG}+\overrightarrow{GB}+\overrightarrow{LG}=2\overrightarrow{LG}+\overrightarrow{GB}=\overrightarrow{GC}+\overrightarrow{GB}=2\overrightarrow{GM}$.

这说明 A，G，M 三点共线，且 G 分 AM 为 2∶1.

同理，B，G，N 三点共线，且 G 分 BN 为 2∶1. 证毕.

证法 4　设中线 BN，CL 交于点 G，连 AG，GM.

由 B，G，N 共线，知存在实数 λ_1，使得 $\overrightarrow{BG}=\lambda\overrightarrow{BN}$，即 $\overrightarrow{AG}-\overrightarrow{AB}=\lambda_1(\overrightarrow{AN}-\overrightarrow{AB})$，从而

$$\overrightarrow{AG}=\lambda_1\overrightarrow{AN}+(1-\lambda_1)\overrightarrow{AB}=\frac{1}{2}\lambda_1\overrightarrow{AC}+(1-\lambda_1)\overrightarrow{AB}$$

同理，由 C，G，L 共线，有实数 λ_2，使得 $\overrightarrow{AG}=\frac{1}{2}\lambda_2\overrightarrow{AB}+(1-\lambda_2)\overrightarrow{AC}$. 由于 $\overrightarrow{AB}$，$\overrightarrow{AC}$ 不共线，由平面向量基本定理的推论 2，知

$$\frac{1}{2}\lambda_1 = 1 - \lambda_2 \text{ 且 } \frac{1}{2}\lambda_2 = 1 - \lambda_1$$

从而求得 $\lambda_1 = \lambda_2 = \frac{2}{3}$.

于是,$\overrightarrow{AG} = \frac{1}{3}\overrightarrow{AB} + \frac{1}{3}\overrightarrow{AC}$(也可由式(2.2.14)即得此式).

因 M 为 BC 中点,则

$$\begin{aligned}\overrightarrow{GM} &= \overrightarrow{GA} + \overrightarrow{AC} + \overrightarrow{CM} \\ &= -\left(\frac{1}{3}\overrightarrow{AB} + \frac{1}{3}\overrightarrow{AC}\right) + \overrightarrow{AC} + \frac{1}{2}\overrightarrow{CB} \\ &= -\frac{1}{3}\overrightarrow{AB} + \frac{2}{3}\overrightarrow{AC} + \frac{1}{2}(\overrightarrow{AB} - \overrightarrow{AC}) \\ &= \frac{1}{6}\overrightarrow{AB} + \frac{1}{6}\overrightarrow{AC}\end{aligned}$$

从而$\overrightarrow{AG} = 2\ \overrightarrow{GM}$.

这说明 A,G,M 三点共线,且点 G 分 AM 为 2∶1,证毕.

证法 5　设中线 AM 与 BN 交于点 G,中线 AM 与 CL 交于点 G',由定比分点公式及式(2.5.18),可知

$$\overrightarrow{AM} = \frac{1}{2}\overrightarrow{AB} + \frac{1}{2}\overrightarrow{AC} = \frac{1}{2}\overrightarrow{AB} + \overrightarrow{AN} = \frac{3}{2}\overrightarrow{AG}$$

且

$$\overrightarrow{BG} : \overrightarrow{GN} = 2 : 1$$

及

$$\overrightarrow{AM} = \frac{1}{2}\overrightarrow{AB} + \frac{1}{2}\overrightarrow{AC} = \overrightarrow{AL} + \frac{1}{2}\overrightarrow{AC} = \frac{3}{2}\overrightarrow{AG'}$$

且

$$\overrightarrow{BG'} : \overrightarrow{G'N} = 2 : 1$$

于是,G 与 G' 重合,即三条中线共点,且该点将中线分成 2∶1 两部分.

注 此证法由广州大学的邹宇给出.

三角形垂心定理 三角形的三条高交于一点,该点称为三角形的垂心.

如图 3.1.2(a),(b)所示,在$\triangle ABC$ 中,AD,BE 分别为边 BC,CA 上的高,设 AD 与 BE 交于点 H,连 HC,下证 $CH\perp AB$,即证得结论.

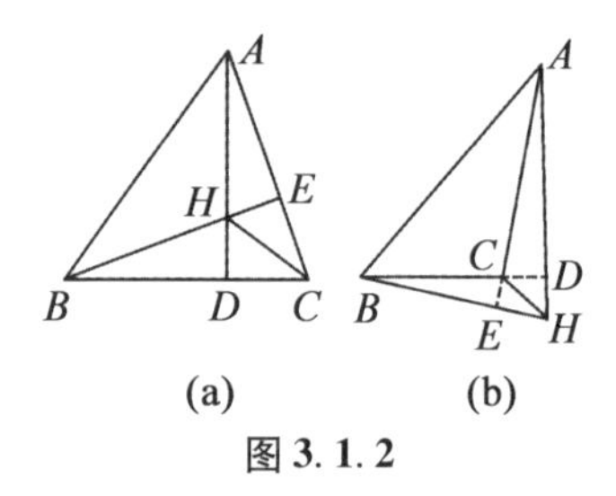

图 3.1.2

证法 1 由 $BH\perp AC$,有$\overrightarrow{BH}\cdot\overrightarrow{AC}=0$,即

$$\overrightarrow{BH}\cdot(\overrightarrow{AH}+\overrightarrow{HC})=0$$

由 $AH\perp BC$,有$\overrightarrow{AH}\cdot\overrightarrow{BC}=0$,即

$$\overrightarrow{AH}\cdot(\overrightarrow{BH}+\overrightarrow{HC})=0$$

以上两式相减得$\overrightarrow{HC}\cdot(\overrightarrow{AH}-\overrightarrow{BH})=0$,即

$$\overrightarrow{HC}\cdot\overrightarrow{AB}=0$$

故 $CH\perp AB$.

证法 2 由

$$\begin{aligned}\overrightarrow{CH}\cdot\overrightarrow{AB}&=\overrightarrow{CH}\cdot(\overrightarrow{AC}+\overrightarrow{CB})\\&=(\overrightarrow{CB}+\overrightarrow{BH})\cdot\overrightarrow{AC}+(\overrightarrow{CA}+\overrightarrow{AH})\cdot\overrightarrow{CB}\\&=\overrightarrow{CB}\cdot\overrightarrow{AC}+\overrightarrow{BH}\cdot\overrightarrow{AC}+\overrightarrow{CA}\cdot\overrightarrow{CB}+\overrightarrow{AH}\cdot\overrightarrow{CB}\\&=\overrightarrow{CB}\cdot\overrightarrow{AC}+0-\overrightarrow{AC}\cdot\overrightarrow{CB}+0=0\end{aligned}$$

故 $CH\perp AB$.

证法 3　由

$$\begin{aligned}\overrightarrow{CH}\cdot\overrightarrow{AB}&=(\overrightarrow{BH}-\overrightarrow{BC})\cdot\overrightarrow{AB}\\&=\overrightarrow{BH}\cdot\overrightarrow{AB}-\overrightarrow{BC}\cdot(\overrightarrow{AH}-\overrightarrow{BH})\\&=\overrightarrow{BH}\cdot\overrightarrow{AB}-0+\overrightarrow{BC}\cdot\overrightarrow{BH}\\&=\overrightarrow{BH}(\overrightarrow{AB}+\overrightarrow{BC})\\&=\overrightarrow{BH}\cdot\overrightarrow{AC}=0\end{aligned}$$

故 $CH\perp AB$.

三角形内心定理　三角形的三条内角平分线交于一点，该点称为三角形的内心，三角形的内心即为其内切圆的圆心.

如图 3.1.3 所示，在 $\triangle ABC$ 中，AT，BR，CS 分别为 $\angle A$，$\angle B$，$\angle C$ 的平分线，设 AT 与 BR 交于点 I，下证点 I 在 CS 上.

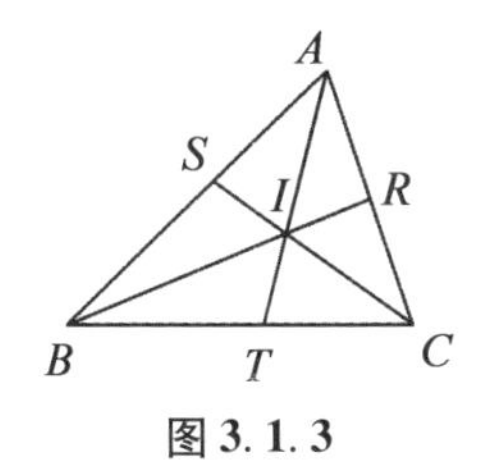

图 3.1.3

证法 1　由式(2.6.68)知存在 $k_1>0$，使得 $\overrightarrow{AT}=k_1\left(\frac{\overrightarrow{AB}}{|\overrightarrow{AB}|}+\frac{\overrightarrow{AC}}{|\overrightarrow{AC}|}\right)$；存在 $k_2>0$，使得 $\overrightarrow{BR}=k_2\left(\frac{\overrightarrow{BA}}{|\overrightarrow{BA}|}+\frac{\overrightarrow{BC}}{|\overrightarrow{BC}|}\right)$. 由于 AT 与 BR 交于点 I，则存在 k_0，使得

$$\overrightarrow{AI}=k_0\left(\frac{\overrightarrow{AB}}{|\overrightarrow{AB}|}+\frac{\overrightarrow{AC}}{|\overrightarrow{AC}|}\right)$$

$$\overrightarrow{BI}=k_0\left(\frac{\overrightarrow{BA}}{|\overrightarrow{BA}|}+\frac{\overrightarrow{BC}}{|\overrightarrow{BC}|}\right)=k_0\left(\frac{-\overrightarrow{AB}}{|\overrightarrow{BA}|}+\frac{\overrightarrow{BC}}{|\overrightarrow{BC}|}\right)$$

则$\overrightarrow{AI}+\overrightarrow{BI}=-k_0\left(\frac{\overrightarrow{CA}}{|\overrightarrow{CA}|}+\frac{\overrightarrow{CB}}{|\overrightarrow{CB}|}\right)$.

由式(2.6.68)知也存在 $k_3>0$,使得$\overrightarrow{CS}=k_3\left(\frac{\overrightarrow{CA}}{|\overrightarrow{CA}|}+\frac{\overrightarrow{CB}}{|\overrightarrow{CB}|}\right)$,从而知$\overrightarrow{AI}+\overrightarrow{BI}$与$\overrightarrow{CS}$共线,故知点 I 在 CS 上,证毕.

证法 2 由式(2.6.68)知存在 $\tau>0$,使得$\overrightarrow{AT}=\tau\left(\frac{\overrightarrow{AB}}{|\overrightarrow{AB}|}+\frac{\overrightarrow{AC}}{|\overrightarrow{AC}|}\right)=\tau(\boldsymbol{e}_1+\boldsymbol{e}_2)$. 设$\overrightarrow{AB}=m\boldsymbol{e}_1$, $\overrightarrow{AC}=n\boldsymbol{e}_1(m,n>0)$, $\overrightarrow{BT}=\lambda\overrightarrow{TC}(0<\lambda<1)$,注意到定比分点公式,有

$$\overrightarrow{AT}=\frac{\overrightarrow{AB}+\lambda\overrightarrow{AC}}{1+\lambda}=\frac{m}{1+\lambda}\boldsymbol{e}_1+\frac{\lambda n}{1+\lambda}\boldsymbol{e}_2$$

因为 AB,AC 不共线,则有

$$\frac{m}{1+\lambda}=\tau$$

且

$$\frac{\lambda n}{1+\lambda}=\tau$$

求得

$$\lambda=\frac{m}{n}$$

即知

$$\frac{BT}{TC}=\frac{AB}{AC} \qquad (3.1.1)$$

同理
$$\frac{CR}{RA}=\frac{BC}{BA},\frac{AS}{SB}=\frac{CA}{CB}$$

于是
$$\frac{BT}{TC}\cdot\frac{CR}{RA}\cdot\frac{AS}{SB}=\frac{AB}{AC}\cdot\frac{BC}{BA}\cdot\frac{CA}{CB}=1$$

由塞瓦定理的逆定理知 AT,BR,CS 三线共点.

因 AT 与 BR 交于点 I,故 I 在 CS 上,I 为△ABC 的内心.

证法 3　设 AT 的单位法向量为 $\boldsymbol{e}$,则 $\overrightarrow{AT}\cdot\boldsymbol{e}=0=\overrightarrow{TA}\cdot\boldsymbol{e}$,且

$$\frac{BT}{TC}=\frac{\overrightarrow{TB}\cdot\boldsymbol{e}}{\overrightarrow{CT}\cdot\boldsymbol{e}}=\frac{(\overrightarrow{AT}+\overrightarrow{TB})\cdot\boldsymbol{e}}{(\overrightarrow{CT}+\overrightarrow{TA})\cdot\boldsymbol{e}}=\frac{\overrightarrow{AB}\cdot\boldsymbol{e}}{\overrightarrow{CA}\cdot\boldsymbol{e}}=\frac{AB}{AC} \qquad (3.1.2)$$

以下同证法 2(略).

三角形外心定理　三角形的三边的中垂线交于一点,该点称为三角形的外心,三角形的外心也即为其外接圆的圆心.

证明　如图 3.1.4(a),(b)所示,在△ABC 中,M,N 分别为边 BC,CA 的中点,BC 的中垂线与 CA 的中垂线交于点 O.

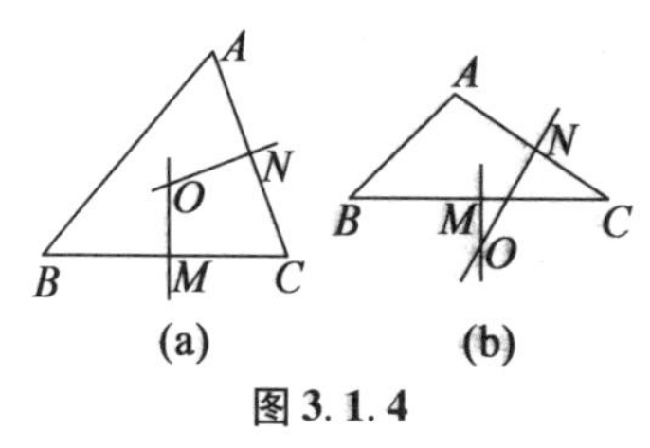

图 3.1.4

由式(2.2.6),知

$$\overrightarrow{OM}=\frac{1}{2}(\overrightarrow{OB}+\overrightarrow{OC}),\overrightarrow{ON}=\frac{1}{2}(\overrightarrow{OC}+\overrightarrow{OA})$$

由

$$\overrightarrow{OM}\cdot\overrightarrow{BC}=\frac{1}{2}(\overrightarrow{OB}+\overrightarrow{OC})\cdot\overrightarrow{BC}=0$$

有

$$\overrightarrow{OB}\cdot\overrightarrow{BC}+\overrightarrow{OC}\cdot\overrightarrow{BC}=0$$

由

$$\overrightarrow{ON}\cdot\overrightarrow{CA}=\frac{1}{2}(\overrightarrow{OC}+\overrightarrow{OA})\cdot\overrightarrow{CA}=0$$

有

$$\overrightarrow{OC}\cdot\overrightarrow{CA}+\overrightarrow{OA}\cdot\overrightarrow{CA}=0$$

亦即

$$(\overrightarrow{OB}\cdot\overrightarrow{BA}+\overrightarrow{OB}\cdot\overrightarrow{AC})+\overrightarrow{OC}\cdot\overrightarrow{BC}=0$$

$$\overrightarrow{OC}\cdot\overrightarrow{CA}+(\overrightarrow{OA}\cdot\overrightarrow{BA}+\overrightarrow{OA}\cdot\overrightarrow{CB})=0$$

上述两式相加,得

$$(\overrightarrow{OA}+\overrightarrow{OB})\cdot\overrightarrow{BA}+\overrightarrow{OC}\cdot(\overrightarrow{BC}+\overrightarrow{CA})+$$
$$\overrightarrow{OB}\cdot\overrightarrow{AC}+\overrightarrow{OA}\cdot\overrightarrow{CB}=0$$

即

$$(\overrightarrow{OA}+\overrightarrow{OB})\cdot\overrightarrow{BA}+\overrightarrow{OC}\cdot\overrightarrow{BA}+(\overrightarrow{OC}+\overrightarrow{CB})\cdot\overrightarrow{AC}+$$
$$(\overrightarrow{OC}+\overrightarrow{CA})\cdot\overrightarrow{CB}=0$$

亦即

$$(\overrightarrow{OA}+\overrightarrow{OB})\cdot\overrightarrow{BA}+\overrightarrow{OC}\cdot(\overrightarrow{BA}+\overrightarrow{AC}+\overrightarrow{CB})+$$
$$\overrightarrow{CB}\cdot\overrightarrow{AC}+\overrightarrow{CA}\cdot\overrightarrow{CB}=0$$

故$(\overrightarrow{OA}+\overrightarrow{OB})\cdot\overrightarrow{BA}=0$,即知$\frac{1}{2}(\overrightarrow{OA}+\overrightarrow{OB})\cdot\overrightarrow{BA}=0$,已知 O 在 AB 的中垂线上,或注意到$(\overrightarrow{OB}+\overrightarrow{OC})\cdot\overrightarrow{BC}=$

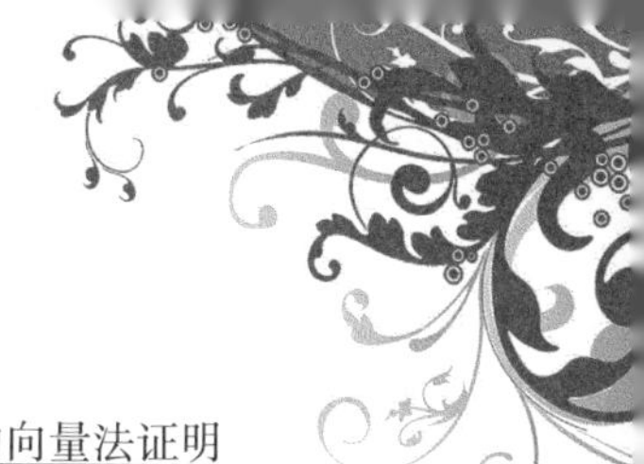

$0,(\overrightarrow{OC}+\overrightarrow{OA})\cdot\overrightarrow{CA}=0$. 于是,由式(2.6.31)知 O 也在 AB 的中垂线上.

塞瓦(Ceva)定理　设点 A_1,B_1,C_1 分别在$\triangle ABC$ 的边 BC,CA,AB 所在的直线上,且$\frac{\overrightarrow{AC_1}}{\overrightarrow{C_1B}}=\lambda_1,\frac{\overrightarrow{BA_1}}{\overrightarrow{A_1C}}=\lambda_2,\frac{\overrightarrow{CB_1}}{\overrightarrow{B_1A}}=\lambda_3$,若直线 AA_1,BB_1,CC_1 共点,则

$$\lambda_1\lambda_2\lambda_3=1 \tag{3.1.3}$$

如图 3.1.5(a),(b)所示,在$\triangle ABC$ 中,设直线 AA_1, BB_1,CC_1 共点于 P.

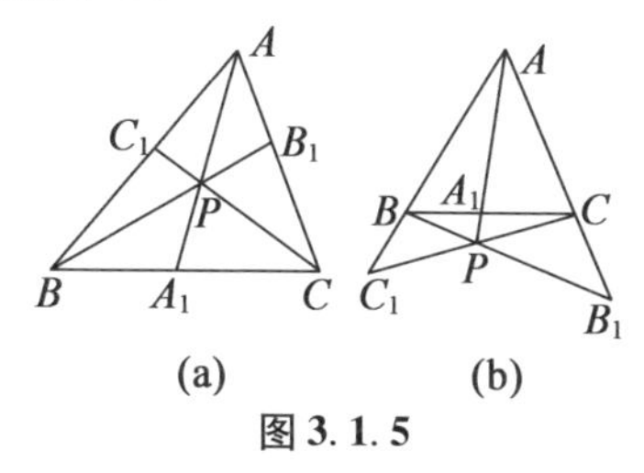

图 3.1.5

证法 1　根据平面向量的基本定理,存在实数 a_1, a_2,b_1,b_2,c_1,c_2,使

$$\overrightarrow{AP}=a_1\overrightarrow{AB}+a_2\overrightarrow{AC} \quad ①$$

$$\overrightarrow{BP}=b_1\overrightarrow{BC}+b_2\overrightarrow{BA} \quad ②$$

$$\overrightarrow{CP}=c_1\overrightarrow{CA}+c_2\overrightarrow{CB} \quad ③$$

又

$$\begin{aligned}\overrightarrow{AP}&=\overrightarrow{AB}+\overrightarrow{BP}\\&=\overrightarrow{AB}+b_1(\overrightarrow{BA}+\overrightarrow{AC})+b_2\overrightarrow{BA}\end{aligned} \quad ④$$

由①,④得

$$(a_2-b_1)\overrightarrow{AC}+(a_1+b_1+b_2-1)\overrightarrow{AB}=\mathbf{0}$$

由平面向量基本定理的推论 1,则知 $a_2=b_1$. 同理可证 $b_2=c_1,c_2=a_1$.

又 $\overrightarrow{AC_1}=\lambda_1\overrightarrow{C_1B}$，由定比分点向量公式即式(2.2.1)，有

$$\overrightarrow{CC_1}=\frac{1}{1+\lambda_1}\overrightarrow{CA}+\frac{\lambda_1}{1+\lambda_1}\overrightarrow{CB} \quad ⑤$$

由③，⑤及 $\overrightarrow{CC_1}$ 与 $\overrightarrow{CP}$ 共线，并注意到 $\overrightarrow{CA}$，$\overrightarrow{CB}$ 是基底向量，可得 $\lambda_1=\frac{c_2}{c_1}=\frac{a_1}{c_1}$. 同理可证 $\lambda_2=\frac{a_2}{a_1}=\frac{b_1}{a_1}$，$\lambda_3=\frac{b_2}{b_1}=\frac{c_1}{b_1}$. 于是 $\lambda_1\lambda_2\lambda_3=1$.

证法 2 在 $\triangle ABC$ 所在平面内取一点 O，由式(2.2.1)有

$$\overrightarrow{OA_1}=\frac{1}{1+\lambda_2}\overrightarrow{OB}+\frac{\lambda_2}{1+\lambda_2}\overrightarrow{OC}$$

$$\overrightarrow{OB_1}=\frac{1}{1+\lambda_3}\overrightarrow{OC}+\frac{\lambda_3}{1+\lambda_3}\overrightarrow{OA}$$

$$\overrightarrow{OC_1}=\frac{1}{1+\lambda_1}\overrightarrow{OA}+\frac{\lambda_1}{1+\lambda_1}\overrightarrow{OB}$$

注意到三点共线时，应用式(2.2.5)，有实数 $\alpha,\beta,\gamma\neq1$ 使得下式成立

$$\begin{aligned}\overrightarrow{OP}&=\alpha\overrightarrow{OA}+(1-\alpha)\overrightarrow{OA_1}\\&=\alpha\overrightarrow{OA}+\frac{1-\alpha}{1+\lambda_2}\overrightarrow{OB}+\frac{\lambda_2(1-\alpha)}{1+\lambda_2}\overrightarrow{OC}\end{aligned}$$

$$\begin{aligned}\overrightarrow{OP}&=\beta\overrightarrow{OB}+(1-\beta)\overrightarrow{OB_1}\\&=\frac{(1-\beta)\lambda_3}{1+\lambda_3}\overrightarrow{OA}+\beta\overrightarrow{OB}+\frac{1-\beta}{1+\lambda_3}\overrightarrow{OC}\end{aligned}$$

$$\begin{aligned}\overrightarrow{OP}&=\gamma\overrightarrow{OC}+(1-\gamma)\overrightarrow{OC_1}\\&=\frac{1-\gamma}{1+\lambda_1}\overrightarrow{OA}+\frac{\lambda_1(1-\gamma)}{1+\lambda_1}\overrightarrow{OB}+\gamma\overrightarrow{OC}\end{aligned}$$

显然 $\overrightarrow{OA}$，$\overrightarrow{OB}$，$\overrightarrow{OC}$ 不共线，由平面向量基本定理的推论

2,知

$$\alpha=\frac{\lambda_3(1-\beta)}{1+\lambda_3}=\frac{1-\gamma}{1+\lambda_1}$$

$$\beta=\frac{1-\alpha}{1+\lambda_2}=\frac{\lambda_1(1-\gamma)}{1+\lambda_1}$$

$$\gamma=\frac{\lambda_2(1-\alpha)}{1+\lambda_2}=\frac{1-\beta}{1+\lambda_3}$$

从而

$$\frac{\lambda_3(1+\lambda_1)}{1+\lambda_3}=\frac{1-\gamma}{1-\beta}$$

$$\frac{\lambda_1(1+\lambda_2)}{1+\lambda_1}=\frac{1-\alpha}{1-\gamma}$$

$$\frac{\lambda_2(1+\lambda_3)}{1+\lambda_2}=\frac{1-\beta}{1-\alpha}$$

上述三式相乘,即得 $\lambda_1\lambda_2\lambda_3=1$.

注　此证法中,若去掉 O,即变成单点向量的证法了.

证法 3[①]　注意到$\overrightarrow{BA_1}:\overrightarrow{A_1C}=\lambda_2$,有

$$\overrightarrow{AA}:\overrightarrow{BA_1}:\overrightarrow{CA_1}=0:\lambda_2:(-1)$$

故由 2.5 中定理 10 知 AA_1 关于坐标$\triangle ABC$ 的面积坐标方程为

$$AA_1:0\cdot x_1+\lambda_2\cdot x_2+(-1)\cdot x_3=0$$

同理可得

$$BB_1:(-1)\cdot x_1+0\cdot x_2+\lambda_3\cdot x_3=0$$

$$CC_1:\lambda_1\cdot x_1+(-1)\cdot x_2+0\cdot x_3=0$$

故由 2.5 中定理 11 知 AA_1,BB_1,CC_1 三线共点的充要条件是

---

①　陈胜利.向量与平面几何证题[M].北京:中国文史出版社,2003:125-127.

$$\begin{vmatrix} 0 & \lambda_2 & -1 \\ -1 & 0 & \lambda_3 \\ \lambda_1 & -1 & 0 \end{vmatrix} = 0$$

即 $\lambda_1\lambda_2\lambda_3 = 1$，得证.

证法 4 因 $\dfrac{\overrightarrow{CB_1}}{\overrightarrow{B_1A}} = \lambda_3$，$\dfrac{\overrightarrow{CA_1}}{\overrightarrow{A_1B}} = \dfrac{1}{\lambda_2}$，故由定比分点推广式(2.2.9)知，$AA_1$ 与 BB_1 的交点 P 满足

$$\boldsymbol{P} = \frac{\boldsymbol{C} + \lambda_3\boldsymbol{A} + \dfrac{1}{\lambda_2}\boldsymbol{B}}{1 + \lambda_3 + \dfrac{1}{\lambda_2}} = \frac{\lambda_2\lambda_3\boldsymbol{A} + \boldsymbol{B} + \lambda_2\boldsymbol{C}}{\lambda_2\lambda_3 + 1 + \lambda_2}$$

同理可知 CC_1 与 AA_1 的交点 P'满足

$$\boldsymbol{P}' = \frac{\boldsymbol{A} + \lambda_1\boldsymbol{B} + \lambda_1\lambda_2\boldsymbol{C}}{1 + \lambda_1 + \lambda_1\lambda_2}$$

故

$$\begin{aligned} AA_1, BB_1, CC_1 \text{ 共点} &\Leftrightarrow \boldsymbol{P} = \boldsymbol{P}' \\ &\Leftrightarrow (\lambda_2\lambda_3 : 1 : \lambda_2) = (1 : \lambda_1 : \lambda_1\lambda_2) \\ &\qquad = (\frac{1}{\lambda_1} : 1 : \lambda_2) \\ &\Leftrightarrow \lambda_2\lambda_3 = \frac{1}{\lambda_1} \Leftrightarrow \lambda_1\lambda_2\lambda_3 = 1 \end{aligned}$$

证法 5 令 $\boldsymbol{C} = \boldsymbol{0}$，则 AA_1 与 BB_1 的交点 P 满足

$$\boldsymbol{P} = \frac{\lambda_2\lambda_3\boldsymbol{A} + \boldsymbol{B}}{1 + \lambda_2 + \lambda_2\lambda_3}$$

而直线 CC_1 的方程为

$$CC_1 : \boldsymbol{X} = t\boldsymbol{C}_1 = \frac{t\boldsymbol{A} + t\lambda_1\boldsymbol{B}}{1 + \lambda_1}$$

故

$$\begin{aligned} AA_1, BB_1, CC_1 \text{ 共点} &\Leftrightarrow P \text{ 在 } CC_1 \text{ 上} \\ &\Leftrightarrow \lambda_2\lambda_3 : 1 = 1 : \lambda_1 \Leftrightarrow \lambda_1\lambda_2\lambda_3 = 1 \end{aligned}$$

证法6　设AA_1与BB_1，BB_1与CC_1，CC_1与AA_1分别交于P_1,P_2,P_3，则有

$$\boldsymbol{P}_1=\frac{\lambda_2\lambda_3\boldsymbol{A}+\boldsymbol{B}+\lambda_2\boldsymbol{C}}{1+\lambda_2+\lambda_2\lambda_3}$$

$$\boldsymbol{P}_2=\frac{\lambda_3\boldsymbol{A}+\lambda_3\lambda_1\boldsymbol{B}+\boldsymbol{C}}{1+\lambda_3+\lambda_3\lambda_1}$$

$$\boldsymbol{P}_3=\frac{\boldsymbol{A}+\lambda_1\boldsymbol{B}+\lambda_1\lambda_2\boldsymbol{C}}{1+\lambda_1+\lambda_1\lambda_2}$$

故

$$\frac{\triangle P_1P_2P_3}{\triangle ABC}=k\cdot\begin{vmatrix}\lambda_2\lambda_3 & 1 & \lambda_2\\ \lambda_3 & \lambda_3\lambda_1 & 1\\ 1 & \lambda_1 & \lambda_1\lambda_2\end{vmatrix}$$

$$=k(1-\lambda_1\lambda_2\lambda_3)^2\quad(k\neq0)$$

从而AA_1,BB_1,CC_1共点$\Leftrightarrow\triangle P_1P_2P_3=0\Leftrightarrow\lambda_1\lambda_2\lambda_3=1$.

证法7　取AA_1与BB_1的交点P为原点，则有$\boldsymbol{A}\times\boldsymbol{A}_1=\boldsymbol{B}\times\boldsymbol{B}_1=\boldsymbol{0}$.

因$\boldsymbol{A}_1=\dfrac{\boldsymbol{B}+\lambda_2\boldsymbol{C}}{1+\lambda_2}$，$\boldsymbol{B}_1=\dfrac{\boldsymbol{C}+\lambda_3\boldsymbol{A}}{1+\lambda_3}$，$\boldsymbol{C}_1=\dfrac{\boldsymbol{A}+\lambda_1\boldsymbol{B}}{1+\lambda_1}$，则

$$\boldsymbol{A}\times\boldsymbol{B}+\lambda_2(\boldsymbol{A}\times\boldsymbol{C})=\boldsymbol{0},\boldsymbol{B}\times\boldsymbol{C}+\lambda_3(\boldsymbol{B}\times\boldsymbol{A})=\boldsymbol{0}$$

由上面两式消去$\boldsymbol{A}\times\boldsymbol{B}$，得

$$\boldsymbol{C}\times\boldsymbol{B}=\lambda_2\lambda_3(\boldsymbol{A}\times\boldsymbol{C})$$

故

$$\begin{aligned}AA_1,BB_1,CC_1\text{ 共点}&\Leftrightarrow C,C_1,P(\boldsymbol{0})\text{ 共线}\\&\Leftrightarrow\boldsymbol{C}\times\boldsymbol{C}_1=\boldsymbol{0}\\&\Leftrightarrow\boldsymbol{C}\times\boldsymbol{A}+\lambda_1(\boldsymbol{C}\times\boldsymbol{B})=\boldsymbol{0}\\&\Leftrightarrow(1-\lambda_1\lambda_2\lambda_3)\boldsymbol{C}\times\boldsymbol{A}=\boldsymbol{0}\\&\Leftrightarrow\lambda_1\lambda_2\lambda_3=1\end{aligned}$$

证法8　参见10.4中例2.

施坦纳(Steiner)定理　$\triangle ABC$中，直线$m\perp BC$于X，$n\perp CA$于Y，$l\perp AB$于Z，则m,n,l三线共点的充要

条件是

$$XB^2+YC^2+ZA^2=AY^2+BZ^2+CX^2 \quad (3.1.4)$$

证明 如图 3.1.6 所示,则 m,n 的交点 O 为原点,则由 $OX\perp BC, OY\perp CA$ 得

$$\boldsymbol{X}\cdot(\boldsymbol{B}-\boldsymbol{C})=\boldsymbol{Y}\cdot(\boldsymbol{C}-\boldsymbol{A})=0$$

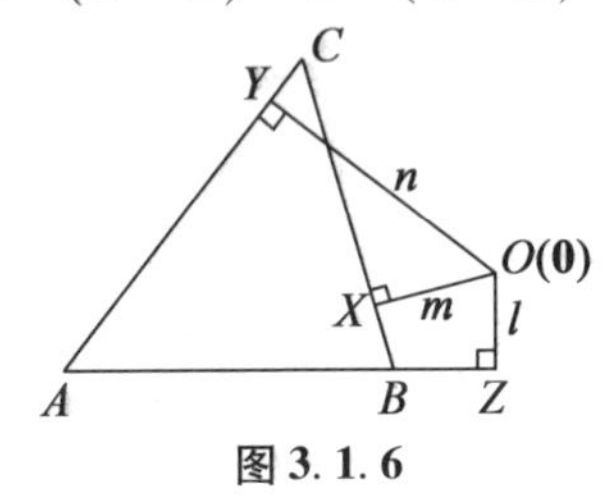

图 3.1.6

故

$$\begin{aligned}
m,n,l\text{ 共线}&\Leftrightarrow OZ\perp AB\Leftrightarrow \boldsymbol{Z}\cdot(\boldsymbol{A}-\boldsymbol{B})=0\\
&\Leftrightarrow \boldsymbol{Z}\cdot(\boldsymbol{A}-\boldsymbol{B})+\boldsymbol{Y}\cdot(\boldsymbol{C}-\boldsymbol{A})+\boldsymbol{X}\cdot(\boldsymbol{B}-\boldsymbol{C})=0\\
&\Leftrightarrow (\boldsymbol{X}-\boldsymbol{B})^2+(\boldsymbol{Y}-\boldsymbol{C})^2+(\boldsymbol{Z}-\boldsymbol{A})^2=(\boldsymbol{A}-\boldsymbol{Y})^2+(\boldsymbol{B}-\boldsymbol{Z})^2+(\boldsymbol{C}-\boldsymbol{X})^2\\
&\Leftrightarrow XB^2+YC^2+ZA^2=AY^2+BZ^2+CX^2
\end{aligned}$$

得证.

3.2 点共线类定理

梅涅劳斯(Menelaus)定理 设点 A_1,B_1,C_1 分别在 $\triangle ABC$ 的边 BC,CA,AB 所在的直线上,且 $\dfrac{\overrightarrow{AC_1}}{\overrightarrow{C_1B}}=\lambda_1$, $\dfrac{\overrightarrow{BA_1}}{\overrightarrow{A_1C}}=\lambda_2$, $\dfrac{\overrightarrow{CB_1}}{\overrightarrow{B_1A}}=\lambda_3$,若 A_1,B_1,C_1 三点共线,则

$$\lambda_1\lambda_2\lambda_3 = -1 \tag{3.2.1}$$

证法 1　如图 3.2.1 所示，由$\overrightarrow{BA_1}=\lambda_2\ \overrightarrow{A_1C}$，有

$$\overrightarrow{AA_1}=\frac{\overrightarrow{AB}}{1+\lambda_2}+\frac{\lambda_2}{1+\lambda_2}\overrightarrow{AC} \qquad ①$$

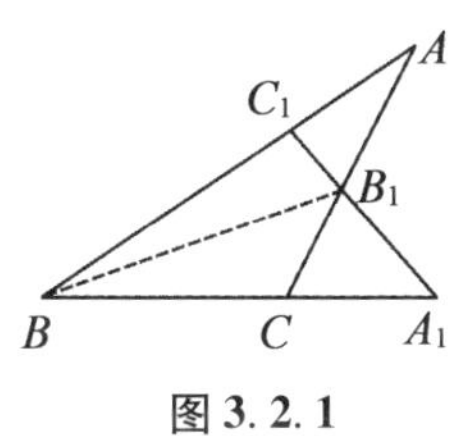

图 3.2.1

又由$\overrightarrow{CB_1}=\lambda_3\ \overrightarrow{B_1A}$，有

$$\overrightarrow{CA}+\overrightarrow{AB_1}=\lambda_3\ \overrightarrow{B_1A}$$

即

$$\overrightarrow{AC}=(1+\lambda_3)\overrightarrow{AB_1} \qquad ②$$

又由$\overrightarrow{AC_1}=\lambda_1\ \overrightarrow{C_1B}$，有

$$\overrightarrow{AC_1}=\lambda_1(\overrightarrow{C_1A}+\overrightarrow{AB})$$

即

$$\overrightarrow{AB}=\frac{1+\lambda_1}{\lambda_1}\overrightarrow{AC_1} \qquad ③$$

把②，③代入①得

$$\overrightarrow{AA_1}=\frac{\frac{1+\lambda_1}{\lambda_1}\overrightarrow{AC_1}}{1+\lambda_2}+\frac{\lambda_2(1+\lambda_3)\overrightarrow{AB_1}}{1+\lambda_2}$$
$$=\frac{1+\lambda_1}{(1+\lambda_2)\lambda_1}\overrightarrow{AC_1}+\frac{\lambda_2(1+\lambda_3)}{1+\lambda_2}\overrightarrow{AB_1}$$

因 A_1,B_1,C_1 三点共线的充要条件为$\frac{1+\lambda_1}{(1+\lambda_2)\lambda_1}+\frac{\lambda_2(1+\lambda_3)}{1+\lambda_2}=1$，化简后有 $1+\lambda_1+\lambda_1\lambda_2(1+\lambda_3)=$

$(1+\lambda_2)\lambda_1$，得 $\lambda_1\lambda_2\lambda_3=-1$.

证法 2 由题设知 $\frac{\overrightarrow{BC_1}}{\overrightarrow{BA}}=\frac{1}{1+\lambda_1}$，$\frac{\overrightarrow{BC}}{\overrightarrow{A_1C}}=1+\lambda_2$，$\frac{\overrightarrow{CB_1}}{\overrightarrow{CA}}=\frac{\lambda_3}{1+\lambda_3}$. 令 $\overrightarrow{C_1B_1}=\tau\,\overrightarrow{C_1A_1}$，则

$$\begin{aligned}\overrightarrow{BB_1}&=\overrightarrow{BC_1}+\overrightarrow{C_1B_1}=\overrightarrow{BC_1}+\overrightarrow{BA_1}-\overrightarrow{BC_1}\\&=\frac{1}{1+\lambda_1}\overrightarrow{BA}+\tau(\lambda_2\,\overrightarrow{A_1C}-\frac{1}{1+\lambda_1}\overrightarrow{BA})\\&=\tau\lambda_2\,\overrightarrow{A_1C}+\frac{1-\tau}{1+\lambda_1}\overrightarrow{BA}\end{aligned}$$

又由式(2.2.1)，有 $\overrightarrow{BB_1}=\frac{1}{1+\lambda_3}\overrightarrow{BC}+\frac{\lambda_3}{1+\lambda_3}\overrightarrow{BA}=\frac{1+\lambda_2}{1+\lambda_3}\overrightarrow{A_1C}+\frac{\lambda_3}{1+\lambda_3}\overrightarrow{BA}$.

由平面向量基本定理的推论 2，知 $\tau\lambda_2=\frac{1+\lambda_2}{1+\lambda_3}$，且 $\frac{1-\tau}{1+\lambda_1}=\frac{\lambda_3}{1+\lambda_3}$，求得 $\tau=\frac{1+\lambda_2}{(1+\lambda_3)\lambda_2}$，代入后式，即得 $\lambda_1\lambda_2\lambda_3=-1$.

证法 3 在 $\triangle ABC$ 所在平面内取一点 O，由式(2.2.1)有

$$\overrightarrow{OA_1}=\frac{1}{1+\lambda_2}\overrightarrow{OB}+\frac{\lambda_2}{1+\lambda_2}\overrightarrow{OC}$$

$$\overrightarrow{OB_1}=\frac{1}{1+\lambda_3}\overrightarrow{OC}+\frac{\lambda_3}{1+\lambda_3}\overrightarrow{OA}$$

$$\overrightarrow{OC_1}=\frac{1}{1+\lambda_1}\overrightarrow{OA}+\frac{\lambda_1}{1+\lambda_1}\overrightarrow{OB} \quad ④$$

注意到三点共线时，应用式(2.2.5)，有实数 $\alpha\neq1$，使得 $\overrightarrow{OC_1}=(1-\alpha)\overrightarrow{OA_1}+\alpha\,\overrightarrow{OB_1}$

$$=\frac{1-\alpha}{1+\lambda_2}\overrightarrow{OB}+\frac{(1-\alpha)\lambda_2}{1+\lambda_2}\overrightarrow{OC}+\frac{\alpha}{1+\lambda_3}\overrightarrow{OC}+\frac{\alpha\lambda_3}{1+\lambda_3}\overrightarrow{OA}$$

$$=\frac{\alpha\lambda_3}{1+\lambda_3}\overrightarrow{OA}+\frac{1-\alpha}{1+\lambda_2}\overrightarrow{OB}+\left[\frac{(1-\alpha)\lambda_2}{1+\lambda_2}+\frac{\alpha}{1+\lambda_3}\right]\overrightarrow{OC}$$

此式与式④比较,由平面向量基本定理的推论2,知

$$\frac{1}{1+\lambda_1}=\frac{\alpha\lambda_3}{1+\lambda_3}$$

$$\frac{\lambda_1}{1+\lambda_1}=\frac{1-\alpha}{1+\lambda_2}$$

$$\frac{(1-\alpha)\lambda_2}{1+\lambda_2}+\frac{\alpha}{1+\lambda_3}=0$$

从而,有 $\frac{1+\lambda_3}{(1+\lambda_1)\lambda_3}=\alpha$, $\frac{1+\lambda_1}{(1+\lambda_2)\lambda_1}=\frac{1}{1-\alpha}$, $\frac{1+\lambda_2}{(1+\lambda_3)\lambda_2}=-\frac{1-\alpha}{\alpha}$.

上述三式相乘,即得 $\lambda_1\lambda_2\lambda_3=-1$.

注　此证法中,若去掉 O,即变成单点向量的证法了.

证法4　如图3.2.1所示,取 A 为原点 O,采用单点向量写法,由题设有

$$\boldsymbol{A}_1=\frac{\boldsymbol{B}+\lambda_2\boldsymbol{C}}{1+\lambda_2},\boldsymbol{B}_1=\frac{\boldsymbol{C}}{1+\lambda_3},\boldsymbol{C}_1=\frac{\lambda_1\boldsymbol{B}}{1+\lambda_1}$$

由于

A_1,B_1,C_1 共线 $\Leftrightarrow \boldsymbol{A}_1=t_1\boldsymbol{C}_1+t_2\boldsymbol{B}_1\ (t_1+t_2=1)$

$$\Leftrightarrow\frac{\boldsymbol{B}+\lambda_2\boldsymbol{C}}{1+\lambda_2}=\frac{t_1\lambda_1\boldsymbol{B}}{1+\lambda_1}+\frac{t_2\boldsymbol{C}}{1+\lambda_3}(t_1+t_2=1)$$

$$\Leftrightarrow t_1=\frac{1+\lambda_1}{\lambda_1(1+\lambda_2)},t_2=\frac{\lambda_2(1+\lambda_3)}{1+\lambda_2}(t_1+t_2=1)$$

$$\Leftrightarrow\lambda_1\lambda_2\lambda_3=-1$$

得证.

证法5[①] 如上所设,得

$$
\begin{aligned}
A_1,B_1,C_1 \text{ 共线} &\Leftrightarrow \boldsymbol{A}_1\times\boldsymbol{B}_1+\boldsymbol{B}_1\times\boldsymbol{C}_1=\boldsymbol{A}_1\times\boldsymbol{C}_1\\
&\Leftrightarrow(1+\lambda_1)\boldsymbol{B}\times\boldsymbol{C}+\lambda_1(1+\lambda_2)\boldsymbol{C}\times\boldsymbol{B}\\
&\quad=\lambda_1\lambda_2(1+\lambda_3)\boldsymbol{C}\times\boldsymbol{B}\\
&\Leftrightarrow-(1+\lambda_1)+\lambda_1(1+\lambda_2)=\lambda_1\lambda_2(1+\lambda_3)\\
&\Leftrightarrow\lambda_1\lambda_2\lambda_3=-1
\end{aligned}
$$

证法6 由题设知

$$
\boldsymbol{A}_1=\frac{\boldsymbol{B}+\lambda_2\boldsymbol{C}}{1+\lambda_2},\boldsymbol{B}_1=\frac{\lambda_3\boldsymbol{A}+\boldsymbol{C}}{1+\lambda_3},\boldsymbol{C}_1=\frac{\boldsymbol{A}+\lambda_1\boldsymbol{B}}{1+\lambda_1}
$$

即 A_1,B_1,C_1 关于坐标$\triangle ABC$ 的面积坐标为

$$
A_1=(0:1:\lambda_2),B_1=(\lambda_3:0:1),C_1=(1:\lambda_1:0)
$$

则 A_1,B_1,C_1 共线$\Leftrightarrow\begin{vmatrix}0&1&\lambda_2\\\lambda_3&0&1\\1&\lambda_1&0\end{vmatrix}=0\Leftrightarrow\lambda_1\lambda_2\lambda_3=-1.$

证法7 令 $\boldsymbol{A}=\boldsymbol{0}$,则由 A_1,B_1,C_1 关于 $\boldsymbol{B},\boldsymbol{C}$ 的表达式知

$$
A_1,B_1,C_1 \text{ 共线}\Leftrightarrow\begin{vmatrix}\frac{1}{1+\lambda_2}&\frac{\lambda_2}{1+\lambda_2}&1\\0&\frac{1}{1+\lambda_3}&1\\\frac{\lambda_1}{1+\lambda_1}&0&1\end{vmatrix}=0
$$

$$
\Leftrightarrow\lambda_1\lambda_2\lambda_3=-1
$$

注 此定理也可直接应用式(2.2.12)来证.

欧拉线(Euler Line)定理 三角形的重心 G,外心

---

① 陈胜利.向量与平面几何证题[M].北京:中国文史出版社,2003:118-119.

O,垂心 H 三点共线(欧拉线),且重心到垂心的距离是重心到外心距离的两倍,即

$$GH=2GO \tag{3.2.2}$$

证法1　由式(2.6.25):$\overrightarrow{OG}=\frac{1}{3}\overrightarrow{OH}$即得. 或由式(2.6.4):$\overrightarrow{OG}=\frac{1}{3}(\overrightarrow{OA}+\overrightarrow{OB}+\overrightarrow{OC})$及式(2.6.24):$\overrightarrow{OH}=\overrightarrow{OA}+\overrightarrow{OC}$,即证.

证法2　由式(2.6.61),式(2.6.63),式(2.6.64),知外心 $O\left(\frac{\cos B}{2\sin A\sin C},\frac{\cos C}{2\sin A\sin B}\right)$,垂心 $H\left(\frac{\cos A\cos C}{\sin A\sin C},\frac{\cos A\cos B}{\sin A\sin B}\right)$,重心 $G\left(\frac{1}{3},\frac{1}{3}\right)$,于是有

$$\begin{aligned}\overrightarrow{GO}&=\left(\frac{\cos B}{2\sin A\sin C}-\frac{1}{3},\frac{\cos C}{2\sin A\sin B}-\frac{1}{3}\right)\\&=\left(\frac{1}{6}-\frac{\cos A\cos C}{2\sin A\sin C},\frac{1}{6}-\frac{\cos A\cos B}{2\sin A\sin B}\right)\\&=\frac{1}{2}\left(\frac{1}{3}-\frac{\cos A\cos C}{\sin A\sin C},\frac{1}{3}-\frac{\cos A\cos B}{\sin A\sin B}\right)\\&=\frac{1}{2}\overrightarrow{HG}\end{aligned}$$

由此即证.

证法3　如图3.2.2所示,取 BC 和 AC 的中点 D,E,则$\overrightarrow{AB}=2\overrightarrow{ED}$,即$\overrightarrow{AH}+\overrightarrow{HB}=2\overrightarrow{EO}+2\overrightarrow{OD}$,所以$\overrightarrow{AH}=2\overrightarrow{OD}$,$\overrightarrow{HB}=2\overrightarrow{EO}$.

设 AD 交 HO 于点 K,则由$\overrightarrow{AH}=2\overrightarrow{OD}$得$\overrightarrow{AK}+\overrightarrow{KH}=2\overrightarrow{OK}+2\overrightarrow{KD}$. 所以$\overrightarrow{KH}=2\overrightarrow{OK}$,$\overrightarrow{AK}=2\overrightarrow{KD}$. 即知所设的点 K 就是重心 G,即$\overrightarrow{GH}=2\overrightarrow{OG}$,此说明 H,G,O 三点共线,

且有比例关系.

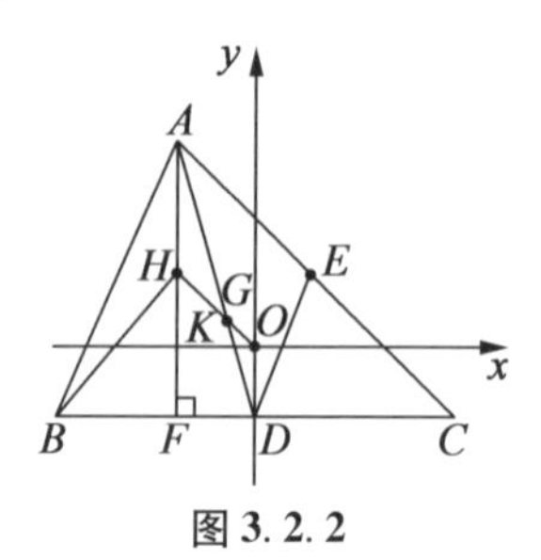

图 3.2.2

证法4　以外心 O 为原点,过 O 平行于 BC 的直线为 x 轴,BC 的中垂线为 y 轴,建立直角坐标系. 设 AF 是 BC 上的高,并设各点坐标如下:$A(a,b)$,$B(-c,d)$,$C(c,d)$,$H(a,y)$,则$\overrightarrow{BH}=(a+c,y-d)$,$\overrightarrow{AC}=(c-a,d-b)$. 因为$\overrightarrow{BH}\perp\overrightarrow{AC}$,有$\overrightarrow{BH}\cdot\overrightarrow{AC}=0$,即$(a+c)(c-a)+(y-d)(d-b)=0$,解之得 $y=\dfrac{-a^2+c^2+bd-d^2}{-d+b}$. 因为 O 是外心,所以 $|OA|=|OB|=|OC|$,即 $a^2+b^2=(-c)^2+d^2=c^2+d^2$,从而 $a^2-c^2=d^2-b^2$,代入 y 的表达式,求得 $y=b+2d$,即 H 的坐标是$(a,b+2d)$. 从 H 及 A,B,C 的坐标可以发现,$\overrightarrow{OH}=\overrightarrow{OA}+\overrightarrow{OB}+\overrightarrow{OC}$. 又由式(2.6.4):$\overrightarrow{OG}=\dfrac{1}{3}(\overrightarrow{OA}+\overrightarrow{OB}+\overrightarrow{OC})$,从而有 H,G,O 共线,并有$|\overrightarrow{OH}|=3|\overrightarrow{OG}|$. 证毕.

高斯线(Gaussian Line)定理　完全四边形的三条对角线中点共线.

如图 3.2.3 所示,设完全四边形 $ABECFD$(或凸四边形 $ABCD$ 的两双对边 AB,DC 及 AD,BC 的延长线交

于点 E,F)的三条对角线 AC,BD,EF 的中点分别为 M,N,L,此结论为 M,N,L 三点共线(高斯线或牛顿线).

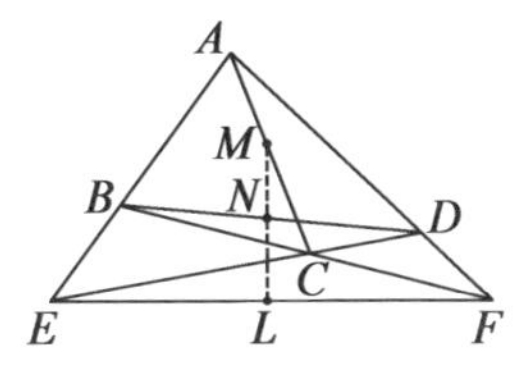

图 3.2.3

证法 1[①]　注意到向量相交定理,即式(2.5.18).

设$\overrightarrow{AC}=a\overrightarrow{AB}+b\overrightarrow{AD}$. 一方面,因直线 AB 与 DC 交于点 E,故 $a\overrightarrow{AB}=\overrightarrow{AC}-b\overrightarrow{AD}=(1-b)\overrightarrow{AE}$;另一方面,因直线 AD 与 BC 交于点 F,故 $b\overrightarrow{AD}=\overrightarrow{AC}-a\overrightarrow{AB}=(1-a)\overrightarrow{AF}$. 于是

$$\begin{aligned}\overrightarrow{MN}&=\overrightarrow{AN}-\overrightarrow{AM}=\frac{1}{2}(\overrightarrow{AB}+\overrightarrow{AD})-\frac{1}{2}\overrightarrow{AC}\\&=\frac{1}{2}[(1-a)\overrightarrow{AB}+(1-b)\overrightarrow{AD}]\end{aligned}$$

而

$$\begin{aligned}\overrightarrow{NL}&=\overrightarrow{AL}-\overrightarrow{AN}=\frac{1}{2}(\overrightarrow{AE}+\overrightarrow{AF})-\frac{1}{2}(\overrightarrow{AB}+\overrightarrow{AD})\\&=\frac{1}{2}\left(\frac{a+b-1}{1-b}\overrightarrow{AB}+\frac{a+b-1}{1-a}\overrightarrow{AD}\right)\end{aligned}$$

从而$\frac{MN}{NL}=\frac{(1-a)(1-b)}{a+b-1}$,故 M,N,L 三点共线.

① 邹宇,张景中. 用向量解直线交点类问题的机械化方法[J]. 数学通报,2012(2):60.

证法 2① 设$\overrightarrow{AB}=u\overrightarrow{AE},\overrightarrow{AD}=v\overrightarrow{AF}$,用回路 DCF,BCE 和 $DCBA$ 来确定点 C 的分比.

由$\overrightarrow{DC}+\overrightarrow{CF}=\overrightarrow{DF}=(1-v)\overrightarrow{AF},\overrightarrow{BC}+\overrightarrow{CE}=\overrightarrow{BE}=(1-u)\overrightarrow{AE}$,得

$$\begin{aligned}\overrightarrow{DC}+\overrightarrow{CB}&=\overrightarrow{DA}+\overrightarrow{AB}=v\overrightarrow{FA}+u\overrightarrow{AE}\\&=\frac{u}{1-u}(\overrightarrow{BC}+\overrightarrow{CE})-\frac{v}{1-v}(\overrightarrow{DC}+\overrightarrow{CF})\end{aligned}$$

整理后得到

$$(1-u)\overrightarrow{DC}+(1-v)\overrightarrow{CB}=u(1-v)\overrightarrow{CE}+v(1-u)\overrightarrow{FC}$$

由平面向量基本定理得

$$(1-u)\overrightarrow{DC}=u(1-v)\overrightarrow{CE} \quad ①$$

对 3 个中点顺次用定比分点公式(或中点消去公式),再利用回路 $AFCE$ 和 $ABCD$ 得

$$\begin{aligned}4\overrightarrow{ML}&=2(\overrightarrow{MF}+\overrightarrow{ME})=\overrightarrow{AF}+\overrightarrow{CF}+\overrightarrow{AE}+\overrightarrow{CE}\\&=2(\overrightarrow{AF}+\overrightarrow{CE}) \quad ②\end{aligned}$$

$$\begin{aligned}4\overrightarrow{MN}&=2(\overrightarrow{MD}+\overrightarrow{MB})=\overrightarrow{AD}+\overrightarrow{CD}+\overrightarrow{AB}+\overrightarrow{CB}\\&=2(\overrightarrow{AB}+\overrightarrow{CD}) \quad ③\end{aligned}$$

由前设得

$$\overrightarrow{AB}=u\overrightarrow{AE}=u(\overrightarrow{AD}+\overrightarrow{DE})=u(v\overrightarrow{AF}+\overrightarrow{DC}+\overrightarrow{CE}) \quad ④$$

结合④和①得

$$\begin{aligned}\overrightarrow{AB}+\overrightarrow{CD}&=uv\overrightarrow{AF}+(1-u)\overrightarrow{CD}+u\overrightarrow{CE}\\&=uv\overrightarrow{AF}+u(1-v)\overrightarrow{EC}+u\overrightarrow{CE}\end{aligned}$$

① 张景中,彭翕成. 论向量法解几何问题的基本思路(续)[J]. 数学通报,2008(3):31-32.

$$=uv(\overrightarrow{AF}+\overrightarrow{CE}) \quad ⑤$$

由⑤,②,③得$\overrightarrow{MN}=uv\overrightarrow{ML}$,这证明了 M,N,L 共线.

证法 3　设$\overrightarrow{BC}=m\overrightarrow{BF},\overrightarrow{AE}=n\overrightarrow{BE},\overrightarrow{AD}=k\overrightarrow{AF}$,则$\overrightarrow{DE}=\overrightarrow{DA}+\overrightarrow{AE}=\overrightarrow{DA}+n\overrightarrow{BE}=n\overrightarrow{BE}-k\overrightarrow{AF},\overrightarrow{CE}=\overrightarrow{BE}-\overrightarrow{BC}=\overrightarrow{BE}-m(\overrightarrow{BA}+\overrightarrow{AF})=(mn-m+1)\overrightarrow{BE}-m\overrightarrow{AF}$. 由$\overrightarrow{DE},\overrightarrow{CE}$共线,得 $k(mn-m+1)=mn$. 又

$$\overrightarrow{NM}=\overrightarrow{BM}-\overrightarrow{BN}=\overrightarrow{BC}+\frac{1}{2}\overrightarrow{CA}-\frac{1}{2}\overrightarrow{BD}$$

$$=\overrightarrow{BC}+\frac{1}{2}(\overrightarrow{BA}-\overrightarrow{BC})-\frac{1}{2}(\overrightarrow{BA}+\overrightarrow{AD})$$

$$=\frac{1}{2}\overrightarrow{BC}-\frac{1}{2}\overrightarrow{AD}=\frac{1}{2}\overrightarrow{BC}-\frac{1}{2}k(\overrightarrow{BF}-\overrightarrow{BA})$$

$$=\frac{1}{2}(m-k)\overrightarrow{BF}+\frac{1}{2}k(1-n)\overrightarrow{BE}$$

$$\overrightarrow{ML}=\frac{1}{2}(1-m)\overrightarrow{BF}+\frac{1}{2}n\overrightarrow{BE}$$

因为 $k(mn-m+1)=mn$,所以$\frac{1-m}{m-k}=\frac{n}{k(1-n)}$.故$\overrightarrow{NM}/\!/\overrightarrow{ML}$,又因为 L 为公共点,所以 M,N,L 三点共线.

证法 4　设$\overrightarrow{AD}=n\overrightarrow{DF},\overrightarrow{AB}=m\overrightarrow{BE}$,注意到向量回路,有

$$2\overrightarrow{MN}=2(\overrightarrow{MA}+\overrightarrow{AB}+\overrightarrow{BN})=\overrightarrow{CA}+2\overrightarrow{AB}+\overrightarrow{BD}$$

$$=\overrightarrow{AB}+\overrightarrow{CD}=m(\overrightarrow{BC}+\overrightarrow{CE})+\overrightarrow{CD} \quad ①$$

$$2\overrightarrow{MN}=2(\overrightarrow{MA}+\overrightarrow{AD}+\overrightarrow{DN})=\overrightarrow{CA}+2\overrightarrow{AD}+\overrightarrow{DB}$$

$$=\overrightarrow{AD}+\overrightarrow{CB}=n(\overrightarrow{DC}+\overrightarrow{CF})+\overrightarrow{CB} \quad ②$$

由①,②有 $m\overrightarrow{BC}+m\overrightarrow{CE}+\overrightarrow{CD}=n\overrightarrow{DC}+n\overrightarrow{CF}+\overrightarrow{CB}$.

注意到平面向量的基本定理,有

$$m\overrightarrow{BC}-n\overrightarrow{CF}-\overrightarrow{CB}=\mathbf{0}=n\overrightarrow{DC}-m\overrightarrow{CE}-\overrightarrow{CD} \quad ③$$

由③有

$$(m+n+1)\overrightarrow{BC}=n\overrightarrow{CF}+n\overrightarrow{BC}=n\overrightarrow{BF}$$

$$(m+n+1)\overrightarrow{DC}=m(\overrightarrow{CE}+\overrightarrow{DC})=m\overrightarrow{DE} \quad ④$$

又由①,③,④有

$$2\overrightarrow{MN}=m\overrightarrow{BC}+m\overrightarrow{CE}+\overrightarrow{CD}=m\overrightarrow{BC}+n\overrightarrow{DC}$$

$$=\frac{mn(\overrightarrow{BF}+\overrightarrow{DE})}{m+n+1}=\frac{2mn}{m+n+1}\overrightarrow{NL}$$

其中

$$2\overrightarrow{NL}=2\overrightarrow{NB}+2\overrightarrow{BF}+2\overrightarrow{FL}$$

$$=\overrightarrow{DB}+2\overrightarrow{BF}+\overrightarrow{FE}$$

$$=\overrightarrow{BF}+\overrightarrow{DE}$$

从而$\overrightarrow{MN}$与$\overrightarrow{NL}$共线,故 M,N,L 三点共线.

证法5 取 A 为原点,运用单点向量表示. 设 $\boldsymbol{F}=\alpha\boldsymbol{B},\boldsymbol{E}=\beta\boldsymbol{D},\boldsymbol{C}=\lambda\boldsymbol{B}+\mu\boldsymbol{D}$,则

$$\boldsymbol{M}=\frac{1}{2}(\lambda\boldsymbol{B}+\mu\boldsymbol{D}),\boldsymbol{N}=\frac{1}{2}(\boldsymbol{B}+\boldsymbol{D})$$

$$\boldsymbol{L}=\frac{1}{2}(\alpha\boldsymbol{B}+\beta\boldsymbol{D})$$

又设 $\boldsymbol{C}=k\boldsymbol{F}+(1-k)\boldsymbol{D}$,则 $\boldsymbol{C}=k\alpha\boldsymbol{B}\times(1-k)\boldsymbol{D}$.

因$\overrightarrow{OB}$与$\overrightarrow{OD}$即 $\boldsymbol{B}$ 与 $\boldsymbol{D}$ 不共线,有 $\lambda=k\alpha$,且 $M=$

$1-k$. 求得 $k=\frac{\lambda}{\alpha}$或 $k=1-\mu$,从而 $\alpha(\mu-1)+\lambda=0$.

同理,由点 B,C,E 共线,有 $\beta(\lambda-1)+\mu=0$. 于是,由 $\begin{vmatrix} \frac{1}{2}\lambda & \frac{1}{2}\mu & 1 \\ \frac{1}{2} & \frac{1}{2} & 1 \\ \frac{1}{2}\alpha & \frac{1}{2}\beta & 1 \end{vmatrix}=\frac{1}{4}[\lambda-\alpha(\mu-1)-\mu+\beta(\lambda-1)]=0$. 应用式(2.5.16),知 M,N,L 三点共线.

证法6　参见10.4中例3.

戴沙格(Desargues)定理　设$\triangle ABC$与$\triangle A'B'C'$对应顶点的连线共点于 S,则对应边或其延长线的交点 L,M,N 共线.

证法1　如图3.2.4所示,取 S 为原点,运用单点向量表示. 设 $\boldsymbol{A}'=\lambda\boldsymbol{A}$, $\boldsymbol{B}'=\mu\boldsymbol{B}$, $\boldsymbol{C}'=\delta\boldsymbol{C}$, $\boldsymbol{N}=\alpha\boldsymbol{A}'+(1-\alpha)\boldsymbol{B}'$,则

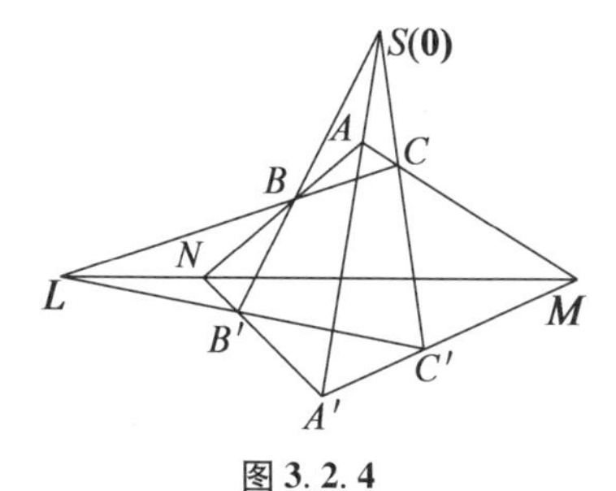

图3.2.4

$$\boldsymbol{N}=\alpha\lambda\cdot\boldsymbol{A}+(1-\alpha)\mu\cdot\boldsymbol{B}$$

故由 N,A,B 共线得

$$\alpha\lambda+(1-\alpha)\mu=1$$

即

$$\alpha=\frac{1-\mu}{\lambda-\mu},1-\alpha=\frac{\lambda-1}{\lambda-\mu}$$

从而
$$\boldsymbol{N}=\frac{\lambda(1-\mu)\boldsymbol{A}-\mu(1-\lambda)\boldsymbol{B}}{\lambda-\mu}$$

按 $N\to L\to M,A\to B\to C\to A,\lambda\to\mu\to\delta\to\lambda$ 的次序轮换，得

$$\boldsymbol{L}=\frac{\mu(1-\delta)\boldsymbol{B}-\delta(1-\mu)\boldsymbol{C}}{\mu-\delta}$$

$$\boldsymbol{M}=\frac{\delta(1-\lambda)\boldsymbol{C}-\lambda(1-\delta)\boldsymbol{A}}{\delta-\lambda}$$

即

$$\begin{aligned}&(\lambda-\mu)(1-\delta)\boldsymbol{N}\\&=\lambda(1-\mu)(1-\delta)\boldsymbol{A}-\mu(1-\lambda)(1-\delta)\boldsymbol{B}\end{aligned}$$

$$\begin{aligned}&(\mu-\delta)(1-\lambda)\boldsymbol{L}\\&=\mu(1-\delta)(1-\lambda)\boldsymbol{B}-\delta(1-\mu)(1-\lambda)\boldsymbol{C}\end{aligned}$$

$$\begin{aligned}&(\delta-\lambda)(1-\mu)\boldsymbol{M}\\&=\delta(1-\lambda)(1-\mu)\boldsymbol{C}-\lambda(1-\delta)(1-\mu)\boldsymbol{A}\end{aligned}$$

以上三式相加，得

$$\begin{aligned}&(\lambda-\mu)(1-\delta)\boldsymbol{N}+(\mu-\delta)(1-\lambda)\boldsymbol{L}+\\&(\delta-\lambda)(1-\mu)\boldsymbol{M}=\boldsymbol{0}\end{aligned}$$

上式左边各系数之和为零，故 N,L,M 三点共线.

证法 2 同证法 1，由 $\boldsymbol{N},\boldsymbol{L},\boldsymbol{M}$ 关于 $\boldsymbol{A},\boldsymbol{B},\boldsymbol{C}$ 的表达式可得 N,L,M 三点关于坐标 $\triangle ABC$ 的面积坐标：$N=(\lambda(1-\mu):-\mu(1-\lambda):0),\cdots$，易证

$$\begin{vmatrix}\lambda(1-\mu) & -\mu(1-\lambda) & 0\\ 0 & \mu(1-\delta) & -\delta(1-\mu)\\ -\lambda(1-\delta) & 0 & \delta(1-\lambda)\end{vmatrix}=0$$

故 N,L,M 三点共线.

牛顿线(Newton line)定理　圆外切四边形 $ABCD$ 的两条对角线 AC,BD 的中点 M,N 与其内切圆圆心 O 共线.

证明　如图 3.2.5 所示,由题设有 $AB+CD=BC+DA$,则

$$S_{\triangle OAB}+S_{\triangle OCD}=\frac{1}{2}r(AB+CD)=\frac{1}{2}r(BC+DA)$$
$$=S_{\triangle OBC}+S_{\triangle ODA}$$

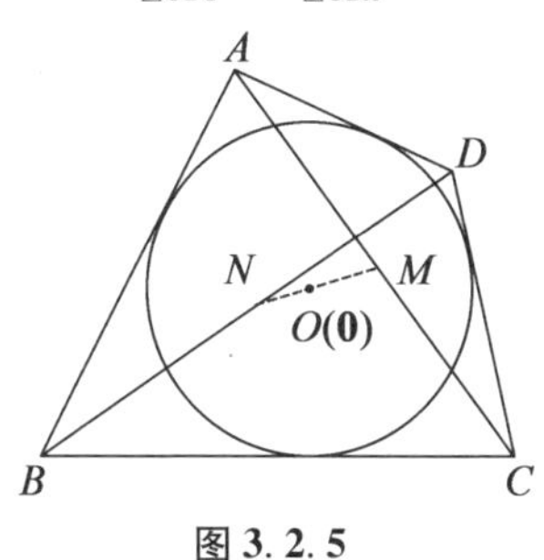

图 3.2.5

因此,若取 O 为原点,则由三角形面积公式有

$$|\boldsymbol{A}\times\boldsymbol{B}|+|\boldsymbol{C}\times\boldsymbol{D}|=|\boldsymbol{B}\times\boldsymbol{C}|+|\boldsymbol{D}\times\boldsymbol{A}|$$

但 $\boldsymbol{A}\times\boldsymbol{B}$,$\boldsymbol{C}\times\boldsymbol{D}$,$\boldsymbol{B}\times\boldsymbol{C}$,$\boldsymbol{D}\times\boldsymbol{A}$ 同向,故

$$\boldsymbol{A}\times\boldsymbol{B}+\boldsymbol{C}\times\boldsymbol{D}-\boldsymbol{B}\times\boldsymbol{C}-\boldsymbol{D}\times\boldsymbol{A}=\boldsymbol{0}$$

则

$$\boldsymbol{M}\times\boldsymbol{N}=\frac{1}{2}(\boldsymbol{A}+\boldsymbol{C})+\frac{1}{2}(\boldsymbol{B}+\boldsymbol{D})$$
$$=\frac{1}{4}(\boldsymbol{A}\times\boldsymbol{B}+\boldsymbol{C}\times\boldsymbol{D}-\boldsymbol{B}\times\boldsymbol{C}-\boldsymbol{D}\times\boldsymbol{A})=\boldsymbol{0}$$

从而 O,M,N 三点共线.

莱莫恩线(Lemoine line)定理　过 $\triangle ABC$ 的三个顶点 A,B,C 所作外接圆 O 的切线与对边 BC,CA,AB 或其延长线的交点 A',B',C' 共线.

证明　如图 3.2.6 所示,取圆心 O 为原点,则

$\boldsymbol{A}^2=\boldsymbol{B}^2=\boldsymbol{C}^2=R^2$；又令

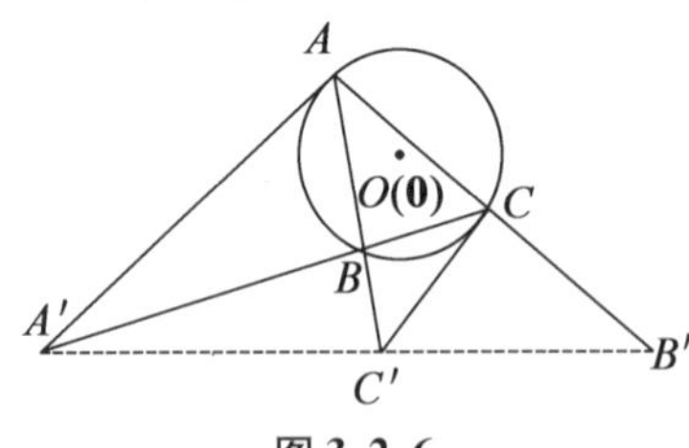

图 3.2.6

$$\frac{\overrightarrow{BA'}}{\overrightarrow{A'C}}=\lambda_1,\frac{\overrightarrow{CB'}}{\overrightarrow{B'A}}=\lambda_2,\frac{\overrightarrow{AC'}}{\overrightarrow{C'B}}=\lambda_3$$

于是由梅涅劳斯定理即式(3.2.1)，只要证明 $\lambda_1\lambda_2\lambda_3=-1$ 即可.

由定比分点公式，运用单点向量，有

$$\boldsymbol{A}'=\frac{\boldsymbol{B}+\lambda_1\boldsymbol{C}}{1+\lambda_1}$$

而由 AA' 切圆 O 于 A，即 $\overrightarrow{A'A}\perp\overrightarrow{OA}$ 可得 $(\boldsymbol{A}-\boldsymbol{A}')\cdot\boldsymbol{A}=0\Rightarrow\boldsymbol{A}^2=\boldsymbol{A}\cdot\boldsymbol{A}'$. 则

$$(1+\lambda_1)\boldsymbol{A}^2=\boldsymbol{A}\cdot\boldsymbol{B}+\lambda_1(\boldsymbol{A}\cdot\boldsymbol{C})$$

$$\Rightarrow\lambda_1=-\frac{R^2-\boldsymbol{A}\cdot\boldsymbol{B}}{R^2-\boldsymbol{A}\cdot\boldsymbol{C}}$$

同理 $\lambda_2=-\dfrac{R^2-\boldsymbol{B}\cdot\boldsymbol{C}}{R^2-\boldsymbol{B}\cdot\boldsymbol{A}},\lambda_3=-\dfrac{R^2-\boldsymbol{C}\cdot\boldsymbol{A}}{R^2-\boldsymbol{C}\cdot\boldsymbol{B}}$.

以上三式相乘得 $\lambda_1\lambda_2\lambda_3=-1$，故 A',B',C' 共线.

3.3　与圆有关的定理

圆幂定理　平面上任意一点关于圆的幂为这个点到圆心的距离与圆的半径的平方差的绝对值.

如图 3.3.1 所示，过平面上任意一点 P 向半径为

R 的圆⊙O 引一条直线，交⊙O 于点 A,B（可重合，此时为切线），则

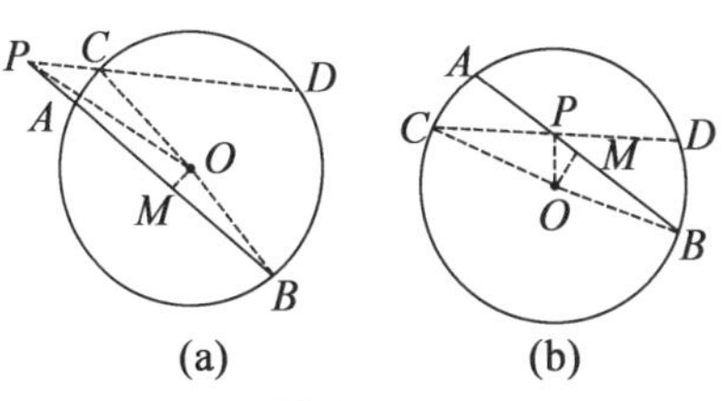

图 3.3.1

$$|PA||PB| = |PO^2 - R^2|$$

或

$$\overrightarrow{PA} \cdot \overrightarrow{PB} = PO^2 - R^2 \qquad (3.3.1)$$

证法 1　过点 B 作⊙O 的直径 BC，连 PC 并延长交⊙O 于点 D，连 PO，则

$$\begin{aligned}\overrightarrow{PC} \cdot \overrightarrow{PB} &= (\overrightarrow{PO} + \overrightarrow{OC}) \cdot (\overrightarrow{PO} + \overrightarrow{OB}) \\ &= (\overrightarrow{PO} + \overrightarrow{OC}) \cdot (\overrightarrow{PO} - \overrightarrow{OC}) \\ &= \overrightarrow{PO}^2 - \overrightarrow{OC}^2 \\ &= PO^2 - R^2\end{aligned}$$

在图 3.3.1(a) 中

$$\overrightarrow{PC} \cdot \overrightarrow{PB} = |\overrightarrow{PC}||\overrightarrow{PB}|\cos\angle CPB = |PA||PB|$$

在图 3.3.1(b) 中

$$\overrightarrow{PC} \cdot \overrightarrow{PB} = |\overrightarrow{PC}||\overrightarrow{PB}|\cos\angle CPB = -|PA||PB|$$

故

$$|PA||PB| = |PO^2 - R^2|$$

或

$$\overrightarrow{PA} \cdot \overrightarrow{PB} = PO^2 - R^2$$

注　此时，$\overrightarrow{PC} \cdot \overrightarrow{PB} = |\overrightarrow{PC}||\overrightarrow{PB}|\cos\angle CPB = |PC| \cdot$

$|PD|$(见图 3.3.1(a)),或$\overrightarrow{PC}\cdot\overrightarrow{PB}=|\overrightarrow{PC}||\overrightarrow{PB}|\cdot\cos\angle CPB=-|PC||PD|$(见图 3.3.1(b)).从而有$|PC||PD|=|PO^2-R^2|$.于是有$|PA||PB|=|PC|\cdot|PD|$.此即为割线定理、相交弦定理或切割线定理.圆幂定理为这 3 个定理的统称.

证法 2 如图 3.3.1(a),(b)所示,取弦 AB 的中点 M,则 $OM\perp PA$.由式(2.5.6),知

$$|MP|^2+|OA|^2=|MA|^2+|OP|^2$$

于是

$$\begin{aligned}|PO|^2-|OA|^2&=|PM|^2-|MA|^2=\overrightarrow{PM}^2-\overrightarrow{MA}^2\\&=(\overrightarrow{PM}+\overrightarrow{MA})\cdot(\overrightarrow{PM}-\overrightarrow{MA})\\&=\overrightarrow{PA}\cdot(\overrightarrow{PM}+\overrightarrow{MB})=\overrightarrow{PA}\cdot\overrightarrow{PB}\\&=|\overrightarrow{PA}||\overrightarrow{PB}|\cos 0°\text{或}|\overrightarrow{PA}||\overrightarrow{PB}|\cos 180°\end{aligned}$$

故$|PA||PB|=|PO^2-R^2|$,或$\overrightarrow{PA}\cdot\overrightarrow{PB}=PO^2-R^2$.

托勒密(Ptolemy)定理 圆内接四边形的对边乘积之和等于两对角线的乘积.

如图 3.3.2 所示,在圆内接四边形 $A_1A_2A_3A_4$ 中,令$A_iA_j=a_{ij}(1\leqslant i,j\leqslant 4,i\neq j)$,则

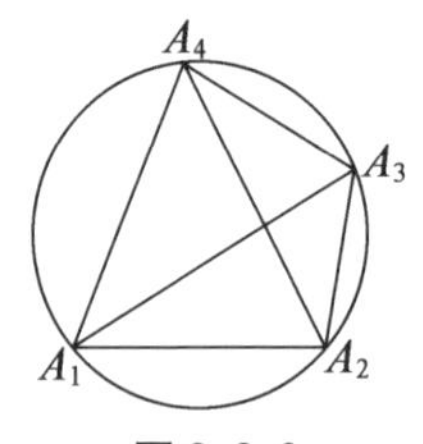

图 3.3.2

$$a_{41}a_{23}+a_{43}a_{12}=a_{42}a_{13}\qquad(3.3.2)$$

证明 由式(2.5.35)知,点 A_4 在$\odot A_1A_2A_3$ 上的充要条件是

$$S_{\triangle A_4A_2A_3}\cdot\overrightarrow{A_4A_1}^2-S_{\triangle A_4A_3A_1}\cdot\overrightarrow{A_4A_2}^2+S_{\triangle A_4A_1A_2}\cdot\overrightarrow{A_4A_3}^2=0$$

即

$$(a_{42}a_{43}\sin\angle A_2A_4A_3)a_{41}^2+(a_{41}a_{42}\sin\angle A_1A_4A_2)a_{43}^2$$
$$=(a_{43}a_{41}\sin\angle A_3A_4A_1)a_{42}^2$$

注意到正弦定理,有

$$\frac{\sin\angle A_2A_4A_3}{a_{23}}=\frac{\sin\angle A_1A_4A_2}{a_{12}}=\frac{\sin\angle A_1A_4A_3}{a_{13}}$$

即得 $a_{41}a_{23}+a_{43}a_{12}=a_{42}a_{13}$.

三角形过外心线定理　设 O 为 $\triangle ABC$ 的外心,若直线 AO,BO,CO 分别交边 BC,CA,AB 于点 L,M,N,外接圆半径为 R,则

$$\frac{1}{AL}+\frac{1}{BM}+\frac{1}{CN}=\frac{2}{R}\qquad(3.3.3)$$

证明　如图 3.3.3 所示,因

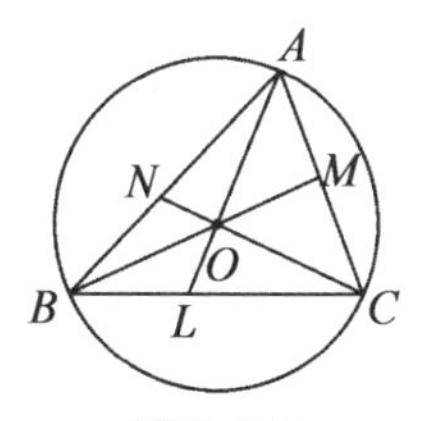

图 3.3.3

$$\overrightarrow{OB}-\overrightarrow{OA}=\overrightarrow{AB},\overrightarrow{OC}-\overrightarrow{OA}=\overrightarrow{AC}$$

有

$$\overrightarrow{AB}\times\overrightarrow{AC}=(\overrightarrow{OB}-\overrightarrow{OA})\times(\overrightarrow{OC}-\overrightarrow{OA})$$
$$=\overrightarrow{OB}\times\overrightarrow{OC}-\overrightarrow{OB}\times\overrightarrow{OA}-\overrightarrow{OA}\times\overrightarrow{OC}$$
$$=\overrightarrow{OB}\times\overrightarrow{OC}+\overrightarrow{OA}\times\overrightarrow{OB}+\overrightarrow{OC}\times\overrightarrow{OA}$$

注意到$\overrightarrow{AB}\times\overrightarrow{AC},\overrightarrow{OB}\times\overrightarrow{OC},\overrightarrow{OA}\times\overrightarrow{OB},\overrightarrow{OC}\times\overrightarrow{OA}$均为共线向量且方向相同,则

$$\frac{\overrightarrow{OB}\times\overrightarrow{OC}}{\overrightarrow{AB}\times\overrightarrow{AC}}+\frac{\overrightarrow{OA}\times\overrightarrow{OB}}{\overrightarrow{AB}\times\overrightarrow{AC}}+\frac{\overrightarrow{OC}\times\overrightarrow{OA}}{\overrightarrow{AB}\times\overrightarrow{AC}}=1\qquad①$$

由$\overrightarrow{OB}\times\overrightarrow{OC}$,$\overrightarrow{AB}\times\overrightarrow{AC}$的几何意义,得

$$\frac{\overrightarrow{OB}\times\overrightarrow{OC}}{\overrightarrow{AB}\times\overrightarrow{AC}}=\frac{OL}{AL}=\frac{AL-R}{AL}=1-\frac{R}{AL}\qquad②$$

同理

$$\frac{\overrightarrow{OA}\times\overrightarrow{OB}}{\overrightarrow{AB}\times\overrightarrow{AC}}=1-\frac{R}{CN}$$

$$\frac{\overrightarrow{OC}\times\overrightarrow{OA}}{\overrightarrow{AB}\times\overrightarrow{AC}}=1-\frac{R}{BM}\qquad③$$

将②,③代入①,即得$\frac{1}{AL}+\frac{1}{BM}+\frac{1}{CN}=\frac{2}{R}$.

圆的外切五边形定理 设 $A_1A_2A_3A_4A_5$ 是某圆的外切五边形,若顶点 A_1,A_2,A_3,A_4 与其对边上切点 M_1,M_2,M_3,M_4 的连线交于一点 O,则顶点 A_5 与其对边上切点 M_5 的连线也通过点 O.

证明 如图 3. 3. 4 所示,取 O 为原点,并设 $A_1M_3=A_1M_4=a_1,A_2M_4=A_2M_5=a_2,\cdots$,则有

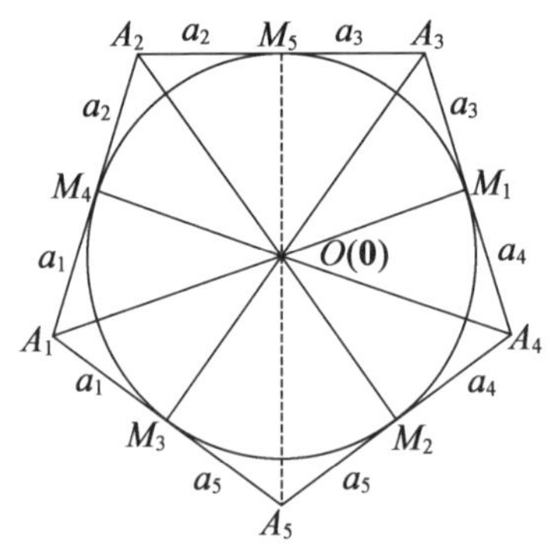

图 3. 3. 4

$$\boldsymbol{M}_1=\frac{a_4\cdot\boldsymbol{A}_3+a_3\cdot\boldsymbol{A}_4}{a_4+a_3}$$

从而由 $M_1,A_1,O(\boldsymbol{0})$ 共线得

$$(a_4 \cdot \boldsymbol{A}_3 + a_3 \cdot \boldsymbol{A}_4) \times \boldsymbol{A}_1 = \mathbf{0} \quad ①$$

同理有

$$(a_5 \cdot \boldsymbol{A}_4 + a_4 \cdot \boldsymbol{A}_5) \times \boldsymbol{A}_2 = \mathbf{0} \quad ②$$

$$(a_1 \cdot \boldsymbol{A}_5 + a_5 \cdot \boldsymbol{A}_1) \times \boldsymbol{A}_3 = \mathbf{0} \quad ③$$

$$(a_2 \cdot \boldsymbol{A}_1 + a_1 \cdot \boldsymbol{A}_2) \times \boldsymbol{A}_4 = \mathbf{0} \quad ④$$

由① $\times a_5$ + ③ $\times a_4$，② $\times a_1$ + ④ $\times a_5$ 得

$$a_3 a_5 \cdot \boldsymbol{A}_4 \times \boldsymbol{A}_1 + a_1 a_4 \cdot \boldsymbol{A}_5 \times \boldsymbol{A}_3 = \mathbf{0} \quad ⑤$$

$$a_4 a_1 \cdot \boldsymbol{A}_5 \times \boldsymbol{A}_2 + a_2 a_5 \cdot \boldsymbol{A}_1 \times \boldsymbol{A}_4 = \mathbf{0} \quad ⑥$$

再由⑤ $\times a_2$ + ⑥ $\times a_3$ 得

$$(a_2 \cdot \boldsymbol{A}_3 + a_3 \cdot \boldsymbol{A}_2) \times \boldsymbol{A}_5 = \mathbf{0}$$

即 $\boldsymbol{M}_5 \times \boldsymbol{A}_5 = \mathbf{0}$.

故 A_5M_5 也通过点 O，或 $A_1M_1, A_2M_2, \cdots, A_5M_5$ 五线共点于 O.

蝴蝶定理　设 M 是⊙O 的弦 EF 的中点，AC, BD 是过点 M 的两条弦，连 AB, CD 分别交 EF 于 P, Q 两点，则 $MP = MQ$.

证明[①]　如图 3.3.5 所示，设 $\overrightarrow{MA} = \boldsymbol{a}$，$\overrightarrow{MB} = \boldsymbol{b}$，$\overrightarrow{MC} = \boldsymbol{c}$，$\overrightarrow{MD} = \boldsymbol{d}$，$\overrightarrow{OM} = \boldsymbol{e}$，由 A, P, B 共线，可设 $\overrightarrow{MP} = \lambda \boldsymbol{a} + (1-\lambda)\boldsymbol{b}$.

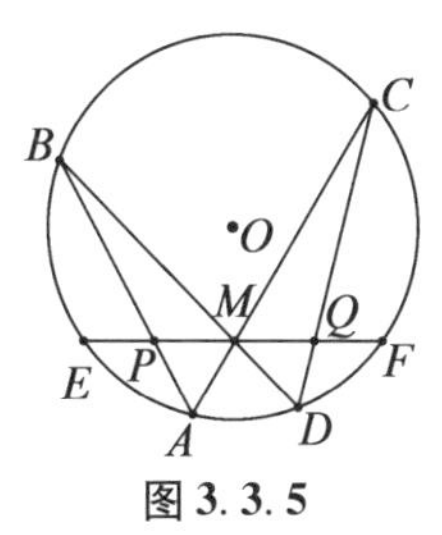

图 3.3.5

① 潘俊文. 蝴蝶定理的向量证法[J]. 数学通报,2005(1):41.

因为 $OM\perp PM$，所以 $\overrightarrow{MP}\cdot\overrightarrow{OM}=0$，即 $\lambda\boldsymbol{a}\cdot\boldsymbol{e}+(1-\lambda)\boldsymbol{b}\cdot\boldsymbol{e}=0$. 易得

$$\lambda=\frac{\boldsymbol{b}\cdot\boldsymbol{e}}{\boldsymbol{b}\cdot\boldsymbol{e}-\boldsymbol{a}\cdot\boldsymbol{e}}$$

于是 $\overrightarrow{MP}=\frac{(\boldsymbol{b}\cdot\boldsymbol{e})\boldsymbol{a}-(\boldsymbol{a}\cdot\boldsymbol{e})\boldsymbol{b}}{\boldsymbol{b}\cdot\boldsymbol{e}-\boldsymbol{a}\cdot\boldsymbol{e}}$. 同理可得 $\overrightarrow{MQ}=\frac{(\boldsymbol{d}\cdot\boldsymbol{e})\boldsymbol{c}-(\boldsymbol{c}\cdot\boldsymbol{e})\boldsymbol{d}}{\boldsymbol{d}\cdot\boldsymbol{e}-\boldsymbol{c}\cdot\boldsymbol{e}}$.

由 A,M,C 共线，B,M,D 共线，可设 $\boldsymbol{c}=m\boldsymbol{a}$，$\boldsymbol{d}=n\boldsymbol{b}$，代入上式，得

$$\overrightarrow{MQ}=\frac{(mn)[(\boldsymbol{b}\cdot\boldsymbol{e})\boldsymbol{a}-(\boldsymbol{a}\cdot\boldsymbol{e})\boldsymbol{b}]}{n\boldsymbol{b}\cdot\boldsymbol{e}-m\boldsymbol{a}\cdot\boldsymbol{e}}$$

所以

$$\begin{aligned}&\overrightarrow{MP}+\overrightarrow{MQ}\\=&\frac{(\boldsymbol{b}\cdot\boldsymbol{e})\boldsymbol{a}-(\boldsymbol{a}\cdot\boldsymbol{e})\boldsymbol{b}}{\boldsymbol{b}\cdot\boldsymbol{e}-\boldsymbol{a}\cdot\boldsymbol{e}}+\frac{(mn)[(\boldsymbol{b}\cdot\boldsymbol{e})\boldsymbol{a}-(\boldsymbol{a}\cdot\boldsymbol{e})\boldsymbol{b}]}{n\boldsymbol{b}\cdot\boldsymbol{e}-m\boldsymbol{a}\cdot\boldsymbol{e}}\\=&\frac{(n\boldsymbol{b}\cdot\boldsymbol{e}-m\boldsymbol{a}\cdot\boldsymbol{e})+mn(\boldsymbol{b}\cdot\boldsymbol{e}-\boldsymbol{a}\cdot\boldsymbol{e})}{(\boldsymbol{b}\cdot\boldsymbol{e}-\boldsymbol{a}\cdot\boldsymbol{e})(n\boldsymbol{b}\cdot\boldsymbol{e}-m\boldsymbol{a}\cdot\boldsymbol{e})}\cdot\\&[(\boldsymbol{b}\cdot\boldsymbol{e})\boldsymbol{a}-(\boldsymbol{a}\cdot\boldsymbol{e})\boldsymbol{b}]\end{aligned}\qquad ①$$

因为 A,B,C,D 四点在 $\odot O$ 上，所以

$$|\boldsymbol{a}+\boldsymbol{e}|=|\boldsymbol{b}+\boldsymbol{e}|=|\boldsymbol{c}+\boldsymbol{e}|=|\boldsymbol{d}+\boldsymbol{e}|$$

即
$$|\boldsymbol{a}+\boldsymbol{e}|=|\boldsymbol{b}+\boldsymbol{e}|=|m\boldsymbol{a}+\boldsymbol{e}|=|n\boldsymbol{b}+\boldsymbol{e}|$$

由 $|\boldsymbol{a}+\boldsymbol{e}|=|\boldsymbol{b}+\boldsymbol{e}|$，整理得

$$\boldsymbol{b}\cdot\boldsymbol{e}-\boldsymbol{a}\cdot\boldsymbol{e}=\frac{a^2-b^2}{2}\qquad ②$$

由 $|\boldsymbol{a}+\boldsymbol{e}|=|m\boldsymbol{a}+\boldsymbol{e}|$，整理得

$$\boldsymbol{a}\cdot\boldsymbol{e}=-\frac{m+1}{2}a^2\qquad ③$$

由$|\boldsymbol{b}+\boldsymbol{e}|=|n\boldsymbol{b}+\boldsymbol{e}|$,整理得

$$\boldsymbol{b}\cdot\boldsymbol{e}=-\frac{n+1}{2}b^2 \qquad ④$$

(为方便起见,这里不妨设$|\boldsymbol{a}|=a,|\boldsymbol{b}|=b$).

将③,④代入②,得 $ma^2-nb^2=0$,则

$$\begin{aligned}&(n\boldsymbol{b}\cdot\boldsymbol{e}-m\boldsymbol{a}\cdot\boldsymbol{e})+mn(\boldsymbol{b}\cdot\boldsymbol{e}-\boldsymbol{a}\cdot\boldsymbol{e})\\&=(mn+n)(\boldsymbol{b}\cdot\boldsymbol{e})-(mn+m)(\boldsymbol{a}\cdot\boldsymbol{e})\\&=(mn+n)\left(-\frac{n+1}{2}b^2\right)-(mn+m)\cdot\\&\quad\left(-\frac{m+1}{2}a^2\right)\\&=\frac{1}{2}(m+1)(n+1)(ma^2-nb^2)=0\end{aligned}$$

将上述结论代入①,得$\overrightarrow{MP}+\overrightarrow{MQ}=\boldsymbol{0}$,所以$|\overrightarrow{MP}|=|\overrightarrow{MQ}|$,即 $MP=MQ$.

九点圆定理　$\triangle A_1A_2A_3$ 的三边中点为 M_1,M_2,M_3,三高线垂足为 H_1,H_2,H_3,垂心 H 到各顶点的线段中点为 N_1,N_2,N_3,则这九点共圆.

证法1　如图 3.3.6 所示,设 O 为$\triangle A_1A_2A_3$ 的外心,取 O 为原点,则由式(2.6.24),知

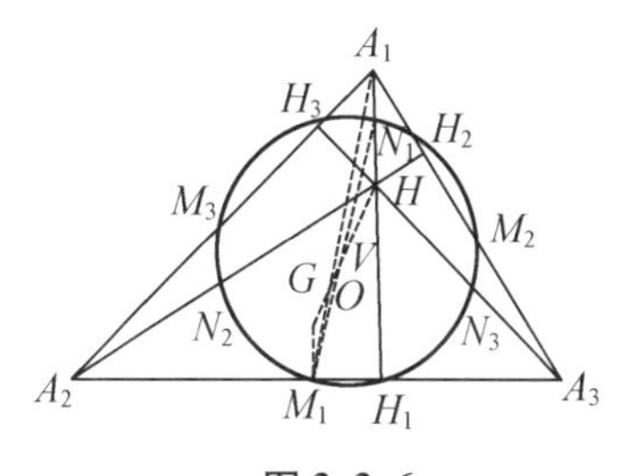

图 3.3.6

$$\overrightarrow{OH}=\overrightarrow{OA_1}+\overrightarrow{OA_2}+\overrightarrow{OA_3}$$

又$\overrightarrow{OH}=\overrightarrow{OA_1}+\overrightarrow{A_1H}$,则知

$$\overrightarrow{A_1H}=\overrightarrow{OA_2}+\overrightarrow{OA_3}$$

即知

$$\overrightarrow{A_1N_1}=\overrightarrow{N_1H}=\frac{1}{2}\overrightarrow{A_1H}=\frac{1}{2}(\overrightarrow{OA_2}+\overrightarrow{OA_3})$$

又由式(2.2.6)知

$$\overrightarrow{OM_1}=\frac{1}{2}(\overrightarrow{OA_2}+\overrightarrow{OA_3})$$

于是$\overrightarrow{N_1H}=\overrightarrow{OM_1}$,即知四边形 OM_1HN_1 为平行四边形.

设 M_1N_1 交 OH 于点 V,则 V 为 M_1N_1 的中点,也为 OH 的中点.

作 Rt$\triangle M_1H_1N_1$ 的外接圆,则圆心为 V,且

$$\overrightarrow{N_1V}=\frac{1}{2}\overrightarrow{A_1O}=-\frac{1}{2}\overrightarrow{OA_1}$$

此说明$\odot V$ 的半径为$\frac{1}{2}|\overrightarrow{OA_1}|$.

或由$\overrightarrow{AN_1}=\frac{1}{2}(\overrightarrow{OA_2}+\overrightarrow{OA_3})=\overrightarrow{OM_1}$知 $M_1N_1A_1O$ 为平行四边形,有

$$\overrightarrow{VN_1}=\frac{1}{2}\overrightarrow{M_1N_1}=\frac{1}{2}\overrightarrow{OA_1}$$

也说明$\odot V$ 的半径为$\frac{1}{2}|\overrightarrow{OA_1}|$.

注意到圆心 V 及其半径均关于 A_1,A_2,A_3 对称,所以这三组点有公共的外接圆从而在同一圆上.

证法2　如图 3.3.6 所示,取$\triangle A_1A_2A_3$ 的重心 G 为原点,即令 $\boldsymbol{G}=\frac{1}{3}(\boldsymbol{A}_1+\boldsymbol{A}_2+\boldsymbol{A}_3)=\mathbf{0}$,则有

$$\boldsymbol{A}_1=-2\boldsymbol{M}_1,\boldsymbol{A}_2=-2\boldsymbol{M}_2$$

$$\boldsymbol{A}_3=-2\boldsymbol{M}_3,\boldsymbol{M}_1+\boldsymbol{M}_2+\boldsymbol{M}_3=\boldsymbol{0}$$

从而

$$\boldsymbol{H}_1=\frac{\tan A_2\cdot\boldsymbol{A}_2+\tan A_3\cdot\boldsymbol{A}_3}{\tan A_2\cdot\tan A_3}$$

$$=\frac{-2\tan A_2\cdot\boldsymbol{M}_2-2\tan A_3\cdot\boldsymbol{M}_3}{\tan A_2+\tan A_3}+\frac{\tan A_2+\tan A_3}{\tan A_2+\tan A_3}\cdot(\boldsymbol{M}_1+\boldsymbol{M}_2+\boldsymbol{M}_3)$$

$$=\frac{(\tan A_2+\tan A_3)\boldsymbol{M}_1+(\tan A_3-\tan A_2)\boldsymbol{M}_2+(\tan A_2-\tan A_3)\boldsymbol{M}_3}{\tan A_2+\tan A_3}$$

上式关于 $\boldsymbol{M}_1,\boldsymbol{M}_2,\boldsymbol{M}_3$ 的系数之和为 1.

于是为证 H_1 在$\odot M_1M_2M_3$ 上,由式(2.5.26)只要证

$$(\tan A_2-\tan A_3)\overrightarrow{M_2M_3}^2-(\tan A_2+\tan A_3)(\overrightarrow{M_3M_1}^2-\overrightarrow{M_1M_2}^2)=0$$

即 $\tan A_2(a_3^2+a_1^2-a_2^2)=\tan A_3(a_1^2+a_2^2-a_3^2)(a_1=A_2A_3,a_2=A_3A_1,a_3=A_1A_2)$.

由正、余弦定理易证上式成立,故 H_1(同理,可证 H_2,H_3)在$\odot A_1A_2A_3$ 上. 为证 N_1 在$\odot A_1A_2A_3$ 上,因为

$$\boldsymbol{N}_1=\frac{\boldsymbol{A}_1+\boldsymbol{H}}{2}=\frac{\boldsymbol{A}_1}{2}+\frac{\boldsymbol{H}}{2}-\frac{1}{2}(\boldsymbol{A}_1+\boldsymbol{A}_2+\boldsymbol{A}_3)$$

$$=\frac{\boldsymbol{A}_1}{2}+\frac{\tan A_1\cdot\boldsymbol{A}_1+\tan A_2\cdot\boldsymbol{A}_2+\tan A_3\cdot\boldsymbol{A}_3}{2(\tan A_1+\tan A_2+\tan A_3)}-\frac{(\tan A_1+\tan A_2+\tan A_3)(\boldsymbol{A}_1+\boldsymbol{A}_2+\boldsymbol{A}_3)}{2(\tan A_1+\tan A_2+\tan A_3)}$$

$$=\frac{(-\tan A_1)\boldsymbol{M}_1+(\tan A_1+\tan A_3)\boldsymbol{M}_2+(\tan A_1+\tan A_2)\boldsymbol{M}_3}{\tan A_1+\tan A_2+\tan A_3}$$

故只需证

$$-\frac{\overrightarrow{M_2M_3}}{\tan A_1}+\frac{\overrightarrow{M_3M_1}^2}{\tan A_1+\tan A_3}+\frac{\overrightarrow{M_1M_2}^2}{\tan A_1+\tan A_2}=0$$

由正弦定理,以及

$$\tan A_1+\tan A_3=\frac{\sin A_2}{\cos A_1\cos A_3},\cdots,\sin A_1=\sin(A_2+A_3)$$

上式可化为

$$\sin(A_2+A_3)=\sin A_2\cos A_3+\cos A_2\sin A_3$$

显见此式成立,故知 N_1(同理,可证 N_2,N_3)在 $\odot M_1M_2M_3$ 上.

综上即得欲证.

约翰逊(Johnson)定理 若三个半径为 r 的圆都经过同一个点 O,而另外三个交点为 P_1,P_2,P_3,则 $\triangle P_1P_2P_3$ 的外接圆半径也是 r.

证明 设三个圆的圆心分别为 C_1,C_2,C_3,P_1 是圆 C_2 和 C_3 的交点,P_2 是圆 C_1 和 C_3 的交点,P_3 是圆 C_1 和 C_2 的交点,则有

$$\overrightarrow{OP_1}=\overrightarrow{OC_2}+\overrightarrow{OC_3}$$
$$\overrightarrow{OP_2}=\overrightarrow{OC_1}+\overrightarrow{OC_3}$$
$$\overrightarrow{OP_3}=\overrightarrow{OC_1}+\overrightarrow{OC_2}$$

即

$$\overrightarrow{P_1P_2}=\overrightarrow{OP_2}-\overrightarrow{OP_1}=\overrightarrow{OC_1}-\overrightarrow{OC_2}=\overrightarrow{C_2C_1}$$
$$\overrightarrow{P_2P_3}=\overrightarrow{OP_3}-\overrightarrow{OP_2}=\overrightarrow{OC_2}-\overrightarrow{OC_3}=\overrightarrow{C_3C_2}$$
$$\overrightarrow{P_3P_1}=\overrightarrow{OP_1}-\overrightarrow{OP_3}=\overrightarrow{OC_3}-\overrightarrow{OC_1}=\overrightarrow{C_1C_3}$$

从而 $$\triangle P_1P_2P_3\cong\triangle C_1C_2C_3$$

故 $\triangle P_1P_2P_3$ 的外接圆半径也是 r.

证毕.

3.4 直线型图形性质与判定定理

定差幂线定理 设 MN,PQ 是两条线段,则 $MN\perp$

PQ 的充要条件是 $PM^2-PN^2=QM^2-QN^2$.

证明　由

$$\begin{aligned}&PM^2-PN^2-QM^2+QN^2\\&=\overrightarrow{PM}^2+\overrightarrow{QN}^2-\overrightarrow{PN}^2-\overrightarrow{QM}^2\\&=\overrightarrow{PM}^2+(\overrightarrow{PN}-\overrightarrow{PQ})^2-\overrightarrow{PN}^2-(\overrightarrow{PM}-\overrightarrow{PQ})^2\\&=2\,\overrightarrow{PM}\cdot\overrightarrow{PQ}-2\,\overrightarrow{PN}\cdot\overrightarrow{PQ}\\&=2\,\overrightarrow{NM}\cdot\overrightarrow{PQ}\end{aligned}$$

知
$$\overrightarrow{NM}\perp\overrightarrow{PQ}\Leftrightarrow\overrightarrow{NM}\cdot\overrightarrow{PQ}=0$$

故　$MN\perp PQ\Leftrightarrow PM^2-PN^2=QM^2-QN^2$

注　此结论及证明也适用于四面体，参见式(2.5.6).

三角形内角平分线定理　在$\triangle ABC$中，若 AD 是 $\angle BAC$ 的平分线，交 BC 于点 D，则

$$\frac{|AB|}{|AC|}=\frac{|BD|}{|DC|}\tag{3.4.1}$$

证明　如图 3.4.1 所示，因为 AD 为$\angle BAC$ 的平分线，由式(2.6.68)，设$\overrightarrow{AD}=t\left(\frac{\overrightarrow{AB}}{|\overrightarrow{AB}|}+\frac{\overrightarrow{AC}}{|\overrightarrow{AC}|}\right)$（其中$\frac{t}{|\overrightarrow{AB}|}+\frac{t}{|\overrightarrow{AC}|}=1$）. 设$\overrightarrow{BD}=\lambda\,\overrightarrow{BC}$，则$\overrightarrow{AD}=(1-\lambda)\overrightarrow{AB}+\lambda\,\overrightarrow{AC}$.

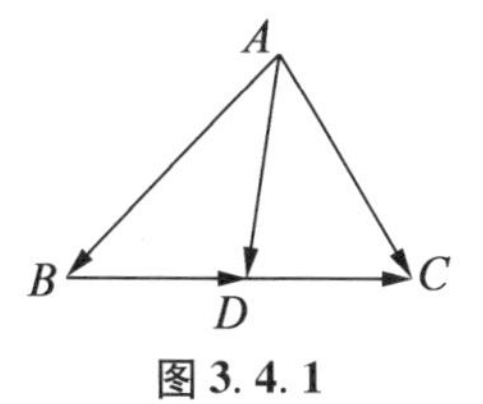

图 3.4.1

因为$\overrightarrow{AD}$在同一基底$\overrightarrow{AB}$，$\overrightarrow{AC}$下的分解式是唯一的，

所以

$$\begin{cases} 1-\lambda=\dfrac{t}{|\overrightarrow{AB}|} \\ \lambda=\dfrac{t}{|\overrightarrow{AC}|} \end{cases} \Rightarrow \frac{1-\lambda}{\lambda}=\frac{|\overrightarrow{AC}|}{|\overrightarrow{AB}|}$$

由$\overrightarrow{BD}=\lambda\ \overrightarrow{BC}$可得$\dfrac{1-\lambda}{\lambda}=\dfrac{|\overrightarrow{DC}|}{|\overrightarrow{BD}|}$.

故$\dfrac{|\overrightarrow{AC}|}{|\overrightarrow{AB}|}=\dfrac{|\overrightarrow{DC}|}{|\overrightarrow{BD}|}\Rightarrow\dfrac{|\overrightarrow{AB}|}{|\overrightarrow{AC}|}=\dfrac{|\overrightarrow{BD}|}{|\overrightarrow{DC}|}$.

注 还可参见式(3.1.2),对于$\angle BAC$的外角平分线AE,亦有$\dfrac{|AB|}{|AC|}=\dfrac{|BE|}{|EC|}$. 此时点$D,E$内分、外分线段$BC$所成的比相等,亦称$D,E$调和分割$BC$.

调和分割线段中点定理 设AD,AE分别为$\triangle ABC$中$\angle A$的内、外角平分线,即D,E调和分割边BC,若M为DE的中点,则

$$\frac{|MB|}{|MC|}=\frac{|BD|\,|BE|}{|DC|\,|EC|} \tag{3.4.2}$$

证明 如图3.4.2所示,由上述定理知

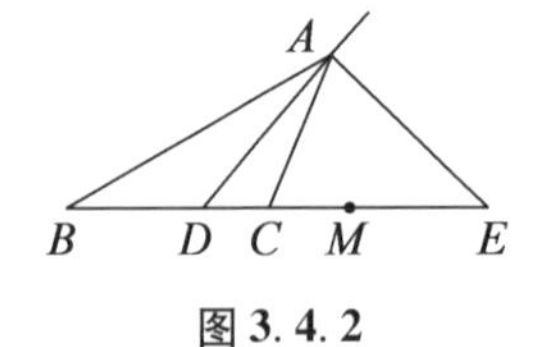

图 3.4.2

$$\frac{|BD|}{|DC|}=\frac{|AB|}{|AC|}=\frac{|BE|}{|EC|}$$

即D,E内分、外分线段$|BC|$的比相等,即称为D,E调和分割线段BC,也可以称B,C调和分割线段DE.

由式(2.6.67),取 A 为原点(向量起点),采用单点向量写法,有

$$\boldsymbol{D}=\frac{|\boldsymbol{C}|\boldsymbol{B}+|\boldsymbol{B}|\boldsymbol{C}}{|\boldsymbol{C}|+|\boldsymbol{B}|},\boldsymbol{E}=\frac{|\boldsymbol{C}|\boldsymbol{B}+|\boldsymbol{B}|\boldsymbol{C}}{|\boldsymbol{C}|-|\boldsymbol{B}|}$$

又由式(2.2.6),有 $\boldsymbol{M}=\frac{1}{2}(\boldsymbol{D}+\boldsymbol{E})=\frac{|\boldsymbol{C}|^2\boldsymbol{B}-|\boldsymbol{B}|^2\boldsymbol{C}}{|\boldsymbol{C}|^2-|\boldsymbol{B}|^2}$. 于是

$$\frac{\overrightarrow{MB}}{\overrightarrow{MC}}=\frac{\overrightarrow{MA}+\overrightarrow{AB}}{\overrightarrow{MA}+\overrightarrow{AC}}=\frac{-\boldsymbol{M}+\boldsymbol{B}}{-\boldsymbol{M}+\boldsymbol{C}}$$

$$=\frac{|\boldsymbol{B}|^2\boldsymbol{C}-|\boldsymbol{B}|^2\boldsymbol{B}}{|\boldsymbol{C}|^2\boldsymbol{C}-|\boldsymbol{C}|^2B}=\frac{|\boldsymbol{B}|^2}{|\boldsymbol{C}|^2}$$

故 $\frac{|MB|}{|MC|}=\frac{|AB|^2}{|AC|^2}=\frac{|BD||BE|}{|DC||EC|}$.

三角形的共轭中线定理　设 BM, BD 分别为 $\triangle ABC$ 的边 AC 的中线和 $\angle ABC$ 的平分线,点 N 在边 AC 上,且 BN 与 BM 关于角平分线 BD 对称(与中线关于角平分线对称的线称为共轭中线),则

$$\frac{AN}{NC}=\frac{AB^2}{CB^2} \tag{3.4.3}$$

证明　如图 3.4.3 所示,在 $\triangle ABC$ 中,令 $|BA|=c$, $|BC|=a$, $|BM|=m$, $|BN|=n$, $|AN|=x$, $|CN|=y$. 取 B 为原点,采用单点向量表示,由式(2.2.2),有

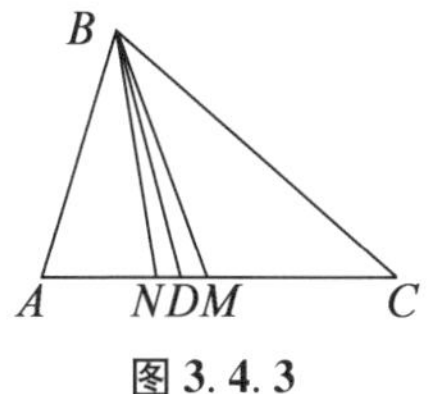

图 3.4.3

$$\boldsymbol{N}=\frac{y\boldsymbol{A}+x\boldsymbol{C}}{y+x}$$

由式(2.2.6),有 $\boldsymbol{M}=\frac{1}{2}(\boldsymbol{A}+\boldsymbol{C})$.

注意到题设有 $\angle ABN=\angle MBC$,由式(1.3.31),知

$$\frac{|\boldsymbol{A}\times\boldsymbol{N}|}{cn}=\frac{|\boldsymbol{M}\times\boldsymbol{C}|}{ma}$$

即得 $\frac{x}{x+y}=\frac{cn}{2am}$.

同理,由 $\angle ABM=\angle NBC$,有 $\frac{y}{x+y}=\frac{an}{2cm}$.

由上述两式,得 $\frac{x}{y}=\frac{c^2}{a^2}$,故 $\frac{AN}{NC}=\frac{AB^2}{CB^2}$.

三角形内共点平行线段定理 过三角形内一点引平行于各边的直线,则这些直线在三角形内的线段与对应边的比之和为定值.

如图 3.4.4 所示,O 为 $\triangle ABC$ 内一点,过点 O 的线段 $MN/\!/BC,RS/\!/AC,PQ/\!/BA$,则

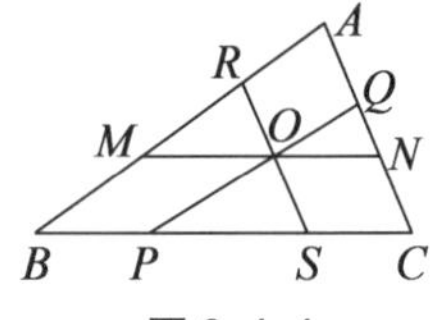

图 3.4.4

$$\frac{|MN|}{|BC|}+\frac{|SR|}{|CA|}+\frac{|QP|}{|AB|}=2 \qquad (3.4.4)$$

证明 令

$$\frac{\overrightarrow{MN}}{\overrightarrow{BC}}=\lambda_1,\frac{\overrightarrow{SR}}{\overrightarrow{CA}}=\lambda_2,\frac{\overrightarrow{QP}}{\overrightarrow{AB}}=\lambda_3$$

取 O 为原点,采用单点向量表示. 由式(2.2.4),有

$$\boldsymbol{M}=(1-\lambda_1)\boldsymbol{A}+\lambda_1\boldsymbol{B},\boldsymbol{N}=(1-\lambda_1)\boldsymbol{A}+\lambda_1\boldsymbol{C}$$

于是由 $\boldsymbol{M}\times\boldsymbol{N}=\boldsymbol{0}$,得

$$\lambda_1(\boldsymbol{C}\times\boldsymbol{A}+\boldsymbol{A}\times\boldsymbol{B}+\boldsymbol{B}\times\boldsymbol{C})=\boldsymbol{C}\times\boldsymbol{A}+\boldsymbol{A}\times\boldsymbol{B}$$

同理

$$\lambda_2(\boldsymbol{A}\times\boldsymbol{B}+\boldsymbol{B}\times\boldsymbol{C}+\boldsymbol{C}\times\boldsymbol{A})=\boldsymbol{A}\times\boldsymbol{B}+\boldsymbol{B}\times\boldsymbol{C}$$

$$\lambda_3(\boldsymbol{B}\times\boldsymbol{C}+\boldsymbol{C}\times\boldsymbol{A}+\boldsymbol{A}\times\boldsymbol{B})=\boldsymbol{B}\times\boldsymbol{C}+\boldsymbol{C}\times\boldsymbol{A}$$

以上三式相加,即得 $\lambda_1+\lambda_2+\lambda_3=2$.

从而

$$\frac{|MN|}{|BC|}+\frac{|SR|}{|CA|}+\frac{|QP|}{|AB|}$$

$$=\frac{\overrightarrow{MN}}{\overrightarrow{BC}}+\frac{\overrightarrow{SR}}{\overrightarrow{CA}}+\frac{\overrightarrow{QP}}{\overrightarrow{AB}}\text{(每个分式同乘以方向向量)}$$

$$=\lambda_1+\lambda_2+\lambda_3=2$$

等腰三角形三线合一定理　等腰三角形的顶角平分线、底边上的高线、底边上的中线互相重合.

证明[①]　如图 3.4.5 所示,已知 $AB=AC$. 由

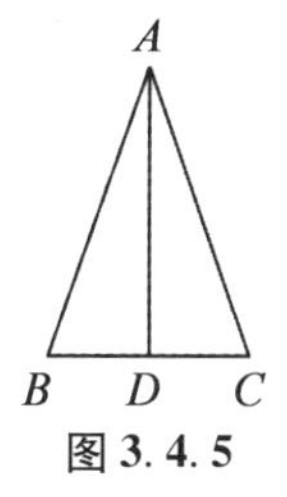

图 3.4.5

$$|\overrightarrow{AB}|=|\overrightarrow{AC}|=|\overrightarrow{AB}+\overrightarrow{BC}|$$

得

$$|\overrightarrow{AB}|^2=|\overrightarrow{AB}+\overrightarrow{BC}|^2$$

即

---

① 张景中,彭翕成.绕来绕去的向量法[M]北京:科学出版社,2009:245.

$$\overrightarrow{BC}^2+2\overrightarrow{AB}\cdot\overrightarrow{BC}=2\overrightarrow{BC}\cdot(\overrightarrow{AB}+\frac{1}{2}\overrightarrow{BC})=0$$

这说明等腰三角形底边上的中线垂直底边.

若 AD 是高线,则$\overrightarrow{AB}\cdot\overrightarrow{AD}=|\overrightarrow{AB}|\cdot|\overrightarrow{AD}|\cdot\cos\angle BAD=|AD|^2=|\overrightarrow{AD}|\cdot|\overrightarrow{AC}|\cdot\cos\angle CAD,=\overrightarrow{AC}\cdot\overrightarrow{AD}$,于是

$$|AB||AD|\cos\angle BAD=|AC||AD|\cos\angle CAD$$

$$\angle BAD=\angle CAD$$

于是 AD 是角平分线.

上述推导逆推,便证得本命题成立.

三角形中线长公式 若 AD 是$\triangle ABC$ 的 BC 边上的中线,则

$$|AD|=\frac{1}{2}\sqrt{2|AB|^2+2|AC|^2-|BC|^2} \tag{3.4.5}$$

证明 如图 3.4.5 所示,由$\overrightarrow{AB}=\overrightarrow{AD}+\overrightarrow{DB}$得

$$|\overrightarrow{AB}|^2=|\overrightarrow{AD}|^2+|\overrightarrow{DB}|^2+2\overrightarrow{AD}\cdot\overrightarrow{DB}$$

又由$\overrightarrow{AC}=\overrightarrow{AD}+\overrightarrow{DC}$得

$$|\overrightarrow{AC}|^2=|\overrightarrow{AD}|^2+|\overrightarrow{DC}|^2+2\overrightarrow{AD}\cdot\overrightarrow{DC}$$

以上两式相加,得

$$|\overrightarrow{AB}|^2+|\overrightarrow{AC}|^2=2|\overrightarrow{AD}|^2+|\overrightarrow{DB}|^2$$

故
$$|AD|=\frac{1}{2}\sqrt{2|AB|^2+2|AC|^2-|BC|^2}$$

斯特瓦尔特定理 设 P 为$\triangle ABC$ 的 BC 边所在直线上一点,则

$$|AP|^2=|AB|^2\frac{\overrightarrow{PC}}{\overrightarrow{BC}}+|AC|^2\frac{\overrightarrow{BP}}{\overrightarrow{BC}}-\overrightarrow{BP}\cdot\overrightarrow{PC} \tag{3.4.6}$$

事实上,式(3.4.6)即式(2.2.7).

前面我们已给出了一种证法,下面再给出两种证法.

证法 1　如图 3.4.6 所示,令 $\frac{\overrightarrow{BP}}{\overrightarrow{PC}}=\lambda$,则 $\frac{\overrightarrow{BP}}{\overrightarrow{BC}}=\frac{\lambda}{1+\lambda},\frac{\overrightarrow{PC}}{\overrightarrow{BC}}=\frac{1}{1+\lambda}$.

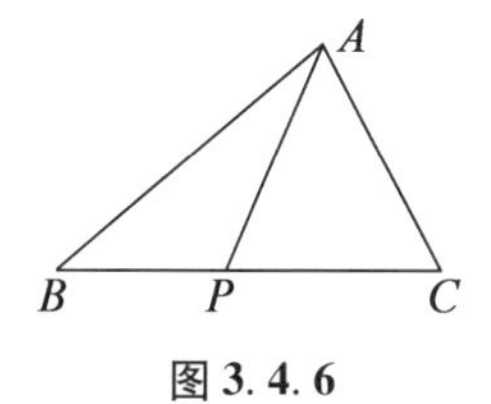

图 3.4.6

又

$$\begin{aligned}\overrightarrow{BC}^2&=(\overrightarrow{AC}-\overrightarrow{AB})^2\\&=\overrightarrow{AC}^2+\overrightarrow{AB}^2-2\overrightarrow{AB}\cdot\overrightarrow{AC}\end{aligned}$$

从而

$$\begin{aligned}\overrightarrow{BP}\cdot\overrightarrow{PC}&=\frac{\lambda}{(1+\lambda)^2}\overrightarrow{BC}^2\\&=\frac{\lambda}{(1+\lambda)^2}(\overrightarrow{AC}^2+\overrightarrow{AB}^2-2\overrightarrow{AB}\cdot\overrightarrow{AC})\end{aligned}$$

即有

$$\frac{2\lambda}{(1+\lambda)^2}\overrightarrow{AB}\cdot\overrightarrow{AC}=\frac{\lambda}{(1+\lambda)^2}(\overrightarrow{AB}^2+\overrightarrow{AC}^2)-\overrightarrow{BP}\cdot\overrightarrow{PC}$$

又由式(2.2.1),有

$$\overrightarrow{AP}=\frac{\overrightarrow{AB}+\lambda\overrightarrow{AC}}{1+\lambda}$$

于是

$$\begin{aligned}\overrightarrow{AP}^2&=\left(\frac{\overrightarrow{AB}+\lambda\overrightarrow{AC}}{1+\lambda}\right)^2\\&=\frac{1}{(1+\lambda)^2}\overrightarrow{AB}^2+\frac{\lambda^2}{(1+\lambda)^2}\overrightarrow{AC}^2+\frac{2\lambda}{(1+\lambda)^2}\overrightarrow{AB}\cdot\overrightarrow{AC}\\&=\frac{1}{1+\lambda}\overrightarrow{AB}^2+\frac{\lambda}{1+\lambda}\overrightarrow{AC}^2-\overrightarrow{BP}\cdot\overrightarrow{PC}\end{aligned}$$

故$|AP|^2=|AB|^2\dfrac{\overrightarrow{PC}}{\overrightarrow{BC}}+|AC|^2\dfrac{\overrightarrow{BP}}{\overrightarrow{BC}}-\overrightarrow{BP}\cdot\overrightarrow{PC}$.

证法 2 因 B,P,C 三点共线,由式(2.2.5),可令

$$\overrightarrow{AP}=\lambda_1\overrightarrow{AB}+\lambda_2\overrightarrow{AC}\quad(\lambda_1+\lambda_2=1)$$

其中

$$\lambda_1=\frac{\overrightarrow{PC}}{\overrightarrow{BC}},\lambda_2=\frac{\overrightarrow{BP}}{\overrightarrow{BC}}\tag{$*$}$$

从而

$$\begin{aligned}\lambda_1\overrightarrow{AB}^2+\lambda_2\overrightarrow{AC}^2&=\lambda_1(\overrightarrow{AP}+\overrightarrow{PB})^2+\lambda_2(\overrightarrow{AP}+\overrightarrow{PC})^2\\&=\overrightarrow{AP}^2+\lambda_1\overrightarrow{PB}^2+\lambda_2\overrightarrow{PC}^2+\\&\quad 2\overrightarrow{AP}(\lambda_1\overrightarrow{PB}+\lambda_2\overrightarrow{PC})\end{aligned}$$

注意到 $\lambda_1\overrightarrow{PB}+\lambda_2\overrightarrow{PC}=\mathbf{0}$,则有

$$\lambda_1\overrightarrow{AB}^2+\lambda_2\overrightarrow{AC}^2-\overrightarrow{AP}^2=\lambda_1\overrightarrow{PB}^2+\lambda_2\overrightarrow{PC}^2$$

将式($*$)代入上式,整理,即得

$$\begin{aligned}|AP|^2&=|AB|^2\frac{\overrightarrow{PC}}{\overrightarrow{BC}}+|AC|^2\frac{\overrightarrow{BP}}{\overrightarrow{BC}}-\frac{\overrightarrow{PC}}{\overrightarrow{BC}}\cdot\overrightarrow{PB}^2-\frac{\overrightarrow{BP}}{\overrightarrow{BC}}\cdot\overrightarrow{PC}^2\\&=|AB|^2\frac{\overrightarrow{PC}}{\overrightarrow{BC}}+|AC|^2\frac{\overrightarrow{BP}}{\overrightarrow{BC}}-\overrightarrow{BP}\cdot\overrightarrow{PC}\end{aligned}$$

等腰三角形性质定理 设 P 是等腰$\triangle OAB$ 的底边 AB 所在直线上一点,则

$$|OP|^2=|OA|^2-\overrightarrow{AP}\cdot\overrightarrow{PB} \qquad (3.4.7)$$

证明　如图3.4.7(a),(b)所示,设M为底边AB的中点,则

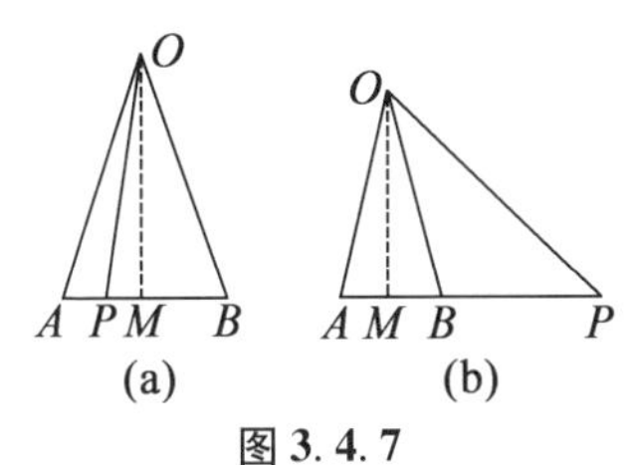

图3.4.7

$$\begin{aligned}|OA|^2-|OP|^2&=|AM|^2-|PM|^2\\&=\overrightarrow{AM}^2-\overrightarrow{PM}^2\\&=(\overrightarrow{AM}+\overrightarrow{PM})(\overrightarrow{AM}-\overrightarrow{PM})\\&=\overrightarrow{PB}\cdot\overrightarrow{AP}\end{aligned}$$

故$|OP|^2=|OA|^2-\overrightarrow{AP}\cdot\overrightarrow{PB}$.

注　式(3.4.7)显然是式(3.4.6)的特殊情形.式(3.4.7)也是圆幂定理(式(3.3.1))的等价形式.

广勾股定理　设D是$\mathrm{Rt}\triangle ABC(\angle C=90°)$的直角边$BC$所在直线上一点(异于点$B$),则

$$|AB|^2=|DA|^2+|DB|^2-2\overrightarrow{DB}\cdot\overrightarrow{DC} \qquad (3.4.8)$$

证明　如图3.4.8(a),(b)所示,注意到勾股定理有

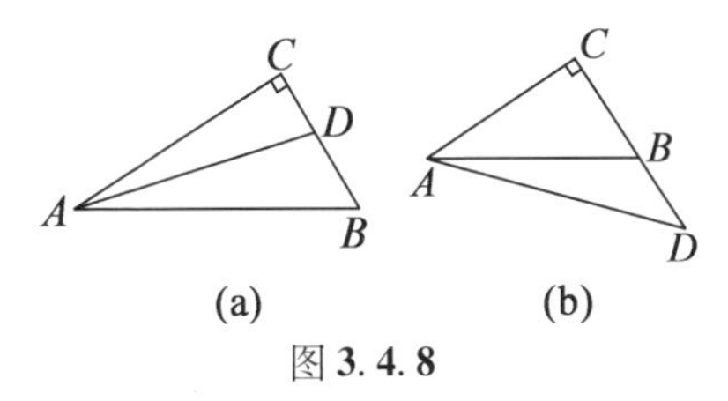

图3.4.8

$$\begin{aligned}|AB|^2-|DA|^2&=|BC|^2-|CD|^2\\&=\overrightarrow{BC}^2-\overrightarrow{CD}^2\\&=(\overrightarrow{BC}+\overrightarrow{CD})\cdot(\overrightarrow{BC}-\overrightarrow{CD})\\&=\overrightarrow{BD}\cdot(\overrightarrow{BD}-2\overrightarrow{CD})\\&=|\overrightarrow{DB}|^2-2\overrightarrow{BD}\cdot\overrightarrow{CD}\end{aligned}$$

故 $|AB|^2=|DA|^2+|DB|^2-2\overrightarrow{DB}\cdot\overrightarrow{DC}$.

注 当点 D 与点 C 重合时,式(3.4.8)即为勾股定理.

垂心余弦定理 设 H 是 $\triangle ABC$ 的垂心,R 为 $\triangle ABC$ 的外接圆半径,则

$$|AH|=2R|\cos A|,|BH|=2R|\cos B|$$

$$|CH|=2R|\cos C| \tag{3.4.9}$$

证明 如图 3.4.9(a),(b)所示,设直线 BH 与直线 AC 交于点 E,则

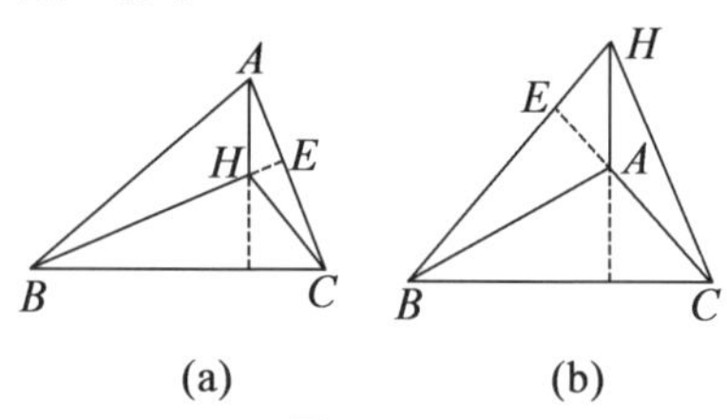

图 3.4.9

$$\begin{aligned}\overrightarrow{AH}\cdot\overrightarrow{AE}&=|\overrightarrow{AH}||\overrightarrow{AE}|\cdot\cos\angle HAE\\&=|AH||AE|\cdot\cos(90^\circ-\angle C)\\&=|AH||AE|\cdot\sin C\end{aligned}$$

又 $$\overrightarrow{AH}\cdot\overrightarrow{AE}=|\overrightarrow{AE}||\overrightarrow{AH}|\cos\angle HAE=|\overrightarrow{AE}|^2$$

从而

$$|\overrightarrow{AH}|=\frac{|\overrightarrow{AE}|}{\sin C}=\frac{|AB|\cdot|\cos A|}{\sin C}=2R|\cos A|$$

同理,得其他两式.

拿破仑(Napoleon)定理　分别以三角形三边为边长向外作等边三角形,则联结三个等边三角形的中心构成等边三角形.

证法 1　如图 3. 4. 10 所示,设 $A(a_1,b_1)$,$B(a_2,b_2)$,$C(a_3,b_3)$,由等边$\triangle ABD$ 可知 $|AB|=\sqrt{3}|BO_1|$ 且 $\angle ABO_1=\frac{\pi}{6}$.

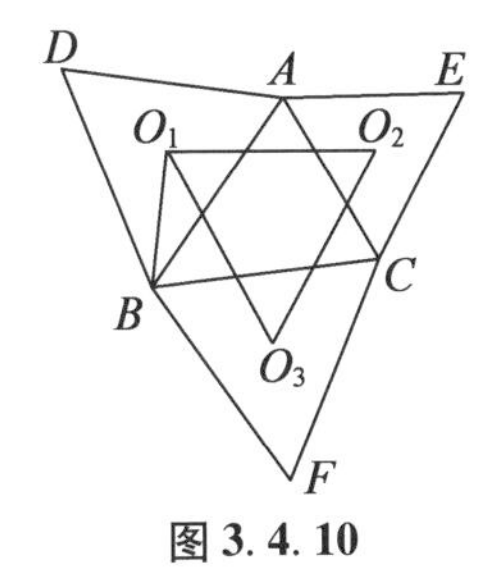

图 3. 4. 10

于是,$\overrightarrow{BO_1}$可由$\overrightarrow{BA}$逆时针方向旋转$\frac{\pi}{6}$并把模压缩$\frac{\sqrt{3}}{3}$得到,即

$$\overrightarrow{BO_1}=\frac{\sqrt{3}}{3}((a_1-a_2)\cos\frac{\pi}{6}-(b_1-b_2)\sin\frac{\pi}{6},$$

$$(a_1-a_2)\sin\frac{\pi}{6}+(b_1-b_2)\cos\frac{\pi}{6})$$

$$=(\frac{3(a_1-a_2)-\sqrt{3}(b_1-b_2)}{6},\frac{\sqrt{3}(a_1-a_2)+3(b_1-b_2)}{6})$$

即

$$O_1(\frac{3(a_1+a_2)-\sqrt{3}(b_1-b_2)}{6},\frac{\sqrt{3}(a_1-a_2)+3(b_1+b_2)}{6})$$

同理

$$O_2\left(\frac{3(a_3+a_1)-\sqrt{3}(b_3-b_1)}{6},\frac{\sqrt{3}(a_3-a_1)+3(b_3+b_1)}{6}\right)$$

$$O_3\left(\frac{3(a_2+a_3)-\sqrt{3}(b_2-b_3)}{6},\frac{\sqrt{3}(a_2-a_3)+3(b_2+b_3)}{6}\right)$$

于是

$$\overrightarrow{O_1O_2}=\left(\frac{3(a_3-a_2)+\sqrt{3}(2b_1-b_2-b_3)}{6},\frac{\sqrt{3}(a_2+a_3-2a_1)+3(b_3-b_2)}{6}\right)$$

$$\overrightarrow{O_1O_3}=\left(\frac{3(a_3-a_1)+\sqrt{3}(b_1+b_3-2b_2)}{6},\frac{\sqrt{3}(2a_2-a_1-a_3)+3(b_3-b_1)}{6}\right)$$

而

$$\begin{aligned}\overrightarrow{O_1O_3}\cdot\left(1,\frac{\pi}{3}\right)&=\overrightarrow{O_1O_3}\cdot R_{\frac{\pi}{3}}(\overrightarrow{O_1O_3})\\&=\left(\frac{3(a_3-a_1)+\sqrt{3}(b_1+b_3-2b_2)}{12}-\frac{3(2a_2-a_1-a_3)+3\sqrt{3}(b_3-b_1)}{12},\right.\\&\quad\left.\frac{3\sqrt{3}(a_3-a_1)+3(b_1+b_3-2b_2)}{12}+\frac{\sqrt{3}(2a_2-a_1-a_3)+3(b_3-b_1)}{12}\right)\\&=\left(\frac{3(2a_3-2a_2)+\sqrt{3}(4b_1-2b_2-3b_3)}{12},\frac{\sqrt{3}(2a_2+2a_3-4a_1)+3(2b_3-2b_2)}{12}\right)\end{aligned}$$

$=\overrightarrow{O_1O_2}$　(其中用到式(1. 3. 13)即向量旋转变换)

故$\triangle O_1O_2O_3$为等边三角形.

证法2　如图3. 4. 10所示,注意到直角三角形中,30°角所对的直角边是斜边的一半,以及向量的旋转即式(1. 3. 13),知存在常数m,使得

$$2\overrightarrow{AO_1}=\overrightarrow{AD}+(m,\frac{\pi}{2})\overrightarrow{AD}$$

$$2\overrightarrow{AO_2}=\overrightarrow{AC}+(m,\frac{\pi}{2})\overrightarrow{AC}$$

从而
$$2\overrightarrow{O_1O_2}=\overrightarrow{CD}+(m,\frac{\pi}{2})\overrightarrow{CD}$$

于是
$$(2\overrightarrow{O_1O_2})^2=(1-m^2)\overrightarrow{CD}^2$$

同理
$$(2\overrightarrow{O_1O_3})^2=(1-m^2)\overrightarrow{AF}^2$$

易证$\triangle ABF\cong\triangle DAC$,则$AF=DC$,所以$O_1O_2=O_1O_3$.

同理,$O_1O_2=O_2O_3$,故$\triangle O_1O_2O_3$为等边三角形.

爱尔可斯(Echols)定理1　若$\triangle A_1B_1C_1$和$\triangle A_2B_2C_2$都是等边三角形,则A_1A_2,B_1B_2,C_1C_2的中点也构成等边三角形.

证明　如图3. 4. 11所示,设A_1A_2,B_1B_2,C_1C_2上的点分别为A_0,B_0,C_0,且$\frac{A_1A_0}{A_0A_2}=\frac{B_1B_0}{B_0B_2}=\frac{C_1C_0}{C_0C_2}$.

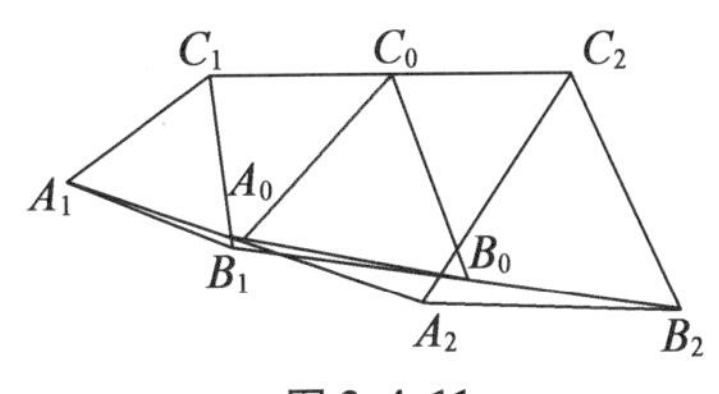

图3. 4. 11

注意到向量旋转变换即式(1.3.13),知存在常数 m,使得

$$\begin{aligned}\overrightarrow{A_0B_0}(1,\frac{\pi}{3}) &= \overrightarrow{A_0B_0} \cdot R_{\frac{\pi}{3}}(\overrightarrow{A_0B_0}) \\ &= (m\overrightarrow{A_1B_1} + (1-m)\overrightarrow{A_2B_2}) \cdot R_{\frac{\pi}{3}}(\overrightarrow{A_0B_0}) \\ &= m\overrightarrow{A_1C_1} + (1-m)\overrightarrow{A_2C_2} \\ &= \overrightarrow{B_0C_0}\end{aligned}$$

即知 $\triangle A_0B_0C_0$ 为等边三角形.

当 $\frac{A_1B_0}{A_0A_2} = \frac{B_1B_0}{B_0B_2} = \frac{C_1C_0}{C_0C_2} = 1$ 时,即为爱尔可斯定理 1.

爱尔可斯定理 2 若 $\triangle A_1B_1C_1$, $\triangle A_2B_2C_2$ 和 $\triangle A_3B_3C_3$ 都是等边三角形,则 $\triangle A_1A_2A_3$, $\triangle B_1B_2B_3$ 和 $\triangle C_1C_2C_3$ 的重心也构成等边三角形.

证明 如图 3.4.12 所示,设 A_0, B_0, C_0 分别为 $\triangle A_1A_2A_3$, $\triangle B_1B_1B_3$, $\triangle C_1C_2C_3$ 的重心.

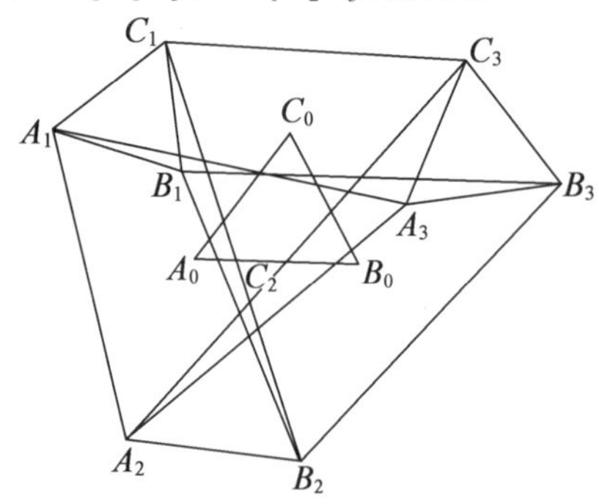

图 3.4.12

注意到式(2.6.4),采用单点向量表示,则

$$\begin{aligned}\overrightarrow{A_0B_0} &= \boldsymbol{B}_0 - \boldsymbol{A}_0 \\ &= \frac{1}{3}(\boldsymbol{B}_1 + \boldsymbol{B}_2 + \boldsymbol{B}_3) - \frac{1}{3}(\boldsymbol{A}_1 + \boldsymbol{A}_2 + \boldsymbol{A}_3)\end{aligned}$$

$$=\frac{1}{3}(\overrightarrow{A_1B_1}+\overrightarrow{A_2B_2}+\overrightarrow{A_3B_3})$$

同理

$$\overrightarrow{A_0C_0}=\frac{1}{3}(\boldsymbol{C}_1+\boldsymbol{C}_2+\boldsymbol{C}_3)-\frac{1}{3}(\boldsymbol{A}_1+\boldsymbol{A}_2+\boldsymbol{A}_3)$$

$$=\frac{1}{3}(\overrightarrow{A_1C_1}+\overrightarrow{A_2C_2}+\overrightarrow{A_3C_3})$$

于是

$$\overrightarrow{A_0B_0}\cdot R_{\frac{\pi}{3}}(\overrightarrow{A_0B_0})$$

$$=\frac{1}{3}(\overrightarrow{A_1B_1}+\overrightarrow{A_2B_2}+\overrightarrow{A_3B_3})\cdot R_{\frac{\pi}{3}}(\overrightarrow{A_0B_0})$$

$$=\frac{1}{3}(\overrightarrow{A_1C_1}+\overrightarrow{A_2C_2}+\overrightarrow{A_3C_3})=\overrightarrow{A_0C_0}$$

故$\triangle A_0B_0C_0$为正三角形.

勃兰(Brune)定理　分别过四边形两条对角线中点引另一对角线的平行线,则其交点至各边中点连成的四条直线将四边形四等分.

证明　如图3.4.13所示,设M,N分别为四边形$ABCD$对角线AC,BD的中点,过M,N分别做与对角线BD,AC平行的直线交于点O,又E,F,G,H分别为AB,BC,CD,DA的中点.

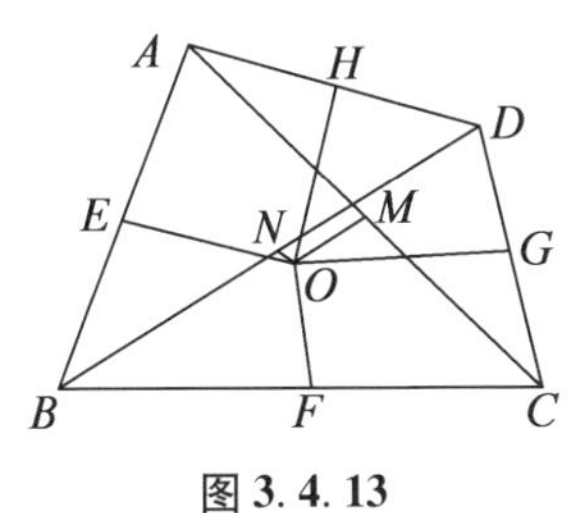

图3.4.13

取O为原点,采用单点向量表示,则

$$(\boldsymbol{A}+\boldsymbol{C})\times(\boldsymbol{B}-\boldsymbol{D})=\boldsymbol{0},(\boldsymbol{A}-\boldsymbol{C})\times(\boldsymbol{B}+\boldsymbol{D})=\boldsymbol{0}$$

上述两式相加、相减得 $\boldsymbol{A}\times\boldsymbol{B}=\boldsymbol{C}\times\boldsymbol{D},\boldsymbol{B}\times\boldsymbol{C}=\boldsymbol{D}\times\boldsymbol{A}$. 从而

$$\begin{aligned}S_{OEBF}&=\frac{1}{2}\left|\frac{1}{2}(\boldsymbol{A}+\boldsymbol{B})\times\boldsymbol{B}+\boldsymbol{B}\times\frac{1}{2}(\boldsymbol{B}+\boldsymbol{C})\right|\\&=\frac{1}{4}|\boldsymbol{A}\times\boldsymbol{B}+\boldsymbol{B}\times\boldsymbol{C}|\\&=\frac{1}{8}|\boldsymbol{A}\times\boldsymbol{B}+\boldsymbol{B}\times\boldsymbol{C}+\boldsymbol{C}\times\boldsymbol{D}+\boldsymbol{D}\times\boldsymbol{A}|\\&=\frac{1}{4}S_{ABCD}\end{aligned}$$

同理,可知四边形 $OFCG,OGDH,OHAE$ 的面积也为四边形 $ABCD$ 面积的$\frac{1}{4}$.

施坦纳－雷米斯(Steiner-Lehmus)定理 在 $\triangle ABC$ 中,$\angle B$ 与 $\angle C$ 的平分线 BD 与 CE 相等,则 $AB=AC$.

证明 如图 3.4.14 所示,令 $BC=a,CA=b,AB=c$. 由内角平分线特征,即式(2.6.69),有

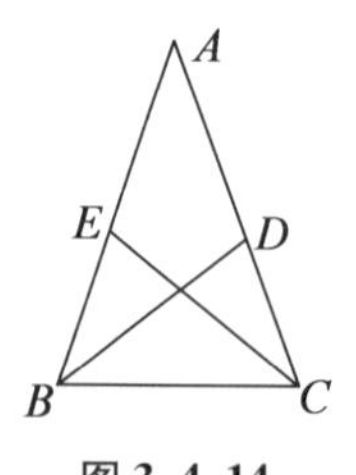

图 3.4.14

$$\overrightarrow{BD}=\frac{a\,\overrightarrow{BA}+c\,\overrightarrow{BC}}{a+c},\overrightarrow{CE}=\frac{a\,\overrightarrow{CA}+b\,\overrightarrow{CB}}{a+b}$$

因$\overrightarrow{BD}^2=\overrightarrow{CE}^2$,以及

$$2\overrightarrow{BA}\cdot\overrightarrow{BC}=a^2+c^2-b^2=2ac\cos B$$

$$2\overrightarrow{CA}\cdot\overrightarrow{CB}=a^2+b^2-c^2=2ab\cos C$$

可得

$$\frac{2a^2c^2(1+\cos B)}{(a+c)^2}=\frac{2a^2b^2(1+\cos C)}{(a+b)^2}$$

$$\Rightarrow\frac{c^2(a+b)^2}{b^2(a+c)^2}=\frac{1+\cos C}{1+\cos B}=\frac{c[(a+b)^2-c^2]}{b[(a+c)^2-b^2]}$$

$$\Rightarrow\frac{1}{b}-\frac{b}{(a+c)^2}=\frac{1}{c}-\frac{c}{(a+b)^2}$$

$$\Rightarrow(c-b)\left[\frac{a^2+b^2+c^2+2a(b+c)+bc}{(a+b)^2(a+c)^2}+\frac{1}{bc}\right]=0$$

故 $c-b=0$，即 $AB=AC$.

勃罗卡(Brocard)角定理　在 $\triangle ABC$ 内取一点 O，满足 $\angle OAC=\angle OCB=\angle OBA=\theta$，则

$$\cot A+\cot B+\cot C=\cot\theta \qquad (3.4.10)$$

证明　如图 3.4.15 所示，取 O 为原点，运用单点向量表示，则

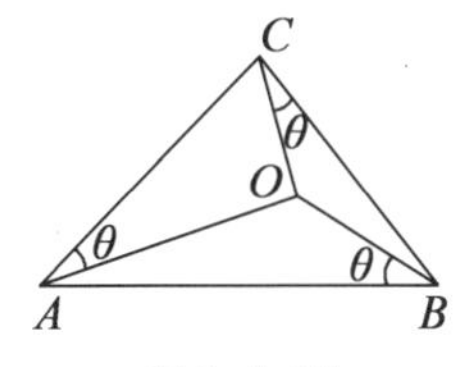

图 3.4.15

$$\cot\theta=\frac{\boldsymbol{A}\cdot(\boldsymbol{A}-\boldsymbol{C})}{|\boldsymbol{C}\times\boldsymbol{A}|}=\frac{\boldsymbol{B}\cdot(\boldsymbol{B}-\boldsymbol{A})}{|\boldsymbol{A}\times\boldsymbol{B}|}=\frac{\boldsymbol{C}\cdot(\boldsymbol{C}-\boldsymbol{B})}{|\boldsymbol{B}\times\boldsymbol{C}|}$$

由等比定理，并注意 $\boldsymbol{C}\times\boldsymbol{A}$，$\boldsymbol{A}\times\boldsymbol{B}$，$\boldsymbol{B}\times\boldsymbol{C}$ 均同向，有

$$\cot\theta=\frac{2(\boldsymbol{A}^2+\boldsymbol{B}^2+\boldsymbol{C}^2-\boldsymbol{A}\cdot\boldsymbol{B}-\boldsymbol{B}\cdot\boldsymbol{C}-\boldsymbol{C}\cdot\boldsymbol{A})}{2|\boldsymbol{A}\times\boldsymbol{B}+\boldsymbol{B}\times\boldsymbol{C}+\boldsymbol{C}\times\boldsymbol{A}|}$$

$$=\frac{\overrightarrow{AB}^2+\overrightarrow{BC}^2+\overrightarrow{CA}^2}{2|\boldsymbol{A}\times\boldsymbol{B}+\boldsymbol{B}\times\boldsymbol{C}+\boldsymbol{C}\times\boldsymbol{A}|}$$

又

$$\cot A+\cot B+\cot C$$

$$=\frac{\overrightarrow{AB}\cdot\overrightarrow{AC}}{|\overrightarrow{AB}\times\overrightarrow{AC}|}+\frac{\overrightarrow{BC}\cdot\overrightarrow{BA}}{|\overrightarrow{BC}\times\overrightarrow{BA}|}+\frac{\overrightarrow{CA}\cdot\overrightarrow{CB}}{|\overrightarrow{CA}\times\overrightarrow{CB}|}$$

$$=\frac{\overrightarrow{AB}\cdot(\overrightarrow{AC}+\overrightarrow{CB})+\overrightarrow{BC}\cdot(\overrightarrow{BA}+\overrightarrow{AC})+\overrightarrow{CA}\cdot(\overrightarrow{CB}+\overrightarrow{BA})}{2|\boldsymbol{A}\times\boldsymbol{B}+\boldsymbol{B}\times\boldsymbol{C}+\boldsymbol{C}\times\boldsymbol{A}|}$$

$$=\frac{\overrightarrow{AB}^2+\overrightarrow{BC}^2+\overrightarrow{CA}^2}{2|\boldsymbol{A}\times\boldsymbol{B}+\boldsymbol{B}\times\boldsymbol{C}+\boldsymbol{C}\times\boldsymbol{A}|}$$

故 $\cot A+\cot B+\cot C=\cot\theta$.

注 在$\triangle ABC$中,满足$\angle OAC=\angle OCB=\angle OBA=\theta$的角$\theta$称为勃罗卡角.

凸四边形中线定理[①] 如图 3.4.16 所示,在凸四边形 $ABCD$ 中,E,F,G,H 是各边中点,EF,GH 是两条中线,则

$$2(EF^2-GH^2)=AD^2+BC^2-AB^2-CD^2 \tag{3.4.11}$$

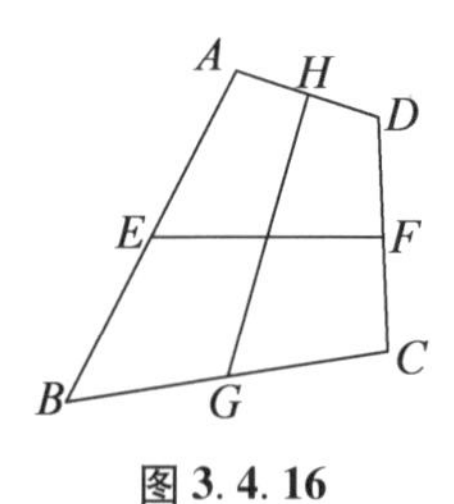

图 3.4.16

---

① 颜美玲.“关于四边形的两个定理”的向量证明及推广[J].数学通报,2011(7):57-58.

证明　设$\overrightarrow{AB}=\boldsymbol{a},\overrightarrow{BC}=\boldsymbol{b},\overrightarrow{CD}=\boldsymbol{c}$. 由式(2. 6. 136)，或向量回路，有$\overrightarrow{EF}=\frac{1}{2}\boldsymbol{a}+\boldsymbol{b}+\frac{1}{2}\boldsymbol{c},\overrightarrow{GH}=-\frac{1}{2}\boldsymbol{a}+\frac{1}{2}\boldsymbol{c}$，因而

$$\overrightarrow{EF}^2=\frac{1}{4}\boldsymbol{a}^2+\boldsymbol{b}^2+\frac{1}{4}\boldsymbol{c}^2+\boldsymbol{ab}+\frac{1}{2}\boldsymbol{ac}+\boldsymbol{bc}$$

$$\overrightarrow{GH}^2=\frac{1}{4}\boldsymbol{a}^2+\frac{1}{4}\boldsymbol{c}^2-\frac{1}{2}\boldsymbol{ac}$$

于是

$$\overrightarrow{EF}^2-\overrightarrow{GH}^2=\boldsymbol{b}^2+\boldsymbol{ab}+\boldsymbol{ac}+\boldsymbol{bc}$$

$$\begin{aligned}&\overrightarrow{AD}^2+\overrightarrow{BC}^2-\overrightarrow{AB}^2-\overrightarrow{CD}^2\\&=(\boldsymbol{a}+\boldsymbol{b}+\boldsymbol{c})^2+\boldsymbol{b}^2-\boldsymbol{a}^2-\boldsymbol{c}^2\\&=2\boldsymbol{b}^2+2\boldsymbol{ab}+2\boldsymbol{ac}+2\boldsymbol{bc}\end{aligned}$$

则$\overrightarrow{EF}^2-\overrightarrow{GH}^2=\frac{1}{2}\overrightarrow{AD}^2+\frac{1}{2}\overrightarrow{BC}^2-\frac{1}{2}\overrightarrow{AB}^2-\frac{1}{2}\overrightarrow{CD}^2$.

由此即证.

凸四边形中线定理推广1　在四边形$ABCD$中，E,F,G,H分别是各边上的点，满足$AE=\lambda AB,BG=\lambda BC,CF=(1-\lambda)CD,DH=(1-\lambda)DA$，则

$$\begin{aligned}EF^2-GH^2=&(1-\lambda)AD^2+\lambda BC^2-\\&(1-\lambda)AB^2-\lambda CD^2\end{aligned}\qquad(3.4.12)$$

证明　设$\overrightarrow{AB}=\boldsymbol{a},\overrightarrow{BC}=\boldsymbol{b},\overrightarrow{CD}=\boldsymbol{c}$，则$\overrightarrow{AE}=\lambda\boldsymbol{a},\overrightarrow{BG}=\lambda\boldsymbol{b},CF=(1-\lambda)\boldsymbol{c}$，于是

$$\overrightarrow{EF}=(1-\lambda)\boldsymbol{a}+\boldsymbol{b}+(1-\lambda)\boldsymbol{c}$$

$$\overrightarrow{GH}=-(1-\lambda)\boldsymbol{a}+\lambda\boldsymbol{c}$$

因而$\overrightarrow{EF}^2=(1-\lambda)^2\boldsymbol{a}^2+\boldsymbol{b}^2+(1-\lambda)^2\boldsymbol{c}^2+2(1-\lambda)\boldsymbol{ab}+2(1-\lambda)^2\boldsymbol{ac}+2(1-\lambda)\boldsymbol{bc}$

$$\overrightarrow{GH}^2=(1-\lambda)^2\boldsymbol{a}^2+\lambda^2\boldsymbol{c}^2+2\lambda(\lambda-1)\boldsymbol{ac}$$

设

$$m\,\overrightarrow{EF}^2+n\,\overrightarrow{GH}^2=x\,\overrightarrow{AD}^2+y\,\overrightarrow{BC}^2+z\,\overrightarrow{AB}^2+r\,\overrightarrow{CD}^2 \tag{3.4.13}$$

根据 $\boldsymbol{a}^2,\boldsymbol{b}^2,\boldsymbol{c}^2,\boldsymbol{ab},\boldsymbol{ac},\boldsymbol{bc}$ 对应系数分别相等,得到

$$\begin{cases}m(1-\lambda)^2+n(1-\lambda)^2=z+x\\ m=x+y\\ m(1-\lambda)^2+n\lambda^2=x+r\\ m(1-\lambda)=x\\ m(1-\lambda)^2+n\lambda(\lambda-1)=x\\ m(1-\lambda)=x\end{cases}$$

解得

$$\begin{cases}m=\dfrac{x}{1-\lambda},n=-\dfrac{x}{1-\lambda}\\ y=\dfrac{\lambda}{1-\lambda}x\\ z=-x\\ r=-\dfrac{\lambda}{1-\lambda}x\end{cases}$$

取 $x=1-\lambda,y=\lambda$,则 $z=\lambda-1,m=1,n=-1,r=-\lambda$. 则$\overrightarrow{EF}^2-\overrightarrow{GH}^2=(1-\lambda)\overrightarrow{AD}^2+\lambda\,\overrightarrow{BC}^2-(1-\lambda)\overrightarrow{AB}^2-\lambda\,\overrightarrow{CD}^2$.

凸四边形中线定理推广 2　在四边形 $ABCD$ 中,E,F,G,H 分别是各边上的点,满足

$$AE=\lambda AB,BG=lBC$$

$$CF=(1-\lambda)CD,DH=(1-l)DA$$

则

$$l(1-l)EF^2-\lambda(1-\lambda)GH^2=(1-\lambda)(1-l)\cdot lAD^2+\lambda(1-l)lBC^2-$$

$$\lambda(1-\lambda)\cdot(1-l)AB^2-$$
$$\lambda(1-\lambda)lCD^2$$

简证　类似推广 1 中的待定系数法,可得满足式(3.4.12)的系数为

$$m=\frac{x}{1-\lambda},n=\frac{\lambda}{l(l-1)}x,y=\frac{\lambda}{1-\lambda}x$$

$$z=-\frac{\lambda}{l}x,r=\frac{\lambda}{l-1}x$$

取 $x=(1-\lambda)(1-l)l$,得

$$m=l(1-l),n=-\lambda(1-\lambda),y=\lambda(1-l)l$$
$$z=-\lambda(1-\lambda)(1-l),r=-\lambda(1-\lambda)l$$

凸四边形中线定理推广 3　在四边形 $ABCD$ 中,E,F,G,H 分别是各边上的点,满足 $AE=\lambda_1AB,BG=\lambda_2BC,CF=\lambda_3CD,DH=\lambda_4DA$,则存在满足关系式(3.4.12)的充要条件是

$$\lambda_2\lambda_4(\lambda_1'+\lambda_3'-1)=\lambda_1'\lambda_3'(\lambda_2+\lambda_4-1) \tag{3.4.14}$$

其中 $1-\lambda_1=\lambda_1',1-\lambda_3=\lambda_3'$,此时系数分别为

$$m=\lambda_2\lambda_4,n=-\lambda_1'\lambda_3'$$
$$x=\lambda_1'\lambda_4[\lambda_3'(\lambda_2+\lambda_4-1)+(1-\lambda_4)]$$
$$y=\lambda_2\lambda_4(1-\lambda_1')+(1-\lambda_2-\lambda_4)\cdot$$
$$(\lambda_1'\lambda_3'\lambda_4-\lambda_1'\lambda_3'-\lambda_1'\lambda_4)$$
$$z=\lambda_1'(\lambda_2+\lambda_4-1)[\lambda_4(1-2\lambda_3')+\lambda_1'\lambda_3']-$$
$$\lambda_1'\lambda_3'\lambda_4$$
$$r=[\lambda_1'\lambda_3'(\lambda_4-\lambda_3')-\lambda_1'\lambda_4(\lambda_4-1)]\cdot$$
$$(1-\lambda_2-\lambda_4)-\lambda_1'\lambda_3'\lambda_2$$

证明　由

$$\overrightarrow{EF}=(1-\lambda_1)\boldsymbol{a}+\boldsymbol{b}+\lambda_3\boldsymbol{c}$$

$$\overrightarrow{GH}=-\lambda_4\boldsymbol{c}+(1-\lambda_2-\lambda_4)\boldsymbol{b}+(1-\lambda_4)\boldsymbol{c}$$

因而

$$\overrightarrow{EF}^2=(1-\lambda_1)^2\boldsymbol{a}^2+\boldsymbol{b}^2+\lambda_3^2\boldsymbol{c}^2+2(1-\lambda_1)\boldsymbol{ab}+2(1-\lambda_1)\lambda_3\boldsymbol{ac}+2\lambda_3\boldsymbol{bc}$$

$$\overrightarrow{GH}^2=\lambda_4^2\boldsymbol{a}^2+(1-\lambda_2-\lambda_4)^2\boldsymbol{b}^2+(1-\lambda_4)^2\boldsymbol{c}^2-2\lambda_4(1-\lambda_2-\lambda_4)\boldsymbol{ab}-2\lambda_4(1-\lambda_4)\boldsymbol{ac}+2(1-\lambda_4)(1-\lambda_2-\lambda_4)\boldsymbol{bc}$$

设

$$m\,\overrightarrow{EF}^2+n\,\overrightarrow{GH}^2=x\,\overrightarrow{AD}^2+y\,\overrightarrow{BC}^2+z\,\overrightarrow{AB}^2+r\,\overrightarrow{CD}^2$$

根据 $\boldsymbol{a}^2,\boldsymbol{b}^2,\boldsymbol{c}^2,\boldsymbol{ab},\boldsymbol{ac},\boldsymbol{bc}$ 对应系数分别相等,得到

$$\begin{cases}m(1-\lambda_1)^2+n\lambda_4^2=z+x & ①\\ m+n(1-\lambda_2-\lambda_4)=x+y & ②\\ m\lambda_3^2+n(1-\lambda_4)^2=x+r & ③\\ m(1-\lambda_1)-n\lambda_4(1-\lambda_2-\lambda_4)=x & ④\\ m\lambda_3+n(1-\lambda_4)(1-\lambda_2-\lambda_4)=x & ⑤\\ m(1-\lambda_1)\lambda_3-n\lambda_4(1-\lambda_4)=x & ⑥\end{cases}$$

考虑方程④,⑤,⑥,从⑥-④,⑥-⑤得到

$$\begin{cases}m(1-\lambda_1)-n\lambda_4(1-\lambda_2-\lambda_4)=x & ⑦\\ m(\lambda_1+\lambda_3-1)+n(1-\lambda_2-\lambda_4)=0 & ⑧\\ m(1-\lambda_1)(\lambda_3-1)-n\lambda_2\lambda_4=0 & ⑨\end{cases}$$

⑧,⑨联立的方程组有非零解当且仅当

$$\lambda_2\lambda_4(1-\lambda_1-\lambda_3)=(1-\lambda_1)(1-\lambda_3)(\lambda_2+\lambda_4-1) \quad ⑩$$

成立,即式(3.4.14)成立.

在此条件下,解得

$$m=-\frac{\lambda_2\lambda_4}{\lambda_1'\lambda_4[(1-\lambda_3')(1-\lambda_2-\lambda_4)-(1-\lambda_4)]}x$$

$$n=\frac{\lambda_3'}{(1-\lambda_3')\lambda_4(1-\lambda_2-\lambda_4)-\lambda_4(1-\lambda_4)}x$$

取 $x=\lambda_1'\lambda_4[\lambda_3'(\lambda_2+\lambda_4-1)+(1-\lambda_4)]$，则 $m=\lambda_2\lambda_4, n=-\lambda_1'\lambda_3'$，代入①，②，③，得到

$$y=\lambda_2\lambda_4(1-\lambda_1')+(1-\lambda_2-\lambda_4)\cdot(\lambda_1'\lambda_3'\lambda_4-\lambda_1'\lambda_3'-\lambda_1'\lambda_4)$$

$$z=\lambda_1'(\lambda_2+\lambda_4-1)[\lambda_4(1-2\lambda_3')+\lambda_1'\lambda_3']-\lambda_1'\lambda_3'\lambda_4$$

$$r=[\lambda_1'\lambda_3'(\lambda_4-\lambda_3')-\lambda_1'\lambda_4(\lambda_4-1)]\cdot(1-\lambda_2-\lambda_4)-\lambda_3'\lambda_3'\lambda_2$$

注　(1)推广 3 中当 $\lambda_1=1-\lambda_3=\lambda_2=1-\lambda_4=\lambda$ 时即为推广 1；

(2)推广 3 中当 $\lambda_1=1-\lambda_3=\lambda, \lambda_2=1-\lambda_4=l$ 即为推广 2.

一般四边形中线定理①　在空间(或平面)四边形 $ABCD$ 中，E,F,G,H 分别是边 AB,CD,BC,AD 的中点，EF,GH 是两条中线，则

$$2(EF^2-GH)^2=AD^2+BC^2-AB^2-CD^2 \quad (3.4.15)$$

证明　由三角形余弦定理，有 $\overrightarrow{AB}\cdot\overrightarrow{AC}=\frac{1}{2}(\overrightarrow{AB}^2+\overrightarrow{AC}^2-\overrightarrow{BC}^2)$，有

$$\begin{aligned}&2\overrightarrow{AD}\cdot\overrightarrow{BC}-2\overrightarrow{AB}\cdot\overrightarrow{DC}\\=&2\overrightarrow{AD}\cdot(\overrightarrow{AC}-\overrightarrow{AB})-2\overrightarrow{AB}\cdot(\overrightarrow{AC}-\overrightarrow{AD})\\=&2\overrightarrow{AD}\cdot\overrightarrow{AC}-2\overrightarrow{AB}\cdot\overrightarrow{AC}\end{aligned}$$

---

①　彭世金. 关于四边形的两个定理在平面及空间中的拓广[J]. 数学通报，2011(1)：61.

$$=\overrightarrow{AD}^2+\overrightarrow{AC}^2-\overrightarrow{DC}^2-(\overrightarrow{AB}^2+\overrightarrow{AC}^2-\overrightarrow{BC}^2)$$

$$=\overrightarrow{AD}^2+\overrightarrow{BC}^2-\overrightarrow{AB}^2-\overrightarrow{DC}^2 \qquad ①$$

由式(2.2.6)得 $2\overrightarrow{EF}=\overrightarrow{AD}+\overrightarrow{BC}$，$2\overrightarrow{GH}=\overrightarrow{BA}+\overrightarrow{CD}=-\overrightarrow{AB}-\overrightarrow{DC}$，于是

$$4\overrightarrow{EF}^2=(\overrightarrow{AD}+\overrightarrow{BC})^2=\overrightarrow{AD}^2+\overrightarrow{BC}^2+2\overrightarrow{AD}\cdot\overrightarrow{BC} \qquad ②$$

$$4\overrightarrow{GH}^2=(-\overrightarrow{AB}-\overrightarrow{DC})^2=\overrightarrow{AB}^2+\overrightarrow{DC}^2+2\overrightarrow{AB}\cdot\overrightarrow{DC} \qquad ③$$

②-③得

$$4(\overrightarrow{EF}^2-\overrightarrow{GH}^2)=\overrightarrow{AD}^2+\overrightarrow{BC}^2-\overrightarrow{AB}^2-\overrightarrow{DC}^2+2\overrightarrow{AD}\cdot\overrightarrow{BC}-2\overrightarrow{AB}\cdot\overrightarrow{DC}$$

将①代入上式得

$$4(\overrightarrow{EF}^2-\overrightarrow{GH}^2)=2(\overrightarrow{AD}^2+\overrightarrow{BC}^2-\overrightarrow{AB}^2-\overrightarrow{DC}^2)$$

即

$$2(|\overrightarrow{EF}|^2-|\overrightarrow{GH}|^2)=|\overrightarrow{AD}|^2+|\overrightarrow{BC}|^2-|\overrightarrow{AB}|^2-|\overrightarrow{DC}|^2$$

所以 $2(EF^2-GH^2)=AD^2+BC^2-AB^2-CD^2$.

一般四边形对角线定理 在空间(或平面)四边形 $ABCD$ 中，对角线 AC，BD 的夹角为 α(α 的对应边为 AD，BC)，则

$$AC\cdot BD\cdot\cos\alpha=\frac{1}{2}(AB^2+CD^2-AD^2-BC^2) \qquad (3.4.16)$$

证明 因为四边形 $ABCD$ 的对角线 AC，BD 的夹角为 α，α 的对应边为 AD，BC，所以 α 等于向量$\overrightarrow{AC}$，$\overrightarrow{DB}$ 的夹角. 由三角形余弦定理，知

$$\overrightarrow{AC}\cdot\overrightarrow{DB}=\overrightarrow{AC}\cdot(\overrightarrow{AB}-\overrightarrow{AD})=\overrightarrow{AC}\cdot\overrightarrow{AB}-\overrightarrow{AC}\cdot\overrightarrow{AD}$$

$$=\frac{1}{2}(\overrightarrow{AC}^2+\overrightarrow{AB}^2-\overrightarrow{CB}^2)-$$

$$\frac{1}{2}(\overrightarrow{AC}^2+\overrightarrow{AD}^2-\overrightarrow{CD}^2)$$

$$=\frac{1}{2}(\overrightarrow{AB}^2+\overrightarrow{CD}^2-\overrightarrow{AD}^2-\overrightarrow{CB}^2)$$

从而$|\overrightarrow{AC}||\overrightarrow{BD}|\cos\alpha=\frac{1}{2}(|\overrightarrow{AB}|^2+|\overrightarrow{CD}|^2-|\overrightarrow{AD}|^2-|\overrightarrow{CB}|^2)$

故$AC\cdot BD\cdot\cos\alpha=\frac{1}{2}(AB^2+CD^2-AD^2-BC^2)$.

四边形四边中点定理　顺次联结任意四边形(平面或空间)各边中点构成的四边形是平行四边形.

证明　如图3.4.17所示,E,F,G,H分别为四边形$ABCD$的边AB,BC,CD,DA的中点,则由向量回路,知

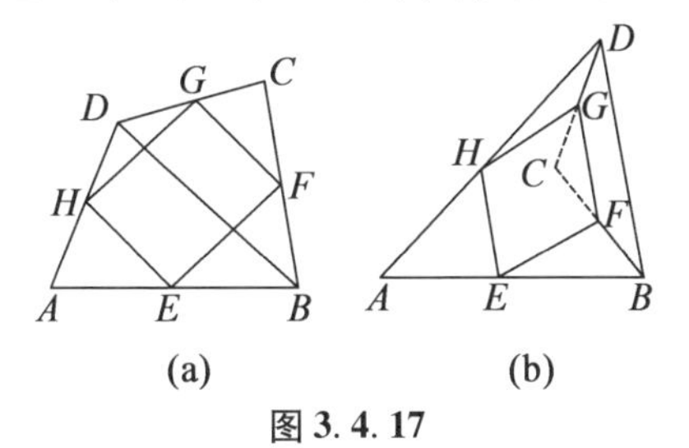

图3.4.17

$$\overrightarrow{HE}=\overrightarrow{HA}+\overrightarrow{AE}=\frac{1}{2}\overrightarrow{DA}+\frac{1}{2}\overrightarrow{AB}$$

$$=\frac{1}{2}\overrightarrow{DB}=\frac{1}{2}\overrightarrow{DC}+\frac{1}{2}\overrightarrow{CB}=\overrightarrow{GC}+\overrightarrow{CF}=\overrightarrow{GF}$$

这说明$HEFG$为平行四边形.

平行四边形定理1　凸四边形为平行四边形的充分必要条件是其对角线互相平分.

证明　如图3.4.18所示,凸四边形$ABCD$的对角线AC与BD交于点O.

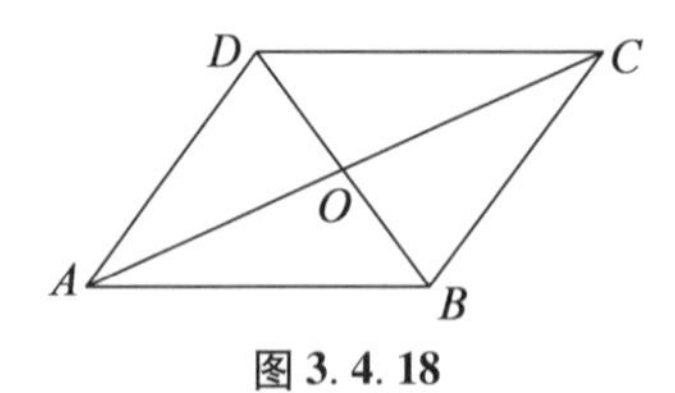

图 3.4.18

必要性：$\overrightarrow{AO}+\overrightarrow{OB}=\overrightarrow{AB}=\overrightarrow{DC}=\overrightarrow{DO}+\overrightarrow{OC}$；因为$\overrightarrow{AO}$和$\overrightarrow{OC}$共线，$\overrightarrow{DO}$和$\overrightarrow{OB}$共线，但$\overrightarrow{AO}$和$\overrightarrow{OB}$不共线，根据平面向量基本定理可得$\overrightarrow{AO}=\overrightarrow{OC}$，$\overrightarrow{OB}=\overrightarrow{DO}$.

充分性：若$\overrightarrow{AO}=\overrightarrow{OC}$，$\overrightarrow{OB}=\overrightarrow{DO}$，则$\overrightarrow{AO}+\overrightarrow{OB}=\overrightarrow{DO}+\overrightarrow{OC}$，即$\overrightarrow{AB}=\overrightarrow{DC}$，证毕.

平行四边形定理 2　凸四边形为平行四边形的充分必要条件是两条对角线的平方和等于四条边的平方和.

证明　如图 3.4.18 所示，充分性：当

$$\overrightarrow{AC}^2+\overrightarrow{BD}^2=\overrightarrow{AB}^2+\overrightarrow{BC}^2+\overrightarrow{CD}^2+\overrightarrow{DA}^2 \tag{3.4.17}$$

时，因为$\overrightarrow{AC}=\overrightarrow{AB}+\overrightarrow{BC}$，$\overrightarrow{BD}=\overrightarrow{BC}+\overrightarrow{CD}$，所以

$$\begin{aligned}AC^2+BD^2&=\overrightarrow{AB}^2+\overrightarrow{BC}^2+2\,\overrightarrow{AB}\cdot\overrightarrow{BC}+\overrightarrow{BC}^2+\\&\quad\overrightarrow{CD}^2+2\,\overrightarrow{BC}\cdot\overrightarrow{CD}\\&=\overrightarrow{AB}^2+\overrightarrow{BC}^2+\overrightarrow{CD}^2+\overrightarrow{DA}^2\end{aligned}$$

即 $2\,\overrightarrow{AB}\cdot\overrightarrow{BC}+2\,\overrightarrow{BC}\cdot\overrightarrow{CD}=\overrightarrow{DA}^2-\overrightarrow{BC}^2$.

因为

$$\begin{aligned}\overrightarrow{DA}^2&=(\overrightarrow{DC}+\overrightarrow{CB}+\overrightarrow{BA})^2\\&=\overrightarrow{DC}^2+\overrightarrow{CB}^2+\overrightarrow{BA}^2+2\,\overrightarrow{DC}\cdot\overrightarrow{CB}+2\,\overrightarrow{DC}\cdot\overrightarrow{BA}+\\&\quad 2\,\overrightarrow{CB}\cdot\overrightarrow{BA}\end{aligned}$$

所以

$$\overrightarrow{DC}^2+\overrightarrow{BA}^2+2\overrightarrow{DC}\cdot\overrightarrow{BA}=0$$

即$(\overrightarrow{DC}+\overrightarrow{BA})^2=0$.

所以$\overrightarrow{DC}=\overrightarrow{AB}$,从而此四边形是平行四边形.

必要性:为书写方便,设$\overrightarrow{AB}=\boldsymbol{a}$,$\overrightarrow{BC}=\boldsymbol{b}$,$\overrightarrow{CD}=\boldsymbol{c}$,$\overrightarrow{DA}=\boldsymbol{d}$,则由 $\boldsymbol{a}+\boldsymbol{b}+\boldsymbol{c}+\boldsymbol{d}=\boldsymbol{0}$ 得 $\boldsymbol{a}+\boldsymbol{c}=-(\boldsymbol{b}+\boldsymbol{d})$.

所以

$$\begin{aligned}0&\leqslant(\boldsymbol{a}+\boldsymbol{c})^2\\&=-(\boldsymbol{a}+\boldsymbol{c})(\boldsymbol{b}+\boldsymbol{d})\\&=-(\boldsymbol{a}\cdot\boldsymbol{b}+\boldsymbol{a}\cdot\boldsymbol{d}+\boldsymbol{c}\cdot\boldsymbol{b}+\boldsymbol{c}\cdot\boldsymbol{d})\\&=\frac{1}{2}[\boldsymbol{a}^2+\boldsymbol{b}^2-(\boldsymbol{a}+\boldsymbol{b})^2+\boldsymbol{a}^2+\boldsymbol{d}^2-(\boldsymbol{a}+\boldsymbol{d})^2+\\&\quad\boldsymbol{c}^2+\boldsymbol{b}^2-(\boldsymbol{c}+\boldsymbol{b})^2+\boldsymbol{c}^2+\boldsymbol{d}^2-(\boldsymbol{c}+\boldsymbol{d})^2]\\&=\frac{1}{2}[\boldsymbol{a}^2+\boldsymbol{b}^2-\overrightarrow{AC}^2+\boldsymbol{a}^2+\boldsymbol{d}^2-\overrightarrow{BD}^2+\boldsymbol{c}^2+\\&\quad\boldsymbol{b}^2-\overrightarrow{BD}^2+\boldsymbol{c}^2+\boldsymbol{d}^2-\overrightarrow{AC}^2]\\&=\boldsymbol{a}^2+\boldsymbol{b}^2+\boldsymbol{c}^2+\boldsymbol{d}^2-\overrightarrow{BD}^2-\overrightarrow{AC}^2\qquad(*)\end{aligned}$$

当 $ABCD$ 为平行四边形时,有$\overrightarrow{AB}=\overrightarrow{DC}$,即 $\boldsymbol{a}+\boldsymbol{c}=\boldsymbol{0}$.

故 $\boldsymbol{a}^2+\boldsymbol{b}^2+\boldsymbol{c}^2+\boldsymbol{d}^2=\overrightarrow{BD}^2+\overrightarrow{AC}^2$,亦即$\overrightarrow{AC}^2+\overrightarrow{BD}^2=\overrightarrow{AB}^2+\overrightarrow{BC}^2+\overrightarrow{CD}^2+\overrightarrow{DA}^2$.

注　由式(*)知,任意四边形中,四边的平方和不小于对角线的平方和. 由式(*)亦可证得充分性.

完全四边形对角线交点调和分割对角线定理　完全四边形的三条对角线所在直线的交点将每条对角线调和分割.

如图 3.4.19 所示,在完全四边形 $FCAOBD$ 中,三条对角线 FO,CD,AB 所在直线两两交于点 Q,P,E,则

P,E 调和分割 AB,Q,P 调和分割 FO,Q,E 调和分割 CD. 或

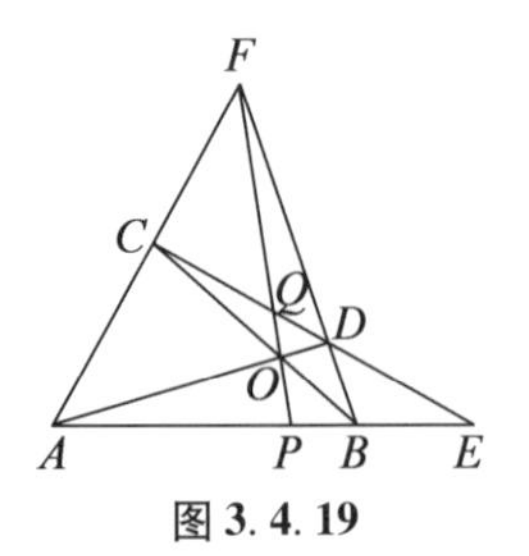

图 3.4.19

$$\frac{\overrightarrow{AP}}{\overrightarrow{PB}}=-\frac{\overrightarrow{AE}}{\overrightarrow{EB}},\frac{\overrightarrow{FQ}}{\overrightarrow{QO}}=-\frac{\overrightarrow{FP}}{\overrightarrow{PO}},\frac{\overrightarrow{CQ}}{\overrightarrow{QD}}=-\frac{\overrightarrow{CE}}{\overrightarrow{ED}} \tag{3.4.18}$$

证明 设$\overrightarrow{AD}=a\overrightarrow{AB}+b\overrightarrow{AC}=(a+b)\overrightarrow{AO}$,因 AD 与 BC 交于点 O,由向量相交定理,从而有

$$\overrightarrow{AO}=\frac{a}{a+b}\overrightarrow{AB}+\frac{b}{a+b}\overrightarrow{AC}$$

由向量相交定理,推知 $\overrightarrow{AE}=\frac{a}{1-b}\overrightarrow{AB}$, $\overrightarrow{AF}=\frac{b}{1-a}\overrightarrow{AC}$.

因 AB 与直线 FO 交于点 P,故需要求得向量$\overrightarrow{AB}$, $\overrightarrow{AF}$,$\overrightarrow{AO}$间的线性关系. 注意到

$$\begin{aligned}\overrightarrow{AO}&=\frac{a}{a+b}\overrightarrow{AB}+\frac{b}{a+b}\left(\frac{1-a}{b}\overrightarrow{AF}\right)\\&=\frac{a}{a+b}\overrightarrow{AB}+\frac{1-a}{a+b}\overrightarrow{AF}\end{aligned}$$

于是 $a\overrightarrow{AB}=(a+b)\overrightarrow{AO}-(1-a)\overrightarrow{AF}=(2a+b-$

$1)\overrightarrow{AP}$，故$\dfrac{\overrightarrow{AP}}{\overrightarrow{PB}}=\dfrac{a}{a+b-1}$.

由$\overrightarrow{AE}=\dfrac{a}{1-b}\overrightarrow{AB}$可知$\dfrac{\overrightarrow{AE}}{\overrightarrow{EB}}=\dfrac{a}{1-a-b}$，从而$\dfrac{\overrightarrow{AP}}{\overrightarrow{PB}}=-\dfrac{\overrightarrow{AE}}{\overrightarrow{EB}}$. 由此即知 P,E 调和分割 AB.

同理，可证得 Q,P 调和分割 FO；Q,E 调和分割 CD.

匹多(Pedoe)不等式　设$\triangle ABC$与$\triangle A_1B_1C_1$的边长分别为 a,b,c 与 a_1,b_1,c_1，面积分别为 S 与 S_1，则有

$$a^2(b_1^2+c_1^2-a_1^2)+b^2(c_1^2+a_1^2-b_1^2)+c^2(a_1^2+b_1^2-c_1^2)\geqslant 16S\cdot S_1 \qquad (3.4.19)$$

当且仅当$\triangle ABC\backsim\triangle A_1B_1C_1$时取等号.

证法 1①　将$\triangle ABC$与$\triangle A_1B_1C_1$按图 3.4.20 放置. 令$\overrightarrow{BC}=\boldsymbol{a}$，$\overrightarrow{AC}=\boldsymbol{b}$，$\overrightarrow{AB}=\boldsymbol{c}$，$\overrightarrow{B_1C_1}=\boldsymbol{a}_1$，$\overrightarrow{A_1C_1}=\boldsymbol{b}_1$，$\overrightarrow{A_1B_1}=\boldsymbol{c}_1$，则

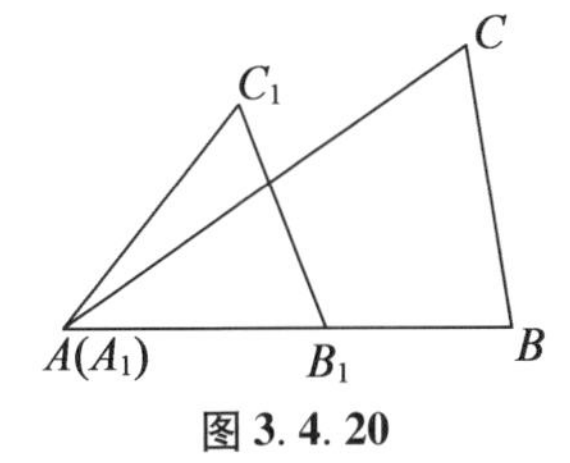

图 3.4.20

$$\boldsymbol{a}=\boldsymbol{b}-\boldsymbol{c},\boldsymbol{a}_1=\boldsymbol{b}_1-\boldsymbol{c}_1,\boldsymbol{c}_1=\lambda\boldsymbol{c}\quad(\lambda>0)$$

且有

① 卡祖荧. pedoe 不等式的向量证明[J]. 数学通报，2007(1)：47.

$$S=\frac{1}{2}|\boldsymbol{b}\times\boldsymbol{c}|$$

$$S_1=\frac{1}{2}|\boldsymbol{b}_1\times\boldsymbol{c}_1|$$

$$\begin{aligned}b_1^2+c_1^2-a_1^2&=\boldsymbol{b}_1^2+\boldsymbol{c}_1^2-\boldsymbol{a}_1^2\\&=\boldsymbol{b}_1^2+\boldsymbol{c}_1^2-(\boldsymbol{b}_1-\boldsymbol{c}_1)^2=2\boldsymbol{b}_1\cdot\boldsymbol{c}_1\\c_1^2+a_1^2-b_1^2&=\boldsymbol{c}_1^2+\boldsymbol{a}_1^2-\boldsymbol{b}_1^2\\&=\boldsymbol{c}_1^2+(\boldsymbol{b}_1-\boldsymbol{c}_1)^2-\boldsymbol{b}_1^2\\&=2\boldsymbol{c}_1^2-2\boldsymbol{b}_1\cdot\boldsymbol{c}_1\\a_1^2+b_1^2-c_1^2&=\boldsymbol{a}_1^2+\boldsymbol{b}_1^2-\boldsymbol{c}_1^2\\&=(\boldsymbol{b}_1-\boldsymbol{c}_1)^2+\boldsymbol{b}_1^2-\boldsymbol{c}_1^2=2\boldsymbol{b}_1^2-2\boldsymbol{b}_1\cdot\boldsymbol{c}_1\end{aligned}$$

因为 $$(\boldsymbol{b}_1\cdot\boldsymbol{c})^2=(|\boldsymbol{b}_1||\boldsymbol{c}|\cos\theta)^2$$

$$(\boldsymbol{b}_1\times\boldsymbol{c})^2=(|\boldsymbol{b}_1||\boldsymbol{c}|\sin\theta)^2$$

其中 θ 是 $\boldsymbol{b}_1$ 与 $\boldsymbol{c}$ 的夹角,所以

$$\boldsymbol{b}_1^2\boldsymbol{c}^2=(\boldsymbol{b}_1\times\boldsymbol{c})^2+(\boldsymbol{b}_1\cdot\boldsymbol{c})^2$$

同理可得 $$\boldsymbol{b}^2\boldsymbol{c}_1^2=(\boldsymbol{b}\times\boldsymbol{c}_1)^2+(\boldsymbol{b}\cdot\boldsymbol{c}_1)^2$$

于是

$$\begin{aligned}&a^2(b_1^2+c_1^2-a_1^2)+b^2(c_1^2+a_1^2-b_1^2)+\\&\quad c^2(a_1^2+b_1^2-c_1^2)\\&=(\boldsymbol{b}-\boldsymbol{c})^2(2\boldsymbol{b}_1\cdot\boldsymbol{c}_1)+\boldsymbol{b}^2(2\boldsymbol{c}_1^2-2\boldsymbol{b}_1\cdot\boldsymbol{c}_1)+\\&\quad\boldsymbol{c}^2(2\boldsymbol{b}_1^2-2\boldsymbol{b}_1\cdot\boldsymbol{c}_1)\\&=2[(\boldsymbol{b}_1^2\boldsymbol{c}^2+\boldsymbol{b}^2\boldsymbol{c}_1^2)-2(\boldsymbol{b}_1\cdot\boldsymbol{c}_1)(\boldsymbol{b}\cdot\boldsymbol{c})]\\&=2[(\boldsymbol{b}_1\times\boldsymbol{c})^2+(\boldsymbol{b}_1\cdot\boldsymbol{c})^2+(\boldsymbol{b}\times\boldsymbol{c}_1)^2+\\&\quad(\boldsymbol{b}\cdot\boldsymbol{c}_1)^2-2(\boldsymbol{b}_1\cdot\boldsymbol{c}_1)(\boldsymbol{b}\cdot\boldsymbol{c})]\\&=2[(\boldsymbol{b}_1\times\boldsymbol{c})^2+(\boldsymbol{b}_1\cdot\boldsymbol{c})^2+\lambda^2(\boldsymbol{b}\times\boldsymbol{c})^2+\\&\quad\lambda^2(\boldsymbol{b}\cdot\boldsymbol{c})^2-2\lambda(\boldsymbol{b}_1\cdot\boldsymbol{c})(\boldsymbol{b}\cdot\boldsymbol{c})]\\&=2[(\boldsymbol{b}_1\times\boldsymbol{c})^2+\lambda^2(\boldsymbol{b}\times\boldsymbol{c})^2]+\\&\quad2[\lambda(\boldsymbol{b}\cdot\boldsymbol{c})-(\boldsymbol{b}_1\cdot\boldsymbol{c})]^2\end{aligned}$$

$$\geqslant 2[(\boldsymbol{b}_1\times\boldsymbol{c})^2+\lambda^2(\boldsymbol{b}\times\boldsymbol{c})^2]\geqslant 4\lambda|\boldsymbol{b}_1\times\boldsymbol{c}||\boldsymbol{b}\times\boldsymbol{c}|$$

$$=4|\boldsymbol{b}_1\times\boldsymbol{c}_1||\boldsymbol{b}\times\boldsymbol{c}|=16S\cdot S_1$$

当且仅当

$$\begin{cases}\boldsymbol{b}_1\cdot\boldsymbol{c}=\lambda(\boldsymbol{b}\cdot\boldsymbol{c})\\|\boldsymbol{b}_1\times\boldsymbol{c}|=|\boldsymbol{b}\times\boldsymbol{c}|\end{cases}\text{时取等号}$$

$$\Leftrightarrow\begin{cases}b_1c\cos A_1=\lambda bc\cos A\\b_1c\sin A_1=\lambda bc\sin A\end{cases}$$

$$\Leftrightarrow\begin{cases}b_1\cos A_1=\lambda b\cos A & ①\\b_1\sin A_1=\lambda b\sin A & ②\end{cases}$$

$①^2+②^2$ 得

$$b_1=\lambda b(\text{因为 }\lambda>0)$$

$$\Leftrightarrow\begin{cases}b_1=\lambda b\\\cos A_1=\cos A(\text{因为 }A_1,A\in(0,\pi))\\\sin A_1=\sin A\end{cases}$$

$$\Leftrightarrow\begin{cases}A_1=A\\b_1=\lambda b\\c_1=\lambda c(\lambda>0)\end{cases}$$

$$\Leftrightarrow\begin{cases}A_1=A\\\dfrac{b_1}{b}=\dfrac{c_1}{c}\end{cases}$$

$$\Leftrightarrow\triangle ABC\backsim\triangle A_1B_1C_1$$

证法 2①　由 $\sin^2A+\cos^2A=1$，得 $\left(\frac{2S}{bc}\right)^2+\left(\frac{b^2+c^2-a^2}{2bc}\right)^2=1$，得 $16S^2=4b^2c^2-(b^2+c^2-a^2)^2$，即 $16S^2+2a^4+2b^4+2c^4=(a^2+b^2+c^2)^2$.

---

①　张景中，彭翕成. 绕来绕去的向量法[M]. 北京：科学出版社，2010：220.

构造向量 $\boldsymbol{p}=(4S,\sqrt{2}a^2,\sqrt{2}b^2,\sqrt{2}c^2)$，$\boldsymbol{q}=(4S_1,\sqrt{2}a_1^2,\sqrt{2}b_1^2,\sqrt{2}c_1^2)$. 由

$$\boldsymbol{p}\cdot\boldsymbol{q}\leqslant|\boldsymbol{p}||\boldsymbol{q}|$$

得

$$\begin{aligned}&16SS_1+2a^2a_1^2+2b^2b_1^2+2c^2c_1^2\\ \leqslant&\sqrt{16S^2+2a^4+2b^4+2c^4}\sqrt{16S_1^2+2a_1^4+2b_1^4+2c_1^4}\\ =&(a^2+b^2+c^2)(a_1^2+b_1^2+c_1^2)\end{aligned}$$

上式右边展开整理即可得欲证的不等式.

第四章 代数问题

本章介绍应用向量知识处理代数问题的例子.

4.1 一元函数问题

例 1 (2007 年高考辽宁卷题)若函数 $y=f(x)$ 的图像按向量 $\boldsymbol{a}$ 平移后,得到函数 $y=f(x+1)-2$ 的图像,则向量 $\boldsymbol{a}=$ (　　).

A. $(-1,-2)$

B. $(1,-2)$

C. $(-1,2)$

D. $(1,2)$

解法 1 注意到向量平移的实质,可知由函数 $y=f(x)$ 的图像得到函数 $y=f(x+1)-2$的图像实质是将函数 $y=f(x)$ 的图像向左平移 1 个单位,再向下平移 2 个单位,所以向量 $\boldsymbol{a}=(-1,-2)$,故选 A.

解法 2 运用向量的平移公式.

设平移向量 $\boldsymbol{a}=(h,k)$,$P(x,y)$是函数 $y=f(x)$图像上的任意一点,$P'(x',y')$是平

移后的函数 $y=f(x+1)-2$ 图像上的对应点，由平移公式 $\begin{cases}x'=x+h\\y'=y+k\end{cases}$，即 $\begin{cases}x=x'-h\\y=y'-k\end{cases}$，将它代入 $y=f(x)$，得 $y'-k=f(x'-h)$，即 $y=f(x-h)+k$，它与 $y=f(x+1)-2$ 为同一个函数，所以 $h=-1,k=-2$，故所求向量为 $\boldsymbol{a}=(-1,-2)$，故选 A.

例 2 （2010 年高考北京卷题）$\boldsymbol{a},\boldsymbol{b}$ 为非零向量，“$\boldsymbol{a}\perp\boldsymbol{b}$”是“函数 $f(x)=(x\boldsymbol{a}+\boldsymbol{b})(x\boldsymbol{a}-\boldsymbol{b})$ 为一次函数”的(　　).

A. 充分不必要条件

B. 必要不充分条件

C. 充分必要条件

D. 既不充分也不必要条件

解 若函数 $f(x)$ 为一次函数，则 $\boldsymbol{a}\cdot\boldsymbol{b}=0$，所以“$\boldsymbol{a}\perp\boldsymbol{b}$”是“函数 $f(x)$ 为一次函数”的必要条件. 若 $\boldsymbol{a}\perp\boldsymbol{b}$，且 $|\boldsymbol{a}|=|\boldsymbol{b}|$，则函数 $f(x)$ 不是一次函数，因此“$\boldsymbol{a}\perp\boldsymbol{b}$”不是“$f(x)$ 是一次函数”的充分条件. 故选 B.

例 3 求函数 $y=\dfrac{1-x^2}{1+x^2}$ 的值域.

解 设 $\boldsymbol{a}=(1,x),\boldsymbol{b}=(1,-x)$，则 $\boldsymbol{a}$ 与 $\boldsymbol{b}$ 的夹角 $\theta\in[0,\pi)$，$|\boldsymbol{a}|=|\boldsymbol{b}|=\sqrt{1+x^2}$，$\boldsymbol{a}\cdot\boldsymbol{b}=1-x^2$. 于是 $y=\dfrac{1-x^2}{1+x^2}=\dfrac{\boldsymbol{a}\cdot\boldsymbol{b}}{|\boldsymbol{a}|\cdot|\boldsymbol{b}|}=\cos\theta\in(-1,1]$，即 $y=\dfrac{1-x^2}{1+x^2}$ 的值域为 $(-1,1]$.

例 4 求函数 $y=2\sqrt{x-1}+\sqrt{8-2x}$ 的最大值.

解法 1（配凑法）　函数定义域为 $[1,4]$，$y=2\sqrt{x-1}+\sqrt{8-2x}=2\sqrt{x-1}+\sqrt{2}\sqrt{4-x}$.

令 $\boldsymbol{a}=(2,\sqrt{2}),\boldsymbol{b}=(\sqrt{x-1},\sqrt{4-x})$，则 $y=\boldsymbol{a}\cdot$

$\boldsymbol{b} \leqslant |\boldsymbol{a}||\boldsymbol{b}| = \sqrt{6} \cdot \sqrt{3} = 3\sqrt{2}$，当且仅当 $\boldsymbol{a}, \boldsymbol{b}$ 同向，即 $2\sqrt{4-x} = \sqrt{2}\sqrt{x-1}$ 时，取等号，即当 $x=3$ 时，$y_{\max} = 3\sqrt{2}$.

解法 2（分拆法）　$y = 2\sqrt{x-1} + \sqrt{8-2x} = \sqrt{x-1} + \sqrt{x-1} + \sqrt{8-2x}$.

令 $\boldsymbol{u} = (1,1,1)$，$\boldsymbol{v} = (\sqrt{x-1}, \sqrt{x-1}, \sqrt{8-2x})$，则 $y = \boldsymbol{u} \cdot \boldsymbol{v} \leqslant |\boldsymbol{u}||\boldsymbol{v}| = \sqrt{6} \cdot \sqrt{3} = 3\sqrt{2}$，当且仅当 $\sqrt{x-1} = \sqrt{8-2x}$，即 $x=3$ 时取等号，即 $y_{\max} = 3\sqrt{2}$.

例 5　求函数 $y = 2\sqrt{x-1} + \sqrt{8-2x}$ 的最小值.

解　函数定义域为 $[1,4]$，$y = 2\sqrt{x-1} + \sqrt{8-2x} = 2\sqrt{x-1} + \sqrt{2}\sqrt{4-x}$.

令 $\boldsymbol{a} = (2, \sqrt{2})$，$\boldsymbol{b} = (\sqrt{x-1}, \sqrt{4-x})$，则 $y = \boldsymbol{a} \cdot \boldsymbol{b} = |\boldsymbol{a}||\boldsymbol{b}|\cos\theta = \sqrt{6} \cdot \sqrt{3}\cos\theta$，当 θ 最大时，$y_{\min} = \min\{2\sqrt{3}, \sqrt{6}\} = \sqrt{6}$.

注　事实上，由于 $(\sqrt{x-b})^2 + (\sqrt{d-x})^2 = (\sqrt{d-b})^2$，所以可设 $\boldsymbol{p} = (\sqrt{x-b}, \sqrt{d-x})$，$\boldsymbol{q} = (a, c)$.

如图 4.1.1 所示，$y = a\sqrt{x-b} + c\sqrt{d-x} = \boldsymbol{a} \cdot \boldsymbol{b} = |\boldsymbol{a}||\boldsymbol{b}|\cos\theta = \sqrt{d-b} \cdot \sqrt{a^2+c^2} \cdot \cos\theta$. 当 θ 最大，即落在 OA 或 OB 位置时，y 最小，$y_{\min} = \min\{a\sqrt{d-b}, c\sqrt{d-b}\}$，此时 $x = b$ 或 d.

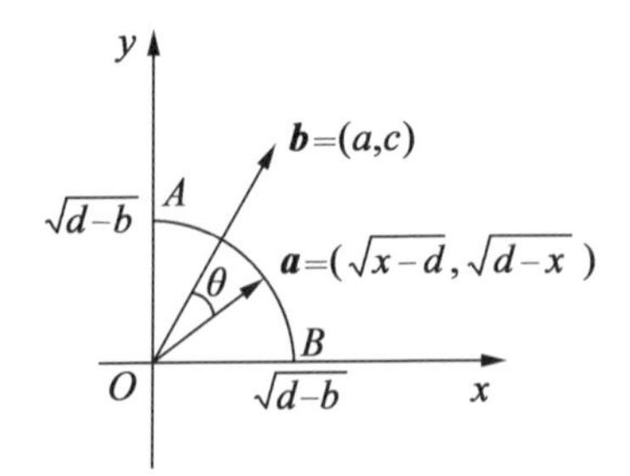

图 4.1.1

例 6　求下列函数的最值.

(1)求函数 $y=\sqrt{x^2+6x+73}-\sqrt{x^2-4x+8}$ 的最大值;

(2)求函数 $y=\sqrt{x^2-2x+2}+\sqrt{x^2+2x+2}$ 的最小值.

解　(1)$y=\sqrt{(x+3)^2+64}-\sqrt{(x-2)^2+4}$,令 $P(x,0)$,$A(-3,8)$,$B(2,2)$,则 $\overrightarrow{PA}=(-3-x,8)$,$\overrightarrow{PB}=(2-x,2)$,于是 $y=|\overrightarrow{PA}|-|\overrightarrow{PB}|\leqslant|\overrightarrow{PA}-\overrightarrow{PB}|=|\overrightarrow{AB}|=\sqrt{61}$,当且仅当 $\overrightarrow{PA}$ 与 $\overrightarrow{PB}$ 同向时取等号,即 $(-3-x,8)=\lambda(2-x,2)(\lambda>0)$,则 $\lambda=4$,$x=\frac{11}{3}$,故 $x=\frac{11}{3}$ 时,$y_{\max}=\sqrt{61}$.

(2)$y=\sqrt{(x-1)^2+1}+\sqrt{(x+1)^2+1}$,令 $P(x,0)$,$A(1,1)$,$B(-1,1)$,则 $\overrightarrow{PA}=(1-x,1)$,$\overrightarrow{PB}=(-1-x,1)$,于是 $y=|\overrightarrow{PA}|+|\overrightarrow{PB}|\geqslant|\overrightarrow{PA}-\overrightarrow{PB}|=|\overrightarrow{AB}|=2$.

当且仅当 $\overrightarrow{PA}$ 与 $\overrightarrow{PB}$ 反向时取等号,即 $(1-x,1)=$

$\lambda(-1-x,1)(\lambda<0)$时，此式无解，故函数的最小值不是2，此时变换点$B$为$(-1,-1)$，则有$\overrightarrow{PB}=(-1-x,-1)$，同样有$y=|\overrightarrow{PA}|+|\overrightarrow{PB}|\geqslant|\overrightarrow{PA}-\overrightarrow{PB}|=|\overrightarrow{AB}|=2\sqrt{2}$.

当且仅当$\overrightarrow{PA}$与$\overrightarrow{PB}$反向时取等号，即$(1-x,1)=\lambda(-1-x,-1)(\lambda<0)$时，则$\lambda=-1$，$x=0$，故$x=0$时，$y_{\min}=2\sqrt{2}$.

例7　已知a,b,c为正数. 求函数$y=\sqrt{x^2+a^2}+\sqrt{(c-x)^2+b^2}$的最小值.

解　构造向量$\boldsymbol{p}=(x,a)$，$\boldsymbol{q}=(c-x,b)$，则原式变为：$y=|\boldsymbol{p}|+|\boldsymbol{q}|$.

因为

$$|\boldsymbol{p}|+|\boldsymbol{q}|\geqslant|\boldsymbol{p}+\boldsymbol{q}|=\sqrt{c^2+(a+b)^2}$$

等号成立当且仅当$\boldsymbol{p}$与$\boldsymbol{q}$同向平行.

所以$y_{\min}=\sqrt{c^2+(a+b)^2}$.

例8　对于$x\in\mathbf{R}$，试求函数$y=\sqrt{x^2+x+1}-\sqrt{x^2-x+1}$的值域.

解

$$\begin{aligned}y&=\sqrt{x^2+x+1}-\sqrt{x^2-x+1}\\&=\sqrt{(x+\frac{1}{2})^2+(\frac{\sqrt{3}}{2})^2}-\sqrt{(x-\frac{1}{2})^2+(\frac{\sqrt{3}}{2})^2}\end{aligned}$$

所以可构造向量$\boldsymbol{p}=(x+\frac{1}{2},\frac{\sqrt{3}}{2})$，$\boldsymbol{q}=(x-\frac{1}{2},\frac{\sqrt{3}}{2})$，则

$$y=|\boldsymbol{p}|-|\boldsymbol{q}|$$

因为 $\boldsymbol{p}-\boldsymbol{q}=(1,0)$,且 $|\boldsymbol{p}|-|\boldsymbol{q}|<|\boldsymbol{p}-\boldsymbol{q}|$. 所以

$$|y|=||\boldsymbol{p}|-|\boldsymbol{q}||<|\boldsymbol{p}-\boldsymbol{q}|=1$$

所以 $y=\sqrt{x^2+x+1}-\sqrt{x^2-x+1}$ 的值域在区间 $(-1,1)$ 内.

例 9 (1994 年上海市高三数学竞赛试题)已知:函数 $y=\sqrt{1\ 994-x}+\sqrt{x-1\ 993}$ 的值域是多少?

解 因为 $1\ 994-x\geqslant 0$ 且 $x-1\ 993\geqslant 0$,所以 $1\ 993\leqslant x\leqslant 1\ 994$,可以知道 $y\geqslant 1$.

设 $\boldsymbol{p}=(\sqrt{1\ 994-x},\sqrt{x-1\ 993})$,$\boldsymbol{q}=(1,1)$,所以

$$\begin{aligned}1&=1\ 994-x+x-1\ 993\\&=|\boldsymbol{p}|^2\geqslant\frac{(\boldsymbol{p}\cdot\boldsymbol{q})^2}{|\boldsymbol{q}|^2}\\&=\frac{(\sqrt{1\ 994-x}+\sqrt{x-1\ 993})^2}{1^2+1^2}\\&=\frac{(\sqrt{1\ 994-x}+\sqrt{x-1\ 993})^2}{2}\end{aligned}$$

所以

$$(\sqrt{1\ 994-x}+\sqrt{x-1\ 993})^2\leqslant 2$$

$$\sqrt{1\ 994-x}+\sqrt{x-1\ 993}\leqslant\sqrt{2}$$

又由于 $y\geqslant 1$,故函数 $y=\sqrt{1\ 994-x}+\sqrt{x-1\ 993}$ 的值域是 $1\leqslant y\leqslant\sqrt{2}$.

例 10 求函数 $y=5\sqrt{x-1}+\sqrt{10-2x}$ 的值域.

解 因为 $y=5\sqrt{x-1}+\sqrt{2}\sqrt{5-x}$,令 $\overrightarrow{OM}=(5,\sqrt{2})$,$\overrightarrow{ON}=(a,b)=(\sqrt{x-1},\sqrt{5-x})$,则

$$y=5\sqrt{x-1}+\sqrt{2}\sqrt{5-x}=\overrightarrow{OM}\cdot\overrightarrow{ON}$$

由 $1\leqslant x\leqslant 5$,从而 $0\leqslant a\leqslant 2$,$0\leqslant b\leqslant 2$,$|\overrightarrow{ON}|=2$.

故$\overrightarrow{OM}\cdot\overrightarrow{ON}$的终点形成的图像参见图 4.1.2，由图易知：

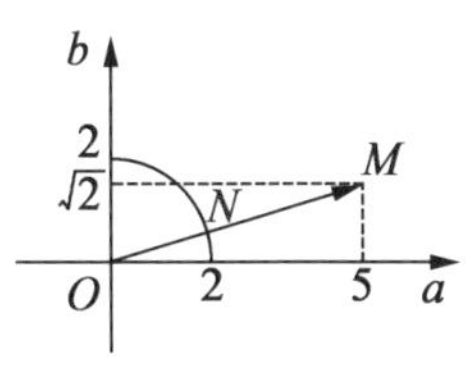

图 4.1.2

当$\overrightarrow{OM}$与$\overrightarrow{ON}$同向时，$\overrightarrow{OM}$与$\overrightarrow{ON}$夹角最小，此时$y_{\max}=|\overrightarrow{OM}|\cdot|\overrightarrow{ON}|=6\sqrt{3}$；

当$\overrightarrow{ON}=(0,2)$时

$$y_{\min}=\overrightarrow{OM}\cdot\overrightarrow{ON}=2\sqrt{2}$$

故函数的值域为$[2\sqrt{2},6\sqrt{3}]$.

例 11　已知当$x\in[0,1]$时，$f(x)=x^2+ax+3-a>0$恒成立，求实数a的取值范围.

解　由已知，当$x\in[0,1]$时

$$a(x-1)+1\cdot(x^2+3)>0 \qquad ①$$

在uOv坐标系下，令$\boldsymbol{p}=(u,v)$，$u=x-1$，$v=x^2+3(0\leqslant x\leqslant 1)$，令$\boldsymbol{q}=(a,1)$，式①即$\boldsymbol{p}\cdot\boldsymbol{q}>0$，恒成立，则题设即$\theta=\langle\boldsymbol{p},\boldsymbol{q}\rangle\in[0,\frac{\pi}{2}]$. 由$u,v$的表达式消去$x$得$v=(u+1)^2+3(-1\leqslant u\leqslant 0)$，即$\boldsymbol{p}$的终点$P(u,v)$在一段定抛物线上，$\boldsymbol{q}$的终点$Q(a,1)$在直线$v=1$上，如图 4.1.3 所示. 考察抛物线顶点$A(-1,3)$. 当$\angle AOB=\frac{\pi}{2}$，且$B$在直线$v=1$上，必有$B(3,1)$，则当且仅当$Q$在$B$左侧时，不管$P$在定抛物线上何处，总

有 $\theta\in[0,\frac{\pi}{2})$，即 $a<3$ 时，式①成立. 故所求取值范围是 $(-\infty,3)$.

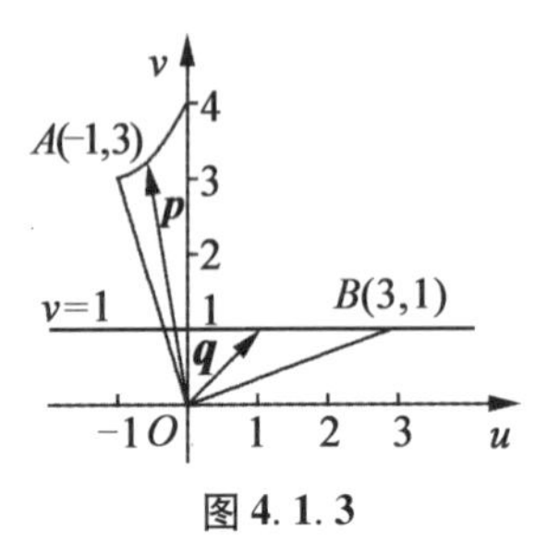

图 4.1.3

例 12　已知二次函数 $f(x)=ax^2+x+1$ 在区间 $[-1,2]$ 上有最小值 -2，求实数 a 的值.

解　依题意，当 $-1\leqslant x\leqslant 2$ 时，不等式

$$ax^2+x+1\geqslant -2 \quad ②$$

恒成立，且能取到等号. 式②即 $1\cdot(x+3)+a\cdot x^2\geqslant 0$. 在 uOv 坐标系下令 $\boldsymbol{p}=(u,v)$，$u=x+3$，$v=x^2(-1\leqslant x\leqslant 2)$，$\boldsymbol{q}=(1,a)$，式②即 $\boldsymbol{p}\cdot\boldsymbol{q}\geqslant 0$，从而题设限制条件即 $\theta=\langle\boldsymbol{p},\boldsymbol{q}\rangle\in[0,\frac{\pi}{2}]$，且 $\theta=\frac{\pi}{2}$ 能取到. 由 u,v 的表达式消去 x 得 $v=(u-3)^2(2\leqslant u\leqslant 5)$，即 $\boldsymbol{p}$ 的终点 P 在一段定抛物线上，$\boldsymbol{q}$ 的终点 $Q(1,a)$ 在直线 $u=1$ 上，如图 4.1.4 所示，考察定抛物线端点 $B(5,4)$，$C(2,1)$. 因 $k_{OB}=\frac{4}{5}$，要 $\angle AOB=\frac{\pi}{2}$，必有 $k_{OA}=-\frac{5}{4}$. 则当且仅当 $\boldsymbol{p}=(1,-\frac{5}{4})$ 时，不论 P 在定抛物线上何处，总有 $\theta\in[0,\frac{\pi}{2}]$，且 $\theta=\frac{\pi}{2}$ 能取到，此时 $a=-\frac{5}{4}$，故所求的值为 $-\frac{5}{4}$.

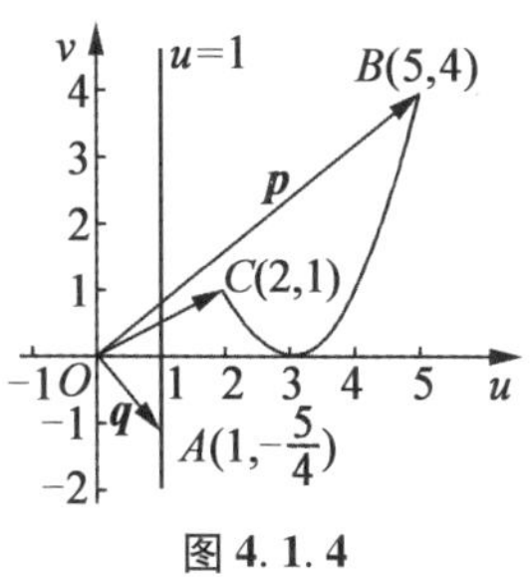

图 4.1.4

4.2　多元函数问题

例 1　(加拿大第 7 届中学生数学竞赛题)若 x,y,z 是满足

$$x+y+z=5, xy+yz+zx=3$$

的实数,试求 z 的最大值.

解　由题设有 $x^2+y^2+z^2=5^2-6=19$. 可设 $\boldsymbol{a}=(x,y),\boldsymbol{b}=(1,1)$,则由 $(\boldsymbol{a}\cdot\boldsymbol{b})^2\leqslant|\boldsymbol{a}|^2\cdot|\boldsymbol{b}|^2$,有 $2(x^2+y^2)\geqslant(x+y)^2$,即 $2(19-z^2)\geqslant(5-z)^2$,亦即 $3z^2-10z-13\leqslant0$.

从而求得 $z_{\max}=\dfrac{13}{3}$.

例 2　(1993 年上海市高三数学竞赛试题)已知:实数 x_1,x_2,x_3 满足方程 $x_1+\dfrac{1}{2}x_2+\dfrac{1}{3x_3}=1$,及 $x_1^2+\dfrac{1}{2}x_2^2+\dfrac{1}{3}x_3^2=3$,则 x_3 的最小值是多少?

解　方程可以化为 $x_1+\dfrac{1}{2}x_2=1-\dfrac{1}{3}x_3, x_1^2+\dfrac{1}{2}x_2^2=3-\dfrac{1}{3}x_3^2$.

设向量 $\boldsymbol{a}=\left(x_1,\frac{1}{\sqrt{2}}x_2\right),\boldsymbol{b}=\left(1,\frac{1}{\sqrt{2}}\right)$,则

$$\begin{aligned}3-\frac{1}{3}x_3^2&=x_1^2+\frac{1}{2}x_2^2\\&=|\boldsymbol{a}|^2\geqslant\frac{(\boldsymbol{a}\cdot\boldsymbol{b})^2}{|\boldsymbol{b}|^2}=\frac{\left(x_1+\frac{1}{2}x_2\right)^2}{1+\frac{1}{2}}\\&=\frac{2}{3}\left(1-\frac{1}{3}x_3\right)^2\end{aligned}$$

解不等式 $3-\frac{1}{3}x_3^2\geqslant\frac{2}{3}\left(1-\frac{1}{3}x_3\right)^2$,得 $-\frac{21}{11}\leqslant x_3\leqslant 3$,则 x_3 的最小值是 $-\frac{21}{11}$.

例 3 若 $\sqrt{x+1}+\sqrt{y-2}=5$,求 $x+y$ 的范围.

解 令 $\overrightarrow{OM}=(a,b)=(\sqrt{x+1},\sqrt{y-2})$,$\overrightarrow{ON}=(1,1)$,则 $5=\overrightarrow{OM}\cdot\overrightarrow{ON}=|\overrightarrow{OM}|\cdot|\overrightarrow{ON}|\cos\theta=\sqrt{2(x+y-1)}\cos\theta$($\theta$ 为 $\overrightarrow{OM}$,$\overrightarrow{ON}$ 的夹角),又 $a\geqslant 0$,$b\geqslant 0$,$a+b=5$,则 $\overrightarrow{OM}$,$\overrightarrow{ON}$ 的终点形成的图像参见图 4.2.1,由图易知 $\theta\in\left[0,\frac{\pi}{4}\right]$,即 $\frac{\sqrt{2}}{2}\leqslant\cos\theta\leqslant 1$.

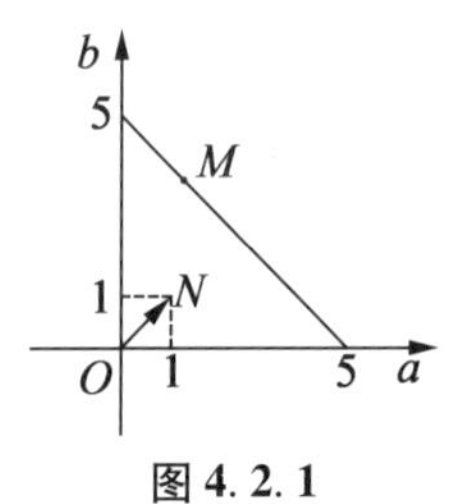

图 4.2.1

从而 $5\leqslant\sqrt{2(x+y-1)}\leqslant 5\sqrt{2}$,即 $\frac{27}{2}\leqslant x+y\leqslant 26$.

例4　设 $x,y\in\mathbf{R}_+$，a 为常数，不等式$\sqrt{x}+\sqrt{y}\leqslant a\sqrt{x+y}$恒成立，求 a 的最小值.

解　如图4.2.2所示，令$\overrightarrow{OM}=(1,1)$，$\overrightarrow{ON}=(\sqrt{x},\sqrt{y})$，则

$$\sqrt{x}+\sqrt{y}=\overrightarrow{OM}\cdot\overrightarrow{ON}\leqslant|\overrightarrow{OM}|\cdot|\overrightarrow{ON}|=\sqrt{2}\sqrt{x+y}$$

要使$\sqrt{x}+\sqrt{y}\leqslant a\sqrt{x+y}$恒成立，从而只需$\sqrt{2}\sqrt{x+y}\leqslant a\sqrt{x+y}$恒成立即可，故$a\geqslant\sqrt{2}$.

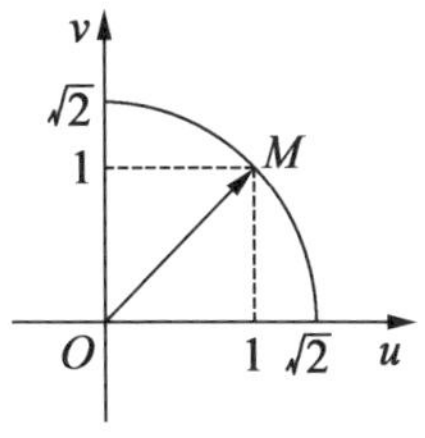

图4.2.2

例5　设$-\dfrac{\sqrt{6}}{6}\leqslant x\leqslant\dfrac{\sqrt{6}}{3}$，且$y=-\sqrt{2-3x^2}$，求$u=xy$的值域.

解　由

$$u=x(-\sqrt{2-3x^2})=-\frac{1}{\sqrt{3}}\sqrt{3}x\cdot\sqrt{2-3x^2}$$

$$=-\frac{\sqrt{3}}{6}(\sqrt{3}x\sqrt{2-3x^2}+\sqrt{3}x\sqrt{2-3x^2})$$

令

$$\overrightarrow{OM}=(a,b)=(\sqrt{3}x,\sqrt{2-3x^2})$$

$$\overrightarrow{ON}=(b,a)=(\sqrt{2-3x^2},\sqrt{3}x)$$

则
$$u=-\frac{\sqrt{3}}{6}\overrightarrow{OM}\cdot\overrightarrow{ON}$$

由
$$-\frac{\sqrt{6}}{6}\leqslant x\leqslant\frac{\sqrt{6}}{3}$$

则 $$-\frac{\sqrt{2}}{2}\leqslant a\leqslant\sqrt{2},0\leqslant b\leqslant\sqrt{2}$$

又由 $|\overrightarrow{OM}|=|\overrightarrow{ON}|=\sqrt{2}$，则$\overrightarrow{OM}$，$\overrightarrow{ON}$的终点形成的图形分别为$\overparen{AB}$和$\overparen{CD}$（$\overparen{AB}$和$\overparen{CD}$关于直线 $y=x$ 对称），参见图 4.2.3. 由图易知，当$\overrightarrow{OM}$与$\overrightarrow{ON}$同向时，$\overrightarrow{OM}$与$\overrightarrow{ON}$夹角最小，此时

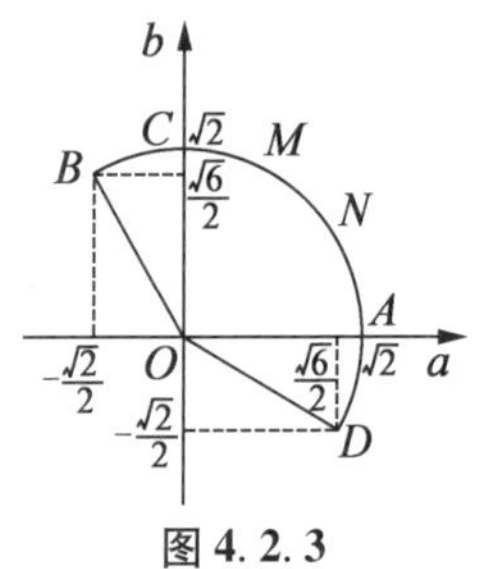

图 4.2.3

$$u_{\min}=-\frac{\sqrt{3}}{6}|\overrightarrow{OM}|\cdot|\overrightarrow{ON}|=-\frac{\sqrt{3}}{3}$$

当$\overrightarrow{OM}=\overrightarrow{OB}=\left(-\frac{\sqrt{2}}{2},\frac{\sqrt{6}}{2}\right)$，$\overrightarrow{ON}=\overrightarrow{OD}=\left(-\frac{\sqrt{6}}{2},-\frac{\sqrt{2}}{2}\right)$时，$\overrightarrow{OM}$与$\overrightarrow{ON}$夹角最大，此时

$$u_{\max}=-\frac{\sqrt{3}}{6}\overrightarrow{OM}\cdot\overrightarrow{ON}=\frac{1}{2}$$

故函数的值域为$\left[-\frac{\sqrt{3}}{3},\frac{1}{2}\right]$.

例 6 （1998 年湖南省中学数学竞赛题）已知：$x,y\in(0,+\infty)$，且$\frac{19}{x}+\frac{98}{y}=1$，则 $x+y$ 的最小值是多少？

解 设 $\boldsymbol{a}=\left(\sqrt{\frac{19}{x}},\sqrt{\frac{98}{y}}\right)$，$\boldsymbol{b}=(\sqrt{x},\sqrt{y})$，则

$$1=\frac{19}{x}+\frac{98}{y}=|\boldsymbol{a}|^2\geqslant\frac{(\boldsymbol{a}\cdot\boldsymbol{b})^2}{|\boldsymbol{b}|^2}$$

$$=\frac{(\sqrt{19}+\sqrt{98})^2}{x+y}=\frac{117+14\sqrt{38}}{x+y}$$

所以 $$x+y\geqslant 117+14\sqrt{38}$$

所以 $x+y$ 的最小值是 $117+14\sqrt{38}$.

例7　(2001 年全国中学数学联赛试题)求实数 x,y 的值,使得 $(y-1)^2+(x+y-3)^2+(2x+y-6)^2$ 达到最小值.

解　设 $\boldsymbol{a}=(y-1,x+y-3,2x+y-6)$, $\boldsymbol{b}=(-1,2,-1)$,则

$$(y-1)^2+(x+y-3)^2+(2x+y-6)^2$$

$$=|\boldsymbol{a}|^2\geqslant\frac{(\boldsymbol{a}\cdot\boldsymbol{b})^2}{|\boldsymbol{b}|^2}$$

$$=\frac{(-y+1+2x+2y-6-2x-y+6)^2}{(-1)^2+2^2+(-1)^2}$$

$$=\frac{1}{6}$$

当且仅当

$$\frac{y-1}{-1}=\frac{x+y-3}{2}=\frac{2x+y-6}{-1}$$

即 $x=\frac{5}{2}$, $y=\frac{5}{6}$ 时, $(y-1)^2+(x+y-3)^2+(2x+y-6)^2$ 取最小值 $\frac{1}{6}$.

例8　已知正实数 m,n,l 满足 $m+n+l=1$,求 $\sqrt{3m+1}+\sqrt{3n+1}+\sqrt{3l+1}$ 的最大值.

解　设 $\boldsymbol{a}=(\sqrt{3m+1},\sqrt{3n+1},\sqrt{3l+1})$, $\boldsymbol{b}=(1,1,1)$,则

$$\boldsymbol{a}\cdot\boldsymbol{b}=\sqrt{3m+1}+\sqrt{3n+1}+\sqrt{3l+1}$$

$$|\boldsymbol{a}| = \sqrt{3m+1+3n+1+3l+1} = \sqrt{6}$$

$$|\boldsymbol{b}| = \sqrt{3}$$

由 $|\boldsymbol{a}\cdot\boldsymbol{b}| \leqslant |\boldsymbol{a}||\boldsymbol{b}|$ 得

$$\sqrt{3m+1} + \sqrt{3n+1} + \sqrt{3l+1} \leqslant \sqrt{6}\cdot\sqrt{3} = 3\sqrt{2}$$

故 $\sqrt{3m+1} + \sqrt{3n+1} + \sqrt{3l+1}$ 的最大值为 $3\sqrt{2}$，当且仅当 $m=n=l=\frac{1}{3}$ 时取得.

例 9 （第 7 届"希望杯"全国数学邀请赛高二培训题）设 $a^2+b^2+c^2=4$，$x^2+y^2+z^2=9$，则 $ax+by+cz$ 的取值范围是多少？

解 设 $\boldsymbol{\alpha}=(a,b,c)$，$\boldsymbol{\beta}=(x,y,z)$，则

$$4 = a^2+b^2+c^2 = |\boldsymbol{\alpha}|^2 \geqslant \frac{(\boldsymbol{\alpha}\cdot\boldsymbol{\beta})^2}{|\boldsymbol{\beta}|^2} = \frac{(ax+by+cz)^2}{x^2+y^2+z^2} = \frac{(ax+by+cz)^2}{9}$$

即

$$(ax+by+cz)^2 \leqslant 36$$

故 $ax+by+cz$ 的取值范围是

$$-6 \leqslant ax+by+cz \leqslant 6$$

例 10 （1999 年"希望杯"全国数学邀请赛高一培训题）已知 $a,b,c>0$，$ab=2$，$a^2+b^2+c^2=6$，求 $bc+ca$ 的最大值.

解 构造向量 $\boldsymbol{m}=(a,b,c)$，$\boldsymbol{n}=(b,c,a)$，由 $\boldsymbol{m}\cdot\boldsymbol{n} \leqslant |\boldsymbol{m}|\cdot|\boldsymbol{n}|$ 得，$ab+bc+ca \leqslant \sqrt{a^2+b^2+c^2}\cdot\sqrt{b^2+c^2+a^2} = a^2+b^2+c^2 = 6$，当且仅当 $\boldsymbol{m},\boldsymbol{n}$ 同向，即 $a=b=c$，而 $ab=2$，故 $a=b=c=\sqrt{2}$ 时取等号.

故 $bc+ca$ 的最大值是 4.

例 11 （《数学通报》，1988(3)，数学问题 522 号）已知 $x+2y+3z+4u+5v=30$，求 $\omega=x^2+2y^2+3z^2+4u^2+5v^2$ 的最小值.

解　构造向量 $\boldsymbol{m}=(x,\sqrt{2}y,\sqrt{3}z,\sqrt{4}u,\sqrt{5}v)$，$\boldsymbol{n}=(1,\sqrt{2},\sqrt{3},\sqrt{4},\sqrt{5})$，则由 $|\boldsymbol{m}|^2\cdot|\boldsymbol{n}|^2\geqslant(\boldsymbol{m}\cdot\boldsymbol{n})^2$ 得 $(x^2+2y^2+3z^2+4u^2+5v^2)\cdot 15\geqslant(x+2y+3z+4u+5v)^2=900$，当且仅当 $\boldsymbol{m}\cdot\boldsymbol{n}$ 共线，即 $x=y=z=u=v=2$ 时取等号. 故 ω 的最小值为 60.

例 12　（第 9 届"希望杯"全国数学邀请赛高二第一试）若实数 x,y 满足方程 $x^2+y^2-2x-4y+1=0$，则代数式 $\frac{y}{x+2}$ 的取值范围是________.

解　设 $\frac{y}{x+2}=t$，则

$$y=tx+2t \qquad ①$$

故式①化为 $3t-2=-t\cdot(x-1)+1\cdot(y-2)$. 又方程 $x^2+y^2-2x-4y+1=0$ 可化为 $(x-1)^2+(y-2)^2=4$，构造向量 $\boldsymbol{m}=(x-1,y-2)$，$\boldsymbol{n}=(-t,1)$，则 $|\boldsymbol{m}|=\sqrt{(x-1)^2+(y-2)^2}=2$，$|\boldsymbol{n}|=\sqrt{t^2+1}$，得 $\boldsymbol{m}\cdot\boldsymbol{n}=3t-2$. 由 $(\boldsymbol{m}\cdot\boldsymbol{n})^2\leqslant|\boldsymbol{m}|^2\cdot|\boldsymbol{n}|^2$ 得 $(3t-2)^2\leqslant 4(t^2+1)$，解得 $0\leqslant t\leqslant\frac{12}{5}$，故 $\frac{y}{x+2}$ 的取值范围是 $\left[0,\frac{12}{5}\right]$.

例 13　（第 10 届"希望杯"全国数学邀请赛高二试题）已知：实数 x,y 满足方程 $(x+2)^2+y^2=1$，则 $\frac{y-1}{x-2}$ 的最小值是多少？

解　设 $\frac{y-1}{x-2}=k$，则 $y-1=kx-2k$，$y=kx-2k+1$.

设 $\boldsymbol{m}=(x+2,kx-2k+1)$，$\boldsymbol{n}=(k,-1)$，则

$$\begin{aligned}1&=(x+2)^2+y^2\\&=(x+2)^2+(kx-2k+1)^2\end{aligned}$$

$$=|\boldsymbol{m}|^2\geqslant\frac{(\boldsymbol{m}\cdot\boldsymbol{n})^2}{|\boldsymbol{n}|^2}$$

$$=\frac{(kx+2k-kx+2k-1)^2}{k^2+1^2}$$

$$=\frac{(4k-1)^2}{k^2+1}$$

从而

$$(4k-1)^2\leqslant k^2+1$$

即

$$k(15k-8)\leqslant 0$$

于是有 $\begin{cases}k\leqslant 0\\15k-8\geqslant 0\end{cases}$ 或 $\begin{cases}k\geqslant 0\\15k-8\leqslant 0\end{cases}$. 解不等式组得 $k=0$, $0\leqslant k\leqslant\frac{8}{15}$. 故 $\frac{y-1}{x-2}=k$ 的最小值是 0.

例 14 （1990 年首届“希望杯”全国数学邀请赛备选题）已知：$x,y,z\in(0,+\infty)$，且 $\frac{x^2}{1+x^2}+\frac{y^2}{1+y^2}+\frac{z^2}{1+z^2}=2$，求 $\frac{x}{1+x^2}+\frac{y}{1+y^2}+\frac{z}{1+z^2}$ 的最大值.

解 由 $\frac{x^2}{1+x^2}+\frac{y^2}{1+y^2}+\frac{z^2}{1+z^2}=2$，得

$$\frac{1+x^2-1}{1+x^2}+\frac{1+y^2-1}{1+y^2}+\frac{1+z^2-1}{1+z^2}=2$$

于是得

$$\frac{1}{1+x^2}+\frac{1}{1+y^2}+\frac{1}{1+z^2}=1$$

设

$$\boldsymbol{m}=\left(\frac{x}{\sqrt{1+x^2}},\frac{y}{\sqrt{1+y^2}},\frac{z}{\sqrt{1+z^2}}\right)$$

$$\boldsymbol{n}=\left(\frac{1}{\sqrt{1+x^2}},\frac{1}{\sqrt{1+y^2}},\frac{1}{\sqrt{1+z^2}}\right)$$

则

$$\begin{aligned}2 &= \frac{x^2}{1+x^2}+\frac{y^2}{1+y^2}+\frac{z^2}{1+z^2}\\ &= |\boldsymbol{m}|^2 \geqslant \frac{(\boldsymbol{m}\cdot\boldsymbol{n})^2}{|\boldsymbol{n}|^2}\\ &= \frac{\left(\frac{x}{1+x^2}+\frac{y}{1+y^2}+\frac{z}{1+z^2}\right)^2}{\frac{1}{1+x^2}+\frac{1}{1+y^2}+\frac{1}{1+z^2}}\\ &= \left(\frac{x}{1+x^2}+\frac{y}{1+y^2}+\frac{z}{1+z^2}\right)^2\end{aligned}$$

从而
$$\left(\frac{x}{1+x^2}+\frac{y}{1+y^2}+\frac{z}{1+z^2}\right)^2 \leqslant 2$$

即
$$\frac{x}{1+x^2}+\frac{y}{1+y^2}+\frac{z}{1+z^2} \leqslant \sqrt{2}$$

故$\frac{x}{1+x^2}+\frac{y}{1+y^2}+\frac{z}{1+z^2}$的最大值是$\sqrt{2}$(当且仅当$x=y=z=\frac{\sqrt{2}}{2}$时达到最大值).

4.3　等式、方程问题

例1　(第3届“希望杯”全国数学邀请赛试题)已知$a,b\in\mathbf{R}$且$a\sqrt{1-b^2}+b\sqrt{1-a^2}=1$,求证:$a^2+b^2=1$.

证明　构造向量$\boldsymbol{m}=(a,\sqrt{1-a^2})$,$\boldsymbol{n}=(\sqrt{1-b^2},b)$,则$|\boldsymbol{m}|\cdot|\boldsymbol{n}|=1$,且$\boldsymbol{m}\cdot\boldsymbol{n}=a\sqrt{1-b^2}+b\sqrt{1-a^2}=1$,得$\boldsymbol{m}\cdot\boldsymbol{n}=|\boldsymbol{m}|\cdot|\boldsymbol{n}|$,故可知$\boldsymbol{m}$与$\boldsymbol{n}$同

向且 $\boldsymbol{m}=\boldsymbol{n}$,从而 $a=\sqrt{1-b^2}$,故 $a^2+b^2=1$.

例 2 (1978 年罗马尼亚数学奥林匹克试题)解方程 $\sqrt{x}+\sqrt{y-1}+\sqrt{z-2}=\frac{1}{2}(x+y+z)$.

解 构造向量 $\boldsymbol{m}=(\sqrt{x},\sqrt{y-1},\sqrt{z-2})$,$\boldsymbol{n}=(1,1,1)$,则 $\boldsymbol{m}^2=|\boldsymbol{m}|^2=x+(y-1)+(z-2)=(x+y+z)-3$,$\boldsymbol{n}^2=|\boldsymbol{n}|^2=3$.

而 $\boldsymbol{m}\cdot\boldsymbol{n}=\sqrt{x}+\sqrt{y-1}+\sqrt{z-2}$,结合已知条件得 $\boldsymbol{m}\cdot\boldsymbol{n}=\frac{1}{2}(\boldsymbol{m}^2+\boldsymbol{n}^2)$,则 $(\boldsymbol{m}-\boldsymbol{n})^2=0$,即 $\boldsymbol{m}=\boldsymbol{n}$.

从而 $\sqrt{x}=\sqrt{y-1}=\sqrt{z-2}=1$,得 $x=1,y=2,z=3$. 经检验 $x=1,y=2,z=3$ 为原方程的解.

例 3 解方程:

(1) $\sqrt{x^2+1}+\sqrt{x^2-24x+160}=13$;

(2)求方程 $x\sqrt{14-3y^2}-y\sqrt{21-3x^2}=7\sqrt{2}$ 的整数解.

解 (1)原方程可变为

$$\sqrt{x^2+1}+\sqrt{(x-12)^2+16}=13$$

令 $P(x,0)$,$A(0,-1)$,$B(12,4)$,则 $\overrightarrow{PA}=(-x,-1)$,$\overrightarrow{PB}=(12-x,4)$,$\overrightarrow{AB}=(12,5)$. 因 $|\overrightarrow{PA}|+|\overrightarrow{PB}|\geqslant|\overrightarrow{PA}-\overrightarrow{PB}|=|\overrightarrow{AB}|=13$,当且仅当 $\overrightarrow{PA}$ 与 $\overrightarrow{PB}$ 反向时取等号,即 $(-x,-1)=\lambda(12-x,4)(\lambda<0)$,则

$$\lambda=-\frac{1}{4},x=\frac{12}{5}$$

又原方程就是 $|\overrightarrow{PA}|+|\overrightarrow{PB}|=|\overrightarrow{AB}|=13$,故 $x=\frac{12}{5}$ 为原方程的解.

（2）令 $\boldsymbol{m}=(x,-y)$，$\boldsymbol{n}=(\sqrt{14-3y^2},\sqrt{21-3x^2})$，则

$$x\sqrt{14-3y^2}-y\sqrt{21-3x^2}=\boldsymbol{m}\cdot\boldsymbol{n}$$

$$\leqslant|\boldsymbol{m}|\cdot|\boldsymbol{n}|=\sqrt{x^2+y^2}\sqrt{35-3x^2-3y^2}$$

若方程有解，则

$$\begin{cases}\sqrt{x^2+y^2}\sqrt{35-3x^2-3y^2}\geqslant7\sqrt{2}\\14-3y^2\geqslant0\\21-3x^2\geqslant0\\x\geqslant0,y\leqslant0,x,y\in\mathbf{Z}\end{cases}$$

$$\Rightarrow\begin{cases}\dfrac{14}{3}\leqslant x^2+y^2\leqslant7\\0\leqslant x\leqslant\sqrt{7}\\-\sqrt{\dfrac{14}{3}}\leqslant y\leqslant0\end{cases}\qquad(*)$$

作出约束条件（$*$）的可行域，可知可行域内整数点只有两个：$(1,-2)$，$(2,-1)$。

经检验知，只有 $x=1$，$y=-2$ 是原方程的整数解.

例 4　（1992 年友谊杯国际数学邀请赛八年级试题）解方程组

$$\begin{cases}2x+3y+z=13 & ①\\4x^2+9y^2+z^2-2x+15y+3z=82 & ②\end{cases}$$

解　①＋②可得 $(2x)^2+(3y+3)^2+(z+2)^2=108$. 构造向量 $\boldsymbol{m}=(2x,3y+3,z+2)$，$\boldsymbol{n}=(1,1,1)$，则 $\boldsymbol{m}^2=(2x)^2+(3y+3)^2+(z+2)^2=108$，$\boldsymbol{n}^2=3$.

又 $\boldsymbol{m}\cdot\boldsymbol{n}=2x+(3y+3)+(z+2)=(2x+3y+z)+5=18$，因而 $\boldsymbol{m}^2+36\boldsymbol{n}^2=216=12\boldsymbol{m}\cdot\boldsymbol{n}$，即 $(\boldsymbol{m}-6\boldsymbol{n})^2=0$，故 $\boldsymbol{m}=6\boldsymbol{n}$，从而 $2x=3y+3=z+2=6$，得原方程组的

解为 $x=3,y=1,z=4$.

4.4 不等式问题

例 1 设 $x,y\in\mathbf{R}$,求证 $(x^4+y^4)(x^2+y^2)\geqslant(x^3+y^3)^2$.

证明 构造向量 $\boldsymbol{p}=(x^2,y^2)$,$\boldsymbol{q}=(x,y)$,则 $(x^3+y^3)^2=(\boldsymbol{p}\cdot\boldsymbol{q})^2=|\boldsymbol{p}|^2|\boldsymbol{q}|^2\cos^2\theta\leqslant|\boldsymbol{p}|^2|\boldsymbol{q}|^2=(x^4+y^4)(x^2+y^2)$.

例 2 设 $\frac{3}{2}\leqslant x\leqslant 5$,证明不等式 $2\sqrt{x+1}+\sqrt{2x-3}+\sqrt{15-3x}<2\sqrt{19}$.

证明 设 $y=2\sqrt{x+1}+\sqrt{2x-3}+\sqrt{15-3x}$,这个式子有多种分拆或配凑方法,但为了凑结论中的 $2\sqrt{19}$,则令 $\boldsymbol{p}=(1,1,1,1)$,$\boldsymbol{q}=(\sqrt{x+1},\sqrt{x+1},\sqrt{2x-3},\sqrt{15-3x})$,于是 $y=\boldsymbol{p}\cdot\boldsymbol{q}\leqslant|\boldsymbol{p}|\cdot|\boldsymbol{q}|=\sqrt{4}\cdot\sqrt{x+14}\leqslant 2\sqrt{19}$.

当 $\frac{3}{2}\leqslant x<5$ 时,$2\sqrt{x+4}<2\sqrt{19}$,故 $y<2\sqrt{19}$.

当 $x=5$ 时,$2\sqrt{x+4}=2\sqrt{19}$,但由于 $\sqrt{x+1}=\sqrt{2x-3}=\sqrt{15-3x}$ 无解,故 $\boldsymbol{p}\cdot\boldsymbol{q}<|\boldsymbol{p}|\cdot|\boldsymbol{q}|$,即 $y<2\sqrt{19}$. 因此原不等式成立,即有 $2\sqrt{x+1}+\sqrt{2x-3}+\sqrt{15-3x}<2\sqrt{19}$.

例 3 设 $a,b,c\in\mathbf{R}$,求证:$\sqrt{2}(a+b+c)\leqslant\sqrt{a^2+b^2}+\sqrt{b^2+c^2}+\sqrt{c^2+a^2}\leqslant\sqrt{6}\sqrt{a^2+b^2+c^2}$.

证明　令 $\boldsymbol{x}=(a,b)$,$\boldsymbol{y}=(b,c)$,$\boldsymbol{z}=(c,a)$,则 $\sqrt{a^2+b^2}+\sqrt{b^2+c^2}+\sqrt{c^2+a^2}=|\boldsymbol{x}|+|\boldsymbol{y}|+|\boldsymbol{z}|\geqslant|\boldsymbol{x}+\boldsymbol{y}+\boldsymbol{z}|=\sqrt{2}\,|a+b+c|\geqslant\sqrt{2}(a+b+c)$,即左半部分成立;

令 $\boldsymbol{p}=(1,1,1)$,$\boldsymbol{q}=(\sqrt{a^2+b^2},\sqrt{b^2+c^2},\sqrt{c^2+a^2})$,则 $\sqrt{a^2+b^2}+\sqrt{b^2+c^2}+\sqrt{c^2+a^2}=\boldsymbol{p}\cdot\boldsymbol{q}\leqslant|\boldsymbol{p}|\cdot|\boldsymbol{q}|=\sqrt{6}\sqrt{a^2+b^2+c^2}$,即右半部分也成立.

例4　设实数 a,b,c,d 满足 $a>b>c>d$,问是否存在最大的正整数 n 使得 $\frac{1}{a-b}+\frac{1}{b-c}+\frac{1}{c-d}\geqslant\frac{n}{a-d}$ 恒成立,若存在,求出最大正整数 n;若不存在,说明理由.

解　设 $\boldsymbol{p}=\left(\frac{1}{\sqrt{a-b}},\frac{1}{\sqrt{b-c}},\frac{1}{\sqrt{c-d}}\right)$,$\boldsymbol{q}=(\sqrt{a-b},\sqrt{b-c},\sqrt{c-d})$,其中 $a>b>c>d$,则 $\boldsymbol{p}\cdot\boldsymbol{q}=3$,$|\boldsymbol{p}|=\sqrt{\frac{1}{a-b}+\frac{1}{b-c}+\frac{1}{c-d}}$,$|\boldsymbol{q}|=\sqrt{a-d}$.

由 $|\boldsymbol{p}\cdot\boldsymbol{q}|\leqslant|\boldsymbol{p}|\cdot|\boldsymbol{q}|$ 得

$$\sqrt{\frac{1}{a-b}+\frac{1}{b-c}+\frac{1}{c-d}}\cdot\sqrt{a-d}\geqslant 3$$

即

$$\frac{1}{a-b}+\frac{1}{b-c}+\frac{1}{c-d}\geqslant\frac{9}{a-d}$$

故使得 $\frac{1}{a-b}+\frac{1}{b-c}+\frac{1}{c-d}\geqslant\frac{n}{a-d}$ 恒成立的最大正整数 $n=9$.

例5　已知 $a\geqslant-\frac{1}{2}$,$b\geqslant-\frac{1}{2}$,且 $a+b=1$,求证:

$\sqrt{a+\frac{1}{2}}+\sqrt{b+\frac{1}{2}}\geqslant\sqrt{2}$.

证明 令$\overrightarrow{OM}=(1,1)$,$\overrightarrow{ON}=(u,v)=\left(\sqrt{a+\frac{1}{2}},\sqrt{b+\frac{1}{2}}\right)$,则

$$\sqrt{a+\frac{1}{2}}+\sqrt{b+\frac{1}{2}}=\overrightarrow{OM}\cdot\overrightarrow{ON}$$

又 $a\geqslant-\frac{1}{2}$,$b\geqslant-\frac{1}{2}$,$a+b=1$,有

$$|\overrightarrow{ON}|=\sqrt{2}$$

从而$\overrightarrow{OM}$,$\overrightarrow{ON}$的终点形成的图像参见图 4.2.2,由图易知:当$\overrightarrow{ON}=(2,0)$或$(0,\sqrt{2})$时,$\overrightarrow{OM}$与$\overrightarrow{ON}$的夹角最大,此时$\left(\sqrt{a+\frac{1}{2}}+\sqrt{b+\frac{1}{2}}\right)_{\min}=\overrightarrow{OM}\cdot\overrightarrow{ON}=\sqrt{2}$,故不等式成立.

例 6 (第 24 届全苏数学竞赛试题)如果正数 x_1,x_2,$\cdots$,x_n 的和为 1,那么

$$\frac{x_1^2}{x_1+x_2}+\frac{x_2^2}{x_2+x_3}+\cdots+\frac{x_n^2}{x_n+x_1}\geqslant\frac{x_1+x_2+\cdots+x_n}{2}$$

证明 构造向量

$$\boldsymbol{p}=(\sqrt{x_1+x_2},\sqrt{x_2+x_3},\cdots,\sqrt{x_n+x_1})$$

$$\boldsymbol{q}=\left(\frac{x_1}{\sqrt{x_1+x_2}},\frac{x_2}{\sqrt{x_2+x_3}},\cdots,\frac{x_n}{x_n+x_1}\right)$$

因为$|\boldsymbol{p}|^2|\boldsymbol{q}|^2\geqslant|\boldsymbol{p}\cdot\boldsymbol{q}|^2$,所以

$$[(x_1+x_2)+(x_2+x_3)+\cdots+(x_n+x_1)]\cdot\left(\frac{x_1^2}{x_1+x_2}+\frac{x_2^2}{x_2+x_3}+\cdots+\frac{x_n^2}{x_n+x_1}\right)$$

$$\geqslant(x_1+x_2+\cdots+x_n)^2$$

所以

$$\frac{x_1^2}{x_1+x_2}+\frac{x_2^2}{x_2+x_3}+\cdots+\frac{x_n^2}{x_n+x_1}\geqslant\frac{x_1+x_2+\cdots+x_n}{2}$$

例 7　(第 26 届全俄数学奥林匹克竞赛试题)证明:对任意 $a>1,b>1$,有不等式$\frac{a^2}{b-1}+\frac{b^2}{a-1}\geqslant 8$.

证明　因为 $a>1,b>1$,所以 $a-1>0,b-1>0$.

构造向量 $\boldsymbol{p}=(\sqrt{b-1},\sqrt{a-1})$, $\boldsymbol{q}=\left(\frac{a}{\sqrt{b-1}},\frac{b}{\sqrt{a-1}}\right)$.

因为$|\boldsymbol{p}|^2|\boldsymbol{q}|^2\geqslant|\boldsymbol{p}\cdot\boldsymbol{q}|^2$,所以

$$(a-1+b-1)\left(\frac{a^2}{b-1}+\frac{b^2}{a-1}\right)\geqslant(a+b)^2$$

所以

$$\begin{aligned}\frac{a^2}{b-1}+\frac{b^2}{a-1}&\geqslant\frac{(a+b-2+2)^2}{a+b-2}\\&=a+b-2+\frac{4}{a+b-2}+4\\&\geqslant 8\end{aligned}$$

即$\frac{a^2}{b-1}+\frac{b^2}{a-1}\geqslant 8$.

例 8　(第 36 届 IMO 试题)设 a,b,c 为正数,$abc=1$,求证:$\frac{1}{a^3(b+c)}+\frac{1}{b^3(a+c)}+\frac{1}{c^3(a+b)}\geqslant\frac{3}{2}$.

证明　构造向量

$$\boldsymbol{p}=(\sqrt{a(b+c)},\sqrt{b(a+c)},\sqrt{c(a+b)})$$

$$\boldsymbol{q}=\left(\sqrt{\frac{1}{a^3(b+c)}},\sqrt{\frac{1}{b^3(a+c)}},\sqrt{\frac{1}{c^3(a+b)}}\right)$$

因为$|\boldsymbol{p}|^2|\boldsymbol{q}|^2\geqslant|\boldsymbol{p}\cdot\boldsymbol{q}|^2$,所以

$$[a(b+c)+b(a+c)+c(a+b)]\cdot\left[\frac{1}{a^3(b+c)}+\frac{1}{b^3(a+c)}+\frac{1}{c^3(a+b)}\right]\geqslant\left(\frac{1}{a}+\frac{1}{b}+\frac{1}{c}\right)^2$$

所以

$$\frac{1}{a^3(b+c)}+\frac{1}{b^3(a+c)}+\frac{1}{c^3(a+b)}\geqslant\frac{(ab+bc+ac)^2}{2a^2b^2c^2(ab+bc+ac)}=\frac{ab+bc+ac}{2}$$

$$\geqslant\frac{3\sqrt[3]{a^2b^2c^2}}{2}=\frac{3}{2}\quad(\text{因为 } abc=1)$$

所以$\frac{1}{a^3(b+c)}+\frac{1}{b^3(a+c)}+\frac{1}{c^3(a+b)}\geqslant\frac{3}{2}$.

例 9 (《中等数学》2002 年第 1 期数学奥林匹克试题)设 $a,b,c\in\mathbf{R}_+$,试证:$\frac{a}{b^2}+\frac{b}{c^2}+\frac{c}{a^2}\geqslant\frac{1}{a}+\frac{1}{b}+\frac{1}{c}$.

证明 构造向量

$$\boldsymbol{p}=\left(\frac{\sqrt{a}}{b},\frac{\sqrt{b}}{c},\frac{\sqrt{c}}{a}\right),\boldsymbol{q}=\left(\frac{1}{\sqrt{a}},\frac{1}{\sqrt{b}},\frac{1}{\sqrt{c}}\right)$$

由$|\boldsymbol{p}|^2|\boldsymbol{q}|^2\geqslant(\boldsymbol{p}\cdot\boldsymbol{q})^2$,得

$$\left(\frac{a}{b^2}+\frac{b}{c^2}+\frac{c}{a^2}\right)\cdot\left(\frac{1}{a}+\frac{1}{b}+\frac{1}{c}\right)\geqslant\left(\frac{1}{a}+\frac{1}{b}+\frac{1}{c}\right)^2$$

即$\frac{a}{b^2}+\frac{b}{c^2}+\frac{c}{a^2}\geqslant\frac{1}{a}+\frac{1}{b}+\frac{1}{c}$.

例 10 若 $x,y,z,\lambda,\mu\in\mathbf{R}_+$,则$\frac{x}{\lambda y+\mu z}+\frac{y}{\lambda z+\mu x}+$

$\frac{z}{\lambda x+\mu y}\geqslant\frac{3}{\lambda+\mu}$.

证明 构造向量

$$p=\left(\sqrt{\frac{x}{\lambda y+\mu z}},\sqrt{\frac{y}{\lambda z+\mu x}},\sqrt{\frac{z}{\lambda x+\mu y}}\right)$$

$$q=(\sqrt{x(\lambda y+\mu z)},\sqrt{y(\lambda z+\mu x)},\sqrt{z(\lambda z+\mu y)})$$

由$|p|^2|q|^2\geqslant(p\cdot q)^2$,得

$$\left(\frac{x}{\lambda y+\mu z}+\frac{y}{\lambda z'+\mu x}+\frac{z}{\lambda x+\mu y}\right)\cdot$$
$$[x(\lambda y+\mu z)+y(\lambda z+\mu x)+z(\lambda z+\mu y)]$$
$$\geqslant(x+y+z)^2$$

所以

$$\frac{x}{\lambda y+\mu z}+\frac{y}{\lambda z+\mu x}+\frac{z}{\lambda x+\mu y}$$
$$\geqslant\frac{(x+y+z)^2}{(\lambda+\mu)(xy+yz+zx)}$$
$$\geqslant\frac{3(xy+yz+zx)}{(\lambda+\mu)(xy+yz+zx)}=\frac{3}{\lambda+\mu}$$

例 11 (第 31 届 IMO 备选试题)设 $a,b,c,d>0$ 且 $ab+bc+cd+da=1$,求证:$\frac{a^3}{b+c+d}+\frac{b^3}{c+d+a}+\frac{c^3}{d+a+b}+\frac{d^3}{a+b+c}\geqslant\frac{1}{3}$.

证明 构造向量

$$p=(\sqrt{a(b+c+d)},\sqrt{b(a+c+d)},$$
$$\sqrt{c(a+b+d)},\sqrt{d(a+b+c)})$$

$$q=\left(\sqrt{\frac{a^3}{(b+c+d)}},\sqrt{\frac{b^3}{(c+d+a)}},\right.$$

$$\sqrt{\frac{c^3}{(d+a+b)}},\sqrt{\frac{d^3}{(a+b+c)}}\Big)$$

因为$|\boldsymbol{p}|^2|\boldsymbol{q}|^2\geqslant|\boldsymbol{p}\cdot\boldsymbol{q}|^2$,所以

$$[a(b+c+d)+b(a+c+d)+c(d+a+b)+d(a+b+c)]\cdot\left[\frac{a^3}{b+c+d}+\frac{b^3}{c+d+a}+\frac{c^3}{d+a+b}+\frac{d^3}{a+b+c}\right]$$
$$\geqslant(a^2+b^2+c^2+d^2)^2$$

所以

$$\frac{a^3}{b+c+d}+\frac{b^3}{c+d+a}+\frac{c^3}{d+a+b}+\frac{d^3}{a+b+c}$$
$$\geqslant\frac{(a^2+b^2+c^2+d^2)^2}{2(ab+ac+ad+bc+bd+cd)}$$
$$\geqslant\frac{(a^2+b^2+c^2+d^2)^2}{3(a^2+b^2+c^2+d^2)}$$
$$=\frac{a^2+b^2+c^2+d^2}{3}$$

又因为$a^2+b^2+c^2+d^2\geqslant ab+bc+cd+da=1$,所以$\frac{a^2}{b+c+d}+\frac{b^3}{c+d+a}+\frac{c^3}{d+a+b}+\frac{d^3}{a+b+c}\geqslant\frac{1}{3}$.

例 12 设非负实数 a,b,c,d 满足 $a+b+c+d=1$,求证

$$\sqrt{a+b}+\sqrt{2b+c}+\sqrt{3c+d}+\sqrt{4d+a}\leqslant\sqrt{\frac{11\ 569}{532}}$$

证明 设 $M=\sqrt{a+b}+\sqrt{2b+c}+\sqrt{3c+d}+\sqrt{4d+a}$,令 $\sqrt{a+b}=x$, $\sqrt{2b+c}=y$, $\sqrt{3c+d}=z$, $\sqrt{4d+a}=w$,显然 x,y,z,w 也为非负实数,且 $M=x+y+z+w$.

此时，$a+b=x^2$，$2b+c=y^2$，$3c+d=z^2$，$4d+a=w^2$.

注意到 $a+b+c+d=1$，$532=2\times2\times7\times19$ 以及 $11\ 569=23(4\times7+2\times7\times19+4\times19+7\times19)$，则 $23=23(a+b+c+d)=19(a+b)+2(2b+c)+7(3c+d)+4(4d+a)=19x^2+2y^2+7z^2+4w^2$.

于是$\frac{19}{23}x^2+\frac{2}{23}y^2+\frac{7}{23}z^2+\frac{4}{23}w^2=1$.

若又令$\frac{19}{23}x^2=\alpha_1$，$\frac{2}{23}y^2=\alpha_2$，$\frac{7}{23}z^2=\alpha_3$，$\frac{4}{23}w^2=\alpha_4$，则 $\alpha_1+\alpha_2+\alpha_3+\alpha_4=1$.

构造向量

$$\boldsymbol{m}=\left(\sqrt{\frac{23}{19}},\sqrt{\frac{23}{2}},\sqrt{\frac{23}{7}},\sqrt{\frac{23}{4}}\right)$$

$$\boldsymbol{n}=(\sqrt{\alpha_1},\sqrt{\alpha_2},\sqrt{\alpha_3},\sqrt{\alpha_4})$$

则

$$\begin{aligned}M&=\sqrt{\frac{23}{19}\alpha_1}+\sqrt{\frac{23}{2}\alpha_2}+\sqrt{\frac{23}{7}\alpha_3}+\sqrt{\frac{23}{4}\alpha_4}\\&=\boldsymbol{m}\cdot\boldsymbol{n}\leqslant|\boldsymbol{m}|\cdot|\boldsymbol{n}|\\&=\sqrt{\frac{23}{19}+\frac{23}{2}+\frac{23}{7}+\frac{23}{4}}\cdot\sqrt{\alpha_1+\alpha_2+\alpha_3+\alpha_4}\\&=\sqrt{\frac{11\ 569}{532}}\end{aligned}$$

注　取 $\alpha_1=1$，$\alpha_2=\alpha_3=\alpha_4=0$，则$\sqrt{\frac{23}{19}}\leqslant M$，即有

$$\sqrt{a+b}+\sqrt{2b+c}+\sqrt{3c+d}+\sqrt{4d+a}\geqslant\sqrt{\frac{23}{19}}.$$

例 13　（2002 年澳大利亚国家数学竞赛题）求二元函数 $f(x,y)=y-2x$ 的最小值和最大值，其中非负

实数 x,y 满足 $x\neq y$ 且 $\frac{x^2+y^2}{x+y}\leqslant 4$.

解 $\frac{x^2+y^2}{x+y}\leqslant 4\Leftrightarrow(x-2)^2+(y-2)^2\leqslant 8$,其中 $x+y\neq 0$. 于是,满足条件的 (x,y) 为以 $(2,2)$ 为圆心,$2\sqrt{2}$ 为半径的圆,且 $x\geqslant 0,y\geqslant 0,x\neq y,x+y\neq 0$,设该区域为 $\mathscr{A}$.

设 $y-2x=c$,即 $y=2x+c$ 是斜率为 2 的直线,$(x,y)\in\mathscr{A}$. 于是,问题等价于求 c 的最小值和最大值,使得直线 $y=2x+c$ 上有 $\mathscr{A}$ 中的点.

由于所有的这些直线均平行,且与过点 $P(2,2)$,斜率为 $-\frac{1}{2}$ 的直线垂直,如图 4.4.1 所示. 因为

$$\begin{aligned}\overrightarrow{OQ}&=\overrightarrow{OP}+\overrightarrow{PQ}\\&=(2,2)+\left(\frac{4}{5}\sqrt{10},-\frac{2}{5}\sqrt{10}\right)\\&=\left(2+\frac{4}{5}\sqrt{10},2-\frac{2}{5}\sqrt{10}\right)\end{aligned}$$

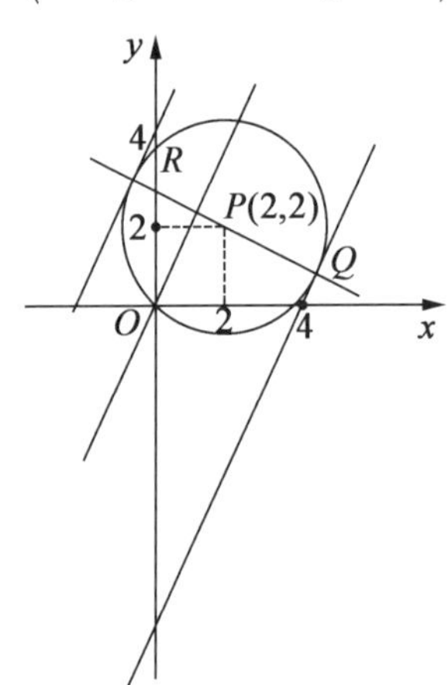

图 4.4.1

则 $c_{\min}=y_Q-2x_Q=2-\frac{2}{5}\sqrt{10}-2\times\left(2+\frac{4}{5}\sqrt{10}\right)=-2-2\sqrt{10}$.

设 $R(0,4)$,则 $c_{\max}=y_R-2x_R=4$.

所以,$f(x,y)$ 的最小值和最大值分别为 $-2-2\sqrt{10}$ 和 4.

4.5　其他代数问题

例 1　(2000 年河北省竞赛题)已知 $a,b\in\mathbf{R}_+,m,n\in\mathbf{R},m^2n^2>a^2m^2+b^2n^2$,令 $M=\sqrt{m^2+n^2},N=a+b$,则 M 与 N 的大小关系是________.

解　构造向量

$$\boldsymbol{p}=\left(\frac{a}{n},\frac{b}{m}\right),\boldsymbol{q}=(n,m)$$

由 $M^2>\frac{a^2m^2+b^2n^2}{m^2n^2}M^2=\left(\frac{a^2}{n^2}+\frac{b^2}{m^2}\right)(n^2+m^2)=|\boldsymbol{p}|^2\cdot|\boldsymbol{q}|^2\geqslant(\boldsymbol{p}\cdot\boldsymbol{q})=(a+b)^2=N^2$,从而得到 $M>N$. 故填 $M>N$.

例 2　(1992 年友谊杯国际数学邀请赛九年级试题)设 $a,b,c,x,y,z\in\mathbf{R}$,且 $a^2+b^2+c^2=25,x^2+y^2+z^2=36,ax+by+cz=30$,求 $\frac{a+b+c}{x+y+z}$ 的值.

解　构造向量 $\boldsymbol{p}=(a,b,c),\boldsymbol{q}=(x,y,z)$,则 $|\boldsymbol{p}|=5,|\boldsymbol{q}|=6,\boldsymbol{p}\cdot\boldsymbol{q}=30$,故 $\boldsymbol{p}\cdot\boldsymbol{q}=|\boldsymbol{p}|\cdot|\boldsymbol{q}|$,可知 $\boldsymbol{p}$ 与 $\boldsymbol{q}$ 同向,故可设 $\boldsymbol{p}=\lambda\boldsymbol{q}(\lambda>0)$,则 $\lambda=\frac{|\boldsymbol{p}|}{|\boldsymbol{q}|}=\frac{5}{6}$,从而有 $a=\frac{5}{6}x,b=\frac{5}{6}y,c=\frac{5}{6}z$,所以可得 $\frac{a+b+c}{x+y+z}=\frac{5}{6}$.

例 3 （1999 年全国高中数学联赛第一试压轴题）给定正整数 n 和正数 M，对于满足条件 $a_1^2+a_{n+1}^2\leqslant M$ 的所有等差数列 $a_1,a_2,a_3,\cdots$，试求 $S=a_{n+1}+a_{n+2}+\cdots+a_{2n+1}$ 的最大值.

解法 1 由题意知 $S=\frac{1}{2}(n+1)(a_{n+1}+a_{2n+1})$，因 $a_{2n+1}+a_1=2a_{n+1}$，即 $a_{2n+1}=2a_{n+1}-a_1$，则 $S=\frac{1}{2}(n+1)(3a_{n+1}-a_1)$. 构造向量 $\boldsymbol{p}=(a_{n+1},a_1)$，$\boldsymbol{q}=(3,-1)$，由 $\boldsymbol{p}\cdot\boldsymbol{q}\leqslant|\boldsymbol{p}|\cdot|\boldsymbol{q}|$ 得 $3a_{n+1}-a_1\leqslant\sqrt{a_{n+1}^2+a_1^2}\cdot\sqrt{10}\leqslant\sqrt{10M}$，则 $S=\frac{1}{2}(n+1)(3a_{n+1}-a_1)\leqslant\frac{1}{2}(n+1)\sqrt{10M}$，当且仅当 $\boldsymbol{m}$ 与 $\boldsymbol{n}$ 同向且 $a_1^2+a_{n+1}^2=M$ 时，上式取等号.

于是当 $a_1=-\frac{\sqrt{10M}}{10}$，$a_{n+1}=\frac{3\sqrt{10M}}{10}$ 时，S 取得最大值 $\frac{1}{2}(n+1)\sqrt{10M}$.

解法 2 设公差为 d，则由题设及 $a_{n+1}=a_1+nd$ 得 $(a_{n+1}-nd)^2+a_{n+1}^2\leqslant M$，即 $2a_{n+1}^2-2nda_{n+1}+n^2d^2\leqslant M$.

于是 $(a_{n+1}-\frac{n}{2}d)^2+(\frac{n}{2}d)^2\leqslant\frac{M}{2}$.

令 $\boldsymbol{p}=(1,2)$，$\boldsymbol{q}=(a_{n+1}-\frac{n}{2},\frac{n}{2}d)$.

由 $|\boldsymbol{p}\cdot\boldsymbol{q}|\leqslant|\boldsymbol{p}||\boldsymbol{q}|$，得

$$\left|a_{n+1}+\frac{n}{2}d\right|=\left|1\cdot(a_{n+1}-\frac{n}{2}d)+2\cdot\frac{n}{2}d\right|$$

$$\leqslant\sqrt{1^2+2^2}\cdot\sqrt{(a_{n+1}-\frac{n}{2}d)^2+(\frac{n}{2}d)^2}$$

$$\leqslant\sqrt{5}\cdot\sqrt{\frac{M}{2}}=\sqrt{\frac{10M}{2}}$$

因此

$$\begin{aligned}S&=a_{n+1}+a_{n+2}+\cdots+a_{2n+1}\\&=(n+1)a_{n+1}+\frac{n(n+1)}{2}d\\&=(n+1)\left(a_{n+1}+\frac{n}{2}d\right)\\&\leqslant(n+1)\left|a_{n+1}+\frac{n}{2}d\right|\frac{n+1}{2}\sqrt{10M}\end{aligned}$$

当且仅当$\frac{n}{2}d=2\left(a_{n+1}-\frac{n}{2}d\right)$，且 $a_{n+1}+\frac{n}{2}d>0$，$\left(a_{n+1}-\frac{n}{2}d\right)^2+\left(\frac{n}{2}d\right)^2=\frac{M}{2}$时，上述不等式取等号. 由此解得 $a_{n+1}=\frac{3}{10}\sqrt{10M}$，$d=\frac{2}{5n}\sqrt{10M}$.

所以 S 的最大值为$\frac{n+1}{2}\sqrt{10M}$.

第五章 三角问题

本章介绍应用向量知识处理三角问题的例子.

5.1 部分三角公式的推导

一般地,如果在平面上建立了直角坐标系,并且分别取定了 x 轴和 y 轴上的单位向量 $\boldsymbol{i},\boldsymbol{j}$ 组成基,则任意向量 $\boldsymbol{a}=\overrightarrow{OA}$ 的方向可以由 $\alpha=\angle xOA$ 来表示,如图 5.1.1 所示. 向量 $\overrightarrow{OA}$ 由它的模 $r=|OA|$ 及表示方向的角 α 决定, $\overrightarrow{OA}$ 的坐标(也即由点 A 的坐标)(x,y) 也就由 r 与 α 决定. 由三角函数的定义 $\cos\alpha=\frac{x}{r}$, $\sin\alpha=\frac{y}{r}$ 立即得出 $x=r\cos\alpha$, $y=r\sin\alpha$. 因此 $\overrightarrow{OA}$ 以及点 A 的坐标为 $(r\cos\alpha,r\sin\alpha)$. 特别地,如果 $\overrightarrow{OA}$ 是单位向量, $r=1$,则坐标为 $(\cos\alpha,\sin\alpha)$.

再取单位向量 $\overrightarrow{OB}$, 且 $\angle xOB=\beta$, $\beta\leqslant\alpha$, 如图 5.1.1 所示. 则 $\overrightarrow{OA}=(\cos\alpha,\sin\alpha)$,

$\overrightarrow{OB}=(\cos\beta,\sin\beta)$.

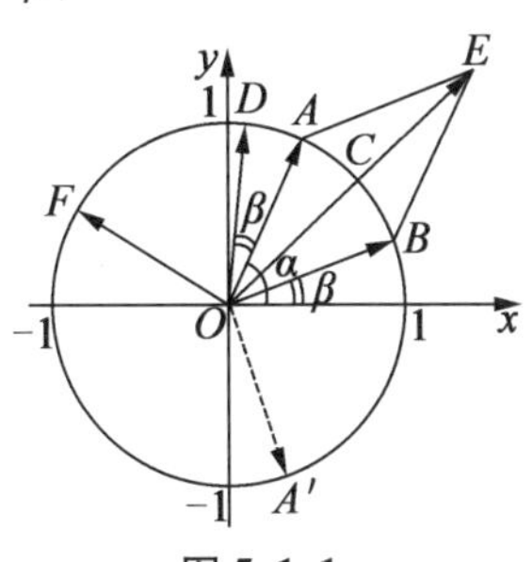

图 5.1.1

由此,我们便可推导如下一系列三角公式:

(1)

$$\sin^2\alpha+\cos^2\alpha=1 \qquad (5.1.1)$$

事实上,由$|\overrightarrow{OA}|=1$,即有 $\sin^2\alpha+\cos^2=1$.

(2)

$$\cos(\alpha-\beta)=\cos\alpha\cdot\cos\beta+\sin\alpha\cdot\sin\beta \qquad (5.1.2)$$

$$\cos(\alpha+\beta)=\cos\alpha\cdot\cos\beta-\sin\alpha\cdot\sin\beta \qquad (5.1.3)$$

$$\sin(\alpha+\beta)=\sin\alpha\cdot\cos\beta+\cos\alpha\cdot\sin\beta \qquad (5.1.4)$$

$$\sin(\alpha-\beta)=\sin\alpha\cdot\cos(-\beta)+\cos\alpha\cdot\sin(-\beta) \qquad (5.1.5)$$

事实上,一方面,由

$$\begin{aligned}\overrightarrow{OA}\cdot\overrightarrow{OB}&=|\overrightarrow{OA}||\overrightarrow{OB}|\cos\angle AOB\\&=\cos(\alpha-\beta)\end{aligned}$$

另一方面,由

$$\begin{aligned}\overrightarrow{OA}\cdot\overrightarrow{OB}&=(\cos\alpha,\sin\alpha)\cdot(\cos\beta,\sin\beta)\\&=\cos\alpha\cdot\cos\beta+\sin\alpha\cdot\sin\beta\end{aligned}$$

得 $\cos(\alpha-\beta)=\cos\alpha\cdot\cos\beta+\sin\alpha\cdot\sin\beta$.

将向量$\overrightarrow{OA}$逆时针方向旋转 β 角到$\overrightarrow{OD}$的位置，如图 5.1.1 所示，则$\overrightarrow{OD}=(\cos(\alpha+\beta),\sin(\alpha+\beta))$.

此时，由式(1.3.13)，有

$$\begin{aligned}\overrightarrow{OD}&=(|\overrightarrow{OA}|,\beta)\\&=(\cos\alpha\cos\beta-\sin\alpha\sin\beta,\cos\alpha\sin\beta+\sin\alpha\cos\beta)\end{aligned}$$

从而

$$\cos(\alpha+\beta)=\cos\alpha\cos\beta-\sin\alpha\sin\beta$$

$$\sin(\alpha+\beta)=\sin\alpha\cos\beta+\cos\alpha\sin\beta$$

显然，有 $\sin(\alpha-\beta)=\sin\alpha\cdot\cos(-\beta)+\cos\alpha\sin(-\beta)$.

(3)

$$\sin(-\alpha)=-\sin\alpha \tag{5.1.6}$$

$$\cos(-\alpha)=\cos\alpha \tag{5.1.7}$$

事实上，若将向量$\overrightarrow{OA}$以 Ox 轴为始边，顺时针方向旋转 α 角度，到$\overrightarrow{OA'}$的位置，此时$\overrightarrow{OA}$与$\overrightarrow{OA'}$关于 Ox 轴对称，且$\overrightarrow{OA'}=(\cos\alpha,-\sin\alpha)$，从而 $\sin(-\alpha)=-\sin\alpha$，$\cos(-\alpha)=\cos\alpha$.

(4)

$$\sin(\frac{\pi}{2}+\alpha)=\cos\alpha \tag{5.1.8}$$

$$\cos\left(\frac{\pi}{2}+\alpha\right)=-\sin\alpha \tag{5.1.9}$$

事实上，若将向量$\overrightarrow{OA}$逆时针方向旋转$\frac{\pi}{2}$到$\overrightarrow{OF}$的位置，此时

$$\overrightarrow{OF}=\left(|\overrightarrow{OA}|,\frac{\pi}{2}\right)=\left(\cos\left(\frac{\pi}{2}+\alpha\right),\sin\left(\frac{\pi}{2}+\alpha\right)\right)$$

又$\overrightarrow{OF}=(-\sin\alpha,\cos\alpha)$，从而

$$\sin\left(\frac{\pi}{2}+\alpha\right)=\cos\alpha,\cos\left(\frac{\pi}{2}+\alpha\right)=-\sin\alpha$$

(5)

$$\frac{\sin\alpha+\sin\beta}{\cos\alpha+\cos\beta}=\tan\frac{\alpha+\beta}{2} \qquad (5.1.10)$$

事实上，注意到向量

$$\overrightarrow{OE}=\overrightarrow{OB}+\overrightarrow{OA}=(\cos\beta+\cos\alpha,\sin\beta+\sin\alpha)$$

又 $OBEA$ 为菱形，$\angle xOE=\frac{1}{2}(\alpha+\beta)$，于是，当 $\cos\alpha+\cos\beta\neq0$ 时，有

$$\frac{\sin\alpha+\sin\beta}{\cos\alpha+\cos\beta}=\tan\angle xOE=\tan\frac{\alpha+\beta}{2}$$

(6)

$$\cos\alpha+\cos\beta=2\cos\frac{\alpha+\beta}{2}\cos\frac{\alpha-\beta}{2} \qquad (5.1.11)$$

$$\sin\alpha+\sin\beta=2\sin\frac{\alpha+\beta}{2}\cos\frac{\alpha-\beta}{2} \qquad (5.1.12)$$

事实上，设 OE 交单位圆于点 C，则 $\overrightarrow{OC}=\left(\cos\frac{\alpha+\beta}{2},\sin\frac{\alpha+\beta}{2}\right)$. 此时 OE 平分 $\angle AOB$，即 $\angle AOC=\frac{1}{2}(\alpha-\beta)$. 于是，$|\overrightarrow{OE}|=2|\overrightarrow{OA}|\cos\frac{\alpha-\beta}{2}=2\cos\frac{\alpha-\beta}{2}$.

由此，得到$\overrightarrow{OE}$的坐标

$$\cos\alpha+\cos\beta=|\overrightarrow{OE}|\cos\angle xOE=2\cos\frac{\alpha-\beta}{2}\cos\frac{\alpha+\beta}{2}$$

$$\sin\alpha+\sin\beta=|\overrightarrow{OE}|\sin\angle xOE=2\cos\frac{\alpha-\beta}{2}\sin\frac{\alpha+\beta}{2}$$

或者由向量的几何意义，$\frac{1}{2}(\overrightarrow{OA}+\overrightarrow{OB})$与$\overrightarrow{OC}$共线，即存在实数 $\lambda>0$，使$\frac{1}{2}(\overrightarrow{OA}+\overrightarrow{OB})=\lambda\overrightarrow{OC}$，即$\frac{1}{2}|\overrightarrow{OA}+\overrightarrow{OB}|=\lambda|\overrightarrow{OC}|=\lambda$. 从而 $4\lambda^2=|\overrightarrow{OA}|^2+|\overrightarrow{OB}|^2+2\overrightarrow{OA}\cdot\overrightarrow{OB}=2+2\cos(\alpha-\beta)$. 因 $-\frac{\pi}{2}<\frac{\alpha-\beta}{2}<\frac{\pi}{2}$，则 $\lambda=\sqrt{\frac{1+\cos(\alpha-\beta)}{2}}=\cos\frac{\alpha-\beta}{2}$. 即有 $\frac{1}{2}(\overrightarrow{OA}+\overrightarrow{OB})=\cos\frac{\alpha-\beta}{2}\overrightarrow{OC}$. 于是，代入$\overrightarrow{OC}$的坐标得到：$\left(\frac{1}{2}(\cos\alpha+\cos\beta),\frac{1}{2}(\sin\alpha+\sin\beta)\right)=\left(\cos\frac{\alpha-\beta}{2}\cos\frac{\alpha+\beta}{2},\cos\frac{\alpha-\beta}{2}\sin\frac{\alpha+\beta}{2}\right)$.
由此即得

$$\cos\alpha+\cos\beta=2\cos\frac{\alpha+\beta}{2}\cos\frac{\alpha-\beta}{2}$$

$$\sin\alpha+\sin\beta=2\sin\frac{\alpha+\beta}{2}\cos\frac{\alpha-\beta}{2}$$

有了上述公式，又可推导一系列三角公式：

例如，由式(5.1.12)与式(5.1.11)相除也得式(5.1.10).

令 $\alpha=\beta$，由式(5.1.2)，有 $\cos^2\alpha+\sin^2\alpha=1$.

由式(5.1.3)，有

$$\cos 2\alpha=\cos^2\alpha-\sin^2\alpha \tag{5.1.13}$$

由式(5.1.4)，有

$$\sin 2\alpha=2\sin\alpha\cdot\cos\alpha \tag{5.1.14}$$

由式(5.1.10)，有

$$\frac{\sin\alpha}{\cos\alpha}=\tan\alpha \tag{5.1.15}$$

注意到由式(5.1.6)～(5.1.9)还可推导出一系

列三角公式来，这些留给读者完成.

5.2　正弦、余弦定理的证明、变形及应用

正弦定理　在$\triangle ABC$中，a,b,c分别为$\angle A,\angle B$，$\angle C$的对边，则

$$\frac{a}{\sin A}=\frac{b}{\sin B}=\frac{c}{\sin C}\qquad(5.2.1)$$

证法1　如图5.2.1所示，令$\overrightarrow{BC}=\boldsymbol{a},\overrightarrow{CA}=\boldsymbol{b},\overrightarrow{AB}=\boldsymbol{c}$. 由$\boldsymbol{a}+\boldsymbol{b}+\boldsymbol{c}=\boldsymbol{0}$，有$\boldsymbol{a}=-\boldsymbol{b}-\boldsymbol{c}$.

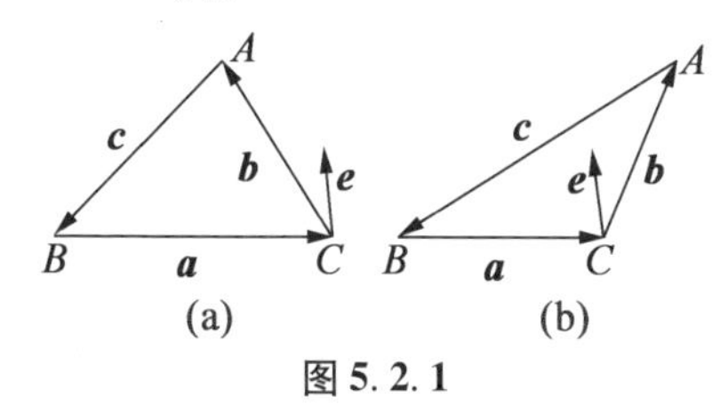

图5.2.1

设$\boldsymbol{e}$为边BC的单位法向量，作内积有$\boldsymbol{a}\cdot\boldsymbol{e}=-\boldsymbol{b}\cdot\boldsymbol{e}-\boldsymbol{c}\cdot\boldsymbol{e}$，于是

$$\begin{aligned}0&=|\boldsymbol{b}|\cos(90^\circ-\angle C)+|\boldsymbol{c}|\cos(90^\circ+\angle B)\\&\quad(\text{或}|\boldsymbol{b}|\cos(\angle C-90^\circ)+|\boldsymbol{c}|\cos(90^\circ+\angle B))\\&=b\sin C-\sin B\end{aligned}$$

亦有$\frac{b}{\sin B}=\frac{c}{\sin C}$.

同理$\frac{a}{\sin A}=\frac{b}{\sin B}$. 故$\frac{a}{\sin A}=\frac{b}{\sin B}=\frac{c}{\sin C}$.

证法2　如图5.2.2所示，作$CD\perp AB$于D. 因为封闭线段在任意轴上投影的代数和为零. 又因为$AB\perp DC$，所以AB在轴DC上投影为零；而AC在DC上投影为$b\sin A$，CB在DC上投影为$-a\sin B$. 从而$b\sin A-$

$a\sin B=0$,所以 $b\sin A=a\sin B$. 于是$\dfrac{a}{\sin A}=\dfrac{b}{\sin B}$.

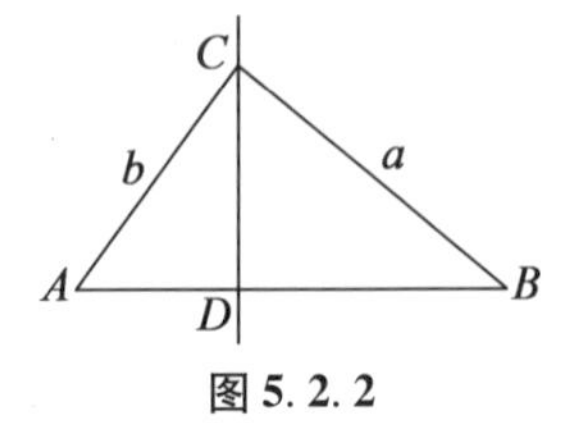

图 5.2.2

同理可证得$\dfrac{b}{\sin B}=\dfrac{c}{\sin C}$,$\dfrac{c}{\sin C}=\dfrac{a}{\sin A}$.

所以$\dfrac{a}{\sin A}=\dfrac{b}{\sin B}=\dfrac{c}{\sin C}$.

证法 3　由式(1.3.31),有 $2S_{\triangle ABC}=|\overrightarrow{AC}\times\overrightarrow{AB}|=bc\sin A$,$2S_{\triangle ABC}=|\overrightarrow{CA}\times\overrightarrow{CB}|=ab\sin C$,$2S_{\triangle ABC}=|\overrightarrow{BA}\times\overrightarrow{BC}|=ac\sin B$. 由此三式即证.

余弦定理　$\triangle ABC$ 中,a,b,c 为 $\angle A,\angle B,\angle C$ 的对边,则

$$a^2=b^2+c^2-2bc\cos A \qquad (5.2.2)$$

$$b^2=a^2+c^2-2ac\cos B \qquad (5.2.3)$$

$$c^2=a^2+b^2-2ab\cos C \qquad (5.2.4)$$

证法 1　令 $|\overrightarrow{BC}|=a$, $|\overrightarrow{CA}|=b$, $|\overrightarrow{AB}|=c$,那么 $\overrightarrow{AB}=\overrightarrow{CB}-\overrightarrow{CA}$,用数量积公式即得

$$\begin{aligned}c^2&=|\overrightarrow{AB}|^2=\overrightarrow{AB}\cdot\overrightarrow{AB}\\&=(\overrightarrow{CB}-\overrightarrow{CA})\cdot(\overrightarrow{CB}-\overrightarrow{CA})\\&=\overrightarrow{CB}\cdot\overrightarrow{CB}+\overrightarrow{CA}\cdot\overrightarrow{CA}-2\,\overrightarrow{CB}\cdot\overrightarrow{CA}\\&=a^2+b^2-2ab\cos C\end{aligned}$$

同理可得其他两式.

证法 2　如图 5. 2. 3 所示,在已知 $\triangle ABC$ 的三边 AB, BC 和 CA 上,分别取从 B 向 A,从 B 向 C 和从 A 向 C 为正方向,这样就得到三个向量 $\overrightarrow{BA}$, $\overrightarrow{BC}$ 和 $\overrightarrow{AC}$,并且 $\overrightarrow{BA}+\overrightarrow{AC}=\overrightarrow{BC}$. 根据向量的射影定理可知:

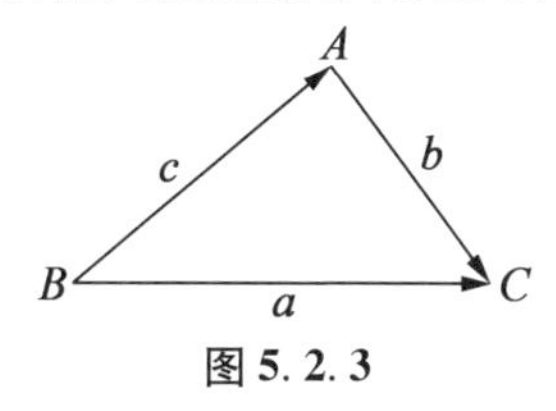

图 5. 2. 3

$\overrightarrow{BC}$的射影 $=\overrightarrow{BA}$的射影 $+\overrightarrow{AC}$的射影;

$\overrightarrow{BC}$在轴 BC 上的射影 $=|\overrightarrow{BC}|\cos 0^\circ=a$;

$\overrightarrow{BA}$在轴 BC 上的射影 $=|\overrightarrow{BA}|\cos B=c\cos B$;

$\overrightarrow{AC}$在轴 BC 上的射影 $=|\overrightarrow{AC}|\cos C=b\cos C$.

所以

$$a=c\cos B+b\cos C \qquad ①$$

同理可证得

$$b=a\cos C+c\cos A \qquad ②$$

$$c=a\cos B+b\cos A \qquad ③$$

再由① $\cdot a-$ ② $\cdot b-$ ③ $\cdot c$,即可得到 $a^2=b^2+c^2-2bc\cos A$.

同理

$$b^2=a^2+c^2-2bc\cos B$$

$$c^2=a^2+b^2-2ab\cos C$$

下面给出两个定理的统一证法.

证法 1　如图 5. 2. 4 所示,以 A 为原点,AC 所在的直线为 x 轴建立直角坐标系,于是点 C 的坐标是

$(b,0)$,由三角函数的定义得点 B 的坐标是$(c\cos A, c\sin A)$,则$\overrightarrow{CB}=(c\cos A-b, c\sin A)$.

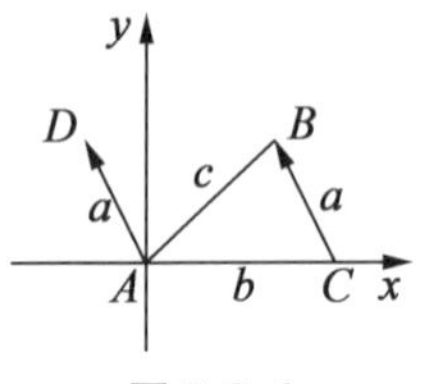

图 5.2.4

现将$\overrightarrow{CB}$平移到起点为原点 A,则$\overrightarrow{AD}=\overrightarrow{CB}$. 而$|\overrightarrow{AD}|=|\overrightarrow{CB}|=a$, $\angle DAC=\pi-\angle BCA=\pi-C$,根据三角函数的定义知点 D 的坐标是$(a\cos(\pi-C), a\sin(\pi-C))$,即点 D 的坐标是$(-a\cos C, a\sin C)$,则$\overrightarrow{AD}=(-a\cos C, a\sin C)$.

又$\overrightarrow{AD}=\overrightarrow{CB}$,则

$$(-a\cos C, a\sin C)=(c\cos A-b, c\sin A)$$

故

$$\begin{cases} a\sin C=c\sin A & ① \\ -a\cos C=c\cos A-b & ② \end{cases}$$

由①得

$$\frac{a}{\sin A}=\frac{c}{\sin C}$$

同理可证

$$\frac{a}{\sin A}=\frac{b}{\sin B}$$

故$\frac{a}{\sin A}=\frac{b}{\sin B}=\frac{c}{\sin C}$.

由②得 $a\cos C=b-c\cos A$,平方得

$$a^2\cos^2 C=b^2-2bc\cos A+c^2\cos^2 A$$

即　$$a^2-a^2\sin^2 C=b^2-2bc\cos A+c^2-c^2\sin^2 A$$

而由①可得 $a^2\sin^2 C=c^2\sin^2 A$，故 $a^2=b^2+c^2-2bc\cos A$.

同理可证

$$b^2=a^2+c^2-2ac\cos B, c^2=a^2+b^2-2ab\cos C$$

证法 2　如图 5.2.5 所示，以三角形外接圆的圆心 O 为原点，半径 OA 所在的直线为 x 轴建立直角坐标系，设外接圆的半径为 R，于是点 A 的坐标为 $(R,0)$.

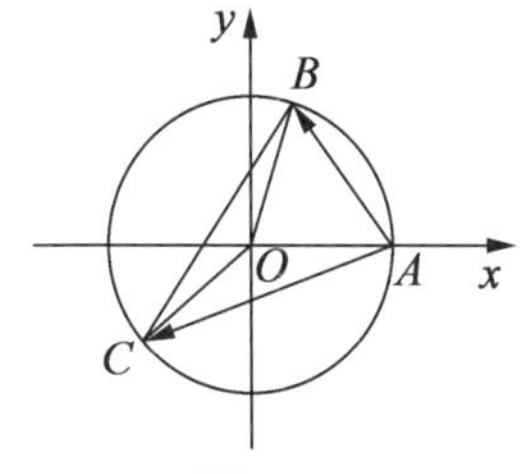

图 5.2.5

由三角函数的定义得点 B 的坐标是 $(R\cos\angle AOB, R\sin\angle AOB)$，而 $\angle AOB=2\angle C$，故点 B 的坐标为 $(R\cos 2C, R\sin 2C)$. 同理点 C 的坐标为 $(R\cos\angle AOC, R\sin\angle AOC)$，而 $\angle AOC=2\angle B$，故点 C 的坐标为 $(R\cos 2B, -R\sin 2B)$.

(1) 正弦定理.

因 $\overrightarrow{AB}=(R\cos 2C-R, R\sin 2C)$，则

$$|\overrightarrow{AB}|=\sqrt{(R\cos 2C-R)^2+(R\sin 2C)^2}$$
$$=R\sqrt{2-2\cos 2C}=2R\sin C$$

又 $|\overrightarrow{AB}|=c$，则 $c=2R\sin C$. 同理可得

$$a=2R\sin A, b=2R\sin B$$

故 $\dfrac{a}{\sin A}=\dfrac{b}{\sin B}=\dfrac{c}{\sin C}=2R$.

(2)余弦定理.

由$\overrightarrow{AC}=(R\cos 2B-R,-R\sin 2B)$,则

$$\begin{aligned}\overrightarrow{AB}\cdot\overrightarrow{AC}&=(R\cos 2C-R)(R\cos 2B-R)-\\&\quad R^2\sin 2C\sin 2B\\&=R^2\cos 2C\cos 2B-R^2\cos 2C-\\&\quad R^2\cos 2B+R^2-R^2\sin 2C\sin 2B\\&=R^2-R^2\cos 2C-R^2\cos 2B+\\&\quad R^2\cos(2C+2B)\\&=R^2-R^2\cos 2C-R^2\cos 2B+R^2\cos 2A\end{aligned}$$

而 $R^2\cos 2C=R^2(1-2\sin^2C)=R^2-2R^2\sin^2C=R^2-\frac{c^2}{2}$.

同理可得$R^2\cos 2B=R^2-\frac{b^2}{2}$,$R^2\cos 2A=R^2-\frac{a^2}{2}$.

从而

$$\overrightarrow{AB}\cdot\overrightarrow{AC}=\frac{b^2+c^2-a^2}{2}\tag{5.2.5}$$

又由数量积的定义可知$\overrightarrow{AB}\cdot\overrightarrow{AC}=bc\cos A$,即

$$bc\cos A=\frac{b^2+c^2-a^2}{2}$$

即 $a^2=b^2+c^2-2bc\cos A$.

同理$b^2=a^2+c^2-2ac\cos B$. $c^2=a^2+b^2-2ab\cos C$.

下面,我们讨论余弦定理的变形式:

对余弦定理 $c^2=a^2+b^2-2ab\cos C$ 等三式的表达式通过移项、配方,结合三角形面积公式以及正弦定理等知识,很容易得到一组余弦定理的变式:

(1)

$$a^2+b^2-c^2=2ab\cos C\tag{5.2.6}$$

(2)

$$a^2-(2b\cos C)a+b^2-c^2=0\tag{5.2.7}$$

（3）

$$c^2=(a\pm b)^2\mp 2ab(1\pm\cos C) \tag{5.2.8}$$

$$=(a+b)^2-4ab\cos^2\frac{c}{2} \tag{5.2.9}$$

或

$$c^2=(a-b)^2-4ab\sin^2\frac{c}{2} \tag{5.2.10}$$

（4）

$$a^2+b^2-c^2=4S\cot C\quad (S\text{ 表示三角形的面积}) \tag{5.2.11}$$

（5）

$$a^2-b^2=c(a\cos B-b\cos A) \tag{5.2.12}$$

$$b^2-c^2=a(b\cos C-c\cos B) \tag{5.2.13}$$

$$c^2-a^2=b(c\cos A-a\cos C) \tag{5.2.14}$$

（6）

$$\sin^2 A=\sin^2 B+\sin^2 C-2\sin B\sin C\cos A \tag{5.2.15}$$

$$\sin^2 B=\sin^2 C+\sin^2 A-2\sin C\sin A\cos B \tag{5.2.16}$$

$$\sin^2 C=\sin^2 A+\sin^2 B-2\sin A\sin B\cos C \tag{5.2.17}$$

（7）

$$\overrightarrow{AB}\cdot\overrightarrow{AC}=\frac{\overrightarrow{AB}^2+\overrightarrow{AC}^2-\overrightarrow{BC}^2}{2} \tag{5.2.18}$$

$$\overrightarrow{BA}\cdot\overrightarrow{BC}=\frac{\overrightarrow{BA}^2+\overrightarrow{BC}^2-\overrightarrow{AC}^2}{2} \tag{5.2.19}$$

$$\overrightarrow{CA}\cdot\overrightarrow{CB}=\frac{\overrightarrow{CA}^2+\overrightarrow{CB}^2-\overrightarrow{AB}^2}{2} \tag{5.2.20}$$

例 1　如图 5.2.6 所示，设 P,Q 为线段 BC 上两定点，且 $BP=CQ$，A 为 BC 外一动点，当 A 运动到使 $\angle BAP=\angle CAQ$ 时，求证：$\triangle ABC$ 是等腰三角形.

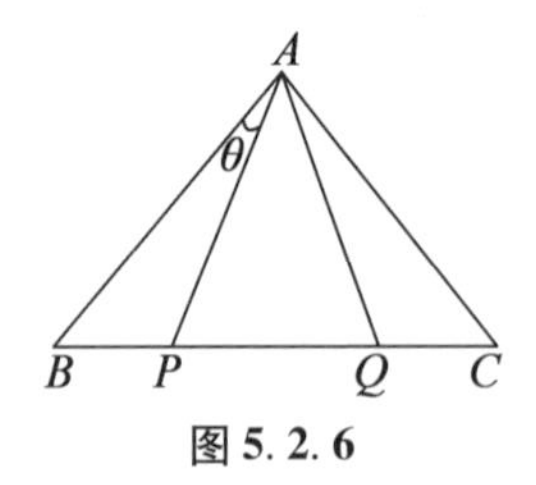

图 5.2.6

证明 设$\angle BAP=\angle CAQ=\theta$,在$\triangle ABP$中,由余弦定理的变式(4),得$\cot\theta=(AB^2+AP^2-BP^2)/4S_{\triangle ABP}$,即

$$AB^2+AP^2-BP^2=4S_{\triangle ABP}\cot\theta \quad ①$$

同理在$\triangle ACQ$中

$$AC^2+AQ^2-CQ^2=4S_{\triangle ACQ}\cot\theta \quad ②$$

因为$BP=CQ$,则$S_{\triangle ABP}=S_{\triangle ACQ}$.由①,②可得

$$AB^2+AP^2=AC^2+AQ^2 \quad ③$$

同理,由$\triangle ABQ$及$\triangle ACP$可得

$$AB^2+AQ^2=AC^2+AP^2 \quad ④$$

由③+④整理得$2AB^2=2AC^2$,则$AB=AC$,故$\triangle ABC$为等腰三角形.

例 2 在$\triangle ABC$中,已知$\angle B,\angle A,\angle C$成等比数列,且$a^2=b(b+c)$,求证:$\angle A:\angle B:\angle C=2:1:4$.

证明 因为$a^2=b(b+c)$,所以$a^2-b^2=bc$,故$c(a\cos B-b\cos A)=bc$,即$a\cos B-b\cos A=b$.再由正弦定理,得$2R\sin A\cos B-2R\sin B\cos A=2R\sin B$.所以$\sin A\cos B-\cos A\sin B=\sin B$,即$\sin(A-B)=\sin B$.因为$\angle A,\angle B$为$\triangle ABC$的内角,所以$\angle A-\angle B=\angle B$,所以

$$\angle A=2\angle B \quad ①$$

又因为$\angle B,\angle A,\angle C$成等比数列,所以

$$\angle A^2=\angle B\cdot\angle C \qquad ②$$

故将①代入②中得$(2\angle B)^2=\angle B\cdot\angle C$，所以$\angle C=4\angle B$. 从而$\angle A:\angle B:\angle C=2\angle B:\angle B:4\angle B=2:1:4$.

例 3　设a,b,c是三角形的三边长，求证

$$(a+b-c)(b+c-a)(c+a-b)\leqslant\frac{27a^2b^2c^2}{(a+b+c)}$$

证明　设a,b,c所对角分别为A,B,C，由余弦定理变式(3)得$c^2=(a+b)^2-4ab\cos^2\frac{C}{2}$，变形得

$$4ab\cos^2\frac{C}{2}=(a+b+c)(a+b-c)$$

同理

$$4bc\cos^2\frac{A}{2}=(a+b+c)(b+c-a)$$

$$4ca\cos^2\frac{A}{2}=(a+b+c)(c+a-b)$$

以上三式相乘得$64a^2b^2c^2\left(\cos\frac{A}{2}\cos\frac{B}{2}\cos\frac{C}{2}\right)^2=(a+b+c)^3(a+b-c)(b+c-a)(c+a-b)$.

利用熟知的三角不等式$\cos\frac{A}{2}\cos\frac{B}{2}\cos\frac{C}{2}\leqslant\frac{3}{8}\sqrt{3}$

即得$(a+b-c)(b+c-a)(c+a-b)\leqslant\frac{27a^2b^2c^2}{(a+b+c)^3}$.

例 4　设G是$\triangle ABC$的重心，M是任意一点，求证：$MA^2+MB^2+MC^2=3MG^2+\frac{1}{3}(a^2+b^2+c^2)$，其中$a,b,c$分别表示$\triangle ABC$的三边之长.

证明　由$\overrightarrow{MG}=\overrightarrow{MA}+\overrightarrow{AG},\overrightarrow{MG}=\overrightarrow{MB}+\overrightarrow{BG},\overrightarrow{MG}=\overrightarrow{MC}+\overrightarrow{CG}$得

$$3\overrightarrow{MG}=\overrightarrow{MA}+\overrightarrow{MB}+\overrightarrow{MC}+\overrightarrow{AG}+\overrightarrow{BG}+\overrightarrow{CG}$$

由 G 是 $\triangle ABC$ 的重心知 $\overrightarrow{AG}+\overrightarrow{BG}+\overrightarrow{CG}=\mathbf{0}$，故 $3\overrightarrow{MG}=\overrightarrow{MA}+\overrightarrow{MB}+\overrightarrow{MC}$，所以

$$\begin{aligned}9\overrightarrow{MG}^2 &= \overrightarrow{MA}^2+\overrightarrow{MB}^2+\overrightarrow{MC}^2+2\overrightarrow{MA}\cdot\overrightarrow{MB}+2\overrightarrow{MB}\cdot\\&\quad\overrightarrow{MC}+2\overrightarrow{MC}\cdot\overrightarrow{MA}\\&=|\overrightarrow{MA}|^2+|\overrightarrow{MB}^2|+|\overrightarrow{MC}|^2+\\&\quad 2\cdot\frac{|\overrightarrow{MA}|^2+|\overrightarrow{MB}|^2-|\overrightarrow{AB}|^2}{2}+\\&\quad 2\cdot\frac{|\overrightarrow{MB}|^2+|\overrightarrow{MC}|^2-|\overrightarrow{BC}|^2}{2}+\\&\quad 2\cdot\frac{|\overrightarrow{MC}|^2+|\overrightarrow{MA}|^2-|\overrightarrow{CA}|^2}{2}\\&=3(|\overrightarrow{MA}|^2+|\overrightarrow{MB}|^2+|\overrightarrow{MC}|^2)-(a^2+b^2+c^2)\end{aligned}$$

故 $|\overrightarrow{MA}|^2+|\overrightarrow{MB}|^2+|\overrightarrow{MC}|^2=3|\overrightarrow{MG}|^2+\frac{1}{3}(a^2+b^2+c^2)$.

注 (1)本题即著名的莱布尼兹公式；

(2)若本题中的 M 取外心 O，可得 $OG^2=R^2-\frac{1}{9}(a^2+b^2+c^2)$，其中 R 为 $\triangle ABC$ 外接圆半径.

例 5 求值：$\sin^2\frac{\pi}{9}+\cos^2\frac{5\pi}{18}+\sin\frac{\pi}{9}\cos\frac{5\pi}{18}$.

解 将 $\sin^2\frac{\pi}{9}+\cos^2\frac{5\pi}{18}+\sin\frac{\pi}{9}\cos\frac{5\pi}{18}$ 变形为 $\sin^2\frac{\pi}{9}+\sin^2\frac{2\pi}{9}-2\sin\frac{\pi}{9}\sin\frac{2\pi}{9}\cos\frac{2\pi}{3}$，注意到 $\frac{\pi}{9}+\frac{2\pi}{9}+\frac{2\pi}{3}=\pi$，故可视 $\frac{\pi}{9},\frac{2\pi}{9},\frac{2\pi}{3}$ 为某三角形的三个内

角，所以 $\sin^2\frac{\pi}{9}+\cos^2\frac{5\pi}{18}+\sin\frac{\pi}{9}\cos\frac{5\pi}{18}=\sin^2\frac{\pi}{9}+\sin^2\frac{2\pi}{9}-2\sin\frac{\pi}{9}\sin\frac{2\pi}{9}\cos\frac{2\pi}{3}=\sin^2\frac{2\pi}{3}=\frac{3}{4}$（其中运用到余弦定理变式(6)）.

例 6　（欧拉定理）设 I,O 分别为 $\triangle ABC$ 的内心、外心，其内切圆、外接圆半径分别为 r,R，则

$$OI^2=R^2-2Rr \tag{5.2.21}$$

证明　图略，延长 AI 交 BC 于 D，由三角形角平分性质定理有：$\frac{AI}{ID}=\frac{AB}{BD}=\frac{AC}{CD}=\frac{b+c}{a}$，于是 $a\overrightarrow{IA}+(b+c)\cdot\overrightarrow{ID}=\mathbf{0}$. 再由 $\frac{BD}{DC}=\frac{c}{b}$，有 $\overrightarrow{ID}=\frac{b}{b+c}\overrightarrow{IB}+\frac{c}{b+c}\overrightarrow{IC}$（定比分点），代入前式便得

$$a\overrightarrow{IA}+b\overrightarrow{IB}+c\overrightarrow{IC}=\mathbf{0}$$

则 $a(\overrightarrow{OA}-\overrightarrow{OI})+b(\overrightarrow{OB}-\overrightarrow{OI})+c(\overrightarrow{OC}-\overrightarrow{OI})=\mathbf{0}$.

故 $\overrightarrow{OI}=\frac{a\overrightarrow{OA}+b\overrightarrow{OB}+c\overrightarrow{OC}}{a+b+c}$（此式也可由式(2.6.2)得出），则 $\overrightarrow{OI}^2=\frac{1}{(a+b+c)}[a^2\overrightarrow{OA}^2+b^2\overrightarrow{OB}^2+c^2\overrightarrow{OC}^2+2ab\overrightarrow{OA}\cdot\overrightarrow{OB}+2bc\overrightarrow{OB}\cdot\overrightarrow{OC}+2ac\overrightarrow{OA}\cdot\overrightarrow{OC}]$.

注意到余弦定理变式(7)，有

$$2\overrightarrow{OA}\cdot\overrightarrow{OB}=\overrightarrow{OA}^2+\overrightarrow{OB}^2-\overrightarrow{AB}^2$$
$$2\overrightarrow{OB}\cdot\overrightarrow{OC}=\overrightarrow{OB}^2+\overrightarrow{OC}^2-\overrightarrow{BC}^2$$
$$2\overrightarrow{OC}\cdot\overrightarrow{OA}=\overrightarrow{OC}^2+\overrightarrow{OA}^2-\overrightarrow{AC}^2$$

且 $|\overrightarrow{OA}|=|\overrightarrow{OB}|=|\overrightarrow{OC}|=R$.

将 $|\overrightarrow{AB}|=c,|\overrightarrow{BC}|=a,|\overrightarrow{AC}|=b$ 代入前式得

$\overrightarrow{OI}^2=\frac{1}{(a+b+c)^2}\cdot$

$$[(a+b+c)^2R^2-abc^2-bca^2-abc^2]$$

$$=R^2-\frac{abc}{a+b+c}$$

又三角形面积公式 $S_{\triangle ABC}=\frac{r}{2}(a+b+c)=\frac{1}{2}ab\sin C=\frac{abc}{4R}$知，$2Rr=\frac{abc}{a+b+c}$. 故 $OI^2=R^2-2Rr$.

例 7 （2002 年全国高考新课程卷）已知两点 $M(-1,0)$，$N(1,0)$ 且点 P 使 $\overrightarrow{MP}\cdot\overrightarrow{MN}$，$\overrightarrow{PM}\cdot\overrightarrow{PN}$，$\overrightarrow{NM}\cdot\overrightarrow{NP}$ 成公差小于零的等差数列.

（1）点 P 的轨迹是什么？

（2）若点 P 的坐标为 (x_0,y_0)，记 θ 为 $\overrightarrow{PM}$ 与 $\overrightarrow{PN}$ 的夹角，求 $\tan\theta$.

解 （1）因 $\overrightarrow{MP}\cdot\overrightarrow{MN}$，$\overrightarrow{PM}\cdot\overrightarrow{PN}$，$\overrightarrow{NM}\cdot\overrightarrow{NP}$ 成公差小于零的等差数列，故

$$2\,\overrightarrow{PM}\cdot\overrightarrow{PN}=\overrightarrow{MP}\cdot\overrightarrow{MN}+\overrightarrow{NM}\cdot\overrightarrow{NP}$$

且

$$\overrightarrow{PM}\cdot\overrightarrow{PN}-\overrightarrow{MP}\cdot\overrightarrow{MN}<0 \quad ①$$

将

$$\overrightarrow{PM}\cdot\overrightarrow{PN}=\frac{\overrightarrow{PM}^2+\overrightarrow{PN}^2-\overrightarrow{MN}^2}{2}$$

$$\overrightarrow{MP}\cdot\overrightarrow{MN}=\frac{\overrightarrow{MP}^2+\overrightarrow{MN}^2-\overrightarrow{PN}^2}{2}$$

$$\overrightarrow{NM}\cdot\overrightarrow{NP}=\frac{\overrightarrow{NM}^2+\overrightarrow{NP}^2-\overrightarrow{MP}^2}{2}$$

代入①可得

$$\overrightarrow{PM}^2+\overrightarrow{PN}^2=2\,\overrightarrow{MN}^2$$

且$\overrightarrow{PN}^2<\overrightarrow{MN}^2$.

设$P(x,y)$,而$M(-1,0)$,$N(1,0)$,由两点间距离公式得:$x^2+y^2=3(x>0)$,所以点P的轨迹是以原点为圆心,$\sqrt{3}$为半径的右半圆.

(2)由$P(x_0,y_0)$知$x_0^2+y_0^2=3$且$0<x_0\leqslant\sqrt{3}$,有$S_{\triangle PMN}=\frac{1}{2}\overrightarrow{PM}\cdot\overrightarrow{PN}\tan\theta=\frac{1}{2}|MN|\cdot|y_0|=|y_0|$,则$\tan\theta=\frac{2|y_0|}{\overrightarrow{PM}\cdot\overrightarrow{PN}}$.

又$\overrightarrow{PM}\cdot\overrightarrow{PN}=\frac{\overrightarrow{PM}^2+\overrightarrow{PN}^2-\overrightarrow{MN}^2}{2}=\frac{1}{2}\overrightarrow{MN}^2=2$(因$\overrightarrow{PM}^2+\overrightarrow{PN}^2=2\overrightarrow{MN}^2$).故$\tan\theta=|y_0|$.

例8　(2007年高考福建卷理17题)在$\triangle ABC$中,$\tan A=\frac{1}{4}$,$\tan B=\frac{3}{5}$.

(1)求$\angle C$的大小;

(2)若$\triangle ABC$最大边的边长为$\sqrt{17}$,求最小边的边长.

解　(1)由$\tan C=-\tan(A+B)$易得$\tan C=-1$,即$\angle C=\frac{3}{4}\pi$.

(2)由三角形的面积$S_{\triangle ABC}=\frac{1}{2}\overrightarrow{AB}\cdot\overrightarrow{AC}\tan A=\frac{1}{2}\overrightarrow{BA}\cdot\overrightarrow{BC}\tan B=\frac{1}{2}\overrightarrow{CA}\cdot\overrightarrow{CB}\tan C$知:$-\overrightarrow{CA}\cdot\overrightarrow{CB}=\frac{3}{5}\overrightarrow{BA}\cdot\overrightarrow{BC}=\frac{1}{4}\overrightarrow{AB}\cdot\overrightarrow{AC}$,即

$$-\frac{\overrightarrow{CA}^2+\overrightarrow{CB}^2-\overrightarrow{AB}^2}{2}=\frac{3}{5}\cdot\frac{\overrightarrow{BA}^2+\overrightarrow{BC}^2-\overrightarrow{AC}^2}{2}$$

$$=\frac{1}{4}\cdot\frac{\overrightarrow{AC}^2+\overrightarrow{AB}^2-\overrightarrow{BC}^2}{2}$$

将最大边 $|\overrightarrow{AB}|=\sqrt{17}$ 代入上式得：$|\overrightarrow{CB}|=\sqrt{2}$，$|\overrightarrow{AC}|=3$，即最小边长为$\sqrt{2}$.

5.3 三角函数问题

例 1 （2007 高考湖北省试题改编）若把一个函数的图像按 $\boldsymbol{a}=\left(-\frac{\pi}{4},-2\right)$平移后得到函数 $y=\cos x$ 的图像，则原函数的解析式为（　　）.

A. $y=\cos\left(x+\frac{\pi}{4}\right)+2$

B. $y=\cos\left(x-\frac{\pi}{4}\right)-2$

C. $y=\cos\left(x+\frac{\pi}{4}\right)-2$

D. $y=\cos\left(x-\frac{\pi}{4}\right)+2$

解法 1 注意到向量平移的实质，则由 $\boldsymbol{a}=\left(-\frac{\pi}{4},-2\right)$知，原函数图像上的所有点向左平移$\frac{\pi}{4}$，再向下平移 2 个单位得到 $y=\cos x$ 的图像. 设原函数的解析式为 $y=f(x)$，则由图像的平移可得 $f\left(x+\frac{\pi}{4}\right)-2=\cos x$，即$f\left(x+\frac{\pi}{4}\right)=\cos x+2$，所以 $y=f(x)=\cos\left(x-\frac{\pi}{4}\right)+2$. 故选 D.

解法 2 运用向量的平移公式.

设 $P(x,y)$ 是原函数图像上的任意一点，平移后函数图像上的对应点为 $P'(x',y')$，由平移公式得 $\begin{cases}x'=x-\dfrac{\pi}{4}\\y'=y-2\end{cases}$，代入 $y=\cos x$ 得 $y-2=\cos\left(x-\dfrac{\pi}{4}\right)$，即 $y=\cos\left(x-\dfrac{\pi}{4}\right)+2$. 故选 D.

解法 3　逆向思考向量平移的实质.

把 $y=\cos x$ 看成原函数，按 $\boldsymbol{a}=\left(-\dfrac{\pi}{4},-2\right)$ 的相反向量 $\boldsymbol{a}'=\left(\dfrac{\pi}{4},2\right)$ 平移，则可得所求函数，即把 $y=\cos x$ 的图像向右平移 $\dfrac{\pi}{4}$，再向上平移 2 个单位，即 $y=\cos\left(x-\dfrac{\pi}{4}\right)+2$. 故选 D.

解法 4　逆向思考向量的平移公式.

把 $y=\cos x$ 看成原函数，按 $\boldsymbol{a}=\left(-\dfrac{\pi}{4},-2\right)$ 的相反向量 $\boldsymbol{a}=\left(\dfrac{\pi}{4},2\right)$ 平移，设 $P(x,y)$ 是 $y=\cos x$ 图像上的任意一点，平移后函数图像上的对应点为 $P'(x',y')$，由平移公式 $\begin{cases}x'=x+\dfrac{\pi}{4}\\y'=y+2\end{cases}$，即 $\begin{cases}x=x'-\dfrac{\pi}{4}\\y=y'-2\end{cases}$，代入 $y=\cos x$，得 $y'-2=\cos\left(x'-\dfrac{\pi}{4}\right)$，即 $y=\cos\left(x-\dfrac{\pi}{4}\right)+2$. 故选 D.

例 2　（2011 年高考福建卷题）设函数 $f(\theta)=\sqrt{3}\sin\theta+\cos\theta$，其中角 θ 的顶点与坐标原点重合，始边

与 x 轴非负半轴重合，终边经过点 $P(x,y)$，且 $0\leqslant\theta\leqslant\pi$.

(1)若点 P 的坐标为 $\left(\frac{1}{2},\frac{\sqrt{3}}{2}\right)$，求 $f(\theta)$ 的值；

(2)若点 $P(x,y)$ 为平面区域 Ω：$\begin{cases}x+y\geqslant 1\\x\leqslant 1\\y\leqslant 1\end{cases}$ 上的一个动点，试确定角 θ 的取值范围，并求函数 $f(\theta)$ 的最小值和最大值.

解 从构造向量的数量积角度考虑，设 $\overrightarrow{ON}=(1,\sqrt{3})$，$\overrightarrow{OM}=(\cos\theta,\sin\theta)$，由题易知 $\langle\overrightarrow{ON},\overrightarrow{OM}\rangle=\langle\overrightarrow{ON},\overrightarrow{OP}\rangle$，则

$$\begin{aligned}f(\theta)&=\sqrt{3}\sin\theta+\cos\theta\\&=\overrightarrow{ON}\cdot\overrightarrow{OM}=|\overrightarrow{ON}|\cdot|\overrightarrow{OM}|\cos\langle\overrightarrow{ON},\overrightarrow{OM}\rangle\\&=2|\overrightarrow{OM}|\cos\langle\overrightarrow{ON},\overrightarrow{OM}\rangle\end{aligned}$$

因此讨论 $f(\theta)$ 的值的问题，即转化为讨论 $|\overrightarrow{OM}|\cos\langle\overrightarrow{ON},\overrightarrow{OM}\rangle$ 的值的问题.

又由于 $|\overrightarrow{OM}|=\sqrt{\cos^2\theta+\sin^2\theta}=1$，故只讨论 $\cos\langle\overrightarrow{ON},\overrightarrow{OM}\rangle$ 的值即可.

(1)因为点 P 的坐标为 $\left(\frac{1}{2},\frac{\sqrt{3}}{2}\right)$，易知 $\cos\langle\overrightarrow{ON},\overrightarrow{OM}\rangle=\cos 0=1$，所以 $f(\theta)=2$.

(2)作出平面区域 Ω(见图 5.3.1 阴影部分)，因为 $P\in\Omega$，所以 $0\leqslant\theta\leqslant\frac{\pi}{2}$. 由图容易看出，当 $\langle\overrightarrow{ON},\overrightarrow{OM}\rangle=\langle\overrightarrow{ON},\overrightarrow{OP}\rangle=0$，即 $\theta=\frac{\pi}{3}$ 时，$f(\theta)$ 的最大值为 2；

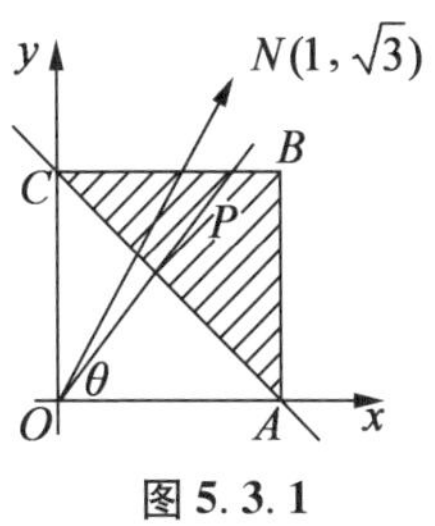

图 5.3.1

当$\langle\overrightarrow{ON},\overrightarrow{OM}\rangle=\langle\overrightarrow{ON},\overrightarrow{OP}\rangle=\dfrac{\pi}{3}$,即 $\theta=0$ 时,$f(\theta)$的最小值为 1.

例 3　(2010 年河南省竞赛题)已知向量 $\boldsymbol{a}(\sqrt{3}\sin\omega x,1)$,$\boldsymbol{b}=(\cos\omega x,0)(\omega>0)$,又函数$f(x)=\boldsymbol{b}\cdot(\boldsymbol{a}-k\boldsymbol{b})$是以$\dfrac{\pi}{2}$为最小正周期的周期函数. 若函数$f(x)$的最大值为$\dfrac{1}{2}$,则是否存在实数 t,使得函数 $f(x)$的图像能由函数 $g(x)=t\boldsymbol{a}\cdot\boldsymbol{b}$ 的图像经过平移得到?若能,求出实数 t,并写出一个平移向量 $\boldsymbol{m}$;若不能,说明理由.

解　注意到

$$\begin{aligned}f(x)&=\boldsymbol{b}\cdot(\boldsymbol{a}-k\boldsymbol{b})=\sqrt{3}\sin\omega x\cdot\cos\omega x-k\cos^2\omega x\\&=\frac{\sqrt{3}}{2}\sin 2\omega x-\frac{1}{2}k\cos 2\omega x-\frac{1}{2}k\\&=\frac{1}{2}\sqrt{k^2+3}\sin(2\omega x+\theta)-\frac{1}{2}k\end{aligned}$$

因函数$f(x)$的最小正周期是$\dfrac{\pi}{2}$,所以

$$T=\frac{2\pi}{2\omega}=\frac{\pi}{2}\Rightarrow\omega=2$$

故$f(x)=\frac{1}{2}\sqrt{k^2+3}\sin(4x+\theta)-\frac{1}{2}k$.

又$f_{\max}=-\frac{1}{2}k+\frac{1}{2}\sqrt{k^2+3}=\frac{1}{2}$,解得 $k=1$,则 $f(x)=\sin\left(4x-\frac{\pi}{6}\right)-\frac{1}{2}$.

而$g(x)=t\boldsymbol{a}\cdot\boldsymbol{b}=\sqrt{3}t\sin\omega x\cdot\cos\omega x=\frac{\sqrt{3}}{2}t\sin 4x$,故当 $t=\frac{2\sqrt{3}}{3}$ 时,函数 $g(x)$ 的图像按向量 $\boldsymbol{m}=\left(\frac{\pi}{24},-\frac{1}{2}\right)$平移后即得函数$f(x)$的图像.

例 4 (2009 年高考数学安徽卷理科题)给定两个长度为 1 的平面向量$\overrightarrow{OA}$和$\overrightarrow{OB}$,它们的夹角为 120°,如图 5.3.2 所示,点 C 在以 O 为圆心的圆弧$\overset{\frown}{AB}$上变动,若$\overrightarrow{OC}=x\overrightarrow{OA}+y\overrightarrow{OB}$,其中 $x,y\in\mathbf{R}$,求 $x+y$ 的最大值.

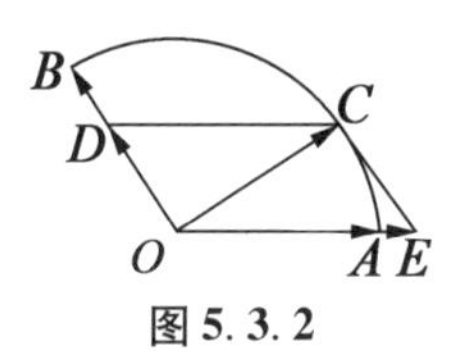

图 5.3.2

解法 1 设$\angle AOC=\alpha$,如图 5.3.2 作平行四边形 $OECD$,$\overrightarrow{OC}=\overrightarrow{OE}+\overrightarrow{OD}$.

因为圆的半径为 1,可得 $x=|\overrightarrow{OE}|$,$y=|\overrightarrow{OD}|$.

在$\triangle OCE$ 中由正弦定理得

$$\frac{x}{\sin(\alpha-60^\circ)}=\frac{y}{\sin\alpha}=\frac{1}{\sin 60^\circ}$$

所以 $x+y=\frac{1}{\sin 60^\circ}[\sin\alpha+\sin(\alpha+60^\circ)]=2\sin(\alpha+30^\circ)$,最大值为2.

解法2 $\overrightarrow{OA}\cdot\overrightarrow{OB}=|\overrightarrow{OA}|\cdot|\overrightarrow{OB}|\cos 120^\circ=-\frac{1}{2}$.

如图5.3.3所示,取 OC 与 AB 的交点 M,设 $\overrightarrow{OM}=(1-\lambda)\overrightarrow{OA}+\lambda\overrightarrow{OB}$,则

$$\overrightarrow{OC}=t\overrightarrow{OM}=t[(1-\lambda)\overrightarrow{OA}+\lambda\overrightarrow{OB}]\quad(t>0)$$

显然 $x+y=t$.

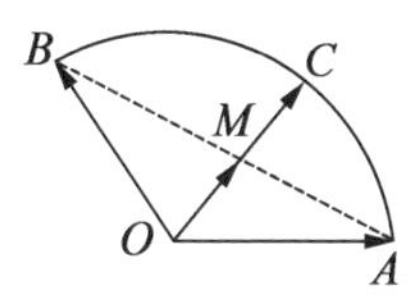

图5.3.3

上式两边取模并平方得 $|\overrightarrow{OC}|^2=t^2[(1-\lambda)^2|\overrightarrow{OA}|^2+\lambda^2|\overrightarrow{OB}|^2+2\lambda(1-\lambda)\overrightarrow{OA}\cdot\overrightarrow{OB}]$.

将已知条件代入,得 $t=\frac{1}{\sqrt{3\lambda^2-3\lambda+1}}$.

当 $\lambda=\frac{1}{2}$ 时,t 取最大值2.

故 $x+y$ 的最大值是2.

解法3 设 $\angle AOC=\alpha$,则

$$\begin{cases}\overrightarrow{OC}\cdot\overrightarrow{OA}=x\overrightarrow{OA}\cdot\overrightarrow{OA}+y\overrightarrow{OB}\cdot\overrightarrow{OA}\\\overrightarrow{OC}\cdot\overrightarrow{OB}=x\overrightarrow{OA}\cdot\overrightarrow{OB}+y\overrightarrow{OB}\cdot\overrightarrow{OB}\end{cases}$$

即 $\begin{cases}\cos\alpha=x-\frac{1}{2}y\\\cos(120^\circ-\alpha)=-\frac{1}{2}x+y\end{cases}$.

故 $x+y=2[\cos\alpha+\cos(120^\circ-\alpha)]=\cos\alpha+\sqrt{3}\sin\alpha=2\sin\left(\alpha+\frac{\pi}{6}\right)\leqslant 2$.

例 5 求函数 $y=\frac{2\sin x+3\cos x-4}{\cos x-2}$ 的值域.

解 由原函数得 $2\sin x+(3-y)\cos x=4-2y$. 构造向量 $\boldsymbol{a}=(2,3-y)$, $\boldsymbol{b}=(\sin x,\cos x)$,则

$$|4-2y|=|\boldsymbol{a}\cdot\boldsymbol{b}|\leqslant|\boldsymbol{a}|\cdot|\boldsymbol{b}|=\sqrt{4+(3-y)^2}$$

上式两边平方,解得 $\frac{1}{3}\leqslant y\leqslant 3$.

例 6 已知 $c\cos x-\sin x+2c-1\geqslant 0$ 恒成立,求常数 c 的取值范围.

解 由题设知 $c\geqslant\frac{\sin x+1}{\cos x+2}$ 恒成立. 令 $k=\frac{\sin x+1}{\cos x+2}$,则 $k\cos x-\sin x=1-2k$. 构造向量 $\boldsymbol{a}=(k,-1)$, $\boldsymbol{b}=(\cos x,\sin x)$,则

$$|1-2k|=|\boldsymbol{a}\cdot\boldsymbol{b}|\leqslant|\boldsymbol{a}|\cdot|\boldsymbol{b}|=\sqrt{1+k^2}$$

上式两边平方,解得 $0\leqslant k\leqslant\frac{4}{3}$. 故 c 的取值范围为 $\left[\frac{4}{3},+\infty\right)$.

例 7 设 a,b 为正实数,求函数 $f(x)=\sqrt{a^2\sin^2x+b^2\cos^2x}+\sqrt{a^2\cos^2x+b^2\sin^2x}$ 的最小值.

解 构造向量 $\boldsymbol{m}=(a\sin x,b\cos x)$, $\boldsymbol{n}=(b\sin x,a\cos x)$,则 $\boldsymbol{m}+\boldsymbol{n}=(a\sin x+b\sin x,b\cos x+a\cos x)$,所以

$$\begin{aligned}f(x)&=|\boldsymbol{m}|+|\boldsymbol{n}|\geqslant|\boldsymbol{m}+\boldsymbol{n}|\\&=\sqrt{(a+b)^2\sin^2x+(a+b)^2\cos^2x}\end{aligned}$$

$$=\sqrt{(a+b)^2(\sin^2x+\cos^2x)}=a+b$$

当且仅当 $\boldsymbol{m},\boldsymbol{n}$ 共线同向,即 $x=0$(或 $y=0$)时,上式等号成立,故原函数的最小值为$a+b$.

例 8　已知 $x\in\left(0,\dfrac{\pi}{2}\right)$,求函数 $y=\sqrt{\tan^2x-2\tan x+5}-\sqrt{\tan^2x-4\tan x+5}$的最大值.

解　由原函数得 $y=\sqrt{(\tan x-1)^2+(-2)^2}-\sqrt{(\tan x-2)^2+(-1)^2}$. 构造向量 $\boldsymbol{m}=(\tan x-1,-2)$,$\boldsymbol{n}=(2-\tan x,1)$,则 $\boldsymbol{m}+\boldsymbol{n}=(1,-1)$. 则$|\boldsymbol{m}|-|\boldsymbol{n}|\leqslant|\boldsymbol{m}+\boldsymbol{n}|$,得 $y=|\boldsymbol{m}|-|\boldsymbol{n}|\leqslant|\boldsymbol{m}+\boldsymbol{n}|=\sqrt{2}$. 当且仅当 $\boldsymbol{m},\boldsymbol{n}$ 共线反向,即 $\tan x=3$ 时,上式取等号. 故 $x=\arctan 3$ 时,原函数取得最大值$\sqrt{2}$.

5.4　三角式、三角不等式与恒等式问题

例 1　(1979 年全国数学竞赛题)已知 $\alpha,\theta\neq\frac{1}{2}k\pi,k\in\mathbf{Z}$,求证:$\dfrac{1}{\sin^2\theta}+\dfrac{1}{\cos^2\theta\cdot\sin^2\alpha\cdot\cos^2\alpha}\geqslant 9$.

证明　原不等式$\Leftrightarrow\dfrac{1}{\sin^2\theta}+\dfrac{1}{\cos^2\theta\cdot\sin^2\alpha}+\dfrac{1}{\cos^2\theta\cdot\cos^2\alpha}\geqslant 9$.

构造向量

$$\boldsymbol{a}=\left(\frac{1}{\sin\theta},\frac{1}{\cos\theta\sin\alpha},\frac{1}{\cos\theta\cos\alpha}\right)$$

$$\boldsymbol{b}=(\sin\theta,\sin\alpha\cos\theta,\cos\alpha\cos\theta)$$

由$|\boldsymbol{a}|^2\cdot|\boldsymbol{b}|^2\geqslant(\boldsymbol{a}\cdot\boldsymbol{b})$得

$$\left(\frac{1}{\sin^2\theta}+\frac{1}{\cos^2\theta\sin^2\alpha}+\frac{1}{\cos^2\theta\cos^2\alpha}\right)\cdot$$
$$(\sin^2\theta+\sin^2\alpha\cos^2\theta+\cos^2\alpha\cos^2\theta)\geqslant 9$$
$$\left(\frac{1}{\sin^2\theta}+\frac{1}{\cos^2\theta\sin^2\alpha}+\frac{1}{\cos^2\theta\cos^2\alpha}\right)\cdot$$
$$[\sin^2\theta+\cos^2\theta(\sin^2\alpha+\cos^2\alpha)]\geqslant 9$$

即$\frac{1}{\sin^2\theta}+\frac{1}{\cos^2\theta\sin^2\alpha}+\frac{1}{\cos^2\theta\cos^2\alpha}\geqslant 9$，当且仅当 $\boldsymbol{a},\boldsymbol{b}$ 共线，即 $\sin^2\theta=\sin^2\alpha\cos^2\theta=\cos^2\alpha\cos^2\theta$，亦即 $\sin^2\theta=\frac{1}{3}$，$\cos^2\theta=\frac{2}{3}$，$\sin^2\alpha=\cos^2\alpha=\frac{1}{2}$时取等号. 故原不等式得证.

例 2 求证 $\cos\frac{2\pi}{7}+\cos\frac{4\pi}{7}+\cos\frac{6\pi}{7}=-\frac{1}{2}$.

分析 $\frac{2\pi}{7},\frac{4\pi}{7},\frac{6\pi}{7}$构成公差为$\frac{2\pi}{7}$的等差数列，联想到正七边形的每个外角为$\frac{2\pi}{7}$，于是可构造正七边形求解.

证明 如图 5.4.1 所示，作一边长为 1 的正七边形 $A_1A_2A_3A_4A_5A_6A_7$，则与$\overrightarrow{A_1A_2}$平行且同方向的单位向量 $\boldsymbol{e}$ 分别与$\overrightarrow{A_1A_2},\overrightarrow{A_2A_3},\cdots,\overrightarrow{A_6A_7},\overrightarrow{A_7A_1}$的夹角依次为 0，$\frac{2\pi}{7},\frac{4\pi}{7},\frac{6\pi}{7},\frac{6\pi}{7},\frac{4\pi}{7},\frac{2\pi}{7}$.

由

$$\overrightarrow{A_1A_2}+\overrightarrow{A_2A_3}+\overrightarrow{A_3A_4}+\overrightarrow{A_4A_5}+\overrightarrow{A_5A_6}+\overrightarrow{A_6A_7}+\overrightarrow{A_7A_1}=\boldsymbol{0}$$

知

$$\boldsymbol{e}\cdot\overrightarrow{A_1A_2}+\boldsymbol{e}\cdot\overrightarrow{A_2A_3}+\boldsymbol{e}\cdot\overrightarrow{A_3A_4}+\boldsymbol{e}\cdot\overrightarrow{A_4A_5}+$$
$$\boldsymbol{e}\cdot\overrightarrow{A_5A_6}+\boldsymbol{e}\cdot\overrightarrow{A_6A_7}+\boldsymbol{e}\cdot\overrightarrow{A_7A_1}=\boldsymbol{e}\cdot\boldsymbol{0}$$

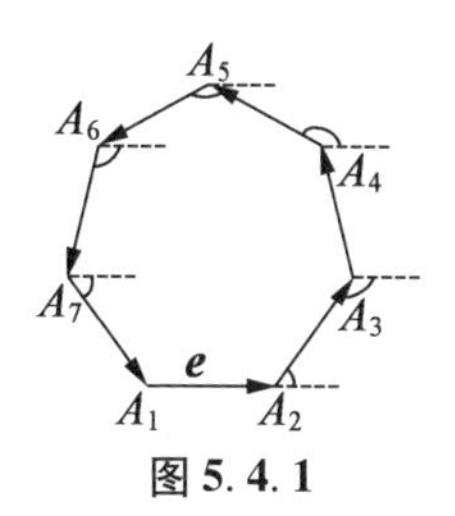

图 5.4.1

即$|\boldsymbol{e}||\overrightarrow{A_1A_2}|\cos 0+|\boldsymbol{e}||\overrightarrow{A_2A_3}|\cos\frac{2\pi}{7}+|\boldsymbol{e}||\overrightarrow{A_3A_4}|\cos\frac{4\pi}{7}+|\boldsymbol{e}||\overrightarrow{A_4A_5}|\cos\frac{6\pi}{7}+|\boldsymbol{e}||\overrightarrow{A_5A_6}|\cos\frac{6\pi}{7}+|\boldsymbol{e}||\overrightarrow{A_6A_7}|\cos\frac{4\pi}{7}+|\boldsymbol{e}||\overrightarrow{A_7A_1}|\cos\frac{2\pi}{7}=0.$

故$1+2\left(\cos\frac{2\pi}{7}+\cos\frac{4\pi}{7}+\cos\frac{6\pi}{7}\right)=0$，即$\cos\frac{2\pi}{7}+\cos\frac{4\pi}{7}+\cos\frac{6\pi}{7}=-\frac{1}{2}.$

例 3　已知$\frac{\cos^4\alpha}{\cos^2\beta}+\frac{\sin^4\alpha}{\sin^2\beta}=1$，求证：$\frac{\cos^4\beta}{\cos^2\alpha}+\frac{\sin^4\beta}{\sin^2\alpha}=1.$

证明　令$\boldsymbol{a}=\left(\frac{\cos^2\alpha}{\cos\beta},\frac{\sin^2\alpha}{\sin\beta}\right)$，$\boldsymbol{b}=(\cos\beta,\sin\beta)$，$\boldsymbol{a}$与$\boldsymbol{b}$的夹角为$\theta$. 因为$\frac{\cos^4\alpha}{\cos^2\beta}+\frac{\sin^4\alpha}{\sin^2\beta}=1$，所以$\cos^2\theta=\frac{(\boldsymbol{a}\cdot\boldsymbol{b})^2}{|\boldsymbol{a}|^2|\boldsymbol{b}|^2}=\frac{(\cos^2\alpha+\sin^2\alpha)^2}{\left(\frac{\cos^4\alpha}{\cos^2\beta}+\frac{\sin^4\alpha}{\sin^2\beta}\right)(\cos^2\beta+\sin^2\beta)}=1$. 所以$\theta=0$或$\theta=\pi$，即$\boldsymbol{a}\parallel\boldsymbol{b}$，所以$\frac{\cos^2\alpha}{\cos\beta}\cdot\sin\beta=\frac{\sin^2\alpha}{\sin\beta}\cdot\cos\beta$，所以$\frac{\cos^2\alpha}{\cos^2\beta}=\frac{\sin^2\alpha}{\sin^2\beta}=\frac{\cos^2\alpha+\sin^2\alpha}{\cos^2\beta+\sin^2\beta}=1$，所以$\frac{\cos^4\beta}{\cos^2\alpha}+\frac{\sin^4\beta}{\sin^2\alpha}=\cos^2\beta+\sin^2\beta=1.$

例 4　已知 α,β 为锐角，$3\sin^2\alpha+2\sin^2\beta=1$，$3\sin 2\alpha-2\sin 2\beta=0$，求角 $\alpha+2\beta$ 的值.

解　欲求 $\alpha+2\beta$，只需求 $\cos(\alpha+2\beta)$，即需求 $\cos\alpha\cos 2\beta-\sin\alpha\sin 2\beta$. 构造向量 $\overrightarrow{OA}=(\cos\alpha,-\sin\alpha)$，$\overrightarrow{OB}=(\cos 2\beta,\sin 2\beta)$. 由 α 为锐角知，点 A 在第四象限. 因为 $\cos 2\beta=1-2\sin^2\beta=3\sin^2\alpha>0$，$\sin 2\beta=\frac{3}{2}\sin 2\alpha>0$，所以点 B 在第一象限. 所以 $\overrightarrow{OA}$ 与 $\overrightarrow{OB}$ 的夹角就是 $\angle AOB=\alpha+2\beta$. 又 $\overrightarrow{OA}\cdot\overrightarrow{OB}=\cos\alpha\cos 2\beta-\sin\alpha\sin 2\beta=\cos\alpha\times 3\sin^2\alpha-\sin\alpha\times 3\sin\alpha\cos\alpha=0$，所以 $\overrightarrow{OA}\perp\overrightarrow{OB}$，即 $\alpha+2\beta=\frac{\pi}{2}$.

例 5　(2006 年黑龙江省竞赛题)设 $\angle A,\angle B,\angle C$ 是 $\triangle ABC$ 的三个内角. 若向量 $\boldsymbol{m}=\left(1-\cos(A+B),\cos\frac{A-B}{2}\right)$，$\boldsymbol{n}=\left(\frac{5}{8},\cos\frac{A-B}{2}\right)$，且 $\boldsymbol{m}\cdot\boldsymbol{n}=\frac{9}{8}$.

(1)求证：$\tan A\cdot\tan B=\frac{1}{9}$；

(2)求 $\frac{ab\sin C}{a^2+b^2-c^2}$ 的最大值.

解　(1)由 $\boldsymbol{m}\cdot\boldsymbol{n}=\frac{9}{8}$，得 $\frac{5}{8}[1-\cos(A+B)]+\cos^2\frac{A-B}{2}=\frac{9}{8}$，即 $\frac{5}{8}[1-\cos(A+B)]+\frac{1+\cos(A-B)}{2}=\frac{9}{8}$，亦即 $4\cos(A-B)=5\cos(A+B)$.

所以，$\tan A\cdot\tan B=\frac{1}{9}$.

(2)因 $\frac{ab\sin C}{a^2+b^2-c^2}=\frac{ab\sin C}{2ab\cos C}=\frac{1}{2}\tan C$，而 $\tan(A+$

$B)=\dfrac{\tan A+\tan B}{1-\tan A\cdot\tan B}=\dfrac{9}{8}(\tan A+\tan B)\geqslant\dfrac{9}{8}\cdot 2\sqrt{\tan A\cdot\tan B}=\dfrac{3}{4}$，所以，$\tan(A+B)$有最小值$\dfrac{3}{4}$.

当$\tan A=\tan B=\dfrac{1}{3}$时，取得最小值.

又$\tan C=-\tan(A+B)$，则$\tan C$有最大值$-\dfrac{3}{4}$.

故$\dfrac{ab\sin C}{a^2+b^2-c^2}$的最大值为$-\dfrac{3}{8}$.

例6　α是任意角，n是任意正整数，且$\cos\alpha+\cos 2\alpha+\cdots+\cos n\alpha\neq 0$，化简$\dfrac{\sin\alpha+\sin 2\alpha+\cdots+\sin n\alpha}{\cos\alpha+\cos 2\alpha+\cdots+\cos n\alpha}$.

解　在直角坐标系中作单位向量$\overrightarrow{OA_1},\overrightarrow{OA_2},\cdots,\overrightarrow{OA_n}$使$\angle xOA_k=k\alpha$，从而$\overrightarrow{OA_k}=(\cos k\alpha,\sin k\alpha)$对$k=1,2,\cdots,n$成立，则

$$\begin{aligned}\overrightarrow{OC}&=\overrightarrow{OA_1}+\overrightarrow{OA_2}+\cdots+\overrightarrow{OA_n}\\&=(\cos\alpha+\cos 2\alpha+\cdots+\cos n\alpha,\sin\alpha+\\&\quad\sin 2\alpha+\cdots+\sin n\alpha)\end{aligned}$$

从而$\dfrac{\sin\alpha+\sin 2\alpha+\cdots+\sin n\alpha}{\cos\alpha+\cos 2\alpha+\cdots+\cos n\alpha}=\tan\angle xOC$.

作$\overrightarrow{OB_1}=\overrightarrow{OA_1}+\overrightarrow{OA_n}$，则$OB_1$与$\angle A_1OA_n$的角平分线共线，因此与$OB$共线，其中$\angle xOB=\dfrac{\alpha+n\alpha}{2}=\dfrac{(n+1)\alpha}{2}$，如图5.4.2所示.

一般地，对每个正整数$k\leqslant n$，作$\overrightarrow{OB_k}=\overrightarrow{OA_k}+\overrightarrow{OA_{n+1-k}}$，则$OB_k$与$\angle A_kOA_{n+1-k}$的角平分线共线.

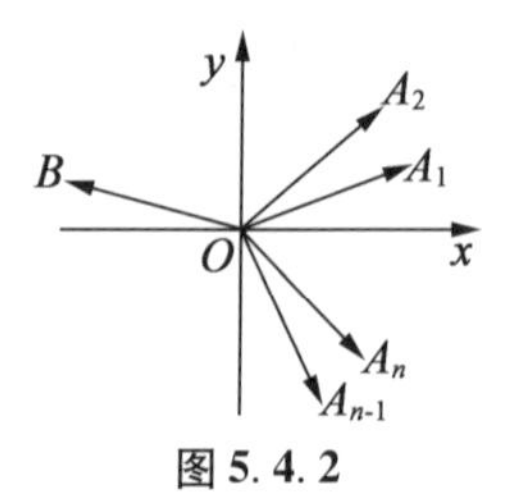

图 5.4.2

由于 $\dfrac{\angle xOA_k+\angle xOA_{n+1-k}}{2}=\dfrac{k\alpha+(n+1-k)\alpha}{2}=\dfrac{(n+1)\alpha}{2}=\angle xOB$，因此 $\angle A_kOA_{n+1-k}$ 的角平分线与 OB 共线，从而 OB_k 与 OB 共线. 所有的有向线段 $OB_k(1\leqslant k\leqslant n)$ 都在直线 OB 上，因此它们所表示的向量 $\overrightarrow{OB_k}$ 之和，$2\overrightarrow{OC}$ 与 $\overrightarrow{OB}$ 共线，因此 OC 与 OB 共线. 于是得到 $\dfrac{\sin\alpha+\sin 2\alpha+\cdots+\sin n\alpha}{\cos\alpha+\cos 2\alpha+\cdots+\cos n\alpha}=\tan\angle xOC=\tan\angle xOB=\tan\dfrac{(n+1)\alpha}{2}$.

第六章 平面几何问题

6.1 位置关系问题

1. 过特殊点

例 1 (2003 年高考全国卷题)已知 O 是平面上一定点,A,B,C 是平面上不共线的三个点,动点 P 满足 $\overrightarrow{OP}=\overrightarrow{OA}+\lambda\left(\frac{\overrightarrow{AB}}{|\overrightarrow{AB}|}+\frac{\overrightarrow{AC}}{|\overrightarrow{AC}|}\right)$,$\lambda\in[0,+\infty)$,则点 P 的轨迹一定通过$\triangle ABC$ 的(　　).

A. 重心　　　B. 垂心

C. 内心　　　D. 外心

解　$\frac{\overrightarrow{AB}}{|\overrightarrow{AB}|}$为$\overrightarrow{AB}$上的单位向量,$\frac{\overrightarrow{AC}}{|\overrightarrow{AC}|}$为$\overrightarrow{AC}$上的单位向量,设$\overrightarrow{AQ}=\frac{\overrightarrow{AB}}{|\overrightarrow{AB}|}+\frac{\overrightarrow{AC}}{|\overrightarrow{AC}|}$,则由式(2.6.68)知$\overrightarrow{AQ}$为$\angle BAC$ 的角平分线,由已知可得$\overrightarrow{AP}=\lambda\overrightarrow{AQ}$,则 A,Q,P 三点共线,因 $\lambda\geqslant 0$,故点 P 的轨迹一定通过三

角形的内心.

故选 C.

例 2 已知 O 是平面上一定点,A,B,C 是平面上不共线的三个点,动点 P 满足 $\overrightarrow{OP}=\overrightarrow{OA}+\lambda\left(\dfrac{\overrightarrow{AB}}{|\overrightarrow{AB}|\sin B}+\dfrac{\overrightarrow{AC}}{|\overrightarrow{AC}|\sin C}\right),\lambda\in[0,+\infty)$,则点 P 的轨迹一定通过$\triangle ABC$ 的(　　).①

A. 重心　　　　B. 垂心

C. 内心　　　　D. 外心

解 在$\triangle ABC$ 中,由正弦定理有$|\overrightarrow{AB}|\sin B=|\overrightarrow{AC}|\sin C$,设$|\overrightarrow{AB}|\sin B=|\overrightarrow{AC}|\sin C=\mu$,则$\overrightarrow{OP}=\overrightarrow{OA}+\dfrac{\lambda}{\mu}(\overrightarrow{AB}+\overrightarrow{AC}),\dfrac{\lambda}{\mu}\in[0,+\infty)$.

设 $t=\dfrac{\lambda}{\mu}$,BC 的中点为 M,则$\overrightarrow{AB}+\overrightarrow{AC}=2\overrightarrow{AM}$,$\overrightarrow{OP}-\overrightarrow{OA}=2t\overrightarrow{AM}\Rightarrow\overrightarrow{AP}=2t\overrightarrow{AM}(t\in[0,+\infty))$,则 A,P,M 三点共线. 因为 $t\geqslant0$,故点 P 的轨迹一定通过$\triangle ABC$ 的重心.

故选 A.

例 3 已知 O 是平面上一定点,A,B,C 是平面上不共线的三个点,动点 P 满足 $\overrightarrow{OP}=\overrightarrow{OA}+\lambda\left(\dfrac{\overrightarrow{AB}}{|\overrightarrow{AB}|\cos B}+\dfrac{\overrightarrow{AC}}{|\overrightarrow{AC}|\cos C}\right),\lambda\in[0,+\infty)$,则点 P 的

---

① 杨海生. 平面向量与三角形的心[J]. 中学数学研究,2010(6):37-38.

轨迹一定通过$\triangle ABC$的(　　).

A. 重心　　B. 垂心

C. 内心　　D. 外心

解　因为$\overrightarrow{OP}=\overrightarrow{OA}+\lambda\left(\frac{\overrightarrow{AB}}{|\overrightarrow{AB}|\cos B}+\frac{\overrightarrow{AC}}{|\overrightarrow{AC}|\cos C}\right)$,

$\lambda\in[0,+\infty)$,则$\overrightarrow{AP}=\lambda\left(\frac{\overrightarrow{AB}}{|\overrightarrow{AB}|\cos B}+\frac{\overrightarrow{AC}}{|\overrightarrow{AC}|\cos C}\right)$,

$\lambda\in[0,+\infty)$,则

$$\overrightarrow{AP}\cdot\overrightarrow{BC}=\lambda\left(\frac{\overrightarrow{AB}\cdot\overrightarrow{BC}}{|\overrightarrow{AB}|\cos B}+\frac{\overrightarrow{AC}\cdot\overrightarrow{BC}}{|\overrightarrow{AC}|\cos C}\right)$$
$$=\lambda(-|\overrightarrow{BC}|+|\overrightarrow{BC}|)=0$$

则$AP\perp BC$. 故点P的轨迹一定通过$\triangle ABC$的垂心.

故选B.

例4　已知O是平面上一定点,A,B,C是平面上不共线的三个点,动点P满足$\overrightarrow{OP}=\frac{\overrightarrow{OB}+\overrightarrow{OC}}{2}+\lambda\left(\frac{\overrightarrow{AB}}{|\overrightarrow{AB}|\cos B}+\frac{\overrightarrow{AC}}{|\overrightarrow{AC}|\cos C}\right)$,$\lambda\in[0,+\infty)$,则点$P$的轨迹一定通过$\triangle ABC$的(　　).

A. 重心　　B. 垂心

C. 内心　　D. 外心

解　取BC的中点D,则$\overrightarrow{OD}=\frac{\overrightarrow{OB}+\overrightarrow{OC}}{2}$,已知变为$\overrightarrow{DP}=\lambda\left(\frac{\overrightarrow{AB}}{|\overrightarrow{AB}|\cos B}+\frac{\overrightarrow{AC}}{|\overrightarrow{AC}|\cos C}\right)$,因$\overrightarrow{BC}\cdot\overrightarrow{DP}=\lambda\left(\frac{\overrightarrow{AB}\cdot\overrightarrow{BC}}{|\overrightarrow{AB}|\cos B}+\frac{\overrightarrow{AC}\cdot\overrightarrow{BC}}{|\overrightarrow{AC}|\cos C}\right)=\lambda(-|\overrightarrow{BC}|+|\overrightarrow{BC}|)=0$,

则$\overrightarrow{DP}\perp\overrightarrow{BC}$,即 DP 是 BC 的垂直平分线. 因为 $\lambda\in[0,+\infty)$,故点 P 的轨迹一定通过$\triangle ABC$ 的外心.

故选 D.

例 5 (第 17 届全俄数学奥林匹克试题)如图 6.1.1所示,在凸四边形 $ABCD$ 的对角线 AC 上取点 K 和 M,在对角线 BD 上取点 P 和 T,使得 $AK=MC=\frac{1}{4}AC$,$BP=TD=\frac{1}{4}BD$. 证明:过 AD 和 BC 中点的连线,通过 PM 和 KT 的中点.

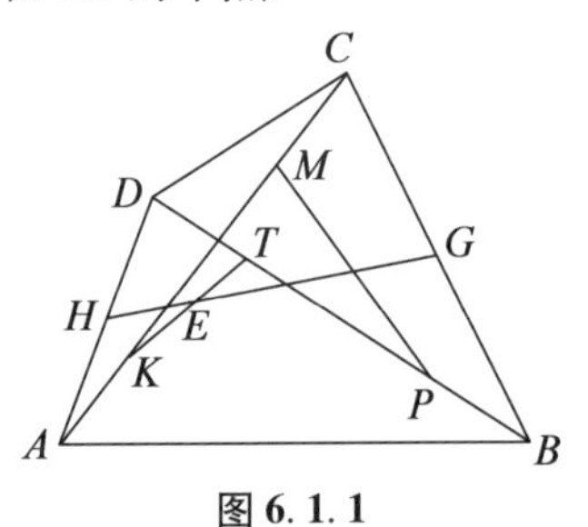

图 6.1.1

证明 设 H,G,E 分别是 AD,BC,KT 的中点,则

$$\overrightarrow{KT}=\overrightarrow{KA}+\overrightarrow{AD}+\overrightarrow{DT}=-\frac{1}{4}\overrightarrow{AC}+\overrightarrow{AD}-\frac{1}{4}\overrightarrow{BD}$$

$$\overrightarrow{EH}=\overrightarrow{ET}+\overrightarrow{TD}+\overrightarrow{DH}=\frac{1}{2}\overrightarrow{KT}+\frac{1}{4}\overrightarrow{BD}-\frac{1}{2}\overrightarrow{AD}$$

$$=-\frac{1}{8}(\overrightarrow{AC}-\overrightarrow{BD})$$

$$\overrightarrow{GH}=\overrightarrow{GC}+\overrightarrow{CD}+\overrightarrow{DH}=\frac{1}{2}\overrightarrow{BC}+\overrightarrow{CD}-\frac{1}{2}\overrightarrow{AD}$$

$$=\frac{1}{2}(\overrightarrow{BC}+\overrightarrow{CD})+\frac{1}{2}(\overrightarrow{CD}-\overrightarrow{AD})$$

$$=\frac{1}{2}\overrightarrow{BD}+\frac{1}{2}\overrightarrow{CA}=-\frac{1}{2}(\overrightarrow{AC}-\overrightarrow{BD})$$

显然$\overrightarrow{GH}=4\overrightarrow{EH}$,所以$H,E,G$三点共线,即$HG$过点$E$.同理可证$HG$过$PM$的中点.

例6 (2005年罗马尼亚数学奥林匹克题)已知凸四边形$ABCD$,AD与BC交于点E,AC与BD交于点I.证明:当且仅当$AB/\!/CD$,且$IC^2=IA\cdot AC$时,$\triangle EDC$的重心与$\triangle IAB$的重心重合.

证明 如图6.1.2所示,设$\overrightarrow{CI}=m\overrightarrow{IA}$,$\overrightarrow{DI}=n\overrightarrow{IB}$,其中$m,n\in\mathbf{R}_+$,$\overrightarrow{IE}=a\overrightarrow{IC}+(1-a)\overrightarrow{IB}=b\overrightarrow{ID}+(1-b)\overrightarrow{IA}$.故

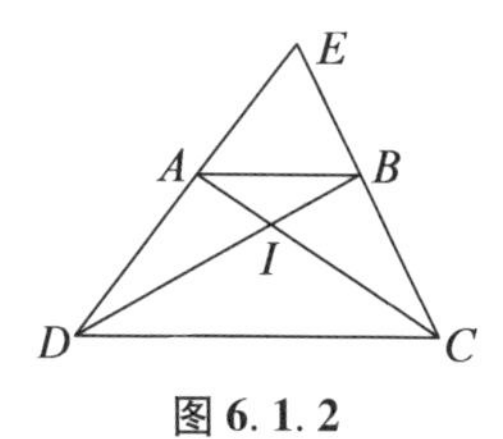

图6.1.2

$$\overrightarrow{IE}=-am\overrightarrow{IA}+(1-a)\overrightarrow{IB}=(1-b)\overrightarrow{IA}-bn\overrightarrow{ID}$$

$$\Rightarrow\begin{cases}-am=1-b\\1-a=-bn\end{cases}$$

$$\Rightarrow\begin{cases}a=\dfrac{n+1}{1-mn}\\b=\dfrac{m+1}{1-mn}\end{cases}$$

又$\triangle EDC$与$\triangle IAB$的重心重合$\Leftrightarrow\overrightarrow{IE}+\overrightarrow{IC}+\overrightarrow{ID}=\overrightarrow{IA}+\overrightarrow{IB}\Leftrightarrow\overrightarrow{IE}=(1+m)\overrightarrow{IA}+(1+n)\overrightarrow{IB}\Leftrightarrow$ $\begin{cases}-am=1+m\\1-a=1+n\end{cases}\Leftrightarrow m=n,m^2=m+1\Leftrightarrow\dfrac{IC}{IA}=\dfrac{ID}{IB},\left(\dfrac{IC}{IA}\right)^2=\dfrac{IC}{IA}+1\Leftrightarrow AB/\!/CD$且$IC^2=IA\cdot AC$.

例 7 （2005 年罗马尼亚数学奥林匹克题）设 $\triangle ABC$ 为非直角三角形，其垂心为 H；M_1,M_2,M_3 分别为边 BC,CA,AB 的中点，令 A_1,B_1,C_1 分别为 H 关于 M_1,M_2,M_3 的对称点，A_2,B_2,C_2 分别为 $\triangle BA_1C$，$\triangle CB_1A$，$\triangle AC_1B$ 的垂心. 求证：

（1）$\triangle ABC$ 与 $\triangle A_2B_2C_2$ 的重心重合；

（2）由 $\triangle AA_1A_2$，$\triangle BB_1B_2$，$\triangle CC_1C_2$ 的重心所构成的三角形与 $\triangle ABC$ 相似.

证明 如图 6.1.3 所示，因为 $\triangle BHC$ 与 $\triangle CA_1B$ 关于 M_1 对称，且 A 为 $\triangle BHC$ 的垂心，所以 A_2 为 A 关于 M_1 的对称点.

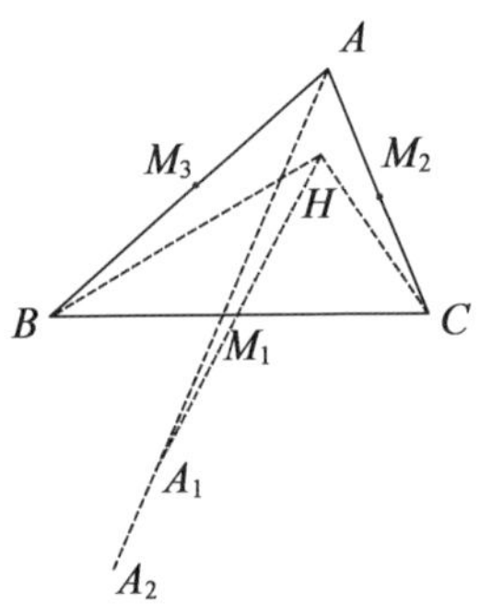

图 6.1.3

（1）设 $\triangle ABC$ 与 $\triangle A_2B_2C_2$ 的重心分别为 G,G_2，对任意一点 P，有

$$\overrightarrow{PB}+\overrightarrow{PC}=2\overrightarrow{PM_1}=\overrightarrow{PA}+\overrightarrow{PA_2}$$

$$\overrightarrow{PC}+\overrightarrow{PA}=2\overrightarrow{PM_2}=\overrightarrow{PB}+\overrightarrow{PB_2}$$

$$\overrightarrow{PA}+\overrightarrow{PB}=2\overrightarrow{PM_3}=\overrightarrow{PC}+\overrightarrow{PC_2}$$

三式相加，得

$$\overrightarrow{PA_2}+\overrightarrow{PB_2}+\overrightarrow{PC_2}=\overrightarrow{PA}+\overrightarrow{PB}+\overrightarrow{PC}=3\overrightarrow{PG}$$

则 $3\overrightarrow{PG}=3\overrightarrow{PG_2},\overrightarrow{PG}=\overrightarrow{PG_2}$. 故 G 与 G_2 重合.

(2) 设 G_A, G_B, G_C 分别为 $\triangle AA_1A_2$, $\triangle BB_1B_2$, $\triangle CC_1C_2$ 的重心,因此

$$\begin{aligned}\overrightarrow{HG_A}&=\frac{1}{3}(\overrightarrow{HA}+\overrightarrow{HA_1}+\overrightarrow{HA_2})\\&=\frac{1}{3}(\overrightarrow{HA}+2\overrightarrow{HM_1}+\overrightarrow{HA}+2\overrightarrow{AM_1})\\&=\frac{4}{3}\overrightarrow{HM_1}\end{aligned}$$

即 $\overrightarrow{G_AG_B}=\frac{4}{3}(\overrightarrow{HM_2}-\overrightarrow{HM_1})=\frac{4}{3}\overrightarrow{M_1M_2}=\frac{2}{3}\overrightarrow{BA}$.

同理有另外两式.

由此可知,由 $\triangle AA_1A_2$, $\triangle BB_1B_2$, $\triangle CC_1C_2$ 的重心所构成的三角形与 $\triangle ABC$ 相似,且相似比为 $\frac{2}{3}$.

例 8　(IMO 46 试题的推广)给定凸四边形 $ABCD$, $BC=\lambda AD$(λ 为正常数),且 BC 不平行于 AD. 设点 E 和 F 分别在边 BC 和 AD 上,且满足 $BE=\lambda DF$. 直线 AC 和 BD 相交于点 P;直线 EF 和 AC 相交于点 Q;直线 EF 和 BD 相交于点 R. 求证:当点 E 和 F 变动时,$\triangle PQR$ 的外接圆经过除点 P 外的另一个定点.

证明①　如图 6.1.4 所示,设 O 是 $\triangle PQR$ 的外接圆圆心,过点 O 作 PQ, PR 的垂线,垂足分别为 M, N, 联结 AR, BQ, CR, DQ, 设 $\overrightarrow{PC}=\lambda_1\overrightarrow{PA}$, $\overrightarrow{PD}=\lambda_2\overrightarrow{PB}$ (λ_1, λ_2 为定值).

---

①　沈毅. IMO 46 – 5 推广的向量证明[J]. 数学通讯,2009(12):42.

由 $BC=\lambda AD$，$BE=\lambda DF$ 知 $\frac{BE}{EC}=\frac{DF}{FA}$，即 $\frac{S_{\triangle BQR}}{S_{\triangle CQR}}=\frac{S_{\triangle DQR}}{S_{\triangle AQR}}$，也即 $\frac{S_{\triangle AQR}}{S_{\triangle CQR}}=\frac{S_{\triangle DQR}}{S_{\triangle BQR}}$，因此 $\frac{AQ}{QC}=\frac{DR}{RB}$.

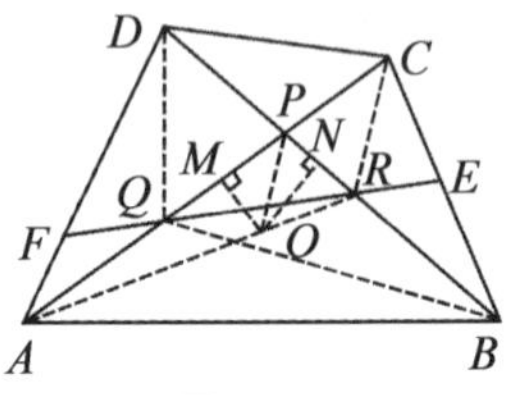

图 6.1.4

设 $\overrightarrow{AQ}=\mu\overrightarrow{QC}$，$\overrightarrow{DR}=\mu\overrightarrow{RB}(\mu>0)$，则

$$\overrightarrow{PQ}-\overrightarrow{PA}=\mu(\overrightarrow{PC}-\overrightarrow{PQ})$$

$$\overrightarrow{PR}-\overrightarrow{PD}=\mu(\overrightarrow{PB}-\overrightarrow{PR})$$

于是

$$\overrightarrow{PQ}=\frac{\mu\overrightarrow{PC}+\overrightarrow{PA}}{1+\mu}=\frac{\lambda_1\mu+1}{1+\mu}\overrightarrow{PA}$$

$$\overrightarrow{PR}=\frac{\mu\overrightarrow{PB}+\overrightarrow{PD}}{1+\mu}=\frac{\mu+\lambda_2}{1+\mu}\overrightarrow{PB}$$

由 $OM\perp PA$，$ON\perp PB$ 知 $\overrightarrow{MO}\cdot\overrightarrow{PA}=0$，$\overrightarrow{NO}\cdot\overrightarrow{PB}=0$.

又 M，N 分别为 PQ，PR 中点，所以

$$\overrightarrow{MO}=\overrightarrow{PO}-\overrightarrow{PM}=\overrightarrow{PO}-\frac{1}{2}\overrightarrow{PQ}$$

$$\overrightarrow{NO}=\overrightarrow{PO}-\overrightarrow{PN}=\overrightarrow{PO}-\frac{1}{2}\overrightarrow{PR}$$

因此

$$(\overrightarrow{PO}-\frac{1}{2}\overrightarrow{PQ})\cdot\overrightarrow{PA}=0$$

$$(\overrightarrow{PO}-\frac{1}{2}\overrightarrow{PR})\cdot\overrightarrow{PB}=0$$

即

$$\overrightarrow{PA}\cdot\overrightarrow{PO}=\frac{1}{2}\overrightarrow{PQ}\cdot\overrightarrow{PA}=\frac{\lambda_1\mu+1}{2(1+\mu)}\cdot|\overrightarrow{PA}|^2$$

$$\overrightarrow{PB}\cdot\overrightarrow{PO}=\frac{1}{2}\overrightarrow{PR}\cdot\overrightarrow{PB}=\frac{\mu+\lambda_2}{2(1+\mu)}|\overrightarrow{PB}|^2$$

于是

$$\frac{\overrightarrow{PA}}{|\overrightarrow{PA}|^2}\cdot\overrightarrow{PO}=\frac{\lambda_1\mu+1}{2(1+\mu)}$$

$$\frac{\overrightarrow{PB}}{|\overrightarrow{PB}|^2}\cdot\overrightarrow{PO}=\frac{\mu+\lambda_2}{2(1+\mu)}$$

所以

$$\left[(\lambda_2-1)\frac{\overrightarrow{PA}}{|\overrightarrow{PA}|^2}+(\lambda_1-1)\frac{\overrightarrow{PB}}{|\overrightarrow{PB}|^2}\right]\cdot\overrightarrow{PO}$$

$$=\frac{(\lambda_2-1)(\lambda_1\mu+1)}{2(1+\mu)}+\frac{(\lambda_1-1)(\mu+\lambda_2)}{2(1+\mu)}$$

$$=\frac{\lambda_1\lambda_2-1}{2}$$

设$(\lambda_2-1)\frac{\overrightarrow{PA}}{|\overrightarrow{PA}|^2}+(\lambda_1-1)\frac{\overrightarrow{PB}}{|\overrightarrow{PB}|^2}=(a,b)$，$\overrightarrow{PO}=(x,y)$，$\frac{\lambda_1\lambda_2-1}{2}=c$（显然 a,b,c 为定值）. 则动点 O 的轨迹为定直线 $ax+by=c$，因此 $\triangle PQR$ 的外接圆经过点 P 关于直线 $ax+by=c$ 的对称点.

2. 两线垂直

例 9　(2003 年中国国家集训队训练题)凸四边形 $ABCD$ 的对角线交于点 M，点 P,Q 分别是$\triangle AMD$ 和$\triangle CMB$ 的重心，R,S 分别是$\triangle DMC$ 和$\triangle MAB$ 的垂心，求证：$PQ\perp RS$.

证明 如图 6.1.5 所示,以任意点 O 为原点,因为 P,Q 分别为 $\triangle AMD$ 和 $\triangle CMB$ 的重心,所以

$$\overrightarrow{OP}=\frac{1}{3}(\overrightarrow{OM}+\overrightarrow{OD}+\overrightarrow{OA})$$

$$\overrightarrow{OQ}=\frac{1}{3}(\overrightarrow{OB}+\overrightarrow{OM}+\overrightarrow{OC})$$

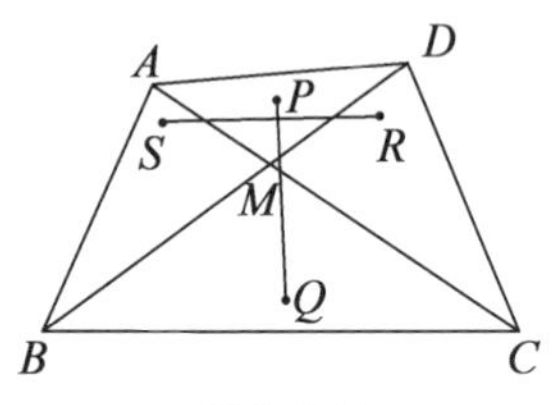

图 6.1.5

从而
$$\overrightarrow{PQ}=\overrightarrow{OQ}-\overrightarrow{OP}=\frac{1}{3}(\overrightarrow{AB}+\overrightarrow{DC})$$

于是

$$\begin{aligned}
\overrightarrow{SR}\cdot\overrightarrow{PQ}&=\frac{1}{3}(\overrightarrow{SM}+\overrightarrow{MR})\cdot(\overrightarrow{AB}+\overrightarrow{DC})\\
&=\frac{1}{3}(\overrightarrow{SM}\cdot\overrightarrow{AB}+\overrightarrow{SM}\cdot\overrightarrow{DC}+\overrightarrow{MR}\cdot\overrightarrow{AB}+\overrightarrow{MR}\cdot\overrightarrow{DC})\\
&=\frac{1}{3}(\overrightarrow{SM}\cdot\overrightarrow{DC}+\overrightarrow{MR}\cdot\overrightarrow{AB})\\
&\quad(\text{因为}\overrightarrow{SM}\cdot\overrightarrow{AB}=\overrightarrow{MR}\cdot\overrightarrow{DC}=0)\\
&=\frac{1}{3}|\overrightarrow{SM}|\cdot|\overrightarrow{DC}|\cos(\frac{3}{2}\pi-\angle ADC-\angle DAB)+\\
&\quad\frac{1}{3}|\overrightarrow{MR}|\cdot|\overrightarrow{AB}|\cos(\angle ADC+\angle DAB-\frac{\pi}{2})\\
&=\frac{1}{3}(|AB|\cdot\cot\angle AMB\cdot|\overrightarrow{DC}|-\frac{1}{3}|\overrightarrow{CD}|\cdot\\
&\quad\cot\angle DMC\cdot|\overrightarrow{AB}|)\cos(\frac{3}{2}\pi-\angle ADC-\angle DAB)
\end{aligned}$$

$$=0 \qquad (*)$$

故$\overrightarrow{SR}\perp\overrightarrow{PQ}$.

注　或由

$$(*)式=\frac{1}{3}[\overrightarrow{MR}\cdot(\overrightarrow{MB}-\overrightarrow{MA})+\overrightarrow{SM}\cdot(\overrightarrow{MC}-\overrightarrow{MD})]$$

$$=\frac{1}{3}[(\overrightarrow{MC}+\overrightarrow{CR})\cdot\overrightarrow{MB}-(\overrightarrow{MD}+\overrightarrow{DR})\cdot\overrightarrow{MA}+(\overrightarrow{MA}+\overrightarrow{AS})\cdot\overrightarrow{MD}-(\overrightarrow{MB}+\overrightarrow{BS})\cdot\overrightarrow{MC}]$$

$$=\frac{1}{3}(\overrightarrow{CR}\cdot\overrightarrow{MB}-\overrightarrow{DR}\cdot\overrightarrow{MA}+\overrightarrow{AS}\cdot\overrightarrow{MD}-\overrightarrow{BS}\cdot\overrightarrow{MC})$$

$$=0$$

得 $PQ\perp RS$.

例 10　(2001 年全国高中数学联赛题)设 O 为 $\triangle ABC$ 的外心,三条高 AD,BE,CF 交于点 H,直线 ED 和 AB 交于点 M. FD 和 AC 交于点 N,求证:

(1) $OB\perp DF,OC\perp DE$;

(2) $OH\perp MN$.

证法 1　仅证(2). 由式(2.6.24)有$\overrightarrow{OH}=\overrightarrow{OA}+\overrightarrow{OB}+\overrightarrow{OC}$(或设点 H'满足$\overrightarrow{OH'}=\overrightarrow{OA}+\overrightarrow{OB}+\overrightarrow{OC}$,则$\overrightarrow{AH'}\cdot\overrightarrow{BC}=(\overrightarrow{OH'}-\overrightarrow{OA})\cdot(\overrightarrow{OC}-\overrightarrow{OB})=|\overrightarrow{OC}|^2-|\overrightarrow{OB}|^2=0$,故$\overrightarrow{AH'}\perp\overrightarrow{BC}$. 同理,$\overrightarrow{BH'}\perp\overrightarrow{AC}$,于上 H' 与 H 重合. 故$\overrightarrow{OH}=\overrightarrow{OA}+\overrightarrow{OB}+\overrightarrow{OC}$). 则

$$\overrightarrow{OH}\cdot\overrightarrow{AM}$$

$$=(\overrightarrow{OB}+\overrightarrow{OA})\cdot\overrightarrow{AM}+\overrightarrow{OC}\cdot\overrightarrow{AM}$$

$$=\overrightarrow{OC}\cdot\overrightarrow{AM}(因(\overrightarrow{OA}+\overrightarrow{OB})\perp\overrightarrow{AM})$$

$$=\overrightarrow{OC}\cdot(\overrightarrow{AE}+\overrightarrow{EM})$$

$$=\overrightarrow{OC}\cdot\overrightarrow{AE}+\overrightarrow{OC}\cdot\overrightarrow{EM}(\text{因}\overrightarrow{OC}\perp\overrightarrow{EM})$$

$$=\overrightarrow{OC}\cdot\overrightarrow{AE}=|\overrightarrow{OC}|\cdot|\overrightarrow{AE}|\cdot\cos(90^\circ-\angle B)$$

$$=R\cdot|\overrightarrow{AB}|\cdot\cos A\cdot\sin B$$

$$=2R^2\cos A\cdot\sin B\cdot\sin C$$

同理可证:$\overrightarrow{OH}\cdot\overrightarrow{AN}=2R^2\cdot\cos A\cdot\sin B\cdot\sin C$. 则

$$\begin{aligned}\overrightarrow{OH}\cdot\overrightarrow{MN}&=\overrightarrow{OH}\cdot(\overrightarrow{AN}-\overrightarrow{AM})\\&=\overrightarrow{OH}\cdot\overrightarrow{AN}-\overrightarrow{OH}\cdot\overrightarrow{AM}=0\end{aligned}$$

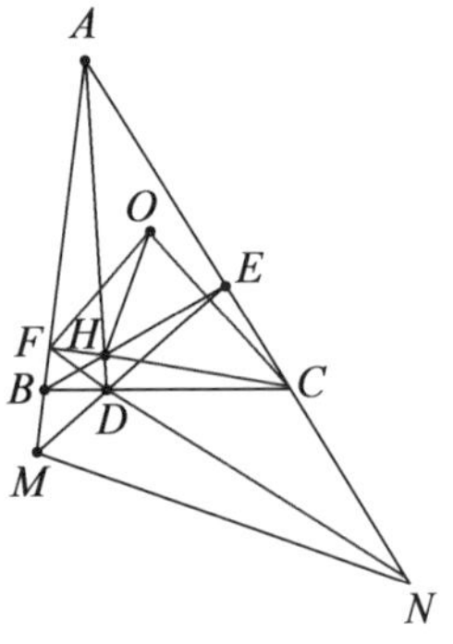

图 6.1.6

故$\overrightarrow{OH}\perp\overrightarrow{MN}$.

证法 2 (1)

$$\begin{aligned}\overrightarrow{BO}\cdot\overrightarrow{DF}&=\overrightarrow{BO}\cdot(\overrightarrow{DB}+\overrightarrow{BF})\\&=\frac{1}{2}(-|\overrightarrow{BC}||\overrightarrow{BD}|+|\overrightarrow{BF}||\overrightarrow{BA}|)\\&=\frac{1}{2}(-\overrightarrow{BA}\cdot\overrightarrow{BC}+\overrightarrow{BA}\cdot\overrightarrow{BC})\\&=0\end{aligned}$$

所以 $OB\perp DF$. 同理 $OC\perp DE$.

(2)

$$\begin{aligned}\overrightarrow{OH}\cdot\overrightarrow{MN}&=(\overrightarrow{OA}+\overrightarrow{OB}+\overrightarrow{OC})\cdot(\overrightarrow{MA}+\overrightarrow{AN})\\&=(\overrightarrow{OA}+\overrightarrow{OC})\cdot\overrightarrow{AN}+(\overrightarrow{OA}+\overrightarrow{OB})\cdot\overrightarrow{MA}+\\&\quad\overrightarrow{OC}\cdot\overrightarrow{MA}+\overrightarrow{OB}\cdot\overrightarrow{AN}\\&=\overrightarrow{OC}\cdot\overrightarrow{MA}+\overrightarrow{OB}\cdot\overrightarrow{AN}\\&=\overrightarrow{OC}\cdot(\overrightarrow{ME}+\overrightarrow{EA})+\overrightarrow{OB}\cdot(\overrightarrow{AF}+\overrightarrow{FN})\\&=\overrightarrow{OC}\cdot\overrightarrow{EA}+\overrightarrow{OB}\cdot\overrightarrow{AF}\\&=\frac{1}{2}(-|\overrightarrow{AC}||\overrightarrow{AE}|+|\overrightarrow{BF}||\overrightarrow{BA}|)\\&=\frac{1}{2}(-\overrightarrow{AB}\cdot\overrightarrow{AC}+\overrightarrow{AB}\cdot\overrightarrow{AC})\\&=0\end{aligned}$$

所以 $OH\perp MN$.

注　此证法由彭翕成给出.

例 11　(1983 年英国奥林匹克试题)如图 6.1.7 所示,设 O 是 $\triangle ABC$ 的外心,D 是 AB 的中点,E 是 $\triangle ACD$ 的重心,且 $AB=AC$. 证明:$OE\perp CD$.

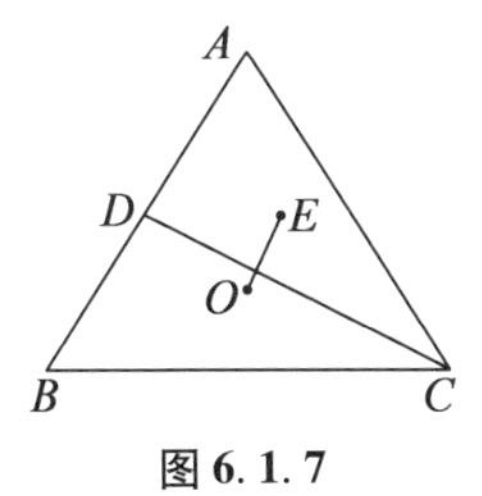

图 6.1.7

证明　已知$\overrightarrow{OD}=\frac{1}{2}(\overrightarrow{OA}+\overrightarrow{OB})$,$\overrightarrow{OE}=\frac{1}{3}(\overrightarrow{OA}+\overrightarrow{OD}+\overrightarrow{OC})$,则

$$\overrightarrow{OE}\cdot\overrightarrow{CD}=\frac{1}{3}(\overrightarrow{OA}+\overrightarrow{OD}+\overrightarrow{OC})\cdot(\overrightarrow{OD}-\overrightarrow{OC})$$
$$=\frac{1}{3}(\frac{3}{2}\overrightarrow{OA}+\overrightarrow{OC}+\frac{1}{2}\overrightarrow{OB})\cdot$$
$$[\frac{1}{2}(\overrightarrow{OA}+\overrightarrow{OB})-\overrightarrow{OC}]$$
$$=\frac{1}{3}[(\frac{3}{4}\overrightarrow{OA}^2+\frac{1}{4}\overrightarrow{OB}^2-\overrightarrow{OC}^2)+\overrightarrow{OA}\cdot\overrightarrow{CB}]$$
$$=0.$$

所以 $OE\perp CD$.

例 12 (2005 年俄罗斯数学奥林匹克题,2005 年中国国家集训队测试题)已知 M,N 是$\triangle ABC$ 的边 AB,AC 的中点,CP,BQ 是高,PQ 与 MN 交于点 E,H 是垂心,O 是外心,求证:$AE\perp OH$.

证明 如图 6.1.8 所示,作 $PR/\!/BC$,设点 O,H 在 BC 边上的射影为 S,T,则

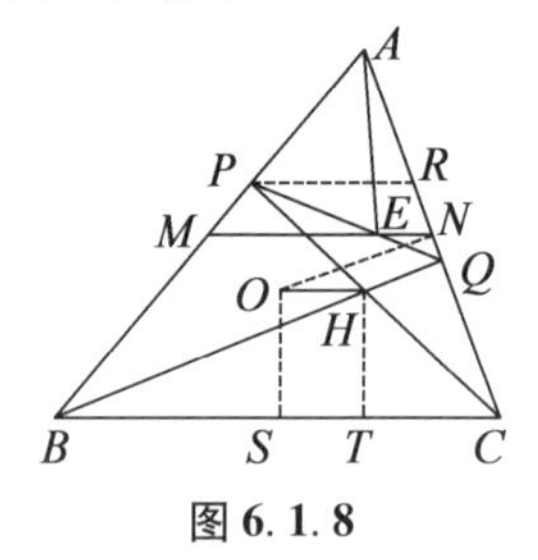

图 6.1.8

$$\overrightarrow{AE}\cdot\overrightarrow{OH}=\overrightarrow{AN}\cdot\overrightarrow{OH}+\overrightarrow{NE}\cdot\overrightarrow{OH}$$
$$=\overrightarrow{AN}\cdot(\overrightarrow{ON}+\overrightarrow{NQ}+\overrightarrow{QH})+$$
$$\overrightarrow{NE}\cdot(\overrightarrow{OS}+\overrightarrow{ST}+\overrightarrow{TH})$$
$$=\overrightarrow{AN}\cdot\overrightarrow{NQ}+\overrightarrow{NE}\cdot\overrightarrow{ST}$$
$$=k(\overrightarrow{AN}\cdot\overrightarrow{RQ}+\overrightarrow{PR}\cdot\overrightarrow{ST})$$

$$= k\left[\frac{b}{2}(c\cos A - AR) - \frac{AP}{c}a\left(c\cos B - \frac{a}{2}\right)\right]$$

$$= k\left[\frac{b}{2}\left(c\cos A - \frac{b\cos A}{2}b\right) - \frac{b\cos A}{c}a\left(c\cos B - \frac{a}{2}\right)\right]$$

$$= kb\cos A\left(\frac{c^2 - b^2 - 2ac\cos B + a^2}{2c}\right)$$

$$= 0$$

所以 $AE \perp OH$.

例 13　(2006 罗马尼亚数学奥林匹克题) $\triangle ABC$ 的外接圆半径为 R,圆心为 O,内切圆半径为 r,圆心为 I,且 $I \neq O$. $\triangle ABC$ 的重心为 G, $\angle A$, $\angle B$, $\angle C$ 所对应的边分别为 a, b, c. 求证:当且仅当 $b = c$ 或 $b + c = 3a$ 时, $IG \perp BC$.

证明　如图 6.1.9 所示,取 A 为原点,则由式(2.6.4)及式(2.6.2),有

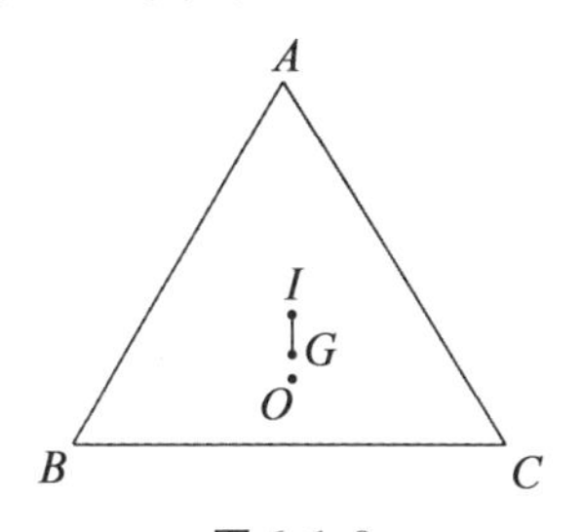

图 6.1.9

$$\overrightarrow{AG} = \frac{1}{3}(\overrightarrow{AB} + \overrightarrow{AC}), \overrightarrow{AI} = \frac{b\overrightarrow{AB} + c\overrightarrow{AC}}{a + b + c}$$

于是

$$\overrightarrow{IG} = \overrightarrow{AG} - \overrightarrow{AI}$$

$$= \frac{1}{3(a + b + c)}\left[(a + c - 2b)\overrightarrow{AB} + (a + b - 2c)\overrightarrow{AC}\right]$$

又$\overrightarrow{AB}\cdot\overrightarrow{AC}=\dfrac{b^2+c^2-a^2}{2}$,所以

$$\begin{aligned}\overrightarrow{IG}\cdot\overrightarrow{BC}&=\overrightarrow{IG}\cdot\overrightarrow{AC}-\overrightarrow{IG}\cdot\overrightarrow{AB}\\&=\frac{1}{3(a+b+c)}\Big[(a+b-2c)b^2-\\&\quad(a+c-2b)c^2+(3c-3b)\cdot\frac{b^2+c^2-a^2}{2}\Big]\\&=\frac{1}{6}(c-b)(b+c-3a)\end{aligned}$$

由$\overrightarrow{IG}\perp\overrightarrow{BC}$知,$\overrightarrow{IG}\cdot\overrightarrow{BC}=0\Leftrightarrow b=c$ 或 $b+c=3a$.

3. 两线平行

例 14 如图 6.1.10 所示,设 O 是$\triangle ABC$ 内一点,过 O 作平行于 BC 的直线,与 AB 和 AC 分别交 J 和 P. 过 P 作直线 PE 平行于 AB,与 BO 的延长线交于 E,求证:$CE/\!/AO$.

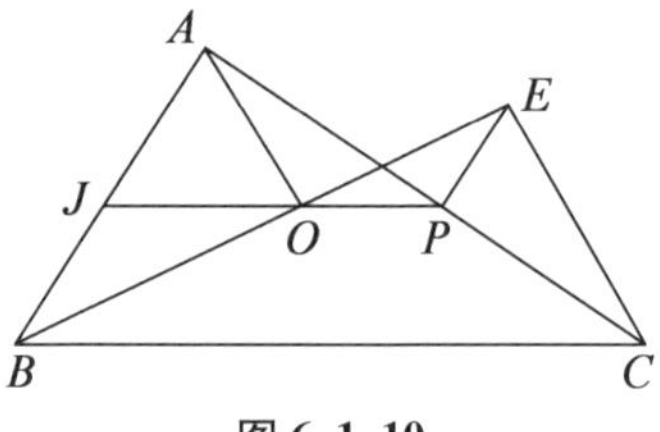

图 6.1.10

证法 1 设$\overrightarrow{PC}=u\overrightarrow{AP}$,显然$\overrightarrow{BJ}=u\overrightarrow{JA}$. 再设$\overrightarrow{PO}=v\overrightarrow{OJ}$,则

$$\overrightarrow{PE}+\overrightarrow{EO}=\overrightarrow{PO}=v\overrightarrow{OJ}=v(\overrightarrow{OB}+\overrightarrow{BJ})$$

由平面向量基本定理得$\overrightarrow{PE}=v\overrightarrow{BJ}=uv\overrightarrow{JA}$,于是

$$\begin{aligned}\overrightarrow{CE}&=\overrightarrow{CP}+\overrightarrow{PE}=u\overrightarrow{PA}+uv\overrightarrow{JA}\\&=u(\overrightarrow{PO}+\overrightarrow{OA})+uv(\overrightarrow{JO}+\overrightarrow{OA})\end{aligned}$$

$$=uv(\overrightarrow{OJ}+\overrightarrow{JO})+u(1+v)\overrightarrow{OA}$$

$$=u(1+v)\overrightarrow{OA}$$

这证明了 $CE /\!/ AO$.

证法 2　设$\overrightarrow{BO}=n\,\overrightarrow{OE}$,$\overrightarrow{BA}=m\,\overrightarrow{BJ}$,则

$$\overrightarrow{CA}=m\,\overrightarrow{CP}$$

$$\overrightarrow{PA}=\overrightarrow{CA}-\overrightarrow{CP}=(m-1)\overrightarrow{CP}$$

$$\overrightarrow{OA}=\overrightarrow{OB}+\overrightarrow{BA}=n\,\overrightarrow{EO}+m\,\overrightarrow{BJ}$$

$$=n\,\overrightarrow{EP}+n\,\overrightarrow{PO}+mn\,\overrightarrow{PE}$$

$$=(m-1)n\,\overrightarrow{PE}+n(\overrightarrow{PA}-\overrightarrow{OA})$$

$$=(m-1)n\,\overrightarrow{PE}+(m-1)n\,\overrightarrow{CP}-n\,\overrightarrow{OA}$$

$$=(m-1)n\,\overrightarrow{CE}-n\,\overrightarrow{OA}$$

即$(m-1)n\,\overrightarrow{CE}=(1+n)\overrightarrow{OA}$.

所以 $CE /\!/ AO$.

例 15　在四边形 $ABCD$ 中,过 A 作 $AM /\!/ BC$ 交 BD 于 M,过 B 作 $BN /\!/ AD$ 交 AC 于 N,求证:$MN /\!/ DC$.

证法 1　如图 6.1.11 所示,设 AC 与 BD 交于点 O,取 O 为原点,设$\overrightarrow{OA}=\lambda_1\,\overrightarrow{OC}$,$\overrightarrow{ON}=\mu_1\,\overrightarrow{OC}$,$\overrightarrow{OB}=\lambda_2\,\overrightarrow{OD}$,$\overrightarrow{OM}=\mu_2\,\overrightarrow{OD}$.

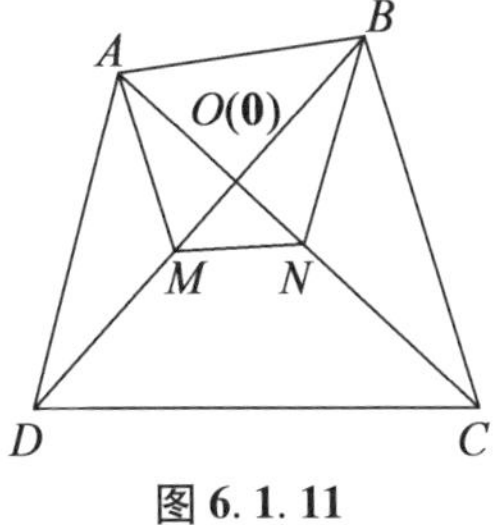

图 6.1.11

由$\overrightarrow{AM} /\!/ \overrightarrow{BC}$，可令$\overrightarrow{OM} - \overrightarrow{OA} = k(\overrightarrow{OC} - \overrightarrow{OB})$，即$\mu_2 \overrightarrow{OD} - \lambda_1 \overrightarrow{OC} = k\overrightarrow{OC} - k\lambda_2 \overrightarrow{OD}$，则$\mu_2 = -k\lambda_2 = \lambda_1\lambda_2$.

同理由$\overrightarrow{BN} /\!/ \overrightarrow{AD}$可得$\mu_1 = \lambda_1\lambda_2$. 从而$\overrightarrow{MN} = \overrightarrow{ON} - \overrightarrow{OM} = \mu_1 \overrightarrow{OC} - \mu_2 \overrightarrow{OD} = \lambda_1\lambda_2 \cdot \overrightarrow{DC}$.

故 $MN /\!/ DC$.

证法2 设 AC 与 BD 交于点 O，取 O 为原点，则由 M，B，O 及 A，C，O 共线并采用单点向量表示，得

$$\boldsymbol{M} \times \boldsymbol{B} = \boldsymbol{0}, \boldsymbol{A} \times \boldsymbol{C} = \boldsymbol{0}$$

由$\overrightarrow{AM} /\!/ \overrightarrow{BC}$得

$(\boldsymbol{M} - \boldsymbol{A}) \times (\boldsymbol{C} - \boldsymbol{B}) = \boldsymbol{0}$，则 $\boldsymbol{M} \times \boldsymbol{C} = -\boldsymbol{A} \times \boldsymbol{B}$

同理可得

$$\boldsymbol{N} \times \boldsymbol{C} = \boldsymbol{0}, \boldsymbol{M} \times \boldsymbol{D} = \boldsymbol{0}, \boldsymbol{N} \times \boldsymbol{D} = \boldsymbol{A} \times \boldsymbol{B}$$

故

$$\begin{aligned}\overrightarrow{NM} \times \overrightarrow{DC} &= (\boldsymbol{M} - \boldsymbol{N}) \times (\boldsymbol{C} - \boldsymbol{D}) \\ &= \boldsymbol{M} \times \boldsymbol{C} + \boldsymbol{N} \times \boldsymbol{D} - \boldsymbol{N} \times \boldsymbol{C} - \boldsymbol{M} \times \boldsymbol{D} \\ &= \boldsymbol{0}\end{aligned}$$

因此，$MN /\!/ DC$.

例16 在四边形 $ABCD$ 中，$AB = AC$，$AD = DB$，$\angle BAD = 45°$，$\angle BAC = 30°$. 求证：$DC /\!/ AB$.

证法1 如图 6.1.12 所示，取 A 为原点，并令$\overrightarrow{AC} = x\overrightarrow{AD} + y\overrightarrow{AB}$，则由题设有

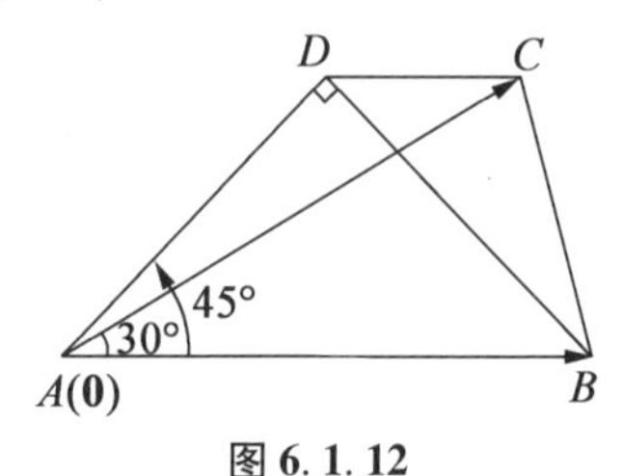

图 6.1.12

$$|\overrightarrow{AC}|=|\overrightarrow{AB}|=\sqrt{2}|\overrightarrow{AD}|$$

$$(\overrightarrow{AB}-\overrightarrow{AD})\cdot\overrightarrow{AD}=0$$

即 $\overrightarrow{AB}\cdot\overrightarrow{AD}=\overrightarrow{AD}^2$，得 $\cos\angle BAC=\dfrac{\overrightarrow{AB}\cdot\overrightarrow{AC}}{|\overrightarrow{AB}||\overrightarrow{AC}|}=\dfrac{x(\overrightarrow{AB}\cdot\overrightarrow{AD})+y\overrightarrow{AB}^2}{2|\overrightarrow{AD}|^2}=\dfrac{x+2y}{2}$.

从而 $x+2y=2\cos 30°=\sqrt{3}$.

又 $(\sqrt{2}|\overrightarrow{AD}|)^2=|\overrightarrow{AC}|^2=(x\overrightarrow{AD}+y\overrightarrow{AB})^2=(x^2+2y^2)\overrightarrow{AD}^2+2xy\overrightarrow{AD}^2$，于是

$$x^2+2y^2+2xy=2$$

从而可求得 $x^2=1(x\neq-1)$，即 $x=1$. 故

$$\overrightarrow{AC}=\overrightarrow{AD}+y\overrightarrow{AB}$$

即 $\overrightarrow{DC}=y\overrightarrow{AB}$. 故 $DC/\!/AB$.

证法2　如图6.1.12所示，因 $\overrightarrow{AC}\times\overrightarrow{AB}$ 与 $\overrightarrow{AD}\times\overrightarrow{AB}$ 同向，故

$$\begin{aligned}|\overrightarrow{DC}\times\overrightarrow{AB}|&=|(\overrightarrow{AC}-\overrightarrow{AD})\times\overrightarrow{AB}|\\&=\big||\overrightarrow{AC}\times\overrightarrow{AB}|-|\overrightarrow{AD}\times\overrightarrow{AB}|\big|\end{aligned}$$

但

$$|\overrightarrow{AC}\times\overrightarrow{AB}|=|\overrightarrow{AC}||\overrightarrow{AB}|\sin 30°=\frac{1}{2}|\overrightarrow{AB}|^2$$

$$|\overrightarrow{AD}\times\overrightarrow{AB}|=|\overrightarrow{AD}||\overrightarrow{AB}|\sin 45°=\frac{1}{2}|\overrightarrow{AB}|^2$$

故 $|\overrightarrow{DC}\times\overrightarrow{AB}|=0$，从而 $DC/\!/AB$.

例17　在 $\triangle ABC$ 中，AD,BE,CF 是三条高线，$DG\perp BE$ 于 G，$DH\perp CF$ 于 H. 求证：$HG/\!/EF$.

证明　如图6.1.13所示，易知

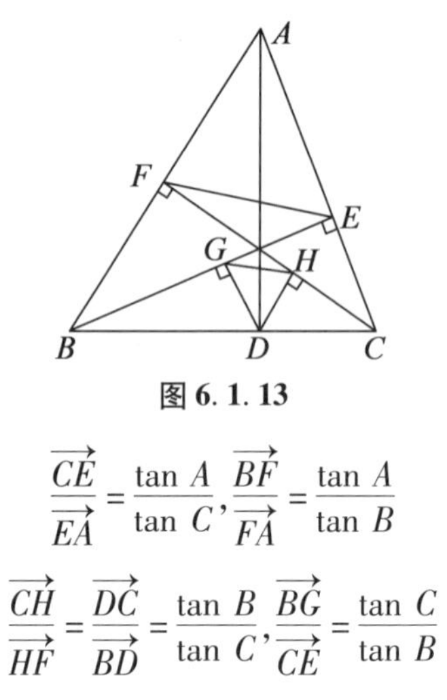

图 6.1.13

$$\frac{\overrightarrow{CE}}{\overrightarrow{EA}}=\frac{\tan A}{\tan C},\frac{\overrightarrow{BF}}{\overrightarrow{FA}}=\frac{\tan A}{\tan B}$$

$$\frac{\overrightarrow{CH}}{\overrightarrow{HF}}=\frac{\overrightarrow{DC}}{\overrightarrow{BD}}=\frac{\tan B}{\tan C},\frac{\overrightarrow{BG}}{\overrightarrow{CE}}=\frac{\tan C}{\tan B}$$

则

$$\overrightarrow{EF}=\overrightarrow{AF}-\overrightarrow{AE}=\frac{\tan B}{\tan A+\tan B}\overrightarrow{AB}-\frac{\tan C}{\tan A+\tan C}\overrightarrow{AC}$$

$$\begin{aligned}\overrightarrow{HG}&=\overrightarrow{AG}-\overrightarrow{AH}\\&=\frac{\tan B\cdot\overrightarrow{AB}+\tan C\cdot\overrightarrow{AE}}{\tan B+\tan C}-\\&\quad\frac{\tan B\cdot\overrightarrow{AF}+\tan C\cdot\overrightarrow{AC}}{\tan B+\tan C}\end{aligned}$$

把 $\overrightarrow{AE}$,$\overrightarrow{AF}$ 关于 $\overrightarrow{AB}$,$\overrightarrow{AC}$ 的表达式代入上式右边整理可得

$$\overrightarrow{HG}=\frac{\tan A}{\tan B+\tan C}\overrightarrow{EF}$$

故 $HG /\!/ EF$.

注 本题若根据两线垂直的向量表示(内积为零)来确定$\overrightarrow{AE}$,$\overrightarrow{AF}$,$\overrightarrow{AH}$关于$\overrightarrow{AB}$,$\overrightarrow{AC}$的表达式,将繁复一些.

例 18 在四边形 $ABCD$ 中,过对角线 AC,BD 中点

M,N 的直线分别交 AB,CD 于 M',N'. 若 $MM'=NN'$,求证:$AD/\!/BC$.

证明　如图 6.1.14 所示,取空间中一点为原点,运用单点向量表示,设

$$\boldsymbol{M}'=\alpha\boldsymbol{A}+(1-\alpha)\boldsymbol{B},\boldsymbol{N}'=\beta\boldsymbol{C}+(1-\beta)\boldsymbol{D}$$

由$\overrightarrow{MM'}=\overrightarrow{N'N}$,$\boldsymbol{M}=\frac{1}{2}(\boldsymbol{A}+\boldsymbol{C})$,$\boldsymbol{N}=\frac{1}{2}(\boldsymbol{B}+\boldsymbol{D})$,得 $\boldsymbol{M}+\boldsymbol{N}=\boldsymbol{M}'+\boldsymbol{N}'$,即

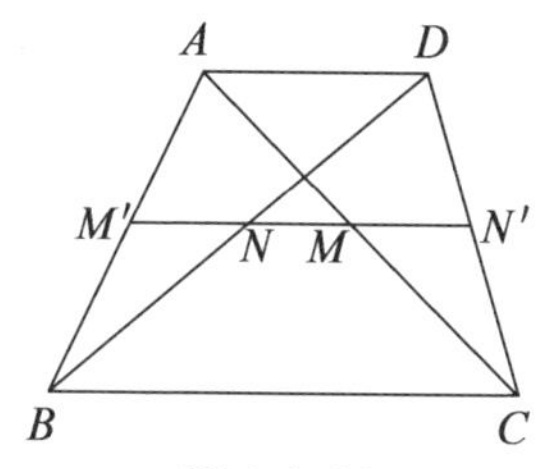

图 6.1.14

$$(2\alpha-1)(\boldsymbol{B}-\boldsymbol{A})=(2\beta-1)(\boldsymbol{D}-\boldsymbol{C})$$

或
$$(2\alpha-1)\overrightarrow{AB}=(2\beta-1)\overrightarrow{CD}$$

若$\overrightarrow{AB}/\!/\overrightarrow{CD}$,则由

$$\overrightarrow{MN}=\boldsymbol{N}-\boldsymbol{M}=\frac{1}{2}(\boldsymbol{B}+\boldsymbol{D}-\boldsymbol{A}-\boldsymbol{C})=\frac{1}{2}(\overrightarrow{AB}+\overrightarrow{CD})$$

知$\overrightarrow{MN}/\!/\overrightarrow{AB}/\!/\overrightarrow{CD}$,只能$\overrightarrow{MN}=\boldsymbol{0}$,即 $\boldsymbol{M}=\boldsymbol{N}$. 这时 $ABCD$ 的对角线互相平分,故有 $AD/\!/BC$;

若$\overrightarrow{AB}$不平行$\overrightarrow{CD}$,则 $2\alpha-1=2\beta-1=0$,这时

$$\boldsymbol{M}'=\frac{1}{2}(\boldsymbol{A}+\boldsymbol{B}),\boldsymbol{N}'=\frac{1}{2}(\boldsymbol{C}+\boldsymbol{D})$$

故$\overrightarrow{M'M}=\frac{1}{2}(\boldsymbol{A}+\boldsymbol{C}-\boldsymbol{A}-\boldsymbol{B})=\frac{1}{2}\overrightarrow{BC}\Rightarrow BC/\!/M'M$.

同理有 $AD/\!/MN'$(即 $M'M$). 故 $AD/\!/BC$.

注　注意到 $\lambda\boldsymbol{a}=\mu\boldsymbol{b}\Leftrightarrow\lambda=\mu=0$ 或 $\boldsymbol{a}/\!/\boldsymbol{b}$.

4. 线共点

例 19 如图 6.1.15 所示，设 G 是 $\triangle ABC$ 的重心，M，N 分别为 GB，GC 的中点，延长 AC 至 E 使 $CE=\frac{1}{2}AC$，又延长 AB 至 F，使 $BF=\frac{1}{2}AB$，求证：AG，ME，NF 三线共点.

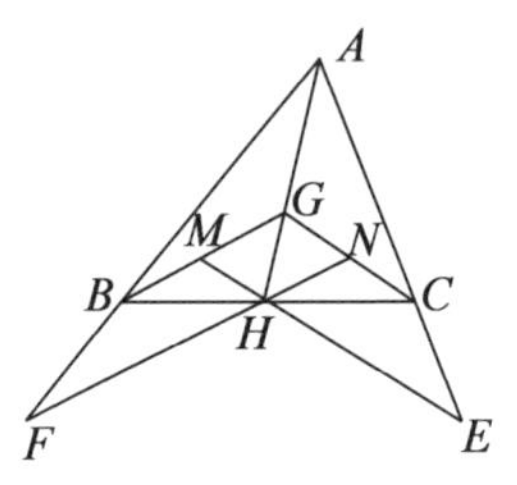

图 6.1.15

证明 取平面内一点 O 为原点，则由式(2.6.4)，知 $\overrightarrow{OG}=\frac{1}{3}(\overrightarrow{OA}+\overrightarrow{OB}+\overrightarrow{OC})$. 注意到式(2.2.6)，因 M，N 分别为 GB，GC 的中点，有 $\overrightarrow{OM}=\frac{1}{2}\left(\overrightarrow{OB}+\frac{\overrightarrow{OA}+\overrightarrow{OB}+\overrightarrow{OC}}{3}\right)=\frac{\overrightarrow{OA}+4\overrightarrow{OB}+\overrightarrow{OC}}{6}$.

同理，$\overrightarrow{ON}=\frac{\overrightarrow{OA}+\overrightarrow{OB}+4\overrightarrow{OC}}{6}$.

延长 AG 交 BC 于点 H，则 H 为 BC 的中点，即有 $\overrightarrow{OH}=\frac{1}{2}(\overrightarrow{OB}+\overrightarrow{OC})$.

又由 $\frac{BF}{AB}=\frac{1}{2}$，有 $\overrightarrow{BF}=\frac{1}{2}\overrightarrow{AB}$，即有 $\overrightarrow{OF}=\frac{1}{2}(3\overrightarrow{OB}-\overrightarrow{OA})$.

于是

$$\overrightarrow{FH}=\overrightarrow{OH}-\overrightarrow{OF}=\frac{\overrightarrow{OA}-2\overrightarrow{OB}+\overrightarrow{OC}}{2}$$

$$\overrightarrow{HN}=\overrightarrow{ON}-\overrightarrow{OH}=\frac{\overrightarrow{OA}-2\overrightarrow{OB}+\overrightarrow{OC}}{6}$$

从而$\overrightarrow{FH}=3\overrightarrow{HN}$,这说明 F,H,N 三点共线.

同理 E,H,M 三点共线.

即知AG,FN,EM均过点H,故AG,FN,EM共点于H.

例 20　(1983 年南斯拉夫数学奥林匹克题)如图 6.1.16 所示,在矩形 $ABCD$ 的外接圆的$\overparen{AB}$上取一个不同于顶点 A 和 B 的点 M,点 P,Q,R,S 分别是点 M 在直线 AD,AB,BC,CD 上的投影. 证明:$PQ\perp RS$,且它们与矩形的某条对角线交于一点.

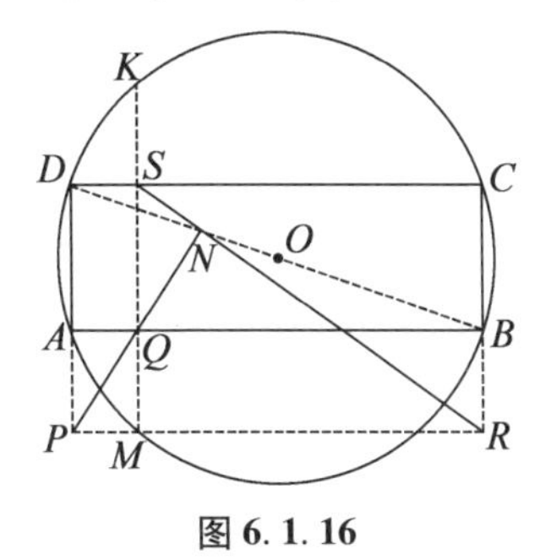

图 6.1.16

证明　延长 MS 交圆于点 K,注意$\overrightarrow{MQ}=\overrightarrow{PA}$,$\overrightarrow{CS}=\overrightarrow{RM}$,有

$$\begin{aligned}\overrightarrow{PQ}\cdot\overrightarrow{RS}&=(\overrightarrow{PM}+\overrightarrow{PA})\cdot(\overrightarrow{RC}+\overrightarrow{RM})\\&=\overrightarrow{PM}\cdot\overrightarrow{RM}+\overrightarrow{PA}\cdot\overrightarrow{RC}\\&=\overrightarrow{DS}\cdot\overrightarrow{CS}+\overrightarrow{SK}\cdot\overrightarrow{MS}\\&=-|\overrightarrow{DS}||\overrightarrow{SC}|+|\overrightarrow{SK}||\overrightarrow{MS}|\\&=0\end{aligned}$$

从而知 $PQ\perp RS$.

设$\overrightarrow{PR}=m\overrightarrow{PM}$,$\overrightarrow{PD}=n\overrightarrow{PA}$. 令 RS 与 BD 交于点 N,由 D,N,B 共线知存在实数 λ,使

$$\begin{aligned}\overrightarrow{PN}&=\lambda\overrightarrow{PB}+(1-\lambda)\overrightarrow{PD}\\&=\lambda(m\overrightarrow{PM}+\overrightarrow{PA})+(1-\lambda)n\overrightarrow{PA}\\&=\lambda m\overrightarrow{PM}+[\lambda+(1-\lambda)n]\overrightarrow{PA}\end{aligned}$$

同理

$$\begin{aligned}\overrightarrow{PN}&=t\overrightarrow{PR}+(1-t)\overrightarrow{PD}\\&=tm\overrightarrow{PM}+(1-t)(n\overrightarrow{PA}+\overrightarrow{PM})\\&=(tm+1-t)\overrightarrow{PM}+(1-t)n\overrightarrow{PA}\end{aligned}$$

由于$\overrightarrow{PM}$,$\overrightarrow{PA}$不共线,由平面向量基本定理的推论 2,知

$$\lambda m=tm+1-t$$

且

$$\lambda+(1-\lambda)n=(1-t)n$$

求得 $\lambda=t+\dfrac{1-t}{m}$,$t=\dfrac{n-1}{m+n-1}$.

于是

$$\begin{aligned}\overrightarrow{PN}&=(tm+1-t)\overrightarrow{PM}+(1-t)n\overrightarrow{PA}\\&=\left(\frac{n-1}{m+n-1}m+1-\frac{n-1}{m+n-1}\right)\overrightarrow{PM}+\\&\quad\left(1-\frac{n-1}{m+n-1}\right)n\overrightarrow{PA}\\&=\frac{mn}{m+n-1}\overrightarrow{PM}+\frac{mn}{m+n-1}\overrightarrow{PA}\\&=\frac{mn}{m+n-1}(\overrightarrow{PM}+\overrightarrow{PA})\end{aligned}$$

$$=\frac{mn}{m+n-1}\overrightarrow{PQ}$$

这说明 P,Q,N 三点共线，即知 RS,PQ,BD 三直线共点于 N.

例21　在$\triangle ABC$中，$AB\neq AC$，l 与 l'分别是$\angle A$的内、外角平分线，B',C'为 B,C 在 l 上的射影，求证：l'，BC',CB'三线共点.

证法1　如图6.1.17所示，取 A 为原点. 设 $AB=b,AC=c$，延长 CC'交 AB 于 C_1，则 $AC_1=AC=c$. 运用单点向量表示，则

$$\boldsymbol{C}'=\frac{1}{2}(\boldsymbol{C}+\boldsymbol{C}_1)=\frac{1}{2}(\boldsymbol{C}+\frac{c}{b}\boldsymbol{B})$$

同理 $\boldsymbol{B}'=\frac{1}{2}(\boldsymbol{B}+\frac{b}{c}\boldsymbol{C})$.

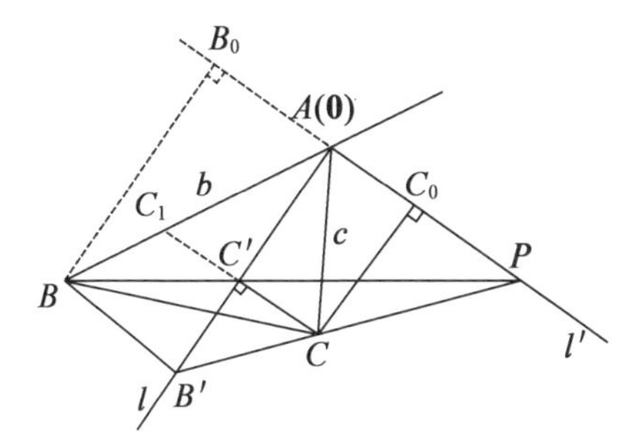

图6.1.17

从而三条直线的方程为

$$BC':\boldsymbol{X}=(1-t_1)\boldsymbol{B}+t_1\boldsymbol{C}'$$

即

$$\boldsymbol{X}=(1-t_1+\frac{c}{2b}t_1)\boldsymbol{B}+\frac{t_1}{2}\boldsymbol{C}$$

$$CB':\boldsymbol{X}=(1-t_2)\boldsymbol{C}+t_2\boldsymbol{B}'=\frac{t_2}{2}\boldsymbol{B}+(1-t_2+\frac{b}{2c}t_2)\boldsymbol{C}$$

$$l':\boldsymbol{X}=t_3(c\cdot\boldsymbol{B}-b\cdot\boldsymbol{C})$$

于是有

$$\begin{cases}1-t_1+\dfrac{c}{2b}t_1=\dfrac{t_2}{2}=ct_3\\1-t_2+\dfrac{b}{2c}t_2=\dfrac{t_1}{2}=-bt_3\end{cases}$$

解得

$$t_1=\frac{-b}{c-b},t_2=\frac{c}{c-b},t_3=\frac{1}{2(c-b)}$$

故三条直线 BC',CB',l' 交于一点 $P:\boldsymbol{P}=\dfrac{c\cdot\boldsymbol{B}-b\cdot\boldsymbol{C}}{2(c-b)}$.

证法 2 如图 6.1.17 所示，为求 l' 关于坐标 $\triangle ABC$ 的坐标方程，可作 $BB_0\perp l'$ 于 B_0，$CC_0\perp l'$ 于 C_0，则有

$$\overrightarrow{AA}:\overrightarrow{BB_0}:\overrightarrow{CC_0}=0:b:c$$

从而 $l':0\cdot x_1+b\cdot x_2+c\cdot x_3=0$.

同样可求得

$$B'C:b\cdot x_1+0\cdot x_2+(c-b)\cdot x_3=0$$

$$C'B:c\cdot x_1+(b-c)x_2+0\cdot x_3=0$$

于是由

$$\begin{vmatrix}0&b&c\\b&0&c-b\\c&b-c&0\end{vmatrix}=0$$

即知 $l',B'C,C'B$ 三直线共点.

5. 点共线

例 22 (IMO 22 试题)三个全等的圆有一个公共点 O，并且都在一个已知三角形内，每个圆与三角形的两条边相切. 证明：这个三角形的内心、外心与 O 共线.

证明　如图6.1.18所示,设$\triangle ABC$的内心为I,外心为G,三个圆的圆心分别为A_1,B_1,C_1. 因为圆A_1与AB,AC相切,所以圆心A_1在AI上,同理B_1在BI上,C_1在CI上. 又因为A_1,B_1到直线AB的距离相等且在同侧,所以$A_1B_1 /\!/ AB$.

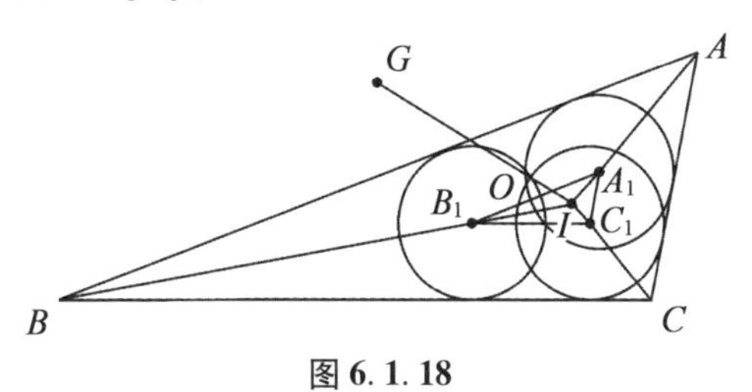

图6.1.18

同理$B_1C_1 /\!/ BC, A_1C_1 /\!/ AC$.

故可设$\frac{IA_1}{IA}=\frac{IB_1}{IB}=\frac{IC_1}{IC}=k(k\in\mathbf{R},k\neq 0)$,且$\angle A=\angle A_1,\angle B=\angle B_1,\angle C=\angle C_1$.

因为O为三个全等的圆的公共点,$OA_1=OB_1=OC_1$,所以O为$\triangle A_1B_1C_1$的外心.

由式(2.6.1),得

$$\begin{aligned}\overrightarrow{IO}&=\frac{\sin 2A_1\cdot\overrightarrow{IA_1}+\sin 2B_1\cdot\overrightarrow{IB_1}+\sin 2C_1\cdot\overrightarrow{IC_1}}{\sin 2A_1+\sin 2B_1+\sin 2C_1}\\&=\frac{k\sin 2A\cdot\overrightarrow{IA}+k\sin 2B\cdot\overrightarrow{IB}+k\sin 2C\cdot\overrightarrow{IC}}{\sin 2A+\sin 2B+\sin 2C}\end{aligned}$$

因为G为$\triangle ABC$的外心,所以$\overrightarrow{IG}=\frac{\sin 2A\cdot\overrightarrow{IA}+\sin 2B\cdot\overrightarrow{IB}+\sin 2C\cdot\overrightarrow{IC}}{\sin 2A+\sin 2B+\sin 2C}$,即$\overrightarrow{IO}=k\cdot\overrightarrow{IG}$. 从而这个三角形的内心$I$、外心$G$与$O$三点共线.

例23　(2006年中国国家集训队训练题)设K,M是$\triangle ABC$的边AB上的两点,L,N是边AC上的两点,K

在 M,B 之间，L 在 N,C 之间，且 $\frac{BK}{KM}=\frac{CL}{LN}$. 求证：$\triangle ABC,\triangle AKL,\triangle AMN$ 的垂心在一条直线上.

证明 如图 6.1.19 所示，设 $\triangle ABC,\triangle AKL,\triangle AMN$ 的垂心分别为 H_1,H_2,H_3，过 M 作 AC 的垂线，交直线 H_1H_2 于点 H_3'，过 N 作 AB 的垂线，交直线 H_1H_2 于点 H''_3，则

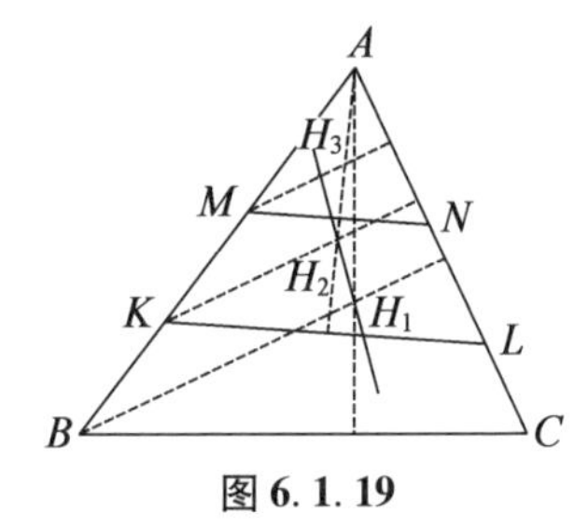

图 6.1.19

$$\overrightarrow{MH_3'}/\!/\overrightarrow{KH_2}/\!/\overrightarrow{BH_1}$$

从而，$\overrightarrow{H_2H_3'}=\frac{KM}{BK}\overrightarrow{H_1H_2}$.

同理，$\overrightarrow{H_2H''_3}=\frac{LN}{CL}\overrightarrow{H_1H_2}$.

又由 $\frac{BK}{KM}=\frac{CL}{LN}$，得 $\overrightarrow{H_2H_3'}=\overrightarrow{H_2H''_3}$，即点 H_3' 与 H''_3 重合，且是过点 M 的 AC 的垂线与过点 N 的 AB 的垂线的交点.

所以，H_3,H_3',H''_3 是同一点.

从而，H_1,H_2,H_3 三点共线.

例 24 $\triangle ABC$ 的内切圆 I 切 AB,AC 于 E,F，$BG\perp CI$ 于 G，$CH\perp BI$ 于 H，求证：E,F,G,H 四点共线.

证明 如图 6.1.20 所示，记 $AB=c,BC=a,CA=b$，$s=\frac{1}{2}(a+b+c)$，则 $AE=AF=s-a$，$BE=s-b$，

$CF=s-c$. 延长 BG 交 CA 或其延长线于 A'，则 $CA'=CB=a$，从而由式(2.2.6)，有

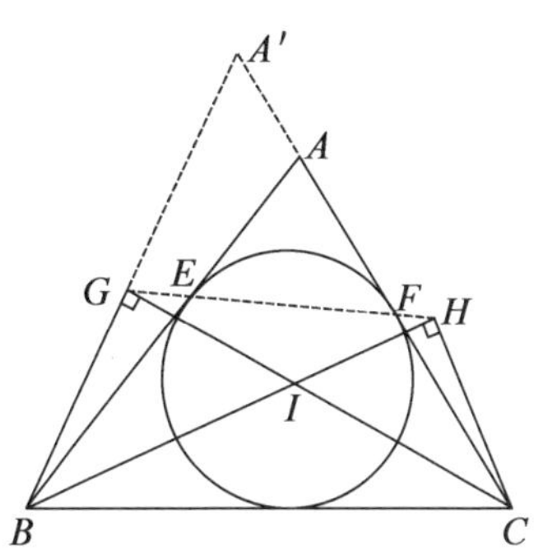

图 6.1.20

$$\overrightarrow{CG}=\frac{1}{2}(\overrightarrow{CA'}+\overrightarrow{CB})=\frac{1}{2}\left(\frac{a}{b}\overrightarrow{CA}+\overrightarrow{CB}\right)$$

又由定比分点公式得

$$\overrightarrow{CE}=\frac{(s-b)\overrightarrow{CA}+(s-a)\overrightarrow{CB}}{(s-b)+(s-a)}$$

$$=\frac{(s-b)\overrightarrow{CA}+(s-a)\overrightarrow{CB}}{c}$$

$$\overrightarrow{CF}=\frac{(s-c)\overrightarrow{CA}}{(s-a)+(s-c)}=\frac{(s-c)\overrightarrow{CA}}{b}$$

令 $\boldsymbol{C}=\boldsymbol{0}$，则 $\boldsymbol{G},\boldsymbol{E},\boldsymbol{F}$ 关于 $\boldsymbol{A},\boldsymbol{B}$ 的系数所组成的行列式为

$$\begin{vmatrix}\frac{a}{2b} & \frac{1}{2} & 1\\ \frac{s-b}{c} & \frac{s-a}{c} & 1\\ \frac{s-c}{b} & 0 & 1\end{vmatrix}$$

$$=\frac{1}{2bc}[a(s-a)+c(s-c)-b(s-b)-2(s-a)(s-c)]$$

$$=\frac{1}{2bc}[(s-a)(c-b)+s(c-b)+b^2-c^2]$$

$$=\frac{c-b}{2bc}(2s-a-b-c)=0$$

故 G,E,F 三点共线.

同理 H,E,F 也共线. 从而 G,E,F,H 四点共线.

6. 点共圆、圆过点

例 25 （IMO 49 试题）如图 6.1.21 所示，已知 H 是锐角$\triangle ABC$ 的垂心，以边 BC 的中点为圆心，过点 H 的圆与直线 BC 交于点 A_1,A_2，以边 CA 的中点为圆心，过点 H 的圆与直线 CA 交于点 B_1,B_2，以边 AB 的中点为圆心，过点 H 的圆与直线 AB 交于点 C_1,C_2. 证明：A_1,A_2,B_1,B_2,C_1,C_2 六点共圆.

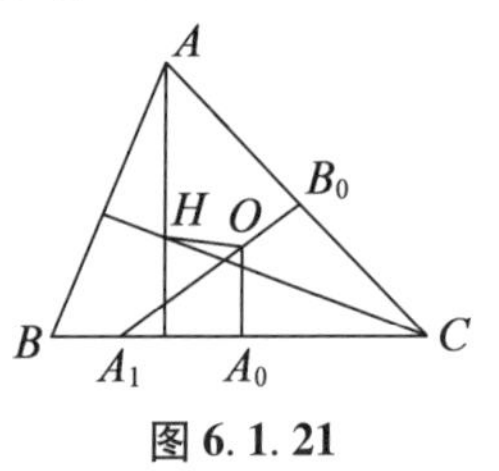

图 6.1.21

证明 若这六点共圆，则圆心为 A_1A_2,B_1B_2,C_1C_2 的中垂线的交点，即$\triangle ABC$ 的外心 O. 注意到这六点所具有的对称性，只需证明 OA_1 为定值.

设$\triangle ABC$ 的外接圆半径为 R，则$\overrightarrow{OA}^2=\overrightarrow{OB}^2=\overrightarrow{OC}^2=R^2$. 记 BC 的中点为 A_0，并注意到式(2.6.24)，有$\overrightarrow{OH}=\overrightarrow{OA}+\overrightarrow{OB}+\overrightarrow{OC}$. 故

$$\overrightarrow{A_0H}=\overrightarrow{OH}-\overrightarrow{OA_0}$$

$$=\overrightarrow{OA}+\overrightarrow{OB}+\overrightarrow{OC}-\frac{1}{2}(\overrightarrow{OB}+\overrightarrow{OC})$$

$$=\frac{1}{2}(2\overrightarrow{OA}+\overrightarrow{OB}+\overrightarrow{OC})$$

而

$$\begin{aligned}OA_1^2&=OA_0^2+A_0A_1^2=OA_0^2+A_0H^2\\&=\left(\frac{\overrightarrow{OB}+\overrightarrow{OC}}{2}\right)^2+\left(\frac{2\overrightarrow{OA}+\overrightarrow{OB}+\overrightarrow{OC}}{2}\right)^2\\&=2R^2+(\overrightarrow{OA}\cdot\overrightarrow{OB}+\overrightarrow{OB}\cdot\overrightarrow{OC}+\overrightarrow{OC}\cdot\overrightarrow{OA})\end{aligned}$$

为定值.

注意到对称性,同理可得

$$\begin{aligned}OB_1^2&=OC_1^2\\&=2R^2+(\overrightarrow{OA}\cdot\overrightarrow{OB}+\overrightarrow{OB}\cdot\overrightarrow{OC}+\overrightarrow{OC}\cdot\overrightarrow{OA})\end{aligned}$$

所以,A_1,A_2,B_1,B_2,C_1,C_2 六点共圆,且圆心为 O.

例 26　四边形 $ABCD$ 对边 BA,CD 的延长线交于 P,求证:它内接于圆的充要条件是 $PA\cdot PB=PC\cdot PD$.

证明　如图 6.1.22 所示,由式(2.5.34)知,$ABCD$ 内接于圆的充要条件是

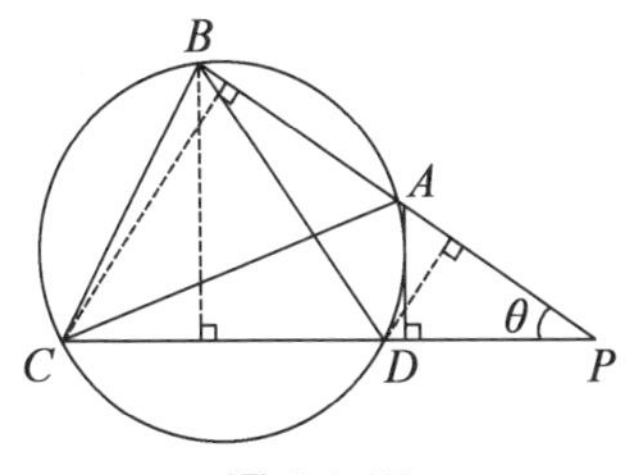

图 6.1.22

$$\begin{aligned}&\overrightarrow{PA}^2\cdot S_{\triangle BCD}+\overrightarrow{PC}^2\cdot S_{\triangle DAB}\\=&\overrightarrow{PB}^2\cdot S_{\triangle CDA}+\overrightarrow{PD}^2\cdot S_{\triangle ABC}\end{aligned}$$

由图知

$$S_{\triangle BCD}:S_{\triangle DAB}:S_{\triangle CDA}:S_{\triangle ABC}$$
$$=(CD\cdot PB):(AB\cdot PD):(CD\cdot PA):(AB\cdot PC)$$

故上式等价于

$$CD\cdot PB\cdot PA^2+AB\cdot PD\cdot PC^2$$
$$=CD\cdot PA\cdot PB^2+AB\cdot PC\cdot PC^2$$

即

$$CD\cdot PA\cdot PB\cdot(PB-PA)=AB\cdot PC\cdot PD(PC-PD)$$

再由 $PB-PA=AB$, $PC-PD=CD$,即得 $PA\cdot PB=PC\cdot PD$.

例 27 已知四边形 $A_1A_2A_3A_4$ 内接于圆 O, $\triangle A_2A_3A_4$, $\triangle A_3A_4A_1$, $\triangle A_4A_1A_2$, $\triangle A_1A_2A_3$ 的重心分别为 G_1,G_2,G_3,G_4,求证:四边形 $G_1G_2G_3G_4$ 也内接于圆.

证明 如图 6.1.23 所示,取平面内一点为原点,运用单点向量表示,则由式(2.6.4),有

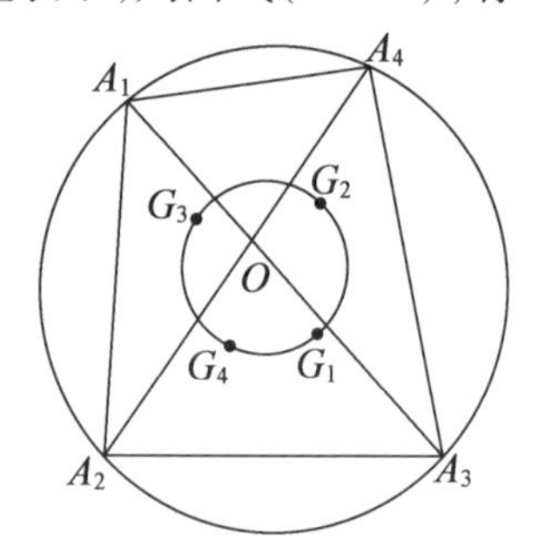

图 6.1.23

$$\boldsymbol{G}_1=\frac{1}{3}(\boldsymbol{A}_2+\boldsymbol{A}_3+\boldsymbol{A}_4)$$

$$\boldsymbol{G}_2=\frac{1}{3}(\boldsymbol{A}_3+\boldsymbol{A}_4+\boldsymbol{A}_1)$$

$$\boldsymbol{G}_3=\frac{1}{3}(\boldsymbol{A}_4+\boldsymbol{A}_1+\boldsymbol{A}_2)$$

$$\boldsymbol{G}_4=\frac{1}{3}(\boldsymbol{A}_1+\boldsymbol{A}_2+\boldsymbol{A}_3)$$

因 $A_1A_2A_3A_4$ 内接于圆，故由2.5中定理14知，存在不全为零的实数 $\lambda_1,\lambda_2,\lambda_3,\lambda_4$，使得

$$\begin{cases}\lambda_1+\lambda_2+\lambda_3+\lambda_4=0\\ \lambda_1\boldsymbol{A}_1+\lambda_2\boldsymbol{A}_2+\lambda_3\boldsymbol{A}_3+\lambda_4\boldsymbol{A}_4=\boldsymbol{0}\\ \lambda_1\boldsymbol{A}_1^{\ 2}+\lambda\boldsymbol{A}_2^{\ 2}+\lambda_3\boldsymbol{A}_3^{\ 2}+\lambda_4\boldsymbol{A}_4^{\ 2}=0\end{cases}$$

不妨设 $\boldsymbol{A}_1+\boldsymbol{A}_2+\boldsymbol{A}_3+\boldsymbol{A}_4=\boldsymbol{0}$，则由前面的式子有

$$\boldsymbol{A}_1=-3\boldsymbol{G}_1,\boldsymbol{A}_2=-3\boldsymbol{G}_2$$

$$\boldsymbol{A}_3=-3\boldsymbol{G}_3,\boldsymbol{A}_4=-3\boldsymbol{G}_4$$

代入上面两式得

$$\lambda_1\boldsymbol{G}_1+\lambda_2\boldsymbol{G}_2+\lambda_3\boldsymbol{G}_3+\lambda_4\boldsymbol{G}_4=\boldsymbol{0}$$

$$\lambda_1\boldsymbol{G}_1^{\ 2}+\lambda_2\boldsymbol{G}_2^{\ 2}+\lambda_3\boldsymbol{G}_3^{\ 2}+\lambda_4\boldsymbol{G}_4^{\ 2}=\boldsymbol{0}$$

从而四边形 $G_1G_2G_3G_4$ 也内接于圆.

例28　(1992年全国高中数学联赛题)设 $A_1A_2A_3A_4$ 为圆 O 的内接四边形，H_1,H_2,H_3,H_4 依次为 $\triangle A_2A_3A_4$，$\triangle A_3A_4A_1$，$\triangle A_4A_1A_2$，$\triangle A_1A_2A_3$ 的垂心. 求证：H_1,H_2,H_3,H_4 四点在同一个圆上，并定出该圆的圆心位置.

证明　如图6.1.24所示，令 $\overrightarrow{OP}=\overrightarrow{OA_1}+\overrightarrow{OA_2}+\overrightarrow{OA_3}+\overrightarrow{OA_4}$. 注意到式(2.6.24)，有 $\overrightarrow{OH_1}=\overrightarrow{OA_2}+\overrightarrow{OA_3}+\overrightarrow{OA_4}=\overrightarrow{OP}-\overrightarrow{OA_1}$. 于是 $|\overrightarrow{H_1P}|=|\overrightarrow{OP}-\overrightarrow{OH_1}|=|\overrightarrow{OA_1}|$. 设 $\odot O$ 的半径为 R，则 $R=|\overrightarrow{OA_1}|=|\overrightarrow{H_1P}|$. 同理，$|\overrightarrow{H_2P}|=|\overrightarrow{H_3P}|=|\overrightarrow{H_4P}|=R$.

所以 H_1,H_2,H_3,H_4 四点在以 R 为半径的圆上，且圆心为 P.

若设 M 为四边形 $A_1A_2A_3A_4$ 的对角线 A_1A_3，A_2A_4 中点连线的中点，则由式(2.6.136)知

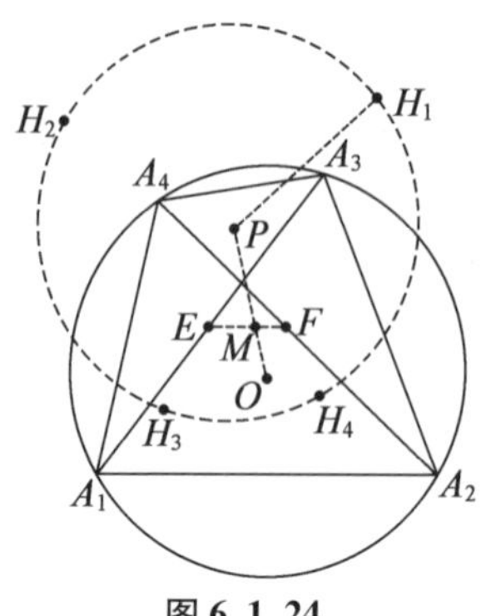

图 6.1.24

$$\begin{aligned}\overrightarrow{OM}&=\frac{1}{2}(\overrightarrow{A_1A_2}+\overrightarrow{A_4A_3})\\&=\frac{1}{4}(\overrightarrow{OA_1}+\overrightarrow{OA_2}+\overrightarrow{OA_3}+\overrightarrow{OA_4})=\frac{1}{4}\overrightarrow{OP}\end{aligned}$$

即知 O,M,P 三点共线,且 $|\overrightarrow{OP}|=4|\overrightarrow{OM}|$. 由此即确定了点 P 的位置.

例 29 设 H 为 $\triangle ABC$ 的垂心,它关于 BC 的对称点为 H_1,求证:A,B,C,H_1 四点共圆.

证明 如图 6.1.25 所示,取 $\triangle ABC$ 的外心 O 为原点,则由式(2.6.24),有

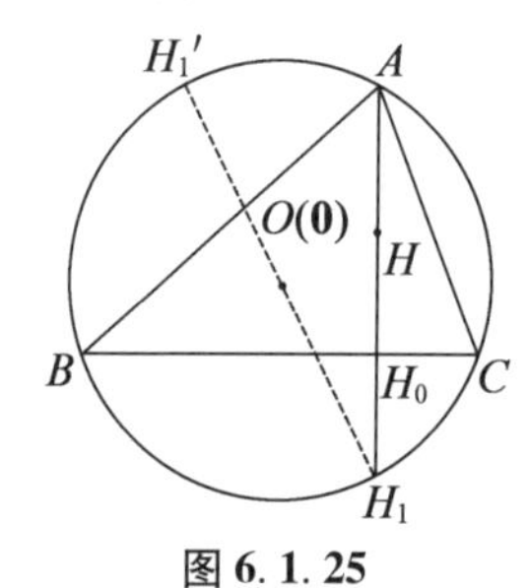

图 6.1.25

$$\boldsymbol{H}=\boldsymbol{A}+\boldsymbol{B}+\boldsymbol{C}$$

因 H_1,H 关于 BC 对称,即 H_1H 的中点 H_0 在 BC 上,从而可得

$$\begin{aligned}\boldsymbol{H}_1&=2\boldsymbol{H}_0-\boldsymbol{H}\\&=\frac{2(\tan B\cdot\boldsymbol{B}+\tan C\cdot\boldsymbol{C})}{\tan B+\tan C}-(\boldsymbol{A}+\boldsymbol{B}+\boldsymbol{C})\\&=\frac{-(\tan B+\tan C)\boldsymbol{A}+(\tan B-\tan C)\boldsymbol{B}+(\tan C-\tan B)\boldsymbol{C}}{\tan B+\tan C}\end{aligned}$$

取 H_1 关于 O 的对称点 H_1',则有

$$\boldsymbol{H}_1'=-\boldsymbol{H}_1=\lambda_1\boldsymbol{A}+\lambda_2\boldsymbol{B}+\lambda_3\boldsymbol{C}$$

其中

$$\lambda_1=1,\lambda_2=\frac{\tan C-\tan B}{\tan B+\tan C},\lambda_3=\frac{\tan B-\tan C}{\tan B+\tan C}$$

因为 $\lambda_1+\lambda_2+\lambda_3=1$,并且易证

$$\lambda_1\lambda_2\sin^2C+\lambda_2\lambda_3\sin^2A+\lambda_3\lambda_1\sin^2C=0$$

从而 $\lambda_1\lambda_2\overrightarrow{AB}^2+\lambda_2\lambda_3\overrightarrow{BC}^2+\lambda_3\lambda_1\overrightarrow{CA}^2=0$.

故由式(2.5.28)知 H_1'在$\triangle ABC$ 的外接圆上,于是 H_1'关于$\triangle ABC$ 外心 O 的对称点 H_1 也在$\triangle ABC$ 的外接圆上,即 A,B,C,H_1 四点共圆.

注　在前面我们得出的$\boldsymbol{H}_1$关于 $\boldsymbol{A},\boldsymbol{B},\boldsymbol{C}$ 的表达式中,由于各系数之和为 -1,不能直接应用式(2.5.28),因而我们令$\boldsymbol{H}_1'=\boldsymbol{H}_1$,使系数之和化为1,再通过证明 H_1'在$\odot O$ 上而使命题获证.①

例 30　(2006 年中国国家集训队测试题)设圆 Γ 是$\triangle ABC$ 的外接圆,P 是$\triangle ABC$ 内的一点,射线 AP,BP,CP 分别交圆 Γ 于点 A_1,B_1,C_1,设 A_1,B_1,C_1 关于

① 陈胜利. 向量与平面几何证题[M]. 北京:中国文史出版社,2003:133.

边 BC,CA,AB 的中点的对称点分别为 A_2,B_2,C_2. 求证:$\triangle A_2B_2C_2$ 的外接圆通过$\triangle ABC$ 的垂心.

证明 要证明$\triangle A_2B_2C_2$ 的外接圆通过$\triangle ABC$ 的垂心 H,就要设法找到$\triangle A_2B_2C_2$ 的外心 X_0,来证明 $X_0A_2=X_0H$.

如图 6.1.26 所示,设 BC,CA,AB 的中点分别为 D,E,F,圆 Γ 的圆心为 O. 取点 X,使$\overrightarrow{OX}=\overrightarrow{PH}$.

下面证明:$|\overrightarrow{XA_2}|=|\overrightarrow{XH}|$.

由于$\overrightarrow{OH}=\overrightarrow{OA}+\overrightarrow{OB}+\overrightarrow{OC}$,故

$$\overrightarrow{OX}=\overrightarrow{PH}=\overrightarrow{OH}-\overrightarrow{OP}=\overrightarrow{OA}+\overrightarrow{OB}+\overrightarrow{OC}-\overrightarrow{OP} \quad ①$$

又

$$\begin{aligned}\overrightarrow{OA_2}&=\overrightarrow{OA_1}+\overrightarrow{A_1A_2}=\overrightarrow{OA_1}+2\,\overrightarrow{A_1D}=2\,\overrightarrow{OD}-\overrightarrow{OA_1}\\&=\overrightarrow{OB}+\overrightarrow{OC}-\overrightarrow{OA_1} \quad ②\end{aligned}$$

①-②得

$$\begin{aligned}\overrightarrow{A_2X}&=\overrightarrow{OX}-\overrightarrow{OA_2}=\overrightarrow{OA}-\overrightarrow{OP}+\overrightarrow{OA_1}=\overrightarrow{OA}+\overrightarrow{PA_1}\\&=\overrightarrow{OA}+\overrightarrow{AP'}=\overrightarrow{OP'}\end{aligned}$$

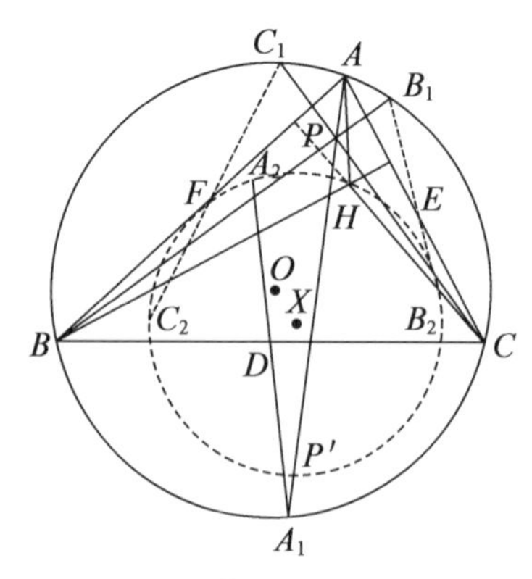

图 6.1.26

其中,点 P' 在 $\overrightarrow{AA_1}$ 上,且 $\overrightarrow{AP'}=\overrightarrow{PA_1}$. 从而,$|\overrightarrow{A_2X}|=|\overrightarrow{OP'}|=|\overrightarrow{OP}|$.

由 $\overrightarrow{OX}=\overrightarrow{PH}$ 知四边形 $OXHP$ 为平行四边形. 则 $|\overrightarrow{OP}|=|\overrightarrow{XH}|$. 从而 $|\overrightarrow{XA_2}|=|\overrightarrow{XH}|$.

同理,$|\overrightarrow{XB_2}|=|\overrightarrow{XC_2}|=|\overrightarrow{XH}|$.

故点 H 在 $\triangle A_2B_2C_2$ 的外接圆圆 X 上.

6.2　度量关系问题

1. 线段关系

例 1　如图 6.2.1 所示,点 E,F 分别为 $\triangle ABC$ 外、内一点,且 $\angle AFE=\angle ACB$, $S_{\triangle AEF}=S_{\triangle ABC}$, $EC\perp AB$, $FB\perp AE$. 求证:$AB=AE$.

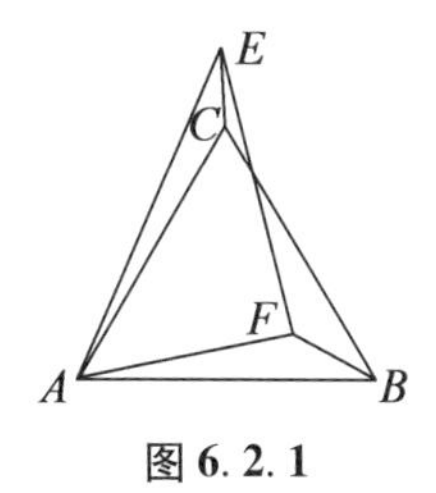

图 6.2.1

证明　由

$$\begin{aligned}\overrightarrow{AE}\cdot\overrightarrow{FB}&=(\overrightarrow{AF}+\overrightarrow{FE})\cdot(\overrightarrow{FA}+\overrightarrow{AC}+\overrightarrow{CB})\\&=-\overrightarrow{AF}^2+\overrightarrow{AF}\cdot\overrightarrow{AC}+\overrightarrow{AF}\cdot\overrightarrow{CB}+\overrightarrow{FE}\cdot\overrightarrow{FA}+\\&\quad\overrightarrow{FE}\cdot\overrightarrow{AC}+\overrightarrow{FE}\cdot\overrightarrow{CB}\end{aligned}$$

$$\begin{aligned}\overrightarrow{AB}\cdot\overrightarrow{CE}&=(\overrightarrow{AC}+\overrightarrow{CB})\cdot(\overrightarrow{CA}+\overrightarrow{AF}+\overrightarrow{FE})\\&=-\overrightarrow{AC}^2+\overrightarrow{AC}\cdot\overrightarrow{AF}+\overrightarrow{AC}\cdot\overrightarrow{FE}+\overrightarrow{CB}\cdot\overrightarrow{CA}+\end{aligned}$$

$$\overrightarrow{CB}\cdot\overrightarrow{AF}+\overrightarrow{CB}\cdot\overrightarrow{FE}$$

从而$\overrightarrow{AE}\cdot\overrightarrow{FB}-\overrightarrow{AB}\cdot\overrightarrow{CE}=\overrightarrow{AC}^2-\overrightarrow{AF}^2+\overrightarrow{FE}\cdot\overrightarrow{FA}-\overrightarrow{CB}\cdot\overrightarrow{CA}=AC^2-AF^2=0$. 所以 $AC=AF$, $CB=FE$. 又由余弦定理,有 $AB^2=AC^2+CB^2-2AC\cdot CB\cdot\cos\angle ACB$, $AE^2=AF^2+FE^2-2AF\cdot FE\cdot\cos\angle AFE$. 故 $AB=AE$.

例 2 (2005 年英国数学奥林匹克题)在锐角$\triangle ABC$中,D,E分别为点A,B到边BC,CA的垂足,以BC为直径向外作半圆与直线AD相交于点P,以AC为直径向外作半圆与直线BE相交于点Q. 证明:$CP=CQ$.

证明 如图 6.2.2 所示,取C为原点,令$\overrightarrow{CA}=\boldsymbol{a}$, $\overrightarrow{CB}=\boldsymbol{b}$, $\overrightarrow{CP}=\boldsymbol{p}$, $\overrightarrow{CQ}=\boldsymbol{q}$. 设$M$,$N$分别为$BC$和$AC$的中点,$\overrightarrow{CM}=\boldsymbol{m}$, $\overrightarrow{CN}=\boldsymbol{n}$,则

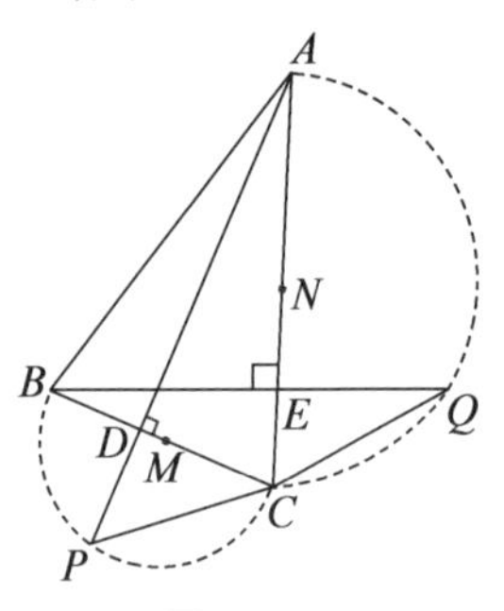

图 6.2.2

$$\boldsymbol{m}=\frac{\boldsymbol{b}}{2},\boldsymbol{n}=\frac{\boldsymbol{a}}{2}$$

因为$\overrightarrow{AP}\perp\overrightarrow{BC}$,所以

$$(\boldsymbol{p}-\boldsymbol{a})\cdot\boldsymbol{b}=0$$

即

$$\boldsymbol{p}\cdot\boldsymbol{b}=\boldsymbol{a}\cdot\boldsymbol{b} \quad ①$$

又因为点 P 在以 CM 为半圆的圆上，于是

$$|\boldsymbol{p}-\frac{\boldsymbol{b}}{2}|=|\frac{\boldsymbol{b}}{2}|$$

即
$$(\boldsymbol{p}-\frac{\boldsymbol{b}}{2})^2=\frac{|\boldsymbol{b}|^2}{4}$$

则

$$|\boldsymbol{p}|^2-2\boldsymbol{p}\cdot\frac{\boldsymbol{b}}{2}+\frac{|\boldsymbol{b}|^2}{4}=\frac{|\boldsymbol{b}|^2}{4}$$

由此得

$$|\boldsymbol{p}|^2=\boldsymbol{b}\cdot\boldsymbol{p} \qquad ②$$

联立①,②有 $\quad |\boldsymbol{p}|^2=\boldsymbol{a}\cdot\boldsymbol{b}$

同理有 $\quad |\boldsymbol{q}|^2=\boldsymbol{a}\cdot\boldsymbol{b}$

所以 $\quad |\boldsymbol{p}|^2=|\boldsymbol{q}|^2$

故 $\quad |\boldsymbol{p}|=|\boldsymbol{q}|$

从而 $\quad CP=CQ$

例 3　(2003 年德国数学奥林匹克题)已知圆内接四边形 $ABCD$ 的两条对角线 AC,BD 的交点为 S，S 在边 AB,CD 上的投影分别为 E,F. 证明：EF 的中垂线平分线段 BC,AD.

证明　如图 6.2.3 所示，设 AD 的中点为 M，则知 $2\overrightarrow{SM}=\overrightarrow{SA}+\overrightarrow{SD}$.

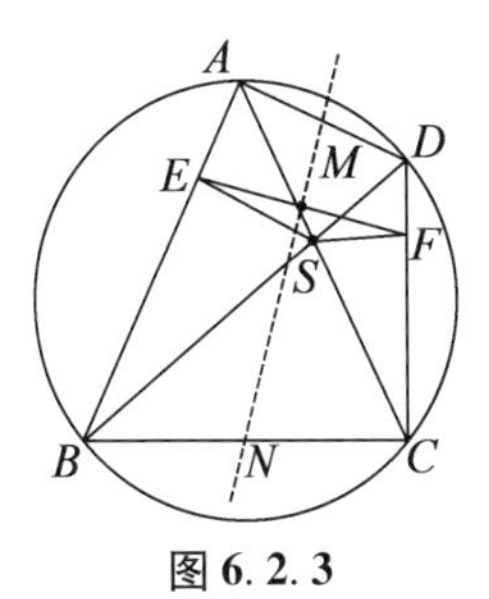

图 6.2.3

由于$\overrightarrow{SE}\perp\overrightarrow{EA}$，而$\overrightarrow{EA}=\overrightarrow{SA}-\overrightarrow{SE}$，则$\overrightarrow{SE}\cdot(\overrightarrow{SA}-\overrightarrow{SE})=$

0,即有

$$\overrightarrow{SE}\cdot\overrightarrow{SA}-\overrightarrow{SE}\cdot\overrightarrow{SE}=0$$

同理 $$\overrightarrow{SF}\cdot\overrightarrow{SD}-\overrightarrow{SF}\cdot\overrightarrow{SF}=0$$

由于 $\angle EAS=\angle FDS$, $\angle AES=\angle DFS=90°$,所以 $\triangle ASE\backsim\triangle DSF$. 于是 $|\overrightarrow{SA}||\overrightarrow{SF}|=|\overrightarrow{SD}||\overrightarrow{SE}|$.

又 $\angle ASF=\angle DSE$,易知 $\overrightarrow{SA}\cdot\overrightarrow{SF}=\overrightarrow{SD}\cdot\overrightarrow{SE}$. 从而

$$\begin{aligned}&(\overrightarrow{SM}-\overrightarrow{SF})^2-(\overrightarrow{SM}-\overrightarrow{SE})^2\\
=&2\overrightarrow{SM}\cdot\overrightarrow{SE}-2\overrightarrow{SM}\cdot\overrightarrow{SF}-\overrightarrow{SE}\cdot\overrightarrow{SE}+\overrightarrow{SF}\cdot\overrightarrow{SF}\\
=&(\overrightarrow{SA}+\overrightarrow{SD})\cdot\overrightarrow{SE}-(\overrightarrow{SA}+\overrightarrow{SD})\cdot\overrightarrow{SF}-\overrightarrow{SE}\cdot\overrightarrow{SE}+\\
&\overrightarrow{SF}\cdot\overrightarrow{SF}\\
=&\overrightarrow{SA}\cdot\overrightarrow{SE}-\overrightarrow{SE}\cdot\overrightarrow{SE}-(\overrightarrow{SD}\cdot\overrightarrow{SF}-\overrightarrow{SF}\cdot\overrightarrow{SF})-\\
&(\overrightarrow{SA}\cdot\overrightarrow{SF}-\overrightarrow{SD}\cdot\overrightarrow{SE})\\
=&0\end{aligned}$$

此式表明点 M 在 EF 的中垂线上.

同理,可证 BC 的中点 N 也在 EF 的中垂线上.

例 4 如图 6.2.4 所示,已知 M 和 N 为平面内任意四边形一组对边 AD 和 BC 的中点,A_1,A_2 三等分 AB;D_1,D_2 三等分 DC. 求证:MN 被 A_1D_1 和 A_2D_2 三等分,且 A_1D_1 和 A_2D_2 又被 MN 平分.

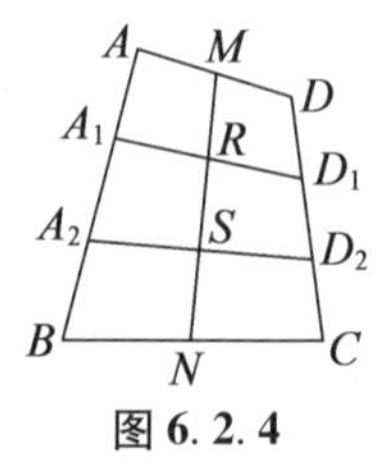

图 6.2.4

证法 1 设 MN 分别交 A_1D_1,A_2D_2 于点 R,S. 由向量回路有 $\overrightarrow{NR}+\overrightarrow{RA_1}=\overrightarrow{NB}+\overrightarrow{BA_1}=\overrightarrow{CN}+2\overrightarrow{A_1A}=\overrightarrow{CD_1}+$

$\overrightarrow{D_1R}+\overrightarrow{RN}+2\overrightarrow{A_1A}=2\overrightarrow{D_1D}+\overrightarrow{D_1R}+\overrightarrow{RN}+2\overrightarrow{A_1A}=2(\overrightarrow{D_1R}+\overrightarrow{RM}+\overrightarrow{MD})+\overrightarrow{D_1R}+\overrightarrow{RN}+2(\overrightarrow{A_1R}+\overrightarrow{RM}+\overrightarrow{MA})$.

因为$\overrightarrow{MD}+\overrightarrow{MA}=\mathbf{0}$,所以 $2\overrightarrow{NR}+3\overrightarrow{RA_1}=3\overrightarrow{D_1R}+4\overrightarrow{RM}$.

对比上述等式两端,知$\overrightarrow{NR}=2\overrightarrow{RM}$,$\overrightarrow{RA_1}=\overrightarrow{D_1R}$,即知 R 是 MN 的三等分点,也是 A_1D_1 的中点.

同理可证 S 既是 MN 的三等分点,也是 A_2D_2 的中点. 得证.

证法 2　考虑相交线 MN 和 A_1D_1,设 MN 与 A_1D_1 交于点 R,由平行四边形法则有

$$2\overrightarrow{RM}=\overrightarrow{RA}+\overrightarrow{RD}$$

$$3\overrightarrow{RA_1}=2\overrightarrow{RA}+\overrightarrow{RB}$$

$$2\overrightarrow{RN}=\overrightarrow{RB}+\overrightarrow{RC}$$

$$3\overrightarrow{RD_1}=2\overrightarrow{RD}+\overrightarrow{RC}$$

消去$\overrightarrow{RA}$,$\overrightarrow{RB}$,$\overrightarrow{RC}$,$\overrightarrow{RD}$得

$$2\overrightarrow{RN}-3\overrightarrow{RD_1}=3\overrightarrow{RA_1}+4\overrightarrow{RM}$$

对比上述等式两端有 $-\overrightarrow{RD_1}=\overrightarrow{RA_1}$,$2\overrightarrow{RM}=-\overrightarrow{RN}$,即 $\overrightarrow{D_1R}=\overrightarrow{RA_1}$,$\overrightarrow{RN}=2\overrightarrow{RM}$.

所以 R 是 A_1D_1 的中点,也是 MN 的三等分点.

同理可证 S 既是 MN 的三等分点,也是 A_2D_2 的中点,得证.

例 5　(普通高中课程标准实验教科书数学必修 4 中的例题)如图6.2.5所示,▱$ABCD$ 中,点 E,F 分别是 AD,DC 的中点,BE,BF 分别与 AC 交于 R,T 两点. 你能发现 AR,RT,TC 之间的关系吗?

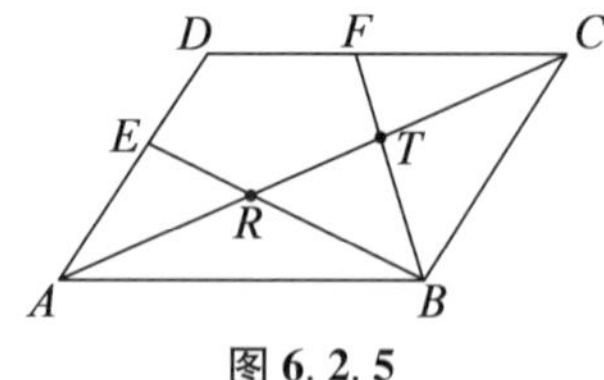

图 6.2.5

事实上这个关系即 R,T 是 AC 的三等分点.

证法 1　不妨设$\overrightarrow{TA},\overrightarrow{TB}$是基向量 $\boldsymbol{a},\boldsymbol{b}$,由$\overrightarrow{TF},\overrightarrow{TB}$共线,则$\overrightarrow{TF}=m\boldsymbol{b}$;$\overrightarrow{TC}$与$\overrightarrow{TA}$共线,则$\overrightarrow{TC}=n\boldsymbol{a}$.

又$\overrightarrow{AB}=\overrightarrow{TB}-\overrightarrow{TA}=\boldsymbol{b}-\boldsymbol{a}$,$\overrightarrow{FC}=\overrightarrow{TC}-\overrightarrow{TF}=n\boldsymbol{a}-m\boldsymbol{b}$.

注意到$\overrightarrow{AB}=2\overrightarrow{FC}$,则 $\boldsymbol{b}-\boldsymbol{a}=2(n\boldsymbol{a}-m\boldsymbol{b})$,即$(2n+1)\boldsymbol{a}=(2m+1)\boldsymbol{b}$.

因 $\boldsymbol{a},\boldsymbol{b}$ 不共线,则 $2n+1=0,2m+1=0$,即 $n=-\frac{1}{2},m=-\frac{1}{2}$.

于是有$\overrightarrow{TC}=-\frac{1}{2}\boldsymbol{a}$,即线段 $TC=\frac{1}{2}TA$,故 T 为 AC 的三等分点.

同理可推得 R 为 AC 的三等分点.

证法 2　设$\overrightarrow{AC}=\lambda\overrightarrow{AR}(\lambda\neq 0)$,则$\overrightarrow{AR}=\frac{1}{\lambda}\overrightarrow{AC}=\frac{1}{\lambda}(\overrightarrow{AB}+\overrightarrow{AD})=\frac{1}{\lambda}\overrightarrow{AB}+\frac{2}{\lambda}\overrightarrow{AE}$.

注意到 E,R,B 三点共线,则由式(2.2.5),有$\frac{1}{\lambda}+\frac{2}{\lambda}=1$,从而 $\lambda=3$,即 R 为 AC 的三等分点. 同理可证$\overrightarrow{CA}=3\overrightarrow{CT}$,即 T 也为 AC 的三等分点.

证法 3　由题设,有$\overrightarrow{AT}+\overrightarrow{TB}=\overrightarrow{AB}=\overrightarrow{DC}=2\overrightarrow{FC}=$

$2(\overrightarrow{FT}+\overrightarrow{TC})=2\overrightarrow{TC}+2\overrightarrow{FT}$.

注意到$\overrightarrow{AT}$与TC共线，$\overrightarrow{TB}$与$\overrightarrow{FT}$共线，由平面向量基本定理的推论2知$\overrightarrow{AT}=2\overrightarrow{TC}$，即知点$T$为$AC$的三等分点.

同理点R为AC的三等分点.

证法4　注意到向量相交定理，即式(2.5.18)，一方面，AC与BE交于点R，则$\overrightarrow{AC}=\overrightarrow{AB}+\overrightarrow{AD}=\overrightarrow{AB}+2\overrightarrow{AE}=3\overrightarrow{AR}$；另一方面，$CA$与$BF$交于点$T$，则$\overrightarrow{CA}=\overrightarrow{CB}+\overrightarrow{CD}=\overrightarrow{CB}+2\overrightarrow{CE}=3\overrightarrow{CT}$.

故R,T分别三等分AC.

例6　如图6.2.6所示，过平行四边形$ABCD$的顶点A作圆，分别交AB,AC,AD于E,G,F. 求证：$AG\cdot AC=AE\cdot AB+AF\cdot AD$.

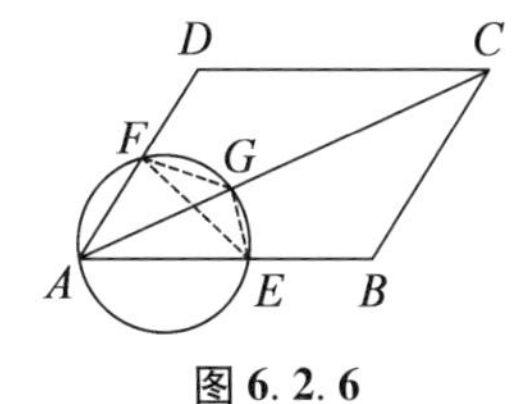

图6.2.6

证明

$$AG\cdot AC=AE\cdot AB+AF\cdot AD$$

$$\Leftrightarrow\overrightarrow{AG}\cdot\overrightarrow{AC}=\overrightarrow{AE}\cdot\overrightarrow{AB}+\overrightarrow{AF}\cdot\overrightarrow{AD}$$

$$\Leftrightarrow\overrightarrow{AG}\cdot(\overrightarrow{AB}+\overrightarrow{AD})=\overrightarrow{AE}\cdot\overrightarrow{AB}+\overrightarrow{AF}\cdot\overrightarrow{AD}$$

$$\Leftrightarrow\overrightarrow{AB}\cdot\overrightarrow{EG}=\overrightarrow{AD}\cdot\overrightarrow{GF}\qquad(*)$$

$$\Leftrightarrow AB\cdot EG\cdot\cos\angle BEG=AD\cdot GF\cdot\cos\angle AFG$$

$$\Leftrightarrow\frac{AD}{AB}=\frac{EG}{GF}$$

$$\Leftrightarrow \frac{BC}{AB}=\frac{\sin\angle GFE}{\sin\angle GEF}$$

$\Leftrightarrow \dfrac{\sin\angle CAB}{\sin\angle ACB}=\dfrac{\sin\angle GFE}{\sin\angle GEF}$（注意其中同弧上的圆周角相等）

命题得证.

注 对于式（$*$），注意到$\langle\overrightarrow{AB},\overrightarrow{EG}\rangle=\langle\overrightarrow{AD},\overrightarrow{GF}\rangle$，故

$$式(*)\Leftrightarrow \overrightarrow{AB}\times\overrightarrow{EG}=\overrightarrow{AD}\times\overrightarrow{GF} \qquad (**)$$

为证上述右边的式子，可取 A 为原点，即 $\boldsymbol{A}=\boldsymbol{0}$，则采用单点向量，有 $\boldsymbol{E}=\lambda\boldsymbol{B},\boldsymbol{F}=\mu\boldsymbol{D},\boldsymbol{G}=\delta\boldsymbol{C}=\delta(\boldsymbol{B}+\boldsymbol{D})$，则

$$\begin{aligned}式(**)\Leftrightarrow &\boldsymbol{B}\times[(\lambda-\delta)\boldsymbol{B}+\delta\boldsymbol{D}]\\ &=\boldsymbol{D}\times[-\delta\boldsymbol{B}-(\delta-\mu)\boldsymbol{D}]\\ \Leftrightarrow &\delta\boldsymbol{B}\times\boldsymbol{D}\\ &=-\delta\boldsymbol{D}\times\boldsymbol{B}\end{aligned}$$

显然上式成立，故式（$*$）成立，从而原题获证.

例 7 如图 6.2.7 所示，已知$\triangle ABC$ 的边 AB，AC 上各有一点 R，Q，直线 RQ 和 BC 的延长线交于一点 P. 求证：$\dfrac{AQ\cdot CQ}{PQ\cdot RQ}+\dfrac{BP\cdot CP}{QP\cdot RP}-\dfrac{AR\cdot BR}{QR\cdot PR}=1$.

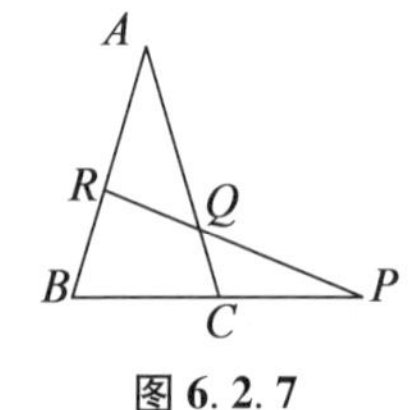

图 6.2.7

证明[①]　设基向量$\overrightarrow{BA}=\boldsymbol{a}$，$\overrightarrow{BC}=\boldsymbol{b}$，并且设$\overrightarrow{BR}=s\boldsymbol{a}$，$\overrightarrow{BP}=t\boldsymbol{b}$，其中$s\in(0,1)$，$t\in(1,+\infty)$. 故$\overrightarrow{RA}=(1-s)\boldsymbol{a}$，$\overrightarrow{CP}=(t-1)\boldsymbol{b}$，$\overrightarrow{CA}=\boldsymbol{a}-\boldsymbol{b}$，$\overrightarrow{RP}=t\boldsymbol{b}-s\boldsymbol{a}$.

当直线PR截$\triangle ABC$时，由梅涅劳斯定理可得

$$\frac{CQ}{AQ}\cdot\frac{t}{t-1}\cdot\frac{1-s}{s}=1$$

即$\frac{CQ}{AQ}=\frac{s(t-1)}{t(1-s)}$.

因此$\overrightarrow{CQ}=\frac{s(t-1)}{t-s}(\boldsymbol{a}-\boldsymbol{b})$，$\overrightarrow{QA}=\frac{t(1-s)}{t-s}(\boldsymbol{a}-\boldsymbol{b})$.

当直线AC截$\triangle RBP$时，由梅涅劳斯定理可得

$$\frac{RQ}{PQ}\cdot\frac{t-1}{1-s}=1$$

即$\frac{RQ}{PQ}=\frac{1-s}{t-1}$. 因此

$$\overrightarrow{RQ}=\frac{t(1-s)}{t-s}\boldsymbol{b}-\frac{s(1-s)}{t-s}\boldsymbol{a}$$

$$\overrightarrow{QP}=\frac{t(t-1)}{t-s}\boldsymbol{b}-\frac{s(t-1)}{t-s}\boldsymbol{a}$$

因为

$$\frac{AQ\cdot CQ}{PQ\cdot RQ}=\frac{\overrightarrow{AQ}\cdot\overrightarrow{QC}}{\overrightarrow{PQ}\cdot\overrightarrow{QR}}=\frac{st(\boldsymbol{b}^2+\boldsymbol{a}^2-2\boldsymbol{a}\cdot\boldsymbol{b})}{t^2\boldsymbol{b}^2+s^2\boldsymbol{a}^2-2st\,\boldsymbol{a}\cdot\boldsymbol{b}}$$

$$\frac{PC\cdot PB}{PQ\cdot PR}=\frac{\overrightarrow{PC}\cdot\overrightarrow{PB}}{\overrightarrow{PQ}\cdot\overrightarrow{PR}}=\frac{t(t-s)\boldsymbol{b}^2}{t^2\boldsymbol{b}^2+s^2\boldsymbol{a}^2-2st\,\boldsymbol{a}\cdot\boldsymbol{b}}$$

$$\frac{AR\cdot BR}{QR\cdot PR}=\frac{\overrightarrow{AR}\cdot\overrightarrow{RB}}{\overrightarrow{QR}\cdot\overrightarrow{PR}}=\frac{s(t-s)\boldsymbol{a}^2}{t^2\boldsymbol{b}^2+s^2\boldsymbol{a}^2-2st\,\boldsymbol{a}\cdot\boldsymbol{b}}$$

---

①　张玮.《破解网上“悬赏”题有感》读后感[J]. 福建中学数学，2012(3)：47-48.

所以$\dfrac{AQ\cdot CQ}{PQ\cdot RQ}+\dfrac{BP\cdot CP}{QP\cdot RP}-\dfrac{AR\cdot BR}{QR\cdot PR}=1.$

证毕.

2. 角度关系

例 8 (1993 年香港数学竞赛题、1994 年加拿大数学竞赛题、2001 年爱尔兰数学竞赛题)设点 P 在 $\triangle ABC$ 的高线 AD 上,BP,CP 或其延长线分别交 AC,AB 于 E,F. 求证:$\angle CDE=\angle FDB$ 或 $\angle CDE+\angle FDB=180°$.

证明 如图 6.2.8 所示,建立平面直角坐标系,运用单点向量表示,令 $\boldsymbol{D}=(0,0)$,$\boldsymbol{C}=(c,0)$,$\boldsymbol{B}=(b,0)$,$\boldsymbol{A}=(0,a)$. 设$\dfrac{\overrightarrow{CE}}{\overrightarrow{EA}}=\lambda$,$\dfrac{\overrightarrow{BF}}{\overrightarrow{FA}}=\mu$,则 $\boldsymbol{E}=\dfrac{1}{1+\lambda}(c,\lambda a)$,$\boldsymbol{F}=\dfrac{1}{1+\mu}(b,\mu a)$.

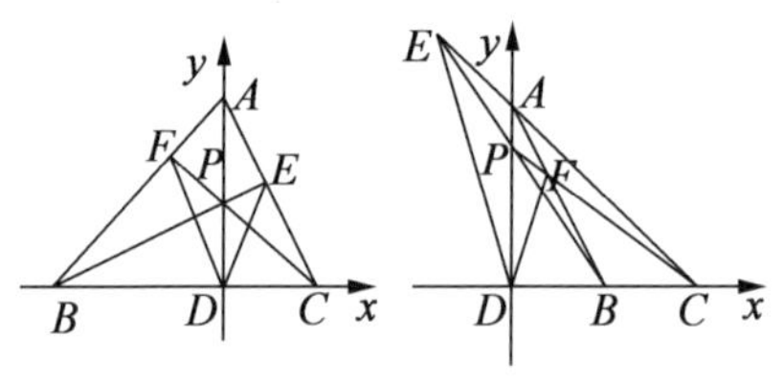

图 6.2.8

于是

$$\sin\angle CDE=\frac{|\boldsymbol{C}\times\boldsymbol{E}|}{|\boldsymbol{C}||\boldsymbol{E}|}=\frac{|\lambda a|}{\sqrt{\lambda^2a^2+c^2}}$$

$$\sin\angle FDB=\frac{|\boldsymbol{F}\times\boldsymbol{B}|}{|\boldsymbol{F}||\boldsymbol{B}|}=\frac{|\mu a|}{\sqrt{\mu^2a^2+b^2}}$$

注意到 AD,BE,CF 三线,故由塞瓦定理,即式(3.1.3)有

$$-\frac{b}{c}\cdot\lambda\cdot\frac{1}{\mu}=1\Rightarrow\lambda b+\mu c=0\Rightarrow\frac{c}{\lambda}=-\frac{b}{\mu}$$

于是,由式(2.4.15)知 $\sin\angle CDE=\sin\angle FDB$.

故 $\angle CDE=\angle FDB$ 或 $\angle CDE+\angle FDB=180°$.

例 9 (2003 年德国数学奥林匹克题)在▱$ABCD$ 的边 BC,CD 上各取一点 E,F,使 $BE=DF$,设 BF 与 DE 交于点 G,求证:AG 平分$\angle BAD$.

证明 如图 6.2.9 所示,取 A 为原点,运用单点向量表示. 设$\boldsymbol{e}_1$,$\boldsymbol{e}_2$为$\overrightarrow{AB}$,$\overrightarrow{AD}$上的单位向量,令 $\boldsymbol{B}=b\,\boldsymbol{e}_1$,$\boldsymbol{D}=d\,\boldsymbol{e}_2$,$\boldsymbol{E}-\boldsymbol{B}=c\,\boldsymbol{e}_2$,$\boldsymbol{F}-\boldsymbol{D}=c\,\boldsymbol{e}_1$(因 $BE=DF$),则有

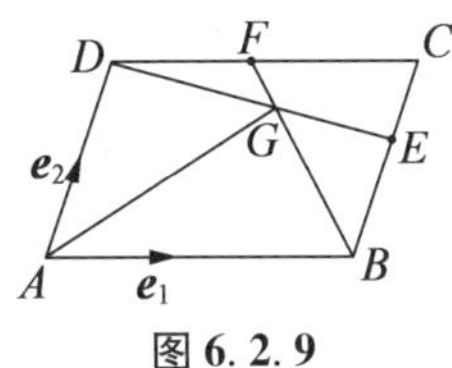

图 6.2.9

$$\boldsymbol{E}=b\,\boldsymbol{e}_1+c\,\boldsymbol{e}_2,\boldsymbol{F}=c\,\boldsymbol{e}_1+d\,\boldsymbol{e}_2$$

因 G 为 BF 与 DE 的交点,故可令

$$\boldsymbol{G}=(1-t_1)\boldsymbol{B}+t_1\boldsymbol{F}=(1-t_2)\boldsymbol{D}+t_2\boldsymbol{E}$$

即

$$\begin{aligned}\boldsymbol{G}&=(1-t_1)b\,\boldsymbol{e}_1+t_1(c\,\boldsymbol{e}_1+d\,\boldsymbol{e}_2)\\&=(b-bt_1+t_1c)\boldsymbol{e}_1+t_1d\,\boldsymbol{e}_2\end{aligned}$$

及

$$\begin{aligned}\boldsymbol{G}&=(1-t_2)d\,\boldsymbol{e}_2+t_2(b\,\boldsymbol{e}_1+c\,\boldsymbol{e}_2)\\&=t_2b\,\boldsymbol{e}_1+(d-t_2d+t_2c)\boldsymbol{e}_2\end{aligned}$$

于是

$$\begin{cases}(1-t_1)b+t_1c=t_2b\\(1-t_2)d+t_2c=t_1d\end{cases}\Rightarrow t_2b=t_1d=\frac{bd}{b+d-c}$$

从而 $\boldsymbol{G}=\dfrac{bd}{b+d-c}(\boldsymbol{e}_1+\boldsymbol{e}_2)$.

由式(2.6.68)知,G 在$\angle BAD$ 的平分线上. 故 AG 平分$\angle BAD$.

例 10 (IMO 44 试题)给定一个凸六边形

$ABCDEF$,其任意两条对边(AB 和 DE,BC 和 EF,CD 和 FA 分别是凸六边形 $ABCDEF$ 的三组对边)具有如下性质:它们的中点之间的距离等于它们的长度和的 $\frac{\sqrt{3}}{2}$ 倍. 求证:该六边形的所有内角相等.

证明 如图 6.2.10 所示,记 $\boldsymbol{a}=\overrightarrow{AB}$,$\boldsymbol{b}=\overrightarrow{BC}$,$\boldsymbol{c}=\overrightarrow{CD}$,$\boldsymbol{d}=\overrightarrow{DE}$,$\boldsymbol{e}=\overrightarrow{EF}$,$\boldsymbol{f}=\overrightarrow{FA}$. 并设 M,N 分别为 AB,DE 的中点,则注意回路有

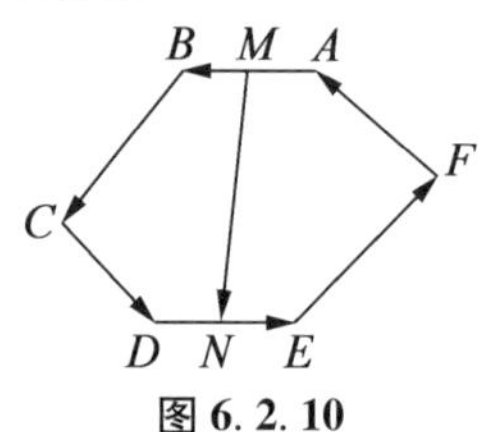

图 6.2.10

$$\overrightarrow{MN}=\frac{1}{2}\boldsymbol{a}+\boldsymbol{b}+\boldsymbol{c}+\frac{1}{2}\boldsymbol{d}$$

及
$$\overrightarrow{MN}=-\frac{1}{2}\boldsymbol{a}-\boldsymbol{f}-\boldsymbol{e}-\frac{1}{2}\boldsymbol{d}$$

于是
$$\overrightarrow{MN}=\frac{1}{2}(\boldsymbol{b}+\boldsymbol{c}-\boldsymbol{e}-\boldsymbol{f}) \quad ①$$

由已知条件有
$$|\overrightarrow{MN}|=\frac{\sqrt{3}}{2}(|\boldsymbol{a}|+|\boldsymbol{d}|)\geqslant\frac{\sqrt{3}}{2}(|\boldsymbol{a}-\boldsymbol{d}|) \quad ②$$

记
$$\boldsymbol{x}=\boldsymbol{a}-\boldsymbol{d},\boldsymbol{y}=\boldsymbol{c}-\boldsymbol{f},\boldsymbol{z}=\boldsymbol{e}-\boldsymbol{b}$$

由式①,②得
$$|\boldsymbol{y}-\boldsymbol{z}|\geqslant\sqrt{3}|\boldsymbol{x}| \quad ③$$

同理
$$|\boldsymbol{z}-\boldsymbol{x}|\geqslant\sqrt{3}|\boldsymbol{y}| \quad ④$$

$$|\boldsymbol{x}-\boldsymbol{y}| \geqslant \sqrt{3}|\boldsymbol{z}| \quad ⑤$$

注意到

式③$\Leftrightarrow |\boldsymbol{y}|^2-2\boldsymbol{y}\cdot\boldsymbol{z}+|\boldsymbol{z}|^2 \geqslant 3|\boldsymbol{x}|^2$

式④$\Leftrightarrow |\boldsymbol{z}|^2-2\boldsymbol{z}\cdot\boldsymbol{x}+|\boldsymbol{x}|^2 \geqslant 3|\boldsymbol{y}|^2$

式⑤$\Leftrightarrow |\boldsymbol{x}|^2-2\boldsymbol{x}\cdot\boldsymbol{y}+|\boldsymbol{y}|^2 \geqslant 3|\boldsymbol{z}|^2$

将以上三式相加得

$$-|\boldsymbol{x}|^2-|\boldsymbol{y}|^2-|\boldsymbol{z}|^2-2\boldsymbol{x}\cdot\boldsymbol{y}-2\boldsymbol{y}\cdot\boldsymbol{z}-2\boldsymbol{z}\cdot\boldsymbol{x} \geqslant 0$$

即

$$|\boldsymbol{x}+\boldsymbol{y}+\boldsymbol{z}| \leqslant 0$$

因为 $\boldsymbol{x}+\boldsymbol{y}+\boldsymbol{z}=\boldsymbol{0}$，并且上述所有不等式全部取等号. 于是

$$\boldsymbol{x}+\boldsymbol{y}+\boldsymbol{z}=\boldsymbol{0}$$

$$|\boldsymbol{y}-\boldsymbol{z}|=\sqrt{3}|\boldsymbol{x}|, \boldsymbol{a}/\!/\boldsymbol{d}/\!/\boldsymbol{x}$$

$$|\boldsymbol{z}-\boldsymbol{x}|=\sqrt{3}|\boldsymbol{y}|, \boldsymbol{c}/\!/\boldsymbol{f}/\!/\boldsymbol{y}$$

$$|\boldsymbol{x}-\boldsymbol{y}|=\sqrt{3}|\boldsymbol{z}|, \boldsymbol{e}/\!/\boldsymbol{b}/\!/\boldsymbol{z}$$

现构造 $\triangle PQR$，使 $\overrightarrow{PQ}=\boldsymbol{x}$，$\overrightarrow{QR}=\boldsymbol{y}$，$\overrightarrow{RP}=\boldsymbol{z}$，并设 $\angle QPR \geqslant 60^\circ$，$L$ 为 QR 的中点，则

$$|\overrightarrow{PL}|=\frac{1}{2}|\boldsymbol{z}-\boldsymbol{x}|=\frac{\sqrt{3}}{2}|\boldsymbol{y}|=\frac{\sqrt{3}}{2}|\overrightarrow{QR}|$$

设 S 是平面上一点，使得点 P 与 S 在 QR 的同侧，且 $\triangle SQR$ 为正三角形，则

$$SL \perp QR$$

且

$$|\overrightarrow{SL}|=\frac{\sqrt{3}}{2}|\overrightarrow{QR}|$$

作 $\triangle SQR$ 的外接圆圆 Γ，由 $\angle QPR \geqslant 60^\circ$，知点 P 在圆 Γ 的内部或边界上. 于是，由 $|\overrightarrow{PL}|=|\overrightarrow{SL}|=\frac{\sqrt{3}}{2}|\overrightarrow{QR}|$，得点 P 与 S 重合，即 $\triangle PQR$ 为正三角形.

故$\angle ABC=\angle BCD=\angle CDE=\angle DEF=\angle EFA=\angle FAB=120°$.

3. **面积关系**

例 11　试证:以三角形的三条中线为边的新三角形的面积等于原三角形面积的$\frac{3}{4}$.

证明　如图 6.2.11 所示,在$\triangle ABC$中,AD,BE,CF分别为BC,CA,AB边上的中线,则

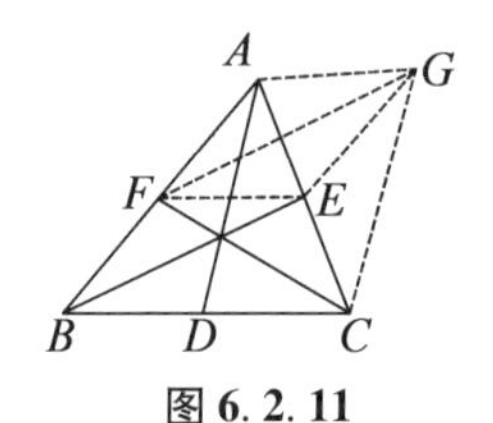

图 6.2.11

$$\overrightarrow{BE}=-(\overrightarrow{AB}+\frac{1}{2}\overrightarrow{CA})$$

$$\overrightarrow{CF}=\overrightarrow{CA}+\frac{1}{2}\overrightarrow{AB}$$

$$\overrightarrow{AD}=\overrightarrow{AB}+\frac{1}{2}\overrightarrow{BC}$$

于是,$\overrightarrow{BE}+\overrightarrow{CF}+\overrightarrow{AD}=\frac{1}{2}(\overrightarrow{BC}+\overrightarrow{CA}+\overrightarrow{AB})=\mathbf{0}$. 这说明以$\triangle ABC$的三条中线可作一新三角形. 而

$$\begin{aligned}\overrightarrow{BE}\times\overrightarrow{CF}&=-(\overrightarrow{AB}+\frac{1}{2}\overrightarrow{CA})\times(\overrightarrow{CA}+\frac{1}{2}\overrightarrow{AB})\\&=-(\overrightarrow{AB}\times\overrightarrow{CA}+\frac{1}{2}\overrightarrow{CA}\times\overrightarrow{CA}+\frac{1}{2}\overrightarrow{AB}\times\\&\quad\overrightarrow{AB}+\frac{1}{4}\overrightarrow{CA}\times\overrightarrow{AB})\\&=-\overrightarrow{AB}\times\overrightarrow{CA}-\frac{1}{4}\overrightarrow{CA}\times\overrightarrow{AB}\end{aligned}$$

$$=\overrightarrow{AB}\times\overrightarrow{AC}-\frac{1}{4}\overrightarrow{AB}\times\overrightarrow{AC}$$

$$=\frac{3}{4}\overrightarrow{AB}\times\overrightarrow{AC}$$

故$(\overrightarrow{BE}\times\overrightarrow{CF})=\frac{3}{4}|\overrightarrow{AB}\times\overrightarrow{AC}|$.

于是即得新三角形面积是原三角形面积的$\frac{3}{4}$.

注　此题若用综合证法则需作出如图 6. 2. 11 所示的辅助线.

例 12　试证:平面四边形的面积等于以它的对角线为边,对角线方向的交角为夹角的平行四边形的面积的一半.

证明　如图 6. 2. 12 所示,在四边形 $ABCD$ 中,令$\overrightarrow{BA}=\boldsymbol{a}$,$\overrightarrow{BC}=\boldsymbol{b}$,$\overrightarrow{DA}=\boldsymbol{c}$,$\overrightarrow{DC}=\boldsymbol{d}$. 则

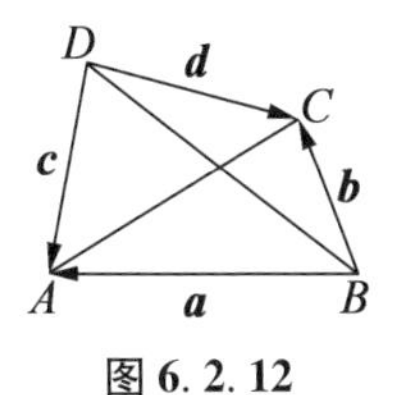

图 6. 2. 12

$$\overrightarrow{AC}=\boldsymbol{d}-\boldsymbol{c}=\boldsymbol{b}-\boldsymbol{a}$$

$$\overrightarrow{BD}=\boldsymbol{b}-\boldsymbol{d}=\boldsymbol{a}-\boldsymbol{c}$$

从而

$$\overrightarrow{BD}\times\overrightarrow{AC}=(\boldsymbol{b}-\boldsymbol{d})\times(\boldsymbol{d}-\boldsymbol{c})=\boldsymbol{b}\times\boldsymbol{d}-\boldsymbol{b}\times\boldsymbol{c}+\boldsymbol{d}\times\boldsymbol{c} \quad ①$$

又

$$\overrightarrow{BD}\times\overrightarrow{AC}=(\boldsymbol{a}-\boldsymbol{c})\times(\boldsymbol{b}-\boldsymbol{a})=\boldsymbol{a}\times\boldsymbol{b}-\boldsymbol{c}\times\boldsymbol{b}+\boldsymbol{c}\times\boldsymbol{a} \quad ②$$

由① + ②得

$$2\overrightarrow{BD}\times\overrightarrow{AC}=[(\boldsymbol{b}\times\boldsymbol{d})+(\boldsymbol{c}\times\boldsymbol{a})]+[(\boldsymbol{d}\times\boldsymbol{c})+(\boldsymbol{a}\times\boldsymbol{b})]$$

因 $\boldsymbol{b}\times\boldsymbol{d},\boldsymbol{c}\times\boldsymbol{a},\boldsymbol{d}\times\boldsymbol{c},\boldsymbol{a}\times\boldsymbol{b}$ 的方向均相同，而 $[(\boldsymbol{b}\times\boldsymbol{d})+(\boldsymbol{c}\times\boldsymbol{a})]$ 及 $[(\boldsymbol{d}\times\boldsymbol{c})+(\boldsymbol{a}\times\boldsymbol{b})]$ 都表示四边形 $ABCD$ 的面积 S. 故

$$S=\frac{1}{2}|\overrightarrow{BD}\times\overrightarrow{AC}|$$

例 13 （IMO 28 试题）锐角 $\triangle ABC$ 中，$\angle A$ 的平分线交 BC 于点 L，交 $\triangle ABC$ 的外接圆于 N，$LK\perp AB$ 于点 K，$LM\perp AC$ 于点 M，则 $S_{\triangle ABC}=S_{四边形AKNM}$.

证明 如图 6.2.13 所示，取 A 为原点，采用单点向量表示，则知 $|\boldsymbol{K}|=|\boldsymbol{M}|$. 于是可令 $\boldsymbol{K},\boldsymbol{M}$ 为单位向量 $\boldsymbol{e}_1$ 和 $\boldsymbol{e}_2$.

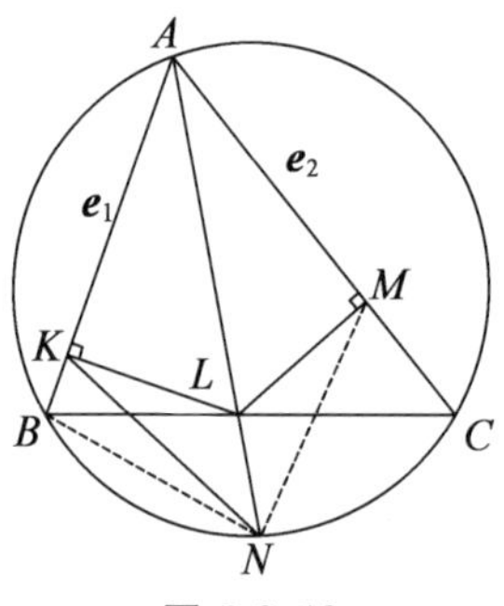

图 6.2.13

设 $\boldsymbol{B}=b\ \boldsymbol{e}_1,\boldsymbol{C}=c\ \boldsymbol{e}_2,\boldsymbol{N}=n(\boldsymbol{e}_1+\boldsymbol{e}_2)$，则由式(2.6.69)，有

$$\boldsymbol{L}=\frac{|\boldsymbol{C}|\boldsymbol{B}+|\boldsymbol{B}|\boldsymbol{C}}{|\boldsymbol{C}|+|\boldsymbol{B}|}=\frac{bc(\boldsymbol{e}_1+\boldsymbol{e}_2)}{b+c}$$

于是

$$S_{四边形AKNM}=\frac{1}{2}|\boldsymbol{K}\times\boldsymbol{N}+\boldsymbol{N}\times\boldsymbol{M}|$$

$$=\frac{1}{2}|\boldsymbol{N}\times(\boldsymbol{K}-\boldsymbol{M})|$$

$$=\frac{1}{2}|n(\boldsymbol{e}_1+\boldsymbol{e}_2)\times(\boldsymbol{e}_1-\boldsymbol{e}_2)|$$

$$=n|\boldsymbol{e}_1\times\boldsymbol{e}_2|$$

$$S_{\triangle ABC}=\frac{1}{2}|\boldsymbol{B}\times\boldsymbol{C}|=\frac{bc}{2}|\boldsymbol{e}_1\times\boldsymbol{e}_2|$$

为证 $S_{四边形AKNM}=S_{\triangle ABC}$，只需证 $n=\frac{1}{2}bc$ 即可.

由$\overrightarrow{KL}\perp\overrightarrow{AK}$得

$$\left[\frac{bc}{b+c}(\boldsymbol{e}_1+\boldsymbol{e}_2)-\boldsymbol{e}_1\right]\cdot\boldsymbol{e}_1=0$$

$$\Rightarrow bc(\boldsymbol{e}_1\cdot\boldsymbol{e}_2)=b+c-bc \qquad ①$$

又由$\overrightarrow{NB}^2=\overrightarrow{NC}^2$，得

$$[(b-n)\boldsymbol{e}_1-n\,\boldsymbol{e}_2]^2=[(c-n)\boldsymbol{e}_2-n\,\boldsymbol{e}_1]^2$$

$$\Rightarrow b=c\text{ 或 }2n(\boldsymbol{e}_1\cdot\boldsymbol{e}_2)=b+c-2n \qquad ②$$

若 $b=c$，易知命题成立；若 $b\neq c$，由①，②知 $n=\frac{1}{2}bc$成立. 故得所证.

4. 求值

例 14　(2002 年全国高中数学联赛题)在$\triangle ABC$中，$\angle A=60°$，$AB>AC$，O 是外心，两条高 BE 与 CF 交于点 H，点 M，N 分别在线段 BH，HF 上，且满足 $BM=CN$. 求$\frac{MH+NH}{OH}$的值.

解　如图 6.2.14 所示，联结 AH，AO，由已知条件得

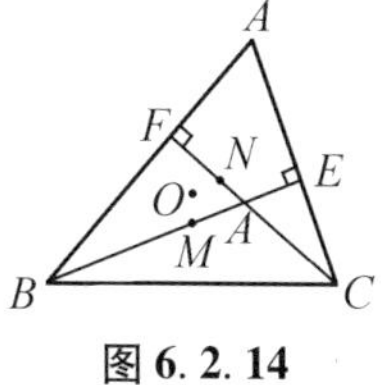

图 6.2.14

$$MH + NH = BH - CH = 2R(\cos B - \cos C)$$
$$= 2\sqrt{3}R\sin\frac{C-B}{2}$$

由$\angle A = 60°$知$|\overrightarrow{AH}| = 2R \cdot \cos A = R$($R$为$\triangle ABC$外接圆的半径).

因$\overrightarrow{OH} = \overrightarrow{OA} + \overrightarrow{AH}$,并用$\overrightarrow{OH}$上的单位向量$\boldsymbol{e}$作内积,得

$$OH = 2R\sin\frac{\angle OAH}{2} = 2R\sin\frac{C-B}{2}$$

因此$\dfrac{MH+NH}{OH} = \sqrt{3}$.

例 15 (IMO 23 试题)如图 6.2.15 所示,M,N分别是正六边形$ABCDEF$的对角线AC,CE的内分点,且$\dfrac{AM}{AC} = \dfrac{CN}{CE} = \lambda$.若$B$,$M$,$N$三点共线,试求$\lambda$的值.

解 如图 6.2.15 所示,延长EA,CB交于点P.设正六边形$ABCDEF$的边长为 1,则$PB = 2$,$CP = 3CB$,A为EP的中点,$EA = AP = \sqrt{3}$.

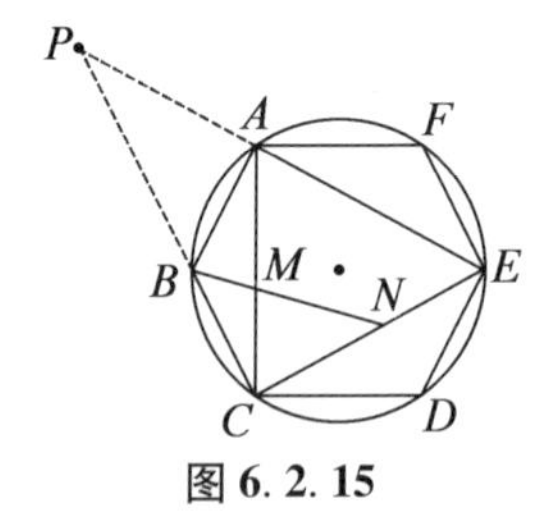

图 6.2.15

在$\triangle EPC$中,$\overrightarrow{CB} = \dfrac{1}{3}\overrightarrow{CP}$,$\overrightarrow{CN} = \lambda\overrightarrow{CE}$,由式(2.2.23)可得$\overrightarrow{CM} = \dfrac{2\lambda}{3\lambda+1}\overrightarrow{CA}$.

又$\frac{AM}{AC}=\lambda$,所以$\overrightarrow{CM}=(1-\lambda)\overrightarrow{CA}$,因此$\frac{2\lambda}{3\lambda+1}=1-\lambda$,解之得$\lambda=\frac{\sqrt{3}}{3}$.

例 16　(2003 年太原市竞赛题)如图 6.2.16 所示,已知$\triangle ABC$,过点 A 作外接圆的切线交 BC 的延长线于点 P,$\frac{PC}{PA}=\frac{\sqrt{2}}{2}$,点 D 在 AC 上,且$\frac{AD}{CD}=\frac{1}{2}$,延长 PD 交 AB 于点 E,试求$\frac{AE}{BE}$.

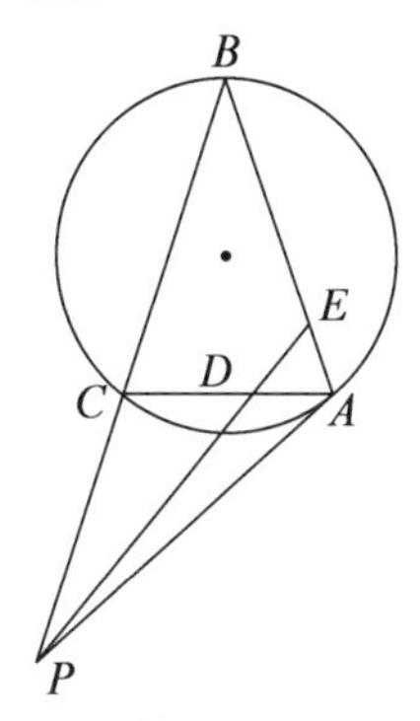

图 6.2.16

解　由题设知 $PA^2=PC\cdot PB$,所以$\frac{PC}{PB}=\frac{PC^2}{PA^2}=\frac{1}{2}$,从而 C 为 PB 中点.设$\overrightarrow{AE}=\frac{1}{\lambda}\overrightarrow{AB}$,则由式(2.2.23)可得$\overrightarrow{AD}=\frac{2}{1+\lambda}\overrightarrow{AC}$,又$\frac{AD}{CD}=\frac{1}{2}$,所以$\overrightarrow{AD}=\frac{1}{3}\overrightarrow{AC}$,从而$\frac{2}{1+\lambda}=\frac{1}{3}$,所以 $\lambda=5$,故$\overrightarrow{AE}=\frac{1}{5}\overrightarrow{AB}$,即$\frac{AE}{BE}=\frac{1}{4}$.

例 17　$\triangle ABC$ 中,$AB=AC=\sqrt{3}$,$BC=2$,E 为 AB 中点,D 为 BC 中点,$DF\perp CE$ 交 AC 于 F,求 $AF:FC$ 的

值.

解 如图 6.2.17 所示,设 $\boldsymbol{a}=\overrightarrow{DC}$和与$\overrightarrow{DA}$同向的单位向量 $\boldsymbol{b}$ 为一组基向量,得$\overrightarrow{DC}=(1,0)$,$\overrightarrow{DA}=(0,\sqrt{2})$,则$\overrightarrow{CE}=\overrightarrow{CB}+\frac{1}{2}\overrightarrow{BA}=(-2,0)+\frac{1}{2}(\overrightarrow{BD}+\overrightarrow{DA})=(-2,0)+\frac{1}{2}[(1,0)+(0,\sqrt{2})]=\left(-\frac{3}{2},\frac{\sqrt{2}}{2}\right)$.

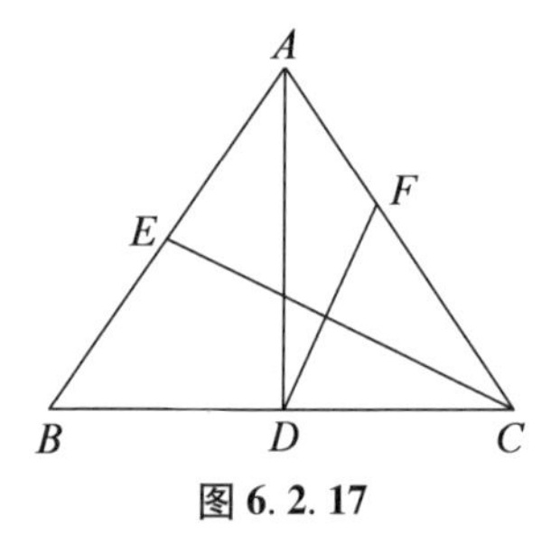

图 6.2.17

又设$\overrightarrow{CF}=\lambda\overrightarrow{CA}=\lambda(\overrightarrow{CD}+\overrightarrow{DA})=\lambda(-1,\sqrt{2})$,则$\overrightarrow{DF}=\overrightarrow{DC}+\overrightarrow{CF}=(1-\lambda,\sqrt{2}\lambda)$.

由$\overrightarrow{CE}\perp\overrightarrow{DF}$得$\overrightarrow{CE}\cdot\overrightarrow{DF}=-\frac{3}{2}(1-\lambda)+\frac{\sqrt{2}}{2}\cdot\sqrt{2}\lambda=0$,解得 $\lambda=\frac{3}{5}$.

所以 $AF:FC=2:3$.

例 18 设正 n 边形 $A_1A_2\cdots A_n$ 的圆心为 O,其半径为 R,P 为该平面内任一点,试用含 R 的式子表示 $\sum\limits_{i=1}^{n}PA_i^2$.

解 注意到,在正 n 边形中,有 $\sum\limits_{i=1}^{n}\overrightarrow{OA_i}=\mathbf{0}$,则

$$\sum_{i=1}^{n} PA_i^2 = \sum_{i=1}^{n} \overrightarrow{PA_i}^2 = \sum_{i=1}^{n} (\overrightarrow{PO}+\overrightarrow{OA_i})^2$$

$$= \sum_{i=1}^{n} \overrightarrow{PO}^2 + \sum_{i=1}^{n} \overrightarrow{OA_i}^2 + 2\overrightarrow{PO}\cdot \sum_{i=1}^{n} \overrightarrow{OA_i}$$

$$= nPO^2 + nR^2$$

为所求.

例 19　设 P 为 $\triangle ABC$ 内的一点,点 P 到 BC,CA,AB 边的垂足分别为 D,E,F,求点 P 处在什么位置时,$\frac{BC}{PD}+\frac{CA}{PE}+\frac{AB}{PF}$取得最小值?

解　设 $\triangle ABC$ 的面积为 $S_\triangle$,则

$$2S_\triangle = BC\cdot PD + CA\cdot PE + AB\cdot PF$$

构造向量

$$\boldsymbol{p}=\left(\sqrt{\frac{BC}{PD}},\sqrt{\frac{CA}{PE}},\sqrt{\frac{AB}{PF}}\right)$$

$$\boldsymbol{q}=(\sqrt{BC\cdot PD},\sqrt{CA\cdot PE},\sqrt{AB\cdot PF})$$

于是,由 $|\boldsymbol{p}|^2\cdot|\boldsymbol{q}|^2\geqslant(\boldsymbol{p}\cdot\boldsymbol{q})^2$,有

$$\left(\frac{BC}{PD}+\frac{CA}{PE}+\frac{AB}{PF}\right)(BC\cdot PD+CA\cdot PE+AB\cdot PF)$$

$$\geqslant(BC+CA+AB)^2$$

即
$$\frac{BC}{PD}+\frac{CA}{PE}+\frac{AB}{PF}\geqslant\frac{(BC+CA+AB)^2}{2S_\triangle}$$

其中等号当且仅当 $PD=PE=PF$ 时成立.

注意到 $AB+BC+CA$ 和 $S_\triangle$ 是 $\triangle ABC$ 的周长和面积,为定值. 故当 P 为 $\triangle ABC$ 的内心时,$\frac{BC}{PD}+\frac{CA}{PE}+\frac{AB}{PF}$ 取得最小值$\frac{(BC+CA+AB)^2}{2S_\triangle}$.

例 20　设 P 为 $\triangle ABC$ 内一点,求点 P 处在什么位

置时,使得 $PA^2+PB^2+PC^2$ 最小?

解法 1 由

$$PA^2+PB^2+PC^2$$
$$=\overrightarrow{PA}^2+(\overrightarrow{PA}+\overrightarrow{PB})^2+(\overrightarrow{PA}+\overrightarrow{AC})^2$$
$$=3[\overrightarrow{PA}-\frac{1}{3}(\overrightarrow{AB}+\overrightarrow{AC})]^2+\overrightarrow{AB}^2+\overrightarrow{AC}^2-\frac{1}{3}(\overrightarrow{AB}+\overrightarrow{AC})^2$$

显然,当 $\overrightarrow{PA}=\frac{1}{3}(\overrightarrow{AB}+\overrightarrow{AC})$ 时,即 P 为 $\triangle ABC$ 的重心时,$PA^2+PB^2+PC^2$ 最小.

解法 2 设 $\triangle ABC$ 的重心为 G,则

$$PA^2+PB^2+PC^2$$
$$=(\overrightarrow{PG}+\overrightarrow{GA})^2+(\overrightarrow{PG}+\overrightarrow{GB})^2+(\overrightarrow{PG}+\overrightarrow{GC})^2$$
$$=3\overrightarrow{PG}^2+2\overrightarrow{PG}\cdot(\overrightarrow{GA}+\overrightarrow{GB}+\overrightarrow{GC})+\overrightarrow{GA}^2+\overrightarrow{GB}^2+\overrightarrow{GC}^2$$
$$=3\overrightarrow{PG}^2+\overrightarrow{GA}^2+\overrightarrow{GB}^2+\overrightarrow{GC}^2$$

显然,当 P 与 G 重合时,P 为 $\triangle ABC$ 的重心时,$PA^2+PB^2+PC^2$ 最小.

例 21 (IMO 42 预选题)设 G 为 $\triangle ABC$ 的重心,在 $\triangle ABC$ 所在平面内确定点 P 的位置,使得

$$AP\cdot AG+BP\cdot BG+CP\cdot CG$$

有最小值,并用 $\triangle ABC$ 的边长表示这个最小值.

解 由

$$AP\cdot AG+BP\cdot BG+CP\cdot CG$$
$$\geqslant\overrightarrow{AP}\cdot\overrightarrow{AG}+\overrightarrow{BP}\cdot\overrightarrow{BG}+\overrightarrow{CP}\cdot\overrightarrow{CG}$$
$$=(\overrightarrow{AG}+\overrightarrow{GP})\cdot\overrightarrow{AG}+(\overrightarrow{BG}+\overrightarrow{GP})\cdot\overrightarrow{BG}+$$
$$(\overrightarrow{CG}+\overrightarrow{GP})\cdot\overrightarrow{CG}$$
$$=\overrightarrow{GP}\cdot(\overrightarrow{AG}+\overrightarrow{BG}+\overrightarrow{CG})+\overrightarrow{AG}^2+\overrightarrow{BG}^2+\overrightarrow{CG}^2$$
$$=\left[\frac{1}{3}(\overrightarrow{AB}+\overrightarrow{AC})\right]^2+\left[\frac{1}{3}(\overrightarrow{BA}+\overrightarrow{BC})\right]^2+$$

$\left[\frac{1}{3}(\overrightarrow{CA}+\overrightarrow{CB})\right]^2$

$=\frac{1}{9}[2(\overrightarrow{AB}^2+\overrightarrow{BC}^2+\overrightarrow{CA}^2)+$

$2(\overrightarrow{AB}\cdot\overrightarrow{AC}+\overrightarrow{BA}\cdot\overrightarrow{BC}+\overrightarrow{CA}\cdot\overrightarrow{CB})]$

$=\frac{2}{9}(\overrightarrow{AB}^2+\overrightarrow{BC}^2+\overrightarrow{CA}^2)+\frac{1}{9}(\overrightarrow{AB}^2+\overrightarrow{BC}^2+\overrightarrow{CA}^2)$

$=\frac{1}{3}(\overrightarrow{AB}^2+\overrightarrow{BC}^2+\overrightarrow{CA}^2)=\frac{1}{3}(AB^2+BC^2+CA^2)$

故当 P 和 G 重合时，即三对向量$\overrightarrow{AP}$与$\overrightarrow{AG}$，$\overrightarrow{BP}$与$\overrightarrow{BG}$，$\overrightarrow{CP}$与$\overrightarrow{CG}$共线时，上述不等式中等号成立，即所求点 P 的位置为其重心.

6.3　向量关系问题

例 1　（2006 年全国高中数学联赛题）已知 $\triangle ABC$，若对任意的 $t\in\mathbf{R}$，$|\overrightarrow{BA}-t\overrightarrow{BC}|\geqslant|\overrightarrow{AC}|$，则 $\triangle ABC$ 一定为（　　）.

A. 锐角三角形　　　　B. 钝角三角形

C. 直角三角形　　　　D. 不确定

解　令 $t\overrightarrow{BC}=\overrightarrow{BD}$，则点 D 在直线 BC 上，如图 6.3.1 所示，则$\overrightarrow{BA}-t\overrightarrow{BC}=\overrightarrow{BA}-\overrightarrow{BD}=\overrightarrow{DA}$.

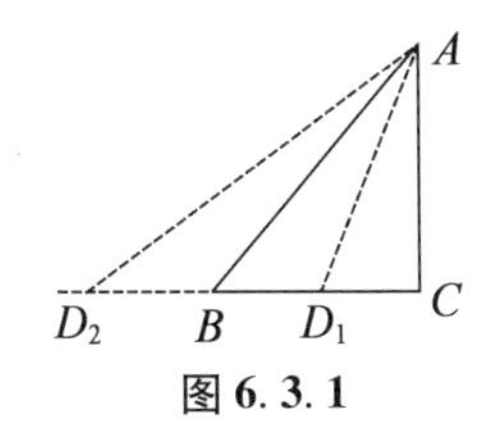

图 6.3.1

由于 $t\in\mathbf{R}$，故当 D 取遍直线 BC 上的所有点时，

都有 $|\overrightarrow{DA}|\geqslant|\overrightarrow{AC}|$.

因此,$AC\perp BC$ 于点 C,即 $\triangle ABC$ 一定为直角三角形.

故选 C.

例 2 (2005 年全国高中数学竞赛题)空间四点 A,B,C,D 满足 $|\overrightarrow{AB}|=3$, $|\overrightarrow{BC}|=7$, $|\overrightarrow{CD}|=11$, $|\overrightarrow{DA}|=9$,则 $\overrightarrow{AC}\cdot\overrightarrow{BD}$ 的取值(　　).

A. 只有一个　　B. 有两个

C. 有四个　　D. 有无穷多个

解 由

$$\begin{aligned}\overrightarrow{AC}\cdot\overrightarrow{BD}&=\overrightarrow{AC}\cdot(\overrightarrow{AD}-\overrightarrow{AB})=\overrightarrow{AC}\cdot\overrightarrow{AD}-\overrightarrow{AC}\cdot\overrightarrow{AB}\\&=\frac{|\overrightarrow{AC}|^2+|\overrightarrow{AD}|^2-|\overrightarrow{CD}|^2}{2}-\\&\quad\frac{|\overrightarrow{AC}|^2+|\overrightarrow{AB}|^2-|\overrightarrow{BC}|^2}{2}\\&=\frac{|\overrightarrow{AD}|^2-|\overrightarrow{CD}|^2-|\overrightarrow{AB}|^2+|\overrightarrow{BC}|^2}{2}\\&=\frac{9^2-11^2-3^2+7^2}{2}=0\end{aligned}$$

故选 A.

例 3 (2007 年重庆市高考卷理科题)如图 6.3.2 所示,在四边形 $ABCD$ 中,$|\overrightarrow{AB}|+|\overrightarrow{BD}|+|\overrightarrow{DC}|=4$, $|\overrightarrow{AB}|\cdot|\overrightarrow{BD}|+|\overrightarrow{BD}|\cdot|\overrightarrow{DC}|=4$, $\overrightarrow{AB}\cdot\overrightarrow{BD}=\overrightarrow{BD}\cdot\overrightarrow{DC}=0$,则 $(\overrightarrow{AB}+\overrightarrow{DC})\cdot\overrightarrow{AC}$ 的值为(　　).

A. 2　　B. $2\sqrt{2}$

C. 4　　D. $4\sqrt{2}$

解 由 $\overrightarrow{AB}\cdot\overrightarrow{BD}=\overrightarrow{BD}\cdot\overrightarrow{DC}=0$,知 $\overrightarrow{AB}/\!/\overrightarrow{DC}$. 又由

$|\overrightarrow{AB}|+|\overrightarrow{BD}|+|\overrightarrow{DC}|=4$, $|\overrightarrow{AB}|\cdot|\overrightarrow{BD}|+|\overrightarrow{BD}|\cdot|\overrightarrow{DC}|=4$,解得$|\overrightarrow{AB}|+|\overrightarrow{DC}|=|\overrightarrow{BD}|=2$.

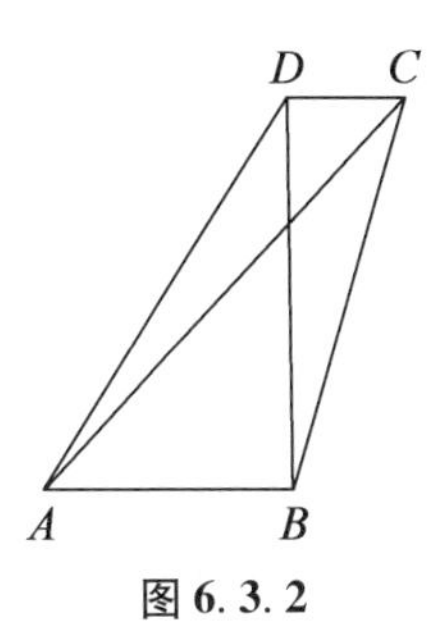

图 6.3.2

于是

$$
\begin{aligned}
&(\overrightarrow{AB}+\overrightarrow{DC})\cdot\overrightarrow{AC}\\
&=(\overrightarrow{AB}+\overrightarrow{DC})\cdot(\overrightarrow{AB}+\overrightarrow{BD}+\overrightarrow{DC})\\
&=\overrightarrow{AB}^2+\overrightarrow{AB}\cdot\overrightarrow{BD}+\overrightarrow{AB}\cdot\overrightarrow{DC}+\overrightarrow{DC}\cdot\overrightarrow{AB}+\\
&\quad\overrightarrow{DC}\cdot\overrightarrow{BD}+\overrightarrow{DC}^2\\
&=\overrightarrow{AB}^2+2\overrightarrow{AB}\cdot\overrightarrow{DC}+\overrightarrow{DC}^2\\
&=|\overrightarrow{AB}|^2+2|\overrightarrow{AB}|\cdot|\overrightarrow{DC}|+|\overrightarrow{DC}|^2\\
&=(|\overrightarrow{AB}|+|\overrightarrow{DC}|)^2=4
\end{aligned}
$$

故选 C.

例 4　(2004 全国高中数学联赛题)如图 6.3.3 所示,O 在$\triangle ABC$ 内部,且有$\overrightarrow{OA}+2\overrightarrow{OB}+3\overrightarrow{OC}=\mathbf{0}$,则$\triangle ABC$ 的面积与$\triangle AOC$ 的面积比为(　　).

A. 2　　　　B. $\frac{3}{2}$

C. 3　　　　D. $\frac{5}{3}$

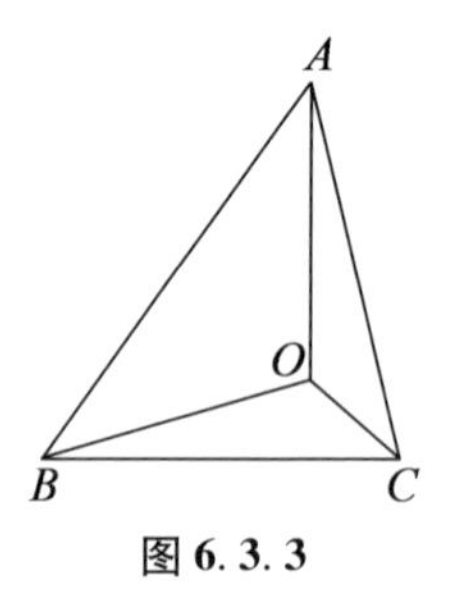

图 6.3.3

解法1　设 D,E 分别是 AC,BC 的中点，则 $\overrightarrow{OA}+\overrightarrow{OC}=2\overrightarrow{OD},2(\overrightarrow{OB}+\overrightarrow{OC})=4\overrightarrow{OE}$. 所以 $2(\overrightarrow{OD}+2\overrightarrow{OE})=\mathbf{0}$. 即有 $|\overrightarrow{OD}|=2|\overrightarrow{OE}|$，从而 $\dfrac{S_{\triangle AEC}}{S_{\triangle AOC}}=\dfrac{3}{2}$，从而 $\dfrac{S_{\triangle ABC}}{S_{\triangle AOC}}=\dfrac{3\times 2}{2}=3$.

故选 C.

解法2　设 $\boldsymbol{e}$ 为 AC 的单位法向量，作 $BD\perp AC$ 于点 $D,OE\perp AC$ 于点 E，如图 6.3.4 所示，则

$$\begin{aligned}DB&=\overrightarrow{AB}\cdot\boldsymbol{e}=(\overrightarrow{AO}+\overrightarrow{OB})\cdot\boldsymbol{e}\\&=\left(\overrightarrow{AO}+\frac{\overrightarrow{AO}+3\overrightarrow{CO}}{2}\right)\cdot\boldsymbol{e}\\&=EO+\frac{EO+3EO}{2}=3EO\end{aligned}$$

所以，$S_{\triangle ABC}:S_{\triangle AOC}=3:1$.

故选 C.

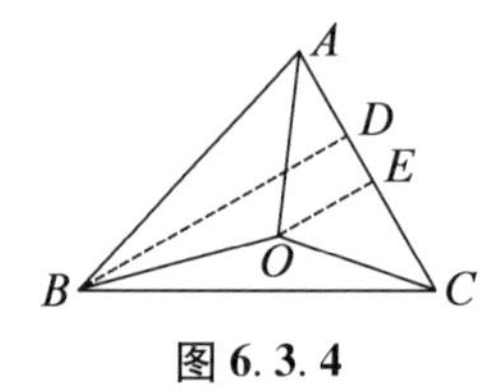

图 6.3.4

解法3　延长 BO 交 AC 于 B'，$\dfrac{S_{\triangle ABC}}{S_{\triangle AOC}}=\dfrac{|\overrightarrow{BB'}|}{|\overrightarrow{OB'}|}$，问题转化为求$\dfrac{|\overrightarrow{BB'}|}{|\overrightarrow{OB'}|}$. 设$\overrightarrow{OB'}=\lambda\overrightarrow{BO}$，所以$\overrightarrow{OB'}=\lambda(\dfrac{1}{2}\overrightarrow{OA}+\dfrac{3}{2}\overrightarrow{OC})$. 由 A,B',C 三点共线得$\dfrac{1}{2}\lambda+\dfrac{3}{2}\lambda=1$，即 $\lambda=\dfrac{1}{2}$. 所以$\dfrac{|\overrightarrow{BB'}|}{|\overrightarrow{OB'}|}=\dfrac{3}{1}$.

故选 C.

例5　（2005 年高考全国 Ⅰ 卷理科题）$\triangle ABC$ 的外接圆的圆心为 O，两条边上的高的交点为 H，$\overrightarrow{OH}=m(\overrightarrow{OA}+\overrightarrow{OB}+\overrightarrow{OC})$，则实数 $m=$________.

解　如图 6.3.5 所示，取 BC 边中点 D，则有

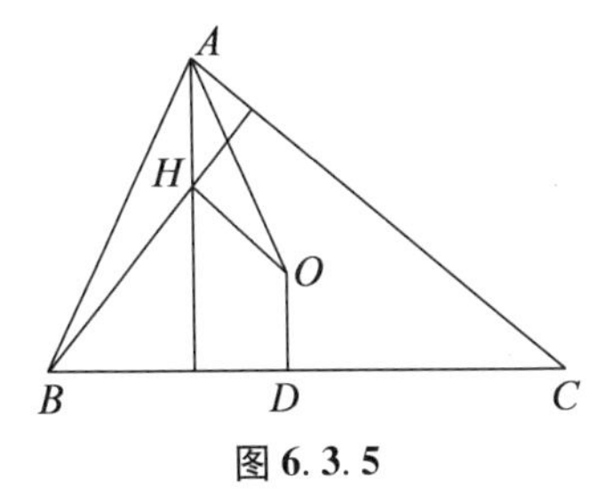

图 6.3.5

$$\begin{cases}\overrightarrow{OH}=\overrightarrow{OA}+\overrightarrow{AH}\\ \overrightarrow{OH}=m(\overrightarrow{OA}+\overrightarrow{OB}+\overrightarrow{OC})=m\,\overrightarrow{OA}+2m\,\overrightarrow{OD}\end{cases}$$

$$\Rightarrow\overrightarrow{OA}+\overrightarrow{AH}=m\,\overrightarrow{OA}+2m\,\overrightarrow{OD}$$

则$\overrightarrow{OA}=m\,\overrightarrow{OA}$，$\overrightarrow{AH}=2m\,\overrightarrow{OD}$.

故 $m=1$.

例6　（2008 年第 19 届“希望杯”全国数学邀请

赛试题)如图 6.3.6 所示,已知$\triangle ABC$中,$\angle BAC=90^{\circ}$,$BC=a$,动线段PQ的长度为a,PQ的中点是A,当线段PQ绕点A任意旋转时,$\overrightarrow{BP}\cdot\overrightarrow{CQ}$的最大值为________.

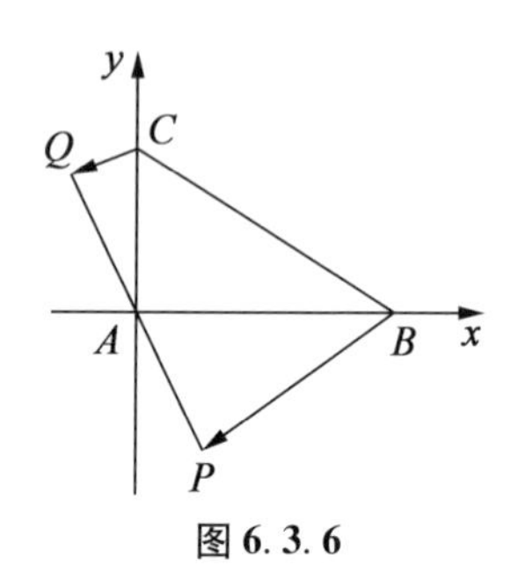

图 6.3.6

解

$$\begin{aligned}\overrightarrow{BP}\cdot\overrightarrow{CQ}&=(\overrightarrow{BA}+\overrightarrow{AP})\cdot(\overrightarrow{CA}+\overrightarrow{AQ})\\&=\overrightarrow{BA}\cdot\overrightarrow{CA}+\overrightarrow{BA}\cdot\overrightarrow{AQ}+\overrightarrow{AP}\cdot\overrightarrow{CA}+\overrightarrow{AP}\cdot\overrightarrow{AQ}\\&=\overrightarrow{BA}\cdot(-\overrightarrow{AP})+\overrightarrow{AP}\cdot\overrightarrow{CA}-|\overrightarrow{AP}|^2\\&=-|\overrightarrow{AP}|^2+\overrightarrow{AP}(-\overrightarrow{BA}+\overrightarrow{CA})\\&=-\left(\frac{a}{2}\right)^2+\frac{1}{2}\overrightarrow{PQ}\cdot\overrightarrow{BC}\\&=-\frac{a^2}{4}+\frac{a^2}{2}\cos\langle\overrightarrow{PQ},\overrightarrow{BC}\rangle\end{aligned}$$

易知当$\cos\langle\overrightarrow{PQ},\overrightarrow{BC}\rangle=1$,即$\langle\overrightarrow{PQ},\overrightarrow{BC}\rangle=0$时,$\overrightarrow{BP}\cdot\overrightarrow{CQ}$取最大值$\frac{a^2}{4}$.

例 7 (2012 年高考上海卷理科题)在平行四边形$ABCD$中,$\angle A=\frac{\pi}{3}$,边AB,AD的长分别为 2,1. 若

M,N 分别是边 BC,CD 上的点,且满足$\frac{|\overrightarrow{BM}|}{|\overrightarrow{BC}|}=\frac{|\overrightarrow{CN}|}{|\overrightarrow{CD}|}$,则$\overrightarrow{AM},\overrightarrow{AN}$的取值范围是________.

解　联结 MN,设$\frac{|\overrightarrow{BM}|}{|\overrightarrow{BC}|}=\frac{|\overrightarrow{CN}|}{|\overrightarrow{CD}|}=t\in[0,1]$,则$|\overrightarrow{BM}|=t,|\overrightarrow{CN}|=2t,|\overrightarrow{CM}|=1-t,|\overrightarrow{DN}|=2-2t$,由余弦定理得

$$|\overrightarrow{AM}|^2=|\overrightarrow{AB}|^2+|\overrightarrow{BM}|^2-2|\overrightarrow{AB}||\overrightarrow{BM}|\cos\frac{2\pi}{3}$$
$$=t^2+2t+4$$
$$|\overrightarrow{AN}|^2=|\overrightarrow{AD}|^2+|\overrightarrow{DN}|^2-2|\overrightarrow{AD}||\overrightarrow{DN}|\cos\frac{2\pi}{3}$$
$$=4t^2-10t+7$$
$$|\overrightarrow{MN}|^2=|\overrightarrow{CM}|^2+|\overrightarrow{CN}|^2-2|\overrightarrow{CM}||\overrightarrow{CN}|\cos\frac{\pi}{3}$$
$$=7t^2-4t+1$$

于是

$$\overrightarrow{AM}\cdot\overrightarrow{AN}=\frac{|\overrightarrow{AM}|^2+|\overrightarrow{AN}|^2-|\overrightarrow{MN}|^2}{2}$$
$$=\frac{(t^2+2t+4)+(4t^2-10t+7)-(7t^2-4t+1)}{2}$$
$$=-t^2-2t+5=-(t+1)^2+6,t\in[0,1]$$

故$\overrightarrow{AM}\cdot\overrightarrow{AN}\in[2,5]$.

例 8　(2008 年全国数学联赛山东省预赛题)如图 6.3.7 所示,已知四边形 $ABCD$ 中,$AC=l_1,BD=l_2$,则$(\overrightarrow{AB}+\overrightarrow{DC})\cdot(\overrightarrow{BC}+\overrightarrow{AD})=$________.

解法 1　如图,设 E,F,G,H 分别是 AB,BC,CD,

DA 的中点,由$\overrightarrow{EG}=\overrightarrow{EB}+\overrightarrow{BC}+\overrightarrow{CG}$,$\overrightarrow{EG}=\overrightarrow{EA}+\overrightarrow{AD}+\overrightarrow{DG}$,有 $2\overrightarrow{EG}=\overrightarrow{BC}+\overrightarrow{AD}$. 同理 $2\overrightarrow{HF}=\overrightarrow{AB}+\overrightarrow{DC}$.

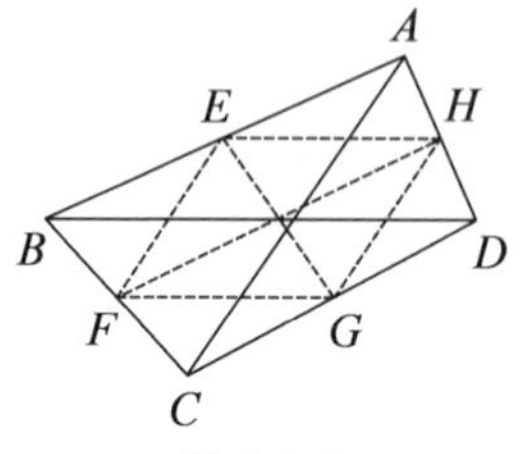

图 6.3.7

又因$\overrightarrow{EG}=\overrightarrow{EF}+\overrightarrow{EH}$,$\overrightarrow{HF}=\overrightarrow{HE}+\overrightarrow{HG}$,则

$$
\begin{aligned}
&(\overrightarrow{AB}+\overrightarrow{DC})\cdot(\overrightarrow{BC}+\overrightarrow{AD})\\
=&4\overrightarrow{EG}\cdot\overrightarrow{HF}\\
=&4(\overrightarrow{EF}+\overrightarrow{EH})\cdot(\overrightarrow{HE}+\overrightarrow{HG})\\
=&4(|\overrightarrow{EF}|^2-|\overrightarrow{EH}|^2+\overrightarrow{EH}\cdot\overrightarrow{HG}+\overrightarrow{EF}\cdot\overrightarrow{HE})\\
=&l_1^2-l_2^2
\end{aligned}
$$

解法 2 由

$$
\begin{aligned}
&(\overrightarrow{AB}+\overrightarrow{DC})\cdot(\overrightarrow{AD}+\overrightarrow{BC})\\
=&\overrightarrow{AB}\cdot\overrightarrow{AD}+\overrightarrow{AB}\cdot\overrightarrow{BC}+\overrightarrow{DC}\cdot\overrightarrow{AD}+\overrightarrow{DC}\cdot\overrightarrow{BC}\\
=&\overrightarrow{AB}\cdot\overrightarrow{AD}-\overrightarrow{BA}\cdot\overrightarrow{BC}-\overrightarrow{DC}\cdot\overrightarrow{DA}+\overrightarrow{DC}\cdot\overrightarrow{BC}\\
=&|\overrightarrow{AB}|\cdot|\overrightarrow{AD}|\cdot\cos\angle BAD-|\overrightarrow{BA}|\cdot|\overrightarrow{BC}|\cdot\\
&\cos\angle ABC-|\overrightarrow{DC}|\cdot|\overrightarrow{DA}|\cdot\cos\angle CDA+|\overrightarrow{CD}|\cdot|\overrightarrow{CB}|\cdot\\
&\cos\angle DCB\\
=&\frac{|\overrightarrow{AB}|^2+|\overrightarrow{AD}|^2-|\overrightarrow{BD}|^2}{2}-\frac{|\overrightarrow{BA}|^2+|\overrightarrow{BC}|^2-|\overrightarrow{AC}|^2}{2}-\\
&\frac{|\overrightarrow{DC}|^2+|\overrightarrow{DA}|^2-|\overrightarrow{AC}|^2}{2}+\frac{|\overrightarrow{CD}|^2+|\overrightarrow{CB}|^2-|\overrightarrow{BD}|^2}{2}
\end{aligned}
$$

$= |\overrightarrow{AC}|^2 - |\overrightarrow{BD}|^2 = l_1^2 - l_2^2$

解法 3 由

$$
\begin{aligned}
&(\overrightarrow{AB}+\overrightarrow{DC})\cdot(\overrightarrow{BC}+\overrightarrow{AD})\\
=&(\overrightarrow{AC}+\overrightarrow{CB}+\overrightarrow{DB}+\overrightarrow{BC})\cdot(\overrightarrow{BD}+\overrightarrow{DC}+\overrightarrow{AC}+\overrightarrow{CD})\\
=&(\overrightarrow{AC}+\overrightarrow{DB})\cdot(\overrightarrow{BD}+\overrightarrow{AC})\\
=&(\overrightarrow{AC}-\overrightarrow{BD})\cdot(\overrightarrow{BD}+\overrightarrow{AC})\\
=&\overrightarrow{AC}^2-\overrightarrow{BD}^2=l_1^2-l_2^2
\end{aligned}
$$

例 9 (2002 全国联赛山东赛区题)在$\triangle ABC$内任取一点O,用S_A,S_B,S_C分别表示$\triangle BOC,\triangle COA,\triangle AOB$的面积,证明:$S_A\overrightarrow{OA}+S_B\overrightarrow{OB}+S_C\overrightarrow{OC}=\mathbf{0}$.

证法 1 由式(2.3.9)即证.

证法 2 如图 6.3.8 所示,延长AO交BC于点A',由B,A',C三点共线,知存在$\lambda\in\mathbf{R}$,使得$\overrightarrow{OA'}=(1-\lambda)\overrightarrow{OB}+\lambda\overrightarrow{OC}$,即$\overrightarrow{BA'}=\lambda\overrightarrow{BC}$.

又$\dfrac{|\overrightarrow{BA'}|}{|\overrightarrow{A'C}|}=\dfrac{S_C}{S_B}$,所以$\lambda=\dfrac{|\overrightarrow{BA'}|}{|\overrightarrow{BC}|}=\dfrac{S_C}{S_B+S_C}$.从而$\overrightarrow{OA'}=\dfrac{S_B}{S_B+S_C}\overrightarrow{OB}+\dfrac{S_C}{S_B+S_C}\overrightarrow{OC}$.设$AA'$与$BC$的夹角为$\alpha$,则

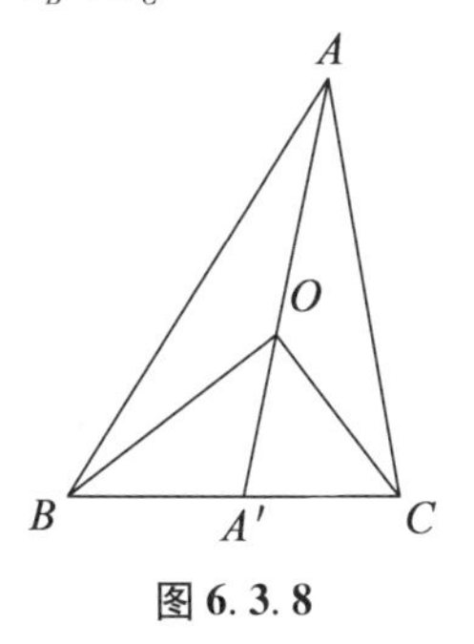

图 6.3.8

$$\frac{S_{ABOC}}{S_A}=\frac{\frac{1}{2}|\overrightarrow{AO}||\overrightarrow{BC}|\sin\alpha}{\frac{1}{2}|\overrightarrow{OA'}||\overrightarrow{BC}|\sin\alpha}=\frac{|\overrightarrow{AO}|}{|\overrightarrow{OA'}|}=\frac{S_B+S_C}{S_A}$$

所以

$$\overrightarrow{OA}=-\frac{S_B+S_C}{S_A}\overrightarrow{OA'}=-\frac{S_B}{S_A}\overrightarrow{OB}-\frac{S_C}{S_A}\overrightarrow{OC}$$

即 $S_A\overrightarrow{OA}+S_B\overrightarrow{OB}+S_C\overrightarrow{OC}=\mathbf{0}$.

例 10 (2005 年上海春季高考题)在定 $\triangle ABC$ 中, $BC=a, CA=b, AB=c$, 若 M 是 $\triangle ABC$ 内切圆上任一点,试判断 $a\overrightarrow{MA}^2+b\overrightarrow{MB}^2+c\overrightarrow{MC}^2$ 是否为定值. 为什么?

解 设 $\triangle ABC$ 内切圆的圆心为 I, 半径为 r, 则

$$\begin{aligned}&a\overrightarrow{MA}^2+b\overrightarrow{MB}^2+c\overrightarrow{MC}^2\\&=a(\overrightarrow{MI}+\overrightarrow{IA})^2+b(\overrightarrow{MI}+\overrightarrow{IB})^2+c(\overrightarrow{MI}+\overrightarrow{IC})^2\\&=(a+b+c)\overrightarrow{MI}^2+a\overrightarrow{IA}^2+b\overrightarrow{IB}^2+c\overrightarrow{IC}^2+\\&\quad 2\overrightarrow{MI}\cdot(a\overrightarrow{IA}+b\overrightarrow{IB}+c\overrightarrow{IC})\\&=(a+b+c)r^2+a\overrightarrow{IA}^2+b\overrightarrow{IB}^2+c\overrightarrow{IC}^2 \qquad (*)\end{aligned}$$

在定 $\triangle ABC$ 中, a,b,c,r,IA,IB,IC 均为确定的值,式(*)的值与点 M 的位置无关,因此,不论 M 在内切圆上的什么位置都有 $a\overrightarrow{MA}^2+b\overrightarrow{MB}^2+c\overrightarrow{MC}^2$ 为定值.

例 11 在面积为 1 的 $\triangle ABC$ 中,求 $\overrightarrow{AB}\cdot\overrightarrow{AC}+\overrightarrow{BC}^2$ 的最小值. ①

① 王磊. 一道教师基本功竞赛类测试题的解法探究[J]. 中学数学研究,2013(1):42-43.

解法1　如图6.3.9所示,取BC的中点D,连AD,于是

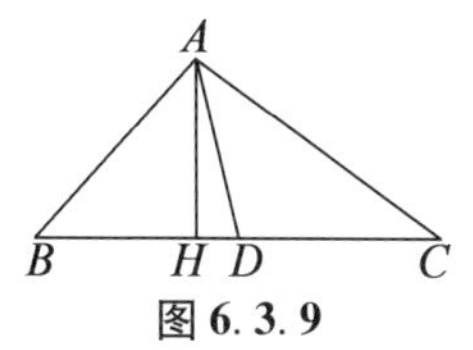

图6.3.9

$$
\begin{aligned}
&\overrightarrow{AB}\cdot\overrightarrow{AC}+\overrightarrow{BC}^2\\
=&(\overrightarrow{AD}+\overrightarrow{DB})\cdot(\overrightarrow{AD}+\overrightarrow{DC})+\overrightarrow{BC}^2\\
=&\overrightarrow{AD}^2+\overrightarrow{AD}\cdot(\overrightarrow{DB}+\overrightarrow{DC})+\overrightarrow{DB}\cdot\overrightarrow{DC}+\overrightarrow{BC}^2\\
=&\overrightarrow{AD}^2+\frac{3}{4}\overrightarrow{BC}^2
\end{aligned}
$$

$$\overrightarrow{AB}\cdot\overrightarrow{AC}+\overrightarrow{BC}^2=AD^2+\frac{3}{4}BC^2\geqslant\sqrt{3}AD\cdot BC$$

当$AD=\frac{\sqrt{3}}{2}BC$时,等号成立.

又在$\triangle ABC$中,中线AD应不小于高AH,故$\sqrt{3}AD\cdot BC\geqslant2\sqrt{3}$(当中线$AD$为高时即$AB=AC$,等号成立).

综合以上两次等号成立的条件可知:当$\triangle ABC$为正三角形时,$\overrightarrow{AB}\cdot\overrightarrow{AC}+\overrightarrow{BC}^2$取最小值$2\sqrt{3}$.

解法2　如图6.3.9所示,作BC边上的高AH,垂足为H,连AH,于是

$$
\begin{aligned}
&\overrightarrow{AB}\cdot\overrightarrow{AC}+\overrightarrow{BC}^2\\
=&(\overrightarrow{AH}+\overrightarrow{HB})\cdot(\overrightarrow{AH}+\overrightarrow{HC})+\overrightarrow{BC}^2\\
=&\overrightarrow{AH}^2+\overrightarrow{AH}\cdot(\overrightarrow{HB}+\overrightarrow{HC})+\overrightarrow{HB}\cdot\overrightarrow{HC}+\overrightarrow{BC}^2\\
=&h^2-HB\cdot HC+a^2\geqslant a^2+h^2-\frac{(HB+HC)^2}{4}
\end{aligned}
$$

$$=\frac{3}{4}a^2+h^2\geqslant\sqrt{3}\,ah=2\sqrt{3}$$

因前一个等号成立的条件是 $HB=HC$，后一个等号成立的条件是 $h=\frac{\sqrt{3}}{2}a$，故其结论同解法 1.

解法 3　以点 B 为原点，BC 为 x 轴，建立如图 6.3.10的坐标系，设 $C(m,0)\ (m>0)$，由 $S_{\triangle ABC}=1$，则 $y_A=\frac{2}{m}$，故可设 $A(n,\frac{2}{m})$，$n\in\mathbf{R}$，从而$\overrightarrow{AB}=(-n,-\frac{2}{m})$，$\overrightarrow{AC}=(m-n,-\frac{2}{m})$，$\overrightarrow{BC}=(m,0)$，则$\overrightarrow{AB}\cdot\overrightarrow{AC}+\overrightarrow{BC}^2=-mn+n^2+\frac{4}{m^2}+m^2\geqslant-\frac{m^2}{4}+\frac{4}{m^2}+m^2=\frac{3}{4}m^2+\frac{4}{m^2}$（关于 n 的二次函数 $f(n)=n^2-m\cdot n$，当 $n=\frac{m}{2}$时，等号成立），再由$\frac{3}{4}m^2+\frac{4}{m^2}\geqslant2\sqrt{3}$（当$\frac{3}{4}m^2=\frac{4}{m^2}$时，即 $m^2=\frac{4}{\sqrt{3}}$，等号成立）可知，当$\triangle ABC$ 为正三角形，其边长为$\sqrt{\frac{4}{\sqrt{3}}}$时，$\overrightarrow{AB}\cdot\overrightarrow{AC}+\overrightarrow{BC}^2$的最小值为 $2\sqrt{3}$.

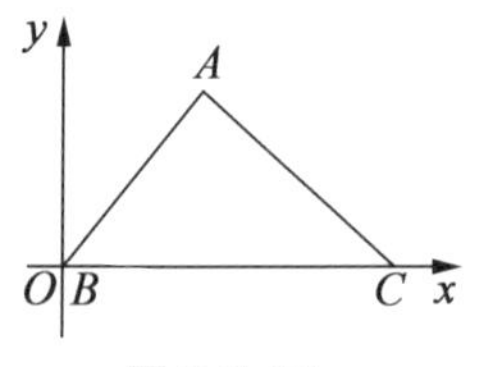

图 6.3.10

解法 4　由 $S_{\triangle ABC}=1$，得 $bc\sin A=2$，有 $bc=\frac{2}{\sin A}$，则$\overrightarrow{AB}\cdot\overrightarrow{AC}+\overrightarrow{BC}^2=bc\cos A+a^2=b^2+c^2-bc\cos A\geqslant$

$2bc-bc\cos A=\dfrac{2}{\sin A}(2-\cos A)$（当 $b=c$ 时，等号成立），令 $\dfrac{2-\cos A}{\sin A}=k>0$，则 $k\sin A+\cos A=2$，即 $\sqrt{k^2+1}\geqslant 2$，故 $k\geqslant\sqrt{3}$，当 $k=\sqrt{3}$ 时，由 $\sqrt{3}\sin A+\cos A=2$，解得 $A=\dfrac{\pi}{3}$，因此当 $\triangle ABC$ 为正三角形时，$\overrightarrow{AB}\cdot\overrightarrow{AC}+\overrightarrow{BC}^2$ 取最小值 $2\sqrt{3}$.

解法 5　由 $S_{\triangle ABC}=1$，得 $bc\sin A=2$，则 $\sin A=\dfrac{2}{bc}$，即 $\cos A=\pm\sqrt{1-\dfrac{4}{b^2c^2}}$，故 $\overrightarrow{AB}\cdot\overrightarrow{AC}+\overrightarrow{BC}^2=b^2+c^2-bc\cos A=b^2+c^2\pm bc\sqrt{1-\dfrac{4}{b^2c^2}}\geqslant 2bc\pm\sqrt{b^2c^2-4}$（当 $b=c$ 时，等号成立），令 $bc=x$（显然 $x\geqslant 2$），则 $y=2bc+\sqrt{b^2c^2-4}=2x+\sqrt{x^2-4}\geqslant 4$，而 $y=2bc-\sqrt{b^2c^2-4}=2x-\sqrt{x^2-4}$，则 $2x-y=\sqrt{x^2-4}$，整理得 $3x^2-4xy+y^2-4=0$，由 $\Delta\geqslant 0$，得 $y^2\geqslant 12$，又 $y=2x-\sqrt{x^2-4}=\dfrac{3x^2+4}{2x+\sqrt{x^2-4}}>0$，即 $y\geqslant 2\sqrt{3}$，故 $\overrightarrow{AB}\cdot\overrightarrow{AC}+\overrightarrow{BC}^2$ 的最小值为 $2\sqrt{3}$.

解法 6　$\overrightarrow{AB}\cdot\overrightarrow{AC}+\overrightarrow{BC}^2=bc\cos A+a^2=bc\cdot\dfrac{b^2+c^2-a^2}{2bc}+a^2=\dfrac{1}{2}(a^2+b^2+c^2)\geqslant\dfrac{1}{2}\cdot 4\sqrt{3}S_{\triangle ABC}=2\sqrt{3}$（外森比克不等式），当 $a=b=c$ 时等号成立，即 $\triangle ABC$ 为正三角形时，$\overrightarrow{AB}\cdot\overrightarrow{AC}+\overrightarrow{BC}^2$ 取最小值 $2\sqrt{3}$.

例 12　在平行四边形 $ABCD$ 中，E 是边 CD 上的点，F 是边 BC 上的点，且 $\dfrac{DE}{EC}=\dfrac{m}{n}$，$\dfrac{BF}{FC}=\dfrac{p}{q}$，$\overrightarrow{AC}=$

$\lambda\overrightarrow{AE}+\mu\overrightarrow{AF}$,其中 $\lambda,\mu\in\mathbf{R}$,求 $\lambda+\mu$ 的值.

解 由于

$$\overrightarrow{AC}=\overrightarrow{AB}+\overrightarrow{BC}=\overrightarrow{DC}+\overrightarrow{BC}=\frac{m+n}{m}\overrightarrow{DE}+\frac{p+q}{p}\overrightarrow{BF}$$
$$=\frac{m+n}{m}(\overrightarrow{AE}-\overrightarrow{BC})+\frac{p+q}{p}(\overrightarrow{AF}-\overrightarrow{AB})$$
$$=\frac{m+n}{m}\overrightarrow{AE}+\frac{p+q}{p}\overrightarrow{AF}-\frac{m+n}{m}\overrightarrow{AD}-\frac{p+q}{p}\overrightarrow{AB}$$

所以

$$\overrightarrow{AC}+\frac{m+n}{m}\overrightarrow{AD}+\frac{p+q}{p}\overrightarrow{AB}=\frac{m+n}{m}\overrightarrow{AE}+\frac{p+q}{p}\overrightarrow{AF}$$

又

$$\overrightarrow{AC}=\lambda\overrightarrow{AE}+\mu\overrightarrow{AF}$$
$$=\lambda\left(\overrightarrow{AD}+\frac{m}{m+n}\overrightarrow{AB}\right)+\mu\left(\overrightarrow{AB}+\frac{p}{p+q}\overrightarrow{AD}\right)$$
$$=\left(\lambda+\frac{p\mu}{p+q}\right)\overrightarrow{AD}+\left(\mu+\frac{m\lambda}{m+n}\right)\overrightarrow{AB}$$

所以

$$\left(\lambda+\frac{p\mu}{p+q}+\frac{m+n}{m}\right)\overrightarrow{AD}+\left(\mu+\frac{m\lambda}{m+n}+\frac{p+q}{p}\right)\overrightarrow{AB}$$
$$=\left(\frac{m+n}{m}+1\right)\overrightarrow{AD}+\left(\frac{p+q}{p}+1\right)\overrightarrow{AB}$$

所以

$$\begin{cases}\lambda+\dfrac{p\mu}{p+q}+\dfrac{m+n}{m}=\dfrac{m+n}{m}+1\\ \mu+\dfrac{m\lambda}{m+n}+\dfrac{p+q}{p}=\dfrac{p+q}{p}+1\end{cases}$$

$$\Rightarrow\begin{cases}\lambda=\dfrac{qm+qn}{pn+q(m+n)}\\ \mu=\dfrac{pn+qn}{q(m+n)+pn}\end{cases}$$

$$\Rightarrow \lambda+\mu=\frac{pn+qm+2qn}{pn+q(m+n)}$$

故 $\lambda+\mu=\dfrac{pn+qm+2qn}{pn+q(m+n)}$为所求.

例 13　(2007 年全国高中联赛题)在$\triangle ABC$和$\triangle AEF$中,B是EF的中点,$AB=EF=1$,$BC=6$,$CA=\sqrt{33}$,若$\overrightarrow{AB}\cdot\overrightarrow{AE}+\overrightarrow{AC}\cdot\overrightarrow{AF}=2$,则$\overrightarrow{EF}$与$\overrightarrow{BC}$的夹角的余弦值等于________.

解　因为$\overrightarrow{AB}\cdot\overrightarrow{AE}+\overrightarrow{AC}\cdot\overrightarrow{AF}=2$,所以,$\overrightarrow{AB}\cdot(\overrightarrow{AB}+\overrightarrow{BE})+\overrightarrow{AC}\cdot(\overrightarrow{AB}+\overrightarrow{BF})=2$,即

$$\overrightarrow{AB}^2+\overrightarrow{AB}\cdot\overrightarrow{BE}+\overrightarrow{AC}\cdot\overrightarrow{AB}+\overrightarrow{AC}\cdot\overrightarrow{BF}=2$$

因为$\overrightarrow{AB}^2=1$,$\overrightarrow{AC}\cdot\overrightarrow{AB}=\sqrt{33}\times 1\times\dfrac{33+1-36}{2\times\sqrt{33}\times 1}=-1$,$\overrightarrow{BE}=-\overrightarrow{BF}$,所以

$$1+\overrightarrow{BF}\cdot(\overrightarrow{AC}-\overrightarrow{AB})-1=2$$

即

$$\overrightarrow{BF}\cdot\overrightarrow{BC}=2$$

设$\overrightarrow{EF}$与$\overrightarrow{BC}$的夹角为θ,则有$|\overrightarrow{BF}|\cdot|\overrightarrow{BC}|\cdot\cos\theta=2$,即$3\cos\theta=2$.

所以$\cos\theta=\dfrac{2}{3}$.

例 14　(2003~2004 年度爱沙尼亚国家竞赛题)从顶点A,B,C分别作$\triangle ABC$的三条高线,垂足分别为K,L,M. 证明:$\overrightarrow{AK}+\overrightarrow{BL}+\overrightarrow{CM}=\mathbf{0}$的充分必要条件是$\triangle ABC$是正三角形.

证明　充分性:若$\triangle ABC$是正三角形,由于$\overrightarrow{AK}$,$\overrightarrow{BL}$,$\overrightarrow{CM}$的模相等,且两两夹角为 $120°$,从而$\overrightarrow{AK}+\overrightarrow{BL}+$

$\overrightarrow{CM}=\mathbf{0}$.

必要性：若$\overrightarrow{AK}+\overrightarrow{BL}+\overrightarrow{CM}=\mathbf{0}$，设 a,b,c 分别是边 BC,CA,AB 的长，$S_{\triangle}$ 为$\triangle ABC$ 的面积，则

$$|\overrightarrow{AK}|=\frac{2S_{\triangle}}{a},|\overrightarrow{BL}|=\frac{2S_{\triangle}}{b},|\overrightarrow{CM}|=\frac{2S}{c}$$

将$\overrightarrow{AK},\overrightarrow{BL},\overrightarrow{CM}$逆时针旋转 $90°$，它们变为与三角形的对应边平行的向量. 可将它们一个接一个地画出来，使得每个向量的起始点是前面一个向量的终点，这是因为这三个向量的和为 $\mathbf{0}$. 因此，这个三角形与$\triangle ABC$ 相似. 设 k 是相似比，于是有

$$|\overrightarrow{AK}|=ka,|\overrightarrow{BL}|=kb,|\overrightarrow{CM}|=kc$$

所以$\frac{2S_{\triangle}}{a}=|\overrightarrow{AK}|=ka$，即 $a=\sqrt{\frac{2S_{\triangle}}{k}}$.

类似地，可得 $b=c=\sqrt{\frac{2S_{\triangle}}{k}}$.

故$\triangle ABC$ 为等边三角形.

例 15 （2003 年罗马尼亚数学奥林匹克题）平面上不含零向量的集合 A，若其至少有三个元素，且对任意$\boldsymbol{\mu}\in A$，存在 $\boldsymbol{\nu},\boldsymbol{\omega}\in A$，使得 $\boldsymbol{\nu}\neq\boldsymbol{\omega},\boldsymbol{\mu}=\boldsymbol{\nu}+\boldsymbol{\omega}$，则称 A 具有性质 S. 证明：(1) 对任意 $n\geqslant 6$，存在具有性质 S 的向量集；(2) 具有性质 S 的有限向量集合都至少有 6 个元素.

证明 (1) 对 $n(n\geqslant 6)$ 进行归纳.

当 $n=6$ 时，考虑$\triangle ABC$ 及$\overrightarrow{AB},\overrightarrow{BC},\overrightarrow{CA},\overrightarrow{BA},\overrightarrow{CB},\overrightarrow{AC}$.

对于具有性质 S 的 n 元集合 A，设其非零向量为 $\boldsymbol{v}_1,\boldsymbol{v}_2,\cdots,\boldsymbol{v}_n$. 设$\boldsymbol{v}_i,\boldsymbol{v}_j$是 A 的两个不同向量，$\boldsymbol{v}_i$与$\boldsymbol{v}_j$的夹

角是 A 中各向量之间的最小角. 则 $(\boldsymbol{v}_i+\boldsymbol{v}_j)\notin A$,否则与最小性矛盾.

因此,$A\cup\{\boldsymbol{v}_i+\boldsymbol{v}_j\}$ 有 $n+1$ 个元素,且满足性质 S.

(2)考虑一个均以 O 为始点且具有性质 S 的向量集合 $A=\{\overrightarrow{OX_1},\overrightarrow{OX_2},\cdots,\overrightarrow{OX_n}\}$,若 $\boldsymbol{u}$ 与 $\boldsymbol{v}$ 不平行,且使得 $\boldsymbol{u}$ 或 $\boldsymbol{v}$ 平行于 A 中的一个向量或$\overrightarrow{X_iX_j}(i\neq j)$ 中的一个向量.

记$\overrightarrow{OX_i}=a_i\boldsymbol{u}+b_i\boldsymbol{v}$,对向量$\overrightarrow{OX_i}$分解,$i=1,2,\cdots,n$. 实数集合 $M=\{a_1,a_2,\cdots,a_n\}$ 具有类似于 S 的性质. 设 M 中的最大数为 a. 显然 $a>0$,存在 $b,c>0$,使得 $a=b+c,b\neq c$. 否则,a 不是 M 中的最大元素.

同理,对于 M 中的最小元素 a',存在 $b',c'\in M$,且 $b',c'<0,b'\neq c'$,使得 $a'=b'+c'$. 由此得出 M 中至少有 6 个不同元素.

例 16　(2007 年泰国数学奥林匹克题)设 A,B,C 为同一圆上的三个不同的点,G,H 分别为 $\triangle ABC$ 的重心、垂心. 若 F 为线段 GH 的中点,求 $|\overrightarrow{AF}|^2+|\overrightarrow{BF}|^2+|\overrightarrow{CF}|^2$ 的值.

解　设圆的半径为 R,以圆心 O 为原点建立直角坐标系,则

$$\overrightarrow{OH}=\overrightarrow{OA}+\overrightarrow{OB}+\overrightarrow{OC},\overrightarrow{OG}=\frac{1}{3}(\overrightarrow{OA}+\overrightarrow{OB}+\overrightarrow{OC})$$

于是

$$\overrightarrow{OF}=\frac{\overrightarrow{OG}+\overrightarrow{OH}}{2}=\frac{2}{3}(\overrightarrow{OA}+\overrightarrow{OB}+\overrightarrow{OC})$$

故

$$|\overrightarrow{AF}|^2+|\overrightarrow{BF}|^2+|\overrightarrow{CF}|^2$$
$$=(\overrightarrow{OA}-\overrightarrow{OF})\cdot(\overrightarrow{OA}-\overrightarrow{OF})+(\overrightarrow{OB}-\overrightarrow{OF})\cdot$$

$$(\overrightarrow{OB}-\overrightarrow{OF})+(\overrightarrow{OC}-\overrightarrow{OF})\cdot(\overrightarrow{OC}-\overrightarrow{OF})$$
$$=|\overrightarrow{OA}|^2+|\overrightarrow{OB}|^2+|\overrightarrow{OC}|^2-2(\overrightarrow{OA}+\overrightarrow{OB}+\overrightarrow{OC})\cdot\overrightarrow{OF}+3\overrightarrow{OF}\cdot\overrightarrow{OF}$$
$$=|\overrightarrow{OA}|^2+|\overrightarrow{OB}|^2+|\overrightarrow{OC}|^2-[2(\overrightarrow{OA}+\overrightarrow{OB}+\overrightarrow{OC})-3\overrightarrow{OF}]\cdot\overrightarrow{OF}$$
$$=|\overrightarrow{OA}|^2+|\overrightarrow{OB}|^2+|\overrightarrow{OC}|^2=3R^2$$

例 17 (2003 年国家集训队培训题)设$\boldsymbol{u}_1,\boldsymbol{u}_2,\cdots,\boldsymbol{u}_n$为平面上的 n 个向量,它们中每个向量的模长都不超过 1,且它们的和为 $\mathbf{0}$. 证明:可以将$\boldsymbol{u}_1,\boldsymbol{u}_2,\cdots,\boldsymbol{u}_n$重排为$\boldsymbol{v}_1,\boldsymbol{v}_2,\cdots,\boldsymbol{v}_n$,使得向量$\boldsymbol{v}_1,\boldsymbol{v}_1+\boldsymbol{v}_2,\cdots,\boldsymbol{v}_1+\boldsymbol{v}_2+\cdots+\boldsymbol{v}_n$的模长都不超过$\sqrt{5}$.

证明 先证一个引理:共线的 n 个向量$\boldsymbol{u}_1,\cdots,\boldsymbol{u}_n$中,每个向量的模长不大于 1, $\sum\limits_{i=1}^{n}\boldsymbol{u}_i=\mathbf{0}$,则可以将它们重新排为$\boldsymbol{v}_1,\boldsymbol{v}_2,\cdots,\boldsymbol{v}_n$,使得对任意 $1\leqslant l\leqslant n$,均有$\left|\sum\limits_{i=1}^{l}\boldsymbol{v}_i\right|\leqslant 1$.

事实上,我们设$\boldsymbol{u}_i=x_i\boldsymbol{e},x_i\in\mathbf{R},\boldsymbol{e}$为单位向量,则$|x_i|\leqslant 1$,且 $\sum\limits_{i=1}^{n}x_i=0$. 不妨设 $x_1\geqslant 0$,取 $y_1=x_1$,由于$\sum\limits_{i=1}^{n}x_i=0$,在 $x_2,\cdots,x_n$ 中可以取出负数 $y_2,\cdots,y_r$,使得

$$y_1+y_2+\cdots+y_{r-1}\geqslant 0 \quad ①$$
$$y_1+y_2+\cdots+y_{r-1}+y_r\leqslant 0 \quad ②$$

进一步,可以在$\{x_2,\cdots,x_n\}\setminus\{y_2,\cdots,y_r\}$中取出正数 $y_{r+1},\cdots,y_s$ 使得

$$y_1+y_2+\cdots+y_{s-1}\leqslant 0 \quad ③$$

$$y_1+y_2+\cdots+y_{s-1}+y_s\geqslant 0 \quad ④$$

重复上述讨论直至$\{x_2,\cdots,x_n\}$中的元素全部取完.

令$\boldsymbol{v}_k=y_k\boldsymbol{e},k=1,2,\cdots,n$,则$|\boldsymbol{v}_1|=y_1\leqslant 1$,由①及$y_2,\cdots,y_{r-1}$都是负数,可知当$1<i\leqslant r-1$时,有$|\boldsymbol{v}_1+\cdots+\boldsymbol{v}_i|\leqslant|\boldsymbol{v}_1|=y_1\leqslant 1$,并且由①,②可知$|\boldsymbol{v}_1+\cdots+\boldsymbol{v}_r|\leqslant|y_r|\leqslant 1$.

类似地,由③知$\forall r<j\leqslant s-1$,均有

$$|\boldsymbol{v}_1+\boldsymbol{v}_2+\cdots+\boldsymbol{v}_j|\leqslant|y_1+\cdots+y_r|\leqslant|y_r|\leqslant 1$$

依次类推,可知对任意$1\leqslant l\leqslant n$,均有$|\boldsymbol{v}_1+\boldsymbol{v}_2+\cdots+\boldsymbol{v}_l|\leqslant 1$,引理获证.

回到原题,对一般的情况不妨设$\{\boldsymbol{u}_1,\cdots,\boldsymbol{u}_n\}$中任取若干个(包括1个和全部)所作成的向量和中,模长最大的为$\boldsymbol{u}_1+\cdots+\boldsymbol{u}_p$,并且这个向量的方向就是$x$轴的正方向.

将每个向量分解为$\boldsymbol{u}_j=\boldsymbol{u}'_j+\boldsymbol{u}''_j$,其中$\boldsymbol{u}'_j$在$x$轴上,$\boldsymbol{u}''_j$在$y$轴上,则

$$\boldsymbol{u}'_1+\boldsymbol{u}'_2+\cdots+\boldsymbol{u}'_n=\boldsymbol{0} \quad ⑤$$

$$\boldsymbol{u}''_1+\boldsymbol{u}''_2+\cdots+\boldsymbol{u}''_n=\boldsymbol{0} \quad ⑥$$

并且$\boldsymbol{u}_1+\cdots+\boldsymbol{u}_p$在$y$轴上的分量为

$$\boldsymbol{u}''_1+\cdots+\boldsymbol{u}''_p=\boldsymbol{0} \quad ⑦$$

利用⑥,⑦,结合引理,可以将$\boldsymbol{u}''_1,\cdots,\boldsymbol{u}''_p$与$\boldsymbol{u}''_{p+1},\cdots,\boldsymbol{u}''_n$这两组向量适当排序(不妨设是原来的顺序),使得$\forall 1\leqslant s\leqslant p,1\leqslant t\leqslant n-p$,均有

$$|\boldsymbol{u}''_1+\cdots+\boldsymbol{u}''_s|\leqslant 1,|\boldsymbol{u}''_{p+1}+\cdots+\boldsymbol{u}''_{p+t}|\leqslant 1$$

最后,我们来处理$\boldsymbol{u}'_1,\cdots,\boldsymbol{u}'_n$,由于$|\boldsymbol{u}_1+\cdots+\boldsymbol{u}_p|$最大,故$\boldsymbol{u}'_1,\cdots,\boldsymbol{u}'_p$均与$x$轴正向同向,$\boldsymbol{u}'_{p+1},\cdots,\boldsymbol{u}'_n$均与$x$轴负向同向.

利用引理中的排序方式,可以将$\boldsymbol{u}'_1,\cdots,\boldsymbol{u}'_n$排序为$\boldsymbol{v}'_1,\cdots,\boldsymbol{v}'_n$,使得$\forall 1\leqslant l\leqslant n$,均有$|\boldsymbol{v}'_1+\cdots+\boldsymbol{v}'_l|\leqslant 1$,并设$\boldsymbol{v}_1,\cdots,\boldsymbol{v}_n$是$\boldsymbol{u}_1,\cdots,\boldsymbol{u}_n$的排列,使得$\boldsymbol{v}_i$在$x$轴上的投影为$\boldsymbol{v}'_i$. 由于对每一个和$\boldsymbol{v}_1+\cdots+\boldsymbol{v}_l$,其分量$|\boldsymbol{v}'_1+\cdots+\boldsymbol{v}'_l|\leqslant 1$,而在$y$轴上的分量则为两个部分之和,一个部分是$\boldsymbol{u}''_1+\cdots+\boldsymbol{u}''_i(i\leqslant p)$,另一个部分是$\boldsymbol{u}''_{p+1}+\cdots+\boldsymbol{u}''_j(j\leqslant n)$的形式,每个部分之长不大于1,从而$|\boldsymbol{v}''_1+\cdots+\boldsymbol{v}''_l|\leqslant 2$,从而$|\boldsymbol{v}_1+\cdots+\boldsymbol{v}_l|\leqslant\sqrt{1^2+2^2}=\sqrt{5}$. 命题获证.

例 18 (2003 年国家集训队培训题)点O为一个单位圆的圆心,$A_1A_2\cdots A_{2n}$为该单位圆的内接凸$2n$边形. 求证

$$\left|\sum_{i=1}^{n}\overrightarrow{A_{2i-1}A_{2i}}\right|\leqslant 2\sin\frac{\angle A_1OA_2+\angle A_3OA_4+\cdots+\angle A_{2n-1}OA_{2n}}{2}$$

证明 先来看$n=2$的情况,如图 6.3.11 所示. 若$A_1A_2 /\!/ A_3A_4$,则

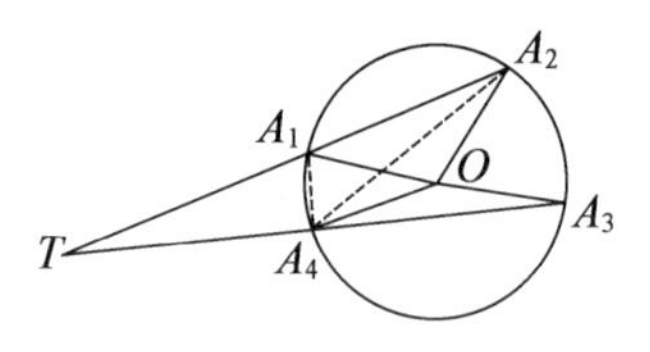

图 6.3.11

$$\left|\sum_{i=1}^{2}\overrightarrow{A_{2i-1}A_{2i}}\right|=|\overrightarrow{A_1A_2}+\overrightarrow{A_3A_4}|$$

若不然,不妨设是图 6.3.11 的情况,设A_2A_1与A_3A_4的延长线交于T,$\angle A_1OA_2=2\alpha$,$\angle A_3OA_4=2\beta$,则

$$\begin{aligned}\angle T&=\angle A_2A_4A_3-\angle A_1A_2A_4\\&=\frac{1}{2}(\angle A_2OA_3-\angle A_1OA_4)\end{aligned}$$

$$< \frac{1}{2}(\angle A_2OA_3 + \angle A_1OA_4)$$

$$= \frac{1}{2}(2\pi - 2\alpha - 2\beta) = \pi - \alpha - \beta$$

所以，$\overrightarrow{A_1A_2}$与$\overrightarrow{A_3A_4}$所成最小正角 $\delta = \pi - \angle T > \alpha + \beta$. 于是

$$|\overrightarrow{A_1A_2} + \overrightarrow{A_3A_4}|$$

$$= \sqrt{|\overrightarrow{A_1A_2}|^2 + |\overrightarrow{A_3A_4}|^2 + 2|\overrightarrow{A_1A_2}| \cdot |\overrightarrow{A_3A_4}|\cos\delta}$$

$$< \sqrt{|\overrightarrow{A_1A_2}|^2 + |\overrightarrow{A_3A_4}|^2 + 2|\overrightarrow{A_1A_2}| \cdot |\overrightarrow{A_3A_4}|\cos(\alpha+\beta)}$$

$$= \sqrt{(2\sin\alpha)^2 + (2\sin\beta)^2 + 2 \cdot 2\sin\alpha \cdot 2\sin\beta \cdot \cos(\alpha+\beta)}$$

$= 2\sin(\alpha + \beta)$（这可以通过构造内接于单位圆的 $\triangle ABC$，其中 $\angle A = \alpha$，$\angle B = \beta$，利用余弦定理得到）

$$= 2\sin\frac{\angle A_1OA_2 + \angle A_3OA_4}{2}$$

若$\overrightarrow{A_1A_2} /\!/ \overrightarrow{A_3A_4}$，则视它们所成最小正角为 π，由 $\pi > \alpha + \beta$ 知上面过程依然适用. 故不论怎样，原命题对 $n = 2$ 成立.

下面假设原命题对 $n = k - 1$（$k \geqslant 3$ 是整数）成立，考虑 $n = k$ 的情况：

记 $A_{2k+p} = A_p$（$p = 1, 2, \cdots, 2k$），若左边为 0，则由 $0 < \angle A_1OA_2 + \angle A_3OA_4 + \cdots + \angle A_{2k-1}OA_{2k} < 2\pi$ 知右边大于 0，此时命题已然成立. 以下设左边不为 0.

取点 M 使 $\sum\limits_{i=1}^{k} \overrightarrow{A_{2i-1}A_{2i}} = \overrightarrow{OM}$，记$\overparen{A_{2j}A_{2j+2}}$（包含点 A_{2j+1} 的那一段弧）的中点为 B_j（$j = 1, 2, \cdots, k$），则对任意 $1 \leqslant j \leqslant k$，有 $\angle B_jOB_{j+1}$（包含 A_{2j+2} 的那个角）$= \frac{1}{2}(\angle A_{2j}OA_{2j+2} + \angle A_{2j+2}OA_{2j+4}) < 2\pi \cdot \frac{1}{2} = \pi$（其中

$B_{k+1}=B_1$).

因此至少存在一个 $1\leqslant i\leqslant k$,使$\overrightarrow{OB_i}$与$\overrightarrow{OM}$所成最小正角不大于$\frac{\pi}{2}$(若不然,过 O 作直线 $l\perp OM$,则直线 l 分平面为两部分,含 M 的那部分不包含任何 B_i 中的点,这与刚才的结论矛盾).

不妨设$\overrightarrow{OB_1}$与$\overrightarrow{OM}$所成最小正角不大于$\frac{\pi}{2}$,如图 6.3.12所示,设$\overrightarrow{OB_1}$与$\overrightarrow{OM}$所成最小正角为 δ,设 A_3 关于 OB_1 的对称点为 C,连 CA_3 交 OB_1 于 Y,连 A_2A_4 交 OB_1 于 X.

记 $D_1=A_1, D_2=C, D_3=A_5, D_4=A_6, \cdots, D_{2k-2}=A_{2k}$,则 $D_1D_2\cdots D_{2k-2}$为圆 O 的内接凸 $2k-2$ 边形,由归纳假设有

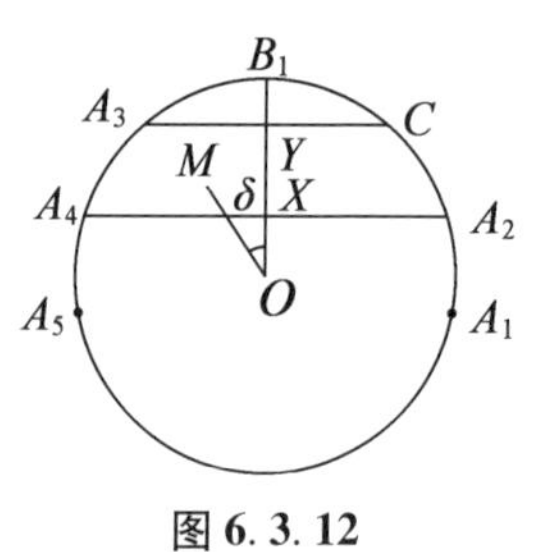

图 6.3.12

$$\left|\sum_{i=1}^{k-1}\overrightarrow{D_{2i-1}D_{2i}}\right|$$
$$\leqslant 2\sin\frac{\angle D_1OD_2+\angle D_3OD_4+\cdots+\angle D_{2k-3}OD_{2k-2}}{2}$$

而

$$\angle D_1OD_2+\angle D_3OD_4+\cdots+\angle D_{2k-3}OD_{2k-2}$$
$$=\angle A_1OC+\angle A_5OA_6+\cdots+\angle A_{2k-1}OA_{2k}$$

$$= \angle A_1OA_2 + \angle A_2OC + \angle A_5OA_6 + \cdots + \angle A_{2k-1}OA_{2k}$$

$$= \angle A_1OA_2 + \angle A_3OA_4 + \angle A_5OA_6 + \cdots + \angle A_{2k-1}OA_{2k}$$

$$\left| \sum_{i=1}^{k-1} \overrightarrow{D_{2i-1}D_{2i}} \right| = |\overrightarrow{D_1D_2} + \overrightarrow{D_3D_4} + \overrightarrow{D_5D_6} + \cdots + \overrightarrow{D_{2k-3}D_{2k-2}}|$$

$$= |\overrightarrow{A_1C} + \overrightarrow{A_5A_6} + \overrightarrow{A_7A_8} + \cdots + \overrightarrow{A_{2k-1}A_{2k}}|$$

$$= |\overrightarrow{A_1C} + \overrightarrow{OM} - \overrightarrow{A_1A_2} - \overrightarrow{A_3A_4}|$$

$$= |\overrightarrow{OM} + \overrightarrow{A_2C} - \overrightarrow{A_3A_4}|$$

$$= |\overrightarrow{OM} + \overrightarrow{OC} + \overrightarrow{OA_3} - \overrightarrow{OA_2} - \overrightarrow{OA_4}|$$

$$= |\overrightarrow{OM} + 2\overrightarrow{OY} - 2\overrightarrow{OX}| = |\overrightarrow{OM} + 2\overrightarrow{XY}|$$

$$= \sqrt{|\overrightarrow{OM}|^2 + |2\overrightarrow{XY}|^2 + 2|\overrightarrow{OM}| \cdot |2\overrightarrow{XY}|\cos\delta}$$

（这是因为$\overrightarrow{XY}$与$\overrightarrow{OB_1}$方向相同）

$$> \sqrt{|\overrightarrow{OM}|^2} = |\overrightarrow{OM}|$$

所以，此时有

$$\left| \sum_{i=1}^{k} \overrightarrow{A_{2i-1}A_{2i}} \right| = |\overrightarrow{OM}| < \left| \sum_{i=1}^{k} \overrightarrow{D_{2i-1}D_{2i}} \right|$$

$$\leqslant 2\sin\frac{\angle D_1OD_2 + \angle D_3OD_4 + \cdots + \angle D_{2k-3}OD_{2k-2}}{2}$$

$$= 2\sin\frac{\angle A_1OA_2 + \angle A_3OA_4 + \cdots + \angle A_{2k-1}OA_{2k}}{2}$$

即原命题对 $n = k$ 亦成立.

由数学归纳法原理，命题对一切不小于 2 的整数 n 成立.

证毕.

6.4 竞赛杂题

例 1 (2003 年罗马尼亚数学奥林匹克题)黑板上标有 A,B,C,D 四点. 甲按如下方式作出点 A',B',C',D':点 A 关于点 B 的对称点为 A',点 B 关于点 C 的对称点为 B';点 C 关于点 D 的对称点为 C',点 D 关于点 A 的对称点为 D'. 乙擦去了黑板上的点 A,B,C,D,试判断,甲能否再找到点 A,B,C,D 的位置?

解 设 $\boldsymbol{a},\boldsymbol{b},\boldsymbol{c},\boldsymbol{d}$ 分别表示$\overrightarrow{AB},\overrightarrow{BC},\overrightarrow{CD},\overrightarrow{DA}$,则有 $\boldsymbol{a}+\boldsymbol{b}+\boldsymbol{c}+\boldsymbol{d}=\boldsymbol{0}$.

设$\overrightarrow{A'B'},\overrightarrow{B'C'},\overrightarrow{C'D'}$分别为 $\boldsymbol{x},\boldsymbol{y},\boldsymbol{z}$,可得

$$\boldsymbol{x}=\overrightarrow{A'B'}=\overrightarrow{A'B}+\overrightarrow{BB'}=-\boldsymbol{a}+2\boldsymbol{b}$$

$$\boldsymbol{y}=\overrightarrow{B'C'}=\overrightarrow{B'C}+\overrightarrow{CC'}=-\boldsymbol{b}+2\boldsymbol{c}$$

$$\boldsymbol{z}=\overrightarrow{C'D'}=-\boldsymbol{c}+2\boldsymbol{d}=-\boldsymbol{c}+2(-\boldsymbol{a}-\boldsymbol{b}-\boldsymbol{c})$$
$$=-2\boldsymbol{a}-2\boldsymbol{b}-3\boldsymbol{c}$$

从而

$$\boldsymbol{b}=2\boldsymbol{c}-\boldsymbol{y},\boldsymbol{a}=2\boldsymbol{b}-\boldsymbol{x}=4\boldsymbol{c}-2\boldsymbol{y}-\boldsymbol{x}$$

$$\boldsymbol{z}=-8\boldsymbol{c}+4\boldsymbol{y}+2\boldsymbol{x}-4\boldsymbol{c}+2\boldsymbol{y}-3\boldsymbol{c}$$

所以 $\boldsymbol{c}=\dfrac{1}{15}(6\boldsymbol{y}+2\boldsymbol{x}-\boldsymbol{z})$.

为了重新找出点 D,以点 C' 为起点,考虑 $-\boldsymbol{c}=\overrightarrow{C'D}$,则 A,B,C 分别是 DD',AA',BB'的中点.

例 2 (2006 年国家集训队测试题)设圆 ω 是 $\triangle ABC$ 的外接圆,点 P 是$\triangle ABC$ 的一个内点,射线 AP,BP,CP 分别交圆 ω 于点 A_1,B_1,C_1. 设 A_1,B_1,C_1 关于三边 BC,CA,AB 的中点的对称点为 A_2,B_2,C_2. 求证:

$\triangle A_2B_2C_2$ 的外接圆通过 $\triangle ABC$ 的垂心.

证明　我们已在 6.1 中例 30 给出了一种证法，在此再给出另一种证法，为此用 O 和 H 分别表示 $\triangle ABC$ 的外心和垂心，用 D,E,F 分别表示边 BC,CA,AB 的中点. 在圆 ω 上选择三点 A_3,B_3,C_3 使得 AA_3,BB_3,CC_3 为圆 ω 的直径，如图 6.4.1 所示.

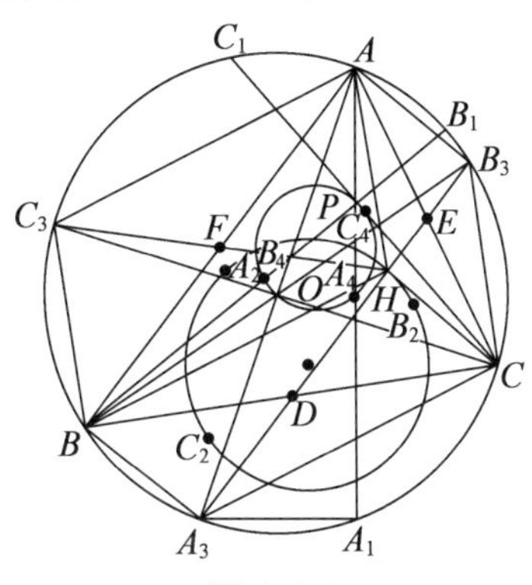

图 6.4.1

因为 $A_3B\perp AB$，$A_3B/\!/CH$，类似有 $A_3C/\!/BH$. 因此 A_3CHB 是平行四边形并且 D 是 HA_3 的中点. 同样的方法我们得到 E 和 F 分别是 HB_3 和 HC_3 的中点.

设点 O 在直线 PA,PB,PC 上的正交投影分别为 A_4,B_4,C_4，则 A_4,B_4,C_4 三点落在以 OP 为直径的圆的圆周上. 我们用 ω_2 表示这个圆. 由于 D 既是 HA_3 又是 A_1A_2 的中点，从而 $\overrightarrow{HA_2}=\overrightarrow{A_1A_3}$（即 $HA_2A_3A_1$ 是平行四边形）. 另一方面，由 $\angle AA_1A_3=90°$ 可知 $\triangle AA_1A_3$ 和 $\triangle AA_4O$ 相似. 因为 $\dfrac{AO}{AA_3}=\dfrac{1}{2}$，$\overrightarrow{A_1A_3}=2\overrightarrow{A_4O}$. 从而 $\overrightarrow{HA_2}=-2\overrightarrow{OA_4}$. 同样的方法我们可以得到 $\overrightarrow{HB_2}=-2\overrightarrow{OB_4}$，$\overrightarrow{HC_2}=-2\overrightarrow{OC_4}$. 这样就存在一个位似变换把点（$H,A_2$，

B_2,C_2)映到(O,A_4,B_4,C_4),注意到 O,A_4,B_4,C_4 在圆 ω_2 上,从而 A_2,B_2,C_2,H 四点共圆.

例 3 (2004 年俄罗斯数学奥林匹克题)四边形 $ABCD$ 外切于圆,$\angle A$ 和 $\angle B$ 的外角平分线相交于点 K,$\angle B$ 和 $\angle C$ 的外角平分线相交于点 L,$\angle C$ 和 $\angle D$ 的外角平分线相交于点 M,$\angle D$ 和 $\angle A$ 的角平分线相交于点 N. 现设 $\triangle ABK$,$\triangle BCL$,$\triangle CDM$,$\triangle DAN$ 的垂心分别是 K_1,L_1,M_1,N_1. 证明:四边形 $K_1L_1M_1N_1$ 是平行四边形.

证明 如图 6.4.2 所示,将 $ABCD$ 的内切圆圆心记作 O. 由于内角平分线与外角平分线相互垂直,所以 $OA\perp NK$,$OB\perp KL$. 由于$\triangle ABK$ 的高的延长线 AK_1 垂直于 KB,所以 $AK_1 /\!/ OB$. 同理 $BK_1 /\!/ OA$,从而 $AOBK_1$ 是平行四边形. 于是点 K_1 可以由点 A 平移$\overrightarrow{AK_1}$($=\overrightarrow{OB}$)得到. 因而,点 L_1 也可以由点 C 平移一个向量$\overrightarrow{OB}$得到. 所以$\overrightarrow{K_1L_1}=\overrightarrow{AC}$. 同样又得到$\overrightarrow{N_1M_1}=\overrightarrow{AC}$,所以 $K_1L_1M_1N_1$ 是平行四边形.

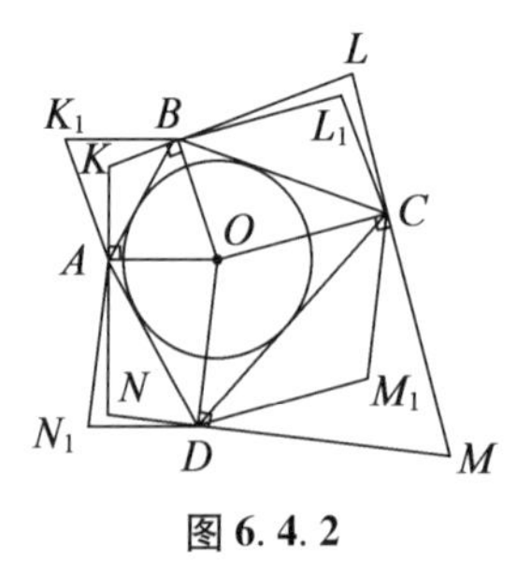

图 6.4.2

例 4 (2008 年意大利数学奥林匹克题)设 $ABCDEFGHILMN$是正十二边形,对角线 AF,DH 交于点 P,设 S 是过点 A,H 的圆,该圆的半径等于正十二边形

的外接圆半径,但不与正十二边形的外接圆重合. 证明:

(1)点 P 在圆 S 上;

(2)圆 S 的圆心在对角线 HN 上;

(3)PE 的长等于正十二边形的边长.

证明　设 Γ 是正十二边形的外接圆,圆心为 O. 圆 S 的圆心为 O_S,AH 的中点为 Q,则点 O,O_S 关于 AH 对称,也关于点 Q 对称.

因为 O 是外接圆 Γ 的直径 AG 的中点,$\angle AHG=90°$,所以 $\triangle AQO\backsim\triangle AHG$.

因此,$QO=\frac{1}{2}HG$,$O_SO=2QO=HG$.

故圆 S 可以通过外接圆 Γ 平移$\overrightarrow{GH}$得到.

先证明(2).

因为 $HL=NL$,$GL=AL$,所以 HN 和 AG 的中垂线均为 LO. 于是 $HN\parallel AG$. 直线 HN 可通过直线 AG 平移$\overrightarrow{GH}$得到.

从而,点 O_S 在 HN 上.

要证明(1),(3),只需证明点 P 可以通过点 E 平移$\overrightarrow{GH}$得到.

类似于(2)的证明.

因为 E,P 分别是 BE 与 GE,AF 与 DH 的交点,且 AF,DH 可以通过 BE,GE 平移$\overrightarrow{GH}$得到,所以点 P 可以通过点 E 平移$\overrightarrow{GH}$得到.

例 5　(2005 年俄罗斯数学奥林匹克题)在$\triangle ABC$ 中,圆 ω_B 与 ω_C 分别是与边 AC 和 AB 相切,且与其余两边延长线相切的旁切圆. 圆 ω_B'与 ω_B 关于边 AC 的中点对称;圆 ω_C'与 ω_C 关于边 AB 的中点对称. 证明:经过

圆周 ω'_B 与 ω'_C 交点的直线平分 $\triangle ABC$ 的周界.

证明 如图 6.4.3 所示,设 AC 和 AB 的中点分别为 B_0 和 C_0;而 ω_A 是 $\triangle ABC$ 的第三个旁切圆;圆 ω'_B 与 ω'_C 的交点为 P 和 Q. 设 $AB=c$,$BC=a$,$CA=b$. 分别以 I_A,I_B,I_C,I'_B,I'_C 表示圆 ω_A,ω_B,ω_C,ω'_B,ω'_C 的圆心. 分别将圆 ω_A,ω_B 和 ω_C 在边 BC,CA,AB 上的切点记为 D,E,F;分别将圆 ω'_B 与 ω'_C 在边 CA 和 AB 上的切点记为 E',F';分别将圆 ω_A 与边 AB,BC 的延长线的切点记为 X 与 Y.

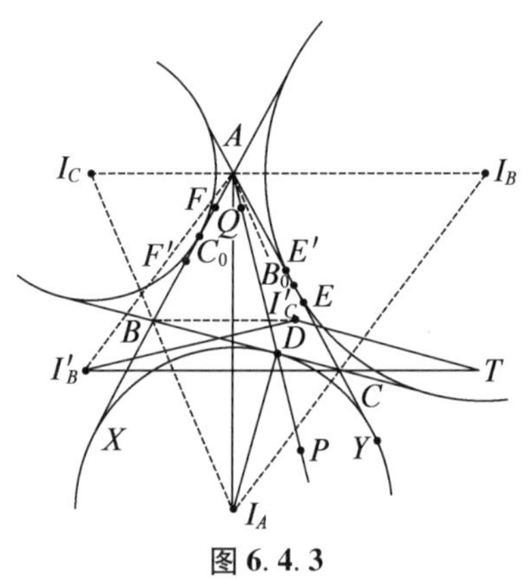

图 6.4.3

由于 $CD=\frac{1}{2}(a+c-b)$,所以 AD 平分 $\triangle ABC$ 的周界,因此为证题中结论,只需证明:

(ⅰ)A 在 PQ 上;

(ⅱ)$AD\perp I'_BI'_C$.

事实上,(ⅰ)显然,点 E 与 E' 关于 B_0 对称. 因此 $AE'=CE=\frac{1}{2}(b+c-a)$. 同理 $AF'=CE=\frac{1}{2}(b+c-a)$. 由此即知,由点 A 所作的圆 ω'_B 与圆 ω'_C 的切线相等. 所以点 A 位于圆 ω'_B 与圆 ω'_C 的根轴 PQ 上.

（ⅱ）由对称性可知，AI'_BCI_B 为平行四边形，所以 $\overrightarrow{I'_BC}=\overrightarrow{AI_B}$. 同理 AI'_CBI_C 为平行四边形，所以 $\overrightarrow{BI'_C}=\overrightarrow{I_CA}$. 取一点 T，使得 BI'_CTC 为平行四边形，可得 $\overrightarrow{I'_CT}=\overrightarrow{BC}$，$\overrightarrow{I'_BT}=\overrightarrow{I'_BC}+\overrightarrow{CT}=\overrightarrow{AI_B}+\overrightarrow{I_CA}=\overrightarrow{I_CI_B}$.

由于 AI_A 与 I_BI_C 分别是 $\angle BAC$ 的内、外角平分线，所以 $AI_A\perp I_BI_C$. 同理 $BI_B\perp I_CI_A$，$CI_C\perp I_AI_B$. 因此 $I_AB=I_AI_B\cos\angle I_BI_AI_C$，$I_AC=I_AI_C\cos\angle I_BI_AI_C$，这表明 $\triangle I_ABC\backsim\triangle I_AI_BI_C$. 由于 I_AD 与 I_AA 是这两个三角形对应边上的高，所以 $\dfrac{I_AD}{I_AA}=\dfrac{BC}{I_BI_C}$.

在 $\triangle I'_BI'_CT$ 与 $\triangle ADI_A$ 中，我们有 $I'_BT/\!/I_BI_C\perp I_AA$，$I'_CT/\!/BC\perp I_AD$ 以及

$$\frac{I'_CT}{I'_BT}=\frac{BC}{I_BI_C}=\frac{I_AD}{I_AA}$$

由此可知 $\triangle I_BI_CT\backsim\triangle I_ADA$，并且它们的对应边分别相互垂直，因此 $I'_BI'_C\perp AD$.

例 6　（2010 年斯洛文尼亚国家队选拔赛题）求所有的正整数 $n(n\geqslant 3)$，使得存在一个凸 n 边形能被分割成有限多个平行四边形.

解　当 n 是偶数时，可以找到满足条件的 n 边形；当 n 是奇数时，不能找到满足条件的 n 边形.

假设一个凸 n 边形能够被分割成有限多个平行四边形.

设 n 边形的一条边为 a，则必存在一个一条边为 b_0，另一条边在 a 上的平行四边形. 设此平行四边形中 a 的对边为 b_1.

若 b_1 不在 n 边形的边上，则以 b_1 为一条边，必存在另一个平行四边形.

同理，设此平行四边形中 b_1 的对边为 b_2. 依此类推，如图 6.4.4 所示.

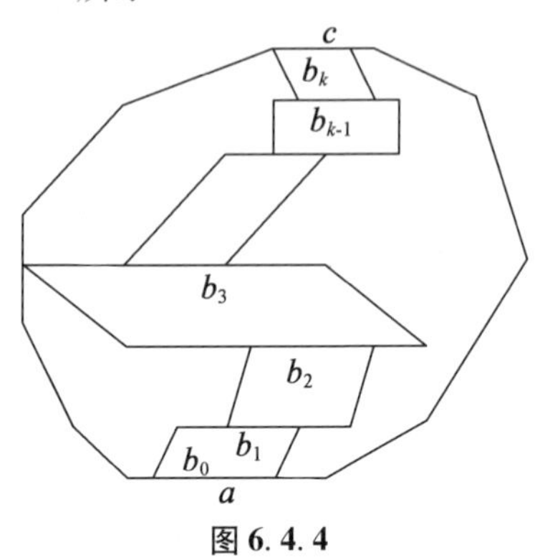

图 6.4.4

事实上，用这种方法得到的所有平行四边形都是不同的.

因为一共只有有限多个平行四边形，所以，当经过有限次步骤后，得到 b_k，b_k 在凸 n 边形的边 c 上.

对于所有的 i，都有 $b_i /\!/ b_{i+1}$，从而，推出 $a /\!/ c$. 显然，$c \neq a$.

所以，在凸 n 边形中，对于每一条边都能找到另一条边与它平行.

设凸 n 边形的顶点分别为 $A_1, A_2, \cdots, A_n$，则 $0 < \langle \overrightarrow{A_1A_2}, \overrightarrow{A_2A_3} \rangle < \langle \overrightarrow{A_1A_2}, \overrightarrow{A_3A_4} \rangle < \cdots < \langle \overrightarrow{A_1A_2}, \overrightarrow{A_{n-1}A_n} \rangle < \langle \overrightarrow{A_1A_2}, \overrightarrow{A_nA_1} \rangle < 2\pi$.

因此，只有一个 i 使得 $\langle \overrightarrow{A_1A_2}, \overrightarrow{A_iA_{i+1}} \rangle = \pi$，即

$$A_1A_2 /\!/ A_iA_{i+1}$$

于是，这个 n 边形的边两两平行，即 n 是偶数.

用归纳法证明：对于偶数 $n(n \geqslant 4)$，若凸 n 边形中每对边平行且相等，则其能被分割成有限的平行四边形.

若 $n=4$,则四边形是平行四边形,结论成立.

假设 n 为偶数时,可将一个 n 边形分割成有限多个平行四边形. 考虑加一组平行且相等的对边,组成 $n+2$边形,它的顶点分别为 $A_1,A_2,\cdots,A_{n+2}$.

假设A_1A_2 与 A_kA_{k+1}平行且相等,则定义 τ 为平移$\overrightarrow{A_1A_2}$.

令 $A_i'=\tau(A_i)(2\leqslant i\leqslant k)$,则

$$A_2'=A_1,A_k'=A_{k+1}$$

因四边形 $A_i'A_iA_{i+1}A_{i+1}'(i=2,3,\cdots,k-1)$是平行四边形,如图 6.4.5 所示,且

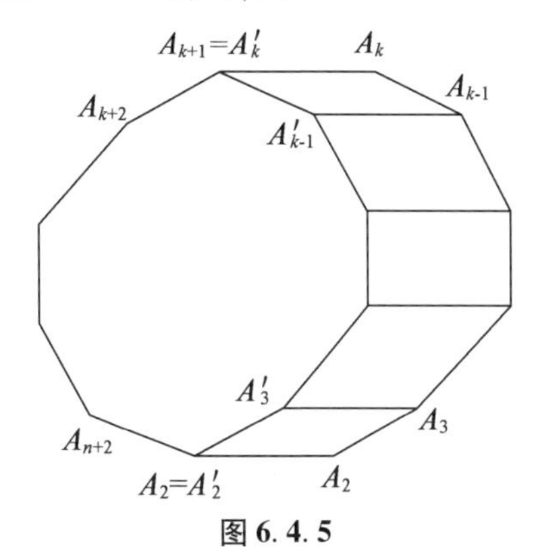

图 6.4.5

$$A_2'A_3'\cdots A_k'A_{k+2}A_{k+3}\cdots A_{n+2}$$

是对边平行且相等的 n 边形. 由归纳假设,它可以分割成有限多个平行四边形,则 $n+2$ 边形也可以分割成有限多个平行四边形.

例 7　(2007 年保加利亚国家队选拔考试题)设非等腰$\triangle ABC$ 的内心为 I,AI,BI,CI 分别交对边于点 A_1,B_1,C_1. 设过 A_1,B_1 且分别平行于 AC,BC 的直线为 l_a,l_b;l_a,l_b 与 CI 分别交于点 A_2,B_2,AA_2 与 BB_2 交于点 N,AB 的中点为 M. 若 $CN /\!/ IM$,求$\dfrac{CN}{IM}$的值.

解 如图 6.4.6 所示,设 AN,BN,CN 分别交 BC, CA,AB 于点 D,E,F. 令 $BC=a,CA=b,AB=c$,则

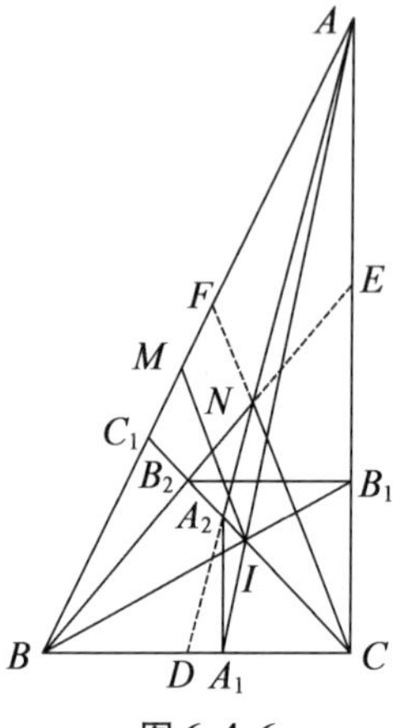

图 6.4.6

$$\frac{\overrightarrow{A_1I}}{\overrightarrow{IA}}=\frac{a}{b+c}$$

$$\frac{\overrightarrow{B_1I}}{\overrightarrow{IB}}=\frac{b}{a+c}$$

$$\frac{\overrightarrow{C_1I}}{\overrightarrow{IC}}=\frac{c}{a+b}$$

由 $A_1A_2 /\!/ CA$,知

$$\frac{\overrightarrow{DA_1}}{\overrightarrow{DC}}=\frac{A_1A_2}{CA}=\frac{\overrightarrow{A_1I}}{\overrightarrow{IA}}=\frac{a}{b+c}$$

于是 $\dfrac{\overrightarrow{DC}}{\overrightarrow{A_1C}}=\dfrac{b+c}{b+c-a}$, $\dfrac{\overrightarrow{DC}}{\overrightarrow{BC}}=\dfrac{\overrightarrow{DC}}{\overrightarrow{A_1C}}\cdot\dfrac{\overrightarrow{A_1C}}{\overrightarrow{BC}}=\dfrac{b+c}{b+c-a}\cdot\dfrac{b}{b+c}=\dfrac{b}{b+c-a}$. 从而

$$\frac{\overrightarrow{DC}}{\overrightarrow{DB}}=\frac{\overrightarrow{DC}}{\overrightarrow{DC}-\overrightarrow{BC}}=\frac{b}{a-c}$$

同理$\frac{\overrightarrow{EC}}{\overrightarrow{EA}}=\frac{a}{b-c}$.

由塞瓦定理得$\frac{\overrightarrow{DB}}{\overrightarrow{DC}}\cdot\frac{\overrightarrow{EC}}{\overrightarrow{EA}}\cdot\frac{\overrightarrow{FA}}{\overrightarrow{FB}}=-1$,则$\frac{\overrightarrow{BF}}{\overrightarrow{FA}}=\frac{a-c}{b}\cdot\frac{a}{b-c}$.

故$\frac{\overrightarrow{BF}}{\overrightarrow{BA}}=\frac{\overrightarrow{BF}}{\overrightarrow{BF}+\overrightarrow{FA}}=\frac{a^2-ac}{a^2+b^2-c(a+b)}$.

又$\frac{\overrightarrow{BC_1}}{\overrightarrow{BA}}=\frac{a}{a+b},\frac{\overrightarrow{BM}}{\overrightarrow{BA}}=\frac{1}{2}$,则

$$\begin{aligned}\frac{\overrightarrow{C_1M}}{\overrightarrow{C_1F}}&=\frac{\overrightarrow{BM}-\overrightarrow{BC_1}}{\overrightarrow{BF}-\overrightarrow{BC_1}}\\&=\frac{\frac{1}{2}-\frac{a}{a+b}}{\frac{a^2-ac}{a^2+b^2-c(a+b)}-\frac{a}{a+b}}\\&=\frac{c(a+b)-(a^2+b^2)}{2ab}\end{aligned}$$

由 $IM/\!/CN$,得

$$\frac{\overrightarrow{C_1M}}{\overrightarrow{C_1F}}=\frac{\overrightarrow{C_1I}}{\overrightarrow{C_1C}}=\frac{c}{a+b+c}$$

故

$$\frac{c(a+b)-(a^2+b^2)}{2ab}=\frac{c}{a+b+c}$$

$$\Rightarrow\frac{c(a+b)-(a+b)^2}{2ab}=\frac{-(a+b)}{a+b+c}$$

$$\Rightarrow\frac{c-a-b}{2ab}=\frac{-1}{a+b+c}$$

$$\Rightarrow c^2=a^2+b^2$$

此时，点 D,E 分别在线段 BC,AC 上. 故

$$\begin{aligned}\frac{CN}{NF}&=\frac{S_{\triangle BCN}+S_{\triangle ACN}}{S_{\triangle ABN}}\\&=\frac{S_{\triangle BCN}}{S_{\triangle ABN}}+\frac{S_{\triangle ACN}}{S_{\triangle ABN}}=\frac{EC}{EA}+\frac{DC}{DB}\\&=\frac{a}{c-b}+\frac{b}{c-a}=\frac{c+b}{a}+\frac{c+a}{b}\\&=\frac{c(a+b+c)}{ab}\end{aligned}$$

因此$\frac{CN}{CF}=\frac{c(a+b+c)}{(c+a)(c+b)}$.

又$\frac{CF}{IM}=\frac{C_1C}{C_1I}=\frac{a+b+c}{c}$，则

$$\begin{aligned}\frac{CN}{IM}&=\frac{CN}{CF}\cdot\frac{CF}{IM}\\&=\frac{c(a+b+c)}{(c+a)(c+b)}\cdot\frac{a+b+c}{c}\\&=\frac{(a+b+c)^2}{(c+a)(c+b)}=2\end{aligned}$$

注　此解法由宋强老师给出.

例 8　(2010～2011 年度伊朗数学奥林匹克题) 已知平面上有 n 个点，且这 n 个点不全在一条直线上. 对于该平面上的一条直线 l，如果能将这 n 个点分成两个集合 X 和 $Y(X\cap Y=\varnothing)$，使得集合 X 中的所有点到 l 的距离之和等于集合 Y 中的所有点到 l 的距离之和，则称直线 l 为“好的”. 证明：存在无穷多个点，使得过每个点都有 $n+1$ 条“好的”直线.

证明　先看一条引理:

引理1　已知平面上有 n 个点,G 是这 n 个点的重心. 若直线 l 过点 G,则对于 l 两侧的点,一侧所有点到 l 的距离之和等于另一侧的所有点到 l 的距离之和.

引理1的证明　事实上,设 G 为坐标原点,l 为 x 轴,n 个点的坐标为 $A_i(x_i,y_i)(i=1,2,\cdots,n)$,则

$$0=y_G=\frac{y_1+y_2+\cdots+y_n}{n}$$

$$\Rightarrow y_1+y_2+\cdots+y_n=0$$

回到原题.

设 $A=\{A_1,A_2,\cdots,A_n\}$ 是平面上 n 个点的集合.

用下述方法定义 $n+1$ 个点 $G,G_1,\cdots,G_n$. G 是这 n 个点的重心,设 O 是平面上的任意一点,A'_i是点 A_i 关于 O 的对称点,G_i 是 $A_1,\cdots,A_{i-1},A'_i,A_{i+1},\cdots,A_n$ 的重心,则 OG 是一条"好的"直线,即 OG 将 A 中的点分成满足条件的两个集合,其中,OG 上的点可以分配到任意一个集合中.

若 A 中与 A'_i在直线 OG_i 同侧的点分别为 A_{i_1},$A_{i_2},\cdots,A_{i_k}$,设

$$X=\{A_i,A_{i_1},\cdots,A_{i_k}\},Y=A-X$$

于是,OG_i 是"好的"直线,其中 OG_i 上的点可以分配到 X 或 Y 中.

因此,得到了 $n+1$ 条"好的"直线.

下面证明:存在无穷多个点 O,使得每个点 O 所对应的 $n+1$ 条"好的"直线两两不同.

假设 O,G,G_i 共线,用单点向量表示,则

$$\boldsymbol{G}=\frac{\boldsymbol{A}_1+\boldsymbol{A}_2+\cdots+\boldsymbol{A}_n}{n}$$

则

$$\boldsymbol{G}_i=\frac{\boldsymbol{A}_1+\boldsymbol{A}_2+\cdots+\boldsymbol{A}_n-\boldsymbol{A}_i+\boldsymbol{A}_i'}{n}$$

$$\boldsymbol{G}-\boldsymbol{G}_i=\frac{\boldsymbol{A}_i-\boldsymbol{A}_i'}{n}=\frac{2}{n}(\boldsymbol{A}_i-\boldsymbol{O}) \qquad ①$$

于是,A_i 也在 O,G,G_i 所在的直线上.

因此,只需选取点 O,使得 O 不在直线 A_1G,$A_2G,\cdots,A_nG$ 上,这样就能保证 O,G,G_i 不共线.

如图 6.4.7 所示,假设 $O,G_i,G_j(i\neq j)$ 三点共线,则由式①知$\overrightarrow{GG_i}=\frac{2}{n}\overrightarrow{A_iO},\overrightarrow{GG_j}=\frac{2}{n}\overrightarrow{A_jO}$,即等式右边的 i,j 交换一下.

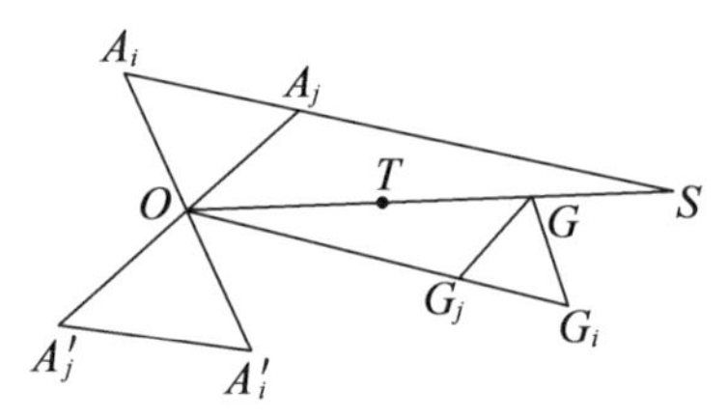

图 6.4.7

故$\triangle GG_iG_j\backsim\triangle OA_iA_j$,且相似比为$\frac{2}{n}$.

设这两个三角形的位似中心为 T,直线 A_iA_j 与 OG 交于点 S,则$\frac{TG}{TO}=\frac{2}{n},\frac{TO}{TS}=\frac{2}{n}$. 从而

$$\frac{GO}{GS}=\frac{\frac{GO}{GT}}{\frac{GS}{GT}}=\frac{\frac{n}{2}+1}{\frac{n^2}{4}-1}=\frac{2}{n-2}$$

即以点 G 为位似中心,$-\frac{2}{n-2}$为位似比,将点 S 变为

点 O.

因此,只需选取点 O,使得 O 不在直线 l_{ij} 上,其中以 G 为位似中心、$-\frac{2}{n-2}$为位似比的位似变换将直线 A_iA_j 变为直线 $l_{ij}(i,j\in\{1,2,\cdots,n\},i\neq j)$.

综上,这样的点 O 有无穷多个.

例 9　(2007 年意大利国家队选拔考试题)在锐角$\triangle ABC$ 中,P 为$\triangle ABC$ 内部一点,O_a,O_b,O_c 分别为$\triangle PBC,\triangle PAC,\triangle PAB$ 的外心.

(1)求满足

$$\frac{O_aO_b}{AB}=\frac{O_bO_c}{BC}=\frac{O_cO_a}{CA}$$

的点 P 的轨迹;

(2)对于(1)中的每一点 P,证明:AO_a,BO_b,CO_c 交于一点 X;

(3)证明:点 X 关于$\triangle ABC$ 的外接圆的圆幂为

$$\frac{a^2+b^2+c^2-5R^2}{4}$$

其中 $a=BC,b=AC,c=AB,R$ 为$\triangle ABC$ 外接圆半径.

解　(1)满足题意的点 P 的轨迹为$\triangle ABC$ 的垂心. 若$\frac{O_aO_b}{AB}=\frac{O_bO_c}{BC}=\frac{O_cO_a}{CA}$,则$\triangle ABC\backsim\triangle O_aO_bO_c$,即两个三角形的对应角相等.

因为 O_a,O_b,O_c 分别为$\triangle PBC,\triangle PAC,\triangle PAB$ 的外心,所以 $AP\perp O_bO_c,BP\perp O_aO_c,CP\perp O_aO_b$. 故$\angle BPC+\angle O_aO_bO_c=180°$,即$\angle BPC+\angle BCA=180°$.

同理$\angle BPA+\angle BCA=180°,\angle APC+\angle ABC=180°$.

显然,垂心 H 满足上述要求. 下面证明:只有垂心 H 满足题意.

假设点 Q 也满足题中条件，则

$$\angle CQB+\angle CAB=180^\circ$$

故点 Q 在 $\triangle CBH$ 的外接圆上.

同理，点 Q 也在 $\triangle ABH$, $\triangle ACH$ 的外接圆上.

因此，这样的点 Q 只能为 H.

(2)因为 O_aO_b, AB 均与 CH 垂直，所以

$$AB /\!/ O_aO_b$$

同理，$BC /\!/ O_bO_c$, $AC /\!/ O_aO_c$.

所以 $\triangle ABC$ 与 $\triangle O_aO_bO_c$ 位似，其对应顶点的连线 AO_a, BO_b, CO_c 交于位似中心 X.

(3)因为 BH 的中垂线 O_aO_c 与 CH 的中垂线 O_aO_c 交于点 O_a，所以

$$O_aB=O_aH=O_aC$$

$$\angle CO_aB=2\angle O_bO_aO_c=2\angle CAB$$

同理

$$\angle BO_cA=2\angle BCA$$

$$\angle AO_bC=2\angle ABC$$

因此

$$\angle BCO_a+\angle BAC=90^\circ$$

$$\angle BAO_c+\angle ACB=90^\circ$$

设 O_aO_b 与 BC 交于点 M，则由 $AB /\!/ O_aO_b$，得

$$\angle ABC=\angle BMO_a=\angle O_bO_aC+\angle BCO_a$$

故 $\angle O_bO_aC=90^\circ-\angle ACB$.

因此 $\angle CO_aA=\angle O_cAO_a \Rightarrow O_cA /\!/ O_aC$.

同理 $O_aB /\!/ O_bA$, $O_cB /\!/ O_bC$.

所以 $\triangle ABC \cong \triangle O_aO_bO_c$.

故 H 为 $\triangle O_aO_bO_c$ 的外心.

设 $\triangle ABC$ 的外心为 O，则(2)中三条线的交点 X 即

为 OH 的中点,从而点 X 就是$\triangle ABC$ 的九点圆的圆心.

设$\overrightarrow{OA}=\boldsymbol{u},\overrightarrow{OB}=\boldsymbol{v},\overrightarrow{OC}=\boldsymbol{w}$,则$\overrightarrow{OH}=\boldsymbol{u}+\boldsymbol{v}+\boldsymbol{w}$.

因此$\overrightarrow{OX}=\dfrac{\boldsymbol{u}+\boldsymbol{v}+\boldsymbol{w}}{2}$.

又

$$\begin{aligned}a^2&=|\boldsymbol{v}-\boldsymbol{w}|^2\\&=|\boldsymbol{v}|^2+|\boldsymbol{w}|^2-2\boldsymbol{v}\cdot\boldsymbol{w}\\&=2R^2-2\boldsymbol{v}\cdot\boldsymbol{w}\end{aligned}$$

同理得 b^2,c^2 的同样形式的表达式. 于是关于$\triangle ABC$ 的外接圆的圆幂为

$$\begin{aligned}&R^2-|\overrightarrow{OX}|^2\\=&R^2-\frac{|\boldsymbol{u}+\boldsymbol{v}+\boldsymbol{w}|^2}{4}\\=&R^2-\frac{|\boldsymbol{u}|^2+|\boldsymbol{v}|^2+|\boldsymbol{w}|^2+2\boldsymbol{u}\cdot\boldsymbol{v}+2\boldsymbol{v}\cdot\boldsymbol{w}+2\boldsymbol{w}\cdot\boldsymbol{u}}{4}\\=&\frac{R^2-2\boldsymbol{u}\cdot\boldsymbol{v}-2\boldsymbol{v}\cdot\boldsymbol{w}-2\boldsymbol{w}\cdot\boldsymbol{u}}{4}\\=&\frac{a^2+b^2+c^2-5R^2}{4}\end{aligned}$$

例 10　(2007 年日本数学奥林匹克题)设 O 是锐角$\triangle ABC$ 的外心,过点 A,O 的圆分别与直线 AB,AC 交于不同于点 A 的点 P,Q. 若 $PQ=BC$,求直线 PQ 与 BC 所夹的不超过 $90°$的角的度数.

解　设$\measuredangle XYZ$ 表示由点 X,Y,Z 定义的有向角,即直线 XY 绕点 Y 逆时针旋转 α 到直线 YZ,则$\measuredangle XYZ=\alpha$.

当 α 加上 $180°$的整数倍时,直线 XY 满足同样的条件. 因此,可以认为差是 $180°$的整数倍的两个有向角是相同的.

先证明一个引理：

引理 2 若一个圆上有四个不同的点 X,Y,Z,W，则$\measuredangle XZY=\measuredangle XWY$.

引理 2 的证明 圆周被点 X,Y 分成两段弧. 若点 Z,W 在同一段弧上，由同弧上的圆周角相等知

$$\angle XZY=\angle XWY$$

因为这两个角有相同的方向，所以

$$\measuredangle XZY=\measuredangle XWY$$

若点 Z,W 在不同的弧上，由圆内接四边形对角互补，可得

$$\angle XZY=180^\circ-\angle XWY$$

因为这两个角的方向相反，所以

$$\measuredangle XZY=180^\circ-(-\measuredangle XWY)=\measuredangle XWY$$

回到原题.

设$\triangle ABC$ 的边 AB,AC 的中点分别为 M,N，则 $OM\perp AM,ON\perp AN$. 于是，A,M,O,N 四点共圆.

由引理可得$\measuredangle MON=\measuredangle MAN$.

因为 A,P,O,Q 四点共圆，所以

$$\measuredangle POQ=\measuredangle PAQ$$

由于 A,P,M 三点共线，且 A,Q,N 也三点共线，则$\measuredangle MAN=\measuredangle PAQ$. 于是

$$\measuredangle MON=\measuredangle POQ$$

故$\measuredangle MOP=\measuredangle MON-\measuredangle PON=\measuredangle POQ-\measuredangle PON=\measuredangle NOQ$.

设点 B 关于点 P 的对称点为 B'. 由$\overrightarrow{BA}=2\overrightarrow{BM}$，$\overrightarrow{BB'}=2\overrightarrow{BP}$，可得

$$\overrightarrow{AB'}=2\overrightarrow{MP}$$

类似地设点 C 关于点 Q 的对称点为 C'，则$\overrightarrow{AC'}=2\overrightarrow{NQ}$.

因为 $\overrightarrow{MP}$ 等于 $\overrightarrow{OM}$ 逆时针旋转 $90°$，并乘以 $\tan\measuredangle MOP$；$\overrightarrow{NQ}$ 等于 $\overrightarrow{ON}$ 逆时针旋转 $90°$，并乘以 $\tan\measuredangle NOQ$，所以$\overrightarrow{AB'}$等于$\overrightarrow{OM}$逆时针旋转 $90°$，并乘以 $2\tan\measuredangle MOP$；$\overrightarrow{AC'}$ 等于 $\overrightarrow{ON}$ 逆时针旋转 $90°$，并乘以 $2\tan\measuredangle MOP$.

因此 $\overrightarrow{B'C'}$ 等于 $\overrightarrow{MN}$ 逆时针旋转 $90°$，并乘以 $2\tan\measuredangle MOP$.

特别地，由$\overrightarrow{MN}/\!/\overrightarrow{BC}$，有$\overrightarrow{B'C'}\perp\overrightarrow{BC}$.

设直线 $B'C'$ 与 BC 交于点 H，且点 P,Q 在直线 BC 上的投影分别为 P',Q'. 由于 P',Q' 分别是 HB,HC 的中点，则

$$P'Q'=\frac{1}{2}BC=\frac{1}{2}PQ$$

设直线 PQ 与 BC 的夹角为 $\theta(0°\leqslant\theta\leqslant 90°)$，由 $P'Q'=PQ\cos\theta$，得

$$\cos\theta=\frac{1}{2}\Rightarrow\theta=60°$$

例 11　（2005 年中国台湾地区数学奥林匹克题）已知 $\triangle ABC$，过点 B,C 的 $\odot O$ 与 AC,AB 分别交于点 D,E，BE 与 CE 交于点 F，直线 OF 与 $\triangle ABC$ 的外接圆交于点 P. 证明：$\triangle PBD$ 的内心就是 $\triangle PCE$ 的内心.

证明　先介绍几个引理：

引理 3　四边形 $ABCD$ 内接于 $\odot O$，对角线 AC,BD 交于 E，直线 BA,CD 交于 F，记 $\odot O$ 的半径为 r，则

$$\overrightarrow{OE}\cdot\overrightarrow{OF}=r^2$$

引理 3 的证明　如图 6.4.8 所示，过 F 作 $\odot O$ 的两条切线 FP,FQ. 由 $\triangle FPA\backsim\triangle FBP$，得

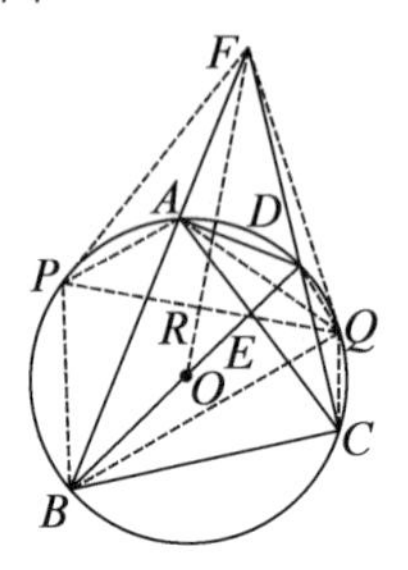

图 6.4.8

$$\frac{AP}{PB}=\frac{FA}{FP}=\frac{FP}{FB}$$

所以 $\left(\frac{AP}{PB}\right)^2=\frac{FA}{FB}$.

由 $\triangle FDQ\backsim\triangle FQC$，得 $\frac{DQ}{QC}=\frac{FD}{FQ}=\frac{FQ}{FC}$. 所以 $\left(\frac{DQ}{QC}\right)^2=\frac{FD}{FC}$. 由 $\triangle FAD\backsim\triangle FCB$，得 $\frac{BC}{AD}=\frac{FB}{FD}=\frac{FC}{FA}$.

所以 $\left(\frac{BC}{AD}\right)^2=\frac{FB\cdot FC}{FD\cdot FA}$.

三式相乘得

$$\left(\frac{AP}{PB}\right)^2\cdot\left(\frac{DQ}{QC}\right)^2\cdot\left(\frac{BC}{AD}\right)^2=1$$

则 $\frac{AP}{PB}\cdot\frac{BC}{CQ}\cdot\frac{QD}{DA}=1$.

故 $\frac{\sin\angle AQP}{\sin\angle PQB}\cdot\frac{\sin\angle BAC}{\sin\angle CAQ}\cdot\frac{\sin\angle QBD}{\sin\angle DBA}=1$.

由角元塞瓦逆定理知，BD,AC,QP 三线共点.

所以，E 在 PQ 上.

联结 OF 交 PQ 于 R. 因为 $OF \perp PQ$,则

$$
\begin{aligned}
\overrightarrow{OE} \cdot \overrightarrow{OF} &= (\overrightarrow{OR} + \overrightarrow{RE}) \cdot \overrightarrow{OF} \\
&= \overrightarrow{OR} \cdot \overrightarrow{OF} + \overrightarrow{RE} \cdot \overrightarrow{OF} \\
&= \overrightarrow{OR} \cdot \overrightarrow{OF} = r^2
\end{aligned}
$$

引理 4　四边形 $ABCD$ 内接于$\odot O$,对角线 AC,BD 交于 E,直线 BA,CD 交于 F,直线 AD,BC 交于 G. 记$\odot O$ 的半径为 r,则 $OE \perp FG$.

引理 4 的证明　如图 6.4.9 所示,由引理 1

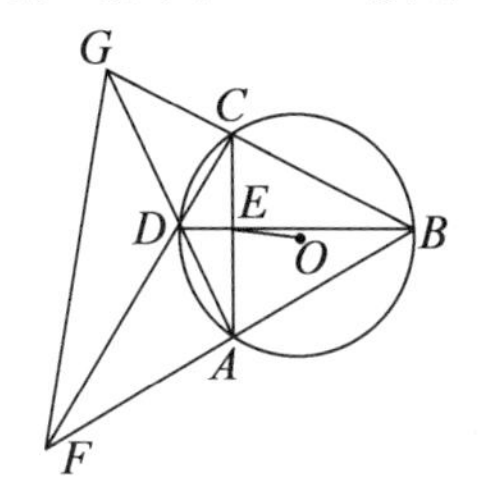

图 6.4.9

$$
\begin{aligned}
\overrightarrow{OE} \cdot \overrightarrow{FG} &= \overrightarrow{OE} \cdot (\overrightarrow{OG} - \overrightarrow{OF}) \\
&= \overrightarrow{OE} \cdot \overrightarrow{OG} - \overrightarrow{OE} \cdot \overrightarrow{OF} \\
&= r^2 - r^2 = 0
\end{aligned}
$$

所以,$OE \perp FG$.

引理 5　四边形 $ABCD$ 内接于$\odot O$,直线 BA,CD 交于 F,$\triangle FAD$ 的外接圆和$\triangle FBC$ 的外接圆交于点 P(异于点 F),则 $OP \perp PF$.

引理 5 的证明　引辅助线,如图 6.4.10 所示,因为

$$
\begin{aligned}
\angle APC &= \angle FPC - \angle FPA \\
&= 180^\circ - \angle B - \angle FDA \\
&= 180^\circ - 2\angle B
\end{aligned}
$$

$$=180^\circ-\angle AOC$$

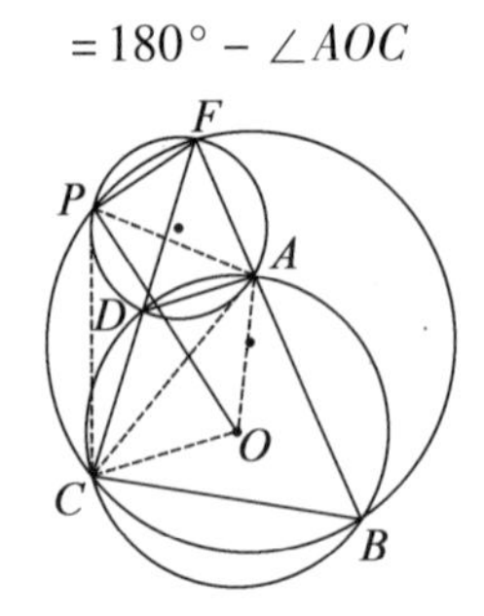

图 6.4.10

所以 A,P,C,O 四点共圆.

故

$$\begin{aligned}\angle FPO&=\angle FPC-\angle OPC\\&=180^\circ-\angle B-\angle OAC\\&=180^\circ-\angle B-(90^\circ-\angle B)=90^\circ\end{aligned}$$

因此,$OP\perp PF$.

引理 6 设 P 是半径为 r 的 $\odot O$ 上的一个动点, A,B 是过圆心 O 的一条射线上的两个定点且满足 $OA\cdot OB=r^2$,则$\dfrac{PA}{PB}$是定值.

引理 6 的证明 如图 6.4.11 所示,设 $OA=kr$, $OB=\dfrac{1}{k}r$, $\angle POA=\alpha$,则

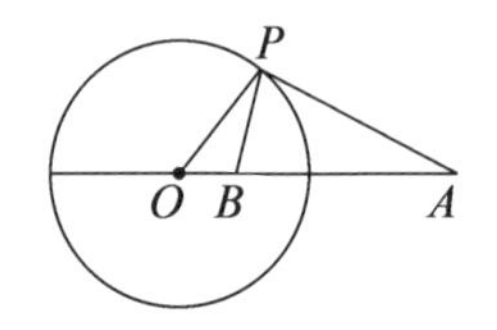

图 6.4.11

$$\begin{aligned}PA^2&=PO^2+OA^2-2PO\cdot OA\cos\alpha\\&=r^2(k^2+1-2k\cos\alpha)\end{aligned}$$

$$PB^2 = PO^2 + OB^2 - 2PO \cdot OB\cos\alpha$$
$$= r^2\left(1 + \frac{1}{k^2} - 2 \cdot \frac{1}{k}\cos\alpha\right)$$

所以 $PB^2 = \frac{1}{k^2}PA^2$.

故$\frac{PA}{PB} = k$ 为定值.

下面证明原题.

引辅助线,如图 6.4.12 所示,设直线 CB,DE 交于 Q,QA 交$\triangle ABC$ 的外接圆于一点 P'(异于点 A).

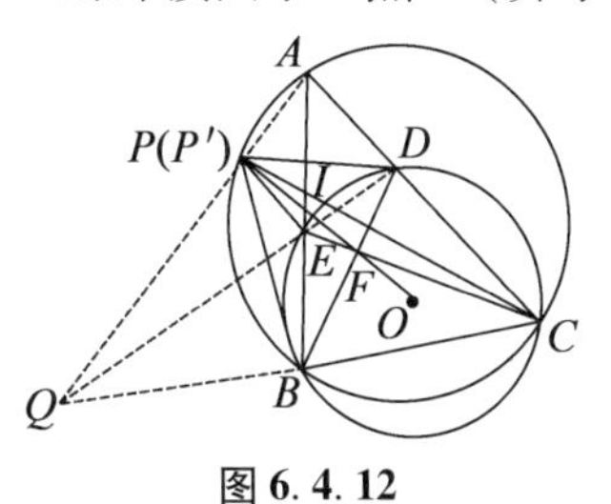

图 6.4.12

因为 $QP' \cdot QA = QB \cdot QC = QE \cdot QD$,所以,$P'$,$E$,$D$,$A$ 四点共圆.

由引理 3,$OP' \perp QA$.

由引理 2,$OF \perp QA$.

所以 O,F,P'三点共线.

因此 P'和 P 是同一点.

设$\odot O$ 的半径为 r,则

$$OF \cdot OP = \overrightarrow{OF} \cdot \overrightarrow{OP}$$
$$= \overrightarrow{OF} \cdot \overrightarrow{OP} + \overrightarrow{OF} \cdot \overrightarrow{PA}$$
$$= \overrightarrow{OF}(\overrightarrow{OP} + \overrightarrow{PA}) = \overrightarrow{OF} \cdot \overrightarrow{OA} = r^2$$

设 OP 与$\odot O$ 交于 I. 由引理 4,$\frac{PB}{BF} = \frac{PI}{IF}$.

所以 BI 平分 $\angle PBF$.

同理 DI 平分 $\angle PDF$.

于是 I 是 $\triangle PBD$ 的内心.

同理 I 也是 $\triangle PCE$ 的内心.

因此 $\triangle PBD$ 的内心就是 $\triangle PCE$ 的内心.

平面解析几何问题

第七章

7.1 有关概念与结论的向量表示

1. 有关概念与向量

若 A,B,C 为已知三点,当且仅当 $\overrightarrow{AC}//\overrightarrow{AB}$,即存在 $t\in\mathbf{R}$,使得 $\overrightarrow{AC}=t\overrightarrow{AB}$ 时,A,B,C 三点共线.

这个结论除了判断三点是否共线外,也可以理解为判定点在直线上的充要条件,即当且仅当 $\overrightarrow{AC}//\overrightarrow{AB}$,即存在 $t\in\mathbf{R}$,使得 $\overrightarrow{AC}=t\overrightarrow{AB}$ 时,点 C 在直线 AB 上.

更进一步,直线 AB 为一个由点组成的集合,上述命题不但能判断点 C 是否是直线 AB 这个集合中的元素,还可以求出直线 AB 中元素所需要满足的条件,即求出直线 AB 所对应的点的集合.

如图 7.1.1 所示,为方便起见,现记直线 AB 为直线 l,令 $\boldsymbol{e}=\overrightarrow{AB}$,$\boldsymbol{r}_0=\overrightarrow{OA}$,$\boldsymbol{r}=\overrightarrow{OC}$,则 $\overrightarrow{AC}=t\boldsymbol{e}$.

由$\overrightarrow{OC}=\overrightarrow{OA}+\overrightarrow{AC}$,有

$$\boldsymbol{r}=\boldsymbol{r}_0+t\boldsymbol{e} \tag{7.1.1}$$

图 7.1.1

于是,在直角坐标系中,如果我们知道点 A,B 的坐标或$\overrightarrow{AB}$的坐标,不妨假设 $\boldsymbol{e}=(e_1,e_2)$,$A(x_0,y_0)$,$C(x,y)$,则

$$\boldsymbol{r}=\boldsymbol{r}_0+t\boldsymbol{e}=(x_0+te_1,y_0+te_2) \tag{7.1.2}$$

即 $C(x_0+te_1,y_0+te_0)$. 所以直线 l 上任意一点 C 的坐标都可以用下面的等式来表示

$$\begin{cases}x=x_0+te_1\\y=y_0+te_2\end{cases} \tag{7.1.3}$$

从而任取一个实数 t,就可以得到一点 C,我们取遍所有的可能的实数 t,直线上所有的点 C 都可以用点的这种表示法求得.

式(7.1.1)与式(7.1.3)中,$\boldsymbol{r}$ 和 t,x,y 均为未知量. 因此式(7.1.1)与式(7.1.3)是关于未知量的等式,即方程,我们称式(7.1.1)为直线的向量方程,式(7.1.3)为直线的参数方程,利用这两个方程能很快求直线上某一点的坐标.

接下来,我们看看如何将式(7.1.3)进行化简,减少未知量的个数. 显然,根据解二元一次方程组的思想,将式(7.1.3)中的两个方程分别写为 t 的表达式可得

$$\frac{x-x_0}{e_1}=\frac{y-y_0}{e_2}=t \qquad (7.1.4)$$

即 $e_2x-e_1y-(e_2x_0-e_1y_0)=0$，为方便起见，记 $A=e_2$，$B=-e_1$，$C=-(e_2x_0-e_1y_0)$，得到

$$Ax+By+C=0 \qquad (7.1.5)$$

上式称为直线的一般方程，或者说直线 l 为这样一个点的集合 $\{(x,y)\mid Ax+By+C=0,x,y\in\mathbf{R}\}$，其中 (x,y) 表示平面直角坐标系中点的坐标.

(1)直线的法向量

设 $\boldsymbol{n}=(n_1,n_2)$，满足 $\boldsymbol{n}\perp l$，那么 $\boldsymbol{n}\perp\boldsymbol{e}$，从而

$$\boldsymbol{n}\cdot\boldsymbol{e}=0$$

即 $n_1e_1+n_2e_2=0$.

显然，当 $n_1=e_2,n_2=-e_1$ 时，上述等式一定成立. 我们便求出了一个满足要求的向量 $\boldsymbol{n}$，称为直线 l 的法向量.

在式(7.1.5)中，在将直线参数方程转化为一般方程形式的时候，我们假设了 $A=e_2,B=-e_1$，也就是说 $n_1=A,n_2=B$，即 $\boldsymbol{n}=(A,B)$，反过来如果知道了直线的法向量 $\boldsymbol{n}=(n_1,n_2)$，那么可以通过设直线的一般方程为 $n_1x+n_2y+C=0$，求出 C 的值得到.

(2)两直线的位置关系

设 l_1,l_2 为两条已知直线，其一般方程分别为 $A_1x+B_1y+C_1=0$ 和 $A_2x+B_2y+C_2=0$，与 l_1,l_2 共线和垂直的向量(法向量)分别为 $\boldsymbol{e}_1,\boldsymbol{e}_2$ 和 $\boldsymbol{n}_1,\boldsymbol{n}_2$，即 $\boldsymbol{e}_1/\!/l_1,\boldsymbol{e}_2/\!/l_2,\boldsymbol{n}_1\perp l_1,\boldsymbol{n}_2\perp l_2$.

如图 7.1.2 所示，$l_1/\!/l_2$ 当且仅当 $\boldsymbol{e}_1/\!/\boldsymbol{e}_2$ 且 $\boldsymbol{n}_1/\!/\boldsymbol{n}_2$，如果考虑 $\boldsymbol{n}_1=(A_1,B_1)$ 和 $\boldsymbol{n}_2=(A_2,B_2)$，则存在 $\lambda\in\mathbf{R}$ 使得 $\boldsymbol{n}_1=\lambda\boldsymbol{n}_2$，代入坐标得

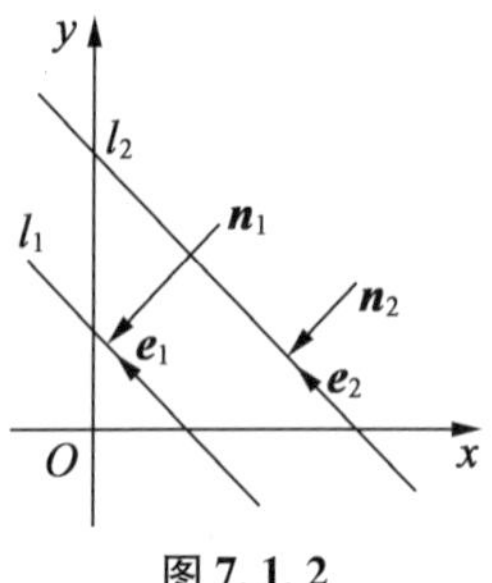

图 7.1.2

$$\begin{cases}A_1=\lambda A_2\\ B_1=\lambda B_2\end{cases}\Rightarrow A_1B_2-A_2B_1=0 \qquad (7.1.6)$$

同理,如图 7.1.3 所示,$l_1\perp l_2$ 当且仅当$\boldsymbol{e}_1\perp\boldsymbol{e}_2$且$\boldsymbol{n}_1\perp\boldsymbol{n}_2$,如果考虑$\boldsymbol{n}_1=(A_1,B_1)$和$\boldsymbol{n}_2=(A_2,B_2)$,则

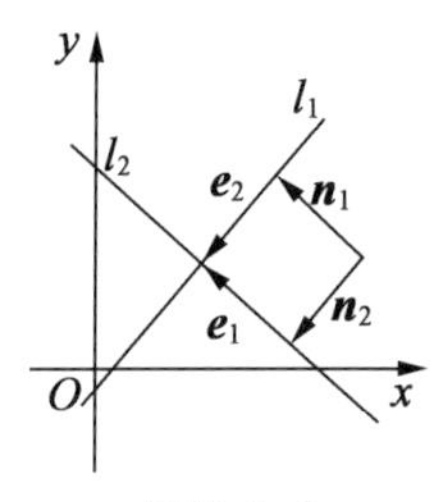

图 7.1.3

$$\boldsymbol{n}_1\cdot\boldsymbol{n}_2=A_1A_2+B_1B_2=0 \qquad (7.1.7)$$

更一般地,如图 7.1.4 所示,直线 l_1,l_2 相交于点 A,$\angle BAC$ 为 l_1,l_2 的夹角(不超过$90°$),过 l_1,l_2 外一定点 D 作 $DB\perp AB,DC\perp AC$,那么$\angle BAC$ 与$\angle BDC$ 互补,则由 l_1,l_2 的法向量分别为$\boldsymbol{n}_1=(A_1,B_1)$,$\boldsymbol{n}_2=(A_2,B_2)$,$\overrightarrow{BD}/\!/\boldsymbol{n}_1$,$\overrightarrow{CD}/\!/\boldsymbol{n}_2$,根据向量夹角的计算公式,有

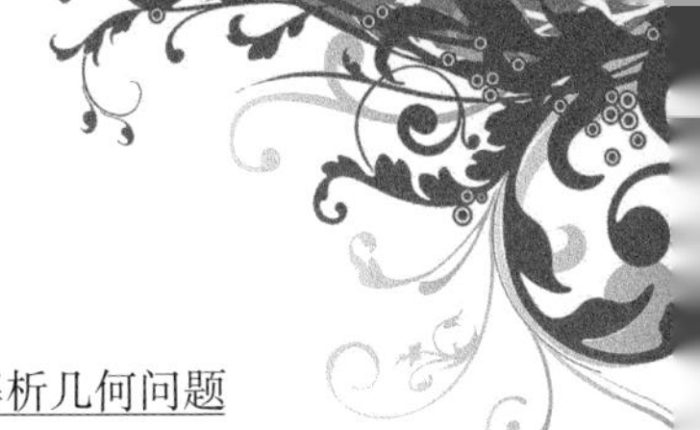

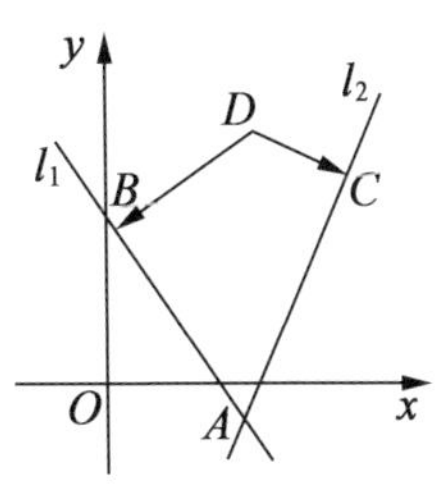

图 7.1.4

$$\begin{aligned}\cos\angle BAC &= |\cos\angle BDC| \\ &= \left|\frac{\boldsymbol{n}_1\cdot\boldsymbol{n}_2}{|\boldsymbol{n}_1||\boldsymbol{n}_2|}\right| \\ &= \left|\frac{A_1A_2+B_1B_2}{\sqrt{A_1^2+B_1^2}\sqrt{A_2^2+B_2^2}}\right| \quad (7.1.8)\end{aligned}$$

同样地,由于点 A 为直线 l_1,l_2 的交点,那么点 A 的坐标可以同时通过 l_1 和 l_2 的方程求得,即满足方程组

$$\begin{cases}A_1x+B_1y+C_1=0\\A_2x+B_2y+C_2=0\end{cases}$$

解方程组即可得到点 A 的坐标.

(3)直线的倾斜角与斜率

对于某条直线的方向,我们除了可以用与其平行或垂直的向量来表示,还可以用其与 x 轴正方向的夹角来表示,称作直线的倾斜角.

由上面的结论,我们可以很快求得直线的倾斜角.如图 7.1.5 所示,记直线 l 的倾斜角为 α,若 l:$Ax+By+C=0$,$\boldsymbol{e}/\!/l$,$\boldsymbol{i}=(1,0)$ 为 x 轴正方向上的单位向量,则当 $\boldsymbol{e}$ 有如图 7.1.5 所示的方向时,α 可由 $\boldsymbol{e}$ 与 $\boldsymbol{i}$ 的夹角表示,即当 $\boldsymbol{e}=(e_1,e_2)(e_2>0)$ 时

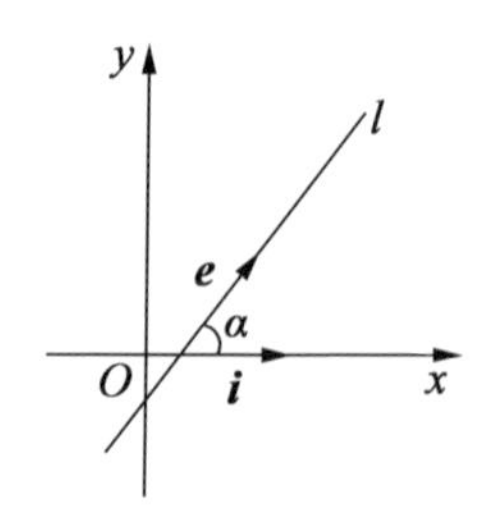

图 7.1.5

$$\cos\alpha=\frac{\boldsymbol{e}\cdot\boldsymbol{i}}{|\boldsymbol{e}||\boldsymbol{i}|}=\frac{e_1}{\sqrt{e_1^2+e_2^2}}$$

$$\sin\alpha=\frac{e_2}{\sqrt{e_1^2+e_2^2}},\tan\alpha=\frac{e_2}{e_1}$$

显然由 $\boldsymbol{n}=(A,B)$,$\boldsymbol{n}\perp\boldsymbol{e}$ 得

$$Ae_1+Be_2=0\Rightarrow\tan\alpha=\frac{e_2}{e_1}=-\frac{A}{B}\qquad(7.1.9)$$

我们选择表达式最简单的 $\tan\alpha$ 记为 k,称 k 为直线的斜率,那么 $Ax+By+C=0$ 可以化为

$$y=kx+b\quad(其中\ k=-\frac{A}{B},b=-\frac{C}{B},B\neq0)$$

上式称为直线的斜截式方程. 显然斜截式方程无法表示一般方程中 $B=0$ 的情况,即与 y 轴平行的直线.

(4)点到直线的距离

定理 1 已知点 $P(x_0,y_0)$ 和直线 $l:Ax+By+C=0$(A,B 不全为 0),则点 P 到直线 l 的距离为

$$d=\frac{|Ax_0+By_0+C|}{\sqrt{A^2+B^2}}\qquad(7.1.10)$$

证法 1 设 $\boldsymbol{n}=(A,B)$ 是 l 的一个法向量,$M(x,y)$ 是 l 上任一点,如图 7.1.6 所示.

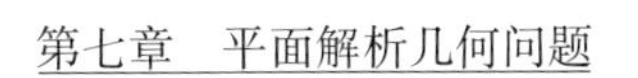

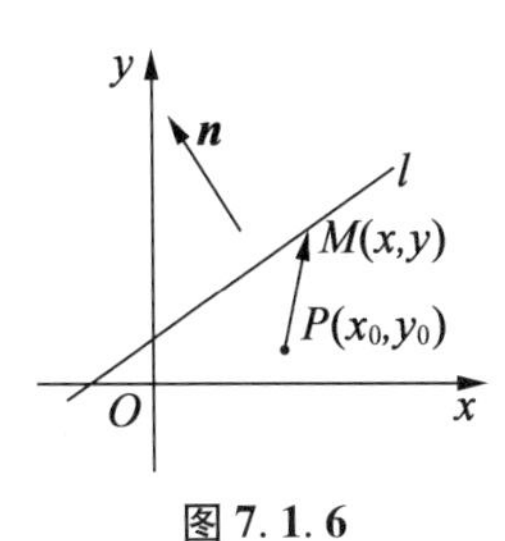

图 7.1.6

由题意知

$$
\begin{aligned}
d &= |\overrightarrow{PM}||\cos\langle\overrightarrow{PM},\boldsymbol{n}\rangle| \\
&= \frac{|\overrightarrow{PM}\cdot\boldsymbol{n}|}{|\boldsymbol{n}|} \\
&= \frac{|(x-x_0,y-y_0)\cdot(A,B)|}{\sqrt{A^2+B^2}} \\
&= \frac{|A(x-x_0)+B(y-y_0)|}{\sqrt{A^2+B^2}} \\
&\xlongequal{\text{由 } Ax+By=-C} \frac{|Ax_0+By_0+C|}{\sqrt{A^2+B^2}}
\end{aligned}
$$

故 $d=\dfrac{|Ax_0+By_0+C|}{\sqrt{A^2+B^2}}$.

证法 2　设 $\boldsymbol{n}=(A,B)$ 是 l 的一个法向量，$M(x,y)$ 是 l 上任一点.

由平面向量数量积性质，可知

$$|\overrightarrow{PM}\cdot\boldsymbol{n}|\leqslant|\overrightarrow{PM}||\boldsymbol{n}|$$

则

$$
\begin{aligned}
|\overrightarrow{PM}| &\geqslant \frac{|\overrightarrow{PM}\cdot\boldsymbol{n}|}{|\boldsymbol{n}|} \\
&= \frac{|(x-x_0,y-y_0)\cdot(A,B)|}{\sqrt{A^2+B^2}}
\end{aligned}
$$

$$\xlongequal{\text{由 } Ax+By=-C}\frac{|Ax_0+By_0+C|}{\sqrt{A^2+B^2}}$$

当且仅当$\overrightarrow{PM}/\!/\boldsymbol{n}$,即 $B(x-x_0)-A(y-y_0)=0$ 时上式等号成立.

故 $d=|\overrightarrow{PM}|_{\min}=\dfrac{|Ax_0+By_0+C|}{\sqrt{A^2+B^2}}$.

(5)圆的切线方程

定理 2 已知点 $P(x_0,y_0)$是圆 $C:(x-a)^2+(y-b)^2=r^2(r>0)$上的任一点,则过点 $P(x_0,y_0)$的圆 C 的切线方程为

$$(x_0-a)(x-a)+(y_0-b)(y-b)=r^2 \quad (7.1.11)$$

证明 如图 7.1.7 所示,设 $M(x,y)$是切线 l 上任一点,由圆的切线垂直于过切点的半径可知$\overrightarrow{CP}$是 l 的一个法向量,且

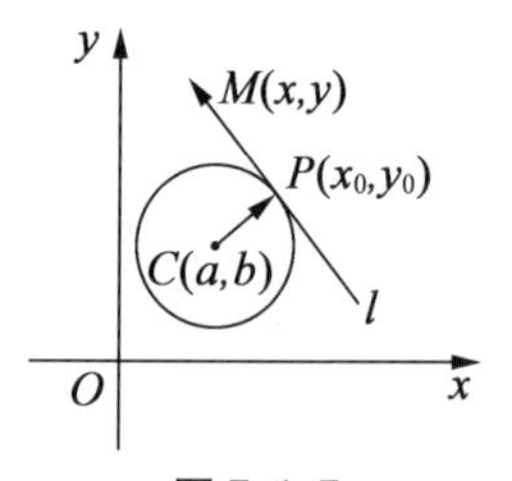

图 7.1.7

$$\begin{aligned}\overrightarrow{PM}\perp\overrightarrow{CP}&\Leftrightarrow\overrightarrow{PM}\cdot\overrightarrow{CP}=0\\&\Leftrightarrow(x-x_0,y-y_0)\cdot(x_0-a,y_0-b)=0\\&\Leftrightarrow(x-x_0)(x_0-a)+(y-y_0)(y_0-b)=0\\&\Leftrightarrow(x_0-a)(x-a)+(y_0-b)(y-b)=r^2\end{aligned}$$

故过点 $P(x_0,y_0)$的圆 C 的切线 l 的方程为

$$(x-x_0)(x_0-a)+(y-y_0)(y_0-b)=0$$

$$\Leftrightarrow(x_0-a)(x-a)+(y_0-b)(y-b)=r^2$$

特别地，当 $a=b=0$ 时过圆 $O:x^2+y^2=r^2(r>0)$ 上任一点 $P(x_0,y_0)$ 的切线 l 的方程为 $x_0x+y_0y=r^2$.

(6)直线的标准式参数方程

定理3　经过点 $M_0(x_0,y_0)$，倾斜角为 α 的直线 l 的参数方程为

$$\begin{cases} x=x_0+t\cos\alpha \\ y=y_0+t\sin\alpha \end{cases} \quad (t\text{ 为参数}) \qquad (7.1.12)$$

证明　如图7.1.8所示，设 $\boldsymbol{e}=(\cos\alpha,\sin\alpha)$ 是直线 l 上的一个单位方向向量，$M(x,y)$ 是 l 上任一点，则 $\overrightarrow{M_0M}/\!/\boldsymbol{e}\Leftrightarrow$存在唯一的 $t\in\mathbf{R}$，使

$$\overrightarrow{M_0M}=t\boldsymbol{e}\Leftrightarrow(x-x_0,y-y_0)=t(\cos\alpha,\sin\alpha)$$

$$\Leftrightarrow\begin{cases} x-x_0=t\cos\alpha \\ y-y_0=t\sin\alpha \end{cases}$$

$$\Leftrightarrow\begin{cases} x=x_0+t\cos\alpha \\ y=y_0+\sin\alpha \end{cases}$$

其中 t 为参数，t 的几何意义是有向线段$\overrightarrow{M_0M}$的数量，即 $t=M_0M$ 且 $|t|=|\overrightarrow{M_0M}|$.

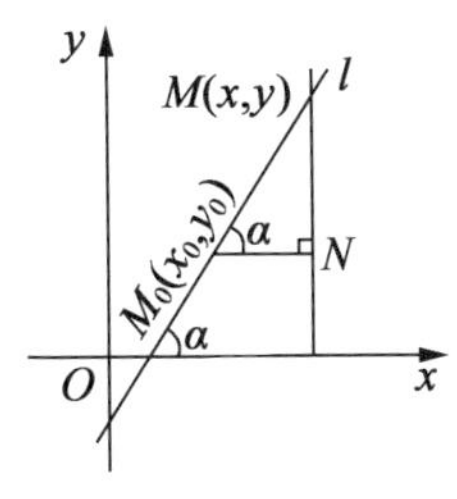

图7.1.8

(1)当$\overrightarrow{M_0M}$方向向上(右)时，$t=M_0M=|\overrightarrow{M_0M}|>0$;

(2)当$\overrightarrow{M_0M}$方向向下(左)时，$t=M_0M=-|\overrightarrow{M_0M}|<0$;

(3)当$\overrightarrow{M_0M}=\mathbf{0}$时，$t=M_0M=0\Leftrightarrow M=M_0$(重合).

2. 直线与圆锥曲线位置关系的判定

定理 4① 设椭圆的一个焦点为 F，直线 l 与过椭圆长轴的端点 A'，A 的切线相交于 M'，M，则：

(1)

$$\overrightarrow{FM'}\cdot\overrightarrow{FM}=0\Leftrightarrow \text{直线 } l \text{ 与椭圆相切} \quad (7.1.13)$$

(2)

$$\overrightarrow{FM'}\cdot\overrightarrow{FM}>0\Leftrightarrow \text{直线 } l \text{ 与椭圆相离} \quad (7.1.14)$$

(3)

$$\overrightarrow{FM'}\cdot\overrightarrow{FM}<0\Leftrightarrow \text{直线 } l \text{ 与椭圆相交} \quad (7.1.15)$$

证明 设椭圆方程$\frac{x^2}{a^2}+\frac{y^2}{b^2}=1(a>b>0)$，$F(c,0)$，$A'(-a,0)$，$A(a,0)$. 直线 l：$y=kx+m$，则

$$\begin{aligned}\overrightarrow{FM'}\cdot\overrightarrow{FM}&=(-a-c,m-ka)\cdot(a-c,m+ka)\\&=c^2-a^2+m^2-k^2a^2\\&=m^2-b^2-a^2k^2\end{aligned}$$

由$\begin{cases}\frac{x^2}{a^2}+\frac{y^2}{b^2}=1\\ y=kx+m\end{cases}$消去 y，得

$$(b^2+a^2k^2)x^2+2a^2kmx+a^2(m^2-b^2)=0$$

$$\Delta=4a^2b^2(b^2+a^2k^2-m^2)$$

(1)$\overrightarrow{FM'}\cdot\overrightarrow{FM}=0\Leftrightarrow m^2-b^2-a^2k^2=0\Leftrightarrow\Delta=0\Leftrightarrow$直线 l 与椭圆相切；

(2)$\overrightarrow{FM'}\cdot\overrightarrow{FM}>0\Leftrightarrow m^2-b^2-a^2k^2>0\Leftrightarrow\Delta<0\Leftrightarrow$直

① 彭世金. 用向量法判定直线与圆锥曲线的位置关系[J]. 数学通讯，2004(17)：19.

线 l 与椭圆相离;

(3) $\overrightarrow{FM'}\cdot\overrightarrow{FM}<0\Leftrightarrow m^2-b^2-a^2k^2<0\Leftrightarrow\Delta>0\Leftrightarrow$ 直线 l 与圆椭相交.

定理 5　设双曲线的一个焦点为 F,直线 l 与过顶点 A',A 的切线相交于 M',M,则:

(1)

$$\overrightarrow{FM'}\cdot\overrightarrow{FM}=0$$

$\Leftrightarrow$直线 l 与双曲线相切或 l 为双曲线的一条渐近线　(7.1.16)

(2)

$$\overrightarrow{FM'}\cdot\overrightarrow{FM}<0$$

$\Leftrightarrow$直线 l 与双曲线相离　(7.1.17)

(3)

$$\overrightarrow{FM'}\cdot\overrightarrow{FM}>0$$

$\Leftrightarrow$直线 l 与双曲线相交(或相交于一点)　(7.1.18)

证明　设双曲线方程 $\frac{x^2}{a^2}-\frac{y^2}{b^2}=1(a>0,b>0)$,$F(c,0)$,$A'(-a,0)$,$A(a,0)$,直线 l:$y=kx+m$,则

$$\begin{aligned}\overrightarrow{FM'}\cdot\overrightarrow{FM}&=(-a-c,m-ka)\cdot(a-c,m+ka)\\&=(c^2-a^2)+m^2-k^2a^2\\&=m^2+b^2-k^2a^2\end{aligned}$$

由 $\begin{cases}\frac{x^2}{a^2}-\frac{y^2}{b^2}=1\\ y=kx+m\end{cases}$ 消去 y,得

$$(a^2k^2-b^2)x^2+2a^2kmx+a^2(m^2+b^2)=0$$

$$\Delta=4a^2b^2(m^2+b^2-a^2k^2)$$

(1) $\overrightarrow{FM'}\cdot\overrightarrow{FM}=0\Leftrightarrow m^2+b^2-a^2k^2=0\Leftrightarrow m^2=a^2k^2-b^2\neq0$ 或 $m^2=a^2k^2-b^2=0\Leftrightarrow\Delta=0$ 或 $m=0,k=\pm\frac{b}{a}\Leftrightarrow$ 直线 l 与双曲线相切或 l 为双曲线的一条渐近线;

(2) $\overrightarrow{FM'}\cdot\overrightarrow{FM}<0\Leftrightarrow m^2<a^2k^2-b^2\Leftrightarrow\Delta<0\Leftrightarrow$ 直线 l 与双曲线相离;

(3) $\overrightarrow{FM'}\cdot\overrightarrow{FM}>0\Leftrightarrow m^2>a^2k^2-b^2\Leftrightarrow m^2>a^2k^2-b^2\neq0$ 或 $m^2>a^2k^2-b^2=0\Leftrightarrow\Delta>0$ 或 l 平行于双曲线的一条渐近线 $\Leftrightarrow$ 直线 l 与双曲线相交(或相交于一点).

定理6 设抛物线的焦点为 F,过 F 的直线 l' 与直线 l 平行(或重合),直线 l',l 与过顶点 O 的切线分别相交于 M',M,则:

(1)

$$\overrightarrow{FM'}\cdot\overrightarrow{FM}=0\Leftrightarrow \text{直线 } l \text{ 与抛物线相切} \tag{7.1.19}$$

(2)

$$\overrightarrow{FM'}\cdot\overrightarrow{FM}<0\Leftrightarrow \text{直线 } l \text{ 与抛物线相离} \tag{7.1.20}$$

(3)

$$\overrightarrow{FM'}\cdot\overrightarrow{FM}>0\Leftrightarrow \text{直线 } l \text{ 与抛物线相交(或相交于一点)} \tag{7.1.21}$$

证明 设抛物线方程 $y^2=2px(p>0)$,焦点 $F(\frac{p}{2},0)$,直线 $l:y=kx+m$,直线 $l':y=k(x-\frac{p}{2})$,则

$$\overrightarrow{FM'}\cdot\overrightarrow{FM}=(-\frac{p}{2},-\frac{pk}{2})\cdot(-\frac{p}{2},m)$$

$$=\frac{p^2}{4}-\frac{pkm}{2}$$

$$=\frac{1}{4}(p^2-2pkm)$$

由$\begin{cases}y^2=2px\\y=kx+m\end{cases}$消去$x$，有

$$\Delta=4p^2-8pkm$$

(1)$\overrightarrow{FM'}\cdot\overrightarrow{FM}=0\Leftrightarrow p^2-2pmk=0\Leftrightarrow\Delta=0\Leftrightarrow$直线$l$与抛物线相切；

(2)$\overrightarrow{FM'}\cdot\overrightarrow{FM}<0\Leftrightarrow p^2-2pkm<0\Leftrightarrow\Delta<0\Leftrightarrow$直线$l$与抛物线相离；

(3)$\overrightarrow{FM'}\cdot\overrightarrow{FM}>0\Leftrightarrow p^2-2pkm>0\Leftrightarrow\Delta>0$或$k=0\Leftrightarrow$直线$l$与抛物线相交(或相交于一点).

3. 最值问题

定理 7① 已知点P是椭圆$\frac{x^2}{a^2}+\frac{y^2}{b^2}=1(a>b>0)$上的一个动点，$M_1(-m,0)$，$M_2(m,0)(m>0)$是$x$轴上的两个定点，则

$$\overrightarrow{PM_1}\cdot\overrightarrow{PM_2}\text{的最大值为 }a^2-m^2\text{，最小值为 }b^2-m^2 \tag{7.1.22}$$

证明 设点P的坐标为(x,y)，则$\overrightarrow{PM_1}=(-m-x,-y)$，$\overrightarrow{PM_2}=(m-x,-y)$，所以$\overrightarrow{PM_1}\cdot\overrightarrow{PM_2}=x^2+y^2-m^2$，而$x^2+y^2$的几何意义是点$P$到原点$O$距离的平方，即$|OP|^2=x^2+y^2$，结合图形易知：当点$P$运动到与

① 刘瑞美. 圆锥曲线中关于向量数量积的几个性质[J]. 中学数学杂志，2010(7)：38-40.

椭圆左、右顶点重合时 $|OP|^2$ 达到最大值 a^2；当点 P 运动到与椭圆上、下顶点重合时 $|OP|^2$ 达到最小值 b^2，所以当 $x=\pm a$ 时，$\overrightarrow{PM_1}\cdot\overrightarrow{PM_2}$ 取最大值 a^2-m^2；当 $x=0$ 时，所以 $\overrightarrow{PM_1}\cdot\overrightarrow{PM_2}$ 取最小值 b^2-m^2.

由定理 7 有如下推论：

推论 1 当点 M_1,M_2 分别与椭圆的左、右焦点 F_1,F_2 重合时，有

$$\overrightarrow{PF_1}\cdot\overrightarrow{PF_2}\text{的最大值为 } a^2-c^2=b^2\text{，最小值为 } b^2-c^2 \tag{7.1.23}$$

推论 2 当点 M_1,M_2 分别与椭圆的左、右顶点 A，B 重合时，有

$$\overrightarrow{PA}\cdot\overrightarrow{PB}\text{的最大值为 } a^2-a^2=0\text{，最小值为 } b^2-a^2=-c^2 \tag{7.1.24}$$

推论 3 已知点 P 是椭圆 $\frac{x^2}{a^2}+\frac{y^2}{b^2}=1(a>b>0)$ 上的一个动点，A,F 分别是椭圆的左顶点和右焦点，则

$$\overrightarrow{PA}\cdot\overrightarrow{PF}+\frac{1-e}{1+e}\cdot(\overrightarrow{PA}\cdot\overrightarrow{AF})\text{的最大值为 } 0$$

$$\text{最小值为 } -c^2(e\text{ 为椭圆离心率}) \tag{7.1.25}$$

证明 $\overrightarrow{PA}\cdot\overrightarrow{PF}+\frac{1-e}{1+e}\cdot(\overrightarrow{PA}\cdot\overrightarrow{AF})=\overrightarrow{PA}\cdot(\overrightarrow{PF}+\frac{1-e}{1+e}\cdot\overrightarrow{AF})=\overrightarrow{PA}\cdot(\overrightarrow{PF}+\frac{a-c}{a+c}\cdot\overrightarrow{AF})=\overrightarrow{PA}\cdot(\overrightarrow{PF}+\frac{|\overrightarrow{FB}|}{|\overrightarrow{AF}|}\cdot\overrightarrow{AF})=\overrightarrow{PA}\cdot(\overrightarrow{PF}+\overrightarrow{FB})=\overrightarrow{PA}\cdot\overrightarrow{PB}$.

由推论 2 可知 $\overrightarrow{PA}\cdot\overrightarrow{PF}+\frac{1-e}{1+e}\cdot(\overrightarrow{PA}\cdot\overrightarrow{AF})$ 的最大值为 0，最小值为 $-c^2$.

定理 8　若点 A,B 分别是椭圆 $\frac{x^2}{a^2}+\frac{y^2}{b^2}=1(a>b>0)$ 的右顶点和上顶点，点 P 是线段 AB 上的一个动点，$M_1(-m,0),M_2(m,0)(m>0)$ 是 x 轴上的两个定点，则

$$\overrightarrow{PM_1}\cdot\overrightarrow{PM_2}\text{的最大值为 } a^2-m^2\text{，最小值为}\frac{a^2b^2}{a^2+b^2}-m^2 \tag{7.1.26}$$

证明　设点 P 的坐标为 (x,y)，则 $\overrightarrow{PM_1}=(-m-x,-y)$，$\overrightarrow{PM_2}=(m-x,-y)$，所以 $\overrightarrow{PM_1}\cdot\overrightarrow{PM_2}=x^2+y^2-m^2$，而 x^2+y^2 的几何意义是点 P 到原点 O 距离的平方，即 $|OP|^2=x^2+y^2$，结合图形易知：当点 P 运动到点 A 时，$|OP|^2$ 达到最大值 a^2；所以当 $x=a$ 时，$\overrightarrow{PM_1}\cdot\overrightarrow{PM_2}$ 取最大值 a^2-m^2；由于从平面上一点向一条直线所引的所有线中以垂线段为最短，所以当 $OP\perp AB$ 时，$|OP|^2$ 达到最小值为 $\left(\frac{ab}{\sqrt{a^2+b^2}}\right)^2=\frac{a^2b^2}{a^2+b^2}$.

所以 $\overrightarrow{PM_1}\cdot\overrightarrow{PM_2}$ 的最小值为 $\frac{a^2b^2}{a^2+b^2}-m^2$.

由定理 8 有如下推论：

推论 4　当点 M_1,M_2 分别与椭圆的左、右焦点 F_1,F_2 重合时，有

$$\overrightarrow{PF_1}\cdot\overrightarrow{PF_2}\text{的最大值为 } a^2-c^2=b^2\text{，最小值为}\frac{a^2b^2}{a^2+b^2}-c^2 \tag{7.1.27}$$

定理 9　已知点 P 是双曲线 $\frac{x^2}{a^2}-\frac{y^2}{b^2}=1(a>0,b>0)$ 上的一个动点，$M_1(-m,0),M_2(m,0)(m>0)$ 是 x

轴上的两个定点,则

$$\overrightarrow{PM_1}\cdot\overrightarrow{PM_2}\text{的最小值为 } a^2-m^2\text{,此时无最大值} \tag{7.1.28}$$

证明 设点 P 的坐标为 (x,y),则 $\overrightarrow{PM_1}=(-m-x,-y)$,$\overrightarrow{PM_2}=(m-x,-y)$,所以 $\overrightarrow{PM_1}\cdot\overrightarrow{PM_2}=x^2+y^2-m^2$,而 x^2+y^2 的几何意义是点 P 到原点 O 距离的平方,即 $|OP|^2=x^2+y^2$,结合图形易知:当点 P 运动到与双曲线左、右顶点重合时,$|OP|^2$ 达到最小值 a^2,此时无最大值. 所以当 $x=\pm a$ 时,$\overrightarrow{PM_1}\cdot\overrightarrow{PM_2}$ 取最小值 a^2-m^2.

由定理 9 有如下推论:

推论 5 当点 M_1,M_2 分别与双曲线的左、右焦点 F_1,F_2 重合时,有

$$\overrightarrow{PF_1}\cdot\overrightarrow{PF_2}\text{的最小值为 } a^2-c^2=-b^2\text{,此时无最大值} \tag{7.1.29}$$

推论 6 当点 M_1,M_2 分别与双曲线的左、右顶点 A,B 重合时,有

$$\overrightarrow{PA}\cdot\overrightarrow{PB}\text{的最小值为 } a^2-a^2=0\text{,此时无最大值} \tag{7.1.30}$$

推论 7 已知点 P 是双曲线 $\frac{x^2}{a^2}-\frac{y^2}{b^2}=1(a>0,b>0)$ 上的一个动点,A,F 分别是双曲线的左顶点、右焦点,则

$$\overrightarrow{PA}\cdot\overrightarrow{PF}+\frac{e-1}{e+1}\cdot(\overrightarrow{PA}\cdot\overrightarrow{AF})\text{ 的最小值为 } 0$$

此时无最大值(e 为双曲线的离心率)(7.1.31)

证明　$\overrightarrow{PA}\cdot\overrightarrow{PF}+\frac{e-1}{e+1}\cdot(\overrightarrow{PA}\cdot\overrightarrow{AF})=\overrightarrow{PA}\cdot(\overrightarrow{PF}+\frac{e-1}{e+1}\cdot\overrightarrow{AF})=\overrightarrow{PA}\cdot(\overrightarrow{PF}+\frac{c-a}{c+a}\cdot\overrightarrow{AF})=\overrightarrow{PA}\cdot(\overrightarrow{PF}+\frac{|\overrightarrow{FB}|}{|\overrightarrow{AF}|}\cdot\overrightarrow{AF})=\overrightarrow{PA}\cdot(\overrightarrow{PF}+\overrightarrow{FB})=\overrightarrow{PA}\cdot\overrightarrow{PB}$.

由推论6可知$\overrightarrow{PA}\cdot\overrightarrow{PF}+\frac{e-1}{e+1}\cdot(\overrightarrow{PA}\cdot\overrightarrow{AF})$的最小值为0,此时无最大值.

定理10　若点A,B分别是双曲线$\frac{x^2}{a^2}-\frac{y^2}{b^2}=1(a>0,b>0)$的右顶点、上虚顶点,点$P$是线段$AB$上的一个动点,$M_1(-m,0)$,$M_2(m,0)(m>0)$是$x$轴上的两个定点,则

$$\overrightarrow{PM_1}\cdot\overrightarrow{PM_2}\text{的最大值为}\begin{cases}a^2-m^2(a\geqslant b)\\b^2-m^2(a<b)\end{cases}\tag{7.1.32}$$

$$\overrightarrow{PM_1}\cdot\overrightarrow{PM_2}\text{的最小值为}\frac{a^2b^2}{a^2+b^2}-m^2\tag{7.1.33}$$

证明　设点P的坐标为(x,y),则$\overrightarrow{PM_1}=(-m-x,-y)$,$\overrightarrow{PM_2}=(m-x,-y)$,所以$\overrightarrow{PM_1}\cdot\overrightarrow{PM_2}=x^2+y^2-m^2$,而$x^2+y^2$的几何意义是点$P$到原点$O$距离的平方,即$|OP|^2=x^2+y^2$,结合图形易知:当$a\geqslant b$时,点$P$运动到点$A$时,$|OP|^2$达到最大值$a^2$,当$a<b$时,点$P$运动到点$B$时,$|OP|^2$达到最大值$b^2$,所以$\overrightarrow{PM_1}\cdot\overrightarrow{PM_2}$的最大值为$\begin{cases}a^2-m^2(a\geqslant b)\\b^2-m^2(a<b)\end{cases}$;又由于从平面上一点向一条直线所引的所有线中以垂线段为最短,所以当

$OP\perp AB$时,$|OP|^2$ 达到最小值为$\left(\frac{ab}{\sqrt{a^2+b^2}}\right)^2=\frac{a^2b^2}{a^2+b^2}$,所以$\overrightarrow{PM_1}\cdot\overrightarrow{PM_2}$的最小值为$\frac{a^2b^2}{a^2+b^2}-m^2$.

由定理 10 可得如下推论:

推论 8 当点 M_1,M_2 分别与双曲线的左、右焦点 F_1,F_2 重合时,则

$$\overrightarrow{PF_1}\cdot\overrightarrow{PF_2}\text{的最大值为}\begin{cases}a^2-c^2=-b^2(a\geqslant b)\\ b^2-c^2=-a^2(a<b)\end{cases}\tag{7.1.34}$$

$$\overrightarrow{PF_1}\cdot\overrightarrow{PF_2}\text{的最小值为}\frac{a^2b^2}{a^2+b^2}-c^2\tag{7.1.35}$$

定理 11 已知点 P 是抛物线 $y^2=2px(p>0)$上的一个动点,$M_1(-m,0)$,$M_2(m,0)(m>0)$是 x 轴上的两个定点,则

$$\overrightarrow{PM_1}\cdot\overrightarrow{PM_2}\text{的最小值为}-m^2\text{,此时无最大值}\tag{7.1.36}$$

证明 设点 P 的坐标为(x,y),则$\overrightarrow{PM_1}=(-m-x,-y)$,$\overrightarrow{PM_2}=(m-x,-y)$,所以$\overrightarrow{PM_1}\cdot\overrightarrow{PM_2}=x^2+y^2-m^2$,而 x^2+y^2 的几何意义是点 P 到原点 O 距离的平方,即$|OP|^2=x^2+y^2$,结合图形易知:当点 P 运动到与抛物线的顶点重合时,$|OP|^2$ 达到最小值 0,所以$\overrightarrow{PM_1}\cdot\overrightarrow{PM_2}$的最小值为$-m^2$. 此时无最大值.

由定理 11 可得如下推论:

推论 9 当点 M_1 与抛物线准线和对称轴交点 F_1 重合,点 M_2 与抛物线的焦点 F_2 重合时,有

$\overrightarrow{PF_1}\cdot\overrightarrow{PF_2}$的最小值为$-\dfrac{p^2}{4}$,此时无最大值

$$(7.1.37)$$

4. 焦点三角形问题①②

定理 12　设E,F是椭圆$\dfrac{x^2}{a^2}+\dfrac{y^2}{b^2}=1(a>b>0)$或双曲线$\dfrac{x^2}{a^2}-\dfrac{y^2}{b^2}=1(a>0,b>0)$的左、右焦点. P是椭圆或双曲线上的一点,若$|\overrightarrow{EP}+\overrightarrow{FP}|=2\lambda(\lambda>0)$,$\triangle EPF$的面积为$S$,椭圆或双曲线上的半焦距为$c$,则

$$S=\sqrt{(a+c)(a-c)(a+\lambda)(a-\lambda)} \tag{7.1.38}$$

(当点P在x轴上时$S=0$).

证明　设$P(x,y)$,而$E(-c,0)$,$F(c,0)$,故$\overrightarrow{EP}=(x+c,y)$,$\overrightarrow{FP}=(x-c,y)$,由$|\overrightarrow{EP}+\overrightarrow{FP}|=2\lambda$得

$$\lambda=\sqrt{x^2+y^2}\Rightarrow x^2+y^2=\lambda^2 \quad ①$$

对于椭圆,将①与椭圆方程联立解得$|y_P|=|y|=\dfrac{b}{c}\sqrt{a^2-\lambda^2}$,所以

$$\begin{aligned}S&=\frac{1}{2}|EF|\cdot|y_P|=\frac{1}{2}\cdot 2c|y_P|\\&=c|y_P|=b\sqrt{a^2-\lambda^2}\\&=\sqrt{b^2(a^2-\lambda^2)}=\sqrt{(a^2-c^2)(a^2-\lambda^2)}\end{aligned}$$

---

① 玉邴图. 向量的模与焦点三角形[J]. 中学数学,2008(6):7.

② 玉邴图. 数量积与焦点三角形[J]. 中学数学,2008(4):20-21.

$$= \sqrt{(a+c)(a-c)(a+\lambda)(a-\lambda)}$$

对于双曲线，将①与双曲线方程联立解得 $|y_P| = |y| = \frac{b}{c}\sqrt{\lambda^2 - a^2}$，所以

$$\begin{aligned} S &= \frac{1}{2}|EF| \cdot |y_P| = \frac{1}{2} \cdot 2c|y_P| \\ &= c|y_P| = b\sqrt{\lambda^2 - a^2} \\ &= \sqrt{b^2(\lambda^2 - a^2)} = \sqrt{(c^2 - a^2)(\lambda^2 - a^2)} \\ &= \sqrt{(c+a)(c-a)(\lambda+a)(\lambda-a)} \\ &= \sqrt{(a+c)(a-c)(a+\lambda)(a-\lambda)} \end{aligned}$$

推论 10 设 E,F 是椭圆 $\frac{x^2}{a^2} + \frac{y^2}{b^2} = 1(a > b > 0)$ 或双曲线 $\frac{x^2}{a^2} - \frac{y^2}{b^2} = 1(a > 0, b > 0)$ 的左、右焦点，P 是椭圆或双曲线上的一点，O 是椭圆或双曲线中心，若 $|\overrightarrow{OP}| = \lambda(\lambda > 0)$，$\triangle EPF$ 的面积为 S，椭圆或双曲线上的半焦距为 c，则

$$S = \sqrt{(a+c)(a-c)(a+\lambda)(a-\lambda)} \tag{7.1.39}$$

（当点 P 在 x 轴上时 $S = 0$）.

证明 因为 O 是 EF 的中点，所以由向量中点公式得

$$\overrightarrow{EP} + \overrightarrow{FP} = 2\overrightarrow{OP} \Rightarrow 2|\overrightarrow{OP}| = |\overrightarrow{EP} + \overrightarrow{FP}| = 2\lambda$$

则由定理 9，得

$$S = \sqrt{(a+c)(a-c)(a+\lambda)(a-\lambda)}$$

（当点 P 在 x 轴上时 $S = 0$）.

推论 11 设 E,F 是椭圆 $\frac{x^2}{a^2} + \frac{y^2}{b^2} = 1(a > b > 0)$ 或

双曲线$\frac{x^2}{a^2}-\frac{y^2}{b^2}=1(a>0,b>0)$的左、右焦点，$P$ 是椭圆或双曲线上的一点，椭圆或双曲线上的半焦距为 c，则 $PE\perp PF$ 的充分必要条件是

$$|\overrightarrow{EP}+\overrightarrow{FP}|=2c \tag{7.1.40}$$

证明　因为$\angle EPF=\theta=90°$. 对于椭圆，由定理 9 和椭圆焦点三角形面积公式得

$$S=\sqrt{(a+c)(a-c)(a+\lambda)(a-\lambda)}=b^2\tan\frac{\theta}{2}$$

$$\Leftrightarrow b\sqrt{\lambda^2-a^2}=b^2\tan 45°$$
$$\Leftrightarrow \lambda^2-a^2=b^2$$
$$\Leftrightarrow \lambda^2=a^2+b^2=c^2$$
$$\Leftrightarrow |\lambda|^2=c^2$$
$$\Leftrightarrow |\overrightarrow{PE}+\overrightarrow{PF}|=2|\lambda|=2c$$

对于双曲线，由推论 10 和双曲线焦点三角形面积公式得

$$S=\sqrt{(a+c)(a-c)(a+\lambda)(a-\lambda)}=b^2\cot\frac{\theta}{2}$$

$$\Leftrightarrow b\sqrt{\lambda^2-a^2}=b^2\cot 45°$$
$$\Leftrightarrow \lambda^2-a^2=b^2$$
$$\Leftrightarrow \lambda^2=a^2+b^2=c^2$$
$$\Leftrightarrow |\lambda|^2=c^2$$
$$\Leftrightarrow |\overrightarrow{PE}+\overrightarrow{PF}|=2|\lambda|=2c$$

推论 12　设 E,F 是椭圆$\frac{x^2}{a^2}+\frac{y^2}{b^2}=1(a>b>0)$或双曲线$\frac{x^2}{a^2}-\frac{y^2}{b^2}=1(a>0,b>0)$的左、右焦点，$P$ 是椭圆或双曲线上的一点，椭圆或双曲线的半焦距为 C，O 是

坐标原点,则 $PE \perp PF$ 的充分必要条件是

$$|\overrightarrow{OP}| = C \tag{7.1.41}$$

事实上,由推论 11 和向量中点公式 $\overrightarrow{PE}+\overrightarrow{PF}=2\overrightarrow{PO}$ 即可得证.

推论 13 对于定理 9 及其推论中的 λ 满足:

(1)对于椭圆

$$b \leqslant \lambda \leqslant a \tag{7.1.42}$$

(2)对于双曲线

$$\lambda \geqslant a \tag{7.1.43}$$

事实上,由题意及向量中点公式知 $|\overrightarrow{PE}+\overrightarrow{PF}|=2|\overrightarrow{PO}|=2\lambda$,因为 O,P 分别是双曲线的中心和双曲线上的动点,由此,结合椭圆和双曲线的范围便知 $b \leqslant \lambda \leqslant a$ 或 $\lambda \geqslant a$.

定理 13 设 $E(-c,0)$,$F(c,0)$ 是椭圆 $\frac{x^2}{a^2}+\frac{y^2}{b^2}=1(a>b>0)$ 的左、右焦点,P 是椭圆上一点,若 $\overrightarrow{EP}\cdot\overrightarrow{FP}=\lambda$,$\triangle EPF$ 的面积为 S,半中心弦 OP 的长度为 d,$\angle EPF=\theta$,则:

(1)

$$d^2=\lambda+c^2 \tag{7.1.44}$$

(2)

$$b^2-c^2 \leqslant \lambda \leqslant b^2 \tag{7.1.45}$$

(3)

$$\max\{|PE|,|PF|\}=a+\sqrt{\lambda+c^2-b^2}$$
$$\min\{|PE|,|PF|\}=a-\sqrt{\lambda+c^2-b^2}$$
$$\tag{7.1.46}$$

(4)

$$S=b\sqrt{b^2-\lambda}\quad(\text{当点}P\text{在}x\text{轴上时}S=0)\tag{7.1.47}$$

(5)

$$\tan\frac{\theta}{2}=\sqrt{1-\frac{\lambda}{b^2}}\tag{7.1.48}$$

证明　设 $P(x,y)$，而 $E(-c,0)$，$F(c,0)$，所以 $\overrightarrow{EP}=(x+c,y)$，$\overrightarrow{FP}=(x-c,y)$，由 $\overrightarrow{EP}\cdot\overrightarrow{FP}=\lambda$ 得

$$x^2-c^2+y^2=\lambda\Rightarrow x^2=\lambda+c^2-y^2\qquad①$$

(1)由题意及①知

$$d^2=|OP|^2=x^2+y^2=\lambda+c^2$$

(2)由椭圆方程得 $y^2=b^2-\frac{b^2}{a^2}x^2$，代入①得

$$\lambda=e^2x^2+b^2-c^2\quad(\text{其中}e=\frac{c}{a})\qquad②$$

因为 $P(x,y)$ 在椭圆上，故由椭圆的范围知 $0\leqslant x^2\leqslant a^2$，结合②可得到

$$b^2-c^2\leqslant\lambda\leqslant b^2$$

(3)由②得 $x=\pm\frac{1}{e}\sqrt{\lambda+c^2-b^2}$，由椭圆焦半径公式得

$$|PE|=a+ex=a\pm\sqrt{\lambda+c^2-b^2}$$

$$|PF|=a-ex=a\mp\sqrt{\lambda+c^2-b^2}$$

故

$$\max\{|PE|,|PF|\}=a+\sqrt{\lambda+c^2-b^2}$$

$$\min\{|PE|,|PF|\}=a-\sqrt{\lambda+c^2-b^2}$$

(4)由①得 $y^2=\lambda+c^2-x^2$，代入椭圆方程解得

$$|y_P| = |y| = \frac{b}{c}\sqrt{b^2 - \lambda}$$

所以，$S = \frac{1}{2}|EF| \cdot |y_P| = \frac{1}{2} \cdot 2c \cdot \frac{b}{c}\sqrt{b^2 - \lambda} = b\sqrt{b^2 - \lambda}$.

(5)由椭圆焦点三角形面积公式及(4)得

$$S = b^2\tan\frac{\theta}{2} = b\sqrt{b^2 - \lambda}$$

$$\Rightarrow \tan\frac{\theta}{2} = \frac{\sqrt{b^2 - \lambda}}{b} = \sqrt{1 - \frac{\lambda}{b^2}}$$

定理 14 设 $E(-c,0)$，$F(c,0)$ 是双曲线 $\frac{x^2}{a^2} - \frac{y^2}{b^2} = 1(a>0,b>0)$ 的左、右焦点，P 是双曲线上一点，若 $\overrightarrow{EP} \cdot \overrightarrow{FP} = \lambda$，$\triangle EPF$ 的面积为 S，半中心弦 OP 的长度为 d，$\angle EPF = \theta$，则：

(1)

$$d^2 = \lambda + c^2 \tag{7.1.49}$$

(2)

$$\lambda \geqslant -b^2 \tag{7.1.50}$$

(3)

$$\max\{|PE|,|PF|\} = \sqrt{\lambda + c^2 + b^2} + a$$
$$\min\{|PE|,|PF|\} = \sqrt{\lambda + c^2 + b^2} - a \tag{7.1.51}$$

(4)

$$S = b\sqrt{b^2 + \lambda} \quad (\text{当点 } P \text{ 在 } x \text{ 轴上时 } S = 0) \tag{7.1.52}$$

(5) ——

$$\cot\frac{\theta}{2}=\sqrt{1+\frac{\lambda}{b^2}} \qquad (7.1.53)$$

证明　设 $P(x,y)$，而 $E(-c,0)$，$F(c,0)$，所以 $\overrightarrow{EP}=(x+c,y)$，$\overrightarrow{FP}=(x-c,y)$，由 $\overrightarrow{EP}\cdot\overrightarrow{FP}=\lambda$ 得

$$x^2-c^2+y^2=\lambda\Rightarrow x^2=\lambda+c^2-y^2 \qquad ①$$

(1) 由题意及①知 $d^2=|OP|^2=x^2+y^2=\lambda+c^2$.

(2) 由双曲线方程得 $y^2=\frac{b^2}{a^2}x^2-b^2$，代入①得

$$\lambda=e^2x^2-b^2-c^2 \quad (\text{其中 } e=\frac{c}{a}) \qquad ②$$

因为 $P(x,y)$ 在双曲线上，故由双曲线的范围知 $x^2\geqslant a^2$，结合②可得到

$$\lambda\geqslant -b^2$$

(3) 由②得 $x=\pm\frac{1}{e}\sqrt{\lambda+c^2+b^2}$，由双曲线焦半径公式得

$$|PE|=|a+ex|=|a\pm\sqrt{\lambda+c^2+b^2}|$$

$$|PF|=|a-ex|=|a\mp\sqrt{\lambda+c^2+b^2}|$$

又由(2)知 $\lambda\geqslant -b^2$，所以 $\lambda+c^2+b^2>a$，所以

$$\max\{|PE|,|PF|\}=\sqrt{\lambda+c^2+b^2}+a$$

$$\min\{|PE|,|PF|\}=\sqrt{\lambda+c^2+b^2}-a$$

(4) 由①得 $y^2=\lambda+c^2-x^2$，代入双曲线方程解得 $|y_P|=|y|=\frac{b}{c}\sqrt{b^2+\lambda}$，所以 $S=\frac{1}{2}|EF|\cdot|y_P|=\frac{1}{2}\cdot 2c\cdot\frac{b}{c}\sqrt{b^2+\lambda}=b\sqrt{b^2+\lambda}$.

(5) 由双曲线焦点三角形面积公式及(4)得

$$S=b^2\cot\frac{\theta}{2}=b\sqrt{b^2+\lambda}$$

$$\Rightarrow\cot\frac{\theta}{2}=\frac{\sqrt{b^2+\lambda}}{b}=\sqrt{1+\frac{\lambda}{b^2}}$$

5. 一个向量方程

若将实系数一元二次方程 $x^2+bx+c=0$ 中的未知量 x 改为未知向量 $\boldsymbol{x}$,又将常数 b 设为常量 $\boldsymbol{b}$,c 仍表示常数,同时将实数的乘法改为向量的数量积,便得到一个含有未知向量 $\boldsymbol{x}$ 的向量方程

$$\boldsymbol{x}^2+\boldsymbol{b}\cdot\boldsymbol{x}+c=0 \qquad (7.1.54)$$

对于上述向量方程,吕伟波给出了一些探讨:①

首先探讨方程(7.1.54)的解的情况. 为了求得方程的解,将方程变形为

$$\left(\boldsymbol{x}+\frac{1}{2}\boldsymbol{b}\right)^2=\frac{\boldsymbol{b}^2-4c}{4}$$

①当 $\boldsymbol{b}^2-4c<0$ 时,方程无解;

②当 $\boldsymbol{b}^2-4c=0$ 时,方程有一个解:$\boldsymbol{x}=-\frac{1}{2}\boldsymbol{b}$;

③当 $\boldsymbol{b}^2-4c>0$ 时,为了看出解的情况,令 $r=\frac{\sqrt{\boldsymbol{b}^2-4c}}{2}$,方程变为:$\left[\boldsymbol{x}-\left(-\frac{1}{2}\boldsymbol{b}\right)\right]^2=r^2$,如果约定 $\boldsymbol{x}$ 及 $-\frac{1}{2}\boldsymbol{b}$ 的起点均为原点的话,则很明显 $\boldsymbol{x}$ 的终点在以 $-\frac{1}{2}\boldsymbol{b}$ 的终点 M 为圆心,半径为 r 的圆上,且这个圆上任意一点 P 所对应的向量 $\overrightarrow{OP}$ 均是方程(7.1.54)的

---

① 吕伟波. 一个向量方程的几个性质[J]. 中学数学杂志,2012(11):16.

一个解.就是说,方程(7.1.54)有无数个解,这些解的终点是一个圆,以下我们称这个圆为方程(7.1.54)的解圆,如图7.1.9所示.

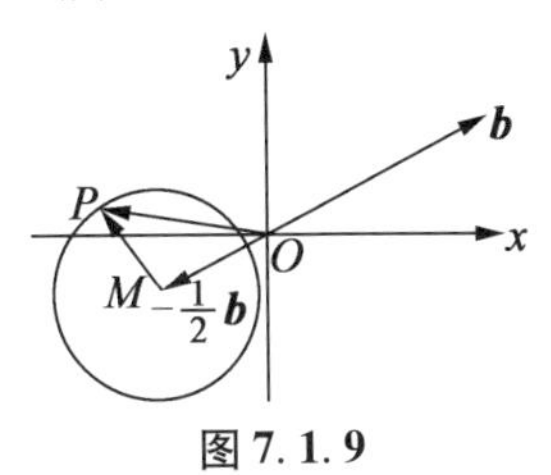

图7.1.9

下面讨论原点与解圆的位置关系.

因为原点到圆心的距离为$\left|-\frac{1}{2}\boldsymbol{b}\right|$,令$\left|-\frac{1}{2}\boldsymbol{b}\right|>r=\frac{\sqrt{\boldsymbol{b}^2-4c}}{2}$,解得$c>0$,则有结论:

当$c>0$时,原点在解圆外;同样讨论知,当$c=0$时,原点在解圆上;当$c<0$时,原点在解圆内,如图7.1.10所示.

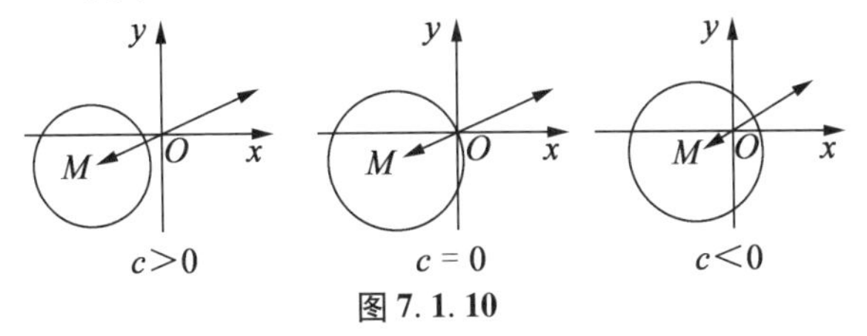

图7.1.10

如图7.1.11所示,设方程(7.1.54)有一个解圆,其圆心为M,过M作任意直径AB,设$\boldsymbol{x}_1=\overrightarrow{OA}$,$\boldsymbol{x}_2=\overrightarrow{OB}$,则有性质:

(1)

$$\boldsymbol{x}_1+\boldsymbol{x}_2=-\boldsymbol{b} \qquad (7.1.55)$$

(2)

$$\boldsymbol{x}_1 \cdot \boldsymbol{x}_2 = c \tag{7.1.56}$$

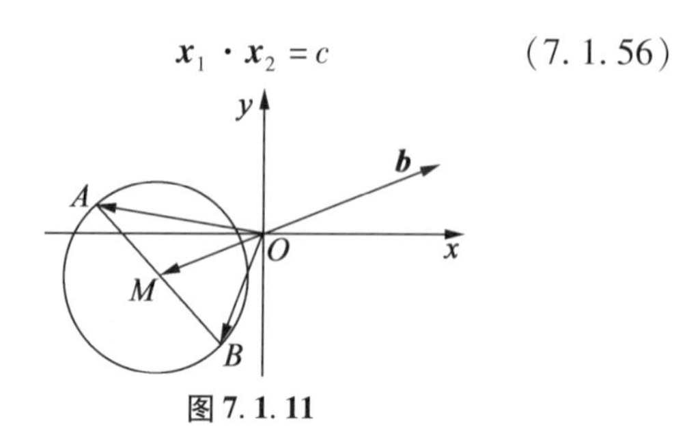

图 7.1.11

这个性质类似于实系数方程中的韦达定理.

证明:(1)因为 M 为 AB 的中点,所以 $\overrightarrow{OA}+\overrightarrow{OB}=2\overrightarrow{OM}$,即 $\boldsymbol{x}_1+\boldsymbol{x}_2=2(-\frac{1}{2}\boldsymbol{b})=-\boldsymbol{b}$.

(2)由(1),$\boldsymbol{x}_2=-\boldsymbol{x}_1-\boldsymbol{b}$,则 $\boldsymbol{x}_1\cdot\boldsymbol{x}_2=\boldsymbol{x}_1\cdot(-\boldsymbol{x}_1-\boldsymbol{b})=-\boldsymbol{x}_1^2-\boldsymbol{b}\cdot\boldsymbol{x}_1$,因为 $\boldsymbol{x}_1$ 是方程(7.1.54)的解,所以 $\boldsymbol{x}_1^2+\boldsymbol{b}\cdot\boldsymbol{x}_1+c=0$,即 $-\boldsymbol{x}_1^2-\boldsymbol{b}\cdot\boldsymbol{x}_1=c$,从而有 $\boldsymbol{x}_1\cdot\boldsymbol{x}_2=c$.

下面探究方程(7.1.54)与圆的相交弦定理和圆的割线定理之间的关系.

设方程(7.1.54)有一个解圆,过原点 O 作直线交解圆于 A,B,设 $\boldsymbol{x}_1=\overrightarrow{OA}$,$\boldsymbol{x}_2=\overrightarrow{OB}$,则有性质:$\boldsymbol{x}_1\cdot\boldsymbol{x}_2=c$(定值). 当原点在解圆内时,这个性质便是圆的相交弦定理;当原点在解圆外时,这个性质便是圆的割线定理,如图 7.1.12 所示.

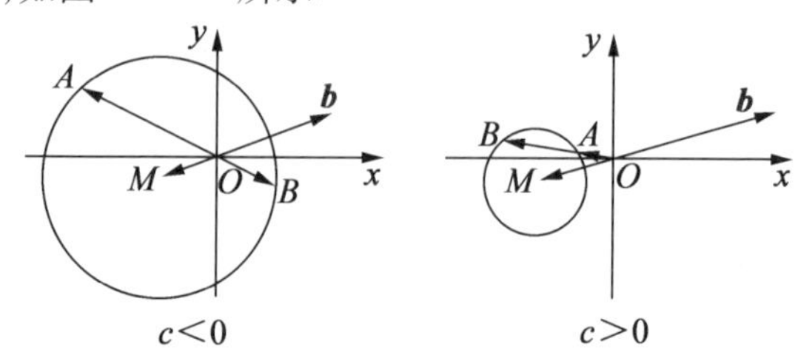

图 7.1.12

下面证明这个性质.

证明:令$\boldsymbol{x}_2=k\boldsymbol{x}_1(k\neq 1)$,因为$\boldsymbol{x}_1$和$\boldsymbol{x}_2$都是方程(7.1.54)的解,从而

$$\boldsymbol{x}_1^{\ 2}+\boldsymbol{b}\cdot\boldsymbol{x}_1+c=0 \quad ①$$

$$\boldsymbol{x}_2^{\ 2}+\boldsymbol{b}\cdot\boldsymbol{x}_2+c=0$$

即$(k\boldsymbol{x}_1)^2+\boldsymbol{b}\cdot(k\boldsymbol{x}_1)+c=0$,得

$$k^2\boldsymbol{x}_1^{\ 2}+k\boldsymbol{b}\cdot\boldsymbol{x}_1+c=0 \quad ②$$

将式②减去式①的k倍得:$(k^2-k)\boldsymbol{x}_1^{\ 2}+c-kc=0$,因为$k\neq 1$,约去$k-1$得$k\boldsymbol{x}_1^2-c=0$,即$\boldsymbol{x}_1\cdot k\boldsymbol{x}_1=c$,就是$\boldsymbol{x}_1\cdot\boldsymbol{x}_2=c$.

上面这个性质也可以说是圆的相交弦定理和圆的割线定理的统一.

上面的证明用到了$k\neq 1$,当$k-1=0$时,即割线变为切线时性质仍然成立.

证明:如图7.1.13所示,设OP是解圆的切线,P为切点,$\overrightarrow{MP}=\overrightarrow{OP}-\overrightarrow{OM}$,令$\overrightarrow{OP}=\boldsymbol{x}$,因为$\overrightarrow{MP}\perp\overrightarrow{OP}$,所以$(\overrightarrow{OP}-\overrightarrow{OM})\cdot\overrightarrow{OP}=0$,即$\left[\boldsymbol{x}-\left(-\frac{1}{2}\boldsymbol{b}\right)\right]\cdot\boldsymbol{x}=0$,化简得$2\boldsymbol{x}^2+\boldsymbol{b}\cdot\boldsymbol{x}=0$,因为$\boldsymbol{x}$是方程(7.1.54)的解,所以$\boldsymbol{x}^2+\boldsymbol{b}\cdot\boldsymbol{x}+c=0$,从而$2\boldsymbol{x}^2+\boldsymbol{b}\cdot\boldsymbol{x}=(\boldsymbol{x}^2+\boldsymbol{b}\cdot\boldsymbol{x}+c)+(\boldsymbol{x}^2-c)=0$,即$\boldsymbol{x}^2-c=0$,从而$\boldsymbol{x}^2=c$.

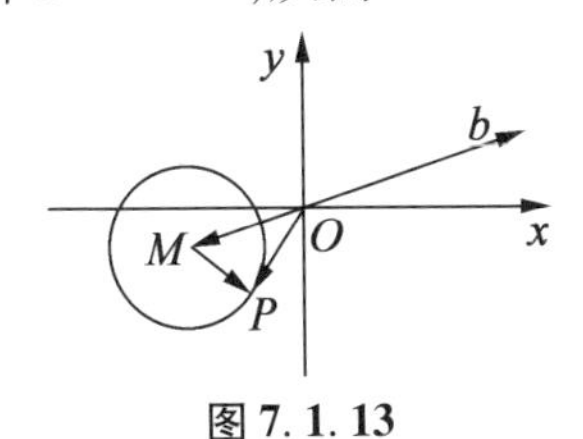

图 7.1.13

7.2 向量的数量积与线性问题

1. 线性相关系数问题

高中教材在线性回归一节中给出了变量 y 与 x 间的样本相关数

$$r=\frac{\sum_{i=1}^{n}(x_i-\bar{x})(y_i-\bar{y})}{\sqrt{\sum_{i=1}^{n}(x_i-\bar{x})^2\cdot\sum_{i=1}^{n}(y_i-\bar{y})^2}}$$

并指出$|r|\leqslant 1$,且$|r|$越接近于1,相关程度越大;$|r|$越接于0,相关程度越小.

对于这个问题,我们运用向量的数量积:$\boldsymbol{a}\cdot\boldsymbol{b}=|\boldsymbol{a}||\boldsymbol{b}|\cos<\boldsymbol{a},\boldsymbol{b}>$,能很好地解释并证明相关系数的这一结论. ①

证明:令

$$\boldsymbol{a}=(x_1-\bar{x},x_2-\bar{x},\cdots,x_n-\bar{x})$$
$$\boldsymbol{b}=(y_1-\bar{y},y_2-\bar{y},\cdots,y_n-\bar{y})$$

则

$$|\boldsymbol{a}|=\sqrt{\sum_{i=1}^{n}(x_i-\bar{x})^2},|\boldsymbol{b}|=\sqrt{\sum_{i=1}^{n}(y_i-\bar{y})^2}$$
$$\boldsymbol{a}\cdot\boldsymbol{b}=\sum_{i=1}^{n}(x_i-\bar{x})(y_i-\bar{y})$$

由

$$\begin{aligned}\boldsymbol{a}\cdot\boldsymbol{b}&=|\boldsymbol{a}||\boldsymbol{b}||\cos<\boldsymbol{a},\boldsymbol{b}>|\\&\leqslant|\boldsymbol{a}||\boldsymbol{b}|\end{aligned}$$

---

① 路李明. 向量的数量积与样本线性相关系数[J]. 中学数学,2004(10):封底.

得

$$\left|\sum_{i=1}^{n}(x_i-\bar{x})(y_i-\bar{y})\right|$$

$$\leqslant\sqrt{\sum_{i=1}^{n}(x_i-\bar{x})^2}\cdot\sqrt{\sum_{i=1}^{n}(y_i-\bar{y})^2}$$

所以$|r|=\dfrac{\left|\sum\limits_{i=1}^{n}(x_i-\bar{x})(y_i-\bar{y})\right|}{\sqrt{\sum\limits_{i=1}^{n}(x_i-\bar{x})^2\cdot\sum\limits_{i=1}^{n}(y_i-\bar{y})^2}}\leqslant 1.$

(1)当$|r|=1$时,即$|\boldsymbol{a}\cdot\boldsymbol{b}|=|\boldsymbol{a}||\boldsymbol{b}|$. 此时$\boldsymbol{a}$与$\boldsymbol{b}$共线,从而$\boldsymbol{a}=\lambda\boldsymbol{b}$($\lambda$为常数),也就是$(x_1-\bar{x},x_2-\bar{x},x_3-\bar{x},\cdots,x_n-\bar{x})=\lambda(y_1-\bar{y},y_2-\bar{y},y_3-\bar{y},\cdots,y_n-\bar{y})$.

因此
$$y_i-\bar{y}=\frac{1}{\lambda}(x_i-\bar{x})$$

即点(x_i,y_i)均在直线$y-\bar{y}=\dfrac{1}{\lambda}(x-\bar{x})$上($i=1,2,\cdots,n$,下同).

(2)当$|r|\to 1$时,即$|\boldsymbol{a}\cdot\boldsymbol{b}|\to|\boldsymbol{a}||\boldsymbol{b}|$,也就是

$$|\boldsymbol{ab}|-|\boldsymbol{a}||\boldsymbol{b}|$$
$$=|\boldsymbol{a}||\boldsymbol{b}||\cos<\boldsymbol{a},\boldsymbol{b}>|-|\boldsymbol{a}||\boldsymbol{b}|\to 0$$

所以$|\cos<\boldsymbol{a},\boldsymbol{b}>|\to 1$, $<\boldsymbol{a},\boldsymbol{b}>\to 0$或$\pi$,$\boldsymbol{a}$与$\boldsymbol{b}$趋近于平行,因此$(\boldsymbol{a}-\lambda\boldsymbol{b})\to 0$.

于是有

$$(x_i-\bar{x})-\lambda(y_i-\bar{y})\to(0,0)$$

即点(x_i,y_i)近似地在直线$y-\bar{y}=\dfrac{1}{\lambda}(x-\bar{x})$上(点$(x_i,y_i)$均在直线$y-\bar{y}=\dfrac{1}{\lambda}(x-\bar{x})$附近). 所以$|r|$越接近于1,线性相关程度越大.

(3)当 $|r|\to 0$ 时,有 $\boldsymbol{a}\cdot\boldsymbol{b}\to 0$,也就是

$$|\boldsymbol{a}||\boldsymbol{b}|\cos\langle\boldsymbol{a},\boldsymbol{b}\rangle\to 0$$

而

$$|\boldsymbol{a}||\boldsymbol{b}|\neq 0$$

只有 $\cos\langle\boldsymbol{a},\boldsymbol{b}\rangle\to 0$,即 $\langle\boldsymbol{a},\boldsymbol{b}\rangle\to\frac{\pi}{2}$.

显然 $\boldsymbol{a}$ 与 $\boldsymbol{b}$ 不共线,从而点 (x,y) 不会在直线 $y-\bar{y}=\frac{1}{\lambda}(x-\bar{x})$ 附近,所以 $|r|$ 越接近于 0,线性相关程度越小.

2. 线性规划问题

在线性规划问题中,若令 $\overrightarrow{OM}=(a,b)$,$\overrightarrow{OP}=(x,y)$,则线性目标函数 $ax+by$(a,b 是常数,且不同时为 0)可表示为 $ax+by=\overrightarrow{OM}\cdot\overrightarrow{OP}$,点 $P(x,y)$ 在可行域内变动. 由于 $\overrightarrow{OM}$ 的长度 $|\overrightarrow{OM}|$ 是定值,于是求线性目标函数 $ax+by$ 的最小值或最大值转化为确定 $\overrightarrow{OP}$ 在向量 $\overrightarrow{OM}$ 的方向上的投影 $|\overrightarrow{OP}|\cos\theta$ 的最小值或最大值. 若可行域内存在点 A,当 P 与 A 重合时,$\overrightarrow{OP}$ 在向量 $\overrightarrow{OM}$ 方向上的投影 $|\overrightarrow{OP}|\cos\theta$ 最小,则 $(ax+by)_{\min}=\overrightarrow{OM}\cdot\overrightarrow{OA}$,若可行域内存在点 B,当 P 与 B 重合时,$\overrightarrow{OP}$ 在向量 $\overrightarrow{OM}$ 方向上的投影 $|\overrightarrow{OP}|\cos\theta$ 最大,则 $(ax+by)_{\max}=\overrightarrow{OM}\cdot\overrightarrow{OB}$.

(1)解决静态的线性规划问题

例 1 设变量 x,y 满足约束条件 $\begin{cases}y\leqslant x\\x+y\geqslant 2\\y\geqslant 3x-3\end{cases}$,求目标函数 $z=2x+y$ 的最小值.

解 设向量 $\overrightarrow{OM}=(2,1)$,$\overrightarrow{OP}=(x,y)$,则

$$z=2x+y=\overrightarrow{OM}\cdot\overrightarrow{OP}=\sqrt{5}\,|\overrightarrow{OP}|\cos\theta$$

由约束条件作出可行域，如图 7.2.1 所示，当 P 为可行域内的点 A 时，向量$\overrightarrow{OP}$在向量$\overrightarrow{OM}$方向上的投影 $|\overrightarrow{OP}|\cos\theta$最小.

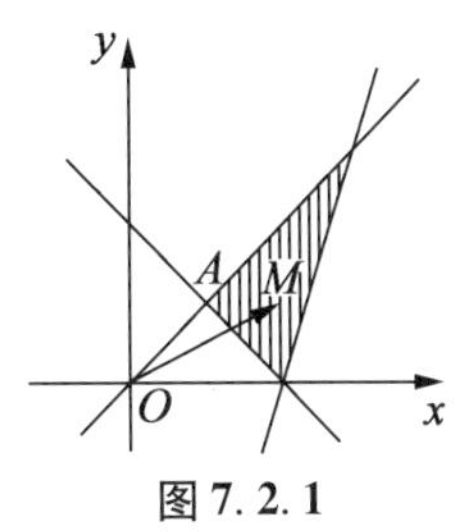

图 7.2.1

由$\begin{cases}y=x\\x+y=2\end{cases}$，解得$\begin{cases}x=1\\y=1\end{cases}$，即 $A(1,1)$.

于是 $z_{\min}=\overrightarrow{OM}\cdot\overrightarrow{OA}=(2,1)\cdot(1,1)=3$.

例 2　(2011 年全国高考陕西卷文科第 12 题) 如图 7.2.2 所示，点(x,y)在四边形 $ABCD$ 内部和边界上运动，那么 $2x-y$ 的最小值为________.

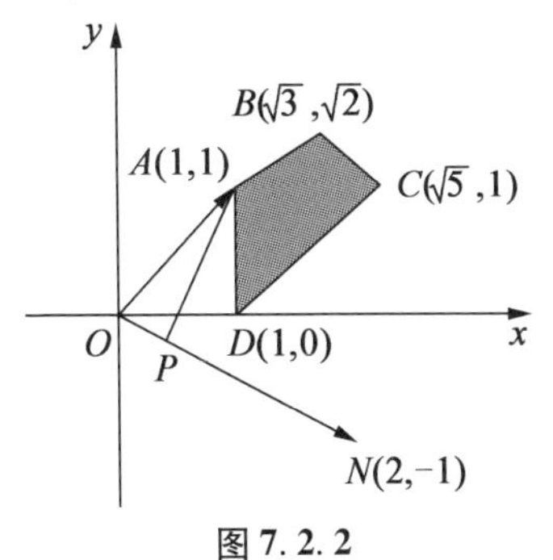

图 7.2.2

解　设 $z=2x-y$，$\overrightarrow{ON}=(2,-1)$，$\overrightarrow{OM}=(x,y)$，$M$ 为可行域中任意一点，θ 为$\overrightarrow{OM}$与$\overrightarrow{ON}$的夹角，则

$$z=|\overrightarrow{ON}|\cdot|\overrightarrow{OM}|\cos\theta=\sqrt{5}|\overrightarrow{OM}|\cos\theta$$

所以当且仅当$|\overrightarrow{OM}|\cos\theta$取得最小值时,$z$取得最小值. 如图 7.2.2 所示,易知当点 M 与点 A 重合时,向量$\overrightarrow{OM}$在向量$\overrightarrow{ON}$方向上的投影取得最小值,最小值等于$|\overrightarrow{OP}|$,此时 z 取得最小值,即 $z_{\min}=2\times1-1=1$.

(2)解决可行域为动态的问题

例 3 (2011 年全国高考湖南卷文科第 14 题)设 $m>1$,在约束条件$\begin{cases}y\geqslant x\\y\leqslant mx\\x+y\leqslant1\end{cases}$下,目标函数 $z=x+5y$ 的最大值为 4,则 m 的值为________.

解 作出可行域,如图 7.2.3 中的阴影部分,设$\overrightarrow{ON}=(1,5)$,$\overrightarrow{OM}=(x,y)$,$M$ 为可行域中任意一点,则$z=\overrightarrow{ON}\cdot\overrightarrow{OM}$.

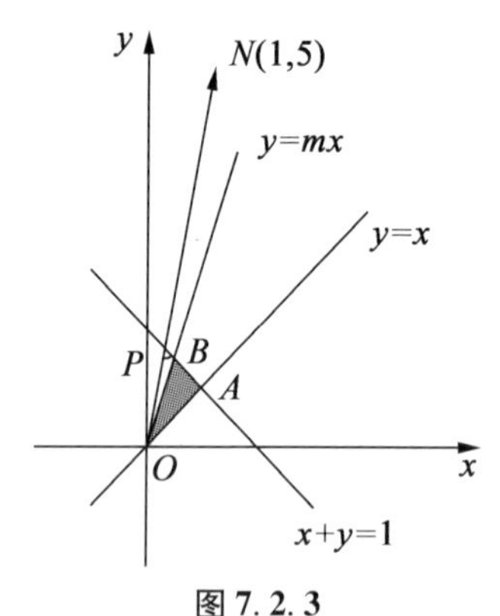

图 7.2.3

如图 7.2.3 所示,易知当点 M 与点 B 重合时,向量$\overrightarrow{OM}$在向量$\overrightarrow{ON}$方向上的投影取得最大值,最大值等于$|\overrightarrow{OP}|$.

由 $\begin{cases} x+y=1 \\ y=mx \end{cases}$，解得 $B\left(\dfrac{1}{m+1},\dfrac{m}{m+1}\right)$. 又 $z_{\max}=\dfrac{1}{m+1}+\dfrac{5m}{m+1}=4$，解得 $m=3$.

(3)解决目标函数为动态的问题

例 4　(2009 年全国高考陕西卷理科第 11 题)若 x,y 满足约束条件 $\begin{cases} x+y\geqslant 1 \\ x-y\geqslant -1 \\ 2x-y\leqslant 2 \end{cases}$，目标函数 $z=ax+2y$ 仅在点(1,0)处取得最小值，则 a 的取值范围是(　　).

A. $(-1,2)$　　　　B. $(-4,2)$

C. $(-4,0]$　　　　D. $(-2,4)$

解　作出可行域(图 7.2.4 中的阴影部分). 设 $\overrightarrow{ON}=(a,2)$，$\overrightarrow{OM}=(x,y)$，$M$ 为可行域中任意一点，θ 为 $\overrightarrow{OM}$ 与 $\overrightarrow{ON}$ 的夹角，则 $z=\overrightarrow{ON}\cdot\overrightarrow{OM}=|\overrightarrow{ON}||\overrightarrow{OM}|\cos\theta=\sqrt{a^2+4}|\overrightarrow{OM}|\cos\theta$.

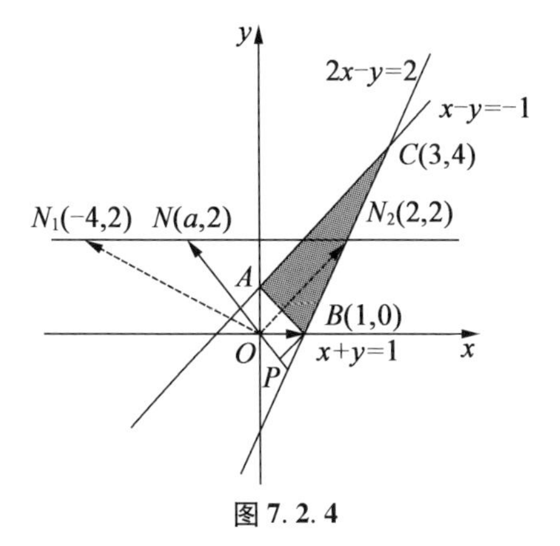

图 7.2.4

对于每个定值 a，$|\overrightarrow{ON}|=\sqrt{a^2+4}$ 为定值，当且仅

当$|\overrightarrow{OM}|\cos\theta$取得最小值时,$z$取得最小值.

如图 7.2.4 所示,当点$N(a,2)$是线段N_1N_2内的任意一点时,向量$\overrightarrow{OM}$在向量$\overrightarrow{ON}$方向上的投影取得最小值,即目标函数$z=ax+2y$仅在点$(1,0)$处取得最小值,此外,均不符合要求. 故选 B.

在上述问题中,目标函数中只含有一个参量,若目标函数中含有两个参量时,则情形就复杂多了.

例 5 变量x,y满足条件$\begin{cases}a<x<b\\a<y<b\\x-y<0\end{cases}$,其中$a,b$为常数,求$x=mx+ny$的取值范围.

解 不妨设$b>a>0$,则可行域为图 7.2.5 中的阴影部分(不含$\triangle ABC$的三边).

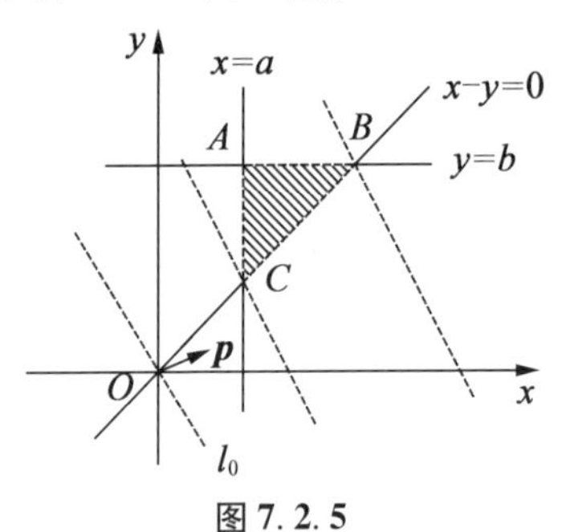

图 7.2.5

(1)当m,n同正时,如图 7.2.5 所示,过原点作直线$l_0:mx+ny=0$,正法向量$\boldsymbol{p}=(m,n)$,直线$l:mx+n=t$从l_0开始沿着正法向量$\boldsymbol{p}$的方向平行移动时t的值逐渐变大,当直线l恰好通过点$C(a,a)$时,目标函数$z=mx+ny$取得下限$a(m+n)$. 当直线l恰好通过点$B(b,b)$时,z取得上限$b(m+n)$,故

$$a(m+n)<z<b(m+n)$$

(2)当 m,n 同负时,如图 7.2.6 所示,仍作直线 $l_0:mx+ny=0$,法向量 $\boldsymbol{p}=(m,n)$. 直线 $l:mx+ny=t$ 从 l_0 开始沿着负法向量的方向平行移动时,t 值逐渐变小. 当直线 l 先后通过点 C 和 B 时,z 分别取得上、下限,即 $z_{上}=a(m+n)$,$z_{下}=b(m+n)$,故

$$b(m+n)<z<a(m+n)$$

(3)当 $m>0,n<0$ 时,若 $m=-n$,如图 7.2.7 所示,则 l 在 l_0 位置时,z 取得上限 0;l 自 l_0 沿负法向量方向平移到通过点 $A(a,b)$ 时,z 取得下限 $ma+nb$ 或 $m(a-b)$,故

$$ma+nb<z<0$$

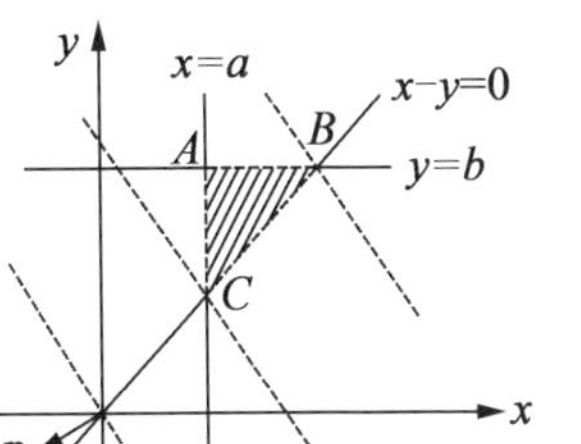

图 7.2.6

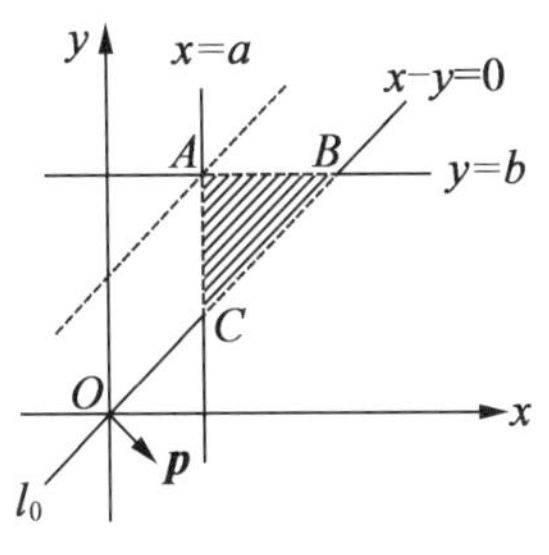

图 7.2.7

若 $m>-n$,直线 l_0 经过射线 CA 上一点(不含点 C),如图 7.2.8 所示,则 l 自 l_0 沿正法向量 $\boldsymbol{p}$ 的方向平移到点 B 时,z 取得上限 $b(m+n)$,再沿负法向量方向平移到点 A 时,z 取得下限 $am+bn$,故

$$am+bn<z<b(m+n)$$

若 $m<-n$,直线 l_0 经过线段 CD(不含端点)上一点,如图 7.2.9 所示. 同理可得目标函数 $z=mx+ny$ 分别在直线 l 通过点 C 和点 A 时,依次取得上限和下限,即 $z_{上}=a(m+n)$,$z_{下}=ma+nb$,故

$$ma+nb<z<a(m+n)$$

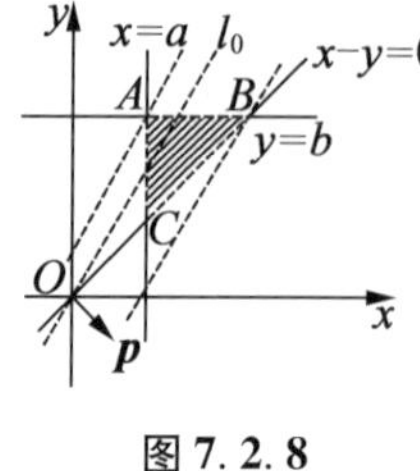

图 7.2.8

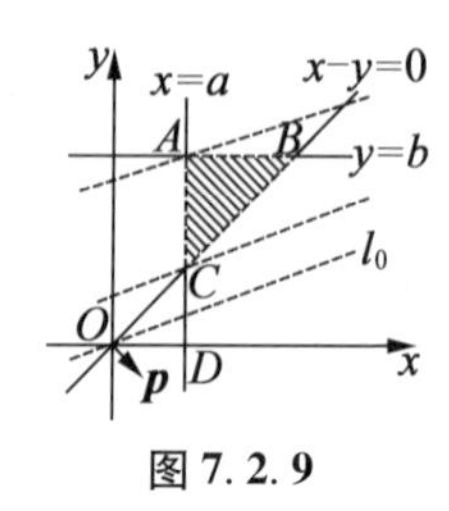

图 7.2.9

(4)当 $m<0,n>0$ 时,同理可得,具体步骤留给读者写出.

(4)解决可行域和目标函数都为动态的问题

例 6 (2011 年全国高考湖南卷理科第 7 题)设 $m>1$,在约束条件下 $\begin{cases}y\geqslant x\\y\leqslant mx\\x+y\leqslant 1\end{cases}$ 下,目标函数 $z=x+my$ 的最大值小于 2,则 m 的取值范围为(　　).

A. $(1,1+\sqrt{2})$　　B. $(1+\sqrt{2},+\infty)$

C. $(1,3)$　　D. $(3,+\infty)$

解 作出可行域(如图 7.2.10 的阴影部分).设 $\overrightarrow{ON}=(1,m)$,$\overrightarrow{OM}=(x,y)$,$M$ 为可行域中任意一点,则 $z=\overrightarrow{ON}\cdot\overrightarrow{OM}$.易知当点 M 与点 B 重合时,向量$\overrightarrow{OM}$在向量$\overrightarrow{ON}$方向上的投影取得最大值.

由 $\begin{cases}x+y=1\\y=mx\end{cases}$ 得 $B\left(\frac{1}{m+1},\frac{m}{m+1}\right)$,得 $z=\overrightarrow{ON}\cdot\overrightarrow{OM}=\frac{1}{m+1}+\frac{m^2}{m+1}<2$,解得 $1<m<\sqrt{2}+1$.故选 A.

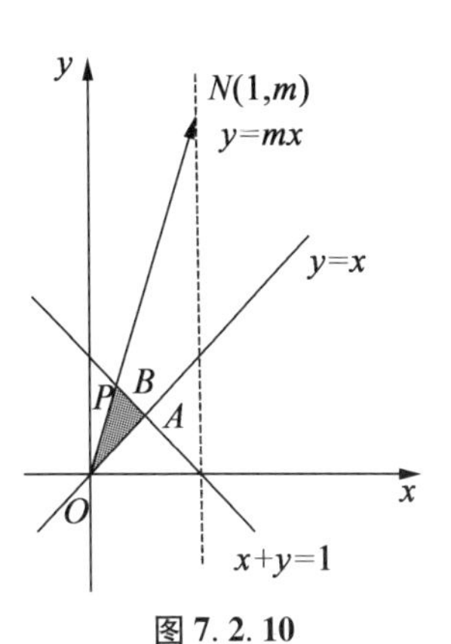

图 7.2.10

7.3　题设条件不含向量式的问题

1. 轨迹方程类问题

例 1　设 $F(1,0)$，点 M 在 x 轴上，点 P 在 y 轴上，且 P 为 MN 的中点，$PM \perp PF$. 当点 P 在 y 轴上运动时，求点 N 的轨迹 C 的方程.

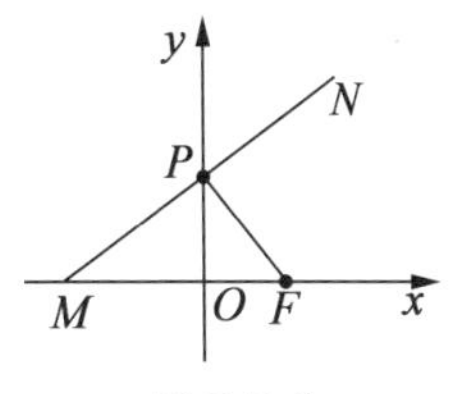

图 7.3.1

解　由题意，M 在 x 轴的负方向上. 设 $N(x,y)(x>0)$，则得 $M(-x,0)$，$P(0,\frac{y}{2})$. 于是，有

$$\overrightarrow{PM}=(-x,-\frac{y}{2}),\overrightarrow{PF}=(1,-\frac{y}{2})$$

由 $PM\perp PF$ 知 $\overrightarrow{PM}\cdot\overrightarrow{PF}=0$,即 $-x+\frac{y^2}{4}=0$.

故 $y^2=4x(x>0)$ 是轨迹 C 的方程.

例 2 求直线 $l_1:x+y-1=0$ 关于直线 $l:4x-y-1=0$ 的对称直线 l_2 的方程.

解 记 l_1,l,l_2 的方向向量分别为 $\boldsymbol{v}_1=(1,-1)$, $\boldsymbol{v}=(1,4)$ 和 $\boldsymbol{v}_2=(a,b)$.

由题知直线 l_1 和 l 的夹角与直线 l 和 l_2 的夹角相等,记夹角为 θ,则有

$$|\cos\theta|=\frac{|\boldsymbol{v}\cdot\boldsymbol{v}_2|}{|\boldsymbol{v}||\boldsymbol{v}_2|}=\frac{|\boldsymbol{v}\cdot\boldsymbol{v}_1|}{|\boldsymbol{v}||\boldsymbol{v}_1|}$$

即 $\frac{|a+4b|}{\sqrt{17}\sqrt{a^2+b^2}}=\frac{3}{\sqrt{34}}$,化简得 $7a^2-16ab-23b^2=0$.

解得 $\frac{a}{b}=-1$ 或 $\frac{a}{b}=\frac{23}{7}$. 所以 $(23,7)$ 为直线 l_2 的一个方向向量. 又 l_1,l,l_2 交于同一点 $\left(\frac{2}{5},\frac{3}{5}\right)$,求出 l_2 的方程为 $7x-23y+11=0$.

例 3 已知直线 l 过点 $P(1,1)$,且被两平行直线 $3x-4y+7=0$ 与 $3x-4y-13=0$ 截得的线段长为 $4\sqrt{2}$,求直线 l 的方程.

解 不难计算两平行直线的距离为 4,可判断出直线 l 与直线 $3x-4y+7=0$ 的夹角为 $45°$. 考虑直线 $3x-4y+7=0$ 的方向向量 $(4,3)$ 及等模的法向量 $(3,-4)$ 和 $(-3,4)$,两向量相加可得直线 l 的方向向量为 $(7,-1)$ 或 $(1,7)$,由此可知直线 l 的点法式方程为 $\frac{x-1}{7}=\frac{y-1}{-1}$ 或 $\frac{x-1}{1}=\frac{y-1}{7}$,即直线 l 的方程为:$x+7y-8=0$ 或 $7x-y-6=0$.

例 4　(1999 全国高考题)给定定点 $A(a,0)$ 和直线 $l:x=-1$, B 是直线 l 上的动点, $\angle BOA$ 的平分线交 AB 于点 C,求点 C 的轨迹方程.

解　如图 7.3.2 所示,设 $B(-1,y_B)$, $C(x,y)$,则有

$$\overrightarrow{BA}=(a+1,-y_B),\overrightarrow{AC}=(x-a,y)$$

图 7.3.2

由 A,B,C 三点共线,得 $(a+1)y+y_B(x-a)=0$,即

$$y_B=\frac{a+1}{a-x}y \qquad ①$$

又 OC 为 $\angle AOB$ 的平分线,所以

$$\frac{\overrightarrow{OA}\cdot\overrightarrow{OC}}{|\overrightarrow{OA}|}=\frac{\overrightarrow{OB}\cdot\overrightarrow{OC}}{|\overrightarrow{OB}|}$$

得

$$\frac{ax}{a}=\frac{-x+y_By}{\sqrt{1+y_B^2}}$$

即

$$x\cdot\sqrt{1+y_B^2}=y_By-x \qquad ②$$

由①,②消去 y_B,化简即得(以下略).

例 5　(2006 年高考江西卷题)椭圆 $Q:\frac{x^2}{a^2}+\frac{y^2}{b^2}=1(a>b>0)$ 的右焦点为 $F(c,0)$,过点 F 的一动直线 m 绕点 F 转动,并且交椭圆于 A,B 两点, P 是线段 AB

的中点,求点 P 的轨迹 H 的方程.

解 设 $A(x_1,y_1)$,$B(x_2,y_2)$,则

$$\begin{cases}b^2x_1^2+a^2y_1^2=a^2b^2 & ①\\ b^2x_2^2+a^2y_2^2=a^2b^2 & ②\end{cases}$$

①-②得

$$b^2(x_1-x_2)(x_1+x_2)+a^2(y_1-y_2)(y_1+y_2)=0 \quad ③$$

设点 P 的坐标为(x,y),由 P 为 AB 中点,可知 $x_1+x_2=2x,y_1+y_2=2y$,代入③得

$$b^2(x_1-x_2)x+a^2(y_1-y_2)y=0$$

因为$\overrightarrow{BA}=(x_1-x_2,y_1-y_2)$,若 $\boldsymbol{n}=(b^2x,a^2y)$,则有$\overrightarrow{BA}\cdot\boldsymbol{n}=0$. 又因为$\overrightarrow{FP}/\!/\overrightarrow{BA}$,于是有$\overrightarrow{FP}\cdot\boldsymbol{n}=0$,而$\overrightarrow{FP}=(x-c,y)$,即 $b^2x(x-c)+a^2y^2=0$,故所求点 P 的轨迹方程为 $b^2x^2+a^2y^2-b^2cx=0$.

例 6 已知点 P 在射线 $x=2(y\geqslant 0)$上运动,且 P 不在 x 轴上,以点 $M(1,0)$为端点的射线 m 过点 P,直线 l 过点 $A(-1,0)$,与射线 m 交于与点 M 不同的点 Q,当$|AP|\cdot|AQ|\leqslant 12$ 时,求点 Q 的轨迹.

解 如图 7.3.3 所示,设 $P(2,t)$,$Q(x,y)$,则有

$$\overrightarrow{AP}=(3,t),\overrightarrow{AQ}=(x+1,y)$$

图 7.3.3

因$|AP|\cdot|AQ|\leqslant 12$,则$\overrightarrow{AP}\cdot\overrightarrow{AQ}\leqslant|\overrightarrow{AP}|\cdot|\overrightarrow{AQ}|\leqslant$

12，即 $3(x+1)+ty\leqslant 12$.

又 $\overrightarrow{MP}=(1,t)$，$\overrightarrow{MQ}=(x-1,y)$ 共线，则有 $y=t(x-1)$，又 MQ 不与 y 轴平行，又 $t>0$，则 $x>1$，则 $t=\frac{y}{x-1}$，代入 $3(x+1)+ty\leqslant 12$，得 $3(x^2-1)+y^2\leqslant 12(x-1)$，化简得 $\frac{y^2}{3}+\frac{(x-2)^2}{1}\leqslant 1$.

由于 Q 与 M 不重合，故点 Q 的轨迹是椭圆 $\frac{y^2}{3}+\frac{(x-2)^2}{1}=1$ $(1<x<3, 0<y\leqslant\sqrt{3})$ 内（含边界，但短轴除外）在短轴上方的部分（图中阴影部分）.

例 7　（1995 全国高考理科题）如图 7.3.4 所示，已知椭圆 $\frac{x^2}{24}+\frac{y^2}{16}=1$，直线 $l:\frac{x}{12}+\frac{y}{8}=1$，$P$ 是 l 上一点，射线 OP 交椭圆于点 R，又点 Q 在 OP 上且满足 $|OQ|\cdot|OP|=|OR|^2$. 又当 P 在 l 上移动时，求点 Q 的轨迹方程，并说明轨迹是什么曲线.

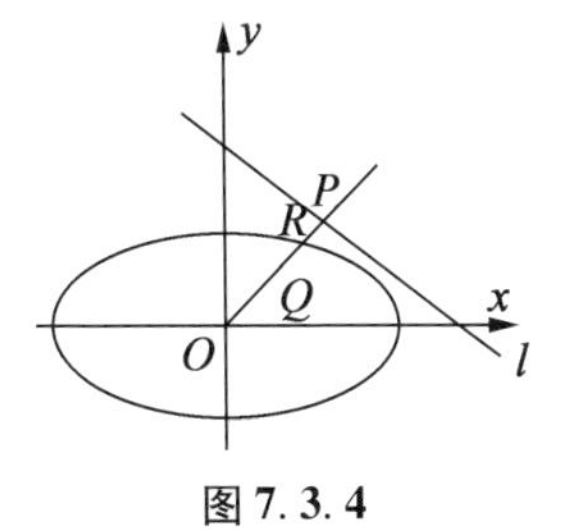

图 7.3.4

解　由题意可知 O,P,Q,R 四点共线，设 $Q(x,y)$，$P(x_1,y_1)$，$R(x_2,y_2)$，于是，可设

$$\overrightarrow{OP}=m\,\overrightarrow{OQ}\quad(m>0)\qquad ①$$

$$\overrightarrow{OR}=n\,\overrightarrow{OQ}\quad(n>0)\qquad ②$$

从而有$\begin{cases}x_1=mx\\y_1=my\end{cases}$,$\begin{cases}x_2=nx\\y_2=ny\end{cases}$.

因为点 P,R 分别在已知直线和椭圆上,分别代入得$\frac{x}{12}+\frac{y}{8}=\frac{1}{m}$,$\frac{x^2}{24}+\frac{y^2}{16}=\frac{1}{n^2}$.

又因为$|OQ|\cdot|OP|=m|OQ|^2$,$|OR|^2=n^2|OQ|^2$,$|OQ|\cdot|OP|=|OR|^2$,故

$$m=n^2 \qquad ③$$

由 O,R 不重合可知 O,Q 不重合,因此 x,y 不同时为 0.

由③得$\frac{x}{12}+\frac{y}{8}=\frac{x^2}{24}+\frac{y^2}{16}$,整理、配方即得点 Q 的轨迹方程为

$$\frac{(x-1)^2}{\frac{5}{2}}+\frac{(y-1)^2}{\frac{5}{3}}=1$$

(其中 x,y 不同时为 0). 轨迹是以$(1,1)$为中心,长轴为 $\sqrt{10}$,短轴为$\frac{2\sqrt{15}}{3}$的椭圆.

例 8 (2005 年全国高中数学联赛题)如图 7.3.5 所示,过抛物线$y=x^2$上一点 $A(1,1)$作抛物线的切线,分别交 x 轴于 D,交 y 轴于 B. 点 C 在抛物线上,点 E 在线段 AC 上,满足$\frac{AE}{EC}=\lambda_1$;点 F 在线段 BC 上,满足$\frac{BF}{FC}=\lambda_2$,且 $\lambda_1+\lambda_2=1$,线段 CD 与 EF 交于点 P. 当点 C 在抛物线上移动时,求点 P 的轨迹方程.

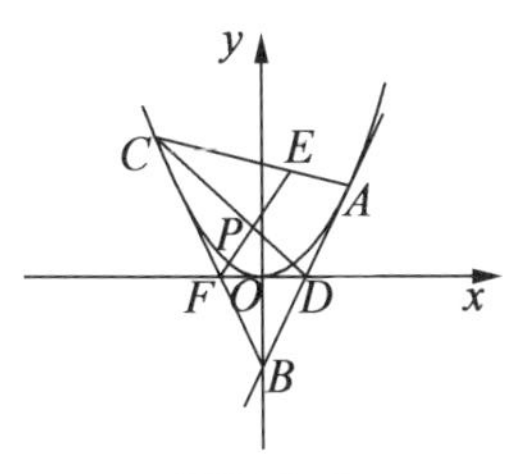

图 7.3.5

解　抛物线在点 A 处的切线斜率为 $y'=2x|_{x=1}=2$，则切线方程为 $y=2x-1$. 所以 $D(\frac{1}{2},0)$，$B(0,-1)$，其中 D 为 AB 的中点. 因为$\frac{AE}{EC}=\lambda_1$，$\frac{BF}{FC}=\lambda_2$，所以

$$\frac{CE}{CA}=\frac{1}{1+\lambda_1},\frac{CF}{CB}=\frac{1}{1+\lambda_2}$$

即$\overrightarrow{CE}=\frac{1}{1+\lambda_1}\overrightarrow{CA}$，$\overrightarrow{CF}=\frac{1}{1+\lambda_2}\overrightarrow{CB}$. 又 E,P,F 三点共线，所以存在实数 a,b，使得$\overrightarrow{CP}=a\overrightarrow{CE}+b\overrightarrow{CF}$，且$a+b=1$. 所以

$$\overrightarrow{CP}=\frac{a}{1+\lambda_1}\overrightarrow{CA}+\frac{b}{1+\lambda_2}\overrightarrow{CB} \qquad ①$$

又 D 为 AB 的中点，所以

$$\overrightarrow{CD}=\frac{1}{2}(\overrightarrow{CA}+\overrightarrow{CB}) \qquad ②$$

因为 C,P,D 三点共线，由①，②得$\frac{a}{1+\lambda_1}=\frac{b}{1+\lambda_2}$，所以

$$\frac{a}{1+\lambda_1}=\frac{b}{1+\lambda_2}=\frac{a+b}{2+\lambda_1+\lambda_2}=\frac{1}{3}$$

所以$\overrightarrow{CP}=\frac{1}{3}(\overrightarrow{CA}+\overrightarrow{CB})=\frac{2}{3}\overrightarrow{CD}$，即$\frac{CP}{CD}=\frac{2}{3}$.

所以 P 为 $\triangle ABC$ 的重心. 设 $P(x,y)$, $C(x_0,x_0^2)$, 因为点 C 异于 A,则 $x_0\neq 1$,故重心 P 的坐标为

$$x=\frac{0+1+x_0}{3}=\frac{1+x_0}{3}\quad (x\neq\frac{2}{3})$$

$$y=\frac{-1+1+x_0^2}{3}=\frac{x_0^2}{3}$$

消去 x_0,得 $y=\frac{1}{3}(3x-1)^2$.

故所求轨迹方程为 $y=\frac{1}{3}(3x-1)^2(x\neq\frac{2}{3})$.

例 9 (2005 年高考江西卷题)如图 7.3.6 所示,设抛物线 $C:y=x^2$ 的焦点为 F,动点 P 在直线 $l:x-y-2=0$上运动,过 P 作抛物线 C 的两条切线 PA,PB,且与抛物线 C 分别相切于 A,B 两点:

(1)求 $\triangle APB$ 的重心 G 的轨迹方程;

(2)证明:$\angle PFA=\angle PFB$.

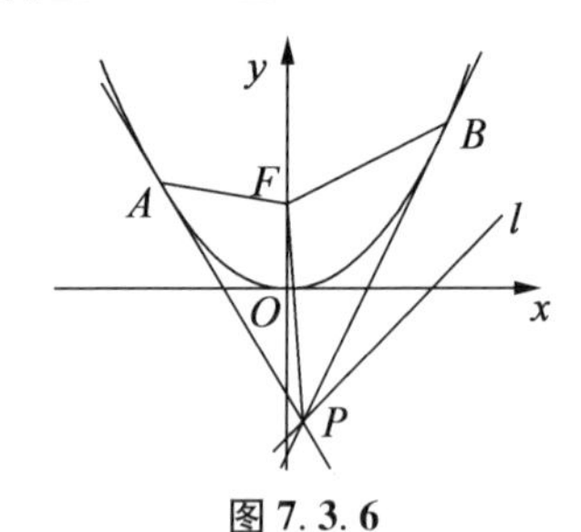

图 7.3.6

解 (1)设切点 A,B 的坐标分别为 (x_1,x_1^2) 和 $(x_2,x_2^2)(x_1\neq x_2)$,可求得切线 AP 的方程为 $2x_1x-y-x_1^2=0$,切线 BP 的方程为

$$2x_2x-y-x_2^2=0$$

解得点 P 的坐标为$\begin{cases}x_p=\dfrac{x_1+x_2}{2}\\ y_p=x_1x_2\end{cases}$.

设△APB 的重心 G 的坐标为(x,y),则

$$x=\frac{x_1+x_2+x_p}{3}=x_p$$

$$\begin{aligned}y&=\frac{y_1+y_2+y_p}{3}=\frac{x_1^2+x_2^2+x_1x_2}{3}\\&=\frac{(x_1+x_2)^2-x_1x_2}{3}=\frac{4x_p^2-y_p}{3}\end{aligned}$$

从而有$\begin{cases}x_p=x\\ y_p=4x^2-3y\end{cases}$.

由于点 P 在直线 $l:x-y-2=0$ 上运动,所以 $x-(-3y+4x^2)-2=0$,即重心 G 的轨迹方程为 $4x^2-x-3y+2=0$.

(2)由$\overrightarrow{FA}=\left(x_1,x_1^2-\dfrac{1}{4}\right)$,$\overrightarrow{FP}=\left(\dfrac{x_1+x_2}{2},x_1x_2-\dfrac{1}{4}\right)$,$\overrightarrow{FB}=\left(x_2,x_2^2-\dfrac{1}{4}\right)$,且$|\overrightarrow{FP}|\neq0$. 所以

$$\begin{aligned}\cos\angle AFP&=\frac{\overrightarrow{FP}\cdot\overrightarrow{FA}}{|\overrightarrow{FP}|\cdot|\overrightarrow{FA}|}\\&=\frac{\dfrac{x_1+x_2}{2}\cdot x_1+\left(x_1x_2-\dfrac{1}{4}\right)\left(x_1^2-\dfrac{1}{4}\right)}{|\overrightarrow{FP}|\sqrt{x_1^2+\left(x_1^2-\dfrac{1}{4}\right)^2}}\\&=\frac{x_1x_2+\dfrac{1}{4}}{|\overrightarrow{FP}|}\end{aligned}$$

同理有

$$\cos\angle BFP=\frac{\overrightarrow{FP}\cdot\overrightarrow{FB}}{|\overrightarrow{FP}|\cdot|\overrightarrow{FB}|}$$

$$=\frac{\frac{x_1+x_2}{2}\cdot x_2+\left(x_1x_2-\frac{1}{4}\right)\left(x_2^2-\frac{1}{4}\right)}{|\overrightarrow{FP}|\sqrt{x_2^2+\left(x_2^2-\frac{1}{4}\right)^2}}$$

$$=\frac{x_1x_2+\frac{1}{4}}{|\overrightarrow{FP}|}$$

故$\angle PFA=\angle PFB$.

2. 坐标类问题

例 10 以原点 O 和点 $A(5,2)$ 为顶点作等腰直角$\triangle OAB$,使$\angle B=90°$,求点 B 的坐标.

解 分析图形,取线段 OA 中点 M,可以得到向量关系式$\overrightarrow{OB}=\overrightarrow{OM}+\overrightarrow{MB}$,从向量$\overrightarrow{OM}$与$\overrightarrow{MB}$的等模垂直关系可得$\overrightarrow{OM}=\frac{1}{2}\overrightarrow{OA}=\left(\frac{5}{2},1\right)$,而$\overrightarrow{MB}=\left(1,-\frac{5}{2}\right)$或$\left(-1,\frac{5}{2}\right)$,所以$\overrightarrow{OB}=\left(\frac{7}{2},-\frac{3}{2}\right)$或$\left(\frac{3}{2},\frac{7}{2}\right)$,得点 B 的坐标为$\left(\frac{7}{2},-\frac{3}{2}\right)$或$\left(\frac{3}{2},\frac{7}{2}\right)$.

例 11 已知直线 $l_1:x-2y+10=0$,$l_2:x+2y-6=0$,$l_3:2x-y-7=0$,求它们围成三角形的内心坐标.

解 计算可得 l_1 交 l_2 于点 $A(-2,4)$,l_1 交 l_3 于点 $B(8,9)$,l_2 交 l_3 于点 $C(4,1)$. 不难求得 $\boldsymbol{a}=(2,1)$,$\boldsymbol{b}=(2,-1)$,$\boldsymbol{c}=(1,2)$,分别是与$\overrightarrow{AB}$,$\overrightarrow{AC}$,$\overrightarrow{CB}$同方向的向量,显然有$|\boldsymbol{a}|=|\boldsymbol{b}|=|\boldsymbol{c}|$,设$\triangle ABC$ 的内心为 M,

则$\overrightarrow{AM}=\lambda(\boldsymbol{a}+\boldsymbol{b})=\lambda(4,0)$，$\overrightarrow{BM}=\mu(-\boldsymbol{a}-\boldsymbol{c})=\mu(-3,-3)$. 由$\overrightarrow{AB}+\overrightarrow{BM}=\overrightarrow{AM}$可得$(10,5)+(-3\mu,-3\mu)=(4\lambda,0)$，解得$\mu=\frac{5}{3}$，$\lambda=\frac{5}{4}$，由$\overrightarrow{AM}=(5,0)$得所求三角形的内心为$M(3,4)$.

例 12　若F_1，F_2分别为椭圆$\frac{x^2}{9}+\frac{y^2}{4}=1$的左、右焦点，$P$为椭圆上的动点，当$\angle F_1PF_2$为钝角时，点$P(x_0,y_0)$的横坐标$x_0$的取值范围是________.

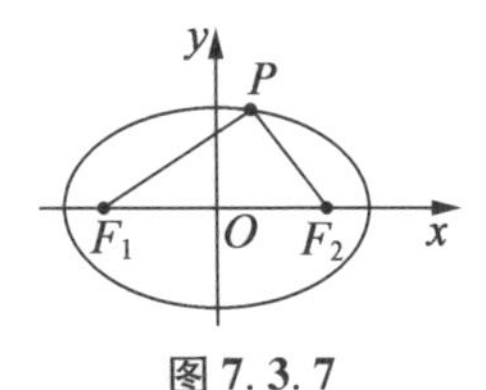

图 7.3.7

解　易知两焦点为$F_1(-\sqrt{5},0)$，$F_2(\sqrt{5},0)$，$y_0^2=4-\frac{4}{9}x_0^2$. 由条件易得$\overrightarrow{PF_1}\cdot\overrightarrow{PF_2}<0$，即$(-\sqrt{5}-x_0,-y_0)\cdot(\sqrt{5}-x_0,-y_0)<0$. 则$x_0^2-5+y_0^2<0$，即$x_0^2-5+4-\frac{4}{9}x_0^2<0$，亦即$x_0^2<\frac{9}{5}$.

又$x_0^2\leqslant 9$，故$-\frac{3}{\sqrt{5}}<x_0<\frac{3}{\sqrt{5}}$.

例 13　（2002 年高中数学联赛题）已知点$A(0,2)$和抛物线$y^2=x+4$上两点B，C，使得$AB\perp BC$，求点C的纵坐标的取值范围.

解　如图 7.3.8 所示，设抛物线$y^2=x+4$上两点$B(y_B^2-4,y_B)$，$C(y_C^2-4,y_C)$，则

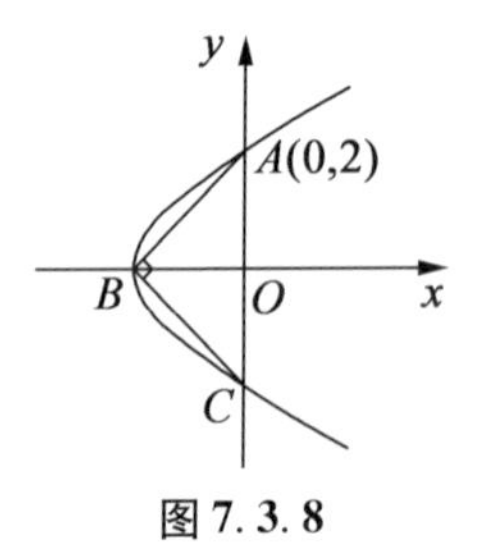

图 7.3.8

$$\overrightarrow{AB}:(y_B^2-4,y_B-2)=(y_B-2)(y_B+2,1)$$

$$\overrightarrow{BC}:(y_C^2-y_B^2,y_C-y_B)=(y_C-y_B)(y_C+y_B,1)$$

故$\overrightarrow{AB}\perp\overrightarrow{BC}\Leftrightarrow\overrightarrow{AB}\cdot\overrightarrow{BC}=0$，即

$$(y_B+2)(y_C+y_B)+1=0$$

所以

$$y_C=-\frac{1}{y_B+2}-y_B=-(\frac{1}{y_B+2}+y_B+2)+2$$

由均值不等式得 $y_C\geqslant 4$ 或 $y_C\leqslant 0$.

例 14 （2000 年高考全国卷题）已知椭圆$\frac{x^2}{9}+\frac{y^2}{4}=1$的焦点为 F_1,F_2，点 P 为椭圆上的动点，当$\angle F_1PF_2$ 为钝角时，求点 P 的横坐标的取值范围.

解 椭圆的焦点 F_1,F_2 的坐标为 $F_1(-\sqrt{5},0)$，$F_2(\sqrt{5},0)$，设点 P 的坐标为(x,y)，则$\overrightarrow{PF_1}=(-\sqrt{5}-x,-y)$，$\overrightarrow{PF_2}=(\sqrt{5}-x,-y)$.

由向量的夹角公式可知

$$\cos\angle F_1PF_2=\frac{\overrightarrow{PF_1}\cdot\overrightarrow{PF_2}}{|\overrightarrow{PF_1}||\overrightarrow{PF_2}|}$$

当$\angle F_1PF_2$ 为钝角时，$\overrightarrow{PF_1}\cdot\overrightarrow{PF_2}<0$，即$(-\sqrt{5}-x)\cdot$

$(\sqrt{5}-x)+(-y)(-y)<0$，即 $x^2+y^2<5$.

又因为$\frac{x^2}{9}+\frac{y^2}{4}=1$，将 $y^2=4-\frac{4}{9}x^2$ 代入上式得 $x^2+4-\frac{4}{9}x^2<5$，所以点 P 的横坐标的取值范围为 $-\frac{3}{5}\sqrt{5}<x<\frac{3}{5}\sqrt{5}$.

例 15　(1998 年全国高中数学联赛题)已知抛物线 $y^2=2px$ 及定点 $A(a,b)$，$B(-a,0)$ $(ab\neq 0, b^2\neq 2pa)$. M 是抛物线上的点，设直线 AM，BM 与抛物线的另一交点分别为 M_1，M_2，求证：当点 M 在抛物线上变动时(只要 M_1，M_2 存在且 $M_1\neq M_2$)，直线 M_1M_2 恒过一个定点，并求出这个定点的坐标.

解　如图 7.3.9 所示，设 $M(x_0,y_0)$，$M_1(x_1,y_1)$，$M_2(x_2,y_2)$，则由 B,M,M_2 三点共线，得$\overrightarrow{BM}=(x_0+a,y_0)$与$\overrightarrow{BM_2}=(x_2+a,y_2)$共线，即$(x_2+a)y_0=y_2(x_0+a)$，$\frac{y_2^2y_0}{2p}-\frac{y_2y_0^2}{2p}=a(y_2-y_0)$，得

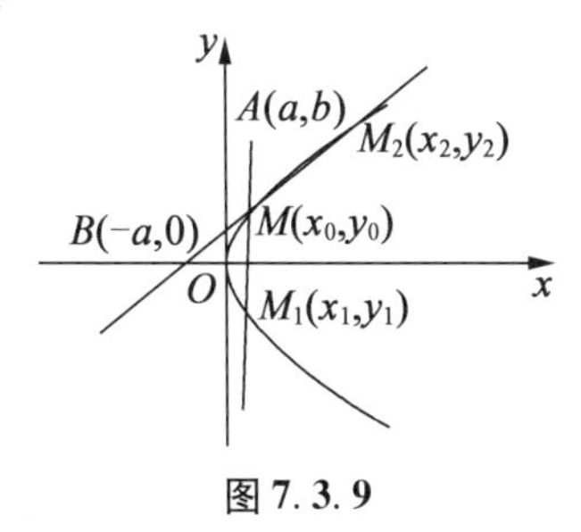

图 7.3.9

$$y_2y_0=2pa \quad ①$$

由 A,M,M_1 三点共线，得：$\overrightarrow{AM_1}=(x_1-a,y_1-b)$与$\overrightarrow{AM}=(x_0-a,y_0-b)$共线，即$(x_1-a)(y_0-b)=$

$(y_1-b)(x_0-a)$,化简得

$$x_1y_0-x_1b-ay_0=x_0y_1-x_0b-ay_1$$

将 $x_1=\frac{y_1^2}{2p},x_0=\frac{y_0^2}{2p}$代入上式,化简得

$$y_1y_0-b(y_1+y_0)+2pa=0 \qquad ②$$

由①,②消去 y_0 得

$$2pa(y_1+y_2)=by_1y_2+2pab \qquad ③$$

设直线 M_1M_2 过点 $P(m,n)$,则

$$\overrightarrow{M_1M_2}=\left(\frac{y_2^2-y_1^2}{2p},y_2-y_1\right)=(y_2-y_1)\cdot\left(\frac{y_2+y_1}{2p},1\right)$$

与

$$\overrightarrow{PM_1}=\left(\frac{y_1^2}{2p}-m,y_1-n\right)$$

共线,即$\frac{y_1+y_2}{2p}(y_1-n)=\frac{y_1^2}{2p}-m$,化简得

$$bn(y_1+y_2)=by_1y_2+2pbm$$

对照式③,得:$m=a,n=\frac{2pa}{b}$,所以直线 M_1M_2 恒过点$\left(a,\frac{2pa}{b}\right)$.

3. **位置关系类问题**

例 16 如图 7.3.10 所示,已知 A 和 B 为抛物线 $x^2=2py(p>0)$上异于原点的两点,且 $OA\perp OB$(其中 O 为坐标原点),点 C 的坐标为$(0,2p)$,求证:A,B,C 三点共线.

证明 设$\overrightarrow{OA}=\left(x_1,\frac{x_1^2}{2p}\right),\overrightarrow{OB}=\left(x_2,\frac{x_2^2}{2p}\right)$.

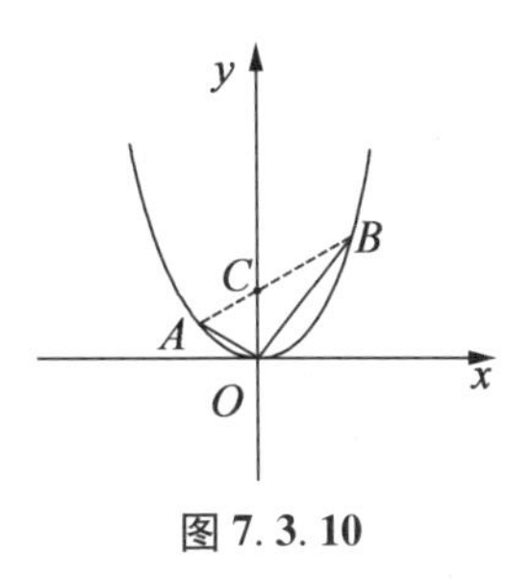

图 7.3.10

由 $OA\perp OB$，知 $\overrightarrow{OA}\cdot\overrightarrow{OB}=0$. 于是 $x_1x_2+\dfrac{x_1^2x_2^2}{4p^2}=0$，即 $x_1x_2=-4p^2$. 所以

$$\overrightarrow{AC}=\left(-x_1,2p-\frac{x_1^2}{p}\right),\overrightarrow{AB}=\left(x_2-x_1,\frac{x_2^2-x_1^2}{2p}\right)$$

而由 $-x_1\dfrac{x_2^2-x_1^2}{2p}-\left(2p-\dfrac{x_1^2}{p}\right)(x_2-x_1)=0$ 有 $\dfrac{-x_1}{x_2-x_1}=\dfrac{2p-\dfrac{x_1^2}{p}}{\dfrac{x_2^2-x_1^2}{2p}}$.

从而 $\overrightarrow{AC}/\!/\overrightarrow{AB}$. 故 A,B,C 三点共线.

例 17　(2001 年高考全国卷题)设抛物线 $y^2=2px(p>0)$ 的焦点为 F，经过点 F 的直线交抛物线于 A,B 两点，点 C 在抛物线的准线上，且 $BC/\!/x$ 轴，证明直线 AC 过原点 O.

证法 1　如图 7.3.11 所示，设 $A(x_1,y_1)$，$B(x_2,y_2)$. 因为 $\overrightarrow{FB}=\dfrac{y_2}{y_1}\overrightarrow{FA}$，所以有

$$y_1\left(x_2-\frac{p}{2},y_2\right)=y_2\left(x_1-\frac{p}{2},y_1\right)$$

$$y_1\left(\frac{y_2^2}{2p}-\frac{p}{2}\right)=y_2\left(\frac{y_1^2}{2p}-\frac{p}{2}\right)$$

图 7.3.11

由 $y_1\neq y_2$，得 $y_1y_2=-p^2$. 设$\overrightarrow{FO}=\alpha\,\overrightarrow{FC}+\beta\,\overrightarrow{FA}$($\alpha,\beta\in$ $\mathbf{R}$). 因为$\overrightarrow{BC}/\!/\overrightarrow{FO}$，$\overrightarrow{FB}/\!/\overrightarrow{FA}$，$\overrightarrow{BC}=\dfrac{x_2+\frac{p}{2}}{\frac{p}{2}}\overrightarrow{FO}$，所以$\overrightarrow{FO}=$

$$\alpha(\overrightarrow{FB}+\overrightarrow{BC})+\beta\,\overrightarrow{FA}=\left(\frac{\alpha y_2}{y_1}+\beta\right)\overrightarrow{FA}+\frac{\alpha\left(x_2+\frac{p}{2}\right)}{\frac{p}{2}}\overrightarrow{FO}.$$ 又

因为$\overrightarrow{FO}$与$\overrightarrow{FA}$不共线，所以

$$\begin{cases}\alpha y_2+\beta y_1=0\\ \alpha\left(x_2+\dfrac{p}{2}\right)=\dfrac{p}{2}\end{cases},\begin{cases}\alpha y_2^2+\beta y_1y_2=0\\ \alpha\left(\dfrac{y_2^2}{2p}+\dfrac{p}{2}\right)=\dfrac{p}{2}\end{cases}$$

消去 y_1,y_2，并注意 $y_1y_2=-p^2$，得 $\alpha+\beta=1$. 由式(2.2.5)，即知 A,O,C 共线，即直线 AC 过原点 O.

证法 2 设 $A\left(\dfrac{y_1^2}{2p},y_1\right)$，$B\left(\dfrac{y_2^2}{2p},y_2\right)$，则 $C\left(-\dfrac{p}{2},y_2\right)$，因为焦点为 $F\left(\dfrac{p}{2},0\right)$，所以 $\overrightarrow{OA}=\left(\dfrac{y_1^2}{2p},y_1\right)$，$\overrightarrow{OC}=\left(-\dfrac{p}{2},y_2\right)$，$\overrightarrow{FA}=\left(\dfrac{y_1^2}{2p}-\dfrac{p}{2},y_1\right)$，$\overrightarrow{FB}=\left(\dfrac{y_2^2}{2p}-\dfrac{p}{2},y_2\right)$. 由

于$\overrightarrow{FA}\parallel\overrightarrow{FB}$，所以$\frac{y_1^2}{2p}y_2-\frac{p}{2}y_2-\frac{y_2^2}{2p}y_1+\frac{p}{2}y_1=0$，即$(y_1-y_2)\left(\frac{y_1y_2}{2p}+\frac{p}{2}\right)=0$. 因为$y_1\neq y_2$，所以$\frac{y_1y_2}{2p}+\frac{p}{2}=0$，$\left(\frac{y_1y_2}{2p}+\frac{p}{2}\right)y_1=0$，即$\frac{y_1^2}{2p}y_2-\left(-\frac{p}{2}\right)y_1=0$，所以$\overrightarrow{OA}\parallel\overrightarrow{OC}$，故直线$AC$经过原点$O$.

例18　(2005年高考湖北卷题)设A,B是椭圆$3x^2+y^2=\lambda$上两点，点$N(1,3)$是线段AB的中点，线段AB的垂直平分线与椭圆相交于C,D两点.

(1)确定λ的取值范围，并求直线AB的方程；

(2)试判断是否存在这样的λ，使得A,B,C,D四点在同一个圆上，并说明理由.

解　(1)因为点N在椭圆内，因此有$3\times1^2+3^2<\lambda$，即$\lambda>12$.

设$A(x_1,y_1)$，$B(x_2,y_2)$，因为点A,B在椭圆上，可得

$$\begin{cases}3x_1^2+y_1^2=\lambda & ①\\3x_2^2+y_2^2=\lambda & ②\end{cases}$$

①－②得

$$3(x_1+x_2)(x_1-x_2)+(y_1+y_2)(y_1-y_2)=0 \quad ③$$

因为AB中点为N，所以$x_1+x_2=2$，$y_1+y_2=6$，将其代入③得

$$(x_1-x_2)+(y_1-y_2)=0$$

即直线AB的方向向量(x_1-x_2,y_1-y_2)与向量$\boldsymbol{n}=(1,1)$垂直，可得直线AB的点法式方程为$(x-1)+(y-3)=0$，即$l_{AB}:x+y-4=0$.

(2)由$\boldsymbol{n}=(1,1)$可得直线CD的点法式方程为

$x-1=y-3$，即 $l_{CD}: x-y+2=0$. 由直线 AB，CD 的方程和椭圆方程，求出 A，B，C，D 四点坐标

$$A\left(\frac{2+\sqrt{\lambda-12}}{2},\frac{6-\sqrt{\lambda-12}}{2}\right)$$

$$B\left(\frac{2-\sqrt{\lambda-12}}{2},\frac{6+\sqrt{\lambda-12}}{2}\right)$$

$$C\left(\frac{-1-\sqrt{\lambda-3}}{2},\frac{3-\sqrt{\lambda-3}}{2}\right)$$

$$D\left(\frac{-1+\sqrt{\lambda-3}}{2},\frac{3+\sqrt{\lambda-3}}{2}\right)$$

所以

$$\overrightarrow{CA}=\left(\frac{3+\sqrt{\lambda-12}+\sqrt{\lambda-3}}{2},\frac{3-\sqrt{\lambda-12}+\sqrt{\lambda-3}}{2}\right)$$

$$\overrightarrow{DA}=\left(\frac{3+\sqrt{\lambda-12}-\sqrt{\lambda-3}}{2},\frac{3-\sqrt{\lambda-12}-\sqrt{\lambda-3}}{2}\right)$$

验证得 $\overrightarrow{CA}\cdot\overrightarrow{DA}=0$，所以点 A 在以 CD 为直径的圆上. 又 B 与 A 关于直线 CD 对称，因此 B 也在以 CD 为直径的圆上.

4. 度量关系类问题

例 19 设 $A(x_1,y_1)$，$B(x_2,y_2)$ 是抛物线 $y^2=2px(p>0)$ 上的两点，O 为坐标原点，且 $OA\perp OB$，求证：y_1y_2，x_1x_2 均为定值.

证明 由 $\overrightarrow{OA}=(x_1,y_1)$，$\overrightarrow{OB}=(x_2,y_2)$ 及 $OA\perp OB$ 得 $x_1x_2+y_1y_2=0$. 又 $y_1^2=2px_1$，$y_2^2=2px_2$，则 $y_1^2y_2^2=2px_1\cdot 2px_2=4p^2x_1x_2=-4p^2y_1y_2$.

故 $y_1y_2=-4p^2$ 为定值，$x_1x_2=-y_1y_2=4p^2$ 也为定值.

例 20 设 P 是椭圆 C 上非长轴顶点的任一点，

F_1,F_2 为焦点,若 $\angle PF_1F_2=\alpha$, $\angle PF_2F_1=\beta$,半短轴长为 b,S 表示 $\triangle PF_1F_2$ 的面积,求证:$S=\dfrac{b^2}{\tan\dfrac{\alpha+\beta}{2}}$.

证明　以 a,c 分别表示半长轴长和半焦距,则

$$\begin{aligned}\overrightarrow{F_1F_2}^2&=(\overrightarrow{F_1P}+\overrightarrow{PF_2})^2\\&=|\overrightarrow{PF_1}|^2+|\overrightarrow{PF_2}|^2+4|\overrightarrow{PF_1}||\overrightarrow{PF_2}|\cdot\\&\quad\cos^2\frac{\angle F_1PF_2}{2}-2|\overrightarrow{PF_1}||\overrightarrow{PF_2}|\end{aligned}$$

即

$$(2c)^2=(2a)^2+4|\overrightarrow{PF_1}||\overrightarrow{PF_2}|\left(\cos^2\frac{\angle F_1PF_2}{2}-1\right)$$

亦即
$$c^2=a^2-|\overrightarrow{PF_1}||\overrightarrow{PF_2}|\sin^2\frac{\alpha+\beta}{2}$$

从而

$$|\overrightarrow{PF_1}||\overrightarrow{PF_2}|=\frac{a^2-c^2}{\sin^2\dfrac{\alpha+\beta}{2}}=\frac{b^2}{\sin^2\dfrac{\alpha+\beta}{2}}$$

所以 $S=\dfrac{1}{2}|\overrightarrow{PF_1}||\overrightarrow{PF_2}|\cdot\sin(\alpha+\beta)=\dfrac{b^2\cdot\sin(\alpha+\beta)}{2\sin^2\dfrac{\alpha+\beta}{2}}=\dfrac{b^2}{\tan\dfrac{\alpha+\beta}{2}}$.

例 21　如图 7.3.12 所示,F_1,F_2 分别是双曲线 $x^2-y^2=1$ 的左、右焦点,点 A 的坐标为 $\left(\dfrac{\sqrt{2}}{2},-\dfrac{\sqrt{2}}{2}\right)$,点 B 在双曲线上,且 $\angle F_1AB=90^\circ$,求证:$\angle F_1BA=\angle F_2BA$.

证明 设 $B(x_0,y_0)$. 由题意得 $F_1(-\sqrt{2},0)$, $F_2(\sqrt{2},0)$,则

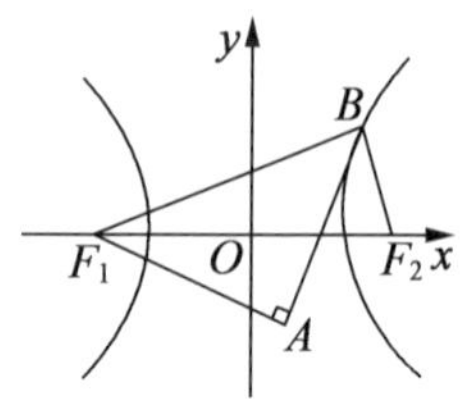

图 7.3.12

$$\overrightarrow{AF_1}=\left(-\frac{3\sqrt{2}}{2},\frac{\sqrt{2}}{2}\right)$$

$$\overrightarrow{AB}=\left(x_0-\frac{\sqrt{2}}{2},y_0+\frac{\sqrt{2}}{2}\right)$$

由
$$\angle F_1AB=90^\circ$$
得
$$\overrightarrow{AF_1}\cdot\overrightarrow{AB}=0$$

故
$$-\frac{3\sqrt{2}}{2}\left(x_0-\frac{\sqrt{2}}{2}\right)+\frac{\sqrt{2}}{2}\left(y_0+\frac{\sqrt{2}}{2}\right)=0$$

即
$$3x_0-y_0=2\sqrt{2}$$

又 $x_0^2-y_0^2=1$,解得$\begin{cases}x_0=\dfrac{3\sqrt{2}}{4}\\ y_0=\dfrac{\sqrt{2}}{4}\end{cases}$. 故 $B\left(\dfrac{3\sqrt{2}}{4},\dfrac{\sqrt{2}}{4}\right)$. 从而

$$\overrightarrow{BF_1}=\left(-\frac{7\sqrt{2}}{4},-\frac{\sqrt{2}}{4}\right),\overrightarrow{BF_2}=\left(\frac{\sqrt{2}}{4},-\frac{\sqrt{2}}{4}\right)$$

$$\overrightarrow{BA}=\left(-\frac{\sqrt{2}}{4},-\frac{3\sqrt{2}}{4}\right)$$

则
$$\cos\angle F_1BA=\frac{\overrightarrow{BF_1}\cdot\overrightarrow{BA}}{|\overrightarrow{BF_1}|\cdot|\overrightarrow{BA}|}=\frac{\sqrt{5}}{5}$$

$$\cos\angle F_2BA=\frac{\overrightarrow{BF_2}\cdot\overrightarrow{BA}}{|\overrightarrow{BF_2}|\cdot|\overrightarrow{BA}|}=\frac{\sqrt{5}}{5}$$

故
$$\angle F_1BA=\angle F_2BA$$

例 22　设 $f(\theta)=\cos^2\theta+2m\sin\theta-2m-2,\theta\in[0,\frac{\pi}{2}]$. 实数 m 满足什么条件时,$f(\theta)<0$ 恒成立?

解　令 $t=\sin\theta$,得 $F(t)=-t^2+2mt-2m-1<0$ 对任意 $t\in[0,1]$ 恒成立,故

$$m(2t-2)-(t^2+1)<0 \quad ①$$

在 uOv 坐标系下,令 $\boldsymbol{p}=(u,v),u=2t-2,v=t^2+1(0\leqslant t\leqslant 1),\boldsymbol{q}=(m,-1)$. 式①即 $\boldsymbol{p}\cdot\boldsymbol{q}<0$ 恒成立,即 $\alpha=\langle\boldsymbol{p},\boldsymbol{q}\rangle\in(\frac{\pi}{2},\pi]$. 由 u,v 的表达式消去 t 得:$v=\frac{1}{4}(u+2)^2+1(-2\leqslant u\leqslant 0)$,即 $\boldsymbol{p}$ 的终点 P 在一段定抛物线上,$\boldsymbol{q}$ 的终点 $Q(m,-1)$ 在直线 $v=-1$ 上,如图 7.3.13 所示. 考察抛物线顶点 $A(-2,1)$. 当 $\angle AOB=\frac{\pi}{2}$,且 B 在直线 $v=-1$ 上,必有 $B(-\frac{1}{2},-1)$,故当且仅当 Q 在 B 右侧时,不论 P 在定抛物线上何处,总有 $\alpha\in(\frac{\pi}{2},\pi]$,即 $m>-\frac{1}{2}$时式①成立.

故题求条件是 $m\in(-\frac{1}{2},+\infty)$.

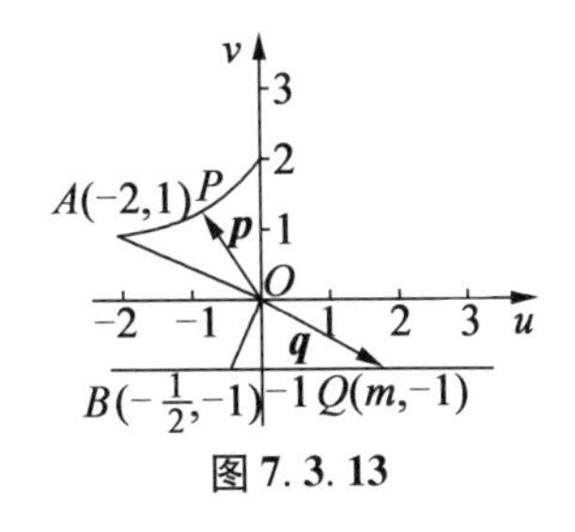

图 7.3.13

5. 图形特征类问题

例 23 （1999 年全国高中数学联赛题）已知点 $A(1,2)$，过点 $D(5,-2)$ 的直线与抛物线 $y^2=4x$ 交于 B,C 两点，试判断 $\triangle ABC$ 的形状.

解 设 B,C 的坐标分别为 $(t^2,2t),(s^2,2s)$，$s\neq t$，$s\neq 1$，$t\neq 1$.

因为 B,C,D 三点共线，所以

$$(t^2-5)(2s+2)-(s^2-5)(2t+2)=0$$

化简得 $ts+t+s+5=0$，即

$$(s+1)(t+1)=-4$$

于是

$$\begin{aligned}\overrightarrow{AB}\cdot\overrightarrow{AC}&=\frac{1}{2}(\overrightarrow{AB}^2+\overrightarrow{AC}^2-\overrightarrow{BC}^2)\\&=\frac{1}{2}[(t^2-1)^2+(2t-2)^2+(s^2-1)^2+\\&\quad(2s-2)^2-(s^2-t^2)^2-4(s-t)^2]\\&=s^2t^2-(t^2+s^2)+4ts-4(t+s)+5\\&=(t-1)(s-1)[(s+1)(t+1)+4]=0\end{aligned}$$

故 $\overrightarrow{AB}\perp\overrightarrow{AC}$，从而 $\triangle ABC$ 为直角三角形.

例 24 如图 7.3.14 所示，设 M 为抛物线 $y^2=2px$ $(p>0)$ 准线上任一点，过 M 作抛物线的两条切线，切点分别为 A,B，过 M 作割线，交抛物线于 C,D. 证明：

(1) 直线 AB 过抛物线的焦点 F；

(2) $MF\perp AB$；

(3) AB 平分 $\angle CFD$.

证明 (1)，(2). 设 $M\left(-\frac{p}{2},y_0\right)$，$A(x_1,y_1)$，$B(x_2,y_2)$，则

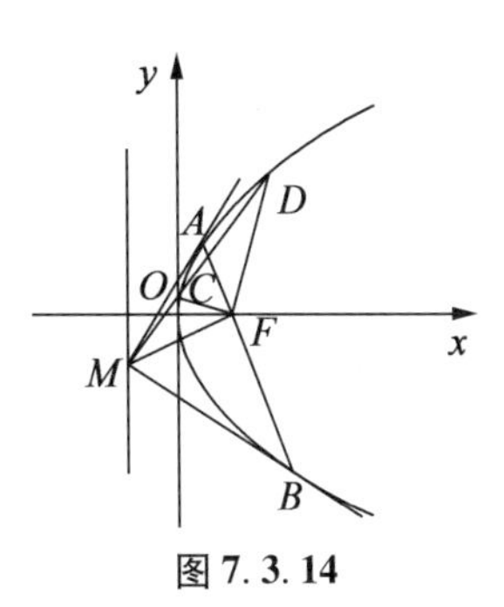

图 7.3.14

$$\overrightarrow{MF}=(p,-y_0),\overrightarrow{FA}=\left(x_1-\frac{p}{2},y_1\right)$$

$$\overrightarrow{MF}\cdot\overrightarrow{FA}=(p,-y_0)\cdot\left(x_1-\frac{p}{2},y_1\right)$$

$$=p\left(x_1-\frac{p}{2}\right)-y_0y_1$$

由求导可求得过 A 的切线 $L_1:yy_1=p(x+x_1)$，又 L_1 过点 M，故 $y_0y_1=p\left(x_1-\frac{p}{2}\right)$，且 $\overrightarrow{MF}\cdot\overrightarrow{FA}=0$，所以 $MF\perp AF$.

同理有 $MF\perp BF$. 所以 A,B,F 三点共线且 $MF\perp AB$，前两问得证.

(3)设 $C(x_3,y_3)$，$D(x_4,y_4)$，$|\overrightarrow{FD}|=t|\overrightarrow{FC}|$，由圆锥曲线第二定义及相似有 $\overrightarrow{MD}=t\ \overrightarrow{MC}$，即 $\left(x_4+\frac{p}{2},y_4-y_0\right)=t\left(x_3+\frac{p}{2},y_3-y_0\right)$和 L_1 过点 M，故 $y_0y_1=p\left(x_1-\frac{p}{2}\right)$，易验证 $t\left(x_1-\frac{p}{2},y_1\right)\cdot\left(x_3-\frac{p}{2},y_3\right)=\left(x_1-\frac{p}{2},y_1\right)\cdot\left(x_4-\frac{p}{2},y_4\right)$. 从而有 $t\,\overrightarrow{FA}\cdot\overrightarrow{FC}=\overrightarrow{FA}\cdot\overrightarrow{FD}$，所以$\frac{\overrightarrow{FA}\cdot\overrightarrow{FC}}{|\overrightarrow{FA}||\overrightarrow{FC}|}=\frac{\overrightarrow{FA}\cdot\overrightarrow{FD}}{|\overrightarrow{FA}||\overrightarrow{FD}|}=$

$\dfrac{\overrightarrow{FA}\cdot\overrightarrow{FD}}{t|\overrightarrow{FA}||\overrightarrow{FC}|}$,所以 $\cos\angle AFC=\cos\angle AFD$ 即 $\angle AFC=\angle AFD$,所以 AB 平分 $\angle CFD$.

7.4 题设条件含向量式的问题

1. 条件为线性运算关系类问题

例 1 (2005 年吉林省竞赛题)在直角坐标平面中,$\triangle ABC$ 的两个顶点 A,B 的坐标分别为 $A(-1,0)$, $B(1,0)$,平面内两点 G,M 同时满足下列条件:

①$\overrightarrow{GA}+\overrightarrow{GB}+\overrightarrow{GC}=\mathbf{0}$;

②$|\overrightarrow{MA}|=|\overrightarrow{MB}|=|\overrightarrow{MC}|$;

③$\overrightarrow{GM}/\!/\overrightarrow{AB}$.

(1)求$\triangle ABC$ 的顶点 C 的轨迹方程;

(2)过点 $P(3,0)$的直线 l 与(1)中轨迹交于 E,F 两点,求$|\overrightarrow{PE}\cdot\overrightarrow{PF}|$的取值范围.

解 (1)设 $C(x,y)$, $G(x_0,y_0)$, $M(x_M,y_M)$, $|\overrightarrow{MA}|=|\overrightarrow{MB}|$,则点 M 在线段 AB 的中垂线上,由已知 $A(-1,0)$, $B(1,0)$,即 $x_M=0$.

因为$\overrightarrow{GM}/\!/\overrightarrow{AB}$,有 $y_M=y_0$. 又因为$\overrightarrow{GA}+\overrightarrow{GB}+\overrightarrow{GC}=\mathbf{0}$,则

$$(-1-x_0,-y_0)+(1-x_0,-y_0)+(x-x_0,y-y_0)=(0,0)$$

即 $x_0=\dfrac{x}{3}$, $y_0=\dfrac{y}{3}$,故 $y_M=\dfrac{y}{3}$.

又因为$|\overrightarrow{MB}|=|\overrightarrow{MC}|$,从而$\sqrt{(0-1)^2+\left(\dfrac{y}{3}-0\right)^2}=$

$\sqrt{(x-0)^2+\left(y-\frac{y}{3}\right)^2}$,则 $x^2+\frac{y^2}{3}=1(y\neq0)$.

故顶点 C 的轨迹方程为 $x^2+\frac{y^2}{3}=1(y\neq0)$.

(2)设直线 l 的方程为:$y=k(x-3)$,$E(x_1,y_1)$,$F(x_2,y_2)$.

由$\begin{cases}y=k(x-3)\\x^2+\frac{y^2}{3}=1\end{cases}$ 消去 y 得

$$(k^2+3)x^2-6k^2x+9k^2-3=0 \qquad ①$$

则 $x_1+x_2=\frac{6k^2}{k^2+3}$,$x_1x_2=\frac{9k^2-3}{k^2+3}$.

而 $|\overrightarrow{PE}\cdot\overrightarrow{PF}|=|\overrightarrow{PE}|\cdot|\overrightarrow{PF}|=\sqrt{1+k^2}|3-x_1|\cdot\sqrt{1+k^2}|3-x_2|=(1+k^2)|9-3(x_1+x_2)+x_1x_2|=(1+k^2)\left|\frac{9k^2+27-18k^2+9k^2-3}{k^2+3}\right|=\frac{24(k^2+1)}{k^2+3}=24-\frac{48}{k^2+3}$,由方程①知

$$\Delta=(6k^2)^2-4(k^2+3)(9k^2-3)>0$$

则 $k^2<\frac{3}{8}$. 又因为 $k\neq0$, 即 $0<k^2<\frac{3}{8}$, $k^2+3\in\left(3,\frac{27}{8}\right)$,故 $|\overrightarrow{PE}\cdot\overrightarrow{PF}|\in\left(8,\frac{88}{9}\right)$.

例2 (2008年高考安徽卷题)设椭圆 C:$\frac{x^2}{a^2}+\frac{y^2}{b^2}=1(a>b>0)$过点 $M(\sqrt{2},1)$且左焦点为 $F_1(-\sqrt{2},0)$.

(1)求椭圆 C 的方程;

(2)当过点 $P(4,1)$的动直线 l 与椭圆 C 相交于不

同的两点 A,B 时,在线段 AB 上取点 Q,满足 $|\overrightarrow{AP}|\cdot|\overrightarrow{QB}|=|\overrightarrow{AQ}|\cdot|\overrightarrow{PB}|$,证明:点 Q 总在某定直线上.

解 (1)椭圆 C 的方程为 $C:\frac{x^2}{4}+\frac{y^2}{2}=1$.

(2)因为 $|\overrightarrow{AP}|\cdot|\overrightarrow{QB}|=|\overrightarrow{AQ}|\cdot|\overrightarrow{PB}|$,则

$$\frac{|\overrightarrow{AP}|}{|\overrightarrow{PB}|}=\frac{|\overrightarrow{AQ}|}{|\overrightarrow{QB}|}=\lambda\quad(\lambda>0,\lambda\neq1)$$

又因为 A,P,B,Q 四点共线,且点 Q 在线段 AB 上,则

$$\overrightarrow{AP}=-\lambda\overrightarrow{PB},\overrightarrow{AQ}=\lambda\overrightarrow{QB}$$

记点 Q 的坐标为(x,y),设点 A,B 的坐标分别为 $A(x_1,y_1),B(x_2,y_2)$,于是

$$\overrightarrow{AP}=(4-x_1,1-y_1),\overrightarrow{PB}=(x_2-4,y_2-1)$$

$$\overrightarrow{AQ}=(x-x_1,y-y_1),\overrightarrow{QB}=(x_2-x,y_2-y)$$

得

$$4-x_1=4\lambda-\lambda x_2$$

即

$$\frac{x_1-\lambda x_2}{1-\lambda}=4 \qquad ①$$

$$1-y_1=\lambda-\lambda y_2$$

即

$$\frac{y_1-\lambda y_2}{1-\lambda}=1 \qquad ②$$

$$x-x_1=\lambda x_2-\lambda x$$

则

$$x=\frac{x_1+\lambda x_2}{1+\lambda} \qquad ③$$

$$y-y_1=\lambda y_2-\lambda y$$

则

$$y=\frac{y_1+\lambda y_2}{1+\lambda} \quad ④$$

①乘③得

$$4x=\frac{x_1^2-\lambda^2x_2^2}{1-\lambda^2}$$

②乘④得

$$y=\frac{y_1^2-\lambda^2y_2^2}{1-\lambda^2}$$

又因为$\frac{x_i^2}{4}+\frac{y_i^2}{2}=1(i=1,2)$,故$x+\frac{y}{2}=\frac{1-\lambda^2}{1-\lambda^2}=1$,即$2x+y-2=0$,即点$Q$总在定直线$2x+y-2=0$上.

2. 条件为数量积运算关系类问题

例3　(2001年全国高考题)设坐标原点为O,抛物线$y^2=2x$与过焦点的直线交于A,B两点,则$\overrightarrow{OA}\cdot\overrightarrow{OB}$等于(　　).

A. $\frac{3}{4}$　　　　B. $-\frac{3}{4}$

C. 3　　　　D. -3

解法1　设$A(x_1,y_1),B(x_2,y_2)$,则$\overrightarrow{OA}\cdot\overrightarrow{OB}=x_1x_2+y_1y_2$,需考虑直线方程与抛物线方程联立.

由于选择支唯一确定,可考虑特殊位置.

取$AB\perp x$轴,由焦点为$F\left(\frac{1}{2},0\right)$,则直线$AB$的方程为:$x=\frac{1}{2}$. 于是,$A(\frac{1}{2},1),B(\frac{1}{2},-1)$,可见$\overrightarrow{OA}\cdot\overrightarrow{OB}=-\frac{3}{4}$.

故选B.

解法2　注意到(1)当直线$AB\perp x$轴时,AB的方

程为：$x=\frac{1}{2}$. 同上得：$\overrightarrow{OA}\cdot\overrightarrow{OB}=-\frac{3}{4}$.

(2)当直线 AB 不垂直于 x 轴时，设直线 AB 的方程为 $y=k(x-\frac{1}{2})(k\neq 0)$，与 $y^2=2x$ 联立可得 $ky^2-2y-k=0$.

设 $A(x_1,y_1)$，$B(x_2,y_2)$，则

$$\begin{aligned}x_1x_2&=(\frac{1}{k}y_1+\frac{1}{2})(\frac{1}{k}y_2+\frac{1}{2})\\&=\frac{1}{k^2}y_1y_2+\frac{1}{2k}(y_1+y_2)+\frac{1}{4}\\&=-\frac{1}{k^2}+\frac{1}{2k}\cdot\frac{2}{k}+\frac{1}{4}=\frac{1}{4}\end{aligned}$$

则 $\overrightarrow{OA}\cdot\overrightarrow{OB}=x_1x_2+y_1y_2=\frac{1}{4}-1=-\frac{3}{4}$.

综合(1)，(2)得 $\overrightarrow{OA}\cdot\overrightarrow{OB}=-\frac{3}{4}$.

故选 B.

例 4 (2002 年全国高考题)已知两点 $M(-1,0)$，$N(1,0)$，且点 P 使 $\overrightarrow{MP}\cdot\overrightarrow{MN}$，$\overrightarrow{PM}\cdot\overrightarrow{PN}$，$\overrightarrow{NM}\cdot\overrightarrow{NP}$ 成公差小于零的等差数列.

(1)点 P 的轨迹是什么曲线?

(2)若点 P 的坐标为 (x_0,y_0)，记 θ 为 $\overrightarrow{PM}$ 与 $\overrightarrow{PN}$ 的夹角，求 $\tan\theta$.

解 (1)设 P 的坐标为 (x,y)，由 $M(-1,0)$，$N(1,0)$ 得

$$\overrightarrow{PM}=-\overrightarrow{MP}=(-1-x,-y)$$

$$\overrightarrow{PN}=-\overrightarrow{NP}=(1-x,-y)$$

$$\overrightarrow{MN}=-\overrightarrow{NM}=(2,0)$$

从而

$$\overrightarrow{MP}\cdot\overrightarrow{MN}=2(1+x)$$

$$\overrightarrow{PM}\cdot\overrightarrow{PN}=x^2+y^2-1,\overrightarrow{NM}\cdot\overrightarrow{NP}=2(1-x)$$

于是$\overrightarrow{MP}\cdot\overrightarrow{MN},\overrightarrow{PM}\cdot\overrightarrow{PN},\overrightarrow{NM}\cdot\overrightarrow{NP}$是公差小于零的等差数列等价于

$$\begin{cases}x^2+y^2-1=\frac{1}{2}[2(1+x)+2(1-x)]\\2(1-x)-2(1+x)<0\end{cases}$$

即
$$\begin{cases}x^2+y^2=3\\x>0\end{cases}$$

所以,点 P 的轨迹是以原点为圆心,$\sqrt{3}$ 为半径的右半圆.

(2)因点 P 的坐标为(x_0,y_0),则 $x_0^2+y_0^2=3$ 且 $0<x_0\leqslant\sqrt{3}$. 于是

$$\begin{aligned}|\overrightarrow{PM}|\cdot|\overrightarrow{PN}|&=\sqrt{(1+x_0)^2+y_0^2}\cdot\sqrt{(1-x_0)^2+y_0^2}\\&=\sqrt{(4-2x_0)(4+2x_0)}\\&=2\sqrt{4-x_0^2}\end{aligned}$$

$$\cos\theta=\frac{\overrightarrow{PM}\cdot\overrightarrow{PN}}{|\overrightarrow{PM}|\cdot|\overrightarrow{PN}|}=\frac{x_0^2+y_0^2-1}{2\sqrt{4-x_0^2}}=\frac{1}{\sqrt{4-x_0^2}}$$

又因为 $0<x_0\leqslant\sqrt{3}$,则$\frac{1}{2}<\cos\theta\leqslant1,0\leqslant\theta<\frac{\pi}{3}$. 即

$\sin\theta=\sqrt{1-\cos^2\theta}=\sqrt{1-\frac{1}{4-x_0^2}}$.

故 $\tan\theta=\frac{\sin\theta}{\cos\theta}=\sqrt{3-x_0^2}=|y_0|$.

例 5 （2008 年“希望杯”全国数学邀请赛试题）已知椭圆方程$\frac{x^2}{a^2}+\frac{y^2}{b^2}=1(a>b>0)$，$F_1$，$F_2$ 分别是椭圆的左、右焦点，若椭圆上存在一点 P，使得$\overrightarrow{F_1P}\cdot\overrightarrow{F_2P}<0$，则该椭圆的离心率的取值范围是（   ）.

A. $(0,\frac{1}{2})$　　B. $(0,\frac{\sqrt{2}}{2})$

C. $(\frac{1}{2},1)$　　D. $(\frac{\sqrt{2}}{2},1)$

解 设椭圆焦距为 $2c$，因

$$\overrightarrow{F_1P}\cdot\overrightarrow{F_2P}=\overrightarrow{PF_1}\cdot\overrightarrow{PF_2}=\frac{|\overrightarrow{PF_1}|^2+|\overrightarrow{PF_2}|^2-|\overrightarrow{F_1F_2}|^2}{2}<0$$

则

$$(|\overrightarrow{PF_1}|+|\overrightarrow{PF_2}|)^2-2|\overrightarrow{PF_1}|\cdot|\overrightarrow{PF_2}|-|\overrightarrow{F_1F_2}|^2<0$$

即

$$(|\overrightarrow{PF_1}|+|\overrightarrow{PF_2}|)^2-|\overrightarrow{F_1F_2}|^2<2|\overrightarrow{PF_1}|\cdot|\overrightarrow{PF_2}|\leqslant 2\cdot\left(\frac{|\overrightarrow{PF_1}|+|\overrightarrow{PF_2}|}{2}\right)^2$$

$$\Rightarrow(2a)^2-(2c)^2<2a^2$$

从而 $a^2<2c^2\Rightarrow e=\frac{c}{a}>\frac{\sqrt{2}}{2}$. 又 $e<1$，故$\frac{\sqrt{2}}{2}<e<1$.

故选 D.

例 6 （2005 年安徽省竞赛题）已知常数 $a>0$，向量 $\boldsymbol{p}=(1,0)$，$\boldsymbol{q}=(0,a)$，经过定点 $M(0,-a)$，方向向

量为 $\lambda\boldsymbol{p}+\boldsymbol{q}$ 的直线与经过定点 $N(0,a)$，方向向量为 $\boldsymbol{p}+2\lambda\boldsymbol{q}$ 的直线交于点 R，其中 $\lambda\in\mathbf{R}$.

(1)求点 R 的轨迹方程；

(2)设 $a=\frac{\sqrt{2}}{2}$，过 $F(0,1)$ 的直线 l 交点 R 的轨迹于 A,B 两点，求$\overrightarrow{FA}\cdot\overrightarrow{FB}$的取值范围.

解　(1)设 $R(x,y)$，则$\overrightarrow{MR}=(x,y+a)$，$\overrightarrow{NR}=(x,y-a)$. 又因为 $\lambda\boldsymbol{p}+\boldsymbol{q}=(\lambda,a)$，$\boldsymbol{p}+2\lambda\boldsymbol{q}=(1,2\lambda a)$，且$\overrightarrow{MR}/\!/(\lambda\boldsymbol{p}+\boldsymbol{q})$，$\overrightarrow{NR}/\!/(\boldsymbol{p}+2\lambda\boldsymbol{q})$，故$\begin{cases}\lambda(y+a)=ax\\y-a=2\lambda ax\end{cases}$，消去参数 λ，得点 R 的轨迹方程为$(y+a)(y-a)=2a^2x^2$，即 $y^2-2a^2x^2=a^2$(去掉点$(0,-a)$).

(2)因 $a=\frac{\sqrt{2}}{2}$，则点 R 的轨迹方程为 $2y^2-2x^2=1\left(\text{去掉点}\left(0,-\frac{\sqrt{2}}{2}\right)\right)$.

若 l 的斜率不存在，其方程为 $x=0$，l 与双曲线交于一点 $A\left(0,\frac{\sqrt{2}}{2}\right)$.

若 l 的斜率存在，设其方程为 $y=kx+1$，代入 $2y^2-2x^2=1$，化简得 $2(k^2-1)x^2+4kx+1=0$. 由$\begin{cases}k^2-1\neq0\\\Delta=16k^2-8(k^2-1)>0\end{cases}$，解得 $k\neq\pm1$.

设 $A(x_1,y_1)$，$B(x_2,y_2)$，则 $x_1x_2=\frac{1}{2(k^2-1)}$.

故$\overrightarrow{FA}\cdot\overrightarrow{FB}=(x_1,y_1-1)\cdot(x_2,y_2-1)=(x_1,kx_1)\cdot(x_2,kx_2)=x_1x_2+k^2x_1x_2=\frac{k^2+1}{2(k^2-1)}=\frac{1}{2}\left(1+\frac{2}{k^2-1}\right)$.

当 $-1<k<1$ 时,$k^2-1<0$,故当 $k=0$ 时,$\overrightarrow{FA}\cdot\overrightarrow{FB}$ 有最大值 $-\frac{1}{2}$;

当 $k>1$ 或 $k<-1$ 时,$k^2-1>0$,$\overrightarrow{FA}\cdot\overrightarrow{FB}>\frac{1}{2}$.

综上可得 $\overrightarrow{FA}\cdot\overrightarrow{FB}\in(-\infty,-\frac{1}{2}]\cup(\frac{1}{2},+\infty)$.

例 7 已知 $\triangle OFQ$ 的面积为 S,且 $\overrightarrow{OF}\cdot\overrightarrow{FQ}=1$.

(1)若 $\frac{1}{2}<S<2$,求向量 $\overrightarrow{OF}$ 与 $\overrightarrow{FQ}$ 的夹角 θ 的取值范围.

(2)设 $\overrightarrow{OF}=c(c\geqslant 2)$,$S=\frac{3}{4}c$,若以 O 为中心,F 为焦点的椭圆经过点 Q,当 $|\overrightarrow{OQ}|$ 取得最小值时求此椭圆的方程.

解 (1)由已知,得 $\frac{1}{2}|\overrightarrow{OF}|\cdot|\overrightarrow{FQ}|\sin(\pi-\theta)=S$,且 $|\overrightarrow{OF}|\cdot|\overrightarrow{FQ}|\cos\theta=1$,$\tan\theta=2S$.

因为 $\frac{1}{2}<S<2$,则 $1<\tan\theta<4$,则 $\frac{\pi}{4}<\theta<\arctan 4$.

(2)以 O 为原点,$\overrightarrow{OF}$ 所在直线为 x 轴建立直角坐标系,设椭圆方程为:$\frac{x^2}{a^2}+\frac{y^2}{b^2}=1(a>0,b>0)$,$Q$ 的坐标为 (x_1,y_1),则 $\overrightarrow{FQ}=(x_1-c,y_1)$. 因为 $\triangle OFQ$ 的面积为 $\frac{1}{2}|\overrightarrow{OF}|\cdot y_1=\frac{3}{4}c$,则 $y_1=\frac{3}{2}$.

又由 $\overrightarrow{OF}\cdot\overrightarrow{FQ}=(c,0)\cdot(x_1-c,\frac{3}{2})=(x_1-c)c=1$,得 $x_1=c+\frac{1}{c}$,$|\overrightarrow{OQ}|=\sqrt{x_1^2+y_1^2}=\sqrt{(c+\frac{1}{c})^2+\frac{9}{4}}$ $(c\geqslant 2)$. 当且仅当 $c=2$ 时,$|\overrightarrow{OQ}|$ 最小,此时 Q 的坐标

为$(\frac{5}{2},\frac{3}{2})$.

由此可得$\begin{cases}\frac{25}{4a^2}+\frac{9}{4b^2}=1\\a^2-b^2=4\end{cases}$,解得$\begin{cases}a^2=10\\b^2=6\end{cases}$.

故椭圆方程为$\frac{x^2}{10}+\frac{y^2}{6}=1$.

例8　(2008年高考四川卷题)设椭圆$\frac{x^2}{a^2}+\frac{y^2}{b^2}=1(a>b>0)$的左、右焦点分别为$F_1,F_2$,离心率$e=\frac{\sqrt{2}}{2}$.右准线为$l$,$M,N$是$l$上的两个动点,$\overrightarrow{F_1M}\cdot\overrightarrow{F_2N}=0$.

(1)若$|F_1M|=|F_2N|=2\sqrt{5}$,求a,b的值;

(2)证明:当$|MN|$取最小值时,$\overrightarrow{F_1M}+\overrightarrow{F_2N}$与$\overrightarrow{F_1F_2}$共线.

解　(1)由$e=\frac{\sqrt{2}}{2}$,有$\frac{a^2-b^2}{a^2}=\frac{1}{2}$,即$a^2=2b^2$.又因为$\overrightarrow{F_1M}\cdot\overrightarrow{F_2N}=0$,则$F_1M\perp F_2N$.

设l与x轴交于点K,如图7.4.1所示.

因为$|F_1M|=|F_2N|=2\sqrt{5}$,则$\triangle F_1MK\cong\triangle NF_2K$,即

$$|MK|=|F_2K|=\frac{a}{e}-c=\sqrt{2}a-\frac{\sqrt{2}}{2}a=\frac{\sqrt{2}}{2}a$$

$$|F_1K|=|F_1F_2|+|F_2K|=\sqrt{2}a+\frac{\sqrt{2}}{2}a=\frac{3\sqrt{2}}{2}a$$

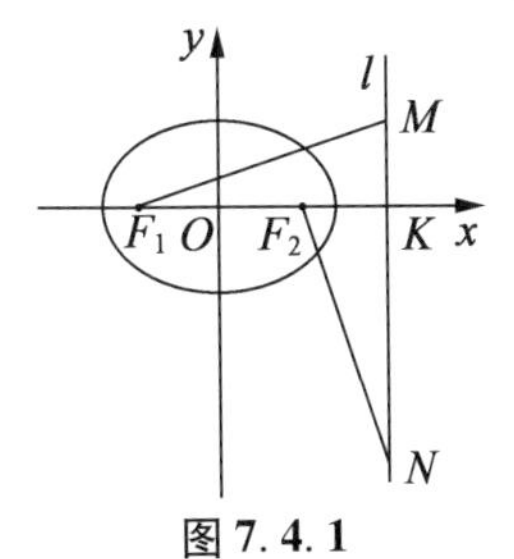

图7.4.1

又因为$|F_1M|^2=|F_1K|^2+|MK|^2$，则$20=\frac{9}{2}a^2+\frac{1}{2}a^2=5a^2$，从而$a^2=4$，$a=2$，$b=\frac{\sqrt{2}}{2}a=\sqrt{2}$.

(2)设点M,N的坐标分别为$M(\sqrt{2}a,y_1)$，$N(\sqrt{2}a,y_2)$，则

$$\overrightarrow{F_1M}=(\sqrt{2}a+\frac{\sqrt{2}}{2}a,y_1)$$

$$\overrightarrow{F_2N}=(\sqrt{2}a-\frac{\sqrt{2}}{2}a,y_2)$$

因为

$$\overrightarrow{F_1M}\cdot\overrightarrow{F_2N}=0$$

则

$$\frac{3\sqrt{2}}{2}a\cdot\frac{\sqrt{2}}{2}a+y_1y_2=0$$

即

$$y_1y_2=-\frac{3}{2}a^2$$

$$|MN|^2=(y_1-y_2)^2=(y_1+y_2)^2-4y_1y_2\geqslant -4y_1y_2=6a^2$$

故当$|MN|$达到最小时，$y_1+y_2=0$. 此时，$\overrightarrow{F_1M}+\overrightarrow{F_2N}=(2\sqrt{2}a,0)$，即与$\overrightarrow{F_1F_2}$共线.

第八章 立体几何问题

8.1 有关概念与结论的向量描述

1. 有关概念的向量描述

空间向量的基本定理描述了3维空间的基本属性.平面的描述、点共面的判定、四面体的图形等都可以从空间向量的基本定理出发来讨论,向量混合积的引入,给立体体积的研究奠定了基础.

在这里,主要讨论空间距离与空间角的向量描述.

(Ⅰ)距离

空间距离问题涉及的概念有:点到直线、两平行直线、两异面直线、点到平面、平行于平面的直线与该平面、两平行平面之间的距离,而其中点到直线、点到平面的距离是基础,其他几种距离问题一般都可以划归为求这两种距离.

"点P到直线l的距离"的意义是:在点P和直线l所决定的平面上,过点P向直线l作垂线,垂足为Q,则线段PQ的长

就是点 P 到直线 l 的距离,如图 8.1.1 所示.

用向量可以描述这个概念:先确定直线的方向向量;再在点 P 和直线 l 确定的平面 α 上(如图 8.1.2 所示)求出直线 l 的法向量 $\boldsymbol{n}$(不妨令其为单位向量);然后在直线 l 上任取一点 Q,确定向量$\overrightarrow{QP}$;求出向量$\overrightarrow{QP}$在向量 $\boldsymbol{n}$ 上的投影:$Q'P' = |\overrightarrow{QP}| \cdot \cos\langle \boldsymbol{n}, \overrightarrow{QP} \rangle$;它的绝对值就是"点 P 到直线 l 的距离".

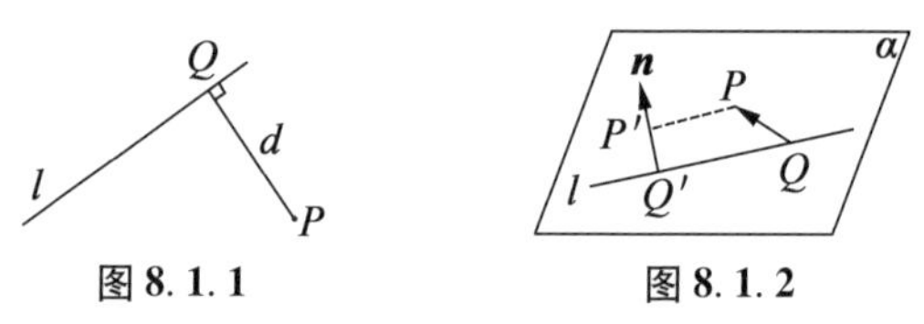

图 8.1.1　　图 8.1.2

在点到直线的距离意义中,垂足 Q 是定点,线段 PQ 是定线段;在向量描述中,法向量 $\boldsymbol{n}$ 是定的,但它的位置并不是定的,在平行移动中保持不变. 因点 Q 在直线 l 上任取,向量$\overrightarrow{QP}$是不定的,但向量$\overrightarrow{QP}$在向量 $\boldsymbol{n}$ 上投影的绝对值是不变的.

"点 P 到平面 α 的距离"的意义是:过平面外一点 P 作 $PQ \perp \alpha$,垂足为 Q,则线段 PQ 的长是点 P 到平面 α 的距离,如图8.1.3 所示.

用向量的方法可以描述为:确定平面 α 的基本条件(例如,三个点,或一定点与一个向量,或不共线的两平行向量);求出平面 α 的法向量 $\boldsymbol{n}$(不妨取单位向量);在平面 α 上任取一点 Q(如图 8.1.4 所示),确定向量$\overrightarrow{QP}$;求出向量$\overrightarrow{QP}$在向量 $\boldsymbol{n}$ 上的投影:$Q'P' = |\overrightarrow{QP}| \cdot \cos\langle \boldsymbol{n}, \overrightarrow{QP} \rangle$;取投影的绝对值,它就是"点 P 到平面 α 的距离".

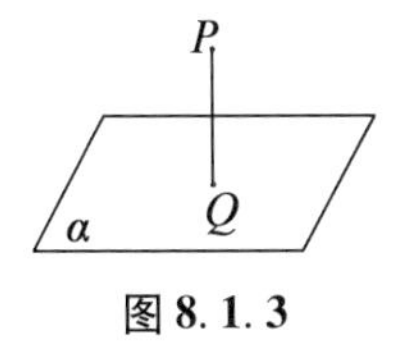

图 8.1.3

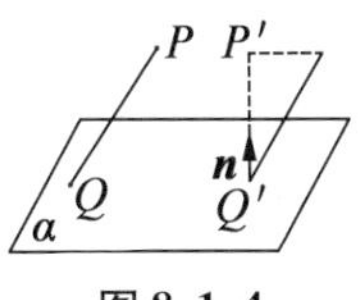

图 8.1.4

在点到平面的距离的定义中,垂足 Q 是定点,线段 PQ 是定线段;在向量描述中,法向量 $\boldsymbol{n}$ 是定的,但它的位置是不定的,在平行移动中保持不变,因点 Q 在平面上任取,向量$\overrightarrow{QP}$是不定的,但向量$\overrightarrow{QP}$在向量 $\boldsymbol{n}$ 上的投影的绝对值是不变的.

同样,也可以用向量描述异面直线的距离,根据两条直线的方向向量可以确定与这两个方向向量垂直的单位法向量 $\boldsymbol{n}$;在直线 l_1,l_2 上分别任意取两点 P,Q,得到向量$\overrightarrow{QP}$;求出向量$\overrightarrow{QP}$在向量 $\boldsymbol{n}$ 上的投影:$Q'P' = |\overrightarrow{QP}| \cdot \cos\langle \boldsymbol{n}, \overrightarrow{QP}\rangle$,取投影的绝对值,这就是异面直线的距离.

(Ⅱ)交角

空间交角问题主要是两相交直线、两异面直线、直线与平面、两平面的交角,其中两直线之间的交角是基础,其他几种交角问题一般都可以划归为求这种交角.

在两相交直线中,两条直线的方向向量是本质的,用向量来描述就是:先确定两直线的方向向量(为了叙述方便,可以用单位向量),求出两个单位向量的内积,再确定相对应的角 θ,如果 θ 是钝角,则 $\pi-\theta$ 是两直线的交角,否则 θ 就是两直线的交角.

两个平面的交角与二面角虽是两个不同的概念,但用向量描述时,本质是相同的,都是两个平面的法向量 $\boldsymbol{m}$,$\boldsymbol{n}$ 起着本质作用,并且取 $\boldsymbol{m}$,$\boldsymbol{n}$ 为单位法向量,这样,它们的数量积为 $\cos\langle \boldsymbol{m},\boldsymbol{n}\rangle$,数量积 $\cos\langle \boldsymbol{m},\boldsymbol{n}\rangle$ 对应的角 θ,即为两个平面的夹角或二面角的大小(注意二面角可以为钝角).

在具体求二面角时,还应注意如下几点:

第一,确定法向量的指向方向.

设$\boldsymbol{n}_1,\boldsymbol{n}_2$分别为平面 α,β 的法向量,二面角 $\alpha-l-\beta$的大小为 θ.

(1)当法向量的方向指向二面角的内部时称之为向里指,如图 8.1.5 中的向量$\boldsymbol{n}_1$.

(2)当法向量的方向指向二面角的外部时称之为向外指,如图 8.1.5 中的向量$\boldsymbol{n}_2$.

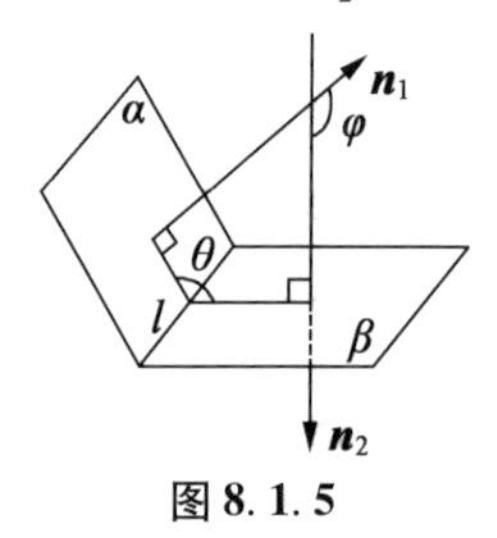

图 8.1.5

第二,法向量的夹角和二面角大小的关系.

(1)设$\boldsymbol{n}_1,\boldsymbol{n}_2$分别为平面 α,β 的法向量,二面角 $\alpha-l-\beta$的大小为 θ,向量$\boldsymbol{n}_1,\boldsymbol{n}_2$的夹角为 φ. 当两个法向量的方向都向里或都向外指时,则有 $\theta+\varphi=\pi$,如图 8.1.6 所示.

(2)当两个法向量的方向一个向里指一个向外指时 $\theta=\varphi$,如图 8.1.7 所示.

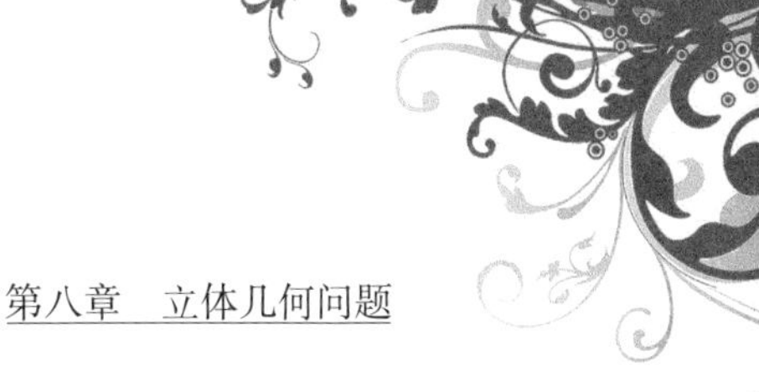

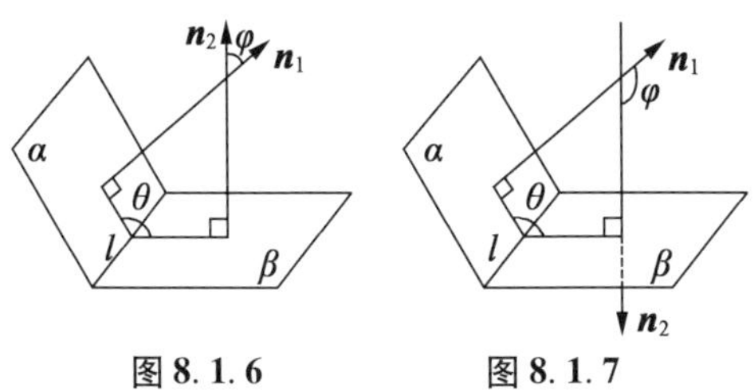

图 8.1.6　　　　图 8.1.7

第三，在坐标系中作出法向量，从而确定法向量的方向指向.

(1)已知二面角 $\alpha-l-\beta$，若平面 α 的法向量 $\boldsymbol{n}=(4,4,3)$，由向量的相等条件知，坐标是$(4,4,3)$的向量 $\boldsymbol{n}$ 有无数多个，根据向量的自由性，我们只需作出由原点出发的一个向量便可，如图 8.1.8 所示. 从而，我们很容易地判断出平面 α 的法向量的方向指向，是指向二面角的里面.

(2)若平面 α 的法向量 $\boldsymbol{n}=(4,-3,-1)$，同理可做出从原点出发的法向量，如图 8.1.9 所示，显然，方向是指向二面角的外面.

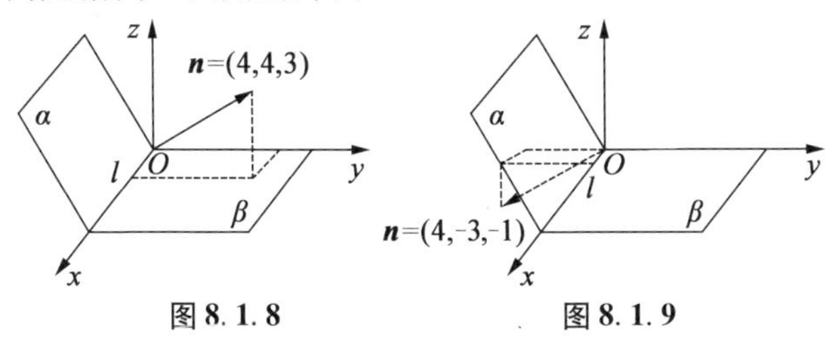

图 8.1.8　　　　图 8.1.9

2. 有关结论的向量表示

(Ⅰ)确定法向量指向的方法

利用平面的法向量可以方便地求出二面角的平面角的大小，由于法向量的夹角未必就是二面角的平面角，这需要确定法向量的指向方向，为此，介绍下面的结论.

结论 1 向量 $\boldsymbol{m}$ 是平面 α 的一个法向量,点 O 在平面 α 内,点 P 在平面 α 外. 若 $\boldsymbol{m}\cdot\overrightarrow{OP}>0$,则向量 $\boldsymbol{m}$ 与向量$\overrightarrow{OP}$指向平面 α 的同侧,如图 8.1.10 所示;若 $\boldsymbol{m}\cdot\overrightarrow{OP}<0$,则向量 $\boldsymbol{m}$ 与向量$\overrightarrow{OP}$指向平面 α 的异侧,如图 8.1.11 所示.

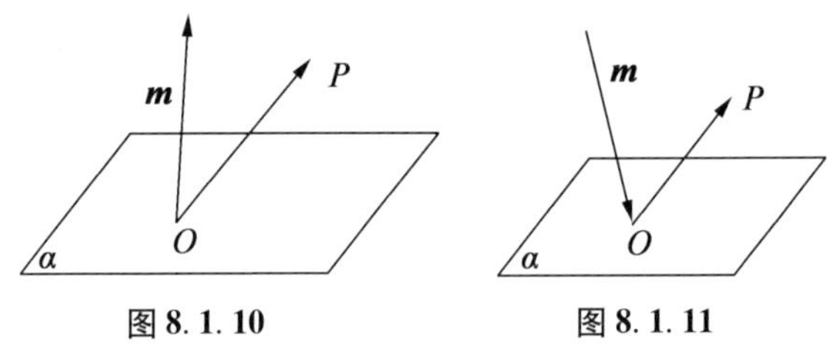

图 8.1.10　　图 8.1.11

事实上,当 $\boldsymbol{m}\cdot\overrightarrow{OP}>0$ 时,因为 $\boldsymbol{m}\cdot\overrightarrow{OP}=|\boldsymbol{m}|\cdot|\overrightarrow{OP}|\cos\theta$,则 $\cos\theta>0$,所以 $0\leqslant\theta<\frac{\pi}{2}$,从而向量 $\boldsymbol{m}$ 与向量$\overrightarrow{OP}$指向平面 α 的同侧. 同理可证当 $\boldsymbol{m}\cdot\overrightarrow{OP}<0$ 时,$\cos\theta<0$,所以$\frac{\pi}{2}<\theta\leqslant\pi$,从而向量 $\boldsymbol{m}$ 与向量$\overrightarrow{OP}$指向平面 α 的异侧.

结论 2 点 P 是二面角 $\alpha-l-\beta$ 内一点,点 O 是棱 l 上一点,向量 $\boldsymbol{m},\boldsymbol{n}$ 分别是平面 α,β 的一个法向量,二面角 $\alpha-l-\beta$ 的平面角的大小为 θ.

若 $\boldsymbol{m}\cdot\overrightarrow{OP}$与 $\boldsymbol{n}\cdot\overrightarrow{OP}$同号,则 $\theta=\pi-\langle\boldsymbol{m},\boldsymbol{n}\rangle$;若 $\boldsymbol{m}\cdot\overrightarrow{OP}$与 $\boldsymbol{n}\cdot\overrightarrow{OP}$异号,则 $\theta=\langle\boldsymbol{m},\boldsymbol{n}\rangle$,如图 8.1.12 所示.

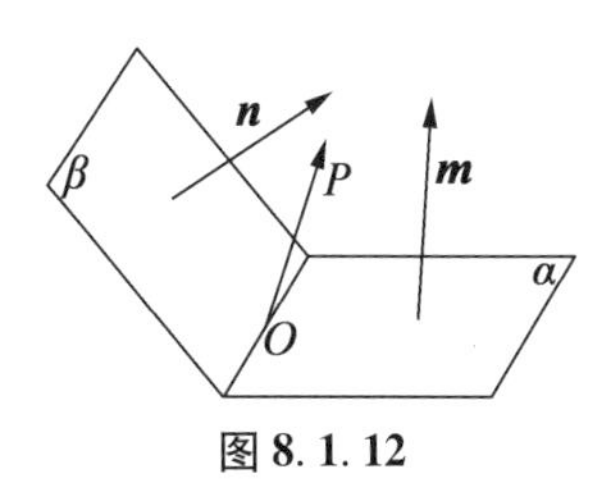

图 8.1.12

事实上,(1)若 $\boldsymbol{m}\cdot\overrightarrow{OP}$与 $\boldsymbol{n}\cdot\overrightarrow{OP}$异号时:

①当 $\boldsymbol{m}\cdot\overrightarrow{OP}>0$ 且 $\boldsymbol{n}\cdot\overrightarrow{OP}<0$ 时,由结论 1 易知:向量 $\boldsymbol{m}$ 与向量$\overrightarrow{OP}$指向平面 α 的同侧;向量 $\boldsymbol{n}$ 与向量$\overrightarrow{OP}$指向平面 β 的异侧,而$\overrightarrow{OP}$始终都是指向两平面外部的,所以向量 $\boldsymbol{m}$ 与向量 $\boldsymbol{n}$ 与两平面的指向互异,所以 $\theta=\langle\boldsymbol{m},\boldsymbol{n}\rangle$.

②同理可证当 $\boldsymbol{m}\cdot\overrightarrow{OP}<0$ 且 $\boldsymbol{n}\cdot\overrightarrow{OP}>0$ 时,$\theta=<\boldsymbol{m},\boldsymbol{n}>$.

(2)若 $\boldsymbol{m}\cdot\overrightarrow{OP}$与 $\boldsymbol{n}\cdot\overrightarrow{OP}$同号时:

①当 $\boldsymbol{m}\cdot\overrightarrow{OP}>0$ 且 $\boldsymbol{n}\cdot\overrightarrow{OP}>0$ 时,由结论 1 易知:向量 $\boldsymbol{m}$ 与向量$\overrightarrow{OP}$指向平面 α 的同侧;向量 $\boldsymbol{n}$ 与向量$\overrightarrow{OP}$也指向平面 β 的同侧,而$\overrightarrow{OP}$始终都是指向两平面外部的,所以向量 $\boldsymbol{m}$,向量 $\boldsymbol{n}$ 与两平面的指向一致,所以 $\theta=\pi-\langle\boldsymbol{m},\boldsymbol{n}\rangle$;

②同理可证:当 $\boldsymbol{m}\cdot\overrightarrow{OP}<0$ 且 $\boldsymbol{n}\cdot\overrightarrow{OP}<0$ 时,$\theta=\pi-\langle\boldsymbol{m},\boldsymbol{n}\rangle$.

(Ⅱ)求空间距离的向量公式

ⅰ)空间距离的统一向量公式

事实上,我们已用式(2.4.4)表示了下面的结论:

结论 3

$$d=|\boldsymbol{n}_0\cdot\boldsymbol{p}|=\frac{|\boldsymbol{n}\cdot\boldsymbol{p}|}{|\boldsymbol{n}|} \qquad (8.1.1)$$

其中 $\boldsymbol{p}$ 为两个图形任意两点的连线的向量,$\boldsymbol{n}_0$ 为平面(或直线)的单位法向量,$\boldsymbol{n}$ 为平面(或直线)的法向量.

下面分几种情况说明:

(1)点到直线距离:如图 8.1.13 所示,$\boldsymbol{n}$ 为 l 的法向量,A 是 l 上任意一点. 点 P 到 l 的距离 PQ 就是$\overrightarrow{PA}$ 在 $\boldsymbol{n}$ 上的投影长度,即为 $|\overrightarrow{PA}\cdot\cos\langle\overrightarrow{PA},\boldsymbol{n}\rangle|=\frac{|\overrightarrow{PA}\cdot|\boldsymbol{n}||}{|\boldsymbol{n}|}=|\boldsymbol{n}_0\cdot\boldsymbol{p}|$(令 $\boldsymbol{p}=\overrightarrow{PA}$,下同).

(2)点到平面距离:如图 8.1.14 所示,设 P 在平面 α 上射影为 Q,$\boldsymbol{n}$ 为 α 的法向量,点 P 到 α 的距离:$PQ=\frac{|\overrightarrow{PA}\cdot\boldsymbol{n}|}{|\boldsymbol{n}|}=|\boldsymbol{n}_0\cdot\boldsymbol{p}|$.

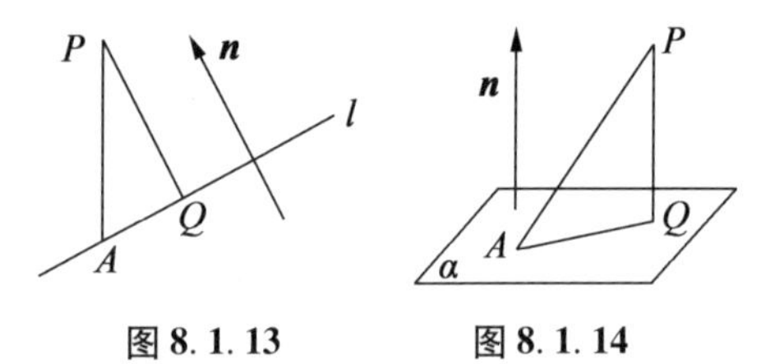

图 8.1.13　　　图 8.1.14

(3)直线与平面、两平行平面的距离:如图 8.1.15 所示,由它们的定义可知,都可以转化为点到面的距离,公式亦成立.

(4)异面直线距离:如图 8.1.16 所示,平移直线 a 与 b 相交而确定的平面为 α,那么 a,b 间的距离就是直线 a 与面 α 的距离,也就可以转化为直线 a 上的点

到 α 的距离了. 此时,$\boldsymbol{n}$ 为平面 α 的法向量,也就是与 a,b 都垂直的公共法向量.

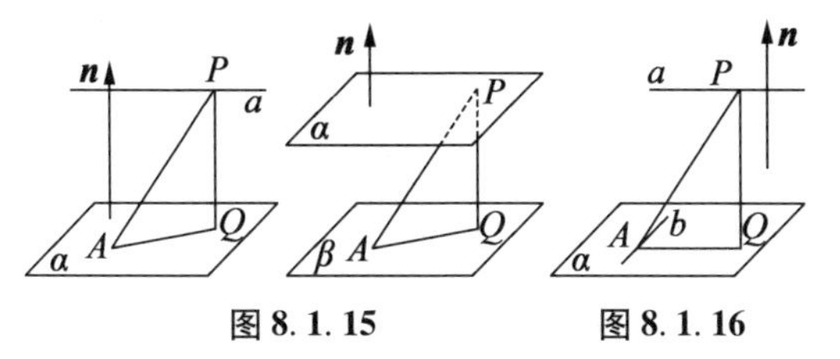

图 8.1.15　　　　图 8.1.16

综上,式(8.1.1)对点线距离,点面距离,线面距离,异面直线距离及平行平面间的距离都适用.

ⅱ)异面直线距离的另一个公式

结论 4　若 A,B 分别是异面直线 a,b 上的点,向量$\boldsymbol{n}_0$为直线 a,b 上方向向量 $\boldsymbol{a},\boldsymbol{b}$ 的外积 $\boldsymbol{a}\times\boldsymbol{b}$ 的单位向量(或称向量 $\boldsymbol{a},\boldsymbol{b}$ 的单位法向量),则异面直线 a,b 间的距离为

$$|\overrightarrow{AB}\cdot\boldsymbol{n}_0| \tag{8.1.2}$$

事实上,如图 8.1.17 所示,向量$\boldsymbol{n}_0$为非共线向量 $\boldsymbol{a},\boldsymbol{b}$ 的外积 $\boldsymbol{a}\times\boldsymbol{b}$ 的单位向量,在向量 $\boldsymbol{a},\boldsymbol{b}$ 上,分别取点 A,B,则$\overrightarrow{AB}\cdot\boldsymbol{n}_0=|\overrightarrow{AB}||\boldsymbol{n}_0|\cos\theta=|AB|\cos\theta$($\theta$ 是$\overrightarrow{AB},\boldsymbol{n}_0$所成的角),于是

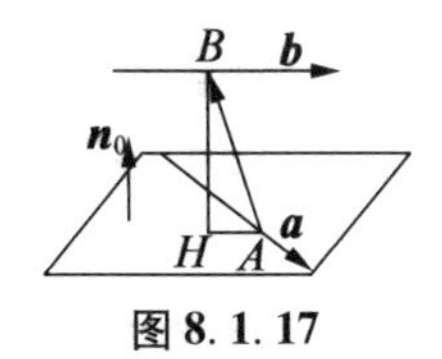

图 8.1.17

$$|\overrightarrow{AB}\cdot\boldsymbol{n}_0|=|\overrightarrow{AB}||\cos\theta|$$

(1)若向量$\overrightarrow{AB}$不与向量$\boldsymbol{n}_0$共线,过向量 $\boldsymbol{a}$ 作平面 α 与向量 $\boldsymbol{b}$ 平行,过 B 作 $BH\perp\alpha$ 于点 H,BH 为 B 到平

面 α 的距离,实际上也就是向量 $\boldsymbol{a},\boldsymbol{b}$ 所在异面直线 a,b 间的距离. 在 Rt$\triangle ABH$ 中, $\angle ABH=\theta$(或 $\pi-\theta$), $BH=|\overrightarrow{AB}||\cos\theta|=|\overrightarrow{AB}\cdot\boldsymbol{n}_0|$,所以异面直线 a,b 间的距离为$|\overrightarrow{AB}\cdot\boldsymbol{n}_0|$;

(2)若向量$\overrightarrow{AB}$与向量$\boldsymbol{n}_0$共线,则 θ 为 0°或 180°,AB 即为异面直线 a,b 的距离,于是 $AB=|\overrightarrow{AB}|\cdot|\cos\theta|=|\overrightarrow{AB}\cdot\boldsymbol{n}_0|$,所以异面直线 a,b 间的距离为$|\overrightarrow{AB}\cdot\boldsymbol{n}_0|$.

注 此时,可设非共线向量 $\boldsymbol{a},\boldsymbol{b}$ 的法向量(即外积 $\boldsymbol{a}\times\boldsymbol{b}$ 的方向向量)为 $\boldsymbol{l}$,且

$$\boldsymbol{a}=(x_1,y_1,z_1),\boldsymbol{b}=(x_2,y_2,z_2),\boldsymbol{l}=(a,b,c)$$

由 $\boldsymbol{a}\cdot\boldsymbol{l}=0,\boldsymbol{b}\cdot\boldsymbol{l}=0$ 可得$\begin{cases}x_1a+y_1b+z_1c=0\\x_2a+y_2b+z_2c=0\end{cases}$,这是一个关于 a,b,c 的不定方程组,其每一组解都使得 $\boldsymbol{a}\cdot\boldsymbol{l}=0,\boldsymbol{b}\cdot\boldsymbol{l}=0$ 成立,所以每一组非零解,都是 $\boldsymbol{l}$ 的坐标,取 $\boldsymbol{l}$ 的其中一个坐标(a_1,b_1,c_1),则单位法向量为

$$\boldsymbol{n}_0=\frac{\boldsymbol{l}}{|\boldsymbol{l}|}=\frac{(a_1,b_1,c_1)}{\sqrt{a_1^2+b_1^2+c_1^2}}$$

根据上述公式,还可得到如下结论:

推论 两异面直线分别在一直二面角的两个面内与棱成 α,β 角,且它们与棱的交点距离为 m,则两异面直线距离

$$d=\frac{m}{\sqrt{1+\cot^2\alpha+\cot^2\beta}}\qquad(8.1.3)$$

证明 如图 8.1.18 所示,设异面直线 AC,BE 分别在两个垂直的平面内,与棱 AB 分别成 β,α 角,不妨设 α,β 位置如图 8.1.18 所示(其他情形可类似证明),$AB=m$. 建立如图所示的空间直角坐标系,作点 A

关于原点 B 的对称点 D,过 D 作 $DE\perp y$ 轴,则 $A(0,m,0)$,$C(0,0,m\tan\beta)$,$E(m\tan\alpha,-m,0)$,则$\overrightarrow{AC}=(0,-m,m\tan\beta)$,$\overrightarrow{BE}=(m\tan\alpha,-m,0)$,利用前面所述方法求得$\overrightarrow{AC}$,$\overrightarrow{BE}$的法向量坐标为$(\cot\alpha,1,\cot\beta)$,所以

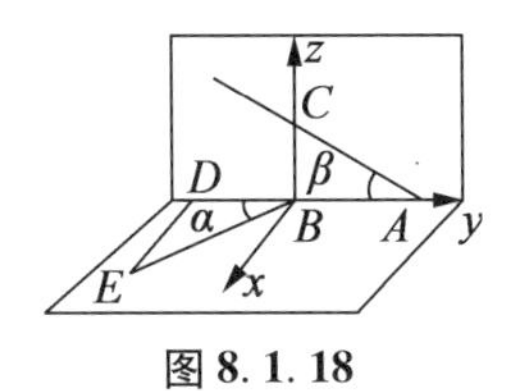

图 8.1.18

$$\boldsymbol{n}_0=\frac{1}{\sqrt{1+\cot^2\alpha+\cot^2\beta}}(\cot\alpha,1,\cot\beta)$$

根据式(8.1.1)得 $d=\dfrac{m}{\sqrt{1+\cot^2\alpha+\cot^2\beta}}$.

ⅲ)异面直线上两点间的距离公式

结论 5　已知两条异面直线 a,b 所成的角为 θ,它们的公垂线段 AA' 的长度为 d,在 a,b 上分别取点 E,F,设 $A'E=m$,$AF=n$,则

$$|\overrightarrow{EF}|=\sqrt{d^2+m^2+n^2\pm2mn\cos\theta}\quad(8.1.4)$$

证明　设平面 $\alpha\supset b$,则 $a/\!/\alpha$,过 a 与 $A'A$ 的平面为 β,$\alpha\cap\beta=c$,则 $a/\!/c$,所以 b 与 c 所成的锐角或直角就等于 a,b 所成的角 θ,如图 8.1.19 所示.

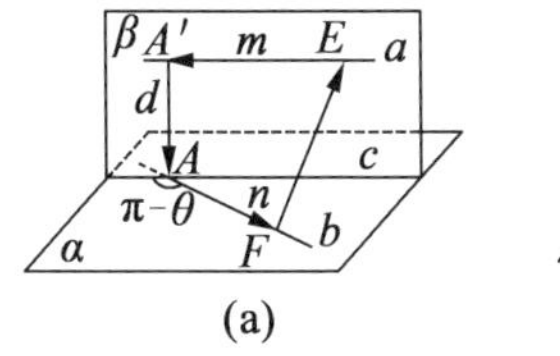

(a)

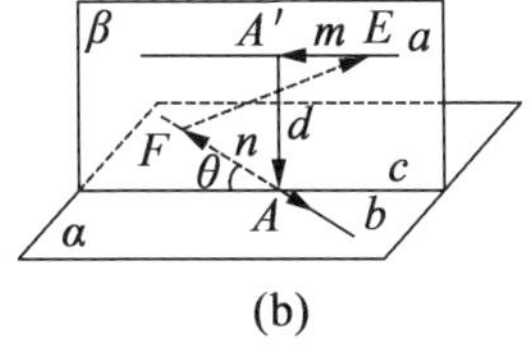

(b)

图 8.1.19

因 $AA' \perp a, AA' \perp b$,则$\overrightarrow{EA'} \cdot \overrightarrow{A'A}=0, \overrightarrow{A'A} \cdot \overrightarrow{AF}=0$.

联结 EF,$A'AFEA'$ 成闭折线,则$\overrightarrow{EA'}+\overrightarrow{A'A}+\overrightarrow{AF}+\overrightarrow{FE}=\mathbf{0}$. 即

$$\overrightarrow{EF}=-\overrightarrow{FE}=\overrightarrow{EA'}+\overrightarrow{A'A}+\overrightarrow{AF}$$

$$\begin{aligned}\overrightarrow{EF}^2 &=(\overrightarrow{EA'}+\overrightarrow{A'A}+\overrightarrow{AF})^2\\ &=\overrightarrow{EA'}^2+\overrightarrow{A'A}^2+\overrightarrow{AF}^2+2\,\overrightarrow{EA'}\cdot\overrightarrow{A'A}+2\,\overrightarrow{A'A}\cdot\\ &\quad\overrightarrow{AF}+2\,\overrightarrow{AF}\cdot\overrightarrow{EA'}\\ &=m^2+n^2+d^2\mp 2mn\cos\theta \qquad (*)\end{aligned}$$

如图 8.1.19(a)所示,$\overrightarrow{EA'}$与$\overrightarrow{AF}$的夹角为 $\pi-\theta$,式(*)取"-"号,如图 8.1.19(b)所示,$\overrightarrow{EA'}$与$\overrightarrow{AF}$的夹角为 θ,式(*)取"+"号.

故$|\overrightarrow{EF}|=\sqrt{m^2+n^2+d^2\mp 2mn\cos\theta}$.

ⅳ)两直线位置关系的判定与有关量的计算

结论6 设 a,b 是空间中的两条直线,点 $A,B\in a$,点 $C,D\in b$,且 $AC\perp b$,$BD\perp b$,$|AB|=m$,$|CD|=n$,$|AC|=h_1$,$|BD|=h_2$,记 $s=\sqrt{m^2-n^2}$,则有:

(1)此时,必有 $m\geqslant n$,且 a 与 b 所成的角为

$$\theta=\arccos\frac{n}{m} \qquad (8.1.5)$$

(2)

$$a /\!/ b \Leftrightarrow m=n \qquad (8.1.6)$$

(3)点 $G\in a$,点 $H\in b$,若在$\overrightarrow{AB}$方向,数量 $AG=x$,在$\overrightarrow{CD}$方向,数量 $CH=y$,则

$$|\overrightarrow{GH}|=\sqrt{h_1^2+x^2+y^2-\frac{2n}{m}xy-\frac{x}{m}(m^2-n^2+h_1^2-h_2^2)} \qquad (8.1.7)$$

特别地，$GH \perp b$ 时，有$\frac{GH}{AG} = \frac{n}{m}$，且

$$|\overrightarrow{GH}| = \sqrt{\frac{m^2 - n^2}{m^2}x^2 - \frac{x}{m}(m^2 - n^2 + h_1^2 - h_2^2) + h_2^2} \tag{8.1.8}$$

(4)若 a 与 b 异面，公垂线段为 EF，$E \in a$，$F \in b$，则在$\overrightarrow{AB}$方向，数量

$$AE = m\frac{m^2 - n^2 + h_1^2 - h_2^2}{2(m^2 - n^2)} \tag{8.1.9}$$

在$\overrightarrow{CD}$方向，数量

$$CF = n\frac{m^2 - n^2 + h_1^2 - h_2^2}{2(m^2 - n^2)} \tag{8.1.10}$$

a 与 b 的距离为

$$|EF| = \frac{1}{2s}\sqrt{(h_1 + h_2 + s)(h_1 + h_2 - s)(h_1 - h_2 + s)(h_2 - h_1 + s)} \tag{8.1.11}$$

(5)若 a 与 b 相交，交点为 O，则在$\overrightarrow{AB}$方向，数量

$$AO = m\frac{m^2 - n^2 + h_1^2 - h_2^2}{2(m^2 - n^2)} \tag{8.1.12}$$

在$\overrightarrow{CD}$方向，数量

$$CO = n\frac{m^2 - n^2 + h_1^2 - h_2^2}{2(m^2 - n^2)} \tag{8.1.13}$$

(6) a 与 b 相交$\Leftrightarrow m > n$，且

$$(h_1 + h_2 - s)(h_1 - h_2 + s)(h_2 - h_1 + s) = 0 \tag{8.1.14}$$

(7) a 与 b 异面$\Leftrightarrow m > n$，且

$$h_1+h_2-s>0, h_1-h_2+s>0, h_2-h_1+s>0 \tag{8.1.15}$$

证明①　如图 8.1.20 所示.

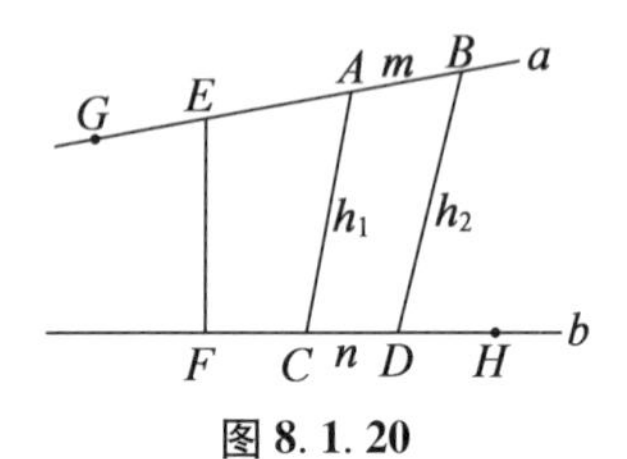

图 8.1.20

(1)若 $n\neq 0$,由 $\overrightarrow{AC}\perp\overrightarrow{CD}$,$\overrightarrow{DB}\perp\overrightarrow{CD}$,得 $\overrightarrow{AB}\cdot\overrightarrow{CD}=(\overrightarrow{AC}+\overrightarrow{CD}+\overrightarrow{DB})\cdot\overrightarrow{CD}=|\overrightarrow{CD}|^2=n^2$. 又 $\overrightarrow{AB}\cdot\overrightarrow{CD}=|AB|\cdot|CD|\cdot\cos\theta=mn\cos\theta$,于是 $mn\cos\theta=n^2$,$\cos\theta=\frac{n}{m}$;若 $n=0$,则 C,D 重合,由已知有 $b\perp$ 平面 $AC(D)B$,$b\perp a$,$\theta=\frac{\pi}{2}$. 总之都有 $\theta=\arccos\frac{n}{m}$. 于是由 $0<\cos\theta\leqslant 1$,有 $m\geqslant n$.

(2)显然,$a/\!/b\Leftrightarrow m=n$,且 a,b 相交或 a,b 异面时,有 $m>n$.

(3)由 $\overrightarrow{GH}=\overrightarrow{AC}+\overrightarrow{CH}-\overrightarrow{AG}$,$\overrightarrow{AC}\perp\overrightarrow{CH}$,得

$$|GH|^2=|AC|^2+|CH|^2+|AG|^2-2\overrightarrow{CH}\cdot\overrightarrow{AG}-2\overrightarrow{AC}\cdot\overrightarrow{AG}$$

又 $\overrightarrow{CH}\cdot\overrightarrow{AG}=|\overrightarrow{CH}||\overrightarrow{AG}|\cos\theta=\frac{nxy}{m}$,故

① 黄国和. 两条直线位置关系的判定与有关量的计算公式[J]. 数学通讯,2001(5):18-19.

$$|GH|^2=h_1^2+x^2+y^2-\frac{2nxy}{m}-2\overrightarrow{AC}\cdot\overrightarrow{AG}\qquad ①$$

同理,由$\overrightarrow{GH}=\overrightarrow{BD}+\overrightarrow{DH}-\overrightarrow{BG}$,$\overrightarrow{BD}\perp\overrightarrow{DH}$,得

$$|GH|^2=h_2^2+(x-m)^2+(y-n)^2-\frac{2n(x-m)(y-n)}{m}-2\overrightarrow{BD}\cdot\overrightarrow{BG}\qquad ②$$

又

$$\overrightarrow{BG}=\frac{x-m}{x}\cdot\overrightarrow{AG}$$

$$\overrightarrow{CD}\cdot\overrightarrow{AG}=|\overrightarrow{CD}||\overrightarrow{AG}|\cos\theta=\frac{n^2x}{m}$$

则$\overrightarrow{BD}\cdot\overrightarrow{BG}=\frac{x-m}{x}\cdot(\overrightarrow{AC}+\overrightarrow{CD}-\overrightarrow{AB})\cdot\overrightarrow{AG}$,得

$$\overrightarrow{BD}\cdot\overrightarrow{AG}=\frac{x-m}{x}\cdot\overrightarrow{AC}\cdot\overrightarrow{AG}+\frac{n^2}{m}(x-m)-m(x-m)\qquad ③$$

联立①,②,③即得式(8.1.7).

当$GH\perp b$时,由式(8.1.5),有$\cos\theta=\frac{y}{x}$,$\cos\theta=\frac{n}{m}$,所以$y=\frac{n}{m}x$,代入式(8.1.7),即得式(8.1.8).

(4)若a,b异面,则$m>n$,$|GH|$取最小值时,直线GH重合于a,b的公垂线EF(G,H分别重合于E,F),由式(8.1.8)得,当$AE=x=m\frac{m^2-n^2+h_1^2-h_2^2}{2(m^2-n^2)}$时,$|EF|=$

$|GH|$的最小值$=\sqrt{\frac{4(m^2-n^2)h_1^2-(m^2-n^2+h_1^2-h_2^2)^2}{4(m^2-n^2)}}=$

$\frac{1}{2s}[(h_1+h_2+s)(h_1+h_2-s)(h_1-h_2+s)(h_2-h_1+$

$s)]^{\frac{1}{2}}$（其中 $s=\sqrt{m^2-n^2}$）．此时 $CF=\frac{n}{m}x=n\frac{m^2-n^2+h_1^2-h_2^2}{2(m^2-n^2)}$. 于是证得式(8.1.11).

(5)若 a,b 相交于 O，则 $m>n$，$|GH|$ 的最小值为 0，G 与 H 重合于点 O，仿(4)的证明，由式(8.1.8)也可证明式(8.1.12)与式(8.1.13).

(6)a,b 相交于点 O 时，共有三种情况：当 $AO\geqslant m$ 时(见图 8.1.21)，$\sqrt{m^2-n^2}=h_1-h_2$，有 $h_2-h_1+s=0$；当 $0<AO<m$ 时(见图 8.1.22)，$\sqrt{m^2-n^2}=h_1+h_2$，有 $h_2+h_1-s=0$，当 $AO\leqslant 0$ 时(见图 8.1.23)，$\sqrt{m^2-n^2}=h_2-h_1$，有 $h_1-h_2+s=0$.

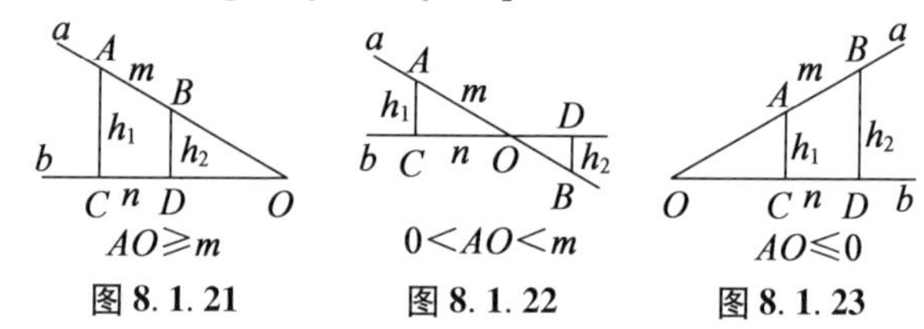

图 8.1.21　图 8.1.22　图 8.1.23

(7)a 与 b 异面时，由式(8.1.11)得

$$(h_1+h_2-s)(h_1-h_2+s)(h_2-h_1+s)>0$$

若其中两个因式小于 0，则导出矛盾. 于是，必有 $h_1+h_2-s>0$，$h_1-h_2+s>0$，$h_2-h_1+s>0$.

(Ⅲ)直线与平面所成角的公式

结论 7　设平面 α 的斜线 OP 与 α 所成的角为 φ，向量 $\boldsymbol{p}$ 平行于斜线 OP，向量 $\boldsymbol{a},\boldsymbol{b}$ 是平行于 α 的不共线向量. 令 $\theta=\langle\boldsymbol{a},\boldsymbol{b}\rangle$，$\theta_1=\langle\boldsymbol{p},\boldsymbol{a}\rangle$，$\theta_2=\langle\boldsymbol{p},\boldsymbol{b}\rangle$，则有

$$\cos\varphi=\frac{\sqrt{\cos^2\theta_1-2\cos\theta\cos\theta_1\cos\theta_2+\cos^2\theta_2}}{\sin\theta}\tag{8.1.16}$$

特别地，当向量 $\boldsymbol{a},\boldsymbol{b}$ 正交时，$\theta=\frac{\pi}{2}$，$\cos\theta=0$，$\sin\theta=1$，从而有

$$\cos\varphi=\sqrt{\cos^2\theta_1+\cos^2\theta_2}\qquad(8.1.17)$$

证明　如图 8.1.24 所示，不妨设 $\theta_1\leqslant\frac{\pi}{2}$，当 $\varphi=\theta_1$ 时，由 $\cos\theta_2=\cos\varphi\cos\theta$ 可得 φ；当 $\varphi\neq\theta_1$ 时，设 $\boldsymbol{c}$ 为 α 内的任一向量，因为

$$0\leqslant\varphi\leqslant\langle\boldsymbol{p},\boldsymbol{c}\rangle\leqslant\pi$$

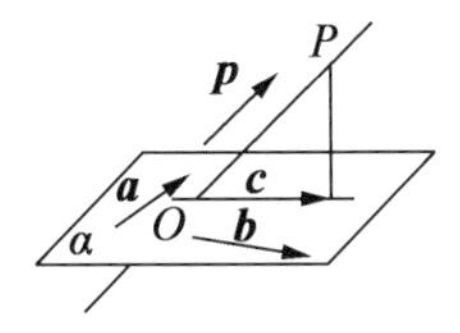

图 8.1.24

则
$$\cos\varphi\geqslant\cos\langle\boldsymbol{p},\boldsymbol{c}\rangle$$
故
$$\cos\varphi=(\cos\langle\boldsymbol{p},\boldsymbol{c}\rangle)_{\max}$$
又 $\boldsymbol{a},\boldsymbol{b}$ 不共线，由平面向量基本定理，存在实数 m,n 使 $\boldsymbol{c}=m\boldsymbol{a}+n\boldsymbol{b}$，记 $p=|\boldsymbol{p}|$，$a=|\boldsymbol{a}|$，$b=|\boldsymbol{b}|$，则有

$$\cos\langle\boldsymbol{p},\boldsymbol{c}\rangle=\frac{\boldsymbol{p}\cdot\boldsymbol{c}}{pc}=\frac{m\boldsymbol{p}\cdot\boldsymbol{a}+n\boldsymbol{p}\cdot\boldsymbol{b}}{p|m\boldsymbol{a}+n\boldsymbol{b}|}$$
$$=\frac{mpa\cos\theta_1+npb\cos\theta_1}{p\sqrt{m^2a^2+2mnab\cos\theta+n^2b^2}}$$

约去 p，令 $x=\frac{ma}{nb}$，代入得

$$\cos\langle\boldsymbol{p},\boldsymbol{c}\rangle=\frac{x\cos\theta_1+\cos\theta_2}{\sqrt{x^2+2x\cos\theta+1}}$$

又当 $\boldsymbol{c}$ 为 $\boldsymbol{p}$ 在 α 内的射影向量时，$\cos\langle\boldsymbol{p},\boldsymbol{c}\rangle=\cos\varphi\geqslant0$ 且 $\varphi<\theta_1$，则可取 x 使 $x\cos\theta_1+\cos\theta_2\geqslant0$ 且

$\langle \boldsymbol{p},\boldsymbol{c}\rangle<\theta_1$，于是可令

$$\sqrt{y}=\frac{x\cos\theta_1+\cos\theta_2}{\sqrt{x^2+2x\cos\theta+1}}$$

平方整理得

$$(y-\cos^2\theta_1)x^2+2(y\cos\theta-\cos\theta_1\cos\theta_2)x+y-\cos^2\theta_2=0$$

因 $0<\langle \boldsymbol{p},\boldsymbol{c}\rangle<\theta_1\leqslant\frac{\pi}{2}$，则

$$y-\cos^2\theta_1\neq0$$

于是由

$$\Delta=4(y\cos\theta-\cos\theta_1\cos\theta_2)^2-4(y-\cos^2\theta_1)(y-\cos^2\theta_2)\geqslant0$$

得

$$\sqrt{y}\leqslant\frac{\sqrt{\cos^2\theta_1-2\cos\theta\cos\theta_1\cos\theta_2+\cos^2\theta_2}}{\sin\theta}$$

则 $\cos\varphi=\sqrt{y_{\max}}$. 故定理得证.

（Ⅳ）用外积求二面角

设 $\boldsymbol{n}_1,\boldsymbol{n}_2$ 分别为平面 α,β 的法向量，二面角 $\alpha-l-\beta$ 的大小为 θ，向量 $\boldsymbol{n}_1,\boldsymbol{n}_2$ 的夹角为 φ，则有 $\theta=\pi-\varphi$（如图 8.1.25 所示）或 $\theta=\varphi$（见图 8.1.26）.

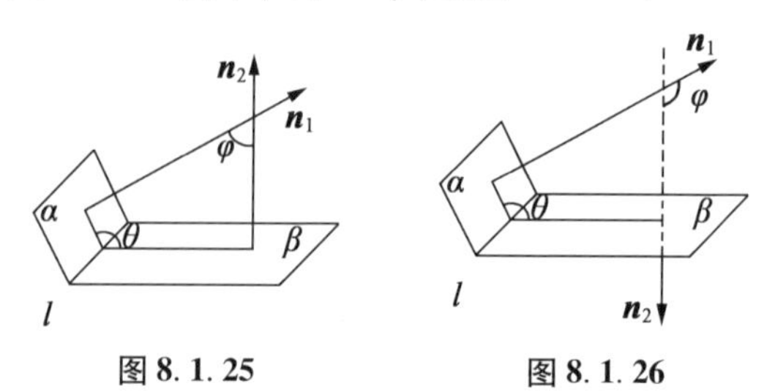

图 8.1.25　　图 8.1.26

结论 8　设二面角 $\alpha-l-\beta$ 的棱上任一点为 A，$\boldsymbol{a}$，

$\boldsymbol{b}$,$\boldsymbol{c}$ 分别是棱 l 及平面 α,β 上以 A 为起点的任意非零向量,令 $\boldsymbol{a}$,$\boldsymbol{b}$ 及 $\boldsymbol{a}$,$\boldsymbol{c}$ 的外积分别为$\boldsymbol{n}_1=\boldsymbol{a}\times\boldsymbol{b}$;$\boldsymbol{n}_2=\boldsymbol{a}\times\boldsymbol{c}$,则二面角 θ 的大小由下式确定

$$\cos\theta=\frac{\boldsymbol{n}_1\cdot\boldsymbol{n}_2}{|\boldsymbol{n}_1||\boldsymbol{n}_2|} \qquad (8.1.18)$$

证明 如图 8.1.27 所示,$\boldsymbol{n}_1$是与向量 $\boldsymbol{a}$,$\boldsymbol{b}$(即平面 α)垂直且按右手系方向的平面 α 的一个法向量,$|\boldsymbol{n}_1|$的几何意义是以 $\boldsymbol{a}$,$\boldsymbol{b}$ 为邻边的平行四边形的面积.

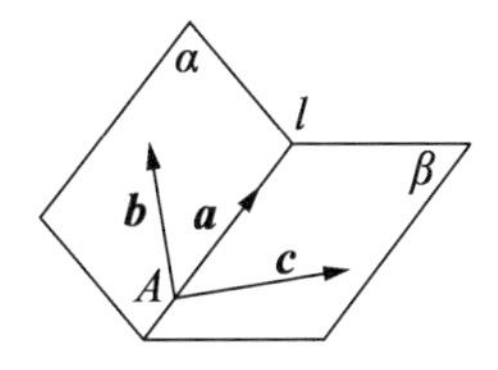

图 8.1.27

$\boldsymbol{n}_2$是与向量 $\boldsymbol{a}$,$\boldsymbol{c}$(即平面 β)垂直且按右手系方向的平面 β 的一个法向量,$|\boldsymbol{n}_2|$的几何意义是以 $\boldsymbol{a}$,$\boldsymbol{c}$ 为邻边的平行四边形的面积.

此时$\boldsymbol{n}_1$,$\boldsymbol{n}_2$所成的角 φ 就是图 8.1.26 中的情况,即为二面角 $\alpha-l-\beta$ 的平面角 θ.

若已知 $\boldsymbol{a}=(x_1,y_1,z_1)$,$\boldsymbol{b}=(x_2,y_2,z_2)$,$\boldsymbol{c}=(x_3,y_3,z_3)$,则

$$\boldsymbol{n}_1=\boldsymbol{a}\times\boldsymbol{b}=\left\{\begin{vmatrix} y_1 & z_1 \\ y_2 & z_2 \end{vmatrix},\begin{vmatrix} z_1 & x_1 \\ z_2 & x_2 \end{vmatrix},\begin{vmatrix} x_1 & y_1 \\ x_2 & y_2 \end{vmatrix}\right\}$$

$$\boldsymbol{n}_2=\boldsymbol{a}\times\boldsymbol{c}=\left\{\begin{vmatrix} y_1 & z_1 \\ y_3 & z_3 \end{vmatrix},\begin{vmatrix} z_1 & x_1 \\ z_3 & x_3 \end{vmatrix},\begin{vmatrix} x_1 & y_1 \\ x_3 & y_3 \end{vmatrix}\right\}$$

其中$\begin{vmatrix} y_1 & z_1 \\ y_2 & z_2 \end{vmatrix}$表示二阶行列式,$\begin{vmatrix} y_1 & z_1 \\ y_2 & z_2 \end{vmatrix}=y_1z_2-y_2z_1$,其他类似.

故 θ 的大小由向量 $\boldsymbol{n}_1,\boldsymbol{n}_2$ 的夹角公式：$\cos\theta=\dfrac{\boldsymbol{n}_1\cdot\boldsymbol{n}_2}{|\boldsymbol{n}_1||\boldsymbol{n}_2|}$ 确定.

8.2 几个定理的向量证法

1. 直线和平面垂直的判定定理

直线和平面垂直的判定定理 如图 8.2.1 所示，$m\subset\alpha,n\subset\alpha,m\cap n=A,l\perp m,l\perp n$，则 $l\perp\alpha$.

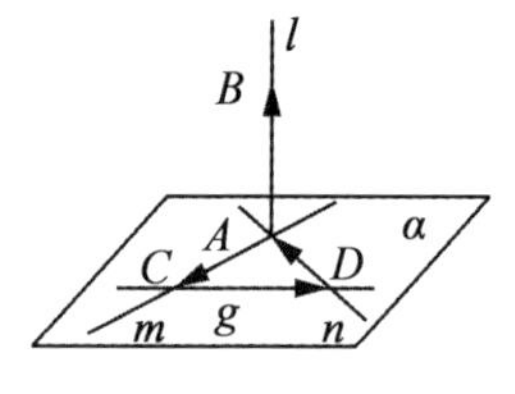

图 8.2.1

分析 要证 $l\perp\alpha$，根据直线和平面垂直的定义，只要先设 g 是 α 内的任意直线，再证 $l\perp g$ 即可. 而 $m\cap n=A$，可从 l 过点 A 的情形证起，通过平移可推广到其他情形.

证明 设 g 是平面 α 内的任意直线.

(1) 当 l 过点 A，且 g 不过点 A 时，若 g 与 m,n 中某一直线平行时，显然有 $l\perp g$；

若 g 与 m,n 都不平行时，设 g 与 m,n 分别交于 C,D 两点，在 l 上取异于点 A 的点 B. 因 $l\perp m,l\perp n$，则

$$\overrightarrow{AB}\cdot\overrightarrow{AC}=0,\overrightarrow{AB}\cdot\overrightarrow{DA}=0$$

因 ACD 成闭折线，有

$$\overrightarrow{AC}+\overrightarrow{CD}+\overrightarrow{DA}=\mathbf{0}$$

$$\overrightarrow{CD}=-\overrightarrow{AC}-\overrightarrow{DA}$$

从而

$$\overrightarrow{AB}\cdot\overrightarrow{CD}=\overrightarrow{AB}\cdot(-\overrightarrow{AC}-\overrightarrow{DA})$$
$$=-\overrightarrow{AB}\cdot\overrightarrow{AC}-\overrightarrow{AB}\cdot\overrightarrow{DA}=0$$

故$\overrightarrow{AB}\perp\overrightarrow{CD}$,即 $l\perp g$.

(2)当 l 不过点 A,或 g 过点 A 时,可过点 A 作直线 $l'/\!/l$,而不过点 A 作直线 $g'/\!/g$,类似地可证明 $g\perp l$.

综上可得 $l\perp\alpha$. 证毕.

2. 三垂线定理及其逆定理

三垂线定理及其逆定理　平面外的一条直线 l 在平面 α 的投影所在的射线为 l',直线 $a\subset\alpha$,若 $a\perp l'$,则 $a\perp l$(三垂线定理);若 $a\perp l$,则 $a\perp l'$(三垂线定理的逆定理).

证明　如图 8.2.2 所示,设向量 $\boldsymbol{a}$ 是直线 a 的方向向量,向量 $\boldsymbol{b}$ 是直线 b 的方向向量,过直线 l 上的点向平面作垂线,向量 $\boldsymbol{c}$ 就是这条垂线的方向向量,它也是平面 α 的法向量,设向量 $\boldsymbol{d}$ 是直线 l 在平面 α 的投影 l'的方向向量,于是,由 $\boldsymbol{a}\perp\boldsymbol{b}$,得 $\boldsymbol{a}\cdot\boldsymbol{b}=0$. 我们知道,向量 $\boldsymbol{b}$ 和向量 $\boldsymbol{c}$ 是不共线的,向量 $\boldsymbol{b}$ 和向量 $\boldsymbol{c}$ 的线性组合可以表示它们所在平面的任何一个向量,所以向量 $\boldsymbol{d}$ 可以用它们的线性组合表示,即 $\boldsymbol{d}=\lambda\boldsymbol{b}+\mu\boldsymbol{c}$. 那么向量 $\boldsymbol{a}$ 与向量 $\boldsymbol{d}$ 是否垂直的问题,就可以用向量点乘的运算来进行讨论. 于是我们有

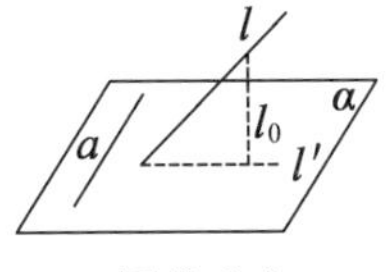

图 8.2.2

$$\boldsymbol{a}\cdot\boldsymbol{d}=\boldsymbol{a}(\lambda\boldsymbol{b}+\mu\boldsymbol{c})=\boldsymbol{a}\cdot(\lambda\boldsymbol{b})+\boldsymbol{a}\cdot(\mu\boldsymbol{c})$$

$$=\lambda \boldsymbol{a}\cdot \boldsymbol{b}+\mu \boldsymbol{a}\cdot \boldsymbol{c}=\lambda \cdot 0+\mu \cdot 0=0$$

反之,若 $\boldsymbol{a}\perp \boldsymbol{d}$,则 $\boldsymbol{a}\cdot \boldsymbol{d}=\boldsymbol{a}\cdot(\lambda \boldsymbol{b}+\mu \boldsymbol{c})=0$.

由于 $\boldsymbol{c}$ 是平面 α 的法向量,它垂直于平面 α 的任意向量,当然也垂直于向量 $\boldsymbol{a}$,即 $\boldsymbol{a}\cdot \boldsymbol{c}=0$,于是得 $\boldsymbol{a}\cdot \boldsymbol{b}=0$,故 $\boldsymbol{a}\perp \boldsymbol{b}$.

注 三垂线定理及逆定理改用大写字母表示,其证明也相应改写,此时书写更简单.

三垂线定理及逆定理:已知 $AB\perp$ 平面 α,垂足为 A,BC 交 α 于 C,DE 为 α 内任意直线. 试证:若 $DE\perp AC$,则 $DE\perp BC$;若 $DE\perp BC$,则 $DE\perp AC$.

证明:如图 8.2.3 所示,$\overrightarrow{AB}=\overrightarrow{AC}+\overrightarrow{CB}$,式子两边同时与 $\overrightarrow{DE}$ 作数量积,得

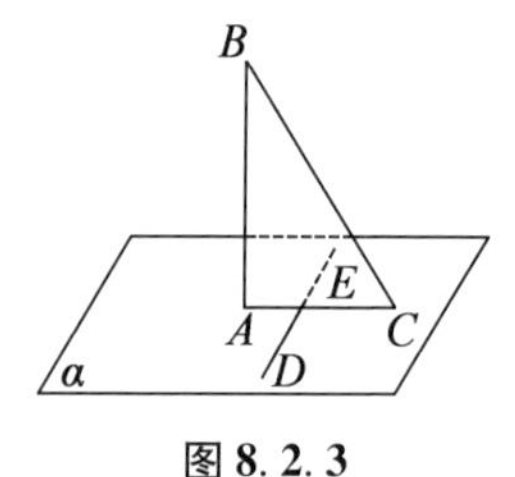

图 8.2.3

$$\overrightarrow{AB}\cdot\overrightarrow{DE}=\overrightarrow{AC}\cdot\overrightarrow{DE}+\overrightarrow{CB}\cdot\overrightarrow{DE}$$

因为 $\overrightarrow{DE}\subset\alpha$,所以 $\overrightarrow{AB}\cdot\overrightarrow{DE}=0$,从而

$$\overrightarrow{AC}\cdot\overrightarrow{DE}+\overrightarrow{CB}\cdot\overrightarrow{DE}=0$$

若 $\overrightarrow{DE}\perp\overrightarrow{AC}$,从而 $\overrightarrow{DE}\cdot\overrightarrow{AC}=0\Rightarrow\overrightarrow{CB}\cdot\overrightarrow{DE}=0$. 所以 $\overrightarrow{BC}\perp\overrightarrow{DE}$,即 $DE\perp BC$.

若 $\overrightarrow{BC}\perp\overrightarrow{DE}$,则 $\overrightarrow{BC}\cdot\overrightarrow{DE}=0\Rightarrow\overrightarrow{AC}\cdot\overrightarrow{DE}=0$.

所以 $\overrightarrow{DE}\perp\overrightarrow{AC}$,即 $DE\perp AC$.

3. 等角线投影定理

等角线投影定理　在四面体 $O-ABC$ 中,已知 $OA=OB=OC$,且 $\angle AOC=\angle AOB$,则 OA 在 $\triangle OBC$ 的平面的射影平分 $\angle BOC$.

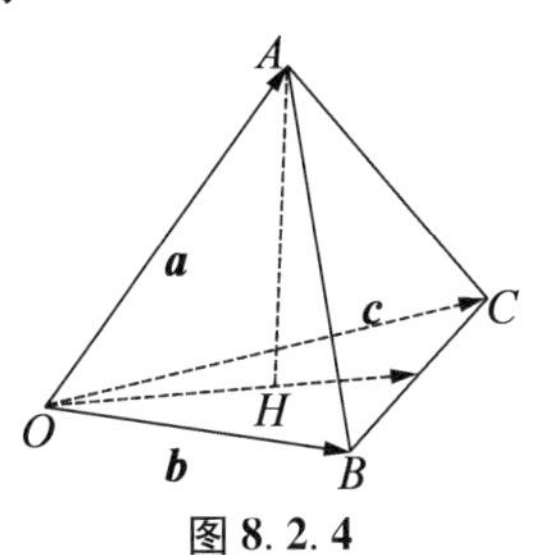

图 8.2.4

证明　由 A 向平面 OBC 作垂线,垂足为 H,则 OH 为 OA 在平面 OBC 上的射影.

设 $\overrightarrow{OA}=\boldsymbol{a}$, $\overrightarrow{OB}=\boldsymbol{b}$, $\overrightarrow{OC}=\boldsymbol{c}$,则 $|\boldsymbol{a}|=|\boldsymbol{b}|=|\boldsymbol{c}|$,且 $\overrightarrow{OH}=\overrightarrow{OA}+\overrightarrow{AH}=\boldsymbol{a}+\overrightarrow{AH}$,于是

$$
\begin{aligned}
\overrightarrow{OB}\cdot\overrightarrow{OH} &= |\overrightarrow{OB}|\cdot|\overrightarrow{OH}|\cdot\cos\angle BOH \\
&= |\boldsymbol{b}|\cdot|\overrightarrow{OH}|\cdot\cos\angle BOH \\
&= \boldsymbol{b}\cdot(\boldsymbol{a}+\overrightarrow{AH}) \\
&= \boldsymbol{b}\cdot\boldsymbol{a}+\boldsymbol{b}\cdot\overrightarrow{AH} \\
&= \boldsymbol{a}\cdot\boldsymbol{b} \\
&= |\boldsymbol{a}||\boldsymbol{b}|\cos\angle AOB
\end{aligned}
$$

所以 $\cos\angle BOH=\dfrac{|\boldsymbol{a}||\boldsymbol{b}|\cos\angle AOB}{|\boldsymbol{b}|\cdot|\overrightarrow{OH}|}=\dfrac{|\boldsymbol{a}|}{|\overrightarrow{OH}|}\cos\angle AOB$.

同理可得 $\cos\angle COH=\dfrac{|\boldsymbol{a}|}{|\overrightarrow{OH}|}\cos\angle AOC$.

因为 $\angle AOB=\angle AOC$,所以 $\cos\angle BOH=\cos\angle COH$.

所以 $\angle BOH=\angle COH$,即 OA 在平面 OBC 上的射

影平分$\angle BOC$.

4. **直线与两平面交线平行定理**

直线与两平面交线平行定理 若一条直线与两个相交平面都平行,则这条直线平行于这两个平面的交线. 如图 8.2.5 所示,已知平面 α 与 β,且 $\alpha\cap\beta=b$,$a/\!/\alpha$,$a/\!/\beta$,求证:$a/\!/b$.

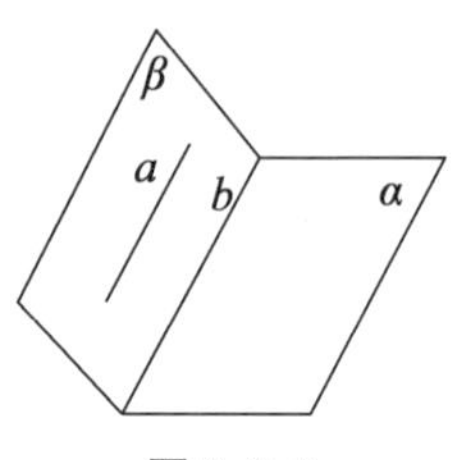

图 8.2.5

证明 设平面 α 的法向量是$\boldsymbol{n}_1$,平面 β 的法向量是$\boldsymbol{n}_2$,直线 a 的一个方向向量是 $\boldsymbol{a}$,直线 b 的一个方向向量是 $\boldsymbol{b}$. 因为 $a/\!/\alpha$,所以 $\boldsymbol{a}\perp\boldsymbol{n}_1$. 同理 $\boldsymbol{a}\perp\boldsymbol{n}_2$,同样有 $\boldsymbol{b}\perp\boldsymbol{n}_1$,$\boldsymbol{b}\perp\boldsymbol{n}_2$.

由 $\boldsymbol{a}\perp\boldsymbol{n}_1$,$\boldsymbol{b}\perp\boldsymbol{n}_1$,得:$(\boldsymbol{a}-\boldsymbol{b})\cdot\boldsymbol{n}_1=0$.

由 $\boldsymbol{a}\perp\boldsymbol{n}_2$,$\boldsymbol{b}\perp\boldsymbol{n}_2$,得:$(\boldsymbol{a}-\boldsymbol{b})\cdot\boldsymbol{n}_2=0$,即:$|\boldsymbol{a}-\boldsymbol{b}|\cdot|\boldsymbol{n}_1|\cos\theta_1=0$,$|\boldsymbol{a}-\boldsymbol{b}||\boldsymbol{n}_2|\cos\theta_2=0$. 而 $|\boldsymbol{n}_1|\neq0$,$|\boldsymbol{n}_2|\neq0$,$\cos\theta_1$,$\cos\theta_2$ 不同时为 0,因此只有$|\boldsymbol{a}-\boldsymbol{b}|=0$,即 $\boldsymbol{a}=\boldsymbol{b}$,亦即可以有直线 a 和直线 b 的方向向量相等,所以 $a/\!/b$.

5. **两直线平行的判定定理**

两直线平行的判定定理 若两条直线同垂直于一个平面,则这两条直线平行. 如图 8.2.6 所示,直线 $OA\perp$ 平面 α,直线 $BD\perp$ 平面 α,O,B 为垂足. 则 $OA/\!/BD$.

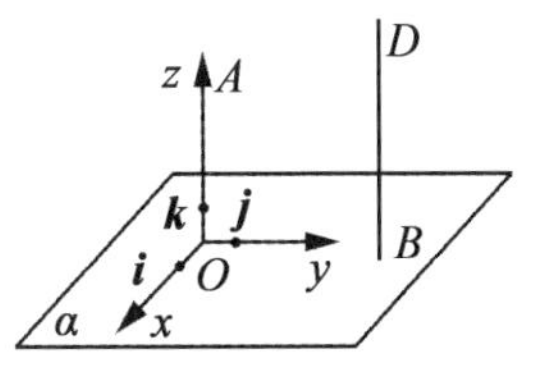

图 8.2.6

证明　如图 8.2.6 所示，以点 O 为原点，以射线 OA 为非负 z 轴建立空间直角坐标系 $O-xyz$，$\boldsymbol{i},\boldsymbol{j},\boldsymbol{k}$ 为 x 轴，y 轴，z 轴的单位向量，且设$\overrightarrow{BD}=(x,y,z)$.

由$\overrightarrow{BD}\perp\alpha$，有$\overrightarrow{BD}\perp\boldsymbol{i}$，$\overrightarrow{BD}\perp\boldsymbol{j}$. 则$\overrightarrow{BD}\cdot\boldsymbol{i}=(x,y,z)\cdot(1,0,0)=x=0$，$\overrightarrow{BD}\cdot\boldsymbol{j}=(x,y,z)\cdot(0,1,0)=y=0$. 即$\overrightarrow{BD}=(0,0,z)$.

从而$\overrightarrow{BD}=z\boldsymbol{k}$，即$\overrightarrow{BD}/\!/\boldsymbol{k}$，又 O，B 为两个不同点，故 $BD/\!/OA$.

6. 四面体对棱相等的判定

四面体对棱相等的判定　$A-BCD$ 是四面体，$\angle BAC=\angle ACD$，$\angle ABD=\angle BDC$. 则$|\overrightarrow{AB}|=|\overrightarrow{CD}|$.

证明

$$\cos\angle BAC=\frac{\overrightarrow{AB}\cdot\overrightarrow{AC}}{|\overrightarrow{AB}|\cdot|\overrightarrow{AC}|}$$

$$=\cos\angle ACD=\frac{\overrightarrow{CA}\cdot\overrightarrow{CD}}{|\overrightarrow{CA}|\cdot|\overrightarrow{CD}|}$$

$$\Rightarrow\left(\frac{\overrightarrow{AB}}{|\overrightarrow{AB}|}+\frac{\overrightarrow{CD}}{|\overrightarrow{CD}|}\right)\cdot\overrightarrow{AC}=0 \qquad ①$$

$$\cos\angle ABD=\frac{\overrightarrow{BA}\cdot\overrightarrow{BD}}{|\overrightarrow{BA}|\cdot|\overrightarrow{BD}|}$$

$$=\cos\angle BDC=\frac{\overrightarrow{DB}\cdot\overrightarrow{DC}}{|\overrightarrow{DB}|\cdot|\overrightarrow{DC}|}$$

$$\Rightarrow\left(\frac{\overrightarrow{AB}}{|\overrightarrow{AB}|}+\frac{\overrightarrow{CD}}{|\overrightarrow{CD}|}\right)\cdot\overrightarrow{BD}=0 \qquad ②$$

①,②两式相减,并注意到$\overrightarrow{AC}-\overrightarrow{BD}=\overrightarrow{AB}-\overrightarrow{CD}$,得$\left(\frac{\overrightarrow{AB}}{|\overrightarrow{AB}|}+\frac{\overrightarrow{CD}}{|\overrightarrow{CD}|}\right)\cdot(\overrightarrow{AB}-\overrightarrow{CD})=0$,整得理$(|\overrightarrow{AB}|-|\overrightarrow{CD}|)\left(1+\frac{\overrightarrow{AB}\cdot\overrightarrow{CD}}{|\overrightarrow{AB}|\cdot|\overrightarrow{CD}|}\right)=0.$

若上式左边第二个因子$1+\frac{\overrightarrow{AB}\cdot\overrightarrow{CD}}{|\overrightarrow{AB}|\cdot|\overrightarrow{CD}|}=0$,即$1+\cos\langle\overrightarrow{AB},\overrightarrow{CD}\rangle=0$,则$\langle\overrightarrow{AB},\overrightarrow{CD}\rangle=\pi$,向量$\overrightarrow{AB}$与$\overrightarrow{CD}$方向相反,$AB$,$CD$ 平行,A,B,C,D 共面,矛盾. 故只能$|\overrightarrow{AB}|=|\overrightarrow{CD}|$.

7. 空向勾股定理

空向勾股定理 在直角四面体 $O-ABC$ 中,$\angle AOB=\angle AOC=\angle BOC=90°$,则

$$S^2_{\triangle ABC}=S^2_{\triangle OAB}+S^2_{\triangle OCA}+S^2_{\triangle OBC} \qquad (8.2.1)$$

证明 由拉格朗日恒等式,有

$$|\overrightarrow{AB}\times\overrightarrow{AC}|=(\overrightarrow{AB}\times\overrightarrow{AC})\cdot(\overrightarrow{AB}\times\overrightarrow{AC})$$

$$=\begin{vmatrix}\overrightarrow{AB}\cdot\overrightarrow{AB} & \overrightarrow{AB}\cdot\overrightarrow{AC}\\ \overrightarrow{AC}\cdot\overrightarrow{AB} & \overrightarrow{AC}\cdot\overrightarrow{AC}\end{vmatrix}$$

$$=|\overrightarrow{AB}|^2|\overrightarrow{AC}|^2-|\overrightarrow{AB}\cdot\overrightarrow{AC}|^2$$

$$=(\overrightarrow{OB}-\overrightarrow{OA})^2(\overrightarrow{OC}-\overrightarrow{OA})^2-$$

$$[(\overrightarrow{OB}-\overrightarrow{OA})\cdot(\overrightarrow{OC}-\overrightarrow{OA})]^2$$

$$=(|\overrightarrow{OA}|^2+|\overrightarrow{OB}|^2)(|\overrightarrow{OA}|^2+|\overrightarrow{OC}|^2)-[(\overrightarrow{OB}-\overrightarrow{OA})\cdot(\overrightarrow{OC}-\overrightarrow{OA})]^2$$

$$=|\overrightarrow{OA}|^4+|\overrightarrow{OB}|^2|\overrightarrow{OA}|^2+|\overrightarrow{OA}|^2|\overrightarrow{OC}|^2+|\overrightarrow{OB}|^2|\overrightarrow{OC}|^2-|\overrightarrow{OA}|^4$$

$$=|\overrightarrow{OB}|^2|\overrightarrow{OA}|^2+|\overrightarrow{OA}|^2|\overrightarrow{OC}|^2+|\overrightarrow{OB}|^2|\overrightarrow{OC}|^2$$

故 $S_{\triangle ABC}^2=S_{\triangle OAB}^2+S_{\triangle OCA}^2+S_{\triangle OBC}^2$.

8. 四面体截面比例定理

四面体截面比例定理　如图 8.2.7 所示，在四面体$A-BCD$中，已知$\triangle O_1O_2O_3$ 是平行于平面 ABC 的截面，且$\frac{AO_1}{O_1D}=\lambda$，$P$ 是棱 AD 上异于 O_1 的点，平面 PO_2O_3 分别截直线 AB，AC 于不同的两点 M，N，则$\frac{AB}{AM}+\frac{AC}{AN}+2\lambda\frac{AD}{AP}=2(1+\lambda)$.

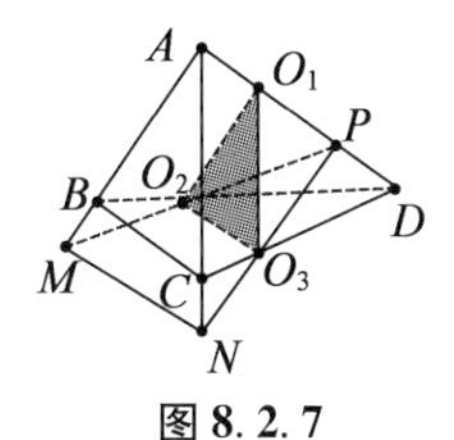

图 8.2.7

证明　因为平面 $O_1O_2O_3$ // 平面 ABC，且$\frac{AO_1}{O_1D}=\lambda$，所以$\frac{BO_2}{O_2D}=\frac{CO_3}{O_3D}=\lambda$. 由定比分边的性质（即式

(2.2.12))得$\frac{AB}{AM}+\lambda\frac{AD}{AP}=1+\lambda$. 同理可得$\frac{AC}{AN}+\lambda\frac{AD}{AP}=1+\lambda$. 所以$\frac{AB}{AM}+\frac{AC}{AN}+2\lambda\frac{AD}{AP}=2(1+\lambda)$.

9. 平行六面体性质定理

定理1 平行六面体的体对角线共点,且该点平分各条体对角线. 如图 8.2.8 所示,平行六面体 $ABCD-A'B'C'D'$中,对角线 AC',BD',CA',DB'相交于一点 O,且在点 O 处互相平分.

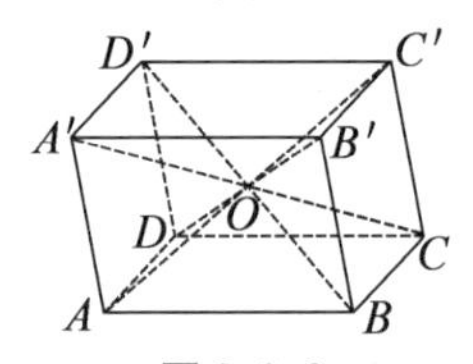

图 8.2.8

证明 设点 O 是 AC'的中点,则

$$\overrightarrow{AO}=\frac{1}{2}\overrightarrow{AC'}=\frac{1}{2}(\overrightarrow{AB}+\overrightarrow{AD}+\overrightarrow{AA'})$$

设 P,M,N 分别是 BD',CA',DB'的中点,同样可证

$$\overrightarrow{AP}=\frac{1}{2}(\overrightarrow{AB}+\overrightarrow{AD}+\overrightarrow{AA'})$$

$$\overrightarrow{AM}=\frac{1}{2}(\overrightarrow{AB}+\overrightarrow{AD}+\overrightarrow{AA'})$$

$$\overrightarrow{AN}=\frac{1}{2}(\overrightarrow{AB}+\overrightarrow{AD}+\overrightarrow{AA'})$$

由此可知 O,P,M,N 四点重合,命题得证.

定理2 过平行六面体相对侧棱的两个对角面的面积平方和等于平行六面体四个侧面面积的平方和. 如图 8.2.9 所示,在平行六面体 $ABCD-A_1B_1C_1D_1$ 中

$$S_{ACC_1A_1}^2+S_{BDD_1B_1}^2=S_{ABB_1A_1}^2+S_{BCC_1B_1}^2+S_{CDD_1C_1}^2+S_{DAA_1D_1}^2 \tag{8.2.2}$$

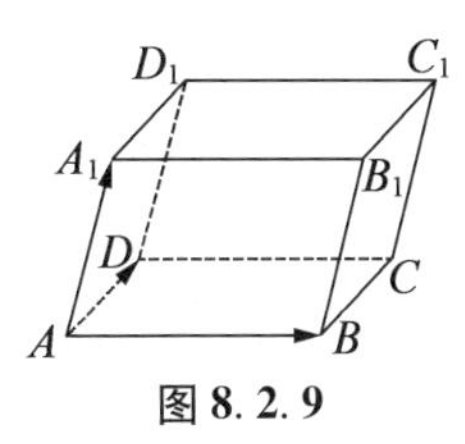

图 8.2.9

证明　先看如下的引理：

引理　如图 8.2.9 所示，记向量$\overrightarrow{AB}=\boldsymbol{a}$，$\overrightarrow{AD}=\boldsymbol{b}$，则平行四边形 $ABCD$ 的面积的平方为(见图 8.2.10)

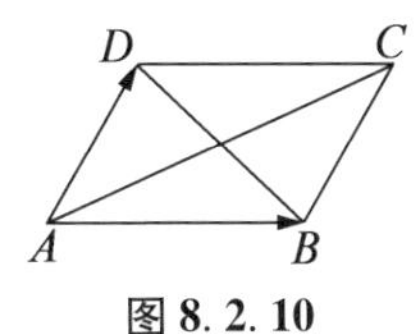

图 8.2.10

$$S_{ABCD}^2=\boldsymbol{a}^2\boldsymbol{b}^2-(\boldsymbol{a}\cdot\boldsymbol{b})^2$$

引理的证明　事实上

$$\begin{aligned}S_{ABCD}^2&=|\boldsymbol{a}|^2|\boldsymbol{b}|^2\sin^2\langle\boldsymbol{a},\boldsymbol{b}\rangle\\&=|\boldsymbol{a}|^2|\boldsymbol{b}|^2(1-\cos^2\langle\boldsymbol{a},\boldsymbol{b}\rangle)\\&=|\boldsymbol{a}|^2|\boldsymbol{b}|^2-(|\boldsymbol{a}||\boldsymbol{b}|\cos\langle\boldsymbol{a},\boldsymbol{b}\rangle)^2\\&=\boldsymbol{a}^2\boldsymbol{b}^2-(\boldsymbol{a}\cdot\boldsymbol{b})^2\end{aligned}$$

下面回到定理证明，记向量$\overrightarrow{AB}=\boldsymbol{a}$，$\overrightarrow{AD}=\boldsymbol{b}$，$\overrightarrow{AA_1}=\boldsymbol{c}$，根据引理则有

$$\begin{aligned}&S_{A-CC_1A_1}^2+S_{B-DD_1B_1}^2\\&=(\boldsymbol{a}+\boldsymbol{b})^2\boldsymbol{c}^2-[(\boldsymbol{a}+\boldsymbol{b})\cdot\boldsymbol{c}]^2+(\boldsymbol{a}-\boldsymbol{b})^2\boldsymbol{c}^2-[(\boldsymbol{a}-\boldsymbol{b})\cdot\boldsymbol{c}]^2\\&=(\boldsymbol{a}+\boldsymbol{b})^2\boldsymbol{c}^2+(\boldsymbol{a}-\boldsymbol{b})^2\boldsymbol{c}^2-[(\boldsymbol{a}+\boldsymbol{b})\cdot\boldsymbol{c}]^2-[(\boldsymbol{a}-\boldsymbol{b})\cdot\boldsymbol{c}]^2\\&=2(\boldsymbol{a}^2+\boldsymbol{b}^2)\boldsymbol{c}^2-2[(\boldsymbol{a}\cdot\boldsymbol{c})^2+(\boldsymbol{b}\cdot\boldsymbol{c})^2]\\&=2(\boldsymbol{a}^2\boldsymbol{c}^2+\boldsymbol{b}^2\boldsymbol{c}^2)-2[(\boldsymbol{a}\cdot\boldsymbol{c})^2+(\boldsymbol{b}\cdot\boldsymbol{c})^2]\\&=2[\boldsymbol{a}^2\boldsymbol{c}^2-(\boldsymbol{a}\cdot\boldsymbol{c})^2]+2[\boldsymbol{b}^2\boldsymbol{c}^2-(\boldsymbol{b}\cdot\boldsymbol{c})^2]\\&=2S_{ABB_1A_1}^2+2S_{DAA_1D_1}^2\end{aligned}$$

$$=S_{ABB_1A_1}^2+S_{BCC_1B_1}^2+S_{CDD_1C_1}^2+S_{DAA_1D_1}^2$$

推论 平行六面体六个对角面面积的平方和等于平行六面体六个表面面积的平方和的 2 倍.

10. 正四面体内切球性质定理

在下面的讨论中,我们均假设所讨论的正四面体 $A_1-A_2A_3A_4$ 的棱长为 a,内切球的球心为 O,内切球的半径为 r.

定理 3① 设 P 为正四面体 $A_1-A_2A_3A_4$ 内切球面上的任意一点,则

$$\sum_{i=1}^{4}PA_i^2=40r^2\qquad(8.2.3)$$

证明 如图 8.2.11 所示,联结 OP, OA_i,则 $|OP|=r$, $|OA_i|=3r(i=1,2,3,4)$. 由于正四面体 $A_1-A_2A_3A_4$内切球的球心为 O,则

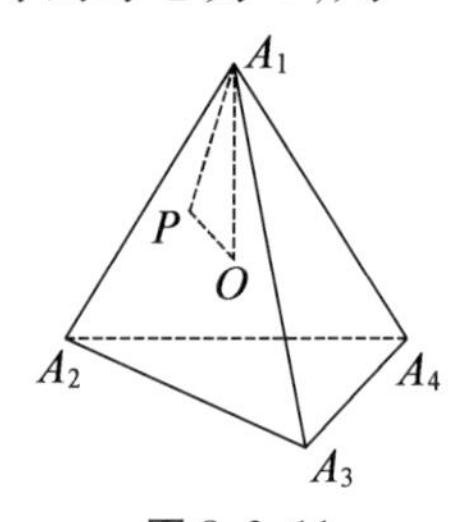

图 8.2.11

$$\sum_{i=1}^{4}OA_i=\mathbf{0}$$

于是

$$\sum_{i=1}^{4}PA_i^2=\sum_{i=1}^{4}(\overrightarrow{PA_i})^2$$

① 贾玉友. 正四面体内切球的几个不变量[J]. 数学通讯,2001(13):30-31.

$$= \sum_{i=1}^{4} (\overrightarrow{OA_i} - \overrightarrow{OP})^2$$

$$= \sum_{i=1}^{4} (OA_i^2 + OP^2) - 2\overrightarrow{OP} \cdot \sum_{i=1}^{4} \overrightarrow{OA_i}$$

$$= \sum_{i=1}^{4} [(3r)^2 + r^2]$$

$$= 40r^2$$

定理4　如图8.2.12所示,设P为正四面体$A_1-A_2A_3A_4$内切球面上的任意一点,B_1,B_2,B_3,B_4,B_5,B_6分别为棱$A_2A_3,A_3A_4,A_2A_4,A_1A_2,A_1A_3,A_1A_4$的中点,则

$$\sum_{i=1}^{6} PB_i^2 = 24r^2 \tag{8.2.4}$$

证明　联结$OP,OB_i(i=1,2,3,4,5,6)$,则$|\overrightarrow{OP}|=r$.

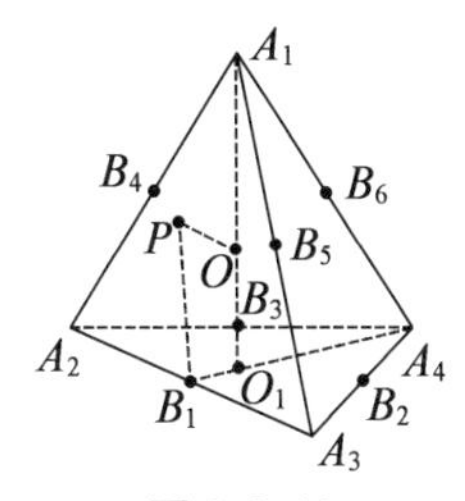

图8.2.12

联结B_1A_4,联结A_1O并延长交B_1A_4于O_1,则O_1为面$A_2A_3A_4$的中心,则

$$|\overrightarrow{B_1A_4}| = \frac{\sqrt{3}}{2}a, |\overrightarrow{O_1B_1}| = \frac{1}{3}|\overrightarrow{B_1A_4}| = \frac{\sqrt{3}}{6}a$$

$$|\overrightarrow{A_1O_1}| = \frac{\sqrt{6}}{3}a, |\overrightarrow{OO_1}| = \frac{1}{4}|\overrightarrow{A_1O_1}| = \frac{\sqrt{6}}{12}a$$

从而$r=\frac{\sqrt{6}}{12}a$.

在 Rt$\triangle OO_1B_1$ 中,由勾股定理,得

$$OB_1^2=OO_1^2+O_1B_1^2=(\frac{\sqrt{6}}{12}a)^2+(\frac{\sqrt{3}}{6}a)^2=\frac{1}{8}a^2=3r^2$$

显然,$|\overrightarrow{OB_i}|=|\overrightarrow{OB_1}|(i=2,3,4,5,6)$. 易知 $\sum\limits_{i=1}^{6}\overrightarrow{OB_i}=\mathbf{0}$. 于是

$$\begin{aligned}\sum_{i=1}^{6}PB_i^2&=\sum_{i=1}^{6}\overrightarrow{PB_i}^2\\&=\sum_{i=1}^{6}(\overrightarrow{OB_i}-\overrightarrow{OP})^2\\&=\sum_{i=1}^{6}(OB_i^2+OP^2)-2\overrightarrow{OP}\cdot\sum_{i=1}^{6}\overrightarrow{OB_i}\\&=\sum_{i=1}^{6}(3r^2+r^2)=24r^2\end{aligned}$$

定理5 设 P 为正四面体 $A_1-A_2A_3A_4$ 内切球面上的任意一点,A_i 所对面的中心为 $O_i(i=1,2,3,4)$,则

$$\sum_{i=1}^{4}PO_i^2=8r^2 \tag{8.2.5}$$

证明 如图 8.2.13 所示,联结 OP,OO_i,则 $|\overrightarrow{OP}|=|\overrightarrow{OO_i}|=r(i=1,2,3,4)$. 易知

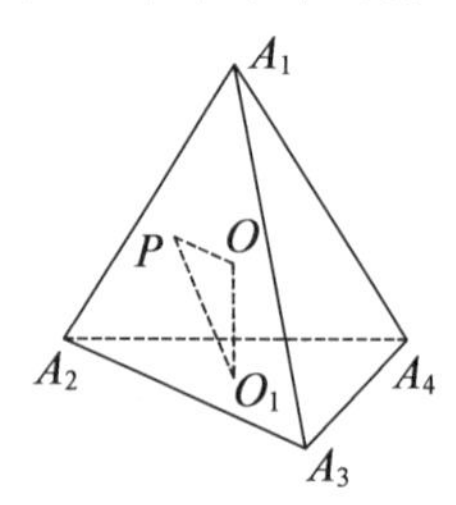

图 8.2.13

$$\sum_{i=1}^{4}\overrightarrow{OO_i}=\mathbf{0}$$

于是

$$\begin{aligned}\sum_{i=1}^{4} PO_i^2 &= \sum_{i=1}^{4} \overrightarrow{PO_i}^2 \\ &= \sum_{i=1}^{4} (\overrightarrow{OO_i} - \overrightarrow{OP})^2 \\ &= \sum_{i=1}^{4} (OO_i^2 + OP^2) - 2\overrightarrow{OP} \cdot \sum_{i=1}^{4} \overrightarrow{OO_i} \\ &= 8r^2\end{aligned}$$

11. 正四面体外接球性质定理

在下面的讨论中，我们均假设讨论的正四面体 $A_1-A_2A_3A_4$ 的棱长为 a，外接球球心为 O，外接球半径为 R.

定理 6①　如图 8.2.14 所示，设 P 为正四面体 $A_1-A_2A_3A_4$ 外接球面上的任意一点，则

$$\sum_{i=1}^{4} PA_i^2 = 8R^2 \tag{8.2.6}$$

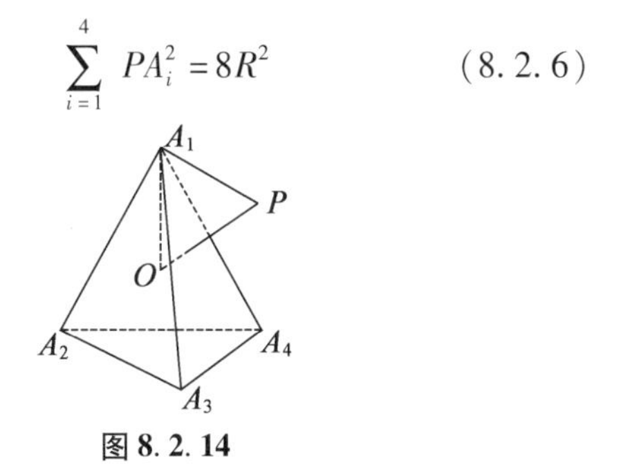

图 8.2.14

证明　联结 OP，OA_i，则 $|OP| = |OA_i| = R(i=1,2,3,4)$. 由于正四面体 $A_1-A_2A_3A_4$ 外接球的球心为 O，则

---

①　贾玉友. 正四面体外接球的几个不变量[J]. 数学通讯，2001(3)：35.

$$\sum_{i=1}^{4}\overrightarrow{OA_i}=\mathbf{0}$$

于是

$$\begin{aligned}\sum_{i=1}^{4}PA_i^2&=\sum_{i=1}^{4}\overrightarrow{PA_i}^2=\sum_{i=1}^{4}(\overrightarrow{OA_i}-\overrightarrow{OP})^2\\&=\sum_{i=1}^{4}(OA_i^2+OP^2)-2\overrightarrow{OP}\cdot\sum_{i=1}^{4}\overrightarrow{OA_i}\\&=8R^2\end{aligned}$$

定理 7 如图 8.2.15 所示，设 P 为正四面体 $A_1-A_2A_3A_4$ 外接球面上的任意一点，B_1,B_2,B_3,B_4,B_5,B_6 分别为棱 $A_2A_3,A_3A_4,A_2A_4,A_1A_2,A_1A_3,A_1A_4$ 的中点，则

$$\sum_{i=1}^{6}PB_i^2=8R^2\qquad(8.2.7)$$

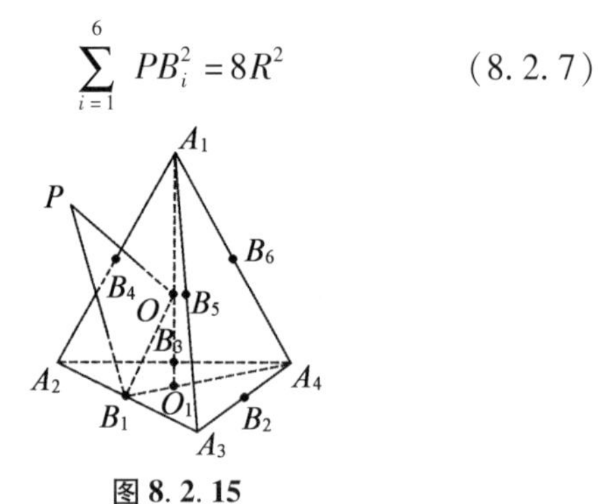

图 8.2.15

证明 联结 $OP,OB_i(i=1,2,3,4,5,6)$，则 $|OP|=R$.

联结 B_1A_4，联结 A_1O 并延长交 B_1A_4 于 O_1，则 O_1 为面 $A_2A_3A_4$ 的中心，且

$$|B_1A_4|=\frac{\sqrt{3}}{2}a,|O_1B_1|=\frac{1}{3}|B_1A_4|=\frac{\sqrt{3}}{6}a$$

$$|A_1O_1|=\frac{\sqrt{6}}{3}a,|OO_1|=\frac{1}{4}|A_1O_1|=\frac{\sqrt{6}}{12}a$$

从而 $R=\frac{\sqrt{6}}{4}a$.

在 $\mathrm{Rt}\triangle OO_1B_1$ 中,由勾股定理,得

$$OB_1^2=OO_1^2+O_1B_1^2=(\frac{\sqrt{6}}{12}a)^2+(\frac{\sqrt{3}}{6}a)^2$$

$$=\frac{1}{8}a^2=\frac{1}{3}R^2$$

显然 $|OB_i|=|OB_1|(i=2,3,4,5,6)$. 易知 $\sum_{i=1}^{6}\overrightarrow{OB_i}=\mathbf{0}$.

于是

$$\sum_{i=1}^{6}PB_i^2=\sum_{i=1}^{6}\overrightarrow{PB_i}^2=\sum_{i=1}^{6}(\overrightarrow{OB_i}-\overrightarrow{OP})^2$$

$$=\sum_{i=1}^{6}(OB_i^2+OP^2)-2\overrightarrow{OP}\cdot\sum_{i=1}^{6}\overrightarrow{OB_i}$$

$$=\sum_{i=1}^{6}(\frac{1}{3}R^2+R^2)=8R^2$$

定理 8　如图 8.2.16 所示,设 P 为正四面体 $A_1-A_2A_3A_4$ 外接球面上的任意一点,A_i 所对面的中心为 $O_i(i=1,2,3,4)$,则

$$\sum_{i=1}^{4}PO_i^2=\frac{40}{9}R^2 \qquad (8.2.8)$$

图 8.2.16

证明　联结 $OP,OO_i(i=1,2,3,4)$,则 $|OP|=R$,

$|OO_i|=\frac{1}{3}R$. 易知 $\sum\limits_{i=1}^{4}\overrightarrow{OO_i}=\mathbf{0}$.

于是

$$\begin{aligned}\sum_{i=1}^{4}PO_i^2&=\sum_{i=1}^{4}\overrightarrow{PO_i}^2\\&=\sum_{i=1}^{4}(\overrightarrow{OO_i}-\overrightarrow{OP})^2\\&=\sum_{i=1}^{4}(OO_i^2+OP^2)-2\overrightarrow{OP}\cdot\sum_{i=1}^{4}\overrightarrow{OO_i}\\&=\sum_{i=1}^{4}\left[\left(\frac{1}{3}R\right)^2+R^2\right]=\frac{40}{9}R^2\end{aligned}$$

8.3 空间中的一些向量结论

定理 1① 设 $\overrightarrow{OA},\overrightarrow{OB},\overrightarrow{OC}$ 是空间中共始点的三个向量,如图 8.3.1 所示,则有:

(1)

$$\begin{aligned}\overrightarrow{OA}+\overrightarrow{BC}=\overrightarrow{OC}+\overrightarrow{BA}\\\overrightarrow{OB}+\overrightarrow{CA}=\overrightarrow{OA}+\overrightarrow{CB}\\\overrightarrow{OC}+\overrightarrow{AB}=\overrightarrow{OB}+\overrightarrow{AC}\end{aligned}\qquad(8.3.1)$$

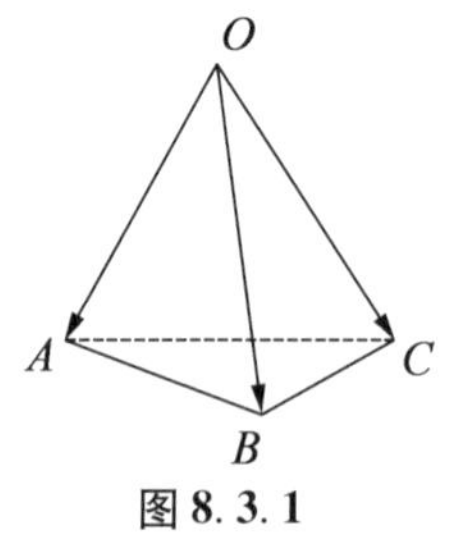

图 8.3.1

① 丁勇. 向量的两个简单性质及应用[J]. 数学通报,2003(5):25.

即棱所表示的向量之和按一定顺序相等.

(2)

$$\overrightarrow{OA}\cdot\overrightarrow{BC}+\overrightarrow{OB}\cdot\overrightarrow{CA}+\overrightarrow{OC}\cdot\overrightarrow{AB}=0 \quad (8.3.2)$$

即空间中共始点的三个向量,每一个向量与其他两个向量的差的数量积的顺序之和等于零.

证明　(1)可由向量的运算性质直接得到.

(2)因为$\overrightarrow{BC}=\overrightarrow{BO}+\overrightarrow{OC}$,所以

$$\begin{aligned}&\overrightarrow{OA}\cdot\overrightarrow{BC}+\overrightarrow{OB}\cdot\overrightarrow{CA}+\overrightarrow{OC}\cdot\overrightarrow{AB}\\=&\overrightarrow{OA}\cdot\overrightarrow{BO}+\overrightarrow{OA}\cdot\overrightarrow{OC}+\overrightarrow{OB}\cdot\overrightarrow{CA}+\overrightarrow{OC}\cdot\overrightarrow{AB}\\=&\overrightarrow{OC}\cdot(\overrightarrow{OA}+\overrightarrow{AB})+\overrightarrow{OB}\cdot(\overrightarrow{CA}+\overrightarrow{AO})\\=&\overrightarrow{OC}\cdot\overrightarrow{OB}+\overrightarrow{OB}\cdot\overrightarrow{CO}\\=&0\end{aligned}$$

注　当$\overrightarrow{OA},\overrightarrow{OB},\overrightarrow{OC}$是共线向量时,由(2)可得如图8.3.2所示的直线上的托勒密定理

$$\overrightarrow{OA}\cdot\overrightarrow{BC}+\overrightarrow{OC}\cdot\overrightarrow{AB}=\overrightarrow{OB}\cdot\overrightarrow{AC}$$

A　B　C　D

图 8.3.2

定理 2①　如图 8.3.3 所示,在空间四边形 $A-BCD$中,若$\overrightarrow{BE}=\lambda\,\overrightarrow{EA},\overrightarrow{CF}=\lambda\,\overrightarrow{FD}$,且 $\lambda>0$,则

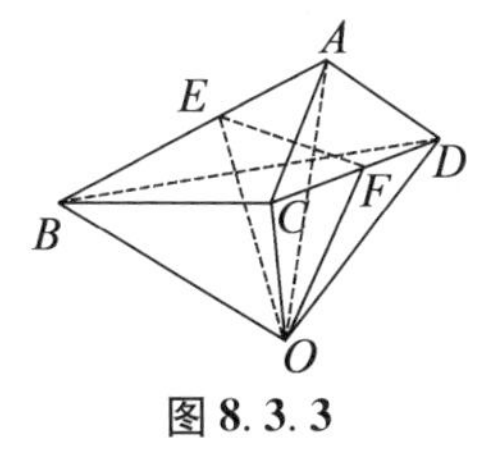

图 8.3.3

① 刘玉华,贺德光.空间四边形的一个向量性质及其简单应用[J].数学通讯,2005(8):22.

$$\overrightarrow{EF}=\frac{\overrightarrow{BC}+\lambda\overrightarrow{AD}}{1+\lambda} \tag{8.3.3}$$

证明 在空间任取一点 O,则

$$\overrightarrow{BE}=\overrightarrow{OE}-\overrightarrow{OB},\overrightarrow{EA}=\overrightarrow{OA}-\overrightarrow{OE}$$

由$\overrightarrow{BE}=\lambda\overrightarrow{EA}$,有$\overrightarrow{OE}-\overrightarrow{OB}=\lambda(\overrightarrow{OA}-\overrightarrow{OE})$. 故得

$$(1+\lambda)\overrightarrow{OE}=\overrightarrow{OB}+\lambda\overrightarrow{OA} \quad ①$$

同理可得

$$(1+\lambda)\overrightarrow{OF}=\overrightarrow{OC}+\lambda\overrightarrow{OD} \quad ②$$

② - ①,得

$$(1+\lambda)(\overrightarrow{OF}-\overrightarrow{OE})=\overrightarrow{OC}-\overrightarrow{OB}+\lambda(\overrightarrow{OD}-\overrightarrow{OA})$$

即$(1+\lambda)\overrightarrow{EF}=\overrightarrow{BC}+\lambda\overrightarrow{AD}$,从而$\overrightarrow{EF}=\dfrac{\overrightarrow{BC}+\lambda\overrightarrow{AD}}{1+\lambda}$,得证.

推论 如图 8.3.4 所示,在空间四边形 $A-BCD$ 中,若 E,F 分别是边 AB 和边 CD 的中点,则

$$\overrightarrow{EF}=\frac{1}{2}(\overrightarrow{BC}+\overrightarrow{AD}) \tag{8.3.4}$$

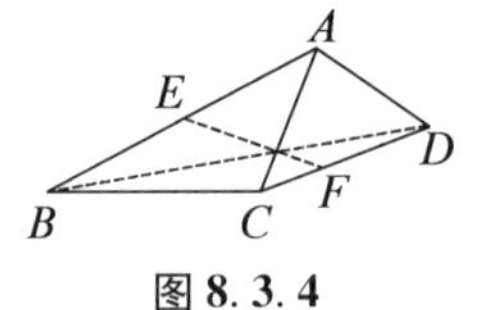

图 8.3.4

注 该推论可称为四边形"向量式"中位线定理,其证明只需在上述定理 2 中取 $\lambda=1$ 即可,也可参见式(2.6.136).

定理 3 在空间四边形 $ABCD$ 中,E,F,G,H 分别是边 AB,CD,BC,AD 的中点,EF,GH 是两条中线,则

$$2(EF^2-GH^2)=AD^2+BC^2-AB^2-CD^2 \tag{8.3.5}$$

证明　对于凸四边形的情形可参见式(3.4.1)的证明.

对于空间四边形，由三角形余弦定理即式(5.2.18)，有

$$
\begin{aligned}
&2\overrightarrow{AD}\cdot\overrightarrow{BC}-2\overrightarrow{AB}\cdot\overrightarrow{DC}\\
=&2\overrightarrow{AD}\cdot(\overrightarrow{AC}-\overrightarrow{AB})-2\overrightarrow{AB}\cdot(\overrightarrow{AC}-\overrightarrow{AD})\\
=&2\overrightarrow{AD}\cdot\overrightarrow{AC}-2\overrightarrow{AB}\cdot\overrightarrow{AC}\\
=&\overrightarrow{AD}^2+\overrightarrow{AC}^2-\overrightarrow{DC}^2-(\overrightarrow{AB}^2+\overrightarrow{AC}^2-\overrightarrow{BC}^2)\\
=&\overrightarrow{AD}^2+\overrightarrow{BC}^2-\overrightarrow{AB}^2-\overrightarrow{DC}^2 \qquad ①
\end{aligned}
$$

由式(8.3.4)得 $2\overrightarrow{EF}=\overrightarrow{AD}+\overrightarrow{BC}$，$2\overrightarrow{GH}=\overrightarrow{BA}+\overrightarrow{CD}=-\overrightarrow{AB}-\overrightarrow{DC}$，于是

$$4\overrightarrow{EF}^2=(\overrightarrow{AD}+\overrightarrow{BC})^2=\overrightarrow{AD}^2+\overrightarrow{BC}^2+2\overrightarrow{AD}\cdot\overrightarrow{BC} \qquad ②$$

$$4\overrightarrow{GH}^2=(-\overrightarrow{AB}-\overrightarrow{DC})^2=\overrightarrow{AB}^2+\overrightarrow{DC}^2+2\overrightarrow{AB}\cdot\overrightarrow{DC} \qquad ③$$

②－③得

$$4(\overrightarrow{EF}^2-\overrightarrow{GH}^2)=\overrightarrow{AD}^2+\overrightarrow{BC}^2-\overrightarrow{AB}^2-\overrightarrow{DC}^2+2\overrightarrow{AD}\cdot\overrightarrow{BC}-2\overrightarrow{AB}\cdot\overrightarrow{DC}$$

将①代入上式得 $4(\overrightarrow{EF}^2-\overrightarrow{GH}^2)=2(\overrightarrow{AD}^2+\overrightarrow{BC}^2-\overrightarrow{AB}^2-\overrightarrow{DC}^2)$，即

$$2(|\overrightarrow{EF}^2|-|\overrightarrow{GH}|^2)=(|\overrightarrow{AD}^2|+|\overrightarrow{BC}^2|-|\overrightarrow{AB}^2|-|\overrightarrow{DC}^2|)$$

所以 $2(EF^2-GH^2)=AD^2+BC^2-AB^2-CD^2$.

定理4　在凸 n 面体中，设它的面 S_i 所对应的面的法向量为 $\boldsymbol{n}_i(i=1,2,\cdots,n)$，则

$$\sum_{i=1}^{n}\boldsymbol{n}_i=\boldsymbol{0} \qquad (8.3.6)$$

证明　首先证明 $i=4$ 时，结论是成立的.

如图 8. 3. 5 所示，在四面体（或凸 3 棱锥）$A_1-A_2A_3A_4$ 中，设面 $A_2A_3A_4$，$A_1A_3A_4$，$A_1A_2A_4$，$A_1A_2A_3$ 所对应的法向量分别是 $\boldsymbol{n}_1$，$\boldsymbol{n}_2$，$\boldsymbol{n}_3$，$\boldsymbol{n}_4$，则

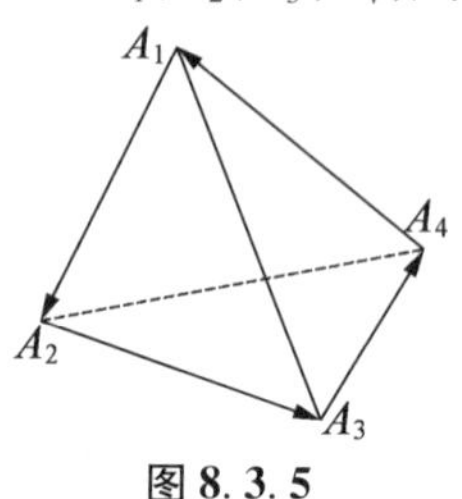

图 8. 3. 5

$$\boldsymbol{n}_4=\frac{1}{2}\overrightarrow{A_1A_2}\times\overrightarrow{A_2A_3},\boldsymbol{n}_3=\frac{1}{2}\overrightarrow{A_1A_2}\times\overrightarrow{A_4A_1}$$

$$\boldsymbol{n}_2=\frac{1}{2}\overrightarrow{A_3A_4}\times\overrightarrow{A_4A_1},\boldsymbol{n}_1=\frac{1}{2}\overrightarrow{A_3A_4}\times\overrightarrow{A_2A_3}$$

为了证明 $\sum\limits_{i=1}^{n}\boldsymbol{n}_i=\mathbf{0}$，只需证明

$$\overrightarrow{A_1A_2}\times\overrightarrow{A_2A_3}+\overrightarrow{A_1A_2}\times\overrightarrow{A_4A_1}+\overrightarrow{A_3A_4}\times\overrightarrow{A_4A_1}+\overrightarrow{A_3A_4}\times\overrightarrow{A_2A_3}=\mathbf{0} \quad ①$$

事实上，由于

$$\overrightarrow{A_1A_2}+\overrightarrow{A_2A_3}+\overrightarrow{A_3A_4}+\overrightarrow{A_4A_1}=\mathbf{0} \quad ②$$

② $\times\overrightarrow{A_2A_3}$ 得

$$\overrightarrow{A_1A_2}\times\overrightarrow{A_2A_3}+\overrightarrow{A_3A_4}\times\overrightarrow{A_2A_3}+\overrightarrow{A_4A_1}\times\overrightarrow{A_2A_3}=\mathbf{0} \quad ③$$

从③中解出 $\overrightarrow{A_1A_2}\times\overrightarrow{A_2A_3}$ 后代入式①左端可得

$$\begin{aligned}&-\overrightarrow{A_3A_4}\times\overrightarrow{A_2A_3}-\overrightarrow{A_4A_1}\times\overrightarrow{A_2A_3}+\overrightarrow{A_1A_2}\times\overrightarrow{A_4A_1}+\overrightarrow{A_3A_4}\times\overrightarrow{A_4A_1}+\overrightarrow{A_3A_4}\times\overrightarrow{A_2A_3}\\&=-\overrightarrow{A_4A_1}\times\overrightarrow{A_2A_3}+\overrightarrow{A_1A_2}\times\overrightarrow{A_4A_1}+\overrightarrow{A_3A_4}\times\overrightarrow{A_4A_1}\\&=-\overrightarrow{A_4A_1}\times(\overrightarrow{A_2A_3}+\overrightarrow{A_1A_2}+\overrightarrow{A_3A_4})\end{aligned}$$

$= -\overrightarrow{A_1A_4} \times \overrightarrow{A_1A_4} = \mathbf{0}$

故①成立，这说明对凸3棱锥结论是成立的.

下面用数学归纳法证明. 假设对于凸 k 棱锥成立，则对于凸 $k+1$ 棱锥 $P-A_1A_2\cdots A_{k+1}$，如图8.3.6所示，设侧面 $PA_1A_2, PA_2A_3, \cdots, PA_kA_{k+1}, PA_{k+1}A_1$ 的法向量分别为 $\boldsymbol{n}_1, \boldsymbol{n}_2, \cdots, \boldsymbol{n}_k, \boldsymbol{n}_{k+1}$，底面的法向量为 $\boldsymbol{n}$，连 A_1A_k，在 k 棱锥 $P-A_1A_2\cdots A_k$ 中，设面 PA_1A_k 的法向量为 $\boldsymbol{n}_0$，由底面 $A_1A_2\cdots A_k$ 的法向量为 $\boldsymbol{n}'$，在三棱锥 $P-A_1A_kA_{k-1}$ 中，知底面 $A_1A_kA_{k+1}$ 的法向量为 $\boldsymbol{n}''$，则

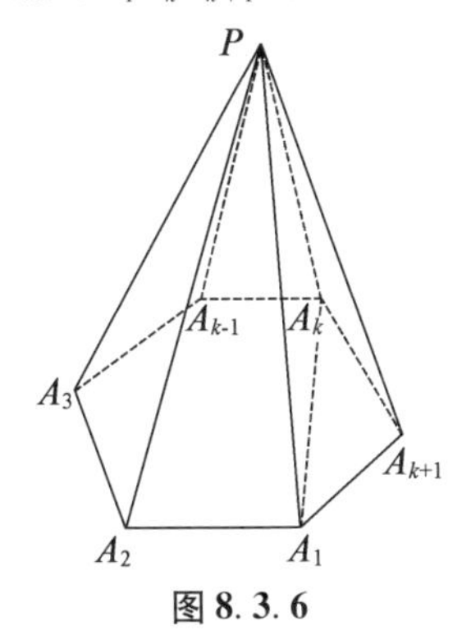

图8.3.6

$$\boldsymbol{n}_k + \boldsymbol{n}_{k+1} + (-\boldsymbol{n}_0) + \boldsymbol{n}'' = \mathbf{0} \quad ④$$

依归纳假设有

$$\boldsymbol{n}_1 + \boldsymbol{n}_2 + \cdots + \boldsymbol{n}_{k-1} + \boldsymbol{n}_0 + \boldsymbol{n}' = \mathbf{0} \quad ⑤$$

④+⑤得 $\sum_{i=1}^{k+1} \boldsymbol{n}_i + \boldsymbol{n}' + \boldsymbol{n}'' = \mathbf{0}$，即有

$$\sum_{i=1}^{k+1} \boldsymbol{n}_i + \boldsymbol{n} = \mathbf{0}$$

以上说明式(8.3.6)对于凸 $k+1$ 棱锥成立. 因此对于任意凸棱锥都成立.

下面再证对于凸 n 面体是成立的.

在凸 n 面体内任取一点 P,将点 P 与其各个顶点联结起来,这样,这个凸 n 面体就被分割成以该凸 n 面体的一个面为底面,顶点为 P 的 n 个小棱锥,将这 n 个小棱锥所有的面分成两类:第一类由各小棱锥的底面即原来凸多面体所有面组成;第二类由 n 个小棱锥所有侧面组成.

在第二类面中,每个面都是某两个小棱锥的公共面,若 $\boldsymbol{a}$ 是其中一个小棱锥的法向量,则 $-\boldsymbol{a}$ 必是另一个小棱锥的法向量,所以第二类面所有法向量之和必为 $\mathbf{0}$. 而 n 个小棱锥的所有法向量总和为 $\mathbf{0}$,故第一类面的法向量之和也为 $\mathbf{0}$,即凸 n 面体所有面的法向量之和为 $\mathbf{0}$.

式(8.3.6)两边对 $\boldsymbol{n}_k(k=1,2,\cdots,n)$ 作内积,则得如下结论:

定理 5 在凸 n 面体中,各个面的面积设为 S_i,对应的法向量为 $\boldsymbol{n}_i(i=1,2,\cdots,n)$,则

$$S_k^2=\sum_{i\neq k}^{n}S_i^2+2\sum_{\substack{i<j\\ i,j\neq k}}^{n}S_iS_j\cos\langle\boldsymbol{n}_i,\boldsymbol{n}_j\rangle\quad(k=1,2,\cdots,n)\tag{8.3.7}$$

8.4 位置关系问题的求解

1. 点的位置问题

例 1 如图 8.4.1 所示,已知三棱锥 $A-BCD$ 的一个截面 $PQRS$ 的四个顶点的位置是 $AP=2PB$, $BQ=3QC$, $CR=RD$. 试确定点 S 的位置.

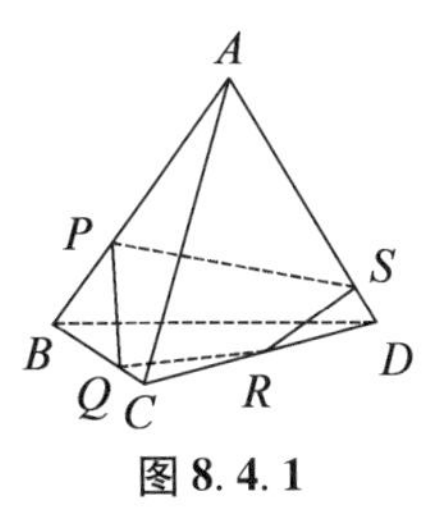

图 8.4.1

解　设$\overrightarrow{DS}=m\ \overrightarrow{SA}$,则由$\overrightarrow{AS}=\overrightarrow{AB}+\overrightarrow{BC}+\overrightarrow{CD}+\overrightarrow{DS}$可知$(1+m)\overrightarrow{AS}=\overrightarrow{AB}+\overrightarrow{BC}+\overrightarrow{CD}$.

注意到$\overrightarrow{AB}=\frac{3}{2}\overrightarrow{AP}$,则

$$\overrightarrow{BC}=\frac{4}{3}\overrightarrow{BQ}=\frac{4}{3}(\overrightarrow{AQ}-\overrightarrow{AB})=\frac{4}{3}\overrightarrow{AQ}-2\ \overrightarrow{AP}$$

而

$$\begin{aligned}\overrightarrow{CD}&=2\ \overrightarrow{CR}=2(\overrightarrow{CB}+\overrightarrow{BA}+\overrightarrow{AR})\\&=2\left[-\frac{4}{3}\overrightarrow{AQ}+2\ \overrightarrow{AP}-\frac{3}{2}\overrightarrow{AP}+\overrightarrow{AR}\right]\\&=-\frac{8}{3}\overrightarrow{AQ}+\overrightarrow{AP}+2\ \overrightarrow{AR}\end{aligned}$$

于是有

$$\overrightarrow{AS}=\frac{1}{m+1}\left[\frac{1}{2}\overrightarrow{AP}-\frac{4}{3}\overrightarrow{AQ}+2AR\right]$$

由于S,P,Q,R共面,由式(2.5.38),知

$$\frac{1}{1+m}\left[\frac{1}{2}-\frac{4}{3}+2\right]=1$$

即$1+m=\frac{7}{6}$,即$m=\frac{1}{6}$. 从而$\overrightarrow{DS}=\frac{1}{6}\overrightarrow{SA}$,也就是说$AS=6DS$,这便指明了点$S$在$AD$上的位置.

例 2　如图 8.4.2 所示,正四面体$A-BCD$中,P是线段AB上靠近A的三等分点,Q是线段AD上靠近

D 的三等分点，R 是线段 CD 的中点，作截面 PQR，交线段 BC 于点 S，试确定 S 的具体位置.

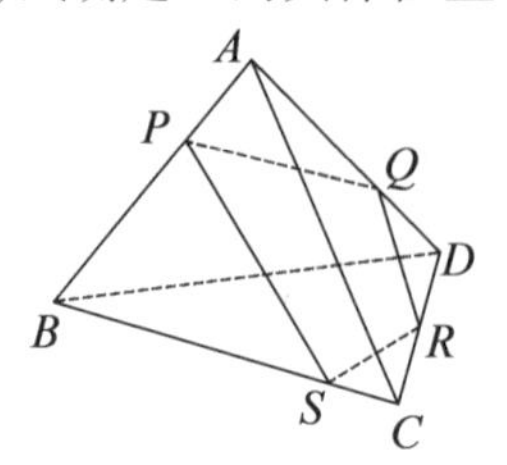

图 8.4.2

解 为书写方便，令$\overrightarrow{AB}=\boldsymbol{b}$，$\overrightarrow{AC}=\boldsymbol{c}$，$\overrightarrow{AD}=\boldsymbol{d}$，那么 $\overrightarrow{PQ}=\overrightarrow{PA}+\overrightarrow{AQ}=-\frac{1}{3}\boldsymbol{b}+\frac{2}{3}\boldsymbol{d}$，$\overrightarrow{QR}=\overrightarrow{QD}+\overrightarrow{DR}=\overrightarrow{QD}+\frac{1}{2}(\overrightarrow{AC}-\overrightarrow{AD})=\frac{1}{3}\boldsymbol{d}+\frac{1}{2}(\boldsymbol{c}-\boldsymbol{d})=\frac{1}{2}\boldsymbol{c}-\frac{1}{6}\boldsymbol{d}$.

既然截面 PQR 交线段 BC 于点 S，那么$\overrightarrow{PS}$，$\overrightarrow{PQ}$，$\overrightarrow{QR}$ 共面，由式(2.5.37)知，存在确定的实数 λ，μ，使得 $\overrightarrow{PS}=\lambda\overrightarrow{PQ}+\mu\overrightarrow{QR}$.

记$\overrightarrow{BS}=x\overrightarrow{BC}$，有

$$\begin{aligned}\overrightarrow{PS}&=\overrightarrow{PB}+\overrightarrow{BS}=\overrightarrow{PB}+x(\overrightarrow{AC}-\overrightarrow{AB})=\frac{2}{3}\boldsymbol{b}+x(\boldsymbol{c}-\boldsymbol{b})\\&=(\frac{2}{3}-x)\boldsymbol{b}+x\boldsymbol{c}\end{aligned}$$

所以$\begin{cases}\frac{2}{3}-x=-\frac{1}{3}\lambda\\x=\frac{1}{2}\mu\\0=\frac{2}{3}\lambda-\frac{1}{6}\mu\end{cases}$. 解得 $\lambda=\frac{2}{5}$，$\mu=\frac{8}{5}$，$x=\frac{4}{5}$.

于是$\overrightarrow{BS}=\frac{4}{5}\overrightarrow{BC}$，$S$ 是线段 BC 上的五等分点(靠近

点 C 的那个).

例 3　三棱锥 $S-ABC$ 中,侧棱 SA,SB,SC 两两垂直,M 为$\triangle ABC$ 的重心,D 为 AB 的中点,作与 SC 平行的直线 DP,证明:

(1)DP 与 SM 相交;

(2)设 DP 与 SM 交于点 G,则 G 为三棱锥 $S-ABC$ 的外接球的球心.

证明　(1)如图 8.4.3 所示,设$\overrightarrow{SA}=\boldsymbol{a}$,$\overrightarrow{SB}=\boldsymbol{b}$,$\overrightarrow{SC}=\boldsymbol{c}$. 因为 $DP/\!/SC$,所以$\overrightarrow{DP}=k\boldsymbol{c}(k\in\mathbf{R},k\neq0)$,$\overrightarrow{SD}=\frac{1}{2}(\boldsymbol{a}+\boldsymbol{b})$,$\overrightarrow{SM}=\frac{1}{3}(\boldsymbol{a}+\boldsymbol{b}+\boldsymbol{c})=\frac{2}{3}\overrightarrow{SD}+\frac{1}{3k}\overrightarrow{DP}$. 可知$\overrightarrow{SM}$,$\overrightarrow{SD}$,$\overrightarrow{DP}$共面,即 DP 与 SM 相交.

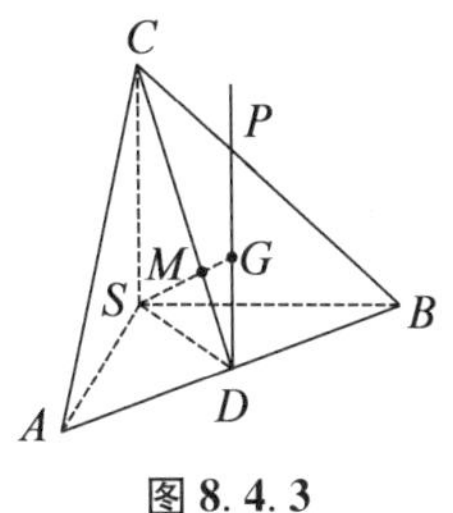

图 8.4.3

(2)设$\overrightarrow{DG}=\lambda\boldsymbol{c}(\lambda\in\mathbf{R})$,$\overrightarrow{SG}=\frac{1}{2}(\boldsymbol{a}+\boldsymbol{b})+\lambda\boldsymbol{c}$,$\overrightarrow{SG}/\!/\overrightarrow{SM}$,解得:$\lambda=\frac{1}{2}$;$\overrightarrow{GA}=\overrightarrow{SA}-\overrightarrow{SG}=\frac{1}{2}(\boldsymbol{a}-\boldsymbol{b}-\boldsymbol{c})$,$\overrightarrow{GB}=\frac{1}{2}(-\boldsymbol{a}+\boldsymbol{b}-\boldsymbol{c})$,$\overrightarrow{GC}=\frac{1}{2}(-\boldsymbol{a}-\boldsymbol{b}+\boldsymbol{c})$. 因为 $\boldsymbol{a}$,$\boldsymbol{b}$,$\boldsymbol{c}$ 两两垂直,所以$|\overrightarrow{GA}|=|\overrightarrow{GB}|=|\overrightarrow{GC}|=|\overrightarrow{GS}|=\frac{1}{2}\sqrt{|\boldsymbol{a}|^2+|\boldsymbol{b}|^2+|\boldsymbol{c}|^2}$. 从而 G 为三棱锥 $S-ABC$ 的外接球的球心.

2. 共线、共面问题

例 4 如图 8.4.4 所示，长方体 $ABCD-A_1B_1C_1D_1$ 中，M 为 DD_1 的中点，N 在 AC 上，且 $AN:NC=2:1$，E 为 BM 的中点，求证：A_1,E,N 三点共线.

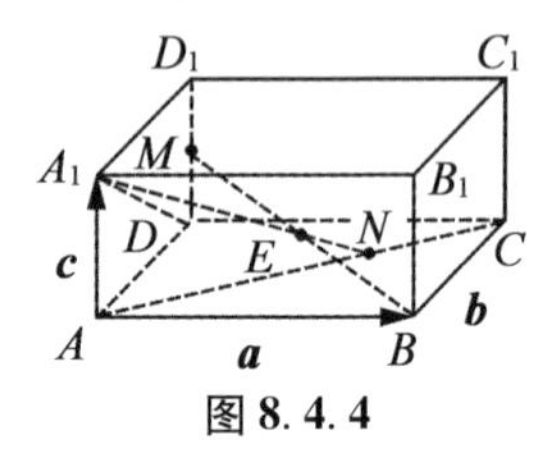

图 8.4.4

证明 $\overrightarrow{AB}=\boldsymbol{a},\overrightarrow{AD}=\boldsymbol{b},\overrightarrow{AA_1}=\boldsymbol{c}$，则

$$\overrightarrow{A_1N}=\overrightarrow{AN}-\overrightarrow{AA_1}=\frac{2}{3}\overrightarrow{AC}-\overrightarrow{AA_1}$$

$$=\frac{2}{3}(\boldsymbol{a}+\boldsymbol{b})-\boldsymbol{c}$$

$$\overrightarrow{A_1E}=\frac{1}{2}(\overrightarrow{A_1B}+\overrightarrow{A_1M})$$

$$=\frac{1}{2}[(\overrightarrow{AB}-\overrightarrow{AA_1})+(\overrightarrow{AM}-\overrightarrow{AA_1})]$$

$$=\frac{1}{2}[(\boldsymbol{a}-\boldsymbol{c})+(\boldsymbol{b}+\frac{1}{2}\boldsymbol{c}-\boldsymbol{c})]$$

$$=\frac{1}{2}\boldsymbol{a}+\frac{1}{2}\boldsymbol{b}-\frac{3}{4}\boldsymbol{c}$$

$$=\frac{3}{4}[\frac{2}{3}(\boldsymbol{a}+\boldsymbol{b})-\boldsymbol{c}]$$

从而 $\overrightarrow{A_1E}=\frac{3}{4}\overrightarrow{A_1N}$. 故 A_1,E,N 三点共线.

例 5 如图 8.4.5 所示，设 A,B,C 和 A_1,B_1,C_1 分别是两直线上的三点，点 M,N,P,Q 分别是 AA_1,BA_1,BB_1,CC_1 的中点，求证：M,N,P,Q 四点共面.

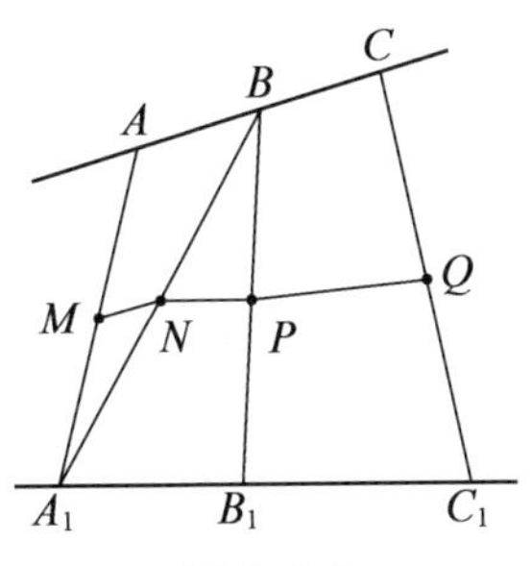

图 8.4.5

证明　因为

$$\overrightarrow{PQ}=\frac{1}{2}(\overrightarrow{BC}+\overrightarrow{B_1C_1})$$

$$=\frac{1}{2}(m\overrightarrow{AB}+n\overrightarrow{A_1B_1})$$

$$=m\overrightarrow{MN}+n\overrightarrow{NP}$$

所以 M,N,P,Q 四点共面.

例 6　如图 8.4.6 所示,已知 E,F,G,H,K,L 分别为正方体 $ABCD-A_1B_1C_1D_1$ 的棱 AA_1,AB,BC,CC_1,C_1D_1,A_1D_1 的中点,求证:EF,GH,KL 三线共面.

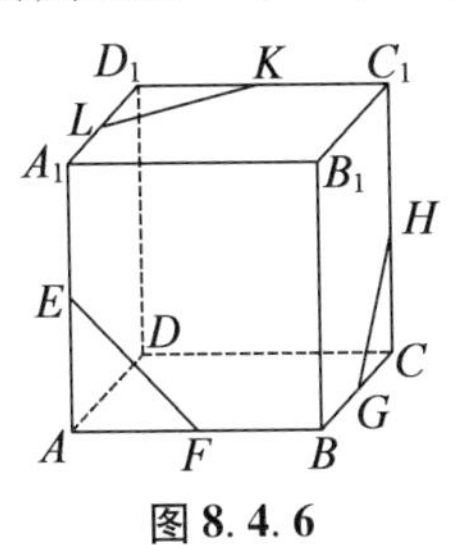

图 8.4.6

证明　设$\overrightarrow{AB}=\boldsymbol{a}$,$\overrightarrow{AD}=\boldsymbol{b}$,$\overrightarrow{AA_1}=\boldsymbol{c}$,则

$$\overrightarrow{EF}=\frac{1}{2}\overrightarrow{A_1B}=\frac{1}{2}(\overrightarrow{AB}-\overrightarrow{AA_1})$$

$$=\frac{1}{2}(\boldsymbol{a}-\boldsymbol{c})$$

$$\overrightarrow{GH}=\frac{1}{2}\overrightarrow{BC_1}=\frac{1}{2}\overrightarrow{AD_1}=\frac{1}{2}(\boldsymbol{b}+\boldsymbol{c})$$

$$\overrightarrow{KL}=\frac{1}{2}\overrightarrow{C_1A_1}=\frac{1}{2}\overrightarrow{CA}$$

$$=-\frac{1}{2}\overrightarrow{AC}=-\frac{1}{2}(\boldsymbol{a}+\boldsymbol{b})$$

则$\overrightarrow{EF}+\overrightarrow{GH}+\overrightarrow{KL}=\mathbf{0}$.

故 EF,GH,KL 三线共面.

3. 垂直问题

例 7 如图 8. 4. 7 所示,已知正方体 $ABCD-A'B'C'D'$中,点 M,N 分别是棱 BB'和对角线 CA'的中点,求证:$MN\perp BB'$.

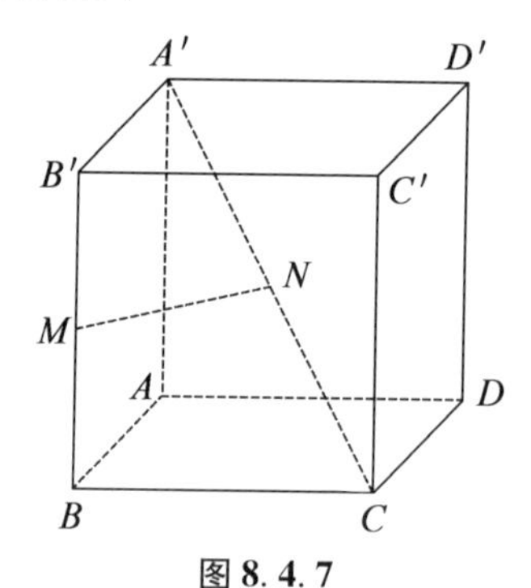

图 8. 4. 7

证法 1 $\overrightarrow{MN}\cdot\overrightarrow{BB'}=(\overrightarrow{MB}+\overrightarrow{BC}+\overrightarrow{CN})\cdot\overrightarrow{BB'}=(\overrightarrow{MB}+\overrightarrow{BC}+\frac{1}{2}(\overrightarrow{CD}+\overrightarrow{DD'}+\overrightarrow{D'A'}))\cdot\overrightarrow{BB'}=(\overrightarrow{MB}+\frac{1}{2}\overrightarrow{DD'})\cdot\overrightarrow{BB'}=0$,所以 $MN\perp BB'$.

证法2　应用向量形式的四边形中位线公式,即式(2.6.136),可快速解答

$$2\overrightarrow{MN}\cdot\overrightarrow{BB'}=(\overrightarrow{B'A'}+\overrightarrow{BC})\cdot\overrightarrow{BB'}=0$$

例8　如图8.4.8所示,已知四边形$ABCD$是正方形,$SA=AB$,$SA\perp$平面$ABCD$,过点A作与SC垂直的平面,分别交SB,SC,SD于E,K,H,求证:$AE\perp EK$.

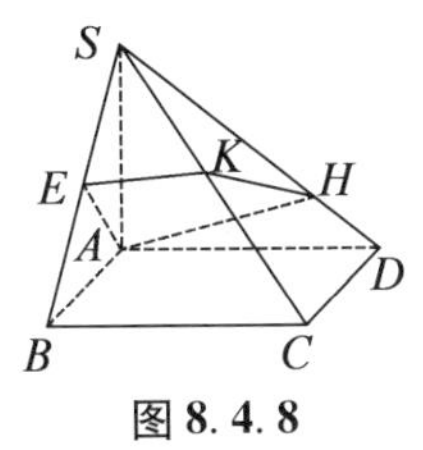

图8.4.8

证明　设$\overrightarrow{AB}=\boldsymbol{b}$,$\overrightarrow{AD}=\boldsymbol{a}$,$\overrightarrow{AS}=\boldsymbol{c}$,且$|\overrightarrow{AB}|=1$,则$|\boldsymbol{a}|=|\boldsymbol{b}|=|\boldsymbol{c}|=1$,$\boldsymbol{a}\cdot\boldsymbol{b}=\boldsymbol{b}\cdot\boldsymbol{c}=\boldsymbol{a}\cdot\boldsymbol{c}=0$. 又$SC\perp$平面$AEKH$,则$SC\perp AE$.

因为$\overrightarrow{AE}$与$\overrightarrow{AB}$,$\overrightarrow{AS}$共面,故可设$\overrightarrow{AE}=m\boldsymbol{b}+n\boldsymbol{c}$,则$\overrightarrow{CS}\cdot\overrightarrow{AE}=(\boldsymbol{c}-\boldsymbol{a}-\boldsymbol{b})\cdot(m\boldsymbol{b}+n\boldsymbol{c})=0$,从而$n\boldsymbol{c}^2-m\boldsymbol{b}^2=0$,即$m=n$,故$\overrightarrow{AE}=m(\boldsymbol{b}+\boldsymbol{c})$.

又$\overrightarrow{EK}$与$\overrightarrow{SB}$,$\overrightarrow{BC}$共面,故可设$\overrightarrow{EK}=\lambda_1\overrightarrow{SB}+\lambda_2\overrightarrow{BC}$,则$\overrightarrow{AE}\cdot\overrightarrow{EK}=m(\boldsymbol{b}+\boldsymbol{c})\cdot(\lambda_1\overrightarrow{SB}+\lambda_2\overrightarrow{BC})=m\lambda_1(\boldsymbol{b}^2-\boldsymbol{c}^2)+m\lambda_2(\boldsymbol{a}\cdot\boldsymbol{b}+\boldsymbol{a}\cdot\boldsymbol{c})=0$.

故$\overrightarrow{AE}\perp\overrightarrow{EK}$,即$AE\perp EK$.

例9　已知单位正方体$ABCD-A_1B_1C_1D_1$中,E是BC上的动点,F是AB的中点. 试确定点E的位置,使得$C_1F\perp A_1E$.

解 联结 A_1D, DE，建立如图 8.4.9 所示的空间直角坐标系，则 $D(0,0,0)$, $A_1(1,0,1)$, $E(a,1,0)$, $F(1,\frac{1}{2},0)$, $C_1(0,1,1)$. 于是 $\overrightarrow{DA_1}=(1,0,1)$, $\overrightarrow{DE}=(a,1,0)$.

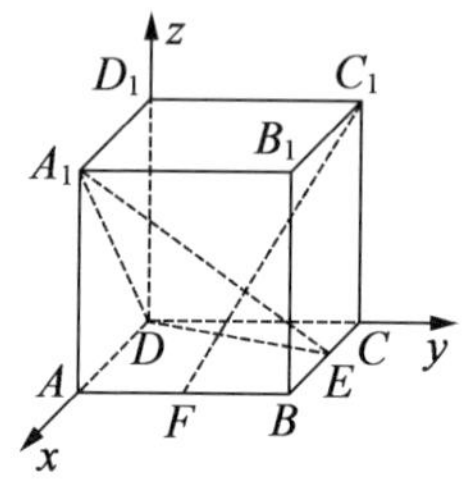

图 8.4.9

设平面 A_1DE 的法向量为 $\boldsymbol{n}=(x,y,z)$.

若 $C_1F\perp$ 平面 DA_1E，则 $\boldsymbol{n}$ 与 $\overrightarrow{C_1F}$ 共线.

故 $\boldsymbol{n}=\lambda\overrightarrow{C_1F}=\lambda(1,-\frac{1}{2},-1)=(\lambda,-\frac{1}{2}\lambda,-\lambda)$.

由 $\boldsymbol{n}\perp\overrightarrow{DE}$，得 $(\lambda,-\frac{1}{2}\lambda,-\lambda)\cdot(a,1,0)=0$.

由此得 $a\lambda=\frac{1}{2}\lambda$，即 $a=\frac{1}{2}$. 这说明 E 为 BC 的中点，此时 $C_1F\perp$ 平面 A_1DC，则 $C_1F\perp A_1E$.

例 10 如果直线 AB 与平面 α 相交于点 B，且与 α 内过点 B 的三条直线 BC, BD, BE 所成的角相等，求证：$AB\perp\alpha$.

证明 不妨取 $|BA|=|BC|=|BD|=|BE|=1$，平面 CDE，即 $\alpha=\{P\mid\overrightarrow{AP}=x\overrightarrow{AC}+y\overrightarrow{AD}+z\overrightarrow{AE}$ 且 $x+y+z=1\}$.

因 $B\in\alpha$，则存在 x_1,y_1,z_1 使 $\overrightarrow{AB}=x_1\overrightarrow{AC}+y_1\overrightarrow{AD}+z_1\overrightarrow{AE}$ 且 $x_1+y_1+z_1=1$，则 $\overrightarrow{AB}=x_1(\overrightarrow{AB}+\overrightarrow{BC})+y_1(\overrightarrow{AB}+\overrightarrow{BD})+z_1(\overrightarrow{AB}+\overrightarrow{BE})=(x_1+y_1+z_1)\overrightarrow{AB}+x_1\overrightarrow{BC}+y_1\overrightarrow{BD}+z_1\overrightarrow{BE}$，因 $x_1+y_1+z_1=1$，则 $x_1\overrightarrow{BC}+y_1\overrightarrow{BD}+z_1\overrightarrow{BE}=\mathbf{0}$，记 $\angle ABC=\angle ABD=\angle ABE=\beta$，则 $x_1\overrightarrow{BC}\cdot\overrightarrow{BA}+y_1\overrightarrow{BD}\cdot\overrightarrow{BA}+z_1\overrightarrow{BE}\cdot\overrightarrow{BA}=0$，即 $x_1\cos\beta+y_1\cos\beta+z_1\cos\beta=0$，所以 $\cos\beta=0$，即 $\beta=90°$.

于是 $AB\perp BC$，$AB\perp BD$，$AB\perp BE$，故 $AB\perp\alpha$.

例 11　如图 8.4.10 所示，已知平行六面体 $ABCD-A_1B_1C_1D_1$ 的底面 $ABCD$ 为菱形，且 $\angle C_1CB=\angle C_1CD=\angle BCD$.

(1)求证：$CC_1\perp BD$；

(2)当 $\dfrac{CD}{CC_1}$ 的值为多少时，能使 $A_1C\perp$ 平面 C_1BD.

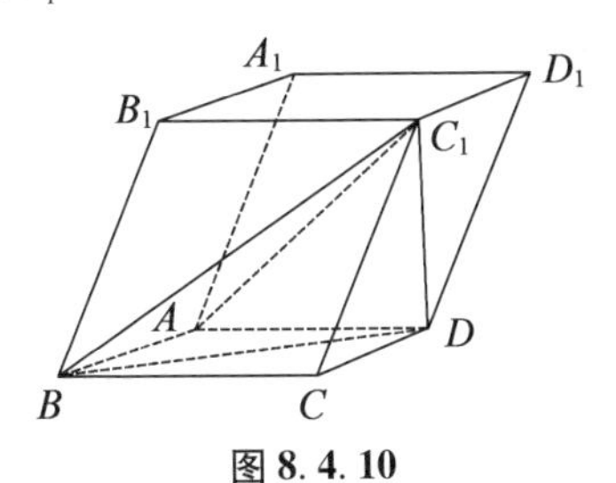

图 8.4.10

解　(1)因 $\overrightarrow{BD}=\overrightarrow{CD}-\overrightarrow{CB}$，且 $\overrightarrow{CC_1}$ 与 $\overrightarrow{CB}$，$\overrightarrow{CD}$ 的夹角分别为 $\angle C_1CB$，$\angle C_1CD$. 记 $\angle C_1CB=\theta$，知 $\angle C_1CD=\angle BCD=\theta$. 于是 $\overrightarrow{CC_1}\cdot\overrightarrow{BD}=\overrightarrow{CC_1}\cdot(\overrightarrow{CD}-\overrightarrow{CB})=\overrightarrow{CC_1}\cdot\overrightarrow{CD}-\overrightarrow{CC_1}\cdot\overrightarrow{CB}=|\overrightarrow{CC_1}|\cdot|\overrightarrow{CD}|\cos\theta-|\overrightarrow{CC_1}|\cdot|\overrightarrow{CB}|\cos\theta$.

因四边形 $ABCD$ 为菱形，则 $|\overrightarrow{CD}|=|\overrightarrow{CB}|$，故 $\overrightarrow{CC_1}\cdot\overrightarrow{BD}=0$，则 $CC_1\perp BD$.

(2) 由(1) $CC_1\perp BD$，又 $BD\perp AC$，则 $BD\perp$ 平面 ACC_1A_1.

又 $A_1C\subset$ 平面 ACC_1A_1，则 $BD\perp A_1C$.

故欲使 $A_1C\perp$ 平面 C_1BD，只需 $A_1C\perp C_1D$.

因为 $\overrightarrow{CA_1}=\overrightarrow{CB}+\overrightarrow{CD}+\overrightarrow{CC_1}$，$\overrightarrow{C_1D}=\overrightarrow{CD}-\overrightarrow{CC_1}$，故只需 $\overrightarrow{CA_1}\cdot\overrightarrow{C_1D}=(\overrightarrow{CB}+\overrightarrow{CD}+\overrightarrow{CC_1})\cdot(\overrightarrow{CD}-\overrightarrow{CC_1})=\overrightarrow{CB}\cdot\overrightarrow{CD}+|\overrightarrow{CD}|^2-\overrightarrow{CB}\cdot\overrightarrow{CC_1}-|\overrightarrow{CC_1}|^2=0$，即

$$|\overrightarrow{CD}|^2-|\overrightarrow{CC_1}|^2+|\overrightarrow{CB}|\cdot|\overrightarrow{CD}|\cos\theta-|\overrightarrow{CB}|\cdot|\overrightarrow{CC_1}|\cos\theta=0$$

因为 $|\overrightarrow{CD}|=|\overrightarrow{CB}|$，故只需

$$(|\overrightarrow{CD}|^2-|\overrightarrow{CC_1}|^2)+|\overrightarrow{CD}|(|\overrightarrow{CD}|-|\overrightarrow{CC_1}|)\cos\theta=0$$

$$(|\overrightarrow{CD}|-|\overrightarrow{CC_1}|)(|\overrightarrow{CD}|+|\overrightarrow{CC_1}|+|\overrightarrow{CD}|\cos\theta)=0$$

即只需 $|\overrightarrow{CD}|=|\overrightarrow{CC_1}|$.

所以当 $\dfrac{|\overrightarrow{CD}|}{|\overrightarrow{CC_1}|}=1$ 时，$A_1C\perp$ 平面 C_1BD.

例 12 已知边长为 a 的正三角形 ABC 的中线 AF 与中位线 DE 相交于 G，将此三角形沿 DE 折成二面角 A_1-DE-B.

(1) 求证：平面 $A_1GF\perp$ 平面 $BCED$；

(2) 当二面角 A_1-DE-B 为多大时，异面直线 A_1E 与 BD 互相垂直？

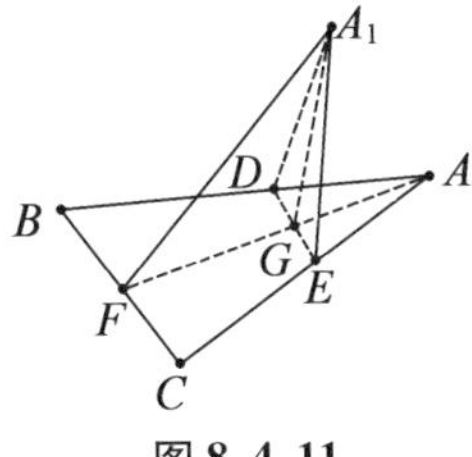

图 8.4.11

解 (1)因为 DE 为中位线,所以 $A_1D=A_1E$. 又 G 为 DE 中点,所以 $A_1G\perp DE$,而 $DE\perp FG$,所以 $DE\perp$ 平面 A_1GF,又平面 $BCED$ 经过 DE,所以平面 $A_1GF\perp$ 平面 $BCED$.

(2)选取以 G 为始点的三个向量 $\overrightarrow{GF}$,$\overrightarrow{GA_1}$,$\overrightarrow{GE}$ 构成一组基底,则

$$\overrightarrow{DB}=\overrightarrow{DG}+\overrightarrow{GF}+\overrightarrow{FB}=\overrightarrow{GE}+\overrightarrow{GF}-2\overrightarrow{GE}=\overrightarrow{GF}-\overrightarrow{GE} \quad ①$$

$$\overrightarrow{EA_1}=\overrightarrow{EG}+\overrightarrow{GA_1} \quad ②$$

$$\begin{aligned}\overrightarrow{DB}\cdot\overrightarrow{EA_1}&=(\overrightarrow{GF}-\overrightarrow{GE})(\overrightarrow{EG}+\overrightarrow{GA_1})\\&=\overrightarrow{GF}\cdot\overrightarrow{EG}+\overrightarrow{GF}\cdot\overrightarrow{GA_1}-\overrightarrow{GE}\cdot\overrightarrow{EG}-\overrightarrow{GE}\cdot\overrightarrow{GA_1}\\&=\overrightarrow{GF}\cdot\overrightarrow{GA_1}+\overrightarrow{GE}^2\\&=|\overrightarrow{GF}||\overrightarrow{GA_1}|\cos\theta+|\overrightarrow{GE}|^2\\&=\frac{\sqrt{3}a}{4}\cdot\frac{\sqrt{3}a}{4}\cos\theta+\left(\frac{a}{4}\right)^2\\&=\frac{3a^2}{16}\cos\theta+\frac{a^2}{16}\end{aligned}$$

令 $\overrightarrow{DB}\cdot\overrightarrow{EA_1}=0$,得 $\cos\theta=-\frac{1}{3}$,从而 $\theta=\arccos\left(-\frac{1}{3}\right)$.

因为 $A_1G\perp DE$，$FG\perp DE$，所以角 $\theta=\arccos(-\frac{1}{3})$，即二面角 A_1-DE-B 的大小.

例 13 如图 8.4.12 所示，已知四棱锥 $O-ABCD$ 的底面 $ABCD$ 是菱形，又 $\angle OAB=\angle OAD$，求证：平面 $OAC\perp$ 底面 $ABCD$.

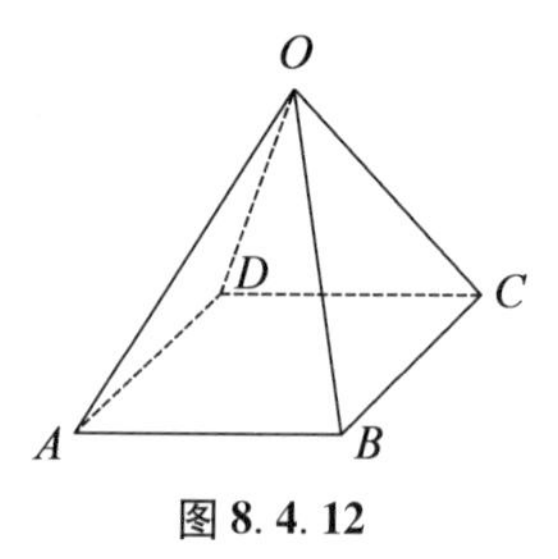

图 8.4.12

证明 因 $\overrightarrow{AC}\times\overrightarrow{AO}$ 是平面 OAC 的法向量，$\overrightarrow{AB}\times\overrightarrow{AD}$ 是底面 $ABCD$ 的法向量，下面计算向量积的数量积 $(\overrightarrow{AB}\times\overrightarrow{AD})\cdot(\overrightarrow{AC}\times\overrightarrow{AO})$，并把此积看成是三个向量 $\overrightarrow{AB}\times\overrightarrow{AD}$，$\overrightarrow{AC}$，$\overrightarrow{AO}$ 的混合积

$$
\begin{aligned}
&(\overrightarrow{AB}\times\overrightarrow{AD})\cdot(\overrightarrow{AC}\times\overrightarrow{AO})\\
=&[(\overrightarrow{AB}\times\overrightarrow{AD})\times\overrightarrow{AC}]\cdot\overrightarrow{AO}\\
=&[(\overrightarrow{AB}\cdot\overrightarrow{AC})\overrightarrow{AD}-(\overrightarrow{AD}\cdot\overrightarrow{AC})\overrightarrow{AB}]\cdot\overrightarrow{AO}\\
=&(\overrightarrow{AB}\cdot\overrightarrow{AC})(\overrightarrow{AD}\cdot\overrightarrow{AO})-(\overrightarrow{AD}\cdot\overrightarrow{AC})(\overrightarrow{AB}\cdot\overrightarrow{AO})\\
=&\begin{vmatrix}\overrightarrow{AB}\cdot\overrightarrow{AC} & \overrightarrow{AB}\cdot\overrightarrow{AO}\\ \overrightarrow{AD}\cdot\overrightarrow{AC} & \overrightarrow{AD}\cdot\overrightarrow{AO}\end{vmatrix}
\end{aligned}
$$

又由

$$\overrightarrow{AB}\cdot\overrightarrow{AC}=|\overrightarrow{AB}||\overrightarrow{AC}|\cdot\cos\langle\overrightarrow{AB},\overrightarrow{AC}\rangle$$

$$\overrightarrow{AB}\cdot\overrightarrow{AO}=|\overrightarrow{AB}||\overrightarrow{AO}|\cdot\cos\langle\overrightarrow{AB},\overrightarrow{AO}\rangle$$

$$\overrightarrow{AD}\cdot\overrightarrow{AC}=|\overrightarrow{AD}||\overrightarrow{AC}|\cdot\cos\langle\overrightarrow{AD},\overrightarrow{AC}\rangle$$

$$\overrightarrow{AD}\cdot\overrightarrow{AO}=|\overrightarrow{AD}||\overrightarrow{AO}|\cdot\cos\langle\overrightarrow{AD},\overrightarrow{AO}\rangle$$

根据已知条件$\angle OAD=\angle OAB$，$\angle BAC=\angle DAC$，则

$$(\overrightarrow{AB}\times\overrightarrow{AD})\cdot(\overrightarrow{AC}\times\overrightarrow{AO})$$

$$=|\overrightarrow{AB}||\overrightarrow{AC}||\overrightarrow{AD}||\overrightarrow{AO}|(\cos\langle\overrightarrow{AB},\overrightarrow{AC}\rangle\cdot\cos\langle\overrightarrow{AD},\overrightarrow{AO}\rangle-$$

$$\cos\langle\overrightarrow{AD},\overrightarrow{AC}\rangle\cdot\cos\langle\overrightarrow{AB},\overrightarrow{AO}\rangle)=0$$

故$\overrightarrow{AB}\times\overrightarrow{AD}\perp\overrightarrow{AC}\times\overrightarrow{AO}$，从而得知平面$OAC\perp$底面$ABCD$.

4. **平行问题**

例 14　如图 8.4.13 所示，在底面是平行四边形的四棱锥$P-ABCD$中，点E在PD上，且$PE:ED=2:1$，F是PC中点，求证：$FB//$平面EAC.

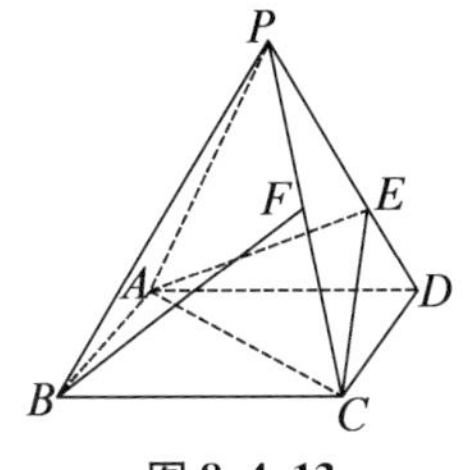

图 8.4.13

证明　由于

$$\overrightarrow{BF}=\overrightarrow{BC}+\frac{1}{2}\overrightarrow{CP}$$

$$=\overrightarrow{AD}+\frac{1}{2}(\overrightarrow{CD}+\overrightarrow{DP})$$

$$=\overrightarrow{AD}+\frac{1}{2}\overrightarrow{CD}+\frac{3}{2}\overrightarrow{DE}$$

$$=\overrightarrow{AD}+\frac{1}{2}\overrightarrow{CD}+\frac{3}{2}(\overrightarrow{CE}-\overrightarrow{CD})$$

$$=\overrightarrow{AD}-\overrightarrow{CD}+\frac{3}{2}\overrightarrow{CE}=\overrightarrow{AC}+\frac{2}{3}\overrightarrow{CE}$$

因为$\overrightarrow{AC}$与$\overrightarrow{CE}$不共线,所以 FB//平面 EAC.

例 15 已知 P 是正方形 $ABCD$ 所在平面外一点,M,N 分别是 PA,BD 上的点,且 $PM:MA=BN:ND=5:8$,求证:直线 MN//平面 PBC.

证明 如图 8.4.14 所示,设$\overrightarrow{AB}=\boldsymbol{a}$,$\overrightarrow{AD}=\boldsymbol{b}$,$\overrightarrow{AP}=\boldsymbol{c}$,则$\overrightarrow{MN}=\overrightarrow{MP}+\overrightarrow{PB}+\overrightarrow{BN}=\frac{5}{13}\overrightarrow{AP}+\overrightarrow{AB}-\overrightarrow{AP}+\frac{5}{13}\overrightarrow{BD}=\frac{5}{13}\boldsymbol{c}+\boldsymbol{a}-\boldsymbol{c}+\frac{5}{13}(\boldsymbol{b}-\boldsymbol{a})=\frac{8}{13}(\boldsymbol{a}-\boldsymbol{c})+\frac{5}{13}\boldsymbol{b}=\frac{8}{13}\overrightarrow{PB}+\frac{5}{13}\overrightarrow{BC}$. 故由式(2. 5. 36)知$\overrightarrow{MN}$,$\overrightarrow{PB}$,$\overrightarrow{BC}$为共平面 PBC 的向量. 又 $MN\not\subset$平面 PBC,所以 MN//平面 PBC.

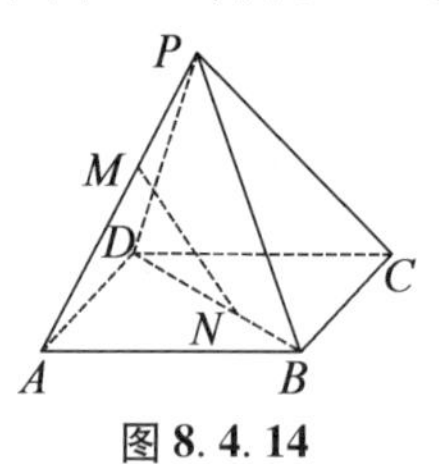

图 8. 4. 14

例 16 如图 8. 4. 15 所示,四棱锥 $P-ABCD$ 中,$PC\perp$平面 $ABCD$,$PC=2$. 在四边形 $ABCD$ 中,$\angle B=\angle C=90°$,CD//AB,$AB=4$,$CD=1$,点 M 在 PB 上,且 $PB=3PM$,PB 与平面 ABC 所成的角为 $30°$. 求证:CM//面 PAD.

证明 如图 8. 4. 15 所示,建立空间直角坐标系. 因为 $PC\perp$平面 $ABCD$,所以$\angle PBC$ 为 PB 与平面 ABC 所成的角,即$\angle PBC=30°$. 因 $PC=2$,则 $BC=2\sqrt{3}$,

$PB=4$,得 $D(1,0,0)$,$B(0,2\sqrt{3},0)$,$A(4,2\sqrt{3},0)$,$P(0,0,2)$.

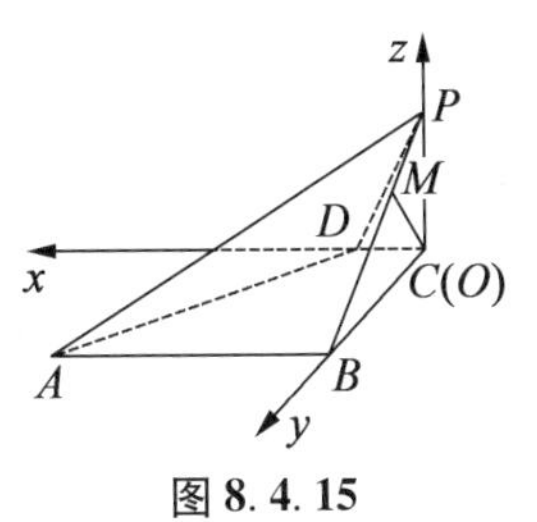

图 8.4.15

因 $PB=3PM$,则 $PM=1$,$M(0,\frac{\sqrt{3}}{2},\frac{3}{2})$,$\overrightarrow{CM}=(0,\frac{\sqrt{3}}{2},\frac{3}{2})$,$\overrightarrow{DP}=(-1,0,2)$,$\overrightarrow{DA}=(3,2\sqrt{3},0)$.

设$\overrightarrow{CM}=x\overrightarrow{DP}+y\overrightarrow{DA}$,则$(0,\frac{\sqrt{3}}{2},\frac{3}{2})=x(-1,0,2)+y(3,2\sqrt{3},0)$,则$\begin{cases}-x+3y=0\\2\sqrt{3}y=\frac{\sqrt{3}}{2}\\2x=\frac{3}{2}\end{cases}$,得$\begin{cases}x=\frac{3}{4}\\y=\frac{1}{4}\end{cases}$.

从而$\overrightarrow{CM}=\frac{3}{4}\overrightarrow{DP}+\frac{1}{4}\overrightarrow{DA}$,由式(2.5.36)知$\overrightarrow{CM}$,$\overrightarrow{DP}$,$\overrightarrow{DA}$共面.又因为 $C\notin$平面 PAD,故 CM∥平面 PAD.

例 17　(2004 年高考全国卷题改编)已知四面体 $A-BCD$中,$\triangle ABC$,$\triangle ACD$,$\triangle ADB$ 的重心分别为 E,F,G,求证:平面 EFG∥平面 BCD.

证明　平面 $BCD=\{P\mid\overrightarrow{AP}=x\overrightarrow{AB}+y\overrightarrow{AC}+z\overrightarrow{AD}$且$x+y+z=1\}$.

又$\overrightarrow{AE}=\frac{1}{3}\overrightarrow{AB}+\frac{1}{3}\overrightarrow{AC}$，$\overrightarrow{AF}=\frac{1}{3}\overrightarrow{AC}+\frac{1}{3}\overrightarrow{AD}$，$\overrightarrow{AG}=\frac{1}{3}\overrightarrow{AD}+\frac{1}{3}\overrightarrow{AB}$，三式中 $k=\frac{1}{3}+\frac{1}{3}=\frac{2}{3}\neq 1$，由式(2.5.40)知 E,F,G 在平行于平面 BCD 的平面内，所以平面 EFG∥平面 BCD.

例 18　如图 8.4.16 所示，在正方体 $ABCD-A_1B_1C_1D_1$ 中，E,F,G,H,M,N 分别是正方体 6 个表面的中心. 证明：平面 EFG∥平面 HMN.

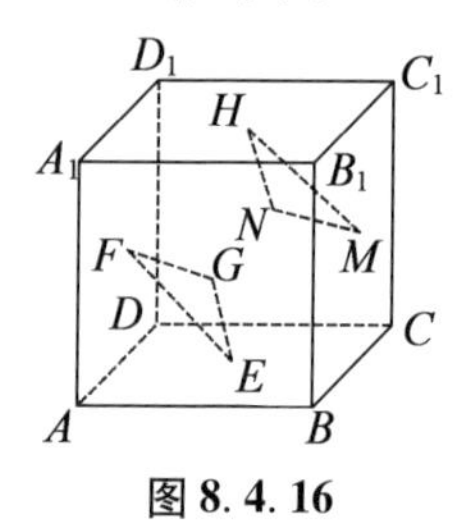

图 8.4.16

证明　平面 $HMN=\{P\mid\overrightarrow{EP}=x\overrightarrow{EH}+y\overrightarrow{EM}+z\overrightarrow{EN},x+y+z=1\}$.

又$\overrightarrow{NH}=\frac{1}{2}\overrightarrow{CC_1}+\frac{1}{2}\overrightarrow{C_1B_1}$，$\overrightarrow{EG}=\frac{1}{2}\overrightarrow{BB_1}+\frac{1}{2}\overrightarrow{CB}$，因为$\overrightarrow{CC_1}=\overrightarrow{BB_1}$，$\overrightarrow{C_1B_1}=\overrightarrow{CB}$，所以$\overrightarrow{EG}=\overrightarrow{NH}=\overrightarrow{EH}-\overrightarrow{EN}$.

同理得$\overrightarrow{EF}=\overrightarrow{MH}=\overrightarrow{EH}-\overrightarrow{EM}$.

这两式中 $k=1-1=0$，由式(2.5.40)，得 G,F 都在过点 E 且平行于平面 HMN 的平面内，所以平面 EFG∥平面 HMN.

例 19　如图 8.4.17 所示，在正方体 $ABCD-A_1B_1C_1D_1$ 中，E,F 分别是 DB,DC_1 上的任一点，M 是 AD_1 上的任一点. 求证：平面 AMB_1∥平面 DEF.

证明　设$\overrightarrow{AB}=\boldsymbol{a},\overrightarrow{AD}=\boldsymbol{b},AA_1=\boldsymbol{c}$,则

$$\overrightarrow{AB_1}=\overrightarrow{AB}+\overrightarrow{AA_1}=\boldsymbol{a}+\boldsymbol{c}$$

$$\overrightarrow{AD_1}=\overrightarrow{AA_1}+\overrightarrow{AD}=\boldsymbol{c}+\boldsymbol{b}$$

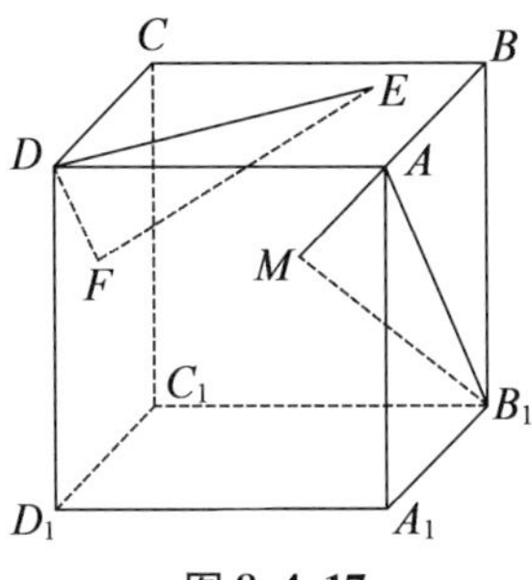

图 8.4.17

设$\overrightarrow{AM}=\lambda\overrightarrow{AD_1}=\lambda(\boldsymbol{c}+\boldsymbol{b})(\lambda\neq 0)$. 而

$$\overrightarrow{DB}=\overrightarrow{DA}+\overrightarrow{AB}=\boldsymbol{a}-\boldsymbol{b}$$

又设

$$\overrightarrow{DE}=\mu(\boldsymbol{a}-\boldsymbol{b})\quad(\mu\neq 0)$$

$$\overrightarrow{DC_1}=\overrightarrow{DD_1}+\overrightarrow{D_1C_1}=\boldsymbol{c}+\boldsymbol{a},\overrightarrow{DF}=\eta(\boldsymbol{c}+\boldsymbol{a})\quad(\eta\neq 0)$$

则平面 AMB_1 的法向量是

$$\begin{aligned}\boldsymbol{n}_1&=\lambda(\boldsymbol{c}+\boldsymbol{b})\times(\boldsymbol{a}+\boldsymbol{c})\\&=\lambda(\boldsymbol{c}\times\boldsymbol{a}+\boldsymbol{b}\times\boldsymbol{a}+\boldsymbol{b}\times\boldsymbol{c})\end{aligned}$$

平面 DEF 的法向量是

$$\begin{aligned}\boldsymbol{n}_2&=\mu(\boldsymbol{a}-\boldsymbol{b})\times\eta(\boldsymbol{c}+\boldsymbol{a})\\&=\mu\eta(\boldsymbol{a}\times\boldsymbol{c}-\boldsymbol{b}\times\boldsymbol{c}-\boldsymbol{b}\times\boldsymbol{a})\\&=\mu\eta(-\boldsymbol{c}\times\boldsymbol{a}-\boldsymbol{b}\times\boldsymbol{a}-\boldsymbol{b}\times\boldsymbol{c})\\&=-\mu\eta(\boldsymbol{c}\times\boldsymbol{a}+\boldsymbol{b}\times\boldsymbol{a}+\boldsymbol{b}\times\boldsymbol{c})\end{aligned}$$

从而$\boldsymbol{n}_1\times\boldsymbol{n}_2=\boldsymbol{0}$. 故

$$平面\ AMB_1\ /\!/\ 平面\ DEF$$

8.5 度量关系问题的求解

1. 线段的长度、距离问题

例 1 如图 8.5.1 所示，已知正方体 $ABCD-A_1B_1C_1D_1$，P 为 CC_1 的中点，Q 为正方形 ABB_1A_1 的中心. 一条两端点分别在直线 AD 和 A_1B_1 上的线段 MN 与直线 PQ 垂直. 求该线段的长.

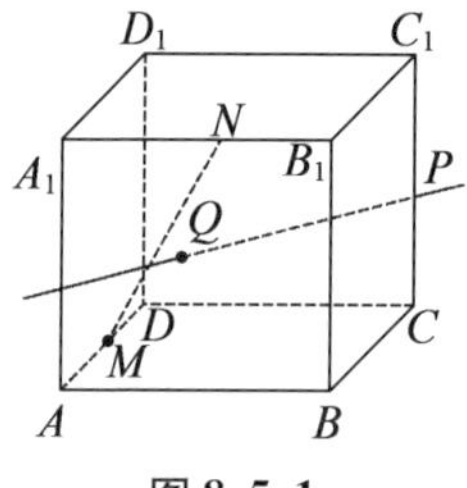

图 8.5.1

解 设线段为 MN，点 M 在直线 AD 上，点 N 在直线 A_1B_1 上. $MN\perp QP$ 条件明显，而 MN 与 QP 相交不易捉摸，困难在 M,N 的位置不固定，用坐标系也不一定方便.

设向量：$\overrightarrow{AD}=\boldsymbol{i}$，$\overrightarrow{AB}=\boldsymbol{j}$，$\overrightarrow{AA_1}=\boldsymbol{k}$. 又令 $\overrightarrow{AM}=x\boldsymbol{i}$，$\overrightarrow{A_1N}=y\boldsymbol{j}$，则

$$\overrightarrow{MN}=\overrightarrow{MA}+\overrightarrow{AA_1}+\overrightarrow{A_1N}=-x\boldsymbol{i}+y\boldsymbol{j}+\boldsymbol{k}$$

又 $\overrightarrow{MN}\cdot\overrightarrow{QP}=0$，且 $\overrightarrow{QP}=\boldsymbol{i}+\frac{1}{2}\boldsymbol{j}$，则

$$-x+\frac{1}{2}y=0,y=2x$$

对于 MN 与 QP 相交，在这里它等价于求 M,N,Q,P 四点共面，亦即求存在 α,β 使

$$\overrightarrow{MN}=\alpha\,\overrightarrow{QP}+\beta\,\overrightarrow{QM}$$

$$\overrightarrow{QM}=x\boldsymbol{i}-\frac{1}{2}\boldsymbol{j}-\frac{1}{2}\boldsymbol{k}$$

则 $-x\boldsymbol{i}+y\boldsymbol{j}+\boldsymbol{k}=(\alpha+\beta x)\boldsymbol{i}+\frac{\alpha-\beta}{2}\boldsymbol{j}-\frac{\beta}{2}\boldsymbol{k}$,由分解的唯一性知 $\begin{cases}-x=\alpha+\beta x\\ y=\dfrac{\alpha-\beta}{2}\\ 1=-\dfrac{\beta}{2}\end{cases}$,得到 $x=2y-2$. 又解方程组 $\begin{cases}y=2x\\ x=2y-2\end{cases}$,得 $x=\frac{2}{3}$,$y=\frac{4}{3}$.

从而 $\overrightarrow{MN}=-\frac{2}{3}\boldsymbol{i}+\frac{4}{3}\boldsymbol{j}+\boldsymbol{k}$.

设正方形的边长为 a,则 $|\overrightarrow{MN}|=\sqrt{\frac{4}{9}+\frac{16}{9}+1}\,a=\frac{\sqrt{29}}{3}a$ 为所求.

例 2　设 P 为矩形 $ABCD$ 所在平面外的一点,直线 $PA\perp$ 平面 $ABCD$,$AB=3$,$BC=4$,$PA=4$,求点 P 到直线 BD 的距离.

解　如图 8.5.2 所示,设点 P 到直线 BD 的距离为 $PH=d$,因为 $|\overrightarrow{BP}\cdot\overrightarrow{BD}|=|(\overrightarrow{BA}+\overrightarrow{AP})\cdot(\overrightarrow{BC}+\overrightarrow{BA})|=|\overrightarrow{AB}|^2=9$,注意到 $|\overrightarrow{BD}|=5$,所以 $\overrightarrow{BP}$ 在 $\overrightarrow{BD}$ 上的射影长为 $\frac{9}{5}$. 又 $\overrightarrow{BP}=\sqrt{10}$,所以点 P 到直线 BD 的距离

$$d=\sqrt{10-\left(\frac{9}{5}\right)^2}=\frac{13}{5}$$

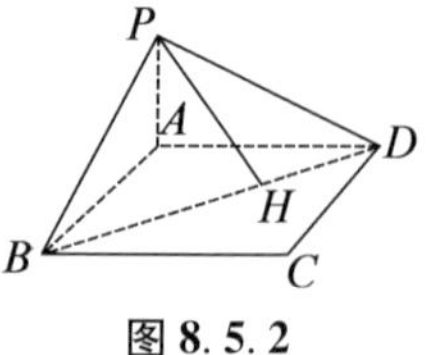

图 8.5.2

例3 已知 $ABCD$ 是边长为4的正方形，E，F 分别为 AB，AD 的中点，GC 垂直于 $ABCD$ 所在的平面 α，且 $GC=2$，求：点 B 到平面 EFG 的距离.

解 如图8.5.3所示，以 C 为原点，CD，CB，CG 分别为 x，y，z 轴建立直角坐标系，则 $B(0,4,0)$，$E(2,4,0)$，$F(4,2,0)$，$G(0,0,2)$.

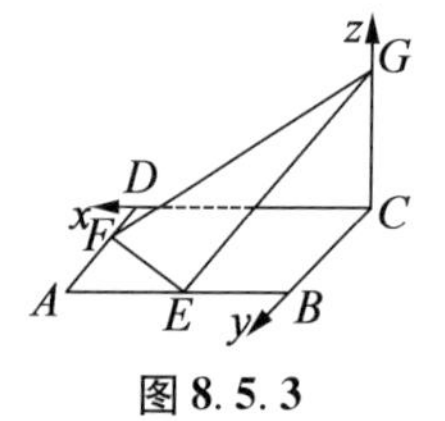

图 8.5.3

设 $\boldsymbol{n}=(x,y,z)$ 是平面 EFG 的一个法向量，则 $\boldsymbol{n}\cdot\overrightarrow{GE}=2x+4y-2z=0$，$\boldsymbol{n}\cdot\overrightarrow{GF}=4x+2y-2z=0$. 解得 $\boldsymbol{n}=(1,1,3)$，所以向量 $\overrightarrow{EB}=(-2,0,0)$ 在 $\boldsymbol{n}$ 上的射影长 $\frac{\sqrt{11}\,|\boldsymbol{n}\cdot\overrightarrow{EB}|}{11}=\frac{2\sqrt{11}}{11}$ 即为所求.

例4 正方体 $ABCD-A_1B_1C_1D_1$ 的棱长为1，求 A_1B 和 D_1B_1 的距离.

解 建立如图8.5.4所示的直角坐标系，则 $B(1,1,0)$，$A_1(1,0,1)$，$B_1(1,1,1)$，$D_1(0,0,1)$，于是

$$\overrightarrow{A_1B}=(0,1,-1)$$

$$\overrightarrow{D_1B_1}=(1,1,0)$$

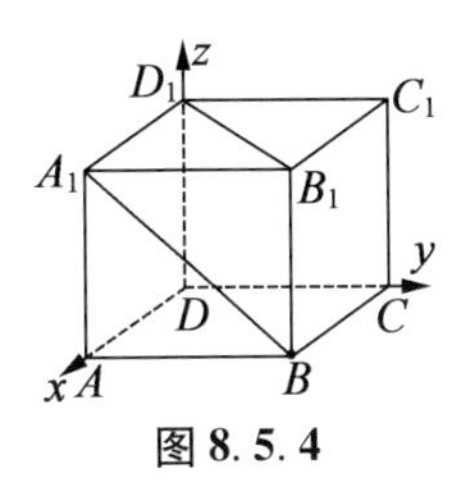

图 8.5.4

设 $\boldsymbol{l}=(x,y,z)$ 是 $\overrightarrow{A_1B}$, $\overrightarrow{D_1B_1}$ 的法向量，则由 $\boldsymbol{l}\cdot\overrightarrow{A_1B}=0$, $\boldsymbol{l}\cdot\overrightarrow{D_1B_1}=0$，得 $\begin{cases}y-z=0\\x+y=0\end{cases}$. 取 $y=1$，则 $\boldsymbol{l}=(-1,1,1)$.

所以 $$\boldsymbol{n}=\frac{\sqrt{3}}{3}(-1,1,1)$$

又 $\overrightarrow{A_1B_1}=(0,1,0)$，于是由式(8.1.1)，有

$$|\overrightarrow{A_1B_1}\cdot\boldsymbol{n}|=\frac{\sqrt{3}}{3}|-1\times0+1\times1+1\times0|=\frac{\sqrt{3}}{3}$$

所以 A_1B 和 D_1B_1 的距离是 $\frac{\sqrt{3}}{3}$.

例 5　(1992 年全国高中联赛题)a, b 是两条异面直线，在 a 上有 A, B, C 三点，$AB=BC$，过 A, B, C 分别作 b 的垂线 AD, BE, CF，垂足依次为 D, E, F，且 $AD=\sqrt{15}$, $BE=\frac{7}{2}$, $CF=\sqrt{10}$，求直线 a 与 b 的距离 d.

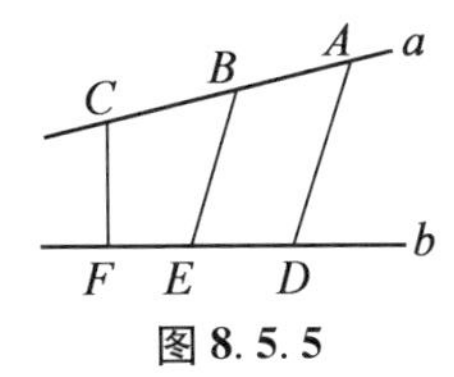

图 8.5.5

解　由 $AB=BC$ 及式(8.1.7)得 $DE=EF$. 设

$|AB|=|BC|=m,|DE|=|EF|=n,s=\sqrt{m^2-n^2}$,则由式(8.1.11),得

$$\begin{cases}4s^2d^2=(\sqrt{15}+\frac{7}{2}+s)(\sqrt{15}+\frac{7}{2}-s)\cdot\\ \qquad (s+\sqrt{15}-\frac{7}{2})(s-\sqrt{15}+\frac{7}{2})\\ 4s^2d^2=(\sqrt{10}+\frac{7}{2}+s)(\sqrt{10}+\frac{7}{2}-s)\cdot\\ \qquad (s+\sqrt{10}-\frac{7}{2})(s-\sqrt{10}+\frac{7}{2})\end{cases}$$

解得 $d=\sqrt{6}$.

例6 正方体 $A_1B_1C_1D_1-ABCD$ 的棱长为1.求直线 A_1B 与 B_1C 所成角 θ,距离 d 及公垂线 l 的位置.

解 如图8.5.6所示,设 B_1C 的中点为 E,则 $BE\perp B_1C,A_1B_1\perp B_1C,m=|A_1B|=\sqrt{2},n=|B_1E|=\frac{\sqrt{2}}{2},h_1=|A_1B_1|=1,h_2=|BE|=\frac{\sqrt{2}}{2}$,则 $\theta=\frac{\pi}{3}$.由式(8.1.11)得 $d=\frac{\sqrt{3}}{3}$.

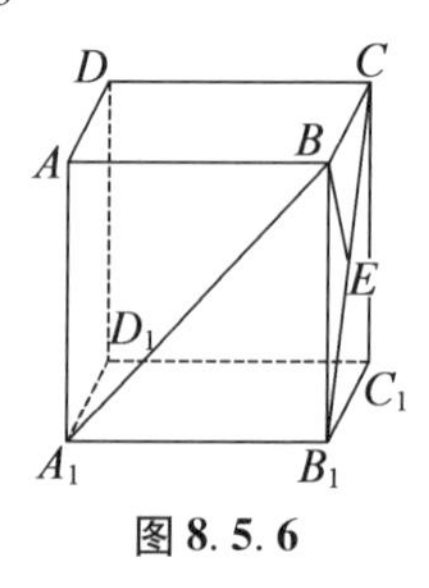

图8.5.6

设 l 交 A_1B 于 M,交 B_1C 于 N,则在 $\overrightarrow{A_1B}$ 方向,$\overrightarrow{A_1M}=\frac{2\sqrt{2}}{3}$;由式(8.1.10)得,在 $\overrightarrow{B_1E}$ 方向,$B_1N=\frac{\sqrt{2}}{3}$.

例7　已知长方体 $ABCD-A_1B_1C_1D_1$ 中，$AB=a$，$BC=b$，$CC_1=c$. 求平面 A_1BD 和平面 B_1D_1C 的距离.

解　建立如图8.5.7所示的空间直角坐标系，则 $D(0,0,0)$，$A_1(b,0,c)$，$B(b,a,0)$，$C(0,a,0)$. 于是 $\overrightarrow{DA_1}=(b,0,c)$，$\overrightarrow{DB}=(b,a,0)$，$\overrightarrow{DC}=(0,a,0)$.

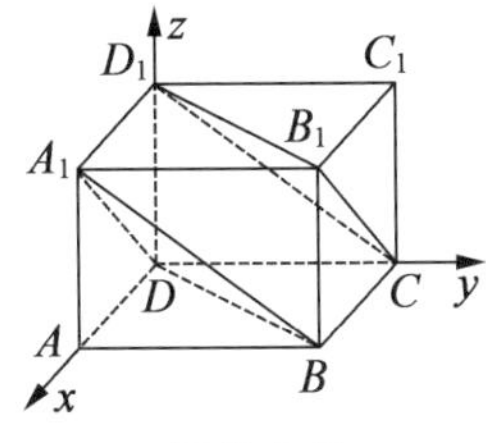

图8.5.7

设平面 A_1BD 的法向量为 $\boldsymbol{n}=(x,y,z)$. 由 $\boldsymbol{n}\perp\overrightarrow{DA_1}$，$\boldsymbol{n}\perp\overrightarrow{DB}$得

$$bx+cz=0,bx+ay=0$$

令 $x=ac$，则 $y=-bc$，$z=-ab$. 所以 $\boldsymbol{n}=(ac,-bc,-ab)$.

要求平面 A_1BD 与平面 B_1D_1C 的距离. 只需求点 C 到平面 A_1BD 的距离，则

$$d=\frac{|\boldsymbol{n}\cdot\overrightarrow{DC}|}{|\boldsymbol{n}|}=\frac{|(ac,-bc,-ab)\cdot(0,a,0)|}{\sqrt{a^2b^2+b^2c^2+c^2a^2}}$$

故平面 A_1BD 与平面 B_1D_1C 的距离为

$$\frac{abc}{\sqrt{a^2b^2+b^2c^2+a^2c^2}}$$

例8　如图8.5.8所示，已知正方形 $ABCD$ 的边长为4，E，F 分别是 AB，AD 的中点，$GC\perp$ 平面 $ABCD$，且 $GC=2$，求点 B 到平面 EFG 的距离.

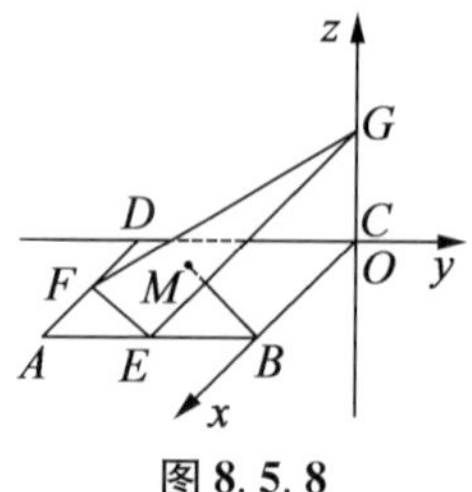

图 8.5.8

解　建立如图 8.5.8 所示的空间直角坐标系，由题意知 $G(0,0,2)$，$A(4,-4,0)$，$B(4,0,0)$，$D(0,-4,0)$，$E(4,-2,0)$，$F(2,-4,0)$，则 $\overrightarrow{EF}=(-2,-2,0)$，$\overrightarrow{GE}=(4,-2,-2)$，$\overrightarrow{GF}=(2,-4,-2)$.

过点 B 作 $BM\perp$ 平面 EFG，垂足为 M，则由共面向量定理，即式(2.5.36)知，存在 p,q 使得 $\overrightarrow{GM}=p\,\overrightarrow{GE}+q\,\overrightarrow{GF}$. 设 $M(x,y,z)$，则 $(x,y,z-2)=p(4,-2,-2)+q(2,-4,-2)$. 从而

$$\begin{cases}4p+2q=x\\-2p-4q=y\\-2p-2q=z-2\end{cases}$$

消去 p,q 得

$$x-y+3z=6 \qquad ①$$

又由 $\overrightarrow{BM}\cdot\overrightarrow{EF}=0$ 及 $\overrightarrow{BM}\cdot\overrightarrow{GE}=0$，得

$$\begin{cases}x+y=4\\2x-y-z=8\end{cases} \qquad ②$$

联立①，②解得 $x=\frac{46}{11}$，$y=-\frac{2}{11}$，$z=\frac{6}{11}$. 则 $\overrightarrow{BM}=(x-4,y,z)=(\frac{2}{11},-\frac{2}{11},\frac{6}{11})$，从而

$$|\overrightarrow{BM}|=\sqrt{(\frac{2}{11})^2\times 2+(\frac{6}{11})^2}=\frac{2\sqrt{11}}{11}$$

故点 B 到平面 EFG 的距离为$\frac{2\sqrt{11}}{11}$.

2. 角度问题

例 9　如图 8.5.9 所示，在正三棱柱 $ABC-A_1B_1C_1$ 中，若 $AB=\sqrt{2}BB_1$，则 AB_1 与 C_1B 所成角的大小为(　　).

A. 60°　　　　B. 90°

C. 105°　　　　D. 75°

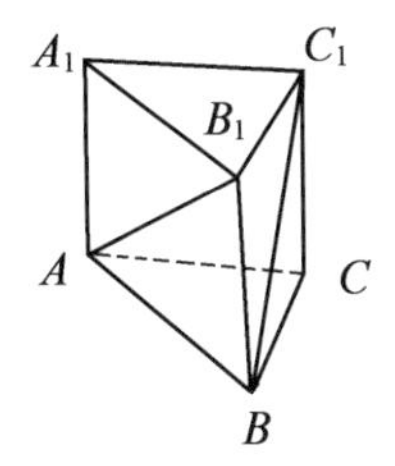

图 8.5.9

解　联结 AC_1，由式(8.3.2)得

$$\overrightarrow{B_1A}\cdot\overrightarrow{BC_1}+\overrightarrow{B_1B}\cdot\overrightarrow{C_1A}+\overrightarrow{B_1C_1}\cdot\overrightarrow{AB}=0$$

因为该棱柱为正三棱柱，所以

$$\begin{aligned}\overrightarrow{B_1B}\cdot\overrightarrow{C_1A}&=\overrightarrow{C_1C}\cdot\overrightarrow{C_1A}\\&=|\overrightarrow{C_1C}||\overrightarrow{C_1A}|\cos\langle\overrightarrow{C_1C},\overrightarrow{C_1A}\rangle\\&=|\overrightarrow{C_1C}||\overrightarrow{C_1A}|\cdot\frac{|\overrightarrow{C_1C}|}{|\overrightarrow{C_1A}|}\\&=|\overrightarrow{C_1C}|^2=|\overrightarrow{BB_1}|^2\end{aligned}$$

$$\overrightarrow{B_1C_1}\cdot\overrightarrow{AB}=\overrightarrow{BC}\cdot\overrightarrow{AB}=|\overrightarrow{BC}||\overrightarrow{AB}|\cos 120^\circ$$
$$=-\frac{|\overrightarrow{AB}|^2}{2}=-|\overrightarrow{BB_1}|^2$$

于是有$\overrightarrow{B_1A}\cdot\overrightarrow{BC_1}=0$. 所以选 B.

例 10 (2002 年高考全国卷题)在三棱锥 $S-ABC$ 中,$\angle SAB=\angle SAC=\angle ACB=90^\circ$,$AC=2$,$BC=\sqrt{13}$,$SB=\sqrt{29}$.

(1)证明:$SC\perp BC$;

(2)求异面直线 SC 与 AB 所成角 α 的余弦值.

解 如图 8.5.10 所示. (1)由题意得

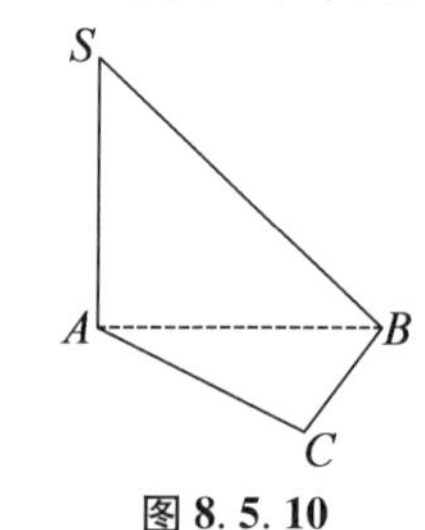

图 8.5.10

$$\overrightarrow{SC}\cdot\overrightarrow{CB}=(\overrightarrow{SA}+\overrightarrow{AC})\cdot\overrightarrow{CB}$$
$$=\overrightarrow{SA}\cdot\overrightarrow{CB}+\overrightarrow{AC}\cdot\overrightarrow{CB}=0$$

所以 $SC\perp BC$.

(2)因为$\overrightarrow{SC}\cdot\overrightarrow{AB}=(\overrightarrow{SA}+\overrightarrow{AC})\cdot(\overrightarrow{AC}+\overrightarrow{CB})=|\overrightarrow{AC}|^2=4$,$|\overrightarrow{AB}|=\sqrt{17}$,$|\overrightarrow{SA}|=2\sqrt{3}$,$|\overrightarrow{SC}|=4$,所以 $\cos\alpha=\frac{\overrightarrow{SC}\cdot\overrightarrow{AB}}{(|\overrightarrow{SC}||\overrightarrow{AB}|)}=\frac{\sqrt{17}}{17}$.

例 11 (2002 年春季上海市高考题)如图 8.5.11 所示,已知三棱柱 $OAB-O_1A_1B_1$,平面 $OBB_1O_1\perp$平面 OAB,$\angle O_1OB=60^\circ$,$\angle AOB=90^\circ$,且 $OB=OO_1=2$,

$OA=\sqrt{3}$,求异面直线 A_1B 与 AO_1 所成角的大小.

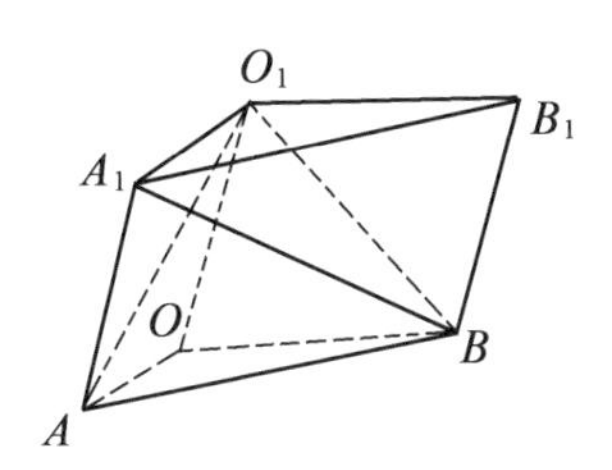

图 8.5.11

解　联结 O_1B,因 $OB=OO_1$, $\angle O_1OB=60°$,则 $\triangle O_1OB$ 是等边三角形.

因为平面 $OBB_1O_1\perp$ 平面 OAB, $AO\perp OB$,所以 $AO\perp$ 平面 OO_1B_1B.

又因为 $A_1O_1/\!/AO$,所以 $A_1O_1\perp$ 平面 OO_1B_1B,从而 $AO\perp OO_1$, $A_1O_1\perp O_1B$,则易求得 $A_1B=AO_1=\sqrt{7}$.

由式(8.3.2)知

$$\overrightarrow{BA_1}\cdot\overrightarrow{AO_1}+\overrightarrow{BA}\cdot\overrightarrow{O_1A_1}+\overrightarrow{BO_1}\cdot\overrightarrow{A_1A}=0$$

因为

$$\begin{aligned}\overrightarrow{BA}\cdot\overrightarrow{O_1A_1}&=\overrightarrow{BA}\cdot\overrightarrow{OA}\\&=|\overrightarrow{BA}|\cdot|\overrightarrow{OA}|\cdot\cos\langle\overrightarrow{BA},\overrightarrow{OA}\rangle\\&=|\overrightarrow{BA}||\overrightarrow{OA}|\cdot\frac{|\overrightarrow{OA}|}{|\overrightarrow{BA}|}=3\end{aligned}$$

$$\begin{aligned}\overrightarrow{BO_1}\cdot\overrightarrow{A_1A}&=\overrightarrow{BO_1}\cdot\overrightarrow{O_1O}\\&=|\overrightarrow{BO_1}||\overrightarrow{O_1O}|\cos 120°\\&=-2\end{aligned}$$

所以 $\overrightarrow{BA_1}\cdot\overrightarrow{AO_1}=-1$,于是 $\cos\langle\overrightarrow{BA_1},\overrightarrow{AO_1}\rangle=$

$\frac{-1}{|\overrightarrow{BA_1}||\overrightarrow{AO_1}|}=-\frac{1}{7}$.

所以 A_1B 与 AO_1 所成的角是 $\arccos\frac{1}{7}$.

例 12 已知四面体 $O-ABC$ 的各个棱长都是 1，M,N 分别是 AB,OC 的中点，求异面直线 OM,BN 所成的角.

解 如图 8.5.12 所示，设 $\boldsymbol{a}=\overrightarrow{OA},\boldsymbol{b}=\overrightarrow{OB},\boldsymbol{c}=\overrightarrow{OC}$，$\boldsymbol{a},\boldsymbol{b},\boldsymbol{c}$ 的模都是 1，夹角都是 60°，于是 $\boldsymbol{a}\cdot\boldsymbol{b}=\boldsymbol{b}\cdot\boldsymbol{c}=\boldsymbol{c}\cdot\boldsymbol{a}=\frac{1}{2}$，$|\overrightarrow{OM}|=|\overrightarrow{BN}|=\frac{\sqrt{3}}{2}$，$\overrightarrow{OM}=\frac{1}{2}(\boldsymbol{a}+\boldsymbol{b})$，$\overrightarrow{BN}=\frac{1}{2}\boldsymbol{c}-\boldsymbol{b}$，$\overrightarrow{OM}\cdot\overrightarrow{BN}=\frac{1}{2}(\boldsymbol{a}+\boldsymbol{b})\cdot\left(\frac{1}{2}\boldsymbol{c}-\boldsymbol{b}\right)=\frac{1}{4}\boldsymbol{a}\cdot\boldsymbol{c}-\frac{1}{2}\boldsymbol{a}\cdot\boldsymbol{b}+\frac{1}{4}\boldsymbol{b}\cdot\boldsymbol{c}-\frac{1}{2}\boldsymbol{b}^2=-\frac{1}{2}$，所以异面直线 OM,BN 所成的角为 $180°-120°=60°$.

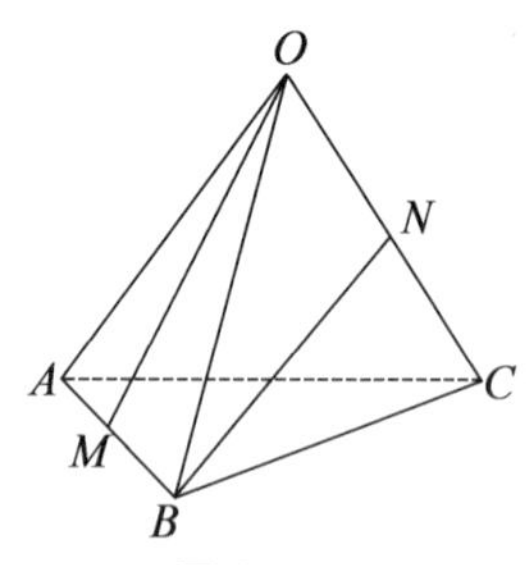

图 8.5.12

例 13 （1998 年“希望杯”全国数学邀请赛试题）如图 8.5.13 所示，已知四面体 $A-BCD$ 中，$AD=BC=1$，E,F 分别是 AB,CD 上的点，且 $\frac{BE}{EA}=\frac{CF}{FD}=\frac{1}{2}$，$EF=a(a>0)$. 求 AD 和 BC 所成的角.

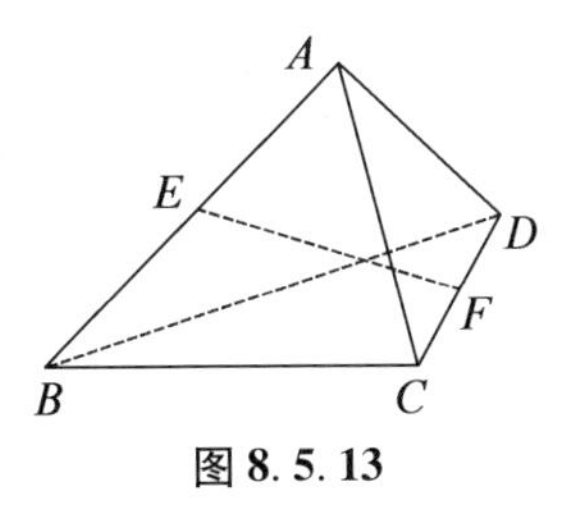

图 8.5.13

解　由式(8.3.3)知

$$\overrightarrow{EF}=\frac{\overrightarrow{BC}+\frac{1}{2}\overrightarrow{AD}}{1+\frac{1}{2}}=\frac{\overrightarrow{AD}+2\overrightarrow{BC}}{3}$$

又 $EF=a>0$,则

$$\overrightarrow{EF}^2=\frac{(\overrightarrow{AD}+2\overrightarrow{BC})^2}{9}$$

$$=\frac{5+4\cos\langle\overrightarrow{AD},\overrightarrow{BC}\rangle}{9}=a^2$$

故 $\cos\langle\overrightarrow{AD},\overrightarrow{BC}\rangle=\frac{9a^2-5}{4}$. 从而$\frac{1}{3}<a<1$.

当$\frac{\sqrt{5}}{3}\leqslant a<1$ 时,$\frac{9a^2-5}{4}\geqslant 0$,此时 AD 和 BC 所成角即为$\langle\overrightarrow{AD},\overrightarrow{BC}\rangle$;

当$\frac{1}{3}<a<\frac{\sqrt{5}}{3}$时,$\frac{9a^2-5}{4}<0$,此时 AD 和 BC 所成角与$\langle\overrightarrow{AD},\overrightarrow{BC}\rangle$互补.

故当$\frac{\sqrt{5}}{3}\leqslant a<1$ 时,AD 与 BC 所成的角为 $\arccos\frac{9a^2-5}{4}$;当$\frac{1}{3}<a<\frac{\sqrt{5}}{3}$时,$AD$ 与 BC 所成的角为

$\arccos\frac{5-9a^2}{4}$.

例 14 (1997 年全国高中数学联赛题)如图 8.5.14所示,正四面体 $A-BCD$ 中,E 在棱 AB 上,F 在棱 CD 上,使得$\frac{AE}{EB}=\frac{CF}{FD}=\lambda(0<\lambda<+\infty)$. 记$f(\lambda)=\alpha_\lambda+\beta_\lambda$,其中 α_λ 表示 EF 与 AC 所成的角,β_λ 表示 EF 与 BD 所成的角,则(　　).

A. $f(\lambda)$在$(0,+\infty)$上单调增加

B. $f(\lambda)$在$(0,+\infty)$上单调减少

C. $f(\lambda)$在$(0,1)$上单调增加,在$(0,+\infty)$上单调减少

D. $f(\lambda)$在$(0,+\infty)$上为常数

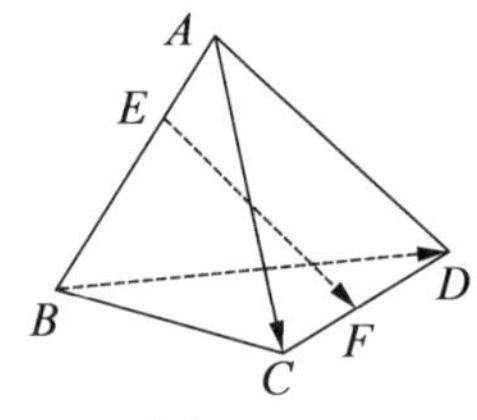

图 8.5.14

解 易知$\overrightarrow{AC}\perp\overrightarrow{BD}$且$|\overrightarrow{AC}|=|\overrightarrow{BD}|$,不妨设$|\overrightarrow{AC}|=|\overrightarrow{BD}|=a$,其中 $a>0$. 则由式(8.3.3)得

$$\overrightarrow{EF}=\frac{\overrightarrow{AC}+\lambda\overrightarrow{BD}}{1+\lambda}$$

则$|\overrightarrow{EF}|=\sqrt{\frac{(\overrightarrow{AC}+\lambda\overrightarrow{BD})^2}{(1+\lambda)^2}}=\frac{a\sqrt{1+\lambda^2}}{1+\lambda}$,故

$$\overrightarrow{EF}\cdot\overrightarrow{AC}=\frac{(\overrightarrow{AC}+\lambda\overrightarrow{BD})\cdot\overrightarrow{AC}}{1+\lambda}$$

$$=\frac{\overrightarrow{AC}^2+\lambda\cdot\overrightarrow{BD}\cdot\overrightarrow{AC}}{1+\lambda}$$

$$=\frac{\overrightarrow{AC}^2}{1+\lambda}=\frac{a^2}{1+\lambda}$$

从而

$$\cos\langle\overrightarrow{EF},\overrightarrow{AC}\rangle=\frac{\overrightarrow{EF}\cdot\overrightarrow{AC}}{|\overrightarrow{EF}||\overrightarrow{AC}|}$$

$$=\frac{a^2}{1+\lambda}\cdot\frac{1+\lambda}{a\cdot a\sqrt{1+\lambda^2}}$$

$$=\frac{1}{\sqrt{1+\lambda^2}}>0$$

又$\overrightarrow{EF}\cdot\overrightarrow{BD}=\frac{(\overrightarrow{AC}+\lambda\overrightarrow{BD})\overrightarrow{BD}}{1+\lambda}=\frac{\lambda a^2}{1+\lambda}$,则

$$\cos\langle\overrightarrow{EF},\overrightarrow{BD}\rangle=\frac{\overrightarrow{EF}\cdot\overrightarrow{BD}}{|\overrightarrow{EF}||\overrightarrow{BD}|}$$

$$=\frac{\lambda a^2}{1+\lambda}\cdot\frac{1+\lambda}{a^2\sqrt{1+\lambda^2}}$$

$$=\frac{\lambda}{\sqrt{1+\lambda^2}}>0$$

因此$\alpha_\lambda=\langle\overrightarrow{EF},\overrightarrow{AC}\rangle$,$\beta_\lambda=\langle\overrightarrow{EF},\overrightarrow{BD}\rangle$,且$\cos^2\alpha_\lambda+\cos^2\beta_\lambda=\frac{1}{1+\lambda^2}+\frac{\lambda^2}{1+\lambda^2}=1$.

显然α_λ和β_λ均是锐角,则$\cos\beta_\lambda=\sin\alpha_\lambda$,$\alpha_\lambda+\beta_\lambda=90°$. 从而选 D.

例 15　(2004 年高考广东卷题)在长方体$ABCD-A_1B_1C_1D_1$中,已知$AB=4$,$AD=3$,$AA_1=2$. E,F分别是线段AB,BC上的点,且$EB=FB=1$.

(1)求二面角 $C-DE-C_1$ 的正切值;

(2)求直线 EC_1 与 FD_1 所成角的余弦值.

解 (1)以 A 为原点,$\overrightarrow{AB},\overrightarrow{AD},\overrightarrow{AA_1}$分别为 x 轴,y 轴,z 轴的正方向建立空间直角坐标系(图略),则有:$D(0,3,0),D_1(0,3,2),E(3,0,0),F(4,1,0),C_1(4,3,2)$,于是$\overrightarrow{DE}=(3,-3,0),\overrightarrow{EC_1}=(1,3,2),\overrightarrow{FD_1}=(-4,2,2)$. 设向量 $\boldsymbol{n}=(x,y,z)$与平面 C_1DE 垂直,则有$\begin{cases}\boldsymbol{n}\perp\overrightarrow{DE}\\ \boldsymbol{n}\perp\overrightarrow{EC_1}\end{cases}\Leftrightarrow\begin{cases}3x-3y=0\\ x+3y+2z=0\end{cases}\Leftrightarrow x=y=-\frac{1}{2}z.$

所以$\boldsymbol{n}=\left(-\frac{z}{2},-\frac{z}{2},z\right)=\frac{z}{2}(-1,-1,2)$,其中$z>0$.

取 $\boldsymbol{n}_0=(-1,-1,2)$,则 $\boldsymbol{n}_0$ 是一个与平面 C_1DE 垂直的向量.

因为向量$\overrightarrow{AA_1}=(0,0,2)$与平面 CDE 垂直,所以 $\boldsymbol{n}_0$ 与$\overrightarrow{AA_1}$所成的角 θ 为二面角 $C-DE-C_1$ 的平面角.

因为

$$\cos\theta=\frac{\boldsymbol{n}_0\cdot\overrightarrow{AA_1}}{|\boldsymbol{n}_0|\times|\overrightarrow{AA_1}|}=\frac{-1\times 0-1\times 0+2\times 2}{\sqrt{1+1+4}\times\sqrt{0+0+4}}=\frac{\sqrt{6}}{3}$$

所以$\tan\theta=\frac{\sqrt{2}}{2}$.

(2)设 EC_1 与 FD_1 所成角为β,则

$$\cos\beta=\frac{\overrightarrow{EC_1}\cdot\overrightarrow{FD_1}}{|\overrightarrow{EC_1}|\times|\overrightarrow{FD_1}|}$$

$$=\frac{1\times(-4)+3\times2+2\times2}{\sqrt{1^2+3^2+2^2}\times\sqrt{(-4)^2+2^2+2^2}}$$

$$=\frac{\sqrt{21}}{14}$$

例16　在四面体 $S-ABC$ 中，SA,SB,SC 的长度分别为 a,b,c，两两夹角 $\angle ASB,\angle BSC,\angle CSA$ 分别为 α,β,γ，G 是底面 $\triangle ABC$ 的重心. 求：

(1) SG 的长度；

(2) 线段 SG 与 AB 所成的角 $\theta\in\left(0,\frac{\pi}{2}\right]$ 的余弦.

解　(1) 我们有 $\overrightarrow{SG}=\frac{1}{3}(\overrightarrow{SA}+\overrightarrow{SB}+\overrightarrow{SC})$，$\overrightarrow{AB}=\overrightarrow{SB}-\overrightarrow{SA}$. 于是

$$|SG|=\frac{1}{3}\sqrt{(\overrightarrow{SA}+\overrightarrow{SB}+\overrightarrow{SC})^2}$$

$$=\frac{1}{3}(\overrightarrow{SA}^2+\overrightarrow{SB}^2+\overrightarrow{SC}^2+2\overrightarrow{SA}\cdot\overrightarrow{SB}+2\overrightarrow{SA}\cdot\overrightarrow{SC}+2\overrightarrow{SB}\cdot\overrightarrow{SC})^{\frac{1}{2}}$$

$$=\frac{1}{3}(a^2+b^2+c^2+2ab\cos\alpha+2bc\cos\beta+2ca\cos\gamma)^{\frac{1}{2}}$$

(2) 由

$$|AB|=\sqrt{(\overrightarrow{SB}-\overrightarrow{SA})^2}$$

$$=\sqrt{|\overrightarrow{SB}|^2+|\overrightarrow{SA}|^2-2\overrightarrow{SA}\cdot\overrightarrow{SB}}$$

$$=\sqrt{a^2+b^2-2ab\cos\alpha}$$

$$\overrightarrow{SG}\cdot\overrightarrow{AB}=\frac{1}{3}(\overrightarrow{SA}+\overrightarrow{SB}+\overrightarrow{SC})\cdot(\overrightarrow{SB}-\overrightarrow{SA})$$

$$=\frac{1}{3}(-\overrightarrow{SA}^2+\overrightarrow{SB}^2+\overrightarrow{SC}\cdot\overrightarrow{SB}-\overrightarrow{SC}\cdot\overrightarrow{SA})$$

$$=\frac{1}{3}(-a^{2}+b^{2}+bc\cos\beta-ac\cos\gamma)$$

$$\begin{aligned}\cos\theta&=\frac{|\overrightarrow{SG}\cdot\overrightarrow{AB}|}{|\overrightarrow{SG}||\overrightarrow{AB}|}\\&=(|-a^{2}+b^{2}+bc\cos\beta-ac\cos\gamma|)/\\&\quad[(a^{2}+b^{2}+c^{2}+2ab\cos\alpha+2bc\cos\beta+\\&\quad 2ca\cos\gamma)^{\frac{1}{2}}\cdot(a^{2}+b^{2}-2ab\cos\alpha)^{\frac{1}{2}}]\end{aligned}$$

例 17 已知 Rt$\triangle ABC$ 的斜边 BC 在平面 α 内,AB 与 α 成$45°$角,AC 与 α 成$30°$角,求平面 ABC 与 α 所成的二面角的度数.

解 如图 8.5.15 所示,过 A 引平面 α 的垂线段 AO,联结 BO,CO,设 AO 与平面 ABC 所成的角为 φ,因为 φ 与二面角 $O-BC-A$ 互余,所以求出 φ 即可.

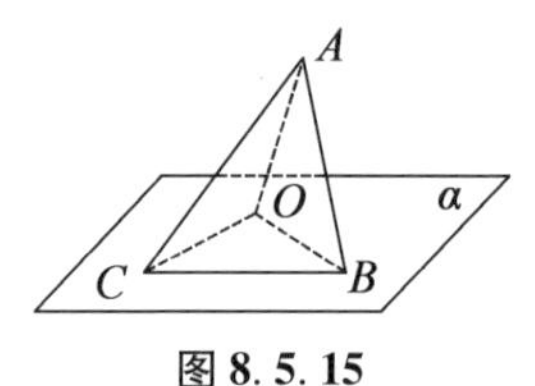

图 8.5.15

由已知,$\angle ABO=45°$,$\angle ACO=30°$,则 $\theta=\angle BAC=90°$,$\theta_1=\angle OAB=45°$,$\theta_2=\angle OAC=60°$. 于是由式(8.1.17),有

$$\begin{aligned}\cos\varphi&=\sqrt{\cos^{2}\theta_1+\cos^{2}\theta_2}\\&=\sqrt{\cos^{2}45°+\cos^{2}60°}\\&=\frac{\sqrt{3}}{2}\end{aligned}$$

即 $\varphi=30°$. 故平面 ABC 与 α 所成的二面角为$90°-30°=60°$.

例 18　如图 8.5.16 所示，四棱锥 $A-BCDE$ 中，底面 $BCDE$ 为矩形，侧面 $ABC\perp$ 底面 $BCDE$，$BC=2$，$CD=\sqrt{2}$，若 $AB=AC=BC$，求二面角 $C-AD-E$ 的大小.

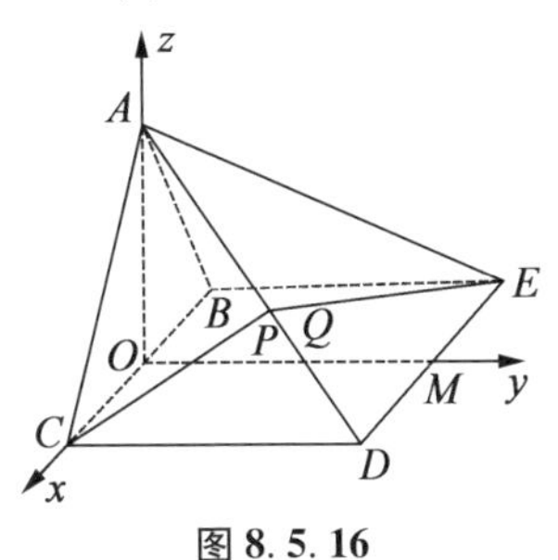

图 8.5.16

解　由于已知侧面 ABC 与底面 $BCDE$ 垂直，且 $BCDE$ 为矩形，拟将平面 $BCDE$ 定位于水平面上，侧面 ABC 为其铅垂面. 因为 $\triangle ABC$ 为等边三角形，由其对称性取 A 在平面 $BCDE$ 的射影 O（BC 的中点）为坐标原点，取 DE 中点 M，射线 OC，OM，OA 分别为 x 轴，y 轴，z 轴的正半轴. 因为 $BC=2$，$CD=\sqrt{2}$，所以得到坐标：$A(0,0,\sqrt{3})$，$D(1,\sqrt{2},0)$，$C(1,0,0)$，$E(-1,\sqrt{2},0)$.

令 C，E 在直线 AD 上的射影为 P，Q，则

$$\overrightarrow{AD}=(1,\sqrt{2},-\sqrt{3}),\overrightarrow{AC}=(1,0,-\sqrt{3})$$

$$\overrightarrow{AE}=(-1,\sqrt{2},-\sqrt{3})$$

令

$$\overrightarrow{AP}=k\,\overrightarrow{AD},k=\frac{\overrightarrow{AP}\cdot\overrightarrow{AD}}{|\overrightarrow{AD}|^2}$$

所以

$$\overrightarrow{AP}=\frac{\overrightarrow{AP}\cdot\overrightarrow{AD}}{|\overrightarrow{AD}|^2}\cdot\overrightarrow{AD}$$

所以

$$\overrightarrow{PC}=\overrightarrow{AC}-\overrightarrow{AP}=\overrightarrow{AC}-\frac{\overrightarrow{AC}\cdot\overrightarrow{AD}}{|\overrightarrow{AD}|^2}\cdot\overrightarrow{AD}$$

$$=\left(\frac{1}{3},-\frac{2\sqrt{2}}{3},-\frac{\sqrt{3}}{3}\right)$$

同理，$\overrightarrow{QE}=\left(-\frac{5}{3},\frac{\sqrt{2}}{3},-\frac{\sqrt{3}}{3}\right)$.

注意到在以上的计算中，隐含了 P 与 Q 重合，则

$$\cos\langle\overrightarrow{PC},\overrightarrow{QE}\rangle=\frac{\overrightarrow{PC}\cdot\overrightarrow{QE}}{|\overrightarrow{PC}||\overrightarrow{QE}|}=-\frac{\sqrt{10}}{10}$$

$$\langle\overrightarrow{PC},\overrightarrow{QE}\rangle=\arccos\left(-\frac{\sqrt{10}}{10}\right)$$

所以，二面角 $C-AD-E$ 为 $\arccos\left(-\frac{\sqrt{10}}{10}\right)$.

例 19 如图 8.5.17 所示，底面是等腰直角三角形的直三棱柱 $ABC-A_1B_1C_1$，$\angle C=\frac{\pi}{2}$，$AA_1=AC$，D 为 CC_1 上的点，且 $CC_1=3C_1D$，求二面角 $B-B_1D-A$ 的大小.

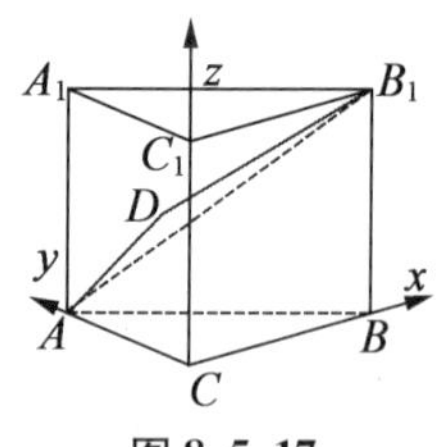

图 8.5.17

解 因为 $\angle C=\frac{\pi}{2}$，所以 $AC\perp BC$，又因为三棱柱 $ABC-A_1B_1C_1$ 为直三棱柱，于是以 C 为原点，建立如图所示的空间直角坐标系，设 $AA_1=AC=3$，则 $A(0,3,0)$，$B_1(3,0,3)$，$D(0,0,2)$，所以 $\overrightarrow{AD}=(0,-3,2)$，$\overrightarrow{AB_1}=$

$(3,-3,3)$，设平面 ADB_1 的法向量为 $\boldsymbol{n}=(1,\lambda,\mu)$，则 $\begin{cases}\boldsymbol{n}\cdot\overrightarrow{AD}=0\\\boldsymbol{n}\cdot\overrightarrow{AB_1}=0\end{cases}$，即 $\begin{cases}-3\lambda+2\mu=0\\3-3\lambda+3\mu=0\end{cases}$，所以 $\begin{cases}\lambda=-2\\\mu=-3\end{cases}$，即知 $\boldsymbol{n}=(1,-2,-3)$. 而平面 BB_1D 的法向量即为 $\overrightarrow{CA}=(0,3,0)$，所以 $\cos\langle\boldsymbol{n},\overrightarrow{CA}\rangle=\dfrac{\boldsymbol{n}\cdot\overrightarrow{CA}}{|\boldsymbol{n}||\overrightarrow{CA}|}=\dfrac{-6}{\sqrt{14}\times3}=-\dfrac{\sqrt{14}}{7}$，由图形易知：二面角 $B-B_1D-A$ 为 $\arccos\dfrac{\sqrt{14}}{7}$.

例 20　(2001 年全国高考题)如图 8.5.18 所示，在底面是一直角梯形的四棱锥 $S-ABCD$ 中，$AD/\!/BC$，$\angle ABC=90°$，$SA\perp$平面 $ABCD$，$SA=AB=BC=1$，$AD=\dfrac{1}{2}$，求面 SCD 与面 SAB 所成的角.

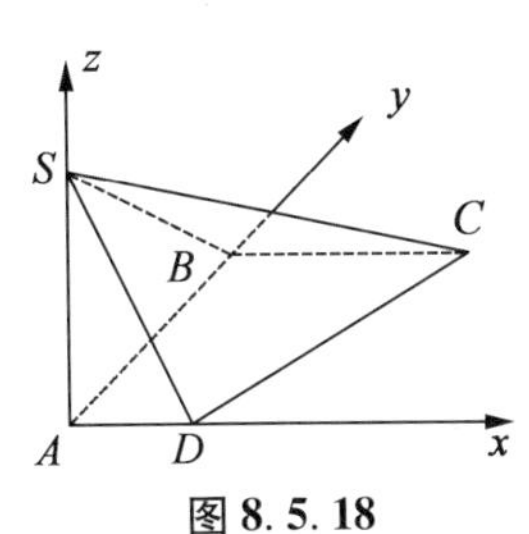

图 8.5.18

解　由已知，$SA\perp$面 $ABCD$，$SA\subset$面 SAB，知面 $SAB\perp$面 $ABCD$，由 $BC\perp AB$，则 $BC\perp$面 SAB. 又 $AD/\!/BC$，则 $AD\perp$面 SAB.

因而 D,C 两点在面 SAB 内的射影分别为 A,B，故 $\triangle SDC$ 在面 SAD 内的射影为 $\triangle SAB$，设其所成角为 θ 则 $\cos\theta=\dfrac{S_{\triangle SAB}}{S_{\triangle SDC}}$.

如图,建立空间直角坐标系 $A-xyz$,则 $A(0,0,0)$, $B(0,1,0)$, $C(1,1,0)$, $D(\frac{1}{2},0,0)$, $S(0,0,1)$,得 $\overrightarrow{DC}=(\frac{1}{2},1,0)$, $\overrightarrow{DS}=(-\frac{1}{2},0,1)$, $\overrightarrow{AB}=(0,1,0)$, $\overrightarrow{AS}=(0,0,1)$.

所以

$$S_{\triangle SAB}=\frac{1}{2}\sqrt{\overrightarrow{AB}^2\cdot\overrightarrow{AS}^2-(\overrightarrow{AB}\cdot\overrightarrow{AS})^2}$$

$$=\frac{1}{2}\sqrt{1-0}=\frac{1}{2}$$

$$S_{\triangle SDC}=\frac{1}{2}\sqrt{\overrightarrow{DS}^2\cdot\overrightarrow{DC}^2-(\overrightarrow{DS}\cdot\overrightarrow{DC})^2}$$

$$=\frac{1}{2}\sqrt{\frac{5}{4}\cdot\frac{5}{4}-(-\frac{1}{4})^2}=\frac{\sqrt{6}}{4}$$

则 $\cos\theta=\dfrac{\frac{1}{2}}{\frac{\sqrt{6}}{4}}=\dfrac{\sqrt{6}}{3}$. 所以,所求二面角 $\theta=\arccos\dfrac{\sqrt{6}}{3}$.

例 21 (2010 年高考湖北卷题)如图 8.5.19 所示,在四面体 $A-BOC$ 中, $OC\perp OA$, $OC\perp OB$, $\angle AOB=120°$,且 $OA=OB=OC=1$. 求二面角 $O-AC-B$ 的平面角的余弦值.

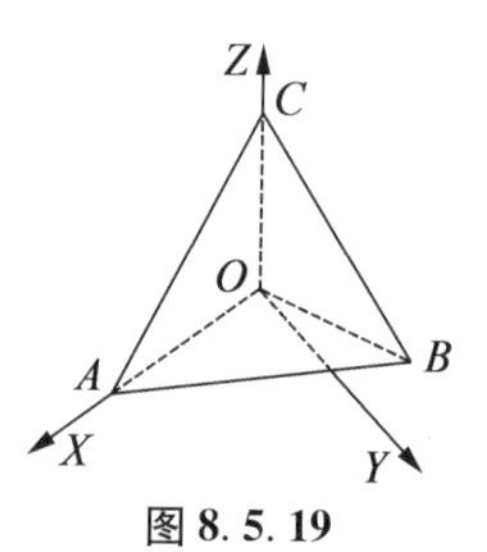

图 8.5.19

解 如图,建立空间直角坐标系 $O-XYZ$,则 $A(1,$

$0,0)$,$C(0,0,1)$. 又$\angle BOY=30°$,则$B\left(-\frac{1}{2},\frac{\sqrt{3}}{2},0\right)$.

从而$\overrightarrow{AC}=(-1,0,1)$,$\overrightarrow{AO}=(-1,0,0)$,$\overrightarrow{AB}=\left(-\frac{3}{2},\frac{\sqrt{3}}{2},0\right)$.

取$\boldsymbol{a}=\overrightarrow{AC}=(-1,0,1)$,$\boldsymbol{b}=\overrightarrow{AO}=(-1,0,0)$,$\boldsymbol{c}=\frac{2}{\sqrt{3}}\overrightarrow{AB}=(-\sqrt{3},1,0)$,则由式(8.1.18),求得

$$\boldsymbol{n}_1=\boldsymbol{a}\times\boldsymbol{b}=\left(\begin{vmatrix}0&1\\0&0\end{vmatrix},\begin{vmatrix}1&-1\\0&-1\end{vmatrix},\begin{vmatrix}-1&0\\-1&0\end{vmatrix}\right)$$

$$=(0,-1,0)$$

$$\boldsymbol{n}_2=\boldsymbol{a}\times\boldsymbol{c}=\left(\begin{vmatrix}0&1\\1&0\end{vmatrix},\begin{vmatrix}1&-1\\0&-\sqrt{3}\end{vmatrix},\begin{vmatrix}-1&0\\-\sqrt{3}&1\end{vmatrix}\right)$$

$$=(-1,-\sqrt{3},-1)$$

$$\cos\langle\boldsymbol{n}_1,\boldsymbol{n}_2\rangle=\frac{\boldsymbol{n}_1\cdot\boldsymbol{n}_2}{|\boldsymbol{n}_1||\boldsymbol{n}_2|}=\frac{\sqrt{15}}{5}$$

故二面角$O-AC-B$的平面角的余弦值为$\frac{\sqrt{15}}{5}$.

例22　(2010年高考全国卷题)如图8.5.20所示,四棱锥$S-ABCD$中,$SD\perp$底面$ABCD$,$AB/\!/DC$,$AD\perp DC$,$AB=AD=1$,$DC=SD=2$,E为棱SB上的一点,平面$EDC/\!/$平面SBC.

(1)证明:$SE=2EB$;

(2)求二面角$A-DE-C$的大小.

解　(1)略.

(2)建立如图8.5.20所示的空间直角坐标系$D-XYZ$,则$A(1,0,0)$,$B(1,1,0)$,$C(0,2,0)$,$S(0,0,2)$,

$D(0,0,0)$，从而$\overrightarrow{DA}=(1,0,0)$，$\overrightarrow{DB}=(1,1,0)$，$\overrightarrow{DC}=(0,2,0)$，$\overrightarrow{DS}=(0,0,2)$，由(1)：$SE=2EB$，及 $\lambda=\frac{\overrightarrow{SE}}{\overrightarrow{EB}}=2$，知$\overrightarrow{DE}=\frac{\overrightarrow{DS}+\lambda\overrightarrow{DB}}{1+\lambda}=(\frac{2}{3},\frac{2}{3},\frac{2}{3})$.

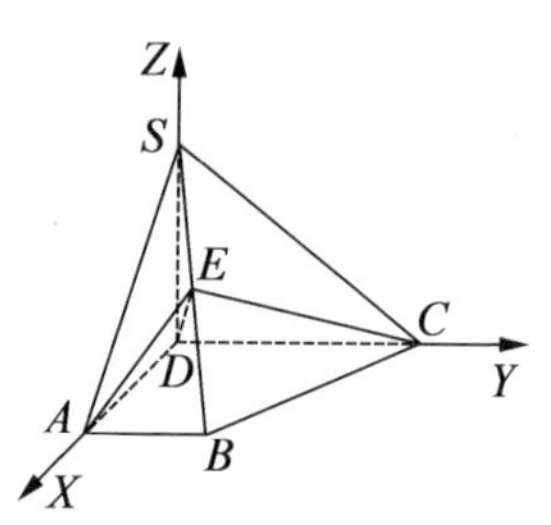

图 8.5.20

取 $\boldsymbol{a}=\frac{3}{2}\overrightarrow{DE}=(1,1,1)$，$\boldsymbol{b}=\overrightarrow{DA}=(1,0,0)$，$\boldsymbol{c}=\frac{1}{2}\overrightarrow{DC}=(0,1,0)$，则由式(8.1.18)求得

$$\boldsymbol{n}_1=\boldsymbol{a}\times\boldsymbol{b}=\left(\begin{vmatrix}1&1\\0&0\end{vmatrix},\begin{vmatrix}1&1\\0&1\end{vmatrix},\begin{vmatrix}1&1\\1&0\end{vmatrix}\right)$$
$$=(0,1,-1)$$
$$\boldsymbol{n}_2=\boldsymbol{a}\times\boldsymbol{c}=\left(\begin{vmatrix}1&1\\1&0\end{vmatrix},\begin{vmatrix}1&1\\0&0\end{vmatrix},\begin{vmatrix}1&1\\0&1\end{vmatrix}\right)$$
$$=(-1,0,1)$$

从而 $\cos\langle\boldsymbol{n}_1,\boldsymbol{n}_2\rangle==\frac{\boldsymbol{n}_1\cdot\boldsymbol{n}_2}{|\boldsymbol{n}_1||\boldsymbol{n}_2|}=-\frac{1}{2}$.

故二面角 $A-DE-C$ 的大小为 $120°$.

例 23 如图 8.5.21 所示，在直三棱柱 $ABC-A_1B_1C_1$ 中，$\angle ACB=90°$，$AC=2BC$，$A_1B\perp B_1C$. 求 B_1C 与侧面 A_1ABB_1 所成角的正弦.

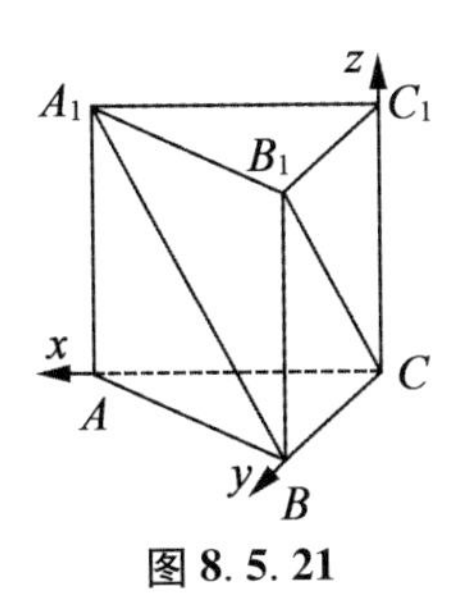

图 8.5.21

解　以 C 为原点，CA,CB,CC_1 分别为 x,y,z 轴建立直角坐标系，如图. 取 $|BC|=2,|CC_1|=a$，则 $A(4,0,0)$，$A_1(4,0,a)$，$B(0,2,0)$，$B_1(0,2,a)$. 因为 $A_1B\perp B_1C$，所以 $\overrightarrow{BA_1}\cdot\overrightarrow{CB_1}=(4,-2,a)\cdot(0,2,a)=a^2-4=0$，求得 $a=2$.

设 $\boldsymbol{n}=(x,y,z)$ 是面 A_1ABB_1 的一个法向量，则 $\boldsymbol{n}\cdot\overrightarrow{A_1B_1}=-4x+2y=0$，$\boldsymbol{n}\cdot\overrightarrow{BB_1}=2z=0$，得 $\boldsymbol{n}=(1,2,0)$.

因为 $\overrightarrow{B_1C}=(0,-2,-2)$，所以 $\overrightarrow{B_1C}$ 与面 A_1ABB_1 所成角 α 的正弦为

$$\sin\alpha=\frac{|\boldsymbol{n}\cdot\overrightarrow{B_1C}|}{(|\boldsymbol{n}||\overrightarrow{BC_1}|)}=\frac{\sqrt{10}}{5}$$

例 24　已知直二面角 $\alpha-l-\beta$，$A\in\alpha$，$B\in\beta$，$C,D\in l$，且 $AC\perp l$，$BD\perp l$，E 为 AC 中点，F 为 CD 中点，又 AB 与 α 成 $45°$ 角，与 β 成 $30°$ 角，试求 AB 与平面 BEF 所成角的余弦值.

解　如图 8.5.22 所示，令 $CA=1$，则由已知易求得 $AB=2$，$CD=1$，$DB=\sqrt{2}$，以 C 为原点，CD 为 y 轴，CA 为 z 轴建立空间直角坐标系，则 $A(0,0,1)$，$B(\sqrt{2},1,0)$，$E(0,0,\frac{1}{2})$，$F(0,\frac{1}{2},0)$.

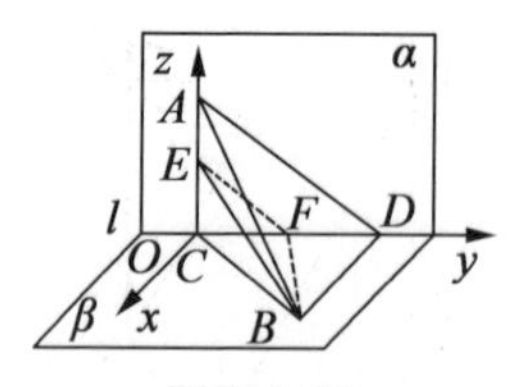

图 8.5.22

记$\overrightarrow{BA}=\boldsymbol{p}$，$\overrightarrow{BE}=\boldsymbol{m}$，$\overrightarrow{BF}=\boldsymbol{n}$，则$\boldsymbol{p}=(-\sqrt{2},-1,1)$，$\boldsymbol{m}=(-\sqrt{2},-1,\frac{1}{2})$，$\boldsymbol{n}=(-\sqrt{2},-\frac{1}{2},0)$，$|\boldsymbol{p}|=2$，$|\boldsymbol{m}|=\frac{\sqrt{13}}{2}$，$|\boldsymbol{n}|=\frac{3}{2}$.

记$\langle\boldsymbol{p},\boldsymbol{m}\rangle=\theta_1$，$\langle\boldsymbol{p},\boldsymbol{n}\rangle=\theta_2$，$\langle\boldsymbol{m},\boldsymbol{n}\rangle=\theta$，从而$\cos\theta_1=\frac{\boldsymbol{p}\cdot\boldsymbol{m}}{|\boldsymbol{p}|\cdot|\boldsymbol{m}|}=\frac{7\sqrt{13}}{26}$，$\cos\theta_2=\frac{\boldsymbol{p}\cdot\boldsymbol{n}}{|\boldsymbol{p}|\cdot|\boldsymbol{n}|}=\frac{5}{6}$，$\cos\theta=\frac{\boldsymbol{m}\cdot\boldsymbol{n}}{|\boldsymbol{m}|\cdot|\boldsymbol{n}|}=\frac{10\sqrt{13}}{39}$，$\sin\theta=\frac{\sqrt{221}}{39}$.

于是由式(8.1.16)，有

$$\begin{aligned}\cos\varphi&=\frac{\sqrt{\cos^2\theta_1-2\cos\theta\cos\theta_1\cos\theta_2+\cos^2\theta_2}}{\sin\theta}\\&=\frac{\sqrt{1\,122}}{34}\end{aligned}$$

为所求.

例 25 已知正三棱柱$ABC-A'B'C'$的各棱长都为1，M，N分别是BC，CC'的中点，D在侧棱AA'上，且$AA'=4AD$. 求DB'与平面AMN所成的角.

解 如图 8.5.23 所示，设$\overrightarrow{AA'}=\boldsymbol{a}$，$\overrightarrow{AB}=\boldsymbol{b}$，$\overrightarrow{AC}=\boldsymbol{c}$，$\overrightarrow{DB'}=\boldsymbol{p}$，$\overrightarrow{AM}=\boldsymbol{m}$，$\overrightarrow{MN}=\boldsymbol{n}$.

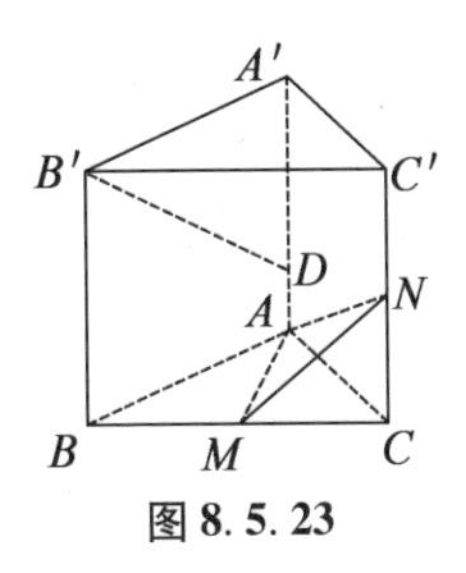

图 8.5.23

因 $\boldsymbol{a}\cdot\boldsymbol{b}=\boldsymbol{a}\cdot\boldsymbol{c}=0,\boldsymbol{b}\cdot\boldsymbol{c}=\frac{1}{2}$，于是

$$\boldsymbol{p}=\frac{3\boldsymbol{a}}{4}+\boldsymbol{b}$$

$$|\boldsymbol{p}|^2=(\frac{3\boldsymbol{a}}{4}+\boldsymbol{b})^2=\frac{9\boldsymbol{a}^2}{16}+\boldsymbol{b}^2=\frac{9}{16}+1=\frac{25}{16}$$

则 $|\boldsymbol{p}|=\frac{5}{4}$；

同理 $\boldsymbol{m}=\frac{(\boldsymbol{b}+\boldsymbol{c})}{2}$，$|\boldsymbol{m}|=\frac{\sqrt{3}}{2}$；$\boldsymbol{n}=\frac{(\boldsymbol{a}-\boldsymbol{b}+\boldsymbol{c})}{2}$，$|\boldsymbol{n}|=\frac{\sqrt{2}}{2}$.

从而

$$\boldsymbol{p}\cdot\boldsymbol{m}=\frac{(\boldsymbol{b}^2+\boldsymbol{b}\cdot\boldsymbol{c})}{2}=\frac{3}{4}$$

$$\boldsymbol{p}\cdot\boldsymbol{n}=\frac{1}{2}(\frac{3}{4}\boldsymbol{a}^2-\boldsymbol{b}^2+\boldsymbol{b}\cdot\boldsymbol{c})=\frac{1}{8}$$

$$\boldsymbol{m}\cdot\boldsymbol{n}=\frac{(-\boldsymbol{b}^2+\boldsymbol{b}\cdot\boldsymbol{c}-\boldsymbol{b}\cdot\boldsymbol{c}+\boldsymbol{c}^2)}{4}=0$$

则 $\boldsymbol{m}\perp\boldsymbol{n}$，于是

$$\cos\langle\boldsymbol{m},\boldsymbol{n}\rangle=0,\sin\langle\boldsymbol{m},\boldsymbol{n}\rangle=1$$

$$\cos\langle\boldsymbol{p},\boldsymbol{m}\rangle=\frac{\boldsymbol{p}\cdot\boldsymbol{m}}{|\boldsymbol{p}|\cdot|\boldsymbol{m}|}=\frac{2\sqrt{3}}{5}$$

$$\cos\langle \boldsymbol{p},\boldsymbol{n}\rangle=\frac{\boldsymbol{p}\cdot\boldsymbol{n}}{|\boldsymbol{p}|\cdot|\boldsymbol{n}|}=\frac{\sqrt{2}}{10}$$

设 DB' 与平面 AMN 所成的角为 φ，将以上数据代入式(8.1.17)，有

$$\cos\varphi=\sqrt{\left(\frac{2\sqrt{3}}{5}\right)^2+\left(\frac{\sqrt{2}}{10}\right)^2}=\frac{\sqrt{2}}{2}$$

故 $\varphi=45^\circ$.

从而 DB' 与平面 AMN 所成的角为 45°.

例 26 (2010 年全国高中数学联赛题)正三棱柱 $ABC-A_1B_1C_1$ 的 9 条棱长都相等，P 是 CC_1 的中点，二面角 $B-A_1P-B_1=\alpha$，则 $\sin\alpha=$________.

解 如图 8.5.24 所示，以 AB 所在直线为 x 轴，线段 AB 中点 O 为原点，OC 所在直线为 y 轴，建立空间直角坐标系，设正三棱柱的棱长为 2，则 $B(1,0,0)$，$B_1(1,0,2)$，$A_1(-1,0,2)$，$P(0,\sqrt{3},1)$，从而 $\overrightarrow{BA_1}=(-2,0,2)$，$\overrightarrow{BP}=(-1,\sqrt{3},1)$，$\overrightarrow{B_1A_1}=(-2,0,0)$，$\overrightarrow{B_1P}=(-1,\sqrt{3},-1)$.

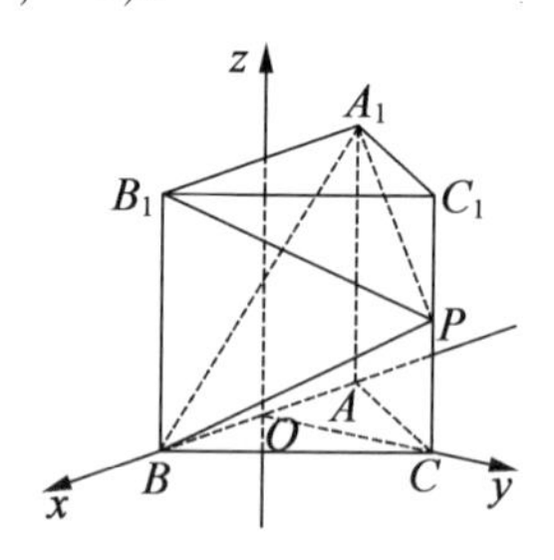

图 8.5.24

设分别与平面 BA_1P，平面 B_1A_1P 垂直的向量是 $\boldsymbol{m}=(x_1,y_1,z_1)$，$\boldsymbol{n}=(x_2,y_2,z_2)$，则

$$\begin{cases} \boldsymbol{m}\cdot\overrightarrow{BA_1}=-2x_1+2z_1=0 \\ \boldsymbol{m}\cdot\overrightarrow{BP}=-x_1+\sqrt{3}y_1+z_1=0 \end{cases}$$

$$\begin{cases} \boldsymbol{n}\cdot\overrightarrow{B_1A_1}=-2x_2=0 \\ \boldsymbol{n}\cdot\overrightarrow{B_1P}=-x_2+\sqrt{3}y_2-z_2=0 \end{cases}$$

由此可设 $\boldsymbol{m}=(1,0,1)$，$\boldsymbol{n}=(0,1,\sqrt{3})$. 所以 $|\boldsymbol{m}\cdot\boldsymbol{n}|=|\boldsymbol{m}|\cdot|\boldsymbol{n}|\cdot|\cos\alpha|$，即 $\sqrt{3}=\sqrt{2}\cdot 2|\cos\alpha|$，则 $\cos\alpha=\dfrac{\sqrt{6}}{4}$. 故 $\sin\alpha=\dfrac{\sqrt{10}}{4}$ 为所求.

例 27　(2005 年日本数学奥林匹克题)在 $\triangle ABC$ 中，$AB=5$，$BC=12$，$CA=11$. 实数 k 满足 $0<k<1$. 分别在三边上定义点 P_1,P_2,Q_1,Q_2,R_1,R_2，使得 $BP_1:P_1C=k:(1-k)$，$BP_2:P_2C=(1-k):k$，$CQ_1:Q_1A=6:1$，$CQ_2:Q_2A=1:6$，$AR_1:R_1B=2:5$，$AR_2:R_2B=5:2$. 若存在 $\triangle PQR$ 满足 $QR=Q_1R_2$，$RP=R_1P_2$，$PQ=P_1Q_2$，求 $\cos\angle QPR$ 的最小值.

解　先证明一个引理.

引理　对于所有 $0<k<1$，存在满足所需条件的 $\triangle PQR$.

引理的证明　设 D_1,D_2,D_3 分别为点 A,B,C 关于它们对边中点的对称点. 再设 P_1' 和 P_2' 分别为 P_1 关于 CA 中点和 P_2 关于 AB 中点的对称点，则 $R_1P_2=R_2P_2'$，$P_1Q_2=P_1'Q_1$.

把 $\triangle D_1D_2D_3$ 看作四面体的展开图，我们可以构造三棱锥 $D-ABC$，它以 $\triangle ABC$ 为底，并以 D_1,D_2,D_3 合为顶点 D，则 P_1' 与 P_2' 成为同一点，而 $\triangle P_1'(=P_2')Q_1R_2$ 满足 $\triangle PQR$ 所需的条件.

因此，构造三棱锥 $D-ABC$ 使得 $DA=BC=12$，

$DB=CA=11$, $DC=AB=5$, 我们可以通过令分别按比例 $(1-k):k$, $1:6$, $5:2$ 内分 AD, AC, AB 的点为 P, Q, R 来构造满足所需条件的 $\triangle PQR$. 引理得证.

下面证明原题.

因为 $DA=BC=12$, $DB=CA=11$, $DC=AB=5$, 所以把 $D-ABC$ 放入空间直角坐标系中, 且 $A(0,0,0)$, $B(2\sqrt{6},0,1)$, $C(0,2\sqrt{30},1)$, $D(2\sqrt{6},2\sqrt{30},0)$. 由 $Q\left(0,\frac{2\sqrt{30}}{7},\frac{1}{7}\right)$, $R\left(\frac{10\sqrt{6}}{7},0,\frac{5}{7}\right)$, 可得

$$\overrightarrow{AD}\cdot\overrightarrow{QR}=(2\sqrt{6},2\sqrt{30},0)\cdot\left(\frac{10\sqrt{6}}{7},-\frac{2\sqrt{30}}{7},\frac{4}{7}\right)=0$$

故 $\overrightarrow{AD}$ 和 $\overrightarrow{QR}$ 正交. 这表明, 当 $\angle QPR$ 与平面 ABD 和 ACD 所夹角相等时, $\cos\angle QPR$ 取最小值, 故当 $QP\perp AD$ 时, $\cos\angle QPR$ 取最小值. 而

$$\overrightarrow{QP}\cdot\overrightarrow{AD}=0$$

$$\Leftrightarrow\left[(1-k)(2\sqrt{6},2\sqrt{30},0)-\left(0,\frac{2\sqrt{30}}{7},\frac{1}{7}\right)\right]\cdot(2\sqrt{6},2\sqrt{30},0)=0$$

$$\Leftrightarrow 24\left(\frac{37}{7}-6k\right)=0$$

$$\Leftrightarrow k=\frac{37}{42}$$

因此

$$\overrightarrow{QP}=\left(\frac{5\sqrt{6}}{21},-\frac{\sqrt{30}}{21},-\frac{1}{7}\right)$$

$$\overrightarrow{RP}=\left(-\frac{25\sqrt{6}}{21},\frac{5\sqrt{30}}{21},-\frac{5}{7}\right)$$

则 $\cos\angle QPR$ 的最小值是

$$\cos\angle QPR=\frac{\overrightarrow{QP}\cdot\overrightarrow{RP}}{|\overrightarrow{QP}||\overrightarrow{RP}|}=-\frac{95}{49}\div\frac{15}{7}=-\frac{19}{21}$$

例 28　(2008 年克罗地亚国家集训赛题)设 O，T_1,T_2,T_3,T_4,T_5 为三维空间中的 6 个不同点，证明：存在 4 点 $T_i,T_j(1\leqslant i\leqslant j\leqslant 5)$，使得 $\angle T_iOT_j\leqslant 90°$.

证明　假设结论不成立，即所有的 $\angle T_iOT_j>90°$ $(1\leqslant i\leqslant j\leqslant 5)$.

如图 8.5.25 所示，考虑过点 O 与 OT_5 垂直的平面 α.

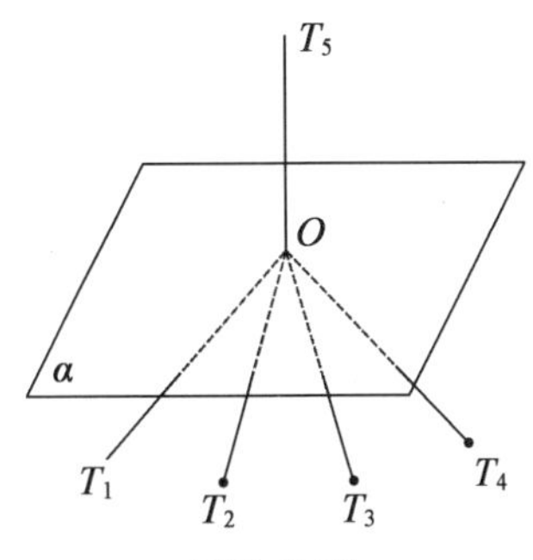

图 8.5.25

由假设知 $\angle T_iOT_5>90°(i=1,2,3,4)$，则点 T_1，T_2,T_3,T_4 与 T_5 在 α 异侧.

设 T_1,T_2,T_3,T_4 在 α 上的投影分别为 T'_1,T'_2,T'_3，T'_4，如图 8.5.26 所示，则该 4 个点都不与点 O 重合，否则，设该点为 T_i. 又 O,T_i,T_5 三点共线，则对于点 $T_j\neq T_i$，或 $\angle T_jOT_5\leqslant 90°$或 $\angle T_iOT_j\leqslant 90°$，与题设矛盾.

于是，点 T'_1,T'_2,T'_3,T'_4 均不与 O 重合.

对于 $1\leqslant i<j\leqslant 4$，有

$$\overrightarrow{OT_i}\cdot\overrightarrow{OT_j}=(\overrightarrow{OT'_i}+\overrightarrow{T'_iT_i})\cdot(\overrightarrow{OT'_j}+\overrightarrow{T'_jT_j})$$

$$=\overrightarrow{OT'_i}\cdot\overrightarrow{OT'_j}+\overrightarrow{OT'_i}\cdot\overrightarrow{T'_jT_j}+\overrightarrow{T'_iT_i}\cdot\overrightarrow{OT'_j}+\overrightarrow{T'_iT_i}\cdot\overrightarrow{T'_jT_j}$$

$$=\overrightarrow{OT'_i}\cdot\overrightarrow{OT'_j}+|\overrightarrow{T'_iT_i}|\cdot|\overrightarrow{T'_jT_j}|$$

$$>\overrightarrow{OT'_i}\cdot\overrightarrow{OT'_j}$$

由假设知$\angle T_iOT_j>90°$,则$\overrightarrow{OT_i}\cdot\overrightarrow{OT_j}<0$.

由$\overrightarrow{OT'_i}\cdot\overrightarrow{OT'_j}<0$,即$\angle T'_iOT'_j>90°$.

因此,$\angle T'_1OT'_2$,$\angle T'_2OT'_3$,$\angle T'_3OT'_4$,$\angle T'_4OT'_1$均大于$90°$,这不可能.

故存在4点T_i,$T_j(1\leqslant i\leqslant j\leqslant 5)$,使得

$$\angle T_iOT_j\leqslant 90°$$

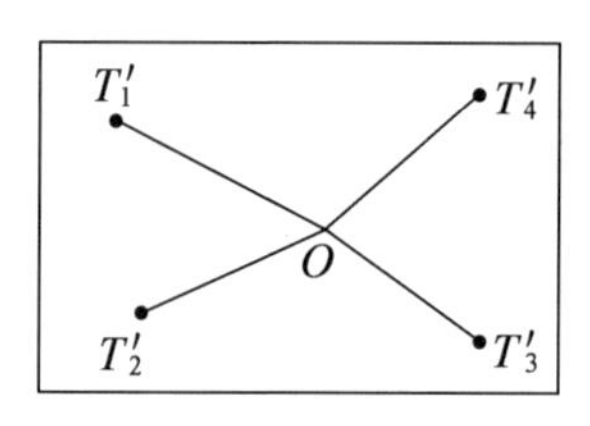

图 8.5.26

8.6 综合问题

例1 如图8.6.1所示,在正方体$ABCD-A_1B_1C_1D_1$中,AC_1交平面A_1BD于G,求G分$\overrightarrow{AC_1}$所成的比.

解 设$\overrightarrow{AB}=\boldsymbol{a}$,$\overrightarrow{AD}=\boldsymbol{b}$,$\overrightarrow{AA_1}=\boldsymbol{c}$,$\overrightarrow{AG}=x\overrightarrow{AC_1}$,则$\overrightarrow{A_1G}=(1-x)\overrightarrow{A_1A}+x\overrightarrow{A_1C_1}=(1-x)(-\boldsymbol{c})+x(\boldsymbol{a}+\boldsymbol{b})=x\boldsymbol{a}+x\boldsymbol{b}+(x-1)\boldsymbol{c}$. 又$\overrightarrow{A_1G}$与$\overrightarrow{A_1B}$,$\overrightarrow{A_1D}$共面,故可

设$\overrightarrow{A_1G}=y\,\overrightarrow{A_1B}=z\,\overrightarrow{A_1D}=y(-\boldsymbol{c}+\boldsymbol{a})+z(-\boldsymbol{c}+\boldsymbol{b})=y\boldsymbol{a}+z\boldsymbol{b}-(y+z)\boldsymbol{c}$,由空间向量基本定理知,可比较上面两等式系数,得

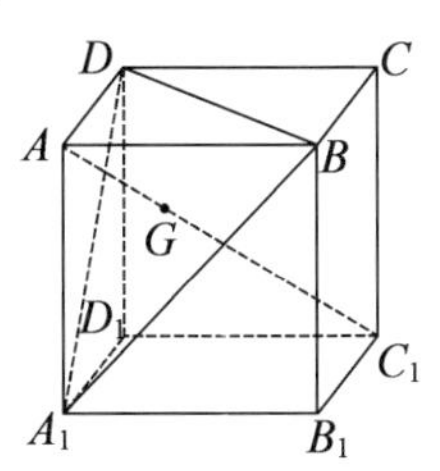

图 8.6.1

$$\begin{cases}x=y\\x=z\\x-1=-(y+z)\end{cases}$$

解得 $x=y=z=\frac{1}{3}$,故$\overrightarrow{AG}=\frac{1}{3}\overrightarrow{AC_1}$,所以 G 分$\overrightarrow{AC_1}$所成的比为$\frac{1}{3}$.

例2　(第7届"希望杯"全国数学邀请赛试题)正四棱台 $ABCD-A_1B_1C_1D_1$ 上下底面边长 $2A_1B_1=AB=4$,高为$\sqrt{6}$,E 为 BC 中点,作平行于底面的截面,与线段 AD_1,AB_1,C_1E 分别交于 X,Y,Z,试求$\triangle XYZ$ 面积的取值范围.

解　如图 8.6.2 所示,联结 AC,BD 交于点 O,以 O 为原点,以直线 DB 为 x 轴,直线 AC 为 y 轴,过点 O 垂直于平面 $ABCD$ 的直线为 z 轴建立空间直角坐标系 $O-xyz$,则 $A(0,-2\sqrt{2},0)$,$B(2\sqrt{2},0,0)$,$C(0,2\sqrt{2},0)$,$D(-2\sqrt{2},0,0)$,$A_1(0,-\sqrt{2},\sqrt{6})$,$B_1(\sqrt{2},0,\sqrt{6})$,$C_1(0,\sqrt{2},\sqrt{6})$,$D_1(-\sqrt{2},0,\sqrt{6})$,$E(\sqrt{2},\sqrt{2},0)$.

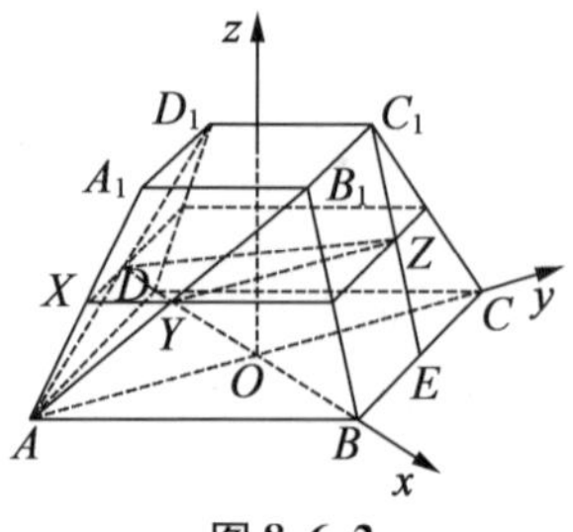

图 8.6.2

易知$\dfrac{AX}{AD_1}=\dfrac{AY}{AB_1}=\dfrac{EZ}{EC_1}=t,t\in(0,1)$,则$\overrightarrow{AX}=t\,\overrightarrow{AD_1}$,$\overrightarrow{AY}=t\,\overrightarrow{AB_1}$,$\overrightarrow{EZ}=t\,\overrightarrow{EC_1}$,于是

$$\begin{aligned}\overrightarrow{XY}&=\overrightarrow{AY}-\overrightarrow{AX}=t\,\overrightarrow{AB_1}-t\,\overrightarrow{AD_1}\\&=t(\overrightarrow{AB_1}-\overrightarrow{AD_1})=t\,\overrightarrow{D_1B_1}\\&=(2\sqrt{2}t,0,0)\end{aligned}$$

$$\begin{aligned}\overrightarrow{XZ}&=\overrightarrow{XA}+\overrightarrow{AE}+\overrightarrow{EZ}\\&=-t\,\overrightarrow{AD_1}+\overrightarrow{AE}+t\,\overrightarrow{EC_1}\\&=-t(-\sqrt{2},2\sqrt{2},\sqrt{6})+\\&\quad(\sqrt{2},3\sqrt{2},0)+t(-\sqrt{2},0,\sqrt{6})\\&=(\sqrt{2},3\sqrt{2}-2\sqrt{2}t,0)\end{aligned}$$

从而

$$\begin{aligned}S_{\triangle XYZ}&=\frac{1}{2}\sqrt{\overrightarrow{XZ}^2\cdot\overrightarrow{XY}^2-(\overrightarrow{XZ}\cdot\overrightarrow{XY})^2}\\&=\frac{1}{2}\sqrt{(2\sqrt{2}t)^2\cdot[2+2(3-2t)^2]-(\sqrt{2}\cdot2\sqrt{2}t)^2}\\&=(6-4t)t\\&=-4(t-\frac{3}{4})^2+\frac{9}{4}\in(0,\frac{9}{4}],t\in(0,1)\end{aligned}$$

故 $S_{\triangle XYZ}$的取值范围是$(0,\frac{9}{4}]$.

例 3　(第 14 届“希望杯”全国数学邀请赛试题)一平面与正方体表面的交线围成的封闭图形称为正方体的“截面图形”. 如图 8.6.3 所示,棱长为 1 的正方体 $ABCD-A_1B_1C_1D_1$ 中,E 是 AB 的中点,F 是 CC_1 的中点. 则过 D_1,E,F 三点的截面图形的周长等于(　　).

A. $\frac{1}{12}(25+2\sqrt{13}+9\sqrt{5})$

B. $\frac{1}{12}(15+4\sqrt{13}+9\sqrt{5})$

C. $\frac{1}{12}(25+2\sqrt{13}+6\sqrt{5})$

D. $\frac{1}{12}(15+4\sqrt{13}+6\sqrt{5})$

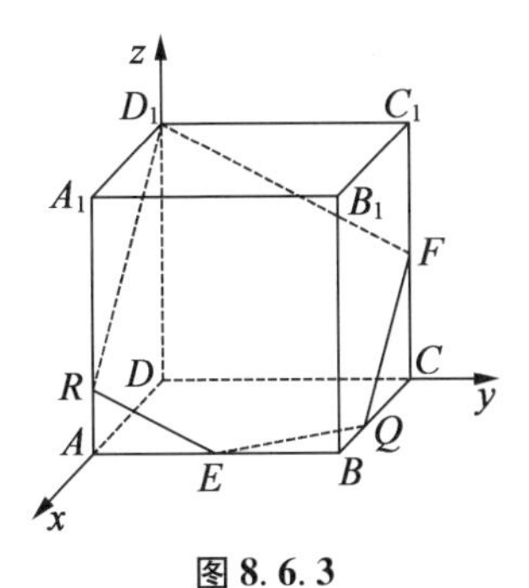

图 8.6.3

解法 1　(利用平面的法向量)以 DA 所在直线为 x 轴,以 DC 所在直线为 y 轴,以 DD_1 所在直线为 z 轴,建立空间直角坐标系,如图 8.6.3 所示.

由棱长为 1 可得,$D_1(0,0,1)$,$E(1,\frac{1}{2},0)$,$F(0,$

$1,\frac{1}{2})$，于是$\overrightarrow{D_1E}=(1,\frac{1}{2},-1)$，$\overrightarrow{D_1F}=(0,1,-\frac{1}{2})$.

记平面 D_1EF 的法向量为 $\boldsymbol{n}(x_0,y_0,z_0)$，则有

$$\begin{cases}\boldsymbol{n}\cdot\overrightarrow{D_1E}=x_0+\frac{1}{2}y_0-z_0=0\\ \boldsymbol{n}\cdot\overrightarrow{D_1F}=y_0-\frac{1}{2}z_0=0\end{cases}$$

取 $z_0=2$，可以得到 $y_0=1,x_0=\frac{3}{2}$.

于是法向量 $\boldsymbol{n}=(\frac{3}{2},1,2)$.

设平面 D_1EF 与直线 BC 相交于点 Q，令其坐标为 $(q,1,0)$，则$\overrightarrow{D_1Q}=(q,1,-1)$，必有 $\boldsymbol{n}\cdot\overrightarrow{D_1Q}=\frac{3}{2}q+1-2=0$，$q=\frac{2}{3}$，所以点 Q 的坐标为$(\frac{2}{3},1,0)$. 这就是说，点 Q 是线段 BC 的靠近点 B 的那个三等分点. 类似地，可以求得平面 D_1EF 与直线 AA_1 的交点为 $R(1,0,\frac{1}{4})$. 依次计算截面图 D_1FQER 的 5 条边，可以得到周长的值，选 A.

解法 2 （利用共面向量定理）由解法 1，知$\overrightarrow{D_1E}=(1,\frac{1}{2},-1)$，$\overrightarrow{D_1F}=(0,1,-\frac{1}{2})$. 由于$\overrightarrow{D_1Q}=(q,1,-1)$和$\overrightarrow{D_1E}$，$\overrightarrow{D_1F}$在同一平面内，所以存在唯一的实数 λ,μ，使得 $\overrightarrow{D_1Q}=\lambda\overrightarrow{D_1E}+\mu\overrightarrow{D_1F}$，代入坐标有 $\begin{cases}q=\lambda\\ 1=\frac{1}{2}\lambda+\mu\\ -1=-\lambda-\frac{1}{2}\mu\end{cases}$，容易解得 $\lambda=\mu=q=\frac{2}{3}$，所以点 Q

的坐标为$(\frac{2}{3},1,0)$. 下同法一.

例4　已知$A(4,1,3)$,$B(2,3,1)$,$C(3,7,11)$,点$P(x,-1,3)$在平面ABC内,求点P的坐标.

解　$\overrightarrow{AP}=(x-4,-2,0)$,$\overrightarrow{AB}=(-2,2,-2)$,$\overrightarrow{AC}=(-1,6,8)$. 由共面向量定理即式(2.5.36),知存在实数m,n,使$\overrightarrow{AP}=m\overrightarrow{AB}+n\overrightarrow{AC}$,即$(x-4,-2,0)=m(-2,2,-2)+n(-1,6,-8)$,则$\begin{cases}x-4=-2m-n\\-2=2m+6n\\0=-2m-8n\end{cases}$,

解得$\begin{cases}m=-4\\n=1\\x=11\end{cases}$.

故点P的坐标为$(11,-1,3)$.

例5　在空间直角坐标系中,$A(a,0,0)$,$B(0,b,0)$,$C(0,0,c)$,$abc\neq0$,求$\triangle ABC$的垂心D的坐标.

解　设$D(x,y,z)$,则$\overrightarrow{CD}=(x,y,z-c)$,$\overrightarrow{AB}=(-a,b,0)$.

因$\overrightarrow{CD}\perp\overrightarrow{AB}$,则$\overrightarrow{CD}\cdot\overrightarrow{AB}=0$,即$(x,y,z-c)\cdot(-a,b,0)=ax-by=0$.

同理,由$\overrightarrow{AD}\perp\overrightarrow{BC}$,$\overrightarrow{BD}\perp\overrightarrow{AC}$,得$by-cz=0$,$ax-cz=0$,于是

$$ax=by=cz \quad ①$$

由共面向量定理即式(2.5.36),存在实数m,n,使$\overrightarrow{CD}=m\overrightarrow{CA}+n\overrightarrow{CB}$,则

$$\begin{aligned}(x,y,z-c)&=m(a,0,-c)+n(0,b,-c)\\&=(ma,nb,-mc-nc)\end{aligned}$$

则

$$\begin{cases} x = ma & ② \\ y = nb & ③ \\ z - c = -mc - nc & ④ \end{cases}$$

联立①,②,③,④得

$$\begin{cases} x = \dfrac{ab^2c^2}{a^2b^2 + b^2c^2 + a^2c^2} \\ y = \dfrac{a^2bc^2}{a^2b^2 + b^2c^2 + a^2c^2} \\ z = \dfrac{a^2b^2c}{a^2b^2 + b^2c^2 + a^2c^2} \end{cases}$$

例 6 设 O 在四面体 $A-BCD$ 内部且 $m\overrightarrow{OA} + n\overrightarrow{OB} + r\overrightarrow{OC} + s\overrightarrow{OD} = \mathbf{0}$,求 $V_{A-BCD}:V_{O-BCD}$(此题是 2004 年全国联赛第 4 题在空间中的推广).

解 已知等式可改写为 $m\overrightarrow{OA} + n(\overrightarrow{OA} + \overrightarrow{AB}) + r(\overrightarrow{OA} + \overrightarrow{AC}) + s(\overrightarrow{OA} + \overrightarrow{AD}) = \mathbf{0}$,则

$$\overrightarrow{AO} = \frac{n}{m+n+r+s}\overrightarrow{AB} + \frac{r}{m+n+r+s}\overrightarrow{AC} + \frac{s}{m+n+r+s}\overrightarrow{AD}$$

由式(2.5.40)有 $k = \dfrac{n+r+s}{m+n+r+s}$,所以点 O 在平行于平面 BCD 的平面 β 上.

设直线 AO 与平面 BCD 交于点 O_1,于是有 $\overrightarrow{AO} = k\overrightarrow{AO_1}$,所以 $AO_1:OO_1 = 1:(1-k) = (m+n+r+s):m = V_{A-BCD}:V_{O-BCD}$.

例 7 已知 A,B,C 三点不共线,对平面 ABC 外的任一点 O,确定在下列各条件下,点 M 是否与 A,B,C 一定共面.

(1) $\overrightarrow{OM}=\frac{1}{3}\overrightarrow{OA}+\frac{1}{3}\overrightarrow{OB}+\frac{1}{3}\overrightarrow{OC}$;

(2) $\overrightarrow{OM}=2\overrightarrow{OA}-\overrightarrow{OB}-\overrightarrow{OC}$.

解　(1)因$\frac{1}{3}+\frac{1}{3}+\frac{1}{3}=1$,由式(2.5.40)知$M$在平面$ABC$内,所以$M$与$A,B,C$共面.

(2)因$k=2-1-1=0$,由式(2.5.40)知点M在过点O且平行于平面ABC的平面内,故M与A,B,C不共面.

例8　已知平行四边形$ABCD$,从平面AC外一点O,引向量$\overrightarrow{OE}=k\overrightarrow{OA}$,$\overrightarrow{OF}=k\overrightarrow{OB}$,$\overrightarrow{OG}=k\overrightarrow{OC}$,$\overrightarrow{OH}=k\overrightarrow{OD}$,求证:

(1)点E,F,G,H共面;

(2)平面EG//平面AC.

证明　(1)D在平面AC内,则存在唯一实数x,y,z使$\overrightarrow{OD}=x\overrightarrow{OA}+y\overrightarrow{OB}+z\overrightarrow{OC}(x+y+z=1)$,则$\overrightarrow{OH}=k\overrightarrow{OD}=xk\overrightarrow{OA}+yk\overrightarrow{OB}+zk\overrightarrow{OC}=x\overrightarrow{OE}+y\overrightarrow{OF}+z\overrightarrow{OG}$,由式(2.5.40)知$E,F,G,H$共面.

(2)因平面AC可记为$\{P\mid\overrightarrow{OP}=x\overrightarrow{OA}+y\overrightarrow{OB}+z\overrightarrow{OC},x+y+z=1\}$;平面$EG$可记为$\{P\mid\overrightarrow{OP}=xk\overrightarrow{OA}+yk\overrightarrow{OB}+zk\overrightarrow{OC}$且$xk+yk+zk=k\}$,由式(2.5.40)知,平面$EG$//平面$AC$.

注　把"平行四边形$ABCD$"改为"任意平面四边形$ABCD$",上述证明完全适用.

例9　如图8.6.4所示,在直三棱柱$ABC-A_1B_1C_1$中,底面是等腰直角三角形,$\angle ACB=90°$,侧棱

$AA_1=2$，D，E 分别是 CC_1 与 BA_1 的中点，点 E 在平面 ABD 上的射影是 $\triangle ABD$ 的重心 G.

(1)求 BA_1 与面 ABD 所成的角的大小；

(2)求点 A_1 到平面 AED 的距离.

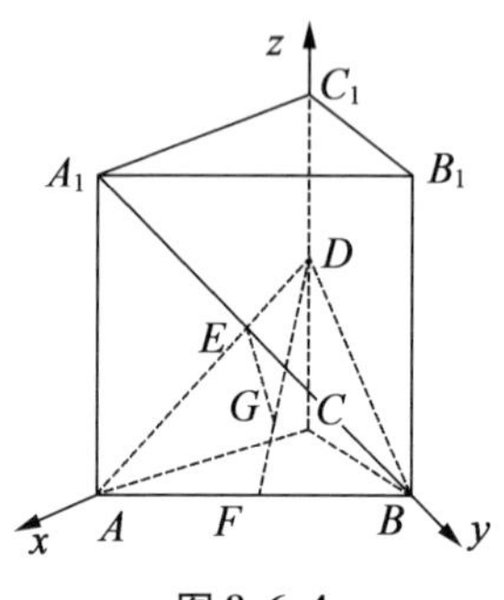

图 8.6.4

解 (1)建立如图 8.6.4 所示的空间直角坐标系，设底面 $\triangle ABC$ 的腰 $AC=a$，则各点的坐标为 $A(a,0,0)$，$B(0,a,0)$，$C(0,0,0)$，$D(0,0,1)$，$A_1(a,0,2)$，E 为 BA_1 中点，利用中点坐标公式可求得 $E(\frac{a}{2},\frac{a}{2},1)$，$E$ 在底面 ABC 上的射影为 $F(\frac{a}{2},\frac{a}{2},0)$，而 G 为 $\triangle ABD$ 的重心，利用重心公式可得 $G(\frac{a}{3},\frac{a}{3},\frac{1}{3})$.

所以 $\overrightarrow{A_1B}=(-a,a,-2)$，$\overrightarrow{DA}=(a,0,-1)$，$\overrightarrow{DB}=(0,a,-1)$，$\overrightarrow{EG}=(-\frac{a}{6},-\frac{a}{6},-\frac{2}{3})$.

设平面 ADB 的法向量为 $\boldsymbol{m}=(x,y,1)$，则有

$$\begin{cases}\boldsymbol{m}\cdot\overrightarrow{DA}=0\\ \boldsymbol{m}\cdot\overrightarrow{DB}=0\end{cases}，即$$

$$\begin{cases}a\times x+0\times y+(-1)\times 1=0\\0\times x+a\times y+(-1)\times 1=0\end{cases}$$

解得 $x=\frac{1}{a}$，$y=\frac{1}{a}$，即 $\boldsymbol{m}=(\frac{1}{a},\frac{1}{a},1)$. 设 BA_1 与平面 ADB 所成角为 θ，则有

$$\sin\theta=|\cos\langle\overrightarrow{A_1B},\boldsymbol{m}\rangle|=\frac{|\overrightarrow{A_1B}\cdot\boldsymbol{m}|}{|\overrightarrow{A_1B}||\boldsymbol{m}|}$$

$$=\frac{\left|\frac{1}{a}\times(-a)+\frac{1}{a}\times a+1\times(-2)\right|}{\sqrt{(\frac{1}{a})^2+(\frac{1}{a})^2+1}\sqrt{a^2+a^2+4}}$$

$$=\frac{2a}{\sqrt{2+a^2}\sqrt{2a^2+4}}$$

又点 G 为 E 在平面 ADB 上的射影，由 $\overrightarrow{EG}=\lambda\boldsymbol{m}$ 解得 $a=2$，代入上式得

$$\sin\theta=\frac{\sqrt{2}}{3}$$

即 BA_1 与平面 ADB 所成角为 $\arcsin\frac{\sqrt{2}}{3}$.

(2)因为

$$\overrightarrow{A_1E}=(-\frac{a}{2},\frac{a}{2},-1)=(-1,1,-1)$$

$$\overrightarrow{DE}=(\frac{a}{2},\frac{a}{2},0)=(1,1,0)$$

将平面 AED 的法向量设为 $\boldsymbol{n}=(x,y,1)$，由 $\begin{cases}\boldsymbol{n}\cdot\overrightarrow{DA}=0\\\boldsymbol{n}\cdot\overrightarrow{DE}=0\end{cases}$ 解得 $\boldsymbol{n}=(\frac{1}{2},\frac{1}{2},1)$. 设 $\overrightarrow{A_1E}$ 与平面 AED 所成角为 β，则

$$\sin\beta = |\cos\langle\overrightarrow{A_1E}, \boldsymbol{n}\rangle| = \frac{|\overrightarrow{A_1E}\cdot\boldsymbol{n}|}{|\overrightarrow{A_1E}||\boldsymbol{n}|} = \frac{2\sqrt{2}}{3}$$

所以 A_1E 到平面 AED 的距离为

$$|\overrightarrow{A_1B}|\cdot\sin\beta = \sqrt{3}\times\frac{2\sqrt{2}}{3} = \frac{2\sqrt{6}}{3}$$

例 10 （2004 年天津高考试题）如图 8.6.5 所示，在四棱锥 $P-ABCD$ 中，底面 $ABCD$ 是正方形，侧棱 $PD\perp$ 底面 $ABCD$，$PD=DC$，E 是 PC 的中点，作 $EF\perp PB$ 交 PB 于点 F.

(1) 证明 $PA/\!/$ 平面 EDB；

(2) 证明 $PB\perp$ 平面 EFD；

(3) 求二面角 $C-PB-D$ 的大小.

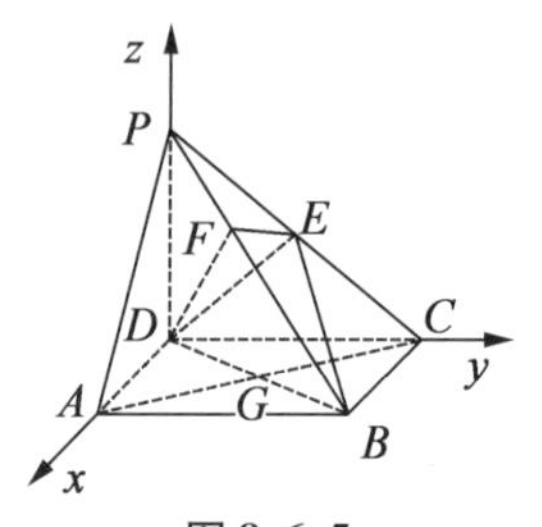

图 8.6.5

解 (1) 建立如图 8.6.5 所示的坐标系，联结 AC 交 BD 于 G，联结 EG.

设正方形 $ABCD$ 的边长为 a，依题意得 $A(a,0,0)$，$P(0,0,a)$，$E(0,\frac{a}{2},\frac{a}{2})$.

因为底面 $ABCD$ 是正方形，所以 G 是此正方形的中心，故点 G 的坐标为 $(\frac{a}{2},\frac{a}{2},0)$. $\overrightarrow{PA}=(a,0,-a)$，$\overrightarrow{EG}=(\frac{a}{2},0,-\frac{a}{2})$，于是，$\overrightarrow{PA}=2\overrightarrow{EG}$. 这表明 $PA/\!/EG$.

从而 $EG\subset$ 平面 EDB 且 $PA\not\subset$ 平面 EDB，所以 $PA\parallel$ 平面 EDB.

(2)依题意得 $B(a,a,0)$，$\overrightarrow{PB}=(a,a,-a)$. 又 $\overrightarrow{DE}=(0,\frac{a}{2},\frac{a}{2})$，故 $\overrightarrow{PB}\cdot\overrightarrow{DE}=0+\frac{a^2}{2}-\frac{a^2}{2}=0$，故 $PB\perp DE$.

由已知 $EF\perp PB$，且 $EF\cap DE=E$，所以 $PB\perp$ 平面 EFD.

(3)设点 F 的坐标为 (x_0,y_0,z_0)，$\overrightarrow{PF}=\lambda\overrightarrow{PB}$，则 $(x_0,y_0,z_0-a)=\lambda(a,a,-a)$. 从而 $x_0=\lambda a$，$y_0=\lambda a$，$z_0=(1-\lambda)a$，所以 $\overrightarrow{FE}=(-x_0,\frac{a}{2}-y_0,\frac{a}{2}-z_0)=(-\lambda a,(\frac{1}{2}-\lambda)a,(\lambda-\frac{1}{2})a)$.

由条件 $EF\perp PB$ 知，$\overrightarrow{FE}\cdot\overrightarrow{PB}=0$ 即 $-\lambda a^2+(\frac{1}{2}-\lambda)a^2-(\lambda-\frac{1}{2})a^2=0$，解得 $\lambda=\frac{1}{3}$. 所以点 F 的坐标为 $(\frac{a}{3},\frac{a}{3},\frac{2a}{3})$，且 $\overrightarrow{FE}=(-\frac{a}{3},\frac{a}{6},-\frac{a}{6})$，$\overrightarrow{FD}=(-\frac{a}{3},-\frac{a}{3},-\frac{2a}{3})$. 从而 $\overrightarrow{PB}\cdot\overrightarrow{FD}=-\frac{a^2}{3}-\frac{a^2}{3}+\frac{2a^2}{3}=0$. 即 $PB\perp FD$，故 $\angle EFD$ 是二面角 $C-FB-D$ 的平面角，$\overrightarrow{FE}\cdot\overrightarrow{FD}=\frac{a^2}{9}-\frac{a^2}{18}+\frac{a^2}{9}=\frac{a^2}{6}$，且 $|\overrightarrow{FE}|=\sqrt{\frac{a^2}{9}+\frac{a^2}{36}+\frac{a^2}{36}}=\frac{\sqrt{6}}{6}a$，$|\overrightarrow{FD}|=\sqrt{\frac{a^2}{9}+\frac{a^2}{9}+\frac{4a^2}{9}}=\frac{\sqrt{6}}{3}a$，则 $\cos\angle EFD=$

$$\frac{\overrightarrow{FE}\cdot\overrightarrow{FD}}{|\overrightarrow{FE}||\overrightarrow{FD}|}=\frac{\frac{a^2}{6}}{\frac{\sqrt{6}}{6}a\cdot\frac{\sqrt{6}}{3}a}=\frac{1}{2}.$$

故$\angle EFD=\frac{\pi}{3}$. 所以,二面角 $C-PB-D$ 的大小为 $\frac{\pi}{3}$.

例 11 (2002 高考全国卷题)如图 8.6.6 所示,正方形 $ABCD$,$ABEF$ 的边长都是 1,而且平面 $ABCD$,$ABEF$ 互相垂直,点 M 在 AC 上移动,点 N 在 BF 上移动,若 $CM=BN=a(0<a<\sqrt{2})$.

(1)求 MN 的长;

(2)求 a 为何值时,MN 的长最小;

(3)当 MN 的长最小时,求面 MNA 与面 MNB 所成的二面角的大小.

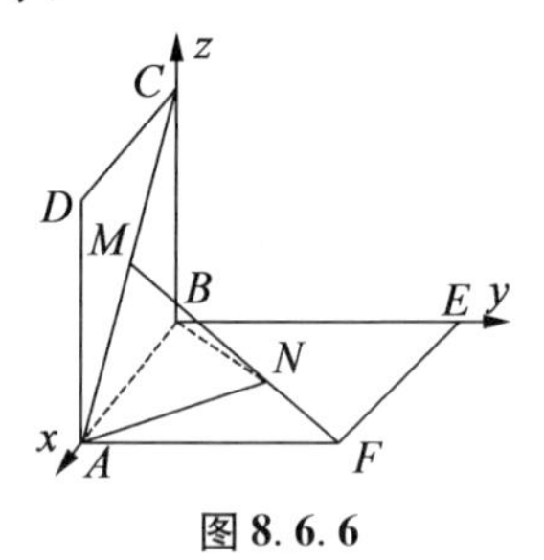

图 8.6.6

解 因为面 $ABCD\perp ABEF$,面 $ABCD\cap$面 $ABEF=AB$,$AB\perp BE$,所以 $BE\perp$面 ABC,从而 AB,BC,BE 两两垂直. 以 B 为原点,以 BA 为 x 轴,BE 为 y 轴,BC 为 z 轴,建立如图 8.6.6 所示的空间直角坐标系.

(1)$M(a\cos 45°,0,1-a\cos 45°)$,$N(a\cos 45°,$

$a\cos 45°,0)$，即 $M\left(\frac{\sqrt{2}}{2}a,0,1-\frac{\sqrt{2}}{2}a\right)$，$N\left(\frac{\sqrt{2}}{2}a,\frac{\sqrt{2}}{2}a,0\right)$.

所以$\overrightarrow{MN}=(0,\frac{\sqrt{2}}{2}a,\frac{\sqrt{2}}{2}a-1)$. 所以

$$\overrightarrow{MN}=\sqrt{\left(\frac{\sqrt{2}}{2}a\right)^2+\left(\frac{\sqrt{2}}{2}a-1\right)^2}=\sqrt{a^2-\sqrt{2}a+1}$$

$$=\sqrt{\left(a-\frac{\sqrt{2}}{2}\right)^2+\frac{1}{2}}$$

(2)由(1)知，当 $a=\frac{\sqrt{2}}{2}$时，$|\overrightarrow{MN}|=\frac{\sqrt{2}}{2}$，即 M,N 恰分别为 AC 和 BF 的中点时，MN 的长最小，最小值为$\frac{\sqrt{2}}{2}$.

(3) 当 MN 的长最小时，$M\left(\frac{1}{2},0,\frac{1}{2}\right)$，$N\left(\frac{1}{2},\frac{1}{2},0\right)$，$\overrightarrow{MN}=\left(0,\frac{1}{2},-\frac{1}{2}\right)$，$\overrightarrow{AN}=\left(-\frac{1}{2},\frac{1}{2},0\right)$，$\overrightarrow{BN}=\left(\frac{1}{2},\frac{1}{2},0\right)$.

设平面 AMN 的法向量为$\boldsymbol{n}_1=(1,m,n)$，则

$$\begin{cases}\boldsymbol{n}_1\cdot\overrightarrow{MN}=0\\ \boldsymbol{n}_1\cdot\overrightarrow{AN}=0\end{cases}$$

即

$$\begin{cases}\frac{1}{2}m-\frac{1}{2}n=0\\ -\frac{1}{2}+\frac{1}{2}m=0\end{cases}$$

解得$\begin{cases}m=1\\ n=1\end{cases}$，所以$\boldsymbol{n}_1=(1,1,1)$.

设平面 BMN 的法向量为 $\boldsymbol{n}_2=(1,\lambda,\mu)$，则 $\begin{cases}\boldsymbol{n}_2\cdot\overrightarrow{MN}=0\\ \boldsymbol{n}_2\cdot\overrightarrow{BN}=0\end{cases}$，即 $\begin{cases}\frac{1}{2}\lambda-\frac{1}{2}\mu=0\\ \frac{1}{2}+\frac{1}{2}\lambda=0\end{cases}$，解得 $\begin{cases}\lambda=-1\\ \mu=-1\end{cases}$.

从而 $\boldsymbol{n}_2=(1,-1,-1)$.

所以 $\cos\langle\boldsymbol{n}_1,\boldsymbol{n}_2\rangle=\frac{\boldsymbol{n}_1\cdot\boldsymbol{n}_2}{|\boldsymbol{n}_1||\boldsymbol{n}_2|}=\frac{1-1-1}{\sqrt{3}\times\sqrt{3}}=-\frac{1}{3}$，由图知，面 MNA 与面 MNB 所成的二面角为 $\arccos\left(-\frac{1}{3}\right)$.

例 12 （2004 年高考湖南卷题）如图 8.6.7 所示，在底面是菱形的四棱锥 $P-ABCD$ 中，$\angle ABC=60^{\circ}$，$PA=AC=a$，$PB=PD=\sqrt{2}a$，点 E 在 PD 上，且 $PE:ED=2:1$.

（1）证明：$PA\perp$ 平面 $ABCD$；

（2）求以 AC 为棱，EAC 与 DAC 为面的二面角 θ 的大小；

（3）在棱 PC 上是否存在一点 F，使 $BF\,/\!/$ 平面 AEC？证明你的结论.

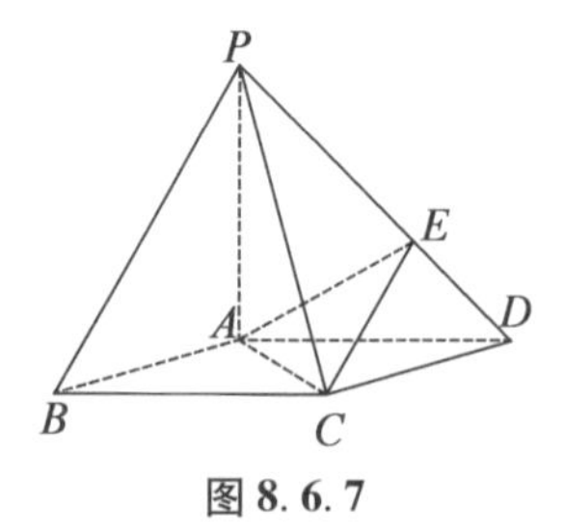

图 8.6.7

解法 1 以 A 为坐标原点，直线 AD，AP 分别为 y 轴，z 轴，过点 A 垂直平面 PAD 的直线为 x 轴，建立空间直角坐标系，如图 8.6.8 所示. 由题设条件，相关各

点的坐标分别为 $A(0,0,0)$，$B\left(\frac{\sqrt{3}}{2}a,-\frac{1}{2}a,0\right)$，$C\left(\frac{\sqrt{3}}{2}a,\frac{1}{2}a,0\right)$，$D(0,a,0)$，$P(0,0,a)$，$E\left(0,\frac{2}{3}a,\frac{1}{3}a\right)$.

所以$\overrightarrow{AE}=\left(0,\frac{2}{3}a,\frac{1}{3}a\right)$，$\overrightarrow{AC}=\left(\frac{\sqrt{3}}{2}a,\frac{1}{2}a,0\right)$，$\overrightarrow{AP}=(0,0,a)$，$\overrightarrow{PC}=\left(\frac{\sqrt{3}}{2}a,\frac{1}{2}a,-a\right)$，$\overrightarrow{BP}=\left(-\frac{\sqrt{3}}{2}a,\frac{1}{2}a,a\right)$.

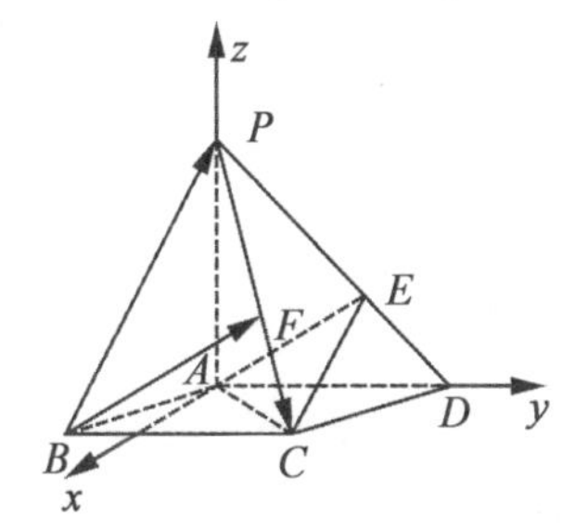

图 8.6.8

设点 F 是棱 PC 上的点，则

$$\overrightarrow{PF}=\lambda\overrightarrow{PC}=\left(\frac{\sqrt{3}}{2}a\lambda,\frac{1}{2}a\lambda,-a\lambda\right)$$

其中 $0<\lambda<1$，则

$$\begin{aligned}\overrightarrow{BF}&=\overrightarrow{BP}+\overrightarrow{PF}\\&=\left(-\frac{\sqrt{3}}{2}a,\frac{1}{2}a,a\right)+\left(\frac{\sqrt{3}}{2}a\lambda,\frac{1}{2}a\lambda,-a\lambda\right)\\&=\left(\frac{\sqrt{3}}{2}a(\lambda-1),\frac{1}{2}a(1+\lambda),a(1-\lambda)\right)\end{aligned}$$

令$\overrightarrow{BF}=\lambda_1\overrightarrow{AC}+\lambda_2\overrightarrow{AE}$，得

$$\begin{cases}\dfrac{\sqrt{3}}{2}a(\lambda-1)=\dfrac{\sqrt{3}}{2}a\lambda_1\\ \dfrac{1}{2}a(1+\lambda)=\dfrac{1}{2}a\lambda_1+\dfrac{2}{3}a\lambda_2\\ a(1-\lambda)=\dfrac{1}{3}a\lambda_2\end{cases}$$

即 $\begin{cases}\lambda-1=\lambda_1\\ 1+\lambda=\lambda_1+\dfrac{4}{3}\lambda_2\\ 1-\lambda=\dfrac{1}{3}\lambda_2\end{cases}$,解得 $\begin{cases}\lambda=\dfrac{1}{2}\\ \lambda_1=-\dfrac{1}{2}\\ \lambda_2=\dfrac{3}{2}\end{cases}$. 即 $\lambda=\dfrac{1}{2}$ 时,

$\overrightarrow{BF}=-\dfrac{1}{2}\overrightarrow{AC}+\dfrac{3}{2}\overrightarrow{AE}$,亦即 F 是 PC 的中点时,$\overrightarrow{BF}$,$\overrightarrow{AC}$,$\overrightarrow{AE}$共面. 又 $BF\not\subset$平面 AEC,所以当 F 是棱 PC 的中点时,BF∥平面 AEC.

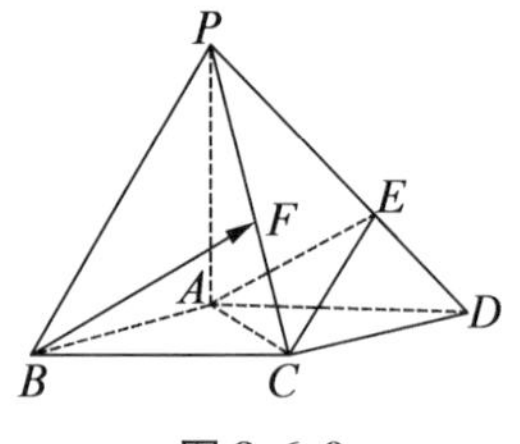

图 8.6.9

解法 2 当 F 是棱 PC 的中点时,BF∥平面 AEC. 证明如下:因为

$$\begin{aligned}\overrightarrow{BF}&=\overrightarrow{BC}+\frac{1}{2}\overrightarrow{CP}\\&=\overrightarrow{AD}+\frac{1}{2}(\overrightarrow{CD}+\overrightarrow{DP})\\&=\overrightarrow{AD}+\frac{1}{2}\overrightarrow{CD}+\frac{3}{2}\overrightarrow{DE}\end{aligned}$$

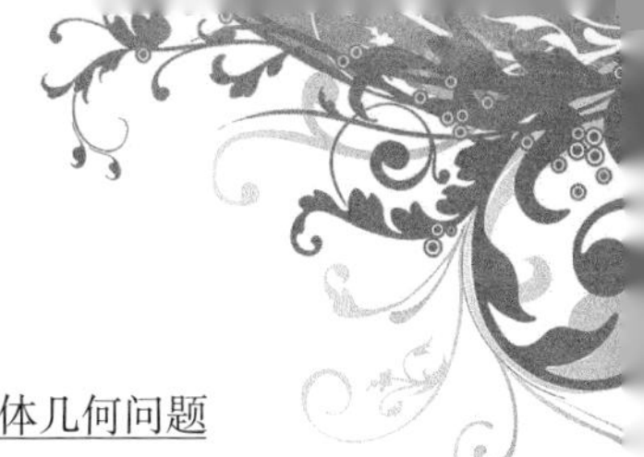

$$=\overrightarrow{AD}+\frac{1}{2}(\overrightarrow{AD}-\overrightarrow{AC})+\frac{3}{2}(\overrightarrow{AE}-\overrightarrow{AD})$$

$$=\frac{3}{2}\overrightarrow{AE}-\frac{1}{2}\overrightarrow{AC}$$

所以$\overrightarrow{BF}$,$\overrightarrow{AE}$,$\overrightarrow{AC}$共面. 又 $BF\not\subset$平面 AEC,从而$BF/\!/$平面 AEC.

例 13　(2005 年高考湖南卷题)如图 8.6.10 所示,已知 $ABCD$ 是上底、下底长分别为 2 和 6,高为$\sqrt{3}$的等腰梯形,将它沿对称轴 OO_1 折成直二面角.

(1)证明 $AC\perp BO_1$;

(2)求二面角 $O-AC-O_1$ 的大小.

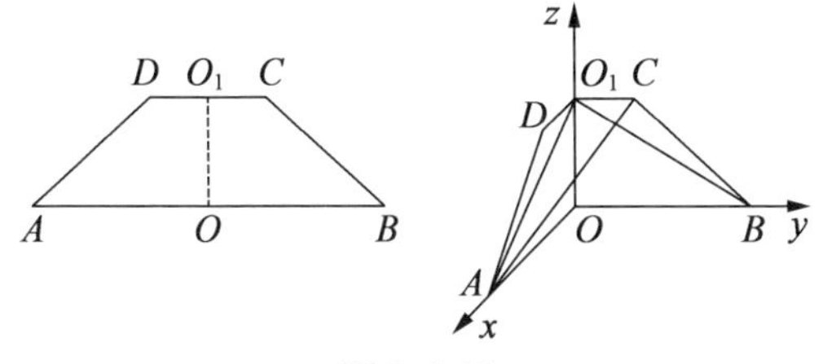

图 8.6.10

解　(1)由题设可知 $OA\perp OO_1$, $OB\perp OO_1$,故$\angle AOB$是所折成的直二面角的平面角,即 $OA\perp OB$.

以 O 为原点,OA,OB,OO_1 所在直线分别为 x 轴,y 轴,z 轴建立空间直角坐标系 $O-xyz$,如图 8.6.10 所示,则 $A(3,0,0)$,$B(0,3,0)$,$C(0,1,\sqrt{3})$,$O_1(0,0,\sqrt{3})$,从而$\overrightarrow{AC}=(-3,1,\sqrt{3})$,$\overrightarrow{BO_1}=(0,-3,\sqrt{3})$. $\overrightarrow{AC}\cdot\overrightarrow{BO_1}=-3+\sqrt{3}\cdot\sqrt{3}=0$,所以 $AC\perp BO_1$.

(2)因为$\overrightarrow{BO_1}\cdot\overrightarrow{OC}=-3+\sqrt{3}\cdot\sqrt{3}=0$,故 $BO_1\perp OC$. 由(1)$AC\perp BO_1$,所以 $BO_1\perp$平面 OAC. 又$\overrightarrow{BO_1}$是平

面 OAC 的法向量，令 $\boldsymbol{a}=\overrightarrow{BO_1}=(0,-3,\sqrt{3})$，$\boldsymbol{b}=(x,y,1)$ 是平面 O_1AC 的法向量. 由 $\begin{cases}\overrightarrow{AC}\cdot\boldsymbol{b}=0\\ \overrightarrow{O_1C}\cdot\boldsymbol{b}=0\end{cases}$，即 $\begin{cases}-3x+y+\sqrt{3}=0\\ y=0\end{cases}$，得 $\begin{cases}x=\dfrac{\sqrt{3}}{3}\\ y=0\end{cases}$. $\boldsymbol{b}=\left(\dfrac{\sqrt{3}}{3},0,1\right)$.

设二面角 $O-AC-O_1$ 的大小为 θ，则 $\theta=\langle\boldsymbol{a},\boldsymbol{b}\rangle$.

因 $\cos\langle\boldsymbol{a},\boldsymbol{b}\rangle=\dfrac{\boldsymbol{a}\cdot\boldsymbol{b}}{|\boldsymbol{a}||\boldsymbol{b}|}=\dfrac{\sqrt{3}}{4}$，则 $\langle\boldsymbol{a},\boldsymbol{b}\rangle=\arccos\dfrac{\sqrt{3}}{4}$.

取检验向量 $\overrightarrow{OO_1}=(0,0,\sqrt{3})$，则 $\begin{cases}\overrightarrow{OO_1}\cdot\boldsymbol{a}=3>0\\ \overrightarrow{OO_1}\cdot\boldsymbol{b}=\sqrt{3}>0\end{cases}$.

故 $\theta=\langle\boldsymbol{a},\boldsymbol{b}\rangle=\arccos\dfrac{\sqrt{3}}{4}$ 为所求.

向量与复数

第九章

复数$z=x+y\mathrm{i}(x,y\in\mathbf{R},\mathrm{i}^2=-1)$可以用点$Z(x,y)$和向量$\overrightarrow{OZ}$($O$为复平面坐标系原点)表示,复数集与复平面上的点集与复平面上以坐标原点发出的向量集(位置向量集)具有一一对应关系,复数的加法和减法的几何意义就是向量的加法和减法,用一个实数去乘复数的几何意义相当于数乘向量的运算. 若设复数$z=r(\cos\theta+\mathrm{i}\sin\theta)$,复数$z_1$与向量$\overrightarrow{OZ_1}$对应,那么$z_1\cdot z$的几何意义是把向量$\overrightarrow{OZ_1}$绕点$O$逆时针方向旋转$\theta$角,再把$|\overrightarrow{OZ_1}|$变为原来的$r$倍,而$\frac{z_1}{z}(z\neq0)$的几何意义则是把向量$\overrightarrow{OZ_1}$绕点$O$顺时针方向旋转$\theta$角,再把$|OZ_1|$变为原来的$\frac{1}{r}$倍.

设z是任意复数,$\mathrm{e}^{\mathrm{i}\theta}=\cos\theta+\mathrm{i}\sin\theta$是单位复数,则$z\mathrm{e}^{\mathrm{i}\theta}$所对应的向量是由向量$\overrightarrow{OZ}$(点$Z$对应复数$z$,复平面原点为$O$)绕

着原点 O 旋转 θ 角但不改变长度而得到,即 $|ze^{i\theta}|=|z|$,$ze^{i\theta}$ 的辐角 $=z$ 的辐角 $+\theta$.

设 Z_1,Z_2,Z_3 是复平面上对应复数 z_1,z_2,z_3 的三点(以下均同),则向量 $\overrightarrow{Z_1Z_2}$ 与 $\overrightarrow{Z_1Z_3}$ 的夹角 φ 为

$$\varphi=\arg\frac{z_3-z_1}{z_2-z_1}=\arg(z_3-z_1)-\arg(z_2-z_1)$$

向量 $\overrightarrow{Z_1Z_2}$ 与 $\overrightarrow{Z_1Z_3}$ 互相垂直的充要条件是 $\frac{z_3-z_1}{z_2-z_1}$ 等于纯虚数.

由此也可知,凡是利用平面向量知识能解的几何问题,用复数也可以解出. 但是,复数的乘法的几何意义不同于向量的一般乘法(数量积或向量积),它表示为向量的拉伸与旋转的合成,利用这一特点,使得复数在解决某些几何问题时,比向量更方便.

9.1 用向量表示对应的复数

例 1 (1987 年全国高中联赛题)如图 9.1.1 所示,$\triangle ABC$ 和 $\triangle ADE$ 是两个不全等的等腰直角三角形,现固定 $\triangle ABC$,而将 $\triangle ADE$ 绕点 A 在平面上旋转. 试证:不论 $\triangle ADE$ 旋转到什么位置,线段 EC 上必存在点 M,使 $\triangle BMD$ 为等腰直角三角形.

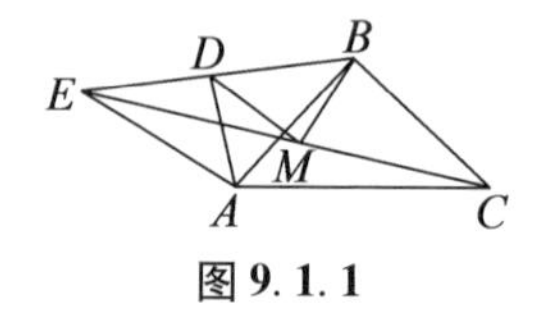

图 9.1.1

证法 1 把 $\triangle ABC$ 放置在复平面(即建立平面直角坐标系)上,使得 A,B,C 所对应的复数分别为 0,

$a\mathrm{e}^{\frac{\pi}{4}\mathrm{i}}$,$\sqrt{2}a$(其中令 $AB=a$). 设 $AD=1$,则 D,E 对应的复数为 $\mathrm{e}^{\theta\mathrm{i}}$,$\sqrt{2}\mathrm{e}^{(\theta+\frac{\pi}{4}\mathrm{i})}$,并以 DB 为斜边作等腰直角三角形 DMB(D,M,B 按顺时针方向). 用向量表示对应的复数,则点 D,M,B 对应的复数记为 $\boldsymbol{D}$,$\boldsymbol{M}$,$\boldsymbol{B}$,于是

$$\boldsymbol{M}-\boldsymbol{D}=(\boldsymbol{B}-\boldsymbol{D})\frac{1}{\sqrt{2}}\mathrm{e}^{-\frac{\pi}{4}\mathrm{i}}=\frac{\sqrt{2}}{2}[a-\mathrm{e}^{(\theta-\frac{\pi}{4})\mathrm{i}}]$$

则

$$\boldsymbol{M}=\boldsymbol{D}+(\boldsymbol{M}-\boldsymbol{D})=\mathrm{e}^{\theta\mathrm{i}}+\frac{\sqrt{2}}{2}[a-\mathrm{e}^{(\theta-\frac{\pi}{4})\mathrm{i}}]$$

$$=\frac{\sqrt{2}}{2}[a+\mathrm{e}^{(\theta+\frac{\pi}{4})\mathrm{i}}]$$

故
$$\boldsymbol{M}=\frac{1}{2}[\sqrt{2}a+\sqrt{2}\mathrm{e}^{(\theta-\frac{\pi}{4})\mathrm{i}}]$$

这说明 M 是线段 EC 的中点.

证法2　把△ABC 放置在复平面中,使得 A,B,C 所对应的复数分别为 0,$\mathrm{e}^{\frac{\pi}{4}\mathrm{i}}$,$\sqrt{2}$(其中令 $AB=1$). 先设 E 在 AC 上,且设 E 对应的复数为 λ,则 $0<\lambda<\sqrt{2}$,且点 D 对应的复数为$\frac{\lambda}{\sqrt{2}}\mathrm{e}^{-\frac{\pi}{4}\mathrm{i}}$.

当△ADE 绕 A 旋转任意角度 θ 之后,点 E 对应的复数为 $\lambda\mathrm{e}^{\mathrm{i}\theta}$,而点 D 对应的复数变为$\frac{\lambda}{\sqrt{2}}\mathrm{e}^{(\theta-\frac{\pi}{4})\mathrm{i}}$. 取 EC 的中点为 M,则点 M 对应的复数为$\frac{1}{2}(\lambda\mathrm{e}^{\mathrm{i}\theta}+\sqrt{2})$. 用向量表示对应的复数,考察三点 B,M,D 所对应的复数,易见

$$\boldsymbol{M}(1+\mathrm{i})=\boldsymbol{M}\cdot\sqrt{2}\mathrm{e}^{\frac{\pi}{4}\mathrm{i}}=\lambda\cdot\frac{1}{\sqrt{2}}\mathrm{e}^{(\theta+\frac{\pi}{4})\mathrm{i}}+\mathrm{e}^{\frac{\pi}{4}\mathrm{i}}$$

$$=\boldsymbol{D}\cdot \mathrm{i}+\boldsymbol{B}$$

由此得出 $$(\boldsymbol{B}-\boldsymbol{M})\mathrm{i}=\boldsymbol{D}-\boldsymbol{M}$$

即证.

证法3 因 $|AB|>|AD|$,故 B,D 不重合,把两个三角形放置在同一复平面中,使 BD 的中点为原点,BD 所在直线为实轴,用向量表示对应的复数,则各顶点对应的复数用其顶点表示,且设 $\boldsymbol{B}=-1,\boldsymbol{D}=1$,则

$$\boldsymbol{E}-\boldsymbol{D}=(\boldsymbol{A}-\boldsymbol{D})(-\mathrm{i})=-(\boldsymbol{A}-1)\mathrm{i}$$

从而 $\boldsymbol{E}=\boldsymbol{D}-(\boldsymbol{A}-1)\mathrm{i}=1-(\boldsymbol{A}-1)\mathrm{i}$

同理 $\boldsymbol{C}=\boldsymbol{B}+(\boldsymbol{A}-\boldsymbol{B})\mathrm{i}=1+(\boldsymbol{A}+1)\mathrm{i}$

设 BC 的中点为 M,则

$$\boldsymbol{M}=\frac{1}{2}(\boldsymbol{E}+\boldsymbol{C})=\mathrm{i}$$

这说明 $\triangle BMD$ 为等腰直角三角形.

证法4 把两个三角形放置在同一复平面中,向量与对应的复数可分别设为:$\overrightarrow{BA}$为 z_1,$\overrightarrow{BE}$为 z_2,则$\overrightarrow{BC}$为 $z_1\mathrm{i}$,$\overrightarrow{DA}$ 为 $z_2\mathrm{i}$,$\overrightarrow{AC}$ 为 $z_1\mathrm{i}-z_1$,$\overrightarrow{AE}$ 为 $z_2-z_1\mathrm{i}$,从而$\overrightarrow{CE}$为 $(z_1+z_2)-(z_1+z_2)\mathrm{i}$.

设 M 是所求的点,且记$\overrightarrow{CM}=\lambda\ \overrightarrow{CE}(0\leqslant\lambda\leqslant 1)$,则 $\overrightarrow{MB}=-(\overrightarrow{BC}+\overrightarrow{CM})$. 于是$\overrightarrow{MB}$对应的复数为

$$\begin{aligned} z&=-z_1\mathrm{i}-\lambda(z_1+z_2)+\lambda(z_1+z_2)\mathrm{i}\\ &=-\lambda(z_1+z_2)-(1-\lambda)z_1\mathrm{i}+\lambda z_2\mathrm{i}\end{aligned}$$

$$z\mathrm{i}=(1-\lambda)z_1-\lambda z_2-\lambda(z_1+z_2)\mathrm{i} \qquad ①$$

又$\overrightarrow{MD}=\overrightarrow{ME}-\overrightarrow{DE}$,则$\overrightarrow{MD}$对应的复数为

$$\begin{aligned} z'&=(1-\lambda)[(z_1+z_2)-(z_1+z_2)\mathrm{i}]-z_2\\ &=(1-\lambda)z_1-\lambda z_2-(1-\lambda)(z_1+z_2)\mathrm{i} \qquad ②\end{aligned}$$

若$\triangle BMD$ 为等腰直角三角形,只需 $z\mathrm{i}=z'$,比较

①,②两式可知 $\lambda=1-\lambda$,即 $\lambda=\frac{1}{2}$,即 M 为 BC 中点.

例 2　(托勒密不等式)已知凸四边形 $ABCD$,求证:$AB\cdot CD+BC\cdot AD\geqslant AC\cdot BD$.

证法 1　取 B 为原点,BC 所在直线为实轴建立复平面,用向量表示对应的复数,则 C,D,A 对应的复数分别为 $\boldsymbol{C},\boldsymbol{D},\boldsymbol{A}$,则

$$\begin{aligned}&AB\cdot CD+AD\cdot BC\\=&|\boldsymbol{A}|\cdot|\boldsymbol{C}-\boldsymbol{D}|+|\boldsymbol{D}-\boldsymbol{A}|\cdot|\boldsymbol{C}|\\=&|\boldsymbol{A}\cdot\boldsymbol{C}-\boldsymbol{A}\cdot\boldsymbol{D}|+|\boldsymbol{D}\cdot\boldsymbol{C}-\boldsymbol{A}\cdot\boldsymbol{C}|\\\geqslant&|\boldsymbol{A}\cdot\boldsymbol{C}-\boldsymbol{A}\cdot\boldsymbol{D}+\boldsymbol{D}\cdot\boldsymbol{C}-\boldsymbol{A}\cdot\boldsymbol{C}|\\=&|\boldsymbol{D}|\cdot|\boldsymbol{C}-\boldsymbol{A}|=BD\cdot AC\end{aligned}$$

证法 2　将四边形 $ABCD$ 放置于复平面中,用向量表示对应的复数,则 A,B,C,D 对应的复数用 $\boldsymbol{A},\boldsymbol{B},\boldsymbol{C},\boldsymbol{D}$ 表示,构造复数恒等式

$$\begin{aligned}&(\boldsymbol{A}-\boldsymbol{B})(\boldsymbol{C}-\boldsymbol{D})+(\boldsymbol{B}-\boldsymbol{C})(\boldsymbol{A}-\boldsymbol{D})\\=&(\boldsymbol{A}-\boldsymbol{C})(\boldsymbol{B}-\boldsymbol{D})\end{aligned}$$

两边取模即得

$$\begin{aligned}&|(\boldsymbol{A}-\boldsymbol{B})(\boldsymbol{C}-\boldsymbol{D})+(\boldsymbol{B}-\boldsymbol{C})(\boldsymbol{A}-\boldsymbol{D})|\\=&|(\boldsymbol{A}-\boldsymbol{C})(\boldsymbol{B}-\boldsymbol{D})|\end{aligned}$$

而

$$\begin{aligned}&|(\boldsymbol{A}-\boldsymbol{B})(\boldsymbol{C}-\boldsymbol{D})+(\boldsymbol{B}-\boldsymbol{C})(\boldsymbol{A}-\boldsymbol{D})|\\=&|(\boldsymbol{A}-\boldsymbol{B})(\boldsymbol{C}-\boldsymbol{D})|+|(\boldsymbol{B}-\boldsymbol{C})(\boldsymbol{A}-\boldsymbol{D})|\end{aligned}$$

所以

$$\begin{aligned}&|(\boldsymbol{A}-\boldsymbol{B})(\boldsymbol{C}-\boldsymbol{D})|+|(\boldsymbol{B}-\boldsymbol{C})(\boldsymbol{A}-\boldsymbol{D})|\\\geqslant&|(\boldsymbol{A}-\boldsymbol{C})(\boldsymbol{B}-\boldsymbol{D})|\end{aligned}$$

即
$$AB\cdot CD+AD\cdot BC\geqslant BD\cdot AC$$

例 3　(IMO 20 试题)在 $\triangle ABC$ 中,$AB=AC$,在

$\triangle ABC$ 的外接圆的内部有一个与其相切的小圆,并且该小圆又分别与 AB,AC 相切于 P,Q 两点,求证:P,Q 连线的中点是$\triangle ABC$ 的内切圆圆心.

证明 设点 A 为原点,BC 中点为 E,以 AE 所在直线为实轴正向建立复平面,设小圆圆心为 O_1,大圆圆心为 O_2,大圆半径为 r,点 C 的辐角为 θ,用向量表示对应的复数,于是$|\boldsymbol{C}|=2r\cdot\cos\theta,\boldsymbol{C}=2r\cdot\cos\theta\cdot e^{i\theta}$,$\boldsymbol{B}=2r\cdot\cos\theta\cdot e^{-i\theta},\boldsymbol{A}=0$,所以

$$|\boldsymbol{B}-\boldsymbol{C}|=4r\cdot\cos\theta\cdot\sin\theta$$

设$\triangle ABC$ 的内心为 I,用 $\mathrm{Re}(z)$表示数 z 的实部,则

$$\begin{aligned}&\mathrm{Re}(\boldsymbol{I})\\=&\frac{|\boldsymbol{B}-\boldsymbol{C}|\cdot\mathrm{Re}(\boldsymbol{A})+|\boldsymbol{C}-\boldsymbol{A}|\cdot\mathrm{Re}(\boldsymbol{B})+|\boldsymbol{A}-\boldsymbol{B}|\cdot\mathrm{Re}(\boldsymbol{C})}{|\boldsymbol{B}-\boldsymbol{C}|+|\boldsymbol{C}-\boldsymbol{A}|+|\boldsymbol{A}-\boldsymbol{B}|}\\=&\frac{2r\cdot\cos\theta\cdot 2r\cdot\cos^2\theta+2r\cdot\cos\theta-2r\cdot\cos^2\theta}{4r\cdot\cos\theta\cdot\sin\theta+2r\cdot\cos\theta+2r\cdot\cos\theta}\\=&\frac{2r\cdot\cos^2\theta}{1+\sin\theta}\end{aligned}$$

从而

$$\mathrm{Im}(\boldsymbol{I})=0$$

记 PQ 的中点为 M,则

$$2r-\boldsymbol{O}_1=|\boldsymbol{P}-\boldsymbol{O}_1|=\boldsymbol{O}_1\cdot\sin\theta$$

故

$$\boldsymbol{O}_1=\frac{2r}{1+\sin\theta},\boldsymbol{P}=\boldsymbol{O}_1\cdot\cos\theta\cdot e^{-i\theta}=\frac{2r\cdot\cos\theta}{1+\sin\theta}e^{-i\theta}$$

由此得

$$\mathrm{Re}(\boldsymbol{M})=\mathrm{Re}(\boldsymbol{P})=\frac{2r\cdot\cos^2\theta}{1+\sin\theta},\mathrm{Im}(\boldsymbol{M})=0$$

于是 $\boldsymbol{M}=\boldsymbol{I}$,即 PQ 的中点为$\triangle ABC$ 的内心.

例 4 如图 9.1.2 所示,已知圆内接六边形 $ABCDEF$ 的边满足关系 $AB=CD=EF=r$,r 为圆半径.

又设 G,H,K 分别是边 BC,DE,FA 的中点,求证:$\triangle GHK$ 是正三角形.

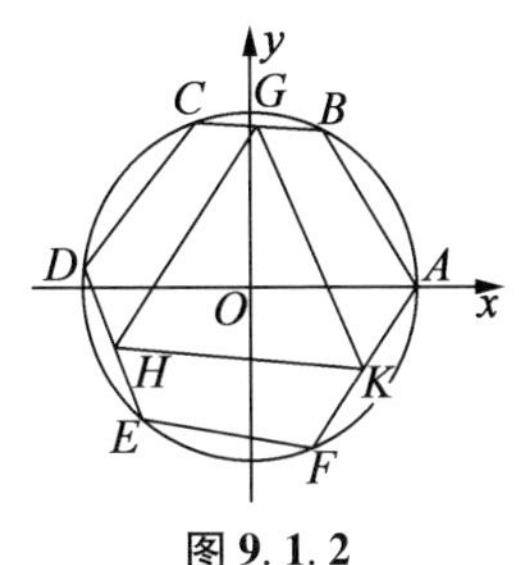

图 9.1.2

证明　不妨假定顶点 A,B,C,D,E,F 按逆时针方向排列. 取圆心 O 为原点,OA 所在射线为实半轴正方向建立复平面. 又由圆 O 的半径为 r,则 $AB=CD=EF=OA=r$,且 $\angle AOB=\angle COD=\angle EOF=\frac{\pi}{3}$. 用向量表示对应的复数,从而

$$\boldsymbol{B}=r\mathrm{e}^{\frac{\pi}{3}\mathrm{i}}=-r\mathrm{e}^{\frac{4\pi}{3}\mathrm{i}}-r\varepsilon^2,\boldsymbol{D}=\boldsymbol{C}\mathrm{e}^{\frac{\pi}{3}\mathrm{i}}=-\boldsymbol{C}\varepsilon^2$$

$$\boldsymbol{F}=\boldsymbol{E}r\mathrm{e}^{\frac{\pi}{3}\mathrm{i}}=-\boldsymbol{E}\varepsilon^2$$

其中 $\varepsilon=\mathrm{e}^{\frac{2\pi}{3}\mathrm{i}}$是三次单位根. 于是

$$\boldsymbol{C}=\frac{\boldsymbol{B}+\boldsymbol{C}}{2}=\frac{1}{2}(-r\varepsilon^2+\boldsymbol{C})$$

$$\boldsymbol{H}=\frac{\boldsymbol{D}+\boldsymbol{E}}{2}=\frac{1}{2}(-\boldsymbol{C}\varepsilon^2+\boldsymbol{E})$$

$$\boldsymbol{K}=\frac{\boldsymbol{F}+\boldsymbol{A}}{2}=\frac{1}{2}(-\boldsymbol{E}\varepsilon^2+r)$$

所以

$$\boldsymbol{G}+\varepsilon\boldsymbol{H}+\varepsilon^2\boldsymbol{K}=\frac{-r\varepsilon^2+\boldsymbol{C}}{2}+\frac{-\boldsymbol{C}+\varepsilon\boldsymbol{E}}{2}+\frac{-\boldsymbol{E}\varepsilon+r\varepsilon^2}{2}=0$$

故$\triangle GHK$ 是正三角形.

例 5 设 $P_1P_2\cdots P_n$ 是圆内接正 n 边形，P 是圆周上任意一点. 求证：$PP_1^4+PP_2^4+\cdots+PP_n^4$ 为一常数.

证明 取圆心为原点建立复平面，用向量表示对应的复数，使 $\boldsymbol{P}_k=r\mathrm{e}^{\frac{2k\pi}{n}\mathrm{i}}$（$k=1,2,\cdots,n$，$r$ 为圆的半径），$\boldsymbol{P}=r\mathrm{e}^{\mathrm{i}\theta}$，于是

$$\begin{aligned}PP_k^4&=|\boldsymbol{P}-\boldsymbol{P}_k|^4=|r\mathrm{e}^{\mathrm{i}\theta}-r\mathrm{e}^{\mathrm{i}\frac{2k\pi}{n}}|^4\\&=r^4[(\mathrm{e}^{\mathrm{i}\theta}-\mathrm{e}^{\mathrm{i}\frac{2k\pi}{n}})(\mathrm{e}^{-\mathrm{i}\theta}-\mathrm{e}^{-\mathrm{i}\frac{2k\pi}{n}})]^2\\&=r^4(2-\mathrm{e}^{\mathrm{i}\theta}\cdot\mathrm{e}^{-\mathrm{i}\frac{2k\pi}{n}}-\mathrm{e}^{-\mathrm{i}\theta}\cdot\mathrm{e}^{\mathrm{i}\frac{2k\pi}{n}})^2\\&=r^4(6+\mathrm{e}^{2\mathrm{i}\theta}\cdot\mathrm{e}^{-\mathrm{i}\frac{4k\pi}{n}}+\mathrm{e}^{-2\mathrm{i}\theta}\cdot\mathrm{e}^{\mathrm{i}\frac{4k\pi}{n}}-4\mathrm{e}^{\mathrm{i}\theta}\cdot\\&\quad\mathrm{e}^{-\mathrm{i}\frac{2k\pi}{n}}-4\mathrm{e}^{-\mathrm{i}\frac{2k\pi}{n}}\cdot\mathrm{e}^{\mathrm{i}\frac{2k\pi}{n}})\end{aligned}$$

但

$$\sum_{k=1}^{n}\mathrm{e}^{\pm\mathrm{i}\frac{4k\pi}{n}}=\frac{\mathrm{e}^{\mathrm{i}\frac{4\pi}{n}}(1-\mathrm{e}^{\pm\mathrm{i}\frac{4n\pi}{n}})}{1-\mathrm{e}^{\pm\mathrm{i}\frac{4\pi}{n}}}=0$$

$$\sum_{k=1}^{n}\mathrm{e}^{\pm\frac{2k\pi}{n}}=\frac{\mathrm{e}^{\pm\mathrm{i}\frac{2\pi}{n}}(1-\mathrm{e}^{\pm\frac{2n\pi}{n}})}{1-\mathrm{e}^{\pm\mathrm{i}\frac{2\pi}{n}}}=0$$

所以 $\sum\limits_{k=1}^{n}PP_k^4=6nr^2$.

即证.

注 (1)从证明中看出，$\sum\limits_{k=1}^{n}PP_k^2$ 也是一常数；

(2)类似可证，正 n 边形 $P_1P_2\cdots P_n$ 的半径为 r，中心为 O，在以 O 为圆心，a 为半径的圆上任取一点 P，则 $\sum\limits_{k=1}^{n}PP_k^2$ 为常数 $n(a^2+r^2)$.

例 6 如图 9.1.3 所示，设 $\triangle ABC$ 是锐角三角形，在 $\triangle ABC$ 外分别作等腰直角形 $\triangle BCD$，$\triangle ABE$，$\triangle CAF$，

且$\angle BDC$,$\angle BAE$,$\angle CFA$为直角,又在四边形$BCFE$外作等腰直角$\triangle EFG$,且$\angle EFG$为直角.求证:$GA=\sqrt{2}AD$,$\angle GAD=135°$.

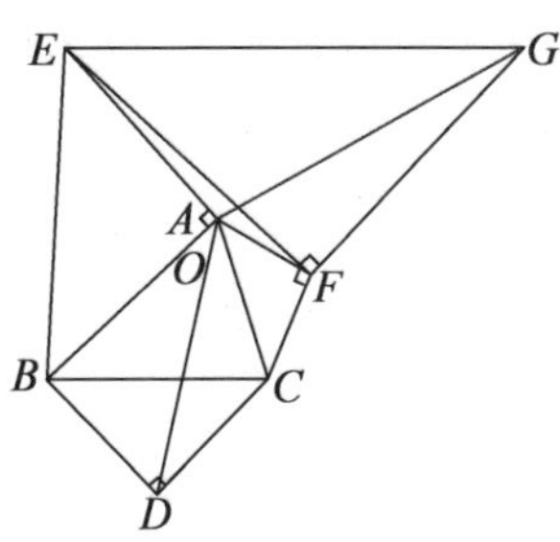

图9.1.3

证明　以A为原点建立复平面,用向量表示对应的复数,则

$$\begin{aligned}\boldsymbol{G}&=\overrightarrow{AG}=\overrightarrow{AF}+\overrightarrow{FG}=\overrightarrow{AF}+\overrightarrow{FE}(-\mathrm{i})\\&=\overrightarrow{AF}+\mathrm{i}\cdot\overrightarrow{EF}=\overrightarrow{AF}+\mathrm{i}(\overrightarrow{EA}+\overrightarrow{AF})\\&=(1+\mathrm{i})\overrightarrow{AF}+\mathrm{i}\cdot\overrightarrow{EA}=(1+\mathrm{i})\overrightarrow{AF}+\overrightarrow{BA}\end{aligned}$$

又由于

$$\begin{aligned}(-1+\mathrm{i})\boldsymbol{D}&=(-1+\mathrm{i})\overrightarrow{AD}=\overrightarrow{DA}+\mathrm{i}\cdot\overrightarrow{AD}\\&=\overrightarrow{DB}+\overrightarrow{BA}+\mathrm{i}(\overrightarrow{AC}+\overrightarrow{CD})\\&=\overrightarrow{BA}+\overrightarrow{DB}+\mathrm{i}\cdot\overrightarrow{AC}+\overrightarrow{BD}\\&=\overrightarrow{BA}+\mathrm{i}\cdot\overrightarrow{AC}=\overrightarrow{BA}+\mathrm{i}(\overrightarrow{AF}+\overrightarrow{FC})\\&=\overrightarrow{BA}+\mathrm{i}\cdot\overrightarrow{AF}+\overrightarrow{AF}\\&=\overrightarrow{BA}+(1+\mathrm{i})\overrightarrow{AF}\\&=(1+\mathrm{i})\overrightarrow{AF}+\overrightarrow{BA}\end{aligned}$$

比较得

$$\overrightarrow{AG}=(-1+\mathrm{i})\overrightarrow{AD}=\overrightarrow{AD}\cdot\sqrt{2}(\cos 135°+\mathrm{i}\sin 135°)$$

故 $AG=\sqrt{2}AD$，$\angle GAD=135°$.

例 7 如图 9.1.4 所示，以点 O 为中心的正 $n(n\geqslant 5)$ 边形的两个相邻顶点记为 A，B，$\triangle XYZ$ 与 $\triangle OAB$ 全等. 最初令 $\triangle XYZ$ 重叠于 $\triangle OAB$，然后在平面上移动 $\triangle XYZ$，使点 Y 和 Z 都沿着多边形周界移动一周，而点 X 保持在多边形内移动，求点 X 的轨迹.

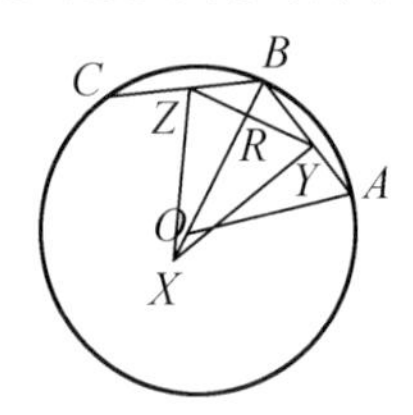

图 9.1.4

解 以 O 为原点建立复平面，设点 C 是正 n 边形与点 B 相邻的另一顶点，从 A，B，C 沿逆时针方向. 设在移动 $\triangle XYZ$ 的过程中的某一时刻，Y 在 AB 上，Z 在 BC 上，用向量表示对应的复数，按定比分点公式，有

$$\boldsymbol{Y}=(1-\lambda)\boldsymbol{A}+\lambda\boldsymbol{B}\quad(0\leqslant\lambda\leqslant 1)$$

$$\boldsymbol{Z}=(1-\mu)\boldsymbol{B}+\mu\boldsymbol{C}\quad(0\leqslant\mu\leqslant 1)$$

令 $\varepsilon=\mathrm{e}^{\mathrm{i}\frac{2\pi}{n}}$，则 $\boldsymbol{B}=\varepsilon\boldsymbol{A}$，$\boldsymbol{C}=\varepsilon\boldsymbol{B}=\varepsilon^2\boldsymbol{A}$，且 $(\boldsymbol{Y}-\boldsymbol{X})\varepsilon=\boldsymbol{Z}-\boldsymbol{X}$. 从而

$$\boldsymbol{X}=\frac{\boldsymbol{Z}-\boldsymbol{Y}\varepsilon}{1-\varepsilon}=\frac{1}{1-\varepsilon}(\mu-\lambda)(\boldsymbol{C}-\boldsymbol{B})$$

$$=\frac{1}{1-\varepsilon}(\mu-\lambda)(\varepsilon\boldsymbol{B}-\boldsymbol{B})$$

即
$$\boldsymbol{X}=-(\mu-\lambda)\boldsymbol{B}$$

由于 $\mu-\lambda$ 为实数，上式表明点 X 总在 O 与 B 确定的直线上. 其次，由

$$|\boldsymbol{A}|=|\boldsymbol{Y}-\boldsymbol{X}|=|(1-\lambda)\boldsymbol{A}+\mu\boldsymbol{B}|$$

$$= |1-\lambda+\mu\varepsilon| \cdot |\boldsymbol{A}|$$

得
$$|1-\lambda+\mu\varepsilon| = 1$$

则
$$1 \leqslant |1-\lambda| + |\mu\varepsilon| = 1-\lambda+\mu$$

从而 $\mu>\lambda$，可见点 X 将在从 B 到 O 的连线的延长线上移动.

下面考虑 X 离 O 的最远距离，由对称性和连续性知，X 离 O 的最远距离应在 $YB=ZB$ 时实现. 因此，$\lambda+\mu=1$ 或 $1-\lambda=\mu$. 设正 n 边形边长为 a，OB 交 XY 于 R，由

$$\frac{YR}{YB}=\frac{\frac{a}{2}}{\mu a}=\cos\frac{\pi}{n}$$

得 $2\mu=\frac{1}{\cos\frac{\pi}{n}}$. 从而 X 到 O 的最远距离为

$$(\mu-\lambda)|\boldsymbol{B}| = (2\mu-1)|\boldsymbol{B}| = \left(\frac{1}{\cos\frac{\pi}{n}}-1\right)\frac{a}{2\sin\frac{\pi}{n}}$$

$$=\frac{a\left(1-\cos\frac{\pi}{n}\right)}{\sin\frac{2\pi}{n}}$$

可见，所求轨迹是从 O 出发，背向多边形的每一个顶点画出的 n 条线段所组成的“星形”，其长度都相等，由上式给出.

例 8　求证：当 n 为奇数 $2m+1$ 时，$A_1A_2\cdots A_n$ 为圆 O 的内接正 n 边形，P 为 $\overset{\frown}{A_1A_n}$ 上一点，则

$$|PA_1|+|PA_3|+\cdots+|PA_{2m+1}|$$
$$=|PA_2|+|PA_4|+\cdots+|PA_{2m}|$$

证明 以点 O 为原点建立复平面,则所证明的等式即为

$$\sum_{k=0}^{m} | \boldsymbol{P} - \varepsilon^{2k+1} | = \sum_{k=1}^{m} | \boldsymbol{P} - \varepsilon^{2k} |$$

其中 $\varepsilon = e^{\frac{2\pi}{n}i}$. 由

$$\begin{aligned}\sum_{k=0}^{m} | \boldsymbol{P} - \varepsilon^{2k+1} | &= \sum_{k=0}^{m} | \varepsilon^{-k} | \cdot | \boldsymbol{P} - \varepsilon^{2k+1} | \\ &= \sum_{k=0}^{m} | \varepsilon^{-k} \cdot \boldsymbol{P} - \varepsilon^{k+1} | \\ &= \left| \sum_{k=0}^{m} \varepsilon^{-k} \cdot \boldsymbol{P} - \sum_{k=0}^{m} \varepsilon^{k+1} \right|\end{aligned}$$

同样

$$\begin{aligned}\sum_{k=1}^{m} | \boldsymbol{P} - \varepsilon^{2k} | &= \sum_{k=1}^{m} | \varepsilon^{-(m+k)} | \cdot | \boldsymbol{P} - \varepsilon^{2k} | \\ &= \left| \sum_{k=1}^{m} \varepsilon^{-(m+k)} \cdot \boldsymbol{P} - \sum_{k=1}^{m} \varepsilon^{-m+k} \right| \\ &= \left| \sum_{k=m+1}^{2m} \varepsilon^{-k} \cdot \boldsymbol{P} - \sum_{k=m+1}^{2m} \varepsilon^{k+1} \right|\end{aligned}$$

由于

$$\sum_{k=0}^{m} \varepsilon^{-k} \cdot \boldsymbol{P} + \sum_{k=m+1}^{2m} \varepsilon^{-k} \cdot \boldsymbol{P} = \sum_{k=0}^{2m} \varepsilon^{-k} \cdot \boldsymbol{P} = 0$$

及

$$\sum_{k=0}^{m} \varepsilon^{k+1} + \sum_{k=m+1}^{2m} \varepsilon^{k+1} = \sum_{k=0}^{2m} \varepsilon^{k+1} = 0$$

于是

$$\begin{aligned}&\left| - \sum_{k=0}^{m} \varepsilon^{-k} \cdot \boldsymbol{P} - \left(- \sum_{k=0}^{m} \varepsilon^{k+1} \right) \right| \\ =& \left| \sum_{k=m+1}^{2m} \varepsilon^{-k} \cdot \boldsymbol{P} - \sum_{k=m+1}^{2m} \varepsilon^{k+1} \right|\end{aligned}$$

由此即证.

注　特别地,当 $n=3$ 时,有 $|PA_1|+|PA_3|=|PA_2|$.

例 9　(2007 年国家集训队培训题)锐角 $\triangle ABC$ 的外接圆在 A 和 B 处的切线相交于 D,M 是 AB 的中点,证明:$\angle ACM=\angle BCD$.

证明　以 $\triangle ABC$ 的外心为原点建立复平面. 设 $\triangle ABC$ 外接圆为复平面上的单位圆,点 A,B,C,D,M 分别用复数 $\boldsymbol{a},\boldsymbol{b},\boldsymbol{c},\boldsymbol{d},\boldsymbol{m}$ 表示,则

$$\angle ACM=\angle BCD \Leftrightarrow \boldsymbol{H}=\frac{\boldsymbol{b}-\boldsymbol{c}}{\boldsymbol{d}-\boldsymbol{c}}:\frac{\boldsymbol{m}-\boldsymbol{c}}{\boldsymbol{a}-\boldsymbol{c}}\in \mathbf{R}$$

$$\boldsymbol{d}=\frac{2\boldsymbol{ab}}{\boldsymbol{a}+\boldsymbol{b}},\boldsymbol{m}=\frac{\boldsymbol{a}+\boldsymbol{b}}{2}$$

故 $\boldsymbol{H}=\dfrac{(\boldsymbol{b}-\boldsymbol{c})(\boldsymbol{a}-\boldsymbol{c})}{\boldsymbol{c}^2-\dfrac{2\boldsymbol{cab}}{\boldsymbol{a}+\boldsymbol{b}}-\dfrac{\boldsymbol{ac}+\boldsymbol{bc}}{2}+\boldsymbol{ab}}=\overline{\boldsymbol{H}}\Rightarrow \boldsymbol{H}\in \mathbf{R}$.

例 10　(2008 年全国高中联赛题)如图 9.1.5 所示,给定凸四边形 $ABCD$,$\angle B+\angle D<180°$,P 是平面上的动点,令

$$f(P)=PA\cdot BC+PD\cdot CA+PC\cdot AB$$

(1)求证:当 $f(P)$ 达到最小值时,P,A,B,C 四点共圆;

(2)略.

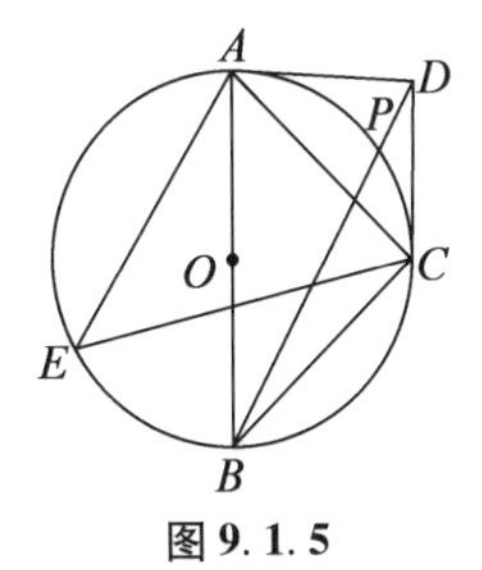

图 9.1.5

证明　(1)引进复平面,用 $\boldsymbol{A},\boldsymbol{B},\boldsymbol{C}$ 代表 A,B,C 所

对应的复数. 由三角形不等式,对于复数 z_1,z_2 有

$$|z_1|+|z_2|\geqslant|z_1+z_2|$$

当且仅当 z_1 与 z_2(复向量)同向时取等号.

因此

$$|\overrightarrow{PA}\cdot\overrightarrow{BC}|+|\overrightarrow{PC}\cdot\overrightarrow{AB}|\geqslant|\overrightarrow{PA}\cdot\overrightarrow{BC}+\overrightarrow{PC}\cdot\overrightarrow{AB}|$$

即

$$\begin{aligned}&|(\boldsymbol{A}-\boldsymbol{P})(\boldsymbol{C}-\boldsymbol{B})|+|(\boldsymbol{C}-\boldsymbol{P})(\boldsymbol{B}-\boldsymbol{A})|\\ \geqslant&|(\boldsymbol{A}-\boldsymbol{P})(\boldsymbol{C}-\boldsymbol{B})+(\boldsymbol{C}-\boldsymbol{P})(\boldsymbol{B}-\boldsymbol{A})|\\ =&|-\boldsymbol{P}\cdot\boldsymbol{C}-\boldsymbol{A}\cdot\boldsymbol{B}+\boldsymbol{C}\cdot\boldsymbol{B}+\boldsymbol{P}\cdot\boldsymbol{A}|\\ =&|(\boldsymbol{B}-\boldsymbol{P})(\boldsymbol{C}-\boldsymbol{A})|\\ =&|\overrightarrow{PB}|\cdot|\overrightarrow{AC}|\end{aligned}\qquad ①$$

从而

$$\begin{aligned}&|\overrightarrow{PA}|\cdot|\overrightarrow{BC}|+|\overrightarrow{PC}|\cdot|\overrightarrow{AB}|+|\overrightarrow{PD}|\cdot|\overrightarrow{CA}|\\ \geqslant&|\overrightarrow{PB}|\cdot|\overrightarrow{AC}|+|\overrightarrow{PD}|\cdot|\overrightarrow{AC}|\\ =&(|\overrightarrow{PB}|+|\overrightarrow{PD}|)\cdot|\overrightarrow{AC}|\\ \geqslant&|\overrightarrow{BD}|\cdot|\overrightarrow{AC}|\end{aligned}\qquad ②$$

式①取等号的条件是复数 $(\boldsymbol{A}-\boldsymbol{P})(\boldsymbol{C}-\boldsymbol{B})$ 与 $(\boldsymbol{C}-\boldsymbol{P})(\boldsymbol{B}-\boldsymbol{A})$ 同向,故存在实数 $\lambda>0$,使得

$$(\boldsymbol{A}-\boldsymbol{P})(\boldsymbol{C}-\boldsymbol{B})=\lambda(\boldsymbol{C}-\boldsymbol{P})(\boldsymbol{B}-\boldsymbol{A})$$

即

$$\frac{\boldsymbol{A}-\boldsymbol{P}}{\boldsymbol{C}-\boldsymbol{P}}=\lambda\,\frac{\boldsymbol{B}-\boldsymbol{A}}{\boldsymbol{C}-\boldsymbol{B}}$$

所以

$$\arg\left(\frac{\boldsymbol{A}-\boldsymbol{P}}{\boldsymbol{C}-\boldsymbol{P}}\right)=\arg\left(\frac{\boldsymbol{B}-\boldsymbol{A}}{\boldsymbol{C}-\boldsymbol{B}}\right)$$

即向量 $\overrightarrow{PC}$ 旋转到 $\overrightarrow{PA}$ 所成的角等于 $\overrightarrow{BC}$ 旋转到 $\overrightarrow{AB}$ 所成的角,从而 P,A,B,C 四点共圆.

式②取等号的条件为 $\boldsymbol{B},\boldsymbol{P},\boldsymbol{D}$ 共线,且 $\boldsymbol{P}$ 在线段 BD 上.故当 $f(P)$ 达到最小值时点 P 在 $\triangle ABC$ 的外接圆上,则 P,A,B,C 四点共圆.

例 11　(2011 年国家集训队测试题)如图 9.1.6 所示,设 AA',BB',CC' 是锐角 $\triangle ABC$ 的外接圆的三条直径,P 是 $\triangle ABC$ 内任意一点,点 P 在 BC,CA,AB 上的射影分别为 D,E,F,X 是点 A' 关于点 D 的对称点,Y 是点 B' 关于点 E 的对称点,Z 是点 C' 关于点 F 的对称点.求证:$\triangle XYZ\backsim\triangle ABC$.

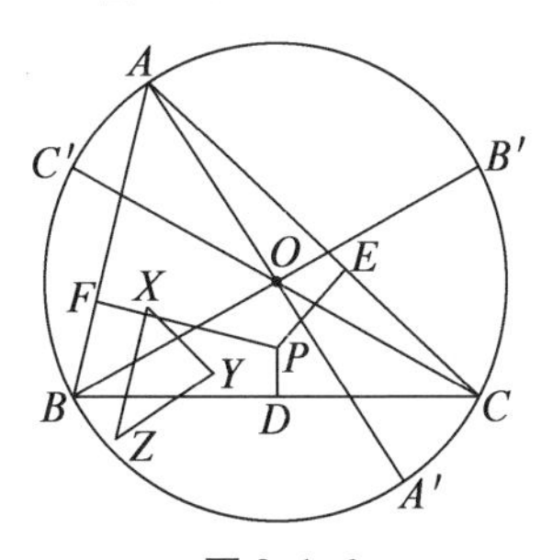

图 9.1.6

证明　(由东北师大附中张文钟同学给出)设 $\triangle ABC$ 的外心为 O,并以 O 为原点建立复平面,设圆 O 的半径为 1,以各点字母表示所在位置的复数,由 A,B,C 在圆 O 上知 $\overline{\boldsymbol{A}}=\dfrac{1}{\boldsymbol{A}},\overline{\boldsymbol{B}}=\dfrac{1}{\boldsymbol{B}},\overline{\boldsymbol{C}}=\dfrac{1}{\boldsymbol{C}}$,于是由 $PD\perp BC$ 于 D 知

$$\begin{cases}\dfrac{\boldsymbol{P}-\boldsymbol{D}}{\boldsymbol{C}-\boldsymbol{B}}=-\dfrac{\overline{\boldsymbol{P}}-\overline{\boldsymbol{D}}}{\overline{\boldsymbol{C}}-\overline{\boldsymbol{B}}}(PD\perp BC)\\[2ex]\dfrac{\boldsymbol{C}-\boldsymbol{D}}{\boldsymbol{C}-\boldsymbol{B}}=\dfrac{\overline{\boldsymbol{C}}-\overline{\boldsymbol{D}}}{\overline{\boldsymbol{C}}-\overline{\boldsymbol{B}}}(D\in BC)\end{cases}$$

上式视为关于 $\boldsymbol{D},\overline{\boldsymbol{D}}$ 的方程,解出 $\boldsymbol{D}=\dfrac{\boldsymbol{P}+\boldsymbol{C}-\boldsymbol{B}\boldsymbol{C}\overline{\boldsymbol{P}}+\boldsymbol{B}}{2}$.

由 A'是圆 O 中 A 的对径点,知 $\boldsymbol{A}'=-\boldsymbol{A}$,故

$$\begin{aligned}\boldsymbol{X}&=2\boldsymbol{D}-\boldsymbol{A}'=2\boldsymbol{D}+\boldsymbol{A}=(\boldsymbol{P}+\boldsymbol{A}+\boldsymbol{B}+\boldsymbol{C})-\boldsymbol{B}\boldsymbol{C}\overline{\boldsymbol{P}}\\&=(\boldsymbol{P}+\boldsymbol{A}+\boldsymbol{B}+\boldsymbol{C})-(\boldsymbol{A}\boldsymbol{B}\boldsymbol{C}\overline{\boldsymbol{P}})\overline{\boldsymbol{A}}\end{aligned}$$

类似地有

$$\boldsymbol{Y}=(\boldsymbol{P}+\boldsymbol{A}+\boldsymbol{B}+\boldsymbol{C})-(\boldsymbol{A}\boldsymbol{B}\boldsymbol{C}\overline{\boldsymbol{P}})\overline{\boldsymbol{B}}$$

$$\boldsymbol{Z}=(\boldsymbol{P}+\boldsymbol{A}+\boldsymbol{B}+\boldsymbol{C})-(\boldsymbol{A}\boldsymbol{B}\boldsymbol{C}\overline{\boldsymbol{P}})\overline{\boldsymbol{C}}$$

但复平面上的变换 $\phi:\boldsymbol{Z}\to(\boldsymbol{A}+\boldsymbol{B}+\boldsymbol{C}+\boldsymbol{P})+(-\boldsymbol{A}\boldsymbol{B}\boldsymbol{C}\overline{\boldsymbol{P}})\overline{\boldsymbol{Z}}$ 可以视为由平移、对称、旋转、位似变换叠加的变换,因此 ϕ 是保角的,故以 $\phi(A)$,$\phi(B)$,$\phi(C)$为顶点的三角形(顶点按顺序)与$\triangle ABC$ 相似,即$\triangle XYZ\backsim\triangle ABC$.

证毕.

9.2 用复数表示向量的旋转与拉伸

例 1 如图 9.2.1 所示,已知 $ABCD$ 和 $EFGH$ 都是正方形,且 A,E,F 等不一定三点共线,又点 I,J,K,L 分别为 AE,BF,CG,DH 的中点,求证:$IJKL$ 为正方形.

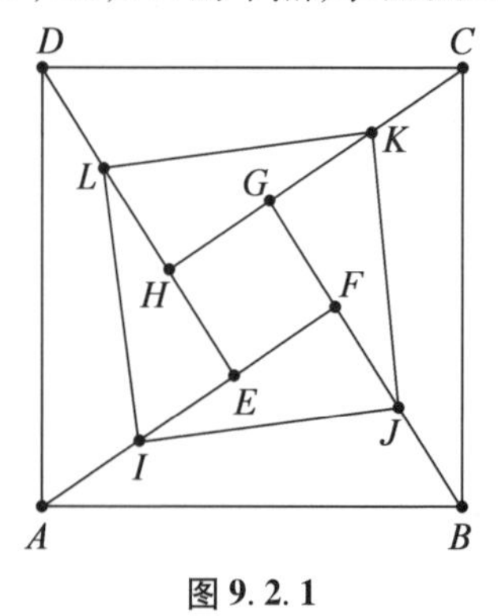

图 9.2.1

证明 用复数表示向量旋转,有$\overrightarrow{IJ}\cdot\mathrm{i}=\frac{1}{2}(\overrightarrow{AB}+$

$\overrightarrow{EF}) \cdot \mathrm{i} = \frac{1}{2}(\overrightarrow{AD} + \overrightarrow{EH}) = \overrightarrow{IL}$.

同理$\overrightarrow{LI} \cdot \mathrm{i} = \overrightarrow{LK}$，$\overrightarrow{LK} \cdot \mathrm{i} = \overrightarrow{KJ}$.

所以 $IJKL$ 为正方形.

例 2　(2002 年武汉竞赛试题)如图 9.2.2 所示，在正方形 $ABCD$ 和 $AEFG$ 中，联结 BE，CF，DG，求 $BE : CF : DG$.

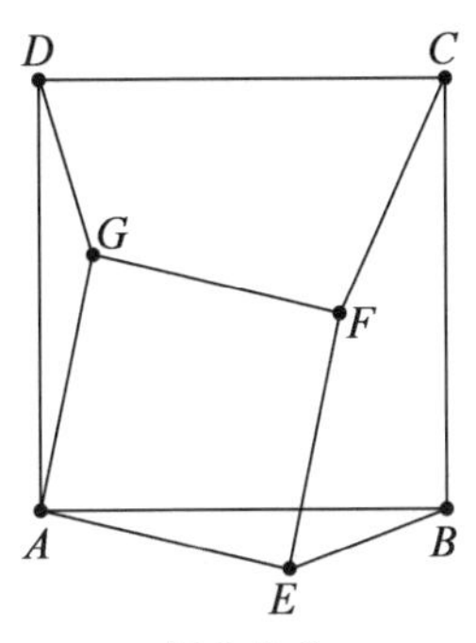

图 9.2.2

解　用复数表示向量旋转，有

$$\begin{aligned}\overrightarrow{BE} \cdot \mathrm{i} &= (\overrightarrow{BA} + \overrightarrow{AE}) \cdot \mathrm{i} \\ &= \overrightarrow{DA} + \overrightarrow{AG} = \overrightarrow{DG}\end{aligned}$$

$$\begin{aligned}\overrightarrow{CF} &= \overrightarrow{CB} + \overrightarrow{BE} + \overrightarrow{EF} = \overrightarrow{BE} + \overrightarrow{DG} \\ &= \overrightarrow{BE}(1 + \mathrm{i})\end{aligned}$$

所以 $BE : CF : DG = 1 : \sqrt{2} : 1$.

例 3　(第 7 届莫斯科数学奥林匹克竞赛试题)如图9.2.3所示，以平行四边形 $ABCD$ 的各边向外作正方形，求证：所得 4 个正方形的中心围成一个正方形.

证明　用复数表示向量旋转，有$\overrightarrow{PQ} \cdot \mathrm{i} = \frac{1}{2}(\overrightarrow{JK} + \overrightarrow{CA}) \cdot \mathrm{i} = \frac{1}{2}(\overrightarrow{JD} + \overrightarrow{DK} + \overrightarrow{CB} + \overrightarrow{BA}) \cdot \mathrm{i} = \frac{1}{2}(\overrightarrow{DC} + \overrightarrow{CB} +$

$\overrightarrow{CH}+\overrightarrow{IC})=\overrightarrow{PO}$,所以所得 4 个正方形的中心围成一个正方形.

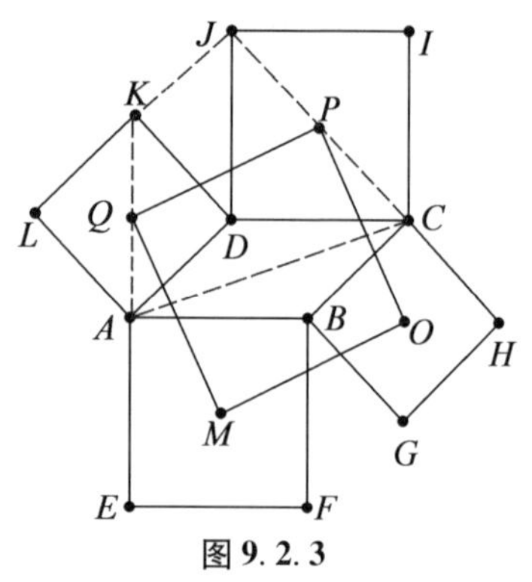

图 9.2.3

例 4 如图 9.2.4 所示,分别以$\triangle ABC$各边向外作正方形 $BADE$,$ACFG$ 和 $HICB$,再分别以 BE 和 BH 及 CF 和 CI 为邻边作平行四边形 $HBEJ$ 及 $CIKF$,求证:$\triangle AJK$ 是等腰直角三角形.

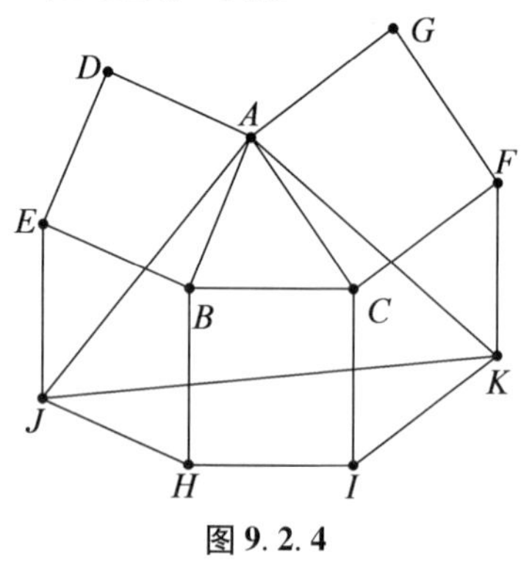

图 9.2.4

证明 用复数表示向量旋转,有

$$\begin{aligned}\overrightarrow{AJ}\cdot \mathrm{i}&=(\overrightarrow{AD}+\overrightarrow{DE}+\overrightarrow{EJ})\cdot \mathrm{i}\\&=\overrightarrow{AB}+\overrightarrow{DA}+\overrightarrow{BC}=\overrightarrow{DC}\end{aligned}$$

$$\overrightarrow{DC}\cdot \mathrm{i}=(\overrightarrow{DA}+\overrightarrow{AC})\cdot \mathrm{i}=\overrightarrow{BA}+\overrightarrow{AG}=\overrightarrow{BG}$$

$$\overrightarrow{AK}\cdot \mathrm{i}=(\overrightarrow{AC}+\overrightarrow{CF}+\overrightarrow{FK})\cdot \mathrm{i}=\overrightarrow{AG}+\overrightarrow{CA}+\overrightarrow{BC}=\overrightarrow{BG}$$

所以 $AK=AJ$ 且 $AK\perp AJ$，$\triangle AJK$ 是等腰直角三角形.

例 5　如图 9.2.5 所示，在正方形 $ABCD$ 和 $CGEF$ 中，点 M 是线段 AE 的中点，联结 MD 和 MF，试证：$DM=FM$ 且 $DM\perp FM$.

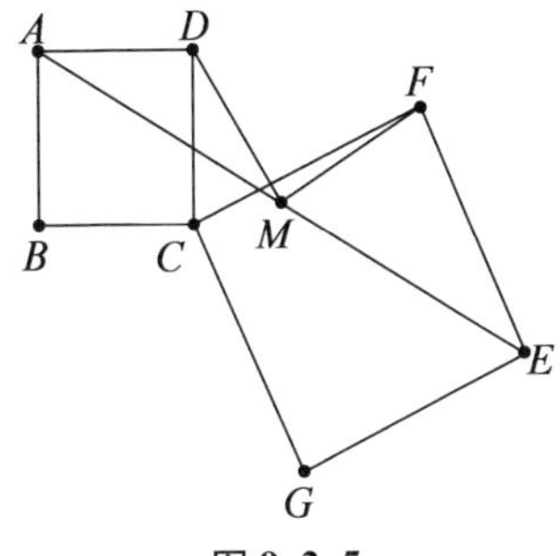

图 9.2.5

证明　如图 9.2.5 所示，若联结 AC，CE，此题即为 9.1 中的例 1，在那里，我们已给出了 4 种证法.

下面，我们应用复数表示向量的旋转另证如下

$$\overrightarrow{FM}=\frac{1}{2}(\overrightarrow{FA}+\overrightarrow{FE})=\frac{1}{2}(\overrightarrow{FC}+\overrightarrow{CD}+\overrightarrow{DA}+\overrightarrow{FE})$$

$$\overrightarrow{DM}=\frac{1}{2}(\overrightarrow{DA}+\overrightarrow{DE})=\frac{1}{2}(\overrightarrow{DA}+\overrightarrow{DC}+\overrightarrow{CF}+\overrightarrow{FE})$$

$$\begin{aligned}\overrightarrow{FM}\cdot \mathrm{i}&=\frac{1}{2}(\overrightarrow{FC}+\overrightarrow{CD}+\overrightarrow{DA}+\overrightarrow{FE})\cdot \mathrm{i}\\&=\frac{1}{2}(\overrightarrow{FE}+\overrightarrow{DA}+\overrightarrow{DC}+\overrightarrow{CF})=\overrightarrow{DM}\end{aligned}$$

所以 $DM=FM$ 且 $DM\perp FM$.

例 6　如图 9.2.6 所示，任意给定 $\triangle ABC$，分别以 CA 和 AB 为底边作等腰 $\triangle CAD$ 和 $\triangle ABE$，以 BC 为底

边作等腰$\triangle BCF$,且$\triangle CAD$和$\triangle ABE$及$\triangle BCF$相似,求证:四边形 $AEFD$ 是平行四边形.

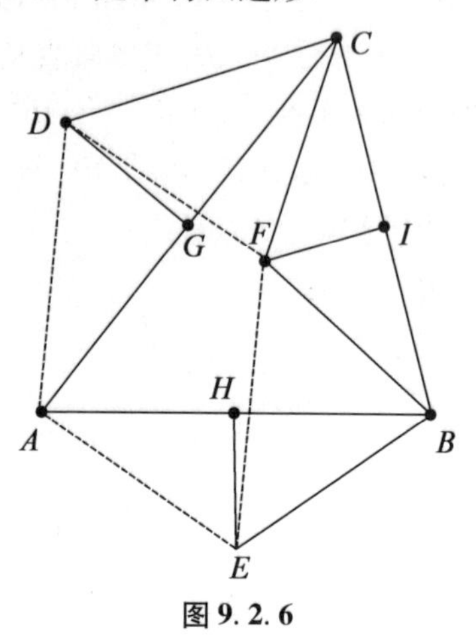

图 9.2.6

证明 设 G,H,I 分别是 CA,AB,BC 的中点,用复数表示向量旋转,有$\overrightarrow{GD}=k\,\overrightarrow{GC}\cdot \mathrm{i}=\frac{1}{2}k\,\overrightarrow{AC}\cdot \mathrm{i}$,则

$$\overrightarrow{HE}=\frac{1}{2}k\,\overrightarrow{BA}\cdot \mathrm{i}$$

$$\overrightarrow{IF}=\frac{1}{2}k\,\overrightarrow{BC}\cdot \mathrm{i}$$

$$\overrightarrow{AD}=\overrightarrow{AG}+\overrightarrow{GD}=\frac{1}{2}\overrightarrow{AC}+\frac{1}{2}k\,\overrightarrow{AC}\cdot \mathrm{i}$$

$$\overrightarrow{AE}=\overrightarrow{AH}+\overrightarrow{HE}=\frac{1}{2}\overrightarrow{AB}+\frac{1}{2}k\,\overrightarrow{BA}\cdot \mathrm{i}$$

$$\overrightarrow{AF}=\overrightarrow{AB}+\overrightarrow{BI}+\overrightarrow{IF}=\overrightarrow{AB}+\frac{1}{2}\overrightarrow{BC}+\frac{1}{2}k\,\overrightarrow{BC}\cdot \mathrm{i}$$

$$=\frac{1}{2}\overrightarrow{AB}+\frac{1}{2}\overrightarrow{AC}+\frac{1}{2}k\,BC\cdot \mathrm{i}$$

所以$\overrightarrow{AF}=\overrightarrow{AD}+\overrightarrow{AE}$,从而四边形 $AEFD$ 是平行四边形.

例 7　(IMO 33 预选题)如图 9.2.7 所示,分别以四边形 $ABCD$ 各边为边向外作等边三角形$\triangle ABF$,$\triangle BCE$,$\triangle CDH$,$\triangle DAG$,它们的重心分别为 M,P,N,Q. 如果 $AC=BD$,求证:$MN\perp PQ$.

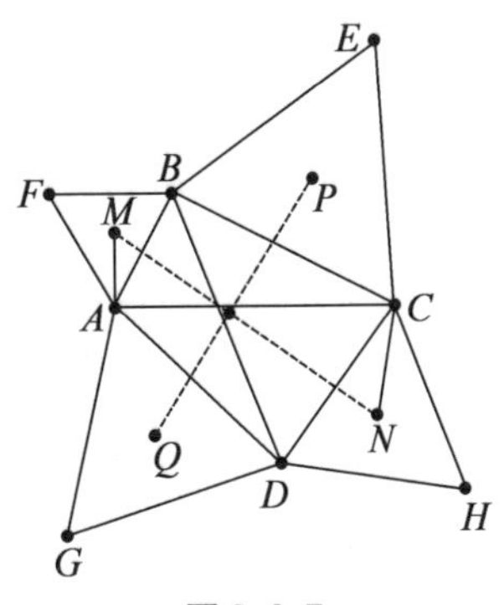

图 9.2.7

证明　注意到平面向量基本定理及用复数表示向量旋转,知存在常数 α,使得

$$2\overrightarrow{AM}=\overrightarrow{AB}+\mathrm{i}\alpha\overrightarrow{AB},2\overrightarrow{CN}=\overrightarrow{CD}+\mathrm{i}\alpha\overrightarrow{CD}$$

而
$$\overrightarrow{MN}=\overrightarrow{MA}+\overrightarrow{AC}+\overrightarrow{CN}$$

因此

$$\begin{aligned}2\overrightarrow{MN}&=-\overrightarrow{AB}-\mathrm{i}\alpha\overrightarrow{AB}+2\overrightarrow{AC}+\overrightarrow{CD}+\mathrm{i}\alpha\overrightarrow{CD}\\&=\overrightarrow{AC}+\overrightarrow{BD}+\mathrm{i}\alpha(\overrightarrow{BD}-\overrightarrow{AC})\end{aligned}$$

同理

$$\begin{aligned}2\overrightarrow{PQ}&=-\overrightarrow{BC}-\mathrm{i}\alpha\overrightarrow{BC}+2\overrightarrow{BD}+\overrightarrow{DA}+\mathrm{i}\alpha\overrightarrow{DA}\\&=\overrightarrow{BD}-\overrightarrow{AC}-\mathrm{i}\alpha(\overrightarrow{BD}+\overrightarrow{AC})\end{aligned}$$

从而 $4\overrightarrow{MN}\cdot\overrightarrow{PQ}=(1+\alpha^2)(BD^2-AC^2)=0$.

故 $MN \perp PQ$.

注 这一节中一些例题的证法参考了张景中、彭翕成的《绕来绕去的向量法》中的证明.

特殊向量的应用

第

本章所介绍的一些特殊向量在前面各章中已简单介绍过其应用,在这里试图进一步系统地介绍其应用.

10.1 单点向量

在平面或空间中,取定一点 O,那么任意一点 P 与向量 $\overrightarrow{OP}$ 一一对应,我们用向量 $\boldsymbol{P}$ 表示向量 $\overrightarrow{OP}$,则向量 $\boldsymbol{P}$ 称为单点向量.

此时,定点 O 对应着零向量,任意向量 $\overrightarrow{AB}$ 可以表示为终点向量与起点向量之差,即

$$\overrightarrow{AB}=\boldsymbol{B}-\boldsymbol{A} \qquad (10.1.1)$$

显然,A,B 两点间的线段或距离为

$$AB=|\overrightarrow{AB}|=|\boldsymbol{B}-\boldsymbol{A}| \quad (10.1.2)$$

下面我们从五个方面介绍单点向量(下文中除说明外,原点任取)的应用.

1. 定比分点的向量公式及应用

设点 P 在线段 AB 所在直线上且分

AB 的比为$\frac{\overrightarrow{AP}}{\overrightarrow{PB}}=\lambda(\lambda\neq-1)$,则由式(2.2.1)知点 P 的向量公式为

$$\boldsymbol{P}=\frac{\boldsymbol{A}+\lambda\boldsymbol{B}}{1+\lambda}\qquad(10.1.3)$$

例 1 设 G,I 分别是$\triangle ABC$ 的重心与内心,I'是以$\triangle ABC$ 各边为顶点的$\triangle A_1B_1C_1$ 的外心,求证:G,I,I'三点共线.

证明 如图 10.1.1 所示,设顶点 A,B,C 所对的边长分别为 a,b,c,则

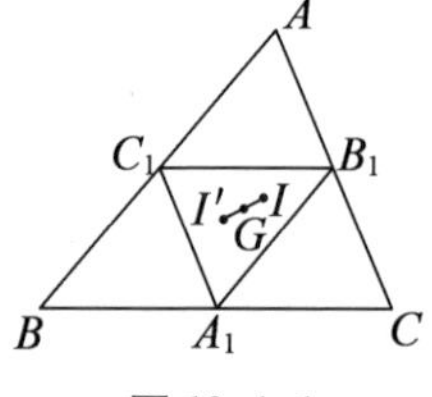

图 10.1.1

$$\boldsymbol{G}=\frac{1}{3}(\boldsymbol{A}+\boldsymbol{B}+\boldsymbol{C}),\boldsymbol{I}=\frac{a\boldsymbol{A}+b\boldsymbol{B}+c\boldsymbol{C}}{a+b+c}$$

$$\boldsymbol{I}'=\frac{\frac{a}{2}\boldsymbol{A}_1+\frac{b}{2}\boldsymbol{B}_1+\frac{c}{2}\boldsymbol{C}_1}{\frac{1}{2}(a+b+c)}=\frac{(b+c)\boldsymbol{A}+(c+a)\boldsymbol{B}+(a+b)\boldsymbol{C}}{2(a+b+c)}$$

于是
$$\boldsymbol{G}=\frac{1}{3}(\boldsymbol{I}+2\boldsymbol{I}')$$

故 G,I,I'三点共线.

例 2 (1978 年全国高中竞赛题)如图 10.1.2 所示,设线段 AB 的中点为 M,从 AB 上另一点 C 向直线

AB 的一侧引线段 CD,令 CD 的中点为 N,BD 的中点为 P,MN 的中点为 Q,求证:直线 PQ 平分线段 AC.

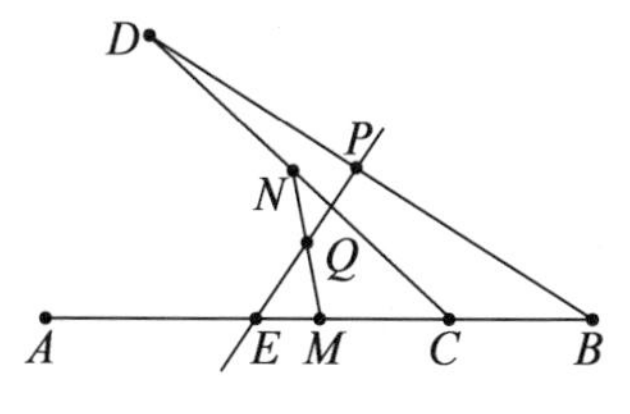

图 10.1.2

证明　设 E 是 AC 中点,则只需证 P,Q,E 三点共线即可. 事实上,由式(10.1.3)得 $\boldsymbol{P}=\frac{1}{2}(\boldsymbol{B}+\boldsymbol{D})$,$\boldsymbol{D}=\frac{1}{2}(\boldsymbol{A}+\boldsymbol{C})$,$\boldsymbol{Q}=\frac{1}{2}(\boldsymbol{M}+\boldsymbol{N})=\frac{1}{4}(\boldsymbol{A}+\boldsymbol{B}+\boldsymbol{C}+\boldsymbol{D})$,从而 $\boldsymbol{P}-2\boldsymbol{Q}+\boldsymbol{E}=\boldsymbol{0}$,由式(2.5.8)知结论成立.

例 3　求证:梯形 $ABCD$ 的两条对角线的中点的连线平行于底边且等于两底差的一半.

证明　如图 10.1.3 所示,设 M,N 分别为对角线 AC,BD 的中点,则

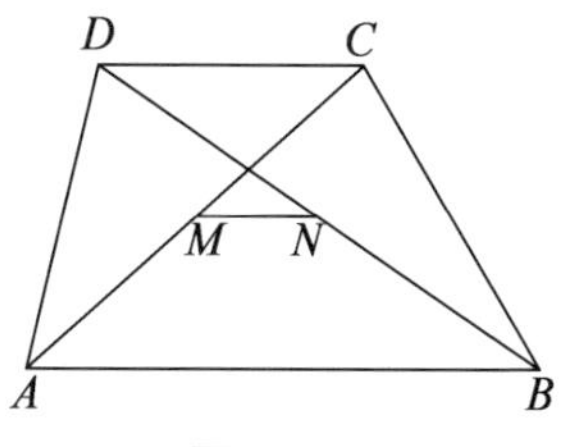

图 10.1.3

$$\begin{aligned}\overrightarrow{MN}&=\boldsymbol{N}-\boldsymbol{M}\\&=\frac{1}{2}(\boldsymbol{B}+\boldsymbol{D})-\frac{1}{2}(\boldsymbol{A}+\boldsymbol{C})\\&=\frac{1}{2}(\boldsymbol{B}-\boldsymbol{A})-\frac{1}{2}(\boldsymbol{C}-\boldsymbol{D})\end{aligned}$$

$$=\frac{1}{2}(\overrightarrow{AB}-\overrightarrow{DC})$$

由于 $AB/\!/DC$，所以 AB,DC,MN 方向相同，即 $MN/\!/AB/\!/CD$，且 $MN=\frac{1}{2}(AB-DC)$.

注 此题结论为式(2.6.136)的特殊情形.

例4 如图10.1.4所示，五边形 $ABCDE$ 中，点 F，G，H，I 分别是 AB，BC，CD，DE 的中点，点 J，K 分别是 FH，GI 的中点，求证：$JK/\!/AE$ 且 $JK=\frac{1}{4}AE$.

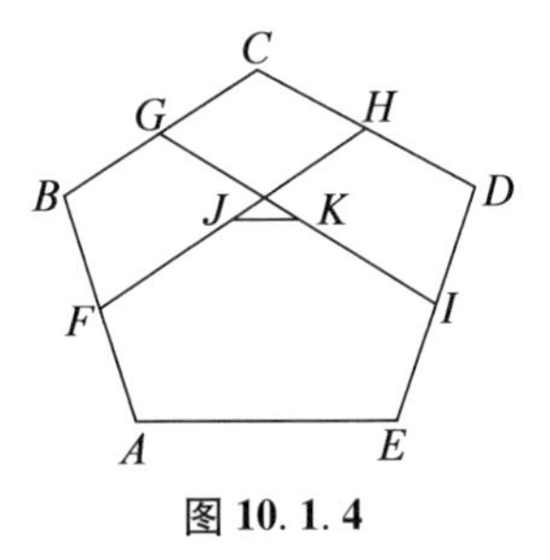

图 10.1.4

证明 由

$$\begin{aligned}\overrightarrow{JK}&=\boldsymbol{K}-\boldsymbol{J}\\&=\frac{1}{2}(\boldsymbol{G}+\boldsymbol{I})-\frac{1}{2}(\boldsymbol{F}+\boldsymbol{H})\\&=\frac{1}{4}(\boldsymbol{B}+\boldsymbol{C}+\boldsymbol{D}+\boldsymbol{E})-\frac{1}{4}(\boldsymbol{A}+\boldsymbol{B}+\boldsymbol{C}+\boldsymbol{D})\\&=\frac{1}{4}(\boldsymbol{E}-\boldsymbol{A})=\frac{1}{4}\overrightarrow{AE}\end{aligned}$$

即证.

例5 （1984年巴尔干地区竞赛题）证明：圆内接四边形 $A_1A_2A_3A_4$ 全等于四边形 $H_1H_2H_3H_4$，其中 H_1，H_2，H_3，H_4 分别是 $\triangle A_2A_3A_4$，$\triangle A_1A_3A_4$，$\triangle A_1A_2A_4$，

$\triangle A_1A_2A_3$ 的垂心.

证明　如图 10.1.5 所示,设圆心 O 为原点,半径为 R,则 $|\boldsymbol{A}_1|=|\boldsymbol{A}_2|=|\boldsymbol{A}_3|=|\boldsymbol{A}_4|=R$. 又 $\triangle A_2A_3A_4$ 的外心为 O,设其垂心为 H_1,重心为 G_1,则 $\boldsymbol{G}_1=\frac{1}{3}(\boldsymbol{A}_2+\boldsymbol{A}_3+\boldsymbol{A}_4)$,又由欧拉定理知 $|\overrightarrow{G_1H_1}|=2|\overrightarrow{OG_1}|$,再由式(10.1.1)得 $\boldsymbol{H}_1-\boldsymbol{G}=2\boldsymbol{G}$,故 $\boldsymbol{H}_1=3\boldsymbol{G}_1=\boldsymbol{A}_2+\boldsymbol{A}_3+\boldsymbol{A}_4$.

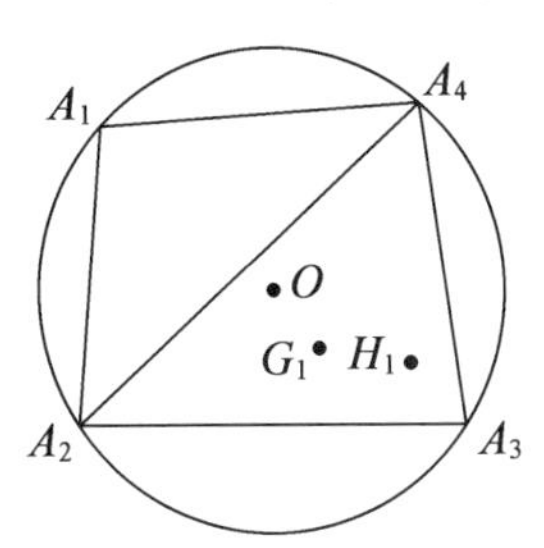

图 10.1.5

同理,$\boldsymbol{H}_2=\boldsymbol{A}_1+\boldsymbol{A}_3+\boldsymbol{A}_4$,于是 $\boldsymbol{H}_1-\boldsymbol{H}_2=\boldsymbol{A}_2-\boldsymbol{A}_1$,故 $|\overrightarrow{H_2H_1}|\mathrel{\underline{\parallel}}|\overrightarrow{A_1A_2}|$.

同理,$|\overrightarrow{H_3H_2}|=|\overrightarrow{A_2A_3}|$,$|\overrightarrow{H_4H_3}|=|\overrightarrow{A_3A_4}|$,$|\overrightarrow{H_1H_4}|\mathrel{\underline{\parallel}}|\overrightarrow{A_4A_1}|$.

故四边形 $A_1A_2A_3A_4$ 全等于四边形 $H_1H_2H_3H_4$.

在此顺便指出,1992 年我国高中联赛第二试的一道几何题就是由上例改编而得.

例 6　(IMO 7 试题)在 $\triangle OAB$ 中,$\angle AOB$ 为锐角,自 $\triangle OAB$ 中任意一点 M(异于点 O)作 OA,OB 的垂线 MP,MQ,H 是 $\triangle OPQ$ 的垂心. 试求:当点 M 分别满足条件:(1)在 AB 上;(2)在 $\triangle OAB$ 内部移动时,点 H 的轨迹.

解　如图 10.1.6 所示,以 O 为原点建立向量坐标系.

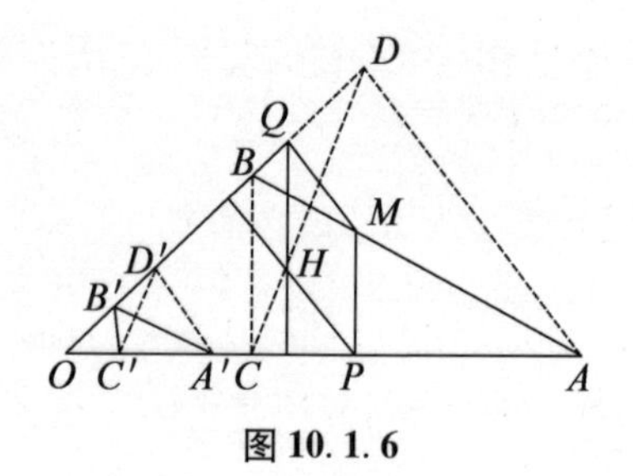

图 10.1.6

(1)由 $MP\perp OA$,$QH\perp OA$ 知 $MP/\!/QH$.

同理,$MQ/\!/PH$,从而有

$$\boldsymbol{H}-\boldsymbol{P}=\boldsymbol{Q}-\boldsymbol{M} \qquad (*)$$

令 $\overrightarrow{AM}:\overrightarrow{AB}=\lambda$,则

$$\boldsymbol{M}=\boldsymbol{A}+(\boldsymbol{B}-\boldsymbol{A})\cdot\lambda=(1-\lambda)\boldsymbol{A}+\lambda\boldsymbol{B} \qquad (**)$$

设 C 是自 B 至 OA 的垂线的垂足,D 是自 A 至 OB 的垂线的垂足.

若 $(1-\lambda)\boldsymbol{A}+\lambda\boldsymbol{C}=\boldsymbol{P}_1$,则 P_1 是 OA 上的点,由式 $(**)$ 得 $\boldsymbol{M}-\boldsymbol{P}_1=\lambda(\boldsymbol{B}-\boldsymbol{C})$. 故 $P_1M/\!/CB$,即 $P_1M\perp OA$,可知 P_1 即是点 P.

从而 $\boldsymbol{P}=(1-\lambda)\boldsymbol{A}+\lambda\boldsymbol{C}$,同理 $\boldsymbol{Q}=\lambda\boldsymbol{B}+(1-\lambda)\boldsymbol{D}$. 将以上两式及式 $(**)$ 代入式 $(*)$ 得

$$\begin{aligned}\boldsymbol{H}&=(1-\lambda)\boldsymbol{A}+\lambda\boldsymbol{C}+\lambda\boldsymbol{B}+(1-\lambda)\boldsymbol{D}-(1-\lambda)\boldsymbol{A}-\lambda\boldsymbol{B}\\&=\lambda\boldsymbol{C}+(1-\lambda)\boldsymbol{D}\end{aligned}$$

当 λ 由 0 趋于 1 时,M 自 A 移动至 B,而 H 则自 D 移动至 C. 故点 H 的轨迹是线段 DC.

(2)$\triangle OAB$ 可看成是由无穷多的平行于 AB 的线段所组成. 设 $A'B'$ 是这样的一条线段,以 C',D' 分别表示自 B' 至 OA 及自 A' 至 OB 的垂线的垂足,当 M 自 A' 移动至 B' 时,H 自 D' 移动至 C',故当 M 在 $\triangle OAB$ 内移

动时,点 H 的轨迹是 $\triangle OCD$ 的内部.

例 7　(1984 年保加利亚数学奥林匹克竞赛题) 设棱锥 $S-ABCD$ 的底面 $ABCD$ 是平行四边形,平面 α 与直线 AD,SA 和 SC 分别交于点 P,Q,R,且 $\frac{AP}{AD}=\frac{SQ}{SA}=\frac{RC}{SC}=x$. 点 N 是 CD 的中点,M 在直线 SB 上,直线 $MN/\!/\alpha$. 证明:对所有满足条件的平面 α,点 M 都落在某一条长为 $\frac{\sqrt{5}}{2}SB$ 的线段上.

证明　取 S 为原点,如图 10.1.7 所示,由 $\boldsymbol{A}+\boldsymbol{C}=\boldsymbol{B}+\boldsymbol{D}$ 有 $\boldsymbol{D}=\boldsymbol{A}+\boldsymbol{C}-\boldsymbol{B}$. 又由题设知,$\boldsymbol{Q}=x\boldsymbol{A}(x\in\mathbf{R})$,$\boldsymbol{R}=(1-x)\boldsymbol{C}$,则 $\boldsymbol{P}=(1-x)\boldsymbol{A}+x\boldsymbol{D}$,$\overrightarrow{QR}=\boldsymbol{R}-\boldsymbol{Q}=(1-x)\boldsymbol{C}-x\boldsymbol{A}$,$\overrightarrow{QP}=\boldsymbol{P}-\boldsymbol{Q}=(1-2x)\boldsymbol{A}+x\boldsymbol{D}$,且 QR 与 QP 不平行.

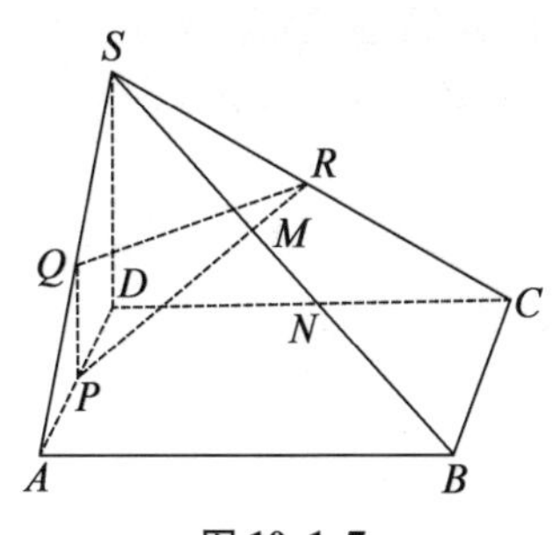

图 10.1.7

又 $MN/\!/\alpha$,则存在 λ 与 μ,使得

$$\overrightarrow{NM}=\lambda\,\overrightarrow{QR}+\mu\,\overrightarrow{QR}=\boldsymbol{M}-\boldsymbol{N}$$

从而

$$\boldsymbol{M}=\boldsymbol{N}-\lambda\,\overrightarrow{QR}+\mu\,\overrightarrow{QP}$$

$$=\left[\frac{1}{2}-\lambda x+\mu(1-x)\right]\boldsymbol{A}+\left(-\frac{1}{2}-\mu x\right)\boldsymbol{B}+$$
$$[1+\lambda(1-x)+\mu x]\boldsymbol{C}$$

注意到，点 M 在直线 SB 上的充要条件是 $\boldsymbol{M}=y\boldsymbol{B}$ $(y\in\mathbf{R})$，于是得

$$\begin{cases}\frac{1}{2}-\lambda x+\mu(1-x)=0\\ 1+\lambda(1-x)+\mu x=0\end{cases}$$

解上述方程组得 $\mu=-\frac{x+1}{2(2x^2-2x+1)}$.

而 $y=-\frac{1}{2}-\mu x=-\frac{1}{2}+\frac{x(x+1)}{4x^2-4x+2}$，于是得方程 $(4y+1)x^2-(4y+3)x+2y+1=0$. 由于 $x\in\mathbf{R}$，得 $\Delta=-16y^2+5\geqslant0\Rightarrow-\frac{\sqrt{5}}{4}\leqslant y\leqslant\frac{\sqrt{5}}{4}$. 故命题获证.

2. 向量的三角形不等式及应用

任意两点 A,B 的单点向量满足三角形不等式

$$||\boldsymbol{A}|-|\boldsymbol{B}||\leqslant|\boldsymbol{A}\pm\boldsymbol{B}|\leqslant|\boldsymbol{A}|+|\boldsymbol{B}| \tag{10.1.4}$$

例 8 （1983 年捷克数学奥林匹克题）如图 10.1.8 所示，设点 O 在 $\triangle ABC$ 的边 AB 上，且与顶点不重合，证明：$OC\cdot AB<OA\cdot BC+OB\cdot AC$.

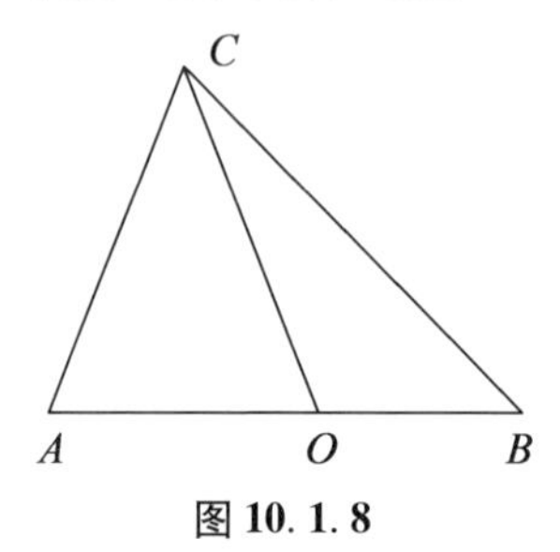

图 10.1.8

证明　取 C 为原点,令 $OA=\alpha\cdot AB$, $OB=\beta\cdot AB$,其中 $\alpha,\beta>0$ 且 $\alpha+\beta=1$. 而 $|\overrightarrow{CO}|=|\boldsymbol{O}|=\left|\left(\boldsymbol{A}+\frac{\alpha}{\beta}\boldsymbol{B}\right)\Big/\left(1+\frac{\alpha}{\beta}\right)\right|=|\beta\boldsymbol{A}+\alpha\boldsymbol{B}|<\beta\cdot|\boldsymbol{A}|+\alpha\cdot|\boldsymbol{B}|$. 所以 $OC\cdot AC<\beta\cdot AB\cdot|\boldsymbol{A}|+\alpha\cdot AB\cdot|\boldsymbol{B}|=OB\cdot AC+OA\cdot BC$.

例 9　(1973 年南斯拉夫数学奥林匹克竞赛题)证明:在一个四边形中,两组对边中点的距离之和当且仅当该四边形为平行四边形时才等于它的半周长.

证明　设 K,L,M,N 是四边形 $ABCD$ 中 AB,BC,CD,DA 边的中点,如图 10.1.9 所示,设对边中点连线相交于 O,且取 O 为原点,则

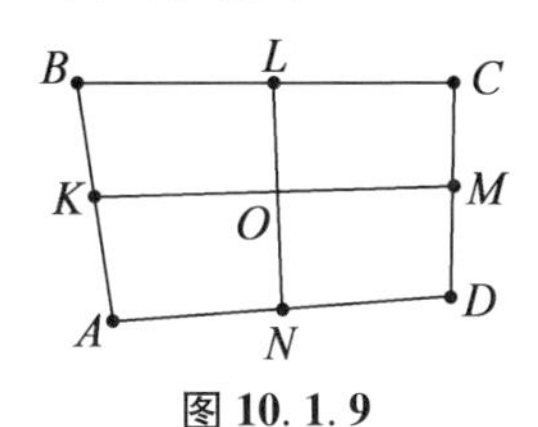

图 10.1.9

$$KM=|\boldsymbol{M}-\boldsymbol{K}|=\left|\frac{\boldsymbol{C}+\boldsymbol{D}}{2}-\frac{\boldsymbol{A}+\boldsymbol{B}}{2}\right|$$

$$\leqslant\frac{1}{2}(|\boldsymbol{D}-\boldsymbol{A}|+|\boldsymbol{C}-\boldsymbol{B}|)$$

$$=\frac{1}{2}(AD+BC)$$

同理,$NL=|\boldsymbol{L}-\boldsymbol{N}|\leqslant\frac{1}{2}(AB+DC)$. 从而

$$KM+NL\leqslant\frac{1}{2}(AB+BC+CD+DA)$$

其中等号当且仅当向量$\overrightarrow{AD}$与$\overrightarrow{BC}$共线,$\overrightarrow{AB}$与$\overrightarrow{DC}$共线,即

四边形 $ABCD$ 为平行四边形时成立.

3. 向量数量积的应用

例 10 在凸四边形 $ABCD$ 中,M,N 为 AC,BD 的中点,AB,CD 的中垂线交于点 P,BC,DA 的中垂线交于点 Q,则 $PQ\perp MN$.

证明 如图 10.1.10 所示,由题设 $PA^2=PB^2$,$PC^2=PD^2$,则

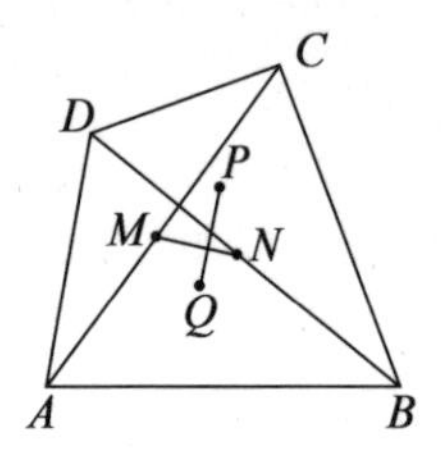

图 10.1.10

$$\boldsymbol{A}^2-\boldsymbol{B}^2=2\boldsymbol{P}\cdot(\boldsymbol{A}-\boldsymbol{B}),\boldsymbol{C}^2-\boldsymbol{D}^2=2\boldsymbol{P}\cdot(\boldsymbol{C}-\boldsymbol{D})$$

$$\boldsymbol{B}^2-\boldsymbol{C}^2=2\boldsymbol{Q}\cdot(\boldsymbol{B}-\boldsymbol{C}),\boldsymbol{D}^2-\boldsymbol{A}^2=2\boldsymbol{Q}\cdot(\boldsymbol{D}-\boldsymbol{A})$$

从而

$$\boldsymbol{P}\cdot(\boldsymbol{A}-\boldsymbol{B}+\boldsymbol{C}-\boldsymbol{D})=\boldsymbol{Q}\cdot(\boldsymbol{A}-\boldsymbol{B}+\boldsymbol{C}-\boldsymbol{D})$$

即
$$(\boldsymbol{P}-\boldsymbol{Q})\cdot(\boldsymbol{M}-\boldsymbol{N})=0$$

故
$$PQ\perp MN$$

例 11 (1971 年奥地利数学奥林匹克竞赛题)设 $\triangle ABC$ 的三条中线交于点 O,证明

$$AB^2+BC^2+CA^2=3(OA^2+OB^2+OC^2) \tag{10.1.5}$$

证明 因 O 为重心,则 $\boldsymbol{O}=\frac{1}{3}(\boldsymbol{A}+\boldsymbol{B}+\boldsymbol{C})$. 从而

$$\begin{aligned}&OA^2+OB^2+OC^2\\&=(\boldsymbol{A}-\boldsymbol{O})^2+(\boldsymbol{B}-\boldsymbol{O})^2+(\boldsymbol{C}-\boldsymbol{O})^2\\&=\left[\boldsymbol{A}-\frac{1}{3}(\boldsymbol{A}+\boldsymbol{B}+\boldsymbol{C})\right]^2+\left[\boldsymbol{B}-\frac{1}{3}(\boldsymbol{A}+\boldsymbol{B}+\boldsymbol{C})\right]^2+\end{aligned}$$

$$\left[\boldsymbol{C}-\frac{1}{3}(\boldsymbol{A}+\boldsymbol{B}+\boldsymbol{C})\right]^2$$

$$=\frac{2}{3}(\boldsymbol{A}^2+\boldsymbol{B}^2+\boldsymbol{C}^2-\boldsymbol{A}\cdot\boldsymbol{B}-\boldsymbol{B}\cdot\boldsymbol{C}-\boldsymbol{C}\cdot\boldsymbol{A})$$

$$=\frac{1}{3}[(\boldsymbol{A}-\boldsymbol{B})^2+(\boldsymbol{B}-\boldsymbol{C})^2+(\boldsymbol{C}-\boldsymbol{A})^2]$$

$$=\frac{1}{3}(AB^2+BC^2+CA^2)$$

由此即得证.

例 12 （1983 年英国数学奥林匹克竞赛题）设 O 是$\triangle ABC$ 的外心，D 是 AB 的中点，E 是$\triangle ACD$ 的重心，且 $AB=AC$. 证明：$OE\perp CD$.

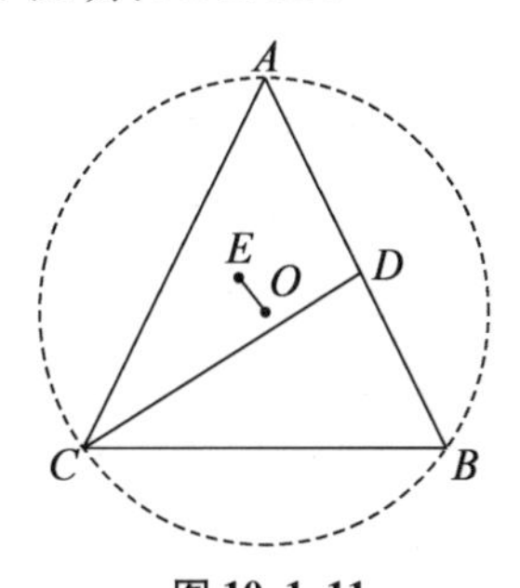

图 10.1.11

证明　取 O 为原点，则$\boldsymbol{A}^2=\boldsymbol{B}^2=\boldsymbol{C}^2$，$\boldsymbol{D}=\frac{1}{2}(\boldsymbol{A}+\boldsymbol{B})$，$\boldsymbol{E}=\frac{1}{3}(\boldsymbol{A}+\boldsymbol{C}+\boldsymbol{D})=\frac{1}{3}(\frac{3}{2}\boldsymbol{A}+\boldsymbol{C}+\frac{1}{2}\boldsymbol{B})$，从而 $\overrightarrow{CD}\cdot\overrightarrow{OE}=(\boldsymbol{D}-\boldsymbol{C})\cdot(\boldsymbol{E}-\boldsymbol{O})=\frac{1}{12}(3\boldsymbol{A}^2+\boldsymbol{B}^2-4\boldsymbol{C}^2-4\boldsymbol{A}\cdot\boldsymbol{C}+4\boldsymbol{A}\cdot\boldsymbol{B})$.

由 $AB=AC$，有 $\boldsymbol{A}\cdot\boldsymbol{B}=\boldsymbol{A}\cdot\boldsymbol{C}$（因 O 为原点），所以

$$\overrightarrow{CD}\cdot\overrightarrow{OE}=\frac{1}{12}(3\boldsymbol{A}^2+\boldsymbol{B}^2-4\boldsymbol{C}^2)=0$$

故 $OE \perp CD$.

例 13 （IMO 12 试题）在四面体 $A-BCD$ 中，$\angle BDC$ 是直角，由 D 到 $\triangle ABC$ 所在的平面的垂线的垂足 H 是 $\triangle ABC$ 的垂心，证明：$(AB+BC+CA)^2 \leqslant 6(AD^2+BD^2+CD^2)$.

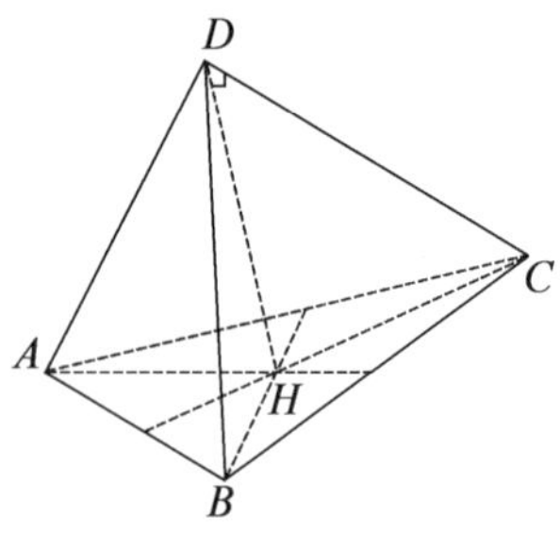

图 10.1.12

证明 取 H 为原点，则由题设有

$$(\boldsymbol{B}-\boldsymbol{D})\cdot(\boldsymbol{C}-\boldsymbol{D})=0,\boldsymbol{A}\cdot\boldsymbol{D}=\boldsymbol{B}\cdot\boldsymbol{D}=\boldsymbol{C}\cdot\boldsymbol{D}=0 \quad ①$$

于是

$$\boldsymbol{B}\cdot\boldsymbol{C}+\boldsymbol{D}\cdot\boldsymbol{D}=0 \quad ②$$

又 $\boldsymbol{A}\cdot(\boldsymbol{B}-\boldsymbol{C})=0,\boldsymbol{B}\cdot(\boldsymbol{A}-\boldsymbol{C})=0,\boldsymbol{C}\cdot(\boldsymbol{B}-\boldsymbol{A})=0$，所以

$$\boldsymbol{A}\cdot\boldsymbol{B}=\boldsymbol{A}\cdot\boldsymbol{C}=\boldsymbol{B}\cdot\boldsymbol{C} \quad ③$$

由①，②，③有

$$\boldsymbol{A}\cdot\boldsymbol{B}+\boldsymbol{D}\cdot\boldsymbol{D}=\boldsymbol{A}\cdot\boldsymbol{B}+\boldsymbol{D}\cdot\boldsymbol{D}-\boldsymbol{A}\cdot\boldsymbol{D}-\boldsymbol{B}\cdot\boldsymbol{D}=0$$

即 $(\boldsymbol{A}-\boldsymbol{D})\cdot(\boldsymbol{B}-\boldsymbol{D})=0$，故 $\angle ADB$ 为直角.

同理，$\angle ADC$ 也为直角. 从而四面体 $A-BCD$ 为直角四面体，所以有

$$AB^2+BC^2+CA^2=2(AD^2+BD^2+CD^2)$$

又 $(AB+BC+CA)^2 \leqslant 3(AB^2+BC^2+CA^2)$，故 $(AB+BC+CA)^2 \leqslant 6(AD^2+BD^2+CD^2)$.

例 14　(IMO 20 试题)一个球体内有一定点 P,球面上有 A,B,C 三个动点,$\angle BPA=\angle CPA=\angle CPB=90°$,以 PA,PB 和 PC 为棱构成平行六面体,点 Q 是六面体上与 P 斜对的一顶点. 试求:当 A,B,C 在球面上移动时,点 Q 的轨迹.

解　设球 O 的半径为 R,$OP=a$,取 O 为原点,如图 10.1.13 所示,则

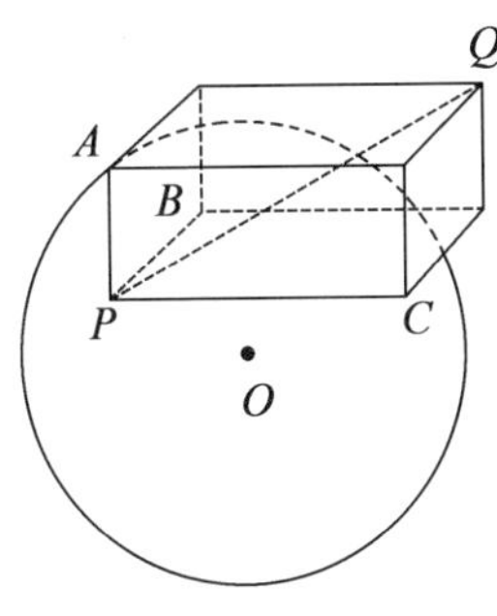

图 10.1.13

$$\begin{aligned}\boldsymbol{Q}^2&=(\boldsymbol{P}+\overrightarrow{PA}+\overrightarrow{PB}+\overrightarrow{PC})^2\\&=\boldsymbol{P}^2+\overrightarrow{PA}^2+\overrightarrow{PB}^2+\overrightarrow{PC}^2+\\&\quad 2(\overrightarrow{PA}\cdot\boldsymbol{P}+\overrightarrow{PB}\cdot\boldsymbol{P}+\overrightarrow{PC}\cdot\boldsymbol{P})\\&=\boldsymbol{P}^2+\overrightarrow{PA}(\overrightarrow{PA}+2\boldsymbol{P})+\overrightarrow{PB}(\overrightarrow{PB}+2\boldsymbol{P})+\\&\quad\overrightarrow{PC}(\overrightarrow{PC}+2\boldsymbol{P})\\&=\boldsymbol{P}^2+(\boldsymbol{A}-\boldsymbol{P})(\boldsymbol{A}+\boldsymbol{P})+(\boldsymbol{B}-\boldsymbol{P})(\boldsymbol{B}+\boldsymbol{P})+\\&\quad(\boldsymbol{C}-\boldsymbol{P})(\boldsymbol{C}+\boldsymbol{P})\\&=\boldsymbol{P}^2+(\boldsymbol{A}^2-\boldsymbol{P}^2)+(\boldsymbol{B}^2-\boldsymbol{P}^2)+(\boldsymbol{C}^2-\boldsymbol{P}^2)\\&=\boldsymbol{A}^2+\boldsymbol{B}^2+\boldsymbol{C}^2-2\boldsymbol{P}^2=3R^2-2a^2\end{aligned}$$

故点 Q 在以 O 为球心,$\sqrt{3R^2-2a^2}$ 为半径的球面上.

4. 向量积的应用

例 15 在四边形 $ABCD$ 中,K,M 分别为 AB,CD 的中点,BM 与 CK,AM 与 DK 分别交于点 P,Q,求证:$S_{PMQK}=S_{\triangle AQD}+S_{\triangle BCP}$.

证明 如图 10.1.14 所示,取点 P 为原点,则 $\boldsymbol{P}=\boldsymbol{O},\boldsymbol{M}=\frac{1}{2}(\boldsymbol{C}+\boldsymbol{D}),\boldsymbol{K}=\frac{1}{2}(\boldsymbol{A}+\boldsymbol{B})$.

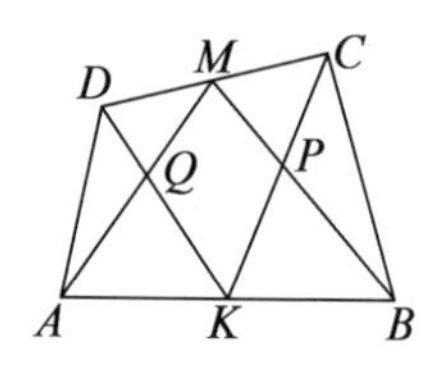

图 10.1.14

由三点共线,有

$$\boldsymbol{K}\times\boldsymbol{C}=\boldsymbol{0},\boldsymbol{B}\times\boldsymbol{M}=\boldsymbol{0}$$

$$\boldsymbol{A}\times\boldsymbol{Q}+\boldsymbol{Q}\times\boldsymbol{M}=\boldsymbol{A}\times\boldsymbol{M},\boldsymbol{K}\times\boldsymbol{Q}+\boldsymbol{Q}\times\boldsymbol{D}=\boldsymbol{K}\times\boldsymbol{D}$$

因 $A\to Q\to D\to A,B\to C\to P\to B,P\to M\to Q\to K\to P$ 的绕向相同,故

$$\begin{aligned}
&2|S_{\triangle AQD}+S_{\triangle BCP}-S_{PMQK}|\\
=&|\boldsymbol{A}\times\boldsymbol{Q}+\boldsymbol{Q}\times\boldsymbol{D}+\boldsymbol{D}\times\boldsymbol{A}+\boldsymbol{B}\times\boldsymbol{C}-\boldsymbol{M}\times\boldsymbol{Q}-\boldsymbol{Q}\times\boldsymbol{K}|\\
=&|\boldsymbol{A}\times\boldsymbol{M}+\boldsymbol{K}\times\boldsymbol{Q}+\boldsymbol{D}\times\boldsymbol{A}+\boldsymbol{B}\times\boldsymbol{C}|\\
=&|\boldsymbol{A}\times\frac{1}{2}(\boldsymbol{C}+\boldsymbol{D})+\frac{1}{2}(\boldsymbol{A}+\boldsymbol{B})\times\boldsymbol{D}+\boldsymbol{D}\times\boldsymbol{A}+\boldsymbol{B}\times\boldsymbol{C}|\\
=&|\frac{1}{2}(\boldsymbol{A}+\boldsymbol{B})\times\boldsymbol{C}+\boldsymbol{B}\times\frac{1}{2}(\boldsymbol{C}+\boldsymbol{D})|\\
=&|\boldsymbol{K}\times\boldsymbol{C}+\boldsymbol{B}\times\boldsymbol{M}|=0
\end{aligned}$$

故结论成立.

例 16 (1983 年全国高中联赛题)在四边形 $ABCD$ 中,$\triangle ABD,\triangle BCD,\triangle ABC$ 的面积比为 $3:4:1$,点 M 与 N

分别在边 AC 和 CD 上，且 $AM:AC=CN:CD$，同时 B,M,N 三点共线. 证明：点 M,N 分别是 AC 与 CD 的中点.

证明　取 B 为原点，如图 10.1.15 所示，设 $AM:AC=CN:CD=\lambda(\lambda>0)$，则 $\boldsymbol{M}=(1-\lambda)\boldsymbol{A}+\lambda\boldsymbol{C}$，$\boldsymbol{N}=(1-\lambda)\boldsymbol{C}+\lambda\boldsymbol{D}$. 因 M,N,B 三点共线，所以 $\boldsymbol{M}\times\boldsymbol{N}=\boldsymbol{0}$，即

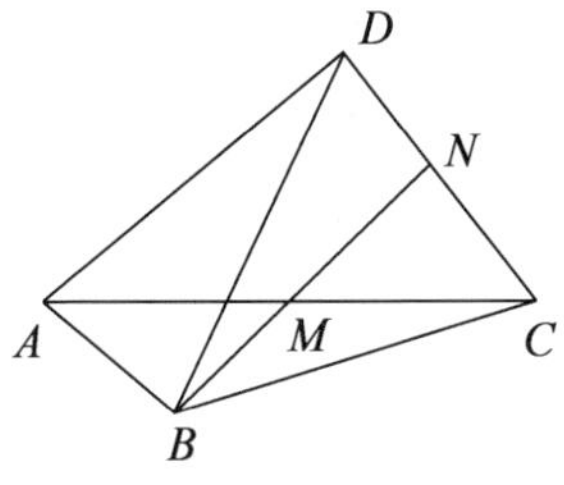

图 10.1.15

$$(1-\lambda)^2\boldsymbol{A}\times\boldsymbol{C}-\lambda^2\boldsymbol{D}\times\boldsymbol{C}+\lambda(1-\lambda)\boldsymbol{A}\times\boldsymbol{D}=\boldsymbol{0} \qquad (*)$$

而由 $S_{\triangle ABC}=\frac{1}{2}|\boldsymbol{A}\times\boldsymbol{C}|$，$S_{\triangle BDC}=\frac{1}{2}|\boldsymbol{D}\times\boldsymbol{C}|$，$S_{\triangle ABD}=\frac{1}{2}|\boldsymbol{A}\times\boldsymbol{D}|$，及 $S_{\triangle ABC}:S_{\triangle BDC}:S_{\triangle ABD}=1:4:3$，得

$$\boldsymbol{A}\times\boldsymbol{C}=a\boldsymbol{N}_0,\boldsymbol{D}\times\boldsymbol{C}=4a\boldsymbol{N}_0,\boldsymbol{A}\times\boldsymbol{D}=3a\boldsymbol{N}_0$$
$$(a\in\mathbf{R}\text{ 且 }a\neq0)$$

将上述等式代入式（$*$）得 $(1-2\lambda)(3\lambda+1)=0$，并解得 $\lambda=\frac{1}{2}$（因 $\lambda>0$）. 即 M,N 分别为 AC,CD 的中点.

例 17　（1988 年全国高中联赛题）在 $\triangle ABC$ 中，点 P,Q,R 将它的周长三等分，且 P,Q 在 AB 边上，求证：$\frac{S_{\triangle PQR}}{S_{\triangle ABC}}>\frac{2}{9}$.

证明　不妨设 R 在 BC 上，如图 10.1.16 所示，设 $\triangle ABC$ 的周长为 $3s(s>0)$. 又设 $AP=\lambda_1 s$，$QB=\lambda_2 s$，

$RC=\lambda_3 s$，其中 $\lambda_1,\lambda_2,\lambda_3\in\mathbf{R}_+$，则

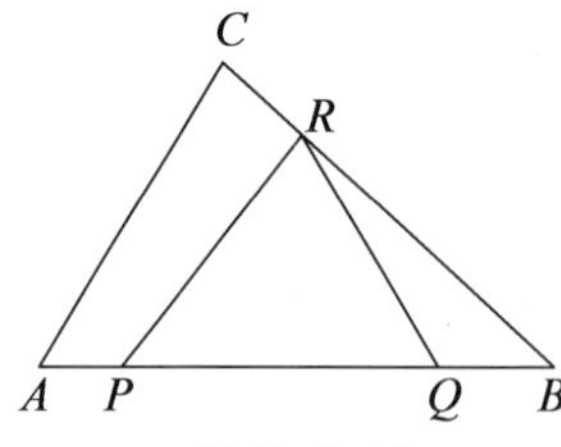

图 10.1.16

$$\boldsymbol{P}=\frac{(1+\lambda_2)\boldsymbol{A}+\lambda_1\boldsymbol{B}}{1+\lambda_1+\lambda_2}$$

$$\boldsymbol{Q}=\frac{\lambda_2\boldsymbol{A}+(1+\lambda_1)\boldsymbol{B}}{1+\lambda_1+\lambda_2}$$

$$\boldsymbol{R}=\frac{\lambda_3\boldsymbol{B}+(1-\lambda_2)\boldsymbol{C}}{1-\lambda_2+\lambda_3}$$

又

$$\begin{aligned}2S_{\triangle PQR}&=|\boldsymbol{P}\times\boldsymbol{R}+\boldsymbol{R}\times\boldsymbol{Q}+\boldsymbol{Q}\times\boldsymbol{P}|\\&=\frac{1-\lambda_2}{(1-\lambda_2+\lambda_3)(1+\lambda_1+\lambda_2)}\cdot\\&\quad|\boldsymbol{A}\times\boldsymbol{C}+\boldsymbol{C}\times\boldsymbol{B}+\boldsymbol{B}\times\boldsymbol{A}|\\&=\frac{1-\lambda_2}{(1-\lambda_2+\lambda_3)(1+\lambda_1+\lambda_2)}\cdot 2S_{\triangle ABC}\end{aligned}$$

因三角形边长小于半周长，所以 $1+\lambda_1+\lambda_2<\frac{3}{2}$，$1-\lambda_2+\lambda_3<\frac{3}{2}$ 及 $\lambda_2<\frac{3}{2}-1-\lambda_1<\frac{1}{2}$ 有 $1-\lambda_2>\frac{1}{2}$.

因此

$$\frac{S_{\triangle PQR}}{S_{\triangle ABC}}=\frac{1-\lambda_2}{(1-\lambda_2+\lambda_3)(1+\lambda_1+\lambda_2)}>\frac{\frac{1}{2}}{\frac{3}{2}\cdot\frac{3}{2}}=\frac{2}{9}$$

5. 向量的混合积的应用

例 18　过四面体 $P-ABC$ 的每条棱及其对棱的中点作平面,试证这些平面交于一点.

证明　设过 PB,CB,PC 及其对棱中点的平面分别为 $\alpha_{PB},\alpha_{CB},\alpha_{PC}$,$K$ 为它们的交点,且 C',A' 分别为 AB,PA 的中点. 取 P 为原点,记 $\boldsymbol{K}=\lambda_1\boldsymbol{A}+\lambda_2\boldsymbol{B}+\lambda_3\boldsymbol{C}$,如图 10.1.17 所示.

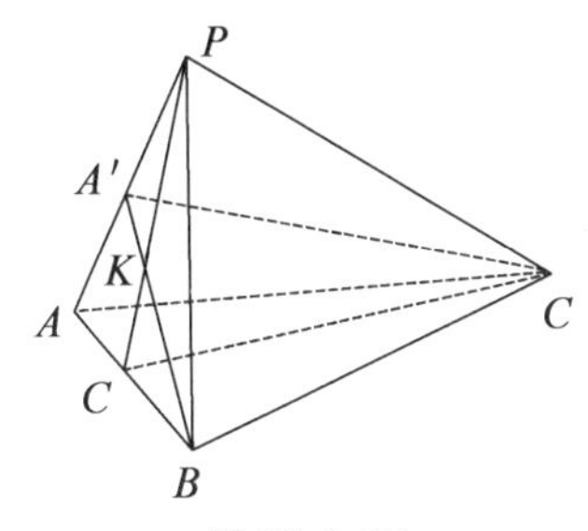

图 10.1.17

因 $K\in\alpha_{PC}$,则

$$(\boldsymbol{K},\boldsymbol{C},\boldsymbol{C}')=0$$

即

$$(\lambda_1\boldsymbol{A}+\lambda_2\boldsymbol{B}+\lambda_3\boldsymbol{C})\cdot\left(\boldsymbol{C}\times\frac{1}{2}(\boldsymbol{A}+\boldsymbol{B})\right)$$

$$=((\lambda_1\boldsymbol{A}+\lambda_2\boldsymbol{B}+\lambda_3\boldsymbol{C})\times\boldsymbol{C})\cdot\frac{1}{2}(\boldsymbol{A}+\boldsymbol{B})$$

$$=\frac{1}{2}\lambda_1(\boldsymbol{A},\boldsymbol{C},\boldsymbol{B})+\frac{1}{2}\lambda_2(\boldsymbol{B},\boldsymbol{C},\boldsymbol{A})$$

$$=\frac{1}{2}(\lambda_2-\lambda_1)(\boldsymbol{A},\boldsymbol{B},\boldsymbol{C})=0$$

而$(\boldsymbol{A},\boldsymbol{B},\boldsymbol{C})\neq 0$,从而 $\lambda_1=\lambda_2$.

同理由 $K\in\alpha_{PB}$,可得 $\lambda_2=\lambda_3$,故 $\boldsymbol{K}=\lambda(\boldsymbol{A}+\boldsymbol{B}+\boldsymbol{C})$.

因 $K\in\alpha_{BC}$,可设 $\overrightarrow{A'K}=\mu_1\overrightarrow{A'C}+\mu_2\overrightarrow{A'B}$,注意到

$\overrightarrow{A'K}=\overrightarrow{A'P}+\boldsymbol{K}$,有

$$-\frac{1}{2}\boldsymbol{A}+\lambda(\boldsymbol{A}+\boldsymbol{B}+\boldsymbol{C})$$

$$=\mu_1\left(-\frac{1}{2}\boldsymbol{A}+\boldsymbol{C}\right)+\mu_2\left(-\frac{1}{2}\boldsymbol{A}+\boldsymbol{B}\right)$$

于是

$$\begin{cases}\lambda=\mu_1=\mu_2\\ \lambda-\frac{1}{2}=-\frac{1}{2}(\mu_1+\mu_2)\end{cases}$$

解得 $\lambda=\frac{1}{4}$,即

$$\boldsymbol{K}=\frac{1}{4}(\boldsymbol{A}+\boldsymbol{B}+\boldsymbol{C}) \qquad (*)$$

同理,可证得所述其他平面的交点也满足式(*),所以它们共点 K.

例 19 (IMO 6 试题)已知四面体 $A-BCD$ 的顶点 D 和底面$\triangle ABC$ 的重心 D_1 相联结.过 A,B,C 作 DD_1 的平行线,分别交与该点相对的底面所在平面于 A_1,B_1,C_1.证明

$$V_{A-BCD}=\frac{1}{3}V_{A_1-B_1C_1D_1}$$

证明 取 D 为原点,则 $V_{A-BCD}=\frac{1}{6}|\det(\boldsymbol{A},\boldsymbol{B},\boldsymbol{D})|$.

因点 $D_1\in$ 平面 ABC,则

$$\boldsymbol{D}_1=\lambda_1\boldsymbol{A}+\lambda_2\boldsymbol{B}+\lambda_3\boldsymbol{C}$$

且 $\lambda_1+\lambda_2+\lambda_3=1$.

又 D_1 不在$\triangle ABC$ 的边或其延长线上,则 $\lambda_1\cdot\lambda_2\cdot\lambda_3\neq0$,现过 A 平行 DD_1 的直线可用参数形式表示为

$$\begin{aligned}\boldsymbol{A}+t\boldsymbol{D}_1&=\boldsymbol{A}+t(\lambda_1\boldsymbol{A}+\lambda_2\boldsymbol{B}+\lambda_3\boldsymbol{C})\\&=(1+\lambda_1 t)\boldsymbol{A}+\lambda_2 t\boldsymbol{B}+\lambda_3 t\boldsymbol{C}\end{aligned}$$

当上式中 $\boldsymbol{A}$ 的系数为零时，即当 $t=-\dfrac{1}{\lambda_1}$时，这条直线与平面 BCD 相交，所以 $\boldsymbol{A}_1=-\dfrac{\lambda_2}{\lambda_1}\boldsymbol{B}-\dfrac{\lambda_3}{\lambda_1}\boldsymbol{C}$.

同理，$\boldsymbol{B}_1=-\dfrac{\lambda_1}{\lambda_2}\boldsymbol{A}-\dfrac{\lambda_3}{\lambda_2}\boldsymbol{C}$，$\boldsymbol{C}_1=-\dfrac{\lambda_1}{\lambda_3}\boldsymbol{A}-\dfrac{\lambda_2}{\lambda_3}\boldsymbol{B}$. 于是

$$\boldsymbol{A}_1-\boldsymbol{D}_1=-\lambda_1\boldsymbol{A}-\left(\frac{\lambda_2}{\lambda_1}+\lambda_2\right)\boldsymbol{B}-\left(\frac{\lambda_3}{\lambda_1}+\lambda_3\right)\boldsymbol{C}$$

$$\boldsymbol{B}_1-\boldsymbol{D}_1=-\left(\frac{\lambda_1}{\lambda_2}+\lambda_1\right)\boldsymbol{A}-\lambda_2\boldsymbol{B}-\left(\frac{\lambda_3}{\lambda_2}+\lambda_3\right)\boldsymbol{C}$$

$$\boldsymbol{C}_1-\boldsymbol{D}_1=-\left(\frac{\lambda_1}{\lambda_3}+\lambda_1\right)\boldsymbol{A}-\left(\frac{\lambda_2}{\lambda_3}+\lambda_2\right)\boldsymbol{B}-\lambda_3\boldsymbol{C}$$

令 $\boldsymbol{M}=\begin{pmatrix}\lambda_1 & \dfrac{\lambda_1}{\lambda_2}+\lambda_2 & \dfrac{\lambda_1}{\lambda_2}+\lambda_1\\ \dfrac{\lambda_2}{\lambda_1}+\lambda_2 & \lambda_2 & \dfrac{\lambda_2}{\lambda_3}+\lambda_2\\ \dfrac{\lambda_3}{\lambda_1}+\lambda_3 & \dfrac{\lambda_3}{\lambda_2}+\lambda_3 & \lambda_3\end{pmatrix}$，则 $|\boldsymbol{M}|=3$，

且由矩阵乘法有 $(\boldsymbol{A},\boldsymbol{B},\boldsymbol{C})\cdot M=-(\boldsymbol{A}_1-\boldsymbol{D}_1,\boldsymbol{B}_1-\boldsymbol{D}_1,\boldsymbol{C}_1-\boldsymbol{D}_1)$，从而由两矩阵乘积的行列式等于它们的行列式的乘积有

$$\begin{aligned}&|\det(\boldsymbol{A},\boldsymbol{B},\boldsymbol{C})\cdot\det(\boldsymbol{M})|\\=&|\det(\boldsymbol{A}_1-\boldsymbol{D}_1,\boldsymbol{B}_1-\boldsymbol{D}_1,\boldsymbol{C}_1-\boldsymbol{D}_1)|\end{aligned}$$

故 $$V_{A-BCD}=\frac{1}{3}V_{A_1-B_1C_1D_1}$$

10.2 零向量

由零向量的概念，可推得如下结论：

结论 1 零向量方向任意，与任何向量平行但不垂直.

结论 2 如果几个向量首尾相接，最后一个向量的终点与第一个向量的始点重合，则这些向量和为零向量.

结论 3 如果一个向量旋转一个角度（小于 360°）仍保持不变，那么这个向量是零向量.

结论 4 正 n 边形 $A_1A_2A_3\cdots A_n$ 的中心为 O 的充要条件是 $\sum\limits_{k=1}^{n}\overrightarrow{OA_k}=\mathbf{0}$.

证法 1 必要性：如图 10.2.1 所示，设 O 为正 n 边形 $A_1A_2A_3\cdots A_n$ 的中心，其外接圆的半径为 1. 以 OA_1 所在的直线为 x 轴，以 O 为坐标原点建立直角坐标系.

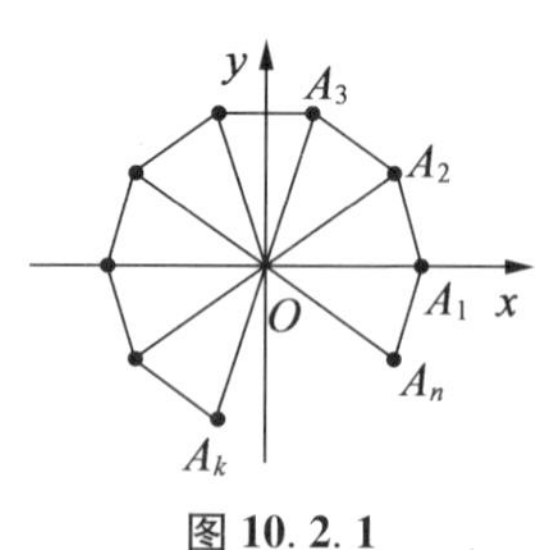

图 10.2.1

设点 $A_k(k=1,2,\cdots,n)$ 对应的复数为 $z_k=\cos\frac{2k\pi}{n}+\mathrm{i}\sin\frac{2k\pi}{n}$. 又因为 $z_k=(\cos\frac{2\pi}{n}+\mathrm{i}\sin\frac{2\pi}{n})^k$，由等比数列求和

公式可得$z_1+z_2+\cdots+z_n=\dfrac{1-\left(\cos\dfrac{2\pi}{n}+\mathrm{i}\sin\dfrac{2\pi}{n}\right)^2}{1-\left(\cos\dfrac{2\pi}{n}+\mathrm{i}\sin\dfrac{2\pi}{n}\right)}=0.$

所以 $\sum\limits_{k=1}^{n}\cos\dfrac{2k\pi}{n}=0$,且 $\sum\limits_{k=1}^{n}\sin\dfrac{2k\pi}{n}=0.$

由此可得复数z_k对应的点A_k的坐标为$\left(\cos\dfrac{2k\pi}{n},\sin\dfrac{2k\pi}{n}\right)$,所以向量$\overrightarrow{OA_k}=\left(\cos\dfrac{2k\pi}{n},\sin\dfrac{2k\pi}{n}\right)$.

又 $\sum\limits_{k=1}^{n}\overrightarrow{OA_k}=\left(\sum\limits_{k=1}^{n}\cos\dfrac{2k\pi}{n},\sum\limits_{k=1}^{n}\sin\dfrac{2k\pi}{n}\right)$,所以 $\sum\limits_{k=1}^{n}\overrightarrow{OA_k}=\mathbf{0}$.

充分性:设正n边形$A_1A_2A_3\cdots A_n$的中心为O',由必要性得 $\sum\limits_{k=1}^{n}\overrightarrow{O'A_k}=\mathbf{0}$.

又因为$\overrightarrow{OA_k}=\overrightarrow{OO'}+\overrightarrow{O'A_k}(k=1,2,\cdots,n)$,所以 $\sum\limits_{k=1}^{n}\overrightarrow{OA_k}=n\overrightarrow{OO'}+\sum\limits_{k=1}^{n}\overrightarrow{O'A_k}$.

因为 $\sum\limits_{k=1}^{n}\overrightarrow{OA_k}=\mathbf{0}$,且 $\sum\limits_{k=1}^{n}\overrightarrow{O'A_k}=\mathbf{0}$,所以$n\cdot\overrightarrow{OO'}=\mathbf{0}$. 也就是说点$O$与点$O'$重合,即在正$n$边形$A_1A_2A_3\cdots A_n$中,若有 $\sum\limits_{k=1}^{n}\overrightarrow{OA_k}=\mathbf{0}$,则$O$为其中心.

证法2　只证必要性:设$\overrightarrow{OA_1}+\overrightarrow{OA_2}+\cdots+\overrightarrow{OA_n}=\overrightarrow{OA}$. 注意到:当$\overrightarrow{OA_1},\overrightarrow{OA_2},\cdots,\overrightarrow{OA_n}$分别绕点$O$旋转$\dfrac{2\pi}{n}$后,其和不变,若设旋转后的和为$\overrightarrow{OB}$,由结论3,得

$\overrightarrow{OA}=\overrightarrow{OB}=\mathbf{0}$.

于是$\overrightarrow{OA_1}+\overrightarrow{OA_2}+\cdots+\overrightarrow{OA_n}=\mathbf{0}$.

反之同证法 1.

结论 5 在$\triangle ABC$中,G为$\triangle ABC$的重心的充要条件是$\overrightarrow{GA}+\overrightarrow{GB}+\overrightarrow{GC}=\mathbf{0}$.

此式即为式(2.6.12),下面另证如下:

必要性:如图 10.2.2 所示,D,E,F分别为BC,CA,AB的中点.因G为$\triangle ABC$的重心,则

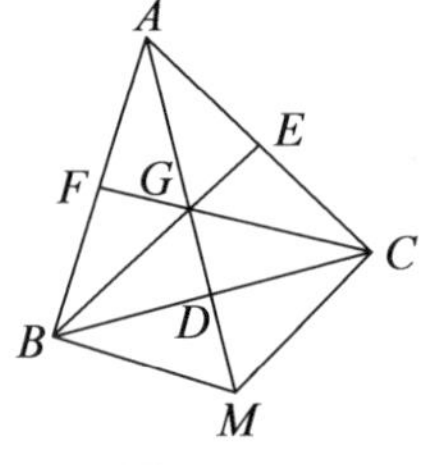

图 10.2.2

$$\overrightarrow{GA}=\frac{2}{3}\overrightarrow{DA}=\frac{2}{3}(\overrightarrow{DC}+\overrightarrow{CA})$$
$$=\frac{2}{3}(\frac{1}{2}\overrightarrow{BC}+\overrightarrow{CA})$$

同理可得

$$\overrightarrow{GB}=\frac{2}{3}(\frac{1}{2}\overrightarrow{CA}+\overrightarrow{AB})$$

$$\overrightarrow{GC}=\frac{2}{3}(\frac{1}{2}\overrightarrow{AB}+\overrightarrow{BC})$$

故

$$\overrightarrow{GA}+\overrightarrow{GB}+\overrightarrow{GC}$$
$$=\frac{2}{3}\cdot\frac{3}{2}(\overrightarrow{CA}+\overrightarrow{AB}+\overrightarrow{BC})=\mathbf{0}$$

充分性:延长 AG 到 M,使

$$AG=GM$$

由
$$\overrightarrow{GA}+\overrightarrow{GB}+\overrightarrow{GC}=\mathbf{0}$$

得
$$\overrightarrow{AG}=\overrightarrow{GB}+\overrightarrow{GC}$$

又由于
$$\overrightarrow{AG}=\overrightarrow{GM}$$

知$\overrightarrow{GM}=\overrightarrow{GB}+\overrightarrow{GC}$.

由向量和的定义知:四边形 $GBMC$ 为平行四边形,由于平行四边形的两条对角线互相平分,从而 GM 与 BC 的交点 D 是 BC 的中点,所以点 G 在中线 AD 上,并有 $AG=2GD$,因此 G 是 $\triangle ABC$ 的重心,命题成立.

注　类似于结论 5 还可写出一系列结论,这些便留给读者了.

例 1　判断下列各命题是否正确:

(1)$\mathbf{0}\cdot\boldsymbol{a}=\mathbf{0}$;

(2)若 $\boldsymbol{a}/\!/\boldsymbol{b},\boldsymbol{b}/\!/\boldsymbol{c}$,则 $\boldsymbol{a}/\!/\boldsymbol{c}$;

(3)若 $\boldsymbol{a}\cdot\boldsymbol{b}=0$,则 $\boldsymbol{a}\perp\boldsymbol{b}$;

(4)若 $\boldsymbol{a}\cdot\boldsymbol{b}\neq0$,则 $\boldsymbol{a}\neq\mathbf{0}$ 且 $\boldsymbol{b}\neq\mathbf{0}$.

解　(1)不正确,零向量与任意向量的数量积为数 0,而不是向量 $\mathbf{0}$.

(2)不正确,当 $\boldsymbol{b}=\mathbf{0}$ 时,由于零向量与任意向量平行,但 $\boldsymbol{a}$ 与 $\boldsymbol{c}$ 不一定平行.

(3)不正确,若 $\boldsymbol{a}=\mathbf{0}$,由于零向量与任意向量不垂直,故 $\boldsymbol{a}$ 不一定垂直 $\boldsymbol{b}$.

(4)正确.

注　零向量的模是 0,但它与数 0 不仅在书写上有区别,而且在性质上也有差异;零向量有方向,且方向任意,因此与任意向量平行,但不垂直.

例 2 已知 $\boldsymbol{a},\boldsymbol{b}$ 是两个不共线向量,$\overrightarrow{AB}=\lambda_1\boldsymbol{a}+\boldsymbol{b},\overrightarrow{AC}=\boldsymbol{a}+\lambda_2\boldsymbol{b}(\lambda_1,\lambda_2\in\mathbf{R})$,且 A,B,C 三点共线,求证:$\lambda_1\lambda_2=1$.

证明 因为 $\boldsymbol{a}$ 和 $\boldsymbol{b}$ 不共线,所以$\overrightarrow{AC}=\boldsymbol{a}+\lambda_2\boldsymbol{b}$ 不是零向量.

因为 A,B,C 三点共线,所以$\overrightarrow{AB}/\!/\overrightarrow{AC}$. 根据共线向量定理,存在实数 m,使$\overrightarrow{AB}=m\overrightarrow{AC}$,即 $\lambda_1\boldsymbol{a}+\boldsymbol{b}=m(\boldsymbol{a}+\lambda_2\boldsymbol{b})$,所以$(\lambda_1-m)\boldsymbol{a}=(m\lambda_2-1)\boldsymbol{b}$,等式两边必定都是 $\mathbf{0}$,所以 $\lambda_1-m=m\lambda_2-1=0$,从而 $\lambda_1\lambda_2=1$.

例 3 已知两点 $A(x_1,y_1),B(x_2,y_2)$,求直线 AB 的方程.

解 设 $P(x,y)$ 是直线 AB 上的任意一点,则

$$\overrightarrow{AP}=(x-x_1,y-y_1),\overrightarrow{BP}=(x-x_2,y-y_2)$$

因为$\overrightarrow{PA}/\!/\overrightarrow{PB}$(包括$\overrightarrow{PA}$或$\overrightarrow{PB}$是零向量),所以$(x-x_1)\cdot(y-y_2)-(x-x_2)(y-y_1)=0$,化简得

$$(y_1-y_2)x-(x_1-x_2)y+x_1y_2-x_2y_1=0 \quad (*)$$

式$(*)$即为直线 AB 的方程.

注 如上求法,避免了出现斜率可能不存在,以及分母可能为 0 的情形,包括了点 P 与点 A 或点 B 重合的情形,式$(*)$表示的直线方程没有局限性.

例 4 如图 10.2.3 所示,在正方形 $ABCD$ 和 $CGEF$ 中,点 M 是线段 AE 的中点,联结 MD,MF,求证 $DM=FM$ 且 $DM\perp FM$.

证明 注意到结论 2,即向量回路,有

$$\overrightarrow{DM}=\frac{1}{2}(\overrightarrow{DA}+\overrightarrow{DE})=\frac{1}{2}(\overrightarrow{DA}+\overrightarrow{DF}+\overrightarrow{FE})$$

$$\overrightarrow{FM}=\frac{1}{2}(\overrightarrow{FA}+\overrightarrow{FE})=\frac{1}{2}(\overrightarrow{FD}+\overrightarrow{DA}+\overrightarrow{FE})$$

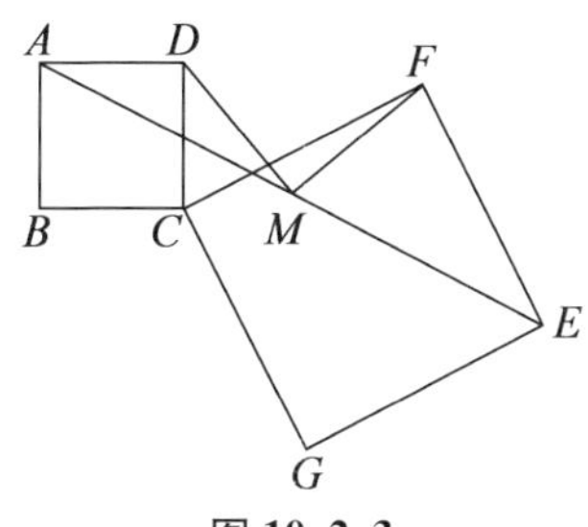

图 10.2.3

以 DM,FM 为边构造平行四边形，则 $\overrightarrow{FM}+\overrightarrow{DM}$ 和 $\overrightarrow{DF}$ 为平行四边形的对角线

$$\begin{aligned}&(\overrightarrow{FM}+\overrightarrow{DM})\cdot\overrightarrow{DF}\\=&\frac{1}{2}(\overrightarrow{FD}+\overrightarrow{DA}+\overrightarrow{FE}+\overrightarrow{DA}+\overrightarrow{DF}+\overrightarrow{FE})\cdot\overrightarrow{DF}\\=&(\overrightarrow{DA}+\overrightarrow{FE})\cdot(\overrightarrow{DC}+\overrightarrow{CF})\\=&\overrightarrow{CB}\cdot\overrightarrow{CF}-\overrightarrow{CG}\cdot\overrightarrow{CD}=0\end{aligned}$$

所以该平行四边形为菱形.

又由于

$$\begin{aligned}\overrightarrow{DM}\cdot\overrightarrow{FM}&=\frac{1}{4}(\overrightarrow{DA}+\overrightarrow{DF}+\overrightarrow{FE})\cdot(\overrightarrow{FD}+\overrightarrow{DA}+\overrightarrow{FE})\\&=\frac{1}{4}(\overrightarrow{DA}^2+\overrightarrow{FE}^2+2\,\overrightarrow{DA}\cdot\overrightarrow{FE}-\overrightarrow{DF}^2)=0\end{aligned}$$

则该菱形为正方形.

所以 $DM=FM$ 且 $DM\perp FM$.

例 5　正 n 边形 $A_1A_2A_3\cdots A_n$ 的中心为 O 的充要条件是，对于空间中的任意一点 O_1 都有 $\overrightarrow{O_1O}=\frac{1}{n}\sum\limits_{k=1}^{n}\overrightarrow{O_1A_k}$.

证明 必要性:因为 $\sum\limits_{k=1}^{n}\overrightarrow{O_1A_k}=\sum\limits_{k=1}^{n}(\overrightarrow{O_1O}+\overrightarrow{OA_k})=\sum\limits_{k=1}^{n}\overrightarrow{OA_k}+n\overrightarrow{O_1O}$.

由结论 4,得 $\sum\limits_{k=1}^{n}\overrightarrow{OA_k}=\mathbf{0}$,所以 $\overrightarrow{O_1O}=\frac{1}{n}\sum\limits_{k=1}^{n}\overrightarrow{O_1A_k}$.

充分性:设正 n 边形 $A_1A_2A_3\cdots A_n$ 的中心为 O',由必要性得 $\overrightarrow{O_1O'}=\frac{1}{n}\sum\limits_{k=1}^{n}\overrightarrow{O_1A_k}$.

又因为 $\overrightarrow{O_1O}=\frac{1}{n}\sum\limits_{k=1}^{n}\overrightarrow{O_1A_k}$,所以 $\overrightarrow{O_1O'}=\overrightarrow{O_1O}$. 也就是说点 O 与点 O' 重合,则 O 为正 n 边形 $A_1A_2A_3\cdots A_n$ 的中心.

例 6 设 $P_1,P_2,\cdots,P_n$ 是单位圆 O 的内接正 n 边形的顶点,P 是圆 O 上的任意一点,求证:$1\leqslant\frac{PP_1+PP_2+\cdots+PP_n}{n}<\sqrt{2}$.

证明 因为 $\overrightarrow{PP_i}=\overrightarrow{PO}+\overrightarrow{OP_i}(i=1,2,\cdots,n)$,且

$$\begin{aligned}\sum_{i=1}^{n}|\overrightarrow{PP_i}|&=\sum_{i=1}^{n}|\overrightarrow{PO}+\overrightarrow{OP_i}|\\&\geqslant\left|\sum_{i=1}^{n}\overrightarrow{PO}+\sum_{i=1}^{n}\overrightarrow{OP_i}\right|\end{aligned}$$

由结论 4,得 $\sum\limits_{i=1}^{n}\overrightarrow{OP_i}=\mathbf{0}$,所以 $\left|\sum\limits_{i=1}^{n}\overrightarrow{PO}+\sum\limits_{i=1}^{n}\overrightarrow{OP_i}\right|=n$. 因此 $PP_1+PP_2+\cdots+PP_n\geqslant n$. 于是 $\frac{PP_1+PP_2+\cdots+PP_n}{n}\geqslant 1$.

由 $\overrightarrow{PP_i}=\overrightarrow{OP_i}-\overrightarrow{OP}$,有

$$\begin{aligned}&\sum_{i=1}^{n}|\overrightarrow{PP_i}|^2\\=&\sum_{i=1}^{n}(\overrightarrow{OP_i}-\overrightarrow{OP})^2\\=&\sum_{i=1}^{n}(\overrightarrow{OP_i}^2-2\overrightarrow{OP_i}\cdot\overrightarrow{OP}+\overrightarrow{OP}^2)\\=&\sum_{i=1}^{n}\overrightarrow{OP_i}^2-2(\sum_{i=1}^{n}\overrightarrow{OP_i})\cdot\overrightarrow{OP}+\sum_{i=1}^{n}\overrightarrow{OP}^2\\=&2n\end{aligned}$$

所以　　$PP_1^2+PP_2^2+\cdots+PP_n^2=2n$

又因为

$$\frac{PP_1+PP_2+\cdots+PP_n}{n}<\sqrt{\frac{PP_1^2+PP_2^2+\cdots+PP_n^2}{n}}<\sqrt{2}$$

所以　　$1\leqslant\frac{PP_1+PP_2+\cdots+PP_n}{n}<\sqrt{2}$

例7　已知平面上三个向量$\boldsymbol{a},\boldsymbol{b},\boldsymbol{c}$的模均为1，它们相互之间的夹角均为120°.

(1)求证：$(\boldsymbol{a}-\boldsymbol{b})\perp\boldsymbol{c}$；

(2)若$|k\boldsymbol{a}+\boldsymbol{b}+\boldsymbol{c}|>1(k\in\mathbf{R})$，求$k$的取值范围.

解　(1)如图10.2.4所示，把平面上三个向量$\boldsymbol{a}$，$\boldsymbol{b}$，$\boldsymbol{c}$平移至平面直角坐标系xOy中，易证得$\triangle AOB\cong\triangle AOC\cong\triangle BOC$，则$\triangle ABC$是等边三角形且$OC$为$\angle ACB$的平分线. 由等边三角形的性质知：$OC\perp AB$，故$(\boldsymbol{a}-\boldsymbol{b})\perp\boldsymbol{c}$.

(2)由于O是等边$\triangle ABC$的中心，则由结论4，得

$$\boldsymbol{a}+\boldsymbol{b}+\boldsymbol{c}=\mathbf{0}$$

那么

$$|k\boldsymbol{a}+\boldsymbol{b}+\boldsymbol{c}|=|(k-1)\boldsymbol{a}|=|k-1|>1$$

故$k>2$或$k<0$.

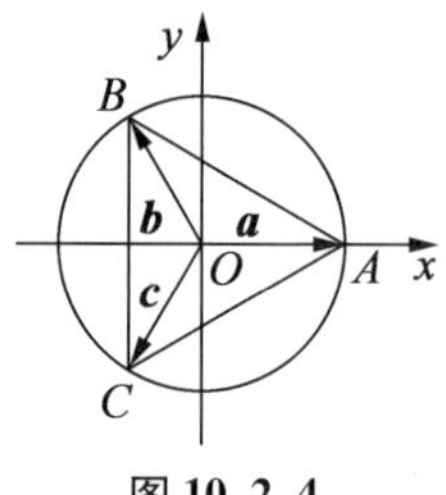

图 10.2.4

例 8 设 R 为 $\triangle ABC$ 的外接圆半径，D,E,F 分别为 BC,CA,AB 的中点，则

$$AD^2+BE^2+CF^2\leqslant\frac{27}{4}R^2 \quad ①$$

$$AB^2+BC^2+CA^2\leqslant 9R^2 \quad ②$$

证明 设 G,O 分别为 $\triangle ABC$ 的重心、外心，取 G 为原点，由结论 5，$\overrightarrow{GA}+\overrightarrow{GB}+\overrightarrow{GC}=\mathbf{0}$，有

$$\boldsymbol{G}=\frac{1}{3}(\boldsymbol{A}+\boldsymbol{B}+\boldsymbol{C})=\mathbf{0}$$

从而

$$\begin{aligned}3R^2&=(\boldsymbol{A}-\boldsymbol{O})^2+(\boldsymbol{B}-\boldsymbol{O})^2+(\boldsymbol{C}-\boldsymbol{O})^2\\&=\boldsymbol{A}^2+\boldsymbol{B}^2+\boldsymbol{C}^2+3\boldsymbol{O}^2-2(\boldsymbol{A}+\boldsymbol{B}+\boldsymbol{C})\cdot\boldsymbol{O}\\&\geqslant\boldsymbol{A}^2+\boldsymbol{B}^2+\boldsymbol{C}^2\end{aligned}$$

$$\begin{aligned}&(\boldsymbol{A}-\boldsymbol{D})^2+(\boldsymbol{B}-\boldsymbol{E})^2+(\boldsymbol{C}-\boldsymbol{F})^2\\&=\frac{1}{4}[(2\boldsymbol{A}-\boldsymbol{B}-\boldsymbol{C})^2+(2\boldsymbol{B}-\boldsymbol{C}-\boldsymbol{A})^2+\\&\quad(2\boldsymbol{C}-\boldsymbol{A}-\boldsymbol{B})^2]\\&=\frac{6}{4}(\boldsymbol{A}^2+\boldsymbol{B}^2+\boldsymbol{C}^2)-\\&\quad 3\times 2(\boldsymbol{A}\cdot\boldsymbol{B}+\boldsymbol{B}\cdot\boldsymbol{C}+\boldsymbol{C}\cdot\boldsymbol{A})\\&=\frac{9}{4}(\boldsymbol{A}^2+\boldsymbol{B}^2+\boldsymbol{C}^2)\end{aligned}$$

故 $AD^2+BE^2+CF^2=\frac{9}{4}(\boldsymbol{A}^2+\boldsymbol{B}^2+\boldsymbol{C}^2)\leqslant\frac{27}{4}R^2$. 故

$$\begin{aligned}&(\boldsymbol{A}-\boldsymbol{B})^2+(\boldsymbol{B}-\boldsymbol{C})^2+(\boldsymbol{C}-\boldsymbol{A})^2\\=&2(\boldsymbol{A}^2+\boldsymbol{B}^2+\boldsymbol{C}^2)-2(\boldsymbol{A}\cdot\boldsymbol{B}+\boldsymbol{B}\cdot\boldsymbol{C}+\boldsymbol{C}\cdot\boldsymbol{A})\\=&2(\boldsymbol{A}^2+\boldsymbol{B}^2+\boldsymbol{C}^2)-\boldsymbol{A}\cdot(\boldsymbol{B}+\boldsymbol{C})-\\&\boldsymbol{B}\cdot(\boldsymbol{C}+\boldsymbol{A})-\boldsymbol{C}\cdot(\boldsymbol{A}+\boldsymbol{B})\\=&2(\boldsymbol{A}^2+\boldsymbol{B}^2+\boldsymbol{C}^2)+\boldsymbol{A}^2+\boldsymbol{B}^2+\boldsymbol{C}^2\\=&3(\boldsymbol{A}^2+\boldsymbol{B}^2+\boldsymbol{C}^2)\end{aligned}$$

故

$$AB^2+BC^2+CA^2=3(\boldsymbol{A}^2+\boldsymbol{B}^2+\boldsymbol{C}^2)\leqslant 9R^2$$

例 9　在$\triangle ABC$的外部作正方形 $ABDE$,$ACFG$,M 为 EG 的中点,H 为 BF 与 CD 的交点,求证:$AM\perp BC$,$AH\perp BC$.

证明　如图 10.2.5 所示,取 A 为原点,则有

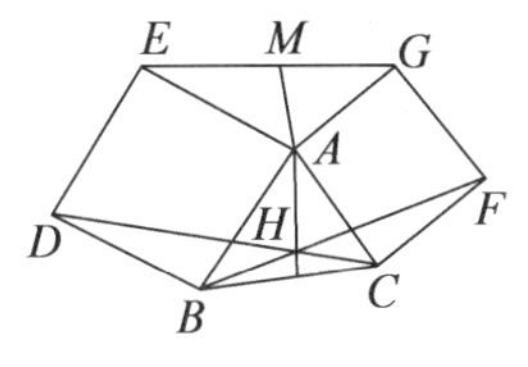

图 10.2.5

$$\boldsymbol{E}\cdot\boldsymbol{B}=\boldsymbol{G}\cdot\boldsymbol{C}=0,\boldsymbol{C}\cdot\boldsymbol{E}=\boldsymbol{G}\cdot\boldsymbol{B}$$

从而

$$\begin{aligned}2\overrightarrow{AM}\cdot\overrightarrow{BC}&=(\boldsymbol{E}+\boldsymbol{G})\cdot(\boldsymbol{C}-\boldsymbol{B})\\&=\boldsymbol{E}\cdot\boldsymbol{C}-\boldsymbol{G}\cdot\boldsymbol{B}+\boldsymbol{G}\cdot\boldsymbol{C}-\boldsymbol{E}\cdot\boldsymbol{B}=0\end{aligned}$$

故

$$AM\perp BC$$

为证 $AH\perp BC$,只需证$\overrightarrow{AH}/\!/\overrightarrow{AM}$,即$(\boldsymbol{E}+\boldsymbol{G})\times\boldsymbol{H}=\boldsymbol{0}$.

注意到 $\boldsymbol{D}=\boldsymbol{B}+\boldsymbol{E}$,$\boldsymbol{F}=\boldsymbol{C}+\boldsymbol{G}$,并且 D,H,C 及 B,F,H 共线,于是 $\boldsymbol{0}=\boldsymbol{D}\times\boldsymbol{H}+\boldsymbol{H}\times\boldsymbol{C}+\boldsymbol{C}\times\boldsymbol{D}=(\boldsymbol{B}+\boldsymbol{E})\times\boldsymbol{H}+\boldsymbol{H}\times\boldsymbol{C}+\boldsymbol{C}\times(\boldsymbol{B}+\boldsymbol{E})$,$\boldsymbol{0}=\boldsymbol{F}\times\boldsymbol{H}+\boldsymbol{H}\times\boldsymbol{B}+$

$\boldsymbol{B}\times\boldsymbol{F}=(\boldsymbol{C}+\boldsymbol{G})\times\boldsymbol{H}+\boldsymbol{H}\times\boldsymbol{B}+\boldsymbol{B}\times(\boldsymbol{C}+\boldsymbol{G})$.

以上两式相加并由 $\boldsymbol{C}\times\boldsymbol{E}+\boldsymbol{B}\times\boldsymbol{G}=\boldsymbol{0}$,得

$$\boldsymbol{0}=\boldsymbol{E}\times\boldsymbol{H}+\boldsymbol{G}\times\boldsymbol{H}=(\boldsymbol{E}+\boldsymbol{G})\times\boldsymbol{H}=2\overrightarrow{AM}\times\overrightarrow{AH}$$

故 $AH/\!/AM$ 成立,从而 $AH\perp BC$.

例 10 (2011 年蒙古国家队选拔考试题)设凸多边形 $A_1A_2\cdots A_n(n\geqslant 4)$,求圆外切四边形 $A_iA_{i+1}A_{i+2}A_{i+3}$ $(A_{n+1}=A_1,A_{n+2}=A_2,A_{n+3}=A_3)$的个数的最大值.

解 设 $n\geqslant 5$,且存在四边形 $A_iA_{i+1}A_{i+2}A_{i+3}$ 和四边形 $A_{i+1}A_{i+2}A_{i+3}A_{i+4}$ 均为圆外切四边形.

由圆外切四边形的性质有

$$A_iA_{i+1}+A_{i+2}A_{i+3}=A_{i+1}A_{i+2}+A_iA_{i+3}$$

$$A_{i+2}A_{i+1}+A_{i+3}A_{i+4}=A_{i+2}A_{i+3}+A_{i+1}A_{i+4}$$

两式相加得

$$A_iA_{i+1}+A_{i+3}A_{i+4}=A_iA_{i+3}+A_{i+1}A_{i+4} \qquad (*)$$

因为多边形为凸多边形,所以线段 A_iA_{i+3} 与 $A_{i+1}A_{i+4}$ 必有交点,设为 O. 在 $\triangle A_iA_{i+1}O$ 与 $\triangle A_{i+4}A_{i+3}O$ 中,有

$$A_iA_{i+1}\leqslant A_iO+A_{i+1}O,A_{i+4}A_{i+3}<OA_{i+3}+OA_{i+4}$$

推出

$$\begin{aligned}A_iA_{i+1}+A_{i+4}A_{i+3}&<A_iO+A_{i+3}O+A_{i+1}O+A_{i+4}O\\&=A_iA_{i+3}+A_{i+1}A_{i+4}\end{aligned}$$

与式$(*)$矛盾.

故在任意形如四边形 $A_iA_{i+1}A_{i+2}A_{i+3}$,四边形 $A_{i+1}A_{i+2}A_{i+3}A_{i+4}$ 中至少有一个不是圆外切四边形.

当 $n=2m$ 时,设 $\triangle ABC$ 为等腰三角形,其中 $\angle ABC=\angle ACB=\dfrac{\pi}{m}$.

如图 10.2.6 所示,作$\triangle ABC$ 内切圆的切线 l 使其

平行于底边 BC 并设 l 与 AB,AC 分别交于 D,E,则等腰梯形 $BDEC$ 为圆外切四边形,设 $DE=b$,$BD=EC=a$.

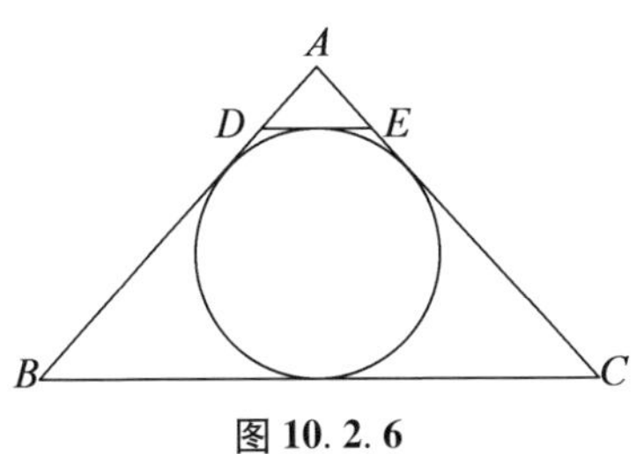

图 10.2.6

又如图 10.2.7 所示,利用等腰梯形可构造圆内接 $2m$ 边形 $A_1A_2\cdots A_{2m}$,其边长为 $a,b,a,b,\cdots,a,b$.

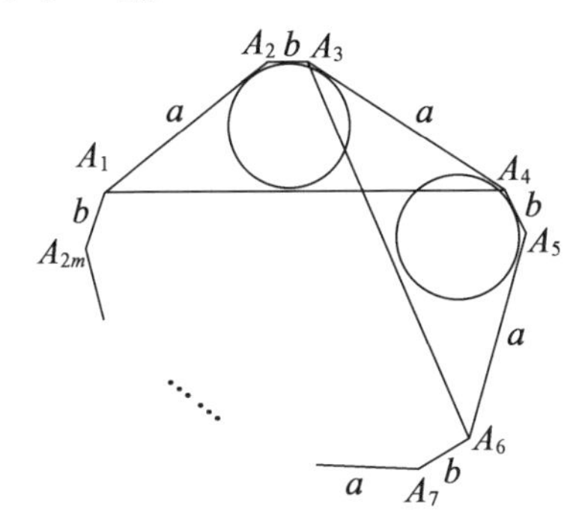

图 10.2.7

易知,$\overrightarrow{A_1A_2}$与$\overrightarrow{A_3A_4}$的夹角为$\frac{2\pi}{m}$.

故 $2m$ 边形中 m 条向量$\overrightarrow{A_1A_2},\overrightarrow{A_3A_4},\cdots,\overrightarrow{A_{2m-1}A_{2m}}$,$\overrightarrow{A_{2m}A_1}$和为零向量.

同理,$\overrightarrow{A_2A_3}+\overrightarrow{A_4A_5}+\cdots+\overrightarrow{A_{2m-1}A_{2m}}=\mathbf{0}$.

于是,构造的 $2m$ 边形为凸边形,其中四边形 $A_1A_2A_3A_4$,四边形 $A_3A_4A_5A_6$,$\cdots$,四边形 $A_{2m-1}A_{2m}A_1A_2$

均为圆外切四边形,共有 m 个.

当 $n=2m+1$ 时,考虑多边形 $A_1A_2\cdots A_{2m}$. 以 A_{2m-1} 为位似中心,$1+\varepsilon$ 为位似比(ε 为充分小的正数),将 $\triangle A_{2m-1}A_{2m}A_1$ 的内切圆$\odot O$ 映射成为另一圆$\odot O_1$,使得$\odot O_1$ 仍与 $A_{2m-1}A_{2m}$,$A_{2m-1}A_1$ 相切,但与 $A_{2m}A_1$ 有交点.

分别过 A_{2m},A_1 作$\odot O_1$ 的切线交于点 A_{2m+1},则四边形 $A_1A_{2m+1}A_{2m}A_{2m-1}$存在内切圆.

故当 $n=4$ 时,存在一个四边形有内切圆;

当 $n\geqslant 5$ 时,存在$\left[\frac{n}{2}\right]$个四边形有内切圆.

10.3 单位向量

模为 1 的向量称为单位向量,通常用 $\boldsymbol{e}$ 表示. 以单位圆上每一点为终点,以圆心为始点的向量均为单位向量. 从而在单位圆中,因方向不同,单位向量有无穷多个,但它们的长度均为 1;向量 $\boldsymbol{a}(\boldsymbol{a}\neq\boldsymbol{0})$的单位向量是$\frac{\boldsymbol{a}}{|\boldsymbol{a}|}$,因为它的方向与向量 $\boldsymbol{a}$ 相同,所以单位向量$\frac{\boldsymbol{a}}{|\boldsymbol{a}|}$是唯一的.

对于单位向量,我们有如下结论:

结论 1 单位向量 $\boldsymbol{e}$ 的坐标可以表示为$(\cos\theta,\sin\theta)(\theta\in\mathbf{R})$.

结论 2 两个单位向量$\boldsymbol{e}_1$,$\boldsymbol{e}_2$和(或差)的模的取值范围是 $0\leqslant|\boldsymbol{e}_1\pm\boldsymbol{e}_2|\leqslant 2$.

结论 3 两个单位向量$\boldsymbol{e}_1$,$\boldsymbol{e}_2$的数量积是它们夹角

的余弦值，即$e_1 \cdot e_2 = \frac{a}{|a|} \cdot \frac{b}{|b|} = \cos\theta$.

结论4　不共线的两个单位向量e_1, e_2的和向量$e_1 + e_2$在它们夹角的平分线上.

结论5　不共线的两个单位向量e_1, e_2的和向量与差向量互相垂直，显然$(e_1 + e_2) \cdot (e_1 - e_2) = 0$，且向量$e_1 + e_2$和$e_1 - e_2$分别是以$e_1, e_2$为邻边的菱形的两条对角线.

结论6　若AD平分$\angle BAC$，e_1, e_2分别为AB, AC上的单位向量，则$\overrightarrow{AD} = k(e_1 + e_2)(k \in \mathbf{R})$.

注　此即为式(2.6.68).

例1　(2008年高考浙江卷题)已知a, b是平面内两个互相垂直的单位向量，若向量c满足$(a - c) \cdot (b - c) = 0$，则$|c|$的最大值是(　　).

A. 1　　　B. 2

C. $\sqrt{2}$　　　D. $\frac{\sqrt{2}}{2}$

解　设$\overrightarrow{OA} = a, \overrightarrow{OB} = b, \overrightarrow{CA} = a - c, \overrightarrow{CB} = b - c$，因为$(a - c) \cdot (b - c) = \overrightarrow{CA} \cdot \overrightarrow{CB} = 0$，所以点$C$落在以$AB$为直径的圆上，显然点$C$在$\overset{\frown}{AB}$的中点$M$处，$|c|$最大为$\sqrt{2}$. 故选C.

例2　(2006年高考重庆卷题)与向量$a = \left(\frac{7}{2}, \frac{1}{2}\right)$，$b = \left(\frac{1}{2}, -\frac{7}{2}\right)$的夹角相等，且模为1的向量是(　　).

A. $\left(\frac{4}{5}, -\frac{3}{5}\right)$

B. $\left(\frac{4}{5},-\frac{3}{5}\right)$或$\left(-\frac{4}{5},\frac{3}{5}\right)$

C. $\left(\frac{2\sqrt{2}}{3},-\frac{1}{3}\right)$

D. $\left(\frac{2\sqrt{2}}{3},-\frac{1}{3}\right)$或$\left(-\frac{2\sqrt{2}}{3},\frac{1}{3}\right)$

解 因为与向量$\boldsymbol{a}=(\frac{7}{2},\frac{1}{2})$,$\boldsymbol{b}=(\frac{1}{2},-\frac{7}{2})$的夹角相等的向量在该夹角的平分线或其反向延长线上,显然该夹角平分线的方向向量为:$\frac{\boldsymbol{a}}{|\boldsymbol{a}|}+\frac{\boldsymbol{b}}{|\boldsymbol{b}|}=\frac{1}{\sqrt{(\pm\frac{7}{2})^2+(\frac{1}{2})^2}}[(\frac{7}{2},\frac{1}{2})+(\frac{1}{2},-\frac{7}{2})]=\frac{\sqrt{2}}{5}\cdot(4,-3)=\sqrt{2}(\frac{4}{5},-\frac{3}{5})$. 又其模为 1,故满足条件的向量为$(\frac{4}{5},-\frac{3}{5})$或$(-\frac{4}{5},\frac{3}{5})$. 故选 B.

例 3 (2011 年高考辽宁卷题)若$\boldsymbol{a},\boldsymbol{b},\boldsymbol{c}$均为单位向量,且$\boldsymbol{a}\cdot\boldsymbol{b}=0$,$(\boldsymbol{a}-\boldsymbol{c})\cdot(\boldsymbol{b}-\boldsymbol{c})\leqslant 0$,则$|\boldsymbol{a}+\boldsymbol{b}-\boldsymbol{c}|$的最大值为(　　).

A. $\sqrt{2}-1$　　B. 1　　C. $\sqrt{2}$　　D. 2

解 如图 10.3.1 所示,设$\overrightarrow{OA}=\boldsymbol{a}$,$\overrightarrow{OB}=\boldsymbol{b}$,$\overrightarrow{OC}=\boldsymbol{c}$,显然$A,B,C$都在以$O$为圆心的单位圆上. 由$\boldsymbol{a}\cdot\boldsymbol{b}=0$,即知$OA\perp OB$. 由$(\boldsymbol{a}-\boldsymbol{c})\cdot(\boldsymbol{b}-\boldsymbol{c})\leqslant 0$,即知$\angle ACB$为钝角(或点$C$重合于$A,B$两点之一).

于是,在正方形$OADB$中,$|\overrightarrow{OC}|=1$,$|\overrightarrow{OD}|=|\boldsymbol{a}+\boldsymbol{b}|=\sqrt{2}$,从而$\overrightarrow{CD}=\boldsymbol{a}+\boldsymbol{b}-\boldsymbol{c}$.

显然$\angle COD$越大，$\overrightarrow{CD}$越长.

故当C与A或B重合时，$|\overrightarrow{CD}|_{\max}=1$. 故选 B.

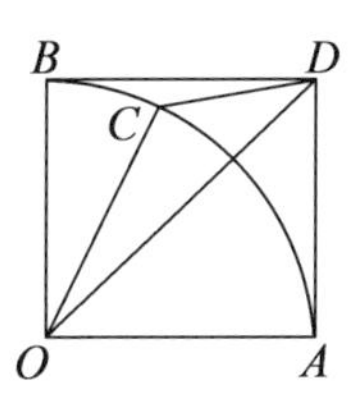

图 10.3.1

注　也可通过建立坐标系，利用向量的坐标来求解.

例 4　(2010 年高考全国卷题)在$\triangle ABC$中，点D在AB上，CD平分$\angle ACB$，若$\overrightarrow{CB}=\boldsymbol{a}$，$\overrightarrow{CA}=\boldsymbol{b}$，$|\boldsymbol{a}|=1$，$|\boldsymbol{b}|=2$，则$\overrightarrow{CD}=($　　$)$.

A. $\frac{1}{3}\boldsymbol{a}+\frac{2}{3}\boldsymbol{b}$　　　B. $\frac{2}{3}\boldsymbol{a}+\frac{1}{3}\boldsymbol{b}$

C. $\frac{3}{5}\boldsymbol{a}+\frac{4}{5}\boldsymbol{b}$　　　D. $\frac{4}{5}\boldsymbol{a}+\frac{3}{5}\boldsymbol{b}$

解　此题的常规解法是运用内角平分线的性质. 事实上，考虑向量的平行四边形法则，可知当平行四边形为菱形时，对角线平分对角，即$\frac{\overrightarrow{CB}}{|\overrightarrow{CB}|}+\frac{\overrightarrow{CA}}{|\overrightarrow{CA}|}$与$\angle ACB$的平分线$\overrightarrow{CD}$共线，便有如下简解.

由题意易知$\overrightarrow{CD}$与$\frac{\overrightarrow{CB}}{|\overrightarrow{CB}|}+\frac{\overrightarrow{CA}}{|\overrightarrow{CA}|}$共线. 设$\overrightarrow{CD}=\lambda\left(\frac{\overrightarrow{CB}}{|\overrightarrow{CB}|}+\frac{\overrightarrow{CA}}{|\overrightarrow{CA}|}\right)=\lambda\left(\boldsymbol{a}+\frac{\boldsymbol{b}}{2}\right)=\lambda\boldsymbol{a}+\frac{\lambda}{2}\boldsymbol{b}$. 而$A$，$B$，$D$三

点共线,故 $\lambda+\frac{\lambda}{2}=1$,即 $\lambda=\frac{2}{3}$,所以$\overrightarrow{CD}=\frac{2}{3}\boldsymbol{a}+\frac{1}{3}\boldsymbol{b}$.故选 B.

注 由此解法不难得到更一般的结论:一般地,在 $\triangle ABC$ 中,点 D 在 AB 上,CD 平分 $\angle ACB$,若$\overrightarrow{CB}=\boldsymbol{a}$,$\overrightarrow{CA}=\boldsymbol{b}$,则$\overrightarrow{CD}=\frac{|\boldsymbol{a}|\boldsymbol{b}+|\boldsymbol{b}|\boldsymbol{a}}{|\boldsymbol{a}|+|\boldsymbol{b}|}$.

例 5 (2009 年全国数学联赛湖南省预赛题)已知非零向量$\overrightarrow{AB}$与$\overrightarrow{AC}$满足$\left(\frac{\overrightarrow{AB}}{|\overrightarrow{AB}|}+\frac{\overrightarrow{AC}}{|\overrightarrow{AC}|}\right)\cdot\overrightarrow{BC}=0$ 且 $\frac{\overrightarrow{AB}}{|\overrightarrow{AB}|}\cdot\frac{\overrightarrow{AC}}{|\overrightarrow{AC}|}=\frac{1}{2}$,则 $\triangle ABC$ 为( ).

A. 三边均不相等的三角形

B. 直角三角形

C. 等腰非等边三角形

D. 等边三角形

解 由单位向量的特性,知向量$\frac{\overrightarrow{AB}}{|\overrightarrow{AB}|}+\frac{\overrightarrow{AC}}{|\overrightarrow{AC}|}$所在的直线过 $\triangle ABC$ 的内心. 故由$\left(\frac{\overrightarrow{AB}}{|\overrightarrow{AB}|}+\frac{\overrightarrow{AC}}{|\overrightarrow{AC}|}\right)\cdot\overrightarrow{BC}=0$ 得$|\overrightarrow{AB}|=|\overrightarrow{AC}|$. 又$\frac{\overrightarrow{AB}}{|\overrightarrow{AB}|}\cdot\frac{\overrightarrow{AC}}{|\overrightarrow{AC}|}=\frac{1}{2}$,故 $\angle A=\frac{\pi}{3}$,即 $\triangle ABC$ 为等边三角形. 故选 D.

例 6 (2009 年高考天津卷题)在四边形 $ABCD$ 中,$\overrightarrow{AB}=\overrightarrow{DC}=(1,1)$,$\frac{\overrightarrow{BA}}{|\overrightarrow{BA}|}+\frac{\overrightarrow{BC}}{|\overrightarrow{BC}|}=\sqrt{3}\frac{\overrightarrow{BD}}{|\overrightarrow{BD}|}$,则四边形 $ABCD$ 的面积为________.

解　由$\overrightarrow{AB}=\overrightarrow{DC}$可知，四边形 $ABCD$ 为平行四边形，$\dfrac{\overrightarrow{BA}}{|\overrightarrow{BA}|}$，$\dfrac{\overrightarrow{BC}}{|\overrightarrow{BC}|}$，$\dfrac{\overrightarrow{BD}}{|\overrightarrow{BD}|}$均是与$\overrightarrow{BA}$，$\overrightarrow{BC}$，$\overrightarrow{BD}$同方向的单位向量.

由$\dfrac{\overrightarrow{BA}}{|\overrightarrow{BA}|}+\dfrac{\overrightarrow{BC}}{|\overrightarrow{BC}|}=\sqrt{3}\dfrac{\overrightarrow{BD}}{|\overrightarrow{BD}|}$，知 BD 为 $\angle ABC$ 的角平分线，故$\square ABCD$ 为菱形. 将$\dfrac{\overrightarrow{BA}}{|\overrightarrow{BA}|}+\dfrac{\overrightarrow{BC}}{|\overrightarrow{BC}|}=\sqrt{3}\dfrac{\overrightarrow{BD}}{|\overrightarrow{BD}|}$两边平方整理得 $\cos\langle\dfrac{\overrightarrow{BA}}{|\overrightarrow{BA}|},\dfrac{\overrightarrow{BC}}{|\overrightarrow{BC}|}\rangle=\dfrac{1}{2}$，即$\langle\overrightarrow{BA},\overrightarrow{BC}\rangle=60°$，故 $S_{ABCD}=|\overrightarrow{BC}||\overrightarrow{BA}|\sin\angle ABC=\sqrt{2}\times\sqrt{2}\times\sin 60°=\sqrt{3}$. 即填$\sqrt{3}$.

例 7　(2005 年高考天津卷题)在直角坐标系 xOy 中，已知点 $A(0,1)$ 和点 $B(-3,4)$，若点 C 在 $\angle AOB$ 的平分线上，且$|\overrightarrow{OC}|=2$，则$\overrightarrow{OC}=$________.

解　因为点 C 在 $\angle AOB$ 的平分线上，其方向向量为：$\overrightarrow{OA}+\dfrac{\overrightarrow{OB}}{|\overrightarrow{OB}|}=(0,1)+\dfrac{(-3,4)}{\sqrt{(-3)^2+4^2}}=(0,1)+\left(-\dfrac{3}{5},\dfrac{4}{5}\right)=\left(-\dfrac{3}{5},\dfrac{9}{5}\right)$，该方向向量的单位向量为

$$\frac{1}{\sqrt{\left(-\frac{3}{5}\right)^2+\left(\frac{9}{5}\right)^2}}\cdot\left(-\frac{3}{5},\frac{9}{5}\right)=\left(-\frac{\sqrt{10}}{10},\frac{3\sqrt{10}}{10}\right).$$

又$|\overrightarrow{OC}|=2$，故$\overrightarrow{OC}=2\cdot\left(-\dfrac{\sqrt{10}}{10},\dfrac{3\sqrt{10}}{10}\right)=\left(-\dfrac{\sqrt{10}}{5},\dfrac{3\sqrt{10}}{5}\right)$为所求.

例 8 已知向量$\boldsymbol{a}_n=\left(\cos\frac{n\pi}{7},\sin\frac{n\pi}{7}\right)(n\in\mathbf{N}_+)$，$|\boldsymbol{b}|=1$，则函数 $y=|\boldsymbol{a}_1+\boldsymbol{b}|^2+|\boldsymbol{a}_2+\boldsymbol{b}|^2+\cdots+|\boldsymbol{a}_{141}+\boldsymbol{b}|^2$ 的最大值为________.

解 本题直接求解比较困难，注意到$\boldsymbol{a}_n=\left(\cos\frac{n\pi}{7},\sin\frac{n\pi}{7}\right)$，$|\boldsymbol{b}|=1$，可设 $\boldsymbol{b}=(\cos\theta,\sin\theta)$，便有如下简解.

由 $\boldsymbol{b}=(\cos\theta,\sin\theta)$，有$|\boldsymbol{b}|=1$.

又$\boldsymbol{a}_n^2=\cos^2\frac{n\pi}{7}+\sin^2\frac{n\pi}{7}=1$，则$\boldsymbol{a}_n\cdot\boldsymbol{b}=\cos\frac{n\pi}{7}\cos\theta+\sin\frac{n\pi}{7}\sin\theta$，即

$$\begin{aligned}y&=(|\boldsymbol{a}_1|^2+|\boldsymbol{a}_2|^2+\cdots+|\boldsymbol{a}_{141}|^2)+141|\boldsymbol{b}|^2+\\&\quad 2(\boldsymbol{a}_1\cdot\boldsymbol{b}+\boldsymbol{a}_2\cdot\boldsymbol{b}+\cdots+\boldsymbol{a}_{141}\cdot\boldsymbol{b})\\&=282+2\cos\theta\left(\cos\frac{\pi}{7}+\cos\frac{2\pi}{7}+\cdots+\cos\frac{141\pi}{7}\right)+\\&\quad 2\sin\theta\left(\sin\frac{\pi}{7}+\sin\frac{2\pi}{7}+\cdots+\sin\frac{141\pi}{7}\right)\\&=282+2\cos\theta\cos\frac{\pi}{7}+2\sin\theta\sin\frac{\pi}{7}\\&=282+2\cos\left(\frac{\pi}{7}-\theta\right)\leqslant 284\end{aligned}$$

故填 284.

例 9 已知$\frac{3}{5}\sin\theta+\frac{4}{5}\cos\theta=1$，求 $\tan\theta$ 的值.

解 此题的常见思路是两边平方求解，但运算量大，且容易产生增解. 若发现等式左边是向量数量积的形式，且注意到 $\sin^2\theta+\cos^2\theta=1$ 及$\left(\frac{3}{5}\right)^2+\left(\frac{4}{5}\right)^2=1$，

故构造单位向量,便有如下简解.

设$\boldsymbol{e}_1=(\sin\theta,\cos\theta)$,$\boldsymbol{e}_2=\left(\frac{3}{5},\frac{4}{5}\right)$,则$\frac{3}{5}\sin\theta+\frac{4}{5}\cos\theta=\boldsymbol{e}_1\cdot\boldsymbol{e}_2=|\boldsymbol{e}_1||\boldsymbol{e}_2|\cos\alpha=1$,故$\boldsymbol{e}_1/\!/\boldsymbol{e}_2$.则$\boldsymbol{e}_1=\lambda\boldsymbol{e}_2$,即$\sin\theta=\frac{3}{5}\lambda$,$\cos\theta=\frac{4}{5}\lambda$,故$\tan\theta=\frac{3}{4}$.

例 10　如图 10.3.2 所示,在平行四边形 $ABCD$ 中,E,F 分别是 AB,AD 上的点,EF 与 AC 交于 G,求证:$\frac{AB}{AE}+\frac{AD}{AF}=\frac{AC}{AG}$.

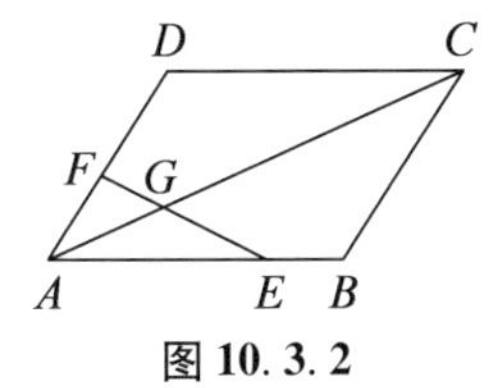

图 10.3.2

证明　由$\overrightarrow{AB}+\overrightarrow{AD}=\overrightarrow{AC}$得$\frac{AB}{AE}\overrightarrow{AE}+\frac{AD}{AF}\overrightarrow{AF}=\frac{AC}{AG}\overrightarrow{AG}$;由于 E,F,G 三点共线,则$\frac{AB}{AE}+\frac{AD}{AF}=\frac{AC}{AG}$.

注　此处向量单位化的作法使问题变得简单,值得注意.

例 11　已知点 O 是$\triangle ABC$ 内的一点,求证:$S_{\triangle BOC}\overrightarrow{OA}+S_{\triangle AOC}\overrightarrow{OB}+S_{\triangle AOB}\overrightarrow{OC}=\mathbf{0}$.

证明　此题证法较多,若考虑到单位向量,更有如下简洁解法.

如图 10.3.3 所示,设$\overrightarrow{OA}$,$\overrightarrow{OB}$,$\overrightarrow{OC}$上的单位向量分别为$\boldsymbol{e}_1$,$\boldsymbol{e}_2$,$\boldsymbol{e}_3$.作$\triangle DEF$,使 $DE/\!/OA$,$EF/\!/OB$,$DF/\!/OC$,则$\sin F=\sin\alpha$,$\sin D=\sin\beta$,$\sin E=\sin\gamma$.

由$\overrightarrow{ED}+\overrightarrow{DF}+\overrightarrow{FE}=\mathbf{0}$，有$|\overrightarrow{ED}|\boldsymbol{e}_1+|\overrightarrow{DF}|\boldsymbol{e}_3+|\overrightarrow{FE}|\boldsymbol{e}_2=\mathbf{0}$，即$2R\sin\alpha\boldsymbol{e}_1+2R\sin\gamma\boldsymbol{e}_3+2R\sin\beta\boldsymbol{e}_2=\mathbf{0}$，其中 R 为$\triangle DEF$ 的外接圆的半径.

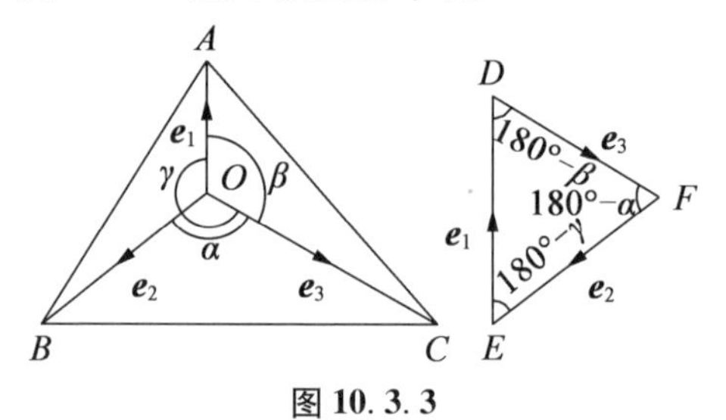

图 10.3.3

故 $\sin\alpha\boldsymbol{e}_1+\sin\gamma\boldsymbol{e}_3+\sin\beta\boldsymbol{e}_2=\mathbf{0}$，即

$$\left(\frac{1}{2}|OB|\cdot|OC|\sin\alpha\right)\cdot(|OA|\boldsymbol{e}_1)+$$

$$\left(\frac{1}{2}|OA|\cdot|OB|\sin\gamma\right)\cdot(|OC|\boldsymbol{e}_3)+$$

$$\left(\frac{1}{2}|OA|\cdot|OC|\sin\beta\right)\cdot(|OB|\boldsymbol{e}_2)=\mathbf{0}$$

亦即 $S_{\triangle BOC}\overrightarrow{OA}+S_{\triangle AOB}\overrightarrow{OC}+S_{\triangle AOC}\overrightarrow{OB}=\mathbf{0}$，结论成立.

例 12 在平面四边形 $ABCD$ 中，$\angle A$ 和$\angle B$ 的平分线交于点 E，$\angle C$ 和$\angle D$ 的平分线交于点 G，则 $EG/\!/BC$.

证明 如图 10.3.4 所示，设$\overrightarrow{AB}$的单位向量为 $\boldsymbol{a}$，$\overrightarrow{AD}$的单位向量为 $\boldsymbol{b}$，由式(2.6.68)或结论 6，有

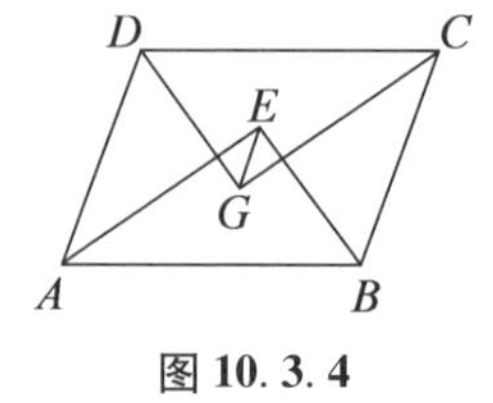

图 10.3.4

$$\overrightarrow{AE}=m(\boldsymbol{a}+\boldsymbol{b}),\overrightarrow{BE}=n(-\boldsymbol{a}+\boldsymbol{b})$$

$$\overrightarrow{CG}=-p(\boldsymbol{a}+\boldsymbol{b}),\overrightarrow{DG}=q(\boldsymbol{a}-\boldsymbol{b})$$

由
$$\overrightarrow{AB}=\overrightarrow{DC}$$

即$\overrightarrow{AE}+\overrightarrow{EB}=\overrightarrow{DG}+\overrightarrow{GC}$,亦即 $m(\boldsymbol{a}+\boldsymbol{b})-n(-\boldsymbol{a}+\boldsymbol{b})=q(\boldsymbol{a}-\boldsymbol{b})+p(\boldsymbol{a}+\boldsymbol{b})$,得 $m+n=p+q,m-n=p-q$,解得 $m=n=p=q$.

从而

$$\overrightarrow{EG}=\overrightarrow{EB}+\overrightarrow{BC}+\overrightarrow{CG}=-m(-\boldsymbol{a}+\boldsymbol{b})+\overrightarrow{BC}-m(\boldsymbol{a}+\boldsymbol{b})$$
$$=\overrightarrow{BC}-2m\boldsymbol{b}=\overrightarrow{BC}-2m\overrightarrow{AD}=(1-2m)\overrightarrow{BC}$$

故 $EG/\!/BC$.

例 13 (IMO 15 试题)设 l 为平面上的一条直线,O 为 l 上的一点,$\overrightarrow{OP_1},\overrightarrow{OP_2},\cdots,\overrightarrow{OP_n}$是位于由 l 所分成的两个半平面之一的 n 个单位向量. 证明:如果 n 是奇数,则

$$|\overrightarrow{OP_1}+\overrightarrow{OP_2}+\cdots+\overrightarrow{OP_n}|\geqslant 1$$

证明　设 $n=2k+1$,对 k 运用数学归纳法:当 $k=0$ 时,结论显然成立,设$\overrightarrow{OA}$是直线 l 上的单位向量,φ_i 是向量$\overrightarrow{OA}$和$\overrightarrow{OP_i}(1\leqslant i\leqslant n)$的夹角,我们可设 $\varphi_1<\varphi_2<\cdots<\varphi_n$.

由归纳假设,有$|\overrightarrow{OP_2}+\cdots+\overrightarrow{OP_{n-1}}|\geqslant 1$.

向量$\overrightarrow{OP_1}$与$\overrightarrow{OP_n}$的夹角为 $\varphi_n-\varphi_1<\pi$,所以向量$\overrightarrow{OP_1}$和向量$\overrightarrow{OB}=\overrightarrow{OP_1}+\overrightarrow{OP_n}$的夹角$\dfrac{\varphi_n-\varphi_1}{2}<\dfrac{\pi}{2}$.

因此,向量$\overrightarrow{OB}$和向量$\overrightarrow{OD}=\overrightarrow{OP_2}+\cdots+\overrightarrow{OP_{n-1}}$的夹角 θ 为锐角,如图10.3.5所示.

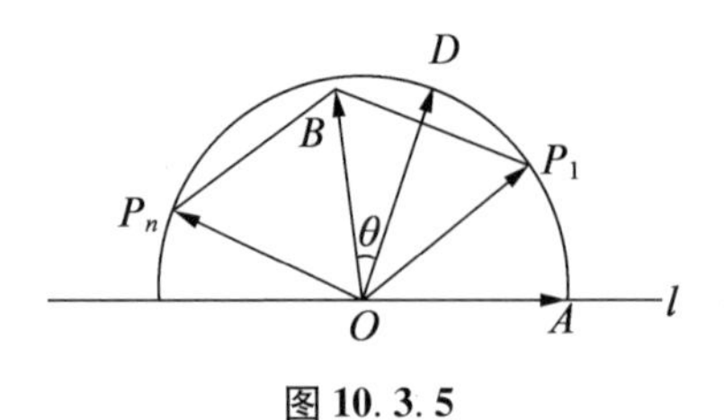

图 10.3.5

设$\overrightarrow{OD}=\boldsymbol{a}$,$\overrightarrow{OB}=\boldsymbol{b}$,则有 $\sum\limits_{i=1}^{n}\overrightarrow{OP_i}=\boldsymbol{a}+\boldsymbol{b}$,且

$$\begin{aligned}|\boldsymbol{a}+\boldsymbol{b}|^2&=(\boldsymbol{a}+\boldsymbol{b})^2\\&=|\boldsymbol{a}|^2+|\boldsymbol{b}|^2+2|\boldsymbol{a}||\boldsymbol{b}|\cdot\cos\theta\\&>|\boldsymbol{b}|^2\\&\geqslant 1\end{aligned}$$

综上,由归纳法原理,知命题成立.

例 14 (2010 年罗马尼亚数学奥林匹克竞赛试题)在$\triangle ABC$中,已知$\angle A$,$\angle B$,$\angle C$的角平分线与$\triangle ABC$的外接圆交于点D,E,F,证明:

(1)$\triangle DEF$的垂心和$\triangle ABC$的内心重合;

(2)若$\overrightarrow{AD}+\overrightarrow{BE}+\overrightarrow{CF}=\mathbf{0}$,则$\triangle ABC$是等边三角形.

证明 如图 10.3.6 所示.

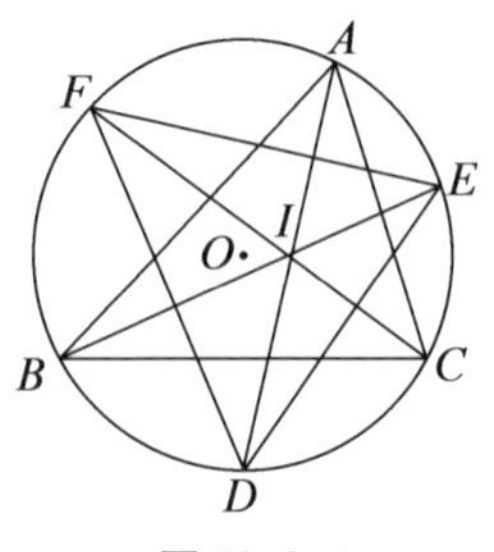

图 10.3.6

(1)易知AD,BE,CF交于$\triangle ABC$的内心I. 由

$$\angle ADF=\angle ACF=\frac{1}{2}\angle C$$

$$\begin{aligned}\angle DFE&=\angle DFC+\angle CFE\\&=\angle CAD+\angle CBE\\&=\frac{1}{2}\angle A+\frac{1}{2}\angle B\end{aligned}$$

则　$\angle ADF+\angle DFE=\frac{1}{2}(\angle A+\angle B+\angle C)=90^\circ$

故 $AD\perp EF$.

同理，$BE\perp DF$. 故 I 为 $\triangle DEF$ 的垂心.

(2)取单位向量 $\frac{\overrightarrow{AB}}{|\overrightarrow{AB}|}=\boldsymbol{i}$，$\frac{\overrightarrow{BC}}{|\overrightarrow{BC}|}=\boldsymbol{j}$，$\frac{\overrightarrow{CA}}{|\overrightarrow{CA}|}=\boldsymbol{k}$，则由 $\overrightarrow{AB}+\overrightarrow{BC}+\overrightarrow{CA}=\mathbf{0}$，有

$$|\overrightarrow{AB}|\boldsymbol{i}+|\overrightarrow{BC}|\boldsymbol{j}+|\overrightarrow{CA}|\boldsymbol{k}=\mathbf{0}$$

于是

$$\overrightarrow{AD}+\overrightarrow{BE}+\overrightarrow{CF}=\mathbf{0}$$

$$\Rightarrow\frac{AD}{2\cos\frac{A}{2}}(\boldsymbol{i}-\boldsymbol{k})+\frac{BE}{2\cos\frac{B}{2}}(\boldsymbol{j}-\boldsymbol{i})+\frac{CF}{2\cos\frac{C}{2}}(\boldsymbol{k}-\boldsymbol{j})=\mathbf{0}$$

$$\Leftrightarrow\left(\frac{AD}{2\cos\frac{A}{2}}-\frac{BE}{2\cos\frac{B}{2}}\right)\boldsymbol{i}+\left(\frac{BE}{2\cos\frac{B}{2}}-\frac{CF}{2\cos\frac{C}{2}}\right)\boldsymbol{j}+\left(\frac{CF}{2\cos\frac{C}{2}}-\frac{AD}{2\cos\frac{A}{2}}\right)\boldsymbol{k}=\mathbf{0}$$

不妨设

$$\frac{\frac{AD}{2\cos\frac{A}{2}}-\frac{BE}{2\cos\frac{B}{2}}}{AB}=\frac{\frac{BE}{2\cos\frac{B}{2}}-\frac{CF}{2\cos\frac{C}{2}}}{BC}$$

$$=\frac{\dfrac{CF}{2\cos\dfrac{C}{2}}-\dfrac{AD}{2\cos\dfrac{A}{2}}}{CA}=t$$

则
$$tAB+tBC+tCA=0\Rightarrow t=0$$

故

$$\frac{AD}{2\cos\dfrac{A}{2}}=\frac{BE}{2\cos\dfrac{B}{2}}$$

$$\Leftrightarrow\frac{\sin(C+\dfrac{A}{2})}{\cos\dfrac{A}{2}}=\frac{\sin(C+\dfrac{B}{2})}{\cos\dfrac{B}{2}}$$

$$\Leftrightarrow\sin C+\cos C\cdot\tan\frac{A}{2}=\sin C+\cos C\cdot\tan\frac{B}{2}$$

$$\Leftrightarrow\tan\frac{A}{2}=\tan\frac{B}{2}\Leftrightarrow\angle A=\angle B$$

同理$\angle B=\angle C$,综上,$\triangle ABC$ 为等边三角形.

例 15 (2010 年高考安徽卷题)已知椭圆 E 经过点 $A(2,3)$,对称轴为坐标轴,焦点 F_1,F_2 在 x 轴上,离心率 $e=\frac{1}{2}$.

(1)求椭圆 E 的方程;

(2)求$\angle F_1AF_2$ 的角平分线所在直线 l 的方程;

(3)在椭圆 E 上是否存在关于直线 l 对称的相异两点?若存在,请找出;若不存在,说明理由.

解 (1),(3)略.

(2)由(1)易知 $c=2$,故 $F_1(-2,0)$,$F_2(2,0)$,$\overrightarrow{AF_1}=(-4,-3)$,$\overrightarrow{AF_2}=(0,-3)$.

依题意$\frac{\overrightarrow{AF_1}}{|\overrightarrow{AF_1}|}+\frac{\overrightarrow{AF_2}}{|\overrightarrow{AF_2}|}=\left(-\frac{4}{5},-\frac{8}{5}\right)$是$\angle F_1AF_2$的平分线的一个方向向量，从而$k_1=\frac{-\frac{8}{5}}{-\frac{4}{5}}=2$，故$l$：$y-3=2(x-2)$，即$2x-y-1=0$.

例 16　推导点到直线的距离公式.

解　设直线l:$Ax+By+C=0$，$P(x_0,y_0)$. 点P到直线l的距离d的求法很多，例如，参见式(7.1.10)的证法. 若注意到单位向量和向量的运算，便有如下简洁的方法.

设$(-B,A)$是l的一个方向向量，不妨取l的一个单位法向量$\boldsymbol{n}_0=\left(\frac{A}{\sqrt{A^2+B^2}},\frac{B}{\sqrt{A^2+B^2}}\right)$.

如图 10.3.7 所示，过P作$PQ\perp l$，垂足为Q，则$\boldsymbol{n}_0/\!/\overrightarrow{PQ}$，故设$\overrightarrow{PQ}=\lambda\boldsymbol{n}_0$. 并设$M(x',y')$是直线$l$上的任意一点，故$d=|\overrightarrow{PQ}|=|\lambda\boldsymbol{n}_0|=|\lambda|$，$\overrightarrow{PQ}=\overrightarrow{PM}+\overrightarrow{MQ}$，所以

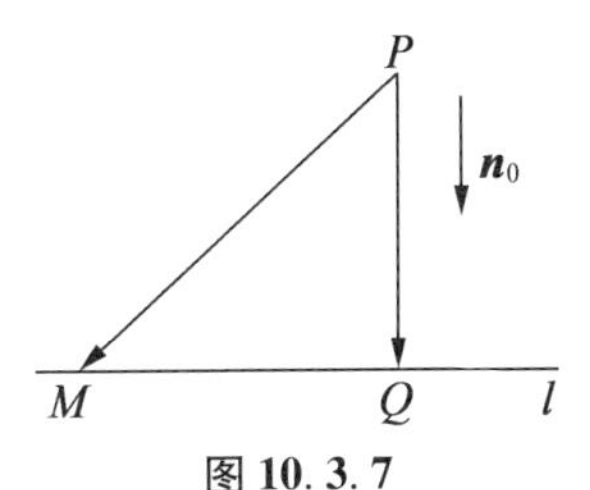

图 10.3.7

$$\begin{aligned}\boldsymbol{n}_0\cdot\overrightarrow{PQ}&=\boldsymbol{n}_0\cdot\overrightarrow{PM}+\boldsymbol{n}_0\cdot\overrightarrow{MQ}=\boldsymbol{n}_0\cdot\overrightarrow{PM}\\&=\left(\frac{A}{\sqrt{A^2+B^2}},\frac{B}{\sqrt{A^2+B^2}}\right)\cdot(x'-x_0,y'-y_0)\end{aligned}$$

$$=\frac{Ax'+By'-(Ax_0+By_0)}{\sqrt{A^2+B^2}}=\lambda \boldsymbol{n}_0{}^2=\lambda$$

而 $Ax'+By'+C=0$ 即 $Ax'+By'=-C$，故 $d=|\lambda|=\frac{|Ax_0+By_0+C|}{\sqrt{A^2+B^2}}$.

例 17　推导直线的参数方程.

解　如图 10.3.8 所示，设直线 l 经过定点 $M_0(x_0, y_0)$，倾斜角为 α，在 l 上任取一点 $M(x,y)$，则 $\overrightarrow{M_0M}=(x-x_0, y-y_0)$，设 $\boldsymbol{e}$ 是直线 l 的单位方向向量，则 $\boldsymbol{e}=(\cos\alpha, \sin\alpha)$，$\alpha\in[0,\pi)$.

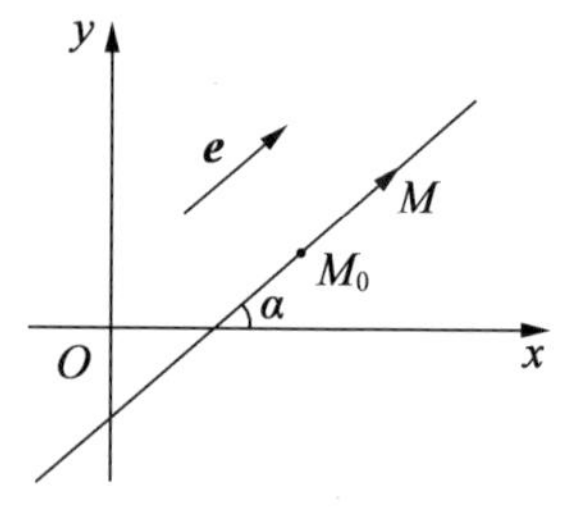

图 10.3.8

因为 $\overrightarrow{M_0M}/\!/\boldsymbol{e}$，所以存在 $t\in\mathbf{R}$，使 $\overrightarrow{M_0M}=t\boldsymbol{e}$，即 $(x-x_0, y-y_0)=t(\cos\alpha, \sin\alpha)$，所以 $x-x_0=t\cos\alpha$，$y-y_0=t\sin\alpha$，即 $x=x_0+t\cos\alpha$，$y=y_0+t\sin\alpha$. 因此，过点 $M_0(x_0,y_0)$，倾斜角为 α 的直线 l 的参数方程为

$$\begin{cases} x=x_0+t\cos\alpha \\ y=y_0+t\sin\alpha \end{cases}\quad (t\text{ 为参数})$$

而 $\boldsymbol{e}=(\cos\alpha, \sin\alpha)$，故 $|\boldsymbol{e}|=1$，由 $\overrightarrow{M_0M}=t\boldsymbol{e}$，得 $|\overrightarrow{M_0M}|=|t|$，故参数 t 的绝对值的几何意义是直线 l 上的动点 M 到定点 M_0 的距离.

例 18　推导异面直线的距离公式.

解　异面直线距离公式若用投影方法,也可以求出,但注意到单位向量和向量的运算,便有如下简洁推导方法.

如图 10.3.9 所示,异面直线 a,b 的公垂线段为 MN,A,B 分别是异面直线 a,b 上的任意两点.

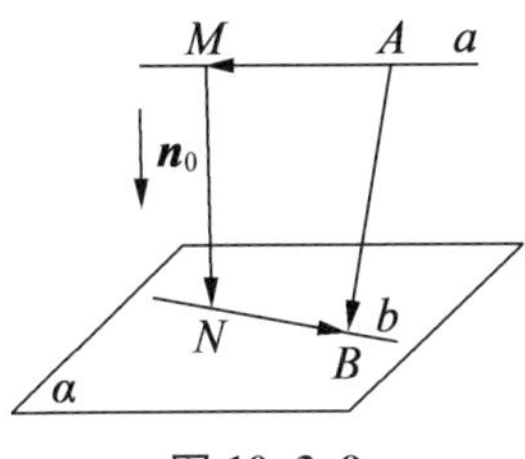

图 10.3.9

设 $\boldsymbol{n}_0\perp a,\boldsymbol{n}_0\perp b,|\boldsymbol{n}_0|=1$(即 $\boldsymbol{n}_0$ 是异面直线 a,b 的公共单位法向量),则$\overrightarrow{MN}/\!/\boldsymbol{n}_0$. 设$\overrightarrow{MN}=\lambda\boldsymbol{n}_0$,所以$d=|\overrightarrow{MN}|=|\lambda\boldsymbol{n}_0|=|\lambda|$. 而$\overrightarrow{AB}=\overrightarrow{AM}+\overrightarrow{MN}+\overrightarrow{NB}$,所以 $\boldsymbol{n}_0\cdot\overrightarrow{AB}=\boldsymbol{n}_0\cdot\overrightarrow{AM}+\boldsymbol{n}_0\cdot\overrightarrow{MN}+\boldsymbol{n}_0\cdot\overrightarrow{NB}=\boldsymbol{n}_0\cdot\overrightarrow{MN}=\lambda\ \boldsymbol{n}_0^{\ 2}=\lambda$,故 $d=|\overrightarrow{MN}|=|\lambda|=|\boldsymbol{n}_0\cdot\overrightarrow{AB}|$.

类似地可推导出立体几何中点面距离、线面距离、面面距离的统一公式,请读者尝试.

例 19　(2010 年伊朗数学奥林匹克竞赛试题)已知整数 $n>2$,$A_1,A_2,\cdots,A_n$ 为平面上给定的 n 个点,任意三点均不共线.

(1)若 n 个点 $M_1,M_2,\cdots,M_n$ 分别在线段 A_1A_2,$A_2A_3,\cdots,A_nA_1$ 上,证明:如果 n 个点 $B_1,B_2,\cdots,B_n$ 分别在$\triangle M_nA_1M_1,\triangle M_1A_2M_2,\cdots,\triangle M_{n-1}A_nM_n$ 内,则

$$|B_1B_2|+|B_2B_3|+\cdots+|B_nB_1|$$
$$\leqslant|A_1A_2|+|A_2A_3|+\cdots+|A_nA_1|$$

其中符号$|XY|$表示线段 XY 的长度;

(2)如图 10.3.10 所示,记$\angle XYZ$的外角分线所确定的不含内角分线的半平面为H_{XYZ},证明:若n个点$C_1,C_2,\cdots,C_n$分别是$H_{A_nA_1A_2},H_{A_1A_2A_3},\cdots,H_{A_{n-1}A_nA_1}$上的点,则

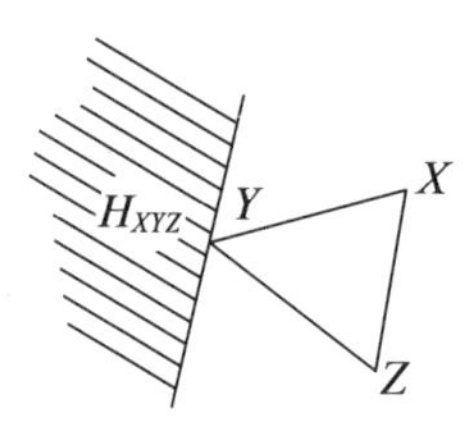

图 10.3.10

$$\begin{aligned}&|A_1A_2|+|A_2A_3|+\cdots+|A_nA_1|\\ \leqslant&|C_1C_2|+|C_2C_3|+\cdots+|C_nC_1|\end{aligned}$$

证明 (1)先证明一个引理:

引理 1 的证明 若P为$\triangle ABC$内部一点,则

$$PB+PC\leqslant AB+AC$$

证明 事实上,延长CP与AB交于点D,则

$$\begin{aligned}PB+PC&\leqslant BD+PD+PC=BD+CD\\ &\leqslant BD+DA+AC=AB+AC\end{aligned}$$

回到原题的证明.

由三角形不等式并运用引理知

$$\begin{aligned}&B_1B_2+B_2B_3+\cdots+B_nB_1\\ \leqslant&(B_1M_1+B_2M_1)+(B_2M_2+B_3M_2)+\cdots+\\ &(B_nM_n+B_1M_n)\\ =&(B_1M_1+B_1M_n)+(B_2M_1+B_2M_2)+\cdots+\\ &(B_nM_{n-1}+B_nM_n)\\ \leqslant&(A_1M_1+A_1M_n)+(A_2M_1+A_2M_2)+\cdots+\\ &(A_nM_{n-1}+A_nM_n)\\ =&A_1A_2+A_2A_3+\cdots+A_nA_1\end{aligned}$$

(2)假设对于所有的 $k(1\leqslant k\leqslant n)$,有 $\overrightarrow{A_kA_{k+1}}=L_k\boldsymbol{u}_k$,其中 L_k 表示 A_kA_{k+1} 的长度,$\boldsymbol{u}_k$ 是与 $\overrightarrow{A_kA_{k+1}}$ 同向的单位向量,则向量 $\boldsymbol{u}_k-\boldsymbol{u}_{k+1}$ 与 $\angle A_{k-1}A_kA_{k+1}$ 的内角平分线同向.

设 $\boldsymbol{\omega}_k=\overrightarrow{A_kC_k}$,则由 C_k 的定义知

$$\boldsymbol{\omega}_k\cdot(\boldsymbol{u}_k-\boldsymbol{u}_{k-1})\leqslant 0 \qquad (*)$$

此外,又有 $\overrightarrow{C_{k-1}C_k}=\boldsymbol{\omega}_k+L_{k+1}\boldsymbol{u}_{k-1}-\boldsymbol{\omega}_{k-1}$,其中,设 $C_0=C_n,\boldsymbol{\omega}_0=\boldsymbol{\omega}_n,\boldsymbol{u}_0=\boldsymbol{u}_n$.

注意到 $|\boldsymbol{u}_{k-1}|=1$,则

$$\begin{aligned}|\overrightarrow{C_{k-1}C_k}|&\geqslant\overrightarrow{C_{k-1}C_k}\cdot\boldsymbol{u}_{k-1}\\&=(\boldsymbol{\omega}_k+L_{k-1}\boldsymbol{u}_{k-1}-\boldsymbol{\omega}_{k-1})\cdot\boldsymbol{u}_{k-1}\\&=\boldsymbol{\omega}_k\cdot\boldsymbol{u}_{k-1}+L_{k-1}-\boldsymbol{\omega}_{k-1}\cdot\boldsymbol{u}_{k-1}\end{aligned}$$

故 $\sum\limits_{k=1}^{n}|\overrightarrow{C_{k-1}C_k}|\geqslant\sum\limits_{k=1}^{n}L_k+\sum\limits_{k=1}^{n}\boldsymbol{\omega}_k\cdot\boldsymbol{u}_{k-1}-\sum\limits_{k=1}^{n}\boldsymbol{\omega}_{k-1}\cdot\boldsymbol{u}_{k-1}$.

另一方面,由(*)式知

$$\begin{aligned}&\sum_{k=1}^{n}\boldsymbol{\omega}_k\cdot(\boldsymbol{u}_k-\boldsymbol{u}_{k-1})\leqslant 0\\\Rightarrow&\sum_{k=1}^{n}\boldsymbol{\omega}_k\cdot\boldsymbol{u}_{k-1}\geqslant\sum_{k=1}^{n}\boldsymbol{\omega}_k\cdot\boldsymbol{u}_k\\&=\sum_{k=1}^{n}\boldsymbol{\omega}_{k-1}\cdot\boldsymbol{u}_{k-1}\end{aligned}$$

故 $\sum\limits_{k=1}^{n}|\overrightarrow{C_{k-1}C_k}|\geqslant\sum\limits_{k=1}^{n}L_k=\sum\limits_{k=1}^{n}|\overrightarrow{A_kA_{k+1}}|$.

例 20 如图 10.3.11 所示,点 E,F 分别位于 $\triangle ABC$ 外、内,且满足 $\angle AFE=\angle ACB$,$\triangle AEF$ 与 $\triangle ABC$ 面积相等,$EC\perp AB$,$FB\perp AE$. 求证:$AB=AE$.

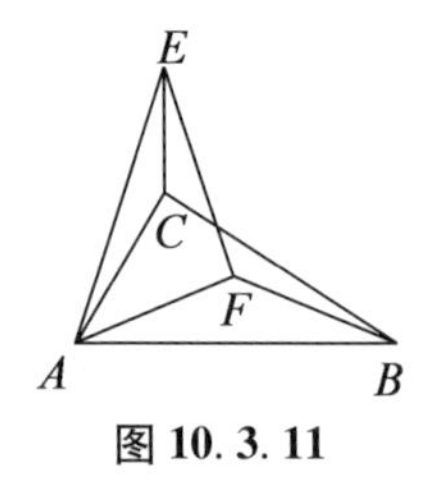

图 10.3.11

证明 此例我们在 6.2 的例 1 中给出了一种证法,下面利用单位向量来证. 令 $\overrightarrow{AC}=m\boldsymbol{j}$,$\overrightarrow{AF}=n\boldsymbol{i}$,$\overrightarrow{FE}=a\boldsymbol{i}_1$,$\overrightarrow{CB}=b\boldsymbol{j}_1$,其中 $\boldsymbol{i},\boldsymbol{j},\boldsymbol{i}_1,\boldsymbol{j}_1$ 都是单位向量,记 $\angle AFE=\angle ACB=\alpha$,则

$$\overrightarrow{AB}=\overrightarrow{AC}+\overrightarrow{CB}=m\boldsymbol{j}+b\boldsymbol{j}_1$$

$$\overrightarrow{AE}=n\boldsymbol{i}+a\boldsymbol{i}_1$$

$$\overrightarrow{CE}=n\boldsymbol{i}+a\boldsymbol{i}_1-m\boldsymbol{j}$$

$$\overrightarrow{FB}=m\boldsymbol{j}+b\boldsymbol{j}_1-n\boldsymbol{i}$$

$$\overrightarrow{AE}\cdot\overrightarrow{FB}=mn\boldsymbol{i}\cdot\boldsymbol{j}+bn\boldsymbol{i}\cdot\boldsymbol{j}_1+am\boldsymbol{i}_1\cdot\boldsymbol{j}+ab\boldsymbol{i}_1\cdot\boldsymbol{j}_1-an\boldsymbol{i}\cdot\boldsymbol{i}_1-n^2=0 \quad ①$$

$$\overrightarrow{AB}\cdot\overrightarrow{CE}=mn\boldsymbol{i}\cdot\boldsymbol{j}+bn\boldsymbol{i}\cdot\boldsymbol{j}_1+am\boldsymbol{i}_1\cdot\boldsymbol{j}_1+ab\boldsymbol{i}_1\cdot\boldsymbol{j}_1-bm\boldsymbol{j}\cdot\boldsymbol{j}_1-m^2=0 \quad ②$$

①-②得

$$an\boldsymbol{i}\cdot\boldsymbol{i}_1+n^2=bm\boldsymbol{j}\cdot\boldsymbol{j}_1+m^2 \quad ③$$

因 $S_{\triangle AEF}=S_{\triangle ABC}$,则 $\frac{1}{2}na\sin\alpha=\frac{1}{2}mb\sin\alpha$,所以 $na=mb$,又 $\boldsymbol{i}\cdot\boldsymbol{i}_1=-\cos\alpha=\boldsymbol{j}\cdot\boldsymbol{j}_1$,则 $an\boldsymbol{i}\cdot\boldsymbol{i}_1=bm\boldsymbol{j}\cdot\boldsymbol{j}_1$. 结合③知 $m^2=n^2$,则 $m=n$,故 $a=b$. 所以 $\triangle AFE\cong\triangle ACB$,故 $AE=AB$.

例 21 (IMO 51 预选题)如图 10.3.12 所示,已

知圆弧 $\Gamma_1,\Gamma_2,\Gamma_3$ 均过点 A,C,且在直线 AC 的同侧,圆弧 Γ_2 在 Γ_1,Γ_3 之间,B 是线段 AC 上一点,由 B 引三条射线 h_1,h_2,h_3,与圆弧 $\Gamma_1,\Gamma_2,\Gamma_3$ 在直线 AC 的同侧,且 h_2 在 h_1,h_3 之间,设 h_i 与 $\Gamma_j(i,j=1,2,3)$ 的交点为 V_{ij}. 由线段 $V_{ij}V_{il},V_{kj}V_{kl}$ 及 $\overparen{V_{ij}V_{kj}},\overparen{V_{il}V_{kl}}$ 构成的曲边四边形记为 $\overparen{V_{ij}V_{kj}}\overparen{V_{kl}V_{il}}$. 若存在一个圆与其两条线段和两条弧均相切,则称这个圆为这个曲边四边形的内切圆. 证明:若曲边四边形 $\overparen{V_{11}V_{21}}\overparen{V_{22}V_{12}}$,$\overparen{V_{12}V_{22}}\overparen{V_{23}V_{13}}$,$\overparen{V_{21}V_{31}}\overparen{V_{32}V_{22}}$ 均有内切圆,则曲边四边形 $\overparen{V_{22}V_{32}}\overparen{V_{33}V_{23}}$ 也有内切圆.

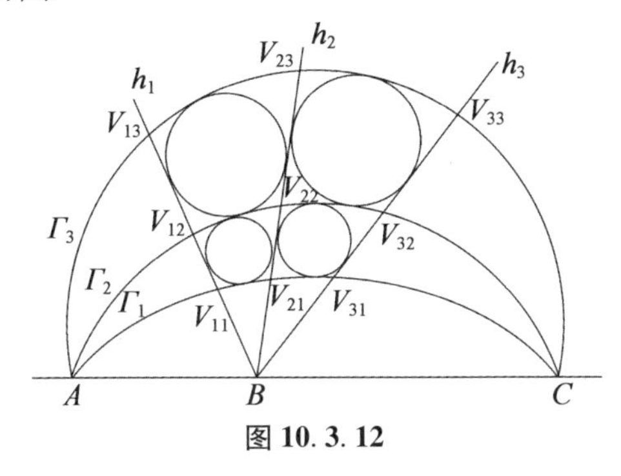

图 10.3.12

证明　设圆弧 $\Gamma_i(i=1,2,3)$ 的圆心为 O_i,半径为 R_i,直线 AC 一侧包含圆弧 Γ_i 和 h_i 的半平面记为 H.

对于 H 中的每个点 P,将 P 到直线 AC 的距离记为 $d(P)$.

对于任意的 $r>0$,以 P 为圆心,r 为半径的圆记为 $\Omega(P,r)$.

先证明三个引理.

引理 2　对于每个整数对 (i,j),其中 $1\leqslant i<j\leqslant 3$,

考虑在半平面 H 内与射线 h_i,h_j 相切的这些圆 $\Omega(P,r)$，则：

（1）点 P 的轨迹是射线 h_i 和 h_j 构成的角的角平分线 β_{ij}；

（2）存在一个常数 u_{ij}，使得 $r=u_{ij}d(P)$.

引理 2 的证明 （1）是显然的.

（2）因为 h_i,h_j 是这些圆的外公切线，所以点 B 是这些圆的位似中心. 于是，结论也是显然的.

引理 3 对于每个整数对 (i,j)，其中 $1\leqslant i<j\leqslant 3$，考虑在半平面 H 内与圆弧 Γ_i 外切，与 Γ_j 内切的这些圆 $\Omega(P,r)$，则：

（1）点 P 的轨迹是一条端点为 A,C 的椭圆弧；

（2）存在一个常数 v_{ij}，使得 $r=v_{ij}d(P)$.

引理 3 的证明 （1）注意到圆 $\Omega(P,r)$ 与圆弧 Γ_i 外切，与 Γ_j 内切当且仅当

$$O_iP=R_i+r, O_jP=R_j-r$$

则 $O_iP+O_jP=O_jA+O_iA=O_iC+O_jC=R_i+R_j$.

因此，这些点 P 在以 O_i 和 O_j 为焦点、长轴长为 R_i+R_j 且过点 A 和 C 的椭圆上.

设在半平面 H 内的椭圆弧 $\overset{\frown}{AC}$ 为 ε_{ij}，如图 10.3.13 所示，其在圆弧 Γ_i 和 Γ_j 之间.

若点 P 在 ε_{ij} 上，则 $O_iP>R_i,O_jP<R_j$.

设 $r=O_iP-R_i=R_j-O_jP>0$.

从而圆 $\Omega(P,r)$ 与圆弧 Γ_i 外切，与 Γ_j 内切.

因此，点 P 的轨迹就是 ε_{ij}.

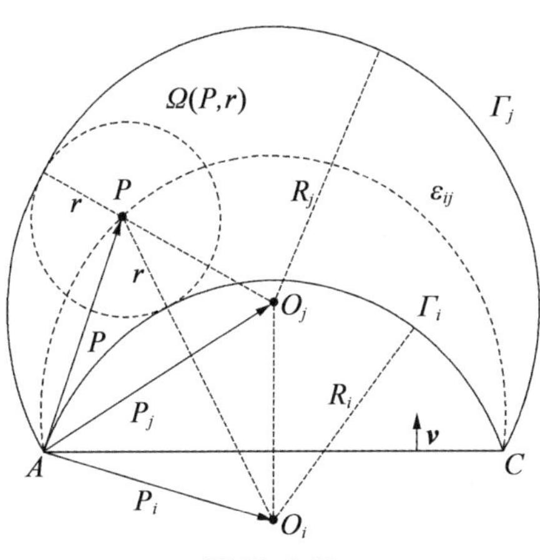

图 10.3.13

(2) 设 $\boldsymbol{p}=\overrightarrow{AP},\boldsymbol{p}_i=\overrightarrow{AO_i},\boldsymbol{p}_j=\overrightarrow{AO_j},d_{ij}=O_iO_j,\boldsymbol{v}$ 是垂直于 AC 且指向 H 的单位向量. 于是

$$|\boldsymbol{p}_i|=R_i,|\boldsymbol{p}_j|=R_j$$

$$|\overrightarrow{O_iP}|=|\boldsymbol{p}-\boldsymbol{p}_i|=R_i+r$$

$$|\overrightarrow{O_jP}|=|\boldsymbol{p}-\boldsymbol{p}_j|=R_j-r$$

则 $|\boldsymbol{p}-\boldsymbol{p}_i|^2-|\boldsymbol{p}-\boldsymbol{p}_j|=(R_i+r)^2-(R_j-r)^2$, 即

$$(|\boldsymbol{p}_i|^2-|\boldsymbol{p}_j|^2)+2\boldsymbol{p}\cdot(\boldsymbol{p}_j-\boldsymbol{p}_i)$$
$$=(R_i^2-R_j^2)+2r(R_i+R_j)$$

故 $d_{ij}d(P)=d_{ij}\boldsymbol{v}\cdot\boldsymbol{p}=(\boldsymbol{p}_j-\boldsymbol{p}_i)\cdot\boldsymbol{p}=r(R_i+R_j)$.

因此, $r=\dfrac{d_{ij}}{R_i+R_j}d(P)$, 其中 $\dfrac{d_{ij}}{R_i+R_j}=v_{ij}$ 不依赖于点 P.

引理 4　曲边四边形

$$O_{ij}=\overparen{V_{i,j}V_{i+1,j}}\overparen{V_{i+1,j+1}V_{i,j+1}}$$

有内切圆当且仅当

$$u_{i,i+1}=v_{j,j+1}$$

引理 4 的证明 假设曲边四边形 Q_{ij} 有内切圆 $\Omega(P,r)$. 由引理 2,3 得

$$r=u_{i,i+1}d(P),r=v_{j,j+1}d(P)$$

于是 $u_{i,i+1}=v_{j,j+1}$.

反之,假设 $u_{i,i+1}=v_{j,j+1}$,设 P 是角平分线 $\beta_{i,i+1}$ 和椭圆弧 $\varepsilon_{j,j+1}$ 的交点,取

$$r=u_{i,i+1}d(P)=v_{j,j+1}d(P)$$

则由引理 2 知,$\Omega(P,r)$ 与射线 h_i,h_{i+1} 相切.

由引理 3 知,$\Omega(P,r)$ 也与圆弧 Γ_j,Γ_{j+1} 相切. 于是曲边四边形 Q_{ij} 有内切圆.

回到原题.

由引理 4,且

$$u_{12}=v_{12},u_{12}=v_{23},u_{23}=v_{12}$$

得

$$u_{23}=v_{23}$$

从而,结论成立.

10.4 投影及投影向量

我们知道,向量 $\boldsymbol{b}$ 在向量 $\boldsymbol{a}$ 方向上的投影为 $\text{Prj}\ \boldsymbol{a}=|\boldsymbol{b}|\cos\theta=\dfrac{\boldsymbol{a}\cdot\boldsymbol{b}}{|\boldsymbol{a}|}$,其投影长度等于$\dfrac{|\boldsymbol{a}\cdot\boldsymbol{b}|}{|\boldsymbol{a}|}$. 如图 10.4.1(a),(b)所示,如果向量 $\boldsymbol{a}$ 的单位向量是 $\boldsymbol{e}$,向量 $\boldsymbol{b}=\overrightarrow{PQ}$,点 P,Q 在向量 $\boldsymbol{a}$ 方向上的射影分别是 M,N,那么向量$\overrightarrow{MN}$也称为向量 $\boldsymbol{b}$ 在向量 $\boldsymbol{a}$ 方向上的投影向量,且$\overrightarrow{MN}=\dfrac{\boldsymbol{a}\cdot\boldsymbol{b}}{|\boldsymbol{a}|}\boldsymbol{e}=\dfrac{\boldsymbol{a}\cdot\boldsymbol{b}}{|\boldsymbol{a}|}\cdot\dfrac{\boldsymbol{a}}{|\boldsymbol{a}|}=\dfrac{\boldsymbol{a}\cdot\boldsymbol{b}}{\boldsymbol{a}^2}\boldsymbol{a}$.

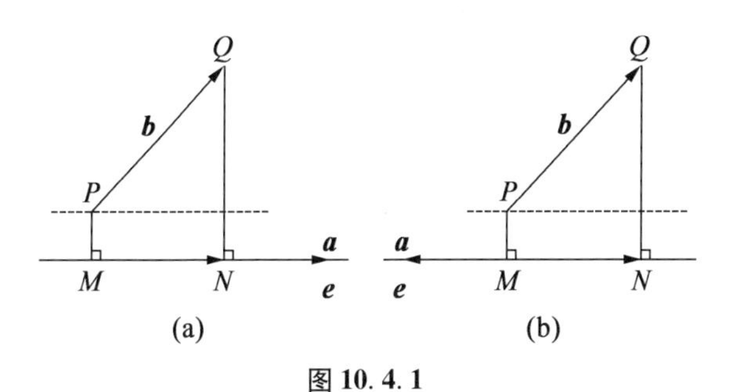

图 10.4.1

注　向量 $\boldsymbol{b}$ 在向量 $\boldsymbol{a}$ 方向上的投影向量$\overrightarrow{MN}$的方向和长度是确定的,与向量 $\boldsymbol{a}$ 所取的方向和长度无关.

对于投影,我们有如下结论:

结论 1　两个共线向量在另一非零向量上的投影之比等于这两个共线向量模之比.

结论 2　在三角形中,共顶点的两边对应的向量在第三边的法向量的投影相等.

关于投影,还可引入直线和平面的投影矩阵,这可参见笔者另著《从 Cramer 法则谈起——矩阵论漫谈》中的 14.2 节内容.

1. **两个投影结论的应用**

例 1　(1985 年齐齐哈尔、大庆市竞赛题)如图 10.4.2 所示,设 F 为$\triangle ABC$ 中位线 DE 上一点,BF 交 AC 于点 G,CF 交 AB 于 H,求证:$\dfrac{AG}{GC}+\dfrac{AH}{HB}=1$.

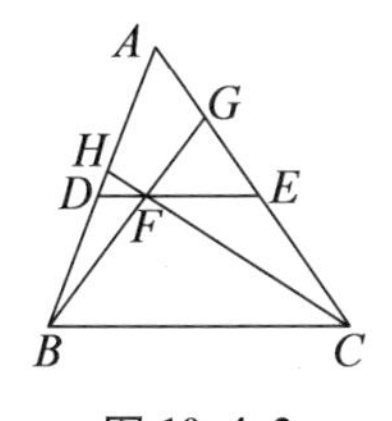

图 10.4.2

证明 设$\overrightarrow{BG}$的单位法向量为 $\boldsymbol{e}$,则注意到结论 1,有

$$\frac{AG}{GC}=\frac{\overrightarrow{AG}\cdot\boldsymbol{e}}{\overrightarrow{GC}\cdot\boldsymbol{e}}=\frac{(\overrightarrow{AB}+\overrightarrow{BG})\cdot\boldsymbol{e}}{(\overrightarrow{GB}+\overrightarrow{BC})\cdot\boldsymbol{e}}=\frac{\overrightarrow{AB}\cdot\boldsymbol{e}}{\overrightarrow{BC}\cdot\boldsymbol{e}}$$

$$=\frac{2\,\overrightarrow{DB}\cdot\boldsymbol{e}}{2\,\overrightarrow{DE}\cdot\boldsymbol{e}}=\frac{(\overrightarrow{DF}+\overrightarrow{FB})\cdot\boldsymbol{e}}{\overrightarrow{DE}\cdot\boldsymbol{e}}=\frac{\overrightarrow{DF}\cdot\boldsymbol{e}}{\overrightarrow{DE}\cdot\boldsymbol{e}}=\frac{DF}{DE}$$

同理
$$\frac{AH}{HB}=\frac{EF}{ED}$$

所以
$$\frac{AG}{GC}+\frac{AH}{HB}=\frac{DF}{DE}+\frac{EF}{ED}=1$$

例 2 (塞瓦定理)AD 与 CE 交于点 F,若 BF 的延长线交 AC 于 G,求证:$\frac{\overrightarrow{AE}}{\overrightarrow{EB}}\cdot\frac{\overrightarrow{BD}}{\overrightarrow{DC}}\cdot\frac{\overrightarrow{CG}}{\overrightarrow{GA}}=1$.

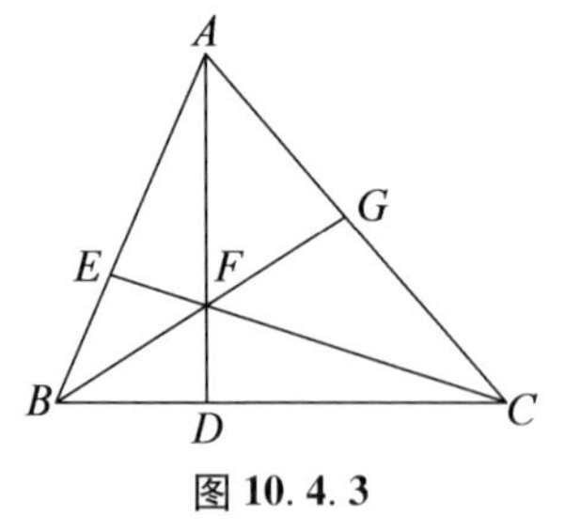

图 10.4.3

证明 我们已在第三章给出这个定理的 7 种证法,但利用向量的投影及投影向量来证别具一格. 设$\overrightarrow{AE}=u\,\overrightarrow{EB}$,$\overrightarrow{BD}=v\,\overrightarrow{DC}$,$\overrightarrow{CG}=\omega\,\overrightarrow{GA}$,注意到结论 1,结论 2,于是设 $\boldsymbol{a}$ 是 AD 的法向量,则$\frac{CF}{FE}=\frac{\overrightarrow{CF}}{\overrightarrow{FE}}=\frac{\boldsymbol{a}\cdot\overrightarrow{CF}}{\boldsymbol{a}\cdot\overrightarrow{FE}}=$

$$\frac{\boldsymbol{a}\cdot\overrightarrow{CD}}{\boldsymbol{a}\cdot\overrightarrow{AE}}=\frac{\boldsymbol{a}\cdot\left(\frac{1}{v}\overrightarrow{DB}\right)}{\boldsymbol{a}\cdot\left(\frac{u}{1+u}\overrightarrow{AB}\right)}=\frac{1+u}{uv}\cdot\frac{\boldsymbol{a}\cdot\overrightarrow{DB}}{\boldsymbol{a}\cdot\overrightarrow{AB}}=\frac{1+u}{uv}.$$

再设 $\boldsymbol{b}$ 是 BF 的法向量,则

$$\begin{aligned}\omega&=\frac{CG}{GA}=\frac{\boldsymbol{b}\cdot\overrightarrow{CG}}{\boldsymbol{b}\cdot\overrightarrow{GA}}=\frac{\boldsymbol{b}\cdot\overrightarrow{CF}}{\boldsymbol{b}\cdot\overrightarrow{FA}}=\frac{1+u}{uv}\cdot\frac{\boldsymbol{b}\cdot\overrightarrow{BE}}{\boldsymbol{b}\cdot\overrightarrow{FA}}\\&=\frac{1+u}{uv}\cdot\frac{\boldsymbol{b}\cdot\left(\frac{1}{1+u}\overrightarrow{BA}\right)}{\boldsymbol{b}\cdot\overrightarrow{FA}}=\frac{1}{uv}\end{aligned}$$

即所欲证.

例 3　(高斯线定理)在完全四边形 $ABECFD$ 中,点 M,N,L 分别为 BD,EF,AC 的中点,则 L,M,N 三点共线(此线称为高斯线).

证明　我们已在第三章给出了这个定理的 5 种证法.下面另证如下:如图 10.4.4 所示,设 $\overrightarrow{AB}=u\overrightarrow{AE}$, $\overrightarrow{AD}=v\overrightarrow{AF}$,注意到结论 1,结论 2,于是设 $\boldsymbol{a}$ 是 $\overrightarrow{BF}$ 的法向量,则

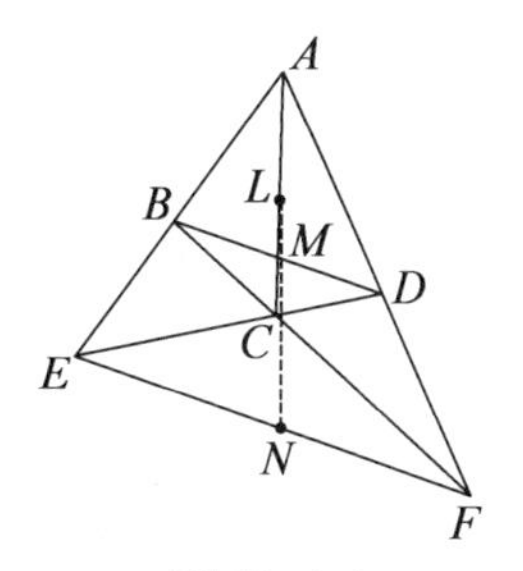

图 10.4.4

$$\frac{\overrightarrow{DC}}{\overrightarrow{CE}}=\frac{\boldsymbol{a}\cdot\overrightarrow{DC}}{\boldsymbol{a}\cdot\overrightarrow{CE}}=\frac{\boldsymbol{a}\cdot(\overrightarrow{DF}+\overrightarrow{FC})}{\boldsymbol{a}\cdot(\overrightarrow{CB}+\overrightarrow{BE})}$$

$$=\frac{\boldsymbol{a}\cdot\overrightarrow{DF}}{\boldsymbol{a}\cdot\overrightarrow{BE}}=\frac{\boldsymbol{a}\cdot(1-v)\overrightarrow{AF}}{\boldsymbol{a}\cdot\frac{1+u}{u}\overrightarrow{AB}}$$

$$=\frac{u(1-v)}{1-u}\frac{\boldsymbol{a}\cdot\overrightarrow{AF}}{\boldsymbol{a}\cdot\overrightarrow{AE}}=\frac{u(1-v)}{1-u}$$

即有

$$(1-u)\overrightarrow{DC}=u(1-v)\overrightarrow{CE} \quad ①$$

对这三个中点顺次用定比分点公式(或中点公式),再利用回路 $AFCE$ 和 $ABCD$ 得

$$4\overrightarrow{LN}=2(\overrightarrow{LF}+\overrightarrow{LE})=\overrightarrow{AF}+\overrightarrow{CF}+\overrightarrow{AE}+\overrightarrow{CE}$$

$$=2(\overrightarrow{AF}+\overrightarrow{CE}) \quad ②$$

$$4\overrightarrow{LM}=2(\overrightarrow{LD}+\overrightarrow{LB})=\overrightarrow{AD}+\overrightarrow{CD}+\overrightarrow{AB}+\overrightarrow{CB}$$

$$=2(\overrightarrow{AB}+\overrightarrow{CD}) \quad ③$$

由前设得

$$\overrightarrow{AB}=u\overrightarrow{AE}=u(\overrightarrow{AD}+\overrightarrow{DE})=u(v\overrightarrow{AF}+\overrightarrow{DC}+\overrightarrow{CE}) \quad ④$$

结合式④和式①得

$$\overrightarrow{AB}+\overrightarrow{CD}=uv\overrightarrow{AF}+(1-u)\overrightarrow{CD}+u\overrightarrow{CE}$$

$$=uv\overrightarrow{AF}+u(1-v)\overrightarrow{EC}+u\overrightarrow{CE}$$

$$=uv(\overrightarrow{AF}+\overrightarrow{CE}) \quad ⑤$$

由式②,③,⑤得$\overrightarrow{LM}=uv\overrightarrow{LN}$,这证明了 L,M,N 共线.

例 4 (帕普斯(Pappus)定理)设两直线相交于点 O,A,B,C 三点共线,X,Y,Z 三点共线,点 P 是 AY 和 BX 的交点,点 Q 是 AZ 和 CX 的交点,点 R 是 BZ 和 CY 的交点. 求证:P,Q,R 三点共线.

证明 设 $OX:OY:OZ=x:y:z$,$OA:OB:OC=a:b:$

c. 注意到结论 1,结论 2,于是设 $\boldsymbol{e},\boldsymbol{e}_1,\boldsymbol{e}_2$ 分别为$\overrightarrow{AY}$,$\overrightarrow{XC}$,$\overrightarrow{AZ}$的法向量,由 $\boldsymbol{e}\perp\overrightarrow{AY}$,则

$$\frac{XP}{XB}=\frac{\overrightarrow{XP}\cdot\boldsymbol{e}}{\overrightarrow{XB}\cdot\boldsymbol{e}}=\frac{\overrightarrow{XY}\cdot\boldsymbol{e}}{(\overrightarrow{XO}+\overrightarrow{OB})\cdot\boldsymbol{e}}$$

$$=\frac{\overrightarrow{XY}\cdot\boldsymbol{e}}{\left(\overrightarrow{XO}+\frac{b\ \overrightarrow{OA}}{a}\cdot\boldsymbol{e}\right)}=\frac{a(y-x)}{by-ax}$$

同理

$$\frac{CR}{CY}=\frac{z(c-b)}{cz-by},\frac{ZR}{ZB}=\frac{c(z-y)}{cz-by},\frac{AP}{AY}=\frac{x(b-a)}{by-ax}$$

如图 10.4.5 所示,设 CX 和 PR 交于点 Q_1,AZ 和 PR 交于点 Q_2,只需证$\frac{PQ_1\cdot Q_2R}{Q_1R\cdot PQ_2}=1$. 又 $\boldsymbol{e}_1\perp\overrightarrow{XC}$,$\boldsymbol{e}_2\perp\overrightarrow{AZ}$,则

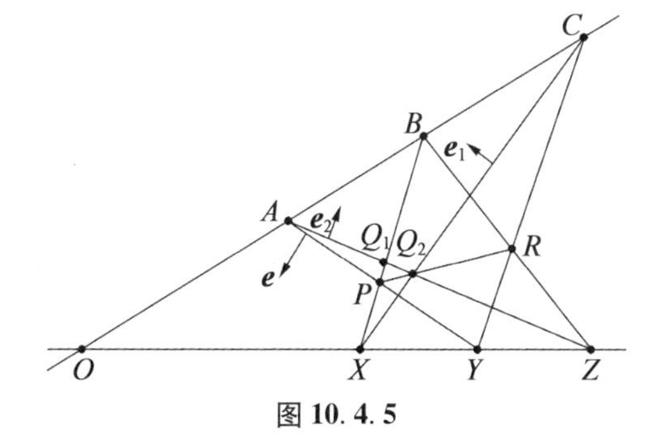

图 10.4.5

$$\frac{PQ_1\cdot Q_2R}{Q_1R\cdot PQ_2}=\frac{\overrightarrow{PQ_1}\cdot\boldsymbol{e}_1}{\overrightarrow{Q_1R}\cdot\boldsymbol{e}_1}\cdot\frac{\overrightarrow{Q_2R}\cdot\boldsymbol{e}_2}{\overrightarrow{PQ_2}\cdot\boldsymbol{e}_2}=\frac{\overrightarrow{PX}\cdot\boldsymbol{e}_1}{\overrightarrow{CR}\cdot\boldsymbol{e}_1}\cdot\frac{\overrightarrow{ZR}\cdot\boldsymbol{e}_2}{\overrightarrow{PA}\cdot\boldsymbol{e}_2}$$

$$=\left(\frac{ac(y-x)(z-y)}{xz(c-b)(b-a)}\right)\frac{\overrightarrow{BX}\cdot\boldsymbol{e}_1}{\overrightarrow{CY}\cdot\boldsymbol{e}_1}\cdot\frac{\overrightarrow{ZB}\cdot\boldsymbol{e}_2}{\overrightarrow{YA}\cdot\boldsymbol{e}_2}$$

$$=\left(\frac{ax(y-x)(z-y)}{xz(c-b)(b-a)}\right)\frac{\overrightarrow{BC}\cdot \boldsymbol{e}_1}{\overrightarrow{CY}\cdot \boldsymbol{e}_1}\cdot\frac{\overrightarrow{AB}\cdot \boldsymbol{e}_2}{\overrightarrow{YA}\cdot \boldsymbol{e}_2}$$

$$=\left(\frac{ac(y-x)(z-y)}{xz(c-b)(b-a)}\right)\left(\frac{c-b}{c}\right)\cdot$$

$$\left(\frac{x}{y-x}\right)\left(\frac{b-a}{a}\right)\left(\frac{z}{z-y}\right)=1$$

上面最后的式子是因为

$$BC=\frac{(c-b)OC}{c},XY=\frac{(y-x)OX}{x}$$

$$AB=\frac{(b-a)OA}{a},YZ=\frac{(z-y)OZ}{z}$$

以及$\overrightarrow{OC}\cdot \boldsymbol{e}_1=\overrightarrow{OX}\cdot \boldsymbol{e}_1,\overrightarrow{OA}\cdot \boldsymbol{e}_2=\overrightarrow{OZ}\cdot \boldsymbol{e}_2$.

注 以上证法由张景中、彭翕成给出.

2. 投影向量的应用

例 5 求 $\cos 5°+\cos 77°+\cos 149°+\cos 221°+\cos 293°$的值.

解 注意到 5°,77°,149°,221°,293°这 5 个角构成公差为 72°的等差数列,而 72°恰好是正五边形的每个外角的度数,为此,构造正五边形便有如下简解.

如图 10.4.6 所示,作正五边形 $A_1A_2A_3A_4A_5$,边长为 1,设 A_1A_2 与 x 轴夹角 $\angle A_2A_1x=5°$,则易知各向量与 x 轴夹角分别为 5°,77°,149°,221°,293°.

因$\overrightarrow{A_1A_2}+\overrightarrow{A_2A_3}+\overrightarrow{A_3A_4}+\overrightarrow{A_4A_5}+\overrightarrow{A_5A_1}=\mathbf{0}$,则其在 x 轴上的投影为 0,即 $\cos 5°+\cos 77°+\cos 149°+\cos 221°+\cos 293°=0$ 为所求.

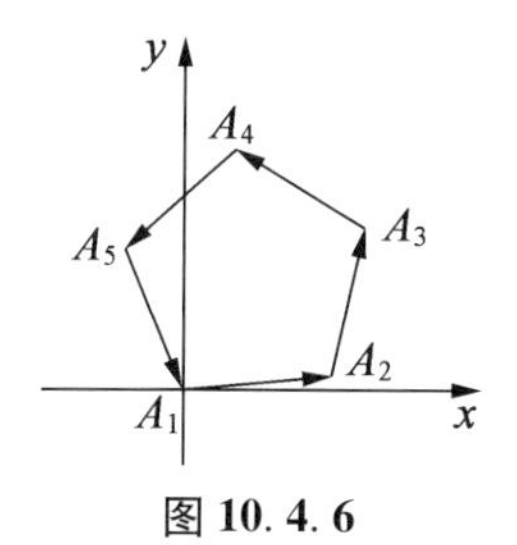

图 10.4.6

如图 10.4.7 所示，已知直线 $l\subsetneqq$ 平面 α. 向量 $\boldsymbol{l}$ 是直线 l 的一个方向向量，在平面 α 上分别取 P,Q,T，且 $P\notin l$，$Q,T\in l$，点 P 在直线 l 上的射影为 R，那么向量 $\overrightarrow{QR}$ 是向量 $\overrightarrow{QP}$ 在直线 l 上的投影向量，向量 $\overrightarrow{RP}$ 就是直线 l 在平面 α 上的一个法向量.

此时，向量 $\overrightarrow{RP}=\overrightarrow{QP}-\overrightarrow{QR}=\overrightarrow{QP}-\dfrac{\overrightarrow{QP}\cdot\boldsymbol{l}}{\boldsymbol{l}^2}\boldsymbol{l}$. 从而 $\left|\overrightarrow{QP}-\dfrac{\overrightarrow{QP}\cdot\boldsymbol{l}}{\boldsymbol{l}^2}\boldsymbol{l}\right|$ 就是点 P 到直线 l 的距离.

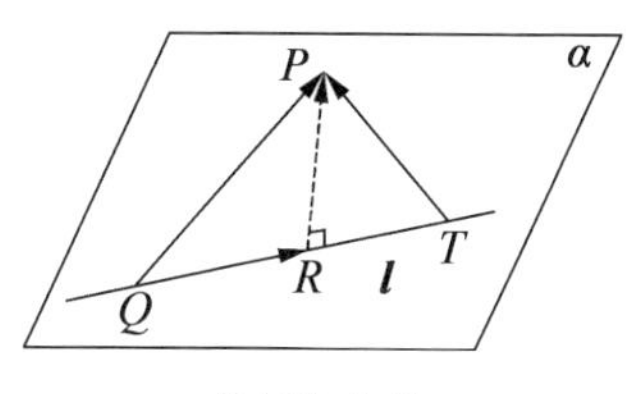

图 10.4.7

记向量 $\overrightarrow{TP}=\overrightarrow{QP}-\overrightarrow{QT}=\overrightarrow{QP}-t\,\overrightarrow{QR}=\overrightarrow{QP}-t\,\dfrac{\overrightarrow{QP}\cdot\boldsymbol{l}}{\boldsymbol{l}^2}\boldsymbol{l}$ $(t\in\mathbf{R})$.

如图 10.4.8 所示，其中当 $t=2$ 时，向量 $\overrightarrow{TP}$ 与向量 $\overrightarrow{QP}$ 关于直线 RP 对称. 若取向量 $\overrightarrow{QS}=\overrightarrow{TP}$，那么向量 $\overrightarrow{QS}$ 与向量 $\overrightarrow{QP}$ 关于直线 l' 对称（直线 l' 是平面 α 内过点 Q 且与直线 l

垂直的直线). 利用上述知识,可以求对称直线.

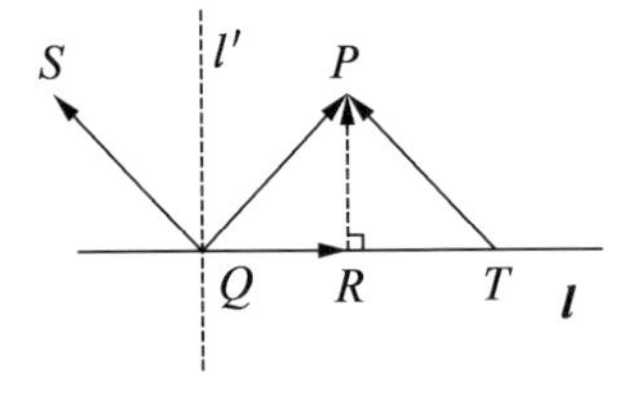

图 10.4.8

例 6 已知空间三点 $A(1,2,1)$, $B(2,3,1)$, $C(4,5,6)$,求 $\triangle ABC$ 的面积.

解法 1

$$S_{\triangle ABC}=\frac{1}{2}|\overrightarrow{AB}|\cdot|\overrightarrow{AC}|\sin\angle BAC$$

$$=\frac{1}{2}|\overrightarrow{AB}|\cdot|\overrightarrow{AC}|\sqrt{1-\cos^2\angle BAC}$$

$$=\frac{1}{2}\sqrt{|\overrightarrow{AB}|^2\cdot|\overrightarrow{AC}|^2-(|\overrightarrow{AB}|\cdot|\overrightarrow{AC}|\cos\angle BAC)^2}$$

$$=\frac{1}{2}\sqrt{\overrightarrow{AB}^2\cdot\overrightarrow{AC}^2-(\overrightarrow{AB}\cdot\overrightarrow{AC})^2}$$

$$=\frac{1}{2}\sqrt{86-36}=\frac{5}{2}\sqrt{2}$$

解法 2 可利用投影向量直接求 $\triangle ABC$ 的边 AB 上的高 CD.

如图 10.4.9 所示

$$\overrightarrow{DC}=\overrightarrow{AC}-\overrightarrow{AD}$$

$$=\overrightarrow{AC}-\frac{\overrightarrow{AC}\cdot\overrightarrow{AB}}{|\overrightarrow{AB}|^2}\overrightarrow{AB}$$

$$=(3,3,5)-\frac{6}{2}(1,1,0)=(0,0,5)$$

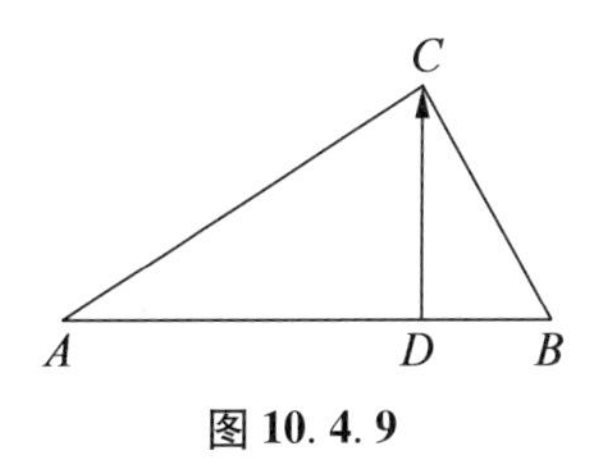

图 10.4.9

点 C 到直线 AB 的距离 $|\overrightarrow{DC}|=5$.

$$S_{\triangle ABC}=\frac{1}{2}|\overrightarrow{AB}|\cdot|\overrightarrow{CD}|=\frac{1}{2}\times\sqrt{2}\times 5=\frac{5\sqrt{2}}{2}.$$

例 7　在平面直角坐标系中，求直线 $l_1:2x-y+1=0$ 关于直线 $l:x-2y+1=0$ 的对称直线 l_2.

解　如图 10.4.10 所示，取直线 l_1 的一个方向向量 $\boldsymbol{d}_1=(1,2)$，直线 l 的法向量 $\boldsymbol{n}=(1,-2)$，设直线 l_2 的一个方向向量为 $\boldsymbol{d}_2$，则

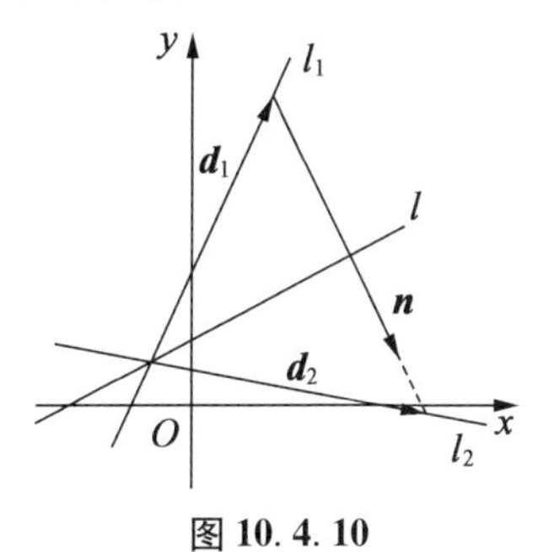

图 10.4.10

$$\boldsymbol{d}_2=\boldsymbol{d}_1-2\frac{\boldsymbol{d}_1\cdot\boldsymbol{n}}{\boldsymbol{n}^2}\boldsymbol{n}$$

$$=(1,2)-2\times\frac{-3}{5}(1,-2)=\left(\frac{11}{5},-\frac{2}{5}\right)$$

直线 l_1 与 l 的交点为 $\left(-\frac{1}{3},\frac{1}{3}\right)$，所以直线 l_2 的

方程为$\dfrac{x+\frac{1}{3}}{11}=\dfrac{y-\frac{1}{3}}{-2}$,化简得 $2x+11y-3=0$.

注 若取直线 l_1 的一个方向向量为$\boldsymbol{d}_1=(-1,-2)$,那么所得对称直线 l_2 的一个方向向量为$\boldsymbol{d}_2=\left(-\dfrac{11}{5},\dfrac{2}{5}\right)$,如图 10.4.11 所示.

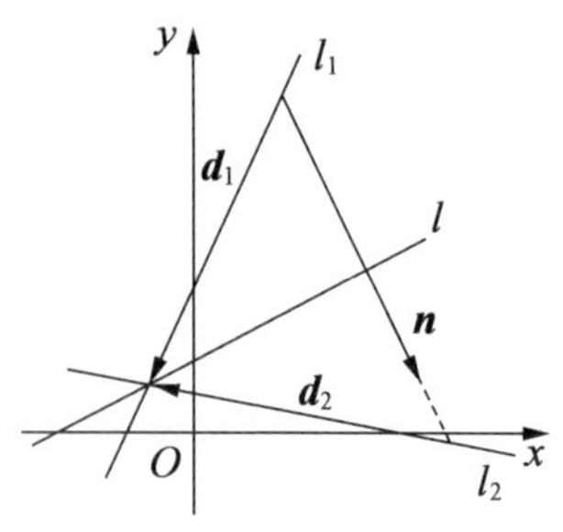

图 10.4.11

同理,若取直线 l_1 的一个法向量为$\boldsymbol{n}_1=(2,-1)$,那么由$\boldsymbol{n}_2=\boldsymbol{n}_1-2\dfrac{\boldsymbol{n}_1\cdot\boldsymbol{n}}{\boldsymbol{n}^2}\boldsymbol{n}=\left(\dfrac{2}{5},\dfrac{11}{5}\right)$. 所得的向量$\boldsymbol{n}_2$是直线 l_2 的一个法向量.

如图 10.4.12 所示,当实数 t 取不同的非零实数时,向量$\overrightarrow{TP}=\overrightarrow{QP}-t\dfrac{\overrightarrow{QP}\cdot\boldsymbol{l}}{\boldsymbol{l}^2}\boldsymbol{l}=\overrightarrow{QS}$,可看作由向量$\overrightarrow{QP}$绕点 Q 旋转之后的向量$\overrightarrow{QS}$(注:向量$\overrightarrow{QP}$与向量$\overrightarrow{QS}$的模不一定相等).

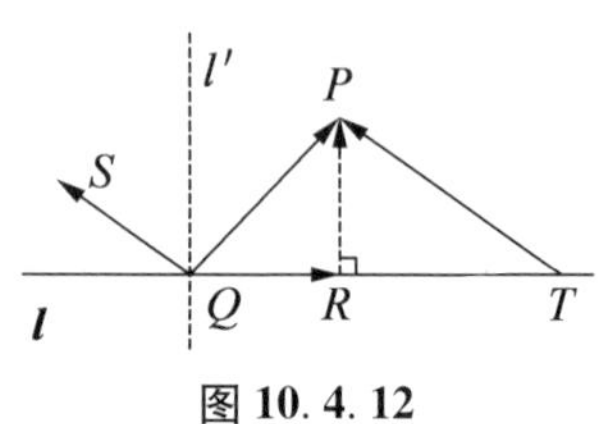

图 10.4.12

应用投影向量也可以求二面角的大小.

如图 10. 4. 13 所示,设$\angle MAN$是二面角$\alpha-l-\beta$的平面角,在直线l上取非零向量$\boldsymbol{l}$,在面α内,取$\boldsymbol{a}\perp\boldsymbol{l}$,在面$\beta$内,取$\boldsymbol{b}\perp\boldsymbol{l}$,则$\boldsymbol{a}/\!/\overrightarrow{AM}$,$\boldsymbol{b}/\!/\overrightarrow{AN}$. 如果$\boldsymbol{a}$,$\boldsymbol{b}$分别与$\overrightarrow{AM}$,$\overrightarrow{AN}$同向,则$\angle MAN=\langle\boldsymbol{a},\boldsymbol{b}\rangle$. 那么二面角的大小是$\arccos\left(\dfrac{\boldsymbol{a}\cdot\boldsymbol{b}}{|\boldsymbol{a}||\boldsymbol{b}|}\right)$.

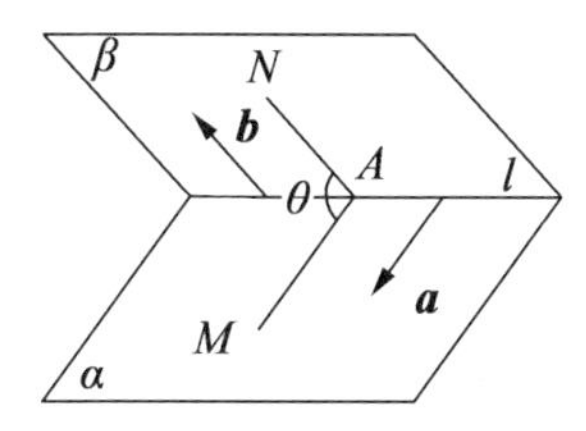

图 10. 4. 13

上述方法求二面角的平面角,由于向量的夹角直接对应了二面角的平面角,相对于利用两个面的法向量的夹角求二面角的平面角,易于理解与掌握,但困难之处在于求$\boldsymbol{a}$与$\boldsymbol{b}$,现在应用射影向量可以比较容易获得$\boldsymbol{a}$与$\boldsymbol{b}$,由上面知识可知,求$\boldsymbol{a}$与$\boldsymbol{b}$就是求直线l在两个面α,β上的法向量,具体求解方法见下例:

例 8　已知正方体$ABCD-A_1B_1C_1D_1$的棱长为 2,E是棱AA_1的中点,求二面角$B-EC_1-C$的大小.

解　如图 10. 4. 14 所示,以B为坐标原点,BC,BA,BB_1所在的直线分别为x,y,z轴,建立空间直角坐标系,得$B(0,0,0)$,$E(0,2,1)$,$C(2,0,0)$,$C_1(2,0,2)$.

在C_1E上取点M,使得$MC\perp C_1E$,$\overrightarrow{C_1C}=(0,0,-2)$,$\overrightarrow{C_1E}=(-2,2,-1)$,则

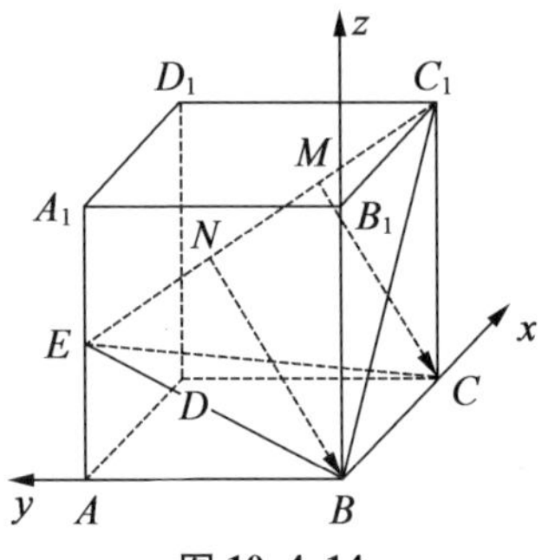

图 10.4.14

$$\overrightarrow{MC}=\overrightarrow{C_1C}-\overrightarrow{C_1M}$$

$$=\overrightarrow{C_1C}-\frac{\overrightarrow{C_1C}\cdot\overrightarrow{C_1E}}{|\overrightarrow{C_1E}|^2}\overrightarrow{C_1E}$$

$$=(0,0,-2)-\frac{2}{9}(-2,2,-1)$$

得$\overrightarrow{MC}=\left(\frac{4}{9},-\frac{4}{9},-\frac{16}{9}\right)$.

同理,在 EC_1 上取点 N,使得 $NB\perp EC_1$,$\overrightarrow{EB}=(0,-2,-1)$,$\overrightarrow{EC_1}=(2,-2,1)$,则

$$\overrightarrow{NB}=\overrightarrow{EB}-\overrightarrow{EN}=\overrightarrow{EB}-\frac{\overrightarrow{EB}\cdot\overrightarrow{EC_1}}{|\overrightarrow{EC_1}|^2}\overrightarrow{EC_1}$$

$$=\left(-\frac{2}{3},-\frac{4}{3},-\frac{4}{3}\right)$$

$\overrightarrow{MC}$与$\overrightarrow{NB}$的夹角等于二面角 $B-EC_1-C$ 的平面角

$$\cos\langle\overrightarrow{MC},\overrightarrow{NB}\rangle=\frac{\overrightarrow{MC}\cdot\overrightarrow{NB}}{|\overrightarrow{MC}||\overrightarrow{NB}|}=\frac{9}{3\sqrt{2}\times 3}=\frac{\sqrt{2}}{2}$$

解得 $\theta=\frac{\pi}{4}$.

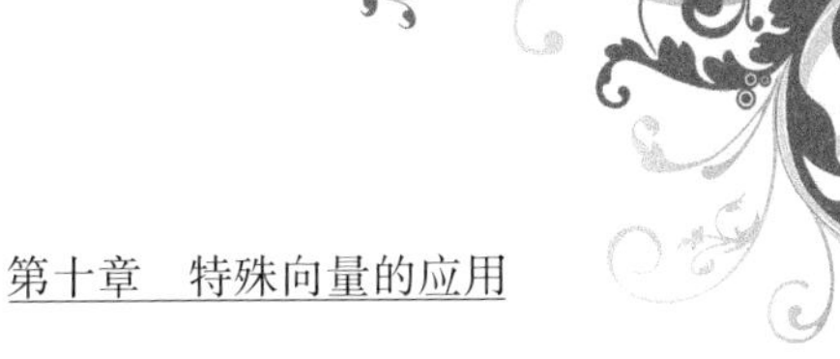

所以二面角 $B-EC_1-C$ 的大小为$\frac{\pi}{4}$.

注　上述点 C,B 在直线 EC_1 上的射影点 M,N 是不需要计算出来的,利用投影向量,通过转化求棱 EC_1 在两个面 α,β 上的法向量即可.

参考文献

[1] 张景中,彭翕成. 绕来绕去的向量法[M]. 北京:科学出版社,2009.

[2] 陈胜利. 向量与平面几何证题[M]. 北京:中国文史出版社,2003.

[3] 席振伟,张明. 向量法证几何题[M]. 重庆:重庆出版社,1984.

[4] 沈文选. 平面几何证明方法全书[M]. 哈尔滨:哈尔滨工业大学出版社,2005.

[5] 沈文选,黄金贵. 向量坐标及应用[M]. 长沙:湖南教育出版社,1994.

[6] 葛炜. 用向量方法探究三角形中一点的位置[J]. 数学教学,2009(4):23-25.

[7] 彭海燕. 一个平面几何问题的拓展与应用[J]. 数学通报,2006(8):37-38.

[8] 彭翕成. 平面向量的基本定理与平行四边形[J]. 数学教学,2009(3):16.

[9] 郑文龙. 平面向量的基本定理的角的表示及其应用[J]. 数学通讯,2010(11):30.

[10] 潘成银. 平面向量的基本定理系数等值线[J]. 数学通讯,2013(1):40-42.

[11] 孙大志. 满足 $x\overrightarrow{OA}+y\overrightarrow{OB}+z\overrightarrow{OC}=\mathbf{0}$ 的点 O 在何处[J]. 数学通报,2012(8):44-45.

[12] 丁益民. 三角形两个性质的一般性推广[J]. 中学数学研究,2008(5):26-27.

[13] 康盛. 一个三角形面积公式和两个结论[J]. 中

学数学研究,2012(11):41.

[14] 邹宇,张景中. 用向量解直线交点类问题的机械化方法[J]. 数学通报,2012(2):58-61.

[15] 熊曾润. 三角形垂心的一个性质的推广[J]. 中学数学研究,2009(2):32.

[16] 张敬坤. 三角形远切圆圆心的向量特征和两个向量性质[J]. 中学数学研究,2012(10):44-45.

[17] 熊曾润. 四面体的欧拉球心的一个美妙性质[J]. 中学数学,2005(5):27.

[18] 段惠民. 四面体的外 P 号心及其性质[J]. 数学通讯,2003(11):30-31.

[19] 熊曾润. 一个平面全等图形在空间的推广[J]. 中学数学研究,2011(5):47.

[20] 熊曾润. 关于四面体欧拉球心的共点性质[J]. 中学数学,2007(5):33.

[21] 曾建国. 垂心四面体的垂心的一个向量形式[J]. 中学数学研究,2009(2):27-28.

[22] 丁兴春. 射影为重心的一个充要条件[J]. 数学通报,2006(7):51.

[23] 曾建国. 四面体外接球内一点的性质[J]. 数学通讯,2005(3):33.

[24] 段惠民. 三角形重心向量性质的再推广[J]. 数学通讯,2006(13):35.

[25] 李永利. 三角形重心向量性质的进一步推广[J]. 数学通讯,2006(23):31-32.

[26] 张俊. 三角形内心的向量性质及空间推广[J]. 数学通讯,2009(1):35-36.

[27] 李显权. 一个奇妙的向量恒等式[J]. 数学通报,2010(12):46-47.

[28] 李世臣. 定点张定圆上两点向量内积的取值范围[J]. 中学数学研究,2010(6):20-21.

[29] 李显权. 四边形中一组优美的向量恒等式[J]. 数学通讯,2011(12):40-41.

[30] 张景中,彭翕成. 论向量法解几何问题的基本思路[J]. 数学通报,2008(3):31-32.

[31] 潘俊文. 蝴蝶定理的向量证法[J]. 数学通报,2005(1):41.

[32] 颜美玲. "关于四边形的两个定理"的向量证明及推广[J]. 数学通报,2011(7):57-58.

[33] 彭世金. 关于四边形的两个定理在平面及空间中的拓广[J]. 数学通报,2011(1):61.

[34] 卡祖蒇. Pedoe 不等式的向量证明[J]. 数学通报,2007(1):47.

[35] 杨海生. 平面向量与三角形的心[J]. 中学数学研究,2010(6):37-38.

[36] 沈毅. IMO 46 - 5 推广的向量证明[J]. 数学通报,2009(12):42.

[37] 张玮.《破解网上"悬赏"题有感》读后感[J]. 福建中学数学,2012(3):47-48.

[38] 王磊. 一道教师基本功竞赛类测试题的解法探究[J]. 中学数学研究,2013(1):42-43.

[39] 彭世金. 用向量法判定直线与圆锥曲线的位置关系[J]. 数学通讯,2004(17):19.

[40] 刘瑞美. 圆锥曲线中关于向量数量积的几个性质[J]. 中学数学杂志,2010(7):38-40.

[41] 玉邴图.向量的模与焦点三角形[J].中学数学,2008(6):7.

[42] 玉邴图.数量积与焦点三角形[J].中学数学,2008(4):20-21.

[43] 吕伟波.一个向量方程的几个性质[J].中学数学杂志,2012(11):16.

[44] 路李明.向量的数量积与样本线性相关系数[J].中学数学,2004(10):封底.

[45] 黄国和.两条直线位置关系的判定与有关量的计算公式[J].数学通讯,2001(5):18-19.

[46] 贾玉友.正四面体内切球的几个不变量[J].数学通讯,2001(13),30-31.

[47] 贾玉友.正四面体外接球的几个不变量[J].数学通讯,2001(3):35.

[48] 丁勇.向量的两个简单性质及应用[J].数学通报,2003(5):25.

[49] 刘玉华,贺德先.空间四边形的一个向量性质及简单应用[J].数学通讯,2005(8):22.